环境保护基础教程

（第二版）

环境保护部宣传教育中心　编

中国环境出版集团・北京

图书在版编目（CIP）数据

环境保护基础教程/环境保护部宣传教育中心编．—2版．—北京：中国环境出版集团，2014.9（2019.2 重印）
ISBN 978-7-5111-1815-8

Ⅰ．①环…　Ⅱ．①环…　Ⅲ．①环境保护—干部培训—教材②环境保护法—中国—干部培训—教材　Ⅳ．①X②D922.68

中国版本图书馆 CIP 数据核字（2014）第 071241 号

出 版 人　武德凯
责任编辑　赵惠芬
责任校对　唐丽虹
封面设计　彭　杉

出版发行　中国环境出版社集团
（100062　北京市东城区广渠门内大街 16 号）
网　　址：http://www.cesp.com.cn
电子邮箱：bjgl@cesp.com.cn
联系电话：010-67112765（编辑管理部）
发行热线：010-67125803，010-67113405（传真）

印　　刷　北京建宏印刷有限公司
经　　销　各地新华书店
版　　次　2014 年 9 月第 2 版
印　　次　2019 年 2 月第 3 次印刷
开　　本　787×1092　1/16
印　　张　47.25
字　　数　1090 千字
定　　价　120.00 元

【版权所有。未经许可，请勿翻印、转载，违者必究。】
如有缺页、破损、倒装等印装质量问题，请寄回本社更换

参加编写工作人员

作　者（以姓氏笔画为序）

万　军　于　雷　毛应淮　王社坤　王　波　王哲晓　王夏晖

刘之杰　孙振世　张艺磊　张明顺　张明顺　张惠远　李　创

汪　劲　陈晓秋　饶　胜　曹晓凡　曾维华　曾维华　董世魁

谢剑锋　靳　敏

初稿审阅专家（以姓氏笔画为序）

方　莉　叶　民　田为勇　乔　琦　刘炳江　庄国泰　朱广庆

朱建平　别　涛　吴舜泽　李红兵　李　雪　杜鹏飞　杨朝飞

苏　畅　陈海君　涂瑞和　钱　勇　曹立平　温宗国　程立峰

韩　敏　靳　敏

统　稿

唐大为　王社坤　靳　敏　李　茜

前　言

党的十八大把生态文明建设摆在了更加突出的位置，与经济建设、政治建设、文化建设和社会建设一起，纳入了我国社会主义现代化建设的总体布局。正如环境保护部部长周生贤所说："环境保护作为生态文明建设的主战场、大舞台和根本措施，理所当然是生态文明建设的积极引领者和模范实践者。这是历史的要求，这是时代的召唤，这是当代环保人重如泰山的使命和责任！"新形势下的环保工作对环境保护队伍提出了更高的要求。提高地方环境管理干部的自身素质使之适应新的环保形势是当前环保系统能力建设的重要任务。鉴于此，环境保护部力图通过培训，使地方环保局长掌握专业知识，了解和掌握新时期环境管理的理念和方法，不断高环境管理能力。

近年来，随着对生态文明理念认识的持续深化和环境保护工作任务的不断发展，早期编写的一些岗位培训教材内容已经难以满足当前环保干部培训的需求。针对这一情况，环境保护部行政体制与人事司委托宣传教育中心，自 2012 年开始着手组织全国地市级环保局长岗位培训教材的修订编写工作，在 2004 年出版的《环境保护基础教程（第一版）》的基础上，调整完善大纲，引入新的内容，组织有关专家进行编写。新教材的编写工作由中关村汉德环境观察研究所具体承办，历时两年，经过编审委员会的具体指导、各章作者的反复修改和审稿专家的精心指正，通过各方的通力合作，终于完成了本书。《环境保护基础教程（第二版）》是目前国内全面介绍环境保护基础、环境法律法规、环境管理等相关知识的最新环保干部岗位培训教材，适用于地市级环保局长的岗位培训，同时也可作为党政干部学习环保知识的阅读材料。

《环境保护基础教程（第二版）》阐述了我国现阶段的环境保护形势及未来趋势，总结归纳了近几十年来至今的环境法律法规和管理经验，更新了新修订

《环境保护法》的相关内容、国际履约及环境信息化等相关知识。本书在编撰过程中难免出现相关疏漏，诚恳希望使用本教程的教师、学员及广大读者提出相关建议，帮助教材的进一步修订和完善。

希望《环境保护基础教程(第二版)》有助于我国环境保护队伍素质的提高，帮助地方环保干部担当起新形势下的使命与责任。

编者

2014年8月

目　录

第一编　基础知识

第二编　环境法制

第三编　环境管理

第一编　基础知识

第一章　绪　论

第一节　环境与环境问题

一、环境

（一）环境的概念

环境是一个相对的概念，是相对于某一中心事物而言，随着中心事物的变化而变化。不同的学科，所指的中心事物不同，环境的含义也会不同。对于环境科学而言，其中心事物是人，所谓环境，是指人之外的一切客观存在的物质、能量和信息的综合。环境是人类生存和发展的基础，同时又是人类开发利用的对象。世界各国的一些相关法律中，往往把环境中应当保护的环境要素或对象称为环境。如《中华人民共和国环境保护法》中明确指出："本法所称环境，是指影响人类生存和发展的各种天然的和经过人工改造的自然因素的总体，包括大气、水、海洋、土地、矿产、森林、草原、野生生物、自然遗迹、人文遗迹、自然保护区、风景名胜区、城市和乡村等"。

事实上，环境并不仅限于上述内容，但就其定义而言包含以下两层含义：

第一，《中华人民共和国环境保护法》中所指的"自然因素的总体"有两个约束条件，一是包括各种天然的和经过人工改造的；二是并不泛指人类周围的所有自然因素，而是对人类的生存和发展有明显影响的自然因素的总体。比如，除地球以外宇宙空间中的其他星球对人类的生存发展影响很小，任何一个国家的环境保护法也没有把它们规定为人类的生存环境。

第二，随着人类社会的发展，环境包括的范围也在扩展。现阶段我们没有把地理圈层以外的地球空间视为人类的生存环境，更没有把地球以外的宇宙空间和星球当做生存环境。随着对地球深部探测技术的发展，总有一天人类不但能开发利用地球深部的自然资源，而且可以在其他星球上建立空间实验站，开发利用其上的自然资源，使地球上的人类频繁往来于其他星球和地球之间。到那时，宇宙空间当然就会成为人类生存环境的重要组成部分。所以，我们要用发展、辩证的观点来认识环境。

（二）环境的特点

环境系统是一个复杂的系统，各部分之间存在着紧密的联系和制约关系，同时也是具有时、空、量和序变化的动态系统和开放系统。环境中的各种变化不是孤立的，往往是集多种因素于一体的综合反映。由于人类活动与环境系统存在物质、能量和信息的互相流动，因此具有不容忽视的特性。

1．环境的整体性与区域性

人与地球环境是一个有机的整体，环境中的各自然要素以及人工要素相互依存、相互影响。某一要素的改变或局部环境的污染及破坏，均可能通过要素之间的相互作用及传递最终对其他区域产生影响。因此，从总体上看，人类的环境问题是没有界限的，不受省界、国界以及地区界限的限制，环境问题是跨越国界且具全球整体性的。

区域性是指环境的区域差异性，由于自然条件具有明显区域差异，人类活动的影响方式和程度不同，各区域的环境具有不同的特性。

2．环境的稳定性及环境的潜在性

环境在自然和人类社会行为的共同作用下，内部结构和外部形态始终处于不断的变化之中，这是环境的变动性。但环境受到自然和人类的作用不超过一定的限度时，其可借助于自身的调节能力使这些变化逐渐减弱或消失，这种自我调节修复能力形成环境的稳定性。而另一方面自然环境受到外界影响后，其产生的变化往往是潜在的、滞后的。因此，自然环境受到冲击和破坏的过程日积月累，在短期内也许不被认识或反映出来，并且发生变化的范围和影响程度也难以预料，当破坏超过环境承载能力或自净能力时，一般很难彻底恢复到原来的状态。

3．环境的有限性

不但人类生存的空间是有限的，人类所能利用的自然资源也是有限的。虽然人类在进行外太空领域的探索，但是在一定时期内，所能依赖的还主要是地球及其涵盖的资源。由于人类对地球资源的不断开发和索取，对自然环境的破坏和污染，一旦超越环境所能承载的容量或环境的自净能力，将会导致环境质量恶化以及自然资源的供给危机。

4．环境的脆弱性

任何生态环境经过长期的演化发展，其中人类与自然的关系都会逐渐稳定下来，只有大规模的人类活动或严重的自然灾害才会导致这种平衡状况被破坏，从而使生态环境处于脆弱状态，并不断朝生态环境退化甚至恶化的方向发展。环境的脆弱性是环境系统在特定时空尺度对于外界干扰所具有的敏感反应和自我恢复能力，是自然属性和人类干扰行为共同作用的结果。

（三）环境的类型

环境是一个庞大而复杂的多层多元多维系统，环境类型的划分尚无一致的标准，根据不同的原则类型划分也不同。

1．以人对环境的影响程度分

可以将环境分为自然环境、半自然（半人工）环境、人工环境。不论环境受人为的影响有多大，人都离不开自然环境因素，如空气、水和食物等，即便是空间站也不例外。

2．从空间角度来分

环境由小到大可分为聚落环境、地理环境、地质环境（及地球深部）和星际环境。

（1）聚落环境

聚落是人类聚居的地方，也是与人类的生产和生活关系最密切、最直接的环境，是人类利用和改造自然环境，创造新的生存环境的突出实例。聚落环境按其性质和功能可以分为院落环境、村落环境和城市环境，是人工环境占优势的生存环境。特别是城市环境，是工业、商业、交通汇集和非农业人口聚居的地方，更是高度人工化的环境。因此聚落环境特别是城市是人类有目的、有计划创造出来的生存环境，是人类文明和社会进步的标志，旨在为人类提供越来越方便、舒适、安全和清洁的劳动和生活环境。但是，由于城市人口高度集中，人流和物流量大，资源与能源消耗量大，污染物排放量大，造成环境污染日趋严重，生存环境质量降低。

（2）地理环境

地理环境位于地球表层，即岩石圈、水圈、土壤圈、大气圈和生物圈相互制约、相互影响、相互渗透、相互转化的交错带上，其厚度 10～30 km。地理环境是来自地球内部的内容和主要来自太阳能的外部的交锋地带。这里有常温、常压的物理条件，适当的化学条件和活跃的生物条件，是人类活动的主要场所。地理环境与人类的生产和生活密切相关，直接影响着人类的饮食、呼吸、衣着、住行。由于地理位置不同，地表的组成物质和形态不同，水、热条件不同，地理环境的结构具有明显的自然地带性特点。保护好地理环境就要因地制宜地进行生产和生活活动，促使地理环境呈现良性循环。但是，随着科学技术的发展，人类开发利用自然资源的能力和强度越来越大，对地理环境的破坏越来越严重，导致地理环境退化，已经影响到人类的生存和发展。

（3）地质环境

地质环境主要是指自地表下的坚硬地壳层，即岩石圈。地质环境是在地球演化过程中形成的。地质环境蕴藏着丰富的矿产资源，如煤炭、石油、天然气、金属矿产、非金属矿产等，为人类提供了大量生产、生活资料，大大提高了人类的生产能力和生活水平。但大量矿产资源的开发利用，使地表和地下被固结的物质释放出来，引入地理环境中，污染了环境。同时，由于露天矿产资源的开发和交通水利等工程建设，扰动和破坏了地质环境，引发地质灾害，影响了人类生存和经济社会的持续发展。

（4）星际环境

星际环境，又称宇宙环境，是指地球大气圈以外的宇宙空间环境，由广漠的空间、各种天体、弥漫物质，以及各类飞行器组成。它是人类活动进入地球邻近的天体和大气层以外的空间的过程中提出的概念，是人类生存环境的最外层部分。太阳辐射能为地球的人类生存提供主要的能量。太阳的辐射能量变化和对地球的引力作用会影响地球的地理环境，与地球的降水量、潮汐现象、风暴和海啸等自然灾害有明显的相关性。随着科学技术的发展，人类活动越来越多地延伸到大气层以外的空间，发射的人造卫星、运载火箭、空间探测工具等飞行器本身失效和遗弃的废物，将给宇宙环境以及相邻的地球环境带来了新的环境问题。

（四）人与自然环境的关系

人是自然环境的产物，人类的生存和发展都与自然环境密切相关。人类劳动的历史是人和自然界相互作用的规模和范围不断扩大、作用形式不断复杂化、人类引起自然日益深刻的变化的过程。人对自然力的支配不断增长，人类更加依赖自然界。

二、环境问题

（一）环境问题的产生与演化

从人类诞生开始就存在着人与环境的对立统一关系，就出现了环境问题。从古至今随着人类社会的发展，环境问题也在发展变化，大体上经历了四个阶段。

1．环境问题萌芽阶段（工业革命以前）

人类在诞生以后很长的岁月里，只有天然食物的采集者和捕食者，人类对环境的影响不大。那时“生产”对自然环境的依赖十分突出，人类主要是以生活活动、生理代谢过程与环境进行物质和能量转换，主要是利用环境，而很少有意识地改造环境。如果说那时也发生“环境问题”的话，则主要是由于人口的自然增长和盲目的乱采滥捕、滥用资源而造成生活资料缺乏，引起饥荒问题。为了解除这种环境威胁，人类被迫学会了吃一切可以吃的东西，以扩大和丰富自己的食谱，以及被迫扩大自己的生活领域，学会适应在新的环境中生活的本领。

随后，人类学会了培育、驯化植物和动物，开始发展农业和畜牧业，这在生产发展史上是一次大革命。而随着农业和畜牧业的发展，人类改造环境的作用也越来越明显地显示出来，但与此同时也发生了相应的环境问题，如大量砍伐森林、破坏草原、刀耕火种、盲目开荒，往往引起严重的水土流失、水旱灾害频繁和沙漠化。又如兴修水利，不合理灌溉，往往引起土壤的盐渍化、沼泽化，以及引起某些传染病的流行。在工业革命以前虽然已出现了城市和手工业作坊（或工厂），但工业生产并不发达，由此引起的环境污染问题并不突出。

2．环境问题的发展恶化阶段（工业革命至20世纪50年代前）

1784年瓦特发明了蒸汽机，迎来了产业革命，使生产力获得了飞跃的发展。机器延伸了人的器官，化石燃料取代了人力、畜力，社会化大生产取代了手工业生产，交通和航海的发展使人类足迹几乎遍及地球上生物圈的各部位。生产力的空前发展增强了人类利用和改造自然的能力，同时也大规模地改变了环境的组成和结构，从而也改变了环境中的物质循环系统，扩大了人类的活动领域，但与此同时也带来了新的环境问题。一些工业发达的城市和工矿区的工业企业，排出大量废弃物污染环境，使污染事件不断发生。如1873年12月、1880年1月、1882年2月、1891年12月、1892年2月，英国伦敦多次发生可怕的有毒烟雾事件；19世纪后期，日本足委铜矿区排出的废水污染了大片农田；1930年12月，比利时马斯河谷工业区由于工厂排放的有害气体，在逆温条件下造成了严重的大气污染事件。如果说农业生产主要是生活资料的生产，它在生产和消费过程中所排放的“三废”是可以纳入物质的生物循环，而能迅速净化、重复利用的，那么工业生产除生产生活资料外，它大规模地进行生产资料的生产，把大量深埋在地下的矿物资源开采出来，加工利用投入环境之中，许多工业产品在生产和消费过程中排放的“三废”，都是生物和人类所不熟悉、难以降解、同化和忍受的。总之，由于蒸汽机被发明和广泛使用以后，工业生产日益发展，生产力有了很大的提高，环境问题也随之发展且逐步恶化。

3．环境问题的第一次高潮（20世纪50年代至80年代以前）

环境问题的第一次高潮出现在20世纪50—60年代。20世纪50年代以后，环境问题更加突出，震惊世界的公害事件接连不断，1952年12月的伦敦烟雾事件，1953—1956年日本的水俣病事件，1961年日本四日市哮喘病事件，1955—1972年的骨痛病事件等，形成了第一次环境问题的高潮。这主要是由下列因素造成的。

首先是人口迅速增加，城市化的速度加快。人类在地球上生存了几百万年，直到19世纪初（约1830年），世界人口才达到10亿，期间经历了200万年，然后经过了100年又增加了10亿（即1930年人口20亿），而到了1960年，仅仅经过30年，世界人口就增至30亿，增加第四个10亿仅仅用了15年，1975年世界人口增至40亿，到1987年增至50亿，1999年10月12日，世界人口已达60亿。1900年全世界拥有70万以上人口的城市有299座，到1951年迅速增到879座，其中百万人口以上的大城市约有69座。在许多发达国家中，有半数人口住在城市。

其次是工业不断集中和扩大，能源消耗大增。1900年世界能源消费量还不到10亿吨煤当量，至1950年就猛增至25亿吨煤当量，到1956年石油的消费量也猛增至6亿吨，在能源中占的比例加大，又增加了新污染。工业化的迅速发展逐渐形成大的工业地带，而当时人们的环境意识还很薄弱，第一次环境问题高潮出现是必然的。

当时，在工业发达国家因环境污染已达到严重程度，直接威胁到人们的生命和安全，成为重大的社会问题，激起广大人民的不满，并且也影响了经济的顺利发展。1972年斯德哥尔摩人类环境会议就是在这种历史背景下召开的。这次会议对人类认识环境来说是一个里程碑。工业发达国家把环境问题摆上了国家议事日程，包括制定法律、建立机构、加强管理、采用新技术。20世纪70年代中期环境污染得到了有效控制，城市和工业区的环境质量有明显改善。

4．环境问题的第二次高潮（20世纪80年代以后）

第二次高潮是伴随环境污染和大范围生态破坏，在20世纪80年代初开始出现的一次高潮。人们共同关心的影响范围大和危害严重的环境问题有三类：一是全球性的大气污染，如“温室效应”、臭氧层破坏和酸雨；二是大范围生态破坏，如大面积森林被毁、草场退化、土壤侵蚀和荒漠化；三是突发性的严重污染事件叠起。如：印度博帕尔农药泄漏事件（1984年12月）、前苏联切尔诺贝利核电站泄漏事故（1986年4月）、莱茵河污染事件（1986年11月）等。在1979—1988年这类突发性的严重污染事故就发生了10多起。这些全球性大范围的环境问题严重威胁着人类的生存和发展，不论是广大公众还是政府官员，也不论是发达国家还是发展中国家，都普遍对此表示不安。1992年里约热内卢环境与发展大会正是在这种社会背景下召开的，这次会议是人类认识环境问题的又一里程碑。

前后两次高潮有很大的不同，有明显的阶段性。

其一，影响范围不同。第一次高潮主要出现在工业发达国家，重点是局部性、小范围的环境污染问题，如城市、河流、农田等。第二次高潮则是大范围，乃至全球性的环境污染和大范围生态破坏。这些环境问题不仅对某个国家、某个地区造成危害，而且对人类赖以生存的整个地球环境造成危害。这不但包括经济发达的国家，也包括众多发展中国家。发展中国家不仅认识到全球环境问题与自己休戚相关，而且本国面临的诸多环境污染危害更大、更加难以解决。

其二，就危害后果而言，第一次高潮人们关心的是环境污染对人体健康的影响，环境污染虽对经济造成损害，但问题还不突出；第二次高潮不但明显损害人类健康，全世界每分钟因水污染和其他环境污染而死亡的人数平均达到 28 人，而且全球性的环境污染和生态破坏已威胁到全人类的生存与发展，阻碍经济的可持续发展。

其三，就污染源而言，第一次高潮的污染来源尚不太复杂，通过污染源调查可以弄清产生环境问题的来龙去脉。只要一个城市、一个工矿区或一个国家下决心，采取措施，污染就可以得到有效控制。第二次高潮出现的环境问题，污染源和破坏源众多，不但分布广，而且来源杂，既来自人类的经济再生产活动，也来自人类的日常生活活动；既来自发达国家，也来自发展中国家。解决这些环境问题只靠一个国家的努力很难奏效，要靠众多国家，甚至全人类的共同努力才行，这就极大地增加了解决问题的难度。

其四，第一次高潮的“公害事件”与第二次高潮的突发性严重污染事件也不相同。一是带有突发性，二是事故污染范围大、危害严重、经济损失巨大。例如：印度博帕尔农药泄漏事件，受害面积达 40 平方千米，据美国一些科学家估计，死亡人数在 0.6 万～1 万人，受害人数约为 10 万人，其中有许多人双目失明或终身残废。

综上所述，就环境问题本身的发生、发展来看可分为“环境问题发展萌芽阶段”、“环境问题恶化阶段”、“第一次环境问题高潮阶段”和“第二次环境问题高潮阶段”四个阶段。可见，环境问题是自人类出现而产生的，又伴随人类社会的发展而发展，老的问题解决了，新的问题又不断出现。人与环境的矛盾是在不断运动、不断变化、永无止境的。

（二）当代环境问题的类型

所谓环境问题，是指由于人类活动作用于人们周围的环境所引起的环境质量变化，以及这种变化反过来对人类的生产、生活和健康的影响问题。环境问题的分类方法很多，如果按发生的先后顺序和发生机制进行分类，可分为原生环境问题和次生环境问题。

1. 原生环境问题

原生环境问题，又称第一环境问题，是指由于自然环境自身变化引起的，没有人为因素或者人为因素很少的环境问题，如火山爆发、地震、台风、海啸、洪水、旱灾等发生时所造成的环境问题。

2. 次生环境问题

次生环境问题，又称第二环境问题，是指由于人为因素造成的环境问题，是目前环境科学所研究的主要领域。次生环境问题又分为生态破坏和环境污染两个类型。

生态破坏主要是人类不合理开发利用自然资源和工程项目建设引起的。例如：人类为了解决粮食问题，大量开垦土地造成自然植被的减少引起水土流失、土地沙漠化、土地盐渍化等问题，高速公路建设引起的山区生态系统结构破坏和水土流失等问题。

环境污染，根据其起因、机制、特点的不同又可分为环境污染和环境干扰两类。环境污染是因为人类在生产和生活中排出的废弃物进入环境，积累到一定程度，对人类产生了不利的影响。环境污染主要包括水体污染、大气污染、土壤污染、生物污染、放射性污染等；环境干扰是人类活动排出的能量作用于环境而产生的不良影响，其特点是干扰源停止排出能量后，干扰立即或很快消失。环境干扰包括噪声干扰、热干扰和电磁辐射干扰等。

（三）当代环境问题的特点

从 20 世纪中期开始，工业化进程引起了多起严重的环境污染事件，这些痛苦的经历直接促成了人们对环境问题的觉醒和环境保护意识的产生，越来越多的人认识到环境污染的严重性以及保护环境的重要性，这样使得环境保护的问题从社会生活的边沿走向社会的中心。环境问题的发展呈现出更复杂、更重要的局面，当前世界的环境问题特点可以归纳为以下几个方面。

1．从区域性环境污染扩展为全球性环境问题

20 世纪初，世界人口只有 16 亿，工业化地区极少，地球大部分地区还未开发。然而，在近 100 年里，世界人口增加了 3 倍半。近 50 年，世界人口的指数增长模式被科学家惊呼为人口爆炸，在人口急增的同时，工业化迅速地被推广到世界更多的地区，世界工业生产增加了 50 倍以上，能源消耗增长了 100 多倍，创造出 13 亿美元的世界经济。在这些增长总量中，工业生产增长的 4/5，矿物燃料消耗增长的 3/4 都是在 50 年内实现的，与此并行的是世界环境问题也从区域性的环境污染扩展为全球性的环境问题。

20 世纪初期只有英国和其他西欧工业城市，美国及北美东海岸发达地区出现环境污染问题。伦敦作为“雾都”的同时，人们也饱尝大气污染之苦，美丽的泰晤士河从一条“皇家之河”变成一条死河；20 世纪中期发达国家工业区的污染问题日益严重，著名的“八大公害事件”就是这些地区严重环境污染的表现和恶果，终于在西方发达国家爆发了一场规模宏大和持续不断的群众运动；20 世纪 80 年代以来，环境问题从区域性向全球性扩展，从局部性向整体性扩展，从小规模向大规模扩展，已经成为严重的全球性问题。这主要表现在以下几个方面：

（1）环境问题的形成与全球人类的活动有关

当今出现的问题早已突破了区域性人类活动的范围，而是全球人类活动的结果。人类的价值观、生产方式和生活方式都在全球化，科学技术的迅速传播、社会生产力的发展，使得人类拥有改变全球的力量，也出现了世界经济全球化。国际性的世界物质生产，国际金融和货币体系，世界贸易和世界市场的形成，全球性交通和通信网络的形成，全球性的国际政治、科学和文化的发展等重大变化伴随着人类进入 21 世纪。在所有这些因素（人类之间的社会经济关系，人类与自然的关系）的综合作用下，必然会出现人类社会和地球自然界的全球变化。

（2）环境问题在全球范围内出现

地球上的岩石圈、大气圈、水圈、生物圈出现了全面的环境污染和生态破坏。如 20 世纪 50 年代在局部地区喷洒的农药现已扩散到全球，连南极的企鹅、北极的冰川都不能幸免。又如人造物质氯氟烃等的出现，使大气圈中的臭氧层遭到破坏，它也是全球范围内的重大问题，任何地区不能幸免。

（3）环境问题的影响危及全球人类

早期发现的环境问题主要是环境污染问题，只使部分人群受到威胁，而接着发现的环境问题是生态破坏，则是地球上任何人都不能幸免的；环境问题不仅危害人体健康，而且全面制约经济社会的发展，危及全人类的生存和发展，危及人类的未来。随着人类对环境的认识逐渐深入，许多人已意识到，环境问题将影响到地球上的整个生态系统，影响全球

的自然平衡。许多物质平衡如碳平衡、氧平衡、热平衡会遭到破坏，而能量平衡也会变成能量短缺，大自然平衡的破坏正在形成人和其他生命不适应的、新的生物地球化学过程和新的生物地球化学循环。

（4）环境问题的解决具有全球性

环境问题是全人类活动的恶果，所以环境问题的解决必须由全人类承担。世界上各个地区和国家的人民必须积极参与环境保护活动，首先是各个地区和国家要根据自己的情况解决本身的环境问题，而世界性的环境问题，则需要全人类的一致行动共同努力，通过广泛、持久、深入的国际合作共同解决。

20 世纪以来，世界环境从区域环境污染扩展到全球性问题。这全面影响了人类的生产和生活，使人类在地球上的生存发生了危机，对人类提出了严重的挑战，所以环境问题从区域性环境污染发展为全球性问题，是 20 世纪人类和整个地球上所发生的最重大事件之一。

2．从第一代环境问题扩展到第二代环境问题

全球性环境问题的产生，促使世界环境从第一代环境问题扩展为第二代环境问题。这是 20 世纪 80 年代以来环境问题的又一个重要特点。

第一代环境问题，主要是指环境污染与生态破坏造成的区域性影响，其中最主要的有以下方面：①煤和其他化石燃料燃烧引起的大气污染；②重工业废水或有机物废水，以及城市生活废水等引起的水污染，包括地表水（江河湖海）及地下水污染；③工业固体废物和城市垃圾所造成的污染；④森林滥伐、草原过度放牧和不合适的垦荒造成的植被减少和生态环境的破坏；⑤土地不合理开发引起的水土流失、沙漠化以及非农业占用耕地导致农田面积减少；⑥资源不合理开发利用，导致能源和其他矿产资源短缺，水资源短缺。

第二代环境问题，主要是指全球性环境问题。它的规模和性质、对人类及其他生物的影响以及预测或解决这些问题的难度都大大超过第一代环境问题。这些问题有些早已存在，但是 20 世纪 80 年代以后才逐渐引起人类的重视，其中最重要的有：①全球气候变暖；②酸雨；③臭氧层破坏；④生物多样性锐减。

第二代环境问题表现出环境污染的全球性和其影响的国际化。一个国家和一个地区燃烧化石燃料排放的二氧化碳能够改变另一个国家的气候或使全球海平面上升；一个国家生产和排放的危险物质能够威胁到人类的生存；一种人类活动如砍伐森林会导致全球二氧化碳增加。

3．从发达国家的环境问题扩展到发展中国家的环境问题

20 世纪的前期和中期，环境污染主要发生在发达国家，特别是这些国家的工业发达地区，在这些国家和地区爆发了声势浩大的环境保护运动，还将群众运动的矛头直接指向造成环境污染从而损害了公众利益的企业和不重视环境管理的政府。在 20 世纪后期，发达国家的企业和政府开始采取有力的措施，使得发达国家对环境总体破坏有所控制。莱茵河河水重新由浑浊变为清澈，伦敦的大气污染得到控制，洛杉矶的光化学烟雾事件也不再发生，但是环境污染与生态破坏迅速向发展中国家扩展。现在全世界空气污染最严重的都市大都集中在发展中国家，水体污染、森林破坏、草场退化、土地沙漠化、水土流失和占用耕地等现象也都在发展中国家急速发展。发展中国家正处于世界环境危机的一系列错综复杂因素相互作用的前沿，发展中国家的环境问题已成为世界环境问题的重心。

目前，发展中国家突出的环境问题有：①贫穷与落后造成环境灾难与生态难民；②人口爆炸加剧了发展中国家的环境压力；③债务迫使发展中国家加剧开发资源，得不偿失；④多数发展中国家的工业化道路是被迫加剧环境污染的道路；⑤污染转移更加剧了发展中国家的环境问题。一般来讲污染转移有三种方式：境内转移到境外，即跨国转移；城市转移到乡村；沿海转移到内陆。就国际范围来讲，跨国转移主要是发达国家转移到发展中国家。污染跨国转移主要采取两种形式：转移肮脏工业、输出有毒废物。

（四）环境问题的根本原因

1．环境问题的自然原因

各种巨大的自然灾害，如地震、火山、气候变化或外来行星撞击地球等事件，可造成局部或全球环境恶化。

2．环境问题的经济原因

经济发展的某些因素阻碍了环境的保护和资源的持续利用。这些因素包括市场失灵、非确定性和不可逆性、人口增长以及在许多情况下存在的环境与经济发展的取舍关系问题。环境危机的出现并不是人们对于环境的忽略，而是在现实经济社会条件下，经济运行所伴生的必然结果。在市场经济条件下，环境资源的开发利用，目的在于效益与收益。然而由于经济运行过程中技术进步的非对称性和市场非对称性（或外部性）以及对无市场价值的资源的忽视，造成了资源与环境利用中的市场失灵。

3．环境问题的社会原因

不正确的社会价值取向是导致环境问题的一个重要社会因素。一些地区和群体对自然资源的价值认识狭隘、模糊，只看到自然资源的经济性价值，而看不到自然资源的其他价值，从而使自然资源落入经济利益的计量和盘剥中，过分追求自然的经济价值，淡化甚至掩盖了自然的其他价值。这种狭隘认识指导下的实践结果可想而知，在经济利益的诱惑下，人们向自然进攻，对树木森林乱砍滥伐，对鱼虾乱捕滥捞，对飞禽走兽乱打滥杀，对矿产乱开滥采，其结果就是水土流失严重、矿产资源告急、生物多样性日渐减少。

4．环境问题的政策原因

针对各种环境问题，各个国家和政府颁布了很多政策法规，但许多环境问题仍没有得到解决，这是因为一些环境政策存在制定不及时、执行不力、监督不严、公众参与缺失等问题。

第二节　环境保护及其发展历程

一、环境保护及其重要性

（一）环境保护的概念

环境保护是一项范围广阔、综合性很强的工作。概括地说，环境保护就是运用现代环境科学的理论和方法，在合理开发利用自然资源的同时，深入认识并掌握污染和破坏环境的根源和危害；有计划地保护环境，预防环境质量的恶化，控制环境污染和破坏，促进经济与环境协调发展；保护人体健康，造福人民惠及子孙后代。简言之，环境保护是保护、改善和创建环境的一切人类活动的总称。

（二）环境保护的内容

环境保护的内容世界各国不尽相同，同一个国家在不同的时期内容也有变化。但一般地说，大致包括两个方面：一是保护和改善环境质量，保护居民的身心健康，防止机体在环境影响下产生遗传变异和退化；二是合理开发利用自然资源，减少或消除有害物质进入环境，以及保护自然资源、加强生物多样性保护，维护生物资源的生产能力，使之得以恢复和扩大再生产。

（三）环境保护的价值及重要性

随着全球化经济的快速发展，大型工程的开发建设，自然资源的过度开发等给人类生活环境带来了大气污染、噪声污染和水质污染等一系列的生态环境破坏。目前全球有 2 000 万公顷茂密的森林消失，有 600 万公顷的土地沙漠化日益严重，平均每 1 小时就会有一个物种灭绝，惊人的数字和速度，令人毛骨悚然。

以中国为例，自改革开放以来，我国在经济建设方面取得了举世瞩目的成绩，如经济增长速度、外汇储备量、外商直接投资引入、主要工业品产量等均居世界首位。但与此同时，我国的生态环境也付出了巨大的代价，有研究统计我国江河水系 70%受到污染，河流流经城市 90%以上的水域污染严重，50%以上的重点城镇水源不符合饮用水标准，城市垃圾处理率不足 20%，农村有 1.5 亿吨垃圾露天存放，3 亿多农民喝不到干净的水，4 亿多城市居民呼吸不到新鲜空气，近 1/3 的国土面积受到风沙的威胁。环境问题破坏力很大，造成的损失往往十分惊人，据统计，1986—1994 年，每年生态破坏和环境污染造成的经济损失约占当年国民总收入的 14%，这一计算尚不包括物种基因消失所造成的巨大到无以估量的损失。

经济发展是关涉人们物质生活水平高低的问题，而生态环境的保护则是关涉人类生存质量的问题，甚至人类能否持续健康生存发展的问题。自然环境为经济的发展提供了原始的生产资料，人类只有有效地保护自然生态环境，才有可能很好地借助自然界来满足自己的需要，自然力才会最大限度地、持久地转变为现实的生产力，经济才能持续稳定发展。环境保护不仅可避免环境污染与生态破坏带来巨大的经济损失，而且还可促进资源的综合利用和经济结构优化，从而创造直接的经济效益。

环境保护除了可以带来较高的经济价值外，从社会价值角度上讲，环境保护还可维护社会的安定团结，树立良好的大国形象，提升国际地位，从而取得良好的政治效益。

二、环境保护的发展历程

（一）环境运动的产生与发展

面对日益严峻的环境形势和严重的伤亡事件，人们开始检讨反思自己的行为。在现代环境保护运动史上具有影响意义的人和事件相继出现。通过这些人和事件，人类越来越清醒地意识到，人类首先是环境的产物，而生存环境首先是地理环境，人类的生存质量确实与地理环境有密切关系。

最早促使西方世界开始思考人类与自然环境之间关系是原子弹在第二次世界大战中的应用。原子弹的巨大威慑力引发人们对征服自然行为的质疑。关于科技和社会发展对自然的影响以及对人类自身影响的思考也开始萌发，环境保护主义新道德意识开始形成，主张运用生态学理论来限制运用针对自然界的以科技为基础的人类行为。早期的环境运动领导者美国人巴里• 康芒斯就是从事反核计划的科学家之一。他指出，企业对最大利润的追求推动新的危险品出现，公众应该觉醒。在科学家的带领下，强迫美国政府限制这些有害技术的发展，寻找更加安全的替代品。

促进环境意识的觉醒和环保运动兴起的一个重要人物是卡逊夫人。1962 年，美国生物学家蕾切尔• 卡逊夫人出版了《寂静的春天》一书，该书以生动而严肃的笔触描写因过度使用杀虫剂而导致环境污染和生态破坏。卡逊夫人的书声震全国，美国朝野上下围绕杀虫剂滥用展开了一场大规模的旷日持久的辩论，涉及经济、政治，甚至道德问题，滥用杀虫剂导致的食品污染与每个人的健康都有直接关系。《寂静的春天》告诫人们，人类具有改造大自然的异常能力，但这种能力改变了地球上一直以来生物与周围环境在互动中实现平衡的历史。人类活动导致了空气、土地、河流以及大海受到了各种致命化学物质的污染，而自然界“正在用食物报复着人类”。她警告人们“控制自然这个词是妄自尊大的想象的产物，是生物学和哲学还处于幼稚阶段时的产物”。卡逊夫人是人类环境保护的先行者，她的思想在世界范围内第一次引发了人类对自身的传统行为和观念的比较系统和深入的反思。为此，蕾切尔• 卡逊夫人被称为“现代环境保护运动之母”。

在杀虫剂辩论结束后不久，美国人保罗• 埃利奇的《人口爆炸》以及巴里• 康芒斯的《封闭的循环》等书，在公众中引起了强烈反响，并引发了关于环境问题的广泛而热烈的讨论。这些讨论暴露出的许多严重的现实环境问题，越来越让公众坐立不安，生态系统、生态观念、生态伦理正是在这种情形下深入人心的。

《寂静的春天》发表 10 年后，另一个女性的举动再次轰动世界。1972 年，美国麻省理工学院的梅多斯受罗马俱乐部的委托，带领一个研究小组完成了一部具有深远历史影响的报告《增长的极限》。报告深刻阐明了环境的重要性以及资源与人口之间的基本关系。报告预测，由于人口增长、粮食生产、工业发展、资源消耗和环境污染 5 项基本因素的增长，全球的增长将会因为粮食短缺和环境破坏，于 21 世纪的某个时间内达到极限，地球的承载能力达到最高限度，经济因此会衰退。该报告一出，各类争议鹊起，一时间人们感觉未来命运阴云密布。尽管《增长的极限》报告中的一些预言并没有发生，但它的历史意义是提出“极限”这个概念，警告人们，在发展和人类环境扩张的时间要考虑到地球资源的有限性。报告对人类前途的忧虑唤起了人类自身的觉醒，为可持续发展思想的产生奠定了基石，成为当时环境运动的理论基础，有力地促进了环境运动的开展。

这一时期西方国家从公众到政府都已经认识到了环境问题的严重性，并开始采取一系列行动。日本的环境污染事件最引人注目，为此，日本在 20 世纪六七十年代加强了环境保护方面的立法，建立起了一套比较完备的环境法制体系。1969 年美国也通过了《国家环境政策法》，建立起了国家环保行政机构，创立了环境影响评估制度。1970 年 4 月 22

日，美国各地都举行了声势浩大的环境保护示威游行，这一天后来被联合国定为地球日。从此，环境问题成为学校、媒体和立法部门经常讨论的热门话题，“生态学”、“环境代价”、“资源枯竭”、“河流富营养化”、“环境保护主义”、“环境保护主义者”等词汇都很快流行开来。

1972年6月5日，联合国在瑞典的斯德哥尔摩首次召开人类环境会议。会议的基调是我们“只有一个地球”，并发表了《人类环境宣言》，这标志着全人类对环境问题的觉醒。在会后的20年里，人类围绕着环境与发展问题展开了艰辛的探索。1992年6月，在巴西里约热内卢召开联合国环境与发展世界首脑大会，明确提出了人类可持续发展问题，发表了《21世纪议程》。十年后（2002年），新世纪首次世界环境与发展首脑大会——南非约翰内斯堡地球峰会召开，人类环境与发展文明史又谱写了新的篇章。大会通过了《可持续发展世界首脑执行计划》，这表明人类从来没有像今天这样关注和忧虑自己的家园。2012年，在巴西里约热内卢再次召开了联合国可持续发展大会，通过了《我们憧憬的未来》这一成果性文件。

（二）全球环境保护的发展历程

世界各国特别是发达国家的环境保护工作，大致经历了四个发展阶段。

1．限制阶段

环境污染早在10世纪就已发生，如英国泰晤士河的污染、日本足尾铜矿的污染事件等。20世纪50年代前后，发生了震惊世界的八大公害事件，由于当时对这些公害事件的原因和机理并没有搞清楚，一般采取限制措施。如英国伦敦发生烟雾事件后，制定了法律限制燃料使用量和污染物排放时间。

2．“三废”治理阶段

20世纪50年代末60年代初，发达国家环境污染问题日益突出，环境问题引起了世界各国尤其是发达国家的重视，一些发达国家成立了环境保护专门机构。但是，这时只是把环境问题看成是工业污染问题，因此环境保护工作就是治理污染源、减少排放量。经过大量投资，环境污染有所控制，环境质量有所改善和提高，但末端治理的办法未从根本上解决问题，所以收效并不明显。

3．综合防治阶段

1972年发表的《人类环境宣言》指出，环境问题不仅仅是环境污染问题，还应该包括生态环境的破坏问题。另外，它提出了把环境与人口、资源和发展联系在一起，从整体上来解决环境问题。对环境污染问题，也开始实行建设项目环境影响评价制度和污染物排放总量控制制度，从单项治理发展到综合防治。1973年1月联合国大会决定成立联合国环境规划署，负责处理联合国在环境方面的日常事务工作。

4．规划管理阶段

20世纪80年代初，由于发达国家经济萧条和能源危机，各国都急需协调发展、就业和环境三者之间的关系，并寻求解决办法。这阶段环境保护工作的重点是：制定经济增长、合理开发利用自然资源与环境保护相协调的长期政策。其特点是重视环境规划和环境管理。既要促进经济发展，又要保护环境，达到经济效益、社会效益与环境效益的统一，在发展经济的同时，不断改善和提高环境质量。

（三）中国环境保护的发展历程

中国的环境保护工作大体可分为三个阶段。

1．点源治理、制度建设阶段（1973—1993 年）

该阶段，我国的经济建设从完全的计划经济向有计划的社会主义市场经济转变，大量以轻工、纺织为主导的乡镇企业迅速崛起。由于这些乡镇企业数量多，布局混乱，产品结构不合理，技术装备差，经营管理不善，资源和能源消耗大，绝大部分没有防治污染措施，使污染危害变得更加突出和难以防范，导致污染由点到面、由城市向农村蔓延，环境保护工作严重滞后于经济发展。

1972 年发生的大连湾污染事件、蓟运河污染事件、北京官厅水库鱼污染事件，以及松花江出现类似日本水俣病的征兆，表明我国的环境问题已经到了危急关头。其中北京官厅水库鱼污染事件直接引发我国第一项治污工程的开展。

同年，根据周恩来总理的指示，中国派代表团参加了在瑞典斯德哥尔摩举行的联合国第一次人类环境会议，自此决策者们开始认识到中国也存在着严重的环境问题，需要认真对待。在这样的历史背景下，1973 年 8 月召开了第一次全国环境保护会议，审议通过了中国第一个全国性环境保护文件《关于保护和改善环境的若干规定》，确立了“全面规划、合理布局、综合利用、化害为利、依靠群众、大家动手、保护环境、造福人民”的 32 字环境保护方针。

1979 年 12 月颁布了《中华人民共和国环境保护法（试行）》，我国的环境保护事业进入了一个改革创新的新时期。

1983 年召开第二次全国环境保护会议，把保护环境确定为一项基本国策，制定了经济建设、城乡建设、环境建设同步规划、同步实施、同步发展，实现经济效益、社会效益、环境效益相统一的指导方针，以及“预防为主，防治结合”“谁污染，谁治理”“强化环境管理”三大环境保护政策。

1989 年召开第三次全国环境保护会议，明确提出了“向环境污染宣战”的口号，并强化环境管理，推行“老三项”、“新五项”共八项环境管理制度，“老三项”为环境影响评价制度、建设项目“三同时”制度和排污收费制度；“新五项”为排污许可证制度、环境保护目标责任制、城市环境综合整治定量考核制度、污染集中处理制度和限期治理制度，这些环境管理制度至今仍在发挥作用，有效促进了经济与环境的协调发展。

1992 年联合国环境与发展大会后，实施可持续发展战略已成为世界各国的共识，并成为我国经济社会发展的主体战略。中国政府率先制定了《中国环境与发展十大对策》和《中国 21 世纪议程——中国 21 世纪人口、资源与发展白皮书》。1993 年 3 月，全国人大成立了环境与资源保护委员会（简称环资委），随后，其提出了“中国环境与资源保护法律体系框架”。

在这一阶段，我国的环保事业从无到有，经历了一个漫长的探索、发展过程，从建立机构到制度建设再到实施一系列环保措施。制度建设和对重点地区进行污染治理是这个阶段最鲜明的特征。其中伴随着改革开放和经济的快速发展，以基本国策为核心的环境保护理论体系，以排污收费制度、“三同时”制度、环境影响评价制度为主体的环保制度和以《环境保护法》为代表的法制体系等相继建立，为下一步大规模开展环境治理奠定了重要的制度基石。与此同时，国家在制定环境规划与计划，开展“三废”治理，限期整改和搬迁污染企业、推动城市环境综合整治、加大环保投入等方面取得了长足的进展。

2．流域治理、强化执法阶段（1994—2004年）

自1993年开始，我国工业化进程开始进入第一轮重化工时代。在此期间，产业结构中重工业产值比重开始明显超过轻工业，电力、钢铁、机械设备、汽车、造船、化工、电子、建材等产业成为经济增长的主要动力，以满足居民住、行的“大额消费”需求。与此同时，城市化进程加快，1999年城市化率比1978年的17.92%整整增加了一倍，到2005年提高到43%。城乡人民生活水平进一步提高，居民消费结构不断改善，食物性消费支出比重继续下降，耐用消费品拥有量不断增加，并逐渐向高档化发展。但是，由于经济增长方式粗放，技术和管理水平落后，资源、能源的消耗量也大幅度增加，主要污染物排放量居高不下，工业污染和生态破坏总体呈加剧趋势，我国进入环境问题全面爆发期。

1996年召开第四次全国环境保护会议，明确提出“保护环境的实质就是保护生产力”“保护环境是实施可持续发展战略的关键”，把实施主要污染物排放总量控制作为确保环境安全的重要措施，开展重点流域、区域污染治理。

1996年8月，国务院发布了《国务院关于环境保护若干问题的决定》，提出了“一控双达标”的目标，即省级区域污染物排放总量要控制在国家规定的排放总量指标之内，工业污染源要达到国家和地方规定的污染物排放标准，重点城市空气和地表水要达到环境功能区规定的环境质量标准。确定了污染防治的重点是控制工业污染源和保护好饮用水水源。水域污染防治的重点是“三湖”（太湖、巢湖、滇池）和“三河”（淮河、海河、辽河），重点防治煤炭产生的大气污染，控制二氧化硫和酸雨加重趋势。

2002年召开第五次全国环境保护会议，要求把环境保护工作摆到与发展生产力同样重要的位置，按照经济规律发展环保事业，走市场化和产业化的路子。

这一时期随着污染由点到面，向流域和区域蔓延，各级政府越来越重视污染防治工作，环保投入不断增大，污染防治工作开始由工业领域逐渐转向城市，城市环境综合整治工作取得积极进展。但是由于对环境问题的长期性、艰巨性、复杂性认识不够，思想和行动上准备不足，出现了环境目标制定脱离现实等问题，治理方式主要依赖行政手段，最终导致环境治理总体效果很不理想。

3．全防全控、优化增长阶段（2005年至今）

2005年以来我国开始进入环境污染事故高发期，环境事件呈现频度高、地域广、影响大、涉及面宽、水污染突出的态势。污染事故和环境公害污染引发的群体性事件呈上升趋势，表明环境问题越来越影响社会稳定，同时环境污染引发的健康问题也日益突出。

“十五”期间，我国社会、经济发展各项指标大都取得预期结果，但环境保护指标未能完成，环境质量恶化趋势没有得到有效遏制，环境与发展之间的矛盾日益尖锐。由此，我国政府把环境保护放在更加重要的战略地位。2005年12月，国务院发布《国务院关于落实科学发展观　加强环境保护的决定》。按照全面落实科学发展观、构建社会主义和谐社会的要求，坚持环境保护基本国策，在发展中解决环境问题。积极推进经济结构调整和经济增长方式的根本性转变，切实改变“先污染后治理、边治理边破坏”的状况，依靠科技进步，发展循环经济，倡导生态文明，强化环境法制，完善监管体制，建立长效机制，建设资源节约型和环境友好型社会，努力让人民群众喝上干净的水、呼吸清洁的空气、吃上放心的食品，在良好的环境中生产生活。提出需要切实解决的突出环境问题：①以饮水安全和重点流域治理为重点，加强水污染治理；②以强化污染防治为重点，加强城市环境保护；③以降低二氧化硫排放总量为重点，推进大气污染防治；④以防止土壤污染为重点，加强农村环境保护；⑤以促进人与自然和谐为重点，强化生态保护；⑥以核设施和放射源监管为重点，确保核与辐射环境安全；⑦以实施国家环保工程为重点，推动解决当前突出的环境问题。

2006年召开第六次全国环境保护大会，提出“做好新形势下的环保工作，关键是要加快实现三个转变”，即从重经济增长轻环境保护转变为保护环境与经济增长并重，从环境保护滞后于经济发展转变为环境保护和经济发展同步，从主要用行政办法保护环境转变为综合运用法律、经济、技术和必要的行政办法解决环境办法。

2011年召开第七次全国环境保护大会，提出坚持在发展中保护，在保护中发展，积极探索代价小、效益好、排放低、可持续的环境保护新路。

2011年10月，国务院印发《关于加强环境保护重点工作的意见》，明确了全面提高环境监督管理水平，着力解决影响科学发展和损害群众健康的突出环境问题，改革创新环境管理体制机制三项重点工作，首次在国务院文件中提出探索环境保护新路。

该阶段，环境治理思路显示了五个方面的特点：一是建设生态文明，加快“历史性转变”，积极探索中国环境保护新路成为环境保护工作的主线。二是立足从国家宏观战略层面解决环境问题，把环境保护理念和要求全面渗透到经济社会发展中。三是调整环境保护与经济发展之间的关系，着手改变环境保护落后于经济发展的局面，用环境保护优化经济增长，加快转变经济发展方式，调整经济结构。四是环境管理和科技支撑得到强化，污染防治由被动应对转向主动防控。污染减排成为国家“十一五”规划必须完成的约束性指标。五是形成了环境保护全面推进、重点突破的总体工作思路。

在上述理念和新举措的推动下，这一阶段我国环境治理工作出现了新进展，2007年、2008年化学需氧量（COD）和二氧化硫（SO_2）两项指标出现连续两年双下降。

三、环境保护的成效

（一）发达国家环境保护的成效

第二次世界大战之后，发达国家经济得到迅速发展，工业化过程迅猛推进，但也付出了沉重的环境代价，走了一条“先污染后治理”的道路。自20世纪70年代以来，发达国家逐步开始采用强有力的环境法律和政策，尤其以市场为主导的环境经济手段控制环境污染，同时把传统产业向其他国家转移，使环境质量得到很大改善，并逐步实现了经济与环境协调发展。发达国家经济与环境关系发展过程的教训与经验表明：依据经济发展与环境污染的演替规律，适时制定和调整完善相应的环境经济政策，加强经济与环境决策一体化，是实现经济与环境协调发展的关键及重要保证；增加环保投入、发展环保产业、大幅度提高环境意识才能最终实现经济与环境的协调发展。

1. 传统环境问题解决

发达国家在环境污染治理方面，经历了从末端治理、源头控制到强调预防原则的转变；

在环境与发展关系上，经历了环境与发展对立到环境与发展共赢的转变。用 30～40 年就基本解决了工业化时期产生的传统的环境污染问题，如水、大气、固体废物等的污染。

以美国大气污染控制为例，1955 年美国国会制定了第一部联邦大气污染控制法规——《1955 年空气污染控制法》，该法主要规定开展对空气污染现象的研究和对各州的空气污染控制予以援助。此后又先后出台了《空气污染控制法》、《清洁空气法》等一系列相关法律，然而都未能有效地控制和消除美国的空气污染。

20 世纪 70 年代前美国主要的控制大气污染的方式是行政命令方式，即“命令加直接管制”的管理方式。到 20 世纪 70 年代中期这种直接的污染控制措施运行成本高，而且对工业企业的经济压力越来越大。在这种情况下，美国逐步采用了一些以市场为基础的环境政策，即在环境管理中引入经济手段。如“抵消政策”和“泡泡政策”。尤其 1990 年将可交易排放系统正式写入《清洁空气法》。美国的实践证明，以市场为基础的环境政策，不仅降低了污染控制的费用，而且提高污染控制的有效性。如今，排污交易等环境经济手段已成为美国环境管理领域的新潮流。

美国环境问题的解决，除了归功于健全的环保法律体系外，很重要的因素是建立了完善的环境经济政策体系。美国把经济手段引入环境保护工作，应用环境经济政策成效显著。

2. 环境问题解决与发展实现双赢

发达国家将环境问题的解决很好地融入其发展中，通过解决环境问题促进其发展方式的转变、科技的创新、自然资源和环境的保护等，不仅为国民提供了良好的生产和生活环境，保障了国民健康，而且极大地提高其国家的综合经济竞争力，占据着世界产业分工和产品链的高端。

以日本为例，在 20 世纪五六十年代，日本经济的高速增长主要依赖于矿业、冶金、造船、无机化学工业等基础性工业的发展，由此严重的环境污染和公害事件频频产生。但经过 20 多年的努力，日本通过产业重点的变化和布局的空间演变，以及加强污染防治，尤其通过以法律为主的强硬手段，成功地解决了非常严重的工业污染和部分城市生活型污染问题。

此外，为应对全球金融危机，日本在 2009 年 2 月提出了实施适合日本国情的“绿色新政”。日本环境省也于 2009 年 4 月发表了《绿色经济与社会变革》方案。该方案可以认为是在循环型社会构建基础上又一次“质”的发展与变革。其实质是要以“环境”优化“经济”，建立绿色经济的政治及社会制度基础，使环境渗透进入经济发展的“骨髓”；其变革主要集中于 4 个方面：

第一，“向绿色社会资本的转变”：出台了以国家为中心，与地方公共团体联合，通过绿色公共事业，建设面向未来的人与自然友好型基础设施的政策。

第二，“向绿色区域社会的转变”：出台了发挥人才、自然、传统等区域资源优势，通过开展环境保护工作为地区注入活力的政策。

第三，“向绿色消费的转变”：出台了将现有的家电、汽车置换为节能型低环境负荷的产品以及进行住宅的环保改造等旨在从家庭开始创造绿色需求的政策。

第四，“向绿色投资的转变”：出台了通过企业生产适应绿色消费的产品，利用金融市场的支持等促进企业积极开展环境投资的政策。

这份政策方案计划将使日本环境领域的市场规模从 2006 年的 70 万亿日元增加到 2020

年的120万亿日元，相关就业岗位也将从140万人增加到280万人。而其最终目标是要形成绿色社会、绿色社区、绿色消费、绿色投资、绿色科技全方位支撑的“绿色国家”。

（二）中国环境保护的成效与经验

作为一个发展中国家，在1972年联合国人类环境会议之后，中国是在人均GDP不足200美元的条件下开展污染防治与生态保护的，全国上下为此付出了极大的努力。通过多年实践，环境保护在中国的战略地位不断提升，环境法律法规和管理制度也不断完善，中国环境政策从初期着重于强化环境行政管理机构和完善环境法律法规，努力加强环境管理，随后则越来越突出经济与环保的协调和双赢。

实践与理论都证明，经济与环境协调发展并不会自动地发生，它依赖于全社会环保意识的提高、环境政策的严格实施，以及经济转型与技术进步的支持。因此，中国只要积极借鉴发达国家的经验与教训，加强技术创新，健全经济与环境协调发展制度，就能产生“后发优势”，并在加快经济发展的同时，使环境污染程度减轻，最终实现国民经济又好又快地发展。

第三节 中国环境管理机构设置沿革

一、国务院环境保护领导小组

我国政府机构的名称中第一次出现“环境保护”是在1971年。当时为了开展资源综合利用工作，原国家计划委员会成立了“三废”利用领导小组，由各个相关部门承担相关环保工作，如环境卫生的管理工作由卫生部负责，自然生态环境的保护由林业部、农业部、水利部负责等，这是我国环境管理机构的雏形。

1973年8月，审议并通过了原国家计划委员会拟定的《关于保护和改善环境的若干规定》（试行草案），草案明确提出“各地区、各部门要设立精干的环境保护机构，给他们以监督、检查的职权”，成立国务院环境保护领导小组办公室。同年，国家计委、国家建委、卫生部批准颁布我国第一个环境标准——《工业“三废”排放试行标准》。

1974年5月，国务院设立了一个由20多个有关部委领导组成的环境保护领导小组，代管国务院环境保护领导小组办公室，主管和协调全国的环境工作，其日常工作由其下设的领导小组办公室负责。领导小组办公室是我国环境保护工作的领导机构，主要职责是制定环境保护的方针政策，审定国家环境保护规划，组织协调和监督检查各地区和各有关部门的环境保护工作。同年11月，重庆市成立了市环保局，这是我国的第一个环保局。

1975年，国务院环境保护领导小组将《关于环境保护的10年规划意见》印发各省、市、自治区政府和国务院各部门参照执行，这是我国第一个环境保护专题规划。

虽然我国拥有专门的环境管理机构，环境管理工作也被列入政府工作的议事日程，但国务院环境保护领导小组及其办公室是没有编制临时性的环保机构，环境管理的内容也局限在较小的范围，针对的是特定的环境污染问题。与此相对应，所设置的环境管理机构大多属于特设的管理机构，如官厅水库水资源保护领导小组、黄河、淮河、长江、松花江、珠江、太湖等流域领导小组等，因此这只是我国环境保护行政管理机构建设的起步。

二、城乡建设环境保护部和国务院环境保护委员会

1979 年 9 月 13 日，我国颁布了《中华人民共和国环境保护法（试行）》，这是我国环境保护的基本法。法律明文规定了各级环境保护机构设置的原则和职责，为我国环境保护管理体制建设提供了法律保障。根据这一法律规定，各级政府相继成立了环境保护机构，并进入了政府组成序列。由此，以常设机构为组织形式的环境保护管理体制开始逐步形成，国务院有关部门也设立了环境保护监督机构。

1982 年，全国人大常委会发布了《关于国务院部委机构改革实施方案的决议》，根据该决议，撤销了国务院环境保护领导小组，将其同城乡建设管理机构一起，成立城乡建设环境保护局，即环境保护机构成为该部内设的一个司局级单位。受国家环境保护机构设置模式的影响，各级地方政府也纷纷将环境保护机构与城乡建设管理机构合并，形成了“城乡建设与环境保护一体化”的管理模式。虽然在这次改革中环境保护部门的行政建制没有升格，但由国务院环境保护领导小组下设的办公室转为中央政府序列内的常设机构，对加速建立全国一体化的环境管理体系、制订环境保护管理工作的规范具有重要的作用。

1984 年 5 月，国务院发布了《关于加强环境保护工作的决定》，决定成立由李鹏副总理任主任，30 多个部委领导人作委员的国务院环境保护委员会（没有编制），作为国务院环境保护工作的议事机构和协调机构，办公室设在城乡建设环境保护局。其主要任务是：研究和审议国家环境保护与经济协调发展的方针、政策和措施，指导并协调解决有关的重大环境问题，监督检查各地区、各部门贯彻执行环境保护法律法规的情况，推动和促进我国环境保护事业的发展。

与 1984 年国务院机构改革要求“大力清理撤销非常设机构”相比，国务院环境保护委员会的成立是一个特例。1984—1997 年，国务院环境保护委员会共召开 37 次工作会议，研究审议 80 多项涉及国家和地方重大环境问题的规划、政策、规定、条例、决定，等等。国家环保局凭借国务院环委会这个平台，冲破机构局限，把环境保护工作做得有声有色，说明组织协调机构的重要。

三、国家环境保护局

1984 年 12 月，将设在城乡建设环境保护部内的环境保护局升格为部委归口管理的局，对外称国家环境保护局，同时作为国务院环境保护委员会的办公室。

1989 年 12 月 26 日，全国人大常委会颁布了《中华人民共和国环境保护法》，第七条规定：国务院环境保护行政主管部门，对全国环境保护工作实施统一监督管理。县级以上地方人民政府环境保护行政主管部门，对本辖区的环境保护工作实施统一监督管理。国家海洋行政主管部门、港务监督、渔政渔港监督、军队环境保护部门和各级公安、交通、铁道、民航管理部门，依照有关法律的规定对环境污染防治实施监督管理，县级以上人民政府的土地、矿产、林业、农业、水利行政主管部门，依照有关法律的规定对资源的保护实

施监督管理。从法律上确立了我国环境监督管理体制是一种统一监督管理与分级分部门管理相结合的管理体制。

1993 年，在第二次全国工业污染防治会议上，国家提出了环境管理“三个转变”，即从“末端治理”向全过程控制转变，从单纯浓度控制向浓度与总量控制相结合转变，从分散治理向分散与集中治理相结合转变，体现了我国环境管理方式方法的转变。同年，国务院机构改革时继续保留国家环境保护局，为国务院直属机构（副部级）。在同年进行的地方机构改革后，各省、自治区、直辖市均设置了省一级的环境保护局。

四、国家环境保护总局

1998 年 3 月，国务院进行机构改革，在撤销了十多个工业管理部门的情况下，原为副部级的国家环境保护局升格为正部级的国家环境保护总局，撤销国务院环境保护委员，有关组织协调的职能转由国家环境保护总局承担。将国家核安全管理职能与国家辐射环境管理职能合并，并将原国家科委下属的国家核安全局划归国家环境保护总局，同时保留其名称，新增加 6 项职能：原国务院环境保护委员会的职能、原国家科学技术委员会承担的核安全监督管理职能、管理和组织协调环境保护国际条约、国内履约活动及统一对外联系、机动车污染防治监督管理、农村及生态环境保护、生物技术环境安全职能。之后，国家环境保护总局以环境执法监督为基本职能，加强了环境污染防治和自然生态保护两大管理领域的职能。再者，国务院对有关资源管理部门进行了合并，如国土资源部、农林水利部等。此次机构改革对我国环境管理机构及职能进行了大幅度的调整与改革。

2003 年，国务院机构改革，国家环境保护总局保留，并增加生物遗传资源管理、放射源安全统一管理等职能。

2006 年 4 月召开的第六次全国环境保护大会以三个转变为标志，将环境保护与经济发展的关系作了重大调整，从战略定位上进一步强化了环境保护的国策地位，具有里程碑意义。根据第六次全国环境保护大会会议精神，原国家环保总局设立华东、华南、西北、西南、东北督查中心共 5 个环境保护督查中心，和上海核与辐射安全监督站、广东核与辐射安全监督站、四川核与辐射安全监督站、北方核与辐射安全监督站、东北核与辐射安全监督站、西北核与辐射安全监督站共 6 个核与辐射安全监督站，作为国家环保总局派出的执法监督机构，是总局直属事业单位。受总局委托，在所辖区域内承担相关职责。

这一阶段，我国环境管理机构设置的改革主要体现在对国家环境管理政策的重视和理念的提升、环境管理机构地位的提高和职责的强化、环境管理制度的推行及管理方式的转变等，是环境保护行政管理体制不断发展的过程。

五、中华人民共和国环境保护部

2008 年 3 月 15 日，为加大环境政策、规划和重大问题的统筹协调力度，十一届全国人大一次会议决定，组建环境保护部，其主要职责为拟定并组织实施环境保护规划、政策和标准，组织编制环境功能区划，监督管理环境污染防治，协调解决重大环境问题等。2008 年 7 月 11 日，国务院办公厅首批印发了《环境保护部主要职责内设机构和人员编制规定》，新“三定”方案强化职能配置，重点转变职能，取消和下放了有关的行政审批事项，减少了技术性、事务性工作，进一步理顺了部门职责分工，强化了统筹协调、宏观调控、监督执法和公共服务职能；新增了部总工程师、核安全总工程师和污染物排放总量控制司、环境监测司、宣传教育司等3个内设机构，增加人员编制50名，行政能力得到了进一步加强。在2008年的国务院机构改革中，环境保护部是唯一从直属机构调整为国务院组成部门的机构。此次改革由“局”变为“部”，虽然只有一字之差，级别也没有变化，但意味着环境保护职能得到进一步的重视和加强，环境保护部门正式成为政府决策的重要组成部门，能够真正参与经济社会发展决策，在我国环境保护行政管理体制发展史上书写了浓墨重彩的一笔，具有历史性的意义。

2009年，环保部增设了华北督查中心，截至目前，环保部已组建了6个督查中心和6个核与辐射安全监督站共12个派出执法监督机构，形成了辐射全国的派出机构网络。

另外，地方各级人民政府和相关部门也在大力进行环境保护行政管理体制改革。

2002年12月20日，西安市率先在全国实行市以下环保机构垂直管理的体制改革，之后，湖南、浙江、山东、沈阳、江苏等部分省的部分地级市也实行了环保机构市管区的行政体制改革。再者，重庆建立了市长担任主任的环境质量委员会，环委会每季度召开一次调度会及环境质量分析会，办公室设在环保局；山东省普遍建立了省、市、县3级环保工作委员会，由市政府主要领导任主任，其他领带任成员，综合协调解决环保工作遇到的突出问题，检查环保工作落实情况；河南省普遍建立了环保联席办公会议，研究环境保护的重大问题，各部门形成合力。济南市政府在每季度一次的经济运行情况分析会上，增加了污染物总量控制进度变化的内容。云南省有84个乡镇设立了环保监督员，并纳入乡镇编制；江苏省环保厅近几年建立了苏南、苏北、苏中环境保护督查中心等。

这一阶段主要改革成就是第六次环境保护大会的胜利召开和环保部的成立，实现了我国环境管理机构设置的历史性飞跃。再者，中央和地方各级环境保护行政管理体制也在不断探索中，是一个改革创新以适应新形势发展的阶段。

第四节　中国环境保护的战略选择与环保新路的探索

20世纪50—70年代国人很少认识到环境是需要保护的。这种理念不仅使国民经济发生了严重困难，而且造成了一定程度的环境污染和比较严重的环境破坏。正如爱德华·艾比所指出：“为发展而发展”已经成为整个民族、整个国家的激情或欲望，却没有人看出它是“癌细胞的意识形态”。艾比所说的“为发展而发展”的“唯发展论”其实指的是一种不惜一切代价追求经济增长、把经济增长当成目的和核心的不科学的发展观。中国当时没有把环境保护作为国民经济和社会发展的一项内容。在当时的经济体制下，就注定了环境污染和破坏是不可避免的。邓小平强调，在制定我国的长远规划时，必须要“真正摸准、摸清我们的国情和经济活动中各种因素的相互关系，据以正确决定我们的长远规划的原则。所以我们在制定国民经济发展计划时既要从我国人口与资源、经济增长与资源供给之间突出的矛盾出发，也要依据制约我国经济发展的政治、人口、环境、教育科技等因素。

一、中国环境保护的战略选择

（一）战略选择历程

从“六五”计划，中国开始推行经济建设与环境保护同步发展政策。在经济发展计划中正确处理环境与发展的关系，贯彻可持续发展战略，从而实现经济效益、社会效益和环境效益的统一。

1.《中华人民共和国国民经济和社会发展第六个五年计划》

1982 年 12 月 10 日，在第五届全国人大代表大会第五次会议上批准《中华人民共和国国民经济和社会发展第六个五年计划（1981—1985）》。“六五”计划中确定了十项基本任务，环境保护第一次被纳入进去，其中第十项基本任务是“加强环境保护，制止环境污染的进一步发展”。在“六五”计划中将环境保护单列为第三十五章。“六五”计划确立的环境保护目标是：到 1985 年，对我国环境状况继续恶化的趋势有所控制。首都北京以及苏州、杭州、桂林等重点风景游览城市的环境状况有所改善。“六五”期间防治工业污染投资 120 亿元，完成了一批工业污染源的治理，取得了明显进展，不仅初步控制住污染急剧恶化的趋势，有一些污染指标还有所下降。

2.《中华人民共和国国民经济和社会发展第七个五年计划》

1986 年 4 月 12 日，第六届全国人民代表大会第四次会议审议批准《中华人民共和国国民经济和社会发展第七个五年计划（1986—1990）》，其中第五十二章为环境保护，规定防治工业污染、控制重点城市污染、保护江河水质、保护农村环境和生态环境方面的任务和措施。在具体的管理手段方面，开始实施并逐渐完善排污收费制度。1986 年制定的“七五”计划环境保护目标确定为：控制环境污染的进一步发展和自然生态的继续恶化，部分重点城市水域和农林牧渔区的环境质量有一定的改善，建立一批城乡环境保护试点和示范工程，做好新技术的开发和储备，为后十年全面开展环境建设打好基础。

3.《中华人民共和国国民经济和社会发展十年规划和第八个五年计划纲要》

1991 年 4 月 9 日，第七届全国人民代表大会第四次会议审议通过《中华人民共和国国民经济与社会发展十年规划和第八个五年计划纲要》，把环境保护内容第一次纳入国家发展规划，指出要加强环境保护工作，防止环境污染和生态环境的恶化。“八五”环境保护的目标是：努力控制环境污染的发展，力争有更多的重点城市和地区的环境质量有所改善，努力抑制生态环境恶化的趋势，争取局部地区有所好转，为实现 2000 年的环境目标打下牢固的基础。

4.《中华人民共和国国民经济和社会发展“九五”计划和 2010 年远景目标纲要》

八届人大第四次会议批准通过的《中华人民共和国国民经济与社会发展“九五”计划和 2010 年远景目标纲要》（以下简称《纲要》），明确提出今后 5 年以及 15 年的环境保护目标：到 2000 年，力争环境污染和生态破坏加剧的趋势得到基本控制，部分城市和地区的环境质量有所改善；2010 年，基本改善生态环境恶化的状况，环境有比较明显的改善。在“九五”计划中，把科教兴国和可持续发展列为国家两大发展战略。首次将可持续发展战略列为国家基本战略，实现了走可持续发展之路的战略转变。

"九五"期间，中国将采取一系列措施实施可持续发展战略：首先，在经济和社会发展行动计划中，切实贯彻可持续发展战略；其次，加强控制，依法管理环境；再次，建立环境与经济综合决策机制；最后，改变增长方式，发展经济，保护环境。在发展经济的同时，保护好环境，走环境与经济协调之路。

为了实现上述目标，我国制定了两项重要措施《污染物排放总量控制计划》和《跨世纪绿色工程规划》。前者根据不同时期、不同地区的情况，制定相应的控制指标，"九五"期间先对那些环境危害大、经采取措施可以有效控制的重点污染物进行总量控制，建立定期公布制度；后者是实际措施，将分三期实施，对按照突出重点、技术经济可行和综合效益好等原则筛选确定的有关项目，按照固定资产投资项目管理程序，优先列入各地区、各部门和国家的基本建设、技术改造计划。

5.《中华人民共和国国民经济和社会发展第十个五年计划纲要》

"十五"计划提出的国民经济和社会发展的总体目标如下：国民经济保持较快发展速度，经济结构战略性调整取得明显成效，经济增长质量和效益显著提高，为到 2010 年国内生产总值比 2000 年翻一番奠定坚实基础；国有企业建立现代企业制度取得重大进展，社会保障制度比较健全，完善社会主义市场经济体制迈出实质性步伐，在更大范围内和更深程度上参与国际经济合作与竞争；就业渠道拓宽，城乡居民收入持续增加，物质文化生活有较大改善，生态建设和环境保护得到加强；科技、教育加快发展，国民素质进一步提高，精神文明建设和民主法制建设取得明显进展。我们可以看出"十五"期间，党中央、国务院更加重视环境保护，《中华人民共和国国民经济和社会发展第十个五年计划纲要》把环境保护作为国民经济和社会发展的主要奋斗目标之一和提高人民生活水平的重要内容。经济结构的调整，综合国力的增强，为全面开展环境保护奠定了基础；可持续发展战略和科教兴国战略的全面实施，是做好环境保护工作的重要保证，环境保护面临着前所未有的机遇。

6.《中共中央关于制定国民经济和社会发展的第十一个五年规划的建议》

"十一五"规划强调，我国要通过加快循环经济的发展，促进经济发展方式转变。就是要改变"资本高投入、就业低增长、资源高消耗、污染高排放"的粗放型经济增长模式，走科技含量高、经济效益好、资源消耗低、环境污染少、人力资源优势得到充分发挥的新型工业化道路。简言之，"规划"就是提出了要从"高投入、高消耗、高排放、低效率"的粗放扩张的增长方式，转变为"低投入、低消耗、低排放和高效率"的资源节约型增长方式。"规划"提出了经济社会发展的主要目标，一是今后 5 年 GDP 年均增长 7.5%；二是"十一五"期间单位 GDP 能源消耗降低 20%左右、主要污染物排放总量减少 10%目标。这个目标是建立在优化结构、提高效益和降低消耗基础上的。这是针对资源环境压力日益加大的突出问题提出来的，具有明确的政策导向。这表明，我国的环境与发展政策正在坚定地朝向可持续发展目标而努力。

7.《中共中央关于制定国民经济和社会发展的第十二个五年规划的建议》

"十二五"规划强调，以加快转变经济发展方式为主线，是推动科学发展的必由之路，符合我国基本国情和发展阶段性新特征。加快转变经济发展方式是我国经济社会领域的一场深刻变革，必须贯穿经济社会发展全过程和各领域，提高发展的全面性、协调性、可持续性，坚持在发展中促转变，在转变中谋发展，实现经济社会又好又快发展。坚持把建设资源节约型、环境友好型社会作为加快转变经济发展方式的重要着力点。引导投资进一步向生态环保、资源节约等领域倾斜，严格执行投资项目用地、节能、环保、安全等准入标准，调整优化投资结构。

面对日趋强化的资源环境约束，我们必须增强危机意识，树立绿色、低碳发展理念，以节能减排为重点，健全激励和约束机制，加快构建资源节约、环境友好的生产方式和消费模式，增强可持续发展能力。针对当前情景，我国做出的主要战略选择有：

积极应对全球气候变化。有效控制温室气体排放，提高能源利用效率，调整能源消费结构，建立完善温室气体排放和节能减排统计监测制度，坚持“共同但有区别的责任”原则，积极开展应对全球气候变化国际合作。

大力发展循环经济。以提高资源产出效率为目标，加强政策支持，完善法律法规，实行生产者责任延伸制度，推进生产、流通、消费各环节循环经济发展。同时开发应用源头减量、循环利用、再制造、零排放和产业链接技术，推广循环经济典型模式。

加强资源节约和管理。落实节约优先战略，建立重要矿产资源储备体系。完善土地管理制度，强化规划和年度计划管控，加强用地节地责任和考核。高度重视水安全，建设节水型社会，健全水资源配置体系，强化水资源管理和有偿使用，鼓励海水淡化，严格控制地下水开采。

加大环境保护力度。以解决饮用水不安全和空气、土壤污染等损害群众健康的突出环境问题为重点，加强综合治理，明显改善环境质量。落实减排目标责任制，强化污染物减排和治理。

加强生态保护和防灾减灾体系建设。坚持保护优先和自然恢复为主，从源头上扭转生态环境恶化趋势。实施重大生态修复工程，保护好草原和湿地。加快建立生态补偿机制，加强重点生态功能区保护和管理。加强水利基础设施建设，增强城乡防洪能力。加快建立地质灾害易发区调查评价、监测预警和防治体系，科学安排危险区域生产和生活设施的合理避让。

（二）战略思想及方针

“以人为本，优化发展，环境安全，生态文明”是我国环境保护的战略思想。其具体内容如下：以保护生态和改善环境质量为目标，以维护人民群众健康和环境权益为宗旨，以历史性转变为指导，以转变经济发展方式、走可持续发展道路为基本途径，积极探索环保新路，将环境保护的理念渗透到经济社会发展之中，建立全防全控的防范体系；提高环境保护效率与效益，健全高效的环境治理体系；优化和促进经济增长，完善与经济发展相协调的政策法规标准制度体系；调动社会各方面力量参与环保，构建完备的环境管理体系，努力建设人与自然和谐、经济与环境相协调的生态文明社会。目前，我国的环境保护战略方针内容如下：

1. 预防为主、防治结合是基本原则

就是要提高环境准入门槛，严格环境监管，强化从源头防治污染、保护生态，坚决改变先污染后治理、边建设边破坏的状况，努力做到不欠新账。加大环境投入力度，依靠科技进步，高度重视以前发展中遗留下的特别是群众反映强烈的各类环境问题，先易后难，努力还清旧账。

2．系统管理、综合整治是基本方法

就是要采取系统科学的环境管理方法，统筹城乡环境保护，统筹污染防治与生态保护，统筹部门、社会各方力量，实施均衡的环境保护战略，因地制宜，分区规划，分类管理，以点带面，全面推进，坚持环境与发展综合决策，坚持综合运用法律、经济、技术和必要的行政办法解决环境问题。

3．民生为先、分级负责是基本要求

就是要贯彻以人为本的基本要求，以解决人民群众和社会最根本、最迫切的环境问题为重点，分级分层推进。各级政府要根据各自职责，区分轻重缓急，各负其责，优先解决影响人民群众健康的突出环境问题。环境整治要以人的根本需求来确定工作目标，让人民群众充分享受环境改善的实惠。

4．政府主导、公众参与是基本途径

就是要构建政府、企业、社会相互合作和共同行动的环境保护新格局，强化政府责任，明确企业是环境污染防治的主体，促使企业履行环境责任，鼓励全社会对环境保护的共同参与，加强环境信息公开和舆论监督，探索建立生态补偿制度和环境污染损害赔偿制度等，引导环境公益团体依法有序参与环境保护，构建最广泛的保护环境的统一战线，实现互惠共赢。

二、中国环境保护新路

（一）探索环境保护新路已成为国家意志

我国环保工作自20世纪70年代起步以来，一直力图避免走“先污染、后治理”的道路，积极探索环境保护新路，并逐渐成为国家意志。这体现了我们按照落实科学发展观和构建和谐社会的要求，从以牺牲环境换取经济增长向人与自然和谐转变，从高资源环境代价的经济体系向善待环境的经济体系转变的理念变迁。进入21世纪，我国把提高可持续发展能力，促进人与自然和谐，走上生产发展、生活富裕、生态良好的文明发展道路，作为全面建设小康社会的重要目标，提出了树立以人为本、全面协调可持续的科学发展观。可以看出中国的发展正由以牺牲环境换取经济增长向人与自然和谐转变，环境政策已经成为国家政策的重要支柱。

1．《环境保护“十一五”规划》

首次以国务院文件形式印发。“十一五”规划的指导思想是：以邓小平理论和“三个代表”重要思想为指导，全面落实科学发展观，坚持保护环境的基本国策，深入实施可持续发展战略；坚持预防为主、综合治理，全面推进、重点突破，着力解决危害人民群众健康的突出环境问题；坚持创新体制机制，依靠科技进步，强化环境法治，调动社会各方面的积极性。基本原则是：协调发展，互惠共赢；不欠新账、多还旧账；严格控制污染物排放总量；依靠科技，创新机制，大力发展环境科学技术，以技术创新促进环境问题的解决；分类指导，突出重点。

“十一五”规划明确提出了今后五年我国环境保护的主要目标：到2010年，在保持国民经济平稳较快增长的同时，使重点地区和城市的环境质量得到改善，生态环境恶化趋势基本遏制；单位国内生产总值能源消耗比“十五”期末降低20%左右；主要污染物排放总量减少10%；森林覆盖率由18.2%提高到20%。这些目标体现了我国防治环境污染和保护自然生态的要求，也体现了广大人民群众的愿望和国家长远利益的要求。尽管实现的难度很大，但我们必须下定决心确保完成。

2.《环境保护“十二五”规划》

《环境保护“十二五”规划》首次以国务院办公厅文件的形式分解落实相关任务，其指导思想是：以邓小平理论和“三个代表”重要思想为指导，深入贯彻落实科学发展观，努力提高生态文明水平，切实解决影响科学发展和损害群众健康的突出环境问题，加强体制机制创新和能力建设，深化主要污染物总量减排，努力改善环境质量，防范环境风险，全面推进环境保护历史性转变，积极探索代价小、效益好、排放低、可持续的环境保护新路，加快建设资源节约型、环境友好型社会。其基本原则为：科学发展，强化保护；环保惠民，促进和谐；预防为主，防治结合；全面推进，重点突破；分类指导，分级管理；政府引导，协力推进。

“十二五”环境保护规划提出，到2015年，主要污染物排放总量显著减少；城乡饮用水水源地环境安全得到有效保障，水质大幅提高；重金属污染得到有效控制，持久性有机污染物、危险化学品、危险废物等污染防治成效明显；城镇环境基础设施建设和运行水平得到提升；生态环境恶化趋势得到扭转；核与辐射安全监管能力明显增强，核与辐射安全水平进一步提高；环境监管体系得到健全。

总之，经过几十年的发展，我国逐渐重视环境保护，把环境保护道路的探索上升为国家意志，相应地提出了可持续发展战略。这充分说明了我们已经认识到保护环境、提高经济效益的迫切性和现实性；认识到“不转变经济增长方式，不走可持续之路，国家根本没有出路”。

（二）环境保护新路的指导思想

1．坚持以科学发展观为根本指南

科学发展观是政治信仰、科学真理和行动指南，是中国环保新路的根本指南。科学发展观是指导发展的世界观和方法论，是推进社会主义经济建设、政治建设、文化建设、社会建设和生态文明建设全面发展必须长期坚持的战略方针。发展是我们党执政兴国的第一要务，科学发展观的第一要义是发展，解决中国所有的问题必须依靠发展。只有发展了，才能增强环境保护的物质基础。让经济发展停下来搞环境保护是行不通的。发展必须是科学发展、可持续发展，绝不能以浪费资源、破坏环境为代价盲目发展，否则，资源将难以为继，环境将不堪重负，人与自然的严重失调必将危及社会稳定和谐，甚至影响文明的进程。目前，我国粗放型经济增长方式尚未根本改变，难以维持经济的长期稳定发展。因此，环境保护可以作为一种合理的约束条件，起到优化和促进经济增长的作用，这是环境保护一个新的重要使命。

2．坚持以建设生态文明为奋斗方向

胡锦涛同志在党的十七大报告中指出，2020年实现全面建设小康社会奋斗目标的新要求之一是建设生态文明，基本形成节约能源资源和保护生态环境的产业结构、增长方式、消费模式；循环经济形成较大规模，可再生能源比重显著上升；主要污染物排放得到有效控制，生态环境质量明显改善；生态文明观念在全社会牢固树立。生态文明建设历史性地第一次写入了党代会的报告，成为党指导并处理人与自然关系的意识形态，这是我们党对社会主义现代化建设规律认识的新发展。

生态文明作为人类文明的一种形态，以把握自然规律、尊重和维护自然为前提，以资源环境承载能力为基础，以建立可持续的产业结构、生产方式、消费模式为内涵，引导人们走上持续和谐的发展道路。生态文明既是奋斗的目标，也是现实的要求。主要表现为：经济与人口、资源、环境协调发展；生产发展，生活富裕，生态良好；人与人、人与自然和谐相处。

3. 坚持以推动环保历史性转变为基本方略

科学发展观在理论和实践上阐明了环境保护与经济发展的辩证关系，是指导新时期环保发展道路的重大战略思想和指导方针。深入贯彻落实科学发展观这一崭新科学理论、重大战略思想和重要指导方针，关键是要有一个与实际工作紧密联系的结合点和着力点。

在第六次全国环境保护大会上，温家宝总理明确指出，做好新形势下的环保工作，关键是要加快实现三个转变：一是从重经济增长轻环境保护转变为保护环境与经济增长并重；二是从环境保护滞后于经济发展转变为环境保护和经济发展同步；三是从主要用行政办法保护环境转变为综合运用法律、经济、技术和必要的行政办法解决环境问题。历史性转变是环保领域全面贯彻落实科学发展观的具体体现，是全面调整环境与经济关系、改革创新管理模式的重要指南。“三个转变”是对我国经济发展与环境保护关系新的认识，是方向性、战略性、历史性的转变，是我国环境保护发展史上一个新的里程碑。

（三）探索环保新路的目标与当前的任务

在新形势下的环保工作，关键是要坚持在保护中发展，在发展中保护，实现经济社会发展与人口、资源、环境相协调，不能走“先污染后治理”的老路。探索新路、不走老路，昭示了环保事业发展的方向。积极探索环保新路已经成为环保工作者的普遍共识和自觉行动。“十二五”时期，我国环境保护之所以力度最大、发展最快、效果最好，与积极探索环保新路的引领作用是分不开的。继续探索环保新路，需要着重把握好以下要求：

第一，准确把握探索环保新路的基本内涵。环保新路的基本内涵就是代价小、效益好、排放低、可持续。所谓“代价小”，就是坚持环境保护与经济发展相协调，以尽可能小的环境代价支撑更大规模的经济活动。所谓“效益好”，就是坚持环境保护与经济社会建设相统筹，寻求最佳的环境效益、经济效益和社会效益。所谓“排放低”，就是坚持污染预防与环境治理相结合，用适当的环境治理成本，把经济社会活动对环境损害降低到最低程度。所谓“可持续”，就是坚持环境保护与长远发展相融合，通过建设资源节约型、环境友好型社会，不断推动经济社会可持续发展。

第二，准确把握探索环保新路的目标指向。要制定与我国基本国情相适应的环境保护宏观战略体系、全面高效的污染防治体系、健全的环境质量评价体系、完善的环境法规政策和科技标准体系、完备的环境管理和执法监督体系、全民参与的社会行动体系。随着不断深入，探索环保新路必然会从量的积累达到质的飞跃，实现从必然王国向自由王国的历史性跨越。

第三，准确把握探索环保新路的引领作用。国内外环保历程的两条教训，一是西方发达国家曾走过的先污染后治理、牺牲环境换取经济增长、注重末端治理的环保老路在中国走不通，也走不起。二是改革开放 30 多年来，一些地方把环境保护与经济发展割裂开来，就环保论环保，就污染谈污染，环境保护路子越走越窄，难有作为。把环境保护放在经济社会发展中统筹推进，环境保护路子就会越走越宽。

第四，准确把握探索环保新路的实践要求。探索环保新路，既要深化认识、不断丰富，也要重视实践、知行合一，在实践中探索，在实践中推进，在实践中升华。探索环保新路必须结合环保工作的目标任务和重点工作来进行，使其更加具体化。每项工作的创新，每项难点的突破，每项任务的完成，都是对探索环保新路的贡献。实践的力度越大，探索环保新路的成效越明显。

实践永无止境，认识永无止境，探索也永无止境。在继承 40 多年探索环保新路的有益经验后，应勇于创新，坚持不懈地把积极探索环保新路、提高生态文明水平这项事业奋力推向前进。

第五节　生态文明建设任重道远

生态文明是在人类历史发展过程中形成的以人与自然、人与人、人与社会和谐共处，良性循环，全面发展，持续繁荣为基本宗旨的一种文化形态，是人和自然和谐发展的结果。生态文明的核心是确立人与自然和谐、平等的关系，反对人类破坏自然、征服自然、主宰自然的理念和行动，创导尊重自然、保护自然、合理利用自然并主动开展生态建设的理念和行动。

与可持续发展一样，生态文明同样是因严重的资源环境问题而起，针对中国经济增长的资源环境代价过大的严峻现实，以可持续发展理念为基础，从人类社会文明形态演替的角度，以中国传统文化为背景，站在国家执政理念的高度，在对人与自然、人与人及人与社会之间的本质关系的认识过程中形成的理论。

生态文明理念的提出，是基于对工业文明中不可持续发展模式的反思。人类社会经历了漫长的原始采集、狩猎和农耕文明阶段，直到 200 多年前，工业革命开始席卷西方世界，工业文明迅速成为占据支配地位的文明形态。在为人类带来空前物质财富的同时，建立在资源、能源大规模消耗基础上的工业文明发展模式，也给工业国家带来了严重的环境污染和生态破坏。

在过去 30 年间，伴随全球经济一体化的浪潮，工业化呈现出前所未有的迅猛发展态势。跨国资本将高污染、高能耗、高风险的生产过程转向发展中国家，在不改变发展模式的情况下，减轻了发达国家的环境压力，却大大加重了发展中国家的环境负担，环境污染问题蔓延到全球各个角落。然而，全球气候变化使得任何国家都无法独善其身，如何应对二氧化碳带来的温室效应，突然成为摆在全球各国领导者面前的紧迫问题。

从人类文明演替的进程和规律看，犹如农耕文明替代原始文明、工业文明替代农耕文明一样，以一种新的生产力和生产方式为动力，以一种新的人与自然关系及人与人关系为核心，以解决工业文明所固有的环境与发展矛盾为目的的新的文明形态必然要登上人类历史的舞台，这就是生态文明。

生态文明建设是中国特色社会主义总体布局的重要组成部分。中国特色社会主义是以中国基本国情为基础的经济、政治、文化、社会、自然等方面之间相互协调发展的社会形态和制度，它的内涵和发展要素是随着中国社会发展进程而不断丰富和扩展的。当经济增长的资源环境代价过大，资源环境问题成为中国经济社会发展的瓶颈约束时，生态文明建设必然也必须成为中国特色社会主义建设布局的重要一环。

党的十七大报告提出，“建设生态文明，基本形成节约能源资源和保护生态环境的产业结构、增长方式、消费模式；循环经济形成较大规模，可再生能源比重显著上升；主要污染物排放得到有效控制，生态环境质量明显改善；生态文明观念在全社会牢固树立”。党的十八大报告提出，把生态文明建设放在突出地位，融入经济建设、政治建设、文化建设、社会建设各方面和全过程，纳入“五位一体”总体布局之中，努力建设美丽中国，实现中华民族永续发展。

建设生态文明社会要将经济社会发展与人口、资源、环境、人与自然、人与人、人与社会之间的关系纳入一个有机的框架之下，通过发展实现人与自然的和谐和人的全面发展，根本着眼点使用新的发展思路提高经济增长的质量和效益，实现中国经济社会的科学发展、可持续发展。2005 年，国务院发布的《关于落实科学发展观　加强环境保护的决定》指出，要靠科技进步，发展循环经济，倡导生态文明，强化环境法治，完善监督体制，建立长效机制，建设资源节约型和环境友好型社会，努力让人民群众喝上干净的水，呼吸清洁的空气，吃上放心的食物，在良好的环境中生产生活。

实施可持续发展战略迫切需要生态文明建设。从人类发展整体转型的角度，从中国特色社会主义建设治国方略的层次，生态文明提供了更全面、更彻底、更深入、更有力的观念和方法论指导和推动。在中国经济快速增长中资源环境代价过大的严峻形势下，建设生态文明对中国实现可持续发展的指导和推动作用显得非常迫切。

生态文明建设是中国解决生态环境问题的必然选择。中国的基本国情是人口多、底子薄，资源相对不足，环境承载能力有限，同时又处于工业化、信息化、城镇化、市场化、国际化深入发展的历史进程。在这样的国情下，中国生态环境形势相当严峻，而造成这一严峻形势的因素复杂而深刻，包括粗放的经济增长方式，以煤为主的能源结构和重化工工业结构，巨大的人口规模和消费转型、快速的城市化、经济全球化以及对自然的价值观等诸多经济、社会、文化原因，形成了罗马俱乐部所称的“世界问题复合体”。而且，这些因素在短期内难以转变，对资源环境的压力将继续扩大。建设生态文明才能从根本上协调人与自然、人与人之间的关系，彻底解决生态环境问题，达到标本兼治的目的。

一、生态文明建设的基本特征

生态文明理念及建设实践具有四个鲜明的特征：

第一，在价值观念上，生态文明强调给自然以平等态度和人文关怀。人与自然作为地球的共同成员，既相互独立又相互依存。人类在尊重自然规律的前提下，利用、保护和发展自然，给自然以人文关怀。生态文化、生态意识成为大众文化意识，成为社会公德并具有广泛影响力。生态文明的价值观从传统的“向自然宣战”、“征服自然”，向“人与自然协调发展”转变；从传统经济发展动力——利润最大化，向生态经济全新要求——福利最大化转变。

第二，在实践途径上，生态文明体现为自觉自律的生产生活方式。生态文明追求经济与生态之间的良性互动，坚持经济运行生态化，改变高投入、高污染的生产方式，以生态技术为基础实现社会物质生产系统的良性循环，使绿色产业和环境友好型产业在产业结构中处于主导地位，成为经济增长的重要源泉。生态文明倡导人类克制对财富的过度追求和享受，选择既满足自身需要又不损害自然环境的生活方式。

第三，在社会关系上，生态文明推动社会走向和谐。人与自然和谐的前提是人与人、人与社会的和谐。一般来说，人与社会的和谐有助于实现人与自然的和谐。反之，人与自然的关系紧张也会对社会带来消极影响。随着环境污染侵害事件和投诉事件的逐年上升，人与自然之间的关系问题已成为影响社会和谐的一个重要制约因素。建设生态文明，有利于将生态理念渗入经济社会发展和管理的各个方面，实现代际、群体之间的环境公平与正义，推动人与自然、人与社会的和谐。

第四，在时间跨度上，生态文明是长期艰巨的建设过程。中国正处于工业化中期阶段，传统工业文明的弊端日益显现。发达国家200多年出现的污染问题，在中国快速发展的过程中集中出现，呈现出压缩性、结构型、复合型的特点。因此，生态文明建设面临着双重任务和巨大压力，既要坚持发展工业，又要走生态文明道路，这决定了建设生态文明需要长期坚持不懈的努力。

二、生态文明建设应遵循的基本原则

生态文明是不同于以往任何一个文明的全新的文明形式，是对现有文明的整合和重塑。它以人与自然的协调发展作为行为准则，以尊重和保护生态环境为宗旨，是维护经济社会和生态系统的整体利益出发的一种健康有序的生态机制。

生态文明的核心问题就是要建立一种人与自然的和谐关系。建设生态文明，并不是简单地回到农业社会以前的源生态文明，也不是回到农业社会的次生态文明，是在工业文明的基础上，遵循生态系统的演化规律，把生态修复、生态建设和生态和谐相结合，有效阻止生态退化和生态恶化，使经济社会得以更好发展的全新文明。为了走出全球生态危机的困境，解决严峻的资源、气候和环境问题，保持生态系统平衡，协调好“自然—人类—社会”这一关系，促进生态文明的良好发展，生态文明建设应该遵循以下基本原则：

（一）生态公平原则

生态公平是指每个人都应该拥有同等的生态权利，承担相应的生态义务。所谓生态权利是指公民享有的在不被污染和破坏的环境长期生存以及利用环境资源的权利。生态公平也就是要求生态环境和自然资源应该公平地属于生活在地球上的每一个人，相应地，每一个人也应该承担保护和改善自然环境的义务。由此可以认为，生态公平应该包括以下两方面：

1. 代内平等

代内平等是指现实存在和活动中的同代人，不论他的国籍、种族、性别、文化和经济水平，在利用自然资源满足自身利益时拥有平等的机会，在保护生态方面承担均等的责任。

它要求同代中一部分人的发展不应该损害另一部分人的利益，在一个国家范围里，地区利益应当服从国家利益；在国际范围内，国与国之间的利益应当符合全地球人民共同的利益。也就是说，任何国家和地区的发展，都不能以损害其他国家或者地区的发展为代价。

2．代际平等

代际平等是指当代人与后代人共同享有地球资源和生态环境。也就是说，当代人在利用资源时，不能妨碍、透支后代人资源利用的权利，更不能在当代人受益的同时，将代价转嫁给后代人。世界自然保护联盟起草的《世界自然保护大纲》和《世界自然宪章》均表达了这一思想，文章指出，代际的幸福是当代人的社会责任，当代人应该限制不可再生资源的消耗，并把这种消费水平维持在仅仅满足社会的基本需要。代际平等强调了当代人在发展的同时，应当努力使后代人享受同等的发展机会，不能以损害子孙后代的发展为代价。

3．人与自然平等

人与自然平等是指人类有意识地控制自己的行为，合理地利用和改造自然界，维护生态系统的完整与稳定，保持生态系统多样性的道德和行为。在传统工业文明价值观的导向下，以自然界“主人”自居的人类取得了前所未有的辉煌成就，但也遭到了史无前例的社会危机和生态危机。惨痛的教训告诉我们，只有在经济和社会的发展过程中，充分考虑自然和生态环境的承载能力，与自然和谐相处，才能更好地改善生态环境，造福自己和子孙后代。

（二）生态效率原则

生态效率是指生态资源满足人类需求的效率，它从全社会、从宏观上、从长远看“我们从事经济活动带来的经济产出与付出的生态环境代价、生态环境变化带来的自然灾害代价相比是否合算，它是产出与投入的比值。其中‘产出’是指一个企业、行业或者整个经济体提供的产品与服务的价值，‘投入’是指企业、行业或者经济体造成的环境的压力”。生态效率这一概念最早是由德国学者 Schaltegger 和 Stun 在 1990 年首次提出。世界可持续发展工商理事会的前身，即世界企业永续发展委员会，在联合国的要求下，1992 年在巴西里约热内卢召开的地球高峰会议中将生态效率作为商业概念加以阐述，这是首次将经济和生态结合起来，也是经济和环境历史上的一次重大突破。在当代，它又是发达国家使用的一种全新的环境管理方式。生态效率是一种以少创多的能力，它试图调解地球承载能力和人类对环境的影响，希望用更少的资源生产出更多的物品，同时减少废弃物和污染，减轻社会对环境的严重破坏。

（三）生态和谐原则

生态和谐原则要求人对自然的开发利用应当保持在自然生态系统承载限度内，以此实现人类的持续发展和自然环境的有序进化，最终达到人与自然共同繁荣这一双赢的局面。《世界自然宪章》中宣告：“生命的每种形式都是独特的，不管它对人类的价值如何，都应当受到尊重，为了给予其他有机物这样的承认，人类必须受行为道德准则的约束。”因此人类应当学会尊重自然、保护自然并与自然和谐相处，人与自然之间应当保持一种互惠共生的关系。人类与自然界的发展历史表明，人类只有科学地对待和开发自然，保持人与自然关系的和谐，才能使人类自身得到健康持续的发展。实现生态和谐，并不是以放弃经济的发展、社会的进步和人的重归自然为代价，而是指在经济和社会的发展过程中，充分考虑自然环境的承载能力，在维持生态系统的稳定性和生物的多样性的基础上促进经济的发展和社会的进步。

三、生态文明的思想基础

（一）生态文明的哲学思想基础

人与自然的关系问题是哲学研究的基本问题，每一种文明形态都有其特定的“人与自然”关系意识，这种意识渗透到人类活动的各个领域，在某种程度上支配着文明的兴衰。生态文明的哲学思想是：人类存在于自然界中，是自然界的重要组成部分，因此，人类首先要学会的就是如何与自然和谐相处、协调发展。又因为人属于自然界，人类的一切生产和生活都依赖于自然界的存在和发展，尊重自然规律也就是人类与自然相处过程中的重中之重。自然资源并不是无限度地增长下去，人类对自然资源的利用应该在资源增长的限度内，以资源的增值为前提。因此，秉承生态文明理念的社会活动要求人们的生产方式、消费行为、科技发展、政治理念、规章制度等各项活动都要建立在人与自然和谐相处、协调发展的基础上。

（二）生态文明的科技思想基础

生态文明的提出和发展依赖于科学技术的发展和进步。但为了避免科学技术在工业文明时代产生的诸多问题，必须对科学技术进行生态规范化，即从生态这一基本理念出发来进行科学技术的研究、发展、管理与应用。依赖于传统文明的科学技术以认识自然、利用自然、改造自然为目的，这在一定程度上造成了自然资源的衰竭与生态环境的破坏，也背离了科学技术造福于人类这一目标。生态文明则要求科学技术以协调人与自然之间的关系为最高准则，以不断解决人类发展与自然界和谐演化之间的矛盾为宗旨，以实现生态保护和生态建设为目标。

应该认识到，科学技术是协调人与自然关系和谐发展的直接手段和重要工具。科学研究和技术应用要能够促使整个生态系统保持良性循环，能为优化生态系统提供科技支撑。应该积极预防科技应用可能引发的负面效应，着力突破制约生态文明建设和可持续发展的重大科学问题和关键技术问题，大力开发和推广节约、替代、循环利用资源和治理污染的先进适用技术，不断为生态文明提供科学依据和技术支撑。

四、生态文明建设的发展历程

我国对生态文明的提出，并不是一个突发的过程，而是在人类与自然的相处过程中、在我国社会主义建设进程中的一种必然结果。

1990 年 12 月，邓小平在谈到我国社会主义现代化建设的发展战略时指出了自然环境保护的重要性。1992 年，在“里约会议”之后，中国出台了《环境与发展十大对策》，明确提出了要改变传统的发展模式，《中国 21 世纪议程——中国 21 世纪人口、环境与发展白皮书》正式提出可持续发展战略。

1995年9月，江泽民在《正确处理社会主义现代化建设中的若干重大关系》讲话中论述了“经济建设和人口、资源、环境的关系”，提出“在现代化建设中，必须把实现可持续发展作为一个重大战略，使经济建设与资源、环境相协调，实现良性循环”。1997年9月，党的十五大报告指出：“在现代化建设中必须实施可持续发展战略”。

1996年7月，第四次全国环境保护会议在北京召开。会议进一步明确了保护环境的基本国策。

2001年，在中国共产党成立80周年纪念大会上，江泽民对可持续发展进行了全面的阐述，会议明确了可持续发展结合中国国情的方式和道路。是可持续发展理念在我国的一次全新升华。

1999年3月，中央人口资源环境工作座谈会在北京召开。会议上，江泽民强调，“促进我国经济与社会的可持续发展，必须在保持经济增长的同时，控制人口增长，保护自然资源，保护良好的生态环境”。

2002年，国务院正式发布《可持续发展科技纲要》，提出了可持续发展对科技的要求。

2002年11月，党的十六大提出全面建设小康社会的目标之一就是，可持续发展能力不断增强，生产发展、生活富裕、生态良好的文明发展道理。

2003年10月，胡锦涛在党的十六届三中全会上提出：按照“五个统筹”的要求推进各项事业的改革和发展。

2004年9月，党的十六届四中全会通过的《中共中央关于加强党的执政能力建设的决定》首次提出了“社会主义和谐社会”。

2005年2月，胡锦涛在提高构建社会主义和谐社会能力专题研讨会上的讲话中指出，社会主义和谐社会的一项重要内容就是人与自然和谐相处的社会。

2005年10月，党的十六届五中全会把建设资源节约型和环境友好型社会确定为国家“十一五”国民经济与社会发展规划的一项任务。

2007年10月，党的十七大召开，生态文明首次被写入报告。党的十七大报告指出：“建设生态文明，基本形成节约能源资源和保护生态环境的产业结构、增长方式、消费模式。”报告还强调，要使“生态文明观念在全社会牢固树立”。至此，生态文明在我国正式确立。

2012年11月，党的十八大召开，大会同意将生态文明建设写入党章并作出阐述，使中国特色社会主义事业总体布局更加完善，使生态文明建设的战略地位更加明确，有利于全面推进中国特色社会主义事业。

五、生态文明建设任重道远

大自然给人类敲响了警钟，历史呼唤着新的文明时代的到来。人类对自然界每一次不合理的利用都导致了自然界对人类的报复。如何协调人与自然的关系，已成为当今世界高度关注和需要迫切解决的问题。人类目前所面临的人与自然不和谐问题比历史上任何时期都更加复杂和严峻。若要在我国建立生态文明，还有很多的工作需要去做：

（一）确定切合实际的生态规划

生态文明这一规划的确立，为各国生态文明建设指明了方向。从其他国家的实践可以看出，制定具有本国国情的规划，是推进生态文明建设的关键。也只有制定出符合国家国情的政策，才能从根本上杜绝盲目效仿和学习带来的负面影响，以本国的实际为根本出发点，探索出一条适合自己国家发展的生态文明道路。

（二）制定生态文明政策

各国在生态文明建设过程中，都加大政府的引导作用，大量使用了各种公共政策。中国更应该制定行之有效的政策，强化生态文明的政策导向。充分运用市场机制，制定相关的财政、税收、价格、投资和贸易政策，形成资源节约和循环利用的激励和约束机制。此外，还要充分运用政府行政管理中的各种政策，发挥政府部门的作用。同时，建立独立专门“不受行政区划限制的环境资源管理机构，促进生态文明政策的良好实施”。

（三）完善与生态文明相关的法律体系

建立生态文明建设的法律体系，将生态文明建设纳入法制化轨道，是推进生态文明建设的重要保证。中国应该借鉴其他国家的经验，在基本法、综合法和专门法这三个层面上完善生态文明立法。同时运用法律手段规范生态环境的治理，坚持依法行政，严格执行资源、能源管理和环境保护的法律，打击破坏生态环境的行为，为生态文明建设提供法律上的保障。

（四）巩固生态文明建设的社会基础

一些国家之所以能够建立起行之有效的生态文明体系，得益于各个社会主体的参与，特别是政府、企业和个人三者之间的良好合作关系。重视在全社会范围内开展生态文明建设的宣传教育活动，使公众了解什么是生态文明建设，并将生态文明的发展理念作为自身行动的指导。除此之外，中国更应该积极倡导可持续的消费模式，使公众将环保、节约、循环的理念融入社会生活。政府应该鼓励家庭购买环保产品，进行垃圾分类，减少和避免奢侈性消费方式，节约能源。只要政府、企业、家庭和个人真正把生态文明建设作为行动准则，人与自然的和谐才得以真正确立。

本章小结

本章第一部分明确了环境问题产生的原因和环境保护的目标与方法。环境的概念随着中心事物的不同，所包括的范围也在不断扩大。环境的特点主要体现在整体性与区域性、稳定性与潜在性、有限性和脆弱性。但是环境是一个庞大而复杂的多层多元多维系统，环境类型的划分尚无一致的标准，根据不同的原则类型划分也不同。面对环境问题，归纳环境问题的产生与演化，从时间的尺度上了解人类经济发展对环境带来的影响，总结了当代的环境问题的类型、特点和产生的原因。

本章第二部分指出了环境保护是一项范围广阔、综合性很强的工作。先是从环境保护的重要性与历程的角度阐述了人类在认识环境问题和解决环境问题上的曲折探索过程，然后对比了国内外环保工作的发展历程，展现了当前环境保护的价值与成效。最后，详细地展现了我国环境保护管理机构的设置，是如何从国务院环境保护领导小组一步步发展成为当今的环境保护部的。

本章第三部分阐述了新中国成立后，在经济快速发展的同时，在环境保护方面做出的战略选择和对环境保护的新道路的探索，时时刻刻体现着实事求是、开拓创新的理念。在新的环境问题和矛盾的困扰下，生态文明思想应运而生。为了能够实现中国民族的伟大复兴，我国步步为营，在生态文明建设的道路上不断前进。

思考题

1．什么是环境？它有哪些主要类型？
2．当代的环境问题有哪些？其主要特点是什么？
3．我国环境管理的机构有哪些？
4．我国是如何探索环境保护新道路的？

参考文献

[1] 刘克锋，刘悦秋．环境科学概论．北京：气象出版社，2010.
[2] 施问超，邵荣，韩香云．环境保护通论．北京：北京大学出版社，2011.
[3] 战友．环境保护概论．北京：化学工业出版社，2004.
[4] 钱金平，等．环境学概论．北京：中国环境科学出版社，2011.
[5] 刘天齐．环境保护通论．北京：中国环境科学出版社，1997.
[6] 莫祥银．环境科学概论．北京：化学工业出版社，2009.
[7] 秦虎，王菲．国外的环境保护．北京：中国社会出版社，2008.
[8] 俞海．发达国家环保道路的经验与启示．国际瞭望，2012.
[9] 张坤民．中国环境保护事业60年．中国人口•资源与环境，2010，20（6）：1-5.
[10] 杨朝飞．中国环境形势评价与分析．中国环境管理干部学院学报，2011（6）：1-4.
[11] 顾乃亚，单伟，周培德．试论生态文明建设中的环境保护．污染防治技术，2008，21（6）：8-12.
[12] 张剑．中国社会主义生态文明建设研究．北京：中国社会科学院研究生院，2009.
[13] 马向军．我国环境保护政策效果评价．南京：河海大学，2007.
[14] 王传峰．经济—伦理—环境的生态建构——环境与经济和谐发展的应然选择．应用伦理学，2011，1：122-126.

第二章　我国环境保护形势及未来发展趋势

第一节　我国环境保护的总体形势

当前，我国经济社会发展进入新时期，呈现新的阶段性特征。从国际方面看，我国发展的外部环境更趋复杂，和平、发展、合作仍是时代潮流，但世界经济增长速度减缓，全球需求结构出现明显变化，围绕市场、资源、人才、技术、标准等的竞争更加激烈，气候变化以及能源资源安全、粮食安全等全球性问题更加突出。从目前国内情况看，我国大部分地区工业化开始进入中期向中后期转变的阶段，城镇化率已经历史性地超过 50%，人均国民收入稳步增加，经济结构转型加快，市场需求潜力巨大，科技和教育整体水平提升，基础设施日益完善，全社会环境保护意识明显增强，为环境保护提供了有利条件。但发展中不平衡、不协调、不可持续问题依然突出，经济增长的资源环境约束强化，城乡区域发展不协调，社会矛盾明显增多。

随着我国人口总量持续增长，工业化、城镇化的快速推进，能源消费总量不断上升，污染物产生量继续增加，环境保护的任务将更加艰巨。特别是由于在认识、技术和管理等方面的局限，由于历史欠账多，加上产业结构和布局仍不尽合理、污染防治水平仍然较低、环境监管制度尚不完善等原因，环境的总体状况并未根本改变，资源相对不足、环境承载力弱成为我国在新的发展阶段的基本国情。发达国家上百年工业化过程中分阶段出现的环境问题，在我国改革开放 30 多年的快速发展中集中出现，呈现结构性、压缩性、复合性、区域性和全球性五大基本特征。我国当前的环境总体形势可概括为：局部有所改善，总体尚未遏制，形势依然严峻，压力继续加大。突出表现为：

一是污染物排放总量依然较大。许多地区主要污染物排放量超过环境容量。以 2012 年为例，我国化学需氧量、氨氮、二氧化硫、氮氧化物排放总量分别为 2 423.7 万吨、253.6 万吨、2 117.6 万吨、2 337.8 万吨，虽然均比上年有所减少，但排放总量仍然远远超过全国环境容量，同时我国能源消费量不断增长，其他种类的污染物产生量还将继续增加。

二是改善环境质量压力加大。全国地表水总体为轻度污染，但一些重点流域、海域水污染严重，湖泊富营养化加重。十大流域国控断面中，Ⅳ类及以下水质断面比例接近三分之一。酸雨污染仍然较重，部分区域和城市大气灰霾现象突出。2012 年，虽然 325 个地级及以上城市、113 个环境保护重点城市的环境空气质量达标城市比例分别为 91.4%和 88.5%，但如执行《环境空气质量标准》（GB 3095—2012）后，达标城市比例则分别下降为 40.9%和 23.9%。

三是防范环境风险任务艰巨。细颗粒物（$PM_{2.5}$）、汽车尾气、重金属、危险化学品、持久性有机污染物（POPs）、电子废物、地下水、场地和土壤等污染凸显，环境风险持续增加，突发环境事件居高不下，人民群众环境诉求不断提高，环境问题已成为威胁人体健康、公共安全和社会稳定的重要因素之一。

四是农村环境基础设施建设滞后，农村环境污染加剧。全国 60 万个行政村中仅有少部分开展了污染治理，大多数行政村还缺乏必要的环保设施，农村环境保护工作较为薄弱。

五是环境基本公共服务供给不足，区域之间和城乡之间的环境监管、环境基础设施差距较大，难以满足人民群众不断增加的环境质量、设施、信息等环境基本公共服务需求。

六是核与辐射安全风险增加，安全监管能力亟待加强。

七是部分地区生态损害严重，生态系统功能退化，生态环境比较脆弱。生物多样性保护等全球性环境问题的压力不断加大。

八是环境保护基础工作依然薄弱。基层人员缺乏、能力滞后，仍不能适应事业发展要求。

党中央、国务院高度重视环境保护工作，将环境保护作为贯彻落实科学发展观的重要内容，作为转变经济发展方式的重要手段，作为推进生态文明、建设美丽中国的根本措施。“十一五”期间，国家将节能减排作为经济社会发展的约束性指标，着力解决突出环境问题，在认识、政策、体制和能力等方面取得重要进展。建设生态文明、推进环境保护历史性转变、探索中国环保新道路等一系列重大战略思想相继出台，各地区各部门积极探索创新了一系列适应环境保护与经济协调发展的机制与政策。主要污染物总量减排成效突出，化学需氧量、二氧化硫排放总量比 2005 年分别下降 12.45%、14.29%，超额完成减排任务。污染治理设施快速发展，设市城市污水处理率由 2005 年的 52%提高到 72%，火电脱硫装机比重由 12%提高到 82.6%。环境质量有所改善，全国地表水国控断面水质优于Ⅲ类的比重提高到 51.9%，全国城市空气二氧化硫平均浓度下降 26.3%。环境执法监管力度不断加大，全社会环境意识不断增强，人民群众参与程度进一步提高。“十二五”期间，党中央、国务院明确提出要以科学发展为主题，以加快转变经济发展方式为主线，把加快建设资源节约型、环境友好型社会作为重要着力点，加大环境保护力度，提高生态文明水平，为环境保护事业加快发展提供了新的历史机遇，环境保护将步入新的历史阶段。

党的十八大报告提出，面对资源约束趋紧、环境污染严重、生态系统退化的严峻形势，必须树立尊重自然、顺应自然、保护自然的生态文明理念，把生态文明建设放在突出地位，融入经济建设、政治建设、文化建设、社会建设“五位一体”总体布局的各方面和全过程。坚持节约资源和保护环境的基本国策，坚持节约优先、保护优先、自然恢复为主的方针，着力推进绿色发展、循环发展、低碳发展，形成节约资源和保护环境的空间格局、产业结构、生产方式、生活方式，从源头上扭转生态环境恶化趋势，为人民创造良好生产生活环境，为全球生态安全作出贡献，努力建设美丽中国，实现中华民族永续发展。这实现了执政兴国理念和实践的重大创新，进一步推动了环境保护工作的广度和深度。

第二节 淡水环境

一、淡水环境面临的主要形势

目前，我国水环境污染面临的形势十分严峻，水环境污染已从陆地蔓延到近岸海域，从地表水延伸到地下水，从单一污染发展到复合污染，从水化学污染到水生态退化；形成点源与面源污染共存、生活污水和工业废水叠加、各种新旧污染与二次污染相互复合以及常规污染物、有毒有机物、重金属、藻毒素等水体污染衍生物相互作用的复杂的流域性复合污染态势，面临水质恶化和水生态系统严重破坏的双重局面。水环境问题表现出显著的复合性、流域性、复杂性特征，水环境污染事件随时有可能发生，严重危及国家水环境安全和流域经济社会的可持续发展。

（一）水体中主要污染物总量虽然下降，但地表水污染形势依然严峻，污染严重的水域仍然大量存在，一些湖泊富营养化和水生态系统退化严重

全国地表水国控断面总体为轻度污染，但一些重点流域、海域水污染严重，湖泊富营养化加重。以 2012 年为例，全国十大流域的国控断面中，Ⅰ～Ⅲ类、Ⅳ～Ⅴ类和劣Ⅴ类水质断面比例分别为 68.9%、20.9%和 10.2%。10.2%为劣Ⅴ类水质，基本丧失使用功能。珠江水质为优，长江水质良好，黄河、松花江、淮河、辽河为轻度污染，海河为中度污染。近 30 年来，湖泊富营养化呈迅速增长趋势。20 世纪 70 年代调查的 34 个湖泊中，富营养化的湖泊仅占 5%；1986—1989 年，富营养化湖泊比例增加至 35.76%；至 20 世纪 90 年代，我国东部的湖泊几乎全部处于富营养化状态；2002 年调查的 200 多个湖泊中，75%的湖泊呈富营养化现象。近年来太湖流域频繁暴发蓝藻，不仅大大影响了广大人民群众正常的生产、生活秩序，而且短时间内难以消除这些高浓度有毒有害物质的贻害，严重危及无锡群众饮水安全，引起社会和国家高度关注。2012 年环境质量公报及 2013 年上半年的结果中，湖泊（水库）富营养化问题仍然突出，太湖和巢湖均为轻度污染，滇池为重度污染。

（二）饮用水安全问题突出，饮用水水源地存在潜在环境风险

饮用水水源地安全以及饮用水引起的人畜健康问题将更加突出，按目前的污染速度，可作为饮用水水源地的水域面积将急剧减少；各种新型有毒有害污染物对饮用水水源造成风险；水源水质和供水水质不达标现象将持续一段时间，水污染危及水生态和人体健康。全国饮用水水源不仅受到常规污染物污染，而且还受到持久性有机污染物（POPs）等新型有毒有害物质污染，不少城市饮用水水源地已监测到许多微量有毒有害污染物，严重威胁到水环境安全和人体健康。同时由于饮用水的深度处理及输配送技术相对落后，已威胁到城乡居民的饮用水安全。2005 年，原国家环保总局对全国 56 个城市的 206 个集中式饮用水水源地的有机污染物监测表明：水源地受到 132 种有机污染物污染，103 种属于国内或

国际优先控制污染物，一些属于持久性有机污染物。其中邻苯二甲酸二丁酯、氯仿、二氯甲烷、苯和邻苯二甲酸二酯的检出率较高。2008 年，全国饮用水水源地取水仍有 23.6%超过Ⅲ类标准。2009 年地表水饮用水水源地水质达标率为 70.3%，主要超标项目为粪大肠菌群和总氮。

（三）地下水污染严重，地下水超采形成漏斗引起地面沉降

根据 2012 年全国 198 个地市级行政区的地下水水质监测综合评价结果，水质呈较差级和极差级的监测点分别占 40.5%和 16.8%，两项合计占一半以上。由于工农业生产及生活用水排放、填埋渗漏、地下油罐渗漏等原因，全国水资源调查评价的 197 万平方千米浅层地下水中，Ⅰ类和Ⅱ类占 4.98%，Ⅲ类占 35.3%，Ⅳ类、Ⅴ类占 59.49%；太湖、辽河、海河、淮河流域地下水污染最重，依次有 91.49%、84.55%、76.40%、67.78%地下水超标。一般地下水开采程度低的地区水质优于开采程度高的地区。水质下降态势的地区主要集中在华北、东北和西北地区，水质呈较好态势的地区仅零星分布。

我国水资源总量的 1/3 和全国总供水量的 20%来自地下水，北部和西部城市地下水利用率为 50%～80%。由于地下水超采，我国已有 16 个省市、70 多个城市发生了不同程度的地面沉降，沉降面积达 6.4 万平方千米，2007 年监测结果表明，全国有地下水降落漏斗 212 个，其中浅层地下水降落漏斗 136 个，深层地下水降落漏斗 65 个，岩溶地下水降落漏斗 11 个。地下水超采、垃圾填埋场渗滤液污染等将加剧地下水漏斗和地下水污染现象，并将成为今后面临的重大水环境问题，应受到足够的重视。

（四）农业面源污染已成为地表水水体富营养化的首要原因

第一次全国污染源普查公报显示，农业源污染物排放对水环境的影响较大，其化学需氧量排放量为 1 324.09 万吨，占化学需氧量排放总量的 43.7%。农业源也是总氮、总磷排放的主要来源，其排放量分别为 270.46 万吨和 28.47 万吨，分别占排放总量的 57.2%和 67.4%。从这次普查的结果看，在农业源污染中，比较突出的是畜禽养殖业污染问题，畜禽养殖业的化学需氧量、总氮和总磷分别占农业源的 96%、38%和 56%。农业面源是水环境污染的重要来源，尤其是对湖库的富营养化贡献率大。要从根本上解决我国的水污染问题，必须把农业源污染防治纳入环境保护的重要议程。

（五）频发的水环境污染事故严重影响我国的水体环境，由跨界流域水环境问题引起的区域和国际水环境纠纷日益增多

1991—2005 年，我国发生的水污染事故占整个环境污染事故发生次数的 54.7%，而蓝藻暴发、水污染事故中危险化学品污染事故等频繁发生，严重影响我国的水体环境，对社会经济和人民群众的生产生活造成很大的影响。同时，由于跨界水环境问题而引发国际争端逐渐增多。我国主要国际河流有 14 条，流域面积达 280 多万平方千米，约占国土面积的 30%。如果国际河流水环境污染防治不力或开发不当，必然会引起国际水环境问题纠纷，影响我国作为国际大国的形象及国家的和平发展。

（六）工业废水和生活污水处理偷排现象严重，由于监管不到位，实际废水达标率远低于统计数据

从长期掌握的情况来看，我国许多企业关于环保方面整体上还存在不少问题。偷排、直排行为时有发生，有些企业甚至采取各种方式逃避检查，有的不顾处罚和警告，屡查屡犯，顶风作案。造成这种现象发生的主要原因包括：①由于现行排污费的标准远低于企业污染治理成本，企业受行政处罚损失远低于企业违法排污收益，致使环境违法成本低、守法成本高。有些企业宁愿交些罚款，也不愿运转处理设施。②企业负责人素质普遍偏低，对法律法规认识不到位，环保意识淡薄。③环保执法部门没有强制权，当场发现违法行为也不能当场强制制止，而必须按照规定走法律程序，少则几个月，多则一年甚至更长，导致效率太低而执法成本太高[①]。④环保执法人员太少，企业分布又比较分散，需要监管的面太大，监管起来比较困难。环境统计的我国工业废水达标率显示：1981 年我国的工业废水排放达标率仅为 26.3%，而到 2004 年这一数值开始超过 90%，2006 年的工业废水排放达标率为 90.9%。但问题是部分排污单位不重视污染治理设施的运行和管理，增排、偷排现象严重，据监督监测结果反映，许多地区的实际达标率仅为 60%左右，这也说明，全国实际废水污染物排放量必然大于统计量。

二、未来发展趋势

（一）严格保护饮用水水源，优先保障饮用水安全

严格保护饮用水水源地。全面完成城市集中式饮用水水源保护区审批工作，取缔水源保护区内违法建设项目和排污口。推进水源地环境整治、恢复和规范化建设。加强对水源保护区外汇水区有毒有害物质的监管。地级以上城市集中式饮用水水源地要定期开展水质全分析。健全饮用水水源环境信息公开制度，加强风险防范和应急预警。

开展全国饮用水水源地大调查，并进行饮用水水源地风险评估；科学划定水源保护区，制定城市和农村水源地保护规划；开展以保护饮用水水源为主要内容的综合整治；开展保障群众健康的环保专项行动；对超标企业限期治理，开展集中式饮用水水源地环境保护规划和综合整治工作，加强监督管理，禁止有毒有害物质通过各种方式进入集中式饮用水水源保护区；强化水土保持、径流调节、面源污染综合防治，构建饮用水水源地健康生态系统，保障饮用水水源地水质安全。

重点解决饮用水水源中高藻、高氨氮、高有机污染物和石油类、重金属、痕量内分泌干扰物等特征污染物的水质净化问题，升级改造给水处理设施，提升不同水源水质特征的水厂净化处理和制水工艺，确保供水管网的安全输水和优化布局。针对农村饮用水安全问题，重点保护分散式地下水水源、高氟水、苦咸水等饮水安全问题。完善水厂及输配水系统综合监控、建立饮用水水源地监控、水质监测网络、预警预报、事故应急体系，确保人

① 2013 年 6 月 19 日起实施的《最高人民法院、最高人民检察院关于办理环境污染刑事案件适用法律若干问题的解释》对环境污染犯罪的定罪量刑标准作出新规定，将加大对环境污染行为的打击力度。

民群众饮用水安全。

（二）深化流域水污染防治，改善流域水环境质量和水生态系统健康

深化流域水污染防治，继续抓好重点流域水污染防治，推行分区控制，优先防控重点单元，切实改善环境质量。同时，采取以奖促保等政策鼓励措施，加强水质良好和生态脆弱的湖泊和河流的保护。

针对当前我国水环境管理技术体系不健全的紧迫问题，结合国家污染物减排“三大体系”建设的技术需求，系统地开展流域水环境功能区划，建立水环境功能区划分指标体系，阐明流域生态功能和环境承载力，按照水生态系统健康的要求提出流域水环境质量目标管理系统；系统开展我国湖泊营养物生态分区，建立不同分区营养物基准和富营养化控制标准。建立水环境质量管理技术平台，建立污染源排放限值和最佳技术评估技术体系、污水分散处理技术评估平台，实施流域水环境质量目标管理。深化重点流域水污染防治。明确各重点流域的优先控制单元，实行分区控制。落实大江大河流域水污染防治规划，对重点流域划分上游、工业、城市、农业和下游河口湿地不同类型控制单元，开展水污染防治与管理综合示范，削减流域污染负荷，改善流域水环境质量和水生态系统健康。加大对水质良好或生态脆弱湖泊的保护力度。

（三）系统削减入湖污染负荷，逐步开展湖泊生态修复，加强流域生态建设，控制湖库富营养化和蓝藻水华暴发

结合水体污染控制与治理科技重大专项实施的重点，选择大型富营养化湖泊太湖、巢湖和滇池，以及富营养化初期、草型湖泊等不同类型湖泊，以污染源控制和综合治理为重点，科学建立湖泊富营养化控制标准，建设湖泊富营养化控制与治理工程，强化湖泊流域水污染控制重点工程与产业化技术推广平台建设，改善我国大型湖泊、草型湖泊与富营养化初期污染湖泊水环境质量，控制富营养化，逐步恢复其良性生态系统，有效控制蓝藻水华暴发，保障湖泊生态安全和饮用水安全。

具体包括：开展我国湖泊富营养化大调查，摸清家底，完成湖泊营养盐三级生态区划，构建湖泊营养盐基准、富营养化控制标准体系和不同分区湖泊营养物削减国家策略，完善湖泊水环境和水生态监控预警系统，实现重点湖库的实时监控预警，防止蓝藻大面积暴发等水生态灾难的发生。

（四）严格控制超采地下水，深入推进地下水污染防控

开展地下水污染状况大调查，摸清我国地下水超采、污染状况、发展趋势；采用物理—化学—生物—生态系统控制和修复受污染地下水，开展地下水污染全过程控制和风险评估，建设地下水污染最佳阻断工程，建立地下水安全保障体系。针对填埋场、石油污染场地等对地下水的严重污染状况，开展典型场地地下水污染控制和修复；严格控制有毒有害污染物对地下水的污染和环境影响。形成地下水污染修复过程的系统最优化管理综合决策系统，实现地下水安全有序管理。严格控制地下水开采，避免地下水开采引起的地面沉降，防止地下水开采对生态环境的破坏，保障生态需水和地下水环境的稳定；建设地表水、地下水污染协同控制工程和系统管理体系，实现水环境质量的总体改善。

推进地下水污染防控。开展地下水污染状况调查和评估，划定地下水污染治理区、防控区和一般保护区。加强重点行业地下水环境监管。取缔渗井、渗坑等地下水污染源，切断废弃钻井、矿井等污染途径。防范地下工程设施、地下勘探、采矿活动污染地下水。控制危险废物、城镇污染、农业面源污染对地下水的影响。严格防控污染土壤和污水灌溉对地下水的污染。在地下水污染突出区域进行修复试点，重点加强华北地区地下水污染防治。开展海水入侵综合防治示范。

（五）严格控制有毒有害物质污染，保障流域水环境安全

实施水环境风险管理策略，积极防范有毒有害物质的水环境风险，从目前重点控制和管理常规污染物，逐步向关注过量营养盐和有毒有害物质的风险管理转变。以水体污染控制与治理专项的启动和实施为契机，围绕国家水环境重大决策和需求，统筹流域水环境承载力和经济社会发展要求，构建保护水生态健康、体现“预防为主”原则的流域水环境风险管理模式。创新水环境风险管理体制、机制，规范水环境风险评价步骤和程序。从传统的主要控制水体化学指标，向水环境风险管理模式转变，制定流域、区域、城市或工业的水环境风险管理规划和水环境风险应急预案。

（六）依靠技术和管理手段，着力解决农业面源污染问题

加强农村生活污水治理。开展农村生活污水污染状况调查，加强农村生活污水治理设施的建设和管理。加大农村生活垃圾处理力度，摸清农村生活垃圾污染状况，强化农村生活垃圾处理设施的建设和运行维护。

大力推进畜禽养殖污染防治。科学划定畜禽养殖禁养区。积极推动本地畜禽养殖禁养区的划定，开展禁养区环境专项整治工作；严格畜禽养殖业环境监管。加强源头控制，严格环保审批。加强对畜禽养殖集中区域的环境监测。加大对畜禽养殖污染防治的督察力度，开展畜禽养殖污染专项执法检查；加强畜禽养殖污染治理。鼓励建设规模化畜禽养殖场有机肥生产利用工程。对不能达标排放的规模化畜禽养殖场实行限期治理等措施；积极防范农村地区污染场地环境风险。开展农村地区污染场地调查与评估，严格控制污染场地再开发利用的环境风险；积极防治农业面源污染。加强农业面源污染评估与监控。大力发展循环农业、生态农业和有机农业，积极推进有机农产品基地建设。

第三节 大气环境

一、大气环境面临的主要形势

我国能源结构一直以来都是以煤炭为主，城市大气环境中以二氧化硫（SO_2）、可吸入颗粒物（PM_{10}）和细颗粒物（$PM_{2.5}$）为特征污染物的区域性大气环境问题日益突出。中国城市群大气污染正从煤烟型污染向机动车尾气型污染过渡，出现了煤烟型与机动车尾气污染共存的特殊大气复合污染，具有明显的局地污染和区域污染相互结合、污染物之间相

互耦合的特征，表现为大气氧化能力不断增强、高浓度颗粒物细粒子使大气能见度下降，一次污染物和二次形成颗粒物细粒子同时成为城市群区域大气同期或不同季节的主要污染物。目前区域整体的大气环境质量呈恶化趋势，光化学烟雾、区域性大气灰霾和酸沉降污染频繁发生，重酸雨区的面积增加，酸沉降已由硫酸型转化为硝酸硫酸复合型，有毒有害大气污染物环境风险越来越大，大气环境形势总体上进入了以多污染物共存、多污染源叠加、多尺度关联、多过程演化、多介质影响为特征的复合型大气污染阶段，已经对我国公众健康和生态安全构成巨大威胁，并存在发生环境灾变的隐忧。严重的大气污染，威胁人民群众身体健康，增加呼吸系统、心脑血管疾病的死亡率及患病风险，腐蚀建筑材料，破坏生态环境，导致粮食减产、森林衰亡，造成巨大的经济损失。

（一）城市空气污染不断加剧，区域性大气复合污染继续扩大和加重

由于排放的大量二氧化硫、氮氧化物与挥发性有机物导致细颗粒物、臭氧、酸雨等二次污染呈加剧态势，复合型大气污染导致能见度大幅度下降，京津冀、长三角、珠三角等区域每年出现灰霾污染的天数达 100 天以上，个别城市甚至超过 200 天。随着中西部地区和东北老工业基地的开发和迅速崛起，在辽宁中部城市群、中原城市群、长株潭地区、晋陕蒙能源重化工基地以及成渝地区等城市人口密度大、能源消费集中的区域出现区域性大气复合污染。

（二）细颗粒物（$PM_{2.5}$）污染日益严重

1．细颗粒物质量浓度比例高，污染更为严重

江苏省环境监测站对南京市的调查结果表明：PM_{10} 占 TSP（总悬浮颗粒物）质量浓度比例的 71%；而 $PM_{2.5}$ 占 PM_{10} 比例在 28%～89%，平均高达 70%；$PM_{2.5}$ 日平均浓度为 221 微克/米^3，若按美国空气质量标准（日均浓度 35 微克/米^3）评价，日浓度超标 6 倍以上。这种分布在我国南方城市中具有一定的代表性。中国环境监测总站对广州、武汉、兰州、重庆 4 个城市调查结果表明 $PM_{2.5}$ 污染比较严重。而且 $PM_{2.5}$ 的污染对于城市市区与郊区对照点无明显差异，部分城市郊区浓度高于市区浓度。北京等地的研究结果也说明这种现象，$PM_{2.5}$ 在 PM_{10} 中所占比例北京为 63%、广州为 75%，南方城市一般高于北方城市，我国的比例普遍高于加拿大（50%）及美国（51%）。美国 $PM_{2.5}$ 日污染指数的分布，均在 0.05 毫克/米^3 以下，大大低于我国的日平均水平。

2．灰霾天气频率普遍增高

高浓度细颗粒物和气溶胶前期污染物的增加等情况下使大气能见度降低，同时也极不利于大气污染物的扩散，从而导致空气污染的加重。1957—2005 年，我国西部地区能见度下降的幅度和速率是东部地区的一半，显示出我国以能见度为表征的区域霾问题日趋严重，而且东部地区尤为明显。通过对广州市和深圳市的环境监测数据和气象资料的对比分析表明，两个城市自 20 世纪 50 年代以来灰霾天气一直是增加的趋势。由于灰霾现象是区域性大气污染，不仅珠三角城市群受到灰霾天气的影响，近年来香港的灰霾天气也在逐年增多。灰霾为一种区域性污染现象，$PM_{2.5}$ 在省级之间的扩散很大，这种区域性污染单靠一个地方政府难以根治，应该在联防联控的机制之下解决。

3. $PM_{2.5}$成分复杂，对人体危害大

在江苏调查点位中$PM_{2.5}$中含有大量的多环芳烃，其总浓度达到86微克/米^3，占PM_{10}中浓度值的82%。由此可见，颗粒物中的有机物主要是含附在$PM_{2.5}$之中。在$PM_{2.5}$中含有大量的挥发性有机物外，还含有约12种水溶性有机酸、有机醛，其中草酸浓度最高，达0.66微克/米^3，比美国纽约、日本东京的含量高出2～3倍。水溶性酸碱等二次污染物也是细粒子中的重要组成之一，这是由于污染排放的二氧化硫、氮氧化物等制酸物质在光化学作用下，生成粒径小于2.5微米的二次硫酸根离子、硝酸根气溶胶而容易富集在细粒子之中。

（三）酸雨污染进一步蔓延，有毒有害废气污染对公众健康造成更大威胁

未来随着能源消耗量的继续增长及二氧化硫、氮氧化物等致酸物的排放，有可能使我国长江以南的酸雨区面积继续扩大、降水酸度进一步加强、酸雨频率增高，导致湖泊、河流水生生态系统受到破坏、土壤酸化和建筑物腐蚀，出现农业、渔业减产；而北方地区目前已有许多城市出现酸雨，随着二氧化硫、氮氧化物等致酸物排放量的继续增长和大气污染控制导致的大气中碱性颗粒物浓度降低，有可能使酸雨污染加重，导致酸雨区向北扩张。

随着重化工业快速发展，结构性污染将进一步突出，工业生产排放的有毒有害物质将严重污染部分地区的大气环境，这些有毒有害物质如苯系物等多具有致癌、致畸、致突变的作用，严重危害受影响区人民群众的身体健康，事故排放情况下其危害更加严重。因此，未来几十年大气有毒有害污染物的危害不容忽视，如不高度重视，极易引发重大环境污染事件。

（四）挥发性有机化合物（VOCs）、臭氧等污染日益严重

挥发性有机化合物（Volatile Organic Compounds，VOCs）是除颗粒物外第二大分布广泛和种类繁多的气体排放物，其危害主要为部分具有毒性和致癌性，参与光化学烟雾反应以及参与大气中二次气溶胶的形成。通常分为非甲烷碳氢化合物（NMHCs）、含氧有机化合物（OVOCs）、卤代烃、含氮化合物和含硫化合物等几大类。在城市地区，挥发性有机物主要来源于人为排放和二次生成。2012年9月底出台的我国首部综合性大气污染防治规划《重点区域大气污染防治“十二五”规划》中，首次明确提出要控制挥发性有机化合物，要求开展重点行业治理。我国城市大气挥发性有机物的污染一方面表现在大气挥发性有机物浓度水平较高，地区差异较大；另一方面，受控于挥发性有机化合物的臭氧和二次有机颗粒物污染问题复杂和严重。

臭氧是光化学烟雾的代表性污染物，城市臭氧主要是由挥发性有机化合物（VOCs）与氮氧化物（NO_x）经过一系列复杂的光化学反应形成的。我国臭氧污染近年来呈现出影响范围广、浓度高且逐年上升的特征。机动车排放是城市臭氧污染的最重要来源。研究显示，北京、上海、广州、深圳、香港等地属于VOCs主导控制臭氧生成的地区，降低氮氧化物的排放还有可能进一步导致臭氧浓度的增加。由于臭氧前体物和臭氧本身在大气中的输送，使得光化学烟雾往往成为一个区域性问题，其覆盖范围可达几十千米甚至数百千米以上。我国臭氧监测试点表明，部分城市臭氧超过国家二级标准的天数达到20%，光化学烟雾污染和高浓度的臭氧污染频繁出现在北京地区和珠江三角洲及长江三角洲，呈现出明显

的区域性大面积污染，在典型地区经常出现臭氧最大小时浓度（体积分数）超过 240×10^{-9}（欧洲警报水平）的重污染现象。大面积的臭氧污染及其引发的相关污染已成为北京及周边地区、长江三角洲和珠江三角洲面临的日益严重的环境问题。

（五）我国大气污染工作存在的一些问题

1．大气环境管理模式滞后

现行环境管理方式难以适应区域大气污染防治要求。区域性大气环境问题需要统筹考虑、统一规划，建立地方之间的联动机制[①]。按照我国现行的管理体系和法规，地方政府对当地环境质量负责，采取的措施以改善当地环境质量为目标，各个城市“各自为政”难以解决区域性大气环境问题。

2．污染控制对象相对单一

长期以来，我国未建立围绕空气质量改善的多污染物综合控制体系。从污染控制因子来看，污染控制重点主要为二氧化硫和工业烟粉尘，对细颗粒物和臭氧影响较大的氮氧化物和挥发性有机物控制薄弱。从污染控制范围来看，工作重点主要集中在工业大点源，对扬尘等面源污染和低速汽车等移动源污染控制重视不够。

3．环境监测、统计基础薄弱

环境空气质量监测指标不全，大多数城市没有开展臭氧、细颗粒物的监测，数据质量控制薄弱，无法全面反映当前大气污染状况。挥发性有机物、扬尘等未纳入环境统计管理体系，底数不清，难以满足环境管理的需要。

4．法规标准体系不完善

现行的大气污染防治法律法规在区域大气污染防治、移动源污染控制等方面缺乏有效的措施要求，缺少挥发性有机物排放标准体系，城市扬尘综合管理制度不健全，车用燃油标准远滞后于机动车排放标准。

（六）大气污染的跨境传输导致巨大的环境外交压力

我国大气污染物排放量持续升高，将在一定程度上对全球污染物背景浓度的升高有所贡献，在特定的气象条件下也可能对某些地区产生一定的影响。大气污染的跨界输送给我国与日本、韩国、美国、加拿大等国家的环境外交带来了巨大的压力。继 2006 年美国媒体认为我国酸雨及相关污染物的长距离输送对美国的大气环境带来很大负面影响之后，韩国报道称我国汞污染影响了首尔的空气质量，日本则表示其光化学烟雾污染的主要原因极可能是中国的大气污染物“随风飘到了日本”。面对由大气污染跨境传输导致的环境外交问题，我们必须加强科学研究，以便有所应对。

二、未来发展趋势

通过大气污染综合防治，大幅度降低环境空气中各种污染物的浓度，城市和重点地区的大气环境质量得到明显改善，全面达到国家空气质量标准，基本实现世界卫生组织

① 国务院于 2013 年 9 月 12 日发布的《大气污染防治行动计划》提出“建立区域协作机制，统筹区域环境治理”。

（WHO）环境空气质量浓度指导值，满足保护公众健康和生态安全的要求。《大气污染防治行动计划》（以下简称《行动计划》）是全国大气污染防治工作的行动指南。《行动计划》提出，经过五年努力，全国空气质量总体改善，重污染天气较大幅度减少；京津冀、长三角、珠三角等区域空气质量明显好转。力争再用五年或更长时间，逐步消除重污染天气，全国空气质量明显改善。到2017年，全国地级及以上城市可吸入颗粒物浓度比2012年下降10%以上，优良天数逐年提高；京津冀、长三角、珠三角等区域细颗粒物浓度分别下降25%、20%、15%左右，其中北京市细颗粒物年均浓度控制在60微克/米^{3}左右。

（一）加大综合治理力度，减少多污染物排放

首先，加强工业企业大气污染综合治理及面源污染治理。全面整治燃煤小锅炉，加快推进集中供热、“煤改气”、“煤改电”工程建设，推广应用高效节能环保型锅炉，加快重点行业脱硫、脱硝、除尘改造工程建设，推进挥发性有机物污染治理。综合整治城市扬尘，推进城市及周边绿化和防风防沙林建设，扩大城市建成区绿地规模，开展餐饮油烟污染治理。

其次，强化移动源污染防治。加强城市交通管理，优化城市功能和布局规划，推广智能交通管理，缓解城市交通拥堵。实施公交优先战略，提高公共交通出行比例，加强步行、自行车交通系统建设。合理控制机动车保有量，提升燃油品质。加快石油炼制企业升级改造，加快淘汰黄标车和老旧车辆。加强机动车环保管理，大力推广新能源汽车。

（二）调整优化产业结构，推动产业转型升级

首先，修订高耗能、高污染和资源性行业准入条件，明确资源能源节约和污染物排放等指标。结合产业发展实际和环境质量状况，进一步提高环保、能耗、安全、质量等标准，分区域明确落后产能淘汰任务，倒逼产业转型升级。

其次，加大环保、能耗、安全执法处罚力度，建立以节能环保标准促进“两高”行业过剩产能退出的机制。制定财政、土地、金融等扶持政策，支持产能过剩“两高”行业企业退出、转型发展。通过跨地区、跨所有制企业兼并重组，推动过剩产能压缩，地方人民政府要加强组织领导和监督检查，坚决遏制产能严重过剩行业盲目扩张。

（三）加快企业技术改造，提高科技创新能力

首先，强化科技研发和推广。加强灰霾、臭氧的形成机理、来源解析、迁移规律和监测预警等研究，加强大气污染与人群健康关系的研究，支持实验室建设等科技基础设施建设。加强脱硫、脱硝、高效除尘、挥发性有机物控制等方面的技术研发，推进技术成果转化应用。加强大气污染治理先进技术、管理经验等方面的国际交流与合作。

其次，对重点行业进行清洁生产审核，针对节能减排关键领域和薄弱环节，采用先进适用的技术、工艺和装备，实施清洁生产技术改造。大力发展循环经济，构建循环型工业体系。大力培育节能环保产业，培育一批具有国际竞争力的大型节能环保企业，大幅增加大气污染治理装备、产品、服务产业产值，鼓励外商投资节能环保产业。

（四）加快调整能源结构，增加清洁能源供应

首先，控制煤炭消费总量，推进煤炭清洁利用。制定国家煤炭消费总量中长期控制目标，实行目标责任管理。通过逐步增加天然气供应、加大非化石能源利用强度等措施替代燃煤。提高煤炭洗选比例，新建煤矿应同步建设煤炭洗选设施，研究出台煤炭质量管理办法，推广使用洁净煤和型煤。

其次，加快清洁能源替代利用，提高能源使用效率。加大天然气、煤制天然气、煤层气供应，积极有序发展水电，开发利用地热能、风能、太阳能、生物质能，安全高效发展核电。严格落实节能评估审查制度，积极发展绿色建筑，推进供热计量改革，加快热力管网建设与改造。

（五）严格节能环保准入，优化产业空间布局

首先，强化节能环保指标约束。提高节能环保准入门槛，公布符合准入条件的企业名单并实施动态管理。严格实施污染物排放总量控制，京津冀、长三角、珠三角区域以及辽宁中部、山东、武汉及其周边、长株潭、成渝、海峡西岸、山西中北部、陕西关中、甘宁、乌鲁木齐城市群等“三区十群”中的 47 个城市，新建企业以及燃煤锅炉项目要执行大气污染物特别排放限值。

其次，调整产业布局，优化空间格局。按照主体功能区规划要求，合理确定重点产业发展布局、结构和规模。加强产业政策在产业转移过程中的引导与约束作用，严格限制在生态脆弱或环境敏感地区建设“两高”行业项目，严禁落后产能转移。科学制定并严格实施城市规划，强化城市空间管制要求和绿地控制要求，规范各类产业园区和城市新城、新区设立和布局，形成有利于大气污染物扩散的城市和区域空间格局。研究开展城市环境总体规划试点工作。

（六）发挥市场机制作用，完善环境经济政策

第一，发挥市场机制调节作用。积极推行激励与约束并举的节能减排新机制，分行业、分地区对水、电等资源类产品制定企业消耗定额，对能效、排污强度达到更高标准的先进企业给予鼓励。全面落实“合同能源管理”的财税优惠政策，完善促进环境服务业发展的扶持政策，推行污染治理设施投资、建设、运行一体化特许经营。完善绿色信贷和绿色证券政策，推进排污权有偿使用和交易试点。

第二，完善价格税收政策。完善脱硝电价政策，实行阶梯式电价，推进天然气价格形成机制改革。合理确定成品油价格，加大排污费征收力度，做到应收尽收。适时提高排污收费标准，将挥发性有机物纳入排污费征收范围。研究将部分“两高”行业产品纳入消费税征收范围，完善“两高”行业产品出口退税政策和资源综合利用税收政策，积极推进煤炭等资源税从价计征改革，符合税收法律法规规定的企业可以享受企业所得税优惠。

第三，拓宽投融资渠道，鼓励民间资本和社会资本进入大气污染防治领域。引导银行业金融机构加大对大气污染防治项目的信贷支持，拓展节能环保设施融资、租赁业务。地方人民政府要对涉及民生的项目加大政策支持力度，对重点行业清洁生产示范工程给予引导性资金支持。要将空气质量监测站点建设及其运行和监管经费纳入各级财政预算予以保

障。中央财政应设立大气污染防治专项资金，中央基本建设投资也要加大对重点区域大气污染防治的支持力度。

（七）健全法律法规体系，严格依法监督管理

第一，完善法律法规标准。加快大气污染防治法修订步伐，重点健全总量控制、排污许可、应急预警、法律责任等方面的制度，加大对违法行为的处罚力度。建立健全环境公益诉讼制度。研究起草环境税法草案，加快修改环境保护法，尽快出台机动车污染防治条例和排污许可证管理条例。各地区可出台地方性大气污染防治法规、规章，加快制（修）订重点行业排放标准以及汽车燃料消耗量标准等，完善行业污染防治技术政策和清洁生产评价指标体系。

第二，提高环境监管能力。加强对地方人民政府执行环境法律法规和政策的监督，加大环境监测、信息、应急、监察等能力建设力度。建设城市站、背景站、区域站统一布局的国家空气质量监测网络，加强监测数据质量管理，客观反映空气质量状况。加强重点污染源在线监控体系建设，推进环境卫星应用。建设国家、省、市三级机动车排污监管平台。

第三，加大环保执法力度。推进联合执法、区域执法、交叉执法等执法机制创新，明确重点，加大力度，严厉打击环境违法行为。对偷排偷放、屡查屡犯的违法企业，要依法停产关闭。对涉嫌环境犯罪的，要依法追究刑事责任。对监督缺位、执法不力、徇私枉法等行为，监察机关要依法追究有关部门和人员的责任。

第四，实行环境信息公开。国家每月公布空气质量最差的和最好的城市名单，各省（区、市）要公布本行政区域内地级及以上城市空气质量排名，地级及以上城市要在当地主要媒体及时发布空气质量监测信息。各级环保部门和企业要主动公开环境信息，充分听取公众意见，建立重污染行业企业环境信息强制公开制度。

（八）建立区域协作机制，统筹区域环境治理

第一，建立区域协作机制。建立京津冀、长三角区域大气污染防治协作机制，由区域内省级人民政府和国务院有关部门参加，协调解决区域突出环境问题，组织实施环评会商、联合执法、信息共享、预警应急等大气污染防治措施，通报区域大气污染防治工作进展，研究确定阶段性工作要求、工作重点和主要任务。

第二，分解目标任务。国务院与各省（区、市）人民政府签订大气污染防治目标责任书，将目标任务分解落实到地方人民政府和企业，构建以环境质量改善为核心的目标责任考核体系。国务院制定考核办法，每年初对各省（区、市）上年度治理任务完成情况进行考核，考核和评估结果作为对领导班子和领导干部综合考核评价的重要依据。

第三，实行严格责任追究。对未通过年度考核的，由环保部门会同组织部门、监察机关等部门约谈省级人民政府及其相关部门有关负责人，提出整改意见，予以督促。对因工作不力、履职缺位等导致未能有效应对重污染天气的，以及干预、伪造监测数据和没有完成年度目标任务的，监察机关要依法依纪追究有关单位和人员的责任，环保部门要对有关地区和企业实施建设项目环评限批。

（九）建立监测预警应急体系，妥善应对重污染天气

第一，建立监测预警体系，制定完善应急预案。环保部门要加强与气象部门的合作，建立重污染天气监测预警体系，及时发布监测预警信息。要落实责任主体，明确应急组织机构及其职责、预警预报及响应程序、应急处置及保障措施等内容，开展重污染天气应急演练。

第二，及时采取应急措施。将重污染天气应急响应纳入地方人民政府突发事件应急管理体系，实行政府主要负责人负责制。要依据重污染天气的预警等级，迅速启动应急预案，引导公众做好卫生防护。

（十）明确政府、企业和社会的责任，动员全民参与环境保护

第一，明确地方政府与企业的责任。地方各级人民政府对本行政区域内的大气环境质量负总责，制定本地区的实施细则，确定工作重点任务和年度控制指标，完善政策措施，并向社会公开。企业要按照环保规范要求，自觉履行环境保护的社会责任，加强内部管理，增加资金投入，采用先进的生产工艺和治理技术，确保达标排放。

第二，加强部门协调联动，广泛动员社会参与。环境保护部门要加强指导、协调和监督，有关部门制定投资、财政、税收、金融、价格、贸易、科技等政策，各部门密切配合，统一行动，形成强大合力。积极开展多种形式的宣传教育，普及大气污染防治的科学知识，倡导文明、节约、绿色的消费方式和生活习惯，在全社会树立起“同呼吸、共奋斗”的行为准则，共同改善空气质量。

第四节　固体废物

一、固体废物面临的主要形势

（一）基本情况

1. 工业固体废物

我国工业固体废物的产生具有明显的地区和行业分布不平衡性。工业固废的处理以综合利用和贮存为主，处理量大于处置量。工业固废的综合利用的地区和行业差异也比较大。2012 年，全国工业固体废物产生量为 329 046 万吨，综合利用量（含利用往年贮存量）为 202 384 万吨，综合利用率为 60.9%。

2. 城市生活垃圾

我国的城市生活垃圾的组成与城市经济发展状况、基础设施建设状况、居民生活水平、地域自然条件、垃圾收集方式有关。与发达国家相比，中国大部分城市生活垃圾中有机物含量特点是可燃物含量较低，而含水率较高，热值较低。生活垃圾处置得不完善对环境造成普遍的污染。农村生活垃圾管理基本还是空白。

3．危险废物

我国危险废物管理底数严重不清，无害化处理处于起步阶段，危险废物处置技术水平尚需提高，近年来集中处置能力建设增长较快。危险废物已经对环境造成一定污染。截至2010年，全国持危险废物经营许可证的单位危险废物年利用处置能力达2 325万吨（其中，医疗废物年处置能力59万吨），较2006年提高226%。专家预测“十二五”期间危险废物产生量仍将持续增长。

（二）存在的问题

1．固体废物底数不清

我国纳入固体废物管理的固体废物数量极其有限，同时对固体废物的产生种类、分布、性质以及污染途径、污染状况都缺乏必要的了解，存在着固体废物管理底数不清的问题，产生的后果是不能全面把握我国固体废物产生、处置和污染的情况，因而不能正确制定固体废物管理的战略和政策，难以全面遏制固体废物增长的实际污染状况。

2．固体废物污染认识不明

目前我国对固体废物和固体废物管理仍然存在着认识上的混乱，固体废物不同于废水和废气，其性质、污染途径和污染形式都极为复杂，而且工业技术的飞速发展造成固体废物没有可接受的环境受纳体，不可能采用与废水或废气相同的排放技术，所以其处理和管理政策也就不能与废水或者废气相同。不能将固体废物作为污染排放物管理，而应作为污染源进行管理。固体废物无害化管理应该是自产生源开始全过程管理，其最有效的途径是源头减量，即减量化；其最终的出路是参与社会循环或者生态循环使之资源化。

3．尚未建立起完善的固体废物管理体系

（1）固体废物管理法律体系缺失严重

我国固体废物管理的基本法律是《中华人民共和国固体废物污染环境防治法》，同时在这一法律的指导下制定实施了《医疗废物管理条例》等一系列专门规章条例。但是，各个法律之间没有明确的关联性，导致固体废物管理缺乏统一的目标，而且各个法律之间常常出现重复甚至矛盾；另外，固体废物管理的法律体系缺乏统一、科学、合理的法律原则和管理目标。

（2）管理权限分散，管理体制不适应固体废物管理要求

目前涉及固体废物管理的政府部门有7个，这一现象同样存在于中央和地方政府，非常容易出现政策矛盾、职能重叠或者区分不清等情况。即使在环境保护管理部门中，固体废物管理的职能也分散于污染控制、规划、科技标准、法规、环境监察等管理机构中，难以形成科学、合理的管理目标，也就无法形成统一、有效的管理合力，经常会出现互相制约、互相掣肘的现象，造成管理漏洞和管理盲区。

（3）固体废物管理目标不清

无论是法律还是管理实践，均没有将固体废物管理目标从单纯的污染控制转变到资源保护与循环。由于没有触及固体废物管理的本质，固体废物管理和污染控制的目标不清，无论是阶段目标还是长远目标都没有实质性指标。这也给固体废物管理带来混乱。

4．固体废物污染控制与管理没有得到应有的重视

（1）固体废物管理与污染控制投入严重不足

我国城市生活垃圾管理、处理设施的建设投资以及设施的运行水平等，与固体废物无

害化管理要求还有非常大的差距，欲赶上国际先进水平还需要走很长的路。我国工业固体废物（危险废物）的有效管理投入也是很低的，而农村生活垃圾和农业废物的直接投入几乎没有。在这样的资金投入和资金保障体系下，要达到固体废物无害化管理的任何目标几乎都不可能。

（2）固体废物综合利用的经济鼓励政策及实施对象范围狭窄，落实困难

固体废物管理的重点应该是鼓励固体废物的综合利用。但是目前对于固体废物综合利用缺乏统一、综合的鼓励政策，缺乏对固体废物综合利用及其产品认证的实施细则，经常出现税收部门难以确认税收优惠对象的现象；优惠政策仅限于税收优惠；还没有建立起生态补偿机制，对于经济价值较低的固体废物综合利用技术和其产品难以做到有效的支持。

（3）污染治理责任主体不清，缺乏有效的投资渠道

我国法律还没有对固体废物已经造成的污染治理责任做出明确的认定，特别是对于由于经济体制改革造成的无责任主体，固体废物造成的污染或者固体废物产生者明确但是没有经济能力进行治理的情况下，没有明确的法律来界定应该承担治理责任的主体。

二、未来发展趋势

固体废物环境保护的总体目标是：通过建设固体废物全过程管理体系和发展合理有效的循环经济体系，以固体废物为控制节点，完成人类社会和自然生态中完善、合理的物质循环，保证人类社会发展与资源保障的平衡，维护人类社会与生态环境的和谐共存。安全、合理地再生利用、生态还原和暂时处置固体废物，避免人体健康和生态环境在这一过程中受到危害；建立健康合理的生活方式和生产模式，最大限度地发挥能源和资源的效应，减少固体废物的产生。

（一）完善固体废物污染控制相关法律体系

开展有关我国固体废物产生、污染特性以及固体废物管理与我国社会、经济发展现状的适应性研究，建立符合我国国情和固体废物管理规律的固体废物分类体系，提出适合我国国情的“生产者延伸责任制”和污染治理责任主体确认机制，以及固体废物回收与再生的市场与补偿机制等。在充分的前期研究基础上，借鉴发达国家经验教训，制定我国以再生循环为基本方针的固体废物管理法律体系和专门法律框架。

由法律、固体废物、污染控制技术循环经济等方面研究专家共同开展固体废物管理法规体系研究，提出适合我国国情和固体废物管理规律的固体废物管理法规体系框架。根据这一体系框架，修订现有法律，制定专门法律、法规；梳理现有法律、法规，对互相矛盾、错误、无法实施的内容以及由于形势发生变化而不适应的内容进行统一修订。

（二）建立强有力的固体废物污染控制技术和管理队伍[1]

在环境保护部的框架组织下设立相关专门机构，整合目前各个部委的固体废物管理职

---

①“环境保护部固体废物与化学品管理技术中心”已于 2013 年 10 月成立。该机构将为环境保护部提供固体废物和化学品的技术和管理支撑。

能，统一行使国家固体废物管理职能。其中包括制定促进固体废物源头减量、资源化再生、合理处置以及全过程无害化管理的经济、技术政策、法规、标准、规范等。在国家和地方设立“固体废物管理中心”，配备足够的人力和物力，统一实施各种固体废物管理制度并实施有效的监督管理，如处置与循环再生技术的评价与审定、固体废物管理相关的审批，特别是相关政策制定的前期准备和研究及实施后效果的评估，开展相关培训和宣传，以及有关的科学研究与技术开发等。管理重点在各种固体废物的源头减量和资源循环，以及全过程的无害化控制；组织固体废物再生循环和处理处置企业的专业行业协会，统一协调行业内技术发展、资源配置，并作为企业与政府的沟通渠道。

（三）建立固体废物管理投资体制和管理机制

为保证城市和乡村生活垃圾处置设施的建设满足战略目标的实现，建立国家和地方财政共同投入的机制，通过规定城市生活垃圾处置费在城市基础设施运行维护费用或者城市财政总支出中的最低比例，保障固废处理设施的正常运转。同时，国家应建立贫困地区城市、乡镇生活垃圾和农村生活垃圾的处置费用补贴制度，积极探索不同条件下农村生活垃圾管理机制和城市生活垃圾国家建设、市场运行的管理机制，通过开展“固体废物产生者责任制”和“生产者延伸责任制”的试点与示范，鼓励社会投资工业固体废物和危险废物再生利用和合理处置行业；通过市场整合，促进建设大型专业化固体废物管理企业，鼓励各种固体废物区域性集中分类再生利用和处置，对各种固体废物的再生循环企业实行有效的税收优惠，同时，国家对农业固体废物的循环再生（包括秸秆还田、燃烧发电、堆肥处理、产沼民用等）实行政策性补贴制度，保证农业固体废物的循环再生和农业的可持续发展。

（四）构建科学合理的固体废物管理目标体系

制定国家和地方固体废物管理规划，明确提出各种固体废物源头减量、再生循环和无害化管理的阶段性和长远目标，并将固体废物再生资源（能源）开发纳入国家和地区性资源（能源）发展计划；将固体废物管理指标纳入国家和地方环境保护指标中，如在节能减排指标体系中增加工业固体废物和危险废物减量率，并将这一指标体系作为考核中央和地方政府及其主管官员的政绩考核指标之一。开展全国性和地区性循环经济建设，促进固体废物的合理利用。

第五节　生态环境

近十几年来，我国加强了生态保护和恢复工作，先后启动了天然林保护工程、退耕还林还草工程、退田还湖工程，建立了一批不同类型的自然保护区、重要生态功能保护区等，全国森林资源逐年增加，森林覆盖率逐年增加，全国沙化土地面积开始出现净减少。国家重点生态功能区保护得到进一步加强，自然保护区的布局体系初步建立，生态示范建设蓬勃发展，全国已形成生态示范区、生态建设示范区、生态文明建设试点三个梯次系统推进生态文明建设的工作体系，生态示范建设管理工作不断完善。这些生态建设与保护工程，有效地缓解了我国的生态系统退化与生态破坏，部分流域区域生态治理取得初步成效，部分城市和地区生态环境质量有所改善。

但是，目前我国生态保护所面临的形势依然较为严峻，局部生态问题有所缓和，区域、流域生态破坏在加剧；原有的生态问题略有好转，新的生态问题不断涌现；人工生态环境有所改善，原生生态环境在加速衰退；单项生态问题有所控制，系统性生态问题更加突出；显性的生态问题向隐性的生态问题转变。从总体上看，生态系统呈现由结构性破坏向功能性紊乱演变的发展态势，生态退化的趋势在加剧，生态系统更不稳定，生态服务功能持续下降，生态灾害在加重，生态问题更加复杂化，生态环境状况不容乐观。

一、生态环境面临的主要形势

（一）部分区域重要生态功能不断退化

由于气候变暖和经济高速增长、人口快速增加以及城市化水平不断提高，导致部分重要生态功能区森林、草地、荒漠等植被严重退化，湿地萎缩及功能降低，河湖干涸，水土流失，部分区域生态功能仍在退化。其中森林资源呈现数量型增长与质量型下降并存的局面，森林生态系统趋于简单化，生态服务功能衰退。草地退化严重，质量降低，生态功能和生态承载力下降。重要生态功能区的生态环境继续恶化，将严重影响我国经济社会可持续发展和国家生态安全。

（二）生物多样性面临严重威胁

人口膨胀以及农村和城市扩张，使大面积的天然森林、草原、湿地等自然生境遭到破坏，大量野生动物栖息地丧失，濒临灭绝。我国野生高等植物濒危比例达15%～20%，裸子植物和兰科植物高达40%以上；野生动物濒危程度不断加剧，233种脊椎动物面临灭绝，约44%的野生动物呈数量下降趋势。遗传资源不断丧失和流失，部分珍贵和特有的农作物、林木、花卉、畜、禽、鱼等种质资源流失严重，一些地方传统和稀有品种资源丧失。此外，外来入侵物种严重威胁我国的自然生态系统，初步查明我国有外来入侵物种500种左右，每年造成的经济损失约1 200亿元。自然保护区空间布局和结构不尽合理，部分自然保护区存在面积、范围、功能分区等不合理及被开发建设活动非法侵占的现象，部分自然保护区核心区、缓冲区原住民较多，对自然保护区的保护效果造成影响。

（三）生态保护监管能力薄弱

生态环境统一监管能力有待提高。生态保护的法律法规和标准规范体系尚需完善，生态环境管理体制不顺，国家重点生态功能区、生物多样性保护优先区、自然保护区的综合管理机制还需建立健全，区域生态保护与资源开发的矛盾仍较为突出。生态保护能力建设滞后。人员队伍、技术力量薄弱，生态监测技术体系与评价方法、规范标准建设落后，国家重点生态功能区、自然保护区、生物多样性保护优先区的生态监测和评估体系滞后，生态环境监测与评价工作亟待加强。生态保护投入严重不足，生态保护日常的监督、管理和运行维护费用尚未落实，国家重点生态功能区、自然保护区的管护设施设备建设滞后。生态补偿机制尚需完善。

（四）生态示范建设水平有待提升

一些地方的生态示范建设认识不足，创建工作对各领域的协调发展统筹不够，需更加紧密地与落实科学发展观、“两型”社会建设相结合。部分地区生态保护的意识和认识亟须提高。生态功能综合保护和生态系统综合管理的理念尚需进一步融入经济社会发展大局。生态建设示范区管理尚需进一步完善。

（五）冰川退缩明显

我国冰川集中分布在西部地区，是西北干旱区尤其是绿洲的重要水源。由于受气候变暖和人类活动的影响，近二三十年来西部冰川已经发生了明显变化，冰川物质亏损十分严重。《中国冰川资源及其变化调查》研究表明，所调查的近 2 万平方千米无表碛覆盖冰川总体处于缩小状态，共缩小了 1 480 平方千米，这部分冰川与 20 世纪 50 年代末至 80 年代第一次冰川普查相比总体缩小比例为 7.4%。

二、未来发展趋势

为保护生态系统结构和功能完整、保障国家生态安全，国家急需加强生态保护与生态建设，提升支撑经济社会可持续发展的生态服务功能，高度重视生态保护科技支撑能力建设，倡导社会广泛参与，加大生态保育、生态修复及生态建设力度，促使生态系统结构不断优化，生态系统过程逐步合理，生态质量得到全面改善，形成生态保护与经济社会协调发展、良性互动的良好格局。

（一）以生态建设示范区为基础，全面推进生态文明示范建设

1. 深化生态建设示范区建设和管理

通过生态省、市、县、生态工业园区建设夯实生态文明的建设基础，以生态市、生态县、生态工业园区建设为重点推动区域生态环境、经济发展和社会进步良性互动。按照“四个 80%”的体系要求[①]，做好生态示范建设的细胞工程。加强分类指导，实行分级管理，推动不同地区有重点地开展生态省、市、县、生态工业园区建设工作。加强对已获命名生态建设示范区的监督管理，逐步建立健全生态建设示范区动态管理和奖惩机制。

2. 深入开展生态文明建设试点

扩大生态文明建设试点范围，丰富生态文明建设试点类型，逐步开展跨行政区和行业生态文明建设试点，形成行政区、跨区域、多行业相结合的多层次生态文明建设试点体系。探索跨行政区生态文明建设的协调机制，支持区域联合制定生态文明建设规划。建立区域协调发展的机制，统筹区域产业布局和生态环境保护，统一开展规划环评，促进区域产业互补和错位发展。建立区域生态环境保护协调机制，推动区域生态环保基础设施的共建共

① 四个 80%：生态省应有 80%的市达到生态市的建设标准，生态市应有 80%的县达到生态县的建设标准，生态县应有 80%的乡镇达到生态乡镇的建设标准；生态乡镇应有 80%的行政村达到生态村的建设标准。

享和优势互补。探索建立区域生态补偿机制。建立环境一体化监管体系和环境信息共享机制。启动重点行业生态文明建设试点，推动生态文明生产方式的形成。

3．开展生态文明水平评估

研究制定生态文明水平评估办法，逐步在全国范围开展省级生态文明水平评估，动态反映一定时期各省、自治区、直辖市，以及副省级城市的生态文明水平。在全国统一评估体系的基础上，推动各省（区、市）深化、细化地方生态文明水平评估方法与标准，建立自上而下、一级评一级的生态文明评估格局，促进形成上下联动、共同推进生态文明建设的局面。

（二）加强生物多样性保护，深化生物安全管理

1．强化优先区域的监管

实施《中国生物多样性保护战略与行动计划（2011—2030 年）》和《全国生物物种资源保护与利用规划纲要（2006—2020 年）》，明确 35 个生物多样性保护优先区域的具体范围和保护重点。开展生物多样性保护、恢复和减贫示范。在人类活动强度较大的、未采取保护措施的重要野生植物遗传资源分布地、重要生物廊道、野生动物迁徙停歇地等敏感区域，研究建立生物多样性保护小区予以保护。

2．加强生物物种资源保护与监管

开展全国大规模的物种资源本底调查工作，加强生物物种及遗传资源的调查和编目，真正摸清我国物种资源的本底。探索建立生物资源采集、运输、交换等环节的监管制度。加强生物物种资源迁地保护场所的监管，完善生物物种资源出入境制度。完善物种资源保护体系，确立物种资源保护的立法体系框架。

3．深化生物安全管理

规划建立保存遗传资源和基因库。加强转基因生物、外来入侵物种风险管理。制定转基因生物环境释放环境风险评价导则，建立转基因生物环境释放监管机制，开展自然环境中外来物种调查和风险评估，建立数据库，构建监测、预警和防治体系。认真落实《进出口环保用微生物菌剂环境安全管理办法》，出台环保用微生物环境安全评价技术导则，加大进出口环保用微生物的环境安全监管力度。

4．推动履约和国际合作

积极参加《生物多样性公约》及其议定书的相关会议和谈判，切实维护国家权益。组织开展“联合国生物多样性十年中国行动”。组织开展国际履约热点问题的跟踪研究，为履约工作提供支撑，加强南北合作和南南合作。

（三）全面加强各级自然保护区建设，提升监管水平

1．加强自然保护区管理机构建设

进一步理顺自然保护区的管理体制，健全自然保护区的管理机构，加大经费投入，探索建立自然保护区的直接管理机制。优化自然保护区管理人员、专业技术人员的配置，全面完成自然保护区科学考察，建立综合信息化平台，建立自然保护区监测网络。定期开展全国自然保护区质量调查与评估，建立健全自然保护区升降级制度和分类管理指导机制。开展保护区数字化工程，建立全国自然保护区综合管理信息系统。

2. 优化自然保护区空间布局

抓紧完善并实施全国自然保护区发展规划，以国家级自然保护区建设为重点，加强自然保护区网络体系建设。积极实施自然保护区建设工程，提高保护区建设质量和水平，促进保护区由数量型向质量型转变，由面积型向功能型转变，由速度型向效益型转变。坚持重点突破和全面推进相结合的方针，在巩固原有保护区建设成果的基础上，将生物多样性丰富地区以及目前自然保护区建设相对薄弱的地区作为重点建设区域，建立区域布局合理、类型多样、典型示范作用强的自然保护区体系。

3. 健全自然保护区法规体系，完善规范化管理制度

完成自然保护区主要技术标准编制；制定并颁布实施《自然遗产法》；修订完善自然保护区土地管理办法，明确土地权属解决模式；完善自然保护区评审制度，修订自然保护区评审标准；制定有关涉及自然保护区的开发建设项目环境管理办法，构建生态补偿机制，明确管理措施和方法；制定自然保护区的相关国家标准或行业标准。

（四）强化重要生态功能区保护与建设，大力提升国家生态系统服务功能

第一，在重要生态功能区、陆地和海洋生态环境敏感区、脆弱区等区域划定生态红线，会同有关部门共同制定生态红线管制要求，将生态功能保护和恢复任务落实到地块，形成点上开发、面上保护的区域发展空间结构。研究出台生态红线划定技术规范，制定生态红线管理办法。

第二，加强重点生态功能区保护和管理。加强青藏高原生态屏障、黄土高原—川滇生态屏障、东北森林带、北方防沙带和南方丘陵地带以及大江大河重要水系的生态环境保护，推动形成“两屏三带多点”的生态安全战略格局保护与建设，加大对水质良好或生态脆弱湖泊，以及生态敏感区、脆弱区的保护力度，提高各类重点生态功能区的生态环境保护准入门槛，加强重点生态功能区生态综合评估。

第三，强化生态监测与评估体系建设。推进建立定期开展全国生态环境状况调查评估体制机制，完善我国生态环境监测与评估体系建设。健全卫星环境监测体系，全面构建“天地一体化”的生态环境调查监测评估体系。建立国家重点生态功能区生态监测方法和技术体系，开展区域生态系统结构和功能的连续监测和定期评估。开展易灾地区生态环境功能调查评估，适时启动国家森林公园和国家级风景名胜区生态功能状况评估试点。

第四，开展流域生态健康评估与管理。编制流域生态健康行动计划，探索建立流域生态健康评价标准和制度，努力推动建立流域生态保护的新理论和新方法维持健康的流域生态系统。在水资源短缺地区，加强限制高耗水产业发展。加强水电开发规划、建设和管理过程中的生态环境监管，建立健全水资源开发的生态补偿机制。

第五，强化资源开发和基础设施建设生态环境监管。强化矿产资源开发生态保护执法检查与评估，制定全面的生态恢复规划和实施方案，加强生态恢复工程实施进度和成效的检查与监督。强化旅游资源开发活动的生态保护，推动国家生态旅游示范区建设，完善生态旅游示范区管理办法和配套制度。

（五）推进资源开发环境影响评价，理顺生态与经济协调发展过程

逐步探索把与资源开发、利用相关的政策、法规的环境影响评价纳入《中华人民共和

国环境影响评价法》。完善战略环境影响评价的审批与考核验收制度，大力推进影响资源开发利用的高层次战略环境影响评价。将规划环评列入国家矿产资源开发管理的有关规定，确保规划环评与矿产资源规划同步进行。强化流域、区域性重点行业规划环评，优化流域资源开发。加强资源开发领域战略环评、规划环评和项目环评的后续环境管理，建立相关的环境跟踪评价技术标准与管理体系，确保资源的合理开发与持续利用。

（六）加强生态保护的保障措施

第一，完善生态保护的法规制度和生态保护政策。积极推动国家重点生态功能区与自然保护区建设和管理、生物多样性保护等重点领域立法，进一步健全相关法律法规。推动有关部门不断完善国家重点生态功能区转移支付政策，提高转移支付资金用于生态环境保护的比例，明确受补偿地区和行业的生态保护责任和目标，支持地方建立流域上下游市场化的生态补偿机制。推动重大区域性和行业性发展决策开展战略环境影响评价。

第二，加大生态保护投入，加强科技支撑。推动各级政府把生态保护和监管列入各级财政年度预算并逐步增加投入，推动建立国家、地方、企业和社会的多渠道投入的机制。推动制定和实施有利于生态保护和建设的财税政策，鼓励和吸引国内外民间资本投资生态保护。加强生态保护国际合作，健全生物多样性和生态系统服务政府间科学—政策平台（IPBES），积极引进国外先进的生态保护理念、管理模式、技术和资金，推动我国生态保护工作。加强重点领域的基础研究和科技攻关，加强对科研院所的科研能力建设支持，优先安排重大生态环境问题与关键技术科研课题。推动设立生态保护科技重大专项，重点开展关键技术的研究，开展大型、特大型城市以及城市群的生态保护和生态安全问题的研究。

第三，推动部门协调联动，促进公共参与。建立健全相关部门共同参与、分工负责的国家重点生态功能区保护和管理协调机制和绩效考核体系与办法，完善自然保护区建立、调整、评审、评估等工作机制。深入开展生态环境国情、国策教育，加强面向社会的宣传教育，广泛动员公众参与生态环境保护。制定并完善生态保护的公共参与政策，鼓励公众参与生态环境保护与监督。充分发挥相关社团组织的桥梁纽带作用，动员社会各方力量共同推进生态保护与建设工作。

第六节　海洋环境

一、近海海域环境形势

“十二五”时期，我国近岸海域污染防治将面临新的挑战。首先，我国社会经济仍保持快速发展的势头，城市化程度将进一步提高，宏观经济仍将保持平稳较快增长的势头，陆域污染物输入量将大幅度增加，对海洋环境形成极大的压力。其次，我国新一轮沿海开发规划陆续实施，我国沿海地区社会经济必将迅猛发展，这也将给近岸海域生态环境带来巨大的压力。如果不采取有效措施，近岸海域环境污染和生态破坏问题将成为沿海地区全面建设小康社会和实现可持续发展的制约性因素。

（一）近岸海域污染相对较重，水体营养失衡问题突出

我国海水环境质量总体状况表现为近岸海域环境污染相对较重。在各项污染物中，无机氮和活性磷酸盐是我国近岸海域最主要的污染物，污染程度以无机氮最为严重，其次是磷酸盐。化学需氧量（COD）和石油类污染物逐渐减轻。随着沿海经济的不断发展，陆源输入营养物质的不断增加，导致部分海域富营养化，碳、氮、磷、铁等生源要素已经发生改变，直接造成近海营养失衡，进一步导致生态系统的结构和功能发生变化。另外，近年来对渔业资源和生态安全极具破坏力的水母类浮游动物的频繁暴发在海湾和近岸海域愈演愈烈，富营养化导致的低氧环境和初级产品结构的改变可能是引起水母类浮游动物生物量增加的重要原因。

（二）养殖业污染问题严重，近岸海域有机污染问题凸显

养殖造成的海域污染问题严重，养殖生产上的饲料添加剂和鱼药的滥用，造成部分水产品有机物和残留药物浓度超标，导致我国水产品质量严重下降。2012 年监测结果显示，东海部分渔业水域和珠江口的无机氮和活性磷酸盐超标均相对较重，河北近岸海域石油类超标相对较重，黄海部分渔业水域镉超标相对较重。

近岸海域沉积物中有毒有害污染物污染凸显。氯碱、造纸、金属冶炼、有机化工及垃圾焚烧等工艺过程中产生的二噁英类物质，用于血吸虫防治的主要药品五氯酚钠也含有一定浓度杂质的二噁英，以及曾生产并使用过的有机氯农药、多氯联苯等持久性有机污染物的危害增加。这些有机物在食物链中，最先被藻类吸收，并在食物链中逐渐富集，由于它们的脂溶性，很难从生物体内排出。

（三）近岸海域生态系统健康状况不佳

第一，滨海湿地生境大量丧失，海岸带景观破坏愈演愈烈。一些沿海地区破坏红树林、海岸基干林带和自然湿地、围湖造田、挖池养殖、开发区建设等造成了湿地、林地的大量流失。进入 20 世纪 90 年代，我国赤潮已呈现出发生频率增加、暴发规模扩大、原因种类增多、危害程度加重的发展趋势，赤潮灾害已居世界前列。赤潮不仅给水体生态环境造成危害，也给渔业资源和生产造成重大经济损失。

第二，淡水入海量短缺，近海生境不断退化。这在渤海表现得较为突出。淡水是维持近海生态系统健康的必要物质，渤海有 40 余条河流注入，携带大量营养盐及泥沙的河水与海水混合，在河口浅海区构成了低盐度、营养丰富、水温适宜的沿岸水团，为众多渤海当地及洄游海洋生物种类提供了适宜的产卵、孵化及育幼场所。近年来，由于渤海入海径流量显著下降，海洋生态用水量明显减少，导致整个渤海盐度明显升高，河口区域更为突出。

第三，生物资源日趋衰退。中国渤海、黄海、东海和南海北部大陆架海域渔业资源开发利用从 20 世纪 50 年代初利用不足，逐步走向充分利用和过度捕捞。中国周边四大海区的渔业资源已经严重退化和衰竭，造成了传统经济渔业种类资源衰退、生物多样性降低、生物群落低级化等问题，海洋生态系统正发生难以逆转的异常变化。

总的来看，我国海洋环境现状为：近岸海域水质欠佳，生态系统健康状况不容乐观，

资源无序利用，食品安全堪忧。我国海洋环境演变趋势为：水质恶化趋势总体缓解，传统污染物受到控制，但富营养化和局部海域新型污染物有加重趋势；近岸海域生态系统健康状况恶化的趋势尚未得到有效缓解、海岸带生境破坏趋势加剧，生物资源衰退，环境突发事件发生的频率增大。

二、未来发展趋势

（一）严格控制陆域氮磷入海总量

首先，沿海地区污染物排放总量控制。沿海地区依据相关海洋功能区和环境功能区的环境保护要求和水环境特征，推进重点流域规划的水污染防治任务与海域污染防治工作的衔接，实施污染物排放总量控制，确定氮磷营养盐、COD、石油类，或者其他特征污染物的总量控制目标，并根据沿海工、农业生产及海上开发活动污染物排放实际状况，制定重点河口、海湾各类入海污染物排放总量分配方案，制定污染物排放总量削减计划，合理分配污染物排放配额。

其次，提升沿海地区污染治理水平，削减污染物入海总量。强化工业源达标控制，推动清洁生产和循环经济；加快城镇污水处理设施建设，提高城镇污水处理率和处理水平，加强流域面源污染防治，提升沿海区域环境治理水平，减轻和控制近岸海域环境压力，削减污染物入海总量。

（二）加强对海域污染源的控制

第一，进一步加强港口和船舶污染防治。强化港口船舶防污监管，实施船舶、舰艇及其相关活动的油污染物零排放计划；加强船舶污染物接收处理设施和港口污染处理设施建设，规范船舶污染物接收处理行为。

第二，防范突发环境污染事件。建立完善海上溢油监视体系，提高溢油监视能力；加强海上溢油及有毒化学品的泄漏等污染事故应急能力的建设，防范突发性环境污染事件的发生。

第三，推行循环经济，发展滨海生态养殖业。合理规划水产养殖规模和养殖方式，大力推广生态健康养殖，控制养殖的自身污染，减轻养殖活动对海洋环境造成的影响，保护海洋生态系统的健康，实现渔业资源保护和可持续利用。

（三）加强滨海湿地和岸线资源保护，开展重点海域生态修复与建设

第一，保护滨海湿地和岸线资源。严格按照相关规划计划管理的要求控制沿海围填海造地规模，依法控制海岸带采矿采砂活动，坚持严格论证，依法审批，适度开发的原则，遏制破坏性海岸带开放利用活动，保护海岸带湿地和岸线资源，整治受损岸线。切实加强沿海经济开发区的滨海湿地保护。

第二，建设沿海生态隔离带，构建陆海绿色屏障。加强滨海区域生态防护工程建设，合理营建堤岸防护林，构建近海海岸复合植被防护体系，缓减台风、风暴潮对堤岸及近岸海域的破坏。

第三，加大近岸海域生态保护力度，推进近岸海域生态修复与建设。对于生态破坏较为严重的海域，需进一步加大海域的生态保护力度，实施红树林、珊瑚礁、海草床等的生态修复与建设工程，加大伏季休渔和海洋增殖放流工作的力度，保护鸟类和珍稀海洋生物栖息地等重要自然生境。

（四）提升海域环境监管能力，强化监督执法，防范海洋环境风险

加强主要入海河流污染物入海量监测和近岸海域生态环境的监测评价工作，提升海洋环境监管能力和水平，扩展海洋监测和评价内容，促进海洋环境信息共享，逐步推进近岸海域环境数字化实时管理；开展近岸海域环境风险管理工作，增强近岸海域环境风险防范能力；建立规划实施考核机制，加强规划实施的监督考核；建立海洋环境保护协调合作机制，实现多部门联合执法，共同进行海洋环境管理。

建立健全海洋环境监控体系，逐步严格控制海洋的有毒有害污染物、放射性物质、富营养化、底栖生物、生物多样性、重要生物栖息地以及气候变化影响等，完善海洋环境监测系统，优化海洋环境监测布局和功能，加强质量监督和管理。加强海洋环境监测的信息化建设，实现海洋环境监测工作统一规划，部门实施，数据共享；建立我国海洋环境监测数据网络应用中央平台；加强海洋应急监测能力建设。

第七节　土壤环境

一、土壤污染的来源

近 20 年来，随着我国社会经济的快速发展和人口的不断增多，工业“三废”的大量排放、农药化肥的过量施用、污水的大面积回灌以及工业化、城市化、农业集约化过程中不合理的土地利用，使得土壤污染逐渐加重。目前，我国的土壤污染面积在扩大、污染物类型在增多、种类在叠加、浓度在提高，影响到食物安全、饮用水水源安全、生态安全和人居环境安全；随着经济发展和城市化进程的推进，土壤污染表现出明显的多源性、多样性、复合性，出现了一些新的变化趋势，土壤环境保护的滞后现象逐渐凸显出来。

土壤污染的来源主要有工业、城市废水和固体废物、农药和化肥、牲畜排泄物以及大气沉降等。土壤污染物按照其性质分为有机污染物、重金属、放射性元素和病原微生物。

（一）污水灌溉与农用化学品污染土壤

我国从 20 世纪 60 年代开始在部分省市采用污灌技术，在获得污水资源化的同时，却造成了大量农田成块、成片、成区域的污染。调查显示，污水灌溉的土壤中铬含量是河水灌溉土壤的 2 倍，土壤镉的污染超标面积近 20 年来增加了 14.6%。我国农药总施用量达 131.1 万吨（成药），平均每亩施用 931.3 克，比发达国家高出一倍。过量的化肥与农药在

土壤与水体中残留，造成我国大面积农田土壤环境发生显性或潜性污染。特别是早些年持久性有机污染物（POPs）类农药的使用，对我国农村土壤环境造成长期污染。

（二）石油开采和消费污染土壤

中国生产的石油80%是在陆地上开采的，石油在勘探、开采、运输、存储和销售等各环节都有可能对土壤造成污染，特别是在钻井、洗井、采油和修井等作业过程中，会有不少石油落地而使土壤受到严重的污染，并常常牵连到地下水。目前，我国勘探、开发的油气田共400多个，分布在全国25个省、市、自治区，油田区工作范围近20万平方千米。据不完全统计，油田区内污染场地有 20 余万处。当前我国城市地下水中，因加油站导致的地下水污染时有发生。

（三）采矿和冶金污染土壤

我国 95%的能源和 80%的原材料是依靠开发矿产资源来提供的，全国有大小矿区近30万个。矿山尾矿、冶金废水等对周边地区排放重金属，是引起土壤重金属污染的重要原因。局部地区重金属污染非常严峻，在东南地区，汞、砷、铜、锌等元素的超标现象普遍；华南地区农业用地遭受镉、砷、汞等有毒重金属污染较多；江汉平原地区和长江三角洲地区农田分别受汞、镉、铅、砷、铜、锌等多种重金属污染。2002年原国家环保总局对全国52个“蔬菜种植基地”进行调查，结果显示，近40%的种植基地土壤中总镉的含量已接近警戒线水平或已受到不同程度的污染。

（四）电子废弃物拆解等污染土壤

电子废弃物拆解污染是近年来才出现的土壤污染类型，最典型的案例是广东汕头市贵屿地区和浙江省台州市路桥区。中国拆解的废旧电子废物既有从国外进口的，也有国内自身产生的。电子废物的拆解场地一般是村里的临时用地、门前屋后、良田、老宅基地等，拆解的固体废物随处堆放，拆解中产生的废料乱焚烧或直接倾倒河塘、道路两侧及田地，对空气、水、土壤都造成了严重污染。大部分电子废物均为手工拆解，电子废物拆解和焚烧过程中排放多种有机污染物和重金属，不仅对土壤造成污染，对人体也形成严重的风险。

其他可能导致土壤污染的途径还有交通事故、化工厂爆炸和地震等，这些事故都可能导致化学品泄漏从而污染土壤。

二、土壤环境污染的主要问题

我国受农药、重金属等污染的土壤面积达上千公顷，其中矿区污染土壤达200万平方千米、石油污染土壤约500万平方千米、固废堆放污染土壤约5万平方千米，已对我国生态环境质量、食品安全和社会经济持续发展构成严重威胁。我国土壤污染退化已表现出多源、复合、量大、面广、持久、毒害的现代环境污染特征，正从常量污染物转向微量持久性有机污染物（POPs），尤其在经济快速发展地区。我国土壤污染退化的总体现状已从局部蔓延到区域，从城郊延伸到乡村，从单一污染扩展到复合污染，从有毒有害污染发展至有毒有害污染与氮磷营养污染的交叉，形成点源与面源污染共存，生活污染、农业污染和工业污染叠加、各种新旧污染与二次污染相互复合或混合的态势。

土壤污染直接导致农产品品质不断下降，危害人体健康，降低我国农产品的国际市场竞争力。全国 16 个省的检查结果，蔬菜、水果中农药总检出率为 20%～60%，总超标率为 20%～45%；值得注意的是，东南沿海地区部分土壤也出现具有内分泌干扰作用的多环芳烃、多氯联苯、塑料增塑剂、农药甚至二噁英等 POPs 复合污染高风险区，浓度高达每千克数百微克，我国土壤污染退化带来的食品安全已经到了相当严重的地步。

当前我国缺少国家级别的土壤污染基础信息数据，没有制定国家污染土壤清单或名录，对国内总体的污染场地数量与面积、潜在的污染场地、各个地方的污染场地的修复进程等很多方面都不了解，缺乏完整的权威的数据。另外，缺少土壤相关的法律与标准体系。目前，我国土壤污染防治的国家级法律还没有制定，没有颁布统一的关于土壤污染调查与风险评估的技术指南或规范，缺少各部门之间协调管理土壤污染的机制，同时，公众也缺少参与的途径与相关制度规定。

三、发展趋势

（一）严格控制新增土壤污染

加大环境执法和污染治理力度，确保企业达标排放；严格环境准入，防止新建项目对土壤造成新的污染。定期对排放重金属、有机污染物的工矿企业以及污水、垃圾、危险废物等处理设施周边土壤进行监测，造成污染的要限期予以治理。规范处理污水处理厂污泥，完善垃圾处理设施防渗措施，加强对非正规垃圾处理场所的综合整治。科学施用化肥，禁止使用重金属等有毒有害物质超标的肥料，严格控制稀土农用。严格执行国家有关高毒、高残留农药使用的管理规定，建立农药包装容器等废弃物回收制度。鼓励废弃农膜回收和综合利用。禁止在农业生产中使用含重金属、难降解有机污染物的污水以及未经检验和安全处理的污水处理厂污泥、清淤底泥、尾矿等。

（二）确定土壤环境保护优先区域

将耕地和集中式饮用水水源地作为土壤环境保护的优先区域。在 2014 年年底前，各省级人民政府要明确本行政区域内优先区域的范围和面积，并在土壤环境质量评估和污染源排查的基础上，划分土壤环境质量等级，建立相关数据库。禁止在优先区域内新建有色金属、皮革制品、石油煤炭、化工医药、铅蓄电池制造等项目。

（三）强化被污染土壤的环境风险控制

开展耕地土壤环境监测和农产品质量检测，对已被污染的耕地实施分类管理，采取农艺调控、种植业结构调整、土壤污染治理与修复等措施，确保耕地安全利用；污染严重且难以修复的，地方人民政府应依法将其划定为农产品禁止生产区域。已被污染地块改变用途或变更使用权人的，应按照有关规定开展土壤环境风险评估，并对土壤环境进行治理修复，未开展风险评估或土壤环境质量不能满足建设用地要求的，有关部门不得核发土地使用证和施工许可证。经评估认定对人体健康有严重影响的污染地块，要采取措施防止污染扩散，治理达标前不得用于住宅开发。以新增工业用地为重点，建立土壤环境强制调查评估与备案制度。

（四）开展土壤污染治理与修复

以大中城市周边、重污染工矿企业、集中污染治理设施周边、重金属污染防治重点区域、集中式饮用水水源地周边、废弃物堆存场地等为重点，开展土壤污染治理与修复试点示范。在长江三角洲、珠江三角洲、西南、中南、辽中南等地区，选择被污染地块集中分布的典型区域，实施土壤污染综合治理。

（五）提升土壤环境监管能力

加强土壤环境监管队伍与执法能力建设。建立土壤环境质量定期监测制度和信息发布制度，设置耕地和集中式饮用水水源地土壤环境质量监测国控点位，提高土壤环境监测能力。加强全国土壤环境背景点建设。加快制定省级、地市级土壤环境污染事件应急预案，健全土壤环境应急能力和预警体系。

（六）加快土壤环境保护工程建设

实施土壤环境基础调查、耕地土壤环境保护、历史遗留工矿污染整治、土壤污染治理与修复和土壤环境监管能力建设等重点工程，具体项目由环境保护部会同有关部门确定并组织实施。

第八节　电离辐射环境

一、主要状况与面临的挑战

目前，我国已经形成较为完整的核工业体系，核能在优化能源结构、保障能源安全、促进污染减排和应对气候变化等方面发挥了重要作用；核技术在工业、农业、国防、医疗和科研等领域得到广泛应用，有力地推动了经济社会发展。我国已基本建立了覆盖各类核设施和核活动的核安全法规标准体系。初步形成了以营运单位、集团公司、行业主管部门和核安全监管部门为主的核安全管理体系，以及由国家、省、营运单位构成的核电厂核事故应急三级管理体系。我国核电厂采用国际通行标准，按照纵深防御的理念进行设计、建造和运行，具有较高的安全水平。2012 年中国环境状况公报显示，全国辐射环境质量总体良好。全国环境 γ 辐射空气吸收剂量率，气溶胶、沉降物总 α 和总 β 活度浓度，空气中氚活度浓度均为正常环境水平。

（一）安全形势不容乐观

我国核电多种堆型、多种技术、多类标准并存的局面给安全管理带来一定难度，运行和在建核电厂预防和缓解严重事故的能力仍需进一步提高。部分研究堆和核燃料循环设施抵御外部事件能力较弱。早期核设施退役进程尚待进一步加快，历史遗留放射性废物需要妥善处置。铀矿冶开发过程中环境问题依然存在。放射源和射线装置量大面广，安全管理任务重。

（二）科技研发需要加强

核安全科学技术研发缺乏总体规划。现有资源分散、人才匮乏、研发能力不足。法规标准的制（修）订缺少科技支撑，基础科学和应用技术研究与国际先进水平总体差距仍然较大，制约了我国核安全水平的进一步提高。

（三）应急体系需要完善

核事故应急管理体系需要进一步完善，核电集团公司在核事故应急工作中的职责需要进一步细化。核电集团公司内部及各核电集团公司之间缺乏有效的应急支援机制，应急资源储备和调配能力不足。地方政府应急指挥、响应、监测和技术支持能力仍需提升。核事故应急预案可实施性仍需提高。

（四）监管能力需要提升

核安全监管能力与核能发展的规模和速度不相适应。核安全监管缺乏独立的分析评价、校核计算和实验验证手段，现场监督执法装备不足。全国辐射环境监测体系尚不完善，监测能力需大力提升。核安全公众宣传和教育力量薄弱，核安全国际合作、信息公开工作有待加强，公众参与机制需要完善。核安全监管人才缺乏，能力建设投入不足。日本福岛核事故的经验教训十分深刻，要进一步提高对核安全的极端重要性和基本规律的认识，提升核安全文化素养和水平；进一步提高核安全标准要求和设施固有安全水平；进一步完善事故应急响应机制，提升应急响应能力；进一步增强营运单位自身的管理、技术能力及资源支撑能力；进一步提升核安全监管部门的独立性、权威性、有效性；进一步加强核安全技术研发，依靠科技创新推动核安全水平持续提高和进步；进一步加强核安全经验和能力的共享；进一步强化公共宣传和信息公开。

二、未来的发展趋势

（一）保障核设施安全是良好的辐射环境的前提

核能界普遍认为核事故具有以下典型特点：事故的突发性，稍不小心，就会发生灾难性的后果；难以恢复性，一旦出了放射性事故，几乎很难恢复到原来的自然水平；公众和社会的极度敏感性，核事故会给公众和社会带来极大的心理负担，造成社会的恐慌；影响的全球性，一方面放射性的影响没有国界，另一方面一个国家的核事故会使全世界对核能的安全性产生极大的怀疑，全球的核能发展将遭受重创；修复艰巨性，事故电厂的处理、周围大量居民的迁移和受污染区域放射性的去除、要付出难以估量的经济代价。因此，必须把核事故的预防作为核安全管理的主要目标，采取各种措施和手段，消除所有可能的事故隐患，确保核与辐射安全万无一失，确保有良好的辐射环境质量。

（二）加强铀矿冶设施的“三废”治理

我国铀矿地质勘探和铀矿冶产生的废物分布广，遗留问题多，有些地区的环境中氡及其子体浓度较高，局部居民的生活环境中地表水和地下水源已被污染。铀矿勘探、采冶工作人员的职业照射水平高。相当数量的废矿石、矿渣尚未完全得到妥善处理。随着核电的迅速发展，对于铀资源的需求量急剧上升，到 2020 年，以目前国家核电规划的 4 000 万千瓦核电装机容量计算，将需要天然铀 7 200 吨。而我国目前的铀矿冶生产能力（约 1 500 吨）远远满足不了要求，所以铀矿冶的迅速扩张是必然的。而在市场经济条件下，企业追求的第一目标是经济效益，如果对铀矿冶的“三废”治理措施不严加控制，仍然以现在的方式进行生产势必对辐射环境带来严重的影响。

（三）放射性含量较高的矿产资源利用中的“三废”治理

放射性含量较高的矿产资源利用中的放射性废渣和废水还没有完全受控。企业环境保护技术滞后或未采取环保措施，多数稀土厂废水未采取环保治理措施，将产生的酸性废水外排，甚至连同废渣混排，使本应建库贮存的一部分低放废渣以水冲渣形式冲入“尾矿坝”或其他受纳水体。放射性含量较高的矿产资源开发中的辐射防护和环境保护问题尚未引起足够的重视。鉴于放射性含量较高的矿产资源利用中放射性废物具有与核燃料循环行业产生的放射性废物显著不同的特点，因此不能按照通常的放射性废物管理程序对其进行管理，如要求对其进行包装、整备、实施区域处置或集中处置等，而是应针对特点，制定适宜的、具有可操作性的管理政策。

（四）推动科技进步，促进安全持续升级

鼓励企业开展核安全技术创新，加强新技术和新工艺开发和使用，不断提高设施安全水平。支持核安全技术科研单位基础能力建设，充分整合、利用现有科研资源和重大专项渠道，在此基础上建立一批核安全相关技术研发平台。有针对性地开展核安全技术研发，集中力量突破制约发展的核安全关键技术，提升我国核安全整体水平。积极推进大型压水堆、高温气冷堆和乏燃料后处理重大专项安全技术科学研究和成果应用。重点开展反应堆安全、严重事故的预防与缓解、核电厂厂址安全、核电厂防止和缓解飞行物撞击措施、核安全设备质量可靠性、核燃料循环设施安全、核技术利用安全、放射性物品运输和实物保护、核应急与反恐、辐射环境影响评价及辐射照射控制、放射性废物治理和核设施退役安全等领域的技术研究，加强核与辐射安全管理技术和法规标准研究。

（五）完善应急体系，有效应对突发事件

根据常备不懈、积极兼容、平战结合原则，完善应急管理体系，建立综合协调、功能齐全、反应灵敏、运转高效的应急准备和响应体系。加强严重事故应急准备和响应的研究，加强演练，突出实战，提高各级各类应急计划（预案）的可实施性。充实核事故监测、预警、信息、后果评价、决策和指挥能力。加强核应急救援体系建设，建立统一指挥、统一调度的核事故应急响应专业队伍，进一步提高核事故应急响应能力。合理规范核电厂核事

故应急计划区范围。强化地方政府的应急指挥、应急响应、应急监测、应急技术支持能力建设，制定并实施应急能力建设标准，配备必要的应急物资及装备，提高地方政府应急水平。明确核电集团公司的应急职责，完善集团公司内部的应急支援制度。建立和完善集团公司应急支援制度。针对长时间失去电源以及同一厂址多机组发生事故的工况，重新评估各类核设施场内应急能力，完善应急计划，调整和充实核设施营运单位就地应急响应能力，研究建立核设施“断然处置”的程序，加强场内外应急计划的协调。

（六）夯实基础能力，提升监管水平

加强核与辐射安全监管基础能力。建设国家核与辐射安全监管技术研发基地，配备必要的研究手段和技术装备，形成相对独立、较为完整的核与辐射安全分析评价、校核计算和实验验证能力。加强相关基础建设，基本具备开展国际合作、公众宣传和人员培训的能力。强化核与辐射安全现场监督执法能力，配齐必要的检查和执法技术装备。加强全国辐射监测能力，完善全国辐射环境质量监测、污染源监督性监测及辐射环境应急监测体系，具备全面掌握全国辐射环境质量水平并开展评价的能力，具备应对核事故的辐射环境应急监测能力。

第九节 持久性有机污染物

近年来，持久性有机污染物（Persistent Organic Pollutants，POPs）成为全球关注的环境污染物。持久性有机污染物广泛存在于土壤、水和空气等环境介质中，对人类健康和生态环境具有严重危害。联合国环境规划署（UNEP）将持久性有机污染物视为“世界面临的最大的环境挑战之一”。面对 POPs 对人类健康和生态环境的巨大威胁，国际社会经过多年谈判协商，于 2001 年 5 月通过了《关于持久性有机污染物的斯德哥尔摩公约》（以下简称《斯德哥尔摩公约》或《公约》），开始在全球范围内采取协调一致的削减、淘汰和控制 POPs 的行动。2004 年 5 月 17 日《斯德哥尔摩公约》正式生效。截至 2013 年 12 月，已有包括我国在内的 179 个国家加入了该公约。

一、持久性有机污染物的特性与危害

（一）持久性/长期残留性

POPs 物质对自然条件下的生物降解、光解、化学分解作用等均有较强的抵抗能力，因此这些物质一旦排放到环境中就难以被分解，并且能够在水体、土壤和底泥等多介质环境中残留数年或更长的时间。目前常采用半衰期作为衡量其在环境中持久性的评价参数。通常，POPs 在水体中的半衰期大于 2 个月，个别长达 100 年；在土壤中的半衰期大于 6 个月，个别长达 600 年；在沉积物中的半衰期大于 6 个月。

（二）生物蓄积性

POPs分子结构中通常含有卤素原子，具有低水溶性、高脂溶性的特征，因而能够在脂肪组织中发生生物蓄积，从而导致POPs从周围媒介物质中富集到生物体内，并通过食物链的生物放大作用达到中毒浓度。而它们的生物富集因子（BCF）高达4 000～70 000。

（三）半挥发性

POPs 能够从水体或土壤中以蒸气形式进入大气环境或者吸附在大气颗粒物上，在大气环境中远距离迁移，同时这一适度的挥发性又使得它们不会永久停留在大气中，而能重新沉降到地球上，而且这种过程可以反复多次地发生。正是由于POPs的高持久性和半挥发性，使得全球范围内，包括大陆、沙漠、海洋和南北极地区都可能监测出POPs的存在。研究表明，即使是在人烟罕至的北极地区生活的哺乳动物，在其体内已经检测到部分POPs，且浓度较高。

（四）高毒性

POPs 大多是对人类和动物有较高毒性的物质。近年来的实验室研究和流行病学调查都表明，POPs 具有很高的毒性，对人类健康和生态系统产生影响，包括对肝、肾等脏器和神经系统、内分泌系统、生殖系统等急性和慢性毒性，以及致癌、致畸、致突变等遗传毒性。而且，这些毒性还能由于污染物的持久性而持续一段时间。此外，还有一部分POPs在生物体内能转变成另一种比原先物质毒性更强的物质，从而对生物机体产生毒害作用。许多POPs能干扰机体内分泌系统的结构和功能而产生各种毒效应，被称为环境内分泌干扰物（EDs）。已被证实或怀疑为EDs的化学物达150种以上。

符合上述定义的POPs物质通常是具有某些特殊化学结构的同系物或异构体，首批列入《公约》受控名单的POPs有12种（类），包括滴滴涕、六氯苯、氯丹、灭蚁灵、毒杀芬、七氯、狄氏剂、异狄氏剂、艾氏剂9种（类）杀虫剂类（简称“杀虫剂”）；多氯联苯工业化学品（简称“多氯联苯”）；多氯二苯并对二噁英和多氯二苯并呋喃（简称“二噁英”）等无意排放的副产品。此外，《公约》受控名单是开放的，截至2013年5月，纳入《公约》控制的POPs物质增加至23种（类），见表2-1。

表2-1 《斯德哥尔摩公约》受控物质类别

附件	类别	受控物质
A	农药	艾氏剂、氯丹、滴滴涕、狄氏剂、异狄氏剂、五氯苯、六氯苯、七氯、十氯酮、林丹、α-六氯环已烷、β-六氯环已烷、六溴联苯、商用五溴二苯醚以及商用八溴二苯醚、硫丹
B	工业化学品	多氯联苯、五氯苯、六氯苯、全氟辛基磺酸及其盐类以及全氟辛基磺酰氟、六溴环十二烷
C	非故意排放副产物	多氯代二苯并-对-二噁英、多氯代二苯并呋喃、五氯苯、六氯苯、多氯联苯

专栏 《斯德哥尔摩公约》历次缔约方大会			
缔约方大会	时间	地点	重要内容
第一次	2005年5月 2—6日	乌拉圭 埃斯特角	决定秘书处设立地点、确定持久性有机污染物审查委员会职责和组成办法、讨论资金和技术援助 成立《BAT/BEP导则》专家组等
第二次	2006年5月 1—5日	瑞士 日内瓦	化学品公约协同增效、讨论履约成效评估方法、讨论资金和技术援助等
第三次	2007年4月 30日—5月4日	塞内加尔 达喀尔	通过《BAT/BEP导则》、通过区域技术中心选择办法、决定开展全球履约成效评估、讨论不遵约情况等
第四次	2009年5月 4—8日	瑞士 日内瓦	通过新增9种持久性有机污染物、通过二噁英估算工具包、批准第一批区域技术中心等
第五次	2011年4月 25—29日	瑞士 日内瓦	通过硫丹列入公约附件A（消除类）、指导技术援助、成效评估以及增加7个新的斯德哥尔摩公约区域中心等决议
第六次	2013年4月 25日—5月10日	瑞士 日内瓦	将六溴环十二烷（HBCD）列入《斯德哥尔摩公约》的附件A

与POPs物质有关的环境污染事件在近些年层出不穷。例如1976年7月意大利伊克摩萨化工公司发生爆炸而泄漏出2千克二噁英，导致附近塞韦索镇的家兔、飞鸟和老鼠丧命，许多孩子面颊上出现水疱，700多人被迫搬迁；1968年在日本以及1979年在中国台湾都曾发生过因食用受多氯联苯污染的米糠油而导致上千人中毒的事件，中毒者不仅发生急性中毒症状，而且接触多氯联苯的母亲在7年后所产下的婴儿出现色素沉着过度、指甲和牙齿变形，到7岁时仍智力发育不全、行为异常等现象；1999年比利时布鲁塞尔发生的鸡肉二噁英含量严重超标事件引起了世界各国消费者的恐慌，当时的内阁也被迫宣布集体辞职。

二、我国环境中持久性有机污染物污染状况[①]

由于POPs物质的持久性与生物蓄积性，POPs物质的生产和使用曾经和正在继续对中国人体健康和环境造成严重的污染危害。在中国境内水体、底泥、沉积物等环境介质以及农作物、家畜家禽、野生动物甚至人体组织、乳汁和血液中均有POPs被检出的报道。

近几年的监测调查表明：长江、黄河、珠江、海河、松花江、太湖、巢湖、滇池等流域均存在一定程度的有毒有害有机污染物污染。有关研究人员在1996年7—8月采集的珠江河口区海域中的翡翠贻贝中发现贻贝体内滴滴涕（DDT）浓度为9.5～191纳克/克，与珠江河口相比，闽江河口水体中有机氯农药污染水平居中，六六六含量符合国家海水一级标准，但DDT超过该标准，多氯联苯则严重超过美国国家环保局（USEPA）规定的标准值。清华大学持久性有机污染物研究中心对北京市通惠河多介质环境的调查表明，表层水

① 由于持久性有机污染物尚没有监测部门公布的数据，为使读者了解我国环境中的污染状况，本节综述了有关文献的报道情况。

中有机氯农药的含量范围是134.9～3 788纳克/升，相对于珠江口、闽江口和南海等水域污染较为严重；多氯联苯含量范围为31.6～344.9纳克/升，远高于美国国家环保局规定标准。1997年对第二松花江吉林市江段的水质检测结果表明，水中含有多氯联苯（PCBs）、艾氏剂和七氯等难降解的有机污染物。1997年对珠江三角洲地区水体表层沉积物中多氯联苯、多环芳烃和有机氯农药的定量分析，结果表明样品均受到了不同程度的污染。

土壤有机质可以吸附并固定POPs，污染物被土壤有机质吸附后，很难发生迁移，因此许多POPs农药能够长期残留在土壤中，并可以通过农作物和食草牲畜进入人类的食物链对人类健康造成危害，所以土壤的POPs农药污染现状不容忽视。在禁用DDT和六六六20年后，我国一些地区的农业土壤中最高残留量仍在1毫克/千克以上。在1988年调查的中国土壤有机氯农药的残留状况，呈现南方＞中原＞北方空间格局，南北差距较为显著，平均残留水平南方相当于北方的3.3倍。有机氯农药在土壤中的残留情况的研究分析结果表明：尽管农药是在20世纪80年代以前施用的，距现在仅30年，但每一块土地中都无一例外能检测出，并且部分土壤中的残留量还相当高，而这些全部是农用耕作土地。

食品是人体接触POPs污染物的主要途径，人体内的农药90%来自食品。在我国许多地区所种植的谷类、苹果、茶叶、人参、中草药等粮食作物和经济作物中，以及某些城市妇女的母乳中都检测出有机氯农药。由于有机氯农药沿食物链的放大作用，动物性食品普遍高于植物性食品，这些POPs残留已成为一大环境隐患。

POPs在大气中以气体或吸附在悬浮颗粒物上的形式存在。正是POPs的全球迁移，致使一些组分在高纬度和极地地区富集。当POPs人为排放强烈时，大气中POPs的浓度增高，地表介质将从大气中吸收，当大气POPs浓度降低或环境温度升高时，地表介质中的一部分POPs又重新释放进入大气。在对我国大气污染状况的评估结果表明，我国大气中六六六（HCHs）、DDT的污染程度比瑞典和法国等发达国家高。

三、我国持久性有机污染物污染防治面临的形势

基于2008年我国持久性有机污染物的状况，我国制定了《全国主要行业持久性有机污染物污染防治"十二五"规划》，对我国持久性有机污染物污染防治面临的形势做出了科学判断：

（一）二噁英排放量大、区域分布不平衡、行业问题突出，新源增长速度快

我国二噁英排放量大，排放源量多面广，是全球排放量最大的国家之一。2008年，我国17个二噁英排放行业有15 000多家企业，26 000多座排放设施，年总排放量约为6 000克毒性当量（kg TEQ），是加拿大（2004年）和英国（2004年）等国的数十倍。其中，再生有色金属、电弧炉炼钢、废弃物焚烧、铁矿石烧结4个行业的排放量占总排放量的72%；二噁英排放区域分布不平衡。在东部沿海及中部部分地区，二噁英排放源分布集中，排放量较高；涉及二噁英排放的行业问题突出。一是排放源数量、生产工艺和污染控制设施等情况变化较快，监管水平难以跟上行业变化速度；二是小规模排放源数量较多，高效的污染控制设施配备率较低，行业污染控制整体水平较低；三是多数行业排放标准尚待制定，已有排放标准的行业达标率低；二噁英新源增长速度快。随着我国经济快速发展，二噁英

排放源将持续增多，二噁英排放行业的规模不断扩大，新源带来的二噁英排放量将持续增加。

（二）含多氯联苯电力设备及其废物尚未得到有效识别、监管和处置

在用含多氯联苯电力设备基本处于超期服役状态、标识不足，大部分未采取任何风险防范措施，在线运行的国产配电变压器存在被多氯联苯污染的现象。

大多数含多氯联苯废物去向不明，已识别含多氯联苯废物分布广泛，尚未得到妥善处置。据估算，我国含多氯联苯电力设备约几十万台，其中 4 万余台已安全处置，相当一部分已被作为废金属再利用，部分以山洞封存、地下封存、厂区暂存等形式贮存，其余去向不明。封存点广泛分布于全国各地，部分封存点出现设备破碎泄漏，对周围环境和人民健康造成威胁。

（三）杀虫剂废物量大分散，污染场地状况不清

杀虫剂废物数量大、存放点分散。我国已查明的杀虫剂废物约有 6 000 吨，部分位于环境敏感点，环境安全隐患问题突出，亟待清运与安全处置。

持久性有机污染物污染场地的环境调查和风险评估工作尚未系统开展。初步调查结果表明，部分生产企业原生产厂址尚未清理，厂区内简单堆放或填埋的废物无防护措施，对周围土壤和地下水造成污染；废物填埋场地管理不规范，再利用风险隐患大，亟待开展污染场地的调查和评估，加强风险管理。

（四）持久性有机污染物环境和健康风险突出，新增污染物问题接踵而至

持久性有机污染物被生物体摄入后不易分解，并沿着食物链浓缩放大。目前，我国部分地区鱼体、鸟类、人体母乳及血清样品中检测出二噁英，并呈现生物富集的迹象；部分持久性有机污染物废物存放点和污染场地位于水源地保护区、人口聚集区等环境敏感点，对饮用水安全及当地居民身体健康带来较大威胁。

（五）新增受控持久性有机污染物污染问题接踵而至

2009 年以来公约缔约方会议通过相关决定，增列了全氟辛基磺酸类、硫丹等 11 种持久性有机污染物，涉及我国多个生产和应用领域，将来可能会有更多持久性有机污染物被增列入公约受控清单，新增受控持久性有机污染物的削减和淘汰任务十分艰巨。

（六）持久性有机污染物污染防治技术水平薄弱，瓶颈凸显

我国尚缺乏经济有效的二噁英污染控制技术。在废物处置领域，常用的高温焚烧处置方式二噁英排放控制技术要求高，水泥窑共处置技术的适用性尚需进一步验证。污染场地评估、治理与修复技术基础薄弱，技术力量严重不足，缺乏环境安全、成本合理、技术可行的商业化治理和修复技术应用案例。

（七）监督管理体系尚待完善

法规政策和标准体系尚待进一步完善。国内目前仅有《生活垃圾焚烧污染控制标准》

等几项涉及二噁英的污染控制标准，其他行业的污染控制标准尚未出台，技术规范和导则尚待健全。持久性有机污染物废物处置技术标准、污染场地的鉴别标准和风险评价标准，场地治理和修复的相关技术导则以及监督管理的技术体系尚待完善。

监测能力和监督管理水平需要进一步提高。省级及以下监测单位持久性有机污染物监测硬件条件有待完备，实验室管理有待规范，技术水平有待提高。尚未开展二噁英污染源系统的监督性监测，环境质量监测处于基本空白状态。大部分基层监督管理部门和企业对持久性有机污染物仅有初步认知，管理能力尚需提高。

环境经济政策体系尚待建立。现有环境经济政策中尚缺乏针对持久性有机污染物的内容，难以有效鼓励企业主动实施持久性有机污染物的污染防治工作。宣传教育能力有待增强，公众对持久性有机污染物的环境和健康影响认知不够客观，亟须加大宣传教育力度，提高公众认识，扩大群众基础。

四、持久性有机污染物防治工作进展

我国政府高度重视持久性有机污染物削减、淘汰和控制工作，把持久性有机污染物污染防治作为贯彻落实科学发展观、推进资源节约型和环境友好型社会建设的重要举措。党和国家领导同志先后多次对此问题做出专门批示，要求相关部门高度重视这一关系人民健康和生态安全的重要环境问题。“十一五”期间，我国持久性有机污染物污染防治工作取得了积极进展。

2007年，国务院批准由国家环保总局会同13个相关部委组织编制的《中国履行〈关于持久性有机污染物的斯德哥尔摩公约〉国家实施计划》明确了分阶段、分区域和分行业的履约目标、战略和行动计划，是我国开展持久性有机污染物削减、淘汰和控制工作的纲领性文件。

2012年，环保部联合协调组各成员单位发布了《全国主要行业持久性有机污染物污染防治“十二五”规划》，确定了“十二五”期间持久性有机污染物（POPs）污染防治工作的目标和任务。

（一）部门协调配合，实现阶段性履约目标

为有效开展持久性有机污染物污染防治和履约工作，我国组建了由环境保护部牵头、14个相关部委组成的国家履约工作协调组。2009年4月，环境保护部等十部委联合发布了《关于禁止滴滴涕、氯丹、灭蚁灵及六氯苯生产、使用、流通和进出口的公告》，全面禁止了9种杀虫剂的生产、使用、流通和进出口，实现了阶段性履约目标。2010年10月，环境保护部等九部委联合发布了《关于加强二噁英污染防治的指导意见》，明确提出二噁英污染防治指导思想和工作方向。

（二）开展污染调查，初步掌握主要行业污染源现状

2006—2008年开展了全国持久性有机污染物调查工作，初步掌握了主要行业持久性有机污染物排放源现状；2009年、2010年继续组织开展了更新调查工作，掌握了持久性有机污染物排放源动态变化情况。开展了含多氯联苯电力装置封存和使用的调查、持久性有

机污染物废物和污染场地的核查。

（三）制定政策标准，逐步完善环境管理体系

启动了主要行业持久性有机污染物污染防治相关管理政策、排放标准和技术导则制（修）订工作，“十一五”期间已经发布了《制浆造纸工业水污染排放标准》（GB 3544—2008）等多项相关环保标准，为构建持久性有机污染物监督管理体系奠定了基础。

（四）积极筹措资金，开展研究和示范

积极筹措国内外资金，实施了一批杀虫剂削减和替代、持久性有机污染物废物处置技术和二噁英最佳可行技术/最佳环境实践减排示范项目，启动了饮用水水源地和居住区附近高风险持久性有机污染物风险控制研究工作，开展了宣传和技能培训，为我国持久性有机污染物污染防治及履约工作提供了技术支持。

本章小结

第一节介绍了我国环境保护的总体形势。当前我国环境形势严峻，突出表现在八个方面。党中央和国务院高度重视环境保护工作，党的十八大报告提出把生态文明建设融入经济建设、政治建设、文化建设、社会建设“五位一体”总布局的各方面和全过程。

第二节主要介绍了我国淡水环境面临的主要形势和未来发展趋势。我国地表水污染形势严峻，饮用水安全问题突出，饮用水水源地存在潜在的环境风险，农业面源污染已成为地表水水体富营养化的首要原因，频发的水环境污染事故和跨界流域水污染问题日益增多，工业废水和生活污水处理监管不到位。淡水环境的未来发展趋势表现在严格保护饮用水水源、深化流域水污染防治、流域生态建设、严格控制有毒有害物质污染及着力解决农业面源污染问题等。

第三节着重介绍了我国大气环境面临的主要形势和未来发展趋势。区域性大气复合污染、细颗粒物污染、酸雨污染、挥发性有机物、臭氧等已成为大气污染的主要因素。未来我国将重点落实《大气污染防治行动计划》，经过努力，改善全国空气质量。

第四节着眼于介绍我国工业固体废物、城市生活垃圾和危险废物的基本情况与存在的问题，并从固体废物环境保护的总体目标出发，提出了我国固体废物未来发展的趋势。

第五节首先从区域生态功能不断退化、生物多样性面临威胁、生态保护监管能力薄弱、生态示范建设水平有待提高及冰川退缩等五个方面介绍了我国当前生态保护的形势，并从六个方面详细分析了我国生态保护未来发展趋势。

第六节介绍了我国近海海域环境面临着水体营养失衡、近岸海域有机污染问题凸显、近岸海域生态系统健康状况不佳等污染相对较重形势，并提出严格控制陆域氮磷入海总量、加强滨海湿地和岸线资源保护、提升海域环境监管能力等未来发展趋势。

第七节介绍了我国土壤环境污染的来源、主要问题和发展趋势，并指出土壤环境污染已经成为继水、大气和固废污染之后的我国环境污染的另一个重要方面。

第八节介绍了我国电离辐射环境的主要状况和面临的挑战，并从核设施、铀矿冶设施、“三废”治理、科技进步、应急体系及监管水平等六个方面提出了我国电力辐射环境

的发展趋势。

第九节介绍了持久性有机污染物的特性与危害、污染状况、面临的形势、开展的工作以及防治措施和对策。

思考题

1．我国当前环境保护的总体形势是什么？有哪些突出表现？
2．我国淡水环境污染面临的主要形势表现在哪些方面？
3．我国大气污染的主要污染物有哪些？治理大气污染的主要措施有哪些？
4．持久性有机污染物的危害有哪些？有哪些防治对策和措施？

参考文献

[1] 中国工程院，环境保护部. 中国环境宏观战略研究——综合报告卷. 北京：中国环境科学出版社，2011.
[2] 钱易，唐孝炎. 环境保护与可持续发展（第 2 版）. 北京：高等教育出版社，2010.
[3] 余刚，牛军峰，黄俊，等. 持久性有机污染物——新的全球性环境问题. 北京：科学出版社，2005.
[4] 余刚，黄俊，张彭义. 持久性有机污染物：备受关注的全球性环境问题. 环境保护，2001，4：37-39.
[5] 余刚，周隆超，黄俊. 持久性有机污染物和《斯德哥尔摩公约》履约. 环境保护，2010，23：13-15.
[6] 邵敏，董东. 我国大气挥发性有机物污染与控制. 环境保护，2013，5：25-28.
[7] 黄志平，向玉联，周蕾. 我国持久性有机污染物的现状与对策. 公共安全中的化学问题研究进展，2011，2：267-269.

第三章　全球气候变化与温室气体减排对策

第一节　气候变化及其生态环境影响

气候变化是指气候平均状态统计学意义上的巨大改变或者持续较长一段时间（典型的为 10 年或更长）的气候变动。气候变化的原因可能是自然的内部进程，或是外部强迫，或者是人为地持续对大气组成成分和土地利用的改变。

《联合国气候变化框架公约》（UNFCCC）第一款中将“气候变化”定义为：“经过相当一段时间的观察，在自然气候变化之外由人类活动直接或间接地改变全球大气组成所导致的气候改变。”UNFCCC 因此将因人类活动而改变大气组成的“气候变化”与归因于自然原因的“气候变率”区分开来。

一、气候变化的观测事实

气候是指大气圈—水圈—冰雪圈—岩石圈—生物圈这个综合系统的缓慢变化状况。它以一段时间（比如一个月或者更长时间）以上的一些适当的平均量来表征，同时考虑这些平均量随时间的变率；而对不同地区的气候进行分类时却要考虑这些时间平均量在空间上的变化。以前的气候概念是局地平均气候，基本上就是地表温度和降水量的长期平均状况；近几十年来，随着对决定气候及其变率的下垫面过程的认识日益增多和深入，气候的概念已经大大拓展并且发生了演化。气候变化是气候要素在连续几十年或者更长时间的长期统计结果的任何系统性变化。气候变化的原因可能是自然界的外源强迫，也可能是气候系统固有的内部过程；还可能是人类活动的强迫。

由于人类活动和自然变化的共同影响，全球气候正经历一场以变暖为主要特征的显著变化，已引起了国际社会和科学界的高度关注。1988 年 11 月，世界气象组织（WMO）和联合国环境规划署（UNEP）联合建立了政府间气候变化专门委员会（IPCC），就气候变化问题进行科学评估。IPCC 分别于 1990 年、1996 年、2001 年出版了三次气候变化评估报告。IPCC 第三次评估报告指出，1860—2000 年全球平均气温上升了 0.4～0.8℃，20 世纪 90 年代是 20 世纪最暖的十年。有许多证据表明，过去 50 年观测到的全球增暖大部分归因于人类活动的影响。

在全球变暖背景下，近 100 年来中国年平均气温明显增加，达到 0.5～0.8℃，比同期全球增温平均值略高。近 50 年增暖尤其明显，主要发生在 20 世纪 80 年代中期以后。近 100 年中国年降水量变化趋势不显著，但地区差别和长期波动较大。近 50 年来中国主要极端天气气候事件的频率和强度出现了明显变化。华北和东北地区干旱趋重，长江中下游流域和东南地区洪涝加重。1990 年以来，多数年份全国年降水量均高于常年，出现南涝北旱的雨型。

据气候模式预测，未来 100 年全球气温将升高 1.4～5.8℃，全球特别是北半球中高纬度地区的降水量将增加。未来中国气温增加明显，降水量也呈增加趋势。与 2000 年比较，2020 年中国年平均气温将增加 1.3～2.1℃，2050 年将增加 2.3～3.3℃。预计到 2020 年，全国平均年降水量将增加 2%～3%，到 2050 年可能增加 5%～7%。未来中国的极端天气气候事件发生频率可能增大，将对经济社会发展和人们生产生活产生很大影响。

气候变化及其影响是多尺度、全方位、多层次的，正面和负面影响并存，但负面影响更受关注。全球变暖对许多地区的自然生态系统已经产生了影响，如海平面升高、冰川退缩、冻土融化、河（湖）冰迟冻与早融、中高纬生长季节延长、动植物分布范围向极区和高海拔区延伸、某些动植物数量减少、一些植物开花期提前等。气候变化对我国国民经济的影响可能以负面为主，将使我国未来农业生产面临以下三个突出问题：农业生产的不稳定性增加，产量波动大；农业生产布局和结构将出现变动，作物种植制度可能发生较大变化；农业生产条件改变，农业成本和投资大幅度增加。气候变暖将导致地表径流、旱涝灾害频率和一些地区的水质等发生变化，特别是水资源供需矛盾将更为突出。与高温热浪天气有关的疾病和死亡率可能增加。气候变暖引起的海平面上升还将严重影响到沿海地区的社会经济发展。

目前对气候变化及其影响的基本事实已得到国际社会和科学界的广泛认同，但对于气候变化的原因与未来气候变化趋势的预测及其影响的认识尚存在许多不确定性，仍需进一步加强研究。

二、气候变化发展趋势

所有的 IPCC 排放情景预测，在 21 世纪，二氧化碳浓度、全球平均表面温度，海平面高度都将增加。

排放情景特别报告（SRES）预测，到 2100 年 CO_2 的浓度将达到 540～970 ppm[①]，而其在工业化前和 2000 年却分别约为 280 ppm 和 368 ppm。不同的社会经济假设（人口、社会、经济和技术）会导致未来不同的温室气体和气溶胶的排放水平。由于目前碳汇过程的延续性和陆地生物圈的气候反馈程度，将使每个情景 2100 年的浓度变异范围达到 -10%～30%，因此，总的变化范围为 490～1 260 ppm[比 1750 年（工业化前）的浓度高 75%～350%]。

根据 SRES 排放情景，不同的气候模式预测认为全球平均地面气温在 1990—2100 年将升高 1.4～5.8℃，较 20 世纪观测到的变暖中值高 2～10 倍，预测到的变暖速率，根据古气候资料，极有可能在最近的至少 1 万年内都是史无前例的。在 1990—2025 年和 1990—2050 年，预计温度将分别增加 0.4～1.1℃和 0.8～2.6℃。

预计 21 世纪全球平均年降水量会增加，但在区域尺度上降水的增加和减少都有可能，

① ppm：part per million，10^{-6}。

主要介于 5%～20%。高纬度地区无论在夏季和冬季，其降水可能都将增加。北部中纬度地区、热带非洲、南极的冬季以及亚洲南部和东部的夏季，预计降水也会增加。而澳大利亚、中美洲和非洲南部的冬季降水将会持续减少。在平均降水预计增加的大多数地区，年际间的降水量变化极可能也较大。

预测在 21 世纪冰川将继续大规模回退。预计北半球的覆雪、永久冻土和海洋冰面的范围将进一步减小。南极冰盖的数量可能会增加，而格陵兰冰盖的数量可能会减少。

根据 SRES 所有情景的范围预测，全球平均海平面高度在 1990—2100 年将上升 0.09～0.88 米，但区域间的变异十分明显。海平面上升主要是由于海洋的热膨胀以及冰川和冰帽的融化。预计 1990—2025 年以及 1990—2050 年的海平面上升高度分别为 0.03～0.14 米和 0.05～0.32 米。

中国未来的气候变暖趋势将进一步加剧。中国科学家的预测结果表明：一是与 2000 年相比，2020 年中国年平均气温将升高 1.3～2.1℃，2050 年将升高 2.3～3.3℃。全国温度升高的幅度由南向北递增，西北和东北地区温度上升明显。预测到 2030 年，西北地区气温可能上升 1.9～2.3℃，西南可能上升 1.6～2.0℃，青藏高原可能上升 2.2～2.6℃。二是未来 50 年中国年平均降水量将呈增加趋势，预计到 2020 年，全国年平均降水量将增加 2%～3%，到 2050 年可能增加 5%～7%。其中东南沿海增幅最大。三是未来 100 年中国境内的极端天气与气候事件发生的频率可能性增大，将对经济社会发展和人们的生活产生很大影响。四是中国干旱区范围可能扩大、荒漠化可能性加重。五是中国沿海海平面仍将继续上升。六是青藏高原和天山冰川将加速退缩，一些小型冰川将消失。

三、对农牧业的影响

气候变化已经对中国的农牧业产生了一定的影响，主要表现为自 20 世纪 80 年代以来，中国的春季物候期提前了 2～4 天。未来气候变化对中国农牧业的影响主要表现在：一是农业生产的不稳定性增加，如果不采取适应性措施，小麦、水稻和玉米三大作物均以减产为主。二是农业生产布局和结构将出现变动，种植制度和作物品种将发生改变。三是农业生产条件发生变化，农业成本和投资需求将大幅度增加。四是潜在荒漠化趋势增大，草原面积减少。气候变暖后，草原区干旱出现的几率增大，持续时间加长，土壤肥力进一步降低，初级生产力下降。五是气候变暖对畜牧业也将产生一定的影响，某些家畜疾病的发病率可能提高。

四、对森林和其他生态系统的影响

气候变化已经对中国的森林和其他生态系统产生了一定的影响，主要表现为近 50 年中国西北冰川面积减少了 21%，西藏冻土最大减薄了 4～5 米。未来气候变化将对中国森林和其他生态系统产生不同程度的影响：一是森林类型的分布北移。从南向北分布的各种类型森林向北推进，山地森林垂直带谱向上移动，主要造林树种将北移和上移，一些珍稀树种分布区可能缩小。二是森林生产力和产量呈现不同程度的增加。森林生产力在热带、亚热带地区将增加 1%～2%，暖温带增加 2%左右，温带增加 5%～6%，寒温带增加 10%

左右。三是森林火灾及病虫害发生的频率和强度可能增高。四是内陆湖泊和湿地加速萎缩。少数依赖冰川融水补给的高山、高原湖泊最终将缩小。五是冰川与冻土面积将加速减少。到 2050 年，预计西部冰川面积将减少 27%左右，青藏高原多年冻土空间分布格局将发生较大变化。六是积雪量可能出现较大幅度减少，且年际变率显著增大。七是将对物种多样性造成威胁，可能对大熊猫、滇金丝猴、藏羚羊和秃杉等珍稀物种产生较大影响。

五、对水资源的影响

气候变化已经引起了中国水资源分布的变化，主要表现为近 40 年来中国海河、淮河、黄河、松花江、长江、珠江六大江河的实测径流量多呈下降趋势，北方干旱、南方洪涝等极端水文事件频繁发生。中国水资源对气候变化最脆弱的地区为海河、滦河流域，其次为淮河、黄河流域，而整个内陆河地区由于干旱少雨非常脆弱。未来气候变化将对中国水资源产生较大的影响：一是未来 50～100 年，全国多年平均径流量在北方的宁夏、甘肃等部分省（市、自治区）可能明显减少，在南方的湖北、湖南等部分省份可能显著增加，这表明气候变化将可能增加中国洪涝和干旱灾害发生的几率。二是未来 50～100 年，中国北方地区水资源短缺形势不容乐观，特别是宁夏、甘肃等省（市、自治区）的人均水资源短缺矛盾可能加剧。三是在水资源可持续开发利用的情况下，未来 50～100 年，全国大部分省份水资源供需基本平衡，但内蒙古、新疆、甘肃、宁夏等省（市、自治区）水资源供需矛盾可能进一步加大。

六、对海岸带的影响

气候变化已经对中国海岸带环境和生态系统产生了一定的影响，主要表现为近 50 年来中国沿海海平面上升有加速趋势，并造成海岸侵蚀和海水入侵，使珊瑚礁生态系统发生退化。未来气候变化将对中国的海平面及海岸带生态系统产生较大的影响：一是中国沿岸海平面仍将继续上升。二是发生台风和风暴潮等自然灾害的几率增大，造成海岸侵蚀及致灾程度加重。三是滨海湿地、红树林和珊瑚礁等典型生态系统损害程度也将加大。

七、对其他领域的影响

气候变化可能引起热浪频率和强度的增加，由极端高温事件引起的死亡人数和严重疾病将增加。气候变化可能增加疾病的发生和传播机会，增加心血管病、疟疾、登革热和中暑等疾病发生的程度和范围，危害人类健康。同时，气候变化伴随的极端天气气候事件及其引发的气象灾害的增多，对大中型工程项目建设的影响加大，气候变化也可能对自然和人文旅游资源、对某些区域的旅游安全等产生重大影响。另外，由于全球变暖，也将加剧空调制冷电力消费的增长趋势，对保障电力供应带来更大的压力。

第二节　应对气候变化对策

一、气候变化的减缓对策

按照全面贯彻落实科学发展观的要求，把应对气候变化与实施可持续发展战略、加快建设资源节约型、环境友好型社会和创新型国家结合起来，纳入国民经济和社会发展总体规划和地区规划；一方面抓减缓温室气体排放，另一方面抓提高适应气候变化的能力。我国正采取一系列法律、经济、行政及技术等手段，大力节约能源，优化能源结构，改善生态环境，提高适应能力，加强科技开发和研究能力，提高公众的气候变化意识，完善气候变化管理机制，努力实现本方案提出的目标与任务。

（一）能源生产和转换

1．制定和实施相关法律法规

大力加强能源立法工作，建立健全能源法律体系，促进中国能源发展战略的实施，确立能源中长期规划的法律地位，促进能源结构的优化，减缓由能源生产和转换过程产生的温室气体排放。采取的主要措施包括：①加快制定和修改有利于减缓温室气体排放的相关法规。根据中国今后经济社会可持续发展对构筑稳定、经济、清洁、安全能源供应与服务体系的要求，尽快制定和颁布实施《中华人民共和国能源法》，并根据该法的原则和精神，对《中华人民共和国煤炭法》、《中华人民共和国电力法》等法律法规进行相应修订，进一步强化清洁、低碳能源开发和利用的鼓励政策。②加强能源战略规划研究与制定。研究提出国家中长期能源战略，并尽快制定和完善中国能源的总体规划以及煤炭、电力、油气、核电、可再生能源、石油储备等专项规划，提高中国能源的可持续供应能力。③全面落实《中华人民共和国可再生能源法》。制定相关配套法规和政策，制定国家和地方可再生能源发展专项规划，明确发展目标，将可再生能源发展作为建设资源节约型和环境友好型社会的考核指标，并通过法律等途径引导和激励国内外各类经济主体参与开发利用可再生能源，促进能源的清洁发展。

2．加强制度创新和机制建设

主要包括：①加快推进中国能源体制改革。着力推进能源管理体制改革，依靠市场机制和政府推动，进一步优化能源结构；积极稳妥地推进能源价格改革，逐步形成能够反映资源稀缺程度、市场供求关系和污染治理成本的价格形成机制，建立有助于实现能源结构调整和可持续发展的价格体系；深化对外贸易体制改革，控制高耗能、高污染和资源性产品出口，形成有利于促进能源结构优质化和清洁化的进出口结构。②进一步推动中国可再生能源发展的机制建设。按照政府引导、政策支持和市场推动相结合的原则，建立稳定的财政资金投入机制，通过政府投资、政府特许等措施，培育持续稳定增长的可再生能源市场；改善可再生能源发展的市场环境，国家电网和石油销售企业将按照《中华人民共和国可再生能源法》的要求收购可再生能源产品。

3. 强化能源供应行业的相关政策措施

主要包括：①在保护生态基础上有序开发水电。把发展水电作为促进中国能源结构向清洁低碳化方向发展的重要措施。在做好环境保护和移民安置工作的前提下，合理开发和利用丰富的水力资源，加快水电开发步伐，重点加快西部水电建设，因地制宜开发小水电资源。②积极推进核电建设。把核能作为国家能源战略的重要组成部分，逐步提高核电在中国一次能源供应总量中的比重，加快经济发达、电力负荷集中的沿海地区的核电建设；坚持以我为主、中外合作、引进技术、推进自主化的核电建设方针，统一技术路线，采用先进技术，实现大型核电机组建设的自主化和本地化，提高核电产业的整体能力。③加快火力发电的技术进步。优化火电结构，加快淘汰落后的小火电机组，适当发展以天然气、煤层气为燃料的小型分散电源；大力发展单机 60 万千瓦及以上超（超）临界机组、大型联合循环机组等高效、洁净发电技术；发展热电联产、热电冷联产和热电煤气多联供技术；加强电网建设，采用先进的输、变、配电技术和设备，降低输、变、配电损耗。④大力发展煤层气产业。将煤层气勘探、开发和矿井瓦斯利用作为加快煤炭工业调整结构、减少安全生产事故、提高资源利用率、防止环境污染的重要手段，最大限度地减少煤炭生产过程中的能源浪费和甲烷排放。主要鼓励政策包括：对地面抽采项目实行探矿权、采矿权使用费减免政策，对煤矿瓦斯抽采利用及其他综合利用项目实行税收优惠政策，煤矿瓦斯发电项目享受《中华人民共和国可再生能源法》规定的鼓励政策，工业、民用瓦斯销售价格不低于等热值天然气价格，鼓励在煤矿瓦斯利用领域开展清洁发展机制项目合作等。⑤推进生物质能源的发展。以生物质发电、沼气、生物质固体成型燃料和液体燃料为重点，大力推进生物质能源的开发和利用。在粮食主产区等生物质能源资源较丰富地区，建设和改造以秸秆为燃料的发电厂和中小型锅炉。在经济发达、土地资源稀缺地区建设垃圾焚烧发电厂。在规模化畜禽养殖场、城市生活垃圾处理场等建设沼气工程，合理配套安装沼气发电设施。大力推广沼气和农林废弃物气化技术，提高农村地区生活用能的燃气比例，把生物质气化技术作为解决农村和工业生产废弃物环境问题的重要措施。努力发展生物质固体成型燃料和液体燃料，制定有利于以生物燃料乙醇为代表的生物质能源开发利用的经济政策和激励措施，促进生物质能源的规模化生产和使用。⑥积极扶持风能、太阳能、地热能、海洋能等的开发和利用。通过大规模的风电开发和建设，促进风电技术进步和产业发展，实现风电设备国产化，大幅降低成本，尽快使风电具有市场竞争能力；积极发展太阳能发电和太阳能热利用，在偏远地区推广户用光伏发电系统或建设小型光伏电站，在城市推广普及太阳能一体化建筑、太阳能集中供热水工程，建设太阳能采暖和制冷示范工程，在农村和小城镇推广户用太阳能热水器、太阳房和太阳灶；积极推进地热能和海洋能的开发利用，推广满足环境和水资源保护要求的地热供暖、供热水和地源热泵技术，研究开发深层地热发电技术；在浙江、福建和广东等地发展潮汐发电，研究利用波浪能等其他海洋能发电技术。

4. 加大先进适用技术开发和推广力度

主要包括：①大力提高常规能源、新能源和可再生能源开发和利用技术的自主创新能力，促进能源工业可持续发展，增强应对气候变化的能力。②煤的清洁高效开发和利用技术。重点研究开发煤炭高效开采技术及配套装备、重型燃气轮机、整体煤气化联合循环（IGCC）、高参数超（超）临界机组、超临界大型循环流化床等高效发电技术与装备，开发和应用液化及多联产技术，大力开发煤液化以及煤气化、煤化工等转化技术、以煤气化为基础的多联产系统技术、二氧化碳捕获及利用、封存技术等。③油气资源勘探开发利用技术。重点开发复杂断块与岩性地层油气藏勘探技术，低品位油气资源高效开发技术，提高采收率技术，深层油气资源勘探开发技术，重点研究开发深海油气藏勘探技术和稠油油藏提高采收率综合技术。④核电技术。研究并掌握快堆设计及核心技术，相关核燃料和结构材料技术，突破钠循环等关键技术，积极参与国际热核聚变实验反应堆的建设和研究。⑤可再生能源技术。重点研究低成本规模化开发利用技术，开发大型风力发电设备，高性价比太阳光伏电池及利用技术，太阳能热发电技术，太阳能建筑一体化技术，生物质能和地热能等开发利用技术。⑥输配电和电网安全技术。重点研究开发大容量远距离直流输电技术和特高压交流输电技术与装备，间歇式电源并网及输配技术，电能质量监测与控制技术，大规模互联电网的安全保障技术，西电东送工程中的重大关键技术，电网调度自动化技术，高效配电和供电管理信息技术和系统。

（二）提高能源效率与节约能源

1．加快相关法律法规的制定和实施

主要包括：①健全节能法规和标准。修订完善《中华人民共和国节约能源法》，建立严格的节能管理制度，完善各行为主体责任，强化政策激励，明确执法主体，加大惩戒力度；抓紧制定和修订《节约用电管理办法》、《节约石油管理办法》、《建筑节能管理条例》等配套法规；制定和完善主要工业耗能设备、家用电器、照明器具、机动车等能效标准，修订和完善主要耗能行业节能设计规范、建筑节能标准，加快制定建筑物制冷、采暖温度控制标准等。②加强节能监督检查。健全强制淘汰高耗能、落后工艺、技术和设备的制度，依法淘汰落后的耗能过高的用能产品、设备；完善重点耗能产品和新建建筑的市场准入制度，对达不到最低能效标准的产品，禁止生产、进口和销售，对不符合建筑节能设计标准的建筑，不准销售和使用；依法加强对重点用能单位能源利用状况的监督检查，加强对高耗能行业及政府办公建筑和大型公共建筑等公共设施用能情况的监督；加强对产品能效标准、建筑节能设计标准和行业设计规范执行情况的检查。

2．加强制度创新和机制建设

主要包括：①建立节能目标责任和评价考核制度。实施 GDP 能耗公报制度，完善节能信息发布制度，利用现代信息传播技术，及时发布各类能耗信息，引导地方和企业加强节能工作。②推行综合资源规划和电力需求侧管理，将节约量作为资源纳入总体规划，引导资源合理配置，采取有效措施，提高终端用电效率、优化用电方式，节约电力。③大力推动节能产品认证和能效标识管理制度的实施，运用市场机制，鼓励和引导用户和消费者购买节能型产品。④推行合同能源管理，克服节能新技术推广的市场障碍，促进节能产业化，为企业实施节能改造提供诊断、设计、融资、改造、运行、管理一条龙服务。⑤建立节能投资担保机制，促进节能技术服务体系的发展。⑥推行节能自愿协议，最大限度地调动企业和行业协会的节能积极性。

3．强化相关政策措施

主要包括：①大力调整产业结构和区域合理布局。推动服务业加快发展，提高服务业在国民经济中的比重。把区域经济发展与能源节约、环境保护、控制温室气体排放有机结

合起来，根据资源环境承载能力和发展潜力，按照主体功能区划要求，确定不同区域的功能定位，促进形成各具特色的区域发展格局。②严格执行《产业结构调整指导目录》。控制高耗能、高污染产业规模，降低高耗能、高污染产业比重，鼓励发展高新技术产业，优先发展对经济增长有重大带动作用的低能耗的信息产业，制定并实施钢铁、有色、水泥等高耗能行业发展规划和产业政策，提高行业准入标准，制定并完善国内紧缺资源及高耗能产品出口的政策。③制定节能产品优惠政策。重点是终端用能设备，包括高效电动机、风机、水泵、变压器、家用电器、照明产品及建筑节能产品等，对生产或使用目录所列节能产品实行鼓励政策，并将节能产品纳入政府采购目录，对一些重大节能工程项目和重大节能技术开发、示范项目给予投资和资金补助或贷款贴息支持，研究制定发展节能省地型建筑和绿色建筑的经济激励政策。④研究鼓励发展节能环保型小排量汽车和加快淘汰高油耗车辆的财政税收政策。择机实施燃油税改革方案，制定鼓励节能环保型小排量汽车发展的产业政策，制定鼓励节能环保型小排量汽车消费的政策措施，取消针对节能环保型小排量汽车的各种限制，引导公众树立节约型汽车消费理念，大力发展公共交通，提高轨道交通在城市交通中的比例，研究鼓励混合动力汽车、纯电动汽车的生产和消费政策。

4. 强化重点行业的节能技术开发和推广

主要包括：①钢铁工业。焦炉同步配套干熄焦装置，新建高炉同步配套余压发电装置，积极采用精料入炉、富氧喷煤、铁水预处理、大型高炉、转炉和超高功率电炉、炉外精炼、连铸、连轧、控轧、控冷等先进工艺技术和装备。②有色金属工业。矿山重点采用大型、高效节能设备，铜熔炼采用先进的富氧闪速及富氧熔池熔炼工艺，电解铝采用大型预焙电解槽，铅熔炼采用氧气底吹炼铅新工艺及其他氧气直接炼铅技术，锌冶炼发展新型湿法工艺。③石油化工工业。油气开采应用采油系统优化配置、稠油热采配套节能、注水系统优化运行、二氧化碳回注、油气密闭集输综合节能和放空天然气回收利用等技术，优化乙烯生产原料结构，采用先进技术改造乙烯裂解炉，大型合成氨装置采用先进节能工艺、新型催化剂和高效节能设备，以天然气为原料的合成氨推广一段炉烟气余热回收技术，以石油为原料的合成氨加快以天然气替代原料油的改造，中小型合成氨采用节能设备和变压吸附回收技术，采用水煤浆或先进粉煤气化技术替代传统的固定床造气技术，逐步淘汰烧碱生产石墨阳极隔膜法烧碱，提高离子膜法烧碱比重等措施。④建材工业。水泥行业发展新型干法窑外分解技术，积极推广节能粉磨设备和水泥窑余热发电技术，对现有大中型回转窑、磨机、烘干机进行节能改造，逐步淘汰机立窑、湿法窑、干法中空窑及其他落后的水泥生产工艺。利用可燃废弃物替代矿物燃料，综合利用工业废渣和尾矿。玻璃行业发展先进的浮法工艺，淘汰落后的垂直引上和平拉工艺，推广炉窑全保温技术、富氧和全氧燃烧技术等。建筑陶瓷行业淘汰倒焰窑、推板窑、多孔窑等落后窑型，推广辊道窑技术。卫生陶瓷生产改变燃料结构，采用洁净气体燃料无匣钵烧成工艺。积极推广应用新型墙体材料以及优质环保节能的绝热隔音材料、防水材料和密封材料，提高高性能混凝土的应用比重，延长建筑物的寿命。⑤交通运输。加速淘汰高耗能的老旧汽车，加快发展柴油车、大吨位车和专业车，推广厢式货车，发展集装箱等专业运输车辆；推动《乘用车燃料消耗量限值》国家标准的实施，从源头控制高耗油汽车的发展；加快发展电气化铁路，开发“交—直—交”高效电力机车，推广电气化铁路牵引功率因数补偿技术和其他节电措施，发展机车向客车供电技术，推广使用客车电源，逐步减少和取消柴油发电车；采用节油机型，提高载运率、客座率和运输周转能力，提高燃油效率，降低油耗；通过制定船舶技术标准，加速淘汰老旧船舶；采用新船型和先进动力系统。⑥农业机械。淘汰落后农业机械；采用先进柴油机节油技术，降低柴油机燃油消耗；推广少耕免耕法、联合作业等先进的机械化农艺技术；在固定作业场地更多地使用电动机；开发水能、风能、太阳能等可再生能源在农业机械上的应用。通过淘汰落后渔船，提高利用效率，降低渔业油耗。⑦建筑节能。重点研究开发绿色建筑设计技术，建筑节能技术与设备，供热系统和空调系统节能技术和设备，可再生能源装置与建筑一体化应用技术，精致建造和绿色建筑施工技术与装备，节能建材与绿色建材，建筑节能技术标准，既有建筑节能改造技术和标准。⑧商业和民用节能。推广高效节能电冰箱、空调器、电视机、洗衣机、电脑等家用及办公电器，降低待机能耗，实施能效标准和标识，规范节能产品市场。推广稀土节能灯等高效荧光灯类产品、高强度气体放电灯及电子镇流器，减少普通白炽灯使用比例，逐步淘汰高压汞灯，实施照明产品能效标准，提高高效节能荧光灯使用比例。

5. 进一步落实《节能中长期专项规划》提出的十大重点节能工程

积极推进燃煤工业锅炉（窑炉）改造、区域热电联产、余热余压利用、节约和替代石油、电机系统节能、能量系统优化、建筑节能、绿色照明、政府机构节能、节能监测和技术服务体系建设十大重点节能工程的实施，确保工程实施的进度和效果，尽快形成稳定的节能能力。通过实施上述十大重点节能工程，预计“十一五”期间可实现节能 2.4 亿吨标准煤，相当于减排二氧化碳约 5.5 亿吨。

（三）工业生产过程

主要包括：①大力发展循环经济，走新型工业化道路。按照“减量化、再利用、资源化”原则和走新型工业化道路的要求，采取各种有效措施，进一步促进工业领域的清洁生产和循环经济的发展，加快建设资源节约型、环境友好型社会，在满足未来经济社会发展对工业产品基本需求的同时，尽可能减少水泥、石灰、钢铁、电石等产品的使用量，最大限度地减少这些产品在生产和使用过程中产生的二氧化碳等温室气体排放。②强化钢材节约，限制钢铁产品出口。进一步贯彻落实《钢铁产业发展政策》，鼓励用可再生材料替代钢材和废钢材回收，减少钢材使用数量；鼓励采用以废钢为原料的短流程工艺；组织修订和完善建筑钢材使用设计规范和标准，在确保安全的情况下，降低钢材使用系数；鼓励研究、开发和使用高性能、低成本、低消耗的新型材料，以替代钢材；鼓励钢铁企业生产高强度钢材和耐腐蚀钢材，提高钢材强度和使用寿命；取消或降低铁合金、生铁、废钢、钢坯（锭）、钢材等钢铁产品的出口退税，限制这些产品的出口。③进一步推广散装水泥、鼓励水泥掺废渣。继续执行“限制袋装、鼓励和发展散装”的方针，完善对生产企业销售袋装水泥和使用袋装水泥的单位征收散装水泥专项资金的政策，继续执行对掺废渣水泥产品实行减免税优惠待遇等政策，进一步推广预拌混凝土、预拌砂浆等措施，保持中国散装水泥高速发展的势头。④大力开展建筑材料节约。进一步推广包括节约建筑材料的“四节”（节能、节水、节材、节地）建筑，积极推进新型建筑体系，推广应用高性能、低材耗、可再生循环利用的建筑材料；大力推广应用高强钢和高性能混凝土；积极开展建筑垃圾与废品的回收和利用；充分利用秸秆等产品制作植物纤维板；落实严格设计、施工等材料消耗核算制度的要求，修订相关工程消耗量标准，引导企业推进节材技术进步。⑤进一步推动己二酸等生产企业开展清洁发展机制项目等国际合作，积极寻求控制氧化亚氮及氢氟碳化物（HFCs）、全氟化碳（PFCs）和六氟化硫（SF_6）等温室气体排放所需的资金和技术援助，提高排放控制水平，以减少各种温室气体的排放。

（四）农业

主要包括：①加强法律法规的制定和实施。逐步建立健全以《中华人民共和国农业法》、《中华人民共和国草原法》、《中华人民共和国土地管理法》等若干法律为基础的、各种行政法规相配合的、能够改善农业生产力和增加农业生态系统碳储量的法律法规体系，加快制定农田、草原保护建设规划，严格控制在生态环境脆弱的地区开垦土地，不允许以任何借口毁坏草地和浪费土地。②强化高集约化程度地区的生态农业建设。通过实施农业面源污染防治工程，推广化肥、农药合理使用技术，大力加强耕地质量建设，实施新一轮沃土工程，科学施用化肥，引导增施有机肥，全面提升地力，减少农田氧化亚氮排放。③进一步加大技术开发和推广利用力度。选育低排放的高产水稻品种，推广水稻半旱式栽培技术，采用科学灌溉技术，研究和发展微生物技术等，有效降低稻田甲烷排放强度；研究开发优良反刍动物品种技术，规模化饲养管理技术，降低畜产品的甲烷排放强度；进一步推广秸秆处理技术，促进户用沼气技术的发展；开发推广环保型肥料关键技术，减少农田氧化亚氮排放；大力推广秸秆还田和少（免）耕技术，增加农田土壤碳贮存。

（五）林业

主要包括：①加强法律法规的制定和实施。加快林业法律法规的制定、修订和清理工作。制定天然林保护条例、林木和林地使用权流转条例等专项法规；加大执法力度，完善执法体制，加强执法检查，扩大社会监督，建立执法动态监督机制。②改革和完善现有产业政策。继续完善各级政府造林绿化目标管理责任制和部门绿化责任制，进一步探索市场经济条件下全民义务植树的多种形式，制定相关政策推动义务植树和部门绿化工作的深入发展。通过相关产业政策的调整，推动植树造林工作的进一步发展，增加森林资源和林业碳汇。③抓好林业重点生态建设工程。继续推进天然林资源保护、退耕还林还草、京津风沙源治理、防护林体系、野生动植物保护及自然保护区建设等林业重点生态建设工程，抓好生物质能源林基地建设，通过有效实施上述重点工程，进一步保护现有森林碳贮存，增加陆地碳贮存和吸收汇。

（六）城市废弃物

主要包括：①强化相关法律法规的实施。切实贯彻落实《中华人民共和国固体废物污染环境防治法》和《城市市容和环境卫生管理条例》、《城市生活垃圾管理办法》等法律法规，使管理的重点由目前的末端管理过渡到全过程管理，即垃圾的源头削减、回收利用和最终的无害化处理，最大限度地规范垃圾产生者和处理者的行为，并把城市生活垃圾处理工作纳入城市总体规划。②进一步完善行业标准。根据新形势要求，制定强制性垃圾分类和回收标准，提高垃圾的资源综合利用率，从源头上减少垃圾产生量。严格执行并进一步修订现行的《城市生活垃圾分类及其评价标准》、《生活垃圾卫生填埋技术规范》、《生活垃圾填埋无害化评价标准》等行业标准，提高对填埋场产生的可燃气体的收集利用水平，减少垃圾填埋场的甲烷排放量。③加大技术开发和利用的力度。大力研究开发和推广利用先进的垃圾焚烧技术，提高国产化水平，有效降低成本，促进垃圾焚烧技术产业化发展。研究开发适合中国国情、规模适宜的垃圾填埋气回收利用技术和堆肥技术，为中小城市和农村提供急须的垃圾处理技术。加大对技术研发、示范和推广利用的支持力度，加快垃圾处理和综合利用技术的发展步伐。④发挥产业政策的导向作用。以国家产业政策为导向，通过实施生活垃圾处理收费制度，推行环卫行业服务性收费、经济承包责任制和生产事业单位实行企业化管理等措施，促进垃圾处理体制改革，改善目前分散式的垃圾收集利用方式，推动垃圾处理的产业化发展。⑤制定促进填埋气体回收利用的激励政策。制定激励政策，鼓励企业建设和使用填埋气体收集利用系统。提高征收垃圾处置费的标准，对垃圾填埋气体发电和垃圾焚烧发电的上网电价给予优惠，对填埋气体收集利用项目实行优惠的增值税税率，并在一定时间内减免所得税。

二、气候变化适应对策

适应气候变化的重点领域主要有：

（一）农业

主要包括：①继续加强农业基础设施建设。加快实施以节水改造为中心的大型灌区续建配套，着力搞好田间工程建设，更新改造老化机电设备，完善灌排体系。继续推进节水灌溉示范，在粮食主产区进行规模化建设试点，干旱缺水地区积极发展节水旱作农业，继续建设旱作农业示范区。狠抓小型农田水利建设，重点建设田间灌排工程、小型灌区、非灌区抗旱水源工程。加大粮食主产区中低产田盐碱和渍害治理力度，加快丘陵山区和其他干旱缺水地区雨水集蓄利用工程建设。②推进农业结构和种植制度调整。优化农业区域布局，促进优势农产品向优势产区集中，形成优势农产品产业带，提高农业生产能力。扩大经济作物和饲料作物的种植，促进种植业结构向粮食作物、饲料作物和经济作物三元结构的转变。调整种植制度，发展多熟制，提高复种指数。③选育抗逆品种。培育产量潜力高、品质优良、综合抗性突出和适应性广的优良动植物新品种。改进作物和品种布局，有计划地培育和选用抗旱、抗涝、抗高温、抗病虫害等抗逆品种。④遏制草地荒漠化加重趋势。建设人工草场，控制草原的载畜量，恢复草原植被，增加草原覆盖度，防止荒漠化进一步蔓延。加强农区畜牧业发展，增强畜牧业生产能力。⑤加强新技术的研究和开发。发展包括生物技术在内的新技术，力争在光合作用、生物固氮、生物技术、病虫害防治、抗御逆境、设施农业和精准农业等方面取得重大进展。继续实施“种子工程”、“畜禽水产良种工程”，搞好大宗农作物、畜禽良种繁育基地建设和扩繁推广。加强农业技术推广，提高农业应用新技术的能力。

（二）森林和其他自然生态系统

主要包括：①制定和实施与适应气候变化相关的法律法规。加快《中华人民共和国森林法》、《中华人民共和国野生动物保护法》的修订，起草《中华人民共和国自然保护区法》，制定湿地保护条例等，并在有关法律法规中增加和强化与适应气候变化相关的条款，为提高森林和其他自然生态系统适应气候变化能力提供法制化保障。②强化对现有森林资源和其他自然生态系统的有效保护。对天然林禁伐区实施严格保护，使天然林生态系统由逆向退化向顺向演替转变。实施湿地保护工程，有效减少人为干扰和破坏，遏制湿地面积下滑趋势。扩大自然保护区面积，提高自然保护区质量，建立保护区走廊。加强森林防火，建立完善的森林火灾预测预报、监测、扑救助、林火阻隔及火灾评估体系。积极整合现有林业监测资源，建立健全国家森林资源与生态状况综合监测体系。加强森林病虫害控制，进一步建立健全森林病虫害监测预警、检疫御灾及防灾减灾体系，加强综合防治，扩大生物防治。③加大技术开发和推广应用力度。研究与开发森林病虫害防治和森林防火技术，研究选育耐寒、耐旱、抗病虫害能力强的树种，提高森林植物在气候适应和迁移过程中的竞争和适应能力。开发和利用生物多样性保护和恢复技术，特别是森林和野生动物类型自然保护区、湿地保护与修复、濒危野生动植物物种保护等相关技术，降低气候变化对生物多样性的影响。加强森林资源和森林生态系统定位观测与生态环境监测技术，包括森林环境、荒漠化、野生动植物、湿地、林火和森林病虫害等监测技术，完善生态环境监测网络和体系，提高预警和应急能力。

（三）水资源

主要包括：①强化水资源管理。坚持人与自然和谐共处的治水思路，在加强堤防和控制性工程建设的同时，积极退田还湖（河）、平垸行洪、疏浚河湖，对于生态严重恶化的河流，采取积极措施予以修复和保护。加强水资源统一管理，以流域为单元实行水资源统一管理，统一规划，统一调度。注重水资源的节约、保护和优化配置，改变水资源“取之不尽、用之不竭”的错误观念，从传统的“以需定供”转为“以供定需”。建立国家初始水权分配制度和水权转让制度。建立与市场经济体制相适应的水利工程投融资体制和水利工程管理体制。②加强水利基础设施的规划和建设。加快建设南水北调工程，通过三条调水线路与长江、黄河、淮河和海河四大江河连通，逐步形成“四横三纵、南北调配、东西互济”的水资源优化配置格局。加强水资源控制工程（水库等）建设、灌区建设与改造，继续实施并开工建设一些区域性调水和蓄水工程。③加大水资源配置、综合节水和海水利用技术的研发与推广力度。重点研究开发大气水、地表水、土壤水和地下水的转化机制和优化配置技术，污水、雨洪资源化利用技术，人工增雨技术等。研究开发工业用水循环利用技术，开发灌溉节水、旱作节水与生物节水综合配套技术，重点突破精量灌溉技术、智能化农业用水管理技术及设备，加强生活节水技术及器具开发。加强海水淡化技术的研究、开发与推广。

（四）海岸带及沿海地区

主要包括：①建立健全相关法律法规。根据《中华人民共和国海洋环境保护法》和《中华人民共和国海域使用管理法》，结合沿海各地区的特点，制定区域管理条例或实施细则。建立合理的海岸带综合管理制度、综合决策机制以及行之有效的协调机制，及时处理海岸带开发和保护行动中出现的各种问题。建立综合管理示范区。②加大技术开发和推广应用力度。加强海洋生态系统的保护和恢复技术研发，主要包括沿海红树林的栽培、移种和恢复技术，近海珊瑚礁生态系统以及沿海湿地的保护和恢复技术，降低海岸带生态系统的脆弱性。加快建设已经选划的珊瑚礁、红树林等海洋自然保护区，提高对海洋生物多样性的保护能力。③加强海洋环境的监测和预警能力。增设沿海和岛屿的观测网点，建设现代化观测系统，提高对海洋环境的航空遥感、遥测能力，提高应对海平面变化的监视监测能力。建立沿海潮灾预警和应急系统，加强预警基础保障能力，加强业务化预警系统能力和加强预警产品的制作与分发能力，提高海洋灾害预警能力。④强化应对海平面升高的适应性对策。采取护坡与护滩相结合、工程措施与生物措施相结合，提高设计坡高标准，加高加固海堤工程，强化沿海地区应对海平面上升的防护对策。控制沿海地区地下水超采和地面沉降，对已出现地下水漏斗和地面沉降区进行人工回灌。采取陆地河流与水库调水、以淡压咸等措施，应对河口海水倒灌和咸潮上溯。提高沿海城市和重大工程设施的防护标准，提高港口码头设计标高，调整排水口的底高。大力营造沿海防护林，建立一个多林种、多层次、多功能的防护林工程体系。

第三节 低碳发展战略

一、发展低碳经济的背景、机遇与挑战

由于全球气候系统的复杂性及其涉及的广泛社会经济问题，应对气候变化需要系统的解决方案。人类在经过近 20 年的探索后发现，要想真正减缓和适应气候变化，必须从根本上转变对化石燃料的依赖，也就是要实现生产方式、消费方式以及全球资产（包括产业、技术、资金、资源等）配置与转移方式全面向低碳转型。从大气温室气体排放容量这一全球公共物品的性质来说，需要依靠建立国际气候体制来解决市场失灵和保护气候系统，并需要所有利益相关方的共同参与，探索新的发展路径。人类为解决气候变暖问题必须付出经济代价，但其成本相对高昂，即使是发达国家都难以承受，为此《京都议定书》设计了“三个灵活机制”（联合履行、排放交易和清洁发展机制），为降低附件一缔约方温室气体减排成本做出了有益的尝试。需要在此基础上进一步前行，寻找更加普适地符合各利益相关方责任的公平有效配置资源的机制。低碳发展道路正是一条综合的解决路径，通过发展低碳经济和构建低碳社会，实现资源、技术、资金等要素的重新整合，为人类社会通过合作方式应对气候变化提供新的机遇。

发展“低碳经济”作为协调社会经济发展、保障能源安全与应对气候变化的基本途径，正逐渐取得全球越来越多国家的认同。虽然没有统一的定义，但发展低碳经济的核心是要建立高能效、低能耗、低排放的发展模式，在公平有效地应对气候变化国际体制下，改善能源开发、生产、输送、转化和利用过程中的效率并且减少能源消耗，降低经济发展必不可少的能源供应中的碳含量，减少能源使用中的碳排放；通过增加自然生态系统固碳能力和发展碳捕获技术来抵消短期内无法避免的化石能源燃烧所排放的温室气体；同时建立新的合理的技术转让和资金机制，使发展中国家不至于因处在成长中的不成熟经济阶段和国际分工格局中的产业链低端而增加低碳转型的成本；并且还需要改变发展理念和价值观念，促进整个社会向可持续的低碳消费方式转型。

英国作为最早提出“低碳经济”的国家，希望采取低碳模式来解决气候变暖问题有其深刻的历史和现实原因。其主要目的在于保障能源安全，减轻气候变化影响，利用其自身能源基础设施更新的机遇和低碳技术领域的优势，提高经济效益和活力，占领未来的低碳技术和产品市场，赢得国际政治主动权并增强其国际影响力。尽管减少碳排放是发展低碳经济的基本目标，但毫无疑问，提高经济竞争力和获取政治优势是其主要驱动因素。欧盟其他国家以及日本等世界主要发达经济体，也基于各自在能源、环境、产业、政治等方面的优势及其全球战略，不断在“低碳经济”的各个领域取得进展，通过多种模式引领全球低碳发展的潮流。

必须指出的是，由于各国的社会经济背景不同，向低碳转型的起点和条件不同，追求的目标也有所差异。发达国家因为率先承诺量化减排，其发展低碳经济的目标首先是减少碳排放；而发展中国家处于经济的成长期，其目标首先是发展，而且还要提高人均能源的消费水平，在当前阶段难以将气候变化政策主流化，只能通过降低能源强度和提高碳生产率（单位二氧化碳排放的 GDP 产出）来实现经济增长与碳减排的逐步脱钩。同时需要注意，发展低碳经济仍然存在不确定性，尤其对于发展中国家来讲，还有很多必须克服的困难和障碍。

在国际层面，发展低碳经济的不确定性主要表现在三个方面：一是成本和市场问题。目前我们还难以估算发展低碳经济需要付出的全部成本，它远非只计算采用低碳技术需要支付的直接成本那么简单；而低碳技术和产品市场的创建也需要时间，特别是在全球金融危机的背景下，现在还难以估计世界经济何时能够真正恢复，因而会降低对低碳技术和产品的需求，影响市场创建的进程。尽管不少专家学者认为应对长期的气候变化可以给经济复苏带来机会，但仍然需要时间和具体行动；而美国、中国、印度等国以何种方式加入低碳市场的创建也是非常关键的因素，但目前情况尚不明朗。二是建立公平的国际气候体制及制定中长期的应对气候变化目标。发展低碳经济在一定程度上还取决于国际气候谈判的进程及其结果，尤其取决于能否产生有全球约束力的量化减排指标、分摊方案及其配套的技术转让和资金机制。三是到目前为止，虽然一些欧盟国家实现了经济增长和碳排放的脱钩，但发展低碳经济还没有获得普适性的成功经验，而已有经验对于发展中国家具有多大的参考价值也还需要实践的检验。

对于发展中国家来说，发展低碳经济的困难和障碍也是明显的，具体体现在发展阶段、国际贸易结构、经济成本、不完全市场、技术推广体系、制度安排、配套政策和管理体制等方面。从工业化国家经济发展与碳排放关系的历史演化规律看，这些国家一般都需要先后经历碳排放强度、人均碳排放量和碳排放总量的三个倒 U 形曲线，而不同的国家或地区碳排放高峰所对应的经济发展水平存在很大差异，说明了经济发展与碳排放之间不存在单一的、精确的演变规律。从那些跨越了碳排放高峰的发达国家或地区来看，碳排放强度高峰和人均碳排放量高峰之间所经历的时间在 24～91 年，平均为 55 年左右。这说明在没有强制减排措施和外部支持的条件下，发展中国家可能需要较长的时间才能达到碳排放的拐点。

作为最大的发展中国家，中国发展低碳经济的机遇和挑战并存。从长远看，探索低碳发展之路不仅符合世界能源“低碳化”的发展趋势，而且也与我国转变增长方式、调整产业结构、落实节能减排目标和实现可持续发展具有一致性；我们存在利用发展低碳经济的机会，使我国一些重点行业的节能减排技术取得竞争优势，甚至扮演领先者的角色，并尽早到达碳排放和能源消费的拐点，这从近几年我国开展节能减排的实践以及情景分析的研究中已初步证实；同时一些省份和城市也表现出利用发展低碳经济转变增长模式、寻找新的增长点的积极性，并且已经开展了一些相关的试点工作。另一方面，发展低碳经济、走低碳发展道路需要相当的额外成本和大规模采用低碳相关技术，这将有可能延缓我们的现代化进程。

从近中期看，中国受到发展阶段的制约，实现低碳转型面临快速经济增长、国际贸易分工的低端定位、巨大的就业压力、以煤为主的能源结构、技术水平相对落后以及体制机制等方面的障碍。与此同时，作为率先崛起的发展中大国，中国正处在重要战略机遇期，存在利用各种国内外有利条件和要素组合优势较快实现跨越重化工业阶段的历史机遇。在常规情况下，未来 20 年全球化石能源供应相对充足，而目前相对较低的能源价格也许是廉价石油时代结束前中国加速工业化的最后时机。从另一角度看，如果中国不能尽快实现包括低碳在内的发展方式转型，我们也同样面临不可持续的发展风险。例如，出口产品被征内涵碳排放的边境调节税或面临其他与气候相关的贸易壁垒。因此，中国正处于经济增长机遇和低碳转型的两难选择之中，我们必须既遵循经济社会发展与气候保护的一般规律，顺应发展低碳经济的潮流和趋势，同时还要根据我国的基本国情和国家利益，寻找一条协调长期与短期利益、权衡各类政策目标的低碳发展路径。

二、中国低碳发展战略

（一）战略取向

中国特色的低碳发展道路应该是立足于基本国情并且符合世界发展趋势的渐进式路径，应该有一幅具备清晰的阶段目标和优先行动的发展路线图（参见第四章）。中国在“十一五”期间提出的节能减排目标已经取得了显著的进展，并为减缓气候变化作出了实质性贡献，我们需要沿着这个方向继续探索下去，并在全球金融危机的背景下采取更加稳健的策略。鉴于国家利益和应对气候变化的需求，中国特色低碳道路的战略取向包括以下五个方面。

①在可持续发展的框架下，把低碳发展作为建设资源节约型、环境友好型社会和创新型国家的重点内容，并将发展低碳经济作为走低碳之路的重要载体，纳入可持续工业化和可持续城镇化的具体实践中。

②把“低碳化”作为国家社会经济发展的战略目标之一，并把相关目标整合到各项规划和政策中去。近中期应该把提高能效和碳生产率作为核心，不断降低能源消费强度和碳排放强度，努力减少二氧化碳排放的增长率，实现碳排放与经济增长的逐步脱钩，通过综合措施提高适应气候变化的能力，增加自然生态系统碳汇，降低面临极端天气气候事件的风险和损失。

③权衡经济发展与气候保护、近期和远期目标，处理好利用战略机遇期实现重化工业阶段的跨越与低碳转型的关系，同时充分考虑碳减排、能源安全、环境保护的协同效应，有效降低减排成本。一方面，充分利用目前国内外相对较好的资源能源条件加速完成重化

工业化的主要任务；另一方面，利用低碳商机，提高我国重点行业节能减排和低碳技术与产品的竞争力，最大限度地以低成本的清洁增长方式和现实的低碳技术实现阶段跨越，减少潜在的碳排放锁定效应的影响。

④加强部门、地区间的合作，吸引各利益相关方的广泛参与，发挥社会各方面的积极性，特别是通过新的国际合作模式和体制创新，共同促进生产模式、消费模式和全球资产配置方式的转变。

⑤积极参与国际气候体制谈判和低碳规则制定，为我国的工业化进程争取更大的发展空间。在近中期，通过选取合适的指标（如能源消耗强度或碳排放强度），承诺符合国情和实际能力的适当的自愿减缓行动，为防止气候变暖作出新的贡献，提升负责任大国的国际形象。同时，要求发达国家继续率先大幅度减排温室气体，并建立“可测量、可报告、可核实”的技术转让与资金支持新机制。

（二）战略目标

综合各方面的研究成果（中国科学院可持续发展战略研究组，2006；姜克隽，2007；何建坤，2008），到2020年，我国低碳经济的发展目标是：单位GDP能耗比2005年降低40%～60%，单位GDP的二氧化碳排放降低50%左右。如果中国采取较为严格的节能减排技术（包括碳捕获）和相应的政策措施，并且在有效的国际技术转让和资金支持下，则中国的碳排放可争取在2030—2040年达到顶点，之后进入稳定和下降期。

（三）战略重点

走低碳发展道路，必须结合国内优先的战略发展目标和各个行业部门的自身特点，把握关键的低碳重点领域，以尽可能低的经济成本和碳排放，获取最大的共同利益，逐步实现整个国民经济的“低碳化”。需要重点关注的优先领域包括以下六个方面。

①结合当前节能减排的重大战略措施，针对工业生产和终端用能效率整体水平较低的局面，以及不断发展的交通和建筑领域在未来大幅增长的能源需求，开展高耗能行业的能效对标管理，抓住其他重点用能单位和部门，淘汰落后产能并强化新建项目的能效监管。

②着眼于中国快速发展的工业化和城镇化进程，通过行政和经济激励手段促进技术创新，以低能耗、高能效和低碳排放的方式完成大规模基础设施建设，避免固定资产投资中碳排放的技术“锁定效应”。

③基于化石燃料，特别是煤炭在当前和未来我国能源结构和能源安全保障中的基础地位，在中长期能源安全和应对气候变化的背景下，优先部署以煤的气化为龙头的多联产技术系统开发、示范和 IGCC 等先进发电技术的商业化，同时结合 CCS 技术，在煤炭清洁利用等相关领域达到国际领先水平。

④根据中国清洁能源和可再生能源现状与未来产业发展趋势，通过市场加快进口和利用优质油气资源，探索各具特色的可再生能源在国家整体能源系统中的均优配置模式，建立健全多元化的能源供应体系，逐步转变能源结构，改善能源服务，不断提高广大农村地区必需的商品能源比例，促进能源基本公共服务的均等化。

⑤在中国的生态文明建设过程中，不仅采用区域污染物的联合减排技术，而且深入研究由土地利用、土地利用变化和林业（LULUCF）活动等所产生的农田、草地、森林生态

系统的固碳作用，通过建设良好生态环境来减缓气候变化。

⑥加强气候变化的适应策略研究，制定相关的适应规划，区分敏感地区和优先适应的领域，提高农业抗灾和节水等方面的技术水平和设施能力，加强适应性管理，减轻极端天气气候事件可能造成的损失。

（四）战略措施

除上述重点外，中国特色的低碳道路还应着力于逐步构建“资源节约型、环境友好型、低碳导向型社会”，在低碳发展战略及其目标指导下，通过相关制度的安排、管理体制的完善、发展规划的制定、试点经验的积累，有序推进低碳经济发展，为我国塑造一个可持续的低碳未来。构建低碳型的社会经济体系主要从以下五个方面入手。

1．建立应对气候变化的法律法规体系，完善宏观管理体制

开展“应对气候变化法”的立法可行性和立法模式研究，同时在相关法律法规修改过程中，增加有关应对气候变化的条款，例如，在战略环境影响评价的技术导则中加入气候影响评价的相关规定，逐步建立应对气候变化的法律法规体系。

针对我国应对气候变化行政主管机构权威不足、能力薄弱、协调机制不健全的现状，一方面，应充分发挥国家应对气候变化及节能减排工作领导小组的作用，建立灵活多样的部门协调机制，针对应对气候变化的战略部署提出建议；另一方面，加强能力建设，争取更多的行政资源，并为今后政府机构调整和进一步提高应对气候变化主管机构的规格做好准备。

2．建立低碳发展的长效机制，制定有序发展低碳经济的相关政策

走低碳发展道路，制度创新是关键保障因素。中国要更加切实地在科学发展观的引领下，探索建立有利于节约能源、保护环境和气候的长效机制与政策措施，从政府和企业两个层面推动社会经济的低碳转型。针对当前许多地方，特别是一些城市发展低碳经济的热情，同时鉴于低碳经济目标的多元化和模式的多样性，应该出台相关的指导性意见，进行宏观政策引导，规范低碳经济的内涵、模式、发展方向和评价指标体系；借鉴国外低碳经济发展的经验和教训，推动低碳经济有序健康地发展；优先制定国家层面的专项规划，再选择典型区域、城市和重点行业进行低碳经济试点工作；在条件相对成熟时创建低碳市场，理顺价格形成机制，制定财税鼓励政策，结合整个税收体制改革，统筹考虑能源、环境与碳排放的税种和税率。

3．加强合作，建立健全低碳技术体系

走低碳发展道路，技术创新是核心要素。政府应详细刻画我国低碳技术发展的路线图，采取综合措施，为企业发展创造宽松的政策环境，为技术创新提供完善的制度保障，不断促进生产和消费各个领域高能效、低排放技术的研发和推广，逐步建立节能和提高能效、洁净煤和清洁能源、可再生能源和新能源以及自然碳汇等领域的多元化低碳技术体系，提高产业化发展水平，为低碳转型和增长方式转变提供强有力的技术支撑。

中国还应进一步加强国际合作，不仅要通过新的与气候相关的国际合作机制引进、消化、吸收国外的先进技术，更重要的是，通过参与制定行业的能效与碳强度的标准、标杆，开展自愿或强制性标杆管理，使我国重点行业、领域的低碳技术、设备和产品达到国际先进水平。

4. 建立利益相关方参与的合作机制

低碳发展不但是政府主管部门或企业关注的事情，还需要各利益相关方乃至全社会的广泛参与。由于气候变化涉及面广、影响大，因此，应对气候变化首先需要各政府部门的参与，同时需要不同领域、不同学科专家的共同参与，加强研究，集思广益，发挥集体的智慧。

鉴于广大公众对气候变化的知识还知之不多、知之不深，应首先通过宣传、教育、培训，并结合政策激励，转变人们的思想观念，提高大家应对气候变化的认知和低碳意识，逐步达成关注低碳消费行为和模式的共识，进而采取联合行动，共同抵御气候变化可能带来的风险。

5. 减缓气候变化，实现可持续发展

减缓气候变化需要在可持续发展的框架下付诸实施；实现可持续发展也明确要求减缓气候变化。在国家水平，需要将减缓气候变化的政策纳入国民经济发展的政策体系，通过可持续发展实践，来促进减缓气候变化。在许多发展中国家，气候变化可能并没有列入可持续发展的优先领域。但这并不意味着可持续发展与减缓气候变化必然相矛盾。相反，可持续发展的政策，与减缓气候变化的目标具有一致性。例如大气污染防治，可以有效地减少二氧化碳的排放。清洁低碳或无碳能源的供给，既满足可持续发展的要求，又防止了大量温室气体的排放。

与全球可持续发展的国际努力一样，减缓气候变化，需要强化国际合作。发达国家在2002年的世界可持续发展峰会上，承诺增加官方发展援助，帮助发展中国家摆脱贫困，改善供水和卫生条件，保护环境。在减缓气候变化的国际合作框架中，根据“共同但有区别责任”的原则，发达国家率先减排温室气体，并通过资金援助和技术转让，帮助发展中国家提高能源效率，减少温室气体排放，实现可持续发展。

三、中国控制温室气体排放的政策和行动

控制温室气体排放是中国积极应对全球气候变化的重要任务，也是加快转变经济发展方式和推进产业转型升级的必然要求。2011年中国政府发布了《“十二五”控制温室气体排放工作方案》，将“十二五”碳强度下降目标分解落实到各省（自治区、直辖市），确定了以优化产业结构和能源结构，大力开展节能降耗，努力增加碳汇的温室气体减排行动方案。

（一）调整产业结构

国家发展和改革委员会修订并发布《产业结构调整指导目录（2011年本）》，强化通过结构优化升级实现节能减排的战略导向。加强节能评估审查、环境影响评价和建设用地预审，进一步提高行业准入门槛，严格控制高耗能、高排放和产能过剩行业新上项目。严格控制高耗能、高排放产品出口。国务院印发了工业和信息化部牵头编制的《工业转型升级规划（2011—2015年）》，着力推动工业绿色低碳发展。工业和信息化部发布了钢铁、有色、建材、石化和化工、节能与新能源汽车、工业节能、大宗固废、清洁生产等“十二五”规划，推动工业转型升级。扶持战略性新兴产业发展。国务院印发了《“十二五”国家战略性新兴产业发展规划》，明确我国节能环保产业、新一代信息技术产业、生物产业、高端

装备制造业、新能源产业、新材料产业、新能源汽车产业等七大类战略性新兴产业发展路线图。国家发展改革委牵头制定了重点工作分工方案，细化明确国务院各部门的具体任务。在《产业结构调整指导目录（2011 年本）》中重新划分了服务业类别，大幅增加鼓励类服务业条目，初步形成了鼓励发展服务业的门类体系。加强和改进市场准入、人才服务、品牌培育、服务业标准、服务认证示范和服务业统计等方面工作。在全国范围积极开展服务业综合改革试点，并在一些领域建立了跨部门的工作协调机制。

（二）节能提高能效

国务院印发了《"十二五"节能减排综合性工作方案》，分解下达"十二五"节能目标，实施地区目标考核与行业目标评价相结合、落实五年目标与完成年度目标相结合、年度目标考核与进度跟踪相结合，并按季度发布各地区节能目标完成情况晴雨表。工业和信息化部发布了《工业节能"十二五"规划》；住房和城乡建设部发布了《关于落实〈国务院关于印发"十二五"节能减排综合性工作方案的通知〉的实施方案》、《"十二五"建筑节能专项规划》和《关于加快推动我国绿色建筑发展的实施意见》；交通运输部发布了《关于公路水路交通运输行业落实国务院"十二五"节能减排综合性工作方案的实施意见》及部门分工方案，印发了《交通运输行业"十二五"控制温室气体排放工作方案》；国务院机关事务管理局发布了《公共机构节能"十二五"规划》。

（三）优化能源结构

加快发展非化石能源。国家能源局组织制定了《可再生能源发展"十二五"规划》和水电、风电、太阳能、生物质能四个专题规划，提出了到 2015 年中国可再生能源发展的总体目标、主要措施等。组织实施了 108 个绿色能源示范县、35 个可再生能源建筑规模化应用示范城市及 97 个示范县建设试点，组织开展风电、太阳能、生物质能、页岩气等专项规划和上海等五个城市电动汽车充电设施发展规划等专项规划的制定；2011 年发布 372 项能源行业标准，下达 633 项制（修）订计划，涵盖了包括核电、新能源和可再生能源在内的主要能源领域。

（四）增加碳汇

国家林业局制定了《林业应对气候变化"十二五"行动要点》，提出加快推进造林绿化、全面开展森林抚育经营、加强森林资源管理、强化森林灾害防控、培育新兴林业产业等 5 项林业减缓气候变化主要行动；发布了《全国造林绿化规划纲要（2011—2020 年）》和《林业发展"十二五"规划》，明确了今后一个时期林业生态建设的目标任务。继续实施退耕还林、"三北"和长江重点防护林工程，推进京津风沙源治理工程和石漠化综合治理工程，开展珠江、太行山等防护林体系和平原绿化建设，启动天保二期工程。扩大森林抚育补贴规模，组织开展各类森林经营试点示范建设。印发了《森林抚育作业设计规定》、《中央财政森林抚育补贴政策成效监测办法》和《森林经营方案编制与实施规范》等相关技术方案。

本章小结

第一节主要是描述过去100年来观测到的气候变化事实以及未来100年气候变化的发展趋势。第二节主要是描述气候变化对农林及生态系统、对水资源、对海岸带以及对城市和公共卫生等领域的影响。第三节主要是描述应对气候变化的对策，包括以节能、降耗、减排为核心的气候变化减缓对策和气候变化适应对策。第四节主要描述低碳发展战略，包括低碳战略背景、目标、重点和对策。第五节简要描述了应对气候变化与实施可持续发展的关系。

本章学习的重点是第二节至第四节，应通过学习了解气候变化的现状和趋势，气候变化的影响以及应对气候的战略对策。

思考题

1. 简述近100年来我国气候变化的观测事实和发展趋势。
2. 气候变化的主要影响有哪些？
3. 减缓温室气体排放的重点领域有哪些？
4. 简述我国低碳发展战略的目标、重点和措施。

参考文献

[1] 国家发展和改革委员会. 中国应对气候变化国家方案. 2007.

[2] 国家发展和改革委员会. 中国应对气候变化的政策与行动：2010年度报告. 2010.

[3] 国家发展和改革委员会. 中国应对气候变化的政策与行动：2012年度报告. 2012.

[4] 国家发展和改革委员会. 中国应对气候变化的政策与行动白皮书（2011）. 2011.

[5] The European Topic Centre on Air and Climate Change（ETC/ACC），Urban Regions：Vulnerabilities，Vulnerability Assessments by Indicators and Adaptation Options for Climate Change Impacts：Scoping Study，2010.

[6] EEA Report No 2/2012，Urban adaptation to climate change in Europe：Challenges and opportunities for cities together with supportive national and European policies. 2012，ISSN 1725-9177.

[7] 刘海滨，张明顺，冯效毅. 自愿协议式环境管理方法与实践. 北京：中国环境科学出版社，2012.

第二编　环境法制

第四章　环境法概述

第一节　环境法的概念

一、环境法的定义与特征

（一）环境法的定义

环境法的定义涉及对“环境”概念的外延和内涵的认识，对环境法与传统部门法相互关系的看法以及对环境法自身所调整的社会关系的范围的理解。

目前，通行的环境法定义是套用“法律是调整一定社会关系的法律规范的总称”的习惯模式以及“法律是由国家制定或认可并由国家强制力保证实施的行为规范的总称”的法理学用语，从法律调整的社会关系的角度出发来界定环境法的。例如，金瑞林教授认为，环境法是“由国家制定或认可，并由国家强制保证执行的关于保护环境和自然资源、防治污染和其他公害的法律规范的总称”。[①]韩德培教授也认为，环境（保护）法是“调整因保护和改善生活环境和生态环境，防治污染和其他公害而产生的各种社会关系的法律规范的总称”。[②]

从法律部门的划分依据看，尽管上述定义对环境法的对象、目的和范围做了界定，但是对环境法的调整对象即特定社会关系是什么却未做明晰的表述。综合国内外环境法学著述对环境法的定义以及我国环境立法的实践，本书认为应当以法的目的结合调整对象将环境法定义为：以保护和改善环境、预防和治理人为环境侵害为目的，调整人类环境利用关系的法律规范的总称。这一定义包含如下三方面的内涵：

第一，环境法的目的是要保护和改善人类赖以生存的环境（生活环境、自然环境与生态系统），而这一目的是通过预防和治理人为环境侵害来实现的；

第二，环境法的调整对象是人类在利用（含开发、保护行为）环境（含自然资源）过程中产生的人与人之间的社会关系；

第三，环境法的范畴包括与人类环境利用关系相关的全部法律规范，既有以环境保护为目的的法律规范，也有其他法律部门中同环境保护相关的法律规范。

---

① 金瑞林：《环境法学》，北京大学出版社，2007 年，第 31 页。

② 韩德培：《环境保护法教程》（第五版），法律出版社，2007 年，第 25 页。

（二）环境法的特征

由于环境法调整对象的特殊性和调整方法的多样性，导致环境法具有其他部门法所不具有的固有特征。这些特征主要表现在如下三个方面。

1．法律规范构成的科技性

环境法律规范具有浓厚的科技性，这是环境法不同于其他法律部门的基本特征。环境法有关法律规范构成的科技性主要表现在两个方面：

第一，环境法是根据科学技术以及科学推理的结论确立人与人之间的行为模式和法律后果。例如，过去为了控制工业空气污染，基于污染物质在一定的高度即可因扩散而减低的认识，而在对策上修建了许多高烟囱。但是今天看来，高烟囱化继而造成了更为广泛的越境污染问题，即污染从一个地方的聚集点扩散到远距离的地方和区域，从而造成远程的污染危害。

第二，环境法是根据自然科学规律（生态规律）确立协调人与自然关系的法律准则。环境法要以全新的价值观念为指向对在传统法理论基础上建立起来的人类与环境的关系予以重新评价，将生态规律通过法律规范具体体现出来，将大量技术规范、操作规程、环境标准、控制污染的各种工艺技术要求等直接运用于环境立法之中。

2．法律方法运用的综合性

环境法调整对象的广泛性、涉及利益的多样性以及环境要素的丰富性，决定了环境法具有综合性。环境法的综合性主要表现在如下三个方面：

第一，环境法的体系既包括环境保护一般法规以及环境救济特别法规，也包括其他法律部门（如宪法、民法、刑法、行政法等）中有关的环境保护规范。

第二，环境法的内容既有实体法又有程序法，既包括国家法规也包括地方法规。

第三，环境法的实施既有司法方法也有行政方法，而且政策、经济、技术和宣传教育等手段则在环境法的适用上有突出的表现。以环境政策为例，它常常以指导性规范的形式出现于人类环境利用行为领域，以弥补现实法律的抽象性和局限性。

3．保护法益的共同性

从法律的角度看，只就人类社会的某项法益采取保护措施并不能遏制环境恶化所导致的对更大、更多保护法益的侵害。环境问题从局部发展到地区、从地区发展到国际、再从国际发展成为全球性问题的演变，已充分说明如果人类仅从私益或者局部利益的角度出发保护环境是不可能从根本上扭转或摆脱环境危机的。

因此，相对于其他执行社会与政治职能的法律部门而言，环境法所表现出的公共职能不仅仅是为了个别群体、统治者阶级、国家或地区的单一政治、经济利益需求，在重新确定和调整人类既存利益的同时，环境法理念的出发点更多源于保护全人类的共同利益和保护人类生存繁衍基础的生态利益，以实现人类社会、经济可持续发展的目标。

二、环境法的历史发展

从 1949 年新中国成立至今，我国的环境法大致经历了四个发展阶段：混沌时期、产生时期、发展时期和改革完善时期。

（一）环境法的混沌时期

从1949年新中国成立到1973年全国第一次环境保护会议召开之前，可以称为我国环境法产生前的混沌时期。

这一时期较为重视的是对作为农业命脉的自然环境要素的保护，并且以公有制为基础确立了自然资源的全民所有制形式。当时施行的《宪法》（1954年）规定，“矿藏、水流，由法律规定为国有的森林、荒地和其他资源，都属于全民所有”。

在自然资源管理立法方面，国家较为重视对水土保持、森林保护、矿产资源保护等方面的行政管理，并制定了若干纲要和条例。例如，1950年颁布了第一部矿产资源法规《中华人民共和国矿业暂行条例》，1953年颁布了《国家建设征用土地办法》，1956年颁布了《矿产资源保护试行条例》，1957年颁布了《中华人民共和国水土保持暂行纲要》。

在防治环境污染方面，卫生部和国家建设委员会在1956年联合颁发了《工业企业设计暂行卫生标准》，这是预防环境污染的一种非强制性技术规范。除此之外，国务院各行政主管部门还针对某一时期环境污染问题的特点，制定和颁布了一大批“红头文件”。[①]例如1956年制定的《工厂安全卫生规程》，就是中国第一部针对工业污染作出规定的法规；1959年还颁布了《生活饮用水卫生规程》和《放射性工作卫生防护暂行规定》。

从上述立法我们可以看到，这个时期我国制定的有关环境保护管理的法规和标准已经涉及环境保护的主要方面，但它还归属于经济行政和卫生行政，在总体上还没有形成完整的环境保护概念，环境立法也非常零散。并且这些规定中的义务性规范也没有法律责任和法律制裁作保障，对规定的执行完全依赖于来自党和政府的政治、行政压力以及行为主体的“革命自觉性”和对革命工作的政治热情。因政治运动的不断影响，这些规定在实际上名存实亡。有鉴于此，党中央和国务院几乎都要在每年或结合每一次政治运动再次重申有关规定。

（二）环境法的产生时期

自1973年8月我国召开第一次全国环境保护会议起，至1978年中共十一届三中全会，是中国环境保护工作和环境法艰难产生的时期。

1971年，我国在原国家基本建设委员会下设了工业“三废”利用管理办公室。1972年6月5日，我国派团出席了联合国在瑞典首都斯德哥尔摩举行的人类环境会议（UNCHE），这次会议不仅是世界环境保护运动的里程碑，而且也是我国环境保护事业的转折点。以此为契机，拉开了我国环境保护事业的序幕。

1973年，国务院召开了第一次全国环境保护会议，将环境保护提到了国家管理的议事日程。这次会议对我国环境立法的促进作用在于国务院批转了由原国家计划委员会制定的、作为我国环境保护基本法雏形的《关于保护和改善环境的若干规定（试行草案）》。这个规定在1979年我国颁布实施《环境保护法（试行）》之前，实际上是政府对国家环境保护政策的一个宣示，它在当时的历史条件下起着国家环境保护基本法的作用。到1974年，我国成立了“国务院环境保护领导小组”，它标志着国家一级的环境保护行政机构从此在

① 蔡守秋：《中国环境政策概论》，武汉大学出版社，1988年。

我国诞生。

1973—1978年，我国制定了一系列的国家环境保护政策和规划纲要，并且在实践中形成了一些环境污染防治的制度或措施，如“三同时”制度、限期治理制度等。在防治沿海海域污染、放射性防护等方面制定了一些行政法规和规章。以《工业“三废”排放试行标准》为首，还制定了有关污染物排放、生活饮用水和食品工业等标准，使国家环境管理有了定量的指标。

在1978年，我国颁布了经修改的《宪法》。《宪法》第11条专门对环境保护作了如下规定：“国家保护环境和自然资源，防治污染和其他公害”。这样，环境保护首次被列入我国的根本大法之中，为国家制定专门的环境法律奠定了宪法基础。

1978年12月31日，中共中央批转了国务院环境保护领导小组起草的包括制定《环境保护法》设想在内的《环境保护工作汇报要点》，并就通过立法来保护环境、治理污染和保护人民健康等作出了指示，[①]这是中共第一次以党中央的名义对环境保护工作做出指示。由于环境保护问题引起了党中央的高度重视，因此这对1979年我国颁布和实施《环境保护法（试行）》和全国环境保护事业的展开起到了积极的作用。

（三）环境法的发展时期

从1979年《环境保护法（试行）》的颁布实施，到1989年国家对该法进行修改之前的10年间，是我国环境保护立法的迅速发展时期。

由于在1978年年底中共中央批转了国务院环境保护领导小组提交的《环境保护工作汇报要点》，所以《环境保护法》草案起草工作的进展非常顺利。1979年9月13日，第五届全国人大常委会第十一次会议“原则通过”了该法律草案，并以“试行”[②]的形式颁布实施。

从20世纪80年代开始，我国社会主义法制建设进入飞速发展时期。1982年，国家又对《宪法》进行了修改。修改后的《宪法》第26条规定：“国家保护和改善生活环境和生态环境，防治污染和其他公害”。与1978年宪法相比，新的宪法将环境的对象予以了扩大，同时还增加了一些合理开发利用自然资源的条款。所有这些，为后来我国全方位的环境保护立法提供了依据。

在环境污染防治立法方面，1982年制定了《海洋环境保护法》，1984年制定了《水污染防治法》，1987年制定了《大气污染防治法》。在自然资源管理和保护方面，1984年制定了《森林法》，1985年制定了《草原法》，1986年制定了《渔业法》和《土地法》，1988年制定了《水法》，1989年制定了《野生动物保护法》。

此外，在国家一些重要的民事、行政和诉讼等基本法律与企业法律中也规定了环境保护的内容。

除制定国内环境法外，我国政府此间还积极参加国际环境保护合作，并参加了一些重

---

① 在中共中央于1978年12月31日批转的《国务院环境保护领导小组办公室环境保护工作汇报要点》的通知中指出，“要制定消除污染、保护环境的法规”。

② 所谓“原则通过”，一般是指人大常委会委员虽然不对整个法律的具体条文全部表示同意，但对法律的基本精神表示同意，因此对该法律草案仍然予以通过的一种通过方式。所谓“试行法”，一般是指全国人大常委会虽然对法律草案感到不够充分或立法条件不够成熟，而实际生活却又需要该法律加以调整，因此而予以通过的法律。这种公布法律的方式，是在20世纪80年代以前全国人大常委会进行立法以及国务院制定行政法规时的习惯做法。与之相应的还有“暂行”的概念。参见袁建国：《法律创制论》，河南人民出版社，1989年，第177、179页。

要的国际环境保护公约和协定、与周边国家签署了一些环境保护的双边协定，如《濒危野生动植物国际贸易公约》（1980）、《保护世界文化和自然遗产公约》（1985）以及我国和日本两国签署的《保护候鸟及其栖息环境协议》（1981）等。

此间，由国务院和国家环保部门制定的环境法规和规章更是不胜枚举。各地方也制定和完善了地方性环境法规与规章。

由于环境标准是污染防治行政和环境行政执法的客观科学依据，因此，这个时期中国在完善环境保护立法的同时，还依法制定和颁布实施了一批包括大气、水质、噪声在内的有关环境质量标准、污染物排放标准、环保基础和方法标准等国家或地方环境标准。

至此，我国的环境保护法律体系初步形成。

（四）环境法的改革完善时期

从 1989 年开始，我国的社会主义经济体制又发生了一次根本性转变，即由原来的社会主义计划经济转向有计划的商品经济、进而全面转向社会主义市场经济的转变。在这个时期，中国的环境法律也面临着既要进一步完善环境保护立法，同时又要修改已不适应新形势环境保护需要的原有环境法律的局面。通过法律法规的制定和修改，我国的环境法在不断的改革中趋向完善。

1992 年，联合国在巴西里约热内卢召开了环境与发展大会，会议通过了《21 世纪议程》、《里约宣言》。此外，我国政府还签署了有关防治气候变化、生物多样性保护等国际环境保护公约，所有这些也都需要国家履行条约规定的国际环境保护义务，根据国际环境保护公约的要求对国内环境法律进行修改和完善。

最先提上修改议程的法律是《环境保护法（试行）》。鉴于《环境保护法（试行）》的立法依据——1978 年《宪法》在 1982 年已作了修改、加上该法自身在法律制度规定上存在的立法等问题，早在 1983 年我国就开始组织人员研究该法的修改问题。但由于国内经济行政立法“拥挤”，所以直到 1989 年底《环境保护法》“修改草案初稿”才提请七届全国人大常委会第十次会议审议。在 1989 年 12 月 26 日举行的七届全国人大常委会第十一次会议上，修改草案获得通过而成为新的环境保护基本法。[①]

随着我国社会主义市场经济的发展，几年来国民经济呈高速增长势头。因种种原因的影响，中国的环境问题特别是环境污染状况呈“局部有所好转，整体还在恶化，前景令人担忧”之势。有鉴于此，为加强环境法制建设，全国人大于 1993 年设立了环境保护委员会（后更名为“环境与资源保护委员会”），意在由国家立法机关全面统筹和合理安排今后的环境立法和执法监督工作。

在这段时间里，我国还制定了《环境噪声污染防治条例》（1989）、《水土保持法》（1991）、《水污染防治法实施细则》（1989）、《大气污染防治法实施细则》（1991）、《国务院关于进一步加强环境保护工作的决定》（1990）、《环境保护行政处罚办法》（1992）、《淮河流域水污染防治暂行条例》（1995）等。并且在 1992 年联合国环境与发展大会以后，制定了《中国环境与发展十大对策》，发布了《中国 21 世纪议程——中国 21 世纪人口、环境与发展白皮书》。

---

① 张坤民、金瑞林：《环境保护法》，清华大学出版社，1990 年，第 9-10 页。

在20世纪90年代，最令人瞩目的环境立法当属从1995年8月到1996年5月的固体废物污染环境防治立法和对大气、水污染防治法的修改以及1999年对《海洋环境保护法》的修改。《固体废物污染环境防治法》的制定标志着我国污染防治法律体系已经基本建立。

进入21世纪后，我国的环境立法活动依然十分频繁。全国人大常委会制定了《环境影响评价法》、《防沙治沙法》、《放射性污染防治法》、《海域管理使用法》、《可再生能源法》、《清洁生产促进法》、《畜牧法》、《城乡规划法》、《突发事件应对法》、《循环经济促进法》和《海岛保护法》等法律；修改了《渔业法》、《水法》、《野生动物保护法》、《节约能源法》、《水污染防治法》、《可再生能源法》、《水土保持法》和《清洁生产促进法》等法律；批准了《〈防止倾倒废物和其他物质污染海洋的公约〉1996年议定书》，通过了《关于积极应对气候变化的决议》；在《物权法》和《侵权责任法》中，也分别规定了与自然资源保护和环境污染侵害救济有关的内容；在《刑法修正案（八）》中，将重大环境污染事故罪修改为严重污染环境罪。此外，国务院还制定（修改）了《排污费征收使用管理条例》、《危险化学品安全管理条例》、《全国污染源普查条例》和《规划环境影响评价条例》等行政法规。

鉴于我国社会主义法律体系不断完善、单项环境保护法律制度不断健全、环保机构改革不断推进、公众环境意识不断提高以及环境司法保障不断增强，2011年初全国人大常委会启动了《环境保护法》的修改工作，并于2014年4月颁布了修订后的《环境保护法》。

总之，从1979年颁布实施第一部《环境保护法（试行）》至今，我国环境立法已经历了30年的时间。在这30年里，我国陆续颁布实施了近30部环境、资源、能源、清洁生产与循环经济促进方面的法律。此外，还有10多部其他法律也规定了环境保护的内容。这些法律的实施对控制环境污染和生态破坏、合理开发利用资源与能源都起到了非常积极的作用。

三、环境法的渊源

环境法的渊源即环境法的表现形式。广义的环境法渊源包括国内法渊源和国际法渊源，狭义的环境法渊源仅指国内法渊源。本章以下仅对我国环境法的国内法渊源进行论述，国际法渊源将设专章论述。

依照我国《立法法》的规定，我国实行二级（中央与地方）多元的立法体制，法的具体表现形式包括法律、行政法规、地方性法规、自治条例和单行条例、规章等。此外，对法的适用具有普遍意义的有权解释在习惯上也属于我国法律的形式渊源。

（一）宪法中的环境保护规范

目前，许多国家在其宪法中规定了环境保护条款或者将环境保护纳入公民的基本权利体系之中，并以此作为国家环境立法和政府环境行政的依据。作为国家的根本法，宪法具有最高的法律效力。

我国1982年宪法第26条规定："国家保护和改善生活环境和生态环境，防治污染和其他公害"。这是我国环境立法和环境行政的最基本的依据。从法理上推演，其结果就是保障人民在健康、安全、舒适的环境中生活和生存的权利。此外，我国宪法对自然资源和一些重要的环境要素的所有权及其保护也作出了规定。在基本权利方面，我国宪法并未直接规定环境权条款。因此，理论上有关公民的环境权只能从专门的环境立法有关公民参与原则的条款规定来推演。

（二）环境保护法律

根据内容和地位的不同，作为环境法渊源的法律可以分为两类，一是专门性环境保护法律，二是其他部门法律中的环境保护规范。

专门性环境保护法律又可以分为两类，即综合性环境基本法和单项环境保护法律。

综合性环境基本法是对环境保护方面的重大问题，如环境保护的目的、范围、方针政策、基本原则、重要措施、管理制度、组织机构、法律责任等作出原则规定的法律。大体上，综合性环境基本法相当于一部法典的总则部分。这种立法常常成为一个国家的其他单行环境保护法律的立法依据。《环境保护法》被视为我国的环境基本法。

环境保护单行法规是针对特定的保护对象如某种环境要素或特定的环境社会关系而进行专门调整的立法，其特点是具有控制对象和方法的针对性和专一性。它以宪法和环境基本法为依据，又是宪法和环境保护基本法的具体化，是进行环境管理、处理环境纠纷的直接依据。目前我国已经制定施行了 20 多部单项环境保护法律。如《环境影响评价法》、《放射性污染防治法》、《水污染防治法》、《森林法》等。

在法律效力上，以调整环境利用关系为目的的环境保护法律可以规定与国家基本法律的一般规定不一致的特别规定并适用。

基于法律的统一性，在我国由全国人大通过的刑事、民事、国家机构和其他基本法律中，许多都包含有调整环境利用关系或确立环境法律后果以及共同性处理争议纠纷的实体和程序规范。此外，由全国人大常委会通过的一些法律中，也有大量较为抽象的环境保护相关条款。

（三）环境保护行政法规

环境保护行政法规是指由国务院依照宪法和法律的授权，按照法定权限和程序颁布或通过的关于环境保护方面的行政法规。如《排污费征收使用管理条例》、《自然保护区条例》、《建设项目环境管理条例》等。

在中国，由于法律的制定滞后或者比较原则，国务院制定的环境保护行政法规以及各行政主管部门制定的规章就代替了空洞的法律、弥补了法律的空白，促进了环境保护行政的展开。因此，国务院环境保护行政法规除了执行解释法律、特别是规定环境执法的行政程序外，还在一定程度上弥补和起到了法律所应起到的确定权利义务关系的作用，同时也为同类立法奠定了实践的基础。①

依照《立法法》的规定，国务院制定的行政法规的法律效力低于国家的环境保护法律。

---

① 例如，在我国 1996 年 10 月 29 日颁布、1997 年 3 月 1 日实施的《环境噪声污染防治法》之前，在环境噪声控制方面一直执行着国务院在 1989 年 9 月颁布的《环境噪声污染防治条例》。现行《环境噪声污染防治法》也是在原《环境噪声污染防治条例》的基础上“升格”而成的。

（四）地方性环境保护法规或规章

由于国家环境保护立法是针对整个国家的环境保护管理，它们只对具有共同性、基本性、原则性的内容予以规定，而不可能对每一个地区的具体事项作出规定。因此，地方环境保护立法是对国家环境保护立法的重要补充和具体化。

按照地方环境保护立法在制定机关和效力上的不同，可以将它们分为地方性环境法规（地方人大及其常委会制定颁布）和地方政府环境保护规章（地方政府制定颁布）。在民族区域自治地方，还可以制定环境保护自治条例或单行条例。

在与国家环境保护法律、行政法规的关系方面，地方性环境法规或规章总的来说是一种从属关系。当适用国家环境法律与适用地方性环境法规或规章发生矛盾时，依照法理只要地方法不与国家法律、行政法规抵触就应当优先适用地方法。

（五）环境保护部门规章

在我国，国务院环保部门以及其他有关行政机关也有权制定环境保护的行政规章。依照《立法法》的规定，部门规章规定的事项应当属于执行法律或者国务院的行政法规、决定、命令的事项。

部门规章之间、部门规章与地方政府规章之间具有同等效力，在各自的权限范围内施行。但是关于国务院部门规章和地方性法规之间的效力关系，《立法法》并未明确规定，只规定了两者冲突时的处理程序。根据《立法法》第 86 条第一款第二项的规定，地方性法规与部门规章之间对同一事项的规定不一致，不能确定如何适用时，由国务院提出意见，国务院认为应当适用地方性法规的，应当决定在该地方适用地方性法规的规定；认为应当适用部门规章的，应当提请全国人民代表大会常务委员会裁决。[①]

（六）对法的适用具有普遍意义的有权解释

首先，国家立法机关对适用环境保护法律的解释。由于我国国家环境保护立法在内容上一般较为原则和抽象，在这种情况下许多法律条款在具体适用时还需要由国家立法机关予以具体解释以利于法律的适用。依照《立法法》的规定，法律解释主要包括两种情况：一是法律的规定需要进一步明确具体含义的；二是法律制定后出现新的情况，需要明确适用法律依据的。法律解释权属于全国人民代表大会常务委员会。全国人民代表大会常务委员会的法律解释同法律具有同等效力。

其次，适用环境保护法律规范的司法机关解释。在我国，国家司法机关（指最高人民法院或最高人民检察院）也有权依照法定程序分别就法律的具体适用作出司法解释。由于这些司法解释可以直接对环境案件的司法审查（审理）程序及其判决产生影响，从而使当事人的权利和义务关系发生改变，所以适用环境法律规范的司法机关解释也是我国环境法的形式渊源之一。例如，2001 年最高人民法院在《关于民事诉讼证据的若干规定》第 4 条就对因环境污染引起的损害赔偿诉讼的举证责任倒置作出了具体规定。

---

① 从制定主体看，地方性法规是民选机构制定的，而部门规章是行政机关制定的，地方性法规效力应该高于部门规章；但是从适用范围看，部门规章全国范围内适用，地方性法规只适用于本行政区域，部门规章效力应该高于地方性法规。《立法法》回避了这个实体问题，而只规定了处理程序。而从该程序设置看，立法者似乎倾向于认为地方性法规效力高于部门规章。

第二节　环境法的基本原则

一、环境法基本原则概述

环境法的基本原则，是指环境法在创制和施行中必须遵循的具有拘束力的基础性和根本性准则。环境法基本原则既是环境法基本理念在环境法上的具体体现，又是环境法的本质、技术原理与国家环境政策在环境法上的具体反映。

环境法的基本原则具有两大特征：第一，它的内容必须在环境立法中有所体现，是对国家环境保护基本方针、政策的描述，并且贯穿于整个环境立法之中；第二，它的效力必须全面贯彻于环境法律规范的始终，并可以弥补环境立法的局限。

环境法基本原则既可以直接明文确立于立法之中（如我国环境保护法对协调发展原则的规定），又可以间接通过一个或几个具体法律条文分别表现（如我国环境保护法对预防原则的规定）。

比较各国的环境立法，对环境法基本原则规定得比较明确的一般是环境基本法或者环境法典的总则部分。而环境保护单行法的立法一般都不对基本原则作明文宣示，而是通过对具体环境法律制度的规定，比较隐晦地表现出基本原则的指导性以及对基本原则的从属性。

综观各国环境法所确立的基本原则，可以按其代表和体现的基本理念将它们分为社会发展指南、环境责任分配、正当决策程序三类，具体主要包括高度保护原则、谨慎预防原则（或环境关怀原则）、危险防御原则、跨国界的环境保护原则、污染者负担原则或原因者主义原则（或共同负担原则和集体负担原则）、环境利益与责任衡平原则、禁止现存环境受更恶劣破坏原则、最佳可得技术原则、协同合作原则、公众参与原则等。[①]

我国学者则分别从环境管理准则、环境法律规定或体现、环境法指导准则三方面在我国环境立法上的具体表现对环境法基本原则作了不同的学理解释。我国 2014 年修订的《环境保护法》第 5 条将我国环境保护的原则确定为“保护优先、预防为主、综合治理、公众参与、损害担责”，这是确立我国环境法基本原则的基础和立法依据。[②]

本书在综合参考国内主流学术观点的基础上，结合西方国家学者对环境法基本原则的归纳和我国环境立法的规定，拟将环境法的基本原则定位于社会发展指南、环境责任分配、正当决策程序、环境管理准则、环境法律规定或体现、环境法指导准则之上。为此，本书将我国环境法的基本原则归纳为预防原则、协调发展原则、受益者负担原则以及公众参与原则。

---

① [日]大塚直：《环境法》，有斐阁，2002 年，第 47 页。陈慈阳：《环境法总论》，台湾元照出版有限公司，2000 年，第 217 页。另见 Swedish Environmental Advisory Council，*On the general principles of environment protection*，a report from the Swedish Environmental Advisory Council，translated by Michael Johns.1994. A. Kiss，etc.，*Manual of European Environmental Law*，Cambridge University Press，1994.

② 与之相对应的三种代表性学说分别是环境管理准则说、环境法律规定或体现说、环境法指导准则说。参见蔡守秋：《环境资源法学》，人民法院出版社、中国人民公安大学出版社，2003 年，第 113-120 页。

二、预防原则

（一）预防原则的含义

环境法上的预防原则，是指对开发和利用环境行为所产生的环境质量下降或者环境破坏等应当事前采取预测、分析和防范措施，以避免、消除由此可能带来的环境损害。

在我国，环境政策和法律一般将其表述为预防为主和防治结合原则，是指将环境保护的重点放在事前防止环境污染和自然破坏之上，同时也要积极治理和恢复现有的环境污染和自然破坏，以保护生态系统的安全和人类的健康及其财产安全。

预防原则包含着两层含义：一是运用已有的知识和经验，对开发和利用环境行为带来的可能的环境危害事前采取措施以避免危害的产生；二是在科学不确定的条件下，基于现实的科学知识去评价环境风险，即对开发和利用环境行为可能带来的尚未明确或者无法具体确定的环境危害进行事前预测、分析和评价，促使开发决策避免这种可能造成的环境危害及其风险的出现。

上述“可能的环境危害”与传统行政法有关警察法或秩序法所谓“危险”的概念相似，一般指运用通常的知识或者经验，就足以判断决策对象具有较高的造成公众环境权益等具体危害可能性的状态。而“风险”则是指运用现有的科学知识可以得知决策的对象存在着某些具体危险，但又无法肯定针对该危险所采取的对策措施能够避免该危险及其可能造成危害的状态。

针对不确定性对环境决策的困扰，1987 年经济合作与发展组织（OECD）提出了一个更为严格的环境政策和法的原则即谨慎原则或称谨慎预防原则。谨慎原则是指当某些开发行为的未来影响具有科学不确定性的情形下，只要发生危害的风险存在着可能性，决策者就应当本着谨慎行事的态度采取措施。要求“任何可能影响环境的决策和行动都应在其最早阶段充分考虑到有关的环境要求”、“遇有严重或不可逆转损害的威胁时，不得以缺乏科学充分确定证据为理由，延迟采取成本效益的措施防止环境恶化”（《里约环境与发展宣言》原则 15）。

目前谨慎原则已被许多国家的环境立法和国际组织的活动采纳。与预防原则相比，谨慎原则要求在科学的不确定条件下，认真对待可能的环境损害和风险，即使在科学不确定的条件下也必须达成一定的措施，尤其是不作为的措施。

另外，预防原则与后述的协调发展原则是相辅相成、密不可分的，因为预防环境损害是实现可持续发展目标的必然而适宜的途径。

（二）预防原则的贯彻实施

预防原则需要由具体的环境政策和法律制度予以明确确定才能有效地贯彻执行，它的适用主要表现在与开发决策相关联的若干方面，具有多功能性。

1. 合理规划、有计划地开发利用环境和自然资源

为执行预防原则，就必须有计划地开发利用环境和自然资源，为此各国在环境立法上专门确立了环境保护计划和环境规划制度，要求政府行政主管部门和相关企事业单位对工业发展与环境保护事前作出合理的计划和安排，对自然资源的开发利用应当与生态保护相结合并有计划地实施。

另外，我国的环境政策与法律还确立有“全面规划与合理布局”的环境保护措施。其中，全面规划就是对工业和农业、城市和乡村、生产和生活、经济发展与环境保护各方面的关系作统筹考虑，进而制定国土利用规划、区域规划、城市规划和环境规划，使各项事业得以协调发展；合理布局主要是指在工业及其发展过程中，要对工业布局的合理性作出专门论证，并且对老工业不合理的布局予以改变，使得工作布局不会对周围环境和人民生活环境造成污染和破坏的不良影响。

2. 运用环境标准控制和减少生产经营活动向环境排放污染物

控制和减少污染物的排放，在环境法律制度的实施方面就是执行环境标准制度。即以环境质量标准为依据确定某地域（水域）保持良好环境质量的基础数值，在此基础上以该地域（水域）的环境容量或者污染物排放标准的最大限度为限，将排放进入环境的污染物的种类、数量和浓度控制在一定的水平之内。

在我国，预防原则之所以表述为预防为主、防治结合原则，其意义就在于采取预防措施并不是要将其代替治理措施，或认为治理不重要，而是鉴于我国的环境污染和破坏已经非常严重，仅靠前瞻性的预防只能“防患于未然”，它是防止今后可能再发生环境损害的主要手段，而对于已经发生的环境损害则要强调积极的治理，在“防”的同时顾及“治”。

为了防止因新建、改建、扩建生产工艺和设备造成新的污染，各国环境立法也对企业的生产设施和设备的要求也采取了不同的措施。例如，在美国和加拿大等国家，环境法律要求在原有生产规模基础上对设施进行改造或者新增的，应当采用现实可得的最佳实用技术（BAT），否则不予许可和批准。我国目前也制定有清洁生产促进法，意在通过实行清洁生产措施来提高资源利用效率、减少和避免污染物的产生。

另外，民法有关预防性民事责任措施（如消除危险、排除妨害等）在诸如噪声妨害、光照妨害等领域的运用，也是私法上的一种消除和减轻环境侵害的保障措施。

3. 对开发利用环境和资源的活动实行环境影响评价

从预防原则的内容言之，避免环境污染发生比减轻环境污染显得更为重要。作为环境法上的一项基本制度，环境影响评价制度是各国适用预防原则的最直接的体现。该制度要求，一切可能造成环境影响的决策、规划和建设项目等，均应当在公众的参与下对其实施后可能造成的环境影响进行分析、预测和评估，然后才能由政府行政主管部门作出批准或者不批准的决定。

为了保障环境影响评价制度实施的有效性，我国还确立了建设项目环境保护管理的“三同时”制度。

4. 增强风险防范意识，谨慎地对待具有科学不确定性的开发利用活动

对危险性的预防比对危险的预防更为重要，因为危险性比具体的危险出现在时间和空间上更有距离，即危险性属于德国学者所谓的“危险尚未逼近”的状态。[①]为此，谨慎对待具有危险性的开发利用活动应当着重从如下几方面采取对策：第一，将有关在时间和空

---

① 陈慈阳：《环境法总论》，台湾元照出版有限公司，2000年，第223-224页。

间上视为较为遥远的危险（包括对未来世代可能产生的危险）的决策作为国家的责任，予以事前的规划和预防；第二，对于危险出现的可能性较低或者只有危险嫌疑的决策，只需损害的出现具有可能性、可预见性或者可想象性即可认定危险存在，而无需明确的证据证实该危险。

由于预防的本意在于防患于未然，因此增强决策者和管理者的风险防范意识是非常重要的。例如，对于大型建设项目、改造自然项目（如在河川筑坝、发展核电、兴建大型工业、农业、水利、交通等项目）以及对外来物种的有意引进等行为，更应将可能造成的长久不良环境影响放在首位考虑。本书认为，在对具有环境影响的重大开发决策过程中，开发政策和政治利益应当让位于公众利益，此方面的决策更应当体现民主化、科学化和规范化。

三、协调发展原则

（一）协调发展原则的含义

协调发展原则，是指为了实现社会、经济的可持续发展，必须在各类发展决策中将环境、经济、社会三方面的共同发展相协调一致，而不至于顾此失彼。在一些教科书中，协调发展原则也被表述为环境利益平衡原则、可持续发展原则、环境与决策一体化原则、环境的可持续利用原则等。

协调发展原则的实质是以生态和经济理念为基础，要求对发展所涉及的各项利益都应当均衡地加以考虑，以衡平与人类发展相关的经济、社会和环境这三大利益的关系。因此，协调发展原则也是法理上利益衡平原则的体现，即各类开发决策应当考量所涉及的各种利益及其所处的状态。

为了使世界各国将环境的价值与经济和社会发展的价值相匹配，从20世纪70年代开始各国在大量环境立法中均将协调发展作为一项重要的原则，并通过一系列具体的法律制度予以保障实施。20世纪80年代，国际社会提出可持续发展战略更是将环境保护视为实现人类社会、经济可持续发展的基础和条件。

可持续发展战略的实施，要求满足全体人民的基本需要和给全体人民机会以满足他们要求较好生活的愿望；要求促进和鼓励在生态可能范围内的消费标准和合理的、所有人均可向往的标准；要求应当从提高生产潜力和确保人人都有平等的机会两方面满足人民需要；要求应当尽可能地降低非再生资源的耗竭速率以减少对将来选择的妨害；要求保护动植物物种；要求将大气质量、水和其他自然因素的不良影响减少到最低限度以保持生态系统的完整性。①

在1992年联合国环境与发展大会通过的《里约环境与发展宣言》中，对可持续发展作出了进一步的阐述："人类应享有与自然和谐的方式过健康而富有成果的生活的权利，并公平地满足今世后代在发展和环境方面的需要"。自联合国环境与发展大会之后，可持续发展的思想逐步被国际社会普遍接受，并融入重要的国际环境法律文件之中。例如，在《生物多样性公约》、《气候变化框架公约》中都规定，为了世代人类的利益应当可持

① 世界环境与发展委员会：《我们共同的未来》，王之佳等译，台湾地球日出版社，1992年，第53-56页。

续地利用自然资源，促进经济社会的可持续发展。由于其在国际环境法领域具有普遍指导意义，体现了国际环境法的特点，可持续发展原则已成为对国际环境法有重要影响的基本原则。

由此可以看出，可持续发展的基础依然在于协调，即协调处理好资源的开发、投资的方向、技术开发方向以及国家机构的变化关系等，以增强目前和将来满足人类的需要和愿望的潜力。可以说，协调发展原则非常概括地阐明了环境与经济和社会发展的相互关系，而可持续发展理论又为这项原则作了一个非常完美的解释。

值得注意的是，我国 2014 年修订的《环境保护法》首次明确将“保护优先”确立为环境保护的原则。保护优先意味着当环境保护和经济发展发生矛盾时，应当环境保护优先。本书认为，从本质内涵上看，保护优先是对协调发展原则的深化和具体化。协调发展只是消极地表达了一种客观的、中立的态度：经济发展不应忽视环境影响，而应当与环境保护相协调；而保护优先则进一步明确了经济发展与环境保护发生矛盾时的协调准则：环境保护优先。

（二）协调发展原则的贯彻实施

环境法上的协调发展原则的适用主要体现在单项环境保护法律制度的确定和对编制有关发展的政策、计划的指导方面。具体包括：

1．将环境保护纳入经济、社会发展计划与决策之中

早在 20 世纪 70 年代初，我国就在国家计划工作提出了“要把防治污染，保护环境列入国民经济计划中去”[①]的国家在发展经济的进程中协调环境保护的政策。1972 年我国代表团在出席斯德哥尔摩联合国会议时首次归纳提出了我国环境保护的“全面规划、合理布局、综合利用、化害为利、依靠群众、大家动手、保护环境、造福人民”32 字方针。其中专门强调了环境保护是国民经济发展规划的一个重要组成部分。

1979 年，在我国制定的《环境保护法（试行）》中，第一次对该原则作了法律规定。该法在第 5 条规定：“国务院和所属各部门、地方各级人民政府必须切实做好环境保护工作；在制定发展国民经济计划的时候，必须对环境的保护和改善统筹安排，并认真组织实施。”1989 年 12 月，新修改颁布的《环境保护法》第 4 条在总结了该原则的立法和实施经验的基础之上，重新对该原则作了明确规定：“国家制定的环境保护规划必须纳入国民经济和社会发展计划。国家采取有利于环境保护的经济政策和措施，使环境保护工作同经济建设和社会发展相协调。”

为了贯彻和落实协调发展原则，在我国各类污染防治法律和自然资源保护法律中，都对将环境和资源保护纳入国民经济经济和社会发展计划作了明确的规定。目前，环境保护计划制度也是我国环境法的一项基本制度。

鉴于仅将协调发展原则简单地在法律的总则部分予以抽象地表述而存在着规定较为原则、不易施行的问题，我国还在 2002 年制定的《环境影响评价法》中，专门就各级政府编制的发展规划以及其他有关建设项目的审批程序规定了评价、分析和利益平衡机制，要求在编制的各类规划草案中专门设立环境保护篇章或者说明，否则不予批准。2003 年制

---

① 曲格平：《中国环境问题及对策》，中国环境科学出版社，1984 年，第 110 页。

定的《行政许可法》更是明确规定了行政许可的设定应当以促进经济、社会和生态环境的协调发展为指向。

2．建立循环经济型社会

所谓循环经济型社会，是指在经济、社会发展过程中，对环境和资源的保护从开发到生产、流通、消费、废弃再到回收实行全过程的监控管理，通过再生、循环利用使经济和社会的发展朝向顺应生态规律要求的方向发展。

循环经济型社会的建立，可以较好地解决经济发展与环境保护之间的矛盾。建立循环经济型社会的要求，是将环境控制的重点从"末端"对污染物的控制转向"源头"和"全程"对可能产生的所有废弃物实行减废管理，以减少上述各个环节中产生的废弃物进入环境，同时再生利用各类回收的资源和能源，最终减少环境污染和生态的破坏。因此建立循环经济型社会是协调发展原则得以实现的最佳制度选择。

20世纪90年代以后，各国的环境立法都在朝向建立循环经济法律制度的方向发展，如制定循环经济型社会促进法、容器包装物回收利用法以及资源回收利用法等。我国目前也分别制定有节约能源法、清洁生产促进法以及固体废物污染环境防治法等相关法律。2008年，我国还专门颁布实施了《循环经济促进法》。

3．探索绿色GDP的国民经济核算体系

协调发展原则就是要求人们用新的发展指标来定义发展的含义。1991年，我国学者牛文元在其给美国国家科学基金会的一份报告中更是指出"发展是在一个自然—社会—经济复杂系统中的行为轨迹。该矢量将导致此复杂系统朝向日趋合理、更为和谐的方向进化。"[①]这个定义实际上是将环境、经济和社会的发展相结合，要求用较之于传统GDP方法更为科学的指标衡量发展。

目前，各国都在探索绿色GDP的方法以取代传统GDP以衡量国民经济与社会的发展。与传统GDP的计算方法相比较，绿色GDP的计算方法是在传统GDP的基础上减去自然部分的虚数和人文部分的虚数[②]，这样才能真正反映发展的内在质量和水平。然而，由于环境成本核算方面还存在技术难题，绿色GDP核算都处于研究探索阶段，尚未形成科学、合理的评价指标体系。

目前，我国也正在研究将绿色GDP的方法运用于整个国民经济核算体系之中。[③]2006年9月，国家环保总局和国家统计局曾联合公布了《2004年度绿色GDP核算报告》，据该报告显示2004年全国因环境污染造成的经济损失为5 118亿元，占当年GDP的3.05%。

---

① 周光召：《中国可持续发展战略领导干部读本》，西苑出版社，2003年，第41页。

② 自然部分的虚数包括：环境污染造成的环境质量下降、自然资源退化与配比不匀、长期生态退化的损失、资源稀缺性所引发的成本、物质和能量的不合理利用导致的损失等；人文部分的虚数包括疾病和公共卫生条件导致的支出、失业造成的损失、犯罪造成的损失、教育水平低下和文盲造成的损失、人口数量失控造成的损失、管理不善（决策失误）造成的损失等。——笔者注。

③ 2006年9月，国家环保总局和国家统计局曾联合公布了《2004年度绿色GDP核算报告》，据该报告显示2004年全国因环境污染造成的经济损失为5 118亿元，占当年GDP的3.05%。但此后基于各种原因，绿色GDP核算报告被搁置了（可见《2005年度绿色GDP核算报告将被无限期推迟》，载 http://www.chinadaily.com.cn/hqcj/2007-07/23/content_5441351.htm，最后访问日期：2012-12-30）。

四、受益者负担原则

（一）受益者负担原则的含义

1. 从污染者负担到受益者负担

污染者负担原则是根据西方经济学家有关“外部性理论”而在环境法上确立的具有直接适用价值的原则。

在自由的市场经济条件下，环境的无形价值经常被人们忽视，由于难以区分和界定环境（如大气质量）的所有权，因此不可能存在体现环境价值的市场，从而使市场这只“看不见的手”在环境利益上失灵。因环境的开放性导致工业企业将大量污染物排入环境中，使环境质量下降，从而影响到社会每一个体的生活。为了处理环境污染问题，传统的做法是由国家出资治理污染、由公民承担环境污染的危害，即由全体公民和社会来承担治理污染的费用，形成了“企业赚钱污染环境，政府出资治理环境”的极不公平的现象。

为此，经济学家认为，要转变这种不公平的现象，就必须采取措施使这种治理环境的费用（外部费用）由生产者或消费者来承担，也即使外部费用内部化。具体做法就是，企业应当为排污损害环境而付出一定的费用用以治理环境，这就是污染者负担原则的本意。

关于污染者负担费用的范围包括哪些，在国际社会特别是各国的认识是不一致的。主要分歧是该原则能否适用于其他资源行政主管部门以及能否适用于污染损害赔偿。就拿最早提出“污染者负担原则”的OECD来说，他们认为该原则不仅针对污染，也包括“鼓励合理利用稀缺环境资源的管理措施”，但它绝对“不是污染损害的赔偿原则”。[①]而在日本，环境法却将该原则广泛适用于污染防治、环境复原和被害者救济三个方面。[②]

这两种不同的做法都有其合理的主张，前者认为把全部环境费用都加在生产者身上，会造成污染者负担过重，而且与国家民事法律的规定相冲突。后者则认为污染者应当支付其污染活动造成的全部环境费用。为此，世界银行归纳总结道：对该原则可以以两种不同的方法来解释，一种是“标准的污染者付费的原则”，即要求排污者只对控制污染和消除污染的费用；另一种是“扩展的污染者负担原则”，它要求除上列费用之外，还得给予遭受环境污染的居民一定的补偿。[③]

由于污染者负担原则在一定程度上反映了环境污染恢复责任的公平负担，因此也有学者将该项原则表述为“环境责任原则”或者“原因者主义原则”。从法理的角度分析，污染者负担是当环境污染或自然破坏等法律事实尚未出现前，就赋予排污者支付费用义务的行为。因此，对于排污者而言，支付费用行为属于依据科学知识推定排污行为即将导致环境损害出现而应当承担的恢复或填补义务。与之相关联的是，这种支付义务仅以行政上的标准和维持一定程度的环境质量状况为限，当排污行为或者实际污染损害超过这种限度时，排污者还应当另行承担相应的法律责任，包括行政处罚、恢复原状与损害赔偿以及刑

---

① Per Kageson，*The Polluter Pays Principle*，*On the General Principles of Environment Protection.*（A report from the Swedish Environmental Advisory Council），1994：69，pp.71-79.

② 汪劲：《日本环境法概论》，武汉大学出版社，1994年，第236页。

③ 世界银行：《1992年世界发展报告——发展与环境》，中国财政经济出版社，1992年，第77页。

事处罚等。

随着环境保护的概念从污染防治扩大到自然保护和物质消费领域，污染者负担原则的适用范围也在逐步扩大。从实际支付费用的主体看，因从原材料的加工、生产到流通、消费、废弃以及再生等各个环节都存在着分担费用的现象，污染者的概念范围也由企业扩大到所有的受益者。为此，日本在 1993 年制定的《环境基本法》过程中，提出了一个更为科学的概念，就是“受益者付费原则”，即只要从环境或资源的开发、利用过程中获得实际利益者，都应当就环境与自然资源价值的减少付出应有的补偿费用，而不局限于开发者和污染者。

综上所述，在学理上用受益者负担原则来表述环境保护成本的分配原则更为恰当，受益者负担原则更能体现环保成本分担的公平性。

2．我国环境法中的“开发者养护、污染者治理”原则

所谓开发者养护，是指对环境和自然资源进行开发利用的组织或个人，有责任对其进行恢复、整治和养护。强调这一责任其目的是促使自然资源开发对环境和生态系统的影响减少到最低限度，维护自然资源的合理开发、永续利用。所谓污染者治理，是指对环境造成污染的组织或个人，有责任对其污染和被污染的环境进行治理。其目的仍在于明确污染者的责任，促进企业治理污染和保护环境。[①]

从我国环境法律规定看，该原则并不包括对污染损害和环境破坏所造成的被害人的损失予以赔偿。关于环境污染损害的赔偿，适用《民法通则》和有关环境立法对环境污染损害赔偿责任的特别规定（无过失责任）。

开发者养护、污染者治理的原则是我国在借鉴国际社会普遍采用的“污染者负担原则”的基础上结合我国的实际提出的，这项原则现在也与国际社会提倡的“受益者付费原则”相吻合。

值得注意的是，我国 2014 年修订的《环境保护法》将“损害担责”确立为环境保护的一项原则。从适用范围看，“损害担责”的适用范围显然比受益者负担更大，除了事前的成本分担之外，也涵盖实际损害发生之后的责任分配问题。然而，从一般法理看，造成环境损害者承担赔偿责任是一般正义原则的普遍要求，并不具有特殊性。在环境法领域，更具特殊性和重要性的仅仅是损害实际发生之前的、事前的成本分担。

（二）受益者负担原则的贯彻实施

受益者负担原则的适用主要表现在环境保护的费用负担方面，并且各国相应地建立了环境费或者环境税制度。它的具体适用表现在如下几个方面：

1．实行排污收费或者征收污染税制度

排污收费或者征收污染税是一种简单但又行之有效的法律制度，即向环境排放污染物的单位或个人按照其排放污染物的种类、数量或者浓度而向国家交纳一定的费用，以用于治理和恢复因污染对环境造成的损害。

由于排污费在具体运用中尚涉及政府财政统筹安排治理环境污染资金等问题，因此排污费的运用范围目前并非仅单纯地安排用于治理局部的污染。同时，对于排污者而言，在

---

① 金瑞林：《环境法学》，北京大学出版社，2002 年，第 90 页。

依照规定支付了排污费或税外，还有义务避免其他在生产经营过程或者生活活动中对环境造成更大负荷的行为。

若因污染环境造成他人妨害或者损害的，排污者还应当承担相应的民事责任。

2．实行废弃物品再生利用和回收制度

从建立循环经济型社会的角度出发，目前世界各国开始在产品的废弃与回收再利用领域实行延伸生产者责任的制度。其具体做法是，将处于消费末端的产品及其废弃物与企业的产品生产环节相连接形成一个循环链，处于该循环链上各个环节的生产者和消费者均应当对进入环境的产品及其废弃物的回收利用承担一定的成本费用，保障各类散在的产品及其容器包装物等在使用消费完毕后不再作为废弃物进入环境。总体上讲，建立废弃物品再生利用和回收的责任在生产者，同时消费者作为受益者也有义务承担相应的费用。

3．实行开发利用自然资源补偿费或税制度

对于开发利用自然资源者，不论是对自然资源的开发利用还是单独以享受和利用自然（如进入国家森林公园或者风景名胜区域）为目的，都应当按照受益者负担的原则支付相应的资源恢复费、自然利用费、生态补偿费或相应的税。这里所支付的费用不是一般自然资源立法规定的向自然资源所有权人（国家）支付的自然资源使用费或税，而是专门补偿因开发利用自然资源和自然环境导致自然环境利益损失所需花费的代价。其目的在于保持环境质量经常处于一定的、高质量的水平之上。

五、公众参与原则

（一）公众参与原则的含义

1．公众及公众参与的概念

在法的意义上，公众特指对决策所涉及的特定利益做出反应的，或与决策的结果有法律上的利害关系的一定数量的人群或团体。它不仅包括不特定的公民个人，也包括与特定利益相关的政府机构、企事业单位、社会团体或其他组织。

环境法上的公众参与原则，是指公众有权通过一定的程序或途径参与一切与公众环境权益相关的开发决策等活动之中，并有权受到相应的法律保护和救济，以防止决策的盲目性，使得该项决策符合广大公众的切身利益和需要。在我国，公众参与原则通常也被表述为依靠群众保护环境的原则。

在环境法中确立公众参与的原则，是民主法治理念和提升开发活动效率理念的重要体现，也是公众环境权理论在环境法上的具体体现。广大公众作为人类活动的主体，对与维持自身生存休戚相关的环境品质的改善理所当然地享有参与决策的权利。所以在各国环境法基本原则中都确立了公众参与的原则。在我国，1989 年《环境保护法》专门规定一切单位和个人有权对污染和破坏环境的单位和个人进行检举和控告以及行政机关应当定期发布环境状况公报的规定。2002 年我国制定了《环境影响评价法》，首次在环境立法中规定了较为明确的公众参与条款。在 2003 年颁布的《行政许可法》中也专门就涉及公众重大影响的行政许可规定了听证制度。2006 年国家环境保护总局还专门制定了《环境影响评价公众参与暂行办法》对环评中的公众参与做了具体规定。2014 年修订的《环境保护法》也在总则中明确将“公众参与”确立为环境保护的一项原则，并增设了“信息公开和公众参与”一章，将公众参与原则提升到了前所未有的高度。

2．参与决策的公众的范围

对于参与有关环境和开发决策的公众范围的界定，各国一般采取的是“受到直接影响”和“存在利害关系”为其标准。以世界银行投资项目的通常做法为例，在进行环境评价时，要求项目开发者必须判断并确保直接受到影响的群体能够参与项目的决策，包括项目的可能受益者、可能遭受风险者以及利害关系者。判断是否受到直接影响的标准，主要包括受到影响的居民的范围或程度、影响的强度、影响的持久度、影响是否具有可恢复性等，据此确定受到项目影响的公众的范围。[①] 根据这个标准，在环境保护实践中公众参与的主体一般包括居民、专业人士、社会团体。

对于不同的项目，当地居民是否参与取决于他们是否受到了直接的影响。只有受到开发活动影响或与开发活动及其后果存在着利害关系的个人才能具备参与的资格。开发活动当地的居民由于会受到开发活动造成的环境影响的波及，或者其经济利益受到损害，或者其身心健康受到影响，或者由于其认为居住环境的舒适性、安全性和美感遭到了开发活动的影响，成为与开发活动有利害关系的人，从而参与到环境决策过程当中。

各类专业人士具备相关的专业知识、对于政府公布的相关信息也比一般公众理解得透彻。因此，无论是政府还是公众以及开发者都愿意让他们参与到环境决策中来。更为重要的是，出于对其专业的关注和职业道德的考虑，他们对于参与也更有热情、更能积极地参与到决策之中，从而提高整个决策的质量和决策的正确性。

社会团体可以根据关注点的不同分为环保团体和特殊利益集团，前者一般是以环境保护为目的设立的，后者则是为了某些特殊的经济利益而拥有雄厚资本的企业及其集团。由于参与环境决策的科技性较高，所以应当鼓励环保团体参与环境决策。对于环保团体而言，因其成员本身多为各类专业人士，因此他们不会像一般居民那样会被复杂的专业术语所迷惑，他们的参与可以更有效地促进环境决策的正当化。至于特殊利益集团，由于环境政策往往会影响工业，进而影响到他们的利益，因此在环境决策制定过程中他们常常会出于对集团利益，而非环境利益的关注而扮演重要的角色，他们的态度很多时候与公众的利益截然相反，因此他们的参与效果更多时候与公众利益是对立的。

3．公众的权利与政府以及建设单位的义务

从西方国家公众参与的立法与实践看，公众在参与环境与开发决策活动中主要享有如下三个基本权利：被告知相关信息的权利、被咨询相关意见的权利以及其意见被慎重考虑的权利。[②]

为实现上述权利，就必须通过法律明确上述公众参与的权利以及相对方的义务。我国《环境保护法》第53条明确规定：公民、法人和其他组织依法享有获取环境信息、参与和监督环境保护的权利。为了保障公众参与权利的实现，也需要明确政府及开发利用环境行为者的相应义务。政府以及申请开发建设活动的单位有义务向公众提供各类与决

---

① Word Bank，*Public Involvement in Environmental Assessment*: *Requirements*，*Opportunities and Issues*，Environmental Assessment Sourcebook Update，October 1993.

② Luca Del Furia，Jane Wallace-Jones，*The Effectiveness of Provisions and Quality of Practices Concerning Public Participation in EIA in Italy*，Environmental Impact Assessment Review，20（2000），p.464.

策活动相关的情报资料；有义务对外设立专门的窗口听取公众的意见并接受公众的咨询；有义务认真考虑公众的意见和建议并在有关决定文书中载明公众意见被采纳或者未采纳的理由说明。

（二）公众参与原则的贯彻实施

公众参与原则的具体适用主要体现在如下几个方面。

1．在环境影响评价和其他涉及公众利益的许可程序中建立公众参与制度

由于大多数涉及广泛影响的环境决策是针对开发行为的，因此各国目前都制定有专门的环境影响评价制度，以对政策、计划和规划的编制以及拟建项目实行环境影响评价。在环境影响评价的决策程序中，应当建立广泛有效的公众参与机制和明确具体的程序诸如参与的时机和方式等，以便公众得以有效地参与环境决策。在我国，除了《环境影响评价法》设有公众参与的条款规定外，对于授权性的许可行为，公众还可以根据《行政许可法》的规定参与有关许可的决策。

我国2014年修订的《环境保护法》第56条规定，对依法应当编制环境影响报告书的建设项目，建设单位应当在编制时向可能受影响的公众说明情况，充分征求意见。负责审批建设项目环境影响评价文件的部门在收到建设项目环境影响报告书后，除涉及国家秘密和商业秘密的事项外，应当全文公开；发现建设项目未充分征求公众意见的，应当责成建设单位征求公众意见。

2．建立决策信息公开与披露制度

依照公众参与原理，对于涉及公众利益的重大决策，公众享有被告知相关信息的权利、被咨询相关意见的权利以及意见被慎重考虑的权利。为了保障公众参与环境决策权利的实现，必须赋予公众相应的知情权和请求权，因此，建立决策信息公开与披露制度，要求政府实行阳光行政、增加行政决策的透明度就显得非常的重要。

本书认为，良好的信息公开与披露制度主要应当体现如下三方面的内容：一是尽早公开，即让公众尽早了解相关信息、尽早决定参与决策，这样可以保障参与的有效性；二是有效公开，即确保信息能为更多可能受到影响的公众所获取；三是易于为公众所理解，即减少使用专业性和技术性的术语。

为规范和促进信息公开，2007年我国颁布实施了《政府信息公开条例》和《环境信息公开办法（试行）》。

3．鼓励各类非政府的环境组织代表公众参与环境决策

尽管项目影响地区当地的居民是最重要的专家群体，但是出于公众具有利益多元、专业知识欠缺以及存在着“搭便车”问题等背景，即使向当地居民提供了充足的信息，有时他们也会不愿意参与。为了更好地发挥公众参与的功效，避免流于形式，各国的普遍做法是运用代表人制度，即发挥各类非政府的环境组织或者其他团体的作用，由他们作为公众利益的代表参与到环境决策之中。

另外，为了避免各个环境团体基于其自身目的的限制而导致参与时决策出现偏颇，应当加强各公共团体之间的合作。他们之间的合作将是最有效的参与方式，可以使公众的呼声得到加强，清晰地表达公众的立场，并且将不同的公共环境利益进行全面权衡以得出最合理的决策。

4．建立公众参与的司法保障制度

如上所述，公众参与原则既包含着公众参与的权利，也包含着公众参与的程序内容，所有这些还应当受到司法的保障才能使该原则落到实处。

从法律保障的角度出发，公众参与的权利还应当包括请求权。当环境决策机关剥夺了公众参与的权利，或公众的意见没有得到慎重考虑而对决策产生异议，或公众对于环境决策机关最终的决议表示反对时，公众可以基于请求权要求法院对决策机关的行为进行审查、请求法院予以救济。

在我国，应当建立公民环境诉讼制度，扩大公民诉讼条款中有关诉讼事由的范围，给公民参与环境决策的权利以司法保障，这样才能使公众参与的权利真正得以实现。

第三节　环境法的主体

一、环境法主体概述

环境法是调整人类环境利用关系的法律规范的总称，环境法的主体及其权利义务与环境利用行为密切相关。

环境利用行为是指人类为满足生存需要有意识地获取环境要素或者从环境要素中谋取利益的活动。环境利用行为的构成要件有三：第一，环境利用行为的主体是人（含自然人和法律拟制的人）；第二，行为在主观上是为了满足人的生存需要；第三，行为的结果是获取环境要素或者从环境要素中谋取利益。

从行为对环境是否产生不利影响的角度，本书将环境利用行为分为本能利用行为与开发利用行为两大类。

本能利用行为，是指行为人在自然状态下为了生存繁衍、适应环境变化所进行的利用和改变环境的活动。人类为了基本生存而本能地利用环境要素及其产生的生态效益[①]，是古典自然法学派主张自然权利（Natural right，天赋人权）的思想渊源。

在大规模工业化和城市化之前，人类开发利用自然资源与排污活动不足以造成环境的自然属性发生根本改变，所以它们对人类本能利用行为的影响并不明显。然而，在人类社会实现工业化和城市化之后，自然资源逐渐减少和环境污染逐渐加剧的现象则使环境的自然属性发生了根本性变化，致使人类的本能利用行为受到限制。目前，人类已可利用现代科学技术衡量人类对环境的舒适度、环境的质量状况以及生态系统的效益，并科学地判断受人类开发利用自然资源与排污活动的影响，如污染物排放总量、自然资源利用程度、地域开发强度、人口居住密度等。

开发利用行为，是指行为人以牟取环境容量与自然资源的经济利益为目的，向环境排放或者处理废弃物质与能量或者开发自然资源等利用和改变环境的活动。

伴随人类社会分工的不断细化和工业化水平的提高，人类开发利用作为所有权客体的

---

① 生态效益是指在一定的时空范围内，自然各要素共同产生的保持生态系统平衡、维护环境质量稳定的效果（effect）。

自然资源的能力不断增强，并在文明意识形态和法律的保护下呈规模化发展。所有这些不仅在一定程度上遏制了本能利用行为的活动，而且还减少了其活动的范围。另外，诸如向环境排放污染物等占用环境容量的行为还造成环境质量恶化和生态系统崩溃，又进一步加剧了对人类本能利用行为的危害。

根据开发利用行为的方式，可以将它们分为环境容量利用行为和自然资源利用行为两大类。它们的区别在于前者以排放为特征、后者以索取为特征。

环境容量利用行为是指经行政机关许可的特定主体（企业）为牟取经济利益而利用环境容量、向环境排放污染物或抛弃废物的行为。由于环境自身具有净化和分解进入环境中有害物质的作用，因此人类可以在环境容量的范围内向环境排放污染物而不致环境质量状况恶化。为协调排放行为与人类本能利用行为的关系，规范环境容量利用行为以保障环境质量，各国环境立法均规定禁止未经许可向环境排放污染物，同时还创设了污染物排放总量控制制度。

自然资源利用行为是指经行政机关许可的特定主体（企业）为牟取经济利益从环境要素中获取利益的行为，如取水、伐木、狩猎、养殖、放牧以及修建水坝等。作为环境要素的组成部分，自然资源具有生命的周期性、循环性以及损害的可恢复性和可更新性，因此人类可以在不损害这些特性的基础上对它们重复利用。在这个意义上，尽管自然资源利用行为受到财产权（物权）法律的保护，但在更大程度上还应当受到人类本能利用行为和生态规律的制约。

由于地球环境的有限性和局限性，致使这两类利用行为实际上存在着相互利益的此消彼长关系及其利用主体之间的竞争关系。环境立法的主要意义就是要在具有此消彼长竞争关系的本能利用和开发利用行为之间确立一个利益平衡点，既要保护人类发展的经济利益，也要维护人类生存的根本利益。

考察环境法的历史发展，早期的立法主要调整平等主体间的环境利用关系，如开发利用资源带来的民事权益改变以及污染致害产生的特殊侵权。由于开发利用行为的扩张性与环境资源的有限性导致地球生态系统正在发生不利于人类生存的改变，必须有序地规制开发利用行为、保护公众环境权益以实现人类社会与经济的可持续发展。这样就需要通过立法授权代表国家行使环境管理权和代表公众利益的政府运用行政权力强力介入和规制环境利用行为。

这样一来，环境法的主体就由过去的平等主体双方变为政府、开发利用者以及公众（自然人及其代表）三方，在某一环境利用关系中公权力（权利）和各类私权利因素经常同时存在，而各类主体之间的利害关系也呈此消彼长之势。

二、公众及其环境权益

（一）公众的概念

公众一般包括公民（自然人）和由公民组成的各种团体。公民（自然人）是环境质量和生态效益的受益者，是本能利用环境的主体。从生态学意义上看，公民（自然人）是构成生态系统的组成部分；从宪法意义上讲，公民（自然人）的权利是人权的核心内容。

由于公民（自然人）在社会中处于个体、散在的弱势地位。因此在环境法中，公民（自然人）总是受保护的主体。一般情况下国家会通过立法赋予公民（自然人）优美环境享受权、决策参与权和与之相应的民事和行政诉讼请求权。

基于公民（自然人）在一国社会中的弱势地位和政府公权力介入开发利用环境行为的不足，各国开始出现了由公民（自然人）结社组成的以保护环境为宗旨的环境保护组织，以通过集体的力量对抗不当或者违法的开发利用环境行为。

环境保护组织也称非政府环境组织，一般指由公民依法自发成立的以环境保护为目的的社会团体。由于环境保护利益的公共性和散在性特征，决定了由公民（自然人）为主体成立的环境保护组织在环境法中具有特殊且重要的地位。在许多国家，环境公益诉讼主要是由环境保护组织提起的，其本质是保存自然环境的原生状态和保护公民本能环境利用的实现。

（二）公众的环境权益与环境保护义务

1．环境权益理论的沿革与发展

公众环境权益理论源于西方国家法学界倡导的环境权论，是 20 世纪 70 年代依据宪法基本人权保障规定引申出来的一种新的权利形态。目前，各国和国际组织对环境权概念的一般表述是“人类享有在健康、舒适的环境中生存的权利”。环境权虽然已为一些国家的宪法所确立，但由于环境权的性质、内容和范围的不确定性及其与传统权利的交叉和冲突，因而在法学界还存在着极大的争议。

从西方国家环境权理论的发展看，美国学者提出的“公共信托论”和日本律师与学者共同提出的“环境支配权论”对环境权理论的贡献最大。

1968 年，萨克斯教授出版了《保卫环境——公民行动战略》一书，针对政府环境行政决定过程公众参与程度低、环境诉讼中存在诉讼资格障碍等问题，首次根据公共信托原理提出了“环境权”理论。他认为，公共信托理论有三个原则可以适用于环境领域：第一，对于公众而言，他们对大气和水享受的利益非常重要，不应当将其作为私的所有权的对象。第二，自然给人类提供了巨大恩惠，所有公众都可以自由利用，这与利用者是企业还是个人无关。第三，建立政府的主要目的是增进一般公益，不能为了私利而将原本可一般利用的公共物进行限制或改变其分配形式。因此“在不妨害他人财产使用时使用自己的财产”的古代格言不仅适用于财产所有者之间的纠纷，而且适用于诸如工厂所有者与清洁大气的公共权利之间的纠纷、不动产者与水资源和维持野生生物生存地域的公共权利之间的纠纷、挖掘土地的采掘业者与维持自然舒适方面的公共利益之间的纠纷。①

1970 年 3 月，在日本召开的公害国际研讨会上，与会代表共同发表了《东京决议》，首次明确提出了“请求将全人类健康和福祉不受灾难侵害的环境享受权利以及当代人传给后代人的遗产中包括自然美在内的自然资源享受权利作为基本人权之一种，并将该原则在法的体系中予以确立”的环境权主张。之后，由日本大阪律师会成立的环境权研究会认为，环境权是“支配环境和享受良好环境的权利”。对于过分污染环境，影响居民舒适的生活或者造成妨害的，可以基于这项权利请求排除妨害以及采取预防措施。与此同时，公众负

① Joseph L. Sax, Defending the Environment: A Strategy for Citizen Action. Copy right 1970 by Joseph L. Sax.

有在一定忍受限度范围内忍受公害的义务。因此，可将环境权理解为私权的一部分，即以环境为直接支配对象的支配权。①

我国规定公众“环境权益”的环境保护法律，首见于2002年《环境影响评价法》。该法第11条规定：“专项规划的编制机关对可能造成不良环境影响并直接涉及公众环境权益的规划，应当在该规划草案报送审批前，举行论证会、听证会，或者采取其他形式，征求有关单位、专家和公众对环境影响报告书草案的意见。”②这为环境权益理论研究和司法实践奠定了法律基础，实践中应当依其原意做扩张性解释。

此外，国务院在2009年和2012年发布的《国家人权行动计划》中均将“环境权利”作为人权的重要组成部分纳入中国公民的经济、社会和文化权利体系之中。③《国家人权行动计划（2012—2015年）》规定，政府将通过加强环境保护等措施，着力解决重金属、饮用水水源、大气、土壤、海洋污染等关系民生的突出环境问题以保障公众环境权利的实现。

本书认为，公众环境权益既是公民基本权利中与享受优美环境相关的、非独占性的权利和利益的集合，也是公民对其正常生活和工作环境享有的不受他人干扰和侵害的权利与利益。由于该项权益的实现与公众稳定的生存环境密切相关，所以任何改变环境状况的行为都可能侵害公众的环境权益。

当环境权益适用于公众要求政府采取措施保护环境或者据以参与环境决策的场合时，公众的环境权益就会与公权力发生关系而与人权或宪法性权利相吻合，从而衍生公众的知情权、参与权、建议权以及相应的救济请求权。

而当环境权益适用于物权法的相邻关系或者侵权的场合时，公众的环境权益就会与开发利用环境和资源的行为人之间发生关系而具有私权的性质。需要说明的是，公众在私权意义上适用环境权益时，不必等到妨害或侵害的实际发生才可以行使权利，消除危险、排除妨害以及补偿可得的利益损失等具有预防效果的民事责任形式也是一种可行的法律救济方法。

因此，环境权在公民要求国家保护环境或者据以参与环境监督和管理的意义上使用时，因其与公权力发生关系的权利是人权或宪法性权利，主要具有共益权的性质；当环境权用于私主体之间的法律关系时，因其具有自益权的性质而成为一种实质上的私权。

我国2014年修订的《环境保护法》第53条明确规定，“公民、法人和其他组织依法享有获取环境信息、参与和监督环境保护的权利。”这是我国首次在法律中对公众环境权利的明文规定。但是，从内容看该条只是规定了公众的程序环境权利——知情权、参与权和监督权，并未涉及实体性环境权利。

2．公众环境权益的内容

公众环境权益包括五方面的内容：

第一，优美、舒适环境的享受权。环境是否优美、舒适要根据环境标准来判断。享受优美、舒适环境的权利是每个公民（自然人）的生存本能，既包括对清洁环境要素的生理

① [日]大塚直：《环境法（第三版）》（日文），有斐阁，2010年，第57页。

②《环境影响评价法》中的“公众环境权益”在草案中原为“公众利益”，因公众利益的范围过大，不具有特定性，所以《环境影响评价法》在通过前将其改为“公众环境权益”。作者据立法资料注。

③ 在2012年6月国务院第二次发布的《国家人权行动计划（2012—2015年）》中，“经济、社会和文化权利”包括七项，它们分别是：工作权利、基本生活水准权利、社会保障权利、健康权利、受教育权利、文化权利、环境权利。

享受，也包括对优美景观、原生自然状况的精神和心理享受。具体而言，优美、舒适环境的享受权包括清洁空气权、清洁水权、安宁权、采光权、通风权、眺望权、观赏权、静稳权及其他在优美、舒适环境的条件下工作或休息的权利等。

第二，开发利用环境决策与行为知悉权，即对可能造成不良环境影响的政府开发与环境决策行为、企事业单位开发利用环境行为等，公众有了解和知悉的权利。例如，依照《循环经济促进法》规定，公民有权了解政府发展循环经济的信息并提出意见和建议；依照《政府信息公开条例》的规定，除行政机关依法公开的政府相关环境资源信息外，公众有权根据自身生产、生活、科研等特殊需要向各级政府及其主管部门申请获取相关政府信息。

第三，开发利用环境决策建言权，即对可能造成不良环境影响的政府开发与环境决策行为、企事业单位开发利用环境行为等，公众有提出主张或意见、建议的权利。开发利用环境决策建言权还应当受到政府或主管部门以及建设单位等的尊重并被慎重考虑。例如，依照《环境影响评价法》的规定，公众就规划或项目环境影响报告书草案提出的意见和建议有被政府审批或批复机关认真考虑并获得相关说明的权利。

第四，监督开发利用环境行为及其检举和控告权。在监督权方面，公众有权对开发利用环境与资源的企业实行监督。例如，《清洁生产促进法》规定，公众有权监督企业实施清洁生产的状况。列入污染严重企业名单的企业，应当按照规定公布主要污染物的排放情况，接受公众监督。检举和控告一般指公众以举报、揭发等方式向有环境保护监督管理权的部门报告环境违法行为。例如，《循环经济促进法》规定，公民有权举报浪费资源、破坏环境的行为；《水污染防治法》规定，任何单位和个人有权对污染损害水环境的行为进行检举。

第五，环境权益侵害救济请求权。当公民认为自身环境权益受到或可能受到不当或不法的政府决策或企事业单位开发利用环境行为的影响或者侵害的，有权依法申请行政复议、提起行政诉讼或者民事诉讼请求救济。当公众的环境权益受到或可能受到不当、不法政府与主管部门决策或企事业单位行为侵害时，可以请求法律规定的机关、社会组织提起环境公益诉讼。

3. 公民的环境保护义务

公民除了享有与之相应的环境权益外，还负有关心环境与合理实施本能环境利用行为的义务。《环境保护法》第 6 条规定："一切单位和个人都有保护环境的义务"。

除了上述的一般环境保护义务外，公民还有忍受一定限度环境污染或自然破坏的特别义务。

忍受义务是衡平各类环境利用关系的法律选择。向环境排放一定数量的污染物或开发一定数量的自然资源，均会造成部分地域环境质量或者功能的破坏，并导致不同环境利用行为人之间产生利益冲突。对此种利益冲突的协调机制是：一方面通过行政许可限制开发利用行为人对环境和资源的利用，另一方面则要求公民对开发利用行为予以容忍。只要排污行为或者开发行为不超过排放（控制）标准或者行政许可的限度和范围，行为的影响未对公民构成可测定（计量）、可预判和可证实的妨害或者潜在风险的威胁，公民就有义务在行政许可的限度内对排污行为或者开发行为予以忍受。

一般情况下，忍受的判断标准是排放行为是否具有合法性，它以行为是否构成实质性影响为判断标准。在德国，某种妨害是否具备实质性一般从理性的正常人的理解出发进行利益衡量，并以生活习惯以及被妨害的不动产的用途来评价妨害的程度和持续时间，此外还要考虑基本权利体现的价值和公众利益。是否应当许可或者忍受实质性影响，取决于两个条件：一是行为是否为当地通行，二是影响是否可以通过经济上可行的措施克服。值得一提的是，某些噪声影响即使没有超过技术性排放标准也可能被认为具备了实质性妨害，因为技术标准只具有参考性。[①]

与忍受相关的问题是政府在规划和审批环境利用行为时负有注意该行为尽可能不对相邻人产生妨害或者带来危害风险的义务。

当环境污染和自然破坏的干扰和妨害超过了常人的忍受限度时就属于权利滥用的行为，受害人可以依法提出消除危险和排除妨害的请求。

当然，还存在着需要根据科技发展而适时修改环境标准的问题。如果科技发展已经明确某种污染物即使达标排放也可能因“小剂量、长时期”的接触而导致人体健康受害的话，政府就有义务适时修改污染物的排放标准或者废止原来的标准。因此，公民有权利敦促政府适时修改环境标准。

三、企业及其开发利用环境的权利和义务

（一）企业开发利用环境的一般权利与义务

2011 年以来，环保部陆续发布了《畜禽养殖场（小区）环境守法导则》、《印染企业环境守法导则》、《燃煤火电企业环境守法导则》。这些守法导则将企业的基本环境法律权利归纳为依法监督权、检举控告权、陈述申辩权、听证权、申请复议权、提起诉讼权、上诉权、申诉权、申请赔偿权；企业的基本环境法律义务被归纳为遵守环境保护法律法规、配合环境管理、服从环境保护行政决定、及时通报和报告生态破坏或环境污染事故、赔偿污染损害、加强自主环境管理、承担民事责任、承担行政责任、承担刑事责任、环境信息公开。这些权利义务是对环境保护管理中企业的一般性权利义务的概况，本部分则仅关注企业在开发利用环境中的权利义务。

从环境利用行为的角度看，开发利用环境资源的企业是环境和自然资源的主动利用者。开发利用环境行为的特征在于单向性和破坏性，即利用环境容量向环境排放污染物或者为索取环境要素的经济价值而开发利用自然资源。由于开发利用环境行为的后果均对环境保护不利，所以开发利用环境资源的企业在环境法中主要处于受制的被动地位。

我国实行社会主义公有制，主要自然资源属于国家所有。因此，企业开发利用自然资源，首先要取得由政府特许的自然资源开发利用权或者向环境排放污染物的权利，然后按照自然资源规划或者环境保护规划实施开发和利用环境的行为。与此同时，企业还必须接受国家对其利用行为开展的宏观调控和管理监督。当环境利用行为触犯国家和地方环境保护法律法规时，还必须接受依法对它们实行的行政与刑事制裁。当向环境排放污染物造成环境侵害或者开发自然资源造成自然破坏时，还应当依法承担相应的民事责任。

---

① [德]F.沃尔夫：《物权法》，吴越等译，法律出版社，2002 年，第 172-174 页。

1. 开发利用自然资源的权利与义务

地球上的自然资源一直在为人类社会的繁衍和进步提供非凡的经济价值，自然资源的所有权人以及依法对自然资源取得开发、使用和经营管理权者有开发和利用自然资源并获取相应利益的权利。

对自然资源的开发利用和恢复更新应当符合自然的规律，这样才能使自然资源可持续地为人类所利用。另外，自然资源不仅作为物或者财富为人类社会发展提供经济支撑，而且作为环境要素它们还是地球生态系统平衡和人类生存繁衍的条件和基础。从这个意义上讲，开发利用自然资源的权利还应当受到环境保护法律的限制。例如，开发利用者有义务合理开发利用自然资源、承担对自然资源的养护责任、适当考虑自然资源的开发利用造成对环境的不良影响，并负有遵守法律规定的其他干预性、给付性、计划性以及禁止性和命令性等义务性规范。

2. 利用环境容量排污的权利与义务

利用环境容量排污的权利又称排污权，它是行政机关依法赋予排污者依照法律规定的污染物排放（控制）标准向环境排放污染物的权利，而非宪法上的基本权利。

利用环境容量排污者有义务遵守行政机关依法许可的排污范围、排污方法、排污途径以及按照排污标准所限定的种类、浓度和数量等排放污染物，并依法履行环境影响评价和“三同时”、排污申报登记、缴纳排污费、接受现场检查等的法定义务以及负有遵守法律规定的其他干预性、给付性、计划性以及禁止性和命令性等义务性规范。

当造成环境污染侵害时，即使主观上无过失或排污行为符合行政法规和排放标准，也有义务依法向受害者承担相应的消除危险、排除妨害和赔偿（补偿）损失的责任。

此外，《环境保护法》还要求排放污染物的企业事业单位建立环境保护责任制度，明确单位负责人和相关人员的责任。重点排污单位还应当按照国家有关规定和监测规范安装使用监测设备，保证监测设备正常运行，保存原始监测记录。

（二）企业的环境社会责任

1. 企业环境社会责任的概念

法律意义上的企业环境责任，是指企业违反环境法上的强制性规定所应承担的不利法律后果。而企业环境社会责任，则是指从事开发利用环境行为的企业作为一类社会群体对社会以及其他公众除强制性法律规范外的环境保护义务。

企业环境社会责任具有两个特征：第一，责任主体为从事开发利用环境行为（排污或者开发资源）的企业，它们同时也属于公众的范畴，是社会群体的一种类型；第二，这种责任并非来源于法律的强制性规范，而是源于开发利用环境资源的企业用以维系和调整与本能利用环境的公民之间和谐关系的一种道义责任。

企业环境社会责任的履行可以分为两个层次。第一个层次是企业对环境立法有关强制性规范的遵守，这是企业最基本的义务和社会对企业的最基本要求，如果企业达不到这个要求就谈不上履行环境社会责任。第二个层次是企业自主地承担环境社会责任，包括对环境保护法律法规中的指导性、任意性规范的履行，或者企业主动地适用被各种社会组织推荐的有利于环境保护的规则，或者自主树立环境保护理念并付诸实施。

从国外的实践看，企业主动承担环境社会责任的目的主要有四个方面：一是宣示环境友好性和社会公益性，以提升企业的国际影响而有利于国际贸易；二是迎合消费者高涨的“绿色消费”意识，提高社会对企业的认同感，从而促进产品的销售；三是节约能源和资源，削减能源、资源采购方面的成本；四是事前回避环境风险，预防因环境污染而引起的巨额赔偿。

当然，企业试图通过承担环境社会责任得到更大的利益，有两个前提条件。首先，必须是环境立法给企业确立一系列明确、具体且公平的法律运行机制和指导开发利用环境的行为模式，包括权利行使、利益获取和违法制裁等内容；其次，必须是政府及其主管部门严格和平等地执行法律，避免出现企业可以通过违法获利却由国家和社会公众承担环境污染与自然破坏后果的现象。

2．企业履行环境社会责任的表现

企业履行环境社会责任的基本要求是：遵纪守法是基础，不牺牲环境资源谋取利益是核心，信息公开是关键，额外贡献是境界。具体而言，企业履行环境社会责任的方式包括：第一，通过环境质量体系认证或获得绿色标签认定。为了迎合企业履行环境社会责任的需求，各国政府及一些国际组织向企业提供了社会认可的环境质量体系认证或者实行绿色标签，以鼓励企业在守法经营的基础上履行更高的环境保护义务。例如，企业可以主动要求通过国际标准化组织制定的ISO 14000环境标准系列的认证，以标榜自己的生产过程与产品符合环境友好的社会理念，同时实现自由贸易与环境保护的统一。

此外，各国以环境资源耗费补偿为中心建立了环境审计制度，可以为企业提供相关环境和经济信息，并反映环境对经济的贡献以及经济活动对环境的影响。企业可以通过会计系统以及其他途径采集的环境信息会以年度报告的形式向外界披露，以公示其履行环境社会责任的程度。

第二，推行清洁生产。推行清洁生产的方式，一方面是改进生产工艺，提高资源利用率和回收率，避免粗放式的生产模式，从而用更少的资源生产出更多的产品；另一方面，则要改进排污设施，降低污染物的排放数量，减少或避免企业在运营过程中对生态环境造成的不利影响。可以说，推行清洁生产是企业的自利性和利他性的良好结合，既可以提高企业自身的经济效益，同时也切实地履行了自身的环境社会责任。

第三，主动对外宣示企业环境保护守则。许多企业为了占领更多的市场，还通过宣扬环境保护理念或者主动按照政府或环保团体的诱导制定环境保护准则。例如，在生产链上实行“绿色供应”，即向上游供应企业提供“绿色供应标准书”，规定产品、材料、部件的各种标准，优先选取具有“ISO 14000”认证资格或推行“环境管理体系构建”的企业作为供应商，采购对环境影响小的部件、材料、原料。有的企业还按照政府的指导性要求或者社区与环保团体的请求，自愿与周边居民签署防治污染协议或者污染物减排计划。

四、政府及其主管部门的环境保护职能

（一）政府环境保护职能概述

从环境保护的规范对象看，只要有可能造成环境污染或自然破坏的行为都要加以规范，因此环境保护不限于对企业行为的直接控制或者间接诱导，还需要政府通过制定相应

的环境政策来落实，通过设立相应的环境保护管理机关来主管和协调。[①]

为使环境行政权力得以有效运行，20 世纪 70 年代以后西方国家除大量制定防治环境污染和生态破坏的法律外，还设立了高级别的专门环境行政机关。与其他关联行政机关的职能所不同的是，专门环境行政机关的宗旨和职能是专门针对环境问题采取各种对策。如 1970 年美国成立的环保局、1971 年日本成立的环境厅（现为环境省）等。

目前，西方国家环境行政机构体系的基本格局，是一种以环境部或环境行政机关的专门环境行政为中心、以关联行政机关的个别环境行政为辅佐的协同模式。

（二）中国的环境保护行政管理体制

由于环境保护所涉及的行业、事项和部门较多，因此中央政府的环境保护行政实行环保部门统一监督管理与其他相关部门分工负责管理的体制。依照《环境保护法》的规定，国务院环境保护行政主管部门，对全国环境保护工作实施统一监督管理。县级以上地方人民政府环境保护行政主管部门，对本辖区的环境保护工作实施统一监督管理。国家海洋行政主管部门、港务监督、渔政渔港监督、军队环境保护部门和各级公安、交通、铁道、民航管理部门，依照有关法律的规定对环境污染防治实施监督管理。县级以上人民政府的土地、矿产、林业、农业、水利行政主管部门，依照有关法律的规定对资源的保护实施监督管理。

依照中国环境保护法律和国务院机构改革方案对国务院环境保护行政体制与职责的规定，除了少数法律直接授权政府管理的环境保护事务外，行使环境保护行政职权的专门行政机关大体分为两类：一类是国务院环保部门（即环境保护部），对环境保护实施统一的监督管理；另一类是国务院与环境保护有关的主管部门，它们在各自职权范围内对环境保护实施分工负责的监督管理。

地方政府的环境行政机构的构建基本上与国务院的环境行政机构的构建相同。所不同的是，依照我国《宪法》和《立法法》的规定，地方的某些环境保护管理事项还可以由地方立法确立。也就是说，地方政府及其环境行政机构除了享有国家环境保护法律所赋予的职权外，还享有地方立法赋予的执行地方环境保护事务的职权。

地方各级人民政府设立的行政机关既要依法对地方各级人民政府负责，也要依法接受国务院各对口部委的业务指导。

1. 专门对环境保护实施统一监督管理的机关

根据《环境保护法》的规定，国务院环保部门对全国的环境保护工作实施统一的监督管理；县级以上地方人民政府环保部门对本辖区的环境保护工作实施统一的监督管理。

国务院环保部门经历了从临时到常设、从内设机构到独立机构的发展历程。1974 年，国务院成立了由 20 多个有关部、委组成的环境保护领导小组，其日常工作由下属的领导小组办公室负责。1982 年，我国成立了城乡建设环境保护部，内设环保局，同时撤销了国务院环境保护领导小组。1984 年，城乡建设环境保护部内设的环保局改为部委归口管理的国家环境保护局（正局级）；同年我国成立了国务院环境保护委员会，领导和组织协调全国的环境保护工作，办事机构设在国家环境保护局。1988 年，在机构改革的时候，国家环

---

① 陈慈阳：《环境法总论》，台湾元照出版有限公司，2000 年，第 251 页。

境保护局由正局级单位升格为副部级单位。1998 年，国家环境保护局升格为国务院直属的国家环境保护总局（正部级），同时撤销了国务院环境保护委员会。2008 年，国家环境保护总局进一步升格为环境保护部，成为了国务院的组成部门之一。

从国务院环保部门的职权看，统一的监督管理一般包括两方面的内容：一是对全国环境保护监督管理工作进行统一规划、部署与协调；二是对本部门、本系统以及国务院其他相关行政主管部门各自在职权范围内行使的环境保护监督管理行为进行统一指导。

1998 年设立国家环保总局时，国务院“三定”方案明确其职能定位为执法监督，职能领域包括污染防治、生态保护、核安全监管。2008 年，环境保护部组建之后，环境保护部的主要职责是，拟定并组织实施环境保护规划、政策和标准，组织编制环境功能区划，监督管理环境污染防治，协调解决重大环境问题等。与原来相比，在环境保护监督执法职责之外，环境保护部在环境保护方面的综合管理、宏观协调、公共服务职能都得到了强化。

2. 其他对环境保护实施分工负责监督管理的机关

根据中国环境保护法律的规定，中央和地方政府设置的其他行政机关也依法在职权范围内享有一定的环境保护监督管理权。按照环境问题来源和政府机构职权等的不同，可以将它们分为环境污染防治分工负责机关和自然环境保护分工负责机关两大类。

第一类是环境污染防治分工负责机关。依照环境污染防治法律的规定，依法享有分工负责管理职权的机关包括海洋行政主管部门（国家海洋局）、港务监督机关（归口交通部）、渔政渔港监督机关（归口农业部）、军队环保部门（全军环境保护局）以及公安、交通、铁道、民航管理部门。

第二类是自然环境保护分工负责机关。依照自然资源管理法律的规定，依法享有分工负责管理职权的机关包括土地管理机关（归口国土资源部）、矿产资源管理机关（归口国土资源部）、林业行政主管部门（国家林业局）、农业行政主管部门、水利行政主管部门。

另外，政府设置的宏观调控、专业经济管理机构的职权中也有许多涉及环境保护工作。例如，国家发展和改革委员会负责研究提出，包括环境保护规划在内的国民经济和社会发展规划，资源开发、生产力布局和生态环境建设规划，安排管理国家拨款建设项目和国家重大建设项目等，对社会事业等与整个国民经济和社会发展进行平衡，推进可持续发展战略的实施，协调环境保护产业政策和发展规划等事项。住房和城乡建设部负责城市规划、村镇规划与建设，指导园林、市容和环卫工作以及城市规划区的绿化工作，负责对国家重点风景名胜区的保护监督，指导城市规划区内地下水的开发利用与保护，指导城市市容环境治理等工作等事项。

依照《治安管理处罚法》的规定，公安部门可以对与环境安全和环境保护有关的扰乱公共秩序、妨害公共安全、侵犯人身权利、财产权利、妨害社会管理等具有社会危害性，但尚不够刑事处罚的行为给予行政处罚。

（三）政府及其主管部门行使环境保护职能的手段

1. 行使环境保护行政管理权

我国环境保护行政包含污染防治行政和自然保护（含自然资源保护）行政两大部分，行使环境保护行政权力的主体既包括各级人民政府，也包括各级政府主管部门。环境行政管理的权力应当根据国家环境法律法规的授权行使。

我国立法所确立的环境保护基本制度以及由单项环境法律法规确立的各领域特有的制度措施，均授权由环境保护行政管理机关运用公权力执行。归纳起来看，我国环境保护行政权力主要包括开发利用环境决定权、开发利用环境许可权、开发利用环境监督管理权以及法律赋予的规章制定权、行政强制权、行政处罚权等。

第一，开发利用环境的决策权，即由国家环境法律法规授权的政府及其主管部门，就开发利用与保护环境制定策略、编制规划以及发布命令并组织实施的行政权力。

第二，开发利用环境及其相关行为的许可权（也称审批权），即由国家环境保护法律法规授权的政府及其主管部门，赋予申请人实施开发利用环境的权利或者资格的行政权力。这类权力既包括对使用（占用）环境容量和开发利用自然资源的特许与专营，也包括对与环境保护有关行为的登记（备案）、认可和核准，还包括对利用自然环境及其功能行为的许可。

第三，开发利用环境的监督管理权，即由国家环境法律法规授权的政府及其主管部门或行政执法机构，通过现场检查与实地调查、实行环境监测等方式，对开发利用环境的行为实行监督管理的行政权力。

环境监测是指政府监测机构或依法接受委托的社会检测机构及其工作人员，按照环境标准和技术规范的要求，运用物理、化学、生物或遥感等技术手段对影响环境质量因素的代表值进行测定，并评价环境质量状况、分析环境影响趋势的活动。环境监测一般包括环境质量监测、污染源监测与应急监测三大类。

根据《环境保护法》第 24 条的规定县级以上人民政府环境保护主管部门及其委托的环境监察机构和其他负有环境保护监督管理职责的部门，有权对排放污染物的企业事业单位和其他生产经营者进行现场检查。被检查者应当如实反映情况，提供必要的资料。实施现场检查的部门、机构及其工作人员应当为被检查者保守商业秘密。此外，行使开发利用环境监督管理权的主要机构还包括中国海监机构、森林资源监督机构、渔政监督机构、土地监督机构、矿产资源监督机构、水利稽查与水务稽查机构、海事监督机构、草原监理机构、自然保护区与风景名胜区管理机构、国家濒危物种进出口管理办公室（林业部门负责陆生和水生野生生物管理的机构）等。通常情况下，这些执法机构也同时行使其主管部门的环境监测职能。

第四，规章制定权、行政强制权与行政处罚权。

规章制定权是由法律授权的环保部门和其他行使环境保护监督管理权的机关，在本部门的权限范围内制定执行环境保护法律或行政法规的规范性文件的权力。

行政强制权包括行政强制措施和行政强制执行的权力。行政强制措施的种类包括限制公民人身自由，查封场所、设施或者财物，扣押财物，冻结存款、汇款等；行政强制执行的具体方式包括加处罚款或者滞纳金，划拨存款、汇款，拍卖或者依法处理查封、扣押的场所、设施或者财物，排除妨碍、恢复原状，代履行等。根据《环境保护法》第 25 条的规定，企业事业单位和其他生产经营者违反法律法规规定排放污染物，造成或者可能造成严重污染的，县级以上人民政府环境保护主管部门和其他负有环境保护监督管理职责的部门，可以查封、扣押造成污染物排放的设施、设备。

行政机关依法作出要求当事人履行排除妨碍、恢复原状等义务的行政决定，当事人逾期不履行且经催告仍不履行，其后果已经或者将造成环境污染或者破坏自然资源的，行政机关可以代履行，或者委托没有利害关系的第三人代履行。此外，我国环境保护法律还规定，对既存的环境违法现象（如在临时占用的草原上修建永久性建筑物、构筑物的）可以依法采取强制执行（拆除）措施。

行政处罚权是指对公民、法人或者其他组织违反行政管理秩序的行为，由行政机关按照法律、法规或者规章的规定对行为人给予行政制裁的权力。环境保护行政处罚的种类包括警告、罚款、没收违法所得、责令停止生产或者使用、吊销许可证或者其他具有许可性质的证书以及环境保护法律、法规规定的其他种类的行政处罚。2014 年修订的《环境保护法》针对环境违法行为新增了行政拘留这种处罚方式。

当事人不服行政处罚申请行政复议或者提起行政诉讼的，不停止行政处罚决定的执行。当事人逾期不申请行政复议、不提起行政诉讼，又不履行处罚决定的，由作出处罚决定的环保部门申请人民法院强制执行。

2．代表国家对环境损害行使民事索赔权

我国《宪法》规定："社会主义的公共财产神圣不可侵犯。国家保护社会主义的公共财产。禁止任何组织或者个人用任何手段侵占或者破坏国家的和集体的财产。"我国《物权法》也规定，国家的物权受法律保护，任何单位和个人不得侵犯。

由我国宪法、物权法以及环境法律分析，国务院是最高国家行政机关，有关环境保护的事务则由国务院各职能部门行使。因此，按照责权相一致的原理，既然我国法律法规将环境保护和监督管理的行政职能授权国务院各职能部门行使，那么当这些职能部门管理的国家环境与资源因环境污染和生态破坏造成重大损失时，它们理所当然地应当享有代表国家行使民事索赔的权利。

实际上，这一权利可以从我国《海洋环境保护法》第 91 条第 2 款关于"对破坏海洋生态、海洋水产资源、海洋保护区，给国家造成重大损失的，由依照本法规定行使海洋环境监督管理权的部门代表国家对责任者提出损害赔偿要求"的规定中得以体现。

此外，最高人民法院在《关于为加快经济发展方式转变提供司法保障和服务的若干意见》（2010 年 6 月）中有关"依法受理环境保护行政部门代表国家提起的环境污染损害赔偿纠纷案件"的规定也表明，我国最高司法机关也认同行使国家环境保护职权的部门享有代表国家行使民事索赔的权利。

本章小结

环境法是指以保护和改善环境、预防和治理人为环境侵害为目的，调整人类环境利用关系的法律规范的总称。环境法的调整对象是人类在从事环境利用行为中形成的环境利用关系。环境法的目的是保护和改善人类赖以生存的环境，预防和治理人为环境破坏。环境与法的范畴既包含直接确立合理开发利用和保护环境行为准则的法律规范，也包括其他部门法中有关环境保护的法律规范。

1949 年以来，我国环境法的历史发展可以分为混沌时期、产生时期、发展时期、改革完善时期四个发展阶段。环境法的渊源包括宪法、环境保护法律、环境保护的行政法规、环境保护行政规章、地方性环境保护法规与规章、有关环境保护的司法解释。

环境法的主体主要包括公众、企事业单位、政府及其主管部门。公众一般包括公民（自然人）和由公民组成的各种团体。公众环境权益的内容包括优美、舒适环境的享受权，开发利用环境决策与行为知悉权，开发利用环境决策建言权，监督开发利用环境行为及其检举和控告权，环境权益侵害救济请求权。公民的环境保护义务包括关心和保护环境的一般义务与忍受一定限度环境污染或自然破坏的特别义务。

企业开发利用环境的权利包括开发利用自然资源的权利与利用环境容量排污的权利两大类。企业行使开发利用环境的权利时有义务遵守法律规定的干预性、给付性、计划性以及禁止性和命令性等义务性规范。企业环境社会责任是指从事开发利用环境行为的企业作为一类社会群体对社会以及其他公众所承担的、除强制性法律规范外的一种道义上的环境保护义务。其主要内容包括通过环境质量体系认证或获得绿色标签认定，推行清洁生产，主动对外宣示企业环境保护守则等。

我国实行统一监督管理与其他相关部门分工负责管理的环境保护行政管理体制。环保部门对环境保护工作实施统一的监督管理；海洋、国土、林业、农业、水利、建设等部门依法在职权范围内享有一定的环境保护监督管理权。政府实施环境保护管理的手段包括行使环境保护行政管理权与代表国家对环境与资源损害行使民事索赔权；前者的主要内容包括开发利用环境与资源的决策权，开发利用环境与资源及其相关行为的许可权，开发利用环境与资源的监督管理权，规章制定权、行政强制权与行政处罚权。

思考题

1．什么是环境法？它区别于其他法律部门的特征有哪些？
2．我国环境法的渊源有哪些？
3．协调发展原则的含义与贯彻措施是什么？
4．预防原则的含义与贯彻措施是什么？
5．受益者负担原则的含义与贯彻措施是什么？
6．公众参与原则的含义与贯彻措施是什么？
7．公众环境权益的主要内容是什么？
8．企业开发利用环境的权利及其义务的主要内容是什么？
9．环境保护部门的基本职能是什么？
10．政府及其主管部门行使环境保护行政管理权的手段有哪些？

参考文献

[1] 汪劲．环境法学．北京：北京大学出版社，2012.
[2] 韩德培．环境保护法教程．北京：法律出版社，2007.
[3] 金瑞林．环境与资源保护法学．北京：北京大学出版社，2006.
[4] 汪劲. 环境法律的解释——问题与方法. 北京：法律出版社，2006.

第五章　环境法的基本制度

制度一般指法则、执行机制和机构的总称。环境法的基本制度，也称环境保护的基本法律制度，是指按照环境法基本理念和基本原则确立的、通过环境立法具体表现的、普遍适用于环境保护各个领域的、对环境法律关系的参加者直接具有约束力并由环境保护行政主管部门监督实施的同类环境保护法律规范的总称。在总结了 30 多年来环境保护实践的基础上，结合对外国环境立法成功经验的借鉴，我国通过对环境立法的“立、改、废”逐步确立和形成了主要由环境标准制度、环境保护规划制度、环境影响评价制度、“三同时”制度、排污申报登记与排污许可制度、排污收费制度、限期治理制度、突发环境事件应急制度、环境信息公开制度等构成的制度体系。

第一节　环境标准制度

一、环境标准制度概述

环境标准是指为了保护人群健康、保护社会财富和维护生态平衡，就环境质量以及污染物的排放、环境监测方法以及其他需要的事项，按照法律规定程序制定的各种技术指标与规范的总称。环境标准所涉及的范围非常广，各级、各类环境标准之间互相联系、互相配合、互相衔接、互为补充，互为条件，协调发展，构成了一个严密完整的环境标准体系。

根据《环境标准管理办法》（1999）的规定，环境标准分为国家环境标准、地方环境标准和环境保护部标准。国家环境标准包括国家环境质量标准、国家污染物排放标准（或控制标准）、国家环境监测方法标准、国家环境标准样品标准和国家环境基础标准。地方环境标准包括地方环境质量标准和地方污染物排放标准（或控制标准）。对于需要在全国环境保护工作范围内统一的技术要求而又没有国家环境标准的，可以制定环境保护部标准。此外，实践中还有一些大型企业或者特殊领域的企业制定了适用于本企业的环境标准。

二、国家环境标准的体系与内容

（一）国家环境标准概述

国家环境标准包括国家环境质量标准、国家污染物排放（控制）标准以及国家环境监测方法标准、国家环境标准样品标准、国家环境基础标准等五类。

（二）环境质量标准

环境质量标准，是为保护自然环境、人体健康和社会物质财富，限制环境中的有害物质和因素所作的控制规定。例如，《环境空气质量标准》、《海水水质标准》、《地面水环境质量标准》、《土壤环境质量标准》、《景观娱乐用水水质标准》等。

依照《环境保护法》的规定，国务院环境保护行政主管部门制定国家环境质量标准。

国家环境质量标准是环境标准体系的核心，是国家环境政策目标的综合反映和体现，是国家实行环境保护规划、控制污染以及分级、分类管理环境和科学评价环境质量的基础，是制定污染物排放标准的主要科学依据。

（三）污染物排放（控制）标准

污染物排放（控制）标准，是为实现环境质量标准，结合技术经济条件和环境特点，限制排入环境中的污染物或对环境造成危害的其他因素所做的控制规定。例如，《污水综合排放标准》、《恶臭污染物排放标准》、《大气污染物综合排放标准》、《船舶污染物排放标准》等。

依照《环境保护法》的规定，国务院环境保护行政主管部门根据国家环境质量标准和国家经济、技术条件，制定国家污染物排放标准。

（四）环境监测方法标准、环境标准样品标准和环境基础标准

环境监测方法标准是为监测环境质量和污染物排放，规范采样、分析测试、数据处理等技术而制定的技术规范；环境标准样品标准是为保证环境监测数据的准确、可靠，对用于量值传递或质量控制的材料、实物样品而制定的技术规范；环境基础标准是对环境保护工作中，需要统一的技术术语、符号、代号（代码）、图形、指南、导则及信息编码等所做的规定。

鉴于有关环境监测方法、技术规范和相关数据需要在全国范围内统一，因此上述三类环境标准只有国家标准没有地方标准。这类环境标准的制定权限来源于《标准化法》的授权，由国务院环境保护行政主管部门制定，属于指导环境监测和实施环境监督的技术规范，不具有直接的法律拘束力。当污染物没有国家标准或环境保护行业标准监测方法时，应将该污染物的监测方法列入地方环境保护标准附录，或在地方环境保护标准中列出发表该监测方法的出版物。

三、地方环境标准体系与内容

地方环境标准只包括地方环境质量标准和地方污染物排放（控制）标准两类。依照《环境保护法》的规定，省、自治区、直辖市人民政府对国家环境质量标准或污染物排放标准中未作规定的项目，可以制定地方环境质量标准；对国家环境质量标准和污染物排放标准中已作规定的项目，可以制定严于国家标准的地方标准。地方环境质量标准或污染物排放标准应当报国务院环境保护行政主管部门备案。并且依照《地方环境质量标准

和污染物排放标准备案管理办法》（2004）的规定，所谓“严于国家污染物排放标准”，是指对于同类行业污染源或产品污染源，在相同的环境功能区域内，采用相同监测方法，地方污染物排放标准规定的项目限值、控制要求，在其有效期内严于相应时期的国家污染物排放标准。

四、环境标准的法律效力

我国的国家标准分为强制性标准和推荐性标准，强制性国家标准的代号用“GB”来表示，推荐性国家标准的代号则用“GB/T”来表示。根据《标准化法实施条例》（1990）的规定，环境保护的污染物排放标准和质量标准是强制性标准。环境监测方法标准、环境标准样品标准、环境基础标准属于推荐性标准，国家鼓励采用推荐性标准，推荐性标准在被国家法律和强制性标准引用时也具有强制性。

环境质量标准体现环境目标的要求，是评价环境是否受到污染和制订污染物排放标准的依据。由于环境质量标准没有涉及企业行为的具体规定，所以它对企业活动没有直接的法律约束力，其主要约束对象是各级人民政府及其行政主管部门，是对行政工作目标的设定。

我国的环境质量标准通常都针对不同的环境功能区适用不同的标准数值，因此环境质量标准的适用需以环境功能区的确定为前提。然而，目前的环境立法和标准都未对环保部门划定环境功能区的程序做出规定。考虑到环境功能区的划定对该区域公众的环境权益有较大影响，为避免事后引起纠纷，环保部门在划定环境功能区时可以征求该区域公众的意见。

污染物排放（控制）标准是针对污染物排放而做出的限制，因此对排放污染物的行为具有直接的约束力，一般将污染物排放（控制）标准作为判断排污行为是否违法的客观标准和依据。

环境监测方法标准、环境标准样品标准和环境基础标准属于指导环境监测和实施环境监督的技术规范。当对认定污染物排放是否超标问题上发生分歧时，可以运用这三类环境标准所规定的技术规范判断监测方法以及测定技术等操作程序和内容是否符合国家环境标准的规定，进而判断存在争议的环境监测结果是否合法。

依照《环境保护法》的规定，省级人民政府制定有地方环境质量标准和污染物排放标准的应当适用地方环境质量标准和污染物排放标准。

环境保护部标准属于环境保护行业标准，而不属于国家标准。[①]由于实践中不存在独立的环境保护行业，因此将此类标准命名为环境保护部标准。目前，环境保护部标准主要局限于环境基础标准和环境影响评价技术规范之中，属于推荐性标准。例如，在环境影响评价工作中适用的《环境影响评价技术导则总纲》（HJ/T 2.1—93）。

依照《标准化法》的规定，国家鼓励企业制定严于国家标准或者行业标准的企业标准，在企业内部适用。许多企业以及特殊领域的企业为赢得社会的公信力和当地民众的支持，纷纷制定了更为严格的排放标准。企业排放标准因不属于法定标准，所以不具有法的强制

---

① 见国家质量技术监督局发布：“关于印发《关于环境标准管理的协调意见》的通知”，2001年4月9日。

拘束力，由企业自愿选择适用。但是，如下两种情况下可以非经企业自愿而强制适用：一是在企业与政府或者周边居民签订的环境协议中作为企业义务明确规定的；二是当司法机关认可某些特殊领域的企业排放标准可以作为鉴定标准适用的。

第二节 环境保护规划制度

一、环境保护规划制度概述

环境保护规划，也称环境保护计划，其有广义与狭义之分。广义的环境保护规划是指由国民经济和社会发展规划的环境保护篇章、全国主体功能区规划、国家各类生态建设和保护规划、专项环境保护规划等共同组成的以保护环境为目的的规划统一体。狭义的环境保护规划是指各级政府及其环保部门依照法定程序编制的一定时空范围内对城市环境质量控制、污染物排放控制和污染治理、自然生态保护以及其他与环境保护有关事项的总体安排。

由于环境保护规划是环境预测与科学决策的产物，因此它们是实现环境立法目的和指导国家环境保护工作的重要依据。

制定和实施环境保护规划的目的在于，保证环境保护作为国民经济和社会发展计划的重要组成部分参与综合平衡，发挥计划的指导作用和宏观调控作用，强化环境管理，推动污染防治和自然保护，改善环境质量，促进环境与国民经济和社会的协调发展。

二、环境保护规划制度的主要内容

“六五”时期，我国首次根据《环境保护法（试行）》的规定将国家环境保护“六五”计划（1981—1985 年）作为一个独立的篇章纳入国家国民经济和社会发展计划之中，为后来的环境保护计划纳入国家计划奠定了基础。从 1986 年实行“七五”规划时期开始，我国在环境保护规划工作的各方面都得到了顺利的开展。1989 年《环境保护法》规定国家制定的环境保护规划必须纳入国民经济和社会发展计划。自此以后，国家在制定的各个国民经济和社会发展五年计划中均将环境保护与经济、社会协调发展、综合平衡作为编制规划的重要指导思想，并专门设立了环境保护篇章。

国家国民经济和社会发展五年计划中的生态建设和环境保护重点专项规划，是由国家发展和改革委员会根据国家国民经济和社会发展五年计划纲要中的环境保护篇章制定的，是对纲要重点领域的进一步延伸和细化，是政府组织实施的规划。生态建设和环境保护重点专项规划的规划期与国家国民经济和社会发展五年计划相同，范围一般包括生态建设与保护，环境污染预防与治理，资源保护与合理开发利用，自然灾害预警与预报等。国家国民经济和社会发展五年计划中的生态建设和环境保护重点专项规划，对国务院环境保护行政主管部门制定的行业规划具有重要的指导意义。

除上述国家国民经济和社会发展五年计划中的环境保护篇章以及生态建设和环境保

护重点专项规划外，在中国环境保护规划体系中较为重要的是由国务院环保部门编制的适用于全国环境保护领域的国家环境保护计划、县级以上地方人民政府编制的地方环境保护计划以及政府各有关部门编制的环境保护计划等。在中国它们被统称为环境保护计划，是各级政府和各有关部门在计划期内要实现的环境目标和所要采取的防治措施的具体体现。

依照《环境保护计划管理办法》（1994）的规定，环境保护计划内容包括城市环境质量控制计划、污染排放控制和污染治理计划、自然生态保护计划以及其他有关的计划四类。环境保护计划的计划期与国民经济和社会发展计划期相同，分五年计划和年度计划，实行国家、省、市、县四级管理。其中，国家环境保护计划以宏观指导为主；地方环境保护计划除应包括国家环境保护计划的内容外，还应包括相关的环境治理和建设项目，并根据具体情况适当增加必要的内容和指标。

三、环境保护规划的效力

从法律性质看，环境保护规划属于行政行为的一种，是行政机关设定环境保护行政工作目标及其实现方式的行政行为，一般不对行政机关以外的人具有法的强制力。

因此，中国环境保护规划的具体实施实际上属于各级政府贯彻执行环境保护政策的内部行政行为，同时也是考核各级地方各级领导干部执政业绩的依据之一。地方各级人民政府根据环境保护规划，层层建立环境保护目标责任制以及由企业建立环境保护责任制，将环境保护投资纳入政府或企业的预算，将环境保护项目列入基本建设、技术改造计划之中。同时，通过对重大污染源的管理和治理，结合“三同时”制度、限期治理制度的实施，保障环境保护计划的目标和任务得以实现。这种执行方式的弹性很大，其效果也因政府对计划的执行力度与资金投入状况成正比。

第三节 环境影响评价制度

一、环境影响评价制度概述

环境影响评价是指对规划和建设项目实施后可能造成的环境影响进行分析、预测和评估，提出预防或者减轻不良环境影响的对策和措施，进行跟踪监测的方法与制度。

实行环境影响评价制度的主要意义在于环境影响评价具有科学技术性、前瞻预测性和内容综合性等优点，是环境行政决策的主要科学依据。环境影响评价制度是环境法有关预防原则的具体体现，也是中国环境立法借鉴和吸收西方国家环境管理有关“环境影响评价”制度的产物。

环境影响评价制度首创于美国，由于环境影响评价制度的实施对防止环境受到人类行为的侵害具有科学的预见性，因此这项制度很快便在世界上广为传播，为各国环境立法所确立。

我国在1979年《环境保护法（试行）》中对建设项目实施环境影响评价做出了规定。1989年修改颁布的《环境保护法》规定“建设污染环境的项目，必须遵守国家有关建设项目环境保护管理的规定”。此外，在我国颁布的一系列环境污染防治法律如《水污染防治法》、《环境噪声污染防治法》、《海洋环境保护法》、《大气污染防治法》、《固体废物污染环境防治法》中，也毫无例外地对建设项目施行环境影响评价作了重申。1998年我国还专门制定了《建设项目环境保护管理条例》。2002年，全国人大通过了《环境影响评价法》，首次以专门法律的形式规范了环境影响评价制度。2009年国务院颁布了《规划环境影响评价条例》对规划环评的程序进行了具体规定。

此外，环境保护部还制定了一系列的规范性文件对环评实施中的具体问题进行了规范，其中重要的包括《建设项目环境影响评价政府信息公开指南（试行）》（2013）、《建设项目环境影响评价岗位证书管理办法》（2009）、《建设项目环境影响评价文件分级审批规定》（2008 年修订）、《环境影响评价公众参与暂行办法》（2006）、《建设项目环境影响评价资质管理办法》（2005）、《国家环境保护总局建设项目环境影响评价文件审批程序规定》（2005）等。

二、环境影响评价的对象

从世界各国环境影响评价立法的规定看，各国因对评价对象认识的不同规定也不一致。大体上，环境影响评价的对象包括两类：一是对政府宏观决策活动（主要是法规、政策、计划等）的环境影响评价，也被称为战略环境影响评价（SEA）；二是对具体的开发建设项目的环境影响评价。

根据《环境影响评价法》的规定，我国环境影响评价的对象包括法定应当进行环境影响评价的规划和建设项目两大类。此外，《环境保护法》第十四条也要求国务院有关部门和省、自治区、直辖市人民政府组织制定经济、技术政策，应当充分考虑对环境的影响，听取有关方面和专家的意见。

（一）应当进行环境影响评价的规划

应当进行环境影响评价的规划主要包括两类。

第一，综合利用规划。其内容是就国家或地方有关宏观、长远发展提出的具有指导性、预测性、参考性的指标。综合指导规划包括国务院有关部门、设区的市级以上地方人民政府及其有关部门组织编制的土地利用的有关规划，区域、流域、海域的建设、开发利用规划，简称“一地三域”。

第二，专项规划。其内容主要是对有关的指标、要求做出具体的执行安排。专项规划涉及几乎所有的经济活动领域，包括国务院有关部门、设区的市级以上地方人民政府及其有关部门组织编制的工业、农业、畜牧业、林业、能源、水利、交通、城市建设、旅游、自然资源开发的有关专项规划，简称“十专项”。

（二）应当进行环境影响评价的建设项目

《环境影响评价法》并未对建设项目的概念作出立法解释。

按照原国家环保总局《关于执行建设项目环境影响评价制度有关问题的通知》(1999)的解释，建设项目是指按固定资产投资方式进行的一切开发建设活动，包括国有经济、城乡集体经济、联营、股份制、外资、港外台投资、个体经济和其他各种不同经济类型的开发活动。

此外，对环境可能造成影响的饮食娱乐服务性行业，也属应当进行环评的建设项目。

三、环境影响评价的工作程序

(一) 筛选评价对象和决定评价范围

筛选评价对象和决定评价范围，是环境影响评价程序的首要环节。这一程序的主要目的是初步判断规划或项目对环境的不同影响，以具体确定需要进一步进行环境影响评价的对象及其评价范围。

1. 对各类规划，按其性质实行不同程度的环境影响评价

对国务院有关部门、设区的市级以上地方人民政府及其有关部门组织编制的土地利用的有关规划，区域、流域、海域的建设、开发利用规划，应当在规划编制过程中同步组织环境影响评价，并编写该规划有关环境影响的篇章或者说明，但不必另外单独编写规划的环境影响报告书。这是因为，综合指导规划涉及的部门较多，且规划的对象和内容不具体，因此法律只要求在规划编制过程中进行环境影响评价并将其结论作为规划的一部分。

对国务院有关部门、设区的市级以上地方人民政府及其有关部门组织编制的工业、农业、畜牧业、林业、能源、水利、交通、城市建设、旅游、自然资源开发的有关专项规划，应当在该专项规划草案上报审批前组织进行环境影响评价，并向审批该专项规划的机关提出环境影响报告书。但是，《环境影响评价法》同时规定，对于专项规划中的指导性规划按照土地开发利用规划即综合指导规划的规定执行。

2004 年 7 月 6 日，原国家环保总局会同国务院有关部门制定了《编制环境影响篇章或说明的规划的具体范围（试行）》和《编制环境影响报告书的规划的具体范围（试行）》。

2. 对各类建设项目，按其环境影响实行不同程度的环境影响评价

可能造成重大环境影响的，应当编制环境影响报告书，对产生的环境影响进行全面评价；可能造成轻度环境影响的，应当编制环境影响报告表，对产生的环境影响进行分析或者专项评价；对环境影响很小、不需要进行环境影响评价的，应当填报环境影响登记表。

至于何种程度的环境影响属于法律规定的重大、轻度或者很小，则由环保部门根据《建设项目环境保护分类管理目录》(2008) 的规定进行判断并做出决定。

(二) 编制环境影响评价文件

环境影响评价文件是指详细记载和阐述环境影响评价内容的书面文件。

规划的环境影响篇章或者说明的内容包括两部分：一是对规划实施后可能造成的环境影响作出分析、预测和评估，主要包括资源环境承载能力分析、不良环境影响的分析和预测以及与相关规划的环境协调性分析；二是提出预防或者减轻不良环境影响的对策和措施，主要包括预防或者减轻不良环境影响的政策、管理或者技术等措施。规划的环境影响报告书的内容，除上述两部分内容之外，还应当报告环境影响评价的结论，主要包括规划草案的环境合理性和可行性，预防或者减轻不良环境影响的对策和措施的合理性和有效性，以及规划草案的调整建议。

规划的环境影响评价文件由规划编制机关编制或者组织规划环境影响评价技术机构编制，但规划编制机关应当对环境影响评价文件的质量负责。目前相关法律并未规定“规划环境影响评价技术机构”的资格，实践中采取了推荐制，即通过有关部门推荐和单位自荐，经过国务院环保部门审核、遴选后公布规划环境影响评价推荐单位名单。

建设项目环境影响报告书的内容包括：建设项目概况；建设项目周围环境现状；建设项目对环境可能造成影响的分析、预测和评估；建设项目环境保护措施及其技术、经济论证；建设项目对环境影响的经济损益分析；对建设项目实施环境监测的建议；环境影响评价的结论七部分。报告表和登记表相对报告书无论在内容还是格式方面都要简单一些，《环境影响评价法》授权国务院环保部门对环境影响报告表和登记表的内容和格式做出具体规定。

建设项目的环境影响报告书或者环境影响报告表，应当由具有相应环境影响评价资质的机构编制。根据《建设项目环境影响评价资质管理办法》（2005）的规定，建设项目环境影响评价资质分为甲、乙两个等级。取得甲级评价资质的评价机构可以在资质证书规定的评价范围之内，承担各级环境保护行政主管部门负责审批的建设项目环境影响报告书和环境影响报告表的编制工作。取得乙级评价资质的评价机构可以在资质证书规定的评价范围之内，承担省级以下环境保护行政主管部门负责审批的环境影响报告书或环境影响报告表的编制工作。

四、环境影响评价文件的审查与批准

（一）建设项目环境影响评价文件的审批

根据《环境影响评价法》的规定，建设单位应当在建设项目可行性研究阶段报批建设项目环境影响评价文件；按照国家有关规定，不需要进行可行性研究的建设项目，建设单位应当在建设项目开工前报批环境影响评价文件；其中，需要办理营业执照的，建设单位应当在办理营业执照前报批环境影响评价文件。

建设项目环境影响评价文件，由建设单位报有审批权的环保部门审批；建设项目有行业主管部门的，其环境影响报告书或者环境影响报告表应当经行业主管部门预审后，报有审批权的环保部门审批。环保部门应当自收到建设项目环境影响报告书之日起 60 日内、收到环境影响报告表之日起 30 日内、收到环境影响登记表之日起 15 日内，分别作出审批决定并书面通知建设单位。

环境保护部负责审批下列建设项目的环境影响评价文件：核设施、绝密工程等特殊性质的建设项目；跨省、自治区、直辖市行政区域的建设项目；国务院审批的或者国务院授权有关部门审批的建设项目。其他建设项目环境影响评价文件的审批权限，由各省级人民政府规定。

建设项目环境影响评价文件经批准后，建设项目的性质、规模、地点或者采用的生产工艺发生重大变化的，建设单位应当重新报批建设项目环境影响评价文件。建设项目环境影响评价文件自批准之日起满5年，建设项目方开工建设的，其环境影响评价文件应当报原审批机关重新审核。

我国实行环评审批前置，即建设项目的环境影响评价文件未经法律规定的审批部门审查或者审查后未予批准的，该项目审批部门不得批准其建设，建设单位不得开工建设。

（二）规划环境影响评价文件的审查

专项规划的环境影响报告书需要在规划审批程序之外单独进行审查。设区的市级以上人民政府审批的专项规划，在审批前由其环保部门召集有关部门代表和专家组成审查小组，对环境影响报告书进行审查。省级以上人民政府有关部门审批的专项规划，在审批前由规划审批机关和同级环保部门共同召集有关部门代表和专家组成审查小组，对环境影响报告书进行审查。

审查小组的专家应当从依法设立的专家库内相关专业的专家名单中随机抽取，且专家人数不得少于审查小组总人数的二分之一。

审查小组的成员应当客观、公正、独立地对环境影响报告书提出书面审查意见，审查意见应当经审查小组四分之三以上成员签字同意。审查意见的种类包括通过或原则通过、对环境影响报告书进行修改并重新审查、不予通过环境影响报告书三种。

规划审批机关在审批专项规划草案时，应当将环境影响报告书结论以及审查意见作为决策的重要依据。规划审批机关对环境影响报告书结论以及审查意见不予采纳的，应当逐项就不予采纳的理由作出书面说明，并存档备查。

此外，为保障规划环评的有效开展，还特别规定专项规划环境影响报告书未经审查，专项规划审批机关不得审批专项规划。

针对实践中环评违法现象较为严重的现实，自2007年开始环保部门采取了区域限批、流域限批与企业集团限批（以下简称环评限批）。环评限批可以在一定程度上起到了抑制环境违法之效，因为它触动了地方政府的“颜面”。一旦被限批，就意味着在限批期间开工建设的、应获得环评许可的项目都是违法的，而地方政府如果允许这些项目开工，就使得其原先隐蔽的违法审批行为变为公然的违法。

从后果看，环评限批带有制裁的性质，但其本质上不是行政处罚，而是对不予环评审批条件的确定。由于我国环评法律法规并未明确规定环评审批的实体条件，因此环评限批属于环保部门行使自由裁量权确定环评审批条件的行政行为。

第四节 “三同时”制度

一、“三同时”制度概述

“三同时”制度是指一切新建、改建和扩建的基本建设项目（包括小型建设项目）、技术改造项目、自然开发项目，以及可能对环境造成损害的其他工程项目，其中防治污染和其他公害的设施和其他环境保护措施，必须与主体工程同时设计、同时施工、同时投产。一般简称“三同时”制度。

“三同时”制度是我国首创的。它是总结我国环境管理的实践经验为我国法律所确认的一项重要的控制新污染的法律制度。“三同时”制度的实行与环境影响评价制度结合起来，是贯彻“预防为主”方针的完整的环境管理制度。

“三同时”制度最早规定于1973年的《关于保护和改善环境的若干规定》。1979年的《环境保护法（试行）》和1989年的《环境保护法》在规定环境影响评价制度的同时，重申了“三同时”的规定。1986年的《建设项目环境保护管理办法》、1998年的《建设项目环境保护管理条例》对“三同时”制度作了具体规定。此外，我国还颁布了《建设项目环境保护设计规定》、《建设项目竣工环境保护验收管理办法》等规章。

二、同时设计

同时设计，是指在对有关建设项目的主体工程进行设计时，设计单位必须按照国家规定的设计程序进行，执行环境影响报告书（表）的编审制度，并且建设项目需要建设的环境保护设施必须与主体工程同时进行设计。

在环境影响报告书（表）获得通过后，建设单位就要开始制作建设项目的初步设计。其中必须有环境保护篇章，内容应当包括：环境保护措施的设计依据；环境影响报告书或环境影响报告表及审批规定的各项要求和措施；防治污染的处理工艺流程、预期效果；对资源开发引起的生态变化所采取的防范措施；绿化设计、监测手段、环境保护投资的概预算等。

建设项目的设计过程主要包括项目建议书、可行性研究（设计任务书）、初步设计、施工图设计四个阶段。因此，有关环境保护要求的“同时设计”，也相应地分散在这四个阶段之中，同时进行。

三、同时施工

同时施工，是指建设项目中有关防治污染和其他公害的设施必须与主体工程同时进行施工。

建设项目在施工过程中，应当保护施工现场周围的环境，防止对自然环境造成不应有的破坏；防止和减轻粉尘、噪声、震动等对周围生活居住区的污染和危害；建设项目竣工后，施工单位应当修整和复原在建设过程中受到破坏的环境。

为保证环境保护设施建设的质量，我国目前正在探索、试点施工期环境监理工作，即具有相应资质的监理企业，接受建设单位的委托，承担其建设项目的环境管理工作，代表建设单位对承建单位的建设行为对环境的影响情况进行全过程监督管理的专业化咨询服务活动。环境监理在时间上是对建设项目从开工建设到竣工验收的整个工程建设期的环境影响进行监理，在空间上包括工程施工区域和工程影响区域的环境监理，监理内容包括主体工程和临时工程的环境保护达标监理、生态保护措施监理及环保设施监理。

2012 年，环境保护部发布了《关于进一步推进建设项目环境监理试点工作的通知》。此外，辽宁、江苏等地开展了施工期环境监理试点，辽宁省还颁布了《建设项目环境监理管理办法》。

四、同时投产使用

建设项目的主体工程完工后，其配套建设的环境保护设施必须与主体工程同时投入生产或者运行。

（一）试生产申请

需要进行试生产的，其配套建设的环境保护设施必须与主体工程同时投入试运行。建设项目试生产前，建设单位应向有审批权的环境保护行政主管部门提出试生产申请。试生产申请经环境保护行政主管部门同意后，建设单位方可进行试生产。

对国务院环境保护行政主管部门审批环境影响报告书（表）或环境影响登记表的非核设施建设项目，由建设项目所在地省、自治区、直辖市人民政府环境保护行政主管部门负责受理其试生产申请，并将其审查决定报送国务院环境保护行政主管部门备案。

（二）竣工验收

建设项目竣工后，建设单位应当向有审批权的环境保护行政主管部门申请该建设项目竣工环境保护验收。

进行试生产的建设项目，建设单位应当自试生产之日起 3 个月内，向有审批权的环境保护行政主管部门申请该建设项目竣工环境保护验收。对试生产 3 个月且不具备环境保护验收条件的建设项目，建设单位应当在试生产的 3 个月内，向有审批权的环境保护行政主管部门提出该建设项目环境保护延期验收申请，说明延期验收的理由及拟进行验收的时间。经批准后建设单位方可继续进行试生产。试生产的期限最长不超过一年。

建设单位申请建设项目竣工环境保护验收，应当提交以下验收材料：①对编制环境影响报告书的建设项目，为建设项目竣工环境保护验收申请报告，并附环境保护验收监测报告或调查报告；②对编制环境影响报告表的建设项目，为建设项目竣工环境保护验收申请表，并附环境保护验收监测表或调查表；③对填报环境影响登记表的建设项目，为建设项目竣工环境保护验收登记卡。

主要因排放污染物对环境产生污染和危害的建设项目，建设单位应提交环境保护验收监测报告（表）。主要对生态环境产生影响的建设项目，建设单位应提交环境保护验收调查报告（表）。环境保护验收监测报告（表）或验收调查报告由建设单位委托经环境保护行政主管部门批准有相应资质的环境监测站、环境放射性监测站或者具有相应资质的环境影响评价单位编制。承担该建设项目环境影响评价工作的单位不得同时承担该建设项目环境保护验收调查报告（表）的编制工作。承担环境保护验收监测或者验收调查工作的单位，对验收监测或验收调查结论负责。

环境保护行政主管部门应自收到建设项目竣工环境保护验收申请之日起 30 日内，完成验收。环境保护行政主管部门在进行建设项目竣工环境保护验收时，应组织建设项目所在地的环境保护行政主管部门和行业主管部门等成立验收组（或验收委员会）。验收组（或验收委员会）应对建设项目的环境保护设施及其他环境保护措施进行现场检查和审议，提出验收意见。建设项目的建设单位、设计单位、施工单位、环境影响报告书（表）编制单位、环境保护验收监测（调查）报告（表）的编制单位应当参与验收。

对符合验收条件的建设项目，环境保护行政主管部门批准建设项目竣工环境保护验收申请报告、建设项目竣工环境保护验收申请表或建设项目竣工环境保护验收登记卡。对填报建设项目竣工环境保护验收登记卡的建设项目，环境保护行政主管部门经过核查后，可直接在环境保护验收登记卡上签署验收意见，作出批准决定。建设项目竣工环境保护验收申请报告、建设项目竣工环境保护验收申请表或者建设项目竣工环境保护验收登记卡未经批准的建设项目，不得正式投入生产或者使用。

国家对建设项目竣工环境保护验收实行公告制度。环境保护行政主管部门应当定期向社会公告建设项目竣工环境保护验收结果。

第五节　排污申报登记与排污许可制度

一、排污申报登记与排污许可制度概述

排污申报登记，是指直接或间接向环境排放污染物、噪声或产生固体废物者，按照法定程序就排放污染物的具体状况，向所在地环保部门进行申报、登记和注册的过程。排污许可，是指凡需要向环境排放各种污染物的单位或个人，都必须在事先向环境保护主管部门办理排污申报登记手续的基础上，经过环境保护主管部门批准，获得的从事排污行为的行政许可。

实行排污申报登记和排污许可，便于环保部门了解和掌握企业的排污状况，同时将污染物的排放管理纳入环境行政管理的规范，以利于环境监测以及国家或地方对污染物排放状况的统计分析。

1987 年，我国开始在水污染防治领域开展排污许可证试点工作。1988 年，原国家环保局发布了《水污染物排放许可证管理暂行办法》（现已废止），对排污申报登记与排放许可证制度及其监督与管理机制作出了规定。20 世纪 80 年代，受当时经济政策的影响，1989 年的《环境保护法》以及各单项污染防治法律并未明确规定排污许可制度，而仅规定了排污申报登记制度。原国家环保局还专门制定了《排放污染物申报登记管理规定》（现已废止），对排污申报登记制度的内容做了具体规定。20 世纪 90 年代中后期以来制定或修改的一系列环保立法大都在不同程度上对排污许可证制度进行了规范。2000 年修改的《大气污染防治法》规定了主要大气污染物排放许可证，2008 年修改的《水污染防治法》规定了废水、污水的排污许可证。

二、排污申报登记制度

（一）排污申报登记的适用范围

一切直接或间接向环境排放污染物、工业和建筑施工噪声或者产生固体废物的企业（包括县及县以上企业、乡镇企业、“三资”企业）事业单位及个体工商户，应当进行排污申报登记。

国家确定的实行排放总量控制的 12 种污染物（水：化学需氧量、石油类、氰化物、砷、汞、镉、六价铬；大气：烟尘、粉尘、二氧化硫；固体：工业固体废物排放量）及水中酚应列入排污申报登记必报内容。

（二）排污申报登记的程序

排污单位必须按所在地环保部门指定的时间，填报《排污申报登记表》，并按要求提供必要的资料。新建、改建、扩建项目的排污申报登记，应在项目的污染防治设施竣工并经验收合格后一个月内办理。

排污单位必须如实填写《排污申报登记表》，经其行业主管部门审核后向所在地环保部门登记注册，领取《排污申报登记注册证》。

排污单位终止营业的，应当在终止营业后一周内向所在地环保部门办理注销登记，并交回《排污申报登记注册证》。

排污单位申报登记后，排放污染物种类、数量、浓度、排放去向、排放地点、排放方式、噪声源种类、数量和噪声强度、噪声污染防治设施或者固体废物的储藏、利用或处置场所等需作重大改变的，应在变更前 15 天，经行业主管部门审核后，向所在地环保部门履行变更申报手续，征得所在地环保部门的同意，填报《排污变更申报登记表》；发生紧急重大改变的，必须在改变后三天内向所在地环保部门提交《排污变更申报登记表》。发生重大改变而未履行变更手续的，视为拒报。

排放污染物超过国家或者地方规定的污染物排放标准的企业事业单位，在向所在地环境保护部门申报登记时，应当写明超过污染物排放标准的原因及限期治理措施。

需要拆除或者闲置污染物处理设施的，必须提前向所在地环境保护部门申报，说明理由。环境保护部门接到申报后，应当在一个月内予以批复，逾期未批复的，视为同意。未经环保部门同意，擅自拆除或者闲置污染物处理设施未申报的，视为拒报。

排污单位拒报或谎报排污申报登记事项的，环保部门可依照《水污染防治法》、《大气污染防治法》等法律的规定予以罚款，并限期补办排污申报登记手续。

另外，环保部门为及时了解所辖区域内排污单位的排污状况及其变化动态，可以对排污单位已经登记的排污状况进行定期审查（如年审），并要求排污单位定期自查和申报。对排污单位违反排污申报登记年审要求的行为，应被认定为“拒报排污申报登记事项”，并可依法予以处罚。

三、排污许可制度的内容

（一）排污许可的适用范围

根据我国目前的法律规定，排污许可主要适用于向大气、水体和海洋排放污染物的行为。

根据《大气污染防治法》的规定，在大气污染物总量控制区内排放大气污染物的，由有关地方人民政府依照国务院规定的条件和程序，按照公开、公平、公正的原则，核定企业事业单位的主要排放总量，核发主要大气污染物排放许可证。

根据《水污染防治法》的规定，直接或者间接向水体排放工业废水和医疗污水以及其他按照规定应当取得排污许可证方可排放的废水、污水的企业事业单位，应当取得排污许可证；城镇污水集中处理设施的运营单位，也应当取得排污许可证。

根据《海洋环境保护法》的规定，向海洋倾倒废弃物的，必须向国家海洋行政主管部门提出书面申请，经国家海洋行政主管部门审查批准，发给许可证后，方可倾倒。

未取得排污许可证的，不得排放污染物。排污许可证的持有者，必须按照许可证核定的污染物种类、控制指标和规定的方式排放污染物。

（二）排污许可的申请与批准

根据《行政许可法》（2003）的规定，排污许可的申报程序应当包括申请与受理、审查与批准两部分。

在我国目前的实践中，排污许可的发放与排污申报登记密切相关。具体而言，排污单位在指定时间内，应向当地环保部门办理申报登记手续，在认真监测、核实排污量的基础上，填报《排污申报登记表》。

当环保部门受理排污申报之后，进入审查环节。由于我国目前并无关于排污许可的统一规范，因此对排污许可申报的审查并无统一规定，大体而言审查内容应当包括建设项目环境影响评价文件是否经环境保护行政主管部门批准或者重新审核同意；是否有经过环境保护行政主管部门验收合格的污染防治设施或措施；是否有维持污染防治设施正常运行的管理制度和技术能力；设施委托运行的，运行单位是否取得环境污染治理设施运营资质证书；是否有应对突发环境事件的应急预案和设施、装备等。此外，在决定是否发放排污许可证时，还要考虑本地区污染物总量控制目标和分配污染物总量削减指标。

经审查认为符合条件，应当发给排污许可证，许可证一般应当载明下列内容：持有人名称、地址、法定代表人；有效期限；发证机关、发证日期和证书编号；污染物排放执行的国家或地方标准；排污口的数量，各排污口的编号、名称、位置，排放污染物的种类、数量、浓度、速率、方式、去向以及时段、季节要求；产生污染物的主要工艺、设备；污染物处理设施种类和能力；污染物排放的监测和报告要求；年度检验记录；有总量控制义务的排污者，其排污许可证中应当规定污染物排放总量控制指标、削减数量及时限等。

获得排污许可证后，排污者应当按规定进行排污申报登记并报环境保护行政主管部门核准，排放污染物的种类、数量、浓度等不得超出排污许可证载明的控制指标，排放地点、方式、去向等符合排污许可证的规定，按规定公布主要污染物排放情况，接受环境保护行政主管部门的现场检查、排污监测和年度检验等。

第六节　排污收费制度

一、排污收费制度概述

排污收费制度，是指直接向环境排放污染物的排污者，应当按照环保部门依法核定的污染物排放的种类和数量，向特定行政主管部门缴纳一定费用的行为规范的总称。

1978 年 12 月，中央批转的原国务院环境保护领导小组《环境保护工作汇报要点》首次提出在我国实行“排放污染物收费制度”，1979 年的《环境保护法（试行）》则首次在法律中对排污收费制度作了规定：“超过国家规定的标准排放污染物，要按照排放污染物的数量和浓度，根据规定收取排污费。”1982 年，在总结 22 个省、市征收排污费试点经验的基础上，我国颁布了《征收排污费暂行办法》。鉴于水环境的特殊性，我国 1984 年制定的《水污染防治法》实施了向水体排放污染物“达标排放缴纳排污费和超标排放缴纳超标排污费”的双收费制度。1989 年国务院又发布了《污染源治理专项基金有偿使用暂行办法》，对排污费的使用方法作了进一步的调整。

自 20 世纪末叶以来，我国先后修改了《海洋环境保护法》、《大气污染防治法》和《水污染防治法》，废除了超标排污收费制度，确立了“达标排污收费、超标排污违法”的新的排污收费制度。

2002 年，国务院颁布了《排污费征收使用管理条例》以及与之配套的《排污费征收标准管理办法》和《排污费资金收缴使用管理办法》，进一步理顺和强化了排污费征收、使用的管理。

二、排污费的征收

（一）排污费的征收对象

《排污费征收使用管理条例》规定，直接向环境排放污染物的单位和个体工商户（以下简称排污者），应当依照条例的规定缴纳排污费。

排污者向城市污水集中处理设施排放污水、缴纳污水处理费用的，不再缴纳排污费。但是，对向城市污水集中处理设施超标排放污水的企业事业单位和个体经营者，环保部门应对其征收超标排污费。

排污者建成工业固体废物贮存或者处置设施、场所并符合环境保护标准，或者其原有工业固体废物贮存或者处置设施、场所经改造符合环境保护标准的，自建成或者改造完成之日起，不再缴纳排污费。

（二）排污费的类别

综合现行环境污染防治法律和《排污费征收使用管理条例》对各类排污费的规定，中国征收排污费制度主要包括如下类别：

一是废气排污费，即向大气排放污染物的，按照排放污染物的种类、数量缴纳排污费。二是海洋石油勘探开发超标排污费，即在海洋石油勘探开发活动中向海洋排放污染物的，按照排放污染物的种类、数量缴纳排污费；对于陆源污水排放的，按照污水排污费的标准征收。三是污水排污费，向水体排放污染物的，按照排放污染物的种类、数量缴纳排污费；向水体排放污染物超过国家或者地方规定的排放标准的，按照排放污染物的种类、数量加倍缴纳排污费；对城市污水集中处理设施达到国家或地方排放标准排放的水，不征收污水排污费。四是危险废物排污费，以填埋方式处置危险废物不符合国家有关规定的，按照排放污染物的种类、数量缴纳危险废物排污费。[①]五是噪声超标排污费，产生环境噪声污染超过国家环境噪声标准的，按照排放噪声的超标声级缴纳排污费。

（三）污染物排放数量的核定

《排污费征收使用管理条例》对污染物排放种类、数量的核定方法也作出了明确的规定。

首先，排污者应当按照国务院环境保护行政主管部门的规定，向县级以上地方人民政府环保部门申报排放污染物的种类、数量，并提供有关资料。

其次，由县级以上地方政府环保部门按照国务院环境保护行政主管部门规定的核定权限，对排污者排放污染物的种类、数量进行核定。其中，对装机容量 30 万千瓦以上的电力企业排放二氧化硫的数量，由省级人民政府环保部门核定。

再次，在核定污染物排放种类、数量时，环保部门具备监测条件的应当按照国务院环境保护行政主管部门规定的监测方法进行核定；不具备监测条件的，按照国务院环境保护行政主管部门规定的物料衡算方法进行核定。当排污者使用国家规定强制检定的污染物排放自动监控仪器对污染物排放进行监测的，其监测数据作为核定污染物排放种类、数量的依据。

最后，污染物排放种类、数量经核定后，由负责污染物排放核定工作的环保部门书面通知排污者。排污者对核定的污染物排放种类、数量有异议的，自接到通知之日起 7 日内，可以向发出通知的环保部门申请复核；环保部门应当自接到复核申请之日起 10 日内，作出复核决定。

（四）排污费的征收程序

《排污费征收使用管理条例》规定，负责污染物排放核定工作的环保部门，根据排污费征收标准和排污者排放的污染物种类、数量，确定排污者应当缴纳的排污费数额，并予以公告。当排污费数额确定后，由负责污染物排放核定工作的环保部门向排污者送达排污费缴纳通知单。

对于跨地域排污单位的排污费，依照原国家环保总局的解释，应当由排污口所在地的

① 2002 年《排污费征收使用管理条例》第 12 条第（三）项前半段还规定："依照固体废物污染环境防治法的规定，没有建设工业固体废物贮存或者处置的设施、场所，或者工业固体废物贮存或者处置的设施、场所不符合环境保护标准的，按照排放污染物的种类、数量缴纳排污费。"但是，在 2004 年修改颁布的《固体废物污染环境防治法》中将固体废物排污费的规定删除了。

环保部门征收。[①]

排污者应当自接到排污费缴纳通知单之日起7日内，到指定的商业银行缴纳排污费。商业银行应当按照规定的比例将收到的排污费分别解缴中央国库和地方国库。

（五）排污费的减免

当排污者因不可抗力遭受重大经济损失的，可以按照国务院环境保护行政主管部门和有关部门共同制定的排污费减缴、免缴办法的要求，申请减半缴纳排污费或者免缴排污费。但是，排污者因未及时采取有效措施，造成环境污染的，不得申请减半缴纳排污费或者免缴排污费。

《排污费征收使用管理条例》规定，排污者因有特殊困难不能按期缴纳排污费的，自接到排污费缴纳通知单之日起7日内，可以向发出缴费通知单的环保部门申请缓缴排污费；环保部门应当自接到申请之日起7日内，作出书面决定；期满未作出决定的，视为同意。排污费的缓缴期限最长不超过3个月。

批准减缴、免缴、缓缴排污费的排污者名单，应当由受理申请的环保部门会同同级财政部门、价格主管部门予以公告，公告应当注明批准减缴、免缴、缓缴排污费的主要理由。

对于排污者未按照规定缴纳排污费的，《排污费征收使用管理条例》规定由县级以上地方人民政府环保部门依据职权责令限期缴纳；逾期拒不缴纳的，处应缴纳排污费数额1倍以上3倍以下的罚款，并报经有批准权的人民政府批准，责令停产停业整顿。

（六）排污费征收稽查

排污费征收稽查是指上级环境保护行政主管部门对下级环境保护行政主管部门排污费征收行为进行监督、检查和处理的活动。设区的市级以上环境保护行政主管部门负责排污费征收稽查工作。设区的市级以上环境保护行政主管部门所属的环境监察机构承担排污费征收稽查具体工作。省级以上环境保护行政主管部门可以委托设区的市级以上的下级环境保护行政主管部门实施排污费征收稽查。各级环境监察机构不得同时对同一排污费征收稽查案件进行稽查。上级环境监察机构正在稽查的案件，下级环境监察机构不得另行组织稽查。下级环境监察机构正在稽查的案件，上级环境监察机构不得直接介入或者接管该稽查案件，但可能影响稽查结果的除外。

实施排污费征收稽查，上级环境保护行政主管部门可以对下级环境保护行政主管部门以及相关排污者进行立案调查。下级环境保护行政主管部门有下列情形之一的，应当予以立案稽查：①应当征收而未征收排污费的；②核定的排污量与实际的排污量明显不符的；③提高或降低排污费征收标准征收排污费的；④违反国家有关规定减征、免征或者缓征排污费的；⑤未按国家有关规定的程序征收排污费的；⑥对排污者拒缴、欠缴排污费等违法行为，未依法催缴、未依法实施行政处罚或者未依法申请人民法院强制执行的；⑦不执行收支两条线规定，未将排污费缴入国库的；⑧排污费征收过程中的其他违法、违规行为。对于不按国家规定，由环境保护行政主管部门以外的机构征收排污费，或者干预排污费征收工作的，也应当予以稽查。实施排污费征收稽查，追缴排污费，不受追溯时限限制。

---

① 参见原国家环保总局开发监督司：《对〈关于排污费征收权属的请示〉的复函》（环监收[1994]70号），1994年3月16日。

县级以上人民政府环境保护行政主管部门工作人员有下列行为之一的，依法给予行政处分；构成犯罪的，依法追究刑事责任：①违反国家规定批准减缴、免缴或者缓缴排污费的；②不执行收支两条线规定，未将排污费依法缴入国库的；③不履行排污费征收管理职责，情节严重的。

三、排污费的使用

依照《排污费征收使用管理条例》的规定，排污费必须纳入财政预算，列入环境保护专项资金进行管理，主要用于下列项目的拨款补助或者贷款贴息：①重点污染源防治；②区域性污染防治；③污染防治新技术、新工艺的开发、示范和应用；④国务院规定的其他污染防治项目。

《排污费征收使用管理条例》还对过去将排污费的一部分作为补贴环保部门自身建设资金的做法进行了改革，要求将征收的排污费一律上缴财政，环境保护执法所需经费列入本部门预算，由本级财政予以保障。

为加强对环境保护专项资金使用和管理的监督，《排污费征收使用管理条例》规定，县级以上地方政府财政部门和环保部门每季度向本级政府、上级财政部门和环保部门报告本行政区域内环境保护专项资金的使用和管理情况。审计机关应当对环境保护专项资金使用和管理进行审计监督。

第七节 突发环境事件应急制度

一、突发环境事件应急制度概述

突发环境事件的概念是进入 21 世纪以后逐步为国家规范性文件所确立的，过去的惯例是将此类突发性事件统称为“环境污染与破坏事故”。

1987 年原城乡建设环境保护部环保局还专门发布了《报告环境污染与破坏事故的暂行办法》，对环境污染与生态破坏事故报告处理制度的程序和内容作出了规定。1989 年《环境保护法》第 31 条规定，因发生事故或者其他突然性事件，造成或者可能造成污染事故的单位，必须立即采取措施处理，及时通报可能受到污染危害的单位和居民，并向当地环保部门和有关部门报告，接受调查处理。此外，我国制定的单项环境保护法律中，除了《环境噪声污染防治法》之外，都规定了突发环境事件报告及处理制度，2008 年修改的《水污染防治法》更是设专章规定了“水污染事故处置”。2007 年 8 月，我国颁布了《突发事件应对法》，对突发事件的报告和处理制度做了较为详细的规定。

为提高政府保障公共安全和处置突发公共事件的能力，2006 年 1 月国务院发布了《国家突发公共事件总体应急预案》，将环境污染和生态破坏事件纳入事故灾难类突发公共事件的范畴。与此同时，国务院还依据《环境保护法》、《海洋环境保护法》、《安全生产法》和《国家突发公共事件总体应急预案》及相关的法律、行政法规，制定实施了专项应急预案《国家突发环境事件应急预案》。此外，为进一步规范突发环境事件的信息报告工作，环境保护部还制定了《突发环境事件信息报告办法》（2011）。

二、突发环境事件的分类与分级

依照《国家突发环境事件应急预案》的规定，突发环境事件，是指突然发生，造成或者可能造成重大人员伤亡、重大财产损失和对全国或者某一地区的经济社会稳定、政治安定构成重大威胁和损害，有重大社会影响的涉及公共安全的环境事件。

根据突发环境事件的发生过程、性质和机理，《国家突发环境事件应急预案》将突发环境事件分为如下三大类：

一是突发环境污染事件。包括重点流域、敏感水域水环境污染事件；重点城市光化学烟雾污染事件；危险化学品、废弃化学品污染事件；海上石油勘探开发溢油事件；突发船舶污染事件等；二是生物物种安全环境事件。指生物物种受到不当采集、猎杀、走私、非法携带出入境或合作交换、工程建设危害以及外来入侵物种对生物多样性造成损失和对生态环境造成威胁和危害事件；三是辐射环境污染事件。包括放射性同位素、放射源、辐射装置、放射性废物辐射污染事件。

按照突发事件严重性和紧急程度，《国家突发环境事件应急预案》将突发环境事件分为特别重大环境事件（Ⅰ级）、重大环境事件（Ⅱ级）、较大环境事件（Ⅲ级）和一般环境事件（Ⅳ级）四级。[①]与之相对应，突发环境事件的预警分为四级，预警级别由低到高，颜色依次为蓝色、黄色、橙色、红色。根据事态的发展情况和采取措施的效果，预警颜色可以升级、降级或解除。

三、突发环境事件应急的运行机制

（一）突发环境事件应急的组织体系

根据《国家突发环境事件应急预案》的规定，国家突发环境事件应急组织体系由应急领导机构、综合协调机构、有关类别环境事件专业指挥机构、应急支持保障部门、专家咨询机构、地方各级人民政府突发环境事件应急领导机构和应急救援队伍组成。

为此，国务院成立了全国环境保护部际联席会议，负责协调国家突发环境事件应对工作。各有关成员部门负责各自专业领域的应急协调保障工作。各级人民政府也自上而下地处理了相应的应急指挥或者领导机构。

（二）突发环境事件的应急响应机制

对突发环境事件应坚持属地为主的原则实行分级响应机制。

按照突发事件严重性、紧急程度和可能波及的范围，《国家突发环境事件应急预案》将突发环境事件的应急响应分为特别重大（Ⅰ级响应）、重大（Ⅱ级响应）、较大（Ⅲ级响

① 值得注意的是，《国家突发环境事件应急预案》和《突发环境事件信息报告办法》关于突发环境事件分级的标准并不一致。

应）、一般（Ⅳ级响应）四级。

Ⅰ级应急响应由国务院环保部门和有关部门组织实施，应急响应程序包括开通通信联系、立即向环保部门领导报告、及时向国务院报告进展情况、通知有关专家组成专家组分析情况、派出相关应急救援力量和专家赶赴现场等五个步骤。

（三）突发环境事件的报告制度

对突发环境事件的报告分为初报、续报和处理结果报告三类。

初报从发现事件后起 1 小时内上报。具体而言，突发环境事件责任单位和责任人以及负有监管责任的单位发现突发环境事件后，应在 1 小时内向所在地县级以上人民政府报告，同时向上一级相关专业主管部门报告，并立即组织进行现场调查。紧急情况下，可以越级上报。负责确认环境事件的单位，在确认重大（Ⅱ级）环境事件后，1 小时内报告省级相关专业主管部门，特别重大（Ⅰ级）环境事件立即报告国务院相关专业主管部门，并通报其他相关部门。地方各级人民政府应当在接到报告后 1 小时内向上一级人民政府报告。省级人民政府在接到报告后 1 小时内，向国务院及国务院有关部门报告。①

初报可用电话直接报告，主要内容包括：环境事件的类型、发生时间、地点、污染源、主要污染物质、人员受害情况、捕杀或砍伐国家重点保护的野生动植物的名称和数量、自然保护区受害面积及程度、事件潜在的危害程度、转化方式趋向等初步情况。

续报在查清有关基本情况后随时上报。续报可通过网络或书面报告，在初报的基础上报告有关确切数据，事件发生的原因、过程、进展情况及采取的应急措施等基本情况。

处理结果报告在事件处理完毕后立即上报。处理结果报告采用书面报告，处理结果报告在初报和续报的基础上，报告处理事件的措施、过程和结果，事件潜在或间接的危害、社会影响、处理后的遗留问题，参加处理工作的有关部门和工作内容，出具有关危害与损失的证明文件等详细情况。

（四）后期处置与责任追究机制

根据《国家突发环境事件应急预案》的规定，地方各级人民政府应当做好受灾人员的安置工作，组织有关专家对受灾范围进行科学评估，提出补偿和对遭受污染的生态环境进行恢复的建议。此外，还应当建立突发环境事件社会保险机制。对环境应急工作人员办理意外伤害保险。可能引起环境污染的企业事业单位，要依法办理相关责任险或其他险种。

同时，在突发环境事件应急工作中，有下列行为的，对有关责任人员视情节和危害后果，由其所在单位或者上级机关给予行政处分或者依照法律追究责任：不认真履行环保法律、法规而引发环境事件的，不按照规定制定突发环境事件应急预案、拒绝承担突发环境事件应急准备义务的，不按规定报告、通报突发环境事件真实情况的，拒不执行突发环境

---

① 值得注意的是，《突发环境事件信息报告办法》对突发环境事件报告时限的规定与《国家突发环境事件应急预案》并不一致。《办法》规定，对初步认定为一般（Ⅳ级）或者较大（Ⅲ级）突发环境事件的，事件发生地设区的市级或者县级人民政府环境保护主管部门应当在 4 小时内向本级人民政府和上一级人民政府环境保护主管部门报告。对初步认定为重大（Ⅱ级）或者特别重大（Ⅰ级）突发环境事件的，事件发生地设区的市级或者县级人民政府环境保护主管部门应当在 2 小时内向本级人民政府和省级人民政府环境保护主管部门报告，同时上报环境保护部。省级人民政府环境保护主管部门接到报告后，应当进行核实并在 1 小时内报告环境保护部。

事件应急预案、不服从命令和指挥或者在事件应急响应时临阵脱逃的，盗窃、贪污、挪用环境事件应急工作资金、装备和物资的，阻碍环境事件应急工作人员依法执行职务或者进行破坏活动的，散布谣言、扰乱社会秩序的等。

第八节　环境信息公开制度

一、环境信息公开制度概述

所谓环境信息，包括政府环境信息和企业环境信息。政府环境信息，是指环保部门在履行环境保护职责中制作或者获取的，以一定形式记录、保存的信息。企业环境信息，是指企业以一定形式记录、保存的，与企业经营活动产生的环境影响和企业环境行为有关的信息。

环境信息公开制度，是指政府、企业以及其他主体向社会公众通报和公开各自所掌握的环境信息的规范的总称。环境信息公开能为公众了解和监督环保工作提供必要条件，对形成政府、企业和公众的良性互动关系有重要的促进作用。

受制于我国的政治与文化传统，我国的环保立法对环境信息公开并无系统规定，仅有一些零散的规定。例如，《环境保护法》规定，国务院和省、自治区、直辖市人民政府的环境保护行政主管部门，应当定期发布环境状况公报；《大气污染防治法》规定，大、中城市人民政府环境保护行政主管部门应当定期发布大气环境质量状况公报；《清洁生产促进法》规定，列入污染严重企业名单的企业，应当按照国务院环保部门的规定公布主要污染物的排放情况，接受公众监督等。

为了推进和规范政府环境信息公开工作，我国2007年颁布了《政府信息公开条例》。同年，为推进和规范环保部门以及企业公开环境信息，维护公民、法人和其他组织获取环境信息的权益，推动公众参与环境保护，我国还颁布了《环境信息公开办法（试行）》。2014年修订的《环境保护法》更是设专章对“信息公开与公众参与”进行了规定。

二、政府环境信息公开

根据公开方式的不同，政府环境信息公开可以分为主动公开与依申请公开。

（一）主动公开政府环境信息

根据《环境保护法》第五十四条的规定：国务院环境保护主管部门统一发布国家环境质量、重点污染源监测信息及其他重大环境信息。省级以上人民政府环境保护主管部门定期发布环境状况公报。县级以上人民政府环境保护主管部门和其他负有环境保护监督管理职责的部门，应当依法公开环境质量、环境监测、突发环境事件以及环境行政许可、行政处罚、排污费的征收和使用情况等信息。县级以上地方人民政府环境保护主管部门和其他负有环境保护监督管理职责的部门，应当将企业事业单位和其他生产经营者的环境违法信息记入社会诚信档案，及时向社会公布违法者名单。

《环境信息公开办法（试行）》则对应当主动公开的政府环境信息进行了更为详尽的列举：环境保护法律、法规、规章、标准和其他规范性文件；环境保护规划；环境质量状况；环境统计和环境调查信息；突发环境事件的应急预案、预报、发生和处置等情况；主要污染物排放总量指标分配及落实情况，排污许可证发放情况，城市环境综合整治定量考核结果；大、中城市固体废物的种类、产生量、处置状况等信息；建设项目环境影响评价文件受理情况，受理的环境影响评价文件的审批结果和建设项目竣工环境保护验收结果，其他环境保护行政许可的项目、依据、条件、程序和结果；排污费征收的项目、依据、标准和程序，排污者应当缴纳的排污费数额、实际征收数额以及减免缓情况；环保行政事业性收费的项目、依据、标准和程序；经调查核实的公众对环境问题或者对企业污染环境的信访、投诉案件及其处理结果；环境行政处罚、行政复议、行政诉讼和实施行政强制措施的情况；污染物排放超过国家或者地方排放标准，或者污染物排放总量超过地方人民政府核定的排放总量控制指标的污染严重的企业名单；发生重大、特大环境污染事故或者事件的企业名单，拒不执行已生效的环境行政处罚决定的企业名单；环境保护创建审批结果；环保部门的机构设置、工作职责及其联系方式等情况；法律、法规、规章规定应当公开的其他环境信息。

政府环境信息公开的方式包括政府网站、公报、新闻发布会以及报刊、广播、电视等便于公众知晓的方式。

环保部门还应当编制、公布政府环境信息公开指南和政府环境信息公开目录，并及时更新。政府环境信息公开指南包括信息的分类、编排体系、获取方式，政府环境信息公开工作机构的名称、办公地址、办公时间、联系电话、传真号码、电子邮箱等内容。政府环境信息公开目录包括索引、信息名称、信息内容的概述、生成日期、公开时间等内容。

（二）依申请公开政府环境信息

公民、法人和其他组织也可以通过信函、传真、电子邮件等书面形式，向环保部门申请获取政府环境信息。采取书面形式确有困难的，申请人可以口头提出，由环保部门政府环境信息公开工作机构代为填写政府环境信息公开申请。

政府环境信息公开申请的内容应当包括申请人的姓名或者名称、联系方式；申请公开的政府环境信息内容的具体描述；申请公开的政府环境信息的形式要求。

环保部门应当在收到申请之日起 15 个工作日内予以答复，不能在 15 个工作日内作出答复的，经政府环境信息公开工作机构负责人同意，可以适当延长答复期限，并书面告知申请人，延长答复的期限最长不得超过 15 个工作日。

对政府信息公开的申请，环保部门应当根据下列情况分别作出答复：申请公开的信息属于公开范围的，应当告知申请人获取该政府环境信息的方式和途径。申请公开的信息属于不予公开范围的，应当告知申请人该政府环境信息不予公开并说明理由。依法不属于本部门公开或者该政府环境信息不存在的，应当告知申请人；对于能够确定该政府环境信息的公开机关的，应当告知申请人该行政机关的名称和联系方式。申请内容不明确的，应当告知申请人更改、补充申请。

三、企业环境信息公开

根据公开方式的不同，企业环境信息公开可以分为自愿公开与强制性公开。

（一）自愿性企业环境信息公开

企业可以通过媒体、互联网等方式，或者通过公布企业年度环境报告的形式向社会公开下列企业环境信息：企业环境保护方针、年度环境保护目标及成效；企业年度资源消耗总量；企业环保投资和环境技术开发情况；企业排放污染物种类、数量、浓度和去向；企业环保设施的建设和运行情况；企业在生产过程中产生的废物的处理、处置情况，废弃产品的回收、综合利用情况；与环保部门签订的改善环境行为的自愿协议；企业履行社会责任的情况等。

对自愿公开企业环境行为信息且模范遵守环保法律法规的企业，环保部门可以给予下列奖励：在当地主要媒体公开表彰；依照国家有关规定优先安排环保专项资金项目；依照国家有关规定优先推荐清洁生产示范项目或者其他国家提供资金补助的示范项目等。

（二）强制性企业环境信息公开

强制企业公开环境信息需要有明确的法律依据。

《环境保护法》第55条规定，重点排污单位应当如实向社会公开其主要污染物的名称、排放方式、排放浓度和总量、超标排放情况，以及防治污染设施的建设和运行情况，接受社会监督。违反者，由县级以上地方人民政府环境保护主管部门责令公开，处以罚款，并予以公告。

《清洁生产法》第27条的规定，即实施强制性清洁生产审核的企业，应当将审核结果向所在地县级以上地方人民政府负责清洁生产综合协调的部门、环境保护部门报告，并在本地区主要媒体上公布，接受公众监督，但涉及商业秘密的除外。

根据《清洁生产审核暂行办法》的规定，实施强制性清洁生产审核的企业应当在所在地主要媒体上公布主要污染物排放情况。公布的主要内容应当包括：企业名称、法人代表、企业所在地址、排放污染物名称、排放方式、排放浓度和总量、超标、超总量情况。

此外，根据2013年环境保护部颁布的《国家重点监控企业自行监测及信息公开办法（试行）》的规定，国家重点监控企业，以及纳入各地年度减排计划且向水体集中直接排放污水的规模化畜禽养殖场（小区），应将自行监测工作开展情况及监测结果向社会公众公开。

公开内容应包括：①基础信息：企业名称、法人代表、所属行业、地理位置、生产周期、联系方式、委托监测机构名称等；②自行监测方案；③自行监测结果：全部监测点位、监测时间、污染物种类及浓度、标准限值、达标情况、超标倍数、污染物排放方式及排放去向；④未开展自行监测的原因；⑤污染源监测年度报告。

企业可通过对外网站、报纸、广播、电视等便于公众知晓的方式公开自行监测信息。同时，应当在省级或地市级环境保护主管部门统一组织建立的公布平台上公开自行监测信息，并至少保存一年。

企业自行监测信息按以下要求的时限公开：①企业基础信息应随监测数据一并公布，基础信息、自行监测方案如有调整变化时，应于变更后的5日内公布最新内容；②手工监测数据应于每次监测完成后的次日公布；③自动监测数据应实时公布监测结果，其中废水自动监测设备为每 2 小时均值，废气自动监测设备为每 1 小时均值；④每年 1 月底前公布上年度自行监测年度报告。

第九节　其他重要制度

除了上述九项基本制度外，我国环境法规定的一些其他制度也在环境保护中发挥着重要作用。限于篇幅，本书仅对环境保护目标责任书制度、总量控制制度、环境监测制度与环境监察制度进行简要介绍。

一、环境保护目标责任书制度

环境保护目标责任制度是一种具体落实地方各级政府对环境质量责任的行政管理制度。它将各级政府领导人依照法律应当承担的环境保护责任、权利、义务用环境保护目标责任书的形式固定了下来，通过运用目标化、定量化、制度化的管理方法，将贯彻执行环境保护这一基本国策具体转化为地方政府领导的行为规范。

环境目标是根据环境质量状况及经济技术条件，在经过充分研究的基础上确定的。目标责任制通常是由上一级政府对下一级政府签订环境目标责任书体现的，下一级政府在任期内完成了目标任务，上一级政府给予鼓励，没有完成任务的则给予处罚。

我国《环境保护法》规定，地方各级人民政府，应当对本行政区域的环境质量负责。并明确规定国家实行环境保护目标责任制和考核评价制度。县级以上人民政府应当将环境保护目标完成情况纳入对本级人民政府负有环境保护监督管理职责的部门及其负责人和下级人民政府及其负责人的考核内容，作为对其考核评价的重要依据。考核结果应当向社会公开。此外，县级以上人民政府还应当每年向本级人民代表大会或者人民代表大会常务委员会报告环境状况和环境保护目标完成情况，对发生的重大环境事件应当及时向本级人民代表大会常务委员会报告，依法接受监督。

二、总量控制制度

总量控制是相对浓度控制而言的。所谓总量，是指在一定区域环境内，环境可以容纳污染物质以及有毒有害物质的全部数量。它可以通过对环境进行自然科学的基础调查和分析而得出。通常总量是以定量化的数值来表示的。总量控制，就是在对环境可以容纳污染物质以及有毒有害物质的全部数量予以定量化的基础上，对排污者的污染物排放进行定量控制的环境保护制度。

我国从 20 世纪末期开始探索主要污染物的总量控制制度，《水污染防治法》和《大气污染防治法》均对污染物排放总量控制制度做出了规定。2014 年修订的《环境保护法》也规定，国家实行重点污染物排放总量控制制度。重点污染物排放总量控制指标由国务院下达，省、自治区、直辖市人民政府分解落实。企业事业单位在执行国家和地方污染物排放标准的同时，应当遵守分解落实到本单位的重点污染物排放总量控制指标。对超过国家重点污染物排放总量控制指标或者未完成国家确定的环境质量目标的地区，省级以上人民政府环境保护主管部门应当暂停审批其新增重点污染物排放总量的建设项目环境影响评价文件。

自“十一五”规划时期开始，主要污染物总量减排指标被列为约束性指标，成为推动我国环境保护工作的主要动力所在。为进一步规范主要污染物排放总量减排工作，我国陆续颁布了《节能减排统计监测及考核办法》、《主要污染物总量减排统计办法》、《主要污染物总量减排考核办法》、《主要污染物总量减排监测办法》、《主要污染物总量减排监察系数核算办法（试行）》、《中央财政主要污染物减排专项资金项目管理暂行办法》等规章。

主要污染物排放总量控制指标的分配原则是：在确保实现全国总量控制目标的前提下，综合考虑各地环境质量状况、环境容量、排放基数、经济发展水平和削减能力以及各污染防治专项规划的要求，对东、中、西部地区实行区别对待。

主要污染物总量减排的责任主体是地方各级人民政府。各省、自治区、直辖市人民政府要把主要污染物排放总量控制指标层层分解落实到本地区各级人民政府，并将其纳入本地区经济社会发展规划，加强组织领导，落实项目和资金，严格监督管理，确保实现主要污染物减排目标。市、县人民政府根据本行政区域主要污染物排放总量控制指标的要求，将主要污染物排放总量控制指标分解落实到排污单位。

国务院环境保护主管部门会同发展改革部门、统计部门和监察部门，对各省、自治区、直辖市人民政府上一年度主要污染物总量减排情况进行考核。国务院环境保护主管部门于每年 5 月底前将全国考核结果向国务院报告，经国务院审定后，向社会公告。

主要污染物总量减排考核采用现场核查和重点抽查相结合的方式进行。主要污染物总量减排指标、监测和考核体系建设运行情况较差，或减排工程措施未落实的，或未实现年度主要污染物总量减排计划目标的省、自治区、直辖市认定为未通过年度考核。

未通过年度考核的省、自治区、直辖市人民政府应在 1 个月内向国务院做出书面报告，提出限期整改工作措施，并抄送国务院环境保护主管部门。

考核结果在报经国务院审定后，交由干部主管部门，依照《体现科学发展观要求的地方党政领导班子和领导干部综合考核评价试行办法》的规定，作为对各省、自治区、直辖市人民政府领导班子和领导干部综合考核评价的重要依据，实行问责制和“一票否决”制。

对考核结果为通过的，国务院环境保护主管部门会同发展改革部门、财政部门优先加大对该地区污染治理和环保能力建设的支持力度，并结合全国减排表彰活动进行表彰奖励；对考核结果为未通过的，国务院环境保护主管部门暂停该地区所有新增主要污染物排放建设项目的环评审批，撤销国家授予该地区的环境保护或环境治理方面的荣誉称号，领导干部不得参加年度评奖、授予荣誉称号等。

对未通过且整改不到位或因工作不力造成重大社会影响的，监察部门按照《环境保护违法违纪行为处分暂行规定》追究该地区有关责任人员的责任。

三、环境监测制度

环境监测，是指依法从事环境监测的机构及其工作人员，按照有关法律法规规定的程序和方法，运用物理、化学或生物等方法，对环境中各项要素及其指标或变化进行经常性的监测或长期跟踪测定的科学活动。依照《环境保护法》规定，“国务院环境保护行政主管部门建立监测制度，制定监测规范，会同有关部门组织监测网络，加强对环境监测的管理”。为加强环境监测的管理工作，2008 年组建环境保护部时增设了环境监测司。为规范环境监测工作，我国颁布了《全国环境监测管理条例》、《环境监测管理办法》等法规和规章。

目前，中国的环境监测机构包括中国环境监测总站、省级站、省辖市市级中心站以及各区县级四级环境监测站。它们在各级环境保护主管部门的统一规划、组织和协调下开展工作。此外，在国土资源、农业、水利、海洋、铁路、交通、电力等部门或行业也分别设有环境监测机构。上述各级各类环境监测机构按照协同合作的原则，共同组成全国环境监测网，为各级政府全面报告环境质量状况并提供基础数据和资料。

县级以上环境保护部门负责统一发布本行政区域的环境污染事故、环境质量状况等环境监测信息。有关部门间环境监测结果不一致的，由县级以上环境保护部门报经同级人民政府协调后统一发布。环境监测信息未经依法发布，任何单位和个人不得对外公布或者透露。

县级以上环境保护部门所属环境监测机构依据本办法取得的环境监测数据，应当作为环境统计、排污申报核定、排污费征收、环境执法、目标责任考核等环境管理的依据。

县级以上环境保护部门应当建立环境监测数据库，对环境监测数据实行信息化管理，加强环境监测数据收集、整理、分析、储存，并按照环境保护部的要求定期将监测数据逐级报上一级环境保护部门。各级环境保护部门应当逐步建立环境监测数据信息共享制度。

环境监测工作，应当使用统一标志。环境监测人员佩戴环境监测标志，环境监测站点设立环境监测标志，环境监测车辆印制环境监测标志，环境监测报告附具环境监测标志。

四、环境监察制度

环境监察是指行使环境监督管理权的机关及其工作人员，依法对造成或可能造成环境污染或生态破坏的行为进行现场监督、检查、处理以及执行其他公务的活动。我国的环境监察制度经历了由环境监测机构设立环境监察员、环保部门设立环境监理员到在环保部门设立专门的环境监察局的逐步强化的发展过程。为规范环境监测工作，我国颁布了《环境监察办法》等规章。

环境监察工作的范围包括对工业污染源、海洋和自然生态实行的监督管理，主要任务是在各级人民政府环境保护部门领导下，依法对辖区内污染源排放污染物情况和对海洋及生态破坏事件实施现场监督、检查并参与处理。具体包括：一是依法对辖区内的单位或个人执行环境保护法律法规的情况进行现场监督、检查并按规定处理；二是依法纠正各地方制定的违反环境保护法律法规的政策规定；三是负责排污申报和审核核定工作和征收排污费工作；四是负责开展自然资源开发和生态环境监察工作；五是负责突发环境污染和生态破坏事件的调查、处理与报告工作；六是对环境行政违法行为进行内部环境稽查工作。

各级环境监察机构可以命名为环境监察局。省级、设区的市级、县级环境监察机构，也可以分别以环境监察总队、环境监察支队、环境监察大队命名。县级环境监察机构的分支（派出）机构和乡镇级环境监察机构的名称，可以命名为环境监察中队或者环境监察所。

环境监察机构的设置和人员构成，应当根据本行政区域范围大小、经济社会发展水平、人口规模、污染源数量和分布、生态保护和环境执法任务量等因素科学确定。环境监察机构的工作经费，应当按照国家有关规定列入环境保护主管部门预算，由本级财政予以保障。环境监察机构的办公用房、执法业务用房及执法车辆、调查取证器材等执法装备，应当符合国家环境监察标准化建设及验收要求。环境监察机构的执法车辆应当喷涂统一的环境监察执法标识。

本章小结

环境法的基本制度是指按照环境法基本理念和基本原则确立的、通过环境立法具体表现的、普遍适用于环境保护各个领域的、对环境法律关系的参加者直接具有约束力并由环境保护行政主管部门监督实施的同类环境保护法律规范的总称。

环境标准分为国家环境标准、地方环境标准和环境保护部标准。国家环境标准包括国家环境质量标准、国家污染物排放标准（或控制标准）、国家环境监测方法标准、国家环境标准样品标准和国家环境基础标准。地方环境标准包括地方环境质量标准和地方污染物排放标准（或控制标准）。环境质量标准、污染物排放（控制）标准属于强制性环境标准，必须执行。环境质量标准、污染物排放（控制）标准以外的环境标准属于推荐性环境标准。

环境保护规划是对国民经济和社会发展五年规划的环境保护篇章、全国主体功能区规划、国家各类生态建设和保护规划、专项环境保护规划等共同组成的以环境保护为目的的规划的统称。环境保护规划属于行政行为的一种，是行政机关设定环境保护行政工作目标及其实现方式的行政行为。环境保护规划主要对政府及其行政主管部门依法审批规划所确立的项目具有指导和准据作用，一般不对行政机关以外的人具有直接的法的强制力。

我国环境影响评价的对象包括规划和建设项目两大类。环境影响评价的程序主要包括筛选评价对象和决定评价范围、编制环境影响报告书、审批或审查环境影响评价文件等三个环节以及其中包含的公众参与程序。建设项目环境影响评价文件，由建设单位报有审批权的环保部门审批；环境影响评价文件未经法律规定的审批部门审查或者审查后未予批准的，该项目审批部门不得批准其建设，建设单位不得开工建设。专项规划的环境影响报告书由其环保部门召集有关部门代表和专家组成审查小组进行审查。规划审批机关在审批专项规划草案时，应当将环境影响报告书结论以及审查意见作为决策的重要依据。

“三同时”制度是与环境影响评价制度相关联的法律制度，即建设项目中防治污染的措施必须与主体工程同时设计、同时施工、同时投产使用。防治污染的设施必须经原审批环境影响报告书的环保部门验收合格后方可投入生产或者使用。建设项目竣工后，经过建设项目竣工环境保护验收后才能正式投产或使用。

一切直接或间接向环境排放污染物、工业和建筑施工噪声或者产生固体废物的企业（包括县及县以上企业、乡镇企业、“三资”企业）事业单位及个体工商户，应当进行排污申报登记。根据我国目前的法律规定，排污许可主要适用于向大气、水体和海洋排放污染物的行为。排污许可证的持有者，必须按照许可证核定的污染物种类、控制指标和规定的方式排放污染物。排污许可的申报程序应当包括申请与受理、审查与批准两部分。

排污费是指直接向环境排放污染物的排污者，应当按照环保部门依法核定的污染物排放的种类和数量，向法律授权的主管部门缴纳的一定费用。环保部门根据排污费征收标准和排污者排放的污染物种类、数量，确定排污者应当缴纳的排污费数额，并予以公告。排污费必须纳入财政预算，列入环境保护专项资金进行管理，主要用于各类污染防治项目的拨款补助或者贷款贴息。

突发环境事件应急制度，是指为及时应对突发环境事件，由政府事先编制突发环境事件的应急响应方案及其应急机制，在发生或者可能发生突发环境事件时，启动该应急预案以最大限度地预防和减少突发环境事件及其可能带来的危害等规范性措施的总称。环境事件分为突发环境污染事件、生物物种安全环境事件、辐射环境污染事件三大类。对突发环境事件应坚持属地为主的原则实行分级响应机制。对突发环境事件的报告分为初报、续报和处理结果报告三类。

环境信息，包括政府环境信息和企业环境信息。环保部门应当通过政府网站、公报、新闻发布会以及报刊、广播、电视等便于公众知晓的方式，主动向社会公开政府环境信息。公民、法人和其他组织也可以通过信函、传真、电子邮件等书面形式，向环保部门申请获取政府环境信息。企业可以通过媒体、互联网等方式，或者通过公布企业年度环境报告的形式向社会公开企业环境信息。实施强制性清洁生产审核的企业应当在所在地主要媒体上公布主要污染物排放情况。国家重点监控企业以及纳入各地年度减排计划且向水体集中直接排放污水的规模化畜禽养殖场（小区），应将自行监测工作开展情况及监测结果向社会公众公开。

环境保护目标责任制度是一种具体落实地方各级政府对环境质量责任的行政管理制度，通常是由上一级政府对下一级政府签订环境目标责任书体现的，下一级政府在任期内完成了目标任务，上一级政府给予鼓励，没有完成任务的则给予处罚。

总量控制，就是在对环境可以容纳污染物质以及有毒有害物质的全部数量予以定量化的基础上，对排污者的污染物排放进行定量控制的环境保护制度。自“十一五”规划时期开始，主要污染物总量减排指标被列为约束性指标，并形成了主要污染物总量减排统计、监测与考核的管理制度体系。

环境监测，是指依法从事环境监测的机构及其工作人员，按照有关法律法规规定的程序和方法，运用物理、化学或生物等方法，对环境中各项要素及其指标或变化进行经常性的监测或长期跟踪测定的科学活动。环境监测数据，应当作为环境统计、排污申报核定、排污费征收、环境执法、目标责任考核等环境管理的依据。县级以上环境保护部门负责统一发布本行政区域的环境污染事故、环境质量状况等环境监测信息。环境监测工作，应当使用统一标志。

环境监察是指行使环境监督管理权的机关及其工作人员，依法对造成或可能造成环境污染或生态破坏的行为进行现场监督、检查、处理以及执行其他公务的活动。环境监察工作的范围包括对工业污染源、海洋和自然生态实行的监督管理，主要任务是在各级人民政府环境保护部门领导下，依法对辖区内污染源排放污染物情况和对海洋及生态破坏事件实施现场监督、检查并参与处理。

思考题

1．环境标准体系的主要内容是什么？各类环境标准的法律效力是什么？
2．环境保护规划的内容与法律效力是什么？
3．环境影响评价的对象有哪些？环境影响评价程序的主要内容是什么？
4．“三同时”制度的主要内容是什么？
5．排污费征收对象、主体、程序、用途是什么？
6．突发环境事件应急运行机制的主要内容是什么？
7．环境信息公开的范围、方式和程序是什么？
8．我国环境法的基本制度在实施中存在哪些问题？

参考文献

[1]　金瑞林．环境与资源保护法学．北京：北京大学出版社，2006.
[2]　汪劲．环境法学．北京：北京大学出版社，2011.
[3]　韩德培．环境保护法教程．北京：法律出版社，2007.
[4]　黄明健．环境法制度论．北京：中国环境科学出版社，2004.

第六章　环境法的体系

第一节　环境法体系概述

一、环境法体系的概念

环境法的体系，是指由一国现行的有关保护和改善环境，防治污染和其他公害，合理开发利用与保护自然资源的各种法律规范所组成的相互联系、相互补充、协调一致的统一体。

我国自 1979 年制定《环境保护法（试行）》以来，至今已经颁布实施了 30 多部环境保护法律。有关环境保护的行政法规和规章等规范性文件更是不计其数，加上各地制定实施的地方性环境保护法规等，我国已经形成了一个范围广阔、内容庞大的环境法体系。

我国的环境法体系具有如下两大特点：一是环境法体系在内容上是由国家现行的与环境保护相关的全部法律规范所组成的有机整体；二是我国加入的国际环境保护条约和协定对我国具有约束力，构成我国环境法体系的重要组成部分。

二、环境法体系的范畴

本书在吸收我国学者对环境法体系进行合理分类的基础上、借鉴国外环境法体系划分方法，对我国环境法体系的内容做出如下划分。

（一）综合性环境保护法

综合性环境保护法，是指在环境法体系中，对环境保护方面的重大问题，如环境保护目的、范围、方针政策、基本原则、基本制度、组织机构等作出整体性、综合性规定的法律。我国现行具有综合性环境保护法性质的法律是 1989 年制定并于 2014 年修订的《环境保护法》，该法对环境保护相关的基本原则、基本制度和法律责任等做了规定。

综合性环境保护法的最大特征就是对各单项环境保护法律制度的确立和施行具有普遍的指导意义。综合性环境保护法应具有基本法的性质，其法律地位和效力应当仅次于宪法，是其他单行环境保护法规的立法依据。

但是，新修订的《环境保护法》是由全国人大常委会颁布实施的，所以依照《立法法》的规定，我国《环境保护法》在环境法体系中并不能算是一部基本法，其地位和效力与其他环境保护单项法律实际上还处于同一位阶上。

新修订的《环境保护法》宣示了“经济社会发展与环境保护相协调”的环境优先思想，对原有的制度做了切实可行的修改，并新增了生态红线、按日计罚、公益诉讼等相关规定制度强化了政府环境监管责任，加大了处罚力度。可以说，新修订的《环境保护法》在一定程度上实现了从“政策法”到“实施法”的转变，是中国环境立法史上的又一重要里程碑。

（二）环境污染防治法

环境污染防治法也称污染控制法，它是指国家对产生或可能产生环境污染和其他公害的原因活动实施控制，达到保护和改善环境、保护人体健康和财产安全目的而制定的同类法律的总称。

环境污染防治法的目的在于防止和减少污染物向环境的排放。目前我国已经制定有《大气污染防治法》、《水污染防治法》、《海洋环境保护法》、《环境噪声污染防治法》、《固体废物污染环境防治法》、《放射性污染防治法》等法律及其实施细则。

（三）自然保护法

自然保护法主要是指合理开发、利用自然资源，维护人类对自然资源的可持续利用，保存生态系统的完整性以最大限度地保护自然界可供人类利用和非人类利用的各种价值而制定的同类法律的总称。

自然保护法的目的在于对开发自然资源的行为予以控制和管理，达到保持对自然资源的永续利用，保存人类赖以生存和发展的环境和生态条件以及保护生物的多样性。目前我国已经制定有《土地管理法》、《水法》、《海域使用管理法》、《森林法》、《草原法》、《野生动物保护法》、《渔业法》、《矿产资源法》等法律及其实施细则。

第二节　环境污染防治法

一、环境污染法概述

（一）环境污染的概念及其在我国环境立法上的运用

“环境污染”的定义最早是由经济合作与发展组织（OECD）环境委员会在 1974 年提出的，指被人们利用的物质或者能量直接或间接地进入环境，导致对自然的有害影响，以致危及人类健康、危害生命资源和生态系统，以及损害或者妨害舒适性和环境的其他合法用途的现象[①]。

我国立法上首次对环境污染作出完整表述的是 1978 年修改的《宪法》，即第 11 条第三款规定的“国家保护环境和自然资源，防治污染和其他公害”。

① OECD Council Recommendation C（74）224，1974.

据此，1979年制定《环境保护法（试行）》第16条，将“污染与其他公害”列举为“工矿企业的和城市生活的废气、废水、废渣、粉尘、垃圾、放射性物质等有害物质和噪声、震动、恶臭等对环境的污染和危害。”1989年的《环境保护法》同样以列举的方式对污染和公害做了解释，即第24条规定的“在生产建设或者其他活动中产生的废气、废水、废渣、粉尘、恶臭气体、放射性物质以及噪声、震动、电磁波辐射等对环境的污染和危害。”

2014年新修订的《环境保护法》仍然采用列举方式，即第42条规定的“在生产建设或者其他活动中产生的废气、废水、废渣、医疗废物、粉尘、恶臭气体、放射性物质以及噪声、振动、光辐射、电磁辐射等对环境的污染和危害”，比原有规定增加“医疗废物”和“光辐射”两类污染。

但是，这一规定只以列举的方式规定了造成环境污染和危害的原因物质或因素，它们只是间接地说明环境污染和其他公害的来源而非对污染和公害的解释。至于在立法上使用规范性不确定的用语“其他公害”，则是为了弥补列举性规定可能存在挂一漏万的缺陷。

（二）环境污染的法律特征

本书认为环境污染防治法所谓的“环境污染”具有如下几方面的特征：

第一，须伴随人类活动产生。环境污染是以人类的生产、生活活动为前提而产生，因自然原因所引起的污染或危害则不属于环境法所要控制的对象。

第二，须为物质、能量从一定的设施设备向外界排放或者泄漏。排放是指人类主动并有意识地利用环境容量，而向环境倾倒、流放、散发污染物质的行为；泄漏则是指在人为活动中因疏忽大意或管理不善，导致物质和能量直接或者间接进入环境的行为。

第三，须以环境为媒介。在多数环境污染场合，当排放或泄漏进入环境的污染物质或能量蓄积到一定的数量、浓度时会导致环境要素的性状发生改变。其结果除可直接造成自然环境和生态系统的破坏外，还会通过环境污染造成人体健康损害或财产损害。

第四，须出现环境质量下降或造成他人合法权益侵害的结果。环境污染的实质就是环境质量恶化及其环境满足人类的使用功能降低。由于环境利益为一种公共利益，并且公众不可能对处于公共状态的环境要素主张权利，但会通过环境而侵害人身财产权利，使人们合法权益受到损害。

二、大气污染防治法

（一）概述

大气污染一般指大气因某种物质的介入，导致其化学、物理、生物或者放射性等方面特性发生改变，从而影响大气的有效利用，危害人体健康或财产安全，以及破坏自然生态系统、造成大气质量恶化的现象。

我国在大气污染防治方面的法律主要有《大气污染防治法》（1987年制定，2000年修改）。主要的法规规章有《关于防治煤烟型污染技术政策的规定》（1984）、《城市烟尘控制区管理办法》（1987）、《关于发展民用型煤的暂行办法》（1987）和《汽车排气污染监督管理办法》（1990）、《消耗臭氧层物质管理条例》（2010）等。此外，2010年，国务院办公厅还转发了环境保护部等部门《关于推进大气污染联防联控工作改善区域空气质量指导意见的通知》。

《大气污染防治法》规定县级以上人民政府环保部门对大气污染防治实施统一监督管理。

（二）大气污染防治的基本制度

1. 主要大气污染物排放总量控制制度

国务院和省、自治区、直辖市人民政府对尚未达到规定的大气环境质量标准的区域和国务院批准划定的酸雨控制区、二氧化硫污染控制区，可以划定为主要大气污染物排放总量控制区。大气污染物总量控制区内有关地方人民政府依照国务院规定的条件和程序，按照公开、公平、公正的原则，核定企业事业单位的主要大气污染物排放总量，核发主要大气污染物排放许可证。有大气污染物总量控制任务的企业事业单位，必须按照核定的主要大气污染物排放总量和许可证规定的排放条件排放污染物。

2. 大气环境标准制度

大气环境标准主要指大气环境质量标准和大气污染物排放控制标准等。《环境空气质量标准》是大气环境标准体系的核心。《大气污染物综合排放标准》是国家大气污染物排放标准中较为重要的综合性排放标准。此外，还有若干行业性排放标准，按照综合性排放标准与行业性排放标准不交叉执行的原则，各行业性大气污染物排放标准有着各自的适用范围。

3. 大气污染防治重点城市限期达标制度

国务院按照城市总体规划、环境保护规划目标和城市大气环境质量状况，划定大气污染防治重点城市，对大气污染防治实行重点控制。对于未达到大气环境质量标准的重点城市，应当按照国务院或者国家环保部门规定的期限，达到大气环境质量标准[①]。该城市人民政府应当制定限期达标规划，并可以根据国务院的授权或者规定，采取更加严格的措施，按期实现达标规划，如在该区域内禁止销售和使用高污染燃料[②]。2002 年原国家环保总局制定《大气污染防治重点城市划定方案》，划定 113 个大气污染防治重点城市。

4. 大气环境质量公报制度

依照法律的规定，大、中城市人民政府环保部门应当定期发布大气环境质量状况公报，并逐步开展大气环境质量预报工作。大气环境质量状况公报的主要内容包括城市大气环境污染特征、主要污染物的种类及污染危害程度等内容。

（三）防治燃煤污染的措施

一是对燃煤煤炭要求推行煤炭洗选加工，使煤炭中的含硫分、灰分达到规定的标准；二是推广清洁能源以及天然气、液化石油气、电或其他清洁能源的生产和使用，对于拒绝申报汽油含铅量和高硫煤的含硫量可以认定为违反第四十六条第一款关于拒绝申报和第二款关于阻碍现场检查的规定进行查处[③]；三是要求在锅炉产品质量标准中规定符合大气污染物排放标准；四是在城市燃煤供热地区，要求实行统筹规划，统一解决热源，发展集中供热；

---

① 各重点城市应达到国家环境空气质量二级标准，见原国家环保总局印发的《关于大气污染防治重点城市限期达标工作的通知》（2003）。

② 对高污染燃料的划定参见原国家环保总局印发的《关于划分高污染燃料的规定》（2001）。

③ 见原国家环保总局《关于推广使用无铅汽油和限制使用高硫煤有关问题的复函》（1998）。

五是对大、中城市的饮食服务业，要求地方政府限期其使用清洁能源；六是在人口集中地区堆放的煤炭、煤渣、灰土等物料，要求必须采取防燃、防尘措施，防止污染大气。

（四）防治机动车船排放污染

国家鼓励生产和消费使用清洁能源的机动车船；国家鼓励和支持生产使用优质燃料油，禁止生产、进口、销售含铅汽油（包括以非车用为借口的销售行为[①]）；机动车船向大气排放污染物不得超过规定的排放标准；在用机动车不符合制造当时的在用机动车污染物排放标准的，不得上路行驶。对在机动车停放地（指机动车专用停放地以及公安部门指定的机动车临时停放地[②]）拒绝接受环保部门对在用车排放污染状况进行监督抽测的，可以认定为拒绝环保部门现场检查，并按照《大气污染防治法》有关拒绝现场检查的法律规定予以处罚[③]。机动车排气污染监督抽测按照国家规定不得收取费用[④]。2004 年原国家环保总局还发布《关于加强在用机动车环保定期检测工作的通知》。

对于适用的排放标准，2001 年国务院批准《地方机动车船大气污染物排放标准审批办法》，规范报国务院批准的地方机动车大气污染物排放标准的审批工作。如果地方制定更严格排放标准后，机动车报废应适用地方排放标准[⑤]。

（五）防治废气、粉尘和恶臭污染

向大气排放粉尘的排污单位必须采取除尘措施；严格限制向大气排放含有毒物质的废气和粉尘。工业生产应该回收利用可燃性气体和减少废气的排放；对于生产过程中排放含有硫化物气体的，要求配备脱硫装置或者采取其他脱硫措施。向大气排放恶臭气体的排污单位，必须采取措施防止周围居民区受到污染。

在人口集中地区和其他依法需要特殊保护的区域内，禁止焚烧沥青、油毡、橡胶、塑料、皮革、垃圾以及其他产生有毒有害烟尘和恶臭气体的物质。对于焚烧固体废物既违反本法又违反《固体废物污染环境防治法》的行为，可依照两种法律规定中处罚较重的规定进行定性处罚[⑥]。国家逐步减少消耗臭氧层物质的产量，如对甲基溴生产实施许可证和配额管理制度[⑦]。

（六）对现行大气污染防治法的评价

现行大气污染防治法在排污收费方面废除了超标排污收费制度，首次确立了“达标收费、超标违法”的新排污收费制度。同时，还确立了大气污染物排放总量控制制度，有计划地控制和减少各地方主要大气污染物的排放总量，以促使其尽快达到大气环境质量标准。但是在大气灰霾污染防治、“区域限批”制度、温室气体排放控制等方面仍存在不足，已经不能适应现实需要。

---

① 见原国家环保总局《关于违法销售含铅汽油行为执法解释的复函》（2001）。

② 见原国家环保总局《关于机动车停放地污染物排放检测问题的复函》（2002）。

③ 见原国家环保总局《关于拒绝机动车检测行为处罚法律适用问题的复函》（2001）。

④ 见原国家环保总局《关于机动车排气污染监督抽测问题的复函》（2001）。

⑤ 见原国家环保总局办公厅《关于机动车报废法律适用问题的复函》（2005）。

⑥ 见原国家环保总局《关于对同一行为违反不同法规实施行政处罚时适用法规问题的复函》（2002）。

⑦ 见原国家环保总局《关于实施甲基溴生产许可证和配额管理的公告》（2004）。

三、水污染防治法

（一）概述

水污染是指水体因某种物质的介入，而导致其化学、物理、生物或者放射性等方面特性的改变，从而影响水的有效利用，危害人体健康或者破坏生态环境，造成水质恶化的现象。这里的水体是指中华人民共和国领域内的江河、湖泊、运河、渠道、水库等地表水体以及地下水体[①]。

水污染防治方面主要的法律有《水污染防治法》（1984 年制定，2008 年修改），主要的法规规章有《水污染防治法实施细则》（2000）、《关于防治水污染技术政策的规定》（1986）、《防止拆船污染环境管理条例》（1988）、《关于防治造纸行业水污染的规定》（1988）、《饮用水水源保护区污染防治管理规定》（1989）、《防治船舶污染内河水域环境管理规定》（2005）等。

《水污染防治法》规定，各级人民政府的环境保护部门是对水污染防治实施统一监督管理的机关。

（二）水污染防治的基本制度

1．水污染防治规划制度

水污染防治规划主要分为国家重要江河、湖泊的流域水污染防治规划、其他跨省的江河、湖泊的流域水污染防治规划、跨县不跨省的江河、湖泊的流域水污染防治规划等，并对其编制机关、批准机关、执行机关作出规定。

2．重点水污染物排放总量控制制度

重点水污染物是指国务院批准的流域水污染防治规划确定的主要水污染物和国务院环保部门确定的其他主要水污染物。省级人民政府可以根据本行政区域水环境质量状况和水污染防治工作的需要，确定本行政区域实施总量削减和控制的重点水污染物。

总量控制制度的具体执行需要在总量削减目标的指导下由政府层层落实。对超过重点水污染物排放总量控制指标的地区，有关人民政府环保部门应当暂停审批新增重点水污染物排放总量的建设项目的环境影响评价文件，即“区域（流域、行业）限批”。

3．水环境标准与排污收费制度

我国水环境标准体系中，《地表水环境质量标准》是水环境标准体系的核心。我国还分别对特定水域制定有《渔业水质标准》、《景观娱乐用水水质标准》、《农田灌溉水质标准》等水质标准。省、自治区、直辖市人民政府可以对国家水环境质量标准中未作规定的项目，制定地方标准，并报国务院环保部门备案。

在水污染物排放标准方面，现行标准主要是《污水综合排放标准》。同时还有行业水污染物排放标准，如《造纸工业水污染物排放标准》、《畜禽养殖业污染物排放标准》等。省级人民政府对国家水污染物排放标准中未作规定的项目，可以制定地方水污染物排放标

① 见国务院法制办公室《关于征收超标排污费有关问题的请求的复函》（2002）。

准；对国家水污染物排放标准中已作规定的项目，可以制定严于国家水污染物排放标准的地方水污染物排放标准[①]。

《水污染防治法》规定，直接向水体排放污染物的企业事业单位和个体工商户，应当按照排放水污染物的种类、数量和排污费征收标准缴纳排污费[②]。

4．排污许可制度

国家实行排污许可制度。要求直接或者间接向水体排放工业废水和医疗污水以及其他按照规定应当取得排污许可证方可排放的废水、污水的企业事业单位，应当取得排污许可证；城镇污水集中处理设施的运营单位，也应当取得排污许可证。

重点排污单位应当安装水污染物排放自动监测设备，与环保部门的监控设备联网，并保证监测设备正常运行[③]。排放工业废水的企业，应当对其所排放的工业废水进行监测，并保存原始监测记录。禁止私设暗管或者采取其他规避监管的方式排放水污染物。

5．跨行政区水污染纠纷协商解决制度

跨行政区域的水污染纠纷由有关地方人民政府协商解决，或由其共同的上级人民政府协商解决。

（三）水污染防治措施

1．一般规定

禁止向地表水和地下水水体排放难以清除或者消解的油类、废液、废水等行为。

2．工业水污染防治

国家对严重污染水环境的落后工艺和设备实行淘汰制度。禁止新建不符合国家产业政策的小型生产项目以及其他严重污染水环境的生产项目。

3．城镇水污染防治

城镇污水应当集中处理。向城镇污水集中处理设施排放水污染物，应当符合国家或者地方规定的水污染物排放标准[④]并缴纳污水处理费用，不再缴纳排污费。城镇污水集中处理设施的运营单位，应当对城镇污水集中处理设施的出水水质负责。环保部门对城镇污水集中处理设施的出水水质和水量实行监督检查。

4．农业和农村水污染防治

农药的使用、运输、存贮和处置，过期失效农药的处理以及施用化肥应符合国家规定。畜禽养殖、水产养殖应保证污水达标排放，防止污染水环境。利用工业废水和城镇污水进行灌溉的，应当防止污染土壤、地下水和农产品。

5．船舶水污染防治

船舶排放含油污水、生活污水，应当符合船舶污染物排放标准。船舶的残油、废油应

---

① 对于国家和地方排放标准中没有规定排放限值的污染物，排污行为不得造成环境质量超标，不得损害人体健康和生态环境。见环境保护部《关于未纳入污染物排放标准的污染物排放控制与监管问题的通知》(2011)。

② 《水污染防治法》第七十三条和第七十四条用于计算罚款数额的“应缴纳排污费数额”的认定方法见《关于〈水污染防治法〉第七十三条和第七十四条“应缴纳排污费数额”具体应用问题的通知》(2011)。

③ 具体规定可见《污染源自动监控设施现场监督检查办法》(2011)。

④ 2009 年环境保护部制定并发布了《国家排放标准中水污染物排放监控方案》，要求根据公共污水处理系统的特点和各种污染物处理的难易程度，设置不同的间接排放限值。见环境保护部《关于向公共污水处理系统排放废水执行标准问题的复函》(2011)。

当回收，禁止排入水体。禁止向水体倾倒船舶垃圾。

（四）饮用水水源和其他特殊水体保护

国家建立饮用水水源保护区制度。饮用水水源保护区分为一级保护区和二级保护区；必要时，可以在饮用水水源保护区外围划定一定的区域作为准保护区[①]。在饮用水水源保护区内，禁止设置排污口。禁止在饮用水水源一级保护区内建设与供水设施和保护水源无关的建设项目。禁止在饮用水水源二级保护区内建设排放污染物的建设项目。禁止在饮用水水源准保护区内新建、扩建对水体污染严重的建设项目。饮用水水源受到污染可能威胁供水安全的，环保部门应当责令有关企业事业单位采取停止或者减少排放水污染物等措施。

县级以上人民政府可以对风景名胜区水体、重要渔业水体和其他具有特殊经济文化价值的水体划定保护区，并采取措施，保证保护区的水质符合规定用途的水环境质量标准。在风景名胜区水体、重要渔业水体和其他具有特殊经济文化价值的水体的保护区内，不得新建排污口。

（五）水污染事故处置

各级人民政府及其有关部门，可能发生水污染事故的企业事业单位，应当依照《突发事件应对法》的规定，做好突发水污染事故的应急准备、应急处置和事后恢复等工作。可能发生水污染事故的企业事业单位，应当制定有关水污染事故的应急方案，做好应急准备，并定期进行演练。环保部门接到水污染事故报告后，应当及时向本级人民政府报告，并抄送有关部门。

（六）对现行水污染防治法的评价

现行水污染防治法首次提出了对违法单位和个人实行双罚制的规定，并取消了部分罚款的上限，加大了处罚力度，强化环境保护部门的执法手段。同时，还规定了“区域限批”制度，全面推行排污许可制度等措施，对于加强水污染防治具有重要意义。但是在饮用水保护、地下水监管、“按日计罚”等方面存在不足或问题。

四、海洋污染防治法

（一）概述

海洋污染是指直接或间接地把物质或能量引入海洋环境，产生损害海洋生物资源、危害人体健康、妨碍渔业和海上其他合法活动、损坏海水使用水质和减损环境质量等有害影响。

我国防治海洋环境污染的法律主要是《海洋环境保护法》（1982年制定，1999年修改）。

① 县级以上地方人民政府应当根据保护饮用水水源的实际需要，在准保护区内采取工程措施或者建造湿地、水源涵养林等生态保护措施，防止水污染物直接排入饮用水水体，确保饮用水安全。

法规规章主要有《防止船舶污染海域管理条例》(1983)、《海洋石油勘探开发环境保护管理条例》(1983)、《海洋倾废管理条例》(1985)、《防治陆源污染物污染损害海洋环境管理条例》(1990)、《近岸海域环境功能区管理办法》(1999)、《防治海洋工程建设项目污染损害海洋环境管理条例》(2006)、《防治海岸工程建设项目污染损害海洋环境管理条例》(1990 年制定，2007 年修改)、《海洋功能区划管理规定》(2007)、《防治船舶污染海洋环境管理条例》(2009)。

《海洋环境保护法》规定国务院环保部门对全国海洋环境保护工作实施指导、协调和监督，并负责全国防治陆源污染物和海岸工程建设项目对海洋污染损害的环境保护工作。

(二) 防治海洋污染的基本制度

1. 重点海域排污总量控制制度

国家建立并实施重点海域排污总量控制制度，确定主要污染物排海总量控制指标，并对主要污染源分配排放控制数量。在国家建立并实施排污总量控制制度的重点海域，水污染物排放标准的制定，还应当将主要污染物排海总量控制指标作为重要依据。

2. 海洋功能区划制度

2012 年，依据《海洋环境保护法》、《海域使用管理法》等法律，国务院批准了《全国海洋功能区划 (2011—2020 年)》，划分了农渔业、港口航运、工业与城镇用海、矿产与能源、旅游休闲娱乐、海洋保护、特殊利用、保留等八类海洋功能区。

3. 跨区域的海洋环境保护工作政府协商制度

跨区域的海洋环境保护工作由有关沿海地方人民政府协商解决，或者由上级人民政府协调解决。跨部门的重大海洋环境保护工作，由国务院环保部门协调；协调未能解决的，由国务院做出决定。

4. 重大海上污染事故应急计划制度

国家海洋部门负责制定全国海洋石油勘探开发重大海上溢油应急计划，报国务院环保部门备案。国家海事部门负责制定全国船舶重大海上溢油污染事故应急计划，报国务院环保部门备案。沿海可能发生重大海洋环境污染事故的单位，应当依照国家的规定，制定污染事故应急计划，并向当地环保部门、海洋部门备案。

5. 联合执法措施

行使海洋环境监督管理权的部门可以在海上实行联合执法，在巡航监视中发现海上污染事故或者违反本法规定的行为时，应当予以制止并调查取证，必要时有权采取有效措施，防止污染事态的扩大，并报告有关主管部门处理。

(三) 防治陆源污染物对海洋环境的污染损害

陆源污染物是指由陆地污染源排放的污染物。防治陆源污染物对海洋环境的污染损害，主要是防止沿海地区的工农业生产和居民生活所产生的废弃物直接向海域排放。《防治陆源污染物污染损害海洋环境管理条例》规定沿海县级以上地方人民政府环保部门，主管本行政区域内防治陆源污染物污染损害海洋环境的工作。

向海域排放陆源污染物，必须严格执行国家或者地方规定的标准和有关规定。入海排污口位置的选择，应当经科学论证后，报设区的市级以上人民政府环保部门审查批准。环保部门在批准设置入海排污口之前，必须征求海洋、海事、渔业行政主管部门和军队环境保护部门的意见。排放陆源污染物的单位，必须向环保部门申报相关排污资料。

（四）防治海岸工程建设项目对海洋环境的污染损害

海岸工程是指位于海岸或与海岸相邻，需要利用海洋完成其部分或全部功能的建设工程。《防治海岸工程建设项目污染损害海洋环境管理条例》规定沿海县级以上地方人民政府环保部门，主管本行政区域内的海岸工程建设项目的环境保护工作。

海岸工程建设项目，必须遵守国家有关建设项目环境保护管理的规定。在依法划定的海洋自然保护区、海滨风景名胜区、重要渔业水域及其他需要特别保护的区域，不得从事污染环境、破坏景观的海岸工程项目建设或者其他活动。海岸工程建设项目的单位，必须在建设项目可行性研究阶段编报环境影响报告书。环境影响报告书经海洋行政主管部门提出审核意见后，报环保部门审查批准。环保部门在批准环境影响报告书之前，必须征求海事、渔业行政主管部门和军队环境保护部门的意见。

禁止在沿海陆域内新建不具备有效治理措施的严重污染海洋环境的工业生产项目。

（五）防治海洋工程建设项目对海洋环境的污染损害

海洋工程建设是指在海岸线以下施工兴建的各类海洋工程建设项目。《防治海洋工程建设项目污染损害海洋环境管理条例》规定，沿海县级以上地方人民政府海洋主管部门负责本行政区域毗邻海域海洋工程环境保护工作的监督管理。

（六）防治倾倒废弃物对海洋环境的污染损害

倾倒是指通过船舶、航空器、平台或者其他载运工具，向海洋处置废弃物和其他有害物质的行为，包括弃置船舶、航空器、平台及其辅助设施和其他浮动工具的行为。但不包括船舶、航空器及其他载运工具和设施正常操作产生的废弃物的排放。按照废弃物的毒性、有害物质含量和对海洋环境的影响等因素，我国将向海洋倾倒的废弃物分为三类。未经国家海洋部门批准，不得向中华人民共和国管辖海域倾倒任何废弃物。

（七）对现行海洋污染防治法的评价

海洋污染防治法是海洋环境保护法的重要组成部分，海洋环境保护法是将海洋环境作为一个整体进行保护，除污染防治法律制度外还规定海洋生态保护的法律制度，以协调开发利用海洋环境的行为。但是现行海洋环境保护法在管理体制、油污污染防治、生态保护、行政处罚力度等方面都存在严重不足和问题。

五、环境噪声污染防治法

（一）概述

环境噪声是指在工业生产、建筑施工、交通运输和社会生活中所产生的干扰周围生活环境的声音。环境噪声污染是指所产生的环境噪声超过国家规定的环境噪声排放标准，并干扰他人正常生活、工作和学习的现象。

在噪声污染防治方面的法律主要有《环境噪声污染防治法》(1996)。主要的法规规章主要有《地面交通噪声污染防治技术政策》(2010)。

县级以上人民政府环保部门对本行政区域内的环境噪声污染防治实施统一监督管理。

(二)防治噪声污染的基本制度

1. 对编制城市规划的总体要求

城市规划部门在确定建设布局时，应当依据国家声环境质量标准和民用建筑隔声设计规范，合理划定建筑物与交通干线的防噪声距离，并提出相应的规划设计要求。2003 年原国家环保总局发布《关于公路、铁路(含轻轨)等建设项目环境影响评价中环境噪声有关问题的通知》，就公路、铁路(含轻轨)等建设项目环境影响评价中环境噪声有关问题作出规定。

2. 声环境质量标准制度

声环境质量标准是指由国务院环保部门依照法定程序对各类不同的功能区域内环境噪声最高限值所做出的规定。我国主要有《城市区域环境噪声标准》、《城市港口及江河两岸区域环境噪声标准》、《机场周围飞机噪声环境标准》等声环境质量标准。

3. 对排放偶发性强烈噪声的特别规定

在城市范围内从事生产活动确需排放偶发性强烈噪声的，必须事先向当地公安机关提出申请，经批准后方可进行。当地公安机关应当向社会公告。

(三)工业噪声污染防治

工业噪声，是指在工业生产活动中使用固定的设备时产生的干扰周围生活环境的声音。在城市范围内向周围生活环境排放工业噪声的，应当符合《工业企业厂界环境噪声排放标准》(2008)。在工业生产中因使用固定的设备造成环境噪声污染的工业企业，必须向所在地的县级以上地方人民政府环保部门申报。

(四)建筑施工噪声污染防治

建筑施工噪声，是指在建筑施工过程中产生的干扰周围生活环境的声音。在城市市区范围内向周围生活环境排放建筑施工噪声的，应当符合《建筑施工场界环境噪声排放标准》(2011)。

在城市市区范围内，建筑施工过程中使用机械设备，可能产生环境噪声污染的，施工单位必须在工程开工 15 日以前向工程所在地县级以上地方人民政府环保部门申报。在城市市区噪声敏感建筑物集中区域内，禁止夜间进行产生环境噪声污染的建筑施工作业，但抢修、抢险作业和因生产工艺上要求或者特殊需要必须连续作业的除外。因特殊需要必须连续作业的，必须有县级以上人民政府或者其有关主管部门的证明，且应公告附近居民。

(五)交通运输噪声污染防治

交通运输噪声，是指机动车辆(特指汽车和摩托车)、铁路机车、机动船舶、航空器等交通运输工具在运行时所产生的干扰周围生活环境的声音。法律禁止制造、销售或者进口超过规定的噪声限值的汽车。进入城市市区范围内的交通运输工具必须按照规定使用声响装置。在征收排污费方面，对机动车、飞机、船舶等流动污染源暂不征收噪声超标排污费[1]。

2010年环境保护部发布《地面交通噪声污染防治技术政策》，适用公路、铁路、城市道路、城市轨道等地面交通设施（不含机场飞机起降及地面作业）的环境噪声污染预防与控制。

（六）社会生活噪声污染防治

在城市市区噪声敏感建筑物集中区域，因商业经营活动中使用固定设备造成环境噪声污染的商业企业，必须向所在地环保部门申报相关情况。营业性文化娱乐场所、商业经营活动中使用的向环境排放噪声的设备、设施的管理、评价与控制应当符合《社会生活环境噪声排放标准》（2008）。

禁止在城市市区噪声敏感建筑物集中区域使用高音广播喇叭。对于住宅楼进行室内装修者规定应当限制作业时间。但对于居民楼内设备产生噪声，如果没有地方法规规章的，可以根据当事人的请求依据民法相关规定予以调解。调解不成的，环保部门应告知投诉人依法提起民事诉讼[2]。另外，根据《关于加强饮食娱乐服务企业环境管理的通知》规定，在居民楼内不得兴办产生噪声污染的娱乐场点、机动车修配厂及其他超标准排放噪声的加工厂。

（七）对现行噪声污染防治法的评价

现行噪声污染防治法开始注重噪声的整体区域防治，在城市规划和建设布局上提出了噪声防治要求，加强了交通运输噪声、社会生活噪声的污染防治。但是却也存在对于噪声污染的事前监管力度不够、噪声标准制定不合理、噪声污染责任弱化甚至存在空白等问题。

六、固体废物污染环境防治法

（一）概述

固体废物是指在生产、生活和其他活动中产生的丧失原有利用价值或者虽未丧失利用价值但被抛弃或者放弃的固态、半固态和置于容器中的气态的物品、物质以及法律、行政法规规定纳入固体废物管理的物品、物质。主要包括工业固体废物、生活垃圾以及危险废物。对于固体废物鉴别结论的用语，也可表述为“危险废物（危险性固体废物）”或“危险废物（危险性液态废物）”[3]。对于固体废物和非固体废物的鉴别，则可根据《固体废物鉴别导则（试行）》（2006）的规定实行。

---

① 见《排污费征收标准管理办法》（2003）第三条第四款规定和原国家环保总局《关于征收噪声超标排污费有关问题的复函》（2005）。

② 见原国家环保总局《关于居民楼内设备产生噪声适用环境保护标准问题的复函》（2007）。

③ 见原国家环保总局办公厅《关于明确固体废物鉴别结论用语的复函》（2007）。

固体废物污染防治方面的法律主要有《固体废物污染环境防治法》（1995年制定、2004年修改）。主要法规规章有《城市市容和环境卫生管理条例》（1992）、《防治尾矿污染环境管理规定》（1992）、《城市生活垃圾管理办法》（1993 年制定、2007 年修改）、《再生资源回收管理办法》（2006）、《电子信息产品污染控制管理办法》（2006）、《电子废物污染环境防治管理办法》（2007）、《废弃电器电子产品回收处理管理条例》（2008）、《危险废物出口核准管理办法》（2008）、《固体废物进口管理办法》（2011）等。

《固体废物污染环境防治法》规定县级以上地方人民政府环保部门对本行政区域内固体废物污染环境的防治工作实施统一监督管理。规定大、中城市人民政府环保部门应当定期发布固体废物的信息，其具体内容由《大中城市固体废物污染环境防治信息发布导则》规定[①]。

（二）对固体废物实行减量化、资源化和无害化管理原则

国家对固体废物污染环境的防治，实行减少固体废物的产生量和危害性、充分合理利用[②]固体废物和无害化处置固体废物的原则，促进清洁生产和循环经济发展。这一规定的内容简称“三化”管理原则，即减量化、资源化和无害化。

其中，减量化是指在对资源能源的利用过程中，要最大限度地利用并尽可能地减少固体废物的产生量以及减低其危害性；资源化是指对已成为固体废物的各种物质，要回收、加工使其转化成为二次原料或能源以再利用；无害化是指那些不能再利用，或依靠当前技术水平无法再利用的固体废物，要妥善贮存[③]或处置，使其不对环境以及人身、财产造成危害。

（三）对固体废物污染环境实行全过程管理

对固体废物实行的全过程管理，是防治固体废物污染环境的一项实体和程序相结合的原则。它是指对固体废物从产生、收集、贮存、运输、利用直到最终处置的全部过程实行一体化的管理。这通常也被人们形象地比喻为“从摇篮到坟墓”的管理。主要规定了产生、收集、贮存、运输、处置固体废物者的义务，以防止或者减少固体废物对环境的污染。

1. 产生固体废物者的义务

一是产生固体废物的单位和个人应当采取措施，防止或者减少固体废物对环境的污染；二是对收集、贮存、运输（委托运输过程中发生的废物丢弃行为，依法应由废物产生单位承担法律责任[④]）、利用、处置固体废物者，必须采取防止污染环境的措施，禁止向河流及其附近环境倾倒、堆放固体废物（将产生的污泥直接用水冲稀排入城市下水道的行为，可以认定为同时违反了《固体废物污染环境防治法》和《水污染防治法》的有关规定，可选择处罚较重的规定，对该企业的违法行为予以定性处罚[⑤]）；三是对产品和包装物的设计、

① 见原国家环保总局《关于发布〈大中城市固体废物污染环境防治信息发布导则〉的公告》（2006）。

② 依照《固体废物污染环境防治法》的规定，利用是指从固体废物中提取物质作为原材料或者燃料的活动。

③ 依照《固体废物污染环境防治法》的规定，贮存是指将固体废物临时置于特定设施或者场所中的活动。

④ 见原国家环保总局《关于委托他人运输固体废物过程中丢弃废物行为法律适用的复函》（2003）。

⑤ 见原国家环保总局《关于污泥排入城市下水道法律适用问题的复函》（2005）。

制造，应当遵守国家有关清洁生产的规定；四是鼓励研究、生产易回收利用、易处置或者在环境中可降解的薄膜覆盖物和商品包装物；五是在农业生产活动中产生的固体废物处理方面相关限制措施。

2．收集、贮存、运输、处置固体废物者的义务

一是规定要求加强对收集、贮存、运输、处置固体废物的设施、设备和场所的管理和维护；二是规定禁止在需要特别保护的区域内，建设工业固体废物集中贮存、处置的设施；三是对转移固体废物出省级行政区域贮存、处置的，规定应当向固体废物移出地省级环保部门申请，并经移出地省级环保部门商经接受地省级环保部门同意后，方可批准转移（申请办理该行政许可的时限，适用《行政许可法》第四十二条第二款的规定，但函件邮递的时间应当计算在行政许可的时限内[①]）；四是规定对可以用做原料的固体废物实行限制进口和自动许可进口分类目录管理，要求进口的固体废物必须符合国家环境标准；禁止中华人民共和国境外的固体废物进境倾倒、堆放、处置；禁止进口不能用作原料或者不能以无害化方式利用的固体废物。

（四）工业固体废物的管理

环保和经济主管部门等应当共同对工业固体废物对环境的污染做出界定，制定防治工业固体废物污染环境的技术政策，组织推广先进的防治工业固体废物污染和减少工业固体废物产生量和危害性的生产工艺和设备；组织研究、公布限期淘汰产生严重污染环境的工业固体废物的落后生产工艺、落后设备的名录，并由地方政府组织实施。企业事业单位变更、终止后由变更后的单位对未处置的工业固体废物及其贮存、处置的设施、场所承担安全处置的责任。

（五）生活垃圾的管理

生活垃圾，是指在日常生活中或者为日常生活提供服务的活动中产生的固体废物以及法律、行政法规规定视为生活垃圾的固体废物（包括餐饮行业产生的废弃食用油脂[②]）。对生活垃圾的处理主要涉及收集、运输、处置等环节。根据《城市市容和环境卫生管理条例》的规定，城市人民政府市容环境卫生行政主管部门负责本行政区域的城市市容和环境卫生管理工作。

（六）危险废物的管理

危险废物，是指列入国家危险废物名录或者根据国家规定的危险废物鉴别标准和鉴别方法认定的具有危险特性的固体废物。所谓危险特性，主要是指毒性、易燃性、腐蚀性、反应性、传染疾病性、放射性等。

1．实行国家危险废物名录制

由国务院环保部门会同国务院有关部门制定国家危险废物名录，规定统一的危险废物鉴别标准、鉴别方法和识别标志。

---

① 见全国人大常委会法制工作委员会《关于如何适用固体废物跨省转移行政许可办理时限的答复》（2007）。

② 见原国家环保总局关于《餐饮行业产生的废弃食用油脂是否属于生活垃圾的复函》（2006）。

2. 实行危险废物集中处置

县级以上地方人民政府应当依据危险废物集中处置设施、场所的建设规划组织建设危险废物集中处置设施、场所。

3. 危险废物产生者的义务

一是申报义务。产生危险废物的单位必须按照国家有关规定制定危险废物管理计划，并向所在地县级以上地方人民政府环保部门申报有关资料。二是处置义务。产生危险废物的单位，必须按照国家有关规定处置危险废物，不得擅自倾倒、堆放；逾期不处置或者处置不符合国家有关规定的，由所在地县级以上地方人民政府环保部门指定单位代为处置，处置费用由产生危险废物的单位承担。三是以填埋方式处置危险废物不符合国务院环保部门规定的，应当缴纳危险废物排污费。

4. 危险废物经营者的义务

从事收集、贮存、处置危险废物经营活动的单位，必须向县级以上环保部门申领经营许可证；从事利用危险废物经营活动的单位，必须向国务院环保部门或省级环保部门申领经营许可证（处于试生产阶段的危险废物经营单位也必须申请领取危险废物经营许可证方可从事试生产①）。

5. 危险废物转移者的义务

转移危险废物的，必须按照国家规定填写危险废物转移联单，并向危险废物移出地设区的市级以上环保部门提出申请。移出地设区的市级以上环保部门应当商经接受地设区的市级以上环保部门同意后，方可批准转移该危险废物（跨省转移危险废物的，必须向危险废物移出地省级人民政府环保部门提出申请②）。未经批准的不得转移。转移危险废物途经移出地、接受地以外行政区域的，危险废物移出地设区的市级以上环保部门应当及时通知沿途经过的设区的市级以上环保部门。

禁止将危险废物与旅客在同一运输工具上载运。禁止经中华人民共和国过境转移危险废物。禁止进境倾倒、堆放、处置境外的固体废物，禁止进口固体废物或者未经许可擅自进口属于限制进口的固体废物用作原料，凡未列入《国家限制进口的可用作原料的废物目录》的废物，禁止进口③。

（七）对现行固体废弃物污染环境防治法的评价

现行固体废弃物污染环境防治法首次确立了生产者责任延伸制度，要求生产者防止或者减少固体废物对环境的污染，并对部分产品、包装物实行强制回收制度。同时，还规定了限制过度包装措施，对农业和农村固体废物污染防治提出了原则要求，完善了危险废物的管理。但是该法在强化生产者责任延伸制度、防止违法处置倾倒固体废弃物以及电子废弃物处理等方面都存在不足。

---

① 见原国家环保总局《关于危险废物经营单位生产设备试运行期间危险废物经营许可证有关问题的复函》（2005）。

② 见原国家环保总局《关于危险废物跨省转移管理有关问题的复函》（2006）。

③ 见原国家环保总局《关于有关废计算机及其配件属于国家禁止进口废物问题的复函》（2002）。

七、化学物质管理法

（一）概述

化学物质通常是指由元素或化合物发生化学反应而产生的化合物。化学物质本身并不是污染物质，而是人类生产生活中必不可少的物质，但由于化学物质种类繁多，性质复杂，很多具有毒性，如果在生产、使用或废弃过程中进入环境，则很有可能造成环境风险。特别是危险化学物质，进入环境后通过环境积蓄、生物累积、生物转化或者化学反应等方式损害人体健康，或者通过接触对人体具有严重危害和具有潜在危险。[①]

化学物质管理法规规章主要有《监控化学品管理条例》（1995）、《农药管理条例》（1997年制定，2001年修改）、《危险化学品安全管理条例》（2002年制定，2011年修改）、《新化学物质环境管理办法》（2003年制定，2009年修改）、《废弃危险化学品污染环境防治办法》（2005）等。

（二）对危险化学品环境管理

《危险化学品安全管理条例》对危险化学品监督管理体制作了详细规定，其中规定环境保护部门负责废弃危险化学品处置的监督管理，负责调查重大危险化学品污染事故和生态破坏事件，负责有毒化学品事故现场的应急监测和进口危险化学品的登记，并负责以上事项的监督检查。

（三）对化学品首次进口和有毒化学品进出口的环境管理

化学品首次进口是指外商或其代理人向中国出口其未曾在中国登记过的化学品，即使同种化学品已有其他外商或其代理人在中国进行了登记，仍被视为化学品首次进口。1995年颁布的《化学品首次进口及有毒化学品进出口环境管理规定》适用于化学品的首次进口和列入《中国禁止或严格限制的有毒化学品名录》的化学品进出口的环境管理。但是食品添加剂、医药、兽药、化妆品和放射性物质不适用该规定。

1. 有毒化学品实行名录制和登记审批制

原国家环保局对化学品首次进口和有毒化学品进出口实施统一的环境监督管理，发布中国禁止或严格限制的有毒化学品名录，实施化学品首次进口和列入《名录》内的有毒化学品进出口的环境管理登记和审批，签发《化学品进（出）口环境管理登记证》和《有毒化学品进（出）口环境管理放行通知单》，发布首次进口化学品登记公告。并制定了《化学品首次进口及有毒化学品进出口环境管理登记实施细则》（1995）。

2. 对进口化学品实行分类管理

对化学品、禁止的化学品、严格限制的化学品、有毒化学品分别予以定义并实行分类管理。对经原国家环保局审查，认为我国不适于进口的化学品不予登记发证，并通知申请人。对未取得化学品进口环境管理登记证和临时登记证的化学品，一律不得进口。

① 韩德培：《环境保护法教程》（第4版），法律出版社，2003年，第328页。

3. 口岸污染的防止和消除污染责任

因包装损坏或者不符合要求而造成或者可能造成口岸污染的，口岸主管部门应立即采取措施，防止和消除污染，并及时通知当地环保部门，进行调查处理。防止和消除其污染的费用由有关责任人承担。

（四）新化学物质的环境管理

为加强对新化学物质的环境管理，2009年环境保护部修改了《新化学物质环境管理办法》。新化学物质是指未列入《中国现有化学物质名录》的化学物质。根据化学品危害特性鉴别、分类标准，新化学物质分为一般类新化学物质、危险类新化学物质。危险类新化学物质中具有持久性、生物蓄积性、生态环境和人体健康危害特性的化学物质，列为重点环境管理危险类新化学物质。国家对新化学物质实行风险分类管理，实施申报登记和跟踪控制制度。新化学物质的生产者或者进口者，必须在生产前或者进口前进行申报，领取新化学物质环境管理登记证。

（五）对现行化学物质管理法的评价

我国对化学物质的管理制度存在于多个领域，特别是化学物质环境管理方面，无论是制度建设还是管理机制都较为薄弱。随着我国《新化学物质环境管理办法》的实施，化学物质管理理念正逐步从危险防御到风险预防转化，但是现有化学物质的管理以及管理措施的力度都应该有所加强。

八、放射性污染防治法

（一）概述

放射性物质是指能够产生放射性以及辐射的元素及其化合物。放射性污染是指由于人类活动造成物料、人体、场所、环境介质表面或者内部出现超过国家标准的放射性物质或者射线的现象。

在防治放射性污染方面主要法律有《放射性污染防治法》（2003），主要的法规规章有《民用核设施安全监督管理条例》（1986）、《核材料管理条例》（1987）、《核电厂核事故应急管理条例》（1993）、《放射性同位素与射线装置安全和防护条例》（2005）、《民用核安全设备监督管理条例》（2007）、《放射性物品运输安全管理条例》（2009）、《放射性废物安全管理条例》（2011）等。

《放射性污染防治法》规定国务院环保部门对全国放射性污染防治工作依法实施统一监督管理[①]。

---

① 环保部门负有对放射源生产、进出口、销售、使用、运输、贮存和处置全过程统一监管的职责。各级环保部门的具体职责分工见原国家环保总局《关于贯彻〈中华人民共和国放射性污染防治法〉和中央编办〈关于放射源安全监管部门职责分工的通知〉的意见》（2004）。

（二）放射性污染防治的综合管理措施

1. 安全管理方针

国家对放射性污染的防治，实行预防为主、防治结合、严格管理、安全第一的方针。

2. 放射性污染防治标准

国家放射性污染防治标准有《核电厂环境辐射防护规定》、《核设施流出物监测的一般规定》、《核辐射环境质量评价一般规定》等。

3. 涉核单位的预防义务

涉核单位是指核设施营运单位、核技术利用单位、铀（钍）矿和伴生放射性矿开发利用单位。涉核单位应当采取安全与防护措施，预防发生可能导致放射性污染的各类事故；应当对其工作人员进行放射性安全教育、培训，采取有效的防护安全措施；依法对其造成的放射性污染承担责任。

4. 放射性标识与警示说明义务

放射性物质和射线装置应当设置明显的放射性标识和中文警示说明。

5. 对含有放射性物质产品的要求

含有放射性物质的产品，应当符合国家放射性污染防治标准。

（三）核设施的管理

核设施是指核动力厂（核电厂、核热电厂、核供汽供热厂等）和其他反应堆（研究堆、实验堆、临界装置等）；核燃料生产、加工、贮存和后处理设施；放射性废物的处理和处置设施等。对于核设施的管理主要包括营运、进口、规划限制区、安全管理与核事故措施等方面。

（四）核技术利用的管理

对生产、销售、使用放射性同位素和射线装置的单位实行许可制度。生产、使用放射性同位素和射线装置的单位，应当对其产生的放射性废物进行收集、包装、贮存。生产放射源的单位，应当回收和利用废旧放射源；使用放射源的单位，应当按照国务院环保部门的规定将废旧放射源交回生产放射源的单位或者送交专门从事放射性固体废物贮存、处置的单位。

（五）铀（钍）矿和伴生放射性矿开发利用的管理

开发利用单位应当对铀（钍）矿的流出物和周围的环境实施监测，并定期向相应环保部门报告监测结果。开发利用过程中产生的尾矿，应当建造尾矿库进行贮存、处置；建造的尾矿库应当符合放射性污染防治的要求。

（六）放射性废物的管理

向环境排放放射性废气、废液的，必须符合国家放射性污染防治标准，并应当向审批环境影响评价文件的环保部门申请放射性核素排放量，并定期报告排放计量结果。

（七）对现行放射性污染防治法的评价

放射性污染防治法的实施填补了我国对于放射性物质监管与治理上的法律空白，是对我国法律体系的完善。但其主要监管对象为核设施建设、运营单位，监管的范围较窄，随着核技术利用范围的扩大，其监管范围应有所扩大，同时还应强化监管的力度。

九、电磁辐射污染防治法

（一）概述

电磁辐射是指以电磁波形式通过空间传播的能量流，且限于非电离辐射，包括信息传递中的电磁波发射，工业、科学、医疗应用中的电磁辐射，高压送变电中产生的电磁辐射。电磁辐射污染主要来源于居室内的家用电器、工作场所内的办公电器以及室外环境空间中来自广播、电视、移动通讯、微波等发射装置以及高压输电线等。

电磁辐射污染防治的主要法规规章是《电磁辐射环境保护管理办法》（1997）。

（二）关于电磁辐射控制的主要制度

1. 我国电磁辐射环境管理措施

《电磁辐射环境保护管理办法》主要涉及对电磁辐射建设项目或者设备（包括符合规定的移动通信基站和寻呼台站营运过程中的电磁波发射[①]）的监管。规定从事电磁辐射活动的单位和个人必须定期检查电磁辐射设备及其环境保护设施的性能，及时发现隐患并及时采取补救措施。并且，规定在集中使用大型电磁辐射发射设施[②]或商业设备的周围，按环境保护和城市规划要求划定的规划限制区内，不得修建居民住房和幼儿园等敏感建筑。

2. 关于电磁辐射防护的规定

由于对电磁辐射的管理主要是规制电磁的暴露量，1988 年 3 月，原国家环保局批准实施了具有排放标准性质的《电磁辐射防护规定》。该规定对产生电磁辐射的行为确立了“可合理达到尽量低”的原则，并且将该规定的防护限值确立为可以接受的防护水平的上限（包括各种可能的电磁辐射污染的总量值），其范围是 100 kHz～300 GHz。

（三）对现行电磁辐射污染防治法的评价

对电磁辐射的管理主要是规制电磁的暴露量，而暴露量的规制与电磁辐射标准紧密相关。现行电磁辐射污染防治法在电磁辐射标准规定方面应更多考虑到人体健康要求，实行更为科学合理的电磁辐射标准。

---

① 见原国家环保总局《关于对〈电磁辐射环境保护管理办法〉中有关问题的复函》（1999）和《关于电磁辐射建设项目环境监督管理有关问题的复函》（2001）。

② 其标准见环境保护部办公厅《关于界定〈电磁辐射环境保护管理办法〉中“大型电磁辐射发射设施”的复函》（2008）。

十、清洁生产促进法

（一）概述

清洁生产是指不断采取改进设计、使用清洁的能源和原料、采用先进的工艺技术与设备、改善管理、综合利用等措施，从源头削减污染，提高资源利用效率，减少或者避免生产、服务和产品使用过程中污染物的产生和排放，以减轻或者消除对人类健康和环境的危害。清洁生产的概念，是国际社会在总结了传统产品的高投入、高浪费、高污染和低产出的生产方式后提出的新的生产理念和污染控制战略。

我国在清洁生产方面的法律主要有《清洁生产促进法》（2002年制定，2012年修改）。主要的法规规章有《国家环境保护总局关于贯彻落实〈清洁生产促进法〉的若干意见》（2003）、《清洁生产审核暂行办法》（2004）等。

《清洁生产促进法》规定县级以上地方人民政府负责领导本行政区域内的清洁生产促进工作。县级以上地方人民政府确定的清洁生产综合协调部门负责组织、协调本行政区域内的清洁生产促进工作。县级以上地方人民政府其他有关部门，按照各自的职责，负责有关的清洁生产促进工作。

（二）环保部门在清洁生产推行中的主要职责

省级环境保护部门根据促进清洁生产工作的需要，在本地区主要媒体上公布未达到能源消耗控制指标、重点污染物排放控制指标的企业的名单，为公众监督企业实施清洁生产提供依据。

实施强制性清洁生产审核的企业，应当将审核结果向所在地县级以上地方人民政府负责清洁生产综合协调的部门、环境保护部门报告，并在本地区主要媒体上公布，接受公众监督，但涉及商业秘密的除外。自愿与环境保护部门签订进一步节约资源、削减污染物排放量的协议的，环境保护部门应当在本地区主要媒体上公布该企业的名称以及节约资源、防治污染的成果。

（三）企业在清洁生产实施中的主要义务

新建、改建和扩建项目应当进行环境影响评价的，对原料使用、资源消耗、资源综合利用以及污染物产生与处置等进行分析论证，优先采用资源利用率高以及污染物产生量少的清洁生产技术、工艺和设备。

企业在进行技术改造过程中，应当采取清洁生产措施：采用无毒、无害或者低毒、低害的原料，替代毒性大、危害严重的原料；采用资源利用率高、污染物产生量少的工艺和设备，替代资源利用率低、污染物产生量多的工艺和设备；对生产过程中产生的废物、废水和余热等进行综合利用或者循环使用；采用能够达到国家或者地方规定的污染物排放标准和污染物排放总量控制指标的污染防治技术。

此外，在产品和包装物的设计方面，在农业、建筑、矿产、服务性行业等各方面，都要求采取有利于环境保护、提高资源利用效率的措施。

（四）对现行清洁生产促进法的评价

现行清洁生产促进法强化和完善了企业清洁生产审核制度，要求加强对清洁生产资金的投入，对促进清洁生产具有重要意义。但是该法过于偏向工业生产领域，对农业、服务业等领域的清洁生产促进措施规定过于原则。

十一、循环经济促进法

（一）概述

循环经济是指在生产、流通和消费等过程中进行的减量化、再利用、资源化活动的总称。其中减量化是指在生产、流通和消费等过程中减少资源消耗和废物产生；再利用是指将废物直接作为产品或者经修复、翻新、再制造后继续作为产品使用，或者将废物的全部或者部分作为其他产品的部件予以使用；资源化是指将废物直接作为原料进行利用或者对废物进行再生利用。

循环经济与传统经济有着很大的不同。传统经济是“资源—产品—废弃物”的单向直线过程，创造的财富越多，消耗的资源和产生的废弃物就越多，对环境的负荷也就越大。而循环经济是对“大量生产、大量消费、大量废弃”的传统经济模式的根本变革。它要求经济活动形成“资源—产品—再生资源”的循环反馈过程，特征是低开采、高利用、低排放，以促进资源永续利用。

我国在循环经济促进方面的主要法律有《循环经济促进法》（2008）。

《循环经济促进法》规定县级以上人民政府循环经济发展综合管理部门负责组织协调、监督管理管辖区域内的循环经济发展工作；县级以上人民政府环境保护等有关主管部门按照各自的职责负责有关循环经济的监督管理工作。

（二）循环经济基本管理制度

1．循环经济发展规划制度

国务院和设区的市级以上人民政府循环经济发展综合管理部门会同本级人民政府环境保护等有关主管部门编制本行政区域循环经济发展规划。循环经济发展规划应当包括规划目标、适用范围、主要内容、重点任务和保障措施等，并规定资源产出率、废物再利用和资源化率等指标。

2．评价考核制度

国家建立循环经济评价指标体系。上级人民政府根据循环经济主要评价指标，对下级人民政府发展循环经济的状况定期进行考核，并将主要评价指标完成情况作为对地方人民政府及其负责人考核评价的内容。

3．强制回收制度

生产列入强制回收名录的产品或者包装物的企业，必须对废弃的产品或者包装物负责回收；对其中可以利用的，由各该生产企业负责利用；对因不具备技术经济条件而不适合利用的，由各生产企业负责无害化处置。

4．重点监督管理制度和循环经济统计制度

国家对钢铁、有色金属、煤炭、电力、石油加工、化工、建材、建筑、造纸、印染等行业年综合能源消费量、用水量超过国家规定总量的重点企业，实行能耗、水耗的重点监督管理。国家加强资源消耗、综合利用和废物产生的统计管理，并将主要统计指标定期向社会公布。

（三）减量化、再利用和资源化的主要规定

1．减量化的主要措施

国家定期发布鼓励、限制和淘汰的技术、工艺、设备、材料和产品名录。工艺、设备、产品及包装物的设计应当优先选择易回收、易拆解、易降解、无毒无害或者低毒低害的材料和设计方案。企业应采用先进或者适用的节水技术、工艺和设备，制定并实施节水计划，加强节水管理。国家鼓励和支持企业使用高效节油产品。并规定了采矿、建筑、农业生产的相关减量化措施。

2．再利用和资源化的主要措施

县级以上人民政府应当统筹规划区域经济布局，合理调整产业结构，促进企业在资源综合利用等领域进行合作，实现资源的高效利用和循环使用。各类产业园区应当组织区内企业进行资源综合利用，促进循环经济发展。国家支持生产经营者建立产业废物交换信息系统，促进企业交流产业废物信息。国家鼓励和推进废物回收体系建设。还规定对工业废物、建筑废物、余热、余压等资源进行综合利用。提高水的重复利用率、木材综合利用率、生活垃圾资源化率。

（四）主要激励措施

国家设立发展循环经济的有关专项资金，支持循环经济的发展。安排财政性资金支持循环经济重大科技攻关项目。国家对促进循环经济发展的产业活动给予税收优惠。实行有利于资源节约和合理利用的价格政策和采购政策。

（五）对现行循环经济促进法的评价

现行循环经济促进法所规定的发展循环经济的方针、原则和基本管理制度等内容较多属于引导性、促进性的规定，为实现这些内容应加强相关具体配套措施的制定与完善。

第三节　自然保护法

一、自然保护及其立法概述

（一）自然保护法

自然保护法主要是指合理开发、利用自然资源，维护人类对自然资源的可持续利用，

保存生态系统的完整性以最大限度地保护自然界可供人类利用和非人类利用的各种价值而制定的同类法律的总称。自然保护法又可分为自然资源法和生态保护法两大部分。

自然资源法直接目的是确定自然资源的权属关系并合理开发自然资源，达到为人类永续利用；为了永续利用而在间接上通过对自然生态环境进行保护，使其生态价值得以实现。而生态保护法立法的出发点则主要是强调生态系统的完整性，保护生态系统内部各要素及其相互间存在的内在的生态价值，并且在此基础上探索人与自然生态系统在深层次上的外在与内在联系，从而发现人类对自然资源予以永续开发和利用的途径。

（二）生态保护立法

目前，各国生态（自然）保护立法所确立的保护对象，主要包括自然区域和物种两大类，涉及地域环境保护、野生生物保护、河流湖泊保护以及自然文化遗迹和景观舒适保护等内容。生态保护立法通常是以保全一定地域的自然环境和物种为目的，所以也就形成了自己特有的一些基本原则。

1. 保持和保存

世界自然保护联盟（IUCN）1980 年编写的《世界自然保护大纲》认为，“保护”即是“人类对生物圈的利用的管理，以便它能对当代人产生最大的持续利益，同时维护其潜力以满足后代的需要和追求。因此，保护是积极的，包括保持、保存、持续利用、恢复和自然环境的改善”。

也就是说，保护的内涵还有保持和保存之分。保持的目的是保持自然环境要素经常处于可供人类持续利用的状态，而保存的目的则是保存生态系统或自然界其他历史或人文古迹处于原始的状态。

2. 生物多样性

生物多样性是指生物之间的多样化和变异性及物种生境的生态复杂性，它是地球上所有的生物——植物、动物和微生物及其所构成的综合体。在法律上，根据联合国《生物多样性公约》所下的定义，生物多样性是指“所有来源的形形色色生物体，这些来源除其他外，包括陆地、海洋和其他水生生态系统及其所构成的生态综合体”。生物多样性主要包括物种多样性、遗传多样性和生态系统多样性三个组成部分。

其中，物种多样性是指动物、植物以及微生物种类的丰富性，它是人类生存和发展的基础；遗传多样性是指存在于生物个体内、单个物种内以及物种之间的基因多样性，包括分子、细胞和个体三个水平上的遗传变异度，它是生命进化、物种分化的基础；[①]生态系统的多样性是指森林、草原、荒漠、农田、湿地和海洋以及竹林和灌丛等生态系统的多样化特性。

（三）自然资源立法

自然资源立法的目的不同于生态保护立法，所以它也有一些自己特有的基本原则。

1. 重要自然资源的全民所有原则

我国的宪法和自然资源法规定矿藏、水流、海域、森林、山岭、草原、荒地、滩涂等

---

① 《中国生物多样性保护行动计划》总报告编写组：《中国生物多样性保护行动计划》，中国环境科学出版社，1994 年，“前言”。

重要的自然资源为全民所有。

2. 合理分配自然资源经济利益的原则

我国自然资源法律和有关民事立法对自然资源的所有权与其生产经营权规定采取“两权分离”的方法，即对自然资源在所有权、使用权和经营管理权诸方面予以了明确的规定，以这种方法来保障国家、集体和个人三者在开发利用自然资源方面的合法权利与利益。

3. 综合利用与循环利用原则

所谓综合利用，是指在开发利用自然资源的过程中，最大限度地利用自然资源的各种用途。所谓循环利用，是指对那些在被人们利用后其性质仍不会改变的自然资源，通过回收的方式使其得以再利用的过程。

4. 因时、因地制宜原则

所谓因时、因地制宜，是指对自然资源的开发利用应当与特定时间、特定地域生态系统的结构和功能相适应。对于自然资源的开发利用必须适应地域生态系统的特点以及自然资源随之发生的周期性变化。

二、野生生物保护法

（一）概述

野生生物包括野生动物和野生植物两大类。对野生生物的保护属于物种保护的范畴，而非仅仅指经济价值意义上的资源。野生动物是指珍贵、濒危的陆生、水生野生动物和有益的或者有重要经济、科学研究价值的陆生野生动物。珍贵、濒危的水生野生动物以外的其他水生野生动物的保护，适用渔业法的规定。野生植物则是指原生地天然生长的珍贵植物和原生地天然生长并具有重要经济、科学研究、文化价值的濒危、稀有植物。

野生动物保护方面，主要的法律有《野生动物保护法》（1988年制定，2004年修改）。主要法规规章有《陆生野生动物保护实施条例》（1992）和《水生野生动物保护实施条例》（1993）。野生植物保护方面，主要的法规有《野生植物保护条例》（1996），除此之外还有《野生药材资源保护管理条例》（1987）、《农业野生植物保护办法》（2002）等。

《野生动物保护法》规定国务院林业、渔业行政主管部门分别主管全国陆生、水生野生动物管理工作。还规定野生动物资源属于国家所有。《野生植物保护条例》规定国务院林业行政主管部门主管全国林区内野生植物和林区外珍贵野生树木的监督管理工作。国务院农业行政主管部门主管全国其他野生植物的监督管理工作。

（二）野生动物保护

1. 野生动物的保护方针

国家对野生动物实行加强资源保护、积极驯养繁殖、合理开发利用的方针，鼓励开展野生动物科学研究。国家对珍贵、濒危的野生动物实行重点保护。

2. 重点保护野生动物名录制

法律规定实行重点保护野生动物名录制。即将国家重点保护的野生动物分为一级保护野生动物和二级保护野生动物，由国务院野生动物部门以制定并公布《国家重点保护野生动物名录》的形式予以保护。地方也可以制定地方重点保护野生动物名录。

3. 对野生动物及其生境实行监视性保护措施

监视性保护措施主要是监视、监测环境对野生动物的影响。由于环境影响对野生动物造成危害时，应当由野生动物部门会同有关部门进行调查处理。

4. 野生动物致害补偿制度

因保护国家和地方重点保护野生动物，造成农作物或者其他损失的，由当地政府给予补偿。因保护国家和地方重点保护野生动物受到的损失，是指在当事人主观上无过错（如非主动攻击野生动物等），客观上采取了必要的防范措施或者依法履行了保护野生动物的义务的情况下，由被保护的野生动物的侵害行为直接造成的损失[①]。

5. 陆生野生动物保护措施

一是建立野生动物资源档案，并定期组织对野生动物资源的调查；二是对驯养繁殖国家重点保护野生动物的，规定应当持有许可证；三是规定捕杀野生动物的禁限措施；四是对野生动物贸易实行管制；五是规定对在我国境内从事野生动物相关行为的境外人员的管理。

6. 水生野生动物保护措施

一是定期组织野生动物资源调查，建立资源档案；二是维护和改善水生野生动物的生存环境，保护和增殖水生野生动物；三是对于受伤、搁浅和因误入港湾、河汊而被困的水生野生动物实行紧急救护措施；四是在国家或地方重点保护的水生野生动物的主要生息繁衍的地区河水域，划定水生野生动物自然保护区。

（三）野生植物保护

1. 基本方针

国家对野生植物资源实行加强保护、积极发展、合理利用的方针。

2. 野生植物及其生境保护的主要措施

一是国家保护野生植物及其生长环境；二是实行野生植物保护名录制度。条例将野生植物分为国家重点保护和地方重点保护两类；三是实行区域性保护措施。在国家重点保护野生植物物种和地方重点保护野生植物物种的天然集中分布区域，应当建立自然保护区；四是对野生植物实行监视制度。

（四）外来物种入侵的法律控制

外来物种是相对于本地物种[②]而言提出的，它是指出现在其自然分布范围（过去或现在）和分布位置以外（即在原分布范围以外自然繁殖的，或没有直接或间接引进，或没有人类活动就不能定殖）的一种物种、亚种或低级分类群，包括这些物种能生存和繁殖的任何部分、配子或繁殖体。[③]

---

① 见国务院法制办公室《对陕西省人民政府法制办公室关于〈中华人民共和国陆生野生动物保护实施条例〉适用中有关问题的请示的答复》（2002）。

② 本地物种（或者当地物种），是指在其自然范围（过去或现在）和分布位置之内（即在其自然存在，或在没有直接或间接引进，或没有人类干预的情况下能够占领的范围内）的物种、亚种或低级分类群。

③ 由于在一个国家内的不同地区之间也存在着外来物种入侵问题。因此，本书所谓的外来物种，特针对不同国家（地区）之间而言。

外来入侵物种是指在自然、半自然生态系统或生境中，建立种群并影响和威胁到本地生物多样性的一种外来物种。

外来物种入侵所造成的生态破坏问题是 20 世纪后期为各国所认识的。外来入侵物种通过压制或排挤本地物种，危及本地物种的生存，加快物种多样性和遗传多样性的丧失，破坏生态系统的结构和功能，进而造成巨大的生态环境和经济损失。目前，国际社会已将外来入侵物种列为除生境破坏以外，生物多样性丧失的第二大因素。[①]

外来物种入侵的引入路径主要有有意引进、无意引进和自然入侵三种。在我国，作为有用植物引进的大约占 50%。而致害性外来入侵物种中，40%属有意引进、50%属无意引进，经自然扩散进入中国境内的外来入侵物种不到 10%。[②]

目前，美国、新西兰和日本等国已经制定了防治外来物种入侵的法律。其中主要特色在于：在引进外来物种方面，规定了引进许可制度；在外来物种获准引进后，则适用国内法有关特定动植物的名录指定制度，通过制定外来物种管理计划和法律确立的管理、清除措施实施监控。

我国新修订的《环境保护法》对引进外来物种作了原则性规定，要求引进外来物种应当采取措施，防止对生物多样性的破坏（第 30 条第二款）。除此之外，与外来物种相关的规定多散见于野生动植物保护与病虫害、杂草检疫和传染病防疫的法律法规中。例如，我国于 1999 年新修改颁布的《海洋环境保护法》中，对防范引进海洋动植物物种对海洋生态环境的威胁规定应当进行科学论证（第 25 条）。2002 年新修订的《农业法》中，对从境外引进生物物种资源规定依法登记或者审批，并采取相应安全控制措施（第 64 条第一款）。目前，我国尚未制定专门针对外来物种入侵的法律制度。

此外，2000 年 12 月在国务院印发的《全国生态环境保护纲要》的通知中，要求对引进外来物种实行风险评估，加强进口检疫工作，防止国外有害物种进入国内。2003 年 8 月国家林业局在《关于发布商业性经营利用驯养繁殖技术成熟的梅花鹿等 54 种陆生野生动物名单的通知》中，还要求对列名中的外来物种，在驯养繁殖、运输、经营利用、进出口等各个环节，要采取有效措施，切实防范其逃逸至野外，避免对自然生态造成危害。

2005 年 12 月全国人大常委会通过的《畜牧法》第 15 条规定："从境外引进的畜禽遗传资源被发现对境内畜禽遗传资源、生态环境有危害或者可能产生危害的，国务院畜牧兽医行政主管部门应当商有关主管部门，采取相应的安全控制措施。"

但是，从我国立法现状看，对无意引进外来有害物种的检疫措施和制度已逐步建立，但对外来物种有意引进的控制、外来物种入侵的治理和生态环境的恢复等重要问题法律还没有作出具体规定。

（五）对现行野生生物保护法的评价

我国现行野生生物保护法所保护的野生生物范围过于狭窄，一般限于比较珍贵的野生生物，重视野生生物的资源效益而忽视野生生物在物种多样性、生态价值以及动物福利等方面的内容，这些是我国野生生物保护法需要加强的地方。

---

① 李振宇，解焱：《中国外来入侵种》，中国林业出版社，2002 年 11 月，序言。

② 赵永新："外来物种入侵，一年'吃'掉 1200 亿"。载于人民网：http://www.people.com.cn/GB/huanbao/1073/2525411.html。最后访问时间：2012-12-29。

三、自然区域保护法

（一）概述

自然区域的法律保护是自然保护的重要内容，目前我国有关自然区域保护的法律法规主要涉及自然保护区、风景名胜区等方面的保护规定。

自然保护区是指对有代表性的自然生态系统、珍稀濒危野生动植物物种的天然集中分布区、有特殊意义的自然遗迹等保护对象所在的陆地、陆地水体或者海域，依法划出一定面积予以特殊保护和管理的区域。自我国于 1956 年在广东鼎湖山设立了中国最早的自然保护区以来，截至 2011 年底，全国已建立各种类型、不同级别的自然保护区 2 640 个，总面积约 14 971 万公顷，其中陆域面积约 14 333 万公顷，占国土面积的 14.9%。[①]

风景名胜区是指具有观赏、文化或者科学价值，自然景观、人文景观比较集中，环境优美，可供人们游览或者进行科学、文化活动的区域。截至 2012 年 10 月，全国已设立风景名胜区 962 处，总面积约 19.75 万平方千米，占国土面积的 2.06%。[②]

在自然保护区立法方面，主要法规、规章有《自然保护区条例》（1994）、《森林和野生动物类型自然保护区管理办法》（1985）、《水生动植物自然保护区管理办法》（1997）等。在风景名胜区立法方面，主要法规、规章有《风景名胜区条例》（2006）等。

《自然保护区条例》规定国家对自然保护区实行综合管理与分部门管理相结合的管理体制。国务院环保部门负责全国自然保护区的综合管理[③]。《风景名胜区条例》规定省、自治区人民政府建设主管部门和直辖市人民政府风景名胜区主管部门，负责本行政区域内风景名胜区的监督管理工作。

（二）自然保护区

1．设立自然保护区的条件

《自然保护区条例》规定了建立自然保护区的条件。自然保护区的申报程序则由国务院办公厅于 1991 年 3 月印发的《国务院办公厅转发国家环保局关于国家级自然保护区申报审批意见的报告的通知》作出规定[④]。

2．自然保护区的分级

自然保护区分为国家级自然保护区和地方级自然保护区两类。国家级自然保护区是指在国内外有典型意义、在科学上有重大国际影响或者有特殊科学研究价值的自然保护区。除列为国家级自然保护区的外，其他具有典型意义或者重要科学研究价值的自然保护区列

---

① 见环境保护部《2011 年中国环境状况公报》。

②《中国的风景名胜区》，载于新华网：http://news.xinhuanet.com/ziliao/2004-02/13/content_1313462.htm ,最后访问时间：2012-12-30。

③ 综合管理部门的职责包括对自然保护区的设立申请进行协调并提出审批建议（第 12 条），拟定自然保护区发展规划（第 17 条），制定自然保护区管理的技术规范和标准（第 19 条），对各种类型自然保护区的管理进行监督检查（第 20 条），对自然保护区的污染设施依法监督其限期治理（第 32 条），对违法行为实施行政处罚（第 36 条）等。见原国家环保总局《关于〈中华人民共和国自然保护区条例〉有关条款具体应用问题的复函》（2001）。

④ 见原国家环保总局《关于建立自然保护区审查程序问题的复函》（1999）。

为地方级自然保护区。

3．自然保护区内保护区域的划分

自然保护区分为核心区、缓冲区和实验区三类。

第一类是核心区。自然保护区内的核心区禁止任何单位和个人进入，不得建设任何生产设施。

第二类是缓冲区。在自然保护区的核心区外围，可以划定一定面积的缓冲区。除因教学科研的目的需要、依法批准可以进入缓冲区外，禁止在缓冲区开展旅游和生产经营活动，不得建设任何生产设施。

第三类是实验区。在自然保护区的缓冲区外划为实验区，可以进入从事科学试验、教学实习、参观考察、旅游以及驯化、繁殖珍稀、濒危野生动植物活动。但是不得建设污染环境、破坏资源或者景观的生产设施；建设其他项目的，其污染物排放不得超过污染物排放标准。比如高速公路，若因工程需要不得不穿越实验区时，应采取有效措施，尽量降低噪声，其环评标准可参照《城市区域环境噪声标准》的 0 类区的夜间标准噪声限值[①]。

4．对有关行为的禁止与限制

在自然保护区内的单位、居民和经批准进入自然保护区的人员，必须遵守自然保护区的各项管理制度。外国人进入地方级自然保护区的，应当报经省级人民政府自然保护区主管部门批准；进入国家级自然保护区的，应当报经国务院有关自然保护区主管部门批准。

（三）风景名胜区

1．风景名胜区的分级

风景名胜区分为国家级和省级。

2．编制风景名胜区的规划

风景名胜区规划分为总体规划和详细规划。总体规划的编制，应当坚持保护优先、开发服从保护的原则。详细规划应当明确建设用地范围和规划设计条件。风景名胜区详细规划应当符合风景名胜区总体规划。

3．风景名胜区的保护措施

风景名胜区内的景观和自然环境，应当根据可持续发展的原则严格保护，不得破坏或者随意改变。

（四）对现行自然区域保护法的评价

我国自然区域保护法律制度对区域生态环境的保护起了重要作用，但是存在管理体制混乱、保护措施不足等问题，为此，我国自然区域保护立法应以保护区为核心综合生态保护的同时，兼顾保护区内社会经济利益和居民利益。

---

① 见原国家环保总局《关于公路建设穿越自然保护区执行噪声标准问题的解释》（1999）。

四、海洋生态及海岛保护法

（一）概述

海洋环境的范围既包括海水、海洋生物，也包括海岛[①]、海礁以及海底等。海洋是与森林、湿地并列的地球三大生态系统之一，海洋生态保护日益受到国际社会普遍关注。

我国对海洋生态的保护主要在《海洋环境保护法》（1983 年制定，1999 年修改）第三章海洋生态保护中规定。主要法规、规章有《近岸海域环境功能区管理办法》（1999）、《海洋特别保护区管理办法》（2010）等。在海岛保护方面，主要法律有《海岛保护法》（2009）。

（二）海洋生态保护

1．海洋功能区划和近岸海域环境功能区

沿海县级以上地方人民政府环保部门对本行政区近岸海域环境区的环境保护工作实施统一监督管理。近岸海域环境功能区是指为适应近岸海域环境保护工作的需要，依据近岸海域的自然属性和社会属性以及海洋自然资源开发利用现状，结合本行政区国民经济、社会发展计划与规划，对近岸海域按照不同的使用功能和保护目标而划定的海洋区域。海洋功能区划和近岸海域环境功能区划两者间是整体与局部、综合与个别的关系[②]。

2．海洋自然保护区

海洋保护区属于自然保护区的一种。法律规定，根据保护海洋生态的需要，由国务院有关部门和沿海省级人民政府选划、建立海洋自然保护区。

3．海洋特别保护区

凡具有特殊地理条件、生态系统、生物与非生物资源及海洋开发利用特殊需要的区域，可以建立海洋特别保护区。海洋特别保护区分为国家级和地方级（省级）两级，保护区的设立及其管理遵循综合管理与分部门、分级管理相结合的原则，由沿海省级人民政府海洋部门或国家海洋局海区派出机构负责组织实施。海洋特别保护区的管理由《海洋特别保护区管理暂行办法》（2005）规定。

4．政府保护海洋生态的义务

国务院和沿海地方各级人民政府应当采取有效措施，保护红树林、珊瑚礁、滨海湿地、海岛、海湾、入海河口、重要渔业水域等具有典型性、代表性的海洋生态系统，珍稀、濒危海洋生物的天然集中分布区，具有重要经济价值的海洋生物生存区域及有重大科学文化价值的海洋自然历史遗迹和自然景观。

5．开发、利用海洋资源中的保护措施

开发、利用海洋资源，应当根据海洋功能区划合理布局，不得造成海洋生态环境破坏；开发海岛及周围海域的资源，应当采取严格的生态保护措施，不得造成海岛地形、岸滩、

---

① 海岛是指四面环海水并在高潮时高于水面的自然形成的陆地区域，包括有居民海岛和无居民海岛。

② 见国家海洋局办公室《关于重申海洋功能区划与近海海域环境功能区划关系的函》（1998）。

植被以及海岛周围海域生态环境的破坏；新建、改建、扩建海水养殖场，应当进行环境影响评价。

（三）海岛保护

沿海县级以上地方人民政府海洋主管部门和其他有关部门按照各自的职责，负责本行政区域内有居民海岛及其周边海域生态保护工作。

沿海地方各级人民政府应当采取措施，保护海岛的自然资源、自然景观以及历史、人文遗迹。禁止改变自然保护区内海岛的海岸线。禁止采挖、破坏珊瑚和珊瑚礁。禁止砍伐海岛周边海域的红树林。

有居民海岛的开发、建设应当对海岛土地资源、水资源及能源状况进行调查评估，依法进行环境影响评价。海岛的开发、建设不得超出海岛的环境容量。新建、改建、扩建建设项目，必须符合海岛主要污染物排放、建设用地和用水总量控制指标的要求。确需填海、围海改变海岛海岸线，或者填海连岛的，项目申请人应当提交项目论证报告、经批准的环境影响评价报告等申请文件。

（四）对现行海洋生态与海岛保护法的评价

现行海洋生态与海岛保护法对于海洋生态环境保护具有重要作用，但也存在保护制度措施不够具体、管理体制不协调、海域权属制度不清晰等问题，使得海洋生态环境破坏越来越严重，对此我国海洋生态与海岛保护法应加强生态保护相关措施，理清管理体制与权属制度。

五、自然资源法中有关自然保护的措施

（一）概述

自然资源是在一定技术经济条件下环境中对人类有用的一切自然要素。这里所谓的有用，主要指自然资源可以为人类社会的发展提供物质保障和带来经济利益。因此，人类在较早的时期就已经通过制定法律来保护自然资源。例如传统物权法的渊源既包括有关土地、树木、水、矿产等自然资源所有权或用益物权方面的法律、也包括对自然资源管理的相关法律。这样可以认为对自然资源使用权及其相关用益物权的保护就是自然资源法律的直接目的。

但是在现代社会强调人类对自然资源的持续利用、生态保护的背景下，各国在修改自然资源法律的进程中，或多或少地都会增加自然资源保护和自然环境保护的条文，这样就使得自然资源法在性质上具有了环境法的特征，自然资源法律中有关自然保护的法律规范也就成为环境法的一个有机的组成部分。

（二）土地资源合理开发利用制度中的自然保护措施

土地是指地球陆地的表层。它是人类赖以生存和发展的物质基础和环境条件，是社会生产活动中最基础的生产资料。土地的基本属性在于位置固定、面积有限和不可替代[①]。

① 《中国自然保护纲要》编写委员会：《中国自然保护纲要》，中国环境科学出版社，1987年，第17页。

我国保护土地资源的主要法律有《土地管理法》(1986年制定，2004年修改)、《水土保持法》(1991年制定，2010年修改)、《防沙治沙法》(2001)、《农业法》(1993年制定，2002年修改)等。主要的法规规章有《土地管理法实施条例》(1991年制定，1998年修改)、《水土保持法实施条例》(1993)、《基本农田保护条例》(1994年制定，1998年修改)、《土地复垦条例》(2011)等。

1. 土地保护的相关措施

《土地管理法》规定国务院土地行政主管部门统一负责全国土地的管理和监督工作。县级以上地方人民政府土地行政主管部门的设置及其职责，由省、自治区、直辖市人民政府根据国务院有关规定确定。

十分珍惜、合理利用土地和切实保护耕地是我国的基本国策。明确土地的所有权与使用权，实行国有土地有偿使用制度。国家对土地实行用途管制制度，通过编制土地利用总体规划实现土地的规定用途。对土地实行分类制，土地分为农用地、建设用地和未利用地三类，对其予以分别用途和管理。对耕地实行特殊保护制度。

2. 水土保持的相关措施

水土保持是指对自然因素和人为活动造成水土流失所采取的预防和治理措施。《水土保持法》规定县级以上地方人民政府水行政主管部门主管本行政区域的水土保持工作。

水土保持工作实行预防为主、保护优先、全面规划、综合治理、因地制宜、突出重点、科学管理、注重效益的方针。县级以上人民政府应当依据水土流失调查结果划定并公告水土流失重点预防区和重点治理区。县级以上人民政府水行政主管部门会同同级人民政府有关部门编制水土保持规划，报本级人民政府或者其授权的部门批准后，由水行政主管部门组织实施。另外，还规定了水土保持的预防、治理、监测和监督措施。

3. 防沙治沙的相关措施

土地沙化是指主要因人类不合理活动所导致的天然沙漠扩张和沙质土壤上植被及覆盖物被破坏，形成流沙及沙土裸露的过程。《防沙治沙法》规定国务院林业行政主管部门负责组织、协调、指导全国防沙治沙工作。县级以上地方人民政府组织、领导所属有关部门，按照职责分工，各负其责，密切配合，共同做好本行政区域的防沙治沙工作。

在沙化土地范围内从事开发建设活动的，必须事先就该项目可能对当地及相关地区生态产生的影响进行环境影响评价，依法提交环境影响报告；环境影响报告应当包括有关防沙治沙的内容。因保护生态的特殊要求，将治理后的土地批准划为自然保护区或者沙化土地封禁保护区的，批准机关应当给予治理者合理的经济补偿。另外，还规定了防沙治沙规划、预防、治理以及保障等措施。

(三) 水资源合理开发利用制度中的自然保护措施

水资源包括地表水(主要指江河、湖泊、冰川等)和地下水。我国与水资源相关的立法主要有《水法》与《水污染防治法》，它们的区别主要在于立法目的与行为控制的角度不同。《水法》的目的主要在于调整开发、利用、保护和管理水资源的人类行为，使其得以为人类永续利用(水量保护)。而《水污染防治法》的目的则是通过对人为活动产生的水污染物进行控制，并且对已经受到污染的水体予以治理，使其符合生态平衡以及人类生存的需要(水质保护)。但二者的终极目的是一致的，即都是为了保护水资源。

我国在开发、利用、保护和管理水资源方面的主要法律有《水法》（1988 年制定，2002 年修改）、《防洪法》（1997）。主要的法规规章有《河道管理条例》（1988）、《城市节约用水管理规定》（1988）、《城市供水条例》（1994）、《取水许可和水资源费征收管理条例》（2006）等。

《水法》规定国务院水行政主管部门负责全国水资源的统一管理和监督工作。县级以上地方人民政府水行政主管部门按照规定的权限，负责本行政区域内水资源的统一管理和监督工作。

1．水资源开发利用的相关措施

建设水力发电站，应当保护生态环境，兼顾防洪、供水、灌溉、航运、竹木流放和渔业等方面的需要。县级以上人民政府水行政主管部门、流域管理机构以及其他有关部门在制定水资源开发、利用规划和调度水资源时，应当注意维持江河的合理流量和湖泊、水库以及地下水的合理水位，维护水体的自然净化能力。

2．水功能区划制度的相关措施

江河、湖泊的水功能区划由水行政主管部门会同同级环保部门和有关部门拟定。

县级以上人民政府水行政主管部门或者流域管理机构应当按照水功能区对水质的要求和水体的自然净化能力，核定该水域的纳污能力，向环保部门提出该水域的限制排污总量意见。县级以上地方人民政府水行政主管部门和流域管理机构应当对水功能区的水质状况进行监测，发现重点污染物排放总量超过控制指标的，或者水功能区的水质未达到水域使用功能对水质的要求的，应当及时报告有关人民政府采取治理措施，并向环保部门通报。

在江河、湖泊新建、改建或者扩大排污口，应当经过有管辖权的水行政主管部门或者流域管理机构同意，由环保部门负责对该建设项目的环境影响报告书进行审批。

（四）森林资源合理开发利用制度中的自然保护措施

森林资源是指包括森林（乔木林和竹林）、林木（树木、竹子）、林地（包括郁闭度 0.2 以上的乔木林地以及竹林地、灌木林地、疏林地、采伐迹地、火烧迹地、未成林造林地、苗圃地和县级以上人民政府规划的宜林地等）以及依托森林、林木、林地生存的野生动物、植物和微生物。

我国在森林保护方面的主要法律有《森林法》（1984 年制定，1998 年修改）。主要的法规规章有《森林采伐更新管理办法》（1987）、《森林防火条例》（1988 年制定，2008 年修改）、《森林病虫害防治条例》（1989）、《森林法实施条例》（2000）、《退耕还林条例》（2002）等。

《森林法》规定国务院林业主管部门主管全国林业工作。县级以上地方人民政府林业主管部门，主管本地区的林业工作。

《森林法》规定林业建设实行以营林为基础，普遍护林，大力造林，采育结合，永续利用的方针。将森林分为防护林、用材林、经济林、薪炭林和特种用途林等五大类，按照它们对人类社会、经济和环境需求性质的不同，实行强度不同的分类保护。规定植树造林和封山育林制度。规定采伐许可制度，并按照消耗量低于生长量的原则，严格控制森林年采伐量。

（五）草原资源合理开发利用制度中的自然保护措施

草原资源是指由生长在干旱与半干旱地区的草本植物所组成的对人类具有经济价值的自然综合体。我国《草原法》所称草原，是指天然草原和人工草地。

我国在保护、管理、建设和合理利用草原方面的法律主要有《草原法》（1985 年制定，2002 年修改）。主要的法规规章有《草原防火条例》（1993 年制定，2008 年修改）、《国务院关于加强草原保护与建设的若干意见》（2002）、《草畜平衡管理办法》（2005）、《草原征占用审核审批管理办法》（2006）等。

《草原法》规定国务院草原行政主管部门主管全国草原监督管理工作。县级以上地方人民政府草原行政主管部门主管本行政区域内草原监督管理工作。

国家对草原实行科学规划、全面保护、重点建设、合理利用的方针。国家对草原保护、建设、利用实行统一规划制度，草原保护、建设、利用规划应当与土地利用总体规划相衔接，与环境保护规划、水土保持规划、防沙治沙规划、水资源规划、林业长远规划、城市总体规划、村庄和集镇规划以及其他有关规划相协调。另外，还规定了草原建设、利用以及保护方面的内容。

（六）矿产资源与能源合理开发利用中的自然保护措施

矿产资源是指由地质作用形成的，具有利用价值的，呈固态、液态、气态的自然资源。目前我国《矿产资源法实施细则》将矿产资源分为能源矿产、金属矿产、非金属矿产和水汽矿产四类。我国在保护矿产资源合理开发利用方面的法律主要有《矿产资源法》（1986 年制定，1997 年修改）、《煤炭法》（1996）。主要法规规章有《矿产资源法实施细则》（1994）等。

在能源合理开发利用方面，则主要包括节约能源与再生能源的相关规定。《节约能源法》中所称能源是指煤炭、石油、天然气、生物质能和电力、热力以及其他直接或者通过加工、转换而取得有用能的各种资源。《可再生能源法》中所称的可再生能源是指风能、太阳能、水能、生物质能、地热能、海洋能等非化石能源。

我国在节约能源方面的主要法律有《节约能源法》（1997 年制定，2007 年修改）。主要法规规章有《城市建设节约能源管理实施细则》（1987）、《建材工业节约能源管理办法》（1991）、《重点用能单位节能管理办法》（1999）、《交通行业实施节约能源法细则》（2000）、《国务院批转节能减排统计监测及考核实施方案和办法的通知》（2007）、《国务院关于印发节能减排综合性工作方案的通知》（2007）等。在可再生能源的开发利用方面的主要法律有《可再生能源法》（2005 年制定，2009 年修改）。主要的法规规章有《可再生能源发展专项资金管理暂行办法》（2006）、《电网企业全额收购可再生能源电量监管办法》（2007）等。

1. 矿产资源合理开发利用的相关措施

设立矿山企业，必须符合国家规定的资质条件，并依照法律和国家有关规定，由审批机关对其矿区范围、矿山设计或者开采方案、生产技术条件、安全措施和环境保护措施等进行审查。关闭矿山，必须提出矿山闭坑报告及有关采掘工程、安全隐患、土地复垦利用、环境保护的资料，并按照国家规定报请审查批准。

开采矿产资源，必须遵守有关环境保护的法律规定，防止污染环境。县级以上人民政府环保部门对本辖区内的尾矿污染防治实施统一监督管理[①]。

2．节约能源的相关措施

国家建立健全节能标准体系。国务院标准化主管部门会同国务院管理节能工作的部门和国务院有关部门制定强制性的用能产品、设备能源效率标准和生产过程中耗能高的产品的单位产品能耗限额标准。国家对落后的耗能过高的用能产品、设备和生产工艺实行淘汰制度。国家对家用电器等使用面广、耗能量大的用能产品，实行能源效率标识管理。

3．可再生能源利用的相关措施

国务院能源主管部门会同国务院有关部门，根据全国可再生能源开发利用中长期总量目标和可再生能源技术发展状况，编制全国可再生能源开发利用规划，报国务院批准后实施。

国家鼓励和支持可再生能源并网发电；实行可再生能源发电全额保障性收购制度；鼓励清洁、高效地开发利用生物质燃料，鼓励发展能源作物；鼓励单位和个人安装和使用太阳能热水系统、太阳能供热采暖和制冷系统、太阳能光伏发电系统等太阳能利用系统。

（七）渔业资源开发利用中的自然保护措施

渔业资源，是指水域中可以作为渔业生产经营的对象，以及具有科学研究价值的水生生物的总称。

为了加强渔业资源的保护、增殖、开发和合理利用，发展人工养殖，保障渔业生产者的合法权益，促进渔业生产的发展，中国于1986年制定了《渔业法》，该法适用于中华人民共和国的内水、滩涂、领海以及中华人民共和国管辖的一切其他海域从事养殖和捕捞水生动物、水生植物等渔业生产活动。《渔业法》于2002年10月和2004年8月作了两次修订。另外，中国还专门针对渔业水质制定了《渔业水质标准》（GB 11607—89）。

根据《渔业法》的规定，我国对渔业养殖业实行养殖业使用证制度。从事养殖生产应当保护水域生态环境，科学确定养殖密度，合理投饵、施肥、使用药物，不得造成水域的环境污染。

《渔业法》还对渔业资源进行捕捞作业的地点、作业强度等限制措施也作出了明确的规定，主要包括：根据捕捞量低于渔业资源增长量的原则，确定渔业资源的总可捕捞量，实行捕捞限额制度；对于捕捞业者实行捕捞许可证制度；因科学研究等特殊需要，在禁渔区、禁渔期捕捞，或者使用禁用的渔具、捕捞方法，或者捕捞重点保护的渔业资源品种，必须经省级以上人民政府渔业部门批准。

《渔业法》还规定了渔业资源增殖保护费制度。县级以上人民政府渔业部门可以向受益的单位和个人征收渔业资源增殖保护费，专门用于增殖和保护渔业资源。

（八）海域开发利用中的自然保护措施

海域，是指中华人民共和国内水、领海的水面、水体、海床和底土。为了加强海域使用管理，维护国家海域所有权和海域使用权人的合法权益，促进海域的合理开发和可持续

---

① 国家环境保护局：《防治尾矿污染环境管理规定》（1992）。

利用，2001年10月全国人大常委会还颁布施行了《海域使用管理法》。

《海域使用管理法》将海域规定为国家所有，由国务院代表国家行使海域所有权（第3条第一款）。在对海域进行合理开发和利用方面，海域使用权派生于国家海域所有权，因此可以将其视为是与土地使用权并列的用益物权之一。

《海域使用管理法》的主要内容是对海洋功能区划的编制、审批等作出具体规定，要求养殖、盐业、交通、旅游等行业规划涉及海域使用的，应当符合海洋功能区划。并且规定沿海土地利用总体规划、城市规划、港口规划涉及海域使用的，应当与海洋功能区划相衔接。此外，该法还确立了海域使用权登记制度、海域有偿使用制度。

（九）对自然资源法中有关自然保护的措施的评价

我国各单项自然资源法律法规对自然资源管理过程中，都有着一定的自然保护措施。但是作为主要规范自然资源利用的自然资源法，其自然资源开发利用制度与自然保护的需求之间是存在一定冲突的。对此，应制定专门的自然保护法律法规，以防止自然资源立法偏重于自然资源使用权的保护而忽视了环境权益的保护。

本章小结

我国环境污染防治法的体系主要由大气污染防治、水污染防治、海洋污染防治、固体废物污染环境防治、环境噪声污染防治、放射性污染防治、化学物质环境管理以及清洁生产、循环经济等方面的法律、法规、规章所组成。

我国现行《大气污染防治法》主要对大气污染防治的基本制度以及对防治燃煤污染、机动车船排放污染和废气、粉尘和恶臭污染等作出了专门的规定。我国现行《水污染防治法》主要对水污染防治的基本制度、防治工业、城镇、农业和农村、船舶水污染、饮用水水源和其他特殊水体保护、水污染事故处置等作出了专门的规定。我国现行《海洋环境保护法》主要对防治海岸工程对海洋环境的污染损害、防治海洋石油勘探开发对海洋环境的污染损害、防治陆源污染物对海洋环境的污染损害、防治船舶对海洋环境的污染损害、防治倾倒废弃物对海洋环境的污染损害等方面做了规定。我国现行《固体废物污染环境防治法》主要对防治工业固体废物、生活垃圾以及危险废物污染环境做了规定。我国对化学物质管理的相关法规主要有《危险化学品安全管理条例》、《监控化学品管理条例》、《化学品首次进口及有毒化学品进出口环境管理规定》、《新化学物质环境管理办法》、《农药管理条例》等。

我国现行的《环境噪声污染防治法》主要对防治噪声污染的综合性法律制度、工业噪声污染防治、建筑施工噪声控制、交通运输噪声控制和社会生活噪声控制做出了规定。我国现行《放射性污染防治法》主要对放射性污染防治的综合管理措施、核设施管理、核技术利用管理、铀（钍）矿和伴生放射性矿开发利用的管理、放射性废物的管理作出了规定。目前，我国尚未制定专门的振动控制法律。在振动控制方面，主要执行的是《城市区域环境振动标准》。在电磁辐射环境安全管理方面，我国仅有《电磁辐射环境保护管理办法》。此外，主要执行的还有《电磁辐射防护规定》、《环境电磁波卫生标准》等标准。

我国现行《清洁生产促进法》主要对清洁生产促进的管理体制、政府及其主管部门促进清洁生产的职责以及企业实施清洁生产的义务进行了规定。我国现行《循环经济促进法》主要对促进减量化、再利用、资源化的措施进行了规定。

自然保护法，是指以保护生态系统平衡或防止生物多样性破坏为目的，对利用自然环境和资源的行为实行控制而制定的法律规范的总称。自然保护法包括自然保护法和自然资源保护法两大部分。

自然保护法主要包括野生生物保护与自然区域保护两大部分内容。在野生生物保护方面，我国制定了《野生动物保护法》、《野生植物保护条例》、《陆生野生动物保护条例》、《水生野生动物保护条例》等法律法规，对野生生物保护的管理体制、重点保护目录、栖息地保护、野生生物猎捕或采集控制、野生生物及其制品经营利用或进出口控制等内容进行了规定。在自然区域保护方面，我国制定了《自然保护区条例》、《风景名胜区条例》等法律法规，内容主要涉及自然保护区、自然遗产和风景名胜区、城市景观与绿地等三方面。

在自然资源保护法方面，我国主要针对土地、森林、草原、水、渔业、海域、矿产等自然资源的利用与保护进行了规定。我国《土地管理法》主要对耕地保护、建设用地控制进行规定，《水土保持法》主要对水土流失的预防、治理进行了规定，《防沙治沙法》主要对土地沙化预防、沙化土地治理等进行了规定；我国《森林法》主要对森林经验管理、森林保护等进行了规定；我国《草原法》主要对草原利用、草原保护进行了规定；我国《水法》主要对水资源利用、水资源保护进行了规定；我国《渔业法》主要对渔业养殖与捕捞管理、渔业增殖与保护等进行了规定；我国《海域使用管理法》主要对海域功能区划、海域使用权属等进行了规定；我国《矿产资源法》主要对矿产资源权属、勘察、开发以及开发利用过程中的环境保护措施进行了规定；我国《可再生能源法》主要对可再生能源利用总量目标、可再生能源并网发电、收购等进行了规定；我国《节约能源法》主要对节能管理的相关措施进行了规定。

思考题

1．我国防治大气污染的主要法律规定有哪些？
2．我国防治水污染的主要法律规定有哪些？
3．我国防治海洋污染的主要法律规定有哪些？
4．我国防治固体废物污染环境的主要法律规定有哪些？
5．我国化学物质管理的主要法律规定有哪些？
6．我国防治噪声污染的主要法律规定有哪些？
7．我国防治放射性污染的主要法律规定有哪些？
8．我国促进清洁生产的主要法律规定有哪些？
9．我国促进循环经济的主要法律规定有哪些？
10．我国野生生物保护的主要法律规定有哪些？
11．我国自然区域保护的主要法律规定有哪些？
12．我国自然资源法的自然保护措施主要有哪些？

参考文献

[1] 汪劲．环境法学（第二版）．北京：北京大学出版社，2011．

[2] 韩德培．环境保护法教程（第五版）．北京：法律出版社，2007．

[3] 金瑞林．环境与资源保护法学．北京：高等教育出版社，2006．

第七章　环境法律责任制度

第一节　环境法律责任制度概述

环境法律责任是法律责任制度在环境法中的具体体现，是指因实施了违反环境法的行为者或者造成生态破坏和环境污染者，依据环境法的规定，应当承担的法律后果。

环境法律责任包括环境行政责任、刑事责任和民事责任。环境行政责任是指公民、法人或其他组织实施违反环境保护行政法律规范的行为，而应承担的行政方面的不利法律后果。环境刑事责任是指个人或者单位实施破坏环境资源保护的犯罪行为，而应承担的刑事方面的不利法律后果。环境民事责任主要是侵权责任，即公民、法人或其他组织因实施环境侵权行为，应当承担的民事方面的法律后果。

从理论上来说，环境保护法的民事、行政及刑事责任之间存在一种互补且层层递进的关系，从而构成一个严密的“法网”：

民事责任以“损害赔偿”为主，侧重对受害人的救济，关系着最基本的公平和正义。传统的民事责任侧重对受害人人身权和财产权的保护，近年来，随着各国对生态损害的日益重视，生态损害赔偿也逐渐成为污染者应当承担的环境民事责任之一，这对于环境保护而言意义非常重大。

行政责任侧重对违法者本身的处罚，它是实践中运用最多的一类法律责任。环境保护行政主管部门通过对违反环境保护法律的违法者适用行政责任，可以剥夺违法者的违法受益，督促违法者守法。

刑事责任既注重对违法者本身的处罚，又注重对潜在违法者的威慑。刑事责任是最严厉的法律责任，只适用于最严重的环境违法行为。对严重环境违法者追究刑事责任，一方面可以让违法者感受到违法后果的严重性，避免将来再次违法；另一方面也可以让一些潜在的违法者打消违法的念头，起到“杀鸡儆猴”的作用。此外，对严重违法者追究刑事责任，还可以满足公众对于公平正义的需求，维护并提升公众对于法治的认同感。

当环境民事、行政、刑事责任在立法上比较完善并且在实践中能够严格执行时，不但能在事后最大限度地保障受害人获得应有的救济并使违法者得到应有的惩罚，而且在事先就能迫使理性的潜在违法者遵纪守法，从而大大减少实际发生的违法行为。

传统上，在违法行为发生之后，一般都是由国家机关或者直接受害人追究违法者的法律责任。但在环境保护领域，尽管环境违法行为实际上关系到很多人的利益，但往往缺乏传统法意义上的直接受害人，并且享有环境保护行政管理职权的部门也经常怠于行使职权追究违法者法律责任，从而酿成“公地悲剧”。

为了克服这个悲剧，保护“环境”这种公共资源，现代环境法逐渐发展出公益诉讼制度，即允许与案件无直接利害关系的原告出于公益目的，针对损害公共环境利益的行为，向法院起诉，要求法院判决被告改变违法行为并承担相应的民事责任或者行政责任。

第二节　环境行政责任

一、环境行政责任的概念及其构成要件

（一）环境行政责任的概念

环境行政责任是指违反环境保护法和国家行政法规所规定的行政义务或法律禁止事项而应承担的不利法律后果。行政责任包括两个类别：行政处罚与行政处分。

（二）环境行政责任的构成要件

构成环境行政责任，通常包括行为违法、行为人的过错、行为造成的危害后果以及违法行为与危害后果之间的因果关系四个方面的要件。

行为违法，即行为人实施了法律禁止的行为或违反了法律规定的义务。行为违法是构成行政责任的必要条件，没有违法行为，便不构成行政责任。《环境保护法》和其他污染防治及生态保护单行法中均规定了具体的行政违法行为。

值得一提的是，某些违反《治安管理处罚法》损害环境的行为，也可以依法追究治安管理处罚类别的行政法律责任。

行为人主观上具有故意或过失也是承担行政责任的必要条件。故意的心理状态是行为人明知自己的行为会造成对环境、公私财产或人体健康的危害，而“明知故犯”。过失则表现为由于疏忽大意或过于自信而导致损害发生，并非故意。实践中，对环境和资源的破坏多表现为故意，对环境的污染多表现为过失的心理状态。

行为的危害后果。根据我国环境保护法的规定，危害后果不是承担行政责任的必要条件。也就是说，在某些情况下，法律规定没有造成危害后果的违法行为也要承担行政责任。但在另一些场合，必须产生了危害后果才承担行政责任。在这种场合，危害后果的大小，会影响承担行政责任的轻重程度。

法律上的因果关系大体分为直接因果关系（也叫必然性因果关系）和间接因果关系（也叫偶然性因果关系）两种。直接因果关系是指原因与结果之间存在着内在的、必然性的联系。甲行为出现，必然出现乙结果，甲不出现，乙也不出现；间接因果关系，一般表现为：一种危害行为，产生了某些危害结果，（或尚无危害后果）又和其他条件结合（可能是自然力也可能是其他人的行为）又产生了另一种危害后果。这种危害行为对后一种危害结果来说，不是必然出现的，但它是原因或条件之一，也应视为具有因果关系。

当然，在法律规定不要求危害结果作为承担行政责任的条件时，也就不存在因果关系的认定问题。

二、行政处分

（一）行政处分的概念

行政处分又称纪律处分，是指国家行政机关、企业事业单位，根据行政隶属关系，依照有关法律、法规或内部规章对犯有违法失职和违纪行为的所属人员给予的一类行政制裁。实施行政处分的依据是国家环境保护的法律、法规以及《公务员法》、《行政机关公务员处分条例》和《环境保护违法违纪行为处分暂行规定》等。行政处分的目的是为了增强负有污染防治职责的领导人和责任人的环保意识和责任心，减少行政违法行为。《公务员法》和《行政机关公务员处分条例》在宏观层面上对行政机关公务员的违法行为规定了相应的法律责任，各部环境保护法律、法规以及《环境保护违法违纪行为处分暂行规定》对国家行政机关及其工作人员有关环境保护违法违纪的行为规定了具体的法律责任。

新修订的《环境保护法》第 68 条规定：地方各级人民政府、县级以上人民政府环境保护主管部门和其他负有环境保护监督管理职责的部门有下列行为之一的，对直接负责的主管人员和其他直接责任人员给予记过、记大过或者降级处分；造成严重后果的，给予撤职或者开除处分，其主要负责人应当引咎辞职：

（一）不符合行政许可条件准予行政许可的；

（二）对环境违法行为进行包庇的；

（三）依法应当作出责令停业、关闭的决定而未作出的；

（四）对超标排放污染物、采用逃避监管的方式排放污染物、造成环境事故以及不落实生态保护措施造成生态破坏等行为，发现或者接到举报未及时查处的；

（五）违反本法规定，查封、扣押企业事业单位和其他生产经营者的设施、设备的；

（六）篡改、伪造或者指使篡改、伪造监测数据的；

（七）应当依法公开环境信息而未公开的；

（八）将征收的排污费截留、挤占或者挪作他用的；

（九）法律法规规定的其他违法行为。

在环境管理实践中，国有企业事业单位违法环保法律的，除对该单位依法给予行政处罚外，对该单位中属于国家机关任命的管理人员，任免机关或者监察机关有权依法给予行政处分。例如，2010 年 7 月 16 日某国有石油集团所属大连分公司发生重大溢油污染事故后，国务院批准对该集团主要负责人给予相应行政处分。

（二）行政处分的种类和期限

行政处分包括六种，即警告、记过、记大过、降级、撤职、开除。

行政处罚是有时限的。警告的处分期间为 6 个月，记过的处分期间为 12 个月，记大过的处分期间为 18 个月，降级、撤职的处分期间为 24 个月。对环境保护行政机关公务员给予处分，由任免机关或者监察机关按照管理权限决定。

（三）行政处分的程序

公务员违纪的，应当由任免机关或者监察机关决定对公务员违纪的情况进行调查，并将调查认定的事实及拟给予处分的依据告知公务员本人。公务员有权进行陈述和申辩。给予行政机关公务员处分，应当自批准立案之日起6个月内做出决定；案情复杂或者遇有其他特殊情形的，办案期限可以延长，但是最长不得超过 12 个月。处分决定应当以书面形式通知公务员本人。任免机关应当按照管理权限，及时将处分决定或者解除处分决定报公务员主管部门备案。处分决定、解除处分决定自做出之日起生效。

受到处分的环境保护行政机关公务员对处分决定不服的，依照《公务员法》和《行政监察法》的有关规定，可以申请复核或者申诉。复核、申诉期间不停止处分的执行。环境保护行政机关公务员不因提出复核、申诉而被加重处分。

经复核，有下列情形之一的，受理复核、申诉的机关应当撤销处分决定，重新做出决定或者责令原处分决定机关重新做出决定：处分所依据的违法违纪事实证据不足的，违反法定程序，影响案件公正处理的，作出处分决定超越职权或者滥用职权的。经复核，有下列情形之一的，受理复核、申诉的机关应当变更处分决定，或者责令原处分决定机关变更处分决定：适用法律、法规、规章或者国务院决定错误的，对违法违纪行为的情节认定有误的，处分不当的。

环境保护行政机关公务员的处分决定被变更，需要调整该公务员的职务、级别或者工资档次的，应当按照规定予以调整；环境保护行政机关公务员的处分决定被撤销的，应当恢复该公务员的级别、工资档次，按照原职务安排相应的职务，并在适当范围内为其恢复名誉。被撤销处分或者被减轻处分的环境保护行政机关公务员工资福利受到损失的，应当予以补偿。

三、行政处罚

（一）行政处罚的概念

行政处罚是指由法律授权的环保部门和其他行使环境监督管理权的机关，按照国家有关行政处罚法律规定的程序，对违反规定但尚未构成犯罪的行为人给予的行政制裁。

实施行政处罚的机关，除了对环保工作实施统一监督管理的各级环保部门以外[①]，还包括：依照法律规定对环境污染防治实施监督管理的海洋部门、港务监督、渔政渔港监督、军队环保部门和各级公安、交通、铁道、民航等管理部门，还有依法对资源保护实施监督管理的县级以上政府的土地、矿产、林业、农业、水利等主管部门。

新修订的《环境保护法》第 67 条规定："依法应当给予行政处罚，而有关环境保护主管

① 根据原国家环保总局《关于环境行政处罚主体资格有关问题的复函》（环函[2001]120 号）的解释，环境保护行政处罚依法应由具有行政处罚权的环境保护行政机关实施，其他组织未经法律、法规授权，依法不具有实施环境保护行政处罚的主体资格；行政机关委托其他组织实施环境保护行政处罚的，也应在其法定权限之内委托处罚，超越法定职权委托处罚应属无效。对发生在既无环境保护行政主管部门，也无法律、法规授权实施环境保护行政处罚的其他组织，委托实施处罚又超越法定职权的地方的环境违法案件，上级环境保护行政主管部门可以对其直接实施行政处罚。

部门不给予行政处罚的，上级人民政府环境保护主管部门可以直接作出行政处罚的决定。”

实施行政处罚必须有法定依据，即依照法律、法规或规章的规定，并且依照法定的程序进行。[①]

（二）行政处罚的种类

《行政处罚法》规定了七类：警告；罚款；没收违法所得、没收非法财物；责令停产停业；暂扣或者吊销许可证、暂扣或者吊销执照；行政拘留；法律、行政法规规定的其他行政处罚。

《环境保护法》规定了五种：罚款；责令限制生产、停产整治；责令停止建设；责令停业、关闭；行政拘留。

《环境行政处罚办法》（2009 年修订）规定，根据法律、行政法规和部门规章，环境行政处罚的种类包括警告，罚款，责令停产整顿，责令停产、停业、关闭，暂扣、吊销许可证或者其他具有许可性质的证件，没收违法所得、没收非法财物，行政拘留，法律、行政法规设定的其他行政处罚种类。

在行政处罚中，使用频率最高的是罚款。罚款可以同其他处罚形式合并使用。

在各种资源法中如《水法》、《土地管理法》、《森林法》、《草原法》、《渔业法》、《矿产资源法》、《野生动物保护法》等还规定了：责令停止违法行为，采取补救措施，恢复土地原状，限期拆除或没收建筑物，补种树木，责令停止开荒，恢复植被，没收矿产品或违法所得，吊销采矿许可证，责令停止破坏行为，限期恢复原状，吊销狩猎证或捕捞许可证，没收猎获物、猎捕工具和违法所得等多种行政处罚形式。

环境保护行政主管部门在对环境违法行为实施处罚时，应当在法定的处罚种类和幅度范围内，综合考虑以下情节：①违法行为所造成的环境污染、生态破坏程度及社会影响；②当事人的过错程度；③违法行为的具体方式或者手段；④违法行为危害的具体对象；⑤当事人是初犯还是再犯；⑥当事人改正违法行为的态度和所采取的改正措施及效果。[②]

实践中，当事人的同一违法行为可能会同时违反多条法律规定，为了规范对此种情形的处罚，我国《行政处罚法》第 24 条规定：“对当事人的同一个违法行为，不得给予两次以上罚款的行政处罚。”该规定在实践中被称为“一事不再罚”。《环境行政处罚办法》第 9 条规定：“当事人的一个违法行为同时违反两个以上环境法律、法规或者规章条款，应当适用效力等级较高的法律、法规或者规章；效力等级相同的，可以适用处罚较重的条款。”

此外，实践中很多环境违法行为属于持续违法行为，这种持续性的环境违法行为到底算一个违法行为还是可以认定为多个违法行为一直是个疑难问题。为此，《环境行政处罚办法》第 11 条规定：“环境保护主管部门实施行政处罚时，应当及时作出责令当事人改正或者限期改正违法行为的行政命令。责令改正期限届满，当事人未按要求改正，违法行为

---

① 为贯彻《国务院关于进一步推进相对集中行政处罚权工作的决定》（国发[2002]17 号）精神，结合环境保护工作的实际情况，经商国务院法制办同意，原国家环保总局就做好城市管理中相对集中部分环境保护行政处罚权工作发布了《关于相对集中部分环境保护行政处罚权工作有关问题的通知》。

② 参见《环境行政处罚办法》（2009 年修正）第 6 条。

仍处于继续或者连续状态的，可以认定为新的环境违法行为。”

新修订的《环境保护法》第59条规定了执行罚性质[①]的“按日连续处罚”制度。根据该条第一款的规定，按日连续处罚的适用前提是“企业事业单位和其他生产经营者违法排放污染物，受到罚款处罚，被责令改正，拒不改正的”。即该条所适用的违法行为仅包括“违法排放污染物”，而不包括其他类型的违法行为，例如违反环评和“三同时”制度、虚假申报、篡改、伪造监测数据、拒绝环保部门现场检查、拒绝公开应当公开的环境信息等。相对于其他国家和地区环境法律中规定的按日连续处罚的适用对象而言，本款规定的按日连续处罚的适用对象范围过于狭窄。但本条第三款明确规定：“地方性法规可以根据环境保护的实际需要，增加第一款规定的按日连续处罚的违法行为的种类。”

关于按日连续处罚的每日处罚数额，本条第一款规定“按照原处罚数额按日连续处罚”。并在第二款中对“原处罚数额”计算方式作出了规定：“前款规定的罚款处罚，依照有关法律法规按照防治污染设施的运行成本、违法行为造成的直接损失或者违法所得等因素确定的规定执行。”

此外，新修订的《环境保护法》还直接规定了行政拘留。2008年修改的《水污染防治法》第90条以间接的方式规定了行政拘留：“违反本法规定，构成违反治安管理行为的，依法给予治安管理处罚”。全国人大常委会法工委2008年5月发布了《对违法排污行为适用行政拘留处罚问题的意见》，规定排污单位违反国家规定，向水体排放、倾倒毒害性、放射性、腐蚀性物质或者传染病病原体等危险物质，构成非法处置危险物质的，可以适用行政拘留处罚。此次新修订的《环境保护法》第63条明确规定：“企业事业单位和其他生产经营者有下列行为之一，尚不构成犯罪的，除依照有关法律法规规定予以处罚外，由县级以上人民政府环境保护主管部门或者其他有关部门将案件移送公安机关，对其直接负责的主管人员和其他直接责任人员，处十日以上十五日以下拘留；情节较轻的，处五日以上十日以下拘留：（一）建设项目未依法进行环境影响评价，被责令停止建设，拒不执行的；（二）违反法律规定，未取得排污许可证排放污染物，被责令停止排污，拒不执行的；（三）通过暗管、渗井、渗坑、灌注或者篡改、伪造监测数据，或者不正常运行防治污染设施等逃避监管的方式违法排放污染物的；（四）生产、使用国家明令禁止生产、使用的农药，被责令改正，拒不改正的。”

就整体而言，新修订的《环境保护法》中规定的“按日计罚”和“行政拘留”条款，对于解决环境保护领域“违法成本低”的痼疾而言，可谓一剂猛药，值得赞赏。如果执法足够严格，将有力地遏制潜在的环境违法行为。

（三）行政处罚的程序

依照《行政处罚法》和《环境保护行政处罚办法》的规定，我国环境行政处罚的程序包括简易程序、一般程序和听证程序3种。

---

① 目前各国（地区）环境法律中规定的按日连续处罚主要有两种模式：秩序罚性质的按日连续处罚与执行罚性质的按日连续处罚。前者的特征是对于持续性的环境违法行为，直接从其发生之日至改正之日进行按日连续处罚。例如美国环境法中的按日连续处罚。后者的特征是对于环境违法行为，环保部门发现后先作为“一次”进行处罚，并通知限期改正，届期仍未改正的，则视为违法者在限期改正期间持续违法，按日连续处罚，直至改正完成。例如我国台湾地区环境法中的按日连续处罚。

1. 简易程序

简易程序适用于违法事实确凿、情节轻微并有法定依据，对公民处以 50 元以下、对法人或者其他组织处以 1 000 元以下罚款或者警告的，可以当场作出行政处罚决定的场合。

当场作出行政处罚决定时，环境执法人员不得少于两人，并应遵守下列简易程序：执法人员应向当事人出示中国环境监察证或者其他行政执法证件；现场查清当事人的违法事实，并依法取证；向当事人说明违法的事实、行政处罚的理由和依据、拟给予的行政处罚，告知陈述、申辩权利；听取当事人的陈述和申辩；填写预定格式、编有号码、盖有环境保护主管部门印章的行政处罚决定书，由执法人员签名或者盖章，并将行政处罚决定书当场交付当事人；告知当事人如对当场作出的行政处罚决定不服，可以依法申请行政复议或者提起行政诉讼。

执法人员当场作出的行政处罚决定，应当在决定之日起 3 个工作日内报所属环境保护主管部门备案。

2. 一般程序

一般程序适用于简易程序以外的其他行政处罚场合。一般程序的流程如下：

立案。环境保护行政主管部门对通过检查发现或者接到举报、控告、移送的环境违法行为，应予审查，并在 7 日内决定是否立案。

调查。环境保护行政主管部门对登记立案的环境违法行为，必须指定专人负责，及时组织调查取证。执法人员调查取证时，应当向当事人或者有关人员出示行政执法证件。询问或者调查应当制作笔录。

审查。终结调查的，案件调查机构应当提出已查明违法行为的事实和证据、初步处理意见，按照查处分离的原则送本机关处罚案件审查部门审查。违法事实不清、证据不充分或者调查程序违法的，应当退回补充调查取证或者重新调查取证。

告知。在作出行政处罚决定前，应当告知当事人有关事实、理由、依据和当事人依法享有的陈述、申辩权利。

决定。环保部门负责人经过审查，根据不同情况作出不同的处理。如果作出了行政处罚的决定，行政处罚决定书应当送达当事人，并根据需要抄送与案件有关的单位和个人。环境保护行政处罚案件应当自立案之日起的 3 个月内作出处理决定。案件办理过程中听证、公告、监测、鉴定、送达等时间不计入期限。

行政处罚决定书应当载明以下内容：①当事人的基本情况，包括当事人姓名或者名称、组织机构代码、营业执照号码、地址等；②违反法律、法规或者规章的事实和证据；③行政处罚的种类、依据和理由；④行政处罚的履行方式和期限；⑤不服行政处罚决定，申请行政复议或者提起行政诉讼的途径和期限；⑥作出行政处罚决定的环境保护主管部门名称和作出决定的日期，并且加盖作出行政处罚决定环境保护主管部门的印章。

3. 听证程序

听证程序适用于责令停产、停业、关闭、暂扣或吊销许可证或者较大数额的罚款[1]或没收等重大行政处罚决定的场合。

---

① 对于“较大数额的罚款”的具体数额，各部门、各省、自治区、直辖市的规定不一样。

环境保护行政主管部门或者各级人民政府对于适用听证程序的行政处罚案件，在作出行政处罚决定前，应当向当事人送达听证告知书。当事人要求听证的，行政机关应当组织听证。当事人不承担行政机关组织听证的费用。听证依照以下程序组织：当事人要求听证的，应当在行政机关告知后3日内提出；行政机关应当在听证的7日前，通知当事人举行听证的时间、地点；除涉及国家秘密、商业秘密或者个人隐私外，听证公开举行；听证由行政机关指定的非本案调查人员主持；当事人认为主持人与本案有直接利害关系的，有权申请回避；当事人可以亲自参加听证，也可以委托一至两人代理；举行听证时，调查人员提出当事人违法的事实、证据和行政处罚建议；当事人进行申辩和质证；听证应当制作笔录；笔录应当交当事人审核无误后签字或者盖章。

听证终结后，听证会主持人应及时将听证结果报告本部门负责人，由负责人根据不同的情况分别作出处理意见。

（四）不服环境行政处罚的救济措施

不服环境行政处罚的救济措施主要包括环境行政复议和环境行政诉讼。此外，当环保部门和其他行使环境监督管理权的机关及其工作人员违法行使职权侵犯公民、法人和其他组织的合法权益造成损害的，受害人可以依照《国家赔偿法》（2012年修订）提起国家赔偿诉讼。

1. 行政复议

行政复议是指行政相对人认为具体行政行为侵犯其合法权益，向行政复议机关提出复查该具体行政行为的申请，行政复议机关对被申请的具体行政行为进行合法性、适当性审查，并作出行政复议决定。

《行政复议法》规定，公民、法人或者其他组织认为具体行政行为侵犯其合法权益的，可以自知道该具体行政行为之日起60日内提出行政复议申请。根据《行政复议法》第12条的规定，当事人对县级以上地方各级人民政府环保部门的具体行政行为不服的，既可以向该环保部门的本级人民政府申请行政复议，也可以向其上一级环保部门申请行政复议。

此外，《行政许可法》第7条还规定：公民、法人或者其他组织对行政机关实施行政许可，享有陈述权、申辩权；有权依法申请行政复议或者提起行政诉讼；其合法权益因行政机关违法实施行政许可受到损害的，有权依法要求赔偿。

环境行政复议应当依照《行政复议法》、《行政复议法实施条例》、《环境行政复议办法》、《国家环境保护总局行政复议文书处理办法》及《环境行政复议法律文书示范文本》等规定的程序和方法进行。另外，依照环境保护部《环境保护行政处罚办法》的规定，环境保护主管部门通过接受当事人的申诉和检举，或者通过备案审查等途径，发现下级环境保护主管部门的行政处罚决定违法或者显失公正的，应当督促其纠正。环境保护主管部门经过行政复议，发现下级环境保护主管部门作出的行政处罚违法或者显失公正的，依法撤销或者变更。

《行政复议法》规定，公民、法人或者其他组织对行政复议决定不服的，可以依照《行政诉讼法》的规定向人民法院提起行政诉讼。但是法律规定行政复议决定为最终裁决的除外。

值得一提的是，《行政复议法》将抽象行政行为即规范性文件的制定也纳入复议范围。

但适用时应该注意以下两点：一是可以申请复议的抽象行政行为限于规章以下（不包括规章）的规定；二是行政相对人不能单独、直接以上述抽象行政行为为对象申请复议，而必须在对具体行政行为申请复议时，认为具体行政行为所依据的规定不合法才可一并提出对该规定的审查申请。

另外，当事人对环保部门依法对环境民事纠纷作出的调解或者其他处理不服的，不得申请行政复议。最高人民法院还认为，根据国务院或省级人民政府对行政区划的勘定、调整或者征用土地的决定，省级人民政府确认土地、矿藏、水流、森林、山岭、草原、荒地、滩涂、海域等自然资源的所有权或者使用权的行政复议决定为最终裁决。

2．行政诉讼

环境行政诉讼，是指公民、法人或者其他组织认为环保部门和其他行使环境监督管理权的机关的具体行政行为侵犯其合法权益，向人民法院提起诉讼并由人民法院对该具体行政行为合法性进行审查并作出裁判的活动。

环境行政诉讼实质上是行政相对人认为其合法权益受到国家机关及其工作人员的具体行政行为侵犯时，而向人民法院寻求的一种司法救济形式。其重要特点是原告是行政相对人即公民、法人或其他组织，而被告只能是行使环境监督管理权的国家行政机关。

环境行政诉讼是行政诉讼的一种，在诉讼范围、管辖、审判程序、执行等方面，同一般诉讼没有原则区别，诉讼活动要依照《行政诉讼法》的规定进行。

依照《行政复议法》的规定，在下列两种情形下，在提起行政诉讼之前，必须先提起行政复议：一是对国务院部门或者省、自治区、直辖市人民政府的具体行政行为不服的，应当先向作出该具体行政行为的国务院部门或者省、自治区、直辖市人民政府申请行政复议。对行政复议结果不服的，才可以向人民法院提起行政诉讼。也可以向国务院申请裁决，国务院作出的决定为最终裁决。二是公民、法人或者其他组织认为行政机关确认土地、矿藏、水流、森林、山岭、草原、荒地、滩涂、海域等自然资源的所有权或者使用权的具体行政行为，侵犯其已经依法取得的自然资源所有权或者使用权的，应当先申请行政复议；对行政复议决定不服的，可以依法向人民法院提起行政诉讼。

对于《行政复议法》或者其他单项环境保护法律、法规未规定行政复议为提起行政诉讼前置程序的，公民、法人或者其他组织既可以提起行政诉讼又可以申请行政复议。但是，申请行政复议或者提起行政诉讼的，不停止行政处罚决定的执行。

《行政诉讼法》规定了两种诉讼时效：①对行政复议决定不服的，诉讼时效为 15 天；②直接向人民法院起诉的，诉讼时效为 3 个月。

行政诉讼实行两审终审制。当事人对一审判决不服的，可以向上一级人民法院提出上诉。二审法院的判决为终审判决。

3．行政赔偿

在国家赔偿方面，《国家赔偿法》第 4 条规定：国家行政机关及其工作人员在行使行政职权时侵害公民、法人和其他组织财产权的，受害人有要求赔偿的权利。赔偿数额按照下列规定处理：处罚款、罚金、追缴、没收财产或者违法征收、征用财产的，返还财产；查封、扣押、冻结财产的，解除对财产的查封、扣押、冻结，造成财产损坏或者灭失的，依照本条第三项、第四项的规定赔偿；应当返还的财产损坏的，能够恢复原状的恢复原状，不能恢复原状的，按照损害程度给付相应的赔偿金；应当返还的财产灭失的，给付相应的赔偿金；财产已经拍卖或者变卖的，给付拍卖或者变卖所得的价款；变卖的价款明显低于财产价值的，应当支付相应的赔偿金；吊销许可证和执照、责令停产停业的，赔偿停产停业期间必要的经常性费用开支；返还执行的罚款或者罚金、追缴或者没收的金钱，解除冻结的存款或者汇款的，应当支付银行同期存款利息；对财产权造成其他损害的，按照直接损失给予赔偿。

赔偿义务机关赔偿损失后，应当责令有故意或者重大过失的工作人员或者受委托的组织或者个人承担部分或者全部赔偿费用。对有故意或者重大过失的责任人员，有关机关应当依法给予处分；构成犯罪的，应当依法追究刑事责任。

赔偿请求人要求赔偿，应当先向赔偿义务机关提出，也可以在申请行政复议或者提起行政诉讼时一并提出。

第三节 环境民事责任

一、环境民事责任的概念

民事责任是指民事主体因违反民事义务或侵害他人的财产权利或人身权利而应承担的不利法律后果。民事责任可以单独产生，也可以同行政责任或刑事责任同时产生。在环境保护法里，环境民事责任一般是指加害人因污染和破坏环境，造成被害人人身或财产损失而应承担的民事方面的法律责任。

在许多情况下，环境侵害是由于企业排放污染物造成对他人物的侵害，或者是基于不动产的相邻关系产生的。因此，受害人也可以基于物权侵害的请求权与不作为请求权请求排除危害。我国《民法通则》第 83 条规定了处理相邻关系的基本准则："不动产的相邻各方，应当按照有利生产、方便生活、团结互助、公平合理的精神，正确处理截水、排水、通行、通风、采光等方面的相邻关系。给相邻方造成妨碍或者损失的，应当停止侵害，排除妨碍，赔偿损失。"《物权法》第 90 条规定："不动产权利人不得违反国家规定弃置固体废物，排放大气污染物、水污染物、噪声、光、电磁波辐射等有害物质。"

我国《环境保护法》、《侵权责任法》以及其他环境污染防治单行法都针对环境污染侵权规定了相应的民事责任。《环境保护法》第 64 条规定："因污染环境和破坏生态造成损害的，应当依照《中华人民共和国侵权责任法》的有关规定承担侵权责任。"《侵权责任法》第八章专门规定了"环境污染责任"。其他各部环境污染防治单行法也分别规定了环境污染侵权的民事责任。此外，《环境保护法》第 65 条还规定了一种特殊的民事责任："环境影响评价机构、环境监测机构以及从事环境监测设备和防治污染设施维护、运营的机构，在有关环境服务活动中弄虚作假，对造成的环境污染和生态破坏负有责任的，除依照有关法律法规规定予以处罚外，还应当与造成环境污染和生态破坏的其他责任者承担连带责任。"

二、环境民事责任的构成要件

传统民事责任以过错责任制为原则，其构成要件包括四个方面：一是主观上具有过错；二是行为的违法性；三是损害结果；四是违法行为与损害结果之间具有因果关系。

环境民事责任，在其构成要件上表现出特殊性，主观上的过错和行为的违法不是环境民事责任的构成要件，而更加强调损害结果以及排污行为与损害结果之间的因果关系。也就是说，一是环境民事责任不再适用传统的过错责任原则，而是适用新的无过错责任原则；二是环境民事责任不把侵权行为的违法作为承担民事责任的要件。只要从事了"致人损害"的排污行为并发生了危害他人合法权益的后果，即使行为合法也要承担民事责任。

（一）无过错责任原则

1. 无过错责任原则的概念

《民法通则》第106条第三款规定："没有过错，但法律规定应当承担民事责任的，应当承担民事责任。"这个规定确立了我国民事责任领域的无过错责任原则。《侵权责任法》第7条延续了这个规定："行为人损害他人民事权益，不论行为人有无过错，法律规定应当承担侵权责任的，依照其规定。"

根据《侵权责任法》第65条的规定，对于环境污染侵权的民事责任，应当适用无过错责任原则。即无论加害人是否有过错，只要其排污行为给他人造成了损害，就应当承担民事责任。

2. 实行无过错责任制的原因

在民事责任中实行过错责任，可以说是从罗马法以来的古老传统。古代罗马法创立过错原则取代加害原则（同态复仇）是对文明社会法律责任规则发展的一大进步，到19世纪上升为民法的普遍原则。打破这一古老归责原则的直接原因是近现代大型危险性工业和交通运输业的发展。因为这些具有危险性的工业，在经营人无过错的情况下，也可能给他人造成损害，如果固守过错责任制，受害者将得不到应得的赔偿。

在公众的反对下，这一法律原则开始被打破，并反映在某些工业化较早国家的立法中。20世纪50年代以后，现代工业、商品经济和科学技术更加高度发展。民事侵权的归责原则，趋于多元化、严格化、客观化，赔偿标准更加注意公平原则。此时因环境污染造成的危害空前突出，因公害引起的赔偿案件也急剧增加。在这些诉讼中除少数事故性污染外，绝大多数污染损害都不是出于污染者的故意或过失，且其危害范围相当广泛。在这种情况下，最重要的是保护环境和受害人的合法权益，而不是考虑污染者主观上有无故意和过失。此外，污染企业的经营和获利，在一定程度上是建立在污染环境和给他人造成损害的基础上的。因此，不论加害人是否有过错，由加害人赔偿受害人的损失，才符合公平原则。由此，在环境民事责任中，用无过错责任原则取代过错责任原则，成为很多国家环境立法中的通行做法。

（二）环境民事责任的构成要件

1．损害结果

环境污染侵权行为的损害后果，是指环境污染侵权行为导致的他人人身权、财产权、国家财产权或者公众环境权益受到侵害的客观事实。损害结果是构成环境民事责任的必备条件。

传统上，环境污染侵权行为造成的损害后果通常只包括对私人受害人的人身损害和财产损害。自20世纪90年代以来，因污染环境所造成的生态环境本身所遭受的损害（damage to the eco-system or environment per se），作为一种新型的损害，被一些国家立法或国际条约所公认。[①]由于我国宪法和相关法律规定自然资源基本上属于国家所有，因此，对生态环境本身的损害，就可以视为对国家财产权的损害。

与传统民法上财产损害的确定性相比，生态环境损害的损害范畴和界定标准较为模糊，因此，对于环境污染造成生态环境本身的损害是否应当全部赔偿以及应当如何赔偿的问题上，目前世界各国有关立法规定与司法实践不尽相同，但从国外立法和司法实践来看，一般将治理生态破坏的费用纳入直接损失处理，而将生态价值损害作为间接损失处理。[②]

近年来，为实现全面追究污染者的环境责任的目的，我国加快了完善环境污染损害鉴定评估工作的步伐。2011年5月25日由环境保护部发布的《关于开展环境污染损害鉴定评估工作的若干意见》（环发[2011]60号）明确指出："开展环境污染损害鉴定评估工作，对环境污染损害进行定量化评估，将污染修复与生态恢复费用纳入环境损害赔偿范围，科学、合理确定损害赔偿数额与行政罚款数额，有助于真实体现企业生产的环境成本，强化企业环境责任，增强企业的环境风险意识，从而在根本上有利于解决'违法成本低，守法成本高'的突出问题，改变以牺牲环境为代价的经济增长方式"。可见，我国的司法实践也是将生态破坏修复与生态恢复费用纳入环境损害范围之内的。[③]

由于环境污染导致公众环境权益受到损害，不属于一般意义上的民事责任，通常是作为公众提起环境公益诉讼的诉由。

2．排污行为与损害结果之间的因果关系

侵权法中的因果关系，是指侵权行为与损害事实之间存在的前者引起后者，后者被前者所引起的客观联系。因果关系是侵权行为及损害赔偿法的核心问题。[④]与传统的侵权行为相比，环境污染侵权的因果关系更为复杂。如果按照一般侵权的要求，由受害人承担环境污染侵权行为与损害后果之间因果关系的举证责任，那么，受害人通常会因无法证明因果关系而面临败诉的风险。这样，受害人试图通过民事诉讼途径获得救济的可能性荡然无存，但这与传统民事法律制度所追求的公平与正义的价值理念是背道而驰的。因此，为实现侵权行为法救济受害人，强化加害人民事责任的目的，世界各国法学理论与司法实践均尝试探索如何减轻环境污染侵权受害人因果关系举证困难

---

① 竺效："论我国生态损害的立法定义模式"，载《浙江学刊》，2007年第3期，第166-170页。

② 汪劲：《环境法学》，北京大学出版社，2006年版，第572页。

③ 环境保护部"关于开展环境污染损害鉴定评估工作的若干意见"及环境污染损害数额计算推荐方法（第I版）。

④ 王泽鉴：《侵权行为法（1）》，中国政法大学出版社，2001年，第187页。

的有效途径。[①]我国《侵权责任法》第66条明确规定："因污染环境发生纠纷，污染者应当就法律规定的不承担责任或者减轻责任的情形及其行为与损害之间不存在因果关系承担举证责任。"

三、环境民事责任的免责事由

免责事由，是指因环境污染造成他人财产和人身损害时，因有法律规定的免除责任的条件而不承担民事责任。根据我国相关法律的规定，我国环境民事责任的免责事由包括不可抗力和受害人故意。第三人过错不再是对抗受害人的免责事由。

第一，不可抗力。[②]所谓不可抗力是指人们不可抗拒的客观情况，即在当时、当地的条件下，主观上无法预见，客观上也无法避免和克服的情况。不可抗力有两种，一种是自然灾害，如地震、火山爆发、山崩、海啸、台风等；第二种是某些社会现象，如战争、特殊的军事行动等。根据环境法律的规定，不可抗力作为免除环境侵权民事责任的条件是：不可抗力必须构成损害结果发生的唯一原因，并且，事故发生后，行为人必须及时采取了合理的救治措施。

第二，受害人故意。如果环境污染损害是由受害人故意造成的，排污方不承担赔偿责任。如果损害是由受害人重大过失造成的，可以减轻排污方的赔偿责任。

第三人责任曾经是环境污染侵害的免责事由，但2008年的《水污染防治法》和2009年的《侵权责任法》均已不再将其规定为对抗受害人的免责事由。《水污染防治法》第85条规定："水污染损害是由第三人造成的，排污方承担赔偿责任后，有权向第三人追偿。"《侵权责任法》第68条规定："因第三人的过错污染环境造成损害的，被侵权人可以向污染者请求赔偿，也可以向第三人请求赔偿。污染者赔偿后，有权向第三人追偿。"

四、承担民事责任的方式

传统侵权责任法将赔偿损失作为承担侵权民事责任的唯一方式。我国《民法通则》扩大了侵权责任的承担方式，并且极为强调侵权行为预防性民事责任方式。如《民法通则》第134条明确规定的承担民事责任的十种责任方式中，就明确规定了"停止侵害"、"排除妨碍"、"消除危险"等预防性民事责任方式。《侵权责任》第15条进一步沿袭了《民法通则》的做法。由于"停止侵害"、"排除妨碍"、"消除危险"等责任方式在性质上与损害赔偿责任方式不同，它们均属于对侵权行为侵害的排除，因此，可概括为"侵害排除"责任方式。一般认为，行为人承担环境侵权责任的方式包括侵害排除与赔偿损失两种。侵害排

---

① 罗丽：《中日环境侵权民事责任比较研究》，吉林大学出版社，2004年，第162页。

② 但已经有学者指出，在无过错责任原则中，将不可抗力作为免责事由是不合理的。在发生不可抗力的时候，加害人固然没有过错，但受害人更没有过错。如果免除加害人的责任，受害人将无法获得任何救济，而这有违无过错责任原则"保护受害人"的宗旨。参见晋海：《不可抗力为环境侵权民事责任免责条件的质疑》，载《当代法学》，2001年第7期，第43-45页；李伟涛：《不可抗力作为环境侵权责任免责条件的探析》，载《中山大学学报论丛》，2003年第23卷第6期，第170-172页；严厚福：《不可抗力：环境污染侵害的免责事由？》，载《中国地质大学学报》（社会科学版），2005年第5期，第74-79页；张梓太：《环境法律责任研究》，商务印书馆，2005年，第107-110页。

除和赔偿损失可以单独适用，也可以合并适用。

（一）侵害排除

侵害排除主要是指排除由于环境污染和破坏对他人造成的人身或财产危害，包括排除正在发生或已经发生的危害。通过这种责任承担方式，可以避免、减轻或消除危害后果，是一种具有积极意义的预防性责任形式。

（二）赔偿损失

赔偿损失是指环境污染和破坏的加害人以金钱赔偿受害人遭受的人身、财产损失或者国家遭受的生态损失。

1．人身损害引起的财产损失的赔偿

环境污染导致的人身损害主要有三种情况：健康损害；人身伤残；死亡。《侵权责任法》第 16 条规定：侵害他人造成人身损害的，应当赔偿医疗费、护理费、交通费等为治疗和康复支出的合理费用，以及因误工减少的收入。造成残疾的，还应当赔偿残疾生活辅助具费和残疾赔偿金。造成死亡的，还应当赔偿丧葬费和死亡赔偿金。

2．财产损失的赔偿

根据《侵权责任法》第 19 条的规定，侵害他人财产的，财产损失按照损失发生时的市场价格或者其他方式计算。

3．生态损失的赔偿

与传统民法上财产损害的确定性相比，生态环境损害的损害范畴和界定标准较为模糊，因此，对于环境污染造成生态环境本身的损害是否应当全部赔偿以及应当如何赔偿的问题上，目前世界各国有关立法规定与司法实践不尽相同，但从国外立法和司法实践来看，一般将治理生态破坏的费用纳入直接损失处理，而将生态价值损害作为间接损失处理。

我国《海洋环境保护法》第 91 条第 2 款规定："对破坏海洋生态、海洋水产资源、海洋保护区，给国家造成重大损失的，由依照本法规定行使海洋环境监督管理权的部门代表国家对责任者提出损害赔偿要求。"这是目前我国环境立法中唯一一处明确要求污染者对生态损害承担损害赔偿责任的规定。实践中，包括国家海洋局在内的多个海洋环境监督管理部门已经据此对导致海洋生态损害的污染者提起过生态损害赔偿要求。

此外，最高人民法院在《关于为加快经济发展方式转变提供司法保障和服务的若干意见》（2010 年 6 月）中明确表示将"依法受理环境保护行政部门代表国家提起的环境污染损害赔偿纠纷案件"。这表明，我国最高国家司法机关对行使国家环境保护职能的部门代表国家行使民事索赔权利持认同观点。

五、追究环境民事责任的程序

对赔偿责任和赔偿金额的纠纷，当事人可以选择行政处理或司法解决两种程序。

（一）行政处理

行政处理是依照当事人的请求，由环保行政主管部门或其他依法行使环境监督管理权的部门对赔偿责任和赔偿金额的纠纷作出调解处理。因此，它对双方当事人均无强制约束力和强制执行力，一方当事人不服调解处理，可以向法院起诉，法院仍以民事纠纷进行审理，而不能以作出处理决定的环保行政部门为被告提起行政诉讼。

（二）环境民事诉讼

环境民事责任的行政处理不是解决纠纷的必经程序。受害人有权选择直接向人民法院提起诉讼。环境民事诉讼是环境侵权的受害人为保护自身的人身和财产权益，依据民事诉讼的条件和程序向人民法院对侵权行为人提起的诉讼。

针对环境侵权的特殊性，法律对环境民事诉讼作出了一些特别规定，主要包括举证责任倒置和诉讼时效延长。

1. 举证责任倒置

传统的诉讼举证规则一般是要求受害人对自己的诉讼主张提出相应证据，包括致害行为的违法性、损害事实、因果关系、致害人具有故意或过失等，原告要承担主要的举证责任。

在环境诉讼中，如果由原告承担主要举证责任会遇到很多困难：作为污染受害人的原告（多为公众或居民），由于受到文化、科学知识的限制和缺乏对致害物检测、化验的手段很难取得有关证据，同时收集污染者（被告）排污证据，涉及其生产工艺、商业或技术秘密等高度专业化的知识，也十分困难甚至无法取得。因此，很多国家在环境保护立法与判例中，采取了举证责任“倒置”的原则，即原告只需提出受到损害的事实证据，如果被告否认其应承担民事责任，则需要提出反证。

我国的《民事诉讼法》规定了当事人对自己的主张有责任提供证据，没有针对环境讼诉提出举证责任倒置的原则。为了补救环境诉讼中遇到的困难，最高人民法院《关于适用〈中华人民共和国民事诉讼法〉若干问题的意见》第 74 条规定：“在因环境污染引起的损害赔偿诉讼中，对原告提出的侵权事实，被告否认的，由被告负责举证。”《最高人民法院关于民事诉讼证据的若干规定》(2001年)第4条规定：“因环境污染引起的损害赔偿诉讼，由加害人就法律规定的免责事由及其行为与损害结果之间不存在因果关系承担举证责任。”2004 年修正的《固体废物污染环境防治法》、2008 年修订的《水污染防治法》以及 2009 年的《侵权责任法》均规定，因污染环境引起的损害赔偿诉讼，由加害人就法律规定的免责事由及其行为与损害结果之间不存在因果关系承担举证责任。

实行“举证责任”倒置并不意味着受害人无需承担任何举证责任。一般情况下，受害人应当先证明其所受的损害后果及其损害后果与加害人的排污行为之间存在表面上的因果关系。在此之后，才由加害人就法律规定的免责事由及其行为与损害结果之间不存在因果关系承担举证责任。

依照我国《固体废物污染环境防治法》和《水污染防治法》的规定，因污染引起的损害赔偿责任和赔偿金额的纠纷，当事人可以委托环境监测机构提供监测数据。环境监测机构应当接受委托，如实提供有关监测数据。

2. 诉讼时效延长

诉讼时效是指权利人在法定期间内不行使权利，就丧失了请求法院依诉讼程序保护其民事权益的权利。这里的“法定期间”就是指权利人向法院提起诉讼要求保护其权益的期间，称为诉讼时效期间。

应当注意的是，根据《民法通则》的规定，超过诉讼时效期间，权利人所丧失的仅仅是依诉讼程序强制义务人履行义务的权利。这种权利法律上称为“胜诉权”，也叫实体意义上的诉权。另外还有程序意义上的诉权，即“起诉权”。诉讼时效期间届满以后，权利人丧失的是胜诉权，而不是起诉权。[①]

由于环境污染侵害具有污染途径广泛、侵害时间漫长以及致害反应不特定等特征，并且原因行为实行后要经过长年累月的时间才会出现损害，因此若将环境污染侵害与普通侵权行为在时效上作同样的处理是不合理的，各国对于环境侵害诉讼的时效规定都比一般时效期间要长。按照《民法通则》第 135 条、第 136 条的规定，一般诉讼时效期间为 2 年，身体受到伤害要求赔偿的，诉讼时效为 1 年。而《环境保护法》第 66 条规定：提起环境损害赔偿诉讼的时效期间为 3 年，从当事人知道或者应当知道其受到损害时起计算。

第四节　环境刑事责任

一、环境刑事责任的概念

环境刑事责任是指行为人故意或过失实施了严重危害环境的行为，并造成了人身伤亡或公私财产的严重损失，已经构成犯罪，依法承担的刑事制裁性质的法律后果。

环境犯罪在各种犯罪中是一个新的特殊类型。由于环境污染和破坏日益严重，尤其是严重的危害环境行为，往往给公共安全和环境质量造成经济价值难以衡量的重大危害，而且危害持续时间长、波及范围广，甚至产生某种不可逆转的严重后果。因此，国家必须用刑法这种最严厉的手段来惩罚破坏环境与资源的犯罪行为。

1979 年的《中华人民共和国刑法》没有专门规定危害环境罪，而把破坏环境与资源的犯罪规定在“危害公共安全罪”和“破坏社会主义经济秩序罪”有关条款中。1997 年 3 月修订的新《刑法》特别在第六章“妨害社会主义管理秩序罪”[②]中设立了“破坏环境资源保护罪”，对污染环境破坏自然资源的各种犯罪行为规定了相应的刑事责任。

---

① 金瑞林：《环境法学》（第二版），北京大学出版社，2007 年，第 141-142 页。

② 有学者指出：“我国现行刑法将环境犯罪的法律规范设置在第六章‘妨害社会主义管理秩序罪’中明显是不合理的，实际上降低了国家制裁环境犯罪的价值和地位，给人的印象只能是：制裁犯罪仅仅是为了维护国家的一种管理秩序，而不是在为了整个国家和人民的生存来保护环境。”参见王灿发，《论我国现有的惩治环境立法的缺失及其完善》，载王曦主编：《国际环境法与比较环境法评论》第 1 卷，法律出版社，2002 年版，第 393 页。换言之，这种体例让人感觉刑法对环境的保护只是一种反射利益，而没有真正拿环境保护当回事。

二、环境刑事责任的构成要件

（一）犯罪主体

破坏环境资源保护罪的犯罪主体是一般主体，包括达到法定年龄具备刑事责任能力的自然人和单位。实践中，污染环境的犯罪大多数是单位犯罪，而破坏自然资源的犯罪大多数是自然人犯罪。

（二）犯罪客体

破坏环境资源罪的犯罪客体是国家对环境与自然资源的管理秩序。

（三）犯罪的客观方面

破坏环境资源罪的客观方面是指有污染和破坏环境及自然资源的行为（作为和不作为）及其社会危害性。环境犯罪造成的危害后果可能特别严重，往往会造成重大污染事故，致使公私财产遭受重大损失或人身伤亡的严重后果。[①]未造成严重后果的环境违法行为通常是追究其行政责任。危害后果是否严重是区别行政责任和刑事责任的重要依据。

（四）犯罪的主观方面

即犯罪主体进行犯罪行为时的故意或过失的主观心理状态。一般来说，破坏环境和资源的行为多为故意，而污染环境的行为多为过失。因损害环境的行为可能产生极其严重的危害后果，在认定是否构成环境犯罪时，就不能仅仅看社会危害性一个方面，必须强调具备犯罪的故意和过失。这是区别罪与非罪的重要界限。

三、《刑法》关于破坏环境资源保护罪的规定

1997年《刑法》在第六章“妨碍社会管理秩序罪”中首次专设一节“破坏环境资源保护罪”，从第338条至第346条，共9条16款。

根据《刑法》及其多次修正案的规定，共设立了污染环境罪（取消原“重大环境污染事故罪”罪名[②]），非法处置进口的固体废物罪，擅自进口固体废物罪，非法捕捞水产品罪，非法猎捕、杀害珍贵、濒危野生动物罪，非法收购、运输、出售珍贵、濒危野生动物、珍贵、濒危野生动物制品罪，非法狩猎罪，非法占用农用地罪（取消原“非法占用耕地罪”

① 我国刑法中的破坏环境资源犯罪大多数为结果犯，只有非法处置进口的固体废物罪是行为犯。将破坏环境资源犯罪仅仅定位为结果犯是不合理的。由于危害环境的行为，一旦产生危害后果，往往对公共安全和环境质量产生巨大的非经济价值所能衡量的损失，而且危害持续时间长，涉及范围广，甚至会产生某种不可逆转的后果。因此，很多国家和地区的环境刑法都规定，不仅要对污染和破坏环境的行为已经造成后果的进行制裁，还需要通过惩罚危险犯去预防环境犯罪的发生。这也是环境法上预防原则和谨慎原则的要求。我国刑法中缺乏破坏环境资源犯罪危险犯的规定大大削弱了刑法在保护环境中的预防作用。

② 参见《刑法修正案（八）》、《最高人民法院、最高人民检察院关于执行〈中华人民共和国刑法〉确定罪名的补充规定（五）》。

罪名[①])，非法采矿罪，破坏性采矿罪，非法采伐、毁坏国家重点保护植物罪，非法收购、运输、加工、出售国家重点保护植物、国家重点保护植物制品罪（取消原“非法采伐、毁坏珍贵树木罪”罪名[②])，盗伐林木罪，滥伐林木罪，非法收购、运输盗伐、滥伐的林木罪（取消原“非法收购盗伐、滥伐的林木罪”罪名[③]）等15个罪名。这些犯罪从内容上看，可以分为污染环境的犯罪和破坏自然资源保护的犯罪两类。

此外，《刑法》第408条还针对环保监管人员的失职行为，规定了“环境监管失职罪”。

（一）污染环境的犯罪

1．污染环境罪

刑法第338条规定，[④]“违反国家规定，排放、倾倒或者处置有放射性的废物、含传染病病原体的废物、有毒物质或者其他有害物质，严重污染环境的，处三年以下有期徒刑或者拘役，并处或者单处罚金；后果特别严重的，处三年以上七年以下有期徒刑，并处罚金。”

何谓“放射性的废物、含传染病病原体的废物、有毒物质或者其他有害物质”应当依照国务院相关行政主管部门的规定认定。

根据2013年6月17日最高人民法院、最高人民检察院联合发布的《关于办理环境污染刑事案件适用法律若干问题的解释》，具有下列情形之一的，应当认定为“严重污染环境”：“（一）在饮用水水源一级保护区、自然保护区核心区排放、倾倒、处置有放射性的废物、含传染病病原体的废物、有毒物质的；（二）非法排放、倾倒、处置危险废物三吨以上的；（三）非法排放含重金属、持久性有机污染物等严重危害环境、损害人体健康的污染物超过国家污染物排放标准或者省、自治区、直辖市人民政府根据法律授权制定的污染物排放标准三倍以上的；（四）私设暗管或者利用渗井、渗坑、裂隙、溶洞等排放、倾倒、处置有放射性的废物、含传染病病原体的废物、有毒物质的；（五）两年内曾因违反国家规定，排放、倾倒、处置有放射性的废物、含传染病病原体的废物、有毒物质受过两次以上行政处罚，又实施前列行为的；（六）致使乡镇以上集中式饮用水水源取水中断十二小时以上的；（七）致使基本农田、防护林地、特种用途林地五亩以上，其他农用地十亩以上，其他土地二十亩以上基本功能丧失或者遭受永久性破坏的；（八）致使森林或者其他林木死亡五十立方米以上，或者幼树死亡二千五百株以上的；（九）致使公私财产损失三十万元以上的；（十）致使疏散、转移群众五千人以上的；（十一）致使三十人以上中毒的；（十二）致使三人以上轻伤、轻度残疾或者器官组织损伤导致一般功能障碍的；（十三）致使一人以上重伤、中度残疾或者器官组织损伤导致严重功能障碍的；（十四）其他严重污染环境的情形”。

具有下列情形之一的，应当认定为“后果特别严重”：“（一）致使县级以上城区集中式饮用水水源取水中断十二个小时以上的；（二）致使基本农田、防护林地、特种用途林地十五亩以上，其他农用地三十亩以上，其他土地六十亩以上基本功能丧失或者遭受永久性破坏的；（三）致使森林或者其他林木死亡一百五十立方米以上，或者幼树死亡七千五

① 参见《刑法修正案（二）》、《最高人民法院、最高人民检察院关于执行〈中华人民共和国刑法〉确定罪名的补充规定》。
② 参见《刑法修正案（四）》、《最高人民法院、最高人民检察院关于执行〈中华人民共和国刑法〉确定罪名的补充规定(二)》。
③ 参见《刑法修正案（四）》、《最高人民法院、最高人民检察院关于执行〈中华人民共和国刑法〉确定罪名的补充规定(二)》。
④ 参见《刑法修正案（八）》，2011年2月25日第十一届全国人民代表大会常务委员会第十九次会议通过。

百株以上的；（四）致使公私财产损失一百万元以上的；（五）致使疏散、转移群众一万五千人以上的；（六）致使一百人以上中毒的；（七）致使十人以上轻伤、轻度残疾或者器官组织损伤导致一般功能障碍的；（八）致使三人以上重伤、中度残疾或者器官组织损伤导致严重功能障碍的；（九）致使一人以上重伤、中度残疾或者器官组织损伤导致严重功能障碍，并致使五人以上轻伤、轻度残疾或者器官组织损伤导致一般功能障碍的；（十）致使一人以上死亡或者重度残疾的；（十一）其他后果特别严重的情形"。

行为人明知他人无经营许可证或者超出经营许可范围，向其提供或者委托其收集、贮存、利用、处置危险废物，严重污染环境的，以污染环境罪的共同犯罪论处。

违反国家规定，排放、倾倒、处置含有毒害性、放射性、传染病病原体等物质的污染物，同时构成污染环境罪、非法处置进口的固体废物罪、投放危险物质罪等犯罪的，依照处罚较重的犯罪定罪处罚。

2．非法处置进口的固体废物罪

针对 20 世纪后期发达国家为转嫁污染，向不具备处置能力的发展中国家出口固体废物又屡禁不止的状况，《刑法》规定了违法处置进口固体废物要承担刑事责任。刑法第 339 条第一款规定，违反国家规定，将境外的固体废物进境倾倒、堆放、处置的，处 5 年以下有期徒刑或者拘役，并处罚金；造成重大环境污染事故，致使公私财产遭受重大损失或者严重危害人体健康的，处 5 年以上 10 年以下有期徒刑，并处罚金；后果特别严重的，处 10 年以上有期徒刑，并处罚金。

3．擅自进口固体废物罪

刑法第 339 条第二款规定，未经国务院有关主管部门许可，擅自进口固体废物用作原料，造成重大环境污染事故，致使公私财产遭受重大损失或者严重危害人体健康的，处 5 年以下有期徒刑或者拘役，并处罚金；后果特别严重的，处 5 年以上 10 年以下有期徒刑，并处罚金。

刑法第 339 条第三款还规定[①]，以原料利用为名，进口不能用作原料的固体废物、液态废物和气态废物的，依照本法第 152 条第二款、第三款的规定[②]定罪处罚。

4．关于环保部门移送涉嫌环境犯罪案件的若干规定

为规范环保部门及时向公安机关和人民检察院移送涉嫌环境犯罪案件，依法惩罚污染环境的犯罪行为，防止以罚代刑，原国家环境保护总局、公安部、最高人民检察院于 2007 年联合制定了《关于环保部门移送涉嫌环境犯罪案件的若干规定》。规定县级以上环保部门在依法查处环境违法行为过程中，发现违法事实涉及的公私财产损失数额、人身伤亡和危害人体健康的后果、走私废物的数量、造成环境破坏的后果及其他违法情节等，涉嫌构成犯罪，依法需要追究刑事责任的，应当依法向公安机关移送。

县级以上环保部门在依法查处环境违法行为过程中，认为本部门工作人员触犯《刑法》第九章有关条款规定，涉嫌渎职等职务犯罪，依法需要追究刑事责任的，应当依法向人民

---

① 参见《刑法修正案（四）》，2002 年 12 月 28 日第九届全国人民代表大会常务委员会第 31 次会议通过。

② 根据全国人民代表大会常务委员会 2002 年 12 月 28 日通过的《刑法修正案（四）》，刑法第 152 条（走私罪）中第二款规定："逃避海关监管将境外固体废物、液态废物和气态废物运输进境，情节严重的，处 5 年以下有期徒刑，并处或者单处罚金；情节特别严重的，处 5 年以上有期徒刑，并处罚金。"第三款的规定是："单位犯前两款罪的，对单位判处罚金，并对其直接负责的主管人员和其他直接责任人员，依照前两款的规定处罚。"

检察院移送；发现其他国家机关工作人员涉嫌有关环境保护渎职等职务犯罪线索的，也应当将有关材料移送相应的人民检察院。

（二）破坏自然资源保护的犯罪

《刑法》第 340 条至第 345 条分别规定了破坏水产资源、野生动物、土地、矿产和森林资源的刑事责任。

1．非法捕捞水产品罪

刑法第 340 条规定，违反保护水产资源法规，在禁渔区、禁渔期或者使用禁用的工具、方法捕捞水产品，情节严重的，处 3 年以下有期徒刑、拘役、管制或者罚金。

2．与破坏野生动物保护有关的犯罪

第一，非法猎捕、杀害珍贵、濒危野生动物罪，或者非法收购、运输、出售珍贵、濒危野生动物、珍贵、濒危野生动物制品罪。

《刑法》第 341 条第一款规定，非法猎捕、杀害国家重点保护的珍贵、濒危野生动物的，或者非法收购、运输、出售国家重点保护的珍贵、濒危野生动物及其制品的，处 5 年以下有期徒刑或者拘役，并处罚金；情节严重的，处 5 年以上 10 年以下有期徒刑，并处罚金；情节特别严重的，处 10 年以上有期徒刑，并处罚金或者没收财产。

该罪名为选择罪名，即不但非法猎捕、杀害国家重点保护的珍贵、濒危野生动物的行为构成犯罪，而且非法收购、运输、出售国家重点保护的珍贵、濒危野生动物及其制品的也构成犯罪。

第二，非法狩猎罪。

刑法第 341 条第二款规定，违反狩猎法规，在禁猎区、禁猎期或者使用禁用的工具、方法进行狩猎，破坏野生动物资源，情节严重的，处 3 年以下有期徒刑、拘役、管制或者罚金。

2001 年 5 月，国家林业局、公安部联合颁发了《关于森林和陆生野生动物刑事案件管辖及立案标准》，其中对非法猎捕、杀害国家重点保护珍贵、濒危陆生野生动物案以及非法收购、运输、出售珍贵、濒危陆生野生动物、珍贵、濒危陆生野生动物制品案，非法狩猎案、走私珍贵动物、珍贵动物制品案分别规定了重大案件、特别重大案件的立案标准。对于非法猎捕、杀害、收购、运输、出售、走私《濒危野生动植物种国际贸易公约》附录一、附录二所列陆生野生动物的，其立案标准参照该标准附表中同属或者同科的国家一、二级保护野生动物的立案标准执行。对于珍贵、濒危陆生野生动物制品的价值，依照国家野生动物部门的规定核定；核定价值低于实际交易价格的，以实际交易价格认定。

我国刑法有关与破坏野生动物保护有关的犯罪，只对非法捕杀非人类控制的野生动物保护规定了刑罚措施，但是对已为人类所实际控制（驯养、繁殖）的野生保护动物和其他动物等严重虐待的行为尚未制定刑罚措施。判例表明，鉴于《野生动物保护法》将野生动物作为一种自然资源并规定为国家所有，因此此类犯罪行为是依照刑法有关故意毁坏公私财物罪的规定定罪量刑的。

3．非法占用农用地罪

为保护土地特别是耕地和林地资源，《刑法》第 342 条规定[①]，违反土地管理法规，非

① 参见《刑法修正案（二）》，2001 年 8 月 31 日第九届全国人民代表大会常务委员会第二十三次会议通过。

法占用耕地、林地等农用地，改变被占用土地用途，数量较大，造成耕地、林地等农用地大量毁坏的，处5年以下有期徒刑或者拘役，并处或者单处罚金。

2005年12月，最高人民法院还颁发了《关于审理破坏林地资源刑事案件具体应用法律若干问题的解释》，对构成破坏林地资源的定罪量刑标准作出了具体规定。

4．与破坏矿产资源保护有关的犯罪

第一，非法采矿罪。

刑法第343条第2款规定[①]，违反矿产资源法的规定，未取得采矿许可证擅自采矿，擅自进入国家规划矿区、对国民经济具有重要价值的矿区和他人矿区范围采矿，或者擅自开采国家规定实行保护性开采的特定矿种，情节严重的，处3年以下有期徒刑、拘役或者管制，并处或者单处罚金；情节特别严重的，处3年以上7年以下有期徒刑，并处罚金。

第二，破坏性采矿罪。

刑法第343条第二款规定，违反矿产资源法的规定，采取破坏性的开采方法开采矿产资源，造成矿产资源严重破坏的，处5年以下有期徒刑或者拘役，并处罚金。

5．与破坏森林资源保护有关的犯罪[②]

第一，非法采伐、毁坏国家重点保护植物罪。

刑法第344条规定，违反国家规定，非法采伐、毁坏珍贵树木或者国家重点保护的其他植物的，或者非法收购、运输、加工、出售珍贵树木或者国家重点保护的其他植物及其制品的，处3年以下有期徒刑、拘役或者管制，并处罚金；情节严重的，处3年以上7年以下有期徒刑，并处罚金。

第二，盗伐林木罪。

刑法第345条第一款规定，盗伐森林或者其他林木，数量较大的，处3年以下有期徒刑、拘役或者管制，并处或者单处罚金；数量巨大的，处3年以上7年以下有期徒刑，并处罚金；数量特别巨大的，处7年以上有期徒刑，并处罚金。

第三，滥伐林木罪。

刑法第345条第二款规定，违反森林法的规定，滥伐森林或者其他林木，数量较大的，处3年以下有期徒刑、拘役或者管制，并处或者单处罚金；数量巨大的，处3年以上7年以下有期徒刑，并处罚金。

第四，非法收购、运输盗伐、滥伐的林木罪。

刑法第345条第三款规定，非法收购、运输明知是盗伐、滥伐的林木，情节严重的，处3年以下有期徒刑、拘役或者管制，并处或者单处罚金；情节特别严重的，处3年以上7年以下有期徒刑，并处罚金。

刑法第345条第四款规定，盗伐、滥伐国家级自然保护区内的森林或者其他林木的，从重处罚。

2001年5月，国家林业局、公安部联合颁发了《关于森林和陆生野生动物刑事案件管辖及立案标准》，其中分别对盗伐林木案，滥伐林木案，非法收购盗伐、滥伐的林木案，非法采伐、毁坏珍贵树木案，走私珍稀植物、珍稀植物制品案以及放火案、失火案规定了

---

① 参见《刑法修正案（八）》，2011年2月25日第十一届全国人民代表大会常务委员会第十九次会议通过。

② 参见《刑法修正案（四）》，2002年12月28日第九届全国人民代表大会常务委员会第三十一次会议通过。

重大案件、特别重大案件的立案标准。

（三）环境监管失职罪

环境监管失职罪是指负有环境保护监督管理职责的国家机关工作人员严重不负责任，不履行或者不认真履行环境保护监管职责导致发生重大环境污染事故，致使公私财产遭受重大损失或者造成人身伤亡的严重后果的行为。

根据2006年7月26日发布实施的《最高人民检察院关于渎职侵权犯罪案件立案标准的规定》（高检发释字[2006]2号）的规定，涉嫌下列情形之一的，应予立案：

①造成死亡1人以上，或者重伤3人以上，或者重伤2人、轻伤4人以上，或者重伤1人、轻伤7人以上，或者轻伤10人以上的；

②导致30人以上严重中毒的；

③造成个人财产直接经济损失15万元以上，或者直接经济损失不满15万元，但间接经济损失75万元以上的；

④造成公共财产、法人或者其他组织财产直接经济损失30万元以上，或者直接经济损失不满30万元，但间接经济损失150万元以上的；

⑤虽未达到③、④两项数额标准，但③、④两项合计直接经济损失30万元以上，或者合计直接经济损失不满30万元，但合计间接经济损失150万元以上的；

⑥造成基本农田或者防护林地、特种用途林地10亩以上，或者基本农田以外的耕地50亩以上，或者其他土地70亩以上被严重毁坏的；

⑦造成生活饮用水地表水源和地下水源严重污染的；

⑧其他致使公私财产遭受重大损失或者造成人身伤亡严重后果的情形。

此外，《刑法》还规定了其他一些关于国家环境管理工作人员渎职的犯罪，例如第407条规定了违法发放林木采伐许可证罪，第410条规定了非法批准征用、占用土地罪；非法低价出让国有土地使用权罪。

（四）单位犯破坏环境资源保护罪的处罚措施

刑法第346条对法人破坏环境与资源保护犯罪单独作了规定：单位犯本节第338条至第345条规定之罪的，对单位判处罚金，并对其直接负责的主管人员和其他直接责任人员，依照本节各该条的规定处罚。

第五节　环境公益诉讼

一、环境公益诉讼的概念和特征

（一）环境公益诉讼的概念

环境公益诉讼，是一种允许与案件无直接利害关系的原告出于公益目的，针对损害公共环境利益的行为，向法院起诉的新型诉讼制度。

环境公益诉讼是20世纪70年代源于美国的一种新的诉讼形态，在美国的环境立法中被称为“公民诉讼”（citizen suit）。

（二）环境公益诉讼的特征

与一般诉讼相比，环境公益诉讼具有如下显著特征：

第一，环境公益诉讼的原告不是以个人权益受到侵害提出主张。与传统私益诉讼中“无利益则无诉权”不同，在环境公益诉讼的场合，原告提出诉讼并非基于个人利益受到侵害，而是希望保护因政府机关不当决策或者因企业事业单位开发建设行为对环境公共利益造成或者可能造成的侵害。

第二，环境公益诉讼具有显著的预防作用。与私益诉讼相比，环境公益诉讼的诉因未必一定要有损害事实发生，只要合理判断某种行为有危害环境利益的可能即可由潜在的受害人（公众及其团体）提起诉讼。

第三，环境公益诉讼并非独立的诉讼领域，而只是一种与原告资格认定相关的诉讼方式和手段。环境公益诉讼既可以针对行政机关采用行政诉讼的方式，也可以针对企业事业单位采用民事诉讼的方式进行。

二、我国环境公益诉讼的法律规定

长期以来，我国《民事诉讼法》与《行政诉讼法》都规定：原告必须是“与本案有直接利害关系的公民、法人和其他组织”或者“认为具体行政行为侵犯其合法权益的公民、法人或者其他组织”。这种规定实际上排除了环境公益诉讼存在的余地。

为克服我国现行立法的不足，真正实现保护国家自然资源与生态环境，抑制污染环境与破坏生态环境的侵权行为，贵阳市、无锡市、昆明市等地纷纷通过制定地方性法规的形式为环境公益诉讼提供法律依据。如贵阳市中级人民法院发布的《关于贵阳市中级人民法院环境保护审判庭、清镇市人民法院环境保护法庭案件受理范围的规定》、贵阳市人大常委会制定的《贵阳市促进生态文明建设条例》、无锡市中级人民法院和无锡市人民检察院共同出台的《关于办理环境民事公益诉讼案件的试行规定》、昆明中院与昆明市检察院、昆明市公安局、昆明市环境保护局共同出台的《关于建立环境保护执法协调机制的实施意见》等均明确了检察机关、环境保护管理机构、环保公益组织为了环境公共利益，可以提起环境公益诉讼的原告资格。

2012年8月31日，全国人大常委会通过了新修订的《民事诉讼法》，其中第55条规定：“对污染环境、侵害众多消费者合法权益等损害社会公共利益的行为，法律规定的机关和有关组织可以向人民法院提起诉讼。”这是我国法律首次规定环境公益诉讼条款，标志着我国正式确立了环境公益诉讼制度。

但《民事诉讼法》本身并未对环境公益诉讼的主体，即“法律规定的机关和有关组织”的具体范围作出解释。2014年4月新修订的《环境保护法》第58条明确规定了可以提起环境公益诉讼的“社会组织”的范围：“对污染环境、破坏生态，损害社会公共利益的行为，符合下列条件的社会组织可以向人民法院提起诉讼：（一）依法在设区的市级以上人民政府民政部门登记；（二）专门从事环境保护公益活动连续五年以上且无违法记录。”并且在第二款强调：“符合前款规定的社会组织向人民法院提起诉讼，人民法院应当依法受理。”为了保障环境公益诉讼的公益性，第三款规定：“提起诉讼的社会组织不得通过诉讼牟取经济利益。”

本章小结

环境法律责任是法律责任制度在环境法中的具体体现，是指因实施了违反环境法的行为者或者造成环境破坏和环境污染者，依据环境法的规定，应当承担的法律责任。环境法律责任包括环境行政责任、刑事责任和民事责任。

环境行政责任可以分为环境行政处分与行政处罚两大类。环境行政处罚的种类一般包括警告，罚款，责令停产整顿，责令停产、停业、关闭，暂扣、吊销许可证或者其他具有许可性质的证件，没收违法所得、没收非法财物，行政拘留 7 种。环境行政处罚的程序包括简易程序、一般程序和听证程序 3 种。环境保护行政相对人对行政机关实施的行政处罚不服的，可以通过行政复议与行政诉讼两种途径寻求救济。行政处分包括六种，即警告、记过、记大过、降级、撤职、开除。对环境保护行政机关公务员给予处分，由任免机关或者监察机关按照管理权限决定。受到处分的环境保护行政机关公务员对处分决定不服的，可以申请复核或者申诉。

环境民事责任一般是指加害人因污染和破坏环境，造成被害人人身或财产损失而应承担的民事方面的法律责任。因污染环境造成他人损害的，实行无过失责任原则。环境污染侵权的构成要件包括损害后果、污染行为以及两者之间的因果关系。环境污染侵权的免责事由包括不可抗力、受害人过错与第三人原因三种情形。在我国，环境污染对生态环境本身造成的损害，可以视为对国家财产权的侵害，由国家向污染者主张损害赔偿责任。环境污染侵权的赔偿责任和赔偿金额的纠纷的行政处理属于调解，而有关土地与草原所有权、使用权争议的行政处理属于行政裁决。因环境污染损害赔偿提起诉讼的时效期间为 3 年，从当事人知道或者应当知道受到污染损害时起计算。因环境污染引起的损害赔偿诉讼，由加害人就法律规定的免责事由及其行为与损害结果之间不存在因果关系承担举证责任。

我国《刑法》第六章第六节“破坏环境资源保护罪”及相应的修正案共设立了 15 个破坏环境资源保护罪的罪名，包括 3 个污染环境类犯罪和 12 个破坏自然资源类犯罪。破坏环境资源保护罪的客观方面主要表现为污染环境和破坏自然资源两类行为，且通常要求以违反环境保护法律的规定为前提。破坏环境资源保护罪的主体在我国包括自然人和单位两类。实践中自然人构成的多是破坏自然资源类的犯罪，单位构成的多是污染环境类的犯罪。破坏环境资源保护罪的主观方面包括故意和过失两种形态。针对破坏环境资源保护罪的自由刑包括拘役、管制、有期徒刑，其中适用最广泛的是有期徒刑。破坏环境资源保护罪的财产刑包括罚金和没收财产。若单位构成破坏环境资源保护罪，则采取双罚制，即对单位、直接负责的主管人员和其他责任人员分别定罪量刑，但对单位只能判处罚金。

思考题

1．环境行政处罚有哪些种类？其具体实施程序是什么？
2．什么是破坏环境资源保护罪？其犯罪构成有哪些特征？
3．污染环境类的犯罪有哪些？其构成要件及刑罚分别是什么？
4．环境污染侵权的归责原则和构成要件是什么？
5．环境污染侵权的免责事由有哪些？
6．环境纠纷行政处理的性质是什么？
7．环境侵权诉讼适用哪些特殊的程序规则？
8．什么是环境公益诉讼？其有哪些特征？

参考文献

[1]　汪劲．环境法学（第二版）．北京：北京大学出版社，2011．
[2]　吕忠梅．环境法原理．上海：复旦大学出版社，2007．
[3]　韩德培．环境保护法教程（第五版）．北京：法律出版社，2007．
[4]　金瑞林．环境与资源保护法学．北京：北京大学出版社，2006．
[5]　张梓太．环境法律责任研究．北京：商务印书馆，2005．
[6]　邹雄．环境侵权救济研究．北京：中国环境科学出版社，2004．
[7]　王明远．环境侵权救济法律制度．北京：中国法制出版社，2001．

第八章　国际环境法与中国

第一节　国际环境法概述

当今世界正面临着前所未有的环境危机。地球环境退化对于人类赖以生存的自然资源、生态过程和其他物质条件形成了巨大威胁，而造成这种退化的原因又主要是人类活动。现在人们已经意识到，绝大部分的环境问题是跨国界的、区域性的或者全球性的。寻求环境问题的解决方案也需要密切的国际合作。在这个背景下，自20世纪70年代以来，国际环境法逐步发展成为一个相对全面的学科范畴，并在世界范围内引起了各国政府、学者和公众的广泛关注。迄今，国际环境法已经在大气、海洋、淡水、生物多样性、文化与自然遗产、两极地区、危险物质活动、贸易与环境等重要领域建立了比较系统的制度体系。

一、国际环境法的定义和特征

国际环境法，是指国际法主体之间以利用、保护及改善环境与生态为目的所形成的各种国际法规范的总称。国际环境法的形式主要为条约、协定与习惯等。

首先，国际环境法主要调整国际法主体之间的关系，主要是国家之间的关系。其次，国际环境法所调整的主要是国际法主体在利用、保护和改善全球环境与生态保护过程中所产生的各种国际法规范。传统国际法中，国家有自由开发利用其管辖范围内的环境与资源，国际环境法则对这样的权利做了一些限制。由于区域性和全球性环境问题的出现和不断发展，使得原来的多边或双边国际关系变得错综复杂，需要用一些新的原则来重新确立和调整这些发展、变化了的新的国际关系。国际环境法不仅涉及传统国际法与国内环境法的各个领域，而且还涉及国际私法、国际经济法和各国国内法，从而需要综合的调整方法和手段。

二、国际环境法的渊源

国际环境法的渊源与国际法基本相同，也是由国际条约、习惯、一般法律原则和辅助性渊源等共同组成。但是，国际环境法在其渊源方面也存在着一些特殊之处，具体表现在国际条约、国际习惯及“软法”方面，以下分别介绍。

（一）国际条约

国际条约简称条约，包括多边条约和双边条约，在广义上是指两个或两个以上国家，或国家组成的国际组织，或国家与国际组织等国际法主体之间依据国际法确定其相互权利和义务的一致的意思表示，[①]具体形式有条约、专约、公约、协定、议定书、换文以及宪章、规约等。条约在狭义上是指具体名称定为条约的国际法律文件。国际环境法中所称的国际条约，通常是指广义上的条约。国际条约在国际环境法中占有重要地位，是国际环境法最主要的渊源，是国际环境法赖以存在的基本形式之一。

以利用、保护及改善环境与生态为目的国际条约又称为国际环境条约。从内容上看，目前国际环境条约已经涵盖了大气、水、海洋、生物资源、极地、世界文化和自然遗产、有害废弃物处理以及有毒化学品和放射性污染等国际环境保护的各个领域，总数已达 900 多项。

近 20 年来，国际环境条约有一个明显的发展倾向，就是不断朝着“框架公约”的方向演变。由于全球环境状况不断恶化，保护环境和实现社会、经济的可持续发展是不分国家、政治制度以及社会意识形态而为世界各国所共同追求的目标，为此国际社会必须携手实施保护全球环境的对策。然而，鉴于当今国际环境问题的形成多为发达国家过去几个世纪的发展所为，环境损害与开发决策行为之间因果关系的不确定性，以及目前国际关系的复杂背景，许多国家出于自身的发展需要以及从国内的法律与政策调整、政治和经济利益等方面考虑，而不愿意承诺某些具体的环境义务，更不希望以牺牲本国的政治、经济利益为代价来参与环境保护国际合作和履行环境保护的国际义务。在这种制定国际环境条约虽然非常必要，但各国又不可能做出具体承诺的条件下，就出现了只对有关环境保护的目标原则作出规定、而具体的权利义务事项则留待于缔约国事后通过议定书或附件等形式来明确的环境保护“框架公约”。这种方式通常被称为“框架公约＋议定书＋附件”模式。例如，在国际合作保护臭氧层方面，1985 年制定了《保护臭氧层维也纳公约》，之后在 1987 年又签署了《关于消耗臭氧层物质的蒙特利尔议定书》及其附件等。

（二）国际习惯

国际习惯是指国际法主体在长期的国际交往过程中形成的反复实践，并被接受为有法律拘束力的原则和规则。由于国际环境法发展的历史较短，因此目前形成通例的国际环境习惯并不多见。但是，1972 年《斯德哥尔摩宣言》和 1992 年《里约宣言》这类大多数国际社会成员签订的国际文件中确认的国际环境法原则和规则应该可以被认为是证明国际习惯的存在证据。例如，20 世纪 30 年代的“特雷尔冶炼厂仲裁案”确立了任何国家都没有权利使用或允许使用其领土而对于他国的领土、财产或个人造成损害这项原则。该原则在 1972 年《斯德哥尔摩宣言》和 1992 年《里约宣言》都得到了确认。其他如：“污染者负担原则”、“环境影响评价”等均已经为国际环境法所接受。

① 王铁崖：《国际法》，法律出版社，1995 年版，　第 401-444 页。

（三）软法

第二次世界大战以后，在国际关系中出现了许多新的领域，需要制定某种新的规则予以调整。由于一时难以制定出明确、具体的且为多数国家接受的规定，因而国际社会不得不制定一些灵活性较大、约束力不强的，可以为各国共同接受的原则，这就是所谓的软法[①]。软法是国际法领域出现的一种新现象。与传统的国际法渊源相比，这类国际文件没有具体权利义务之规定，对于国家不具拘束力。国际环境法由于牵涉许多应当调整的新领域，使软法受到重视，国际组织和会议便常以此作为柔性手段来达成全球环境保护的目的。

目前，在国际环境法领域的软法主要有三种表现形式：一是指导性建议。经济合作与发展组织曾就资源、废弃物、化学产品、越境污染、海岸管理等制定了指导性文件；二是原则宣言，如《斯德哥尔摩宣言》、《里约宣言》等，原则宣言虽然没有规定要采取的具体行动，但却提供国际社会承认国际环境保护的价值观，并且确定国际社会的一般目标；三是行动计划，如《斯德哥尔摩人类行动计划》等，将宣言中提出的原则便成具体的建议。

软法在国际环境法中占有重要地位，它是国际法与国际政治相结合的产物，目标是解决重大环境问题的政治冲突和经济利益矛盾，成为处理国际环境问题不可缺少的制度。实践证明，软法虽无条约法的拘束力，却有力地影响和推动了国际环境法的发展。软法的发展进一步促进了《斯德哥尔摩宣言》所宣示的共同认识和共同原则的演进，提出了一系列关于全球环境保护的基本目标和原则。许多后续的国际环境会议宣言通过了同样的决议，这一系列的决议就产生了“实践积累”的效果，而产生了法律上的拘束力。而且许多的原则宣言，在各国共识成熟以后，被写进了条约和议定书中，成为有拘束力的原则。这种经过“宣言→条约→议定书”的发展过程，可以说是“软法”变“硬”的过程。

三、国际环境法的产生及发展

国际环境法的产生主要可以分为以下五个阶段：19 世纪至 20 世纪中期国际环境法的产生、20 世纪中期至 1972 年斯德哥尔摩会议、1972 年斯德哥尔摩会议至 1992 年里约会议、1992 年里约会议至 2002 年约翰内斯堡会议、2002 年约翰内斯堡会议至 2012 年“里约 20+”峰会。

（一）19 世纪至 20 世纪中期国际环境法的产生

从国际环境法的历史考察，国际环境法的产生和发展主要晚于西方国家的环境立法。西方国家在大量制定国内环境法之后，为协调因环境保护给各国带来的政治与经济利益的转变、冲突和矛盾而顺应国内环境立法发展，而且认识到环境保护不只局限于本国，因此促成国际间在国际法领域发展及促进环境保护。

关于国际环境条约，最早可溯源于欧洲 19 世纪中叶以后以保护渡鸟为主的野生动植物保护条约。在 20 世纪初，最初涉及环境保护的国际法律文件中，许多是关于保护边界水域的条约，规定了反对水污染的条款。20 世纪三四十年代，除了延续边界水域的保护，

---

① 与软法相对的，将具有法律约束力的国际法律文件如国际条约或协定等称为“硬法”（hard law）。

国际间也开始制定生态保护的国际法律文件。例如，被认为现代生态保护先驱国际条约的 1933 年《关于保护自然条件下动植物的伦敦公约》。20 世纪五六十年代，国际社会开始关注海洋保护，例如 1954 年《国际防止油类物质污染海洋的伦敦公约》。新技术特别是核能利用也引发国际上的关注，而对于环境保护的关注也越来越多地出现在一般国际法的文件中。[①]

国际习惯在这一阶段也有很大的发展，尤其是产生了对国际环境法的发展有重要影响的国际司法案例。第一起著名的越境环境污染责任案件，就是发生在 20 世纪 30 年代的“特雷尔冶炼厂仲裁案”。其他如著名的 1949 年科孚海峡案判决和 1957 年拉努湖仲裁案也都是在此一时期形成的。

这一时期的国际环境条约所牵涉的国际环境议题仍然比较分散，属于临时性的措施。但是这一时期的国际司法实践为日后国际环境法的发展定下可遵循的原则，可以说是国际环境法的萌芽时期。

（二）20 世纪中期至 1972 年斯德哥尔摩会议

20 世纪 60 年代前后，世界各国的环境污染和破坏使得发达国家一方面面临着强大的国内民众反对污染呼声的压力，另一方面又面临着资源能源因不合理利用和滥肆开发所带来的危机。发达国家国内环境立法脚步加快，国际环境法也有长足的进步。区域性和国际环境立法开始蓬勃发展。

此外，鉴于对国际环境问题认识的深化，联合国于 1972 年 6 月 5 日在瑞典首都斯德哥尔摩举行了“人类环境会议”。这次会议共有 113 个国家和所有重要国际组织的代表及 400 多个非政府国际组织派出的观察员参加。会议通过了《斯德哥尔摩宣言》、《人类环境行动计划》等重要的国际环境文件。大会的刊行物《只有一个地球》被译为多种文字，其中的多数观点得到了世界各国的认可。此外，该会议还建议联合国成立一个专门协调和处理环境事务的机构，因而促成了联合国环境规划署（UNEP）于 1972 年 12 月成立。

其中，《斯德哥尔摩宣言》虽然不具有法律拘束力，属于“软法”的范畴，但它反映了国际社会的共同信念，对国际环境法发展造成了深远的影响。其中某些原则和规则后来成为国际环境条约具有拘束力的原则和规则，也为后来各国制定环境保护法提供了指导和借鉴。《斯德哥尔摩宣言》从下列几个方面确立了国际环境法的原则：

第一，首次阐明了人类负有保护和改善环境的严肃的责任。（原则 1）

第二，在确认现代人类对资源开发权利的同时，要求考虑未来世代人类的利益。（原则 2）

第三，确认国家有开发自己资源的主权，但也强调各国有责任保证在他们管辖及控制范围内的活动不会损害其他国家或国家管辖范围以外地区的环境。（原则 21）

第四，考虑到了发展中国家的特殊利益。在确立发展中国家各项发展原则（原则 9 至 12 及 23）的基础上，要求各国应当根据不同的发展程度适用国际环境法，在国际环境条约中将对发展中国家的特殊照顾予以具体化。

---

① 例如，1909 年的《美加边境水域条约》、1954 年的《防止海洋油污公约》、1958 年的《渔业与公海生物资源保护公约》、1958 年的《大陆架公约》和《公海公约》、1963 年的《禁止在大气层、外层空间和水下进行核试验条约》、1967 年的《宇宙公约》等。

（三）从 1972 年斯德哥尔摩会议至 1992 年里约会议

1972 年斯德哥尔摩会议之后到 1992 年里约会议的 20 年间，发生了 20 世纪 70 年代全球能源危机、80 年代到 90 年代初冷战结束、东西方关系降温、军备冲突竞赛减缓等影响世界局势的重大事件，而在这 20 年间全球经济大幅成长，却集中在发达国家，同时，地球人口增加 17 亿，大量森林消失，沙漠化加剧。传统的国际环境问题恶化尚未解决，又发生新兴国际环境议题，如臭氧层破坏和全球气候变暖等议题，均非单一国家之力能解决。综观这一时期的国际环境立法具有如下 3 个特点：

第一，国际环境条约和协定的数量迅速增加。受《斯德哥尔摩宣言》的影响，这个时期所制定条约的内容涉及世界文化和自然遗产的保护、海洋环境保护、自然保护、控制长距离跨界空气污染以及外层空间方面等各个领域。除国际环境条约外，还有区域性的环境公约、双边环境协定。[①]

第二，将国家环境保护权利和义务的内容进一步具体化。主要表现在国际机构经常在各种场合强调环境保护的一般原则，极大地推动了将环境保护的法律原则转化为条约的进程。例如，经济合作与发展组织于 1970 年成立了环境委员会，并在该组织内采纳了环境指针原则、环境政策宣言、污染者负担原则、防治越境污染原则等。联合国环境规划署则自 1972 年成立以来不断组织法律专家就特定的环境问题进行专题研究并发布报告，并确立了一系列环境保护决定。

第三，萌发了 20 世纪 80 年代国际环境法上如何兼顾环境与发展的重要课题。这一时期国际环境法的发展主要是确立国际环境保护的法律原则与制度措施。然而在此基础上，新的环境与发展关系的问题还在逐步呈现。例如，如何对待发展中国家对发展的特殊要求（发展权）和发展中国家广泛参与国际环境保护问题等。

（四）1992 年里约会议至 2002 年约翰内斯堡会议

1989 年 12 月，联合国大会通过决议，决定于 1992 年在里约热内卢召开联合国环境与发展大会，讨论环境与发展问题。1992 年，联合国在巴西里约热内卢召开了联合国环境与发展大会，有多达 170 多个国家的领导人出席。会议的中心议题是环境和可持续发展，共取得了五项成果：首先，通过了被称为可持续发展蓝图、涉及环境与发展行动各个环节的《21 世纪议程》；其次，通过了《里约宣言》，确立了 27 项重要原则；最后，签署了《气候变化框架公约》、《生物多样性公约》以及《关于森林问题的原则声明》三项重要国际环境文件。

《里约宣言》重申了《斯德哥尔摩宣言》的各项重要原则，是世界各国进行环境合作和进一步实施可持续发展战略方面的国际法基础。《里约宣言》确认和发展了国际环境法的一些基本原则，如预防原则、污染者负担原则等；明确规定关于执行国际环境标准的程序措施及公众参与的权利；在处理消除贫困、谋求发展与环境的关系，环境保护与自由贸易的关系以及有关环境损害赔偿方面都有较大的突破和发展。虽然该宣言不具有严格的法律拘束力，但它对国际环境法的发展有着不容忽视的贡献。它的许多原则已被条约法所肯定，为国际法的未来发展提供了方向。

---

① 限于篇幅，本书在此不一一列举公约名称。

里约环境与发展大会对国际环境法的发展起到了新的推动作用。国际环境问题已经渗入许多领域，成为当今国际焦点问题。环境与发展大会以后，国际社会制定和通过了许多十分重要的环境条约，如 1994 年《核安全公约》、1994 年《联合国防治荒漠化公约》、1997 年《乏燃料管理安全和放射性废物管理安全联合公约》、1998 年《关于在国际贸易中对某些危险化学品和农药采用事先知情同意程序的鹿特丹公约》、2001 年《关于持久性有机污染物的斯德哥尔摩公约》和 2001 年《保护水下文化遗产公约》等。

1997 年，《联合国气候变化框架公约》缔约方在日本京都举行第三次缔约方大会。149 个国家和地区的代表通过了旨在限制温室气体排放量以抑制全球变暖的《联合国气候变化框架公约京都议定书》[①]，为发达国家规定了量化减排指标，强制发达国家减排。《京都议定书》被视为贯彻国际环境法上共同但有区别责任原则的首部具有法律约束力的国际文件。

许多国际组织也将环境保护纳入自己的领域。例如，国际法院于 1993 年 7 月设立了环境事件分庭。[②]此外，世界贸易组织等国际机构也设立了相应的机构以处理未来日益增多的环境事务，并且专门性环境保护国际组织也将重点放在国际环境法的实施上。1996 年国际法院应世界卫生组织要求发表了关于使用核武器合法性的咨询意见。1997 年，国际法院就匈牙利与斯洛伐克之间的多瑙河大坝的争议作出判决，承认在条约的执行中，应该考虑对环境的影响。

环境与发展大会还推动了各国国内环境法的发展以及在国际环境“软法”指导下的趋同化。世界各国都把实施可持续发展战略作为国家的一项根本任务并制定了环境与发展的政策或规划，中国于 1994 年发表了《中国 21 世纪议程——中国 21 世纪人口、环境与发展白皮书》，接着又在 1995 年发表了《中国环境保护 21 世纪议程》。

这个时期国际环境法呈现出蓬勃的发展趋势，提出了以可持续发展原则为代表的一系列重要的原则和规则。国际环境问题比以往任何时候都更加引起国际社会的关注。

（五）2002 年约翰内斯堡会议至 2012 年“里约 20+”峰会

根据 2000 年 12 月第五十五届联大第 55/199 号决议，2002 年 8 月为全面审查和评价《21 世纪议程》的执行情况，进一步促进执行《21 世纪议程》的量化指标，包括 104 名国家元首和政府首脑，以及国家代表、非政府组织领导人、企业和其他主要团体等万余名与会者在南非约翰内斯堡召开了可持续发展问题世界首脑会议，又称约翰内斯堡峰会，是 1992 年里约热内卢联合国环境与发展大会以来联合国在世界范围内举行的关于国际环境问题的最重要的会议。会议通过了《可持续发展世界首脑会议执行计划》和《约翰内斯堡可持续发展声明》，指出消除贫困、改变消费和生产格局、保护和管理自然资源基础以促进经济和社会发展，是压倒一切的可持续发展目标和根本要求。

---

① 按照《京都议定书》的规定，该议定书应在占 1990 年全球温室气体排放量 55%以上的至少 55 个国家和地区已经交存其批准书、接受书、核准书或加入书之日后第 90 天起生效。欧盟及其成员国于 2002 年 5 月 31 日正式批准了该议定书。中国于 1998 年 5 月签署并于 2002 年 8 月核准了该议定书。随着俄罗斯于 2004 年 11 月宣布批准该议定书之后，议定书的生效条件终于满足。《京都议定书》于 2005 年 2 月 16 日正式生效。

② 参见 *Composition of the Chamber for Environmental Matters*，4 March 2002. http://www.icj-cij.org/icjwww/ipresscom/ipress2002/ipresscom2002-08_admin_20020304.htm。最后访问时间：2004 年 10 月 22 日。

《可持续发展世界首脑会议执行计划》制定了执行和贯彻《21 世纪议程》在消除贫困、饮水安全、环境卫生、生物多样性、粮食安全、消耗臭氧层物质和人群健康等方面的承诺、方案、具体目标和时间表。但是，由于该执行计划不是具有法律约束力的国际文件，因此执行计划所包括的企业社会责任制和问责制等重要制度并未获得较好执行。

这一期间通过的关于环境问题的国际文件，以对有关公约的补充协议为主。应对气候变化和保护生物多样性成为 21 世纪以来国际环境法的主要议题。2007 年在印度尼西亚巴厘岛召开联合国气候变化会议并通过了《巴厘岛行动计划》，决定启动至关重要的有关加强应对气候变化问题的谈判，并明确规定了谈判应该在 2009 年底之前完成。2009 年在丹麦哥本哈根举行联合国气候变化大会，通过了《哥本哈根协议》。2010 年，《生物多样性公约》缔约方大会第十届会议在日本名古屋通过了《关于获取遗传资源和公正和公平分享其利用所产生惠益的名古屋议定书》。

根据联合国大会 2009 年 12 月 24 日第 64/236 号决议和 2011 年 12 月 22 日第 66/197 号决议，在《21 世纪议程》通过 20 周年之际，2012 年 6 月在巴西里约热内卢举行了联合国可持续发展会议，简称“里约+20”峰会。会议通过了成果文件《我们希望的未来》，重申《关于环境与发展的里约宣言》提出的包括共同但有区别的责任原则在内的各项原则，重新审视了通过《21 世纪议程》以来可持续发展工作在各领域进展的不足，并提出可持续发展体制框架及其行动框架和后续行动。

应当说，从 1972 年斯德哥尔摩会议以来，国际环境法已经在污染防治和自然保护各领域取得了长足和重要的发展。国际环境法的基本框架已经形成。但是，一方面国际社会虽然已经通过了大量的环境条约和文件，并形成了国家环境法上的一些重要原则，例如预防原则、可持续发展原则、共同但有区别的责任原则等，但其内涵仍然比较模糊，国际环境法的内在协调性、体系化仍显不足；另一方面，应该承认，国际环境法与国内环境法相比，仍然处在发展的初级阶段，仍然比较“软”，有约束力的法律规范发展不够，很难做到“有法可依”。此外，由于各国发展水平的不平衡，而且这种差异正在扩大，发展与环境的关系一直没有解决，没有出现人们所期望的两者相互促进的良性循环。这些都是国际社会面临的挑战，必须依靠整个国际社会的力量才能得到解决。

四、国际环境法的基本原则

作为国际法的分支学科，国际环境法当然必须适用国际法的基本原则。同时，由于国际环境法的对象是国际环境问题，它与传统国际法各领域的问题在性质上有所不同，需要确立一些新的原则来予以调整。这些新的原则构成国际环境法基础的基本准则体现在国际环境法的渊源之中。

目前已被各国广泛接受并在实践中被普遍适用的基本原则主要包括：国家主权与不损害管辖范围以外环境的原则、国际合作原则、可持续发展原则、预防原则与谨慎原则、共同但有区别的责任原则。

（一）国家主权与不损害管辖范围以外环境的原则

主权原则是国际法的重要原则。根据主权原则，国家有开发及利用其管辖范围内的自然资源的主权权利。但是国家在其管辖范围内的自然资源开发活动却有可能造成管辖范围以外环境的负面影响。如：酸性沉降、臭氧层破坏和海洋污染等。因此有必要在国家主权原则以外，给予国家规定相应的义务，即各国负有确保在其管辖范围内或在其控制下的活动不致损害其他国家或在各国管辖范围以外地区的环境的责任。这是对国家环境和自然资源主权原则的一种限制。

1934 年的“特雷尔冶炼厂仲裁案”中，国际仲裁法庭在审理该案件时，运用了“使用自己的财产时不应损害他人的财产”原则，并指出“根据国际法原则……任何国家也没有权利这样地利用或允许利用它的领土，以致其烟雾在他国领土或对他国领土上的财产和生命造成损害，如果已发生后果严重的情况，而损害又是证据确凿的话”①。1949 年国际法院对科孚海峡案的判决也申明了：“任何国家不能将其领土用于违背其他国家权利的目的。”②在 1957 年的拉努湖仲裁案中，仲裁庭认为“根据善意原则，上游国有义务对所涉及各方的利益都给予考虑，它有义务使它对自己利益的谋求与满足上述各方面的每一项利益兼容。在这个问题上，它也有义务表明：它真诚地关心使它沿岸国的利益与自己的利益得到协调”。③在这项裁决中，还包含了公平合理使用共有资源的原则。

在 1972 年《斯德哥尔摩宣言》原则 21 也规定：“依照联合国宪章和国际法原则，各国具有按照其环境政策开发其资源的主权权利，同时亦负有责任，确保在它管辖或控制范围内的活动，不致对其他国家的环境或其本国管辖范围以外地区的环境引起损害。”1992 年《里约宣言》原则 2 在上述原则的基础上进一步重申：“根据《联合国宪章》和国际法原则，各国拥有按照其本国的环境与发展政策开发本国自然资源的主权权利，并负有确保在其管辖范围内或在其控制下的活动不致损害其他国家或在各国管辖范围以外地区的环境的责任”。

目前，这条原则已经被公认为是一条国际习惯法规则④，并且纳入许多国际环境条约中，例如《联合国海洋法公约》、《生物多样性公约》、《气候变化框架公约》等都对此作出了明确的规定。

（二）国际合作原则

国际合作是现代国际法的一项基本原则，也构成了国际条约的基础。《联合国宪章》等不同国际条约均规定进行不同程度的国际合作。随着环境问题的全球化过程以及全球经济一体化进程中出现的国际环境资源保护管理形式，国际环境问题已经愈来愈成为整体不可分割，没有一个国家能够置身事外，国际合作在国际环境法中更有着特别重要的意义。⑤

在国际环境法上，国际环境合作具有两个方面的意义，一是国际社会所有成员都应该并且有权参与保护和改善国际环境；二是国际环境问题的解决有赖于国际社会成员普遍的

① 该原则是英美法有关公共妨害理论的一项基本原则。参见曾昭度：《环境纠纷案件实例》，武汉大学出版社，1989 年，第 233 页。

② *Corfu Channel Case*，*Judgment of April 9th*，1949，*I.C.J. Reports* 1949，p.4.

③ 曾昭度：《环境纠纷案件实例》，武汉大学出版社，1989 年，第 238 页。

④ [法]亚历山大・基思：《国际环境法》，张若思编译，法律出版社，2000 年版，第 84-85 页；金瑞林：《环境与资源保护法学》（第二版），高等教育出版社，2006 年，第 320 页。

⑤ 金瑞林：《环境与资源保护法学》（第二版），高等教育出版社，2006 年，第 320 页。

参加和合作。《斯德哥尔摩宣言》原则 24 规定："关于保护和改善环境的国际问题，应由所有国家，无论大小，在平等的基础上，以合作精神进行讨论。为有效限制、预防、减少和消除在任何领域进行的活动所造成的环境损害，必须通过多边和双边协议或其他适当的方式进行合作，同时尊重所有国家的主权和利益。"

由于过去的几个世纪，全球资源的七成以上为发达国家所消耗，因此对全球环境问题的责任也主要应由发达国家承担。本着这种认识，1992 年《里约宣言》原则 7 提出："各国应以全球伙伴精神养护、保护和恢复地球生态系统的健康和完整。鉴于各国对全球恶化所起的作用不同，各国拥有共同但有区别的责任。鉴于发达国家的社会对全球环境施加的压力以及他们掌握的技术和财政资源，发达国家承认他们在追求可持续发展的事业中应承担的责任。"《里约宣言》确立了"共同但有区别的责任"、"发达国家承担主要责任"、"向发展中国家和地区提供新的、额外的资金"等全球环境保护的原则，这些都成为今天环境保护国际合作的主要依据。

国际合作表现在国际环境法的一些具体制度和措施，包括信息共享、参与决策、环境评估、环境标准的越境强制执行等在内的技术性措施。在信息共享方面，2005 年 11 月吉林省吉林市中石油吉林石化分公司双苯厂发生爆炸事故并导致松花江重大水污染事件后，中国政府迅速地向联合国环境规划署以及俄罗斯通报了爆炸事故以及松花江发生重大水污染事故的情报。因此，建立情报交流特别是在污染事故条件下的迅速通报，对防止环境污染的扩散也具有积极的意义。

（三）可持续发展原则

环境与发展的关系一直是国际环境法上的重要问题。1987 年联合国的世界环境与发展委员会发表了《我们共同的未来》研究报告，提出在处理环境与发展关系时应遵守可持续发展原则。《我们共同的未来》指出，可持续发展指的"是既满足当代人的需要，又不对后代人满足其需要的能力构成危害的发展。"①

尽管对于可持续发展原则的内涵和范围并没有统一的认识，但普遍认为可持续发展原则应该包括以下四个方面的内容②：一是代际公平，指的是在满足当代人需要的同时不妨碍和损害后代人的需要③；二是代内公平，即同一代内的所有人，不论其国籍、种族、性别、经济发展水平和文化等方面的差异，对于利用自然资源和享受清洁良好的环境享有平等的权利；三是可持续利用，指的是以可持续的方式利用自然资源；四是环境与发展一体化，即环境保护与经济和社会方面的发展应相互协调彼此兼顾。

可持续发展原则是一项处于形成和发展中的原则，有愈来愈多的国际环境法律和文件承认它。在 1992 年《里约宣言》中，对可持续发展作出了进一步的阐述："人类应享有与自然和谐的方式过健康而富有成果的生活的权利，并公平地满足今世后代在发展和环境方面的需要"。自 1992 年联合国环境与发展大会之后，可持续发展的思想逐步被国际社会普

① 世界环境与发展委员会：《我们共同的未来》，国家环保局外事办公室译，世界知识出版社，1999 年版，第 19 页。

② Philippe Sands，*Principles of International Environmental Law I*：*Frameworks*，*Standards and Implementation*，Manchester University Press，1995.

③ "代际公平"可参考美国法学教授魏伊丝女士提出的"环境的世代间平衡"理论。[美]魏伊丝：《为了未来世代的公正：国际法、共同遗产、世代间公平》，汪劲等译，法律出版社，2000 年版。

遍接受，并融入重要的国际环境法律文件之中。例如，在《生物多样性公约》、《气候变化框架公约》中都规定，为了世代人类的利益应当可持续地利用自然资源，促进经济社会的可持续发展。由于其在国际环境法领域具有普遍指导意义，体现了国际环境法的特点，可持续发展原则已成为对国际环境法有重要影响的基本原则。

（四）预防原则与谨慎原则

1．预防原则

国际环境法上的预防原则是指国家应尽早在环境损害发生之前采取措施以制止、限制，或控制在其管辖范围内或控制下的可能引起环境损害的活动或行为。由于环境损害常是不可逆转和不可恢复的，因此在科学上已经确定的情况下，各国应该采取措施防止环境损害的发生，胜于环境发生损害以后再花费大量的人力、物力和金钱也不一定能够恢复已经遭受损害的环境。1972 年《斯德哥尔摩宣言》及 1992 年《里约宣言》对预防原则都作出了明确规定。

20 世纪 80 年代，OECD 环境委员会也提出建议：各国环境政策的核心，应当是预防为主。这样一些主张和建议，使得 20 世纪 80 年代后各国在环境政策的调整和转变过程中，以预防为主的原则越来越受到重视，并成为国家环境管理和环境立法中的重要指导原则。①

2．谨慎原则

预防原则所针对的是在科学上没有不确定性的问题，即污染与环境损害之间的因果关系是十分清楚的。但针对严重或不可逆转损害的威胁时，科学上的不确定性往往对环境决策造成困扰，因此环境法发展出了谨慎原则，又称谨慎预防原则或风险预防原则。国际环境法上对于谨慎原则的内涵和适用范围虽然没有统一的认识。《里约宣言》原则 15 通常被认为代表这一原则的核心内容。《里约宣言》原则 15 规定：“为了保护环境，各国应按照本国的能力，广泛采用谨慎预防措施。遇有严重或不可逆转损害的威胁时，不得以缺乏科学充分确定证据为理由，延迟采取成本效益的措施防止环境恶化”。

目前谨慎原则已被许多国家的环境立法和国际组织的活动采纳。与预防原则相比，谨慎原则要求在面对可能发生的严重或不可逆转环境损害和风险的威胁时，即使在科学不确定的条件下也必须采取一定的措施以防止环境恶化。

（五）共同但有区别的责任原则

共同但有区别的责任，是指由于地球的整体性和导致全球环境退化的各种因素，各国对保护全球环境负有共同的责任，但另一方面，由于发达国家和发展中国家的经济和社会发展水平不同，污染物的排放数量也不相同，技术能力和工艺水平也不同，因此不应该要求所有的国家承担相同的责任，而应该是有区别的责任。

共同但有区别的责任原则是在 1992 年里约联合国环境与发展大会上初步确立的。在大会通过的《里约宣言》原则 7 宣示：“各国应当本着全球伙伴精神，为保存、保护和恢复地球生态系统的健康和完整进行合作。鉴于导致全球环境退化的各种不同因素，各国负

---

① 金瑞林：《环境法学》，北京大学出版社，2002 年版，第 86 页。

有共同但有区别的责任。发达国家承认，鉴于他们的社会给全球环境带来的压力，以及他们所掌握的技术和财力资源，他们在追求可持续发展的国际努力中负有责任。”

除了《里约宣言》外，1987年《关于消耗臭氧层物质的蒙特利尔议定书》及其有关条约规定，发达国家必须立即和率先削减臭氧层耗损物质，而发展中国家则给予10年的宽限期。在《气候变化框架公约》、《生物多样性公约》等国际法律文件中也都体现了这项原则，并为不同类型的国家规定了不同的法律责任，如发达国家率先削减排污量，向发展中国家提供新的、额外的资金，建立专门机构为发展中国家履约提供财政、技术和其他援助等。

值得注意的是，共同但有区别的责任在顾及发展中国家的需求及实际状况时，而暂缓或减少采取环境保护措施，但并没有给予他们永远不行动的权利。发展中国家应积极改革，改进生产技术，脱离贫困，增强经济实力和环境保护能力，以期能持续发展。

五、环境保护的国际组织

目前的国际环境组织种类繁多，既有一般性的也有专门性的，既有全球性的也有区域性的。按照它们的组成方式，大体上可以将它们分为两大类：一类是政府间的国际环境组织；另一类是民间的国际环境组织，也称非政府环境组织。

（一）政府间的国际环境组织

政府间的国际环境组织主要有三大类：一是联合国及其专门机构。联合国的六个主要机关：大会、安全理事会、经济及社会理事会、托管理事会、国际法院和秘书处都以不同程度和不同方式参与国际环境保护。联合国环境规划署则是联合国系统内专责致力于国际环境保护事务的机构，它是1972年12月成立的，其目的在于实施联合国环境会议所通过的各项行动计划以及促进环境保护的国际合作。除此之外，联合国还有众多专门机构，也为国际环境保护发展作出了不同程度的贡献。[①]二是区域性国际组织。主要包括：欧洲共同体（欧盟）、北美自由贸易协议、非洲统一组织、阿拉伯国家联盟、美洲国家组织和东南亚国家联盟等。在这些组织所制定的条约、决议、宣言等文件中，其中有许多内容是关于环境保护的。并且，有的国际组织还专门设有环境保护机构。三是根据国际环境条约设立的国际组织。例如1985年《保护臭氧层维也纳公约》缔约方大会、1989年《巴塞尔公约》缔约方大会、1992年《气候变化框架公约》缔约方大会及1992年《生物多样性公约》缔约方大会。

（二）非政府环境组织

相较于传统国际法，非政府组织在国际环境法上有比较活跃的参与。例如，科学团体、

① 例如，世界环境与发展委员会，是一个独立的机构，其任务是向联合国大会提出关于环境对策方面的建议；联合国国际海事组织——涉及海洋环境与资源的保护；联合国粮农组织——涉及土壤、自然资源的保护管理；世界气象组织——涉及气候体系维护；联合国教科文组织——涉及人类与环境的相互作用与关系问题；世界卫生组织——涉及环境与人体健康关系、环境标准；国际原子能机构——涉及和平利用原子能与核安全问题。

法律团体、环境保护团体、企业团体和土著团体等。[①]

非政府环境组织尚未被广泛地承认及接受为国际环境法的主体，他们不能直接享有国际法权利并承担国际法义务，例如，他们不能与国家签订条约或加入条约。但目前，非政府环境组织在国际环境保护事务中的作用越来越大。从国际环境法的实践来看，他们主要表现在如下几个方面：

一是提出有关全球环境保护的重大事项并呼吁国际社会采取行动；二是以观察员身份列席重要的国际环境会议以及参与国际环境条约的谈判；三是从事国际环境法与政策的宣传教育工作；四是监督国际环境条约的实施。

当前在国际环境领域影响力比较大的非政府组织主要有：一般性非政府环境组织，例如：国际标准化组织，制定了许多与环境有关的标准，供各国参考使用，其中最有名的就是1995年颁布的ISO 14000系列环境管理标准。还有专门性非政府环境组织，包括世界自然保护联盟、世界自然基金、绿色和平组织、塞拉俱乐部、地球之友等。此外，还有诸如国际法学会以及国际法协会等学术组织。

另外，个人在一定的条件下，也可在国际环境法的实施中发挥作用。[②]

第二节　重要国际环境条约简介

一、大气和气候保护

工业化以来，空气污染已经成为各国国内最关心的环境问题之一。但在保护各国内国的空气不受污染时，各国逐渐发现，空气污染不只局限于地区、乃至区域，而是会影响到想象不到的范围。主要的影响有越界大气污染、臭氧层的破坏及全球气候变暖。

（一）越界大气污染

第二次世界大战以后伴随着经济的迅速发展，世界各国的工业化和城市化进程也越来越快，越境大气污染所造成的酸雨和湖泊酸化问题也越来越严重。自20世纪70年代起，北欧国家发现中欧国家如波兰、德国工业产生的酸性物质颗粒随着大气移动而沉降在北欧地区，造成斯堪的纳维亚半岛的河流及湖泊酸化、鱼群数量锐减、树木枯黄及生态系统的破坏。北美洲地区也有相同的问题。

1979年联合国欧洲经济委员会制定了《长距离跨界大气污染公约》，该公约是世界上第一个关于空气污染，特别是远程跨国界空气污染的专门区域性公约。缔约国主要是欧洲国家、美国和加拿大。目的在于保护人类及其环境不受来自大气的污染，限制并尽可能逐渐减少和防止大气污染以及长距离跨界大气污染。该公约将欧洲上方的大气作为一个整体实行控制，公约规定了一些防止远程大气污染的基本原则，制定了有关审查、磋商等方面

---

①《21世纪议程》更将妇女、儿童与青年、土著居民、非政府组织、地方政府当局、工人与工会、商业与工业、科学与技术团体等，列举为非政府组织，参见王曦：《国际环境法》，法律出版社，1998年版，第85页。

② 参见王曦，同上注，第87页。如《北美自由贸易协定》的《环境附属协定》就规定了个人参与的条件。

的内部实施机制，主要包括大气质量管理制度、情报交换制度以及协商和合作制度等。公约虽没有许多实质性规范，但却为该领域的条约规则的发展奠定了基础。①

（二）臭氧层

人类生产、生活活动使用的消耗臭氧层物质如氟氯烃（CFC）、哈龙等，可以导致大气中臭氧层变薄，从而使臭氧层吸收太阳所辐射紫外线的功能减低，造成地球上的生物过量接受紫外线辐射而使人类发生皮肤癌和白内障的几率增加，或者致使农作物减产。

1985 年《保护臭氧层维也纳公约》是第一个全球性的大气保护公约，②目的在于保护人类健康和环境，使其免受人类改变或可能改变臭氧层的活动所造成或可能造成的有害影响；采取一致措施，控制已发现对臭氧层有不良作用的人类活动；合作进行科学研究和系统观测；交流有关法规、科学和技术领域的信息。该公约对缔约国保护臭氧层的一般义务仅作了原则性规定，而对实体义务规定得十分笼统和概括，具体义务的承担则规定通过附件、议定书来确定，具有明显的框架性质。由于这种方式得到多数国家的接受，因此《保护臭氧层维也纳公约》及其体制是现代国际环境法框架性公约的一个典范。

1985 年，英国科学家在南极上空发现了臭氧层空洞，加上国际上一系列的科学研究，证实了科学界长期以来认为氟氯烃类物质可能导致臭氧层破坏的论点，并且引发国际社会对于臭氧层保护的广泛关注③。在这样的背景下，国际间在《保护臭氧层维也纳公约》制定后两年的 1987 年很快地通过了《关于消耗臭氧层物质的蒙特利尔议定书》。之后，该议定书分别经 1990 年《伦敦修正案》、1992 年《哥本哈根修正案》、1997 年《蒙特利尔修正案》和 1999 年《北京修正案》四次修正。议定书要求各缔约方承诺：一是各国采取措施减少臭氧层消耗物质的生产和消费。议定书并制定了一个阶段性削减计划，以 1986 年各缔约国的实际使用量为基础，逐步降低受控物质的使用量，到 20 世纪末以前发达国家的缔约国应当逐步削减或冻结使用，发展中国家则有 10 年的宽限期。二是为了鼓励各国加入议定书，议定书还规定限制缔约方与非缔约国进行受控物质及有关产品的贸易。此外，议定书以及后续修正案对于控制措施的评估和审核、数据汇报、信息交流、建立财务机制、提供技术转让以及建立受控物质的进出口许可证制度等也作出了规定。

从国际环境法的发展历程来看，臭氧层的国际保护是国际环境法发展的里程碑。自 1985 年《保护臭氧层维也纳公约》建立了国际臭氧层保护的基本框架后，随着国际社会对臭氧层损耗的严重性的认识不断加深，1987 年的议定书及后续修正案对于缔约方义务设定及前提、履约机制及决策程序等都有创新。④

---

①《长距离跨界大气污染公约》签署后，欧共体各国又分别在该条约下签署了 1984 年《关于负担观测体制资金的议定书》、1985 年《关于削减硫氧化物排放至少 30%的议定书》、1988 年《关于削减氮氧化物排放的议定书》以及 1991 年《关于削减挥发性有机化合物排放的议定书》。到 1994 年还签署了《关于进一步削减硫化物的议定书》。

②《保护臭氧层维也纳公约》，1985 年 3 月 22 日，全文载于：http://www.zhb.gov.cn/ztbd/gjcyr/gjgy/200409/t20040903_61143.htm，最后访日时间：2013 年 8 月 9 日。

③ David Hunter，James Salzman and Durwood Zaelke，International Environmental Law and Policy，New York：Foundation Press，1998，pp.560-561.

④ 金瑞林：《环境与资源保护法学》（第二版），高等教育出版社，2006 年版，第 340 页。

（三）全球气候变化

自工业革命以来，人类各种活动所产生的大量温室气体（如二氧化碳、氟氯烃、甲烷等），阻碍了一部分阳光反射回太空之中，造成地球表面温度上升，由于这种作用类似于温室玻璃，因此科学家把因上述气体造成大气层地球表面变热称为“温室效应”现象，把上述气体称作“温室气体”。虽然气候变化的后果还难以准确预测，但目前已知的主要影响可能包括冰山融化、海平面上升淹没小岛、沿海人口密集地区及农业区迁移、森林减少、荒漠化现象加剧、极端气候现象如台风、暴风雨、龙卷风等密集发生，洪水和旱灾增加，造成原已严重的水资源问题更加恶化，也可能加剧饥荒和贫穷，地球生态系统出现重大变化。[①]

20 世纪 80 年代中期，许多国家的和国际的科学小组发表了报告，这些报告的结论都指出今后的时期全球平均气温将会上升[②]。为此联合国环境规划署和世界气象组织于 1988 年成立了政府间气候变化专家委员会，专门负责对有关气候变化问题及其影响的评价和对策研究工作。1989 年联合国大会通过了一项保护全球气候的决议，并决定准备气候变化框架公约的谈判起草工作。

1992 年 6 月在巴西举行的联合国环境与发展大会上，包括中国在内的 153 个国家签署了《联合国气候变化框架公约》。[③]该公约的目的在于足以使生态系统能够自然地适应气候变化的时间框架内，把空气中的温室气体浓度稳定在防止气候系统受到危险的人为干预的水平上；确保粮食生产不受威胁；使经济发展以可持续的方式进行。该公约并要求缔约方为今世和后代的利益，在公平的基础上，根据共同但有区别的责任承担保护气候系统的责任，对于发展中国家的特殊需要和特殊情况应给予充分的考虑，缔约方应采取谨慎措施、预见、防止和减少致使气候变化的原因，缓和不利影响。

公约主要规定：一是缔约国应制定并定期公布和修订向缔约方大会提交的有关人为“源”（sources）和“汇”（sinks）的排放和吸收的温室气体的清单，以及实施公约的措施。二是公约对发达国家缔约方与发展中国家缔约方在控制温室气体上的“共同但有区别的责任”，即将发达国家、发展中国家与前东欧国家的削减义务明确区分开，发达国家缔约方必须向发展中国家缔约方提供“新的和额外的资金”[④]等照顾发展中国家利益的条款。此外，公约规定缔约方有义务对工业排放的二氧化碳、甲烷等温室气体予以限制，并且建立国际资金机制对发展中国家予以资金和技术转让。公约将缔约方分为三类，附件一的缔约方包括 24 个经济合作与发展组织成员国和 12 个“正在向市场经济过渡的国家”；附件二是 24 个经济合作与发展组织成员国与土耳其；其余的国家，主要是发展中国家，包括中国和印度在内，则归入附件三。虽然公约对缔约方规定了义务，但对于温室气体排放的削减量和削减的时间表都没有具体规定。

---

① 但是，也有科学家认为，上述气体对地球气候的影响并不是使表面温度升高而是下降，其作用类似于阳伞，因而他们将可能出现的地表温度下降称为“阳伞效应”现象。

② 参见世界银行：《1992 年世界发展报告——发展与环境》，中国财政经济出版社，1992 年版，第 159 页。

③ 《联合国气候变化框架公约》，1992 年 5 月 9 日，全文载于：http://unfccc.int/resource/docs/convkp/convchin.pdf，最后访问时间：2013 年 8 月 9 日。

④ “新的和额外的资金”是指有关发达国家在公约签署前向有关发展中国家所承诺的提供资金之外的资金。

为了更有效和具体实施温室气体排放量的削减，公约缔约方于1997年12月在京都召开的缔约方大会中通过了《京都议定书》。[①]议定书的附件A明确列出了温室气体名录、产生温室气体的能源部门和类别；附件B则列出了承诺排放量限制或削减的39个工业化缔约方的名录；以1990年的排放水平为基准，议定书为公约附件一的缔约方确定了具体的、有差别的减排指标，如欧盟减排8%、美国7%，日本、加拿大各6%、俄罗斯等向市场经济过渡的国家可以维持在1990年的水平。

《京都议定书》规定了公约附件一国家2008年至2012年的温室气体减排指标，但当中某些国家因为温室气体减排已经达到一定的数量，再持续减排可能要采用更先进的技术，成本也就比较高昂。因此《京都议定书》还规定了联合履约机制、清洁发展机制及排放贸易机制等灵活机制，让公约附件一缔约方可以灵活运用以较低廉的成本完成减排指标。[②]联合履约机制及排放贸易机制只有在公约附件一国家间实行。联合履约机制乃是在公约附件一国家之间发展减排项目，减排量经过核准后可以抵消相应国家的减排数量指标。清洁发展机制是公约附件一国家（发达国家）与非附件一国家（发展中国家）开展减排项目。联合履约机制和清洁发展机制的实施是一个“双赢”的机制，发达国家通过与其他发达国家或发展中国家的项目合作，以低于本国减排成本获得减排量，而其他发达国家和发展中国家也可以获得资金和技术，有效地实施温室气体减排，从而达到温室气体总量减排的目标。排放贸易机制则是难以完成减排任务的公约附件一国家可以向其他超额完成任务的公约附件一国家购买减排额度。这样，有效减排可以获得奖励，超额排放则需付出代价。

2007年12月，在印度尼西亚巴厘岛举行的联合国气候变化会议通过《巴厘岛行动计划》。该计划涉及加强全球应对气候变化的四个关键组成部分：减排、适应、技术和筹资。

2009年12月，在丹麦哥本哈根举行的联合国气候变化会议上，《联合国气候变化框架公约》193个缔约国中，114个国家通过了《哥本哈根协议》，该协议重申共同但有区别的责任原则，要求附件一缔约方承诺单独或联合执行经济层面量化的2020年排放目标，非附件一缔约方在可持续发展的背景下实施减排措施。公约同时要求发达国家承诺到2020年前每年筹集1 000亿美元用于发展中国家的减排需要。欧盟、澳大利亚、加拿大、瑞士、新西兰、俄罗斯、瑞士等12个国家和地区已官方宣布或者立法通过的形式承诺减排。但是，《哥本哈根协议》不具有法律约束力。《哥本哈根协议》通过以后，许多发展中国家作出了自愿减排承诺。其中，中国承诺到2020年在2005年水平上削减碳密度40%～45%。

2010年12月，在墨西哥坎昆举行的联合国气候变化会议，即《联合国气候变化框架公约》第16次缔约方会议暨《京都议定书》第6次缔约方会议，通过了平衡的一揽子决议，称为“坎昆协议”。根据这一揽子协议，《京都议定书》缔约各方同意就完成其减排任务和确保第一承诺期与第二承诺期之间不出现空档的目标继续展开谈判。协议同时计划在《联合国气候变化框架公约》缔约方会议下设一个绿色气候基金，并约定到2012年之前发达国家支持发展中国家气候行动总额为300亿美元的意向性快速启动资金，以及到2020年之前增加到1 000亿美元的长期资金。此外，各国政府同意提供技术和资金支持，迅速采取行动控制发展中国家因毁林和森林退化所致的排放。

---

① 《京都议定书》，1997年12月21日，全文载于：http://unfccc.int/resource/docs/convkp/kpchinese.pdf，最后访问时间：2013年8月9日。

②《京都议定书》第6条、第12条和第17条。

2011 年 12 月，《联合国气候变化框架公约》第 17 次缔约方会议暨《京都议定书》第 7 次缔约方会议在南非德班举行。会议通过一揽子决议，包括在《联合国气候变化框架公约》下“长期合作行动特设工作组”的决议，并决定从 2013 年开始继续实施《京都议定书》第二承诺期，同时正式启动“绿色气候基金”，成立基金管理框架。德班会议后，加拿大环境部长宣布退出《京都议定书》协定，成为继美国之后退出《京都议定书》的第二个缔约方国家。

2012 年 12 月 8 日，《联合国气候变化框架公约》第 18 次缔约方会议暨《京都议定书》第 8 次缔约方会议在卡塔尔多哈落下帷幕。会议坚持重申共同但有区别的责任原则，通过了包括开启《京都议定书》第二承诺期在内的一揽子决议，决定从 2013 年开启第二承诺期，为期 8 年。此外，会议还决定到 2015 年达成一个涉及所有国家的有关 2020 年后全球应对气候变化行动的协议，并创新性地提出了关于气候变化的损失损害补偿机制。但是，多哈会议虽然从法律上确定了《京都议定书》第二承诺期，其成果却是有限的。从决议内容看，加拿大、日本、新西兰及俄罗斯已明确不参加《京都议定书》第二承诺期。在处理第一承诺期的碳排放余额的问题上，仅有澳大利亚、列支敦士登、摩纳哥、挪威、瑞士和日本 6 国表示，不会使用或购买一期排放余额来扩充二期排放额度。在资金筹备方面，仅有部分发达国家承诺向“绿色气候基金”注资，德国、英国、瑞典、丹麦等欧洲国家已经为此编列预算，资金规模仅有 700 亿欧元，而多数发达国家以经济危机为借口，拒绝向发展中国家提供减排资金。

2013 年 11 月 11 日，联合国第十九次气候变化大会在波兰华沙召开。会议重申了落实巴厘路线图成果对于提高 2020 年前行动力度的重要性，敦促发达国家进一步提高 2020 年前的减排力度，加强对发展中国家的资金和技术支持。同时围绕资金、损失和损害问题达成了一系列机制安排，为推动绿色气候基金注资和运转奠定基础。缔约各方就进一步推动德班平台谈判达成一致，为谈判沿着加强公约实施的正确方向不断前行奠定了政治基础，并要求各方抓紧在减缓、适应、资金、技术等方面进一步细化未来协议要素，以实现在 2015 年达成一项具有法律约束力的普遍协议并开展关于 2020 年后强化行动的国内准备工作。

（四）外层空间的环境保护

外层空间环境问题对于人类来说没有大气环境问题那么直接和迫切，但是随着人类外空活动的增加，外空环境及其对人类的影响问题逐渐进入国家环境法的视野。1957 年前苏联发射了第一颗人造地球卫星后，外空的法律地位问题被提了出来，经过国际社会在联合国体系内的磋商，对外空地位、外空活动、在月球的活动、外空活动的责任等问题制定了原则性的规则。外层空间的国际法律制度基本建立，其中一部分涉及外空环境问题。

1963 年 10 月 17 日联合国大会通过的第 1884 号决议，要求各国在绕地球轨道不得放置任何携带核武器或任何其他大规模毁灭性武器的实体，不在天体上配置这种武器。1963 年 12 月 13 日联合国大会第 1280 次全体会议通过题为《各国探索和利用外层空间活动的法律原则宣言》的第 1962 号决议，该宣言提出了各国探索和利用外层空间的各种活动所应遵循的九项基本法律原则，但由于它只是联大的决议，所以不具有条约的约束力。于是，在 1963 年《各国探索和利用外层空间活动的法律原则宣言》的基础上，于 1966 年 12 月 19 日联合国大会通过了《关于各国探索和利用包括月球和其他天体在内外层空间活动原则的条约》，简称《外空条约》。其宗旨是为和平目的而发展探索和利用外层空间，并在和平探索和利用外层空间的科学和法律方面，促进广泛的国际合作，加强各国和各民族之间的友好关系。

《外空条约》确立了外层空间的法律地位以及各国探索和利用外层空间的活动应当遵循的法律原则，被称为“外层空间宪章”。该条约的主要内容包括：一是探索和利用外层空间应为所有国家谋福利和利益；一切国家都可以不受歧视地、平等地、自由地进行外空活动。二是各国不得由国家通过主权要求、使用或占领等方法将包括月球与其他天体在内的外层空间据为己有。三是各缔约国在外空的活动须遵守国际法和《联合国宪章》，保证把月球和其他天体绝对用于和平目的，以维护国际和平与安全。四是不得在绕地球轨道、天体或外层空间放置、部署核武器或其他种类的大规模毁灭性武器。五是禁止在天体上建立军事基地、设施、工事及试验任何类型的武器和进行军事演习。六是各缔约国对其外空的物体及所载人员保有管辖权和控制权；在进行外空活动时须妥善考虑其他国家在外空方面的利益，承担国际责任，对因发射外空物体而造成的损害有责任赔偿。七是对外空的研究和探测应避免使其受到有害污染以及将地球外物质带入而使地球环境发生不利变化。八是外空活动应依照国际合作和相互援助的原则进行，各缔约国应向宇航员提供一切可能的援助，在对等的基础上向其他缔约国开放在月球或其他天体上的一切站所、设施、装备和航天器，为发射国跟踪观察发射的外空物体提供方便。该条约对确立的有关外层空间活动的原则对于各国和平探索和利用外空活动具有指导意义，有助于限制外层空间的军备竞赛。

此后在此基础上陆续签订了一系列有关外空活动的条约，例如，1967 年《营救宇航员、送回宇航员和归还发射到外层空间的实体的协定》、1971 年《空间实体造成损害的国际责任公约》、1974 年《关于登记射入外层空间物体的公约》、1979 年《关于各国在月球和其他天体上活动的协定》。

由于《外空条约》及其有关条约主要签订于全球环境意识觉醒之前，所以环境问题并没有成为其关注的核心问题。为了解决外空开发利用活动中的环境问题，1971 年《外空物体所造成损害之国际责任公约》，简称《外空责任公约》，建立了空间物体损害赔偿机制和程序。1978 年 1 月，前苏联的核动力源卫星“宇宙 954 号”坠落加拿大境内，对加拿大的环境造成了损害。加拿大依据《外空责任公约》向前苏联政府索赔 600 万加元。双方经过谈判最终确定赔偿额为 300 万加元。

1992 年 12 月，第六十八届联大通过的第 47/68 号决议提出了外空使用核动力源的 11 项原则。这项决议提出了放射性保护和安全的一般目标，包括在可预见到的操作和事故的情况下要将有害物质控制在可以接受的限度内，避免使放射物质对外空造成重大污染。在外空使用核动力反应堆应仅限于星际航行。原则三更明确指出，外空使用核动力源应仅限于那些其他非核动力源都无法操作的航行。此外，该决议还提出了有关安全评估、返航通告、国家间的磋商、协助、责任和赔偿的规则。

二、海洋保护

海洋环境污染，是指人类直接或间接地把物质或能量引入海洋环境，其中包括河口湾，以致造成或可能造成损害生物资源或海洋生物、危害人类健康、妨碍包括捕鱼和海洋的其他正当用途在内的各种海洋活动、损坏海水使用质量和减损环境优美等有害影响。[①]就海洋污染的原因看，世界上大部分的海洋污染都是伴随沿海开发活动而产生的海洋生态系统破坏、富营养化、垃圾，以及由有害物质和石油污染所造成的。

海洋在很早以前就是国际法研究的主要对象之一。现代国际法有关海洋自由原则的实质内容，主要表现在允许国家在船舶航行以及渔业等利用海洋的自由方面。由于人类对海洋长期的不当使用，从而造成对海洋环境的不良影响。19 世纪以后，科学技术的发展帮助人类从多个角度接近和认识海洋，从而导致对海洋利用总量的扩大，由此而促发的海洋污染和海洋生态破坏问题不断增加。因此，国际上制定了一系列全球性的和区域性的海洋环境保护规则，数量众多，范围很广，内容也很复杂。而在全球性的海洋保护规则方面，包括全球性框架公约和针对特定类型的海洋污染问题的公约，以下就全球性的海洋保护规则予以介绍。

（一）联合国海洋法公约

1982 年 12 月 10 日在牙买加的蒙特哥湾召开的第三次联合国海洋法会议最后会议上通过的《联合国海洋法公约》被称为“海洋法典”，于 1994 年生效，已获 150 多个国家批准。[②]其内容包括海洋法问题的各方面，可以说是海洋法规则和制度的基础。该公约从实质上变更了传统国际法的“海洋自由的原则”，提出了“海洋属于全人类”的思想和“人类共同财产”的概念。该公约在第 12 部分“海洋环境的保护与保全”中确立了国际海洋环境保护的基本原则和制度。明确规定各国有保护和保全海洋环境的义务，要求各国在适当情况下个别或联合采取符合该公约的必要措施，以防止、减少和控制海洋环境污染，并且规定各国负有不将损害、危险转移或将一种污染转变成另一种污染的义务。这些规定体现了《联合国海洋法公约》在海洋环境保护方面新确立的国家必须履行国际海洋环境保护义务的原则、各国享有开发其自然资源的主权权利但不得损害国外海洋环境原则以及海洋环境保护的国际合作原则。此外，该公约还对全球性和区域性合作，技术援助、监督和环境评价，防止、减少和控制海洋环境污染的国际规则和国内立法等问题也作出了具体的规定。

关于海洋污染的控制，该公约覆盖了所有海洋污染源，通过确立各国立法管辖的方式，对来自陆源污染、船舶污染、海上作业和海底活动污染以及海洋倾废污染等作出了规定。公约还在船籍国（船籍登记的国家）、海岸国（船只经过其沿海水域的国家）、港口国（船只停靠其港口，包括近海集散站的国家）之间划分了执行的职责。公约要求各国制定法律和规章并且应当考虑国际上议定的规则、标准和建议的办法及程序，以防止、减少和控制不同来源的海洋环境污染。

在监督履行机制方面，公约规定联合国大会每年都要评估公约的履行情况，审议与海洋事务和海洋法有关的其他进展，为促使遵守公约和追究违约行为提供了机会。在争端的解决方面，可以选择海洋法国际法庭、国际法院、仲裁、特别制裁等可以作出具有约束力决定的强制性程序。

---

① 见《联合国海洋法公约》第一条第 1 款（4）项。

② 《联合国海洋法公约》，1982 年 12 月 10 日，全文载于：http://www.un.org/Depts/los/convention_agreements/texts/unclos/unclos_c.pdf，最后访问时间：2013 年 8 月 9 日。

（二）针对特定类型海洋污染问题的专门性公约

除《联合国海洋法公约》外，国际社会还针对特定类型海洋污染问题制订、实施了大量防治海洋环境污染的专门性条约与协定，它们共同构成了控制海洋环境污染的国际规则、标准与程序体系。以下就分别对国际控制海洋环境污染的主要公约与协定作简要的介绍。

1．陆源污染

陆源污染是海洋污染的主要污染来源，但大部分的陆源污染都发生在国家管辖范围内，使得问题变得十分复杂。关于控制陆源污染的国际法律文件，除了《海洋法公约》有关控制陆源污染的规定外，其他都是区域性的协议，尚无全球性的国际条约。1974 年在东北大西洋国家间签订的《防止陆源海洋污染公约》（由 1992 年生效的《保护东北大西洋海洋环境公约》所取代）、联合国环境规划署主持签订的区域海洋环境保护公约的有关规定和议定书以及 1985 年联合国环境规划署制定的《保护海洋环境免受陆源污染的蒙特利尔规则》。此外，于 1995 年通过的《保护海洋环境免受陆源活动影响的全球行动计划》，虽然没有严格的法律拘束力，但是对区域组织和各国在制定有关陆源污染规则时有指导作用。

2．船舶污染

由于船舶作业过程中可能会排放石油、有害物质、污水、垃圾而造成海洋污染，在防止船舶造成的海洋污染方面，1973 年制定的《国际防止船舶污染公约》取代了 1954 年《国际防止海上油污公约》。该公约的目的是消除作业过程中可能排放油类和其他有害物质以及减少因船舶意外事故而造成海洋污染。公约的对象不限于油类，而对一般船舶排放、输送或者处分有害物质的行为也实行了控制。作为条约控制的有害物质，在附件 1 至附件 5 中规定了油或者油性混合物、油以外散装有害液体、容器中装置的有害物质、污水以及废弃物和垃圾。特别在附件 5 中，还规定了禁止投弃的塑料类制品。

1978 年国际社会又制定了《关于 1973 年国际防止船舶污染公约的 1978 年议定书》。该议定书主要目的是针对 1973 年公约若干附件的实施而缔结的。它与《国际防止船舶污染公约》共同构成了一个国际防止船舶污染公约的整体，国际上通常将它们称为“73/78 年防污公约”，凡是加入 1978 年议定书的国家，自然地应当遵守《国际防止船舶污染公约》而不必另外履行签字或批准手续。

3．海洋油污事故

为了干预公海油类污染突发事故，以 1967 年在英国海域发生了利比里亚油轮“托利峡谷号”因触礁而导致大面积海洋石油污染事件为契机，国际社会强化和扩充了关于防止海洋污染的条约，于 1969 年制定了《国际干预公海油污事故公约》。[①]该公约的目的是保护各国人民的利益免受重大海上事故导致海洋和海岸线遭到油类污染危险的严重后果；认可为保护这种利益在公海采取特别的措施是必要的，只要这些措施不妨碍公海自由的原则。公约的主要特点是扩大了国家管辖权的范围。当缔约国有理由认为海上事故将会造成较大有害后果时，即可在公海上采取必要的措施，以防止、减少或消除由于油类对海洋的污染或污染威胁而对其海岸或有关利益产生严重而紧迫的危险。公约要求在

---

① 《国际干预公海油污事故公约》，1969 年 11 月 29 日，全文载于：http://gjs.mep.gov.cn/gjhjhz/200312/t20031226_87713.htm，最后访问时间：2013 年 8 月 9 日。

采取措施前必须与其他受影响的国家进行磋商，并将情况告知所有可能会因实施措施而受到影响的个人或企业，尽最大努力避免危及人类生命，对采取的超出合理需要范围的措施进行赔偿。

此外，国际社会于 1973 年还制定了《干预公海非油类物质污染议定书》，[①]使公约的适用范围扩大到非油类物质如有毒物质、液化气和放射性物质。

在油污损害事故的民事责任方面，国际社会制定有 1969 年《国际油污损害民事责任公约》对油轮所有者规定了油污损害赔偿的无过失责任，同时设定了责任限度额。并且确立被害地国的法院对赔偿请求享有管辖权，以及确认了法院地国以外的缔约国对判决的执行力。1971 年《建立国际赔偿油污损害基金的公约》为不能充分实行损害赔偿的受害者设立了后备基金，规定在条约所确立的责任限度额内对损害予以补偿。该基金的出资人为原油或者重油的输入（进口）者，其出资额则按照基金的比例负担。之后，由于经济形势的变更及油污事故的大型化，受害者纷纷要求提高责任限度额。在 1992 年对该公约进行修正的议定书中，赔偿的限度额由最初的 1.35 亿特别取款权（SDR）提高到 2 亿 SDR。此外，国际社会还缔结了一些适用于非缔约国的民间协定，如 1971 年《油轮船东石油污染责任协定》和《油轮油污责任补充协议》等。

4. 海洋倾废

从 20 世纪 60 年代后期开始，从飞机、船舶或者海洋构筑物往海洋倾倒废弃物行为在国际上引起了注意。1972 年，为了控制向海洋倾倒强有害性物质，国际社会以大西洋为对象制定了《防止船舶和飞机倾倒废物污染海洋奥斯陆公约》，以及以所有海域为对象的《防止倾倒废物及其他物质污染海洋公约》（简称《伦敦公约》）[②]及其 1996 年议定书。

其中，《伦敦公约》的目的，在于防止在海上任意处置易对人类健康造成危害、危害生物资源和海洋生物，破坏舒适环境以及干扰其他海洋合法利用者的废弃物。公约的基本原则是禁止向海洋倾倒某些特定的废弃物，在倾倒另外一些废弃物前需要取得特别的许可，其余的废弃物则需取得一般许可。《伦敦公约》通过附件列举受管制物质的形式对向海洋倾倒的废物分门别类地实行控制。附件 1 规定了禁止向海洋倾倒的废弃物；附件 2 则规定了可以倾倒的废弃物质，但事先必须获得特别的许可；附件 3 规定了事先必须获得许可倾倒的废弃物质。

三、自然保护

关于自然保护的条约，国际上最早可溯源于欧洲 19 世纪中叶以后以保护渡鸟为主的野生动植物保护条约。但是，初期的条约主要是基于人类中心的狭隘价值观念与短期的评价时间制定的。[③]自然保护的对象只局限于保护水产业或林业等特定经济资源的开发利用。20 世纪 60 年代以后，随着人类对于自然环境生态整体性的认识，国际法律保护对象从原

---

① 《干预公海非油类物质污染议定书》，1973 年 11 月 2 日，全文载于：http://gjs.mep.gov.cn/gjhjhz/200312/t20031226_87712.htm，最后访问时间：2013 年 8 月 9 日。

② 《防止倾倒废物及其他物质污染海洋公约》，1972 年 12 月 29 日，全文载于：http://www.china.com.cn/chinese/huanjing/251012.htm，最后访问时间：2013 年 8 月 9 日。

③ 参见日本地球环境法研究会：《地球环境条约集》，中央法规（日文版），1999 年版，第 154 页。

来特定的自然资源保护扩大到整个自然环境保护，例如从个别物种扩大到整个生态系统、从珍稀濒危物种扩大到生物多样性。1972 年《斯德哥尔摩宣言》原则 4 明确申明：人类负有特殊的责任保护和妥善管理由于各种不利因素而现在受到严重危害的野生生物后嗣及其产地。1980 年世界自然保护联盟（IUCN）发表的《世界自然保护战略》明确提出保护基本生态进程和生命系统的概念，其中包括土壤的再生和保护、营养物质的再循环和水的自然净化、基因的多样性、物种和整个生态系统。1982 年联合国大会通过《世界自然宪章》，提出应该尊重大自然、不得损害大自然的基本过程。

以下将从生物资源以及自然地域保护两方面分别加以介绍。

（一）生物资源

1．生物多样性保护

生物多样性是一个包括物种、基因和生态系统的概括性术语[①]。物种的丰富程度取决于生物的多样性。生物多样性越丰富，生态系统就越稳定。因此生物多样性对地球生态系统平衡具有重大的意义。

《生物多样性公约》于 1992 年 6 月在里约热内卢召开的联合国环境与发展大会签署。[②]截至 2010 年 10 月，该公约共有 193 个缔约方。中国于 1992 年 6 月 11 日签署该公约，1992 年 11 月 7 日批准，1993 年 1 月 5 日交存加入书。

《生物多样性公约》的目的在于确保保护生物多样性及持久使用其组成部分；促进公平合理地分享利用遗传资源，包括适当获取遗传资源、适当转让有关技术（需顾及对这些资源和技术的一切权利）以及适当提供资金而产生的惠益。该公约主要规定了缔约国应将本国境内的野生生物列入物种目录，制定保护濒危物种的保护计划，建立财务机制以帮助发展中国家实施管理和保护计划，利用一国生物资源必须与该国分享研究成果、技术和所得利益，以公平和优惠的条件向发展中国家转让技术或提供便利，要求缔约国酌情采取立法、行政或政策性措施使各国特别是发展中国家有效地参加提供遗传资源用于生物技术研究活动并从中受益。

随着现代生物技术的快速发展，也引发了关于基因工程潜在风险的广泛争论。国际社会对生物安全问题十分重视。为了预防和控制转基因生物可能产生的不利影响，于 2000 年 1 月在加拿大蒙特利尔召开的《生物多样性公约》缔约方大会特别会议上通过了《卡塔赫纳生物安全议定书》。[③]该议定书是依据《里约宣言》原则 15 所确立的谨慎原则，采取必要保护措施，以规范生物多样性及其组成可能造成负面影响的改性活生物体的运输、处置及使用行为，以寻求保护生物多样性免受由现代生物技术改变的活生物体带来的潜在危险。

议定书主要规定了事先知情同意程序，以确保各国在批准改性活生物体入境之前能够获得做出有关决定所必需的信息，并建立生物安全资料交换所，以便就有关生物技术改变的活生物体和协助各国实施议定书交换信息。此外，议定书还规定了嗣后制定在国际贸易

---

① [美]J.A.麦克尼利等：《保护世界的生物多样性》，薛达元等译，中国环境科学出版社，1991 年版，第 9 页。

② 《生物多样性公约》，1992 年 6 月 5 日，全文载于：http://www.un.org/zh/events/biodiversityday/biodiversitytreaty.shtml，最后访问时间：2013 年 8 月 9 日。

③ 《卡塔赫纳生物安全议定书》，2000 年 1 月 29 日，全文载于：http://www.un.org/chinese/documents/decl-con/docs/27-8a.htm，最后访问时间：2013 年 8 月 9 日。

中如何认定改性活生物体更为详细规则的程序。

为进一步推进第三项目标的落实，2002 年可持续发展问题世界首脑会议要求在框架内就国际制度进行谈判，以期促进和维护公正和公平分享利用遗传资源所产生的惠益。2004 年，《生物多样性公约》缔约方大会第七届会议授权其获取和惠益分享问题不限成员名额特设工作组详细拟订和谈判获取和惠益分享国际制度，以便有效地执行《生物多样性公约》的第 15 条（遗传资源的获取）和第 8（j）条（传统知识）以及《生物多样性公约》的三项目标。

经六年谈判后，缔约方大会第十届会议于 2010 年 10 月 29 日在日本名古屋通过了《生物多样性公约关于获取遗传资源和公正和公平分享其利用所产生惠益的名古屋议定书》，简称《名古屋议定书》。[①]该议定书的主要内容包括：首先，规定各缔约方应酌情采取立法、行政或政策措施与提供遗传资源的缔约方（此种资源的来源国或根据《生物多样性公约》已获得遗传资源的缔约方）分享利用遗传资源以及嗣后的应用和商业化所产生的惠益。惠益可以包括货币和非货币性惠益，包括但不仅限于附件所列惠益。其次，议定书规定遗传资源的获取应经过作为此种资源来源国的提供缔约方或是根据《生物多样性公约》已获得遗传资源的缔约方的事先知情同意，以及通过缔约方国内立法或管制要求支持遵守获取遗传资源的具体义务，并规定各缔约方应当以合同的形式订立共同商定包括事先知情同意和合作等的具体规则和程序。再次，议定书规定了全球多边惠益分享机制、跨界合作机制以及获取和惠益分享信息交换和信息分享机制。最后，议定书规定了遵守有关获取和惠益分享的国家立法或管制要求、遵守有关遗传资源相关的传统知识的获取和惠益分享的国家立法或管制要求，以及遗传资源利用的监测措施和示范合同条款等。

2. 野生动植物贸易

野生动植物的非法贸易，已经成为全球仅次于武器和毒品的第三大非法贸易，而对于珍稀物种，例如：象牙、犀牛角、皮毛、大熊猫、红豆杉等的非法贸易，已经使得它们濒临灭绝的边缘。为了保护这些濒危物种，就要切断这一类非法国际贸易的渠道，因此 1973 年 21 个国家在华盛顿签署了《濒危野生动植物物种国际贸易公约》（简称《华盛顿公约》），以控制野生动植物的国际贸易。[②]1975 年 7 月 1 日，该公约正式生效。截至 2004 年 10 月，共有 166 个主权国家加入公约。中国于 1981 年正式加入该公约。2004 年 10 月，在泰国曼谷举行的《濒危野生动植物种国际贸易公约》常委会第 52 次会议上，中国连续第三次当选为公约的常委会副主席国。

该公约的目的是通过国际合作确保野生动物和植物物种的国际贸易不至于威胁相关物种的生存；通过在科学主管机构的控制下由管理当局签发进出口许可证制度来保护某些濒危物种，使之不致遭到过度的开发与利用。作为控制对象的动植物，主要在该公约的附件 1、2、3 中予以了规定。其中，附件 1 所列为“所有受到或可能受到贸易的影响而有灭绝危险的物种”，其中包括虎、豹、鲸等，对这类物种原则上禁止野外捕捉和进行商品贸易。附件 2 所列为“目前虽未濒临灭绝、但是如果不对贸易予以严格管理，以防不利于它们生存的利用，就可能有灭绝危险的物种”以及“为了使附件 1 所列某些物种标本的贸易

---

① 《生物多样性公约关于获取遗传资源和公正和公平分享其利用所产生惠益的名古屋议定书》，2010 年 10 月 29 日，全文载于 http://www.un.org/zh/events/biodiversityday/pdf/nagoya_protocol.pdf，最后访问时间：2013 年 8 月 9 日。

②《濒危野生动植物物种国际贸易公约》，1973 年 3 月 3 日，全文载于：http://gjs.mep.gov.cn/gjhjhz/200312/t20031205_88290.htm，最后访问时间：2013 年 8 月 9 日。

能得到有效的控制，而必须加以控制的其他物种”，其中包括多种鹦鹉和兰花等；附件 3 所列则为“任何成员国认为属其管辖范围内的、应当进行管理以防止或者限制开发和利用，而需其他成员国合作控制贸易的物种”，例如加拿大的海象和澳洲的考拉熊。对于附件 2、3 规定的野生动植物的贸易，公约规定在符合进出口规定且得到许可的条件下可以进行。公约并要求成员国采取措施执行公约的规定，这些措施包括对违反公约的行为予以处罚或没收，甚至在某些特别严重的案例上，经由秘书处的提议，缔约方大会可以建议缔约方对某特定国家，甚至是非缔约方，采取贸易制裁措施[①]。

3．迁徙性动物物种

迁徙性动物物种（具有周期性、规则性的跨越国界的动物）由于迁徙的特性，在生活地和前往地也许都得到很好的保护，但在迁徙途中往往会遭遇各种不同的不利因素和捕杀，为保护迁徙性野生动物，国际间于 1979 年制定了《保护野生动物迁徙物种公约》（简称《波恩公约》）。[②]该公约的目的是通过制定并实施合作协议，禁止捕捉濒危物种，保护其栖息地及控制其他不良的影响因素，以保护那些越过各国管辖边界或在边界外进行迁徙的野生动物物种。作为条约的对象物种，在该公约附件 1 列出了濒临灭绝的物种，并规定实行强制性保护；在附件 2 列出了目前保护状况不佳、需要签订国际协议来加强保护和管理，或者加强国际合作以改善其保护状况的物种。对于这类物种的保护主要是在迁徙全过程中进行的，因此公约的实施可能涉及许多国家。

4．其他

在关于保护候鸟的条约方面，主要是对有关候鸟通过列表的形式宣布予以保护，同时规定对鸟类及其鸟卵的捕获实行管制、对鸟类的贸易与占有的限制、设立保护区、环境保全、对外来种的管理以及共同调查等形式来进行的。在国际上，候鸟保护的国际条约主要是采取多边或双边协定的形式，例如在美国、日本、俄罗斯、澳大利亚和中国等国之间都签订有许多双边的条约或协定。例如，中国和日本两国于 1981 年签署了《保护候鸟及其栖息环境协议》。

在有关水产资源的条约方面，主要是以可持续利用为目的，对渔区、渔期、渔法予以管理，并导入新的最大可持续获渔量方式和控制混获（指对非对象鱼类生物予以同时捕获）来进行的。其中，最大可持续获渔量方式已经在《海洋法公约》第 61 条以及《国际捕鲸管制公约》[③]附件 10（1946 年）予以规定。

而在 1980 年《南极海洋生物资源保护公约》以及 1992 年《北太平洋溯河性鱼种公约》等条约中则对混获和生态要素予以了重视，在《南太平洋禁止流网渔业公约》中还规定禁止使用流网的渔法。

---

① 例如我国台湾地区，在 1994 年就因为对犀牛角和虎骨贸易管制不力，而引起华盛顿公约组织的关注，并在其呼吁下，美国首度适用其培利修正案（Pelly Amendment）对台湾地区进行野生物种贸易限制的贸易制裁。参见叶俊荣：《全球环境议题》，巨流出版社（台湾地区），1999 年版，第 359 页。

②《保护野生动物迁徙物种公约》，1979 年 6 月 23 日，全文载于：http://www.cms.int/documents/convtxt/cms_convtxt_chinese.pdf，最后访问时间：2013 年 8 月 9 日。

③ 1980 年 9 月 24 日中国外长致函该公约的保存国美国国务卿，通知我国决定加入国际捕鲸公约及国际捕鲸委员会；同时声明，台湾当局盗用中国名义对上述公约的承认和加入的申请是非法无效的。1980 年 10 月 20 日美国国务院复函，确认中华人民共和国从 1980 年 9 月 24 日起成为本公约当事国。《国际捕鲸管制公约》，1946 年 12 月 3 日，全文载于：http://gjs.mep.gov.cn/gjhjhz/200312/t20031225_87692.htm，最后访问时间：2013 年 8 月 9 日。

（二）自然地域保护

1．森林

森林，尤其是热带雨林，在生态系统中扮演着非常重要的角色：物种和生物多样性保存的主要栖息地、稳定大气气候的巨型二氧化碳吸收槽，森林又提供了人类各式各样的产品，如工业用木材、能源和燃料等，也提供人们休闲游憩的场所。因此，1983 年制定的《国际热带木材协定》是有关以长期、可持续利用热带木材贸易为目的的国际商品协定，目的在于为热带木材生产国和消费国之间的合作和协商提供一个有效的框架；促进国际热带木材贸易的扩大和多样化以及热带木材市场结构的改善；促进和支持研究和开发工作；加强市场情报的交流；鼓励制定旨在持续利用和保护热带森林及其遗传资源、维护有关地区的生态平衡的国家政策；促进实现 2000 年的目标，即通过国际合作和援助，努力使成员国确保在 2000 年进入国际贸易的热带木材都产自实行可持续管理的森林。1994 年 1 月 26 日，该协议的缔约方在日内瓦订立了《1994 年国际热带木材协定》，[①]作为 1983 年协定的后续协定，重申了该协议的基本内容，并增加一些新的条款。

1992 年里约联合国环境与发展大会通过了《关于森林问题的原则声明》[②]，是发展中国家，尤其是有热带雨林资源的国家和发达国家激烈争论后妥协的产物。该声明提出了 15 项原则，主要是强调国家开发资源的主权、森林的可持续开发利用以及发达国家向发展中国家提供财务资源和技术转移等国家合作。但是声明中对于如何保护和利用森林，发达国家同发展中国家仍未达成一致共识。

此外，自从气候变化问题成为国际环境法上的主要议题以来，与气候变化相关的森林退化问题也得到了进一步关注。例如，《哥本哈根协议》即规定应向发展中国家提供更多的、新的、额外的以及可预测的和充足的资金，并且令发展中国家更容易获取资金，以支持发展中国家采取延缓气候变化的举措，包括提供大量资金以减少乱砍滥伐和森林退化产生的碳排放、支持技术开发和转让、提高减排能力等，从而提高对《京都议定书》的执行力。

2．湿地

湿地在生态上具有非常重要的地位，大量的鸟类、海洋动物，特别是近海鱼类和无脊椎动物，都依赖湿地生存。但是在过去的 50 年里世界上的湿地已经消失 40%。[③]基于保护生物栖息地和保护生物一样重要，1971 年 2 月 2 日，来自 18 个国家的代表在伊朗南部海滨小城拉姆萨尔签署了《关于特别是作为水禽栖息地的国际重要湿地公约》（简称《拉姆萨尔公约》或《湿地公约》）。[④]截至 2012 年，公约共有 160 个缔约方，共有 1 994 个湿地被列入国际重要湿地名录，国际重要湿地指定总面积约 1.92 亿公顷。中国于 1992 年加入该公约。

《拉姆萨尔公约》的目的在于制止目前和未来对湿地的逐渐侵占和损害，确认湿地的

---

① 《1994 年国际热带木材协定》，1994 年 1 月 26 日，全文载于：http://gjs.mep.gov.cn/gjhjhz/200312/t20031215_88270.htm，最后访问时间：2013 年 8 月 9 日。

② 全名是《关于所有类型森林的管理、保存和可持续开发的无法律约束力的全球协商一致意见权威性原则声明》，全文载于 http://www.china.com.cn/environment/txt/2003-04/21/content_5317756.htm，最后访日时间：2013 年 8 月 9 日。

③ [法]亚历山大·基思：《国际环境法》，张若思编译，法律出版社，2000 年版，第 241-242 页。

④《关于特别是作为水禽栖息地的国际重要湿地公约》，1971 年 2 月 2 日，全文载于：http://biodiv.coi.gov.cn/fg/gy/04.htm，最后访问时间：2013 年 8 月 9 日。

基本生态作用及其经济、文化、科学和娱乐价值；鼓励“明智地利用”世界的湿地资源；协调国际合作。该公约所定义的湿地，是包括淡水、海水以及所有与水相关的场所且不管是否为人工或者暂时性的水域。按照缔约方的指定将这些国际上重要的水域予以登记并建立《国际重要湿地名录》进行保护。缔约方至少要指定一个国立湿地列入国际重要湿地的名单中。

该公约规定，应当按照生态学、植物学、湖沼以及水文科学的国际意义确定选入名册的湿地，尤其是应当先行将作为水禽栖息地的国际重要湿地予以确定。缔约方应当制订计划保护列入名册的湿地并促使其合理利用，特别是执行环境影响评价、控制利用过剩、制定和实施有公民参与的环境管理计划，指定登记、设立自然保护区等措施。当湿地发生变化或者变更保护计划时，还应当向国际执行当局通报。

3. 自然遗产保护

在自然遗产方面主要制定有《世界文化与自然遗产保护公约》。[①]该公约的目的在于为集体保护具有突出的普遍价值的文化遗产（具有文化价值的纪念物、建筑物、地址等）与自然遗产（自然或者靠生物作用的形成物、稀有生物物种的栖息地等）建立一个根据现代科学方法制定的研究性的有效的制度；为具有突出的普遍价值的文物古迹、碑雕和碑画、建筑群、考古地址、自然面貌和动物与植物的栖息地提供紧急和长期的保护。该公约对文化遗产、自然遗产规定了明确的定义，要求缔约国在充分尊重文化遗产和自然遗产所在国主权的同时，承认这些遗产同时也是世界遗产的一部分，并且世界各国都有责任对它们予以保护。公约认为，有关国家应当认定、保护、保存、整理和运用本国内的各类遗产，对此还应当制定综合性的基本政策、设立行政机关、奖励调查研究以及采取必要的法律、财政措施。为了养护、恢复发展中国家的文化和自然遗产，该公约确立了提供资金和技术等国际合作与援助的体制。

此外，联合国教科文组织于2001年第31届大会上通过了《保护水下文化遗产公约》。[②]该公约的目的是保护水下的人类遗址、建筑物、沉船遗骸等具有保留价值的文物，将其视为民族、国家的历史要素及人类共同遗产的重要组成部分。公约希望通过加强国际合作，积极保护目前已经渐渐受到出售、交易等行为威胁的水下遗迹。

4. 南极

由于科学研究发现南极地域冰层下拥有大量可供开采的矿产资源，引起世界各国的关注，各国纷纷对于南极主张领土主权，但因为南极拥有丰富且独特的生物资源，对于地球维持气候平衡也有重要的影响，为了保护南极，1955年7月，阿根廷、澳大利亚、比利时、智利、法国、日本、新西兰、挪威、南非、美国、英国和前苏联等12国代表在巴黎举行第一次南极国际会议，经过数十轮谈判，于1959年12月1日签署了《南极条约》。[③]条约决定冻结搁置所有对于南极的领土主权要求，确保南极专为和平目的使用并禁止从事军事

① 《世界文化与自然遗产保护公约》，1972年11月16日，全文载于：http://www.sach.gov.cn/tabid/319/InfoID/6257/Default.aspx，最后访问时间：2013年8月9日。

② 《保护水下文化遗产公约》，2001年11月2日，全文载于：http://www.cach.org.cn/tabid/169/InfoID/574/frtid/169/Default.aspx，最后访问时间：2013年8月9日。

③ 《南极条约》，1959年12月1日，全文载于：http://www.un.org/chinese/peace/disarmament/t2.htm，最后访问时间：2013年8月9日。

活动，而且各国都有权在南极从事科学调查和研究并且进行国际合作。[①]截至 2012 年，南极条约组织共有49 个成员国。中国于 1983 年 6 月 8 日加入南极条约组织，同日条约对中国生效。

《南极条约》并未对环境保护问题有明确的规范，但国际社会在《南极条约》的基础上签订了一系列的公约和议定书，统称为“南极条约体系”，包括 1964 年《南极动植物保护协议措施》、1972 年《南极海豹养护公约》、1980 年《南极海洋生物资源保护公约》。1988 年在《南极条约》下通过了《南极矿产资源活动管理公约》，规定设立南极矿产资源委员会，对南极地域实行环境影响评价，以及对在南极从事矿产资源开发实行严格的条件限制等措施。到 1991 年 6 月又签署了《关于环境保护的南极条约议定书》，[②]规定至少在 50 年内禁止在南极进行一切有关矿产资源的开发活动。

5. 防治荒漠化

荒漠化主要是由于过度开采燃材料、过度放牧以及自然现象所共同造成的。荒漠化导致了土地生产能力退化、生物物种的迁徙和灭亡以及居民的贫困。鉴于人为原因所导致的荒漠化现象不断加剧，国际社会从 20 世纪 70 年代就开始讨论防治荒漠化问题。在 1992 年环境与发展大会上，荒漠化也是会议所讨论的主要议题，特别是非洲国家则更是强烈要求制定条约。为此，1994 年在巴黎签署了《联合国防治荒漠化公约》[③]。该公约的目的在于：在发生严重干旱和（或）荒漠化的国家，特别是在非洲，防治荒漠化和减轻干旱的影响，以期协助受影响地区实现可持续发展。公约要求，受到荒漠化和干旱影响的缔约国应当制订行动计划，确保资源的适当分配，确定防治荒漠化和减轻干旱的战略和优先级，同时还应当重视地方的人民参与。另外，公约还要求，发达国家应当对受到荒漠化和干旱影响的缔约国予以科学、技术、教育、训练以及资金等的援助和合作。

四、化学品及废物管理

（一）化学品

由于化学品的广泛使用和所具有的危险性和污染性，也需要制定国际规范，以保障环境和人类健康。在这方面，重要的国际公约包括《关于在国际贸易中对某些危险化学品和农药采用事先知情同意程序的鹿特丹公约》以及《关于持久性有机污染物的斯德哥尔摩公约》。

---

① 据中国极地研究中心提供的一份数据显示，目前每年赴南极的科学考察队有三四十支之多。据统计，截至 2006 年年底，《南极条约》缔约方已经发展到 46 个国家，在南极设有 82 个科学考察站，可容纳 2 500 人左右开展科学考察活动。中国也从 1984 年加入南极条约，开展南极科学考察。参见国际先驱导报，《中国南极科考“努力快跑”》，载于新华网，http://big5.xinhuanet.com/gate/big5/news.xinhuanet.com/herald/2007-11/12/content_7055906.htm，2007 年 11 月 12 日，最后访问日期：2007 年 11 月 18 日。

② 《关于环境保护的南极条约议定书》，1991 年 10 月 4 日，全文载于：http://www.caepi.org.cn/international%20treaty/22734.shtml，最后访问时间：2013 年 8 月 9 日。

③ 公约全名是《联合国关于在发生严重干旱和/或荒漠化的国家特别是在非洲防治荒漠化的公约》，1994 年 6 月 17 日，全文载于：http://www.un.org/chinese/events/desertification/2008/unccd.shtml，最后访问时间：2013 年 8 月 9 日。

1.《关于在国际贸易中对某些危险化学品和农药采用事先知情同意程序的鹿特丹公约》

目前，国际市场上的化学品贸易品种大约有7万种，每年新增大约15 000种。许多发达国家已经禁止使用的化学品仍然在发展中国家销售和使用。1998年9月，联合国粮农组织全体大会决定，以自愿的方式使用“事先知情同意程序”，实现对危险化学品和化学农药国际贸易的控制。1998年9月国际间签订了《关于在国际贸易中对某些危险化学品和农药采用事先知情同意程序的鹿特丹公约》（简称《鹿特丹公约》），[①]以强制性规定取代先前自愿性的规定，该公约并于2004年2月24日正式生效。

《鹿特丹公约》明确规定，进行危险化学品和化学农药国际贸易各方必须进行信息交换。出口方需要通报进口方及其他成员其国内禁止或严格限制使用化学品的规定。发展中国家或转型国家需要通告其在处理严重危险化学品时面临的问题。计划出口在其领土上被禁止或严格限制使用的化学品的一方，在装运前需要通知进口方。出口方如出于特殊需要而出口危险化学品，应保证将最新的有关所出口化学品安全的数据发送给进口方。各方均应按照公约规定，对“事先知情同意程序”中涵盖的化学品和在其领土上被禁止或严格限制使用的化学品加注明确的标签信息。公约各方还同意，开展技术援助和其他合作，促进相关国家加强执行该公约的能力和基础设施建设。

2.《关于持久性有机污染物的斯德哥尔摩公约》

持久性有机污染物（POPs）是在环境中难以降解、能够在生物体内蓄积并沿食物链放大且能对人体健康及环境构成各种负面影响的有机污染物。有证据显示，这些物质可以通过长距离迁移到达一些从未使用或生产过它们的地区，对环境构成严重威胁。在人类活动造成的所有污染物中，持久性有机污染物的危害最大，它们具有“致癌、致畸、致突变”效应，严重影响人体的生殖系统、免疫系统和神经系统。基于对以上危害的认识，2001年5月23日，各国共同签署了《关于持久性有机污染物的斯德哥尔摩公约》（以下简称《斯德哥尔摩公约》或《公约》）。[②]并于2004年5月17日在国际上生效。截至2013年12月31日，《公约》共有179个缔约方。我国于2001年5月23日签署了公约。2004年6月25日，第十届全国人大常委会第十次会议做出了批准《公约》的决定，同年11月11日公约对我国生效，并适用于香港特别行政区和澳门特别行政区。

公约缔约方承诺要通过以下方式减少或消除持久有机污染物：一是禁止或通过必要的法律或行政措施淘汰附件A所列的持久有机污染物的生产、使用和进出口；二是限制附件B所列持久有机污染物的生产和使用；三是减少或消除附件C所列各种非有意生产的化学品所造成的持久有机污染物的排放；四是采取措施减少或消除储存和处置废弃物造成的持久有机污染物排放；五是采取措施开展持久性有机污染物防治方面的信息交流、实施计划、公众信息、教育、研究、开发和监测。

公约还规定，持久性有机污染物的受控清单是开放性，即允许在清单中增列科学认可的、符合POPs特性的新物质。缔约方可以提名某类物质为潜在的POPs。提名物质交由《公约》的科学下属机构POPs审查委员会（POPRC）审查。审查委员会负责按照《公约》附

① 《关于在国际贸易中对某些危险化学品和农药采用事先知情同意程序的鹿特丹公约》，1998年9月10日，全文载于：http://training.mofcom.gov.cn/jsp/sites/site?action=show&id=2485，最后访问时间：2013年8月9日。

② 《关于持久性有机污染物的斯德哥尔摩公约》，2001年5月22日，全文载于：http://www.un.org/chinese/documents/decl-con/popsp/introduction.htm，最后访问时间：2013年8月9日。

件 D（信息要求和筛选标准）、附件 E（环境健康风险评估）和附件 F（社会经济影响评估）的要求收集相关信息，开展评估，审查提名物质是否符合 POPs 特性，被认定的物质交由缔约方大会审议决定是否增列，以及以何种方式增列入受控物质清单。

2001 年开放签署时，公约附件中规定了首批 12 类受控 POPs。2009 年 5 月，公约缔约方大会第四次会议通过了《〈关于持久性有机污染物的斯德哥尔摩公约〉新增列九种持久性有机污染物修正案》，新增 9 种持久性有机污染物。2011 年 5 月，公约缔约方大会第五次会议又通过《〈关于持久性有机污染物的斯德哥尔摩公约〉新增列硫丹修正案》，将硫丹增列入公约附件 A。2013 年 5 月，公约第六次缔约方大会将六溴环十二烷（HBCD）列入公约附件 A。截至 2013 年 12 月 31 日，已列入公约附件的受控持久性有机污染物共 23 种。[①]

2013 年 8 月 30 日，我国第十二届全国人民代表大会常务委员会第四次会议审议通过《斯德哥尔摩公约》新增列九种持久性有机污染物的《关于附件 A、附件 B 和附件 C 修正案》和新增列硫丹的《关于附件 A 修正案》（以下简称《修正案》）。2013 年 12 月 26 日，我国政府向联合国交存修正案批准书。根据公约规定，修正案于 2014 年 3 月 26 日对我国生效。

（二）废物管理

20 世纪 80 年代，发生了多起发达国家将本国的工业废弃物等有害废物出口到没有处理和管理能力的发展中国家，从而导致进口国发生了许多污染和损害。鉴于此，1989 年 3 月 22 日在瑞士巴塞尔召开的联合国环境规划署世界环境保护会议上通过了《控制危险废物越境转移及其处置的巴塞尔公约》（简称《巴塞尔公约》）。[②]该公约于 1992 年 5 月正式生效。截至 2006 年，该公约共有近 120 个缔约方，中国于 1990 年 3 月 22 日在公约上签字。

《巴塞尔公约》就危险废弃物的越境转移作了一系列的规定。公约的目的在于控制和减少公约规定的废物越境转移；把产生的有害废弃物减少到最低程度，保证对它们实施有利于环境的管理，包括尽可能接近废弃物产生源进行处置和回收；帮助发展中国家对其产生的有害废物和其他废物进行有利于环境的管理。公约的主要特点在于禁止或者控制有害废弃物的转移行为，并且禁止缔约国与非缔约国之间进行废弃物贸易。

公约规定了事先知情同意制度，规定危险物质的出口者必须就拟议中的出口事宜向进口国进行通报，在得到进口国的书面同意后才能出口。公约第 6 条详细规定了监视从出口者直到最终接受者的事前通告和事后报告程序以及情报管理程序。这种通告和报告制度要求，必须使情报得到确实传达以及对废弃物进行集中的管理和监视，所有国家（包括发展中国家）有必要制定防止废弃物因贸易而去向不明的具体措施。

公约的另一个重要措施是对再出口和非法运输的规定。公约规定，在特定情况下，出口国有义务确保将废物退运回国。为了对可能发生的污染损害进行救济，公约要求输出者采取保险和保证的措施予以保障。在违反公约时，规定了采取退货或者替代措施的义务。

---

① 具体请见"《关于持久性有机污染物的斯德哥尔摩公约》控制的持久性有机污染物清单"，载于 http://chm.pops.int/TheConvention/ThePOPs/ListingofPOPs/tabid/2509/Default.aspx，最后访问时间：2014 年 1 月 9 日。

② 《控制危险废物越境转移及其处置的巴塞尔公约》，1898 年 3 月 22 日，全文载于：http://gcs.mep.gov.cn/wxfw/gjfg/200504/t20050418_66004.htm，最后访问时间：2013 年 8 月 9 日。

在国内法方面，要求将违反条约的行为作为不法交易犯罪对待，并采取法律或行政上的措施对行为人予以制裁。并且还对缔约国规定了有关违反通报制度。

1995 年 9 月 22 日，100 多个国家的代表在日内瓦通过了《巴塞尔公约》修正案。修正案禁止发达国家以最终处置为目的向发展中国家出口危险废料，并规定发达国家在 1997 年年底以前停止向发展中国家出口用于回收利用的危险废料。

1999 年 12 月 10 日，公约缔约方签订了《危险废弃物越境转移及其处置所造成损害的责任和赔偿问题的议定书》（截至 2013 年 8 月 9 日，本议定书尚未生效[①]），规定了关于包括合法与非法国际运输危险废弃物的过程中，因事故或其他方面的原因所造成的危险废弃物的泄漏，而造成的环境损害与赔偿责任。这是第一个全球性的关于废物造成环境损害与赔偿责任的国际条约。

（三）核能源

在核能作业方面，为了能够在事故发生后对损害予以全面的救济，目前各国法律都规定对核损害赔偿实行严格责任、绝对责任或结果责任等的无过失责任制度。

1. 原子能损害责任

关于原子能损害责任的国际立法，主要有 1960 年《核能领域中第三方责任巴黎公约》（简称《巴黎公约》）、1963 年《补充巴黎公约的布鲁塞尔公约》（简称《布鲁塞尔公约》）以及 1963 年《关于核损害民事责任的维也纳公约》（简称《维也纳公约》）。《巴黎公约》后来又为其 1964 年追加议定书及 1982 年议定书所修正。

《巴黎公约》缔约国主要为欧洲国家。《维也纳公约》缔约国则主要是发展中国家。但二者在内容方面有很多类似之处。例如，将在运输过程中发生的事故也包含在内，并且不论国籍、住所或者居所如何都可以适用。且事故时的赔偿责任全部集中于原子能作业者，即对其实行无过失责任，除非法庭可以判决是受害一方的过失所为，或者核事故是直接由武装冲突、内战、叛乱或预料之外的严重自然灾害造成。另外，在责任的赔偿金额、时间方面虽然都受到了限制，但是必须准备依靠强制保险来支付。在《布鲁塞尔公约》中，还对与国家有关的作业方面规定增加了赔偿数额。然而，当非缔约国受到损害时不适用上述两条公约。对此，当发送者与接收者以及事故发生地与被害发生地各自为上述两条公约的缔约国时，就应当考虑上述两条公约是否适用，或者法院在管辖上的困难等问题。到 1988 年开始接收了将《巴黎公约》和《维也纳公约》予以协调的共同议定书。为此，上述两条公约与其他有关的条约在主体方面扩大了缔约国的领域。

2. 核材料

国际原子能机构于 1980 年制定了《核材料实物保护公约》，[②]目的在于实质性保护国内使用、贮存和运输的核材料，防止非法取得和使用核材料所可能引起的危险。2005 年公约缔约国大会通过《核材料实物保护公约》修订案，决定以《核材料和核设施实物保护公约》代替原公约标题，并规定各国应建立、实施、维护核材料和核设施的适当的实物保护

---

① 截至 2013 年 8 月 9 日，本议定书尚未生效，参巴塞尔公约网站 http://www.basel.int/ratif/protocol.htm，最后访问时间：2007 年 12 月 25 日。

② 《核材料实物保护公约》，1979 年 10 月 26 日，全文载于：http://ola.iaea.org/ola/documents/ACPPNM/Chinese.pdf，最后访问时间：2013 年 8 月 9 日。

制度以及核材料和核设施实物保护的基本原则等。中国于 2009 年 9 月 14 日向国际原子能机构递交《核材料实物保护公约》修订案批准书，从而成为继俄罗斯之后，第二个递交该公约修订案批准书的核武器国家。

3. 核事故

在前苏联切尔诺贝利核电站核事故发生后，国际原子能机构于 1986 年紧急通过了《及早通报核事故公约》与《核事故或辐射紧急情况相互援助公约》。

《及早通报核事故公约》[①]的目的是尽早提供可能产生跨国界国际影响的核事故有关情报，以便使环境、健康和经济的后果减少到最低限度。公约要求，在发生可能导致越境影响的核事故时，必须通报有关事故发生的时间、场所、放出的放射性物质的种类以及对事故状况的判断等情报以及其他的基本情报。

《核事故或辐射紧急情况相互援助公约》[②]的目的是建立一个国际体制，旨在发生核事故或辐射紧急情况时便利缔约国之间直接地、通过或从国际原子能机构以及从其他国际组织迅速提供援助；最大限度地减轻后果，保护生命、财产和环境免受放射性释放的影响。公约对发生核事故或者放射性紧急事态规定了将影响限制在最小限度内，以及防止放射性损害、保护人体生命以及环境的紧急援助活动等。

4. 核安全

切尔诺贝利核电站事故引起了人们对核设施的安全性的高度关注。为此，1994 年国际原子能机构制定并通过了《核安全公约》，[③]目的在于加强国际核技术交流与合作，在世界范围内实现和维持高水平的核安全，在核设施内建立防止潜在辐射危害的有效防御措施，防止带有放射性后果的事故发生以及减轻事故的危害后果。

《核安全公约》只以民用核电站作为控制对象，军事设施与其他处理设施等不适用该公约。鉴于各国的技术水平不一，因此公约没有规定统一的基准与罚则，只是要求各国在充实教育和训练、制定紧急对应计划方面进行国际合作。并且要求对那些安全性不能提高的核电站予以关闭。

五、贸易与环境

由于自由贸易和自由竞争是现代国际经济交往的基本原则，因此国际社会为减轻关税以及其他实质性贸易障碍，在国际通商方面废除差别待遇而制定了《关税与贸易总协定》。《关税与贸易总协定》的乌拉圭回合谈判，签订了《成立世界贸易组织协议》，世界贸易组织乃于 1995 年 1 月 1 日正式成立。

《关税与贸易总协定》贸易自由化的主要基本原则为非歧视原则，即各国不得给予其他国家类似产品低于其本国国内生产的类似产品（第 3 条国民待遇）以及应给予所有其他

① 《及早通报核事故公约》，1986 年 9 月 26 日，全文载于：http://www.china.com.cn/environment/txt/2003-01/27/content_5268712.htm，最后访问时间：2013 年 8 月 9 日。

② 《核事故或辐射紧急情况相互援助公约》，1986 年 9 月 26 日，全文载于：http://www.china.com.cn/chinese/huanjing/268666.htm，最后访问时间：2013 年 8 月 9 日。

③ 《核安全公约》，1994 年 6 月 17 日，全文载于：http://www.riskmw.com/environmental_pd/2010/11-17/mw35981.html，最后访问时间：2013 年 8 月 9 日。

成员国的类似产品同等的待遇（第 1 条最惠国待遇）。而所谓“类似产品”，只能以产品最终呈现情形判断，而不能以产品制造过程作为判断的基础。因此，假设若有一项产品，在甲国的制造过程中采取严格的环保管制，而在乙国的制造过程则以极为有害环境的过程制造，则甲国制造的产品成本（污染控制成本）很可能明显高于乙国的类似产品，但在《关税与贸易总协定》的非歧视原则规定下，进口国不能对来自乙国的产品给予低于来自甲国产品的待遇。

《关税与贸易总协定》第 20 条的一般例外条款列出了可以免除《关税与贸易总协定》义务的特殊情形，与环境保护有关的例外规定在第 20 条的 b 款和 g 款。第 20 条规定：“凡下列措施在条件相同的各国间不会构成武断的或不正当的歧视，或者构成变相的国际贸易的限制，则不得将本协议说成是妨碍任何缔约方采取或实行下列措施：……（b）为维护人类及动植物生命或健康所必需者；……（g）关系到养护可用竭的天然资源的措施，但以此措施须与限制国内生产与消费一道实施者为限。”

在国际环境保护的领域中，贸易限制往往是最有效的执行措施，因此出现了各国为了环境保护而限制国际贸易的问题。例如，一国可以以他国生产的产品不符合该国环境法规与环境标准的规定为由而抵制他国商品进入该国。然而这样可能造成了实质性的非关税贸易壁垒，即“绿色壁垒”，而有可能违反《关税与贸易总协定》的规定。如 1991 年美国就曾经因为墨西哥在捕获金枪鱼过程中连带捕获了受其《海洋哺乳动物保护法》保护的海豚，而限制墨西哥的金枪鱼进口，墨西哥认为美国的进口限制已经构成了歧视而违反《关税与贸易总协定》相关规定，而向当时的《关税与贸易总协定》争端解决机制提诉，《关税与贸易总协定》的争端审议专家小组认定美国实行的进口限制措施不符合《关税与贸易总协定》第 20 条（b）款或（g）款一般例外的规定，因此认定美国违反了《关税与贸易总协定》的相关规定[①]。已经有许多案例是因为世界贸易组织成员国依照其本国的环境保护措施而采取的贸易限制措施而被提交到《关税与贸易总协定》或世界贸易组织的争端解决机制，但除了极少数案例外，大部分采取环境贸易限制措施的成员国都被判定违反《关税与贸易总协定》的规定。

此外，许多国际多边环境保护协议都规定了与贸易限制相关的措施，以有效保障多边环境协议的执行效果，一是针对缔约方之间的进出口贸易限制；二是针对非缔约方的贸易限制，如《关于消耗臭氧层物质的蒙特利尔议定书》、《控制危险废物越境转移及其处置的巴塞尔公约》都有此两种措施的规定。这样就引发了各国如果依据国际环境公约实施的贸易限制措施是否会与《关税与贸易总协定》及世界贸易组织的相关规定相冲突的问题。为此，世界贸易组织也成立了“贸易与环境委员会”来研究二者之间的关系。根据贸易与环境委员会的报告，目前含有贸易条款的多边环境协议约有 20 个，而目前国际上还没有任何案例是因为成员国之间依据国际环境公约采取贸易限制措施而提交到世界贸易组织的争端解决程序[②]。

由于全球环境保护和自由贸易的冲突问题，世界贸易组织从 2001 年 11 月起进行至今

① 但是本案最终因为美国和墨西哥签订北美贸易自由协议而搁置，专家小组并未做成最终决定。United States-Restrictions on Imports of Tuna，circulated on 3 Sep，1991，not adopted，http://www.ppl.nl/hugo/WTObibliographydisputesettlreport.htm

② WTO，Trade and Environment at the WTO，April 2004，available at http://www.wto.org/english/tratop_e/envir_e/ envir_wto2004_e.pdf，last visited on Nov. 20，2007.

（2007年11月）的多哈谈判也将“贸易与环境”纳入谈判内容，包括：既存的贸易规则与多边环境协议中贸易义务之间的关系；在环境条约秘书处和世界贸易组织相关委员会之间定期交换信息的程序，以及给予观察员地位的标准；降低或适当消除对环境货物和环境服务的关税和非关税壁垒。

如何在采取与环境有关的贸易限制措施的同时，既不会构成变相的国际贸易的限制，又要如何在现有的世界贸易组织体系架构内重建以可持续发展为基础的贸易体系，建立贸易自由与环境保护双赢的机制的确是目前世界贸易组织及国际环境法两者的一大挑战。

第三节　中国与国际环境法的实践

一、中国关于全球环境保护的原则立场

由于全球环境问题是国际社会在20世纪80年代以后所共同关注的热点，为了在中国与对外国际交往中确立中国对待全球环境问题的原则立场，1992年初，国务院环境保护委员会通过了《中国关于全球环境问题的原则立场》[①]。主要内容为：全球环境问题是全人类面临的共同挑战，中国作为一个社会主义大国十分重视生态环境保护，已经将保护环境作为一项基本国策，努力坚持社会经济和生态环境保护可持续发展的方针。在国际环境事务中，中国愿意承担合理的国际义务作出应有的贡献。通过广泛的国际合作，共同寻求解决全球环境问题的有效途径。并且中国立足于中国国情，从人类长远的共同利益和中国及其他发展中国家的根本利益出发，对解决全球环境问题的基本原则：一是正确处理环境保护与经济发展的关系；二是明确国际环境问题的主要责任；三是维护各国资源主权，不干涉他国内政；四是发展中国家广泛参与环境保护的国际合作；五是应当充分考虑发展中国家的特殊情况和需要；六是不应把保护环境作为提供发展援助的新的附加条件，也不应以保护环境为借口设立新的贸易壁垒；七是发达国家有义务在现有的发展援助之外，提供充分的额外资金，帮助发展中国家参加保护全球环境的努力，或补偿由于保护环境而带来的额外经济损失，并以优惠、非商业性条件向发展中国家提供无害技术；八是必须加强环境领域内的国际立法。

进入21世纪，面对持续发展中国际环境保护问题的挑战，中国除了一贯呼吁发达国家应正视自己在制造国际环境问题的历史责任以外，并且呼吁国际合作以共同解决国际环境问题，中国也本着“共同但有区别的责任”原则，承担应有的国际责任和义务，例如，中国虽然没有在《气候变化框架公约》及《京都议定书》承诺具体的减排义务，但仍然在2007年6月制定了应对气候变化国家方案，成立了以温家宝总理为组长的国家应对气候变化及节能减排工作领导小组[②]。2013年7月，李克强总理接任国家应对气候变

---

① 国务院环境保护委员会秘书处：《中国关于全球环境问题的原则立场》，中国环境科学出版社，1992年版。

②《国务院副总理曾培炎在中国环境与发展国际合作委员会2007年年会开幕式上的讲话》，2007年11月28日，全文载于：http://big5.sepa.gov.cn/gate/big5/www.sepa.gov.cn/hjyw/200711/t20071129_113565.htm，最后访问时间：2007年12月25日。

化及节能减排工作领导小组组长。[①]中国政府采取的积极行动说明了中国面对国际环境保护的正面态度。

二、国际环境法在中国的适用

（一）中国加入的国际环境公约

国际环境法的迅速发展对中国国内环境法的影响是非常明显的。中国已经加入了许多以环境保护为主要内容的国际公约，数目已达 60 多个。这些公约对中国政府有直接的约束力（见表 8-1）。为了使国际环境条约得以实际履行，中国在新修改和制定的法律中都将有关的国际义务写入国内法规中，并采取具体的措施。

表 8-1　对中国环境立法有重要影响的主要多边国际环境条约

性质	公约名称	通过日期	生效日期	中国签署、加入或批准日期
臭氧层	保护臭氧层维也纳公约	1985.03.22	1988.09.22	1989 年 9 月 11 日加入，1989 年 12 月 10 日起对中国生效
	关于消耗臭氧层物质的蒙特利尔议定书	1987.09.16	1989.01.01	1990 年 3 月 26 日交存批准书
	经修正的关于消耗臭氧层物质的蒙特利尔议定书（伦敦修正案）	1991.09.16	1992.08.20	1992 年 8 月 20 日起对中国生效
	经修正的关于消耗臭氧层物质的蒙特利尔议定书（哥本哈根修正案）	1992.11.25	1994.06.14	2003 年 4 月 22 日交存批准书
	经第九次缔约方会议通过的关于消耗臭氧层物质的蒙特利尔议定书修正案（蒙特利尔修正案）	1997.09.17	1999.11.10	中国尚未批准
	关于消耗臭氧层物质的蒙特利尔议定书修正案（北京修正案）	1999.12.03	2002.02.25	中国尚未批准
气候变化	联合国气候变化框架公约	1992.05.09	1994.03.21	1993 年 1 月 5 日交存批准书
	京都议定书	1997.12.11	2005.02.16	2002 年 8 月 30 日交存批准书
	哥本哈根协议	2009.12.19	2010.01.01	2010 年 3 月 9 日交存批准书
海洋	联合国海洋法公约	1982.12.10	1994.11.16	1996 年 7 月 7 日对中国生效
船舶污染	关于 1973 年国际防止船舶造成污染公约的 1978 年议定书	1978.02.17	1983.10.02	1983 年 10 月 2 日对中国生效
	1973 年国际防止船舶造成污染公约及其 1978 年议定书附则 I 修正案	1984.09.07	1978.01.07	1978 年 1 月 7 日对中国生效
	关于 1973 年国际防止船舶造成污染公约的 1978 年议定书	1978.02.17	1983.10.02	公约及附则 I 、附则 II 及附则 V 分别从 1983 年 10 月 2 日、1987 年 4 月 6 日和 1989 年 2 月 21 日起对中国生效

① 《国务院办公厅关于调整国家应对气候变化及节能减排工作领导小组组成人员的通知》（国办发[2013]72 号），2013 年 7 月 3 日，全文载于：http://www.gov.cn/zwgk/2013-07/09/content_2443020.htm，最后访问时间：2013 年 8 月 9 日。

性质	公约名称	通过日期	生效日期	中国签署、加入或批准日期
海洋倾废	1972 年防止倾倒废物及其他物质污染海洋公约	1972.12.29	1975.08.30	1985 年 12 月 15 日起对中国生效
	防止倾倒废物及其他物质污染海洋的公约 1996 年议定书	1996.11.07	2006.03.24	2006 年 10 月 29 日对中国生效
油污	1969 年国际油污损害民事责任公约	1969.11.29	1975.06.19	1980 年 4 月 30 日起对中国生效
	1969 年国际油污损害民事责任公约的议定书	1976.11.19	1981.04.08	1986 年 12 月 28 日起对中国生效
	1969 年国际干预公海油污事故公约	1969.11.29	1975.05.06	1990 年 5 月 24 日起对中国生效
	1973 年干预公海非油类物质污染议定书	1973.11.02	1983.03.30	1990 年 5 月 24 日起对中国生效
生物资源	生物多样性公约	1992.06.01	1993.12.29	1993 年 12 月 29 日对中国生效
	卡塔赫纳生物安全议定书	2000.01.29	2003.09.11	2005 年 6 月 28 日交存批准书
	濒危野生动植物物种国际贸易公约	1973.03.03	1975.07.01	1981 年 4 月 8 日对中国生效
	国际捕鲸管制公约	1946.12.02	1948.11.10	1980 年 9 月 24 日对中国生效
	养护大西洋金枪鱼国际公约	1966.05.14	1969.03.21	1996 年 10 月 2 日对中国生效
	1983 年国际热带木材协定	1983.11.18	1985.04.01	1986 年 7 月 2 日对中国生效
	1994 年国际热带木材协定	1994.01.26	1997.01.01	1997 年 1 月 1 日对中国生效
	中白令海峡鳕资源养护与管理公约	1994.02.11	1995.12.08	1995 年 12 月 8 日对中国生效
自然地域	关于特别是作为水禽栖息地的国际重要湿地公约	1971.02.02	1975.12.21	1992 年 1 月 3 日对中国生效
	保护世界文化和自然遗产公约	1972.11.23	1975.12.17	1986 年 3 月 12 日对中国生效
	南极条约	1959.12.1	1961.06.23	1983 年 6 月 8 日对中国生效
自然地域	关于环境保护的南极条约议定书	1991.06.23	1998.01.14	1998 年 1 月 14 日对中国生效
	南极海洋生物资源养护公约	1980.05.20	1982.04.07	2006 年 10 月 19 日对中国生效
	联合国防治荒漠化公约	1994.10.14	1996.12.26	1997 年 5 月 19 日对中国生效
危险废弃物	控制危险废物越境转移及其处置巴塞尔公约	1989.03.22	1992.05.05	1992 年 8 月 20 日对中国生效
	危险废弃物越境转移及其处置所造成损害的责任和赔偿问题的议定书	1999.12.10	尚未生效	中国尚未签署
化学品	关于在国际贸易中对某些危险化学品和农药采用事先知情同意程序的鹿特丹公约	1998.09.10	2004.02.24	2005 年 3 月 22 日交存批准书
	关于持久性有机污染物的斯德哥尔摩公约	2001.05.23	2004.05.17	2004 年 8 月 13 日交存批准书
核能	核材料实物保护公约	1979.10.26	1987.02.08	1989 年 1 月 2 日对中国生效
	核事故或辐射紧急援助公约	1986.09.26	1986.10.27	1987 年 10 月 14 日起对中国生效
	及早通报核事故公约	1986.09.26	1986.10.27	1988 年 12 月 29 日起对中国生效
	核安全公约	1994.06.17	1996.10.24	1996 年 7 月 9 日对中国生效
	核材料实物保护公约修正案（核材料和核设施实物保护公约）	2005.07.08	1987.02.08	2009 年 9 月 14 日交存批准书

1．大气和气候保护

在保护臭氧层方面，中国作为全球最大的消耗臭氧层物质（ODS）生产国和消费国，自 1991 年签署加入《关于消耗臭氧层物质的蒙特利尔议定书》以来，我国已颁布了 100 多项政策法规，规范了国家 ODS 生产、消费、进出口等各环节的管理和监督[①]，并成立了由国家环保总局任组长单位，18 个部委构成的中国国家保护臭氧层领导小组，通过不断加强国际合作、机构建设、部门协调、项目实施、政策法规制定、宣传培训以及监督执法，淘汰了共 11 万多吨消耗臭氧层物质的生产和 10 万多吨消耗臭氧层物质的消费，约占整个发展中国家淘汰量的 50%。2007 年 7 月 1 日，中国比《议定书》规定的时间提前两年半淘汰了最主要的两种消耗臭氧层物质——全氯氟烃和哈龙，标志着中国履行《议定书》取得了实质性的重大进展。[②]目前，我国正大力推进出台国务院《消耗臭氧层物质管理条例》，希望该条例能够联合其他政策措施，有效地监督管理国内的 ODS 工作；要加大对替代品和替代技术的研究和推广。[③]

在应对气候变化的挑战方面，由于中国的发展只有 30 年时间，而发达国家则经历了 100～200 年的发展历程，中国可以说是遭受气候变化不利影响较为严重的发展中国家。因此，中国参加的《气候变化框架公约》及其《京都议定书》中并没有承诺承担相应的国际义务，但为了减缓温室气体和消耗臭氧层物质的排放，在 1995 年和 2000 年两次修改了《大气污染防治法》，并于 2002 年制定了《清洁生产促进法》、《环境影响评价法》，并于 2012 年重新修订了《清洁生产促进法》。此外，2005 年 10 月 12 日，国家发改委等部委联合发布施行了《清洁发展机制项目运行管理办法》。[④]

应对气候变化的挑战，中国一贯坚持“共同但有区别的责任”原则，呼吁发达国家应完成《京都议定书》确定的减排指标，帮助发展中国家提高应对气候变化的能力，并在 2012 年后继续率先减排；发展中国家也应根据自身国情并在力所能及的范围内采取积极措施，尽力控制温室气体排放增长速度。[⑤]

与此同时，中国也承担起自己的责任。2007 年以来，中国政府并将节能减排提上重要议事日程。2007 年 6 月，国务院成立了国家应对气候变化及以温家宝总理为组长的节能减排工作领导小组，制定颁布了《应对气候变化国家方案》和《节能减排综合性工作方案》。其中《节能减排综合性工作方案》明确了 2010 年中国实现节能减排的目标任务和总体要求。到 2010 年，中国国内生产总值能耗将由 2005 年的 1.22 吨标准煤下降到 1 吨标准煤以下，降低 20%左右。[⑥]地方各级政府和社会各方面不断加大节能减排工作力度。经过艰苦

① 刘晓星，高杰：《张力军在出席中国全面淘汰 CFCs/哈龙总结大会暨国际研讨会时指出 中国将以务实态度积极履约》，载于原国家环保总局网站：http://www.zhb.gov.cn/hjyw/200707/t20070703_106066.htm，2007 年 7 月 3 日，最后访问时间：2007 年 12 月 5 日。

② 原国家环保总局：《联合国环境规划署纪念〈蒙特利尔议定书〉缔结二十周年 国家环境保护总局、海关总署荣获〈蒙特利尔议定书〉执行奖，北京奥组委荣获公共意识奖》，载于原国家环保总局网站：http://www.zhb.gov.cn/xcjy/zwhb/200709/t20070918_109257.htm，2007 年 9 月 18 日，最后访问时间：2007 年 12 月 5 日。

③ 原国家环保总局：《国家环保总局工作动态 2007 年第三十八期》，载于原国家环保总局网站：http://www.zhb.gov.cn/info/gxdt/200711/t20071101_112443.htm，2007 年 11 月 1 日，最后访问时间：2007 年 12 月 5 日。

④ 国家发展和改革委员会、科学技术部、外交部及财政部：《清洁发展机制项目运行管理办法》，载于原国家环保总局网站 http://www.zhb.gov.cn/inte/lydt/200703/t20070301_101174.htm，2007 年 10 月 12 日，最后访问时间：2007 年 12 月 5 日。

⑤ 新华网罗辉，谭晶晶：《温家宝：中国将在应对气候变化方面担负自己的责任》，载于原国家环保总局网站 http://www.zhb.gov.cn/ inte/lydt/200709/t20070903_108723.htm，2007 年 8 月 27 日，最后访问时间：2007 年 12 月 3 日。

⑥ 国务院：《国务院关于印发节能减排综合性工作方案的通知》，载于中国政府网 http://www.gov.cn/jrzg/2007-06/03/

努力，前三季度，全国主要污染物排放总量首次实现双下降，全国二氧化硫排放量同比下降 1.81%；化学需氧量排放量同比下降 0.28%，首次由升转降。[①]

截至 2007 年 11 月，中国已与全球环境基金、世界银行、亚洲开发银行、联合国开发计划署等国际组织和机构，建立并发展了在资金、技术与信息等方面的合作。2007 年 11 月 9 日，国务院批准建立的中国清洁发展机制基金正式启动，这是党的十七大明确提出转变经济发展方式、建设生态文明的重要指导方针后，中国财政部、国家发展和改革委员会和外交部等部门共同采取的一项重要举措。基金将与各国政府和机构以及国内企业开展多样化合作，通过项目建设、技术支持、信息管理与共享、人员培训等形式，加强科学技术、机构能力、公众意识等气候变化领域薄弱环节，并为国家节能奖励、能源审计、清洁发展机制等体制建设工作提供支持和服务，以有效提高中国在国际应对气候变化行动中的实际参与能力。[②]

2009 年 11 月 26 日，中国正式对外宣布控制温室气体排放的行动目标，决定到 2020 年单位国内生产总值二氧化碳排放比 2005 年下降 40%～45%。11 月 25 日，国务院总理温家宝在主持召开的国务院常务会议还决定，这将作为约束性指标纳入国民经济和社会发展中长期规划，并制定相应的国内统计、监测、考核办法。会议还提出相应的政策措施和行动。[③]

2011 年 3 月，中国全国人大审议通过的《中华人民共和国国民经济和社会发展第十二个五年规划纲要》提出“十二五”时期中国应对气候变化约束性目标：到 2015 年，单位国内生产总值二氧化碳排放比 2010 年下降 17%，单位国内生产总值能耗比 2010 年下降 16%，非化石能源占一次能源消费比重达到 11.4%，新增森林面积 1 250 万公顷，森林覆盖率提高到 21.66%，森林蓄积量增加 6 亿立方米。2011 年 11 月 22 日国务院新闻办公室发表《中国应对气候变化的政策与行动（2011）》白皮书，[④]指出各国携手应对气候变化，共同推进绿色、低碳发展已成为当今世界的主流，中国政府将按照中国全国人大常委会通过的《关于积极应对气候变化的决议》要求，组织编制《国家应对气候变化规划（2011—2020）》，指导未来 10 年中国应对气候变化工作，并同时在加快经济结构调整、优化能源结构和发展清洁能源、继续实施节能重点工程、大力发展循环经济、扎实推进低碳试点、逐步建立碳排放交易市场、增加碳汇、提高适应气候变化能力、继续加强能力建设和全方位开展国际合作等方面继续为应对气候变化问题做出贡献。

2013 年 11 月，在联合国第十九次气候变化大会召开前夕，中国国家发展和改革委员会发布了《中国应对气候变化的政策与行动 2013 年度报告》。根据报告，2012 年以来，中国政府通过调整产业结构、优化能源结构、节能提高能效、增加碳汇等工作，完成了全国单位 GDP 能耗降低和二氧化碳排放降低的目标，控制温室气体排放工作取得积极成效。

---

content_634545.htm，新华社 2007 年 6 月 3 日电，最后访问时间：2007 年 11 月 29 日。

① 《周生贤在国合会 2007 年年会上发表特别演讲指出以污染减排为重点 让江河湖海休养生息》，载于原国家环保总局网站 http://www.zhb.gov.cn/xcjy/zwhb/200711/t20071130_113680.htm，2007 年 11 月 30 日，最后访问时间：2007 年 12 月 3 日。

② 《国务院批准建立的中国清洁发展机制基金正式启动》，载于原国家环保总局网站 http://www.zhb.gov.cn/inte/lydt/200711/t20071112_112791.htm，2007 年 11 月 12 日，最后访问时间：2007 年 12 月 3 日。

③ 《中国应对全球气候变化的立场、主张和举措》，载于新华网 http://news.xinhuanet.com/ziliao/2009-09/16/content_12063193.htm，最后访问时间：2013 年 8 月 9 日。

④ 《中国应对气候变化的政策与行动(2011)》白皮书，2011 年 11 月 22 日，全文载于：http://news.xinhuanet.com/ 2011-11/22/c_111185426.htm，最后访问时间：2013 年 8 月 9 日。

到 2012 年，全国单位 GDP 二氧化碳排放比 2011 年下降 5.02%，中国节能环保产业产值达到 2.7 万亿元人民币。

2．海洋保护

为了加强海洋环境保护管理，使各项制度措施与国际法接轨，1999 年中国修改制定了新的《海洋环境保护法》。此外，在履行国际环境公约和国际环境义务中，由原国家环保总局负责组织实施的海洋环境保护国际合作事务包括联合国环境规划署倡导的全球区域海洋行动计划、防止陆上活动影响海洋全球行动计划和双边政府合作协议。在区域海洋行动计划中，我国参与了东亚海洋行动计划与西北太平洋行动计划。而防止陆上活动影响海洋全球行动计划，其首要任务是通过寻求新的、额外的财力资源来建立市政污水处理设施，以减轻陆源对海洋的污染。我国积极参加了这个计划，始于 1998 年《渤海碧海行动计划》是国内最大和最直接的活动。在双边合作上，我国政府与韩国政府于 1997 年签约合作开始中韩黄海环境联合调查项目。①

3．自然保护

为保护濒危珍稀物种，中国除了制定《野生动物保护法》对猎捕野生保护动物的行为进行管制外，还在刑法上确立了非法猎捕、杀害珍贵濒危野生动物的犯罪。为了履行《防治荒漠化公约》，中国于 2001 年制定了《防沙治沙法》。此外，行政法规方面还制定和实施了《中国生物多样性保护行动计划》、《自然保护区条例》等。

自 1993 年中国批准《生物多样性公约》以来，为履行公约，我国加强了国家协调机制，成立了由原国家环保总局牵头，有国务院 20 个部门参加的中国履行《生物多样性公约》工作协调组；制定和颁布了生物多样性保护法律、法规 20 多项，基本形成了保护生物多样性的法律体系；建立各种类型，不同级别的自然保护区②；重视宣传教育；推动全球合作，参与公约的科技工艺咨询会和一系列全球及区域的国际合作会议，并加强了与公约秘书处、联合国环境规划署，联合国开发计划署、世界银行、全球环境基金等国际机构的协调和合作，较好地完成一批双边、多边的国际合作项目等。配合加强自然保护区的建设和管理，以及退耕还林还草，禁伐天然林，生态功能区和生态示范区建设等政策措施的落实，使部分地区的自然生态环境有所改善。③

自 2000 年签署《卡塔赫纳生物安全议定书》以来，为有效开展工作，我国成立了项目协调组和专家组，于 2005 年底完成项目文件规定的主要工作，开展了针对转基因棉花、水稻和大豆等进行的环境监测，建立了转基因生物安全信息交换网和数据库，并开展了形式多样的生物安全公众宣传、科普和培训。④

4．化学品及废弃物管理

为了加强对固体废物越境转移的管理，中国于 1995 年制定并于 2004 年修订了《固体

---

① 原国家环保总局：《中国环境保护国际合作与履约工作成效显著 海洋环境保护国际合作项目进展顺利》，载于原国家环保总局网站 http://www.zhb.gov.cn/xcjy/zwhb/200406/t20040602_90382.htm，2004 年 6 月 2 日，最后访问时间：2007 年 12 月 5 日。

② 至 2012 年底，中国国家级自然保护区已有 363 个，参见环境保护部：《2012 年中国环境状况公报》，2013 年 5 月 28 日，载环境保护部网站：http://www.mep.gov.cn/gkml/hbb/qt/201306/W020130606578292022739.pdf，最后访问日期 2013 年 7 月 5 日。

③ 中国履行《生物多样性公约》工作协调组办公室，《中国履行〈生物多样性公约〉十年进展》，载于新华网 2003-05-19，http://news.xinhuanet.com/zhengfu/2003-05/19/content_875904.htm，最后访问时间：2007 年 12 月 5 日。

④ 张剑智：《我国积极履行国际公约受到国际认可　生物安全框架实施项目获奖》，中国环境报，2006-04-06，载于原国家环保总局网站 http://www.zhb.gov.cn/inte/lydt/200604/t20060406_75490.htm，最后访问时间：2007 年 12 月 5 日。

废物污染环境防治法》，同时在 1997 年修改新《刑法》时增加了处罚非法从事固体废物国际贸易行为的条款。

在应对持久性有机污染物方面，为有效开展持久性有机污染物污染防治和履约工作，我国组建了由环境保护部牵头、14 个相关部委组成的国家履约工作协调组，负责审议和执行国家 POPs 管理和控制方针政策，协调国家 POPs 管理及履约方面的重大事项。

2006 年开始环境保护部每年组织开展全国持久性有机污染物调查工作，初步掌握了主要行业持久性有机污染物排放源现状及持久性有机污染物排放源动态变化情况，同时还组织开展了杀虫剂类 POPs 的库存和废弃物特征、含多氯联苯电力装置封存和使用的调查、持久性有机污染物废物和污染场地的核查等调查工作，为建立 POPs 污染防治长效机制奠定了基础。

2007 年 4 月 14 日，国务院批准了“中国履行《关于持久性有机污染物（POPs）的斯德哥尔摩公约》国家实施计划”（简称《国家实施计划》），确定了分阶段、分行业和分区域的履约目标、措施和具体行动，标志着我国履约工作全面进入实施阶段。按照《国家实施计划》，到 2015 年我国将在重点行业广泛开展最佳可行技术/最佳环境实践（BAT/BEP），基本控制二噁英排放的增长趋势；基本完成全国杀虫剂类 POPs 废物和高风险含 PCBs 废物的环境无害化处置；对重点行业排放的已识别的二噁英废物实施环境无害化管理与处置；完成全国已识别高风险在用含 PCBs 装置的环境无害化管理与处置；建立 POPs 污染场地清单，初步建立涉及 POPs 污染场地的封存、土地利用和环境修复等环境无害化管理和修复技术支持体系。

2009 年 4 月，环境保护部等十部委联合发布了《关于禁止滴滴涕、氯丹、灭蚁灵及六氯苯生产、使用、流通和进出口的公告》，全面禁止了 9 种杀虫剂的生产、使用、流通和进出口，实现了阶段性履约目标。

2010 年 10 月，环境保护部等九部委联合发布了《关于加强二噁英污染防治的指导意见》，明确提出二噁英污染防治指导思想和工作方向。

2012 年 7 月，环境保护部联合履约协调组各成员单位发布了《全国主要行业持久性有机污染物污染防治“十二五”规划》，确定了“十二五”期间持久性有机污染物（POPs）污染防治工作的目标和任务。规划的主要目标到 2015 年，基本控制重点行业二噁英排放增长的趋势；全面下线、标识、管理已识别在用多氯联苯电力设备；安全处置已识别杀虫剂废物；无害化管理已识别杀虫剂类高风险污染场地加强持久性有机污染物监管能力建设；初步建立持久性有机污染物污染防治长效机制；推进新增列持久性有机污染物的调查和管理；有效预防、控制和降低持久性有机污染物污染风险，保障环境安全和人民身体健康。

环境保护部还联合相关部门对环保产业政策、环境污染控制标准和产品质量标准、技术规范和指南等开展了制修订工作。

同时，我国积极筹措国内外资金，在政策制定、履约管理、监督执法和监测等方面开展了大量的能力建设和培训工作，提高了国家和地方政府的履约能力和管理水平。在淘汰杀虫剂类 POPs、多氯联苯管理与处置、二噁英削减控制最佳可行技术和最佳环境实践（BAT/BEP）示范、POPs 废物及污染场地处置等领域开展了大量的履约示范工作，开展了宣传教育，积极参与国际履约事务，为我国持久性有机污染物污染防治及履约工作的开展创造了良好的国内、国际环境。

5．贸易与环境

在国务院2007年11月26日发布的《国务院关于印发国家环境保护“十一五”规划的通知》中规定，要“坚持‘共同但有区别的责任’原则，积极参与国际环境公约和世贸组织环境与贸易谈判，维护我国和广大发展中国家环境权益”。并且要“加强环境与贸易的协调。积极应对绿色贸易壁垒，完善对外贸易产品的环境标准，建立环境风险评估机制和进口货物的有害物质监控体系，既要合理引进可利用再生资源和物种资源，又要严格防范污染引进、废物非法进口、有害外来物种入侵和遗传资源流失。”①

6．其他

此外，在中国政府有关环境保护政策、行政法规方面还制定和实施了《中国21世纪议程》，并鼓励企业通过自愿行动实行ISO 14000环境管理认证制度以及环境标志制度。

（二）国际环境法在中国国内适用的原则规定

1．国际环境条约的缔结和生效

一般而言，国际条约必须经过签署、批准及交存批准书的阶段才能对缔约方生效。国际条约（双边或多边）经过谈判起草条约，由各国代表认证约文，即确认谈判各方确认约文是正确和标准的，且不再变更的情况下，才进入缔约的签署。但是签署只是表示该方初步同意缔结条约，只有经过批准条约才能拘束该方。②

批准有国内法意义上的批准和国际法意义上的批准。国内法上的批准是指国家内部权力机关按照其宪法或组织文件对其全权代表签署的条约予以确认，授权行政机关向缔约他方表示同意接受条约拘束的行为。而国际法上的批准，根据1969年《维也纳条约法公约》第2条第1款，批准是指“一国据以在国际上确定其同意其受条约拘束之行为”，国际实践上是缔约方表示最后同意缔结该条约，并将这种同意依条约规定（通常是互换或递交批准书的方式）通知缔约他方的行为。如果缔约方一方的权力机关根据其内部法程序批准了条约，但却没有将这种同意依条约规定通知缔约他方，这样的批准在国际法上没有批准的效力。③

根据中国的《宪法》第67条和1990年《缔结条约程序法》第7条的规定，中国国内的条约批准程序是，条约和重要协议的批准由全国人民代表大会常务委员会决定④。条约和重要协议签署后，由外交部或国务院有关部门会同外交部，报请国务院审核后，由国务院提请全国人民代表大会常务委员会决定批准。双边条约和重要协议经批准后，由外交部办理与缔约另一方互换批准书的手续；多边条约和重要协议经批准后，由外交部办理向条约、协议的保存国或者国际组织交存批准书的手续。

由于批准制度通常需要立法机关的参与，程序和时间都可能拖延，为了加快缔结条约的

① 《国务院关于印发国家环境保护“十一五”规划的通知》（国发[2007]37号），载于原国家环保总局网站：http://www.zhb.gov.cn/law/fg/gwyw/200711/t20071126_113414.htm，最后访问时间：2007年12月3日。

② 王铁崖：《国际法》，法律出版社，2004年版，第299-308页；白桂梅：《国际法》，北京大学出版社，2006年版，第161-174页。

③ 王铁崖：《国际法》，法律出版社，2004年版，第299-308页；白桂梅：《国际法》，北京大学出版社，2006年版，第161-174页。

④ 根据《缔结条约程序法》第7条第2款的规定，条约和重要协议是指：a. 友好合作条约、和平条约等政治性条约；b. 有关领土和划定边界的条约、协议；c. 有关司法协助、引渡的条约、协议；d. 同中华人民共和国法律有不同规定的条约、协议；e. 缔约各方议定需经批准条约、协议；f. 其他须经批准的条约、协议。

速度，晚近的国家实践也发展了一种比较简便的核准或接受制度，即条约在签署后，由签字国政府或行政机关核准，无须立法机关的参与，避免由此而来的拖延。条约是需要批准或核准，一般会在条约中做出明文规定。一些国家的国内法也会明确规定哪类条约可以适用核准制度。中国的《缔结条约程序法》第 8 条规定“本法第 7 条第 2 款所列范围以外的国务院规定须经核准缔约各方议定须经核准的协定和其他具有条约性质的文件签署后，由外交部或者国务院有关部门会同外交部，报请国务院核准”。该法第 11 条第 2 款规定，“加入不属于本法第 7 条第 2 款所列范围的多边条约、协定，由外交部或者国务院有关部门会同外交部审查后，提出建议，报请国务院作出加入的决定。”这就意味着此类协定和其他具有条约性质的文件的生效只需经过国务院的核准即可，而无须全国人大常委会的批准。①

条约的生效方式和生效日期一般会在条约本身作出明确规定来确定。虽然有些无须批准的条约可能在签署日期即生效，但大部分的双边条约是在批准或交换批准书后才生效，多边条约则一般是在一定数量的批准书、接受书、核准书或加入书交存后生效。如果一国是在条约生效后才表示同意接受条约的拘束，除条约另有规定外，条约自该国交存表达同意的文件之日起对该国生效。②

目前绝大部分的多边环境条约都明确规定条约需经批准、核准或接受，并且于一定数量的批准书、核准书，或接受书递交后于一定的日期生效。例如《巴塞尔公约》第 25 条第 1 款规定：“本公约应于第 20 份批准、接受、正式确认、核准或加入文书交存之日以后第 90 天生效。”

2. 中国国内法如何适用国际环境法

关于国际环境法如何在中国国内适用，《中华人民共和国宪法》并没有对国际法在国内法律体系中的效力作出明文规定。但根据 1982 年《中华人民共和国宪法》及 1990 年《中华人民共和国缔结条约程序法》的规定，条约缔结与一般法律制定的基本程序相同，是由全国人大常委会过半数通过，因此多数学者认为条约与中国的一般法律在国内具有同等的效力，所以条约的效力应该低于由全国人大三分之二以上通过的宪法和全国人大过半数通过的基本法律。③1986 年《环境保护法》第 46 条规定：“中华人民共和国缔结或参加的与环境保护有关的国际条约，同中华人民共和国的法律有不同规定的，适用国际条约的规定，但中华人民共和国声明保留的条款除外。”④因此一般认为当中国缔结参加的国际环境条约与国内法冲突时，国际环境条约应优先适用。但是，2014 年修订的《环境保护法》删除了有关国际条约的适用规定，对中国缔结参加的国际环境条约与国内法冲突时的法律适用问题未作特殊要求。

此外，对于国际环境条约是否可以在中国直接适用，而无需国内立法机关将它转换成国内法，中国的学者之间也有不同的看法。有学者认为国际环境法规范在国内的适用必须先在国内环境法中加以明确和具体化。主要理由如下：

第一，国际环境法规范与国内环境法体系或多或少存在着差异。只有通过国内立法的转化，才能解决两者之间衔接与协调的问题。

---

① 王铁崖：《国际法》，法律出版社，2004 年版，第 299-308 页；白桂梅：《国际法》，北京大学出版社，2006 年版，第 161-174 页。

② 1969 年《维也纳条约法公约》第 24 条第 3 款。

③ 白桂梅：《国际法》，北京大学出版社，2006 年，第 75 页。

④ 其他一些法律也作了类似的规定，如《民事诉讼法》、《民法通则》、《商标法》等。

第二，由于国际环境问题的广泛性，国际环境条约往往需要较多的主权国家加入。而条约的参加者越多，其规定就越倾向于原则，因其不得不妥协以使参加条约的各主权国家都能接受。因此，在国内环境法中确认和体现国际环境法概括性、原则性使其得到国内适用的必要前提和关键。

第三，国际环境法规范经过国内环境法的转化。确认条约的权利、义务，规定管理机构、履行方式、履行时限、履行对象，违反履行义务的法律责任等，能使其更好地为执法者和司法者们正确适用，在法制宣传、提高公民环境法律意识方面也大有裨益。

第四，中国实践中的做法也是首先通过国内立法活动将国际环境条约中的有关规定转化为国内法律法规和其他法律文件。例如，为实施《巴塞尔公约》，中国在 1995 年《固体废物污染环境防治法》中规定“禁止中国境外的固体废物进境倾倒、堆放、处置”（第 24 条）、“国家禁止进口不能做原料的固体废物，限制进口可以做原料的固体废物”（第 25 条）、“禁止经中华人民共和国过境转移废物”（第 58 条）。

现今，环境问题正受到国际社会的高度关注。作为一个大的发展中国家，中国想在这个问题上置身事外是不可能的。首先，国际舆论的压力要求中国积极参与或加入有关环境条约。其次，积极参与国际环境事务的合作有利于中国在国际外交中占据主动地位。国际条约的制定过程往往是各主权国家为了各自利益讨价还价、互相协调和妥协的过程，即使在保护人类共同的生存环境方面也不例外。如果不积极参与条约的谈判和制定就无法在条约中反映自己的利益。最后，全球环境的改善从根本上说是符合中国利益的。因此，中国参与国际环境合作势在必行。

本章小结

国际环境法是调整国际法主体在利用、保护和改善环境与资源过程中所形成的国际关系的法律规范的总称。国际环境法的渊源包括国际环境条约、国际习惯法、软法等。国际环境条约通常采取“框架公约＋议定书＋附件”模式。在国际环境法方面还扩大运用了联合国决议，以及政府间国际组织等制定的国际文件，以此作为柔性法律手段来达成全球环境保护的目的。

国家是国际环境法的制定者和实施者。政府间国际组织、非政府国际组织在国际环境法的制定和实施中发挥着越来越重要的作用。在国际环境法领域具有重要地位的政府间国际组织可以分为联合国系统的全球性国际组织和其专门机构、联合国系统以外的区域性国际组织、根据国际条约建立的条约机构三类。

国际环境法的一般原则主要包括国家主权与不损害管辖范围以外环境的原则、国际环境合作原则、防止环境损害原则、谨慎原则、污染者负担原则、共同但有区别的责任原则和可持续发展原则等。

大气环境领域主要包括越界大气污染控制、臭氧层保护、气候变化应对三方面的国际条约。海洋与淡水领域除《联合国海洋法公约》外，还包括全球性海洋环境保护条约和区域性海洋环境保护公约两大类，其范围包括控制陆地来源的污染、控制来自船舶的污染及其赔偿责任、控制国家管辖的海底活动造成的污染、控制向海洋倾倒废弃物造成的污染等。危险废弃物与有毒有害物质领域主要放射性物质管制、危险废物越界转移、危险化学品和农药国际贸易管制、持久有机污染物管制等方面的国际条约。生物多样性领域包括生物多样性保护、海洋生物资源保护、濒危物种国际贸易管制、迁徙物种保护、湿地保护、森林保护、防止荒漠化、南极与北极保护等方面的国际条约。

中国政府应对全球环境问题的原则立场包括环境问题的解决只能在发展中实现，促进人类共同发展；坚持共同但有区别责任原则，拒绝承担超过发展中国家自身能力的国际义务；要求各国应当切实履行业已作出的国际承诺与责任，维护国际法律体系的稳定；要求确保相关的资金与技术，环境友好的技术应当更好地服务于人类共同利益；坚持"协商一致"的决策机制，积极参与国际环境法律规范的制定。

思考题

1．什么是国际环境法？国际环境法与国内环境法的关系是什么？
2．国际环境法的渊源有哪些？
3．国际环境法的发展主要可以分为哪几个阶段？每个阶段的主要特点是什么？
4．国际环境法的基本原则都有哪些？
5．共同但有区别责任原则的主要内容是什么？
6．大气环境保护的主要国际条约有哪些？其主要内容是什么？
7．海洋与淡水保护的主要国际条约有哪些？其主要内容是什么？
8．危险废弃物与有毒有害物质管制的主要国际条约有哪些？其主要内容是什么？
9．生物多样性保护的主要国际条约有哪些？其主要内容是什么？
10．贸易与环境的关系是什么？如何处理两者的关系？
11．我国应对全球环境问题的基本立场是什么？

参考文献

[1]* 汪劲．环境法学．北京：北京大学出版社，2006.
[2]* 金瑞林．环境与资源保护法学（第二版）．北京：高等教育出版社，2006.
[3] [美]伊迪丝·布朗·韦斯，等．国际环境法律与政策（*International Environmental Law and Policy*）（影印本）．北京：中信出版社，2003.
[4] 联合国环境规划署．UNEP 环境法教程．王曦，译．北京：法律出版社，2002.
[5]* [法]亚历山大·基思．国际环境法．张若思，译．北京：法律出版社，2000.
[6]* 王曦．国际环境法（第二版）．北京：法律出版社，2005.
[7] 王铁崖．国际法．北京：法律出版社，2004.
[8] 白桂梅．国际法．北京：北京大学出版社，2006.

（*为本章推荐阅读文献）

第三编　环境管理

第九章　环境管理概述

第一节　环境管理的概念和内容

一、环境管理的概念及特点

环境管理既是一门学科，又是一个工作领域。作为一门学科，环境管理是环境科学与管理科学交叉渗透的产物，是环境科学一个重要的学科分支。作为工作领域，它是环境保护工作的一个重要组成部分。

（一）环境管理的含义

关于环境管理的含义现在尚无一致的看法，一般可概括为：运用经济、法律、技术、行政及教育等手段，限制（或禁止）人们损害环境质量的活动，鼓励人们改善环境质量；通过科学规划、综合决策，使经济发展与环境保护相协调，达到既能发展经济满足人类的基本需求，又不超出资源与生态环境承载力的目的。

环境管理的核心是遵循生态规律与经济规律，正确处理经济增长与环境保护的关系。在进行综合决策时，使经济目标与环境目标相协调。环境是经济增长的物质基础，又是经济增长的制约条件，经济增长有可能给环境带来污染与破坏，但也只有在经济、技术不断发展的基础上才可能不断改善环境质量。关键在于通过全面规划和合理开发利用自然资源，使经济、技术、社会相结合，发展与环境相协调。

在“人类—环境”系统中，人是主导的一方，在发展与环境的关系中，人类的经济活动是主要方面。所以，环境管理的实质是影响人的行为，促使人类转变经济发展模式，实现生态环境可承受的经济发展，达到在经济持续快速发展的同时，仍能保持生态环境质量良好。

（二）环境管理的特点

环境管理有 3 个显著的特点：综合性、区域性和参与性。

1．综合性

现代环境管理是环境科学与管理科学、管理工程交叉渗透的产物，具有高度的综合性。表现在以下两个方面。

（1）环境管理对象和内容的综合性

环境管理以“人类—环境”系统为对象，涉及社会环境质量和自然环境质量以及由社会、科学技术、管理、政治、法律、经济等组成的管理系统。这个复杂的系统包含着很多子系统，许多既相互依存又相互制约的因素处在一个有机整体中。其中任何一个因素发生变化或不协调，都将影响其他因素，甚至失去平衡而发生问题。这个特点要求环境管理工作必须从整体出发，运用系统分析的方法进行综合管理。

（2）环境管理手段的综合性

环境管理的实质是对人的行为施加影响，使之符合生态规律的要求，维护人类生存发展所必需的环境质量。对降低（或损害）环境质量的行为要加以限制（或禁止），对保护和改善环境质量的行为要充分鼓励。限制、禁止或鼓励要采取经济、法律、技术、行政和教育等多种手段并要综合加以运用，例如对向环境中排放污染物这种行为，要限制或禁止它就要制定恰当的标准，要有相应的立法以及排污收费、罚款等经济手段，还要进行宣传教育。

2．区域性

环境问题由于自然背景、人类活动方式、经济发展水平和环境质量标准的差异，存在着明显的区域性，因而区域性成为环境管理的一个重要特点。从我国的情况来看更为突出，由于我国幅员辽阔，地形、地貌、地质情况复杂，东南临海，西北高原；南方多雨，北方干旱，各省、市、区之间自然环境有很大的不同，同时各地区的人口密度不同，经济发展速度、能源资源的多寡也不同，污染源密度、生产力布局以及管理水平也有差别，环境特征有明显的差异性、区域性。这决定了环境管理必须根据区域环境特征，因地制宜采取不同的措施，以地区为主进行环境管理。

3．参与性

全人类各自都在一定的环境空间内生存，环境是人类生存的物质基础，而其活动又影响和干扰环境，让人们学会爱护和重视环境是非常重要的。如：控制对植物群和动物群的开发；地球大气环境和水环境保护；节能和尽量采用无废技术；不属于城镇管辖领域的土地合理利用；狩猎和渔业管理；良好的公共卫生；生态系统和生物圈生产能力的维护以及人口增长的控制等。所有这些重要的环境问题，如果没有公众的合作是难以解决的。因此，参与性是环境管理的又一重要特点。所有的环境专家都认为，要解决环境问题不能仅凭技术，并且除了考虑法律、经济等手段外，宣传教育的作用非常重要。只有通过环境教育，使人们认识到必须保护环境和合理利用环境资源，才能控制和成功地改善环境。

二、环境管理的主要内容

此处涉及的环境管理是广义的环境管理，是需要整个国家的各个部门协同动作，各负其责才能完成的任务。因而它的内容涉及各个方面。为便于研究，下面从两个方面进行简要的介绍。

（一）从环境管理的范围来划分

1．资源（生态）管理

资源（生态）管理主要是自然资源的合理开发利用和保护，包括可更新（再生）资源的恢复和扩大再生产（永续利用），以及不可更新（再生）资源的节约利用。资源管理当前遇到的危机主要是资源的不合理使用和浪费。当资源以已知最佳方式来使用，以求达到社会所要求的目标时，考虑到已知的或预计的经济、社会和环境效益进行优化选择，那么，资源的使用是合理的。资源的不合理使用是由于没有谨慎地选择资源使用的方法和目的，浪费是不合理使用的一种特殊形式。不合理使用和浪费有两个结果："掠夺"和"枯竭"。对不可更新（再生）资源来说尤为明显，而且也包括植物和动物种类的灭绝。因此，有必要合理利用和保护现有资源，并尽力采取对环境危害最小的发展技术。远期目标是，进一步研究如何根据长期综合性计划以及大气、水、土地三种资源的经济与社会价值，来设计一种新的社会经济系统——低消耗、高效益的社会经济系统。

2．区域环境管理

区域环境管理包括整个国土的环境管理、大经济协作区的环境管理、省区的环境管理、城市环境管理、乡镇环境管理以及流域环境管理等，主要是协调区域经济发展目标与环境目标，进行环境影响预测，制定区域环境规划。涉及宏观环境战略及协调因子分析，研究制定环境政策和保证实现环境规划的措施，同时进行区域的环境质量管理与环境技术管理，按阶段实现环境目标。长远的目标是在理论研究的基础上，建立优于原生态系统的、新的人工生态系统。

3．部门环境管理

部门环境管理包括能源环境管理、工业环境管理（如化工、轻工、石油、冶金等的环境管理）、农业环境管理（如农、林、牧、渔的环境管理）、交通运输环境管理（如高速公路环境管理、城市交通环境管理）、商业及医疗环境管理等。

（二）从环境管理的性质来划分

1．环境计划管理

"经济建设、城乡建设与环境建设同步规划、同步实施、同步发展"的战略方针，在社会主义市场经济条件下仍是环境保护的重要指导方针。强化环境管理首先要从加强环境计划管理入手。通过全面规划协调发展与环境的关系，加强对环境保护的计划指导，是环境管理的重要内容。环境计划管理首先是研究制定环境规划，使之成为经济社会发展规划的有机组成部分，并将环境保护纳入综合经济决策；然后是执行环境规划、制定年度计划，用环境规划指导环境保护工作，并根据实际情况检查调整环境规划。

2．环境质量管理

为了保持人类生存与发展所必需的环境质量而进行的各项管理工作。为便于研究和管理，也可将环境质量管理分为几种类型。如：按环境要素划分，可分为大气环境质量管理、水环境质量管理、土壤环境质量管理。按照性质划分，可分为化学环境质量管理、物理环境质量管理、生物环境质量管理。环境质量管理的一般内容包括：制定并正确理解和实施环境质量标准；建立描述和评价环境质量的、恰当的指标体系；建立环境质量的监控系统，并调控至最佳运行状态；根据环境状况和环境变化趋势的信息，进行环境质量评价，定期发布环境状况公报（或编写环境质量报告书）以及研究确定环境质量管理的程序等。

3．环境技术管理

通过制定技术政策、技术标准、技术规程以及对技术发展方向、技术路线、生产工艺和污染防治技术进行环境经济评价，以协调经济发展与环境保护的关系。使科学技术的发展，既有利于促进经济持续快速发展，又对环境损害最小，有利于环境质量的恢复和改善。

环境保护部门经常进行的环境技术管理工作有：①制定环境质量标准、污染物排放标准以及其他的环境技术标准；②对污染防治技术进行环境经济综合评价，推广最佳实用治理技术；③对环境科学技术的发展进行预测、论证，明确方向重点，制定环境科学技术发展规划等。所有这些都属于环境技术管理中的一部分，更重要的是把环境管理渗透到科学技术管理、各行各业的技术管理以及企业的技术管理过程中去。

三、环境管理的手段

（一）法律手段

法律手段是环境管理的一个最基本的手段，依法管理环境是控制并消除污染，保障自然资源合理利用并维护生态平衡的重要措施。目前，我国已初步形成了由国家宪法、环境保护法与环境保护有关的相关法、环境保护单行法和环保法规等组成的环境保护法律体系。一个有法必依，执法必严，违法必究的环境保护执法风气已在全国逐步形成。

（二）经济手段

经济手段是指运用经济杠杆、经济规律和市场经济理论促进和诱导人们的生产、生活活动遵循环境保护和生态建设的基本要求。例如国家实行的排污收费、生态环境补偿、污染损失赔偿等就属于环境管理中的经济手段。

（三）技术手段

技术手段是指借助那些既能提高生产率又能把对环境的污染和生态破坏控制在最小限度的技术以及先进的污染治理技术等来达到保护环境的目的。例如，国家制定的环境保护技术政策、推广的环境保护最佳实用技术等就属于环境管理中的技术手段。

（四）行政手段

行政手段是指国家通过各级行政管理机关、根据国家的有关环境保护方针政策、法律法规和标准，而实施的环境管理措施。如对污染严重而又难以治理的企业实行的关、停、并、转、迁等就属于环境管理中的行政手段。

（五）教育手段

教育手段是指通过基础的、专业的和社会的环境教育、不断提高环保人员的业务水平和社会公民的环境意识，来实现科学管理环境以及提倡社会监督的环境管理措施。例如各种专业环境教育，环保岗位培训，环境社会教育等就属于环境管理中的教育手段。

第二节 环境管理的主体和任务

一、环境管理的主体

环境管理的主体是指环境管理活动中的参与者和相关方。由于环境问题的形成源自于人类的经济社会活动，而人类经济社会活动的主体可以分为政府、企业和公众，因此，政府、企业和公众就是环境管理的主体。

政府是环境管理的主导力量，环境管理是政府的一项核心职能。在环境管理中，政府的主要作用是：

一、负责建立健全环境保护基本制度。拟订并组织实施国家环境保护政策、规划，起草法律法规草案，制定部门规章。组织编制环境功能区划，组织制定各类环境保护标准、基准和技术规范，组织拟订并监督实施重点区域、流域污染防治规划和饮用水水源地环境保护规划，按国家要求会同有关部门拟订重点海域污染防治规划，参与制订国家主体功能区划。

二、负责重大环境问题的统筹协调和监督管理。牵头协调重特大环境污染事故和生态破坏事件的调查处理，指导协调地方政府重特大突发环境事件的应急、预警工作，协调解决有关跨区域环境污染纠纷，统筹协调国家重点流域、区域、海域污染防治工作，指导、协调和监督海洋环境保护工作。

三、承担落实国家减排目标的责任。组织制定主要污染物排放总量控制和排污许可证制度并监督实施，提出实施总量控制的污染物名称和控制指标，督查、督办、核查各地污染物减排任务完成情况，实施环境保护目标责任制、总量减排考核并公布考核结果。

四、负责提出环境保护领域固定资产投资规模和方向、国家财政性资金安排的意见，按国务院规定权限，审批、核准国家规划内和年度计划规模内固定资产投资项目，并配合有关部门做好组织实施和监督工作。参与指导和推动循环经济和环保产业发展，参与应对气候变化工作。

五、承担从源头上预防、控制环境污染和环境破坏的责任。受国务院委托对重大经济和技术政策、发展规划以及重大经济开发计划进行环境影响评价，对涉及环境保护的法律法规草案提出有关环境影响方面的意见，按国家规定审批重大开发建设区域、项目环境影响评价文件。

六、负责环境污染防治的监督管理。制定水体、大气、土壤、噪声、光、恶臭、固体废物、化学品、机动车等的污染防治管理制度并组织实施，会同有关部门监督管理饮用水水源地环境保护工作，组织指导城镇和农村的环境综合整治工作。

七、指导、协调、监督生态保护工作。拟订生态保护规划，组织评估生态环境质量状况，监督对生态环境有影响的自然资源开发利用活动、重要生态环境建设和生态破坏恢复工作。指导、协调、监督各种类型的自然保护区、风景名胜区、森林公园的环境保护工作，协调和监督野生动植物保护、湿地环境保护、荒漠化防治工作。协调指导农村生态环境保护，监督生物技术环境安全，牵头生物物种（含遗传资源）工作，组织协调生物多样性保护。

八、负责核安全和辐射安全的监督管理。拟订有关政策、规划、标准，参与核事故应急处理，负责辐射环境事故应急处理工作。监督管理核设施安全、放射源安全，监督管理核设施、核技术应用、电磁辐射、伴有放射性矿产资源开发利用中的污染防治。对核材料的管制和民用核安全设备的设计、制造、安装和无损检验活动实施监督管理。

九、负责环境监测和信息发布。制定环境监测制度和规范，组织实施环境质量监测和污染源监督性监测。组织对环境质量状况进行调查评估、预测预警，组织建设和管理国家环境监测网和全国环境信息网，建立和实行环境质量公告制度，统一发布国家环境综合性报告和重大环境信息。

十、开展环境保护科技工作，组织环境保护重大科学研究和技术工程示范，推动环境技术管理体系建设。

十一、开展环境保护国际合作交流，研究提出国际环境合作中有关问题的建议，组织协调有关环境保护国际条约的履约工作，参与处理涉外环境保护事务。

十二、组织、指导和协调环境保护宣传教育工作，制定并组织实施环境保护宣传教育纲要，开展生态文明建设和环境友好型社会建设的有关宣传教育工作，推动社会公众和社会组织参与环境保护。

企业既是环境管理的主体，也是环境管理的对象。在内部环境管理中，企业是环境管理的主体，在外部管理中，企业对外接受环境管理、环境监督和环境执法，是环境管理的对象。作为环境管理的主体，企业的主要作用是：

一、实施国家和地方有关环境保护法律、法规、标准和制度，承担企业环境保护责任，履行企业环境保护义务，保证企业可持续发展。

二、建立企业内部环境管理体制、机制和制度，落实企业各部门、各环节的环境任务和责任。

三、负责企业内部环境管理的监督、检查和绩效考核。

四、制定和实施企业环境保护方针、政策、规划和行动计划。

五、负责企业内部环境管理培训和环境管理能力建设，积极参与企业与外部的交流与合作。

公众是环境管理的核心主体，是政府和企业环境管理行为的监督者和评判者。公众在环境管理中的主要作用是：

一、自觉履行公众的环境责任和义务，遵守环境保护法律、法规和制度，自觉缴纳环境方面的各种费用，如污水处理费、垃圾服务费、卫生费等。

二、积极参与地方环境建设与环境管理活动，对地方环境建设与环境管理提建议和意见。

三、对政府和企业的环境管理行为进行监督，检举和揭发各种环境违法、违规行为。

四、倡导环境友好生活模式，遵循绿色消费准则。

五、热爱环境、爱护自然。

二、环境管理的任务

（一）环境污染的控制

环境污染的来源主要为以下几个方面。

1. 工农业生产活动产生的污染

①工业生产过程中排出的废水、废气、废渣、粉尘以及产生的噪声、恶臭、振动、辐射等，这是工业污染的主要来源，特别是化工、轻工、冶金、电力、建材、交通等行业是我国排污的重点行业，应是我国环境管理的一个重要内容。

②农业生产使用的化肥、农药、除草剂、农膜等是农业污染的主要来源。化肥的不合理使用引起土壤结构破坏，还造成水体污染，引起富营养化等问题；农药使用不当易污染土壤、空气、粮食作物、杀灭有益生物、造成生物链破坏等；近几年塑料农膜的使用大量增加，而农膜破损后大量残留在农田中，很长时间不分解，对农作物的生长带来危害，农膜的污染已形成全球性的“白色污染”，目前已引起了各国的高度重视，正积极采取措施解决这个问题。

③生产事故引起的污染。近几年由生产事故引发的突发性严重污染事件时有发生，这类由生产事故引起的污染并不是由废物造成，而是作为生产资料的一些有毒有害物质对环境的污染。如海洋沉船事故造成的泄油污染，化工厂有毒气体泄漏造成的大气污染，核电站泄漏造成的辐射（放射）污染等。这类污染发生突然，影响严重，危害很大，环境管理对此类污染关键是要做好预防工作，消除隐患，做好应急准备及处置对策措施。

2. 生活活动产生的污染

人类生活过程中要产生烟尘、废水、废气、噪声、废物等，如烧煤产生的有害气体、炉渣，日常生活中丢弃的废物如蔬菜、废纸、废塑料、洗涤废水等，娱乐活动中的超强度音乐以及公共场所的嘈杂喧哗等，近几年由于第三产业的发展，这类污染已呈加重趋势，逐步纳入了环境管理的范围中，加强对这类污染的控制也是今后环境管理的一个重要内容。

3. 开发建设活动产生的污染

①大型的水利建设工程、铁路、公路干线、机场、港口、码头、电厂等建设活动造成的污染和破坏。

②工业区、开发区、旅游区、新城镇建设对环境的污染和影响。

③核电站建设、海洋油气资源的开发以及地矿资源开发对环境的污染和影响。如核电站的核废料、矿藏开发的废水、尾矿等。对于开发建设活动产生的污染，重点是要做好环境影响评价，坚持“三同时”制度，在开发建设的同时，有效地防治环境的污染和破坏，避免不当开发对环境造成不良影响。

（二）自然生态破坏的监督

1. 动植物资源的保护

动物和植物是整个自然生态系统中最重要的主体，保护动植物资源对维护自然生态平衡具有重要意义。环境管理要监督动植物资源的开发活动和进出口活动，采取措施保护濒危物种，建设和管理自然保护区，打击破坏野生动植物资源的行为。

2．资源开发活动对自然生态的影响

大型的森林、滩涂、湿地、草地、海洋渔业、矿山、水力等资源的开发都会对自然生态带来不同程度的影响，从而导致生态环境的破坏。环境管理要对这类活动进行监督，使开发活动控制在一个合理的范围内（不超过环境承载力），并督促开发者对生态造成的不良影响采取恢复补救措施。

3．建设活动对自然生态的影响

铁路、高速公路、大的工业区建设活动占用土地、破坏植被、影响自然风景和人文景观等。

4．特殊的自然历史遗迹、地质地貌景观等要划定严格的保护范围，防止人为开发建设活动等的破坏

（三）国际环境合作与交流的管理

1．国际环境的经济技术合作

包括世界银行、亚洲开发银行、全球环境基金会、联合国环境规划署、联合国技术开发署、世界野生动物基金会、世界自然保护同盟、全球环境监测网等国际机构和组织与我国在环境方面有较广泛的经济与技术合作。

2．国家间、地区间的合作与交流

主要指国家政府之间在环境保护方面的合作与交流，这类活动旨在协调国家之间在某些环境问题上采取共同的立场或共同的措施，也有环境方面的技术合作或资金援助或对区域性共同的环境问题进行研究。

3．国际环境公约履约活动

为解决世界各国面临的一些共同性的环境问题，许多国家共同缔结了有关环境保护的国际公约，如《关于防止臭氧层破坏的维也纳公约》、《关于禁止废物越境转移的巴塞尔公约》、《气候变化框架公约》、《生物多样性公约》、《森林公约》等。环境保护国际公约在国内的实施，需要各有关部门的配合协调，有的公约需要环保部门承担国际公约在国内履约活动的组织协调工作，督促各部门落实履约的方案。总之，环境管理的范围很宽，涉及众多部门和行业。因此，必须要有各部门的分工合作、配合协调才能实现有效的管理，环境保护行政主管部门要坚持统一监督管理与各部门分工负责的原则，在切实履行自己职责的同时，充分发挥各有关部门的积极作用，齐抓共管，各司其职，共同促进环境保护事业的发展。

第三节 环境管理的职能

我国环境保护部的职能配置为统筹协调、宏观调控、监督执法和公共服务 4 个方向，参与国家的宏观决策已成其核心职能。具体而言有以下 13 项职责。

一、负责建立健全环境保护基本制度。

拟订并组织实施国家环境保护政策、规划，起草法律法规草案，制定部门规章。组织编制环境功能区划，组织制定各类环境保护标准、基准和技术规范，组织拟订并监督实施重点区域、流域污染防治规划和饮用水水源地环境保护规划，按国家要求会同有关部门拟订重点海域污染防治规划，参与制订国家主体功能区划。

二、负责重大环境问题的统筹协调和监督管理。

牵头协调重特大环境污染事故和生态破坏事件的调查处理，指导协调地方政府重特大突发环境事件的应急、预警工作，协调解决有关跨区域环境污染纠纷，统筹协调国家重点流域、区域、海域污染防治工作，指导、协调和监督海洋环境保护工作。

三、承担落实国家减排目标的责任。

组织制定主要污染物排放总量控制和排污许可证制度并监督实施，提出实施总量控制的污染物名称和控制指标，督查、督办、核查各地污染物减排任务完成情况，实施环境保护目标责任制、总量减排考核并公布考核结果。

四、审批和监督固定资产投资项目，指导推动循环经济和气候变化工作。

负责提出环境保护领域固定资产投资规模和方向、国家财政性资金安排的意见，按国务院规定权限，审批、核准国家规划内和年度计划规模内固定资产投资项目并配合有关部门做好组织实施和监督工作。参与指导和推动循环经济和环保产业发展，参与应对气候变化工作。

五、承担从源头上预防、控制环境污染和环境破坏的责任。

受国务院委托对重大经济和技术政策、发展规划以及重大经济开发计划进行环境影响评价，对涉及环境保护的法律法规草案提出有关环境影响方面的意见，按国家规定审批重大开发建设区域、项目环境影响评价文件。

六、负责环境污染防治的监督管理。

制定水体、大气、土壤、噪声、光、恶臭、固体废物、化学品、机动车等的污染防治管理制度并组织实施，会同有关部门监督管理饮用水水源地环境保护工作，组织指导城镇和农村的环境综合整治工作。

七、指导、协调、监督生态保护工作。

拟订生态保护规划，组织评估生态环境质量状况，监督对生态环境有影响的自然资源开发利用活动、重要生态环境建设和生态破坏恢复工作。指导、协调、监督各种类型的自然保护区、风景名胜区、森林公园的环境保护工作，协调和监督野生动植物保护、湿地环境保护、荒漠化防治工作。协调指导农村生态环境保护，监督生物技术环境安全，牵头生物物种（含遗传资源）工作，组织协调生物多样性保护。

八、负责核安全和辐射安全的监督管理。

拟订有关政策、规划、标准，参与核事故应急处理，负责辐射环境事故应急处理工作。监督管理核设施安全、放射源安全，监督管理核设施、核技术应用、电磁辐射、伴有放射性矿产资源开发利用中的污染防治。对核材料的管制和民用核安全设备的设计、制造、安装和无损检验活动实施监督管理。

九、负责环境监测和信息发布。

制定环境监测制度和规范，组织实施环境质量监测和污染源监督性监测。组织对环境质量状况进行调查评估、预测预警，组织建设和管理国家环境监测网和全国环境信息网，建立和实行环境质量公告制度，统一发布国家环境综合性报告和重大环境信息。

十、开展环境保护科技工作。

组织环境保护重大科学研究和技术工程示范，推动环境技术管理体系建设。

十一、开展环境保护国际合作交流。

研究提出国际环境合作中有关问题的建议，组织协调有关环境保护国际条约的履约工作，参与处理涉外环境保护事务。

十二、组织、指导和协调环境保护宣传教育工作。

制定并组织实施环境保护宣传教育纲要，开展生态文明建设和环境友好型社会建设的有关宣传教育工作，推动社会公众和社会组织参与环境保护。

十三、承办国务院交办的其他事项。

第四节 环境管理的方法

一、环境管理的一般方法

环境管理在解决各种环境问题的过程中，不论是依靠事先的规划，防止这些问题的发生，还是出现问题以后采取相应的对策，都需要运用科学的方法，寻求解决环境问题的最佳方案。下列步骤是环境管理方法的一般程序，大致可分为 5 个阶段，见图 9-1。

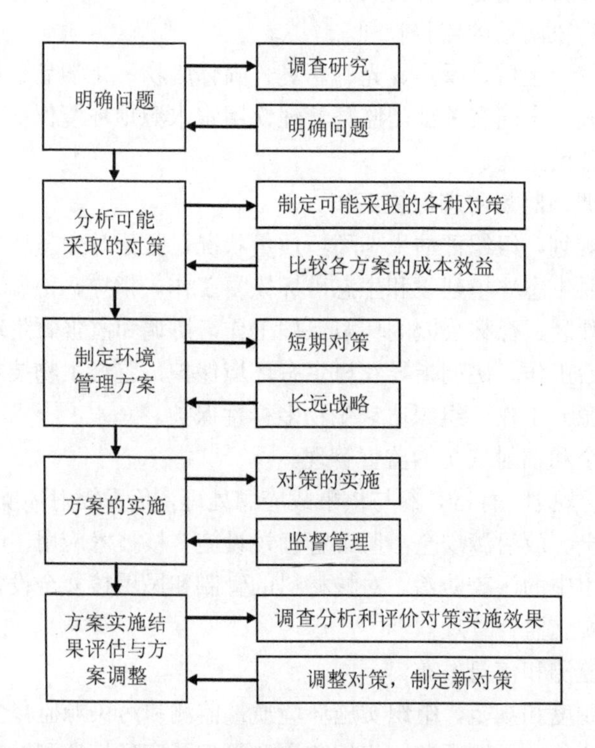

图 9-1 环境管理方法的一般程序

图 9-1 中的各种步骤可以通过不同的方法进行，而这些步骤之间虽相互关联，但并非总是依次相连的。所要解决的环境问题不同，其步骤和相关的顺序也不尽相同。

二、环境管理的预测方法

在环境管理过程中，经常要进行污染物排放量增长预测，环境污染趋势预测，生态环境质量变化趋势预测，经济、社会发展的环境影响预测以及环境保护措施的环境效益与经济效益预测等。预测是一种科学的预计和推测过程。根据过去和现在已经掌握的事实、经验和规律，预测未来、推测未知。所以，预测是在调查研究或科学实验基础上的科学分析，包括：通过对历史和现状的调查和科学实验获得大量资料、数据，然后经过分析研究，找出能反映事物变化规律的可靠信息，借助数学、电子计算技术等科学方法，进行信息处理和判断推理，找出可以用于预测的规律。环境管理的预测就是根据预测规律，对人类活动将会引起的环境质量变化趋势（未来的变化）进行预测。

预测技术（预测方法）在环境管理中的应用日益广泛。经常应用的预测技术有以下 3 种。

①定性预测技术根据过去和现在的调查研究和经验总结，经过判断、推理，对未来的环境质量变化趋势进行定性分析。

②定量预测技术对经济、社会发展的环境影响预测，如：能耗增长的环境影响预测、水资源开发利用的环境影响预测等，只做定性的预测分析，不能满足制定环境对策的要求，这就需要进行定量的预测分析，包括：通过调查研究，长期的观察实验，模拟实验，统计回归等方法找出排污系数或万元产值等标污染负荷；根据大量的调查和监测资料找出污染增长与环境质量变化的相关关系，建立数学模型或确定出可用于定量预测的系数（如响应系数）进行预测。

③评价预测技术用于环境保护措施的环境经济评价；大型工程的环境影响评价；区域综合开发的环境影响评价等。

三、环境管理的决策方法

环境管理的核心问题是决策，没有正确的决策就没有正确的环境政策和规划。决策是根据对多种方案综合分析后选择的最佳方案（满足某一目标或两个以上目标的要求）。经常遇到的是环境规划工作过程中的决策，如为达到某一规划期的环境目标，有多个可供选择的环境污染控制方案，究竟哪一种方案是最佳方案；或预计某年达到某一环境目标，而再分成若干阶段并有分阶段的环境目标，为实现分阶段的目标及最后实现总目标，可组成多种方案，究竟哪一种方案是最佳方案；或是在制定环境规划时统筹考虑环境效益、经济效益和社会效益，进行多目标决策等，这些都是制定环境规划过程中所要进行的决策。常用的数学方法有线性规划、动态规划及目标规划等。此外，还有环境政策的决策方法以及环境质量管理的决策方法等。

四、环境管理的其他科学方法

系统分析方法，费用、效益分析方法，层次分析法，目标管理等科学方法是环境管理的几种方法。这些方法在环境管理上的应用日益广泛并逐渐形成了自己的特点。如用层次分析法进行环境规划指标体系的研究，用于参数筛选和分指标权值的确定，在实践中已取得了成功的经验；层次分析法用于污染治理技术的综合评价，优选出最佳可行技术，也很成功。环境目标管理是目标管理方法在环境管理中应用而出现的一种新的方法，现在已形成了一种行之有效的制度。

第五节　相关政府职能部门在环境保护中的职能

环境保护部是国务院环境保护事业的行政主管部门。由于环境保护工作综合性强，牵涉面广，国务院其他部委的职能也都和环境保护事业密切相关。其他部委在环境保护方面的主要职能分述如下：

一、国家发展和改革委员会

国家发改委在环境保护方面的主要职能是：

①综合分析经济社会与资源、环境协调发展的重大战略问题，促进可持续发展。

②承担国务院节能减排工作领导小组日常工作，负责节能减排综合协调，拟订年度工作安排并推动实施，组织开展节能减排全民行动和监督检查工作。

③组织拟订并协调实施能源资源节约、综合利用和发展循环经济的规划和政策措施，组织拟订资源节约年度计划。

④拟订节约能源、资源综合利用和发展循环经济的法律法规和规章；履行《节约能源法》、《循环经济促进法》、《清洁生产促进法》规定应由该委承担的有关职责。

⑤研究提出环境保护政策建议，负责该委内环境保护工作的综合协调，参与编制环境保护规划，组织拟订促进环保产业发展和推行清洁生产的规划和政策，指导拟订相关标准。

⑥提出资源节约和环境保护相关领域及城镇污水、垃圾处理中央财政性资金安排意见以及能源资源节约、综合利用、循环经济和有关领域污染治理重点项目国家财政性补助投资安排建议；审核相关重点项目和示范工程，组织新产品、新技术、新设备的推广应用。

⑦负责节约型社会建设工作，组织协调指导推动全社会节约资源和可持续消费相关工作。

⑧组织开展能源资源节约、综合利用和循环经济宣传工作。

⑨组织开展能源资源节约、综合利用、循环经济和环境保护的国际交流与合作。

二、水利部

水利部在环境保护方面的主要职能是：

①负责保障水资源的合理开发利用，拟定水利战略规划和政策，起草有关法律法规草案，制定部门规章，组织编制国家确定的重要江河湖泊的流域综合规划、防洪规划等重大水利规划。按规定制定水利工程建设有关制度并组织实施，负责提出水利固定资产投资规模和方向、国家财政性资金安排的意见，按国务院规定权限，审批、核准国家规划内和年度计划规模内固定资产投资项目；提出中央水利建设投资安排建议并组织实施。

②负责生活、生产经营和生态环境用水的统筹兼顾和保障。实施水资源的统一监督管理，拟订全国和跨省、自治区、直辖市水中长期供求规划、水量分配方案并监督实施，组织开展水资源调查评价工作，按规定开展水能资源调查工作，负责重要流域、区域以及重大调水工程的水资源调度，组织实施取水许可、水资源有偿使用制度和水资源论证、防洪论证制度。指导水利行业供水和乡镇供水工作。

③负责水资源保护工作。组织编制水资源保护规划，组织拟订重要江河湖泊的水功能区划并监督实施，核定水域纳污能力，提出限制排污总量建议，指导饮用水水源保护工作，指导地下水开发利用和城市规划区地下水资源管理保护工作。

④负责节约用水工作。拟订节约用水政策，编制节约用水规划，制定有关标准，指导和推动节水型社会建设工作。

⑤指导水文工作。负责水文水资源监测、国家水文站网建设和管理，对江河湖库和地下水的水量、水质实施监测，发布水文水资源信息、情报预报和国家水资源公报。

⑥指导水利设施、水域及其岸线的管理与保护，指导大江、大河、大湖及河口、海岸滩涂的治理和开发，指导水利工程建设与运行管理，组织实施具有控制性的或跨省、自治区、直辖市及跨流域的重要水利工程建设与运行管理，承担水利工程移民管理工作。

⑦负责防治水土流失。拟订水土保持规划并监督实施，组织实施水土流失的综合防治、监测预报并定期公告，负责有关重大建设项目水土保持方案的审批、监督实施及水土保持设施的验收工作，指导国家重点水土保持建设项目的实施。

⑧负责重大涉水违法事件的查处，协调、仲裁跨省、自治区、直辖市水事纠纷，指导水政监察和水行政执法。依法负责水利行业安全生产工作，组织、指导水库、水电站大坝的安全监管，指导水利建设市场的监督管理，组织实施水利工程建设的监督。

三、住房与城乡建设部

住房与城乡建设部在环境保护方面的主要职能是：

①拟订城市建设和市政公用事业的发展战略、中长期规划、改革措施、规章。

②指导城市供水、节水、燃气、热力、市政设施、园林、市容环境治理、城建监察等工作。

③指导城镇污水处理设施和管网配套建设。

④指导城市规划区的绿化工作。

⑤承担国家级风景名胜区、世界自然遗产项目和世界自然与文化双重遗产项目的有关工作。

⑥承担推进建筑节能、城镇减排的责任。会同有关部门拟订建筑节能的政策、规划并监督实施，组织实施重大建筑节能项目，推进城镇减排。

四、农业部

农业部在环境保护方面的主要职能是：

①管理农业资源、农村环境保护和能源工作。

②指导农业资源、农村能源的综合利用。

③主管全国农业资源区划工作。

④依法或根据授权负责农用地、渔业水域、草原、滩涂、湿地以及农业生物资源的保护和管理。

⑤参与村镇建设规划。

五、工业和信息化部

工业和信息化部在环境保护方面的主要职能是：

①拟订并组织实施工业、通信业的能源节约和资源综合利用、清洁生产促进政策。

②参与拟订能源节约和资源综合利用、清洁生产促进规划，组织协调相关重大示范工程和新产品、新技术、新设备、新材料的推广应用。

六、国家林业局

国家林业局在环境保护方面的主要职能是：

①负责全国林业及其生态建设的监督管理。拟订林业及其生态建设的方针政策、发展战略、中长期规划和起草相关法律法规并监督实施。制定部门规章、参与拟订有关国家标准和规程并指导实施。组织开展森林资源、陆生野生动植物资源、湿地和荒漠的调查、动态监测和评估，并统一发布相关信息。承担林业生态文明建设的有关工作。

②组织、协调、指导和监督全国造林绿化工作。制定全国造林绿化的指导性计划，拟订相关国家标准和规程并监督执行，指导各类公益林和商品林的培育，指导植树造林、封山育林和以植树种草等生物措施防治水土流失工作，指导、监督全民义务植树、造林绿化工作。承担林业应对气候变化的相关工作。承担全国绿化委员会的具体工作。

③承担森林资源保护发展监督管理的责任。组织编制并监督执行全国森林采伐限额，监督检查林木凭证采伐、运输，组织、指导林地、林权管理，组织实施林权登记、发证工作，拟订林地保护利用规划并指导实施，依法承担应由国务院批准的林地征用、占用的初审工作，管理重点国有林区的国有森林资源，承担重点国有林区的国有森林资源资产产权变动的审批工作。

④组织、协调、指导和监督全国湿地保护工作。拟订全国性、区域性湿地保护规划，拟订湿地保护的有关国家标准和规定，组织实施建立湿地保护小区、湿地公园等保护管理工作，监督湿地的合理利用，组织、协调有关国际湿地公约的履约工作。

⑤组织、协调、指导和监督全国荒漠化防治工作。组织拟订全国防沙治沙、石漠化防治及沙化土地封禁保护区建设规划，参与拟订相关国家标准和规定并监督实施，监督沙化

土地的合理利用，组织、指导建设项目对土地沙化影响的审核，组织、指导沙尘暴灾害预测预报和应急处置，组织、协调有关国际荒漠化公约的履约工作。

⑥组织、指导陆生野生动植物资源的保护和合理开发利用。拟订及调整国家重点保护的陆生野生动物、植物名录，报国务院批准后发布，依法组织、指导陆生野生动植物的救护繁育、栖息地恢复发展、疫源疫病监测，监督管理全国陆生野生动植物猎捕或采集、驯养繁殖或培植、经营利用，监督管理野生动植物进出口。承担濒危物种进出口和国家保护的野生动物、珍稀树种、珍稀野生植物及其产品出口的审批工作。

⑦负责林业系统自然保护区的监督管理。在国家自然保护区区划、规划原则的指导下，依法指导森林、湿地、荒漠化和陆生野生动物类型自然保护区的建设和管理，监督管理林业生物种质资源、转基因生物安全、植物新品种保护，组织协调有关国际公约的履约工作。按分工负责生物多样性保护的有关工作。

七、国家安全生产监督管理总局

国家安全生产监督管理总局在环境保护方面的主要职能是：

①组织起草安全生产综合性法律法规草案，拟订安全生产政策和规划，指导协调全国安全生产工作，分析和预测全国安全生产形势，发布全国安全生产信息，协调解决安全生产中的重大问题。

②承担国家安全生产综合监督管理责任，依法行使综合监督管理职权，指导协调、监督检查国务院有关部门和各省、自治区、直辖市人民政府安全生产工作，监督考核并通报安全生产控制指标执行情况，监督事故查处和责任追究落实情况。

③承担工矿商贸行业安全生产监督管理责任，按照分级、属地原则，依法监督检查工矿商贸生产经营单位贯彻执行安全生产法律法规情况及其安全生产条件和有关设备（特种设备除外）、材料、劳动防护用品的安全生产管理工作，负责监督管理中央管理的工矿商贸企业安全生产工作。

④承担中央管理的非煤矿矿山企业和危险化学品、烟花爆竹生产企业安全生产准入管理责任，依法组织并指导监督实施安全生产准入制度；负责危险化学品安全监督管理综合工作和烟花爆竹安全生产监督管理工作。

⑤制定和发布工矿商贸行业安全生产规章、标准和规程并组织实施，监督检查重大危险源监控和重大事故隐患排查治理工作，依法查处不具备安全生产条件的工矿商贸生产经营单位。

⑥负责组织国务院安全生产大检查和专项督查，根据国务院授权，依法组织特别重大事故调查处理和办理结案工作，监督事故查处和责任追究落实情况。

⑦负责组织指挥和协调安全生产应急救援工作，综合管理全国生产安全伤亡事故和安全生产行政执法统计分析工作。

第六节 环境管理的发展

环境管理是一个区域性、综合性都很强的学科和工作领域。由于各国各地区经济社会条件的差异以及环境意识的高低不同，环境管理的发展水平也存在着很大的差异。

一、环境管理的一般发展趋势

在污染排放阶段，环境管理的概念比较模糊，人类社会并没有真正认识到其各项活动对环境的影响。随着污染排放的增加，局部环境污染问题变得越来越突出，由于社会压力和环境污染造成的局部损失，污染者不得不开始约束自己排污行为，这时环境管理进入以强化污染治理为核心的阶段，这个阶段的另外一个特征是环境保护法律、法规开始使用并不断健全，社会和污染者的环境意识开始得到提高。在这个阶段，环境保护对污染者而言，是生产的一个负担，治理环境需要大量的投资，而治理的直接回报很小。进入回收利用阶段后，污染者开始考虑如何通过加强环境管理减少资源消耗，并通过回收增加资源的利用率，减少治理污染的损失。但这个阶段，环境污染的治理还是末端的、被动的。进入清洁生产阶段后，污染者开始使用全过程法控制排污或可能出现的排污，是环境管理由末端被动变为以预防为主的主动行为。可持续发展是环境管理追求的最高境界，这不仅要求生产活动少消耗、不排污，而且要求生产活动要体现代内和代际公平的问题，要实现生产活动不能给其他地方或后代人造成环境问题。

二、环境管理技术的发展

环境管理技术从大的方面看主要包括浓度控制和总量控制。环境管理最初采用的是浓度控制技术，如图 9-2 所示。

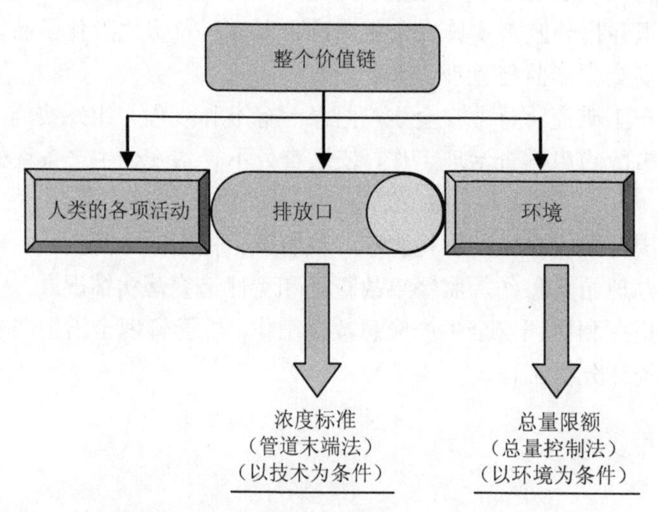

图 9-2 环境管理的浓度控制与总量控制技术

在最初管理环境时，人们几乎都采用了以排放口为核心的浓度控制方法，该方法的一个显著特点就是认为制定排放标准，通过排放标准控制排放口，从而实现保护环境的目的。但是现实并不像人们想象的简单，以排放口为核心的浓度控制方法并没有很有效地控制环境恶化的趋势，其主要原因是排放标准大多是以当时的生产技术条件为基础的，而且排放标准只能控制排放污染物的浓度，并不能控制进入环境的污染物总量。为此，一种以环境质量为前提的总量控制方法逐步得到应用和推广。这种方法的主要优点是以环境的使用功能为目标，控制进入环境的污染物总量。这种方法在实际运用中的主要优点是以环境的使用确定环境的纳污能力。为此，很多国家目前并没有采用环境容量总量控制，而是采取了更为灵活的目标总量控制方法。

三、环境管理方式的发展

人们最初采用的环境管理方式是指令式的或强制式的（Command-and-Control），这种方法的主要特点是以有关环境法律、法规和标准为依据，强行排污者或环境破坏者达到有关要求。这种方法对控制环境恶化，解决短期内的环境问题起到了很好的作用。但是，环境问题是一个很复杂的问题，解决环境问题仅靠强制性措施是不够的，要彻底解决问题还得依靠全社会的自觉和高度的环境责任感。为此，目前很多发达国家开始使用一些更有利于调动人们积极性、自愿式的（Voluntary）、能够达到更高环境目标的新的管理方法，如图 9-3 所示。

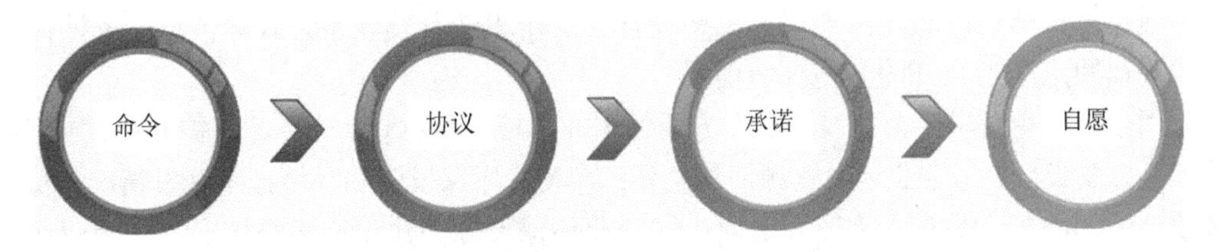

图 9-3 环境管理方式的发展

四、环境管理手段的发展

环境管理的手段起初以行政命令为主。行政手段是行政机构以命令、指示、规定等形式作用于直接管理对象的一种手段。行政手段的主要特征是：①权威性。行政机构具有权威性，行政手段具有强效性。②强制性。行政机构发出的命令、指示、规定等将通过国家机器强制执行，管理对象必须绝对服从，否则将受到制裁和惩罚。③规范性。行政机构发出的命令、指示、规定等必须以文件或法规的形式予以公布和下达。

随着环境管理的发展，基于市场的经济手段逐渐发展起来。经济手段是指利用价值规律，运用价格、税收、信贷等经济杠杆，控制生产者在资源开发中的行为，以便限制损害环境的社会经济活动，奖励积极治理污染的单位，促进节约和合理利用资源，充分发挥价值规律在环境管理杠杆中作用。环境管理经济手段主要包括各级环境管理部门对积极防治环境污染而在经济上有困难的企业、事业单位发放环境保护补助资金；对排放污染物超过国家规定标准的单位，按照污染物的种类、数量和浓度征收排污费；对违反规定造成严重污染的单位和个人处以罚款；对排放污染物损害人群健康或造成财产损失的排污单位，责令对受害者赔偿损失；对积极开展“三废”综合利用、减少排污量的企业给予减免税和利润留成的奖励；推行开发、利用自然资源的征税制度等。

随着环境管理的发展，尤其是全社会环境意识的提高，环境信息公开和公众参与逐渐成为环境管理的一个重要手段。环境信息公开主要包括政府和企业向公众公开各种环境信息。环保部门应当在职责权限范围内向社会主动公开以下 17 个方面的环境信息：①环境保护法律、法规、规章、标准和其他规范性文件；②环境保护规划；③环境质量状况；④环境统计和环境调查信息；⑤突发环境事件的应急预案、预报、发生和处置等情况；⑥主要污染物排放总量指标分配及落实情况，排污许可证发放情况，城市环境综合整治定量考核结果；⑦大、中城市固体废物的种类、产生量、处置状况等信息；⑧建设项目环境影响评价文件受理情况，受理的环境影响评价文件的审批结果和建设项目竣工环境保护验收结果，其他环境保护行政许可的项目、依据、条件、程序和结果；⑨排污费征收的项目、依据、标准和程序，排污者应当缴纳的排污费数额、实际征收数额以及减免缓情况；⑩环保行政事业性收费的项目、依据、标准和程序；⑪经调查核实的公众对环境问题或者对企业污染环境的信访、投诉案件及其处理结果；⑫环境行政处罚、行政复议、行政诉讼和实施行政强制措施的情况；⑬污染物排放超过国家或者地方排放标准，或者污染物排放总量超过地方人民政府核定的排放总量控制指标的污染严重的企业名单；⑭发生重大、特大环境污染事故或者事件的企业名单，拒不执行已生效的环境行政处罚决定的企业名单；⑮环境保护创建审批结果；⑯环保部门的机构设置、工作职责及其联系方式等情况；⑰法律、法规、规章规定应当公开的其他环境信息。

国家鼓励企业自愿公开以下 9 个方面的企业环境信息：①企业环境保护方针、年度环境保护目标及成效；②企业年度资源消耗总量；③企业环保投资和环境技术开发情况；④企业排放污染物种类、数量、浓度和去向；⑤企业环保设施的建设和运行情况；⑥企业在生产过程中产生的废物的处理、处置情况，废弃产品的回收、综合利用情况；⑦与环保部门签订的改善环境行为的自愿协议；⑧企业履行社会责任的情况；⑨企业自愿公开的其他环境信息。

本章小结

第一节主要介绍环境管理的概念、特点、内容以及环境管理的经济、法律、技术、行政和教育等五大手段。第二节主要介绍环境管理中政府、企业和公众等环境管理主体以及环境管理的主要任务。第三节主要介绍环境管理的基本职能。第四节主要介绍环境管理的基本方法。第五节主要介绍环境保护行政主管部门以外其他相关部门在环境保护中的职能。第六节主要介绍了环境管理的一般发展过程、技术发展过程和环境管理方式的发展过程。

本章的重点是要掌握环境管理的主要手段、主要内容，环境管理的基本职能以及环境管理的发展过程。

思考题

1．环境管理的五大手段是什么？
2．环境管理的基本任务有哪些？
3．环境管理的基本职能有哪些？
4．环境管理的一般发展过程及每一过程的基本特征是什么？

参考文献

[1] 张明顺. 环境管理. 北京：中国环境科学出版社，2005.
[2] 张明顺. 环境管理. 武汉：武汉理工大学出版社，2002.
[3] Meine Pieter van Dijk. Urban Management in Emerging Economics. 北京：中国人民大学出版社，2005.
[4] 张坤民. 关于中国可持续发展的政策与行动. 北京：中国环境科学出版社，2004.
[5] 奥吉尼斯·布瑞汉特. 城市环境管理与可持续发展. 张明顺，等，译. 北京：中国环境科学出版社，2002.
[6] 刘海滨，张明顺，冯效毅. 自愿协议式环境管理的理论与实践. 北京：中国环境科学出版社，2011.

第十章　环境规划

环境规划是21世纪以来国内外环境科学研究的重要课题之一，并逐步形成一门科学，具有综合性、区域性、长期性、政策性等特点。它在社会经济发展和环境保护中所起的作用越来越重要，主要表现在：

①环境规划是协调经济社会发展与环境保护的重要手段；

②是体现环境保护以预防为主的最重要的、最高层次的手段；

③是各国各级政府环境保护部门开展环境保护工作的依据；

④为各国制定国民经济和社会发展规划、国土规划、区域（流域）规划及城市总体规划提供科学依据。

把环境规划列入国民经济和社会发展规划是20世纪60年代末70年代初才开始的。传统的国民经济和社会发展规划是不考虑或很少考虑环境问题的。从产业革命开始到20世纪60年代漫长的时期内，为了缓和发展与环境的矛盾，也有过环境规划，采取过治理措施，但是只限于对污染的治理，很少采取预防措施。同时，把污染也只看成是一个个孤立的事物，很少从相互联系和整体上加以考虑。从20世纪60年代末开始，人们逐步认识到控制环境污染和破坏，首先应该从一个地区的全局上采取综合性的预防措施，污染的治理措施应摆在第二位。环境规划就是在这种情况下发展起来的。

在传统的国民经济和社会发展规划中引进环境规划主要是考虑：第一，扩大发展的范围。在经济指标之外，增加了环境质量指标，就是既要求经济效益，又要求环境效益。发展不仅要创造丰盛的物质财富，而且要维护和创造一个适于人类生存的良好环境。第二，健全发展的基础。就是要正确处理局部与整体，眼前利益与长远利益的关系；正确处理经济、社会发展与保护环境，维护生态平衡的关系。做到瞻前顾后，统筹兼顾。

第一节　环境规划概述

一、我国环境规划发展历程

中国环境规划起步于20世纪70年代，国内学者对中国环境规划开展了相关研究，经过40年的发展，中国的环境规划工作从无到有、从简单到复杂、从局部进行到全面，大体包括3个阶段：

（一）起步阶段（1973—1983 年）

1973 年第一次全国环境保护会议上，中国提出对环境保护和经济建设实行“全面规划、合理布局”的指导思想。20 世纪 70 年代，沈阳市、北京东南郊和图们江流域开展了环境质量评价和污染防治途径研究，这些工作为环境规划提供了积极探索。20 世纪 80 年代初，中国开展了最早的区域环境规划，其中济南市环境规划和山西能源重化工基地综合经济规划中的环境专项规划很具代表性。总体上看，规划成果零散、局部、不系统，单行的全国性环境规划尚处于空白状态。

（二）发展阶段（1983—1996 年）

在 1983 年第二次全国环境保护会议上，中国提出了“三同步”方针，表明中国深入认识到环境与经济建设、城市建设之间的内在联系，这对环境规划具有重大而深远的影响。该阶段环境规划工作开始结合计算机技术，并在建立数据库、模型库，模拟污染过程等方面开展了大量工作，取得了显著成果。同时，环境规划方法论上也取得了重大突破。不仅开发应用了环境经济计量经济模型、环境经济投入产出模型、系统动力学模型，而且研究了环境污染和生态破坏经济损失估算，为中国污染物排放宏观目标总量控制奠定基础。1989 年第三次全国环境保护会议上，中国进一步明确了环境与经济协调发展的指导思想。1992 年，环境与发展大会在巴西里约热内卢召开，世界环保事业进入新纪元，中国的环境规划进入新的发展时期。1993 年国家环保局组织编制了《环境规划指南》，这对中国的环境规划工作提供了依据和参考。在方法论上，应用了环境经济计量模型、系统动力学模型、地理信息系统等方法。

（三）提升阶段（1996 年至今）

这一阶段是环境规划发展史上一个非常重要的时期，中国实施了污染物排放总量控制和跨世纪绿色工程规划两大举措，并且政府对环境规划都非常重视，加大了环境规划实施的进程。2000 年《国务院关于印发全国生态环境保护纲要的通知》，在中国环境规划历史上具有里程碑的重要意义。“十一五”期间，环境规划的地位最突出的表现在于 COD 和 SO_2 排放总量减排指标，不仅作为国家经济发展的约束性指标，而且还作为考核各地方首长政绩的刚性指标。《国家中长期科学和技术发展规划纲要（2006—2020 年）》中提出了“水体污染控制与治理”科技重大专项任务。“十一五”期间重金属污染是中国部分地区凸显的重大环境问题之一。党中央、国务院秉持环保为民的理念，决策部署一系列行动加强重金属污染防治工作。2011 年 2 月，国家《重金属污染综合防治“十二五”规划》成为在中国所有的“十二五”专项规划里面第一个获批的专项规划。

二、环境规划体系

环境规划体系是指包含环境规划的分类体系、内容体系、法规体系、方法体系、能力保障体系、实施评估体系等在内的总称。经过 20 多年的发展，我国环境规划体系逐步完善，我国环境规划的地位和作用也日益提升，为环境质量改善作出了重要贡献。

（一）环境规划分类体系

环境规划按区域范围和层次可分为国家环境规划、区域环境规划和部门环境规划等；按环境规划的性质可分为污染综合防治规划、生态规划及专题规划等；按环境要素可将环境规划分为水污染控制规划、大气污染控制规划、固体废物处理与处置规划以及噪声控制规划等。环境规划按规划期划分可分为长远环境规划、中期环境规划以及短期环境规划（年度环境保护计划）。各种规划组成了我国现阶段的环境规划体系，是整个国家总体发展规划中的一部分，相对于国家总的规划体系来说，是一个多层次、多要素、多时段的专项规划体系，整个环境规划体系指导着我国的环境保护工作的当前任务及发展方向。

1. 按区域范围和层次划分

从范围和层次来分，环境规划可分为：国家环境规划、区域环境规划（省或相当于省的经济区）、部门环境规划。区域环境规划又可以细分为：城市环境规划、乡镇环境规划、流域环境规划、区域生态环境规划、专题环境规划（如人口、风景区、自然保护区、古迹文物等）。部门环境规划又可以细分为：工业部门环境规划、农业部门环境规划、交通运输环境规划。而工业部门环境规划又可以细分为：化工、轻工、机械、冶金等行业的环境规划，行业的环境规划又可以细分为企业环境规划。

2. 按规划期划分

从时间跨度而言，环境规划大体可分为长远期环境规划（一般为 10 年以上）、中期环境规划（一般为 5～10 年）、短期环境规划（一般为 5 年以下）。长期环境规划是纲要性规划，其主要内容是确定环境保护战略目标，主要环境问题的重要指标、重大政策措施。中期环境规划是基本计划，其主要内容是确定环境保护目标、主要指标、环境功能区划、主要的环境保护设施建设和技改项目及环保投资的估算和筹集渠道等。短期环境规划或年度环境保护计划是中期规划的实施计划，内容比中期规划更为具体、可操作，但不一定面面俱到，应该有所侧重。通常讨论的内容以短期环境规划为主。

3. 按环境与经济的关系划分

经济制约型：为了满足经济发展的需要，环境保护服从于经济发展的需求，一般表现为在经济发展过程中出现了环境问题，为解决已发生的环境污染和生态的破坏，制定相应的环境保护规划；协调型：反映了促使经济与环境协调发展，以提出经济和环境目标为出发点，以实现这一双重目标为终点；环境制约型：从充分地、有效地利用环境资源出发，同时防止在经济发展中产生环境污染来建立环境保护目标，制定环境保护规划。

4. 按环境要素划分

按环境要素可分为污染防治规划和生态规划两大类，前者还可细分为水环境、大气环境、固体废物、噪声及物理污染防治规划，后者还可细分为森林、草原、土地、水资源、生物多样性、农业生态规划。

5. 按性质划分

按规划的性质可分为：污染综合防治规划、生态规划、专题规划。污染综合防治规划，又称污染控制规划，是当前我国环境规划的主要形式，根据范围和性质的不同它又可分为区域污染综合防治规划和部门污染综合防治规划。生态规划不仅要考虑经济因素，而且要把当地的环境系统、生态系统和社会经济系统紧密结合在一起来考虑，使经济的发展能够符合生态规律。一切经济活动都离不开土地利用。在综合分析各种土地利用的生态适宜性的基础上，制定土地利用规划是生态规划的中心内容。专题规划主要是为保护生物资源和其他可更新资源的规划，也包括文物古迹、地貌景观等方面的规划。

以下为按照性质进行划分的环境规划的不同类型：

（1）生态建设规划

在编制国家或地区经济社会发展规划时，不是单纯考虑经济因素，而是把当地的地理系统、生态系统和社会经济系统紧密结合在一起进行考虑，使国家或区域的经济发展能够符合生态规律，不致使当地的生态系统遭到破坏。所以在综合分析各种土地利用的“生态适宜度”的基础上，制定土地利用规划是环境规划的中心内容之一。这种土地利用规划通常称之为生态规划。

（2）污染综合防治规划

这种规划也称污染控制规划，根据范围和性质不同又可分为区域污染综合防治规划和部门污染综合防治规划。

（3）自然保护规划

保护自然环境的工作范围很广，主要是保护生物资源和其他可更新资源。此外，还有文物古迹、有特殊价值的水源地、地貌景观等。

（4）环境科学技术与产业发展规划

环境科学技术发展规划，主要内容有：为实现上述3方面环境规划所需的科学技术研究项目；发展环境科学体系所需要的基础理论研究；环境管理现代化的研究等。

（二）环境规划内容体系

环境规划的主要任务就是解决和协调经济发展与环境保护之间的矛盾，其编制是一个科学决策过程。我国经过几十年的发展，环境规划的内容已日趋完善。目前我国环境规划主要包括如下几个方面的内容：前期环境保护工作评估，资源、经济、社会和环境现状调查，环境规划目标和指标体系的确定，规划方案的设计与优选，规划实施计划设定，规划实施与管理、反馈。其中规划方案的设计与优化是环境规划的核心内容。部分介绍如下：

1．前期环境保护工作评估

对前期环境规划工作进行评估，涉及污染控制、计划指标完成情况、环境工程项目完成情况、规划资金投入情况等以及总结上期规划已经解决的环境问题，找出上期规划存在的问题，以此作为新规划的重要参考。

2．环境调查和评价

只有掌握了环境及其他相关要素的现状，才能为制定科学的环境规划方案提供依据。现状调查和评价是规划的重要支持系统之一。调查的数据一方面来源于环境监测站的监测数据以及相关统计数据，另一方面则需要由规划编制人员根据规划的需要实地调研和收集数据。目前环境评价主要是按照功能区来进行的。评价标准和评价参数根据功能区和对环境影响最为突出的因子确定；评价的主要内容包括两个部分：污染源评价和环境质量评价。通过污染源评价确定主要污染物、主要污染源、主要污染行业及重点污染源，并进行排序，弄清污染物产生的主要原因，以便“对症下药”。

3. 环境模拟与预测

环境模拟与预测是根据已经掌握的信息和资料，建立环境、经济与社会之间的“输入—输出”响应模型，通过各种技术手段和方法对未来规划期内环境变化趋势进行科学的预见和推测。根据环境模拟与预测结果，找出今后区域发展的主要环境问题。例如，社会经济发展预测主要涉及人口、能源消耗、国民生产总值、工业生产总值，同时对经济布局与结构、交通和其他重大经济建设项目的环境影响做出必要的模拟与预测。在此基础上，预测主要污染物的排放情况和环境质量。如：对水质与相关污染物的预测，则主要涉及工业用水量、工业废水量、工业污染物排放量、监测点浓度等的模拟与预测。这些模拟与预测计算值直接关系到环境规划中的环境质量，特别对环境质量的预测结果影响较大，并进而影响到中远期环境质量目标、污染物总量控制目标及环境保护总体目标的制定。

4. 环境目标和指标的确定

环境规划的主要目的就是实现预定的环境目标，所以制定环境目标也是环境规划的主要内容之一。目标按照管理层次分为：宏观目标和详细目标两类。宏观目标是对规划期内应达到的环境目标总体上的规定；详细目标是按照环境要素及在规划期内规定的环境目标所作的具体规定。依据确定的环境目标，提出规划的指标体系，主要由一系列相互联系（或相互独立）、相互补充的环境指标所构成的整体。如果规划指标过多，就会给统计工作带来困难，指标过少，又难以保证环境规划的可行性和决策的科学性。

5. 污染物排放总量控制

总量控制是指在规定时间内，对某一区域或某一企业在生产过程中所产生的污染物最终排入环境的数量的限制。总量控制体现了预防为主的原则，为实现环境保护从末端治理向源头削减和全过程控制转变，是规划的关键内容。如：《国务院关于“十一五”期间全国主要污染物排放总量控制计划的批复》（国函[2006]70 号）规定：“主要污染物排放总量控制指标的分配原则是：在确保实现全国总量控制目标的前提下，综合考虑各地环境质量状况、环境容量、排放基数、经济发展水平和削减能力以及各个污染防治专项规划的要求，对东、中、西部地区实行区别对待。”

6. 重点工程和融资渠道

环境保护长期存在投入不足问题。因此，在环境规划中应对规划期限内的环境保护投资项目所需资金进行估算以及对资金来源进行分析。因此，对所需资金估算及资金来源分析也是规划中必不可少的内容。

7. 保障措施

为了保证环境规划的顺利实施以及规划目标的顺利实现，在规划编制最后都要提出保障措施，这也是规划必不可少的内容。以国家层面规划和环境要素规划为例，国家层面的环境规划保障主要是集中在如下方面：完善法规体系、加强环境管理能力建设、加强环境科技研究、加强环境宣教、提高公民意识、落实环保责任、拓宽环保筹资渠道、增加环保投入等，并提出保障规划顺利实施的具体建议。环境要素规划，如在“三河、三湖”环境规划中，为保证规划的有力实施，在规划中明确了污染控制规划涉及的部门责任，如省人民政府、国家发改委、财政部、住房和城乡建设部、农业部等，并制定相关的政策；国家环境保护行政主管部门会同国务院有关部门进行年度考核，加强监督管理。

（三）环境规划的法规体系

从立法的角度考察，《中华人民共和国环境保护法》第十三条规定：县级以上人民政府应当将环境保护工作纳入国民经济和社会发展规划。国务院环境保护主管部门会同有关部门，根据国民经济和社会发展规划编制国家环境保护规划，报国务院批准并公布实施。在我国其他单行的环境立法中实际上大多也都有类似的规定。法律规定表明，环境规划属于国民经济和社会发展规划的范畴，从逻辑的角度来说，国民经济和社会发展规划是上位的属概念，而环境规划则是下位的种概念。因此，可以从国民经济和社会发展规划着手，对环境规划进行定位。

2005 年 10 月，国务院出台了《国务院关于加强国民经济和社会发展规划编制工作的若干意见》（简称《意见》）。《意见》根据规划的对象和功能把规划分为总体规划、专项规划、区域规划，并明确规定了编制国家级专项规划的七大领域，其中有 3 个方面是与环境规划密切相关的，它们是：土地、水、海洋、煤炭、石油、天然气等重要资源的开发保护；生态建设、环境保护、防灾减灾；法律、行政法规规定和国务院要求的其他领域。在这 3 个方面中，前两个方面明确列举的基本上都属于环境要素，后一方面实际上是一个授权条款，是对前文列举不周延的补充，因此，在《中华人民共和国草原法》、《中华人民共和国森林法》等环境立法中有关草原、森林规划的规定，实际上也是从立法上明确了这些规划作为《意见》中的有关规定，专项规划由各级人民政府有关部门组织编制，只要是同级人民政府各部门组织编制的各领域的环境规划应该是并列关系。

（四）“十二五”环境规划体系

环境规划属于国民经济和社会发展规划中的专项规划，按照在分类体系上，国家“十二五”环境规划体系基本覆盖了全环保领域。在内容体系上，国家“十二五”环境规划体系以“削减排放总量—改善环境质量—防范环境风险—环境公共服务”四大战略任务内容统揽全局。主要体现在 5 个方面：

①以总量控制为主线，编制基础条件具备、保障措施可行、全面可达的“十二五”总量控制规划。

②以改善民生为出发点，统筹考虑重点流域规划、近岸海域规划、饮用水水源地和地下水污染防治规划，兼顾重点区域、重点城市群规划，在各专项规划中体现削减总量、改善质量与防范风险的集成。

③以防范环境风险为方向，编制实施重金属污染综合防治、主要行业持久性有机污染物污染防治、化学品环境风险防控、危险废物污染防治、核与辐射等规划，确保环境安全。

④编制生态保护、农村环境整治、土壤和国际履约等规划，力争重点领域有所突破。

⑤体现环境基本公共服务发展要求，强化人才保障、科技支撑，完善国家环境保护法规政策和标准体系，谋划环境经济体制改革，促进环境监测事业发展，全面提升国家环境监管和应急能力，体现规划对环境保护工作的先导性和引领作用。

我国环境规划已基本形成了一个多层面、覆盖全环保领域的体系，环境规划已成为我国环保工作的重要组成部分和手段。从历史的角度看，“十一五”环境规划是一个实施效果非常好的规划。当前的发展阶段决定了“十二五”环境保护依然面临严峻的挑战和压力，为了推进党的十八大报告中首次提出“推进绿色发展、循环发展、低碳发展”和“建设美丽中国”的美好愿景，“十二五”环境保护必须以民生为根本，着力构建“控制总量、改善质量、防范风险”三大支撑体系，为2020年全面建设小康社会奠定更良好的环境基础。

第二节 环境规划的基本程序

环境规划过程是一个科学决策过程，环境规划因对象、目标、任务和范围等不同，编制的侧重点各不相同，但规划编制的基本程序大致相同，主要包括：前期的计划与调查，主要环境问题的识别与预测、规划环境目标的确定和规划方案的确定。其编制程序见图10-1。

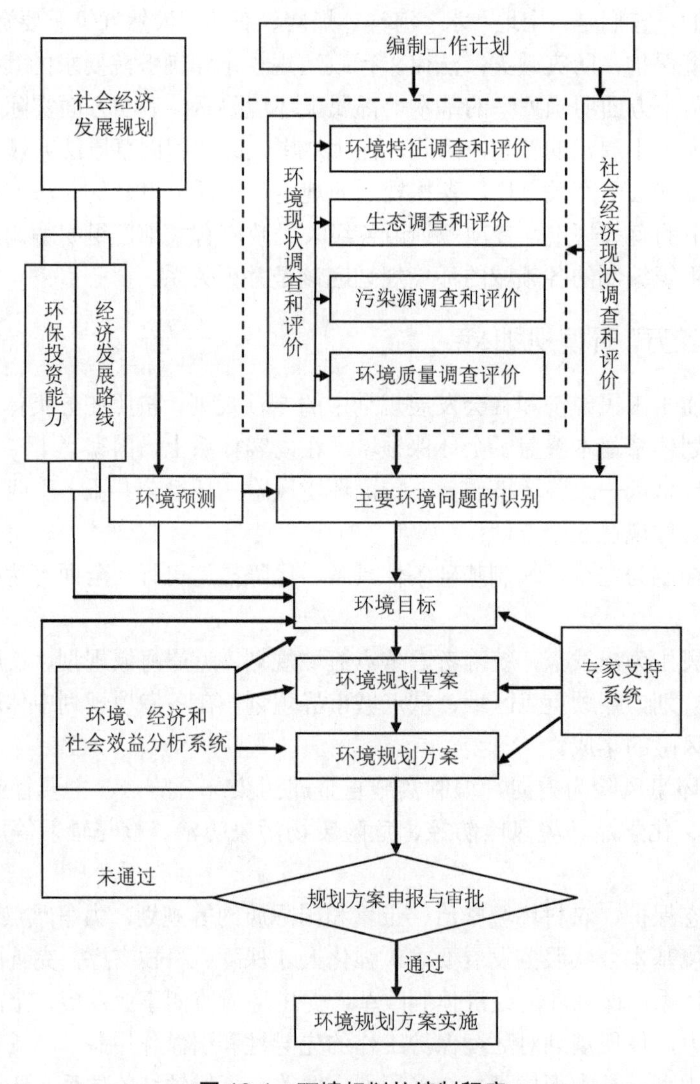

图10-1 环境规划的编制程序

一、编制环境规划的实施方案

由环境规划部门的有关人员，在开展规划工作之前，提出规划编写提纲，并对整个规划工作规划组织和安排，编制各项工作计划。

二、环境现状调查

环境现状调查是编制环境规划的基础，通过对区域的环境状况、环境污染与自然生态破坏的调研，找出存在的主要问题，探讨协调经济社会发展与环境保护之间的关系，以便在规划中采取相应的对策。

①环境调查：基本内容包括环境特征调查、生态调查、污染源调查、环境质量的调查、环保治理措施效果的调查以及环境管理现状的调查等。

②环境特征调查：主要有自然环境特征调查（如地质地貌，气象条件和水文资料，土壤类型、特征及土地利用情况，生物资源种类形状特征、生态习性，环境背景值等）、社会环境特征调查（如人口数量、密度分布，产业结构和布局，产品种类和产量，经济密度，建筑密度，交通公共设施，产值，农田面积，作物品种和种植面积，灌溉设施，渔牧业等）、经济社会发展规划调查（如规划区内的短、中、长期发展目标，包括国民生产总值，国民收入，工农业生产布局以及人口发展规划，居民住宅建设规划，工农业产品产量，原材料品种及使用量，能源结构，水资源利用等）。

③生态调查：主要有环境自净能力、土地开发利用情况、气象条件、绿地覆盖率、人口密度、经济密度、建设密度、能耗密度等。

④污染源调查：主要包括工业污染源、农业污染源、生活污染源、交通运输污染源、噪声污染源、放射性和电磁辐射污染源等。

⑤环境质量调查：主要调查对象是环境保护部门及工厂企业历年的监测资料。

⑥环境保护措施的效果调查：主要是对工程措施的削污量效果以及其综合效益进行分析评价。

⑦环境管理现状调查：主要包括环境管理机构、环境保护工作人员业务素质、环境政策法规和标准的实施情况、环境监督的实施情况等。

三、环境质量评价

环境质量评价即按一定的评价标准和评价方法，对一定区域范围内的环境质量进行定量的描述，以便查明规划区环境质量的历史和现状，确定影响环境质量的主要污染物和主要污染源，掌握规划区环境质量变化规律，预测未来的发展趋势，为规划区的环境规划提供科学依据。环境质量评价的基本内容包括：

①污染源评价：通过调查、监测和分析研究，找出主要污染源和主要污染物以及污染物的排放方式、途径、特点、排放规律和治理措施等。

②环境污染现状评价：根据污染源结果和环境监测数据的分析，评价环境污染的程度。

③环境自净能力的确定。

④对人体健康和生态系统的影响评价。

⑤费用效益分析：调查因污染造成的环境质量下降带来的直接、间接的经济损失，分析治理污染的费用和所得经济效益的关系。

四、环境预测分析

环境预测是根据预测前后所掌握环境方面的信息资料推断未来，预估环境质量变化和发展趋势。它是环境决策的重要依据，没有科学的环境预测就不会有科学的环境决策，当然也就不会有科学的环境规划。

环境预测的主要内容有：

①污染源预测：污染源预测包括大气污染源预测、废水排放总量及各种污染物总量预测、污染源废渣产生量预测、噪声预测、农业污染源预测等。

②环境污染预测：在预测主要污染物增长的基础上，分别预测环境质量的变化情况。包括大气环境、水环境、土壤环境等环境质量变化。

③生态环境预测：生态环境预测包括城市生态环境预测、农业生态环境预测、森林环境预测、草原和沙漠生态环境预测、珍稀濒危物种和自然保护区现状及发展趋势的预测、古迹和风景区的现状及变化趋势预测。

④环境资源破坏和环境污染造成的经济损失预测。

五、确定环境规划目标

确定恰当的环境目标，即明确所要解决的问题及所达到的程度，是制定环境规划的关键。目标太高，环境保护投资多，超过经济负担能力，则环境目标无法实现；目标太低，不能满足人们对环境质量的要求或造成严重的环境问题。因此，在制定环境规划时，确定恰当的环境保护目标是十分重要的。

所谓环境目标是在一定的条件下，决策者对环境质量所想要达到的状况或标准。环境目标一般分为总目标、单项目标、环境指标 3 个层次。总目标是指区域环境质量所要达到的要求或状况；单项目标是依据规划区环境要素和环境特征以及不同环境功能所确定的环境目标；环境指标是体现环境目标的指标体系。

确定环境目标应考虑以下几个问题：

①选择目标要考虑规划区环境特征、性质和功能。

②选择目标要考虑经济、社会和环境效益的统一。

③有利于环境质量的政策。

④考虑人们生存发展的基本要求。

⑤环境目标和经济发展目标要同步协调。

六、环境规划方案的设计

环境规划设计是根据国家或地区有关政策和规定、环境问题和环境目标、污染状况和污染物削减量、投资能力和效益等，提出环境区划和功能分区以及污染综合防治方案。主要内容包括：

（一）拟定环境规划草案

根据环境目标及环境预测结果的分析，结合区域或部门的财力、物力和管理能力的实际情况，为实现规划目标拟定出切实可行的规划方案。可以从各种角度出发拟定若干种满足环境规划目标的规划草案，以备择优。

（二）优选环境规划草案

环境规划工作人员，在对各种草案进行系统分析和专家论证的基础上，筛选出最佳环境规划草案。环境规划方案的选择是对各种方案权衡利弊，选择环境、经济和社会综合效益高的方案。

（三）形成环境规划方案

根据实现环境规划目标和完成规划任务的要求，对选出的环境规划草案进行修正、补充和调整，形成最后的环境规划方案。

七、环境规划方案的申报与审批

环境规划的申报与审批，是整个环境规划编制过程中的重要环节，是把规划方案变成实施方案的基本途径，也是环境管理中一项重要工作制度。环境规划方案必须按照一定的程序上报各级决策机关，等待审核批准。

八、环境规划方案的实施

环境规划的实施要比编制环境规划复杂、重要和困难得多。环境规划按照法定程序审批下达后，在环境保护部门的监督管理下，各级政策和有关部门，应根据规划中对本单位提出的任务要求，组织各方面的力量，促使规划付诸实施。

环境规划的实用价值主要取决于它的实施程度。环境规划的实施要在环境保护部门的监督管理下，根据规划提出的任务要求，强化规划执行。实施环境规划的具体要求和措施，归纳起来有如下几点。

（一）资金投入的支持和保证

落实环境规划资金是保证环境规划实施的关键，环境保护投资用于防治污染、环境监测、生态建设和生态保护、环境科学研究、环境教育等各方面。为了切实保证环保投资到位，建立多元化、多渠道的环保投资机制是很必要的。

①将环境保护指标纳入国民经济和社会发展计划。将环保投入纳入各级财政预算，政府投资主要用于环境基础设施的建设、环境保护管理、生态保护和生态建设。

②建立环境保护基金。通过财政专项资金，征收以节约资源和保护环境为目的的资源环境税，改革排污收费使用办法。

③制定恰当的政策，拓宽环保投资渠道。制定优惠的环保信贷政策，鼓励银行在确保信贷安全的条件下，积极支持污染治理、生态保护和生态建设项目；全面征收城镇污水处理费和城市垃圾处理费；强化环境监督，促使企业严格执行环保标准，结合技术改造和产业升级，增加环保投入。

④引入市场机制。市场经济要求环境保护引入市场机制，即环境保护设施运营市场化、专业化。环境保护设施运营市场化、专业化要求服务方自主经营、自负盈亏。环保设施运营市场化、专业化的形式有：a. 由排污企业组织自己的专业运营队伍，以承包的方式负责环保设施的运营；b. 由排污企业将环保设施委托给专业化的运营公司负责运营，实行社会化有偿服务；c. 由地方政府负责环保设施的建设，由政府委托给专业化的运营公司，实行社会化有偿服务；d. 将环保设施建设权与运营权结合（BOT 形式），由专业化的治理公司进行污染防治设施的建设并负责运营，实行社会化有偿服务。

（二）实行环境保护的目标管理

落实环境保护目标责任制，根据环境规划的目标要求，确定各年度环境保护指标，并将指标逐级分解，下放到各责任单位，以签订责任书的形式落实，保证环境规划按期实施。把环境保护规划目标和任务与责任制紧密结合起来实行各级领导的环境保护目标责任制的管理制度，是顺利实现规划目标和任务的重要措施。

为落实“十一五”二氧化硫（SO_2）和化学需氧量（COD）排放总量削减 10%的目标，受国务院委托，环境保护部部长周生贤在 2006 年 5 月天津召开的全国大气污染防治工作会议和 7 月份北京召开的全国水污染防治工作电视电话会议上，分别与 7 个 SO_2 排放量削减较大的省份和 9 个 COD 排放量削减较大的省（自治区、直辖市）主管省长（主席、市长）在目标责任书上签字签订了主要污染物总量削减目标责任书。把环境保护规划目标和任务与责任制紧密结合起来。实行各级领导的环境保护目标责任制的管理制度，是顺利实现规划目标和任务的重要措施。

实行环境规划目标责任制，有利于将纳入国民经济和社会发展计划中的环境保护规划目标和任务具体化；有利于调动各地区、各部门和各单位的力量共同保护和改善环境。

（三）强化环境规划实施的政策与法律的保证

政策与法律是保证规划实施的重要方面，尤其是在一些经济政策中，逐步体现环境保护层的思想和具体规定，将规划结合到经济发展建设中去，是推进规划实施的重要保证。

（四）实施环境规划的技术支持

环境规划的顺利实施除了需要资金支持、法制政策支持和强有力的环境管理的支持，还需要技术的支持。主要包括监测技术、资源最优化利用与配置技术和污染治理技术。先进的监测技术和高素质的监测队伍，可以保证向环境质量控制系统提供准确和及时的信息，这是进行优化决策的基础。以科学的方法进行资源的优化配置，是实现经济可持续发展的前提。污染治理工程措施是总量控制目标和污染物削减量指标的技术保证。

第三节　污染防治规划

这种规划是针对污染引起的环境问题编制的。主要是对工农业生产、交通运输、城市生活等人类活动对环境造成的污染而规定的防治目标和措施。工业发达国家在一个很长时期内所制定的环境规划多是这种规划。这种规划的内容包括：

一、重金属污染防治规划

重金属污染是指由重金属或其化合物造成的环境污染，主要由采矿、废气排放、污水灌溉和使用重金属制品等人为因素所致。由于在环境中可迁移性差、不易降解，修复难度大，在世界各国都历来是环境治理的一个老大难问题。在我国，重金属污染又和水体污染、大气污染、固体废弃物污染、农田土壤污染交织在一起，形成了十分复杂的局面。重金属从环境进入农产品、畜牧品、水产品，成了当前食品安全的一个主要威胁。在制定重金属污染防治规划时遵循的流程如图 10-2。

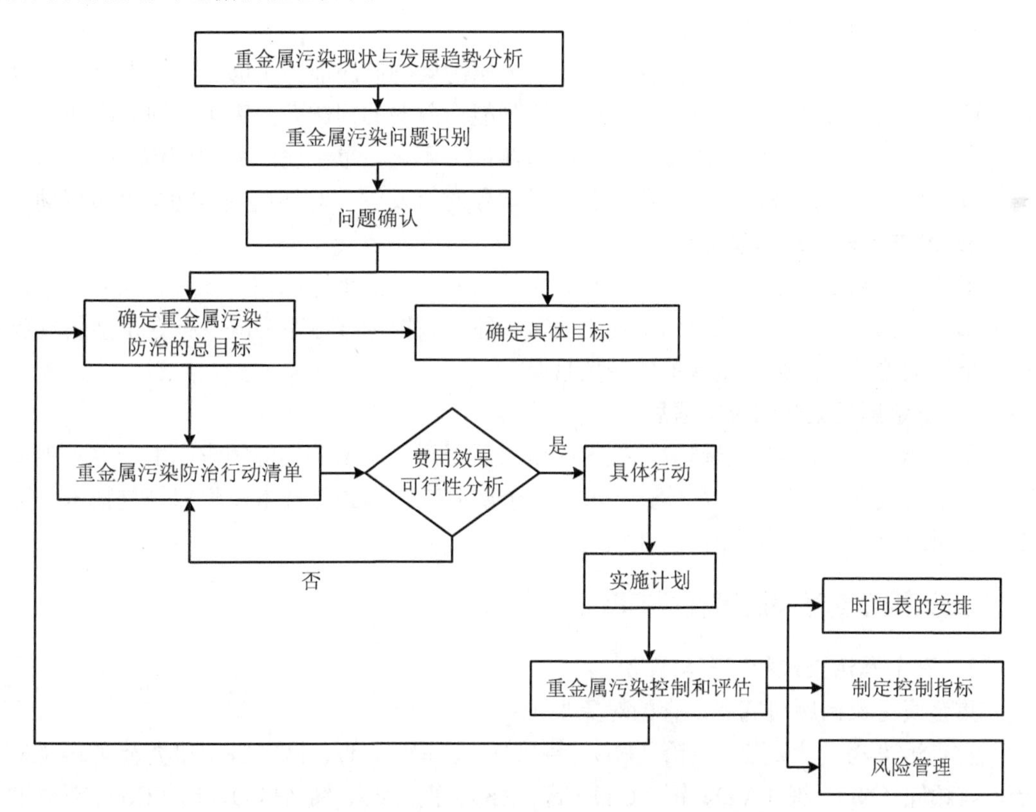

图 10-2　重金属污染防治规划工作流程

（一）重金属污染防治的国家要求

2011 年 2 月，国务院正式批复了《重金属污染综合防治“十二五”规划》（简称《规划》）。《规划》遵循源头预防、过程阻断、清洁生产、末端治理的全过程综合防控理念。按照《规划》要求，规定 2015 年，建立起比较完善的重金属污染防治体系、事故应急体系和环境与健康风险评估体系，解决一批损害群众健康的突出问题；进一步优化重金属相关产业结构，基本遏制住突发性重金属污染事件高发态势并明确提出涉及铅、汞、镉、铬、砷等重金属污染防治技术标准、政策措施和管理规定。特别是“重点区域”的铅、汞、铬、镉和砷等重金属污染物的排放量比 2007 年要削减 15%，“非重点区域”重金属污染物排放量不超过 2007 年水平。基于此，国家规定在制定重金属污染防治规划时，需制定涉及含砷、铅、汞、铬、镉等重金属的高污染、高环境风险的产品名录，全面排查整治重金属排污企业，优化涉重金属产业结构，完善重金属污染防治体系事故应急体系及环境与健康风险评估体系等三大监管体系，为有效控制重金属污染奠定坚实基础。

（二）当前重金属污染存在的问题

导致我国重金属污染存在的问题如下：

1．结构性污染严重

铅蓄电池制造等行业准入门槛低，企业无序发展。部分重金属排放企业不能实现重金属污染物稳定达标排放，污染物排放强度较高。

2．重金属污染监管能力不足

多数省、市、县级环保部门普遍存在重金属污染物监测能力不够、监管人员不足等问题，环境空气、污染源废气重金属污染物监测能力薄弱的问题尤为突出。河流断面、城市空气自动监测站和工业污染源重金属自动监测能力不足，重金属污染预警体系、应急体系需要进一步完善。此外，个别企业恶意偷排现象时有发生，对环境安全构成严重威胁。

3．地方法规制度建设滞后

多数地区缺乏关于重金属污染治理、土壤污染治理的地方法规，政府、企业和个人在重金属污染物防治工作中承担的责任不明确。环境保护标准体系中缺少指导重金属排放企业健全环境管理、加强环境保护的相关规范。

4．重金属污染防治技术落后

重金属污染防治的科学研究、技术政策滞后于污染防治的实际需求。生产过程中重金属污染物的处理技术匮乏。水体、土壤中重金属污染物的去除技术及生态修复技术等有待进一步研发。有关专家和技术人才缺乏。

（三）重金属污染防治规划的重点

1．重金属污染现状调查与评价

重金属污染问题研究需调查的对象如下：

重点污染物——重点防控铅（Pb）、汞（Hg）、镉（Cd）、铬（Cr）和类金属砷（As）等，兼顾镍（Ni）、银（Ag）、铜（Cu）、锌（Zn）、钒（V）、锰（Mn）、钴（Co）、铊（Tl）、锑（Sb）等其他重金属污染物。

重点区域——依据区域环境质量状况和重金属产业集中程度，确定重点防控区域。

重点行业——依据重金属污染物的产生量和排放量，确定重点防控行业。如：有色金属冶炼及压延加工业（铜冶炼、铅锌冶炼等），化学原料及化学制品制造业（基础化学原料制造和涂料、油墨、颜料及类似产品制造等），铅蓄电池制造业，皮革及其制品业（皮革鞣制加工等），金属制品业（电镀）等。

重点企业——重点防控具有潜在环境危害风险的重金属排放企业。

2. 重金属污染预测

根据重金属污染状况，受污染对象的分布等情况定位重金属的污染类型，弄清污染对象的重金属污染物的由来，受哪些因素的影响及如何影响以及重金属污染物在时间和空间上是如何输出变化的。通过统计分析、取样调查，掌握重金属污染物的输出缘由，并预测未来的发展情况。

（四）重金属污染控制规划方案

①强化环境执法监管，全面开展涉及铅、汞、镉、铬及类金属砷的重金属排放企业专项检查。梳理出重点区域、重点企业中的重金属污染环境隐患。

②严禁重金属超标的工业废水排入城镇污水处理设施，严禁含有重金属的危险工业废物混入生活垃圾填埋场处理。

③组织省、市危险废物专项检查，对涉及重金属危险废物重点产生单位和经营单位未按要求贮存危险废物、未建立和完善重金属污染突发事件应急预案的责令限期整改。严格防控重金属污染源，要坚决杜绝以牺牲人民群众健康和生态环境为代价的“污染工程”。

二、工业污染防治规划

工业排放是环境污染的主要原因。它是指工业企业在生产过程中产生的物质或能量直接或间接进入环境，造成相当范围的大气污染、水质污染、土壤污染、噪声、振动、地面沉降以及恶臭，导致危害人体健康或者生活环境的现象。工业污染的产生是工业企业直接或间接地向环境排放超过其自净能力的各种物质或能量的结果。根据我国《第一次全国污染普查公报》的结果，2007 年全国主要污染物排放总量：废水中化学需氧量为 3 028.96 万吨，氨氮为 172.91 万吨，重金属为 0.09 万吨，总磷为 42.32 万吨，总氮为 472.89 万吨；废气中二氧化硫为 2 320.00 万吨，氮氧化物为 1 797.70 万吨，烟尘为 1 166.64 万吨，工业粉尘为 764.68 万吨；工业固体废物为 4 914.87 万吨；工业危险废物为 3.94 万吨。普查结果显示，工业污染物排放主要集中在少数行业和局部地区，污染结构性问题突出。经济较为发达、人口相对密集的地区工业源化学需氧量、氨氮、二氧化硫、氮氧化物 4 项主要污染物排放量均位于全国前列；造纸、纺织等 8 个行业的化学需氧量、氨氮排放量分别占工业排放总量的 83%和 73%，电力热力、非金属矿物制品等 6 个行业二氧化硫、氮氧化物排放量分别占工业排放总量的 89%和 93%。因此，控制环境污染首先要控制工业污染。工业污染控制规划的主要内容是：拟规划区域的工业污染现状与发展趋势分析、确定主要工业污染问题、环境预测、确定指标体系等。具体内容见图 10-3。

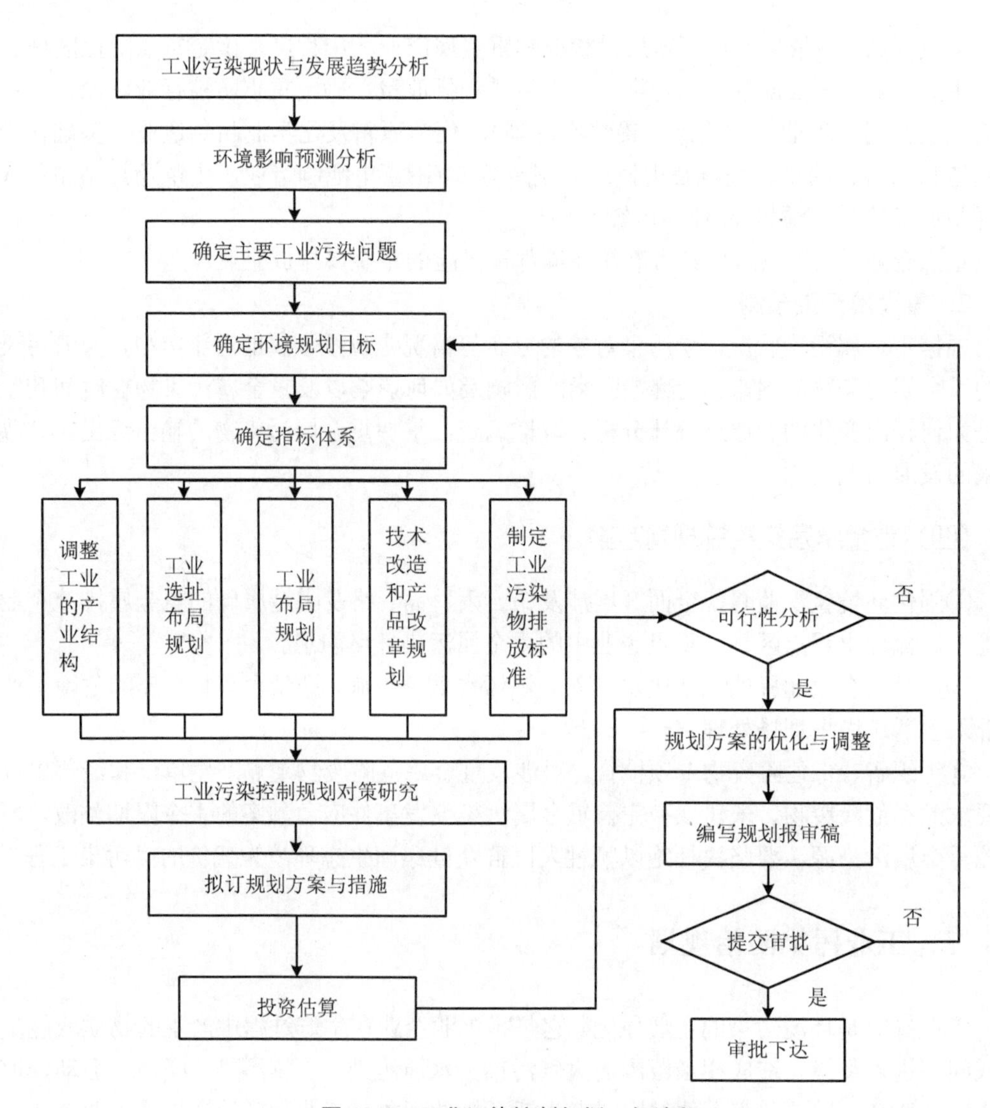

图 10-3 工业污染控制规划一般流程

（一）工业污染物防治的国家要求

2011 年 3 月 14 日第十一届全国人民代表大会第四次会议批准，《中华人民共和国国民经济和社会发展第十二个五年规划纲要》中提出：单位国内生产总值能源消耗降低 16%，单位国内生产总值二氧化碳排放降低 17%；主要污染物排放总量显著减少，化学需氧量、二氧化硫排放分别减少 8%，氨氮、氮氧化物排放分别减少 10%约束性指标。“十二五”规划中指出我国污染控制中要实施主要污染物排放总量控制。加强造纸、印染、化工、制革、规模化畜禽养殖等行业污染治理，继续推进重点流域和区域水污染防治，加强重点湖库及河流环境保护和生态治理，加大重点跨界河流环境管理和污染防治力度，加强地下水污染防治。推进火电、钢铁、有色、化工、建材等行业二氧化硫和氮氧化物治理，强化脱硫脱硝设施稳定运行。深化颗粒物污染防治。加强恶臭污染物治理。建立健全区域大气污染联防联控机制，控制区域复合型大气污染等。

（二）当前工业污染存在的问题

当前我国工业污染存在的问题概况如下：①经济增长方式仍然粗放。多数省、市的产业结构不合理，资源能源利用效率较低，高耗能、高污染行业的产能扩张尚未完全遏制。②环境违法问题仍然突出，超标排污、偷排现象仍时有发生。并且监管力度不够，仍有部分省市的监测设备远远达不到监控污染物的要求。③环保执法能力远不能适应新形势的需要。环保工作日益繁重，基层环保部门执法能力建设滞后，制约环保执法工作的质量。

（三）工业污染防治规划的重点

1. 调查研究与环境预测

调研拟规划区域的工业与区域发展水平，如：工业发展现状、主业结构、主要产业、工业产值、区域类型和分级等；区域的污染源，污染类型及分布调查、调查拟规划区的工业“三废”排放特征、工业污染特点、工业生产过程中原材料利用率，产品销售量等；收集与环境规划有关的区域总体规划、国土规划等规划资料。同时，对环境质量现状进行监测和评价，通过调查和评价找出主要环境问题及发生原因、地域分布等情况。预测的内容包括工业“三废”排放量预测，工业发展所带来的经济效益、环境效益预测。

2. 确定环境规划目标与指标体系

确定的规划目标主要有污染物排放控制目标，原材料利用率、回收率目标等。指标体系可以从经济效益、环境效益、社会效益三方面加以描述。如“三废”排放率、资源利用率等。

3. 制定规划

①调整工业的产业结构。主要包括行业结构、产品结构、技术结构和规模结构等方面的调整。工业的第一、第二、第三产业应融入整体城市经济发展格局中予以综合分析，推算工业合理比例结构。

②工业选址布局规划。工业应聚集到小城镇或城郊。规划布局应从保护水源和缓解区域大气污染，保护资源和生态环境入手，将此纳入经济社会发展总体规划。

③工业布局规划。按照组织生产和保护环境的要求，划定发展不同工业的不同地区，并且按照环境容量，确定工业的发展规模。

④技术改造和产品改革规划。推行有利于环境的新技术，规定某些环境指标（如日本推行的废水循环利用率），淘汰有害环境的产品（如禁止生产有机氯农药、含汞农药）。

⑤制定工业污染物排放标准。根据不同工业、不同地区，分别规定当前要达到的标准、3～5 年要达到的标准，以至规定 10 年要达到的标准。

（四）工业污染控制规划方案

①加强新改扩建工业项目的筛选，从源头上控制环境污染。

②注重新建项目选址的合理性，做好水体、大气、固废、噪声等环境污染控制规划。对于有较严重污染潜势的工业，必须由环评确定污染防护距离，并落实于环境管理和城市规划中。

③加强城市功能的再开发，消除和转移老工业污染源。改造老源有 4 种模式：多个工

业企业整体迁出，新建工业区；个别污染严重的企业或车间由政府强令其迁出或关闭；萎缩行业和效益差的企业或引导其就地转向非工业领域；利用级差地租原理迁出中心城区，重新选择拟投资的工业领域。

④重视城市基础设施建设，加强城市区域污染集中控制。可有效降低环境治理投资，提高单位资金环境投资效益，提高城市环境管理效率。

⑤强力推行工业企业清洁生产，走可持续发展之路。实施清洁生产即是对资源的最大节约和对污染物的最大限度地削减和避免。当前清洁生产一要落实于新改扩建项目的环评，二要落实于必要的污染控制过程。

三、城市污染控制规划

城市污染控制规划所涉及的内容广泛，它实际上是由诸多环境污染控制规划如水体污染控制、大气污染控制、固体废物处理处置和噪声污染控制等组合在一起的综合体。这些要素规划间相互联系、相互作用和影响，构成了一个有机的整体。一般来说，城市污染控制规划的编制过程可概括为：通过对拟规划城市的环境系统的现状调查与评价，确定该城市的主要环境问题和污染状态；通过对环境预测和环境功能区划等工作，确定该城市的环境规划目标以及污染物总量控制目标，并确定产生污染物的最大容许排放量和削减量；制定不同类型的规划方案处理城市的污染问题，归总这些规划共同构成城市污染控制规划。图 10-4 说明了城市污染控制规划的主要内容和步骤。

（一）城市污染存在的问题

我国当前城市污染存在的主要问题即为缺乏系统的环境保护体系。首先，法律制度层面对环境保护规定不够完善致使很多人和企业甚至本地政府本身都去钻空子；其次，环境保护技术层面不够完善，污染排放标准问题、排放总量问题以及污染物排放的计划和落实问题等都没有系统的规划；最后，缺乏动态的环境测量规划及管理。

（二）城市污染控制规划的重点

1．环境现状调查与评价

环境现状调查与评价的目的是发现主要环境问题。调查内容包括：

①社会经济发展现状调查。掌握社会经济发展现状、所有制结构、产业布局；掌握城市发展水平，人口及构成状况；掌握影响城市经济发展的自然条件、资源分布特点。

②污染源现状调查与评价。查明城市工业“三废”排放特征，主要污染源、污染物；查明城市生活废水、生活垃圾产生、处理情况等。

③环境质量现状调查与评价。对于城市范围内大气、水、土壤和噪声中一些指标进行调查评价。

④对土地、森林、野生动植物等自然资源的开发利用进行调查，查明存在的主要生态破坏问题。

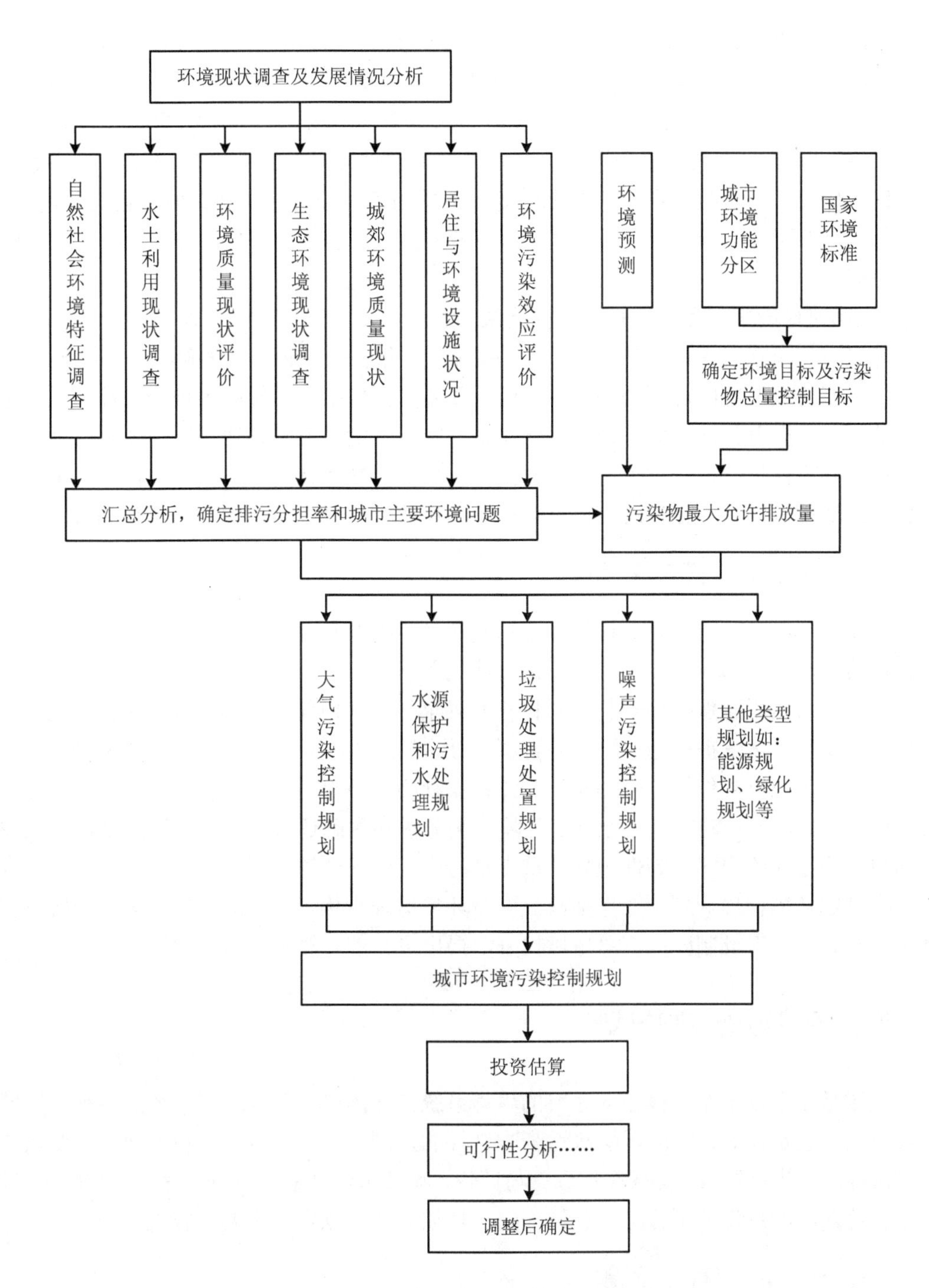

图 10-4　城市环境污染控制规划框图

2．环境污染预测

根据社会经济发展规划，分析城市的发展方向，产业结构发展趋势，人口及组成的变化；对工业“三废”排放量，生活垃圾处理量进行预测；对城市大气、水、噪声环境质量变化趋势进行预测；根据社会经济发展规划，对可能产生的城市生态破坏与资源损毁进行分析和预测，指明主要环境破坏问题及主要破坏区域。

3．环境功能分区

根据城市范围内生态环境和社会经济系统结构及其功能的分异规律，以及相互作用的综合效应，把特定的地域空间划分为不同的生态环境单元。如根据自然条件划分的自然保护区、风景旅游区、水源区等；根据社会经济的现状、特点和未来发展趋势划分的工业区、居民区、文教区和经济开发区等。根据国家环境标准，结合城市自身环境特点，科学划分水环境功能区、大气环境质量区和环境噪声适用区，不同功能区确立不同的环境保护要点。

4．确定环境规划目标与规划指标体系

环境目标是在现状调查和环境预测的基础上，根据规划期有所要解决的环境问题和城市经济环境协调发展的需要而制定出来的。环境目标包括总目标和各种分目标。在确定出目标的同时，提出各规划期内相应指标体系。城市环境污染控制规划指标体系可分为基础性指标和环境保护指标两大类。基础性指标包括社会经济指标、自然环境指标、环境状况指标等。环境保护指标包括污染控制指标、环境管理指标、自然保护与建设指标。

（三）城市污染控制规划方案

①制定环境污染防治规划根据环境预测和污染控制目标，对重点流域、重点城镇、重点行业的水、大气和固体废物污染制定防治规划。

②制定自然生态保护规划包括农林牧渔果菜生产基地保护措施，水源保护规划，珍稀濒危动植物和自然保护规划；风景旅游、名胜古迹、人文景观等资源保护措施的制定。

③制定工业发展结构与合理布局规划根据社会经济总体发展规划，对规划期内可能开发的城市工业区、拟建重点工业项目环境影响分析和生态适宜度分析，提出城市工业发展结构与合理布局的宏观控制性规划，重点是污染工业的合理布局。

④制定环境管理规划主要包括建立健全环境管理机构，组织的规划意见，严格执行环评和“三同时”审批制度；汇总环境投资，提出可行的环境投资规划建议等。

四、流域污染控制规划

流域是一个以水系为核心的完整的生态系统，它体现的是水环境系统的特征。流域的污染控制主要是针对进入流域的水污染物进行的控制。而流域污染控制规划的主要任务是控制污染源，其步骤是：流域现状调查与评价、流域水体功能区划分、确定流域内污染源、确定各功能区的总量控制目标、总量分配、规划方法的制定。主要内容见图 10-5。

（一）流域污染存在的问题

①城市基础设施建设滞后。相对城市化进程的加快，城市污水处理厂建设滞后，普遍存在管网不配套、污水处理费征收不到位、不具备再生水利用及除磷脱氮能力等问题。

②面源污染问题突出。流域内农药、化肥等使用量逐年增加，利用率偏低，加剧了河流、湖泊水体的富营养化，同时畜禽及渔业养殖过度，缺乏废物处理和资源化手段，在一定程度上也加重了湖区水体污染和富营养化。

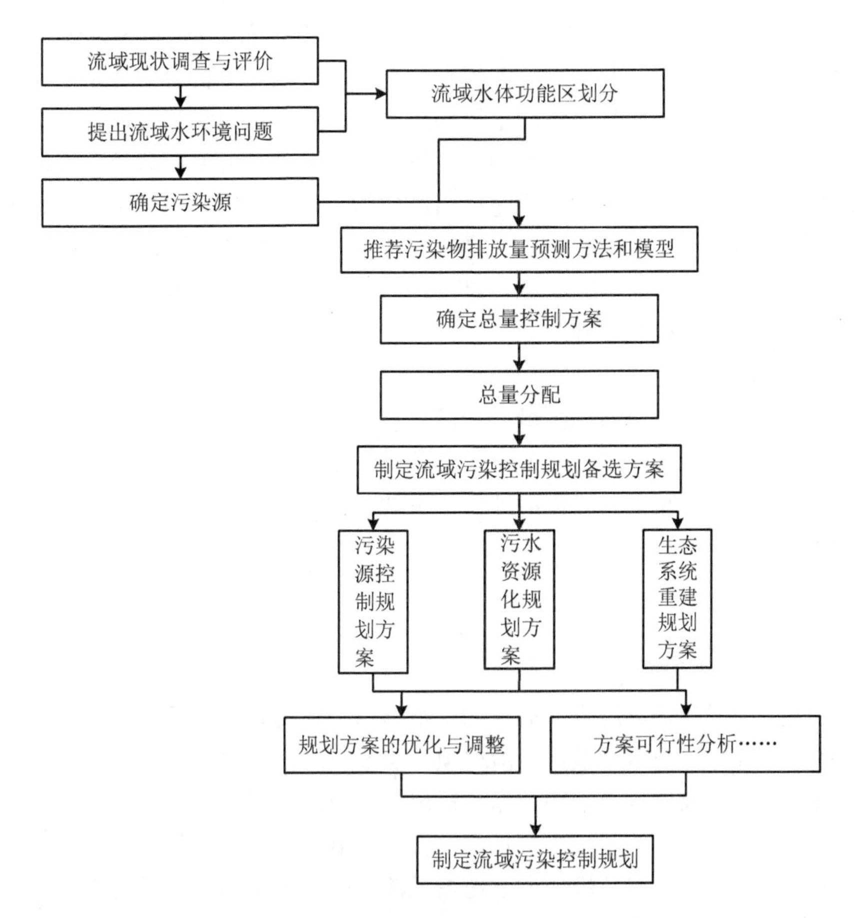

图 10-5 流域污染控制规划框图

（二）流域污染控制规划的重点

1．流域现状调查与评价

收集水文资料，确定出流域的边界，绘制流域汇流区域图。提出流域规划的资料调查规范。对选定的流域水环境和水问题以及相邻湖体区域水质问题进行相关的资料和数据搜集，包括自然环境（地形、地貌、地质、气候、气象、水文等）、社会环境（人口结构、经济结构、村镇经济发展、文物保护等）、水环境质量现状及主要环境问题（水资源开发利用与水利工程资料、地面水、地下水、污染物种类与污染程度等）、土地利用（土壤、植被、耕地、果蔬与村庄、湿地与池塘、农业灌溉工程、沟渠系分布）、农业生产模式与种植实践、养殖业情况、生态环境等资料，对其所涉及的时空格局与背景进行详细的调查和研究。

2．流域水体功能区划分

确定流域内河流的各个控制断面，并根据拟规划流域所处省的地表水功能区划的要求，明确流域水体功能区划，确定各个控制断面的水质目标值。

3．确定污染源和计算水环境容量的方法

收集水文水利资料，推荐流域内各河流水环境容量的计算方法。通过对流域内污染源

（包括工业污染源、生活污染源和面源污染）的调查和分析，确定总量控制方案。推荐流域内污染物排放量预测方法和模型。流域水环境中污染物（有机污染物、氮磷污染物、重金属等）的迁移与转化过程与流域的土地利用类型、降雨径流特征、点源治理状况、化肥使用状况、流域内沟渠系分布等有密切的关系。研究污水、污染物随径流流向流域出口的迁移与转化过程，弄清该流域污染物是如何产生的、受哪些因素的影响以及如何影响等，流域内污染物输出规律在时间和空间上是怎样变化、进入湖泊的负荷量等，通过统计分析、取样调查和模式预测，全面掌握流域径流过程、污染物输出与点源排放、土地利用类型的敏感区域，提出相应的控制措施。

4．总量分配

在总量分配过程中，应兼顾区域间经济发展、环境容量等存在的差异性和不平衡性、对各区域总量进行合理、公平的分配，使之容易被各区域、各污染源所接受，便于环保部门管理工作的开展，激发企业污染治理的积极性，从宏观上对经济发展和污染治理工作起到应有的指导作用。

（三）流域污染控制规划方案

1．污染源控制规划方案

针对污染源构成复杂、污染负荷重的特征，以流域为研究对象，建立水质目标与污染物排放总量、总量与污染治理项目、治理项目与投资之间的输入响应关系，摸清控制断面水质目标与污染物排放总量之间的关系，提出流域点源与非点源污染控制技术体系。在已有污染控制技术研究成果的基础上，点面结合，开展以工业结构调整、重污染行业废水治理和清洁生产、城市污水和垃圾处理、地表径流污染高效阻断及面源污染治理、清淤疏浚等污染控制技术的创新和集成。

2．污水资源化规划方案

以流域内水资源循环利用为理念，源头削减、资源回用、协同净化、优化集成为原则，结合流域内的水利设施，研究建立流域内部中水截、蓄、导、用一体化模式。提出充分利用闲置荒地及废弃河道，建设中水调蓄设施，合理规划污水回用工程的措施。

企业方面：通过对典型行业、企业节水工艺的研究，建立相关行业污水的深度处理和节制用水的规划方法。

城市生活方面：探讨城市水环境条件与污水处理厂高度融合的生态工程模式，研究污水处理厂处理与生态工程净化的协同优化技术，进行相应污水生态毒性削减技术及水回用安全性的研究，提出城市污水资源化的规划方法。

农业方面：进一步探讨喷灌、微灌技术，减少无效蒸发和深层渗漏的可行性，提出发展节水农艺技术，解决流域农业用水水源的规划方法。

结合流域内的现有水利工程，提出如何充分利用闲置荒地及废弃河道，建设中水的截、蓄、导、用一体化的规划方法。

3．生态系统重建规划方案

不同湿地类型技术的污染物净化效率存在明显差异，研究提出组合不同湿地技术使之达到总体水质目标的规划方法。包括所选用的技术及其组合、植物种类的筛选、湿地建设规模、建设指标（位置、面积、水深、停留时间等）、工程投资与运行管理及其防洪安全等。由于芦苇对污染物的高效净化去除能力，重点研究芦苇在该地区湿地中的恢复与种植、同时选择适宜植物种类进行引种或恢复。

五、饮用水水源地环境保护规划

随着我国经济社会的快速发展、人口持续增长和城镇化加快，城市集中供水需求逐年增大。然而，饮用水水源地所在区域的工业、生活和面源污染给水源环境质量带来了极大的威胁。因此，制定饮用水水源地环境保护规划是全面改善饮用水水源环境质量状况、提升水源应急监测及应急供水能力的重要举措。饮用水水源地环境保护规划的步骤是：调查饮用水水源地的环境质量状况和发展趋势；明确水源地的环境问题、污染源分布及水源地的环境功能区划情况；划分水污染控制单元；评价饮用水水源地环境状况并确定规划目标；确定各功能区的总量控制目标；制定饮用水水源地环境保护规划方案并对所设计规划方案进行优化分析与决策。图 10-6 说明饮用水水源地环境保护规划的主要内容和步骤。

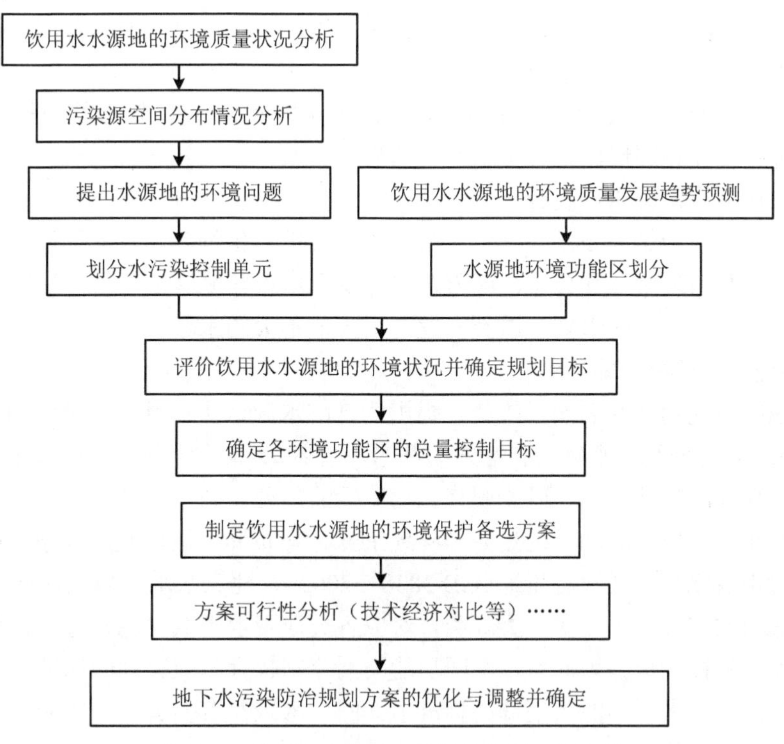

图 10-6　饮用水水源地环境保护规划一般流程

（一）饮用水水源地环境保护的国家要求

根据《全国城市饮用水水源地环境保护规划（2008—2020 年）》的要求，已全部取缔饮用水水源一级保护区内排污口，基本遏制饮用水水源地环境质量下降的趋势；目前需将不达标饮用水水源地排污总量大幅削减，水源地水质得到一定改善；近 5～10 年后必须让饮用水水源水质明显改善，稳定达标。

（二）饮用水水源地环境保护存在的问题

饮用水水源地环境保护存在的问题主要有：保护区内企业排污问题、跨行政区用水纠纷及流域统筹安排问题以及监管能力建设问题。保护区内的企业大量排放污染物对水源地的水质造成严重危害，即使达到排放标准，日积月累也会污染水源；上下游的和跨行政区域的用水和排污问题也严重地影响居民的饮用水水源；最后，监管力度不够，配套设施不完善，水源地的防护体系不健全也使水源地的环境保护工作存在很大不足。

（三）饮用水水源地环境保护规划的重点

1．饮用水水源地水环境现状分析

（1）主要水污染源调查分析

水污染源调查汇总分析后要求获得下列数据资料：水污染物排污量及等标污染负荷；排污系数（万元工业产值排污量，吨产品排污量）；排污分担率；污染源分布图；主要水污染物；主要排放水污染物的重点污染源。污染类型、污染来源及时空分布。即包括：点污染源、面污染源和内污染源，其中面污染源和内污染源调查主要针对湖库型水源地。

（2）水环境污染现状调查分析

目的是搞清水污染现状及其分布（画图或列表）。水环境污染现状分析是通过对水质调查结果进行统计和评价，来分析水污染的程度。

（3）水环境容量分布调查分析

调查分析环境污染分布是为确定污染防治方案提供依据；环境容量是资源，调查水环境容量的开发利用现状及其分布，可为合理开发利用水环境容量提供科学依据。调查分析范围不包括不允许排污的水域，以及开发利用价值不大的水域。

2．水源地的环境功能区划

水源地的环境功能区划的目的就是提出明确的水源地保护目标并最终加以实现。在功能区划分中，要充分利用水体的自净能力和水环境容量，以饮用水水源地为优先保护对象。在保护重点功能区的前提下，可兼顾其他功能区的划分。划分功能区要层次分明，突出污染源的合理布局，使水域功能区划分与陆地工业合理布局、城市发展规划相结合。

根据《地表水环境质量标准》（GB 3838—2002）、地表水水域环境功能和保护目标，按功能高低依次划分为Ⅰ～劣Ⅴ类6类，对应各类地表水水域功能，将地表水环境质量标准中基本项目的标准值分为6类，不同功能类别分别执行相应类别的标准值。水域功能类别高的标准值严于水域功能类别低的标准值。同一水域兼有多类使用功能的，执行最高功能类别对应的标准值。

3．确定控制目标

根据环境质量标准来确定具体环境目标，再根据水体环境质量目标确定主要水污染物的允许排放量。实现水环境目标就要划分好水污染控制单元。水污染控制单元是落实水污染控制目标和分析确定水污染方案的基本单元。

对于水污染控制区（单元）来说，排放的污染物总量和水体浓度之间，并不是简单的水量稀释关系，而且还包含沉降、再悬浮、吸附、解吸、光解、挥发、物化、生化等多种过程的综合效应。因此，确定水污染总量削减目标的技术关键是建立反映污染物在水体中运动变化规律及影响因素相互关系的水质模型，据此在一定的设计条件和排放条件下，建立反映污染物排放总量与水质浓度之间关系的输入—响应模型。

4. 选择规划方法与建立规划模型

根据各控制单元水污染的主要特征，设计者方案的特点是，选择适宜的规划方法和模型。污水集中处理与分散处理相结合的治理方案，可依据系统分析原理建立相应的数学规划模型。目前普遍采用的规划方法为系统分析方法，建立的模型为数学规划模型。常用的模型有：排污口处理最优规划模型；排污总量控制削减规划模型；污染源分散治理与污水处理组合优化模型。

（四）饮用水水源地环境保护规划方案

以饮用水水源地基础情况调查、评价及水源保护区划为基础，通过水源地污染防治、生态恢复和建设、应急能力建设、预警监控体系建设、管理能力建设等备选方案的制订和实施，加强污染源控制、生态环境保护、提升环境监督管理能力，以求将饮用水水源地保护落到实处，全面保护饮用水水源地。

1. 饮用水水源保护区污染防治方案

包括：①点源污染防治方案——为了有效防止饮用水水源保护区内的点源污染，及时控制现有的重点污染源，保障饮用水水质。在近期，主要解除饮用水水源地水质的重要威胁，在远期实现污染的有效预防和控制；②面源污染防治方案——为了有效减少和防止饮用水水源保护区内的面源污染，尤其是农业面源污染，保障饮用水水源水质。在近期，针对重点地区，围绕总量控制，以输移路径控制和末端控制为主，及时减少面源污染负荷，可采用的主要工程包括农村污水分散处理，畜禽养殖沼气化工程等。在中、远期，遵循生态经济理念，着重从源头控制污染负荷，进一步保障水质，在近期的基础上，深入推广生态农业、生态施肥、保护性耕作等措施。

2. 饮用水水源保护区生态恢复与建设方案

针对水源保护区内的生态现状，进行生态修复、生态建设工程，提高保护区内自然净化能力，促进生态良性循环，改善和保护饮用水水源水质。

3. 饮用水水源地环境应急能力建设方案

通过饮用水水源风险源的识别，制定不同风险源的应急处理处置方案，形成应对突发事故应急处理处置能力。

4. 饮用水水源地环境预警监控体系建设方案

包括完善现有水质监测站网络，建立水量水质实时监测系统及饮用水水源地地下水情及开采利用的动态监测网络。

5. 饮用水水源地环境管理能力建设方案

包括保护区的基础设施建设、监督管理自身能力建设及环境监控信息系统建设。

六、地下水污染防治规划

地下水污染主要是指人类活动引起地下水化学成分、物理性质和生物学特性发生改变而使质量下降的现象。地表以下地层复杂，地下水流动极其缓慢，因此，地下水污染具有过程缓慢，不易发现和难以治理的特点。最近的环保数据表明，我国一般城市市区地下水污染严重，57%的地下水监测点位的水质较差甚至极差。2011 年上半年，七大水系除长江、珠江水质状况良好外，海河劣Ⅴ类水质断面比例超过 40%，为重度污染，其余河流均为中度或轻度污染；90%城市河段受到不同程度污染，约一半城市市区地下水污染比较严重，近 2 亿农村人口喝不上符合标准的饮用水。因此，保护地下水资源，制定切实可行的地下水污染防治规划是尤为重要的。图 10-7 为地下水污染防治规划的一般流程。

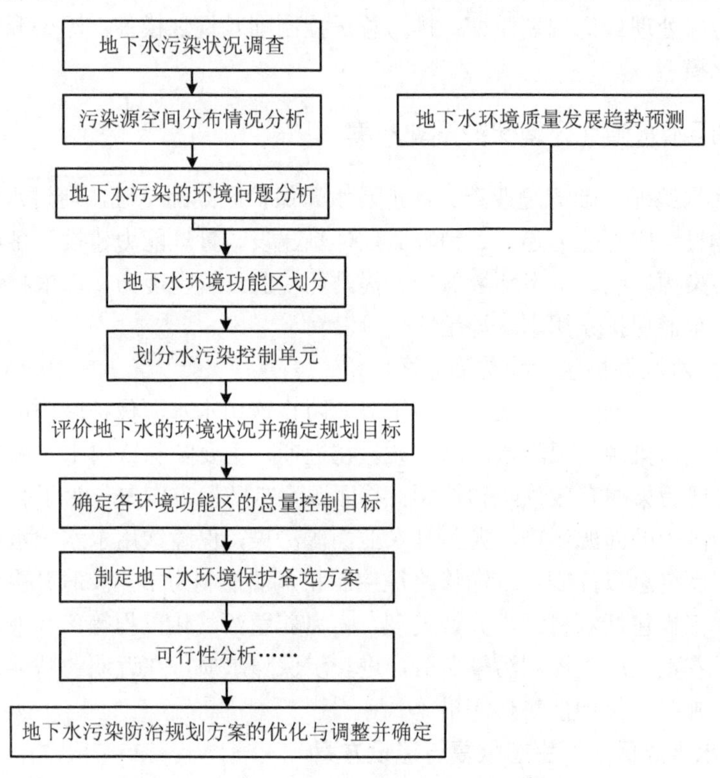

图 10-7 地下水污染防治规划制定的一般流程

（一）地下水污染防治的国家要求

根据《全国地下水污染防治规划（2011—2010 年）》的要求，到 2015 年，基本掌握地下水污染状况，全面启动地下水污染修复试点，逐步整治影响地下水环境安全的土壤，初步控制地下水污染源，全面建立地下水环境监管体系，城镇集中式地下水饮用水水源水质状况有所改善，初步遏制地下水水质恶化趋势。到 2020 年，全面监控典型地下水污染源，有效控制影响地下水环境安全的土壤，科学开展地下水修复工作，重要地下水饮用水水源水质安全得到基本保障，地下水环境监管能力全面提升，重点地区地下水水质明显改善，地下水污染风险得到有效防范，建成地下水污染防治体系。

（二）地下水污染面临的问题

我国地下水污染面临的主要问题如下。

1．地下水污染源点多面广，污染防治难度大

垃圾填埋场渗滤液污染，铬渣和锰渣堆放场渗漏污染，石油化工行业勘探、开采及生产等活动产生的污染，加油站渗漏污染，工业企业通过渗井、渗坑和裂隙排放、倾倒工业废水所造成的地下水污染，部分地下水工程设施及活动止水措施不完善导致的污水直接污染，大量化肥和农药通过土壤渗透等方式的污染等已严重地影响地下水的水质。

2．管网等雨水处理与收集设施不完善造成的地下水污染

近年来，我国城市急剧扩张，导致城市污水排放量大幅增加，由于资金投入不足，管网建设相对滞后、维护保养不及时，管网漏损导致污水外渗，部分进入地下水体；雨污分流不彻底，汛期污水随雨水溢流，造成地下水污染。地表水污染对地下水影响日益加重，特别是在黄河、辽河、海河及太湖等地表水污染较严重地区，因地表水与地下水相互连通，地下水污染十分严重。部分沿海地区地下水超采，破坏了海岸带含水层中淡水和咸水的平衡，引起了沿海地区地下水的海水入侵。

3．地下水污染防治基础薄弱，防治能力亟待加强

长期以来，我国在重点区域、重点城市地下水动态监测和资源量评估方面取得了较为全面的数据，但尚未系统开展全国范围地下水基础环境状况的调查评估，难以完整描述地下水环境质量及污染情况。目前颁布实施的法律法规，仅有少部分条款涉及地下水保护与污染防治，缺乏系统完整的地下水保护与污染防治法律法规及标准规范体系，难以明确具体法律责任。地下水环境保护资金投入严重不足，导致相关基础数据信息缺乏，科学研究滞后，基础设施不完善、治理工程不到位，难以满足地下水污染防治工作的需求。地下水环境管理体制和运行机制不顺，缺乏统一协调高效的地下水污染防治对策措施，地下水环境监测体系和预警应急体系不健全，地下水污染健康风险评估等技术体系不完善，难以形成地下水污染防治合力。上述问题，严重制约了地下水污染防治工作的开展。

（三）地下水污染防治规划的重点

1．地下水环境现状分析

（1）主要污染源调查分析

水污染源调查汇总分析后要求获得下列数据资料：水污染物排污量及等标污染负荷；排污系数（万元工业产值排污量，吨产品排污量）；排污分担率；污染源分布图；主要水污染物；主要排放水污染物的重点污染源；土壤污染状况等。区域地下水污染调查按1∶25万以上的精度进行，主要部署在平原（盆地）和低山丘陵区，覆盖所有地下水开发利用区和潜在地下水开发区。重点地区地下水污染调查按1∶5万以上的精度进行，主要部署在地市级以上城市人口密集区、潜在污染源分布区和大型饮用水水源区等区域。

（2）地下水污染现状调查分析

根据调查的数据，深入分析地下水污染成因和发展趋势。

2．地下水环境功能区划分

根据区域地下水自然资源属性、生态与环境属性、经济社会属性和规划期水资源配置对地下水开发利用的需求以及生态与环境保护的目标要求，地下水环境功能区按两级划分，以便于流域机构和各级水行政主管部门对地下水资源分级进行管理与监督。地下水一级功能区划分为开发区、保护区和保留区三类，主要协调经济社会发展用水和生态与环境保护的关系，体现国家对地下水资源合理开发利用和保护的总体部署。在地下水一级功能区的框架内，根据地下水资源的主导功能，划分为8种地下水二级功能区，其中，开发区划分为集中式供水水源区和分散式开发利用区两种二级功能区；保护区划分为生态脆弱区、地质灾害易发区和地下水水源涵养区3种二级功能区；保留区划分为不宜开采区、储备区和应急水源区3种二级功能区。地下水二级功能区主要协调地区之间、用水部门之间和不同地下水功能之间的关系。

3．确定控制目标、选择规划方法并建立规划模型

根据环境质量标准来确定具体环境目标，再根据水体环境质量目标确定主要水污染物的允许排放量。实现水环境目标就要划分好水污染控制单元。水污染控制单元是落实水污染控制目标和分析确定水污染方案的基本单元。根据各控制单元水污染的主要特征，设计者方案的特点是，选择适宜的规划方法和模型。此处与饮用水水源地环境保护规划的目标设定类似。

（四）地下水污染防治规划方案

综合考虑地下水水文地质结构、脆弱性、污染状况、水资源禀赋及其使用功能和行政区划等因素，建立地下水污染防治区划体系。并制定污染源控制、生态环境保护、提升环境监管能力等一系列方案和措施。

1．保障地下水饮用水水源环境安全

严格地下水饮用水水源保护与环境执法。定期开展地下水资源保护执法检查、地下水饮用水水源环境执法检查和后督察，严格地下水饮用水水源保护区环境准入标准，落实地下水保护与污染防治责任，依法取缔饮用水水源保护区内的违法建设项目和排污口。制定超标地下水饮用水水源污染防治方案。开展地下水污染治理工程示范，实现“一源一案”。建立地下水饮用水水源风险评估机制，对地下水饮用水水源保护区外，与水源共处同一水文地质单元的工业污染源、垃圾填埋场及加油站等风险源实施风险等级管理，对有毒有害物质进行严格管理与控制。

2．严格控制影响地下水的城镇污染

持续削减影响地下水水质的城镇生活污染负荷，控制城镇生活污水、污泥及生活垃圾对地下水的影响。加强现有合流管网系统改造，减少管网渗漏；规范污泥处置系统建设，严格按照污泥处理标准及堆存处置要求对污泥进行无害化处理处置。

3．强化重点工业地下水污染防治

加强重点工业行业地下水环境监管。石油天然气开采的油泥堆放场等废物收集、贮存、处理处置设施应按照要求采取防渗措施并防止回注过程中对地下水造成污染。兴建地下工程设施或者进行地下勘探、采矿等活动，特别是穿越断层、断裂带以及节理裂隙的地下水发育地段的工程设施，应当采取防护性措施，预防地下水污染。加快完成综合性危险废物处置中心建设，重点做好地下水污染防治工作。

4．分类控制农业面源对地下水污染

大力推广测土配方施肥技术，积极引导农民科学施肥，使用生物农药或高效、低毒、低残留农药，推广病虫草害综合防治、生物防治和精准施药等技术。通过工程技术、生态补偿等综合措施，在水源补给区内科学合理使用化肥和农药，积极发展生态及有机农业。

5. 加强土壤对地下水污染的防控

加强地下水水源补给区污染土壤环境质量监测，评估污染土壤对地下水环境安全构成的风险，研究制定相应的污染土壤治理措施。开发利用污染企业场地和其他可能污染地下水的场地，要明确修复及治理的责任主体和技术要求。避免在土壤渗透性强、地下水位高、含水层露头区进行污水灌溉，防止灌溉引水量过大，杜绝污水漫灌和倒灌引起深层渗漏污染地下水。

6. 有计划开展地下水污染修复并建立健全地下水监管体系

在地下水污染问题突出的工业危险废物堆存、垃圾填埋、矿山开采、石油化工行业生产等区域，筛选典型污染场地，积极开展地下水污染修复试点工作。开展沿海地区海水入侵综合防治示范。切断废弃钻井、矿井、取水井等地下水污染途径。在国土资源、水利及环境保护等部门已有的地下水监测工作基础上，充分衔接“国家地下水监测工程”监测网络，整合并优化地下水环境监测布设点位，完善地下水环境监测网络，实现地下水环境监测信息共享；并建立预警预报标准库，构建地下水污染预报、应急信息发布和综合信息社会化服务系统。全过程监管地下水资源的开发利用。

七、大气污染联防联控规划

随着我国大气区域性复合型污染特征日益明显，光化学烟雾、区域性大气灰霾频繁发生，区域整体环境质量恶化，严重威胁群众健康，影响环境安全。2010 年环境保护部等九部委联合出台的《关于推进大气污染联防联控工作改善区域空气质量的指导意见》中要求“到 2015 年，建立大气污染联防联控机制，形成区域大气环境管理的法规、标准和政策体系”。2012 年制定实施的《重点区域大气污染防治“十二五”规划》中也明确提出“建立大气污染联防联控机制”，这为我国大气污染防治环境监管模式的战略转型提出了重大机遇和挑战。基于此，制定大气污染联防联控的相关规划是切实可行的。大气污染联防联控规划的主要内容包括：在污染源及环境质量现状及发展趋势分析的基础上进行功能区划，确定规划目标，选择规划方法与相应的参数，规划方案的制定及其评价与决策。主要内容及其相互关系如图 10-8。

（一）大气污染防治的国家要求

我国对大气污染防治的要求，可根据国务院通过的《重点区域大气污染防治“十二五”规划》（简称《规划》）得出。《规划》要求：到 2015 年，重点区域二氧化硫、氮氧化物、工业烟粉尘排放总量分别下降 12%、13%、10%，可吸入颗粒物（PM_{10}）、二氧化硫、二氧化氮、细颗粒物（$PM_{2.5}$）年均浓度分别下降 10%、10%、7%、5%，京津冀、长三角、珠三角地区细颗粒物年均浓度下降 6%；挥发性有机物污染防治工作全面开展，臭氧污染得到初步控制，酸雨污染有所减轻；建立区域大气联防联控机制，区域大气环境管理能力明显提高。要紧紧抓住“十二五”经济社会发展的转型期和解决重大环境问题的战略机遇期，在重点区域率先推进大气污染联防联控工作。

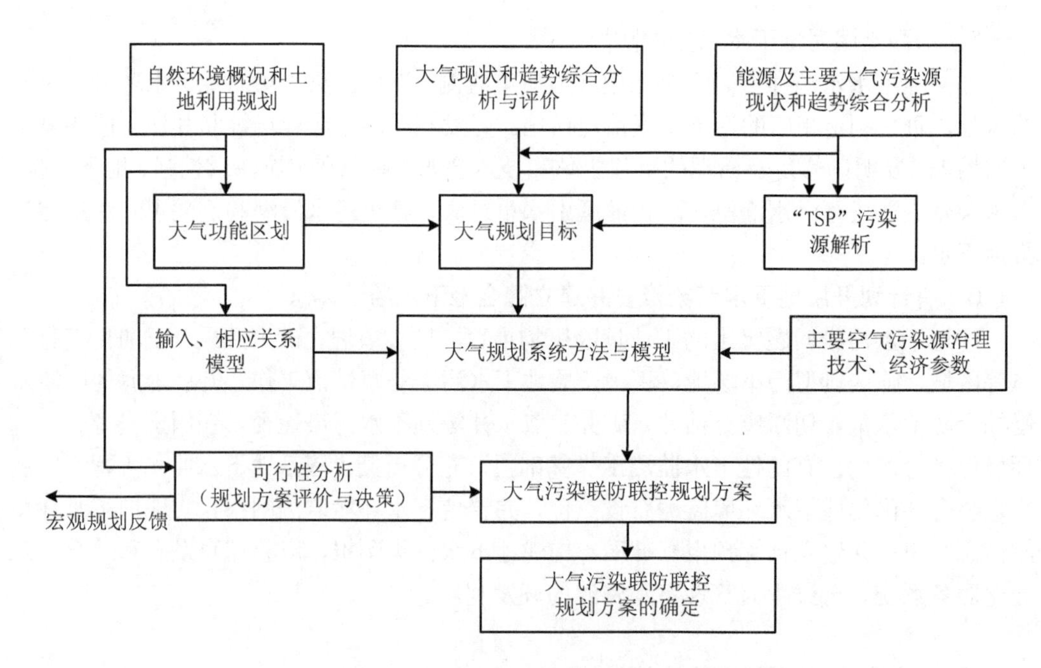

图 10-8　大气污染联防联控规划框图

（二）大气污染面临的问题

我国大气污染面临的问题主要有：

1．大气污染物排放负荷巨大

我国主要大气污染物排放量巨大，2010 年二氧化硫、氮氧化物排放总量分别为 2 267.8 万吨、2 273.6 万吨，居世界第一位，烟粉尘排放量为 1 446.1 万吨，均远超出环境承载能力。2010 年，重点区域城市二氧化硫、可吸入颗粒物年均浓度分别为 40 微克/立方米、86 微克/立方米，为欧美发达国家的 2～4 倍。

2．复合型大气污染日益突出

随着重化工业的快速发展、能源消费和机动车保有量的快速增长，排放的大量二氧化硫、氮氧化物与挥发性有机物导致细颗粒物、臭氧、酸雨等二次污染呈加剧态势。

3．大气环境管理模式滞后

现行环境管理方式难以适应区域大气污染防治要求。区域性大气环境问题需要统筹考虑、统一规划，建立地方之间的联动机制。按照我国现行的管理体系和法规，地方政府对当地环境质量负责，采取的措施以改善当地环境质量为目标，各个城市“各自为政”难以解决区域性大气环境问题。

4．污染控制对象相对单一

长期以来，我国未建立围绕空气质量改善的多污染物综合控制体系。从污染控制因子来看，污染控制重点主要为二氧化硫和工业烟粉尘，对细颗粒物和臭氧影响较大的氮氧化物和挥发性有机物控制薄弱。从污染控制范围来看，工作重点主要集中在工业大点源，对扬尘等面源污染和低速汽车等移动源污染控制重视不够。

5．环境监测、统计基础薄弱，法规标准体系不完善

环境空气质量监测指标不全，大多数城市没有开展臭氧、细颗粒物的监测，数据质量控制薄弱，无法全面反映当前大气污染状况。挥发性有机物、扬尘等未纳入环境统计管理体系，底数不清，难以满足环境管理的需要。现行的大气污染防治法律法规在区域大气污染防治、移动源污染控制等方面缺乏有效的措施要求。

（三）大气污染联防联控规划的重点

1．大气现状分析

大气现状分析一般应包括区域污染源调查和评价、大气现状监测及数据分析和大气现状评价。下面就污染源调查、评价和大气现状评价两方面进行简要说明。

（1）污染源调查和评价

污染源调查的目的是弄清区域内污染的来源。根据区域内污染源的类型、性质、排放量、排放特征及相对位置，结合当地的风向、风速等气象资料，分析和估计它们对该区域的影响程度，并通过污染源的评价，确定出该区域的主要污染源和主要污染物。

（2）大气现状评价

大气质量的现状评价是弄清空气中污染物来源、性质、数量和分布的重要手段。依据此评价结果，可以了解区域内环境空气质量现状的优劣，为确定环境空气的控制目标提供依据；也可通过空气中污染物浓度的时空分布特征，了解当地烟气扩散的特征和污染物来源，进行空气污染趋势分析，并可为建立污染源和环境空气质量的响应关系提供基础数据。

由于环境空气中 TSP 污染物的来源复杂，在制定 TSP 污染源治理规划时首先采用源解析方法，对空气中 TSP 来源进行鉴别，确定各类来源的贡献率，以便根据来源的性质明确削减对象。

2．大气功能区划

正确划分大气功能区是研究和编制大气规划的基础和主要内容，也是实施大气总量控制的基础前提。大气功能区是因其区域社会功能不同而对环境保护提出不同要求的地区，但应由当地人民政府根据国家有关规定及城乡总体规划划分为一、二类大气功能区。各功能区分别采用不同的大气标准，来保证这些区域社会功能的发挥，见表 10-1。

表 10-1 大气功能区划分

功能区	范　围	执行环境空气质量标准
一类区	自然保护区、风景名胜区和其他需要特殊保护的区域	一级
二类区	居民区、商业交通居民混合区、文化区、工业区和农村地区	二级

3．环境规划目标的确定

大气规划目标主要依据城市区划的结果，确定最终的环境质量目标和总量控制目标。同时根据环境污染现状、发展趋势、社会经济承受能力以及规划方案的反馈信息，制定出各功能区分期的规划目标，尤其是针对 TSP 的控制目标，应根据 TSP 源解析的结果，将规划目标按类分解。

（1）大气质量目标

大气质量目标是基本目标，依不同的地域和功能区而不同，由一系列表征环境质量的

指标来体现。

（2）大气污染总量控制目标

大气污染总量控制目标是为了达到质量目标而规定的便于实施和管理的目标，其实质是以大气功能区环境容量为基础的目标，将污染物控制在功能区环境容量的限度内，其余的部分作为削减目标或削减量。

4．选择规划方法与建立规划模型

依据空气中污染物的基本特点、污染源类型和污染物种类选择相应的规划方法。煤烟型污染城市，可以选择能源与污染源相结合的系统分析方法。针对城市污染气象要素的特点，以各类大气扩散模型为基础，建立各类污染源与大气质量之间的输入响应关系。按照规划方法和模型中考虑的全部基本措施，确定主要空气污染源治理措施的技术经济参数。

建立相应的规划模型，并对其进行基本辨识和灵敏度分析，以检验规划模型的有效性。

（四）大气污染联防联控规划方案

将经过优化分析的各规划方案根据环境目标和经济承受能力等因素采用综合协调的方法进行决策分析，当以上各因素有矛盾时应适当修改环境目标，以保证规划方案的可实施性。将决策可行的最优规划方案按轻、重、缓、急的时间安排进行分解，并逐一落到各执行部门和污染单位，使决策方案成为可实施的方案。在分解过程中，一般按实施过程的时间序列分解（制定2～3年滚动计划和年度计划）和按规划区域空间分解（人口密集区，城市中心区及城市上风区）。在综合防治规划中，要将有关措施按部门所属关系分解到位，将规划项目变成有关部门的工作计划。当有关部门落实有困难时，可采用参数修订的方式将信息反馈给规划系统。具体方案如下：

1．统筹区域环境资源，优化产业结构与布局

依据地理特征、社会经济发展水平、大气污染程度、城市空间分布以及大气污染物在区域内的输送规律，将规划区域划分为重点控制区和一般控制区，实施差异化的控制要求，制定有针对性的污染防治策略。对重点控制区，实施更严格的环境准入条件，执行重点行业污染物特别排放限值，采取更有力的污染治理措施。

2．严格环境准入，强化源头管理

依据国家产业政策的准入要求，提高“两高一资”行业的环境准入门槛，严格控制新建高耗能、高污染项目，遏制盲目重复建设，严把新建项目准入关。具体包括：严格控制高耗能、高污染项目建设；严格控制污染物新增排放量；实施特别排放限值；提高挥发性有机物排放类项目建设要求。此外，需加大落后产能淘汰，大力发展清洁能源，加大热电联供。

3．深化大气污染治理，实施多污染物协同控制

全面推进二氧化硫减排及氮氧化物污染防治工作；强化工业烟粉尘治理，大力削减颗粒物排放；开展重点行业治理，完善挥发性有机物污染防治体系；加强有毒废气污染控制；强化机动车污染防治，有效控制移动源排放；加强扬尘控制，深化面源污染管理。

4．创新区域管理机制，提升联防联控管理能力

建立区域大气污染联防联控机制、创新环境管理政策措施、全面加强联防联控的能力建设等。

八、固体废弃物处理处置规划

固体废弃物已经成为环境的主要污染源之一，其污染特点是种类繁多，成分繁杂，数量巨大。固体废弃物的环境造成的影响包括：污染大气环境、污染水环境、污染土壤环境、影响生活环境卫生，危害公众健康。因此制定固体废弃物污染防治规划是重中之重的。固体废弃物处理处置规划是在现状调查基础上进行评价，确定规划目标，制定治理方案并进行环境、经济效益的综合分析，根据经济能力确定最终规划方案，如图 10-9。

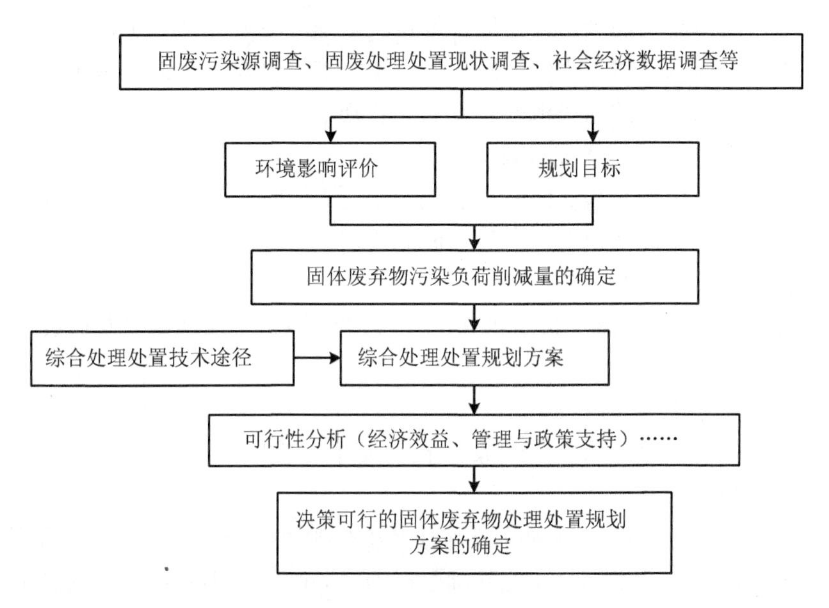

图 10-9 固体废弃物处理处置规划框图

（一）固体废弃物污染存在的问题

固体废弃物污染存在的主要问题如下：

1．危险废物集中处置能力不足

全国危险废物年产生量在 900 万吨左右，综合利用和处置量仅为 600 万吨，每年约有 300 万吨被贮存起来，全国累计贮存量已达 2 000 万吨。一些大型企业不愿意投资自行处理危险废物，中小型企业又没有能力进行处理。目前，全国只有部分城市建立了危险废物集中处置设施，但因种种原因尚未得到充分利用。危险废物紧急事故快速反应能力长期处于较低水平。

2．垃圾填埋场和城市污水处理厂成了集中污染源

据调查，中国有 90%的垃圾填埋场地下水水质超过国家标准，垃圾焚烧厂普遍存在烟气不达标及灰烬未安全填埋问题，部分城市污水处理厂的污泥得不到无害化处置，大量污泥通过雨水冲刷等途径重新进入河流，污染水体。部分新建运行不久的医疗废物集中焚烧处理厂周边环境已受到污染，二次污染严重。

（二）固体废弃物处理处置规划的重点

1．总体设计

①固体废弃物处理处置规划系统的总体设计，确定规划的目的、对象、范围和内容等。

②规划系统结构与指标体系研究，设计规划的系统流程以及规划的衡量指标体系。

2．数据调查与分析

（1）固体废物污染现状及其发展趋势分析

固体废物的现状调查应从原辅材料消耗、产生工业废物的工艺流程和物料平衡分析、工艺过程分析、固体废物的产出、运输、堆存、处理等主要环节入手，就各类固体废物的性质、数量以及对周围环境中大气、水体、土壤、植被以及人体的危害进行全面、深入的分析调查，以筛选出主要的污染源和主要污染物质。

（2）固体废弃物处理处置现状数据调查

确认规划区内固废的收集、存放、运输路线、固废处理方式现状、填埋场位置和规模、固废对环境的影响数据以及已有的固废回收利用状况等。

（3）社会经济数据调查分析

收集并分析相关的经济结构、产业结构、工业结构及布局现状以及社会与经济发展远景规划目标数据。

（4）其他数据调查

包括相关的环境质量、水文、气象、土地利用、交通和地形地貌数据等的调查。

3．确定规划目标

根据总量控制原则，结合规划区域特点以及经济承受能力确定有关综合利用和处理、处置的数量与程度的总体目标。在此基础上根据不同时间、不同类型的预测量与固体废物环境规划总目标，可以获得垃圾及工业固体废物在不同时间的削减量。垃圾的清运、处理处置及综合利用问题作为城市环卫系统目标。对于工业固体废物，要把削减量首先分配到各行业中去，即确定各行各业的固体废物控制目标。

在此分目标确定过程中需要考虑下列因素：行业性质不同，固体废物种类及数量差别很大，不可能在各行业中推行同一控制目标。固体废物污染现状不同的行业也不可能采取同一控制分目标，主要的重点放在防治污染严重的行业。考虑废物量削减技术的可行性。确定各行业固体废物削减量时，在保证总体目标实现的前提下，要在投资、运行费用、经济效益及环境效益等方面整体优化。

4．规划方案生成及优化分析

①规划方案的生成需要根据分析评价的结果来制定，不同的条件下需设定不同的规划方案。

②优化分析，为了增加规划方案的有效性，还可以采用一些风险分析方法以及效用理论、回归分析等技术方法，加强与决策者和有关专家的交互过程，已获得有用的反馈信息，进而调整方案，分析比较不同规划方案的效果，力图获得更加切实可操作的优化方案。

（三）固体废物综合防治措施

1．一般工业固废的处理处置与利用

（1）处理处置率和利用量的计算

根据一般工业固废的处理处置率和综合利用率目标及一般工业废渣的预测产生量，计算全市各行业一般工业固废的处理处置量和综合利用量。用总目标反推各行业中各类工业固体废物的处理处置率和综合利用率时，应考虑下列因素：行业特点、固体废物污染现状、处理处置和综合利用技术可行性、整体优化。

（2）将处理处置量和综合利用量分配到具体污染源

在确定全市及各行业一般工业固体废物的处理处置和综合利用量后，将指标落实到具体污染源。

（3）制定一般工业固体废物的处理处置及综合利用措施

由于固体废物的成分复杂，产生量大、处理难，一般投资大，所以固体废物综合防治的重点就是综合利用，就是发展企业间的横向联系，促进固体废物重新进入循环生产系统。

2．危险固体废物的处理与处置

危险固体废物指生产和生活过程中所排放有毒的、易燃的、有腐蚀性的、传染疾病的、有化学反应性的固体废物。主要的处理方法：焚化法、化学处理法、生物处理法、安全填埋法。

3．垃圾的处理与处置

根据目标要求，计算垃圾的处理量与利用量。根据处理量和利用量，会同环境卫生部门落实垃圾处理利用措施。主要处理与处置方法有生物处理技术（堆肥技术和沼气技术）、热处理（焚烧处理技术和热解处理技术）、垃圾的资源化利用、安全填埋法。

九、化学品环境风险防控规划及 POPs 污染防治规划

随着我国经济高速发展，化学品的生产和使用量持续增加，化学品生产、加工、储存、运输、使用、回收和废物处置等多个环节的环境风险日益加大。化学品生产事故、交通运输事故、违法排污等原因引发的突发环境事件频繁发生，持久性有机污染物、内分泌干扰物等引起的环境损害与人体健康问题日益显现，化学品环境风险防控形势日趋严峻。

为保障人民群众身体健康和环境安全，需要进行科学规划，采取优化布局、健全管理、控制排放、提升能力等多种手段，全面推进化学品全过程环境风险防控体系建设，遏制突发环境事件高发态势，控制并逐步减少危险化学品向环境的排放，探索符合科学规律、适应国情的化学品环境管理和环境风险防控长远战略与管理机制，逐步实现化学品环境风险管理的主动防控、系统管理和综合防治，不断实现化学品环境风险管理能力和水平的提高。

在众多化学品中，POPs 是对人类生存威胁最大的污染物种类之一，对区域生态系统和人体健康产生长期、潜在和深远的毒性危害并造成一系列不利的社会和经济影响。编制 POPs 污染防治规划，是履行《斯德哥尔摩公约》、维护环境安全和群众健康、落实科学发展观的重要工作。

（一）国家要求

2011 年 10 月 17 日，国务院发布的《关于加强环境保护重点工作的意见》要求加强持久性有机污染物排放重点行业监督管理。建立化学品环境污染责任终身追究制和全过程行政问责制。

《国家环境保护“十二五”规划》中明确指出：到 2015 年，重金属污染得到有效控制，持久性有机污染物、危险化学品、危险废物等污染防治成效明显。

根据《化学品环境风险防控“十二五”规划》，到 2015 年，基本建立化学品环境风险管理制度体系，大幅提升化学品环境风险管理能力，显著提高重点防控行业、重点防控企业和重点防控化学品环境风险防控水平。

根据《全国主要行业持久性有机污染物污染防治“十二五”规划》（以下简称《POPs“十二五”规划》），到 2015 年，基本控制重点行业二噁英排放增长的趋势；全面下线、标识、管理已识别在用多氯联苯电力设备；安全处置已识别杀虫剂废物；无害化管理已识别杀虫剂类高风险污染场地；加强 POPs 监管能力建设；初步建立 POPs 污染防治长效机制；推进新增列 POPs 物质的调查和管理；有效预防、控制和降低 POPs 污染风险，保障环境安全和人民身体健康。

（二）面临的问题

总体来看，我国化学品环境管理体系尚不健全，现有工作主要局限于有毒化学品进出口登记和新化学物质信息收集和风险识别，工作内容、范围和深度都比较有限，高毒、难降解、高环境危害的化学品限制生产和使用管理要求不严，针对性、系统性的化学品环境管理法规、制度和政策明显缺失，化学品生产和使用种类、数量、行业、地域分布信息和重大环境风险源的种类、数量、规模和分布不是十分清楚，多数化学物质的环境危害性不清，危险化学污染物质的排放数量和污染情况不清，化学物质转移状况不清，受影响的生态物种和人群分布情况不清等问题。管理人员缺乏，熟悉专业的技术人员缺乏。相比其他污染物控制而言，化学品环境管理和风险防控处于刚刚起步阶段。

同时，就 POPs 污染防治专项工作而言，也面临特有的问题，包括：二噁英排放量大、区域分布不平衡、行业问题突出，新源增长速度快；含多氯联苯电力设备及其废物尚未得到有效识别、监管和处置；杀虫剂废物量大分散，污染场地状况不清；环境和监控风险隐患突出；新增 POPs 污染问题接踵而至；控制技术薄弱；监管体系亟待完善等。

（三）化学品环境风险防控规划重点

化学品造成的环境风险具有不确定性、突发性等特点，化学品物质属性决定了其风险控制要采取不同于一般污染物排放控制的思路和手段，应遵循风险防控的思路和方法，从预防、预警、应急、处置、追责、赔偿、修复等不同阶段工作入手进行规划。具体包括以下环节：

①从化学品物质本身的风险评估出发，强调物质准入与淘汰手段，从源头控制化学品环境风险；

②新化学物质的申报登记；

③制定有毒有害化学品淘汰清单，依法淘汰高毒、难降解、高环境危害的化学品；

④制定重点环境管理化学品清单，限制生产和使用高环境风险化学品；

⑤完善相关行业准入标准，大力推行化学品生产消费中的清洁生产（包括原料替代、高新技术化生产、边废料的回收及利用、技术创新）；

⑥制定环境质量标准、排放标准和监测技术规范，推行排放、转移报告制度；

⑦开展强制清洁生产审核；

⑧控制化学品环境污染物排放与治理，减少和控制有毒有害物质的环境污染；

⑨开展有毒污染物排放环境监测；

⑩开展化学废物及容器的安全处置等化学品事故应急、环境应急监测和环境污染处置和修复等；

⑪建立化学品环境污染责任终身追究制和全过程行政问责制。

除上述化学品环境风险管理手段外，还有赖于一系列保障制度的支持，如包括管理协调制度、执法保障制度、环境经济政策、公众参与制度、责任追究制度、权利救济制度等。

（四）POPs“十二五”规划的重点

POPs“十二五”规划主要针对二噁英、多氯联苯、杀虫剂及其废物和污染场地、新增列持久性有机污染物。主要行业指与二噁英排放、多氯联苯电力设备及废物、杀虫剂及其废物有关的行业。重点行业指设计二噁英排放的再生有色金属生产、电弧炉炼钢、废弃物焚烧、铁矿石烧结 4 个行业。重点地区包括浙江、江苏、山东、江西、广东、河北、上海、安徽、山西、湖南十个省市。

（五）规划任务

1．化学品环境风险防控规划

（1）调整优化产业结构布局

产业结构调整与优化与化学品环境防范管理同时实施、大力推进。按照“淘汰限制—推进合理布局—强化环评调控手段—制定环境准入”4 个层次展开。公布高毒、难降解、高环境危害的淘汰物质清单，限制生产和使用高环境风险化学品。重点行业化学品生产使用企业布局应纳入区域发展规划和城镇总体规划中，对化学品项目布局开展全面梳理评估，以产业园区和集聚区为重点地区，大力开展海洋、江河湖泊沿岸化工企业的综合整治，制定整治标准和验收标准。

（2）加强环境监测

对重点区域典型高环境风险类有毒化学物质实施环境监测，掌握其环境污染状况及生态系统、人体环境暴露水平等基本环境风险信息，开展环境风险程度的评估。将重点环境管理化学污染物质排放纳入企业和各级环保部门日常监测和监督性监测的管理范围。

（3）明确企业主体责任

着力落实企业化学品环境风险防范各项制度，建立健全环境风险识别、评估、监测、预警体系，增强环境风险隐患的自查与自控能力，从源头消灭环境风险隐患。编制突发环境事件应急预案，通过完善环境应急预案，落实应急设施、物资、人员配备，增强突发环境事件的应急能力。组织开展环境风险评价和后评价，主动申报环境风险，定期排查评估环境安全隐患并及时治理。设置厂界环境应急监测与预警装置，推进与监管部门联网。环境事件发生时，及时采取科学、有效的处理处置措施，主动报告事故情况，承担处置费用，最大限度地降低环境损害。在恢复与重建阶段，企业应配合开展事件原因和责任调查，对造成的环境污染和生态破坏进行恢复，赔偿相关方经济损失。

2．POPs 污染防控规划

（1）加强监督管理，实施二噁英减排治理工程

落实《关于加强二噁英污染防治的指导意见》，动态更新二噁英排放清单，加大环境影响评价制度和清洁生产审核制度实施力度，削减和控制重点行业二噁英污染排放。加强重点行业监督管理，通过优化产业结构、淘汰落后产能、实施二噁英减排技改工程，有效降低单位产量（处理量）二噁英排放强度。开展区域总量控制试点。

严格环境准入，从源头控制二噁英污染；加快淘汰落后产能；实施减排工程；加快开展最佳可行技术和最佳环境实践（BAT/BEP）技术示范；加强二噁英排放的监管；开展总量控制试点。

（2）控制含多氯联苯电力设备及其废物环境和健康风险

将在线含多氯联苯电力设备纳入识别、标注、监管和下线等管理程序，安全处置已识别含多氯联苯电力设备及其废物，清理并处置高风险含多氯联苯污染土壤。识别和标注在用含多氯联苯电力设备；安全处置已识别含多氯联苯废物及污染土壤。

3．控制并消除已识别杀虫剂废物环境风险，开展污染场地风险管理、治理和修复示范

开展已查明杀虫剂废物的环境无害化管理并完成安全处置。逐步开展持久性有机污染物污染场地风险管理、治理和修复示范，利用现有资金优先解决高风险环境问题。安全处置已查明杀虫剂废物；开展污染场地的环境调查和风险评估，初步建立持久性有机污染物污染场地国家档案；开展污染场地的风险管理、治理和修复示范。

4．主动应对受控持久性有机污染物增列

建立受控持久性有机污染物增列应对机制；制定拟限控持久性有机污染物削减淘汰战略。

5．完善管理体系，加强科技研发

强化持久性有机污染物监管基础；完善持久性有机污染物环境管理政策法规体系；加快建立持久性有机污染物污染防治标准体系；研究制定持久性有机污染物控制和削减的相关环境经济政策；加强持久性有机污染物监测；开展宣传教育、加强科技研发。

本章小结

环境规划是我们组织开展环境保护工作的纲领和依据，是起指导作用的，它的好坏直接决定着我们环境保护工作的成效。本章第一节主要介绍环境规划的基本概念、内容、特点等；第二节着重介绍环境规划的具体程序；第三节详细介绍污染防治规划，主要是对工农业生产、交通运输、城市生活等人类活动对环境造成的污染而规定的防治目标和措施；第四节、第五节对区域生态建设规划与城市环境规划进行详细介绍。

我国目前的环境规划体系中还存在着很大的缺陷，影响了环保工作的进程，同时也阻碍了社会经济的快速发展。因此加强环境规划体系建设，建立一个科学的、健全的环境规划体系是必然的发展趋势。未来的环境规划体系应包括环境规划法规体系、环境规划行政体系、环境规划技术体系、环境规划管理体系、环境规划理论体系和环境规划教育体系等多个方面，将是一个比较系统和完善的体系，能使环境规划真正起到促进环境、经济与社

会协调发展的作用。

思考题

1．以框图形式表示环境规划的工作程序。
2．简述环境规划的编制程序与主要内容。
3．环境规划指标的主要类型有哪些？
4．简要说明大气污染综合防治规划的编制程序。
5．生态建设和生态保护规划方案的主要措施有哪些？
6．如何保证环境规划方案的实施？

参考文献

[1] 环境保护部. 环境规划指南. 北京：清华大学出版社，1994.
[2] 张宝莉，徐玉新. 环境管理与规划. 北京：中国环境科学出版社，2004.
[3] 张明顺. 环境管理（第二版）. 北京：中国环境科学出版社，2005.
[4] 刘利，潘伟斌. 环境规划与管理. 北京：化学工业出版社，2006.
[5] 刘天齐，等. 区域环境规划方法指南. 北京：化学工业出版社，2001.
[6] 张承中. 环境管理的原理和方法. 北京：中国环境科学出版社，1997.
[7] 钱易，唐孝炎. 环境保护与可持续发展. 北京：高等教育出版社，2000.
[8] 杨贤智，李景锟. 环境管理学. 北京：高等教育出版社，1990.
[9] 刘天齐. 环境保护通论. 北京：中国环境科学出版社，1997：345-361.
[10] 程胜高，等. 环境影响评价与环境规划. 北京：中国环境科学出版社，1999.
[11] 陈焕章. 实用环境管理学. 武汉：武汉大学出版社，1997.
[12] 唐云梯，等. 环境管理概论. 北京：中国环境科学出版社，1992.
[13] 张力军. 中国环境保护工作手册. 北京：海洋出版社，1997.
[14] 钦佩，等. 生态工程学. 南京：南京大学出版社，2008：156-180.
[15] 王祥荣. 生态与环境——城市可持续发展与生态环境调控新论. 南京：东南大学出版社，2000.
[16] 沈清基. 城市生态与城市环境. 上海：同济大学出版社，1998.
[17] 徐肇忠. 城市环境规划. 武汉：武汉测绘科技大学出版社，1999.
[18] 刘常海，等. 环境管理. 北京：中国环境科学出版社，1996.
[19] 刘宗超. 生态文明与中国可持续发展走向. 北京：中国科学技术出版社，1997：199-216.
[20] 杨士弘. 城市生态环境学. 北京：科学出版社，1996.
[21] 孙铁珩，等. 污染生态学. 北京：科学出版社，2001.
[22] 王紫雯. 环境规划管理与控制. 杭州：浙江大学出版社，2001.
[23] 郭怀成，尚金城，张天柱. 环境规划学. 北京：高等教育出版社，2001.
[24] 魏彤宇，梁维华，刘智雯. 天津市持久性有机污染物（POPs）“十二五”污染防治规划的研究与编制[J]. 中国科技成果，2013（3）：14-16.
[25] 孙宁，等. 如何下好“十二五”化学品环境风险防控这盘棋[J]. 环境保护，2012（6）：38-41.

第十一章　污染物排放总量控制

第一节　污染物排放总量控制概述

本节将从污染物排放总量控制制度的概念内涵出发，重点介绍该项制度的法律政策地位以及发展特点。在分析国外污染物排放总量控制制度发展状况的基础上，总结我国总量控制制度的发展历程与趋势。同时根据不同的总量控制目标确定方法，从目标总量控制、容量总量控制和行业总量控制 3 个方面对我国总量控制制度的实施进行介绍。

一、污染物排放总量控制制度

污染物排放总量控制制度是指在特定的时期内，综合经济、技术、社会等条件，采取通过向排污源分配污染物排放量的形式，将一定空间范围内排污源产生的污染物的数量控制在环境容许限度内而实行的污染控制方式及其管理规范的总称。它包含了 3 个方面的内容：一是排放污染物的总量；二是排放污染物总量的地域范围；三是排放污染物的时间跨度。通常有 3 种类型：目标总量控制、容量总量控制和行业总量控制。目前我国的总量控制基本上是目标总量控制。

从制度实施的角度来看，污染物排放总量控制制度具有高度的科学技术性。具体而言，污染物总量控制制度的科学技术性主要体现以下几方面，第一，污染物总量控制制度法律规范的制定和实施是以环境科学的发展与成熟为前提的，其必须遵循和建立在自然规范（法则）的基础上，而不能人为地、强制性地凭借主观判断予以确定。这些法律规范的实施是通过大量的环境标准和技术性规范来实现的，而这些环境标准的制定无一不仰仗于环境科学的发展。根据标准内容的不同，可以将环境标准分为环境质量标准、污染物排放标准、环境基础标准和环境方法标准；根据环境要素的不同，环境标准还可以分为水环境标准、大气环境标准、土壤环境标准等，其中每一项标准中又包括众多的子标准和技术规范。第二，污染物总量控制制度中还囊括了众多的专业术语和专有名词，这些专业术语和专有名词无一不以环境科学为基础。第三，污染物总量控制制度的实施需要科学技术的保证。首先，从排污企业的角度来讲，为实现在总量限额内的排污，其必须千方百计地实现污染物减排，而实现污染物的减排很大程度上依赖于先进科学技术在生产过程中的使用；其次，从环境保护部门的角度来讲，为实现对排污企业的监督管理，其需要利用先进的监测仪器来加以甄别，以确保环境监测的准确性，提高环保部门的执法能力。

从制度功效的角度来看，污染物总量控制制度更加有效地遏制了环境的持续恶化。事实上，污染物总量控制制度的这一特点是该制度的科学技术性特点在制度实施结果中的延伸。所谓的“高效性”是相对污染物浓度控制制度而言的，从制度设计层面来讲，污染物浓度控制属于一种事后控制，焦点主要集中于污染物排放企业生产末端中的污染物排污浓度，并不关心生产过程中的污染物减排；而从污染物总量控制制度实施的客观结果来看，其属于一种过程控制，更加强调排污企业从原料选择、生产技术到污染物最终排放的全过程减排。具体来讲，相比传统的浓度控制，总量控制有以下优点：一是总量控制比浓度控制更能真实地反映污染物进入环境的实际情况；二是总量控制有利于防止“浓度控制”中不合理的稀释排放现象，有效保护水资源；三是总量控制有利于进一步实现在总量控制的基础之上的总量削减。污染物总量控制制度通过对排放到自然界之中的污染物总量进行规制，从根本上杜绝污染物排放者通过稀释污染物的浓度来实现达标排放的现象，从而有效地遏制环境污染的持续恶化。同时，该制度还可以实现在污染物总量控制的基础之上进行污染物总量的削减，以进一步优化环境质量，从而保持生态系统在结构上、功能上以及输入和输出物质数量上的平衡。

从实施范围的角度来看，污染物总量控制制度是以一定的区域及特定污染物为控制对象的。环境状况的差异性、经济发展的不平衡性及不同环境功能区的环境保护目标的差异性决定了我国环境保护具有较强的区域性特点。长期以来，我国形成了三大经济地带，即东部、中部和西部，这三大经济地带各有各的经济特点、工业布局和环境污染状况，经济发展水平由东向西依次递减，环境污染状况也随之逐渐减轻。近些年来，随着国家产业政策调整，这种状况有所缓解，尽管基本上还没有打破这种格局，但是环境污染状况却逐渐呈现由东向西逐渐蔓延的趋势，有个别城市的环境污染状况已经相当严重，如兰州的大气污染综合指数在全国 113 个大气污染防治重点城市排名倒数 19 位，流经兰州的黄河河段水质已经相当恶劣。同时，围绕我国其他主要水系又形成了新的污染带，如太湖流域出现的含氮、磷等富营养化物质的废水污染在近年来越演越烈。为了解决这些有浓厚地域性的环境污染，污染物总量控制制度通过划定特定区域并对这一区域内的某些具体污染物限量排放来实现污染控制，以每个区域为一个整体，实现区域环境的改善与优化，并最终实现整体环境状况的好转。

从法律保障的角度来看，污染物排放总量控制制度是与污染物排放总量控制相关的一系列法律规范的总称。所谓一系列的环境法律规范，具体来讲包括总量制定的法律规范、总量分配的法律规范、管理机制的法律规范和总量执行等法律规范。首先，该制度中污染物的总量是一个量化的动态指标体系，其确定的依据是特定区域的环境容量、环境质量状况、污染控制的经济、技术可能性及环境保护目标。其次，该制度包含了总量制定的法律规范，包括如何划定污染物受控区域、制定污染物总量控制标准及规定受控的时间跨度。在一定区域的污染物排放总量确定以后，如何将这些污染物总量分配给各个排污企业也需要相应法律规范的规制。再次，为保障污染物总量控制制度的有效实施，通过规定拥有总量分配权和监督权的环境监督管理部门的职责范围，以督促其依法履行职责。最后，还明确了超量排污的区域和企业的法律责任，具体来说，主要包括对超量排污区域新增排污项目的限批管理规定，以及对超量排污的企业及其责任人的法律责任规定。除此之外，该制度也包含关于污染物总量制定及排放指标落实中的公众参与监督的法律规范。

污染物排放总量控制制度是环境保护领域的一项基本制度，也是各国普遍实施的一项重要环境管理手段，尤其是在大气污染和水污染防治领域。总量控制概念方法自 20 世纪 70 年代末由日本提出后，在日本、美国等发达国家得到广泛应用，并取得了良好的效果。日本在 1971 年就开始对水质总量控制制度问题进行研究，于 1973 年制定的《濑户内海环境保护临时措施法》中，首次在废水排放管理中引用了总量控制。到 1984 年，日本将总量控制法正式推广到东京湾和伊势湾两个水域，并严禁无证排放污染物。日本总量控制的经验主要在于将法律手段与经济手段和行政手段有效结合，同时加强科学研究，发挥公众和中介组织的监督作用。美国 1973 年颁布实施了《清洁水法》，第 303（d）条款要求各州领地及部族每两年必须向美国国家环保局汇报当地水体的整体卫生情况及水体是否达到了水质标准。如果采用了最优的水处理技术，仍然没有达到相应的水质标准，美国国家环保局则要求州领地和部族对这类水体制定并实施 TMDL（日最大总负荷）计划。TMDL 是指为在满足水质标准的条件下，水体能够接受的某种污染物的最大日负荷量。在大气污染防治方面，美国国家环保局于 1979 年提出了与日本同样的大气污染控制思路，并开始试点执行著名的“泡泡”（总量控制区的俗称）政策，即允许在同一个“泡泡”内的一些污染源增加排放量，而其他污染源更多地削减来抵消排放量的增加。基于总量控制的管理思想和观点，制定了一系列的政策：1986 年颁布了《排污交易政策最终报告书》，以排污交易政策取代“泡泡”政策，并允许排污权有偿转让；排污交易政策由四部分组成：“泡泡”、总量控制、排污补偿和排污削减使用的银行储存。在 1990 年《清洁空气法》修正案中，美国政府又大力扩展了排污交易作为空气质量政策组成部分的应用范围，并确定了大气污染物总量控制的法律地位。

我国污染物排放总量控制制度的发展主要经历了以下 4 个时期：引进阶段、发展阶段、延续发展阶段、全面推进阶段。

（一）引进阶段

“九五”（1996 年）之前概念引入，仅在 1988 年通过的《水污染物排放许可管理暂行办法》（现已失效）和一些地方性法规上有规定，主要是《上海市黄浦江上游水源保护条例》（1985）；《江苏省环境保护条例》（1993）；《江苏省太湖水污染防治条例》（1996）；《江苏省排放污染物总量控制暂行规定》（1992）等。国民经济和社会发展规划、法律均没有相关规定。总量控制制度实施所运用的相关制度主要是：许可证制度和排污收费制度。当时在实施总量控制制度的局部地区取得了一些效果。

（二）发展阶段

总量控制制度的发展阶段是在“九五”期间（1996—2000 年）。①总量控制的范围明确：12 种污染物：烟尘、工业粉尘、二氧化硫、化学需氧量、石油类、氰化类、砷、汞、铅、镉、六价铬、工业固体废物排量。②国民经济和社会发展纲要和法律法规蓬勃发展：《国民经济和社会发展“九五”计划和 2010 年远景目标纲要》和《“九五”期间全国主要污染物排放总量控制计划》；《水污染防治法》（1996）及其实施细则（2000）；《大气污染防治法》（2000）；《国家环保总局酸雨控制区和二氧化硫污染控制区划分方案》（1998）；《关于在酸雨控制区和二氧化硫污染控制区开展征收二氧化硫排污费扩大试点的通知》（环发[1998]6 号）、《关于在杭州等三城市实行总量排污收费试点的通知》（环发[1998]73

号）等排污收费试点规章均有规定。③总量控制制度实施所运用的相关制度也得到了相应的发展：排污许可证制度、排污收费、排污申报登记制度、环境目标责任制和城市环境综合整治定量考核制度、限期治理制度、总量控制工作年度考核制度。

（三）延续发展阶段

“十五”时期（2001—2005 年）：①总量控制制度的管理范围缩减为 5 种污染物：二氧化硫、尘（烟尘和工业粉尘）、化学需氧量、氨氮、工业固体废物。②政策、法律法规发展：《国民经济和社会发展“十五”计划纲要》和《国家环境“十五”计划》均有规定。③总量控制制度实施所运用的相关制度：目标责任制、总量排污收费试点。其他制度虽沿袭了以前的法律，但实际执行上严格程度已经过于宽松，甚至名存实亡。“十五”过后，二氧化硫与二氧化碳的排放总量均未完成“十五”计划削减 10%的控制目标。

（四）全面推进阶段

“十一五”时期（2006—2010 年）：新政策、法律制度全面推进期。“十一五”期间是第一次将总量控制指标列为约束性指标，是一条不可逾越的红线。国务院要求各省（区、市）要将《计划》确定的主要污染物总量控制指标纳入本地区经济社会发展“十一五”规划和年度计划，分解落实到基层和重点排污单位。要制订实施方案，落实工程措施和资金，严格实行排污许可证管理，加强执法监督，加大对各种违法排污行为的监督查处力度；同时，要切实转变经济增长方式，从源头上减少污染，确保总量控制目标的实现。①总量控制制度的管理范围进一步集中：二氧化硫、化学需氧量。国家“十一五”规划纲要的约束性指标：确保到 2010 年二氧化硫、化学需氧量比 2005 年削减 10%。②新政策、法律制度创设：除《国民经济和社会发展“十一五”规划纲要》、《国家环境保护“十一五”规划》、《“十一五”期间全国主要污染物排放总量控制计划》外，《中华人民共和国水污染防治法》进行了修订（2008 年修订），同年颁布了《“十一五”主要污染物总量减排考核办法》、《“十一五”主要污染物总量减排统计办法》、《“十一五”主要污染物总量减排监测办法》。③总量控制制度实施所运用的相关制度：目标责任制，公布未达标地区、主要企业，区域限批，罚款，责令限期治理等。

“十二五”期间我国仍然处于工业化中后期，工业化和城市化仍将处于快速发展阶段，资源能源与环境矛盾将更加突出。为实现 2020 年全面建设小康社会、主要污染物排放量得到有效控制、生态环境质量明显改善以建设美丽中国的宏伟目标，科学落实污染物排放总量控制制度是“十二五”环境保护的重要组成部分，总量控制制度在国民经济发展计划和环境保护计划、法律法规中地位将越来越重要。在“十一五”化学需氧量和二氧化硫两项主要污染物的基础上，“十二五”期间国家将氨氮和氮氧化物纳入总量控制指标体系，对上述 4 项主要污染物实施国家总量控制，统一要求，统一考核。“十二五”期间水污染总量控制还把污染源普查口径的农业源纳入总量控制范围，着力推进畜禽养殖污染防治工作；在城市加快县城和重点建制镇污水处理设施建设，大力提高治污设施环境绩效。大气污染总量控制思路包括推进能源结构持续优化，严格控制新增量；巩固电力行业减排成果，推进二氧化硫全面减排；推进电力行业和机动车氮氧化物排放控制，突出重点行业和重点区域减排。

二、目标总量控制

目标总量控制是指国家基于经济社会与环境协调发展的原则，依据经济发展的阶段特征和环境质量的实际状况，确定全国乃至各地区污染物排放总量控制指标的一种总量控制方法。目标总量控制一般是以指令性总量控制的方式来实施的，如将排放污染物总量控制指标列为国民经济和社会发展五年规划的约束性指标。

“一控双达标”中的总量控制即为目标总量控制的具体体现。1996 年 8 月，国务院发布《关于环境保护若干问题的决定》，提出到 2000 年力争使环境污染和生态破坏加剧的趋势得到基本控制，部分城市和地区的环境质量有所改善的环境保护目标，其具体目标即为“一控双达标”。具体目标是：到 2000 年，各省、自治区、直辖市要使本辖区主要污染物排放总量控制在国家规定的排放总量指标内（总量控制）；全国所有工业污染源排放污染物要达到国家或地方规定的标准；直辖市及省会城市、经济特区城市、沿海开放城市和重点旅游城市的环境空气、地面水环境质量，按功能分区分别达到国家规定的有关标准（双达标）。简单地说，“一控双达标”就是对污染排放实行总量控制，所有工业污染源排放污染物要求达标、重点地区环境功能区的环境质量要求达标。目标总量控制是目前我国主要的总量控制方法，“十二五”规划中明确规定了化学需氧量、二氧化硫排放分别减少 8%，氨氮、氮氧化物排放分别减少 10%的总量控制目标。目标总量控制方法的特点在于目标明确，可通过行政干预的方法，对控制区域内的污染治理水平的投入代价及产生的效益进行技术经济分析，以此来确定污染负荷的削减率，并将其分配给各污染源。在水污染控制方面，主要适用于一些排污负荷较大，水质较差并且受经济技术条件的制约，近期内又达不到远期水质功能目标的污染控制区域，实现区域水环境的渐近改良，以改善其水环境状况，也适用于已经达到水环境功能目标的污染控制区域，用于继续改善水环境质量。

三、容量总量控制

容量总量控制，是根据当地实际的环境容量来确定污染物排放总量控制指标的一种总量控制方法，即主要是根据环境容量来确定总量控制指标，即把允许排放的污染物总量控制在受纳水体给定功能所确定的水质标准范围内，其“总量”是基于受纳水体中的污染物不超过水质标准所允许的排放限额。

容量总量控制是从环境质量要求出发，运用环境质量模型计算，根据环境允许纳污量，反推允许排污量，通过技术经济可行性分析、优化分配污染负荷，确定出切实可行的总量控制方案。该方法的特点是可以把水污染控制管理目标与水质目标紧密联系在一起，通过计算得到的水环境容量值来推算受纳水体的纳污量。容量总量控制可用于确定总量控制的最终目标，也可作为总量控制阶段性目标可达性分析的依据。在水污染控制方面，主要适用于水质较好、污染治理技术水平以及经济水平较强，同时管理水平又较高的污染控制区域，可直接作为现实可行的总量控制技术路线加以推行。

根据环境容量确定的总量控制指标是比较科学的方法，无疑是一个重要的发展方向。但是，由于研究环境容量难度大、时间长，加之国内目前的环境质量状况，总体上是污染负荷远远超出环境容量，当务之急是削减现有的污染负荷，努力恢复环境容量。

四、行业总量控制

行业总量控制是指从行业生产工艺着手，通过控制生产过程中的资源和能源的投入以及控制污染物的产生，使排放的污染物总量限制在管理目标所规定的限额之内，其“总量”是基于资源、能源的利用水平以及“少废”、“无废”工艺的发展水平。

行业总量控制是以能源、资源合理利用以及“少污”“少废”工艺的发展水平为控制基点，从最佳生产工艺和实用处理技术两个方面进行总量分配。它是从生产工艺出发，规定能源资源的推入量以及污染物产生量，使水污染物排放总量限制在管理目标所规定的限额内。该方法的特点是把污染控制与生产工艺的改革及资源能源利用紧密联系起来，并可通过行业污染物水平控制逐步将污染物限制在生产过程中。行业总量控制主要适用厂一些生产工艺比较落后，资源和能源的利用率均偏低，且浪费严重，应及时加大改革生产工艺的区域，以减少经济投入和污染物的产出与水环境质量的改善。

行业总量控制是有效控制和消除污染的必要途径。其管理对象是企业，是对企业污染源的整体控制，即控制企业排放总量，企业可以按照自己获准的总量指标来排放，并拥有充分的自主权去选择成本较低的削减污染方式，或者发挥污染源集中处理的优势，既降低污染治理成本，又降低了执法成本；另外行业总量控制同时考虑到污染物的排放浓度和污染载体的容量，可以杜绝企业稀释排放等不法现象，以促进企业大力发展清洁生产，具有针对性和灵活性的该管理方式为今后排污许可证的实施和排污权的顺利交易奠定了基础。

第二节 “十一五”污染物排放总量控制

一、国家约束性减排任务产生背景

近年来，我国逐步面临经济社会快速发展和人口增长与资源环境约束的突出矛盾。目前我国的生态破坏和环境污染已经达到自然生态环境所能承受的极限，为了使经济增长可持续，缓解巨大的环境压力，必须以环境友好的方式推动经济增长。节能减排就是要从源头预防污染产生，最有效地减少资源消耗，减少废弃物排放，从而真正解决当代中国的发展困境。另一方面，节能减排是应对全球气候变化的迫切需要。温室气体排放引起的全球气候变化一直备受国际社会的关注，全球气候变暖已经是一个不争的事实，这与使用煤炭、石油等化石燃料的过程中排放废气污染物的量密切相关。气候变暖是人类共同面临的挑战，需要国际社会共同应对。中国作为发展中国家，在全球气候变暖的大背景下，也要主动承担节能减排的国际责任。因此减少排放、保护环境是我们以人为本的发展理念的要求，是我们可持续发展的内在要求，也是实现经济发展和保护环境“双赢”的必然选择。在此背景下，党中央、国务院适时提出了“十一五”期间主要污染物排放总量减排的约束性指标。

二、"十一五"污染减排成效

"十一五"时期，我国在经济增速和能源消费总量均超过规划预期的情况下，二氧化硫减排目标提前一年实现，化学需氧量减排目标提前半年实现，污染减排任务超额完成，环境质量持续好转。"十一五"期间，我国强化结构减排、工程减排和管理减排措施，严格考核问责，形成了上下联动、左右协同的污染减排工作模式。在环境基础设施建设上，累计建成运行 5 亿千瓦燃煤电厂脱硫设施，全国火电脱硫机组比例从 2005 年的 12%提高到 80%；新增污水处理能力超过 5 000 万吨/日，全国城市污水处理率由 2005 年的 52%提高到 75%以上。同时我国落后产能淘汰力度空前。累计关停小火电机组 7 000 多万千瓦，提前一年半完成关闭 5 000 万千瓦的任务；淘汰落后炼铁产能 1.1 亿吨、炼钢 6 860 万吨、水泥 3.3 亿吨、焦炭 9 300 万吨、造纸 720 万吨、酒精 180 万吨、味精 30 万吨、玻璃 3 800 万重量箱。

三、污染物总量控制管理的主要问题

尽管"十一五"污染减排工作取得了前所未有的成绩，但依然存在不少问题。首先，污染减排还难以确保环境质量同步改善，如现行的化学需氧量、二氧化硫总量减排政策基本上是针对点源污染的对策，而对环境质量影响较大的农村面源污染和非电燃煤锅炉（低矮面源）等未被有效纳入，该问题是当前和未来污染减排中一个非常突出的减排绩效问题。其次，部分政策、制度、措施与总量控制不相匹配甚至相互抵触，以总量控制为龙头的系统管理、量化管理、科学管理尚未形成，管理政策需要根据污染减排要求进行重构。另一个定量化管理的问题是对污染物新增量管理还有待改进。再次，"十一五"期间，污水处理厂和脱硫设施的建设都是前所未有的，但治污工程建设水平不高，减排工程质量难以保障。城市污水管网建设滞后严重阻碍化学需氧量削减，城市污水处理污泥问题没有得到足够重视。二氧化硫减排方案过分依靠火电厂脱硫工程，燃煤工业锅炉煤炭消费量难以保证不增长。最后，一些地方仍然存在上级环保部门考核下级环保部门，各部门的减排责任有待进一步落实。政府环保投入强度不到位，"十一五"前三年中央政府环保财政投入也仍然没有实现每年 300 亿元的目标。污染物排放总量控制法规缺失，污染物排放标准不完善、执行率低，环境监管能力明显偏弱，"三大体系"基础薄弱，配套制度缺乏，减排缺乏准确有效的基础数据保证。

第三节　污染物排放总量核查与考核

一、污染物排放总量控制目标责任书

签订污染物排放总量目标责任书是贯彻落实党中央、国务院决策部署，强化减排目标责任考核，落实政府主导、企业主体责任的具体体现。《“十二五”主要污染物总量减排目标责任书》主要内容包括各地区和重点企业减排目标、主要任务、重点项目、保障措施等。列入目标责任书的“六厂（场）一车”（城镇污水处理厂、造纸厂、火电厂、钢铁厂、水泥厂、畜禽养殖场、机动车）重点减排项目共 5 561 个，减排量占全国削减任务的三分之二以上。根据各地情况，目标责任书详细列出了各省（区、市）和企业集团重点减排项目清单，要求必须按照规定的时间完成重点减排项目建设。据统计，仅目标责任书所列项目，“十二五”期间，全国将至少新建 1 184 座城镇污水处理厂，日处理总能力 4 570 万吨；4 亿千瓦火电机组建设脱硝设施，以及一大批造纸、印染、钢铁、水泥等治理工程。

责任书的关键是要狠抓落实，各签约单位务必严格按照责任书的要求，加强领导，精心组织，采取有力措施，按时保质完成重点减排工程建设。根据国务院《节能减排综合性工作方案》和《国务院关于加强环境保护重点工作的通知》，国家将每年组织对省级人民政府总量减排目标责任评价考核，考核结果向社会公告。对年度减排目标未完成或者重点减排项目未落实的地方和企业，实行问责和一票否决。

二、污染物排放总量控制核查内容与手段措施

“十二五”主要污染物总量减排的责任主体是地方各级人民政府。各省、自治区、直辖市人民政府要把主要污染物排放总量控制指标层层分解落实到本地区各级人民政府，并将其纳入本地区经济社会发展“十二五”规划，加强组织领导，落实项目和资金，严格监督管理，确保实现主要污染物减排目标。各省、自治区、直辖市人民政府负责建立本地区的主要污染物总量减排指标体系、监测体系和考核体系，及时调度和动态管理主要污染物排放量数据、主要减排措施进展情况以及环境质量变化情况，建立主要污染物排放总量台账。

（一）主要污染物总量减排考核内容

1．主要污染物总量减排目标完成情况和环境质量变化情况

减排目标完成情况依据“十二五”主要污染物总量减排统计办法和总量减排核算细则的相关规定予以核定；环境质量变化情况依据国务院环境保护主管部门受国务院委托与各省、自治区、直辖市人民政府签订的“十二五”主要污染物总量削减目标责任书的要求核定。

2．主要污染物总量减排指标体系、监测体系和考核体系的建设和运行情况

依据各地有关减排指标体系、监测体系和考核体系建设、运行情况的正式文件和有关抽查复核情况进行评定。

3．各项主要污染物总量减排措施的落实情况

依据污染治理设施试运行或竣工验收文件、关闭落后产能时间和当地政府减排管理措施、计划执行情况等有关材料和统计数据进行评定。

（二）总量减排核算细则概况

总量减排核算细则适用于国家对各省（区、市）、新疆生产建设兵团以及国家电网公

司、五大电力集团公司、中国石油天然气集团公司、中国石油化工（集团）公司核算期（年度、半年）主要污染物新增量、削减量和排放量的核算。主要污染物是指国家实施排放总量控制的四项污染物，即化学需氧量（COD）、二氧化硫（SO_2）、氨氮（NH_3-N）、氮氧化物（NO_x）。

1．核算原则

（1）遵循基数

以 2010 年污染源普查动态更新及“十二五”各年度环境统计数据作为“十二五”主要污染物总量减排核算的基础，核算污染物新增排放量、削减量和实际排放量。不在排放基数内的现有污染源不作为减排量核算的重点。严格按照国家环境统计制度的规定，认真做好核算数据与“十二五”环境统计的衔接，确保数据的真实性和可比性。

（2）算清增量

认真核算各地区核算期主要污染物排放量变化情况，根据当年经济社会发展、资源能源消耗情况，以宏观核算和分行业核算相结合的方法核算新增排放量，使新增量核算数据准确反映各地区、各行业新增产量的污染排放变化情况，与当地经济发展和污染防治工作实际情况相协调。对于重点行业淘汰落后产能产量替代部分，须根据落后产能淘汰规模以及新增产量的排放强度核算新增排放量。

（3）核实减量

坚持日常督察与定期核查相结合、资料审核与现场抽查相结合的方式，以资料审核为基础，强化日常督察和现场核查，依据统一的核算方法、认定尺度和取值标准，分行业、分地区按照工程、结构、管理三类措施对减排项目逐一核实削减量。核细工程减排项目，翔实核查工程措施实施前后污染物排放变化情况，核准削减率和削减量；核清结构减排项目，仔细清查淘汰关闭的生产线或工艺设备，基于核算期上年环统排放量和排放基数合理核算削减量；核实管理减排项目，强化污染治理设施中控系统和自动监控设施的监督检查，实时监控污染治理设施运行情况，确保稳定高效运转。

2．核算方法

（1）区域排放总量采用宏观核算方法

基于主要污染物排放基数、新增排放量、新增削减量，核算各地区主要污染物排放量数据。排放量可采用物料衡算法、在线监测直接测量法、排污系数法核算。主要污染物排放量数据采取绝对量和相对量两种表达形式，绝对量是指核算期实际排放量相对于上年同期的减少量，相对量是指该绝对量相对于上年同期排放量的削减比例。

（2）重点行业排放量采用全口径核算方法

电力、钢铁、水泥、造纸及纸制品业、纺织业排放量采用全口径核算方法，城镇生活削减量进行项目全口径核算，推动总量减排由宏观核算向更为精细化的分行业、到项目的核算方式转变，使污染物新增排放量逐一落实到污染源，使核算数据更为准确反映行业发展状况和污染治理工作实际情况。其中，钢铁行业重点推行二氧化硫全口径核算，水泥行业重点推行氮氧化物全口径核算，鼓励有条件的地区开展钢铁、水泥行业二氧化硫、氮氧化物两个指标的全口径核算。鼓励有条件的城市实行大型集中供热燃煤锅炉全口径核算，纳入全口径核算范围的燃煤锅炉脱硫设施（脱硝设施）须安装完善的运行管理监控系统和烟气自动在线监测系统，并与市级以上环境保护部门联网。鼓励有条件的地区开展区域全口径核算，采用项目累加法核算地区污染物排放总量。

3．核算方式

主要污染物排放量核算由基础性资料准备工作、数据核查验证工作、审核认定工作三部分组成。

各省（区、市）和新疆生产建设兵团环境保护部门负责协调并督促做好本辖区主要污染物总量减排核算的基础性工作，包括用于新增量核算的基础资料、历年环境统计数据库和减排项目台账、核算期减排项目详细清单及相关验证文件等，并对本区域内主要污染物总量减排情况进行初步核算，将核算结果及其主要参数的取值依据等上报环境保护部。

各督查中心负责收集各省提供的主要污染物总量减排核算相关数据，现场核查重点企业排放情况、减排项目建设与运行情况，抽查验证各地污染物新增削减量计算结果的真实性与准确性等，并将经认定后的减排项目清单、减排数据、核算结果及其主要参数的取值依据等上报环境保护部。环境保护部负责各省（区、市）和新疆生产建设兵团主要污染物排放量的终审认定。

专题1 COD减排核算总体要求

一、各省（区、市）核算期COD排放总量是指环境统计口径范围内工业污染源、城镇生活污染源、农业污染源、集中式污染治理设施的COD排放量总和。各省（区、市）和新疆生产建设兵团总量减排目标责任书中的工业和生活 COD 排放量控制目标是指本辖区内工业污染源COD排放量、城镇生活污染源COD排放量之和。

二、工业污染源COD排放量采用重点行业全口径核算方法和其他工业行业宏观核算方法。造纸及纸制品业、纺织业实行行业COD排放总量控制，采用全口径核算方法核算，并与宏观核算结果相校核；其他工业行业COD排放量采用宏观核算方法。

三、城镇生活污染源COD排放量采用宏观核算方法。基于人均综合产生系数、城镇人口变化情况核算生活COD新增量；采用项目全口径逐一核算集中式污水处理设施、再生水利用设施新增生活COD削减量。

四、农业污染源COD排放量采用排污强度法和项目抽样法进行核算。畜禽养殖业中规模化养殖场（小区）排放量核算采用项目累加和抽样核查相结合的方法；养殖专业户排放量按排污强度法核算；水产养殖业排放量按排污强度法核算；种植业排放量按上年排放基数进行核算。

五、集中式污染治理设施采用项目累加法核算排放量。对纳入排放基数及“十二五”环境统计数据库的生活垃圾处理场，按照要求新建垃圾渗滤液治理设施的，予以核算削减量；危险废物（医疗废物）处理厂按照环境统计要求核算排放量。

六、结构减排措施包括淘汰关闭工艺装备、产品产能、生产企业等。原则上一次性结清淘汰、关闭企业及生产设施的COD削减量，其中2015年按照实际关停的时间从次月起核算削减量。淘汰关闭企业及生产设施（含破产企业）的认定须提供翔实的证明材料。原则上，核算范围与环境统计口径相衔接。如果上一年环境统计排放量与排放基数或前几年排放量相比明显偏大，且排放量与产品产量逻辑关系存在明显不合理的情况，则根据排放基数核算削减量。

七、工程减排措施必须具有连续稳定的减排效果。新（改、扩）建项目须按照最严格的环保要求建设治污设施；现有企业应通过完善末端治理设施、实施清洁生产中高费方案、接入集中式污水处理设施深度治理等措施进一步减少污染物排放；要严格控制含有毒有害物质的化工、电镀等废水及难以进一步生化处理的制浆造纸、印染等废水进入城镇生活污水处理设施。

八、管理减排措施包括加强监督管理、加严排放标准、提高治理设施污染物去除效率等。要严格核算管理减排措施的新增削减量，确保污染治理设施稳定高效运行。国家重点环境监控的造纸及纸制品企业、纺织企业应安装治污设施运行中控系统，实时监控运行状况和污染物排放情况并保存相关数据一年以上。

九、各省（区、市）提供的 GDP、工业增加值、城镇人口、畜禽养殖总量等数据须来源于统计、农业等部门。核算期畜禽养殖总量核算数据与国家最终公布数据存在差异的部分，在下一年核算时予以修正。

专题 2　SO_2 减排核算总体要求

一、各省（区、市）核算期 SO_2 排放总量是指环境统计口径范围内电力、工业和生活源 SO_2 排放量之和。根据 SO_2 排放的行业特征和减排核算的基础条件差异，SO_2 总量减排核算采用全口径和宏观核算相结合的方法，分电力、钢铁和其他三部分进行核算。

二、电力行业 SO_2 总量减排实行全口径核算。核算范围包括常规燃煤（油、气）电厂、自备电厂、煤矸石电厂和热电联产机组。原则上全口径核算采用物料衡算方法，基于燃料消耗量、含硫率和综合脱硫效率等，分机组逐一核算 SO_2 排放量；对于取消旁路而且在线监测规范的机组，可逐步实行在线监测直接测量法，条件已具备的，可直接采用在线监测直接测量法，但流量要用煤量进行校核。

三、钢铁行业 SO_2 总量减排逐步推行全口径核算。核算范围为辖区内所有钢铁联合企业、独立球团（烧结）企业、炼铁企业和炼钢企业，钢铁联合企业核算不含自备电厂。基于物料衡算法分生产线逐一核算烧结机（球团设备）的 SO_2 排放量，根据企业焦炉煤气和高炉煤气的消费量等核算企业其他工序 SO_2 排放量；条件暂不具备的地区或企业累计生铁、粗钢产量比统计部门公布数据小 8%以上的，采用宏观方法进行核算。

四、其他行业 SO_2 总量减排采用宏观核算方法。基于排放强度，根据煤炭消费增量（考虑淘汰水泥、锅炉及煤改气工程等量替代的煤量）核算 SO_2 新增量，并利用主要耗能产品排污系数法进行校核，合理确定新增量；采用项目累加法逐一核算脱硫工程设施、结构调整和加强管理新增 SO_2 削减量。

五、鼓励结构减排。原则上一次性结清淘汰、关闭企业及生产设施的 SO_2 削减量，其中 2015 年按照实际关停的时间从次月起核算削减量。淘汰、关闭企业及生产设施（含破产企业）的认定必须提供有效的证明材料，且已纳入 2010 年污染源普查动态更新数据库。SO_2 结构减排措施包括火电、钢铁、水泥、焦化、有色冶炼、炼油、锅炉、陶瓷等落后企业及生产设施的关停。关停主要涉水行业的企业、生产工艺、设备（造纸、印染），同步关停的燃煤设施核算结构减排量。

六、合理认定工程减排。工程减排设施必须具有连续长期稳定的减排效果，包括末端新建（改造）脱硫设施、煤改气、前端工艺改造等措施。现有企业新建（改造）脱硫设施，必须配套安装烟气自动在线监测系统，并与市级以上环境保护部门联网，原则上削减量自污染治理设施稳定运行后次月起核算。

七、严格核定管理减排。管理减排措施包括取消烟气旁路、提高烟气收集率、提高投运率和提高污染治理设施去除效率等。要严格核算管理减排措施的新增削减量，确保污染治理设施稳定高效运行。SO_2 管理减排认定的重点为燃煤电厂取消脱硫设施烟气旁路，循环流化床锅炉提高脱硫设施投运率，钢铁烧结机（球团）提高烟气收集率和脱硫设施投运率，以及加强脱硫设施运行管理等措施新增削减量。

八、数据要求。各省（区、市）提供的能源消耗量、煤炭消耗量，火力装机容量、发电量、发电（供热）煤炭消耗量和增长速度，生铁、粗钢、水泥、有色金属、焦炭等主要耗能产品产量和增长速度等须来源于统计部门，地区有关累计数据与国家统计部门数据不一致的，采用国家统计数据。

专题 3 NO_x 减排核算总体要求

一、各省（区、市）核算期氮氧化物排放总量是指环境统计口径范围内电力、工业、交通和生活源氮氧化物排放量之和。根据氮氧化物排放的行业特征和减排核算的基础条件差异，氮氧化物总量减排核算采用全口径和宏观核算相结合的方法，分电力、水泥、交通和其他 4 部分进行核算。

二、电力行业氮氧化物总量减排实行全口径核算。核算范围包括常规燃煤（油、气）电厂、自备电厂、煤矸石电厂和热电联产机组。原则上全口径核算采用排污系数方法，基于燃料消耗量、产污强度、综合脱硝效率等，分机组逐一核算氮氧化物排放量，采取累加法核算出全行业排放总量。对于取消旁路而且在线监测规范的机组，可逐步实行在线监测直接测量法，条件具备的，可直接采用在线监测直接测量法，但流量要用煤量进行校核。氮氧化物全口径核算清单中基本信息应与二氧化硫全口径核算清单保持一致。

三、水泥行业氮氧化物总量减排逐步推行全口径核算。核算范围为辖区内所有水泥企业。对于企业新型干法窑，分生产线采用排污系数法逐一核算氮氧化物排放量；对于企业立窑，基于立窑产品产量按照排污系数法统一核算。通过累加法核算出全行业氮氧化物排放总量。条件暂不具备的地区或企业累计熟料、水泥产量比统计部门公布的数据小 8%以上的，采用宏观方法进行核算。

四、交通运输业氮氧化物总量减排采用宏观核算方法，基于分车型排污系数法核算新增量和削减量。核算范围以道路移动源为主，不包括船舶、航空、铁路、农业机械和工程机械等非道路移动源。

五、其他行业氮氧化物总量减排采用宏观核算方法。基于排放强度法，根据煤炭消费增量（考虑淘汰锅炉及煤改气工程等量替代的煤量）和燃气消费增量核算氮氧化物新增量，并利用主要耗能产品排污系数法进行校核，合理确定新增量；采用项目累加法逐一核算工程治理、结构调整和加强管理新增氮氧化物削减量。

六、鼓励结构减排。原则上一次性结清淘汰、关闭企业及生产设施的氮氧化物削减量。淘汰、关闭企业及生产设施（含破产企业）的认定必须提供有效的证明材料，且落在2010年污染源普查动态更新数据库中。氮氧化物结构减排措施包括火电、水泥、钢铁、平板玻璃、焦化、锅炉等落后企业及生产设施的关停。关停主要涉水行业的企业、生产工艺、设备（造纸、印染），同步关停的燃煤设施核算结构减排量。

七、合理认定工程减排。工程减排设施必须具有连续长期稳定的减排效果，包括低氮燃烧改造、末端新建（改造）脱硝设施、煤改气等措施。现有企业新建（改造）脱硝设施，必须配套安装烟气自动在线监测系统，并与市级以上环境保护部门联网，原则上削减量自污染治理设施稳定运行后次月起核算。

八、严格核定管理减排。管理减排措施包括增加催化剂层数、提高设施投运率和氮氧化物去除效率等。要严格核算管理减排措施的新增削减量，确保污染治理设施稳定高效运行。氮氧化物管理减排认定的重点为电力和水泥企业提高脱硝设施投运率、加强脱硝设施运行管理等措施新增削减量。

九、数据要求。各省（区、市）提供的能源消耗量、煤炭消耗量、天然气消耗量，火力装机容量、发电量、发电（供热）煤炭（天然气）消耗量和增长速度，水泥熟料、水泥、生铁、粗钢、焦炭等主要耗能产品产量和增长速度等须来源于统计部门，地区有关累计数据与国家统计部门数据不一致的，采用国家统计数据。

三、污染物排放总量控制考核内容与奖惩制度

国务院环境保护主管部门所属环境保护督查中心对各省、自治区、直辖市人民政府落实年度主要污染物减排情况进行核查督察，每半年一次。国务院环境保护主管部门于每年2月和8月，分别将各地区上一年度及本年度上半年主要污染物总量减排初步核算数据向国务院报告，经国务院审定后，向社会公布。各省、自治区、直辖市人民政府于每年3月底前将上一年度本行政区主要污染物总量减排情况的自查报告报国务院。

国务院环境保护主管部门会同发展改革部门、统计和监察部门，对各地区上一年度主要污染物总量减排情况进行考核。国务院环境保护主管部门于每年5月底前将全国考核结果向国务院报告，经国务院审定后，向社会公告。

主要污染物总量减排考核采用现场核查和重点抽查相结合的方式进行。出现下列情况之一的，认定为未通过年度考核：

①年度四项污染物总量减排目标有一项及以上未完成；

②重点减排项目未按目标责任书落实；

③监测体系建设运行情况为达到相关要求（污染源自动监控数据传输有效率75%；自行监测结果公布率80%和监督性监测结果公布率95%）。

未通过年度考核的各地区人民政府应在1个月内向国务院做出书面报告，提出限期整改工作措施，并抄送国务院环境保护主管部门。

考核结果在报经国务院审定后，交由干部主管部门，依照《关于建立促进科学发展的党政领导班子和领导干部考核评价机制的意见》、《地方党政领导班子和领导干部综合考

核评价办法（试行）》、《关于开展政府绩效管理试点工作的意见》等规定，作为对各地区领导班子和领导干部综合考核评价的重要依据。

对考核结果为通过的，国务院环境保护主管部门会同发展改革部门、财政部门优先加大对该地区污染治理和环保能力建设的支持力度，并结合全国减排表彰活动进行表彰奖励。对考核结果为未通过的，实行“一票否决”制。国务院环境保护主管部门暂停该地区所有新增主要污染物排放建设项目的环评审批，撤销国家授予该地区的环境保护或环境治理方面的荣誉称号，领导干部不得参加年度评奖、授予荣誉称号等。由监察机关会同环保部门依照减排绩效管理的有关规定，实行通报批评、约谈、诫勉谈话等。对未通过且整改不到位或因工作不力造成重大社会影响的，由监察机关依照有关规定追究该地区有关责任人员的责任。对在主要污染物总量减排考核工作中瞒报、谎报情况的地区，予以通报批评；对直接责任人员依法追究责任。

第四节　排污申报与排污许可证

一、排污申报登记制度

排污申报登记制度是我国环境保护的一项法律制度，它是指向环境中排放污染物的单位和个体工商户（简称排污者）按照国家环境保护行政主管部门的规定，向所在地县级以上环境保护行政主管部门的环境监察机构申报登记在正常作业情况下排放污染物的种类、数量、浓度和与排污情况有关的生产、经营、治理污染设施等情况，以及排放污染物有重大改变时及时进行变更申报的一项法律制度。排污申报登记是环境管理部门获取企业排污信息最重要的手段，良好地开展这项工作对环境监理、污染物总量控制、排污收费等环境管理工作具有十分重要的作用。

（一）排污申报登记的种类和内容

1．排污申报登记的种类

在申报登记的种类上可分为正常申报和变更申报，时限上也有具体的规定。正常申报即排污者必须按照国务院环境保护行政主管部门的规定，向县级以上人民政府环境保护部门的环境监察机构于每年的 12 月 15 日前申报登记下一年正常作业条件下排放污染物的种类、数量、浓度以及与排污有关的各种情况，一般工业企业填报《全国排放污染物申报登记报表》，医院、餐饮、娱乐服务业等第三产业和事业单位填报《第三产业排污申报登记简表》，畜禽养殖业填写《畜禽养殖场排污申报登记表》。变更申报即排污者进行正常申报登记后，排放污染物的种类、数量、浓度、排放去向、排放方式、排放口设施、污染防治处理设施需要作变更、调整的，应在变更前 15 日内履行变更申报手续，填报《排污变更申报登记表》；排污情况发生紧急变化时，必须在变更后 3 日内报告并提交《排污变更申报登记表》。新建、扩建、改建和技术改造建设项目的排污申报登记，应在项目试生产前 3 个月内办理排污申报手续。建制镇以上范围内产生建筑施工噪声的单位必须在开工前 15

日内办理排污申报登记手续，填报《建筑施工场所排污申报登记表》。

2．排污申报登记的内容

排污申报登记的对象主要是辖区内所有排放废水、废气、固体废物、噪声、放射性同位素的个体工商户、企业、部队、社会团体、党政机关等一切排污者。申报的内容主要分为以下几个方面：①排污者的基本情况。包括详细地址、法人代表、产值利税、生产天数、缴纳排污费情况、新扩改建设项目、产品产量、原辅材料等情况。②用水、排水情况。包括新鲜用水情况、循环用水情况、排水情况、污染物排放浓度与排放量、污染治理设施运行和处理情况等。③废气排污情况。包括生产工艺的排污环节、废气排放位置与排放量、废气污染治理设施运行情况等。④噪声排放情况。包括噪声源名称、位置、昼夜间噪声排放强度情况等。⑤固体废弃物产生、处置与排放情况。包括废弃物名称、产生量、处置量、排放量等。⑥生产工艺示意图。

（二）目前排污申报登记中存在的问题

1．申报的信息不真实

（1）申报的时间不真实

有的排污单位在进行排污申报登记时，经常会谎报自身的生产时间，也就是排污时间，因为生产时间越少，其需要缴纳的费用和需要履行的义务就会相应减少，因此导致了某些昼夜生产的单位只报白天生产，而月生产经营的单位生产时间只报半月或者几天，以此来达到少交、甚至不交排污费的目的。

（2）在排污量和排污浓度上不真实

一些排污单位，尤其是排放污水的单位在进行申报时，往往会自行减少排放量的上报，而事实上其实际的排放量和排放浓度与上报的数据要高出许多。

（3）在原材料的使用方面，也存在谎报的现象

一些利用地下水的企业在申报原材料的用量时往往“存大头，报小头”以达到少交排污费和水费的目的。而另外一些用煤作为燃料、原料的单位在申报用煤量时，能报少就报少，以达到少交二氧化硫排污费的目的。

2．环境管理存在的问题

申报管理流于形式。少数环保人员对排污申报的重要性认识不足，只要企业缴纳了当年的排污费，企业申报多少根本不重要，违背了企业应如实申报和应收尽收的原则。环保局对不依法进行排污申报的企业，不及时下达限期改正通知书并处以罚款，而是简单地通过电话催报。部分环保人员无法掌握排污申报数据的准确性和真实性，每年年度申报时，环境监察机构受理的申报量很大，且时间较紧，人员少，环保人员往往就申报表的完整性和逻辑关系进行表面层次的审核，而申报表是否准确真实，无法去核实。由于上述原因造成一部分企业认为排污申报只是一种形式而已，不按期如实申报也不会受到处罚。

3．排污申报方式单一、工作效率低下

排污申报登记表内容繁多、逻辑关系复杂、专业性较强，而一般企业人员普遍素质较低，这不仅导致财力和人力的浪费，也降低了企业人员和环保工作人员的工作效率。

（三）完善排污申报登记制度的建议

1．加强环境保护法律法规的宣传工作

宣传是做好环境保护工作的一项重要前提，环保部门要加大排污申报的宣传力度，大力宣传排污申报登记工作的必要性和重要性，强化排污单位的环境意识和法制观念，使其深刻认识到排污申报是我国的一项法律规定，是排污者必须履行的法律义务，必须自觉执行。

2．提高排污申报人员的素质

排污申报登记工作具有数据量大、逻辑性强、专业要求高的特点，申报数据不实将给环境管理、排污收费、环境统计等工作带来负面影响。现在关于排污申报软件的培训较多，而针对各行业的生产工艺及排污系数这块培训极少，所有申报人员均是通过监测数据来了解企业排污量，该方法适合于污水排放企业，而对于废气排放企业则较难界定其排污量，因此，需要组织举办相关方面的培训。

3．提高环保部门自身对“谎报”行为的识别能力

加强各个部门之间的横向合作，尤其是与纳税、工商等部门的合作，必要的情况下可以调看排污单位向这些部门申报的材料；完善排污申报登记档案材料，充分发挥档案在环境管理中的作用；加强环境监测，才能够对排污单位谎报的排污量和排污浓度等进行合理的检测。

4．加强环境保护执法工作

强化管理，严格执法是不断将环保事业向前推进的重要保证，对于排污单位的谎报行为，一经查实认定，环保部门应对其进行严肃处理，绝不姑息。

5．加速排污申报的信息化进程

排污申报工作量大、时间紧、重复性高，需要加速排污申报信息化进程，推进排污申报方式的多元化，利用 Internet 进行年度和月（季）度排污申报和登记，进一步提高工作效率，更好地为企业服务，降低排污申报成本，不断提高工作效率。

二、排污权及其初始分配

（一）排污权

排污权的概念最早出现于20世纪60年代的美国，广义上是指排放污染物的权利。从我国环境管理实践角度来说，排污权就是以排污许可证为表现形式的某一污染物排放的数量指标。企业有权在许可证所限定的指标内向外界环境排放污染物。近年来，把排污权说成“排放配额”的越来越多。在我国第一例真正意义上的排污权交易——南通醋酸纤维厂购买南通天生港发电有限公司二氧化硫排污权的合同中，排污权被解释为：“在污染物浓度达标排放的前提下，由环境保护行政主管部门批准核定的该企业生产过程中所允许排放的二氧化硫总量指标使用权”。

与其他在市场上交易的商品相比，排污权具有以下一些显著特征：

1. 国家设定性

排污权不是自发形成的，也不是企业自己生产创设出来的，它是国家在进行环境管理工作中，依照总量控制战略，在核定环境区域内的环境容量和实际污染物排放量的基础上设定的。国家设定是排污权产生的唯一渠道，没有国家对企业排放污染物的指标设定，就没有排污权。

2. 无形性

排污权是在国家允许的数量指标限度内向特定环境区域排放特定污染物的资格和能力，它具有无形性，不同于外在形态的有形商品，是一种抽象的、需要借助对环境管理政策的认识和理解为基础的无形的“许可性配额”商品。

3. 资源性

尽管排污权是无形的，但经国家创设出来流入社会后，它就作为参与企业生产经营的必不可少的环境资源存在了。与设备、原料、技术、能源等资源一样，企业只有购置、拥有了排污权这种环境资源，才能从事以排放废弃物为必然后果的生产经营活动。排污权使环境的资源化、产权化成为可能。

4. 定额性

一般的商品大多是自由买卖的，对交易的数量不做强制性限定，即便是证券的初级市场上，对具体投资者的购买量一般也不做上限规定。但排污权不同，它以要求各个排污源加强治理，缩减排污量为基本出发点，同时带有明显的社会公益性，随着经济发展，具有求大于供的必然趋势，容易引起环境资源在企业间配置的社会问题。为了避免这些问题，排污权在发行配置时必须较多地考虑行政限制，由环境行政部门在全社会范围内设定排污权购置指标，类似于现行排污指标的申报与核准，然后允许企业在购置额度内申购排污权，可以少买或者不买，但不允许多买。这就是说，对于一个企业而言，在初级市场上所能得到的排污权是定额的，而不是随意自由购置的。

5. 地域性

排污权的地域性就是指排污权只能在所属的环境区域内有效，环境行政部门只能在划定地域内配置排污权，企业只能向地域内的环境行政部门申购排污权。现在所谓排污权的异地交易也只是说行政地域上的异地，在环境区域上仍属于同地。不同污染物的环境区域划分不同，给排污权的申购配置会带来一定的复杂性。当然，随着各种条件的变化，环境区域的划分也会逐年有所变化，而且环境区域的划分还存在层次之分，大到按国家和省划分，小到一个城市，一个工业聚集地。合理划定排污权的有效地域，对于排污权交易制度的健康发展非常重要。

6. 时间性

排污权的时间性有两层意思，一是排污权所设定的排放指标是有时间性要求的，不允许把年度指标在很短的期限内用完，否则，该环境区域内的某种污染物会在短期内超量聚集，超过环境的承载能力，形成污染。二是排污权在数量上不是一成不变的，随着人们对环境质量要求的变化，环境容量标准可能会有所不同，地域排放总量控制的数量也会发生年度调整，区域内产业结构、企业兴衰也会变化，所以，排污权一般都设定有效期，期限届满，依据新的情况重新配置。参照美国的经验，1 年、3 年、5 年、7 年等不同期限的排污权可以同时存在，以利于企业长期发展战略的制定和实行，还可避免每年全部配额更换所带来的较大影响，对排污权的二次交易及其市场稳定也非常有利。

（二）排污权的初始分配

所谓排污权的初始分配，是指在制定排污总量的基础上，对环境容量这一公共资源的使用权实行公正的分配。排污权初始分配直接涉及排污单位的经济利益，并且影响到环境容量资源的配置效率和排污权交易制度的有效实施。目前国内外排污权的初始分配主要有免费分配、有偿分配及此两者组合 3 种模式。

1. 免费分配

排污权的免费分配即控制区域的排污权管理部门按照一定的公开标准将区域内的某种污染物排放总量指标免费分发到当地的排污企业。免费分配的标准大致可分为 3 类：成本效率标准、实际排放量标准和非经济要素标准。

成本效率标准是以排污企业的治污效率为依据。治污边际成本较低的企业分得的排污权较少，而治污边际成本较高的企业分得的排污权较多。这种分配标准使得控制区域内的污染治理总成本最小，具有一定的合理性，但扶持了治污效率低或不愿进行污染治理的企业，打击了企业治污的积极性，所以这种“扶弱限强”的标准具有不公平性。

实际排放量标准是以某一基期中排污企业的实际排放量为参照，排污量越大的企业免费获得排污权也越多。这种标准虽然简单易行，却等同于默认了排污企业的污染行为，可能起到刺激排污企业故意加大污染排放的作用，对于坚持清洁生产的企业是一种打击，所以这种标准也是不公平的。

非经济要素标准将人口、国土面积等非经济要素作为排污权免费分配的依据。挪威的 Kvemdokk 认为，基于伦理学的公平原则和政治上的可接受性，可按人口的比例来分配初始排污权。但是这种分配标准缺乏经济上的考虑。

2. 有偿分配

有偿分配模式即以一定价格将一定数量的排污权卖给排污企业。有偿分配的模式主要包括两种：政府定价出售和拍卖。

理论上，政府定价有多种方式，而从经济学的角度出发，有两种方式是较理想的：一是按照排污企业的私人成本与社会成本的差额定价，二是根据排污企业治理污染的边际成本进行定价。这两种方法都要求政府对排污企业的生产状况有准确的了解。事实上，这是非常困难的。针对不同排污企业确定不同的排污权是一项非常繁琐和巨大的工程，而且如何用经济尺度衡量环境资源的价值也存在不少难点，所以目前还难以有效全面推行政府定价的分配模式。

拍卖是与排污权交易制度最一致的分配模式，所以得到了广泛的研究和应用。一级密封价格拍卖是许多拍卖方式的一种。在这种拍卖中，投标人同时将自己的出价交给拍卖人，出价最高的人按他的出价支付后获得被拍卖品。这里，每个投标人的战略是根据自己对该物品的评价和对其他投标人评价的判断来选择自己的出价，赢者的支付是他对物品的评价减去他的出价，其他投标人的支付为零。投标人越多，卖者能得到的价格就越高；当投标人趋于无穷时，卖者几乎得到买着价值的全部。可见采用这种拍卖方法的排污权初始分配将使政府获得最大的利益，但无疑会打击企业的积极性。为了改进这种情况，可运用二级密封价格拍卖。在二级密封拍卖中投标人同时报价，报价最高者获得商品，但付出的价格是次高报价者的出价，这样拍卖的一部分收益为投标人获得，可提高企业参与的积极性。但是无论采取哪种拍卖方式无疑都加大了排污企业的负担，他们不仅要承担拍卖的价格，而且还要承受涉及拍卖的交易费用以及对企业经营产生影响的风险等。

3. 免费分配和有偿分配的组合

免费分配和有偿分配的组合分配，是指部分许可证免费配给，其余的对外拍卖。该模式在不增加排污企业负担的前提下为企业增加了一笔资产，容易被排污企业接受并且易于推广，同时由于排污企业也为社会福利作出了一定贡献，所以免费赋予它们排污权也具有一定的合理性。在使用这种模式时，对不同企业要采取不同的措施，例如，免费排污权应该主要分配给那些化石燃料工业部门，包括煤炭开采和石油、天然气工业，以及二级处理商（如石油冶炼厂和发电厂），此外，还包括那些可能受到较大影响的制造部门，其余单位则不应分配免费排污权。并且，免费分配份额应小于一定百分比，剩余的排污权应该用于拍卖。

由于免费分配和有偿分配各自的优缺点，在实际的排污权初始分配中，采用二者的组合模式，可以兼顾到各方利益。因此，很多学者都大力推荐这一分配模式。

三、基于总量控制的排污许可证制度

（一）排污许可证的定义与分类

排污许可证，即排放污染物许可证。环境保护部《排污许可管理条例》中将其定义为：“环境保护部门为了减轻或者消除排放污染物对公众健康、财产和环境质量的损害，依法对各个企事业单位的排污行为提出具体要求，包括前置性条件（如排污单位的建立是否符合环境影响评价法和国家产业政策，即排污者是否有合法身份），日常管理性要求（如在生产经营过程中维护污染治理设施正常运行，监测污染物产生和排放情况，按期向环保部门报告，按期参加年检等），技术性要求（如排放污染物的浓度、速率、数量、时段、烟囱高度等参数），以书面形式确定下来，作为排污单位守法和环境保护部门执法以及社会监督的凭据。这个书面凭据就是排污许可证。”从定义可以看出，排污许可证不仅包含技术性要求，还包含日常性要求和前置性条件。

从我国目前的环境立法情况看，我国的排污许可证可以分为两类：一类是广义上的排污许可证，即非特定的一般人依法负有不作为（不排污）义务的事项。如《环境噪声污染防治条例》第 20 条规定：“进行生产强烈偶发性噪声活动的单位，应当事先向当地人民政府环境保护部门和公安部门提出申请，经批准后方可进行。”这里的批准行为就是一种许可行为。另一类是污染物排放总量控制基础上的排污许可证，它以污染物排放总量控制为前提，在总量控制额度范围内颁发许可证。如《中华人民共和国水污染防治法实施细则》第 10 条规定：“县级以上地方人民政府环境保护部门根据总量控制实施方案，审核本行政区域向水体排污的单位的重点污染物排放量，对不超过排放总量控制指标的，发给排污许可证；对超过排放总量控制指标的，限期治理。限期治理期间，发给临时排污许可证。”我国目前实行的是主要以排污总量控制为目的的排污许可证制度，下文所提的排污许可证制度也即总量控制下的排污许可证制度。

（二）适用范围和申领程序

当前我国以污染物总量控制为基础的排污许可证制度仅在水污染物排放许可证和大气污染物排放许可证方面具有法律意义，不过现实中在其他方面也进行了有益的尝试，例如重庆以重点污染源为发证对象在噪声和固体废弃物许可证方面做了探索性发放工作。根据《"十二五"主要污染物总量控制规划》，污染总量控制因子在"十一五"化学需氧量（COD）、二氧化硫（SO_2）的基础上增加氨氮（NH_3-N）和氮氧化物（NO_x），共4项。排污许可证主要在总量控制基础上适用于这4种污染物，其他没有总量控制的污染物则适用于浓度控制。

排污许可证制度是排污申报登记制度的延伸，排污许可证的申领主要包括4个部分：排污申报登记、污染物总量指标的规划分配、排污许可证的审核与发放以及排污许可证的监督管理。

（三）实行排污许可证制度的意义

通过我国多年实施排污许可证制度的实践经验证明，排污许可证制度把国家控制污染的法律、法规、标准、政策、管理措施等综合并具体化，使之具有可操作性，有利于环境质量目标的实现。

第一，排污许可证制度是实现总量控制的主要措施。排污许可证制度立足于环境容量基础上，以污染物排放总量为直接控制对象，在一定区域范围内排污总量是确定的，任何新增排污量，只有通过削减现有的相等排污量，才能获得排污许可证，有利于总量控制目标的实现。

第二，排污许可证制度提高了企业自身素质。排污许可证上规定了排放污染物的种类、数量、去向、排污的位置以及排污者应履行的义务，还有检查记录、违规受罚的记录等。这样明确了污染控制的目标和排污者的责任，从而促进排污者形成"自我约束、自我激励、自我协调发展"的内部环保机制，努力增加环保投入，加速污染治理，提高环保设备的运转率，积极推行清洁生产。

第三，排污许可证制度可以协调其他环境法律制度。排污许可证制度既可独立实施，也可与其他环境法律制度，如环境影响评价制度、排污申报登记制度、限期治理制度以及排污收费等制度进行整合性实施，可以协同发挥作用，既可与其他制度混合搭配，也可作为其他诸多制度的先导性、前置性法律要求，甚至还可以对其他制度发挥保障和救济作用。

第五节　排污权交易

一、排污权交易制度

排污权交易制度指的是结合环境资源的特殊属性和市场机制的优化配置功能，相关部门根据该区域的污染物排放情况以及环境承受能力等综合情况制定的一个环境总体质量目标，在确定环境允许的污染物排放总量的前提下，明确规定排污权作为一种特殊的商品可以在专门的交易市场上被自由的卖出和买进，通过环境保护主管部门的监督管理形成一套合法有效的污染物排放权利交易体制，借此减少污染物排放量并同时实现环境保护效果的环境经济制度。

（一）排污权交易制度的特征

1. 经济、环境和社会效益的统一性

排污权交易制度具有经济、环境和社会效益三者的统一性。首先，从企业角度来看，部分排污企业通过引进技术、更新设备等手段减少了排污量而获得了富余的排污指标，通过排污权交易获得了额外经济利益，与此同时另一部分排污企业通过比较认为自行治理污染的成本较高而选择了购买他人的排污指标来降低成本，这样双方都选择了对自己最有利的方式实现自身的经济效益。其次，从国家角度来看，排污权交易制度实现了总体范围内排污总量的不变，有效地控制了污染物的排放量，从而达到了保护和改善环境的目的，实现了环境效益。最后，从社会角度来看，排污权交易制度借助市场机制的经济规律引导污染物的处理费用趋于最低，不仅在全社会范围内实现了环境资源的优化配置，还促进了经济的发展、社会的进步。

2. 复合性

在整个排污权交易体系中主要有 3 种行为：①排污指标的买卖行为，这是一种典型的私法行为，在该体系中居于主体部分，具体是指排污权交易双方通过协商自主达成关于排污指标转让相关事项的买卖行为。②排污权交易的中介行为，指在环境主管部门监管下设定的中介结构将排污权交易的需求信息以及供求双方等信息通过展览或其他媒介发布出来，以期促成交易的行为，这是交易中必不可少的辅助行为。③行政监管行为，这是环境监管部门依据自己手中的行政职权对排污权交易行为进行指导和监督管理以保证交易的顺利开展，并在交易完成后根据交易方法申报排污指标日后的使用状况和使用量进行监测、管理的行为。该行为是典型的公法行为，对环境保护和社会、经济效益的协调发展具有重要作用。

3. 公平有偿性

在排污权交易制度中买卖的商品虽然是特殊的环境资源容许使用权，但是该交易行为仍然是依托市场机制进行的买卖行为，即这种行为也是一种民事法律行为。只是该买卖行为是在国家确定了排污总量的前提下，可以通过合同等形式转让给私人，个人获得该权利后也可以继续转让，实现在国家监督下的环境容量交易，这就决定了该行为的公平性、有偿性。公平性和有偿性作为市场交易活动中的重要特征是由市场经济自身的特有属性决定的，如果不是这样，就无法保障排污权交易制度的推行可以实现经济、环境和社会效益的有机统一，这样排污权交易制度将失去存在的理由和意义。

（二）排污交易制度的作用

1. 协调经济发展与环境保护之间的矛盾

排污权交易制度克服了传统的行政命令方式治理环境污染的硬性规定，采用一种以市场为基础引导环境良好发展的外部经济性补偿机制，即出卖方将节余的排污权指标出售获

得经济补偿，而购买方则为其外部不经济性付出代价，从而使排污总量在总体上保持恒定。在环保主管部门的监管和控制下，合理地利用环境资源并将市场机制引入其中，从而激励污染物排放量的削减，通过排污权交易实现低成本的污染治理目标。这样一来，政府相关部门不仅可以控制排污总量，还能为企业提供进一步的发展空间，有效地协调了环境保护和经济发展的矛盾，在环境质量不降低的基础上还实现了经济的稳定可持续发展。

2. 调和排污企业和政府环境管理部门之间的矛盾

在环境污染控制的整个过程中，主要参与者包括两个：政府环境主管部门和排污企业。在实际运行中，这两个主体往往是对立关系，通过构建排污权交易制度，我们可以解决因指令控制而造成的政府环境主管部门做出的治理规定与企业营利性之间的矛盾，排污企业在实现利益最大化的驱动下开始比较减排和购买排污指标的利弊，从而注意降低自己污染，而环境主管部门在不与排污企业产生冲突的前提下，还保证排污总量的有效控制，达到了治理污染、保护环境的效果。这样一来，不仅调动了企业的积极性，还保证了环境监管部门工作的顺利推进，缓解了二者之间的对立关系。

3. 有利于治污技术水平的提高

排污企业通过改进污染治理技术可以节余排污指标，将节余指标出卖可以获得额外的经济利益，这样不仅调动了企业减排的积极性，还可以刺激那些没有采用新工艺的企业在利益驱动下引进先进技术，或者发明更有效的减排技术手段来降低污染获得利益。另外，新技术的供应商看到潜力如此之大的需求市场，势必增加研发新技术的投入，这样不仅可以满足市场需求，还可以加速新技术的发展。

二、排污交易规则制定方法

（一）市场交易的一般程序

排污交易程序主要有评估审查制度、备案确认制度和自由买卖制度等类型，不同的过程控制要求适用于不同情形下的排污交易制度。在污染源排放计量统计及排放跟踪体系能力建设尚未健全时，采取评估审查制度将是最为有效的方法，只有这样才可以保障总量控制目标的落实和市场的公平建立，但该方法势必对交易市场的发展产生一定的不利影响。对于污染排放计量和监控网络已经较为健全的情形下，交易程序更适合于采用备案确认制度或自由交易制度，以有利于排污交易市场的形成和壮大，减少无谓的行政干扰。无论采取何种形式的交易程序，其交易步骤归纳起来主要包括买卖双方的协商、企业向交易中心申报、交易配额的划拨等内容，具体交易程序如图 11-1 所示。从中可以看出，在市场交易体系中，交易管理中心是交易实施的核心与桥梁。

（二）促进市场建立的方法

排污交易是人为模拟市场行为建立的交易市场，市场的发育程度、市场的形成规模都与交易规则的制定方法有密不可分的联系。从实践来看，影响交易市场发展壮大的主要因素为企业“惜售”排放指标或者市场形成垄断势力而导致交易市场无法有效建立。解决这个问题主要有两种方法，一种是政府利用拍卖机制直接刺激市场的形成，属于短期直接行为；另一种是在初始指标分配时提供连续的、预期性很强的分配方法，使企业清晰未来环境保护对企业的发展要求，从而有利于市场的发展和壮大，属间接长效行为。

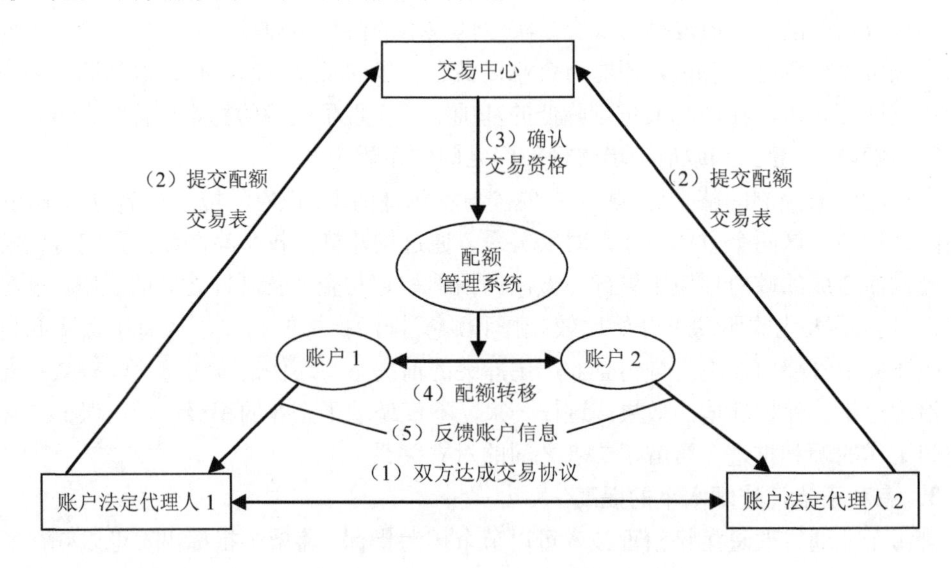

图 11-1　市场交易的一般程序

1．直接方法：利用拍卖机制启动或调控市场

（1）拍卖方法

拍卖是限制市场势力、调节市场供需、引导市场价格的有效方法。美国在酸雨计划中，环保局每年预留 2.8%的配额进行拍卖，对酸雨计划的成功实施起到了非常重要的作用。拍卖方法一般有两种：第一种方法是根据竞拍报价出售配额，按照报价的高低依次拍卖配额，直到所有配额出售完毕为止，或是直到没有人继续投标为止；第二种方法是企业先向管理机构或竞拍机构报价拟购买配额的单价和购买数量，管理机构按照单价高低进行排序，累加配额购买数量，当拟购买数量达到拍卖配额总量时，管理机构按照投标价格与购买配额数量的加权方法计算出平均价格，再按平均价格将配额销售给企业。

（2）直接销售

所谓直接销售是指政府预留一部分配额，以固定的价格出售给企业，达到调控市场的目的，在实施过程中遵循先到先得原则。美国在酸雨计划初期曾采取过直接销售的做法，将配额的售价定位 1500 美元（根据通货膨胀进行调整）。我国在江苏省等地试点的二氧化硫排放指标有偿使用和太湖流域主要水污染物排放指标有偿使用采取的即是直接销售方法。

2．长效措施：制定长期连贯的指标分配方法

总量分配的政策预期性不强是导致我国地方排污交易试点市场发育缓慢、指标无法盘活的主要制约因素。解决这一问题的长效机制即是提前给出未来总量指标的具体分配方法或分配原则。即在指标初始分配时，将多年的年度总量指标具体分配到企业，或明确规定出未来一段时期总量指标分配的方法、遵循的基本原则。这样使得企业很清晰未来环境保护对企业的发展要求，完全可做到统筹考虑生命周期内污染减排问题，决定企业是通过交易手段还是通过污染治理方式实现控制目标，有利于促进交易市场的形成。

（三）避免“热点现象”的方法

排污交易是否会导致局部地区环境质量的恶化是人们广泛关注的问题。为避免“热点现象”的产生，通常有以下几种解决方法。

1．设定较高的减排目标

减排幅度越大，环境效应越显著，也越有可能避免产生不利的环境效应。但为保证污染控制与社会经济的协调发展，减排目标不可能无限降低。因此，该种方法只能在宏观层面间接影响“热点现象”的产生概率，而不会成为避免“热点现象”的主要方法。

2．限制交易的地域范围

限制交易范围是采取行政管制手段避免“热点现象”的有效手段。具体做法是对现已污染严重的地区或敏感区域，通过控制该地区的“净输入量”来达到避免该地区污染进一步加重的目的。但该方法亦有许多弊端，由于交易范围的限制造成交易缺乏灵活性，可能降低排污交易执行的经济效益，使配额市场变得复杂。

3．限制不同污染源之间的交易

不同类型的污染源对当地环境质量和区域环境质量的影响程度存在很大差异，尤其是对于大气污染排放的高架源和低矮面源而言，排放等量的污染物对环境质量的影响相差甚异。如果排污交易计划中包含各种不同的污染源，并且这些污染源中含排放量较大的高架源时，采用限制不同污染源之间的交易方法，如限制高架源和低矮源之间的交易，可有效避免“热点现象”的产生。

4．利用多级政策管理体系

排污交易在政策执行时必须与其他政策相互配合、共同作用才能发挥出最大效益。在控制污染物集中排放方面，基于环境质量的标准（包括排放标准和技术标准）是避免交易中出现“热点现象”的根本手段。具体操作时，政府部门可以以保护当地环境质量为由对污染源排放提出更多限制性要求。美国的二氧化硫排污交易制度就是由这样一个硬性的基于环境质量的标准和一个灵活的、可以通过交易调整的指标体系实现环境质量保障的。

5．设定交易差别系数

对于跨区域交易，尤其是跨功能区交易会对环境目标的实现产生一定负面影响。但为了扩大交易范围，又保障不产生局地环境质量倒退现象，可选择采取交易差别系数方法。所谓交易差别系数法就是让不同地区的配额具有不同的价值单位。如A区的每个配额在A区可代表1吨的排污价值，但到B区或许只能代表半吨的排污价值。具体差别系数可以根据科学研究和实际管理需求进行设定。

三、排污权交易中存在的问题和建议

（一）排污权交易中存在的问题

随着试点工作的不断推进，我国涉及排污权交易的相关制度在不断完善，而且一些地方已经对排污权交易制度有了明确的规定，如《海南环境保护条例》中就已经明确给予排污企业排污权抵消和转让的权利。但是从总体上来看，无论在法律层面还是制度层面，我国该制度尚未形成一套完整的体系，很多内容还不尽完善。结合近年来开展排污权交易试点工作中出现的问题，可归纳为以下几方面：

1．排污权初始分配存在障碍

在不完全竞争的市场中，排污权的初始分配会影响排污权交易的效率，因此选择合适的排污权初始分配方式至关重要。无论是有偿分配还是无偿分配，已建的大企业与小企业之间、已建的企业和新建的企业之间都存在一定的矛盾。如果是有偿分配，拍卖可能会导致大企业进行市场操纵，打压中小企业的正常生存与发展，而政府定价则存在着不能及时反映市场供求关系的弊端。如果是无偿分配，已建的大企业可能会在目前排污现状的基础上获得较中小企业更多的排污权，排污权分配完成后的新建企业将来获得排污权就要靠有偿取得，政府也因此损失了一笔财政收入，同时，环境作为一项公共资源，无偿分配对公众来说也是不公平的。

2．排污权交易市场不规范

（1）排污权交易成本偏高

我国乡镇企业数量多、规模小、分布零散，这一特点就决定了我国排污权交易市场的基础信息寻求费用高，环境保护部门监测与执行费用高，而且目前已经进行的交易中存在着逐案谈判的问题。排污交易成本的增加，不仅影响环境监管部门执法效率和排污企业参与交易的热情，还会阻碍整个排污权交易制度的形成和开展。

（2）“惜售”行为使排污交易市场不能有效运作

随着我国对环境质量要求的不断提高，排污权价格的总体趋势是上升的。一些企业从升值的角度考虑不愿意出售手中的排污权。此外，从限制竞争对手发展的角度出发，有富余排污指标的企业也不肯出售自己的节余排污权。目前，我国一些跨地区的排污权交易中，地方政府官员为保护本地利益强行介入交易过程，用行政命令禁止把排污权指标转让给其他地区，要求只能在本地区内进行排污指标交易。

（3）政府职能定位不准

在一些试点地区的排污权交易存在着政府行为取代市场化运作的现象。一些地方环境保护部门介入从交易对象的确定、谈判商议价格到最后双方的排污许可证进行转让的全过程。因而排污权交易过程仍摆脱不了政府部门的强力干预，仍有可能出现以行政命令代替市场运作的现象。政府过多参与，会影响排污权交易的公平、公正、公开。

3．排污权交易相关法律制度不健全

排污权交易的推行是一个系统工程，它牵涉大量的立法工作，需要环保部门和立法部门进行协调。从选定污染控制项目、确定增加单位，到确定许可证的总量、许可证的初始分配，一直到许可证的交易和年度审核，有一系列的工作要做。这就需要环保部门与政府其他有关部门紧密结合，进行充分细致的论证并采取周密的保障措施。国家现行的大气污染防治法、水污染防治法等虽已提到了排污总量控制及排污许可证制度，但是至今我国仍没有形成一部关于规制排污权交易制度的专门性法规。

4．排污量和交易量难以实现准确监测

企业排污量的准确监测是排污权交易的重要保证，只有在排污权初始分配确定和排污已用指标明确的情况下才可以计算出可交易的排污指标，因企业最初拥有的排污指标是已经明确的，所以对排污企业排污量的准确监测就显得格外重要。但我国目前的监测技术和水平都比较低，无法保证监测值的准确性，再加上执法不公，企业的自觉性较差等因素，不仅导致企业排污量难以准确监测，同时也使得交易量得不到及时的监控，致使排污权交易行为得不到很好的管理。

（二）在我国推行排污权交易的几点建议

1．加快研究初始排污权的分配方法

排污权明确纳入排污企业产权后，初始排污权分配问题是关系到排污权交易市场的正常运转的前提。目前理论界探讨最多的初始排污权分配模式主要有免费分配、有偿分配以及两者结合的三种分配方式。初始排污权的分配应尽量遵循市场原则并兼顾公平，应充分考虑我国不同地域环境容量、经济发展水平、不同排污者的污染治理能力等客观条件，采用计划机制与市场机制下的初始分配方法，促进企业之间的公平竞争，确保实现污染控制区的总体经济效益最大化。

2．加快培育排污权交易市场

在排污权交易制度的设计过程中必须充分尊重市场的主导地位。政府不应管得太多，其主要任务是确定总量控制的目标，进行初始排污权的分配。政府应顺应市场经济的要求，加快转变政府职能，将工作重心由直接的行政控制转变到努力培育排污权交易市场，为市场服务上来。具体而言就是排污交易的价格应由市场决定，政府可以采取有效的措施，促进排污权交易市场的活跃。

政府可以利用自身的优势条件，组建专业的排污权中介机构，建立相关的信息网络系统，为交易各方提供中介信息，提高交易的透明度，有效制止滥用和非法转让排污权，杜绝蓄意囤积居奇等扰乱市场的买卖行为，降低排污权交易的费用。

此外，政府部门还应建立相应的激励机制，对积极减少排放、积极出售排污权的企业从资金、税收、技术等方面予以扶持。

3．切实解决目前实施排污权交易的法律依据和规范缺失问题

加快相关法律法规建设，为实施排污权交易提供法律保障。通过法律将排污权纳入企业经济产权范围，将排污权写入环保法相关的条款之中，对其产权管理机构、交易程序、价格监督、交易主体限定、交易范围、交易方式等做出明确规定，建立排污权交易的法律体系。确立有关“总量控制”污染控制策略具体实施的统一法规，在现行环境法律中对排污总量控制目标、总量设计、调查和检测、适用程序等做出更加明确的规定，并通过切实措施促进污染排放总量的减少，增强政府在排污权交易中的宏观调控作用。

4．加强污染源的监控，建立完善的信息系统

通过开发或者引进先进的污染监测技术，准确地测算出企业污染物排放数量。同时建立以计算机网络为平台的排放跟踪系统、审核调整系统和许可后跟踪监测系统，使企业和环保部门及时掌控企业的排污状况和排污交易情况。此外，还有必要在每个控制区域的排污权交易中心设立信息发布栏，及时进行信息公示，从而保障公民知情权，使环保工作接受社会监督。

本章小结

污染物排放总量控制制度作为我国一项重要的环境管理手段，本章第一节系统介绍了污染物排放总量控制制度在我国的发展概况，从目标总量控制、容量总量控制和行业总量控制 3 个方面强调污染物排放总量控制在我国环境管理政策中的重要地位。第三节详细介绍了污染物排放总量核查与考核方式，包括减排目标责任书、减排核查内容与手段措施以及奖惩制度，力求促使污染物排放总量控制制度在各级政府的有效实施。第二节和第四节主要介绍了排污申报与许可证制度以及排污权交易制度，重点包括基于总量控制的排污许可证制度和排污权交易中存在的主要问题与解决对策。

目前的污染物排放总量控制制度主要存在于政府及环保部门的行政政策、行政计划中，主要形式有总量控制计划、方案、目标等，环境保护部、国家统计局、国家发展和改革委员会定期对各省（市、自治区）执行情况进行考核和检查。国家将逐渐重视与发挥这项环保政策的作用，更好地促进排污权交易。

思考题

1. 简述污染物排放总量控制制度的主要类型及各自特点。
2. 违反排污申报登记制度应当承担的法律后果是什么？
3. 目前国内外排污权初始分配模式主要有哪几种？
4. 排污许可证的适用范围有哪些？
5. 污染物排放总量控制制度的主要核查手段与措施是什么？
6. 污染物排放总量控制考核的奖惩制度是什么？
7. 排污交易制度的特征和作用有哪些？
8. 避免“热点现象”的方法主要有哪几种？

参考文献

[1] 国家环境保护总局. 排污申报登记是我国环境保护一项重要法律制度. 蚌埠日报，2006-01-26（A03）.

[2] 国家环境保护总局. 排污收费制度. 北京：中国环境科学出版社，2003：33-36.

[3] 朴光洙，刘定慧，马品懿. 环境法与环境执法. 北京：中国环境科学出版社，2002：54-67.

[4] 李国栋. 排污申报登记制度在环境管理中的操作研究. 绿色科技，2012（9）：207-208.

[5] 黄沐辉. 论排污权交易制度. 北京：中国政法大学，2004.

[6] 李利军，李艳丽，等. 排污权交易市场建设研究. 石家庄：河北人民出版社，2005：17-23.

[7] Dales J H. Pollution，Property and Prices. University of Toronto Press，1968：106-125.

[8] 林云华. 排污权初始分配方式的比较研究. 石家庄经济学院学报，2008，31（6）：42-45.

[9] 罗吉. 完善我国排污许可证制度的探讨. 河海大学学报，2008，10（3）：32-36.

[10] 中华人民共和国环境保护部. 排污许可证管理条例. 2011.

[11] 闵红. 我国排污许可证制度研究. 苏州：苏州大学，2006.

[12] 刘旭. 我国污染防治法中的总量控制制度概述. 法制园地，2011，92（2）：41-44.

[13] 杜瑞淼. 论我国的排污权交易制度. 青岛：中国石油大学，2004.

[14] 严刚，许艳玲. 排污交易制度设计的技术方法. 环境科学与技术，2010，33（12F）：610-614.

[15] 牧金. 中国排污权交易制度的问题与出路. 重庆科技学院学报，2008（1）：61-63.

[16] HK R W. Market power and transferable property rights. Quarterly Journal of Economics，1984，99（10）：753-765.

[17] 吕连宏，罗宏，罗柳红. 排污权交易制度在中国的推行建议. 环境科技，2009，22（4）：70-73.

第十二章　环境影响评价

第一节　环境影响评价简介

环境影响评价简称环评（Environmental Impact Assessment，EIA），是指对规划或建设项目实施后可能造成的环境影响进行分析、预测和评估，提出预防或者减轻不良环境影响的对策和措施，进行跟踪监测的方法与制度。环境影响评价的根本目的是鼓励在规划和决策中考虑环境因素，最终达到更具环境相容性的人类活动。

环境影响评价的过程包括一系列的步骤，这些步骤按顺序进行。在实际工作中，环境影响评价的工作过程可以不同，而且各步骤的顺序也可变化。

一种理想的环境影响评价过程，应该能够满足以下条件：

①基本上适应所有可能对环境造成显著影响的项目，并能够对所有可能的显著影响做出识别和评估；

②对各种替代方案（包括项目不建设或地区不开发的情况）、管理技术、减缓措施进行比较；

③生成清楚的环境影响报告书，以使专家和非专家都能了解可能影响的特征及其重要性；

④包括广泛的公众参与和严格的行政审查程序；

⑤及时、清晰的结论，以便为决策提供信息。

另外，环境影响评价过程还应延伸至所评价活动开始及结束以后一定时段内的监测和信息反馈程序。

一、环境影响评价制度的历史演化

环境影响评价的概念最早是英国学者 N. Lee、C. Wood、F．Walsh 等提出，1964 年在加拿大召开的一次国际环境质量评价的学术会议上这一概念得到多数人的认可。而环境影响评价作为一项正式的法律制度则首创于美国。1966 年 10 月，在美国众议员所属科学研究开发小组委员会进行的进展报告中，首次正式采用了“环境评价”这一术语。1969 年，美国制定了《国家环境政策法》（National Environmental Policy Act，NEPA），首次规定了环境影响评价（EIA）制度，同时，NEPA 被作为“保护环境的国家基本章程。”1970 年 4 月 3 日开始执行的《改善环境质量法》是 NEPA 的很好补充，该法授权国家环境保护局为环境质量委员会提供专业管理人员。环境影响评价制度是美国环境政策的核心制度，在美国环境法中占有特殊的地位。美国自20世纪70年代初至今，不论是联邦一级还是州一级法律都建立了较完备的环境影响评价法律体系。美国的环境影响评价制度，不仅为实施国家环境政策提供手段，而且为实现国家环境目标提供法律保障。实践证明，NEPA自产生至今，对美国的环境一直发挥着重要作用，它规定的环境影响评价制度迫使行政机关将对环境价值的考虑纳入决策过程，使行政机关正确对待经济发展和环境保护两方面的利益和目标，改变了过去重经济轻环保的行政决策方式。

继美国建立环境影响评价制度后，先后有瑞典（1970年）、新西兰（1973年）、加拿大（1973年）、澳大利亚（1974年）、马来西亚（1974年）、联邦德国（1976年）、印度（1978年）、菲律宾（1979年）、泰国（1979年）、中国（1979年）、印度尼西亚（1979年）、斯里兰卡（1979年）等国家建立了环境影响评价制度。与此同时，国际上也成立了许多有关环境影响评价的相关机构，召开了一系列有关环境影响评价的会议，开展了环境影响评价的研究和交流，进一步促进了各国环境影响评价的应用与发展。1970年，世界银行设立环境与健康事务办公室，对其每一个投资项目的环境影响做出评价和审查。1974年，联合国环境规划署与加拿大联合召开了第一次环境影响评价会议。1984年5月，联合国环境规划理事会第12届会议建议组织各国环境影响评价专家进行环境影响评价研究，为各国开展环境影响评价提供方法和理论基础。1992年，联合国环境与发展大会在里约热内卢召开，通过的《里约环境与发展宣言》和《21世纪议程》中，都写入了有关环境影响评价的内容《里约环境与发展宣言》原则17宣告：对于拟议中可能对环境产生重大不利影响的活动，应进行环境影响评价，并由国家相关主管部门做出决策。1994年，由加拿大和国际影响评价协会（IAIA）在魁北克市联合召开的第一届国际环境影响评价部长级会议，有52个国家和组织机构参加，会议做出了进行环境评价有效性研究的决议。

经过30年的发展，已有100多个国家建立了环境影响评价制度。同时，环境影响评价的内涵也不断扩大和增加，从对自然环境的影响评价发展到社会环境的影响评价；自然环境的影响不仅考虑环境污染，还注重了生态影响；开展了环境风险评价；关注累积性影响并开始对环境影响进行后评价；环境影响评价的应用对象也从最初单纯的工程项目，发展到区域开发环境影响评价和战略环境评价，环境影响评价的技术方法和程序也在发展中不断得以提高和完善。

二、环境影响评价的意义

开展环境影响评价的意义在于在规划和项目决策中充分考虑环境因素，最终达到更具环境相容性的人类活动。通过环境影响评价，可以：①为开发建设活动的决策提供科学依据；②为经济建设的合理布局提供科学依据；③为确定某一地区的经济发展方向和规模、制定区域经济发展规划及相应的环保规划提供科学依据；④为制定环境保护对策和进行科学的环境管理提供依据；⑤促进相关环境科学技术的发展。

三、环境影响评价的分类

环境影响评价的分类最早是简单地根据具体项目类型分成电厂、矿山、化工厂环境影响评价等。后来随着发展出现了多种分类方式，它们是：

①按照环境要素分类根据评价的环境要素，主要是自然环境要素。可分为大气环境质量评价、水环境质量评价（地表水环境质量评价、地下水环境质量评价）、声学环境质量评价、土壤环境质量评价、生物环境质量评价、生态环境质量评价，以上都可称为单要素评价；如果对两个或两个以上的要素同时进行评价，称为多要素评价或联合评价；如果在单要素评价的基础上对所有的要素同时进行评价，则称为环境质量综合评价。近年来对社会环境要素的评价开展日益增加，包括人口的、经济的、文化的以及美学方面的评价等。

②按照评价参数分类在评价工作中，按照参数的选择，可分为卫生学评价、生态学评价、污染物（化学污染物、生物学污染物）评价、物理学（声学、光学、电磁学、热力学等）评价、地质学评价、经济学评价、美学评价等。

③按照评价区域分类根据评价区域的不同，可将环境质量评价分为城市环境质量评价、农村环境质量评价、流域环境质量评价、风景旅游区环境质量评价、自然保护区环境质量评价、海洋环境质量评价、矿区环境质量评价，交通环境质量评价（公路、铁路等），也可按照行政区划进行评价，在每个评价区域内，对各个环境要素都要进行评价，当然，评价的重点有所不同、评价的区域大小可能很悬殊，小到一个居民小区，大到一个国家甚至全球。

④按照评价时间分类根据评价的时间不同，可分为三类：依据一个地区历年积累的环境资料对于这一区域过去一段时间的环境质量进行评价，称为回顾性评价；根据近期的环境资料对某一区域现在的环境质量进行评价，称为现状评价；根据一个地区的经济发展规划或一个项目的建设规模，对某一区域未来的环境质量进行预测和评价，或对某一个建设项目对所在区域可能产生的环境影响进行评价，称为预断评价或环境影响评价。

⑤按照对象还可以分为建设项目环境影响评价，规划环境影响评价，战略环境影响评价等。

四、环境影响评价的基本原则

（一）整体性原则

在进行环境影响评价时，应该注意各种政策及项目建设对区域人类—生态系统的整体环境影响，即在分别进行了各环境要素的影响预测后，应该分析其综合效应，这对正确、全面估计区域环境影响和选择各种替代方案的决策有重要的作用。

（二）相关性原则

环境是一个开放的系统，在人类—生态系统中，各系统之间、同一层次系统之间及不同层次各系统之间关联的性质、关联方式及联系紧密性是判断环境影响传递性的重要原则。应该根据相关性研究其逐层、逐级的传递方式、速度及强度。在构建环境影响指标体系时，各环境影响因素之间的权重就是相关性原则的体现。

（三）目的性原则

确定环境影响评价程序时，必须根据所评价的规划或建设项目所处的区域环境的特定的结构和功能，确定其环境目标，并根据环境目标确定环境影响的内容和目的。

一般来说，环境影响评价有以下目的：为规划或项目的优化选址，合理布局提供决策；为规划或项目的优化设计及污染防治对策的制订提供依据；为规划实施后或项目建成后的环境管理与监测提供依据。为达到这些目的，在环境影响评价的可行性研究阶段和设计前期都有所体现，而且必须付诸实施。

（四）动态性原则

环境系统是一个动态的系统，无论考虑到整体性还是相关性，各系统之间都是相互关联、相互依靠的，系统之间的关系也非一成不变的，环境因素之间具有随机性、不确定性。因此在进行环境影响评价时应该研究不同层次、不同时间、不同阶段正常和异常环境影响特征，以便为决策提供可靠的依据。

（五）社会经济性原则

为了推动社会的可持续发展，环境影响评价除了要在环境的系统性和整体性方面对环境的价值作出判断外，还应在社会、经济和可持续发展方面对环境开发行为作出合理的判断。在环境信息的处理和表达中，除了要使用物理数据外，还应该了解这些数据的实际意义，以实现环境、社会和经济三者之间的协调，使环境影响评价真正促进综合决策，发挥正常的功能。

（六）主导性原则

在进行环境影响评价时，建设项目可能会对很多环境要素产生不利的影响，要把这些可能产生影响的环境要素进行综合的分析，尽可能抓住各种政策或项目建设可能引起的主要环境问题，并对其进行详细的分析、预测及评价。

（七）等衡性原则

为了更好地保护环境，进行建设项目的环境影响评价，充分体现“预防为主”的环境保护和管理理念，在进行环境影响因素的分析时，注意各个环境因素之间的权衡，充分注意各子系统和环境要素之间的协调和均衡，由于某些环境要素具有“阈值效应”，因此要特别予以关注。

（八）公众参与原则

公众参与是环境影响评价的一个重要组成部分，以人为本是环境评价的最终价值体现。在《环境影响评价法》中明确规定，规划单位、建设项目单位、环境保护部门及其他相关的机关、团体、地方政府、学者专家、当地居民等，通过一定的方式（如讨论、听证会）参与到规划、建设项目及政府决策和立法的环境影响评价过程中，而且在编制环境影响评价报告时，应该附有公众参与的意见，即公众对该项目即环保设施采纳或不采纳的说明，否则不予审批。

第二节 战略（规划）环境评价

一、战略（规划）环境评价的概念及其与项目环评的关系

（一）战略（规划）环境评价的概念

战略环境评价是近年来国际上环境影响评价的新发展，是一种识别、分析、评估人类发展战略实施过程中可能对环境造成影响的技术方法。其中战略包括 3 个层面，即政策（Policy）、计划（Plan）与规划（Program），这就是所谓的 3P（简称 PPPs）。战略环境评价就是对“3P”及其替代方案的环境影响进行规范的、系统的、综合的评价过程，是在决策制定的早期阶段，对与所制定战略或拟建项目有关的开发活动及其替代方案所带来的环境后果和环境质量变化进行评价，以确保相关的自然、经济、社会和政治等因素得以充分考虑。

战略环境评价将环境评价从项目环境影响评价上升到了对 3P 的评价。因为不同的国家有不同的政治制度和经济运行机制，因此，不可能有一个通用的战略环境评价定义，不同的国家可根据自己的政治环境或经济系统采用不同的定义，以使环境评价的过程能扩展到战略层次上去。

（二）战略（规划）环境评价与项目环评的关系

1. 层次关系

一项行动计划的形成一般是遵循“政策—计划—规划—项目”这样的顺序。战略环境评价和项目环境影响评价是与行动计划的各个阶段相对应的环境影响分析手段，是对整个开发活动进行环境影响评价的两个有机组成部分。战略环境评价为项目环境影响评价提供依据，而项目环境影响评价则促进战略环境评价的深化和完善，从而构成完整的环境影响评价理论体系。

评价对象层次的不同，单一项目的环境影响评价在规划的战略环境评价框架下完成，服从多个项目或区域的总体规划要求；规划的战略环境评价在计划的战略环境评价框架下完成，服从总体发展计划；计划的战略环境评价则要以宏观政策为依照；而政策（行动指导）的战略环境评价则是最高层次上进行的环境影响评价，要最大限度地体现经济、社会、环境的可持续发展战略。在决策过程的不同层次进行环境影响评价时，评价的详细程度及所需资源应以能作出恰当的决策为依据，不同层次的环境影响评价互为补充、相互一致，并应避免不必要的重复。

2. 相似之处

战略环境评价和项目环境影响评价都属于环境影响评价的范畴，因此二者在评价程序和步骤上有很大相似之处。图 12-1 对此进行了简要说明。

图 12-1　SEA 与 EIA 程序和步骤比较

3. 不同之处

尽管战略环境评价和项目环境影响评价有许多相同之处，但是战略环境评价毕竟不是项目环境影响评价，特别是在评价内容、评价方法上。这些不同主要表现在以下几个方面：

第一，在评价内容上，由于战略环境评价和项目环境影响评价的对象不同，二者的评价重点不一样。战略环境评价解决政策、规划和计划层次的战略问题，而项目环境影响评价则集中考虑与拟建项目有关的具体问题；战略环境评价中很重要的一点就是强调污染物预测值的社会经济含义，把环境污染问题与社会经济有机结合起来，客观地评定和衡量发展战略的社会经济价值及对环境造成的损失，以实现社会经济和环境效益最大化。项目环境影响评价的工作重点主要放在对环境要素的污染物浓度变化值的精确计算和预测研究上，以求得浓度预测值；战略环境评价能充分考虑大尺度影响和累积影响，而项目环境影响评价集中分析可能被战略环境评价忽略的与具体地点有关的局地影响；战略环境评价能全面分析在规划过程中被忽视或者不可能被考虑的影响，而项目环境影响评价则集中考虑与具体项目有关的减缓措施的设计。

第二，在管理体系上，战略环境评价和项目环境影响评价相比还不健全，而且战略的机密性也给战略环境评价的实施和管理带来一定难度。关于战略环境评价的法律规范和管理程序，各国情况不一，但有一点是各国普遍存在的，即战略环境评价的法律依据和管理程序远不如项目环境影响评价健全，需要加强和完善。

第三，在评价方法上，战略环境评价和项目环境影响评价也有不同之处。由于战略环境评价要求的资料多、位息广、评价涉及范围大，所以预测、评价时宜采用定性方法和综合方法。即使是使用项目环境影响评价的方法和模型，其相应的预测和评价尺度、精度、准确度也都会发生变化。二者评价方法的不同之处归纳如表 12-1 所示。

表 12-1 战略环境评价与项目环境影响评价方法的比较

	战略环境影响评价	项目环境影响评价
时间	早期	后期
空间	宏观	微观
范围	大	小
尺度	大	小
精度	粗	细
准确度	小	大
成分	综合	单一

二、战略（规划）环境评价的产生与发展

（一）战略（规划）环境评价的产生

对项目环境影响评价局限性认识的不断加深和实现可持续发展战略的要求，是战略环境评价产生并日益受到重视的两个根本原因。

1. 项目环境影响评价的局限性

关于战略环境评价因何出现，存在着各种各样的争论，其中大多数与项目环境影响评价体系中存在的问题有关。许多国家过去主要开展项目环境影响评价，虽然在协调经济发展与环境保护方面收到了明显成效，但也遇到了一些问题，这些问题突出体现在以下几个方面：

①项目环境影响评价一般是在政策、计划和规划实施后，针对具体建设项目开展的。在本质上它是对发展项目的一种反应性的评估，而不是前瞻性的预测。受政策、计划和规划的限制，项目环境影响评价在发展项目的选择及优化布局方面的作用是有限的，往往只能针对项目的污染状况提出一些控制和治理污染的措施。而战略环境评价可在制定发展战略的过程中，充分考虑与环境有关的各种问题，对战略进行选择和调整，以制定出最佳的发展战略。

②项目环境影响评价比较注重减少某一开发行为对环境产生的近期不良后果，而忽略了这一行为与过去的、现在的或将来的开发行为共同产生的累积效应或协同效应，也难以考虑诱发的或间接的环境效应。例如一个大型的主开发项目往往会诱发一些新的开发项目，在新建公路或地铁沿线地区可能会诱发房地产、商业甚至工业等新项目的出现，这些附加项目的环境影响在主项目的环境影响评价中很难估量。多个开发项目对环境的综合影响并不是各个单独项目环境影响的简单算术和。环境损害与开发活动的数量之间是一种非线性的关系。不同的开发活动之间可能会有协同效应或部分抵消效应。尽管有些国家与地区要求项目环境影响评价要考虑多个项目的协同效应和累积影响等，但在实践中很难做到。这主要是由于项目环境影响评价缺乏对整体发展计划的了解和对其他开发项目的控制。如果环境影响评价能进入战略层次，那么就可以在决策的早期阶段充分考虑多个项目

造成的协同效应和累积影响，并寻求解决途径。

③项目环境影响评价难以全面考虑替代方案和减缓措施。大多数情况下，当项目环境影响评价开始时，项目的选址、工艺、规模等问题已初步确定，某些关于项目选址、技术、资源利用等方面的替代方案很难加以考虑，推荐的减缓措施也十分有限，一般限于污染物治理措施。而真正合适的替代方案和减缓措施可能只有在早期的战略环境评价中才能较充分地加以考虑。

④由于受到资金和时间的制约，许多项目环境评价要求在很短的时间内完成，这不仅限制了数据的收集量，也影响到环境评价的质量。比如，许多项目的时间进度要求生态影响评价在冬季进行，而此时植物很难辨识，动物因冬眠或者迁徙难觅踪迹；项目环境影响评价中进行的公众参与也由于资金和时间的原因而受到限制。

从上述分析看出：仅对项目进行环境影响评价是不够的，而且受到有关发展战略的制约。发展战略是长远的、决定性的，它的正确与否决定了一项事业或行动的成败。而战略环境评价在决策过程的早期执行，而且评价中涵盖某一类型或某一地区的所有项目，因此，战略环境评价能确保充分评价替代方案，全面考虑累积影响，广泛进行公众参与，在决策实施前不是实施后作出与某一项目相关的决策。所以，为了能在发展的早期从根本上防止人为的环境污染和破坏，必须对发展战略进行环境影响评价，即进行战略环境评价。

2. 可持续发展战略的要求

战略环境评价产生的另一重要原因就是可持续发展的要求。当前，实现可持续发展是世界各国的主要发展目标，而实现可持续发展的关键就是要制定可持续发展的战略和政策。要使制定和实施的每一项战略决策都体现可持续性，就要求在战略决策过程中对战略选择进行系统、全面的评估。其中一个很重要的内容就是要分析各种战略选择的环境影响，这就使得环境问题在政策、计划、规划（简称 PPPs）和项目的各个决策层次上都得到充分的考虑。因此可持续发展战略对战略环境评价（SEA）的采用提出了直接要求，积极开展战略环境评价研究和实践有着深远的意义。

（二）战略环境评价的发展

20 世纪 70 年代，一些发达国家开始认识到以项目为核心的“传统环境影响评价”的不足，逐步将评价对象扩展到计划、规划和政策层次，即 SEA。20 世纪 80 年代末，SEA 应运而生，并开始得到世界范围的广泛接受。

根据 SEA 在各国的应用和发展，可以将其分为 3 个发展阶段，即 20 世纪 70 年代到 80 年代的形成阶段、20 世纪 90 年代开始的成型阶段以及 21 世纪至今的扩展和深化阶段。

1. 形成阶段（1969—1989 年）

20 世纪 70 年代到 80 年代是 SEA 执行的早期阶段，SEA 首先在美国联邦层面的法律和政策中得到确立。《国家环境政策法》（National Environmental Protection Act，NEPA）分别为政策、计划和规划以及立法的环境影响声明提供了统一的规则和程序。但在实际应用当中，NEPA 仅被应用于计划和规划层面，在广泛有争议的政策（不同于立法）层面则被作为“非启动”法案而未能得到应用。20 世纪 70 年代中期，欧美其他国家开始将环境影响评价的应用扩展到战略层次。20 世纪 80 年代末 SEA 开始被全世界广泛接受，作用于战略实施全过程（政策—规划—计划—项目），新的环境影响评价体系逐渐形成。

2．成型阶段（1990—2000 年）

以加拿大（1990）和世界银行（1989）为首，SEA 逐渐在越来越多的国家和国际组织中得到应用，并被列入《联合国欧洲经济委员会跨界环境影响评价协议》条款 2（7）中，该协定要求各缔约方“在一定程度上，努力将 EIA 原则应用于政策、计划和规划中”。为此，在各国协议参与案例研究的基础上，开展了关于 SEA 程序和技术方法的试点研究。1993 年，欧盟发布文件规定，凡有可能造成显著环境影响的开发活动或新的立法议案必须实施 SEA。而且在此阶段，SEA 体系在规定、范围和应用方式上都越来越多样化，远远超过了 EIA 在同阶段的演进速度。

3．扩展和深化阶段（2001 年至今）

新一代的国际法律体系使 SEA 得到了更为广泛的应用，特别是在计划和规划层面。首先，欧盟成员国对 2002 年海牙国际研讨会上草拟的《战略环境评价指令》的调整使这个层面的战略环评体系数量有所增加。《战略环境评价指令》于 2001 年 6 月 27 日生效，从而为计划和规划的环境影响评价确立了基本框架，但排除了其在更高层次即政策层次的应用。其次，即将生效的《联合国欧洲经济委员会战略环境评价协议》（2003 年 35 个国家和欧盟在基辅签署）将在更多的成员国中，并可能在联合国欧洲经济委员会以外的国家中实施。《联合国欧洲经济委员会战略环境评价协议》是对《跨界环境影响评价公约》（即《埃斯波公约》）的完善和补充，要求各缔约方对起草的计划、规划以至政策和立法提议等战略决策的环境影响和人群健康影响等开展评价，并对跨界影响分析提出了明确要求。此外《联合国欧洲经济委员会战略环境评价协议》对公众参与的安排及其透明度做出了更为严格的规定。总体来讲，《联合国欧洲经济委员会战略环境评价协议》和《战略环境评价指令》的要求是协调一致的，有望指导 SEA 朝着更加标准化的方向发展，至少在欧洲范围内是可以实现的。在国际范围内，世界银行贷款活动所强调的部门及区域评价对于将该层面的 SEA 引入发展中国家发挥了重要作用，有些发展中国家已经建立了自己的评价程序，比如，中国修订后的环境影响评价法（2003 年）。

三、战略（规划）环境评价目标与原则

开展战略环境评价的目标是通过对政策、计划和规划等战略的环境影响进行评价，并将评价结果应用于这些战略的综合决策，从而提高决策质量，体现预防性原则，促进更有效的环境保护。在战略环境评价的开展中应该遵循以下原则：

（一）整体性原则

任何战略在决策链中都不是孤立存在的，不能单一考虑其战略本身，而应把与该战略有关的政策、计划和建设项目联系起来，整体考虑。同时，还需要将战略环境评价过程充分地纳入战略的制定和决策的全过程，包括战略的草案编制、修改、协商、批准、制定以及后评估等。

（二）早期介入原则

战略环境评价应尽可能在战略制定的早期阶段进行战略环境评价。战略本身具有不确

定性、模糊性，所以总是存在多个不确定的决策时刻，要想具体确定战略环境评价开展的时间是比较困难的。但战略环境评价既然是战略制定和决策过程中不可分割的一部分，一旦拟订 PPPs 的初步框架，就可以让战略环境评价介入。

（三）可操作性原则

在战略环境评价过程中所采用的评价方法尽可能简单、实用，经过实践检验具有可行性。

（四）科学、规范原则

战略环境评价需要建立科学的评价指标体系和评价标准，使其充分体现规划环境影响评价的可持续性发展的本质，并给出科学的算法。

（五）优选性原则

战略环境评价应能充分地考虑替代方案，并对各替代方案进行系统评价和比较。由于战略环境评价的高层次性以及战略的可选择性，替代方案甚至与 PPPs 本身一样成为战略环境评价的研究对象。替代方案是战略环境评价的核心内容，它应该贯穿战略环境评价整个程序，从 PPPs 制定到最终决策的各个阶段。战略环评的目的就是在规划方案与众多替代方案中筛选出对环境影响小、各方面可以接受的最佳方案。

（六）协同性原则

由于战略环境评价涉及面广、信息量大、不确定因素多等特点，决定了战略环境评价必然有多个部门和机构的参与。因此，战略环境评价应该明确各机构的职责，建立他们之间紧密合作交流与信息共享以及协同工作机制，以保证战略环境评价顺利实施。

（七）公众参与原则

战略环境评价强调全过程公众参与，在评价的工作中，应该征求有关单位、部门、公众和有关专家的意见通过信息反馈，获得有益的信息和资料，以便于评价工作的开展。PPPs 拟订部门对可能造成不良环境影响并直接涉及公众利益的政策和规划，应当在该政策和规划报送审批前，举行座谈会、论证会、听证会，或者采取其他形式，听取有关单位、专家和公众对环境影响报告书草案的意见。对环境影响报告书有不同意见的，还可以在座谈会、论证会或者听证会将不同意见送交拟订部门。PPPs 拟订部门应当认真考虑有关单位、专家和公众对环境影响报告书草案的意见，并应当在报送审查的环境影响报告书中附具该意见；对于采纳或者不采纳的情况，应当分别作出说明。

四、战略（规划）环境评价立法与导则

对于项目环境影响评价来说，完善的立法和导则是环境影响评价得以有效实施的根本保证，大多数国家都已建立了一定的项目环境影响评价立法和导则体系。但对于战略环境评价来说，由于存在多方面的困难，目前还没有一个国家建立起独立的立法与导则体系。现在，各国关于战略环境评价的有关立法和导则可分为 3 种形式：

①战略环境评价包含在一个范围广泛、涉及多个部门的综合性资源环境法规之中，该法规对所有涉及资源环境方面的行动做出规定，如新西兰的《资源法案》、瑞典的《规划与建设法》和《自然资源管理法》等。

②战略环境评价作为国家现有环境影响评价立法与导则体系的一部分，如美国的《国家环境政策法》（NEPA）、荷兰的《国家环境政策计划》（NEPP）以及我国的《环境影响评价法》等。

③无法定的战略环境评价要求，但存在一些战略环境评价方面的建议，如英国虽然没有正式的战略环境评价立法，但先后出版了《政策评价与环境》、《发展规划与区域导则》等战略环境评价建议和导则，以及提出开展战略环境评价的要求，并提供技术方法的指导。

此外，一些国际组织也通过了有关战略环境评价的立法，建立了战略环境评价导则体系。如欧盟，自 1985 年通过《环境影响评价指令》后，在进行项目环境影响评价的同时，根据《栖息地指令》和欧洲建设援助基金的要求，开展了一些规划、计划和援助项目的战略环境评价。1992 年 11 月，欧盟通过了《战略环境评价指令》，要求在其成员国开展计划和规划的战略环境评价。这项指令在成员国得到了一定的遵守和执行，并得到了欧盟委员会、欧洲议会等的认可。2001 年欧盟通过了《欧盟关于某些计划和规划环境评估指南》。

目前已开展战略环境评价实践的一些国家的立法和导则如表 12-2 所示。

表 12-2 各国战略环境评价的立法与导则

国家	应用范围	法规	导则
美国	规划、计划	国家环境政策法案（NEPA，1970）中 SEA 的条款	CEQ（环境质量委员会）导则
荷兰	法案中规定的规划、计划立法草案	环境保护法案 1987（1991 年修订） 内阁指令 1995	没有专门的 SEA 导则，实践中基于传统的项目 EIA 程序开展 SEA 采用核查表和可持续发展标准的（环境检测）E-TEST
中国	规划、计划	中华人民共和国环境影响评价法（2003）	规划环境影响评价条例（2009）
新西兰	规划、计划和政策	1991 年资源管理法（REM）和 1974 年环境保护和改善规划（EPEP）中 SEA 条款	环境部发布的非法定的导则
丹麦	向议会提交的立法议案和政府提案	总理办公室行政命令 1993（于 1995 年，1998 年修订）	1993 年发布的导则
加拿大	向内阁提交的政策、规划和计划草案	内阁指令 1990（1999 年修订）	1999 年的 SEA 指令
英国	规划、计划和政策	没有正式的法规	政策评估与环境导则 1991（1997 年修订） 开发规划的环境评估指导 1994（1998 年修订）地区规划可持续性评估实用指南 1999
澳大利亚	规划、计划和政策	环境保护和生物多样性保育法案（1999）	没有具体的导则
瑞典	规划、计划和政策	没有正式的法规；在计划和自然资源立法中包括一些条款	没有具体的导则
芬兰	规划、计划、政策和立法	没有正式的法规	芬兰规划、计划和政策的环境评价导则（1999） 立法草案的环境影响评价导则（2001）
德国	规划、计划和政策	没有正式的法规	没有具体的导则
法国	规划、计划和政策	没有正式的法规	没有具体的导则

我国于2002年通过《中华人民共和国环境影响评价法》，2009年制定《规划环境影响评价条例》，在本书其他章节有详细介绍，在此不再赘述。

五、战略（规划）环境评价的表现形式与应用范围

由于评价对象的不同，战略环境评价在应用上有不同的表现形式，其主要表现形式有两种：区域战略环境评价，评价对象主要是区域规划、城市规划、乡村规划和开发区规划等；行业的或部门的战略环境评价，评价对象包括工业、农业、畜牧业、林业、能源、水利、交通、城市建设、旅游、自然资源开发的有关政策、计划和规划等。

对于战略环境评价的应用范围，原则上讲，任何对环境或对可持续性有影响的政策、计划和规划都需要进行战略环境评价。但政策、计划和规划的编制和实施是一个持续的过程，螺旋的或循环的发展，没有一个终点。随着经验的获得和新的社会环境的出现，政策可能被修改、更新。因此，从宏观角度来说，战略环境评价的对象除了应包括可能造成显著环境影响的新提案，如政策、计划和规划等，还应该包括现有的政策、计划和规划等，特别是那些正在进行修订和补充的现存政策、计划和规划。从微观角度来说，由于战略本身的不确定性、层次性以及战略环境评价方法、程序等方面的不完善，战略环境评价对象的确定与筛选可从战略的性质、特点和角度来考虑，包括明确战略的决策层次（如国家的、部门的或地区的）、政策的性质（明确的或暗含的等），以及政策涉及范围的大小。

一般可采用列表法和定义法说明哪些政策、计划和规划需要进行战略环境评价。列表法清楚易懂，操作简练，但有时会忽略对环境有重大影响的战略。定义法是对需要执行战略环境评价的战略做出说明，这种方法覆盖面较广，但容易在具体执行中引起争议。

六、战略（规划）环境评价框架与内容

（一）战略环境评价的框架

由于各国PPPs的内涵和制定程序的不同，使得战略环境评价在各国开展的内容和程序也存在差异。但仍存在着一个国际性的普遍的评价框架。这个评价框架主要包括：划分层次、筛选、划定范围、报告、评审、决策、实施和跟进工作。

1. 划分层次

划分层次（Tiering）是比传统项目环境影响评价过程多出的一个阶段。战略环境评价在政策、计划和规划的不同决策层次上开展。决策层次不同，评价目标和内容也不同。涉及的其他相关政策、法规、标准也不同。对拟进行战略环境评价的PPPs进行层次分析，正确定位是搞好战略环境评价的前提。

2. 筛选

筛选（Screening）是指决定某一PPPs是否要开展战略环境评价。在战略环境评价中可以通过某些标准（如通过管理职责、影响的大小等标准）对拟议的PPPs进行筛选，也可以通过一些评价方法或技术（如核查表法）进行筛选。战略环境评价的筛选是指根据PPPs的性质、层次和范围，确定它们是否需要进行战略环境评价；如果需要进行战略环境评价，

那么战略环境评价开展的深度如何。从 PPPs 的层次可以看出层次越低，可能越容易开展战略环境评价。PPPs 的作用范围不同，如地区层次的 PPPs、区域层次的 PPPs 和国家层次的 PPPs，其规模和影响也不一样。即使是同一层次的 PPPs，由于其涉及的领域不同，也会有不同的环境影响。因此，在进行战略环境评价时，应该根据其影响的深度，进行适当的筛选。

筛选首先考虑待评战略的特点，分析是否与相关政策、法律法规协调一致；进一步识别战略实施可能产生的持久、不可逆的潜在环境影响。如果对环境有显著、持久、不可逆的影响，就必须全面开展战略环境评价，寻求替代方案，以避免这些影响。

3. 划定范围

划定范围（Scoping）是指在确定了一项拟议活动应进行战略环境评价之后，进一步确定战略环境评价的内容和评价工作的深度，是战略环境评价的关键环节之一。有效地划定范围，可以减少报告书的费用和时间，并可将评价集中于与决策相关的问题上。不同层次 PPPs 的战略环境评价关注的决策问题及其环境影响是不同的。评价范围包括时空范围，评价的主要内容与评价重点。在战略环境评价中划定范围常采用的方法包括核查表法，矩阵法，类比法，文献调查，叠图法，公众咨询和专家判断等。

4. 环境影响预测与评估

环境影响预测与评估（Environmental Impact Prediction and Assessment）是整个评价过程的核心环节，其工作内容包括预测各方案的环境影响，识别显著的环境影响，并与环境目标作比较分析，提出相应的建议。

5. 编写报告书

编写战略环境评价的报告书（Environmental Impact Statement），应主要说明下述几个方面：

①PPPs 的目标和替代方案（包括识别 PPPs 可能引发的活动，以及这些活动对环境的影响）；

②确定评价的研究区域；

③描述环境现状及实施 PPPs 的潜在影响；

④比较替代方案；

⑤评价环境影响并提出减缓措施；

⑥建议跟进工作。

同时，在战略环境评价报告书中，还应包括公众参与的相关信息。

6. 评审及决策

评审及决策（Review and Decision-making）是指组织相关专家对战略环境评价结论提出评审报告，然后基于这个报告，由有关主管部门批准原有的 PPPs 或批准修改后的 PPPs，或否决 PPPs。

7. 跟进工作

跟进工作（Follow-up）的主要内容是评估 PPPs 实施后的实际环境影响，考察战略环境评价中提出的建议和措施的实施情况。通常，应提出一个跟进工作的报告。对 PPPs 在执行过程中发现的不良环境影响提出改进措施。

（二）战略环境评价的内容

1. 确定 PPPs 的目标

进行战略环境评价时首先要确定 PPPs 目标和对象。通常来讲，PPPs 的基本目标应涵盖经济、社会和环境 3 个方面，基本目标能被一步一步地细化成具体目标。例如，某一能源政策的基本目标是“用最小的经济和环境成本去满足某地（国家、省、城市）的能源需求”。基于这个基本目标可提出具体的目标，例如减少能源消费，促进能源的多样化及保护自然和人文环境，从而得出战略环境评价的目标，如“减少氮氧化物的排放”。

一个 PPPs 的目标可以通过以下方法加以描述，将目标一一列出；与管理机构和公众讨论确定目标；将长远目标与中近期目标分开；将 PPPs 目标与更高和更低层次的 PPPs 目标结合起来考虑等。在战略目标识别基础上，首先分析战略与相关政策、法规与标准的相容性；其次，根据战略实施的环境条件等，分析战略目标的合理性；最后，分析战略与上位战略及同位战略间的协调性。

2. 识别替代方案

目标确定后，需要识别可供选择的 PPPs，通过确认和对比可选的 PPPs，决策制定者能够决定最佳的 PPPs 方案：即成本最低、可持续性利益最大的方案。

替代方案识别方法很多，包括专家咨询、头脑风暴、公众参与决策等。战略替代方案识别应注意替代方案的类型与层次，设计替代方案可采取下述方法：

①零方案（no-action），或称 BAU（Business As Usual）方案，也称基础方案，即继续当前的趋势发展的方案。

②明确需求是否必要，没有发展时是否可以满足需求。可否减少需求，即在满足需求的情况下，通过定量供应降低需求。

③选择适当的规模、结构与布局，是否可以通过规模、结构与布局的调整，减少或规避一些潜在的显著、持久、不可逆影响。

④是否有替代技术或方法，可以满足并规避影响，提供能完成相同目标的不同类型的技术或方法，例如低碳发展模式或循环经济发展模式等。

⑤是否可以通过管理手段，减少战略实施带来的环境影响，包括一些财政政策（例如征收道路税或拥挤税）或管理方法（诸如加强监控、排污权交易等）。

在替代方案识别基础上，需对战略及其内涵，实施后期望取得的结果等进行分析，包括：

①不同阶段战略实施的活动构想；

②列出战略实施步骤清单与开发计划时间表；

③用地图展示未来开发前景及环境潜力和环境限制因素。

3. PPPs 分析

在识别替代方案的同时，还要对所评价的 PPPs 进行分析，包括解释 PPPs 的内涵，期望实施后取得的结果等。通常，采用文字说明和图表来描述 PPPs，包括：

①不同年内 PPPs 的开发活动构想；

②列出战略实施步骤清单；

③开发计划时间表；

④用地图展示未来开发前景，例如在土地使用计划战略环境评价中供未来开发的区域；

⑤用地图展示环境潜力和环境限制因素。

4. 划定范围

划定范围的目的是确认可能会影响决策制定的主要环境问题。因此划定范围是战略环境评价非常重要的步骤。不同层次的 PPPs 可能造成不同类型的影响。在战略环境评价中划定范围常采用的方法包括核查表法、矩阵法、类比法、文献调查、叠图法、公众咨询和专家判断等。这些评价方法在项目环境影响评价中已被广泛采用，在应用到战略环境评价时只需作适当修正。

5. 建立评价指标体系

指标体系是用来度量环境发展趋势的工具。一般而言，环境指标体系有 3 种类型：环境现状指数（如 NO_x 水平），它是用来度量现有的环境本底的指标；影响或压力指标（如氮氧化物的排放）。它是用来度量人类对环境影响的指标；行动指标（如利用催化转化器的汽车的百分率），它是用来衡量各级管理机构是否履行职责及其所达到效果的指标。在选择战略环境评价的指标体系时，应根据 PPPs 的具体情况，综合考虑 PPPs 对社会、经济和环境所造成的影响。既要具有针对性，又要全面（涵盖社会、经济和环境 3 个方面）。因此，所采用的指标体系应具备下述特性：

①应能够反映战略目标，包括基准目标与派生目标；

②应能够反映战略实施过程可能产生的主要的环境问题；

③能够满足不同利益相关部门、个人或地区的利益和需要；

④数据的可获取性，在给定的时间、资金范围内要容易收集；

⑤可进行环境影响预测与监控等。

6. 环境现状描述

为了弄清目前的环境状态，要进行环境现状描述。通过环境在开发和未开发状态下的差异来衡量 PPPs 的影响，并将其与 PPPs 的预期影响进行对比。现状描述可运用很多方法。最简单、常用的是文字描述，此外还可利用地图等工具对环境现状加以描述，显示具有重要环境意义的区域或环境敏感点，例如，利用遥感或 GIS 技术进行环境现状的调查和分析。

7. 环境影响预测与评估

在环境评价中，主要任务是对 PPPs 进行影响预测。影响预测既包括预测 PPPs 影响的类型，又包括影响的大小。在战略环境评价中，常采用的评价技术见表 12-3。

表 12-3 战略环境评价中影响预测的常用方法

核查表法	判断 PPPs 是否对环境有影响及影响的类型（正面、负面）及大小
协调性或一致性评价	检验 PPPs 的不同要素之间是否内在的一致性
假设条件分析	一系列假定方案的分析，例如风险评价中最好与最坏方案的比较
叠图法或 GIS 法	多用于土地利用计划，线路研究和评价相同区域内多个项目的累积影响
各种指数指标和/或赋权值的方法	费用-效益分析，费用效果分析，多准则分析等
计算机模型	利用各类条件（如汽车类型、数量、占有率、燃料使用等），预测空气污染的模型，预测大气或水的箱式模型等
主管评分法	德尔菲法等

战略环境评价的影响预测中，最难处理的就是影响的不确定性。通常采用以下方法来处理影响的不确定性：

①给出一个粗略的预测范围而不是精确的数字，来反映不确定性；

②设计不同情景，利用情景分析方法，预测未来不同情景下可能的事件和状况；

③给出更坏案例假定，预测最不利条件下，战略实施的环境影响；在此基础上，制定针对意外事件的应急措施；

④进行灵敏度分析，以确保预测所基于的假定不会过度影响预测的结果。

在了解所造成的影响之后，就需要对影响进行评估，并比较所选择的各种替代方案。影响评估包括对影响的大小和类型进行预测和对影响作显著性评估，还包括检验预测的影响是否符合 PPPs 目标。进行影响评估的主要过程如图 12-2 所示。

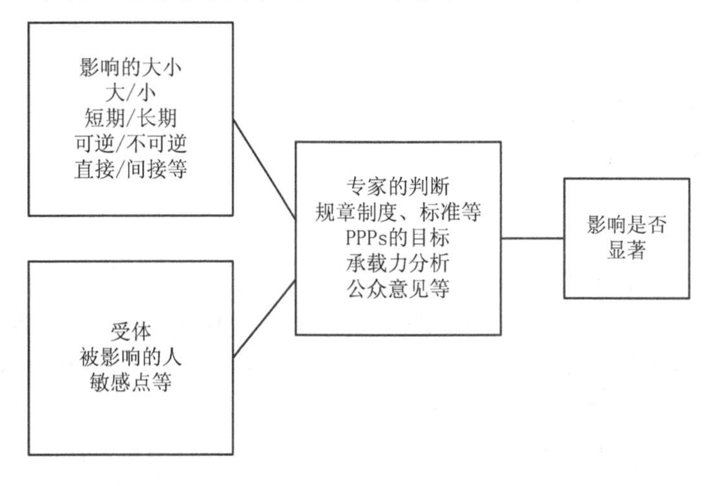

图 12-2　影响评估

选择替代方案是一个政治过程，它能平衡 PPPs 造成的经济、社会和环境影响。通常是决策者在综合考虑各方面的权益后作出抉择。其方法包括对比替代方案法、专家判断法等。

8. 减缓措施

战略环境评价的目的就是规避战略实施带来的负面影响，要求针对所选方案造成的负面环境影响提出减缓措施。战略环境评价减缓措施通常包括避免、减少、弥补或补偿等措施，在负面影响无法规避的情况下，就需要将影响最小化。如果最小化还不充分，就需要使用补偿作为最终解决措施。减缓不利影响的措施可以是多方面的，包括技术方法、清洁生产，以及规模、结构与布局优化调整等。关键在于可行与易于操作。具体减缓措施包括：

①避开敏感区；

②为较低层次 PPPs 和项目的环境影响评价制定评价框架；

③建立或投资于新的自然保护区或娱乐区；

④制定执行 PPPs 的管理计划；

⑤重新划定敏感的/稀有的野生动物栖息地。

⑥减缓措施可通过向环境管理机构、公众、专家咨询取得。

9．对 PPPs 的监控与跟踪评价

战略环境评价还须对所评价的战略进行监控与跟踪评价。监控有几个目的，它检验战略是否完成了它的目标，所造成的负面影响是否得到弥补等。它能保证在战略环境评价中提出的减缓措施得以实行，并为未来战略环境评价提供有用的反馈信息。

监测需实现如下目标：

①提供战略实施过程带来环境演化的最新信息，为未来战略调整提供科学依据；

②对于那些没能预测的需要进行修复的环境影响进行识别；

③考察战略环境评价提出的替代方案与减缓措施实施情况，判断战略需求是否恰当；

④判断战略实施过程的可持续发展程度。

如果监测结果发现由于战略实施导致环境有恶化的趋势，就必须及时调整战略并采取行修复行动。监测程序与内容包括：

①监测的目的目标；

②监测的指标与参数；

③如何获取监测数据；

④责任人；

⑤监测频率；

⑥监测结果的处理与判别标准，何时需要采取修复行动。

跟踪评价的主要内容是评估战略实施后的实际环境影响，考察战略环境评价中提出的建议和措施的实施情况。通常，应提出一个跟进工作的报告，对 PPPs 在执行过程中发现的不良环境影响提出改进措施。

战略环境评价需要广泛征求公众的意见，保证整个评价与决策过程的透明度，以确保公平公正。

七、战略（规划）环境评价审批程序

（一）规划环境影响评价文件的主要内容

环境影响报告书应当包括下列内容：

①规划实施对环境可能造成影响的分析、预测和评估。主要包括环境承载能力分析、不良环境影响的分析和预测以及与相关规划的环境协调性分析。

②预防或者减轻不良环境影响的对策和措施。主要包括预防或者减轻不良环境影响的政策、管理或者工程技术等措施。

③环境影响评价结论。主要包括规划草案的环境可行性，预防或者减轻不良环境影响的对策和措施的有效性以及规划草案的调整建议。

规划环境影响评价文件的编制工作，由规划编制机关负责。规划编制机关可以自行编制，也可以组织专家组或者委托符合规定条件的规划环境影响评价技术服务机构编制。规划环境影响评价技术服务机构应当具备下列条件：具有法人资格；有一定数量的熟悉相关规划编制、规划环境影响评价和环境保护政策法规的专业技术人员；有与规划环境影响评价相关或者相近的工作业绩；有健全的管理制度和完善的质量保证体系。

（二）规划环境影响评价文件的审查程序

规划编制机关在上报审批专项规划草案时，应当将环境影响报告书一并附送规划审批机关。环境影响报告书由有关部门代表和专家组成的审查小组进行审查，并提交书面审查意见。规划审批机关在审批专项规划草案时，应当将环境影响报告书结论以及审查意见作为决策的重要依据。有关规划环评报告书审查程序的具体规定请见第二编第五章第三节。

第三节　建设项目环境影响评价

一、建设项目环境影响评价的发展历史

建设项目环境影响评价，是对拟议中的建设项目在兴建之前即可行性研究阶段，对其选址、设计、施工等过程，特别是运营和生产过程可能带来的环境影响进行预测和分析，提出相应的防治措施，为项目选址、设计及建成投产后的环境管理提供科学依据。

20世纪60年代美国颁布了《国家环境政策法》，首先确立了评价制度，规定联邦政府在环境管理中必须遵守环境影响评价制度。后来，瑞典、澳大利亚、法国、新西兰、加拿大等也相继推行环境影响评价制度。日本从20世纪70年代开始首先在某些部门和地区进行试行，直到1981年4月经日本内阁会议通过了《环境影响评价法案》后，才在全国实行这项制度。近30年来，环境影响评价在全球迅速普及和发展，目前，国际上设立了许多有关环境影响评价的机构，召开了一系列有关环境影响评价的会议，开展了环境影响评价的研究和交流。至今已有100多个国家建立了环境影响评价制度并开展了环境影响评价工作。

中国的环境影响评价是在借鉴国外经验和结合我国实际情况的基础上逐步发展起来的。1973年8月我国在北京召开了第一次全国环境保护会议，拉开了我国环境保护事业的序幕。1979年我国颁布了《中华人民共和国环境保护法》（试行），其中规定扩建、改建、新建工程必须进行环境影响评价，并正式确立了环境影响评价制度的法律地位。1986年3月我国颁布了《建设项目环境保护管理办法》，6月颁布了《建设项目环境影响评价证书管理办法》（试行）。1988年3月国家环境保护局颁布了《建设项目环境保护设计规定》。1989年5月颁布了《建设项目环境评价收费标准的原则方法》，1989年9月颁布了《建设项目环境影响评价证书管理办法》，规范了环境影响评价制度的实施和管理体系。1990年6月颁布了《建设项目环境保护管理程序》。1998年11月国务院第10次常务会议通过了《建设项目环境保护管理条例》。2002年10月28日我国正式颁布了《中华人民共和国环境影响评价法》，该法在总结近30年环境保护工作经验的基础上，对环境影响评价的定义、评价范围、分类、评价原则、评价对象和内容、评价程序以及法律责任做出了全面规范。为我国环境影响评价在21世纪内开创新局面奠定了良好的基础。此外，1982年颁布的《中华人民共和国环境保护法》，1984年颁布的《中华人民共和国水污染防治法》，1987年颁布的《中华人民共和国大气污染防治法》以及1989年的《中华人民共和国环境保护法》（修订）中

也都有相关的环境影响评价的明确规定。

进入20世纪90年代，我国先后接受了亚洲发展银行和世界银行对中国环境影响评价进行培训的技术援助项目，为中国的环境评价与国际社会接轨奠定了基础。据不完全统计，1992—1996年完成环境影响评价的项目占建设项目总数的60%左右。目前，我国环境影响评价制度日臻完善，特别是《中华人民共和国环境影响评价法》的颁布，标志着我国从法律上规定了环境影响评价实施的强制性，同时也为环境影响评价工作提供了准绳。而我们只有依据环评法和环境标准对环境变化做出科学的、定量的比较和评价，环境污染综合整治工作和“三同时”制度才能落到实处，可持续发展才有坚实的保障。

随着时间的进展项目环境影响评价也经历了一个发展演变的过程。

表12-4　项目环境评价的发展过程

年代	技术上和程序上的革新
1970年以前	分析技术；大都限于经济和工程的可行性研究；有限地重视有效性标准以及生命和财产的安全性；没有真正的公众参与机会
1970年	多重的、客观的效益费用分析；着重利益与损失的系统估算和分配；通过计划、规划和预算的复审来加强EIA；不包括环境后果和社会后果
1970—1972年	EIA主要着重于生态/土地利用改变的描述和“预测”；建立了公众审查和复查的正式机会；着重项目设计和变更的责任与控制
1975—1980年	多元EIA，纳入社会基础服务和生活方式改变的社会影响评价SIA；公众参与成为项目规划的必备内容；越来越重视复审阶段项目的合理性；危险装置和未被证实的技术风险分析处于前沿领域
1980—1992年	注意建立影响评价、政策—规划和执行—管理阶段之间更佳的连接；研究着重于效果监测、项目后评估和过程评价；开展更多科学范围的程序研究以及减少一些基于协商和媒介商议的保护形式
1992年至今	更为注重生态环境影响评价、社会经济环境影响评价

在我国环境影响评价的概念是从1979年引入的，项目环境影响评价产生与发展的30多年中，其评价对象、评价内容、程序等有了较大的发展。具体可概括如下：

①评价对象由对带有工程性质的开发建设活动的单个建设项目影响的评价发展到对多成分活动、多项活动的影响评价；

②评价的影响要素从水环境、大气环境、声环境扩大到生态环境、社会环境、经济以及人群健康；

③影响特征由常规、直接、一次性及局部的状态扩展到特殊的、间接的、诱导、潜在的、累积性及区域整体性影响；

④评价内容也在不断地拓展，从起初的污染物排放和环境质量达标到经济损益分析到总量控制、清洁生产、生命周期到从可持续发展角度考虑的广范围，长期的环境问题；

⑤评价范围从对项目周围环境影响分析评价扩大到区域、跨界甚至全球环境问题；

⑥评价的技术方法和手段也在由简单到复杂、由定性评价向定量评价转变。

二、建设项目环境影响评价分类管理办法

国家根据建设项目对环境的影响程度，对建设项目的环境影响评价实行分类管理。建设单位应当按照《建设项目环境影响评价分类管理名录》的规定，分别组织编制环境影响报告书、环境影响报告表或者填报环境影响登记表。

建设项目所处环境的敏感性质和敏感程度，是确定建设项目环境影响评价类别的重要依据。建设涉及环境敏感区的项目，应当严格按照《建设项目环境影响评价分类管理名录》确定其环境影响评价类别，不得擅自提高或者降低环境影响评价类别。环境影响评价文件应当就该项目对环境敏感区的影响作重点分析。

其中环境敏感区，是指依法设立的各级各类自然、文化保护地以及对建设项目的某类污染因子或者生态影响因子特别敏感的区域，主要包括：

①自然保护区、风景名胜区、世界文化和自然遗产地、饮用水水源保护区；

②基本农田保护区、基本草原、森林公园、地质公园、重要湿地、天然林、珍稀濒危野生动植物天然集中分布区、重要水生生物的自然产卵场及索饵场、越冬场和洄游通道、天然渔场、资源型缺水地区、水土流失重点防治区、沙化土地封禁保护区、封闭及半封闭海域、富营养化水域；

③以居住、医疗卫生、文化教育、科研、行政办公等为主要功能的区域，文物保护单位，具有特殊历史、文化、科学、民族意义的保护地。

三、建设项目环境影响评价的工作程序

建设项目环境影响评价的工作程序可分为 3 个阶段。

第一阶段为准备阶段，主要研究有关技术文件，进行初步的工程分析和环境现状调查，识别环境影响，筛选重点评价项目，确定各单项环境影响评价的工作等级、编制环评大纲；第二阶段为正式工作阶段，主要为工程分析、环境现状调查和环境影响预测与评价；第三阶段为报告书编制阶段，主要为汇总、分析各种资料、数据、结果，编制环境影响报告书。具体的流程如图 12-3 所示。

四、建设项目环境影响评价的主要内容

（一）工程分析

工程分析主要是根据各类型建设项目的工程内容及其特征，结合建设项目工程组成、规模、工艺路线，对建设项目环境影响因素、方式、强度等进行详细分析与说明。采用类比分析法、实测法、实验法、物料平衡计算法、查阅参考资料分析法等对环境可能产生较大影响的主要因素要进行深入分析。

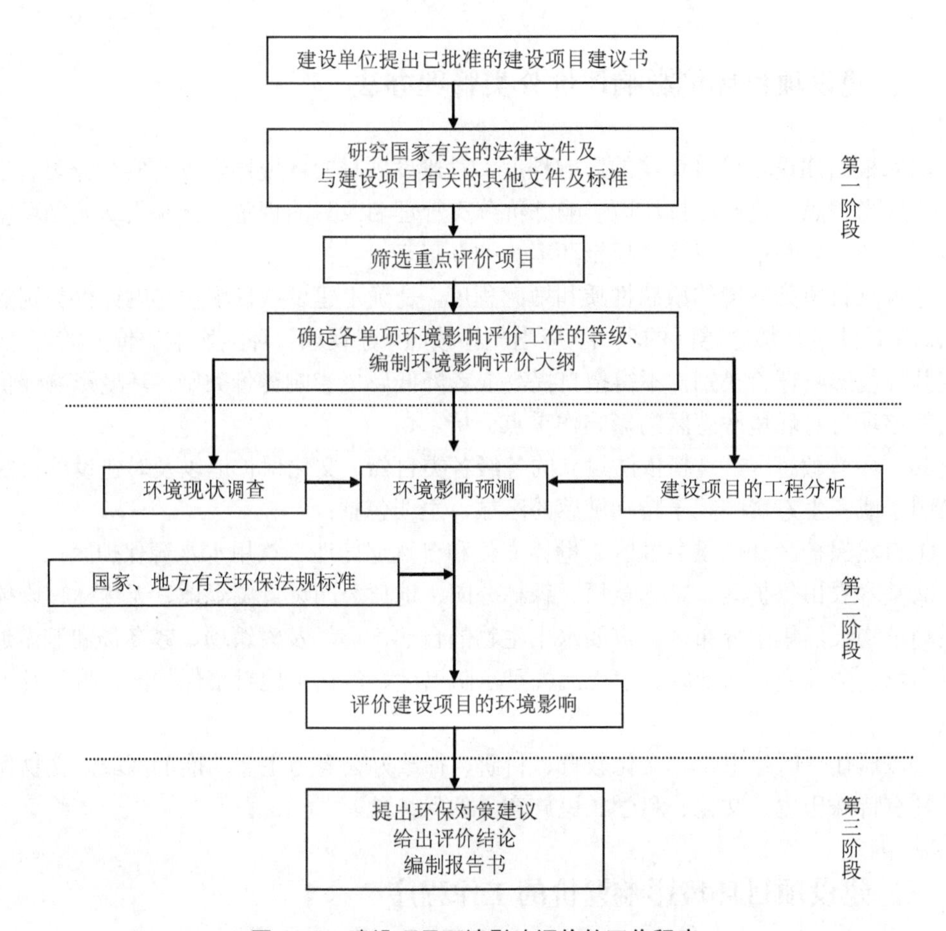

图 12-3 建设项目环境影响评价的工作程序

1. 建设项目概况

建设项目规模、主要生产设备和公用及贮运装置、平面布置，主要原辅材料及其他物料的理化性质、毒理特征及其消耗量，能源消耗数量、来源及其储运方式，原料及燃料的类别、构成与成分，产品及中间体的性质、数量，物料平衡，燃料平衡，水平衡，特征污染物平衡；工程占地类型及数量，土石方量，取弃土量；建设周期、运行参数及总投资等。

根据“清污分流、一水多用、节约用水”的原则做好水平衡，给出总用水量、新鲜用水量、废水产生量、循环使用量、处理量、回用量和最终外排量等，明确具体的回用部位；根据回用部位的水质、温度等工艺要求，分析废水回用的可行性。按照国家节约用水的要求，提出进一步节水的有效措施。

改扩建及异地搬迁建设项目需说明现有工程的基本情况、污染排放及达标情况、存在的环境保护问题及拟采取的整改措施等内容。

2. 污染影响因素分析

绘制包含产污环节的生产工艺流程图，分析各种污染物产生、排放情况，列表给出污染物的种类、性质、产生量、产生浓度、削减量、排放量、排放浓度、排放方式、排放去向及达标情况；分析建设项目存在的具有致癌、致畸、致突变的物质及具有持久性影响的污染物的来源、转移途径和流向；给出噪声、振动、热、光、放射性及电磁辐射等污染的来源、特性及强度等；各种治理、回收、利用、减缓措施状况等。

3．生态影响因素分析

明确生态影响作用因子，结合建设项目所在区域的具体环境特征和工程内容，识别、分析建设项目实施过程中的影响性质、作用方式和影响后果，分析生态影响范围、性质、特点和程度。应特别关注特殊工程点段分析，如环境敏感区、长大隧道与桥梁、淹没区等并关注间接性影响、区域性影响、累积性影响以及长期影响等特有影响因素的分析。

4．原辅材料、产品、废物的储运

通过对建设项目原辅材料、产品、废物等的装卸、搬运、储藏、预处理等环节的分析，核定各环节的污染来源、种类、性质、排放方式、强度、去向及达标情况等。

5．公用工程

给出水、电、气、燃料等辅助材料的来源、种类、性质、用途、消耗量等，并对来源及可靠性进行论述。

6．环境保护措施和设施

按环境影响要素分别说明工程方案已采取的环境保护措施和设施，给出环境保护设施的工艺流程、处理规模、处理效果。

7．污染物排放统计汇总

对建设项目有组织与无组织、正常工况与非正常工况排放的各种污染物浓度、排放量、排放方式、排放条件与去向等进行统计汇总。对改扩建项目的污染物排放总量统计，应分别按现有、在建、改扩建项目实施后汇总污染物产生量、排放量及其变化量，给出改扩建项目建成后最终的污染物排放总量。

（二）环境现状调查与评价

环境现状调查与评价主要是根据建设项目污染源及所在地区的环境特点，结合收集资料法、现场调查法、遥感和地理信息系统分析方法等，对与建设项目有密切关系的环境状况进行全面、详细调查，给出定量的数据并做出分析或评价；对一般自然环境与社会环境的调查，应根据评价地区的实际情况，适当增减。结合各专项评价的工作等级和调查范围，筛选出应调查的有关参数。

1．自然环境现状调查与评价

包括地理地质概况、地形地貌、气候与气象、水文、土壤、水土流失、生态、水环境、大气环境、声环境等调查内容。根据专项评价的设置情况选择相应内容进行详细调查。

2．社会环境现状调查与评价

包括人口、工业、农业、能源、土地利用、交通运输等现状及相关发展规划、环境保护规划的调查。当建设项目拟排放的污染物毒性较大时，应进行人群健康调查，并根据环境中现有污染物及建设项目将排放污染物的特性选定调查指标。

3．环境质量和区域污染源调查与评价

①根据建设项目特点、可能产生的环境影响和当地环境特征选择环境要素进行调查与评价。

②调查评价范围内的环境功能区划和主要的环境敏感区，收集评价范围内各例行监测点、断面或站位的近期环境监测资料或背景值调查资料，以环境功能区为主兼顾均布性和

代表性布设现状监测点位。

③确定污染源调查的主要对象。选择建设项目等标排放量较大的污染因子、影响评价区环境质量的主要污染因子和特殊因子以及建设项目的特殊污染因子作为主要污染因子，注意点源与非点源的分类调查。

④采用单因子污染指数法或相关标准规定的评价方法对选定的评价因子及各环境要素的质量现状进行评价，并说明环境质量的变化趋势。

⑤根据调查和评价结果，分析存在的环境问题，并提出解决问题的方法或途径。

4. 其他环境现状调查

根据当地环境状况及建设项目特点，决定是否进行放射性、光与电磁辐射、振动、地面下沉等环境状况的调查。

（三）环境影响预测与评价

建设项目的环境影响预测，是指对能代表评价区环境质量的各种环境因子变化的预测，分析、预测和评价的范围、时段、内容及方法均应根据其评价工作等级、工程与环境特性、当地的环境保护要求而定。预测和评价的环境因子应包括反映评价区一般质量状况的常规因子和反映建设项目特征的特性因子两类。目前使用较多的预测方法有数学模式法、物理模型法、类比调查法和专业判断法等。预测与评价结果须考虑环境质量背景与已建的和在建的建设项目同类污染物环境影响的叠加。对于环境质量不符合环境功能要求的，应结合当地环境整治计划进行环境质量变化预测。

环境影响预测和评价内容为：

①建设项目的环境影响，按照建设项目实施过程的不同阶段，可以划分为建设阶段的环境影响、生产运行阶段的环境影响和服务期满后的环境影响。还应分析不同选址、选线方案的环境影响。当建设阶段的噪声、振动、地表水、地下水、大气、土壤等的影响程度较重、影响时间较长时，应进行建设阶段的环境影响预测。

②预测建设项目生产运行阶段，正常排放和非正常排放、事故排放等情况的环境影响，并对建设项目服务期满的环境影响进行评价，提出环境保护措施。环境影响评价过程中，应考虑环境对建设项目影响的承载能力。

③涉及有毒有害、易燃、易爆物质生产、使用、贮存，存在重大危险源，存在潜在事故并可能对环境造成危害，包括健康、社会及生态风险（如外来生物入侵的生态风险）的建设项目，需进行环境风险评价。

④分析所采用的环境影响预测方法的适用性。

（四）社会环境影响评价

社会环境影响评价包括征地拆迁、移民安置、人文景观、人群健康、文物古迹、基础设施（如交通、水利、通讯）等方面的影响评价。通过收集反映社会环境影响的基础数据和资料，筛选出社会环境影响评价因子，定量预测或定性描述评价因子的变化。分析正面和负面的社会环境影响，并对负面影响提出相应的对策与措施。

（五）公众参与

公众参与应贯穿于环境影响评价工作的全过程中。涉密的建设项目按国家相关规定执行。充分注意参与公众的广泛性和代表性，参与对象应包括可能受到建设项目直接影响和间接影响的有关企事业单位、社会团体、非政府组织、居民、专家和公众等。征求公众意见可根据实际需要和具体条件，采取包括问卷调查、座谈会、论证会、听证会及其他形式在内的一种或者多种形式，征求有关团体、专家和公众的意见。

公众参与过程中应告知公众建设项目的有关信息，包括建设项目概况、主要的环境影响、影响范围和程度、预计的环境风险和后果，以及拟采取的主要对策措施和效果等。

公众参与结果分析按“有关团体、专家、公众”对所有的反馈意见进行归类与统计分析，并在归类分析的基础上进行综合评述；对每一类意见，均应进行认真分析、回答采纳或不采纳并说明理由。

（六）环境保护措施及其经济、技术论证

明确拟采取的具体环境保护措施；分析论证拟采取措施的技术可行性、经济合理性、长期稳定运行和达标排放的可靠性，满足环境质量与污染物排放总量控制要求的可行性，如不能满足要求应提出必要的补充环境保护措施要求；生态保护措施须落实到具体时段和具体位置上，并特别注意施工期的环境保护措施。

结合国家对不同区域的相关要求，从保护、恢复、补偿、建设等方面提出和论证实施生态保护措施的基本框架；按工程实施不同时段，分别列出相应的环境保护工程内容，并分析合理性。给出各项环境保护措施及投资估算一览表和环境保护设施分阶段验收一览表。

（七）环境管理与监测

按建设项目建设和运营的不同阶段，有针对性地提出具有可操作性的环境管理措施、监测计划及建设项目不同阶段的竣工环境保护验收目标。结合建设项目影响特征，制定相应的环境质量、污染源、生态以及社会环境影响等方面的跟踪监测计划。对于非正常排放和事故排放，特别是事故排放时可能出现的环境风险问题，提出预防与应急处理预案；施工周期长、影响范围广的建设项目还应提出施工期环境监理的具体要求。

（八）清洁生产分析和循环经济

对国家已发布行业清洁生产规范性文件和相关技术指南的建设项目，按所发布的规定内容和指标进行清洁生产水平分析，必要时提出进一步改进措施与建议。国家未发布行业清洁生产规范性文件和相关技术指南的建设项目，结合行业及工程特点，从资源能源利用、生产工艺与设备、生产过程、污染物产生、废物处理与综合利用、环境管理要求等方面确定清洁生产指标和开展评价。从企业、区域或行业等不同层次，进行循环经济分析，提高资源利用率和优化废物处置途径。

（九）污染物总量控制

在建设项目正常运行，满足环境质量要求、污染物达标排放及清洁生产的前提下，按照节能减排的原则给出主要污染物排放量。

根据国家实施主要污染物排放总量控制的有关要求和地方环境保护行政主管部门对污染物排放总量控制的具体指标，分析建设项目污染物排放是否满足污染物排放总量控制指标要求，并提出建设项目污染物排放总量控制指标建议。主要污染物排放总量必须纳入所在地区的污染物排放总量控制计划。

必要时提出具体可行的区域平衡方案或削减措施，确保区域环境质量满足功能区和目标管理要求。

（十）环境影响经济损益分析

从建设项目产生的正负两方面环境影响，以定性与定量相结合的方式，估算建设项目所引起环境影响的经济价值，并将其纳入建设项目的费用效益分析中，作为判断建设项目环境可行性的依据之一。

以建设项目实施后的影响预测与环境现状进行比较，从环境要素、资源类别、社会文化等方面筛选出需要或者可能进行经济评价的环境影响因子，对量化的环境影响进行货币化，并将货币化的环境影响价值纳入建设项目的经济分析。

五、建设项目环境评价文件的编制

（一）基本原则

环境影响报告书（表）是环境影响评价程序和内容的书面表达形式之一，是环境影响评价项目的重要技术文件。在编写时应遵循下列原则。

①应该全面、客观、公正，概括地反映环境影响评价的全部工作；评价内容较多的报告书，其重点评价项目另编分项报告书，主要的技术问题另编专题报告书。

②文字应简洁、准确、图表要清晰，论点要明确。大（复杂）项目，应有主报告和分报告（或附件）。主报告应简明扼要。分报告把专题报告、计算依据列入。环境影响报告书应根据环境和工程的特点及评价工作等级进行编制。

（二）环境影响登记表

环境影响登记表主要针对环境影响很小，不需要进行环境影响评价的建设项目。其内容为在建设项目的基本概况介绍、简要工程分析及拟建地区环境概况描述的基础上，根据拟采取的污染防治措施及预期治理效果，简单说明建设项目污染物排放达标情况以及对周围环境及其主要环境保护目标可能造成的影响程度。

（三）环境影响报告表

对于可能造成轻度环境影响的建设项目，应当编制环境影响报告表，对建设项目产生的污染和对环境的影响进行分析或者专项评价。

环境影响报告表需根据适当的预测计算模式估算建设项目施工期和营运期污染排放对周围环境质量以及主要环境保护目标可能造成的影响范围、影响程度。

报告表中需重点概述评价区域的环境现状及主要环境问题，建设项目污染排放源的位置、数量、污染物的种类、排放浓度、排放方式、排放量、污染物排放达标情况，污染防治措施，建设项目实施过程对环境的影响，污染物排放总量的变化情况及总量控制措施。

（四）环境影响报告书

对于可能造成重大环境影响的建设项目，应当编制环境影响报告书，对建设项目产生的污染和对环境的影响进行全面、详细的评价。

环境影响报告书总体编排结构应符合《建设项目保护管理条例》（1998 年 11 月 29 日颁布）的要求，内容全面，重点突出，实用性强。基础数据必须可靠。对不同来源的统一参数数据出现不同时应进行核实。

环境影响报告书应对拟建项目的选址、工程规模、总体布局、工艺流程的环境技术、经济合理性和可行性进行分析，对于施工、运行、服务终止后可能产生的对周围环境的各种影响进行预测、分析、评价。对不利影响提出技术经济可行的防护措施，并制定监测不利环境影响为主要目的的监测管理方案。评价过程中预测模式和参数选择应“因地制宜”。应选择推导（总结）条件和评价环境条件相近（相同）的模式。选择总结参数时的环境条件和评价环境条件相近（相同）的参数。评价结论应观点明确，客观可信，以报告书中客观的论证为依据论述建设项目的可行性和选址的合理性。

环境影响报告书中应有评价资格证书，报告书的署名，报告书编制人员按行政总负责人、技术总负责人、技术审核人、项目总负责人依次署名、盖章，报告编写人署名。

六、建设项目环评文件的审批程序

建设项目环评文件由建设单位报有审批权的环保部门审批。各级主管部门和环境保护部门在审批环评文件时，应着重从审查建设项目是否符合国家产业政策，是否符合城市环境功能区划和城市总体发展规划，是否符合清洁生产要求，是否作到污染物达标排放，是否满足国家和地方规定的污染物总量控制指标，以及项目建成后是否能够维持地区环境质量、符合功能区要求等几个方面入手。建设项目的环境影响评价文件未经法律规定的审批部门审查或者审查后未予批准的，该项目审批部门不得批准其建设，建设单位不得开工建设。有关规划环评报告书审查程序的具体规定请见第二编第五章第三节。

本章小结

战略环境评价可以把环境保护的各项目标渗透到 PPPs 中去，使环境保护从计划酝酿阶段就参与 PPPs 的综合平衡，使 PPPs 的综合决策不仅体现发展生产、完善经济结构的要求，同时也体现保护环境、保护资源的要求，从而实现环境管理战略的转变，即由限制各种污染活动的防治战略，通过制定合理的方针、政策、计划、规划和方案等达到环境与经济持续协调发展。

建设项目的环境影响评价在我国已经明确进入法制轨道，目前绝大多数的环境影响评价工作都是围绕建设项目进行的，其目的是为项目的布局、选址和确定其发展规模提供决策基础和环境保护措施方面的服务，即在造成环境损害之前尽可能多地提供环境信息，以求把不利的环境影响降低到最低程度。

通过环境影响评价，不仅可以判断环境质量的优劣，也可以进一步认识环境质量价值的高低，确定环境质量与人类生存发展需要之间的关系，为保护和改善环境，使环境质量符合人群生活与生产的要求，有利于自然生态系统的良性循环而采取行动。所以说，环境影响评价是人们认识环境的本质和进一步保护与改善环境质量的手段与工具，它为环境管理、环境工程、制定环境标准、环境污染综合防治、生态环境建设和环境规划提供科学依据，为国家制定环境保护政策提供信息，它是环境保护的一项基础工作，是贯彻我国预防为主、防治结合、综合治理的环境管理原则的具体体现。在进行环境影响评价工作中，要开展大量的各种学科的专项研究与综合研究，以揭示环境的本质，并找出环境质量与人类生存与发展的关系。

思考题

1. 简述环境影响评价的概念与意义。
2. 简述环境影响评价的基本原则。
3. 简述战略（规划）环境评价的概念。
4. 战略（规划）环境评价与项目环境评价的关系是什么？
5. 简述战略（规划）环境评价的表现形式与应用范围。
6. 简述建设项目环境影响评价分类管理办法与工作程序。
7. 试论述建设项目环境影响评价的主要内容。
8. 简述建设项目环境影响评价文件编制的基本原则和要点。
9. 你认为可持续发展对环境影响评价有哪些要求？

参考文献

[1] World Commission on Environment and Development，Our Common Future，Oxford University Press，London，1987.

[2] The United Nations Conference on Environment and Development（UNCEI），The Earth Summit，Graham & Trotman Ltd.，London，1993.

[3] UNEP，1996，Environmental Impact Assessment，Issues，Trends and Practice. United National Environment Programme Nairobi.

[4] Partidario M. R.，Significance and the future of strategic environmental assessment，International Workshop on Strategic Environmental Assessment，Japan Environmental Agency，Tokyo，1998.

[5] Clark R.，Making EIA count in decision-making，17th Annual Meeting of the International Association for Impact Assessment，New Orleans，LA，1997.

[6] Sadler B.，Verheem R.，Strategic Environmental Assessment-status，challenges and future directions，The Hague，Ministry of Housing，Spatial Planning and the Environment of The Netherlands，1996.

[7] Therivel R.，Partidario M. R.，Eds.，The practice of Strategic Environmental Assessment，Earthscan，London，1996.

[8] Dalal-Clayton B.，Sadler，B.，The Application of Strategic Environmental Assessment in Developing Countries，draft report，IIED，London，1998.

[9] 王华东. 环境影响评价与区域环境研究. 石家庄：河北科学技术出版社，1990：153-160.

[10] 徐鹤，等. 战略环境评价（SEA）在中国的开展——区域环境评价（RFA），城市环境与城市生态，2000，13（3）：4-7.

[11] 马太玲，张江山. 环境影响评价，武汉：华中科技大学出版社，2009.

[12] 包景岭，等. 区域开发环境影响评价中总量控制分析过程与方法——以天津经济技术开发区为例//中国内地与香港区域性环境影响评估（EIA）研讨会（文集），1999：4-38，44-49.

[13] 程鸿德. 区域环境影响评价原则和方法研究//中国内地与香港区域性环境影响评估(EIA)研讨会(文集)，1999：3-9.

[14] 吴浩成. 区域环境影响评价技术导则建议//中国内地与香港区域性环境影响评估（EIA）研讨会（文集），1999：9-16.

[15] 原政云. 我国区域环境评价的回顾//中国内地与香港区域性环境影响评估（EIA）研讨会（文集），1999：78-85.

[16] 朱坦. 开发区区域环境影响评价与规划. 天津：天津科学技术出版社，1995.

[17] 肖满意，董翊立. 山西省水资源承载能力评估，山西水利科技，1998（123）.

[18] 曾维华，王华东，薛纪榆，等. 环境承载力理论在湄洲湾污染控制规划中的应用，中国环境科学，1998（18）.

[19] 朱坦，许凡，徐鹤. 环境估值：实现可持续发展的一条途径. 上海环境科学，2000，18（10）：221-227.

[20] 陆雍森. 环境评价. 上海：同济大学出版社，1999：99-111.

[21] Fitipaldi，Eds.，Environmental Methods Review：retooling Impact Assessment for the New Century，The Press Club，Fargo，North Dakota for IAIA and AEPI，1998.

[22] Goeller B. F.，"A Framework for Evaluating Success in Systems Analysis"，in Handbook of Systems Analysis，Craft Issues and Procedural Choices，Miser，H. J.，Quade E. S.，Eds.，John Wiley & Sons，1998：567-618.

[23] Dixon D.，Montz. B.，"From concept to practice：implementing cumulative impact assessment in New Zealand" Environ，Manage.，1995，19：445.

[24] Canadian Heritage，Best Practices for Parks Canada Trails，Special Advisor's Office，Real Property Services（CH-EC）PWGSC，June 1996.

第十三章　环境监测与环境质量监控

第一节　环境监测

环境监测，是指依法从事环境监测的机构及其工作人员，按照有关法律法规规定的程序和方法，运用物理、化学或生物等方法，对环境中各项要素及其指标或变化进行经常性的监视性或监督性监测以及长期跟踪测定的科学活动。主要内容包括：大气环境监测、水环境监测、土壤环境监测、固体废弃物监测、环境生态监测、辐射环境监测和环境噪声监测等。

“说清环境质量现状及其变化趋势、说清污染源状况、说清潜在的环境风险”是环境监测的根本任务，要及时、准确、全面地获取环境监测数据，客观反映环境质量状况和变化趋势，及时跟踪污染源变化情况，准确预警各类潜在的环境问题，及时响应突发环境事件。

依照《环境保护法》规定，“国务院环境保护主管部门制定监测规范，会同有关部门组织监测网络，统一规划国家环境质量监测站（点）的设置，建立监测数据共享机制，加强对环境监测的管理”。环境监测是各级人民政府履行环境保护职能、开展环境管理工作的重要组成部分，是各级人民政府监视环境状况变化、考核环境保护工作成效、实施环境质量监督的重要基础，是国民经济和社会发展的基础性公益事业。组织开展环境监测工作，是各级人民政府提供基本公共服务、保障公众环境知情权的重要内容，是各级人民政府环境保护主管部门的法定职责。

目前，中国的环境监测机构包括中国环境监测总站、省级站、省辖市市级中心站以及各区县级四级环境监测站。它们在各级环保部门的统一规划、组织和协调下开展工作。此外，在国土资源、农业、水利、海洋、铁路、交通、电力等部门或行业也分别设有环境监测机构。上述各级、各类环境监测机构按照协同合作的原则，共同组成全国环境监测网，为各级政府全面报告环境质量状况并提供基础数据和资料。

环保系统各级监测站是依法实施环境技术监督职能的社会公益性事业单位，经环境保护行政主管部门授权，采用监测手段对一切违反环境法律、法规、制度的行为和这些行为对环境影响的范围、程度进行监督。同时也对各级政府、各单位执法效果（如污染物排放达标情况，治理设施运行情况，环境质量达标情况，各项制度、措施的实施效果等）进行监督检查，对污染事故和环境纠纷进行技术仲裁，为政府部门进行环境执法管理提供具有法律效力的科学依据。各级监测站能否及时、准确、系统地掌握环境质量和污染物排放动态变化状况，不仅是监测站业绩和能力的体现，更应该是各级环保局政绩和能力的体现。

党中央、国务院高度重视环境保护工作，十分关心环境监测事业发展。胡锦涛同志指出“环境保护工作要着眼于人民喝上干净的水、呼吸清洁的空气、吃上放心的食物，在良好的环境中生产生活”；温家宝同志要求“建立先进的环境监测预警体系，全面反映环境质量状况和趋势，准确预警各类突发环境事件”。中共十六届六中全会通过的《中共中央关于构建社会主义和谐社会若干重大问题的决定》指出，要把教育、卫生、文化、就业及再就业服务、社会保障、生态环境、公共基础设施、社会治安等与民生问题密切相关的公共服务列为政府基本公共服务范畴，加强环境保护，促进人与自然相和谐，明确要求“加强环境监测，定期公布环境状况信息”。中共十七届五中全会通过的《中共中央关于制定国民经济和社会发展第十二个五年规划的建议》提出，要“加快建设资源节约型、环境友好型社会，提高生态文明水平”，“加大环境保护力度”，“加强生态保护和防灾减灾体系建设”，“增强可持续发展能力”，“着力保障和改善民生，必须逐步完善符合国情、比较完整、覆盖城乡、可持续的基本公共服务体系，提高政府保障能力，推进基本公共服务均等化”。2011 年 3 月第十一届全国人民代表大会第四次会议审查通过的《中华人民共和国国民经济和社会发展第十二个五年规划纲要》（以下简称《纲要》）提出“健全环境保护法律法规和标准体系，完善环境保护科技和经济政策，加强环境监测、预警和应急能力建设”，“县县具备污水、垃圾无害化处理能力和环境监测评估能力”，明确了未来五年环境监测事业的重要任务，体现了提升环境监测管理水平的迫切需求。2012 年 11 月，党的第十八次全国代表大会上，胡锦涛同志《坚定不移沿着中国特色社会主义道路前进，为全面建成小康社会而奋斗》的报告中首次把大力推进生态文明建设独立成章，把生态文明建设放在突出地位，融入经济建设、政治建设、文化建设、社会建设各方面和全过程，努力建设美丽中国，实现中华民族永续发展。良好的生态环境是社会持续发展的根本基础，碧水、蓝天、洁净安全的食物、宜居的生活环境，美丽中国的这些元素要靠环境监测来监督，对监测工作提出了更高的要求。

经过 30 多年的发展，我国初步建立了适应我国国情的环境监测体系，确立了行政上分级设立、业务和技术上上级指导下级的环境监测管理体制和网络运行机制，国家环境监测体系初步建立。

一、环境监测制度初步建立。

在已颁布的《中华人民共和国环境保护法》、《中华人民共和国大气污染防治法》、《中华人民共和国环境噪声污染防治法》、《中华人民共和国水污染防治法》等法律法规中，对建立监测制度、组建监测网络、制定监测规范等均做出了规定和要求。我国还先后颁布了《全国环境监测管理条例》、《全国环境监测报告制度（暂行）》、《环境监测质量保证管理规定（暂行）》、《环境监测人员合格证制度（暂行）》、《环境监测优质实验室评比制度（暂行）》、《环境监测质量管理规定》、《环境监测人员持证上岗考核制度》、《主要污染物总量减排监测办法》、《环境监测管理办法》等环境监测的法规制度，对加强环境监测管理、规范环境监测行为起到了重要的作用。

二、环境监测机构逐步完善。

截至 2010 年，全国环保系统已建立 2 587 个环境监测站，形成了由中国环境监测总站、省级环境监测站、地市级环境监测站及区县级环境监测站组成的四级环境监测机构，建成 31 个省级辐射环境监测站。2008 年，新组建的环境保护部设立了环境监测司，加强了环境监测管理。2009 年中国环境监测总站增加人员编制 90 名，提高了国家环境监测能力。

2009年2月成立了环境保护部卫星环境应用中心，为实现环境监测“天地一体化”奠定了基础。

三、环境监测能力大幅度提高。

“十一五”期间，全国环境监测能力建设投资超百亿元，其中中央财政累计投入超过54亿元，重点支持了环境质量监测能力、环保重点城市应急监测能力、国控重点污染源监督监测运行等项目，2010年国家首次对市县级监测站业务用房建设进行了补助。全国各级环境监测站基础设施条件逐步改善，环境监测仪器的配备大大加强，环境卫星遥感监测能力初步具备，环境监测经费逐步得到保障，环境监测站标准化建设达标比例较“十五”末期有了显著提高。环境监测实验室条件、分析测试能力、现场分析能力、污染源监测能力、突发环境事件应急监测能力、监测信息管理传输能力、环境监测科研能力和人员素质等均得到大幅提升。不少地方环境监测能力实现了跨越式发展，以前测不了的现在基本能测了，以前测不全的现在有的能测全了，以前说不清的现在能初步说清了，以前响应不及时的现在能及时响应了。

四、环境监测网不断完善。

以“六五”和“七五”期间国家投资建设的64个重点监测站为依托，历经“九五”、“十五”的快速发展，现已初步建成了覆盖全国的国家环境监测网，包括由覆盖全国主要水体的972个地表水监测断面（点位）、150个水质自动监测站点组成的地表水环境质量监测网；由338个地级以上城市共1 436个空气自动监测站点、440个酸雨监测点位和82个沙尘暴监测站组成的环境空气质量监测网；由301个监测点位组成的近岸海域环境监测网；同时，已基本建成14个国家空气背景站、31个农村区域站、31个温室气体监测站和3个温室气体区域监测站等。目前，已基本形成了国控、省控、市控三级为主的环境质量监测网。

五、环境监测技术体系日趋规范。

已建立了环境空气、地表水、噪声、固定污染源、生态、固体废物、土壤、生物、核与辐射9个环境要素的监测技术路线，构建了环境遥感监测技术体系，颁布了水、空气、生物、噪声、放射性、污染源等方面的监测技术规范以及主要污染物排放总量监测技术规范，制定了地表水水质评价、湖泊富营养化评价、环境空气质量评价、酸雨污染状况评价、沙尘天气分级评价、声环境质量评价、生态环境质量评价等技术规定，颁布了近400项环境监测分析方法标准、227项环境标准样品和20项环境监测仪器设备技术条件，颁布了20余项环境监测质量保证和质量控制方面的国家标准。

六、环境监测信息发布体系初步建立。

环境保护部和各省（区、市）及部分城市环境保护主管部门每年定期发布环境状况公报和环境质量报告，以满足社会公众对环境质量状况的知情权。原国家环境保护总局从2002年开始发布113个环保重点城市空气质量日报与预报。环境保护部自2009年7月起对全国主要水系100个国控水质自动监测站的八项指标（水温、pH、浊度、溶解氧、电导率、高锰酸盐指数、氨氮和总有机碳）的监测结果进行网上实时发布。2010年11月，113个环保重点城市空气质量实时发布系统投入运行。2013年1月，74个城市496个点位的空气质量定时监测数据在网上发布。环境保护部定期发布重点流域、重点城市环境质量状况报告，加大了环境监测信息公开的力度。

我国环境监测工作有了长足的进步，尤其是近 10 年来，更是取得了显著的成绩。但随着新形势的发展要求，环境监测在环境管理中的作用将更加突出，环境保护工作对环境监测的要求将进一步提高，社会公众对环境监测公共服务能力的需求将进一步加大。同时，环境监测适应自身发展的需要将面临新的压力和挑战，我国的环境监测能力和水平还不能完全满足新形势下环境管理工作的需要，环境监测公共服务能力总体不高，不能很好地满足公众环境知情权的需要。

吴晓青副部长在 2012 年全国环境监测会议讲话中指出：环境监测已从传统的技术层面融合到环境保护工作的整体中，要全面实现“从传统到现代，从粗放到精准，从地面到天地一体化，从分散封闭到集成联动，从现状监测到预测预警的全面而深刻的历史性转型”。

一、环境质量监测

为了评价环境质量，人们研究并确定了一系列具有代表性的环境指标，对这些指标进行定期的或连续的监测、观察和分析其变化，称为环境质量监测。通过环境质量监测，可以分析、了解环境因素的变化过程及发展趋势，为进行环境评价、制定环境法规、完善环境管理提供科学依据。

环境质量监测包括水质监测、环境空气质量监测、环境噪声监测、生态环境监测等。近年来，全国环境监测系统按照“三个说清”的要求，全面开展了地表水、空气、酸沉降、沙尘天气影响、饮用水水源地、近岸海域、城市噪声、生态等各环境要素的常规监测。

（一）地表水环境质量监测

目前环境保护部组建了长江、黄河、淮河、海河、珠江、辽河、松花江、太湖、巢湖和滇池十大流域国家环境监测网。在全国重点水域共布设 972 个国控断面（其中含国界断面 78 个，省界断面 150 个），监控 423 条河流、62 个湖（库），共 282 个环境监测站承担国控网点的监测任务。各省负责省级流域和地表水网的监测任务。

地表水质量每月开展监测，监测时间为每月的 1 至 10 日。每月河流的监测项目为：水温、pH、电导率、溶解氧、高锰酸盐指数、五日生化需氧量、氨氮、石油类、挥发酚、汞、铅 11 项，部分省界断面还进行流量监测，以计算污染物通量。湖库的监测项目在河流监测项目的基础上，增加总磷、总氮、叶绿素 a、透明度、水位等 5 项。每个水期河流和湖泊的监测项目按照《地表水环境质量标准》（GB 3838—2002）中表 1 规定的 24 个项目进行。每月编制《地表水质量月报》上报环境保护行政主管部门。

（二）空气环境质量监测

根据环境管理的需要，为开展环境空气质量监测活动，环保部设置国家环境空气质量监测网，常规环境空气质量监测点可分为 4 类：污染监控点、空气质量评价点、空气质量对照点和空气质量背景点。

其监测目的为：①确定全国城市区域环境空气质量变化趋势，反映城市区域环境空气质量总体水平；②确定全国环境空气质量背景水平以及区域空气质量状况；③判定全国及各地方的环境空气质量是否满足环境空气质量标准的要求；④为制定全国大气污染防治规划和对策提供依据。

2000 年开始，中国环境监测总站根据国家环境保护总局的有关要求，组织 47 个环境保护重点城市开展城市环境空气质量日报和预报工作，监测项目为 SO_2、NO_2 和 PM_{10}，发布形式为空气污染指数、首要空气污染物、空气质量级别和空气质量状况。2001 年 6 月 5 日，全部 47 个环境保护重点城市实现空气质量日报和预报。到 2010 年，全国已有 180 个地级以上城市实现了环境空气质量日报，其中 90 个地级城市还实现了环境空气质量预报。

2012 年，国家颁布了新的《环境空气质量标准》（GB 3095—2012），全国有 74 个城市实行新的空气质量评价体系，污染物由原来的三项扩展至六项（增加了 O_3、CO、$PM_{2.5}$），2013 年 1 月 1 日，74 个城市发布环境空气质量指数（AQI）。

（三）生态环境监测

生态环境监测就是运用可比的方法，在时间和空间上对特定区域范围内生态系统或生态系统组合体的类型、结构和功能及其组合要素等进行系统的测定和观察的过程，监测的结果则用于评价和预测人类活动对生态系统的影响，为合理利用资源、改善生态环境和自然保护提供决策依据。美国环保局 Hirsch 把生态监测解释为自然生态系统的变化及其原因的监测，内容主要是人类活动对自然生态结构和功能的影响及改变。

随着人们对环境问题及其规律认识的不断深化，环境问题不再局限于排放污染物引起的健康问题，而且包括自然环境的保护、生态平衡和可持续发展的资源问题。因此，环境监测正从一般意义上的环境污染因子监测开始向生态环境监测过渡和拓展。生态环境监测是环境监测发展的必然趋势。当前全国生态环境保护工作主要在以下四个领域，即生态建设和生态文明、农村环境保护工作、生态功能区保护、自然保护区和生物多样性保护。现在，生态环境质量评价逐渐得到认可和重视，技术越来越成熟，生态监测队伍不断壮大，生态评价结果应用到生态县（市）创建，影响地方决策。

国家生态环境监测网始于 20 世纪 90 年代末，2000—2003 年完成我国西部地区生态环境状况遥感调查及我国中东部生态环境调查与评估；2003—2005 年，开展了全国“菜篮子”种植基地环境质量监测；2006—2010 年，组织开展了全国土壤污染状况专项调查；自 2006 年起，每年开展全国生态环境监测与评价；2009 年起，启动全国农村“以奖促治”村庄环境质量监测。

（四）近岸海域监测

我国近岸海域包括内水及领海，内水是指我国领海基线向陆地一侧的全部海域，领海是指领海基线向外延伸 12 海里的海域。我国近岸海域总面积约 37 万平方千米，与沿岸 160 余个面积大于 10 平方千米的海湾和 60 多个大中河流的河口相衔，是受陆地影响最直接、最敏感的海域。随着我国沿海经济的高速发展和海洋开发利用力度的不断加大，部分近岸海域污染程度日益加剧，海洋环境正面临前所未有的严峻考验。

1994 年，国家组织成立了近岸海域环境监测网，由中国环境监测总站和沿海各省、自治区、直辖市的各级环境监测站组成，至今网络成员单位共 74 个。监测范围为除台湾省、香港和澳门特别行政区以外的全国近岸海域，主要包括城市近岸、入海河口、重要的港湾、渔场，以及人类活动较为频繁海域等 30 多个重点区域，固定海水水质测点 301 个，到 2012 年，全国近岸海域环境监测网已经开展了近岸海域海水水质监测、入海河流污染物入海量监测、直排入海污染源污染物入海量监测、部分沿海城市海水浴场水质监测等；同时，部分网络成员单位还开展近岸海域表层沉积物、生物监测等工作。例行监测的项目包括：pH、溶解氧、化学需氧量（碱性锰法）、石油类、活性磷酸盐、亚硝酸盐氮、硝酸盐氮、氨氮、非离子氨、汞、铜、铅、镉等 14 项。

二、污染源监督性监测

污染源监督性监测数据是各级环保部门依据环境保护法律法规，按照国家环境监测技术规范，对排污单位排放污染物进行监测获得的监测数据，是开展环境执法的重要依据。

水污染主要是由人类活动产生的污染物造成的，它包括工业污染源，农业污染源和生活污染源三大部分。大气污染源包括固定源（如使用固体、气体及液体燃料的工业污染源）、流动源（使用液体、气体燃料的交通源如汽油车、柴油车和非交通源如内燃型工程车）、无组织排放源（交通道路、建筑工地如管道施工和搅拌站、固体物品如燃料、原料和废物堆场、裸露或半裸露地面、工艺过程、扬尘、自然尘等）等。

污染源监测是指对污染物排放出口的排污监测，固体废物的产生、贮存、处置、利用排放点监测，防治污染设施运行效果监测，“三同时”项目竣工验收监测，现有污染源治理项目（含限期治理项目）竣工验收监测，排污许可证执行情况监测等。

“十一五”期间，我国污染源监测工作得到了长足发展，在总量减排、污染源监督方面发挥了重要支撑作用。从 2007 年开始，监测系统对国家重点监控企业开展污染源监督性监测；2009 年开始对污染源自动监测数据进行了有效性审核，组织开展了主要污染物总量减排监测体系考核，编写国控重点污染源监督性监测季报、年报，及时发布国控企业主要污染物排放超标情况，有效地促进了污染源达标排放。

（一）重点污染源监督性监测

重点污染源监督性监测主要包括国控和省控重点污染源、城镇污水处理厂等的监测。污染源监督性监测工作原则上由地市级政府环境保护主管部门负责。重点污染源监督性监测主要是掌握污染源排放污染物的种类、浓度和数量，对污染源排放的主要污染物总量进行核定，并为国家确定的主要污染物减排工作提供数据。

国控重点污染源是国家监控的占全国主要污染物工业排放负荷 65%以上的工业污染源和城市污水处理厂，国控重点污染源名单由国务院环境保护主管部门公布，每年动态调整。由各地环保部门确定的占辖区内污染负荷 80%以上的污染企业为省级重点污染源。

国控重点污染源监督性监测工作由市（地）级政府环境保护主管部门负责，其中装机容量 30 万千瓦以上火电厂的污染源监督性监测工作由省级政府环境保护主管部门负责。

国控和省控重点污染源每季度至少监测一次，监测数据包括污染源基础属性数据、污染源手工监测数据和自动监测设备比对监测数据，在线监测设备每季度比对一次。城镇污水处理厂 1 月、3 月、5 月、7 月、9 月、11 月各监测一次，在监测污染物的浓度和废水流量时，计算污染物的去除效率。

（二）“三同时”项目竣工验收监测

建设项目环境保护设施竣工验收是我国现阶段控制新污染源，减少环境污染，保证“三同时”制度落实的重要措施，其目的是对建设项目执行“三同时”制度的检查。开展验收监测则为竣工验收提供了技术上的支持与依据，是判断建设项目环保设施能否通过验收的技术手段。

“三同时”制度：根据我国《环境保护法》第四十一条的规定，建设项目中防治污染的设施，应当与主体工程同时设计、同时施工、同时投产使用。防治污染的设施应当符合经批准的环境影响评价文件的要求，不得擅自拆除或者闲置。这一规定在我国环境立法中通称为“三同时”制度。

2002 年，国家颁布施行了《建设项目竣工环境保护验收管理办法》，建设项目环境保护设施竣工验收监测（以下简称“验收监测”）由负责验收的环境保护行政主管部门所属的环境监测站负责组织实施。

验收监测是对建设项目环境保护设施建设、运行及其效果、“三废”处理和综合利用、污染物排放、环境管理等情况的全面检查与测试，主要包括内容：①对设施建设、运行及管理情况检查；②设施运行效率测试；③污染物（排放浓度、排放速率和排放总量等）达标排放测试；④设施建设后，排放污染物对环境影响的监测。

（三）排污许可证监测

国家对在生产经营过程中排放废气、废水、产生环境噪声污染和固体废物的行为实行许可证管理。排污许可证的持有者，必须按照许可证核定的污染物种类、控制指标和规定的方式排放污染物。

各级环境监测站负责辖区内的排污许可证监测监督，监测企事业单位污染物的产生和排放情况，排放污染物的浓度、速率、数量、时段、烟囱高度等参数是否满足标准的要求，通过监测数据判断在生产经营过程中污染治理设施是否正常运行，并结合持证单位申报的监测数据，核定最大日排放量、平均月排放量及年污染物排放总量。

排污许可证监测是施行排污申报、总量控制、排污权交易、排污收费、限期治理及清洁生产强制审核等环境管理制度的主要依据。

三、环境应急和预警监测

（一）环境应急监测

环境应急监测是指突发环境事件发生后，对污染物、污染物浓度和污染范围进行的监测（突发环境事件指由于违反环境保护法规的经济、社会活动与行为，以及意外因素或不可抗拒的自然灾害等原因在瞬时或短时间内排放有毒、有害物质，致使地表水、地下水、大气和土壤环境受到严重的污染和破坏，对社会经济与人民生命财产造成损失的恶性事件）。

环境污染事故应急监测是事故处理的重要组成部分。快速测定出污染物的种类、浓度、范围、扩散速度、危害程度，为领导正确决策提供科学依据，为正确决策争取时间，有效控制污染范围，缩短事故持续时间，使事故造成的损失降到最低程度。为善后处理处罚提供科学依据。

环境监测应急演练

近年来，面对日益频发的环境突发事件，环保部加强了突发环境事件应急工作和国家应急监测能力建设。建立应急监控和预警体系，完善突发环境事件应急预案，健全环境应急指挥系统，开展应急演练，提高应急水平和能力。健全环境污染事故信息报送制度，建立并落实信息报送责任制。开展各类污染源的全面排查工作，重点排查大江大河沿岸、饮用水水源地和人口密集区的石油化工企业隐患，努力消除环境隐患。

“十一五”期间，全国环境监测系统大力加强应急监测能力建设，着力提高应对突发环境事件的处置能力，共参与各类突发环境事件应急监测近千次，圆满完成了重大自然灾害、突发环境事件和国家重大活动的环境监测工作。2008 年初，完成了南方地区低温雨雪冰冻灾害的环境应急工作。2008 年 5 月开展四川汶川特大地震应急监测工作，确保灾区饮用水水源地水质安全，2011 年青海玉树地震和甘肃舟曲特大泥石流灾害发生后，环境监测系统及时开展应急监测工作，为灾区环境安全提供了坚强的技术保障。此外，在 2008 年北京奥运会、2009 年新中国成立 60 周年庆典、2010 年上海世博会及广州亚运会期间，环境监测都准确反映了空气质量状况和变化趋势，为保障活动举办地的环境安全提供了重要的支撑。

2010 年，福建紫金矿业紫金山铜矿溶液池泄漏事故、大连新港输油管道起火爆炸事故；2011 年，云南曲靖铬渣事件、甘肃徽县血镉超标事件、康菲公司溢油造成渤海重大污染等事件相继发生；2012 年，广西龙江河严重镉污染事件、山西长治苯胺泄漏事件等造成了巨大的社会影响，应急监测工作虽然得到了社会的认可，但是要使事故对环境污染的损失降到最低，必须防患于未然，环境预警监测是发展趋势，它的重要性日益凸显。

（二）环境预警监测

环境预警监测，是对于一些重点风险源、可能出现的污染天气进行前期监控，设定监控响应参数和限值，进行实时监控或者监测，提前获取各预警指标的数值和信息，将环境状况的变化和环境问题事先向人们发出警报，有效预防、及时控制和消除环境污染事件，减少因此带来的对社会发展、经济活动和人民生活的影响，为政府的宏观调控、决策提供信息支持。

环保部《先进的环境监测预警体系建设纲要（2010—2020年）》提出构建先进的环境预警监测体系，统筹先进的科研、技术、仪器和设备优势，充分利用全天候、多区域、多门类、多层次的监测手段，依托先进的网络通讯资源，及时调动包括高频的数据采集系统、先进的计算机网络支撑系统、快捷安全的数据传输系统、充足的数据库存储系统、功能完备的业务处理系统和及时的监测信息分发系统，科学预警监测和报告，实施联动的预警响应对策。

环境预警监测是环境监测发展的前沿，各地纷纷开展研究和试点。2008年起，全国监测系统每年开展太湖、巢湖、滇池及三峡库区藻类水华预警与应急监测工作。近年来，赤潮和灰霾预警监测发展迅速，研究成果得到了比较广泛的应用。

第二节　环境监测分析方法

环境监测分析方法涵盖了物理法、化学法、生物法等，环境样品的测试方法是在现代分析化学各个领域的测试技术和手段的基础上发展起来的，用于研究环境污染物的性质、来源、含量、分布状态和环境背景值。随着科学技术的不断发展，除经典的化学分析、各种仪器分析为环境分析监测服务外，一些新的测试手段和技术，如色谱-质谱联用、激光、生物毒性、中子活化法、遥感遥测技术也很快被广泛应用于环境监测中，为了及时反映监测对象和取样时的真实情况，确切掌握环境污染连续变化的状况，许多小型现场监测仪器和大型自动监测系统也得到迅速发展。

一、环境监测常用分析方法简介

（一）化学分析法

以特定的化学反应为基础的分析方法，分为重量分析法和容量分析法两类。

（二）光学分析法

以光的吸收、辐射、散射等性质为基础的分析方法，主要有分光光度法、原子吸收分光光度法、发射光谱分析法、荧光分析法、化学发光法和非分（色）散红外法。

（三）电化学分析法

电化学分析法是利用物质的电化学性质测定其含量，可以对大多数金属元素和可氧化还原的有机物进行分析，分为电位分析法、电导分析法、库仑分析法、极谱法等。此外，还有伏安法及阳极溶出法。

（四）色谱分析法

色谱分析法分为气相色谱分析和液相色谱分析。液相色谱分析又分为高效液相色谱、离子色谱分析、纸层析、薄层层析及柱层析法。

（五）中子活化分析法

中子活化分析法是活化分析中应用最多的一种微量元素分析法。当试样被中子照射，待测元素受到中子轰击时，可吸收其中某些中子后发生核反应，释放出γ射线和放射性同位素，通过测量放射性同位素的放射性或反应过程中发出的γ射线的强度，便可对待测元素进行定量，测量射线能量和半衰期便可定性。用同一样品可进行多种元素的分析，因此中子活化分析法是无机元素超痕量分析的有效方法。

（六）流动注射分析法

流动注射分析是将含有试剂的载流由蠕动泵输送进入管道，再由进样阀将一定体积的试样注入载流中，以“试样塞”的形式随之恒速移动，试样在载流中受分散过程控制，“试样塞”被分散成一个具有浓度梯度的试样带，并与载流中的试剂发生化学反应生成某种可以检测的物质，再由载流带入检测器，给出检测信号（如吸光度、峰面积或峰高、电极电位等），由此求得水样中被分析组分的含量。

（七）生物分析法

1．生物传感器法

生物传感器是将生物感应元件的专一性和一个能够产生与待测物的浓度成正比的信号传导器件，结合起来的一种分析装置。

2．DNA 生物传感器法

DNA 生物传感器以核酸探针为敏感元件的传感器，基于核酸分子识别的能力非常稳定，特异性强，决定其高准确性和高灵敏性。DNA 生物传感器可用于检测芳香族化合物。

3．PCR 法

PCR 是聚合酶链反应（Polymerase Chain Reaction，PCR），它的本质是一项酶促合成DNA 技术，为快速和特异地进行 DNA 的体外生物合成技术。PCR 法主要应用于研究特定环境中微生物区系的组成和种群特征；监测环境中特定微生物种的动态变化。

二、实验室分析和现场监测

常规的水质监测、污染源监测、环评监测等大部分样品都是通过现场采样、实验室分析来完成。随着经济的快速发展、环境污染事件的增多，国家大力发展流动监测技术，利用流动监测车、快速监测仪等便携设备，开展水质、锅炉、汽车尾气、噪声、应急等现场监测，大大减轻了劳动强度，提高了工作效率，能够及时应对突发污染事件。

（一）实验室布设

环境监测实验室一般设有天平室、前处理室、气瓶间、化学实验室、大型设备室、物理实验室以及生物实验室，开展监测的项目多达数百个。

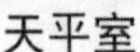

天平室

化学实验室

（二）环境监测常规的仪器设备

1．流动监测车

实现大气、水质、噪声、汽车尾气等现场的环境监测，多用于污染事故的应急监测。主要监测各种污染突发事件对环境的危害程度、污染范围，精确快速测量出有毒有害气体、重金属、有机物及其他污染指标。

2．可见-紫外分光光度计

最常用的监测仪器，可以检测大气中的二氧化硫、氮氧化物，水中的甲醛、氨氮、挥发酚、氰化物和铜、铅、锌等重金属、游离氯及苯胺类。

流动监测车

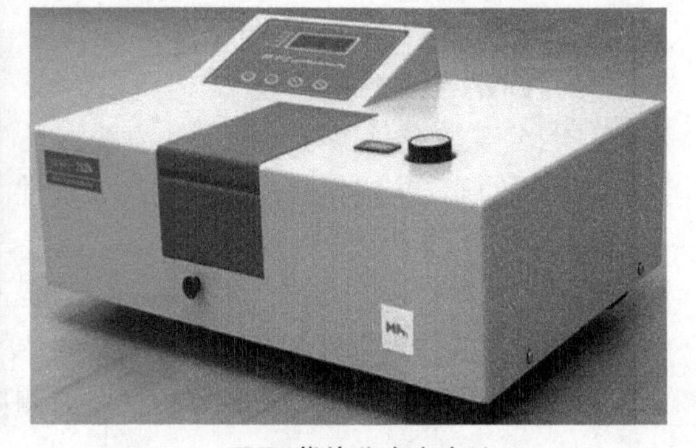

可见-紫外分光光度计

3．原子吸收分光光度计

分为火焰原子化法和无火焰原子化法两种，主要用于检测微量和痕量的重金属。

4．原子荧光分光光度计

主要用于检测砷、硒、汞等金属离子。

5．离子色谱仪

用于检测水、废水和大气中的阴阳离子，钾、钠、钙、镁以及氟化物、硫酸根、硝酸根、亚硝酸盐、磷酸盐等。

6．气相色谱仪

可用于苯系物、挥发性卤代烃、氯苯类、硝基苯类化合物、有机磷、有机氯农药检测。

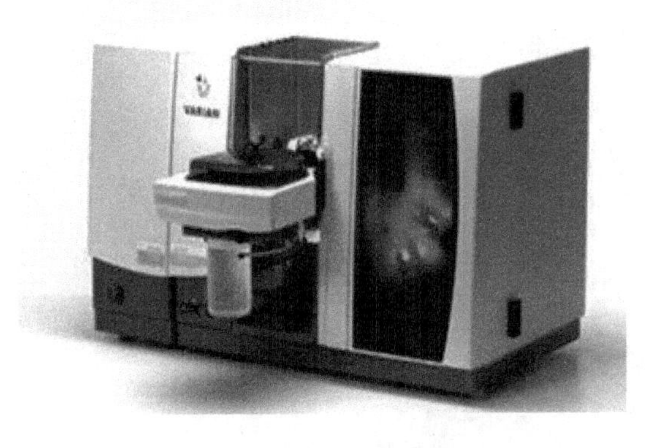

原子吸收分光光度计

原子荧光分光光度计

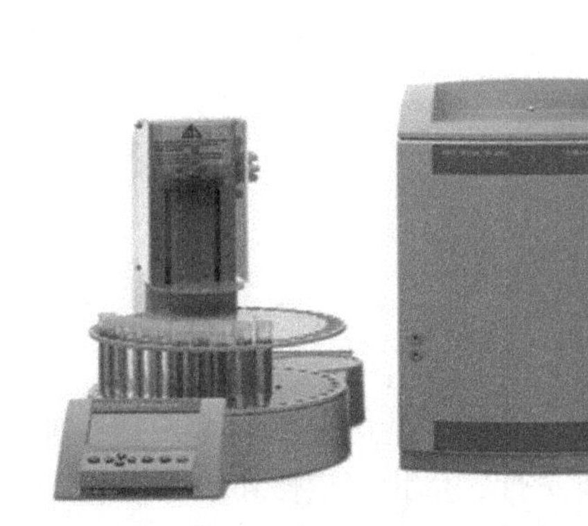

离子色谱仪

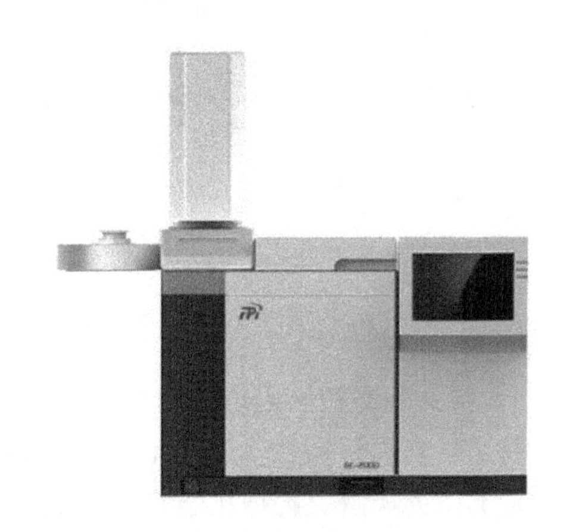

气相色谱仪

7．液相色谱仪

可用于酚类化合物、苯胺类、钛酸酯类化合物、多环芳烃类化合物、苯并[*a*]芘。

8．等离子发射光谱仪

用于测定各种物质（可溶解于盐酸、硝酸、氢氟酸等）中常量、微量、痕量金属元素或非金属元素的含量。

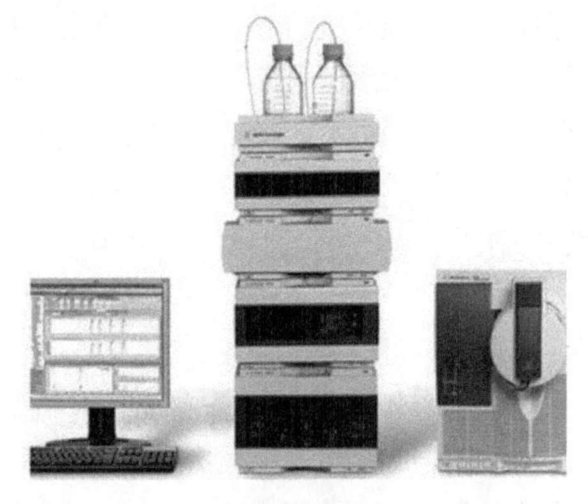

液相色谱仪

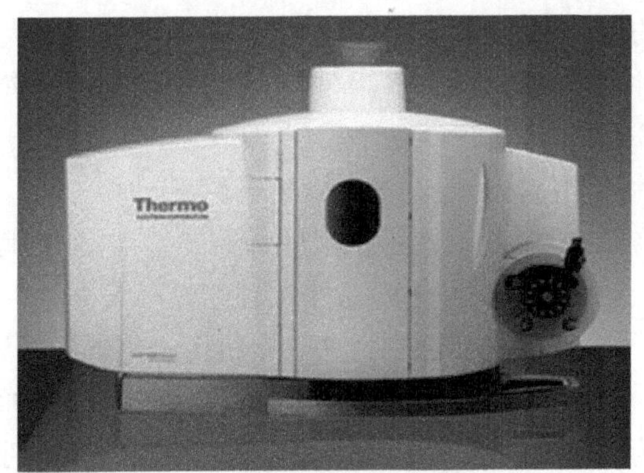

等离子发射光谱仪

9．气相色谱-质谱联用仪

可用于挥发性有机物（VOCs）、半挥发性有机物苯胺类化合物、钛酸酯类化合物、二噁英类、多环芳烃类化合物的检测。

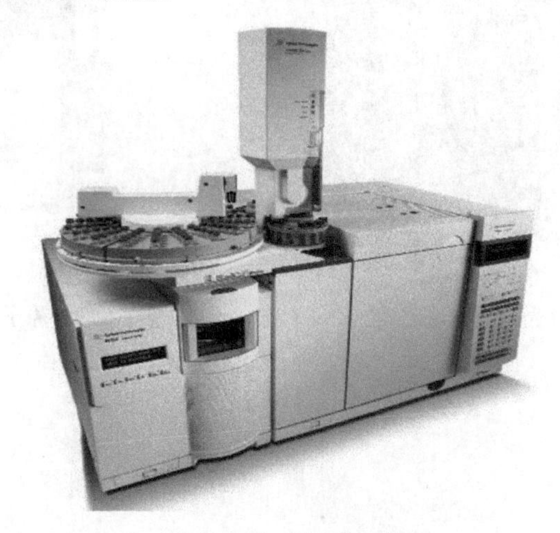

气相色谱-质谱联用仪

（三）持久性有机污染物分析监测

1．持久性有机污染物的简介

持久性有机污染物（Persistent Organic Pollutants，POPs）是指人工合成或工业副产物的，能够抗光降解、物理化学降解及生物降解，具有毒性、生物蓄积性和半挥发性，并且能够在大气环境中长距离迁移并沉积到地球的偏远极地地区，对人类健康和生态环境具有严重危害的有机化学污染物质。

POPs具有4个显著特征：持久性/长期残留性；生物蓄积性；半挥发性；高毒性。

2001年5月22日，在瑞典首都斯德哥尔摩举行的《关于持久性有机污染物控制的斯德哥尔摩公约》（以下简称公约）全权代表大会上签署的一项国际环境公约，将艾氏剂、狄氏剂、异狄氏剂、滴滴涕、氯丹、六氯苯、灭蚁灵、毒杀芬、七氯、多氯联苯、多氯代二苯并对二噁英和多氯代二苯并呋喃共12种物质列为优先控制的污染物并称之为“肮脏的一打”。2009年5月，公约第4次缔约方大会审议通过了需要采取国际行动的第二批9种物质，即全氟辛基磺酸及其盐类以及全氟辛基磺酰氟、十氯酮、五氯苯、林丹、α-六氯环己烷、β-六氯环己烷、六溴联苯、商用五溴二苯醚以及商用八溴二苯醚。至此，列入公约控制的持久性有机污染物已达21种。2011年4月，公约第五次缔约方大会将硫丹增列为新POPs物质。根据这些物质的生产用途和公约控制要求，POPs物质可以分为农药类、工业化学品类和非故意排放副产物三大类。

2．我国环境中持久性有机污染物的现状调查

我国是一个农业大国，在20世纪60—70年代大量生产和使用的农药主要是有机氯农药，斯德哥尔摩公约中所列的九种用作杀虫剂的POPs中，滴滴涕、灭蚁灵、七氯、氯丹、毒杀芬和六氯苯等六种产品在中国曾生产过。我国在2009年5月17日发布了禁止在我国境内生产、流通、使用和进出口杀虫剂类POPs的公告，杀虫剂类POPs在全国范围内已

基本停止生产和使用，是我国防治持久性有机污染物的一大进步。但初步调查结果表明，我国杀虫剂废物数量大、存放点分散，部分生产企业原生产厂址尚未清理，厂区内简单堆放或填埋的废物无防护措施，易对周围土壤和地下水造成污染，所以还应对杀虫剂废物的处置加强监管。

我国在1965—1974年也曾工业化生产过多氯联苯，主要用于电力电容器的生产。1974年，我国停止PCBs化学品和含PCBs电力设备的生产，大部分含PCBs电力设备已经下线封存多年。但由于当时对于PCBs管理意识薄弱，部分含多氯联苯的电力电容器的封存记录已无从查找，有些封存地点已改作他用，形成永久性污染源；局部地区曾发生过废弃电力设备造成严重污染的事件；此外多氯联苯处置也是目前国际上的环保技术难点，处置过程中会产生二次污染如二噁英类物质。

3. 我国持久性有机污染物的监测现状

由于POPs种类繁多，每类又有很多异构体，例如二噁英共有210种异构体，每种异构体的毒性不同，加之POPs在环境中以痕量或超痕量存在，且复杂的环境基质也给POPs的分析带来极大的困难，因此对于POPs的监测存在所需分析仪器设备昂贵、操作步骤复杂、质量保证和质量控制程序繁琐等特点。

在过去的30多年中，我国在环境监测方面做了大量工作。但是，受人员素质和仪器装备水平的限制，多数监测项目仅局限于无机物和COD、BOD等有机污染综合指标。我国对POPs的监测和控制长久以来落后于发达国家，存在着设备落后、监测人员业务素质参差不齐、监控能力和力度不足等问题。

为改变这一状况，我国政府做了一系列努力，以求增强监控能力。2004年，国家环境分析监测中心组织的POPs精度管理验证工作表明，我国的环境监测系统已具备艾氏剂、狄氏剂、异狄氏剂、七氯、六氯苯、DDD、DDE、DDT共8种POPs的监测能力。目前，大多数省级监测站已有气相色谱、气相色谱-质谱联用仪和高效液相色谱等有机污染物的分析仪器，基本具备了分析大多数有机氯农药和多氯联苯的能力。2004年，我国颁布了《全国危险废物和医疗废物处置设施建设规划》（以下简称《规划》），为建设功能齐全的综合性危险废物处置设施提出了纲领性指导。规划建设功能齐全的综合性危险废物处置中心31个，医疗废物集中处置设施300个，新、改、扩建放射性废物库31个。《规划》对处置设施的技术要求、焚烧炉的配备标准、尾气处理、安全填埋、危险废物运送车及系统配置要求进行了规定，并要求在进行处置设施建设的同时，进行监测能力、技术开发能力、省级危险废物登记交换及事故应急网络等监管能力的建设。在监测能力建设方面，环境保护部在全国范围内按大区布局，分别在北京、沈阳、杭州、广州、西安、重庆、武汉建设7个二噁英监测中心，共同承担全国危险废物和医疗废物集中处置设施、生活垃圾焚烧设施和其他污染源排放的二噁英类污染物的监督性监测任务。至今，我国已有20多家机构具有二噁英检测的能力。

自20世纪80年代以来，为了加强我国的环境保护管理和监控力度，环境保护部等政府职能部门制定了大量的环境保护标准，包括水环境、大气环境、土壤环境、固体废弃物、生态质量等方面的环境质量标准、污染排放综合标准、污染物监测方法标准等。目前，在我国已颁布和实施的各种环境质量标准和污染控制标准中，已涉及DDT、六六六和多氯联苯，但其他POPs物质的环境质量标准较少（见表13-1）。根据欧美国家的经验，各种POPs物质均被建议引入新的环境质量标准中。

表 13-1 目前我国针对 POPs 制定的环境标准

POPs	地表水环境质量标准（GB 3838—2002）	生活饮用水质卫生规范（2001）	地下水质量标准（GB/T 14848—93）	海水水质标准（GB 3097—1997）	渔业水质标准（GB 11607—89）	土壤环境质量标准（GB 15618—1995）	危险废物焚烧污染控制标准（GB 18484—2001）	生活垃圾焚烧污染控制标准（GB 18485—2001）
艾氏剂								
狄氏剂								
氯丹								
异狄氏剂								
DDT	√	√	√	√	√	√		
六氯苯	√	√						
七氯		√						
灭蚁灵								
多氯联苯	√							
毒杀芬								
二噁英和呋喃							√	√

目前可以引用或借鉴的监测标准方法共有表 13-2 所列出的几种。除二噁英类和呋喃类之外，这些方法主要是在 20 世纪八九十年代初建立起来的，使用填充柱—气相色谱（电子捕获检测器）法。UNEP 给出了系列推荐的监测方法（见表 13-3）。另外，在沉积物、大气环境（包括固定源废气排放）、土壤环境、固体废弃物和生物介质等方面的 POPs 监测方法较少，亟待发展。发达国家已经普及的有毒化学品的环境监测技术手段，我们目前除少数的省级环境监测中心站外，主要由科研机构和大学在开展，还没有形成持久性有机污染物的环境监督和分析测试的能力。针对这一问题，环境保护部科技标准司已组织了一系列 POPs 环境监测标准的编制，目前多个新的标准方法处于征求意见阶段。

表 13-2　我国针对 POPs 的监测标准方法

POPs	水环境	大气环境	土壤环境	固体废弃物	生物质量
艾氏剂	无	无	无	无	无
狄氏剂	GB 17378.4—1998 气相色谱法（海水） GB 17378.5—1998 气相色谱法（沉积物）	无	无	无	GB 17378.6—1998 气相色谱法（海洋生物体）
氯丹	无	无	无	无	无
异狄氏剂	无	无	无	无	无
DDT	GB 7492—87 气相色谱法（水质） 生活饮用水规范（2001）气相色谱法（生活饮用水） HY 003.4—91 气相色谱法（海水） GB 17378.4—1998 气相色谱法（海水） GB 17378.5—1998 气相色谱法（沉积物）	无	气相色谱法 GB /T 14550—93	无	GB 2795—81 气相色谱法 出口冻兔肉六六六、滴滴涕残留量检验方法 GB 17378.6—1998 气相色谱法（海洋生物体） GB/T 14551 — 93 气相色谱法
六氯苯	生活饮用水规范（2001）气相色谱法	无	无	无	无
七氯	生活饮用水规范（2001）气相色谱法	无	无	无	无
灭蚁灵	无	无	无	无	无
多氯联苯	《水和废水标准检验法（第 15 版）》，1985，气相色谱法 GB 17378.4—1998 气相色谱法（海水） GB 17378.5—1998 气相色谱法（沉积物）	无	无	无	GB 17378.6—1998 气相色谱法（海洋生物体） GB /T 5009.190 气相色谱法（海产食品）
毒杀芬	无	无	无	无	无
二噁英和呋喃	HJ/T 77.1—2008 水质　二噁英类的测定　同位素稀释高分辨气相色谱-高分辨质谱法	HJ 77.2—2008 环境空气和废气　二噁英类的测定　同位素稀释高分辨气相色谱-高分辨质谱法	HJ 77.4—2008 土壤和沉积物　二噁英类的测定　同位素稀释高分辨气相色谱-高分辨质谱法	HJ 77.3—2008 固体废物　二噁英类的测定　同位素稀释　高分辨气相色谱-高分辨质谱法	无

表 13-3 UNEP 全球 POPs 监测计划实验室和分析仪器要求

实验室级别	仪器要求	基本条件	可进行监测的化学物质
3 级	具有最基本的样品萃取和净化设备，毛细管气相色谱仪（电子捕获检测器）（GC/ECD）	氦气供应/空调/电源/经仪器操作和故障检查培训的特殊技术人员	所有多氯联苯和除毒杀芬之外的所有有机氯农药
2 级	具有最基本的样品萃取和净化设备，毛细管气相色谱仪/低分辨质谱仪（GC/LRMS）	氦气供应/空调/稳定的电源/真空系统/经仪器操作和故障检查培训的特殊技术人员	所有的多氯联苯和所有的有机氯农药，毒杀芬（带负化学源的 GC/LRMS）
1 级	具有最基本的样品萃取和净化设备，毛细管气相色谱仪/高分辨质谱仪（GC/HRMS）	氦气供应/空调/稳定的电源/真空系统/高额运营经费/经复杂仪器操作和故障检查培训的特殊技术人员	二噁英类和呋喃类，所有的多氯联苯，除毒杀芬之外的所有有机氯农药

UNEP 全球 POPs 监测计划提供了一系列供参考的监测技术和方法，在原有标准方法的基础上改进和提高，将能达到全球同等的水平。随着我国经济实力的提高，监测队伍技术结构的改善，很多实验室装备了大量具有先进技术水平的分析仪器。因此，我们应当采取有效措施，提高监测技术，将日本环境省和美国环保局的有毒、有害有机物特别是 POPs 的标准分析方法比较系统的引入，国内消化吸收，建立适合我国国情又尽可能与国际接轨的测试方法。我们要根据我国国情，为 POPs 监测开创新的途径，建立我国完整的分析测试体系。

（四）主要监测指标含义

pH：表征水体酸碱性的指标，pH 值为 7 时表示为中性，小于 7 为酸性，大于 7 为碱性。天然地表水的 pH 值一般为 6～9，水体中藻类生长时由于光合作用吸收二氧化碳，会造成表层 pH 值升高。

溶解氧（DO）：代表溶解于水中的分子态氧。水中溶解氧指标是反映水体质量的重要指标之一，含有有机物污染的地表水，在细菌的作用下有机污染物质分解时，会消耗水中的溶解氧，使水体发黑、发臭，会造成鱼类、虾类等水生生物死亡。在流动性好（与空气交换好）的自然水体中，溶解氧饱和浓度与温度、气压有关，0℃时水中饱和氧气含量为 14.6 mg/L，25℃为 8.25 mg/L。水体中藻类生长时由于光合作用产生氧气，会造成表层溶解氧异常升高而超过饱和值。

高锰酸盐指数（COD_{Mn}）：以高锰酸钾为氧化剂，处理地表水样时所消耗的量，以氧的 mg/L 来表示。在此条件下，水中的还原性无机物（亚铁盐、硫化物等）和有机污染物均可消耗高锰酸钾，常被作为地表水受有机污染物污染程度的综合指标。也称为化学需氧量的高锰酸钾法，以区别于常作为废水排放监测的重铬酸钾法的化学需氧量（COD）。

总有机碳（TOC）：代表水体中有机物质含量的另一项综合指标。采用燃烧水样中的有机物，通过测定生成的二氧化碳（CO_2）含量，以 C 元素的量来表示总有机碳的含量。对于化学成分相同的水样，总有机碳与高锰酸盐指数存在一定的相关性。

氨氮（NH_3-N）：氨氮以溶解状态的分子氨（又称游离氨，NH_3）和以铵盐（NH_4^+）形式存在于水体中，两者的比例取决于水的 pH 值和水温，以含 N 元素的量来表示氨氮的含量。水中氨氮的来源主要为生活污水和某些工业废水（如焦化和合成氨工业）以及地表径流（主要指使农田使用的肥料通过地表径流进入河流、湖库等）。

色度：饮用水的色度如大于 15 度时多数人即可察觉，大于 30 度时人感到厌恶。

浑浊度：为水样光学性质的一种表达语，用以表示水的清澈和浑浊的程度，是衡量水质良好程度的最重要指标之一，也是考核水处理设备净化效率和评价水处理技术状态的重要依据。浑浊度的降低就意味着水体中的有机物、细菌、病毒等微生物含量减少，这不仅可提高消毒杀菌效果，又有利于降低卤化有机物的生成量。

臭和味：水臭的产生主要是有机物的存在，可能是生物活性增加的表现或工业污染所致。公共供水正常臭味的改变可能是原水水质改变或水处理不充分的信号。

余氯：余氯是指水经加氯消毒，接触一定时间后，余留在水中的氯量。在水中具有持续的杀菌能力可防止供水管道的自身污染，保证供水水质。

化学需氧量：是指化学氧化剂氧化水中有机污染物时所需氧量。化学需氧量越高，表示水中有机污染物越多。水中有机污染物主要来源于生活污水或工业废水的排放、动植物腐烂分解后流入水体产生的。

细菌总数：水中含有的细菌，来源于空气、土壤、污水、垃圾和动植物的尸体，水中细菌的种类是多种多样的，其包括病原菌。

总大肠菌群：是一个粪便污染的指标菌，从中检出的情况可以表示水中有否粪便污染及其污染程度。在水的净化过程中，通过消毒处理后，总大肠菌群指数如能达到饮用水标准的要求，说明其他病原体原菌也基本被杀灭。

总悬浮颗粒物：也称为 PM_{100}，即直径小于或等于 100 微米的颗粒物。反映空气中悬浮的微尘的总量，是空气质量好坏的重要指标。

可吸入颗粒物：又称为 PM_{10}，指直径大于 2.5 微米、等于或小于 10 微米，可以进入人的呼吸系统的颗粒物。在环境空气中持续的时间很长，对人体健康和大气能见度影响都很大。

$PM_{2.5}$：是指大气中直径小于或等于 2.5 微米的颗粒物，也称为可入肺颗粒物。虽然 $PM_{2.5}$ 只是地球大气成分中含量很少的组分，但它对空气质量和能见度等有重要的影响。与较粗的大气颗粒物相比，$PM_{2.5}$ 粒径小，富含大量的有毒、有害物质且在大气中的停留时间长、输送距离远，因而对人体健康和大气环境质量的影响更大。

二氧化硫：是城市中普遍存在的污染物，空气中的二氧化硫主要来自火力发电及其他行业的工业生产，是酸雨形成的主要原因。人体吸入的二氧化硫，主要影响呼吸道，可使呼吸系统功能受损，加重已有的呼吸系统疾病。

二氧化氮：是氮氧化物的一种，在大气中浓度较高，除自然来源的二氧化氮外，能导致环境污染的主要来自于燃料的燃烧和城市汽车尾气。吸入的二氧化氮可引起肺水肿，容易造成呼吸系统的损伤。

三、自动（在线）监测

无论是环境质量监测还是排放源的监测，多采用现场采样，然后将样品带回实验室进行分析，这种方式仍会保留。但是空气中或污染源排放污染物浓度随气象条件和工况条件随时在变，手工采样-实验室分析方式的监测频率低，时间代表性差，不能很好反映污染物实时的变化。因此，自动（在线）监测技术发展迅猛，环境质量自动监测系统能获取一个月或一年时间内 90%～95%的有效数据，污染源在线连续监测系统可随时监测工业生产过程及排放污染物的浓度，计算污染物排放量，可同时对污染企业的总量控制及污染减排效果进行评价。

（一）地表水水质自动监测

实施地表水水质的自动监测，可以实现水质的实时连续监测和远程监控，及时掌握主要流域重点断面水体的水质状况，预警预报重大或流域性水质污染事故，解决跨行政区域的水污染事故纠纷，监督总量控制制度落实情况，同时在重点工程项目环境影响评估及保障公众用水安全方面发挥重要作用。

地表水水质自动监测站主要由地表水自动监测系统构成。该系统由一个远程控制中心（简称中心站）和水质自动监测子站组成，以在线自动分析仪器为核心，运用现代传感技术、自动测量技术、自动控制技术、计算机技术、卫星通讯技术等组成一个综合性的水质在线自动监测体系。

现阶段水质自动监测站的监测项目包括水温、pH、溶解氧（DO）、电导率、浊度、高锰酸盐指数、总有机碳（TOC）、氨氮，湖泊水质自动监测站的监测项目还包括总氮和总磷。今后将逐步开展挥发性有机物（VOCs）、生物毒性及叶绿素 *a* 监测工作。

一般监测频次可设为每 2 小时或 4 小时监测一次（即每天 12 个或 6 个监测数据），当发现水质状况明显变化或发生污染事故时，监测频率可调整为连续监测。监测数据通过公外网 VPN 方式传送到各水质自动站的托管站、省级监测中心站及中国环境监测总站。

及时、准确、有效是水质自动监测的技术特点，近年来，水质自动监测技术在许多国家地表水监测中得到了广泛的应用，我国的水质自动监测站（以下简称水站）的建设也取得了较大的进展，环境保护部已在我国重要河流的干支流、重要支流汇入口及河流入海口、重要湖库湖体及环湖河流、国界河流及出入境河流、重大水利工程项目等断面上建设了 149 个水质自动监测站，监控包括七大水系在内的 63 条河流，13 座湖库的水质状况。

应用实例

2002 年在浙江—江苏的跨省污染纠纷处理过程中，自动站的连续监测数据在监督企业污染治理和防止超标排放方面发挥了重要作用。长江干流重庆朱沱和宜昌南津关水质自动监测站在 2003 年 5—6 月三峡库区蓄水期间，共取得库区上下游 2 520 个水质实时数据，为管理部门的决策提供了有力的依据。

淮河干流淮南、蚌埠及盱眙站成功地全程监视了 2001—2006 年淮河干流大型污染团的迁移过程，为沿淮自来水厂及时调整处理工艺、保证饮水安全提供了依据，为环境管理及时提供了技术支持。

汉江武汉宗关自动监测站自建立以来，每年对汉江水华的预警监测都发挥了重要作用，及时通知武汉市主要饮用水处理厂提前做好处理，保障水厂出水达标。

2007年、2008年、2009年太湖蓝藻预警监测期间，太湖沙渚、西山和兰山嘴水质自动监测站开展了加密监测，通过水质pH、溶解氧等藻类生长的水质特异性指标预测判断水体的藻类生长状况，为饮用水水质预警提供了大量实时数据，发挥了重要作用。

2008年，四川汶川特大地震发生后，中国环境监测总站立即通过水质自动监测系统远程查看灾区水质状况，将灾区7个水质自动监测站的监测频次由原来的4小时一次调整为2小时一次，在第一时间分析了地震灾区地震前后水质状况，并将灾区水质无明显变化的情况及时向国务院抗震救灾总指挥部上报，并编制《汶川大地震后相关国家水质自动监测站水质监测结果》，每天在互联网上发布自动监测结果，为保障灾区饮用水安全，稳定灾区群众发挥了重要作用。

2008年，北京奥运会期间，利用北京密云古北口自动站（密云水库入口）、门头沟沿河城自动站（官厅水库出口）、天津果河桥自动站（于桥水库入口）、沈阳大伙房水库及上海青浦急水港自动站等国家水质自动监测站对城市的饮用水水源实施严密监控，每日以《奥运城市地表水自动监测专报》形式上报环境保护部，为奥运会期间饮水安全提供了技术保障。

（二）城市环境空气自动监测

环境空气质量自动监测保证了监测数据的代表性和时效性，主要应用于城市空气质量日报和预报、预警。下面，以现阶段社会公众和舆论最为关注的$PM_{2.5}$监测为例，对环境空气质量自动监测工作做一介绍。

1．实施$PM_{2.5}$监测的背景

2011年，$PM_{2.5}$这个词正式进入公众视线，很多市民认为环保部门公布的蓝天数都在300天以上，但感观上的环境空气质量却不尽如人意。2011—2012年秋冬，我国中东部地区先后发生多次较大范围的雾霾天气过程，并具有雾霾日数多、影响范围广、时段集中等特点。雾霾天气多发导致北京、上海等多个城市空气污染加重，甚至出现短时间的重度污染，影响居民健康、城市能见度、交通等。引发了全国民众及国际社会的强烈关注。之前环保部门监测的主要是可吸入颗粒物PM_{10}，随着污染越来越严重，很多更细小的污染物产生，PM_{10}的监测显然不足以全面反映空气质量，新的《环境空气质量标准》应运而生，新标准在基本监控项目中增设了$PM_{2.5}$年均、日均浓度限值，这是我国首次制定$PM_{2.5}$的国家环境质量标准。

2012年5月，国务院批准空气质量新标准“三步走”实施方案，第一阶段全国有74个试点城市实行新的空气质量评价体系，2013年1月1日，第一阶段实施城市按照空气质量新标准要求开展监测并发布数据，发布内容包括各点位SO_2、NO_2、PM_{10}、$PM_{2.5}$、O_3和CO六项监测指标的实时小时浓度值、日均浓度值、AQI指数以及该监测点位的代表区域。

2．环境空气质量自动监测系统的组成

环境空气质量自动监测系统是由监测子站、中心计算机室、质量保证实验室和系统支持实验室等部分组成。一套较完整的空气质量自动监测系统的配置应包括：样品采集、空

气自动分析仪、气象参数传感器、动态自动校准系统、数据采集和传输系统以及条件保证系统、子站和中心站计算机系统等组成（见图 13-1）。

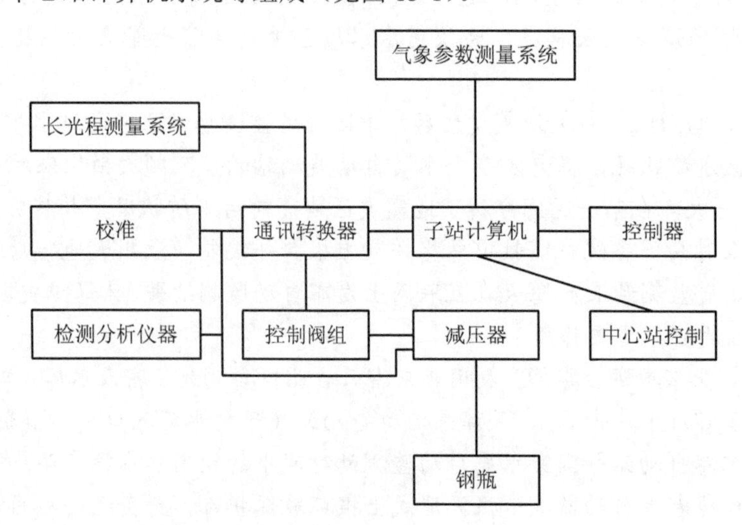

图 13-1 空气质量自动监测系统配置示意图

大气污染物监测仪：NO_2（NO、NO_x）监测仪、臭氧监测仪、二氧化硫监测仪、一氧化碳监测仪、PM_{10} 监测仪、$PM_{2.5}$ 监测仪。

气象系统：可测量风速、风向、温度、湿度、大气压力。

现场校准系统：包括多种标准气体、一套气体标定装置。

中心站及子站系统：可连续自动采集大气污染监测仪、气象仪、现场校准的数据及状态信息等。并进行预处理和贮存，等待中心计算机轮询或指令。

采样系统：由采样头、总管、支路接头、抽气风机、排气口等组成。

数据采集系统（即远程数据通讯设备）：直接使用无线 PC 卡（支持 GPRS）。条件保证设备：站房等其他硬件。

3．空气质量评价

空气质量指数（AQI），与之前空气污染指数（API）不同，AQI 监测的污染物除原来的三项扩展至六项。改变了原来当天 12 时至次日 12 时的评价办法，AQI 统计时间是从当天 0 时至 24 时，可衡量小时空气质量和日空气质量。

AQI 计算与评价的过程大致可分为三个步骤：

第一步是对照各项污染物的分级浓度限值（GB 3095—2012），以细颗粒物（$PM_{2.5}$）、可吸入颗粒物（PM_{10}）、二氧化硫（SO_2）、二氧化氮（NO_2）、臭氧（O_3）、一氧化碳（CO）等各项污染物的实测浓度值（其中 $PM_{2.5}$、PM_{10} 为 24 小时平均浓度）分别计算得出空气质量分指数（Individual Air Quality Index，IAQI）；

第二步是从各项污染物的 IAQI 中选择最大值确定为 AQI，当 AQI 大于 50 时将 IAQI 最大的污染物确定为首要污染物；

第三步是对照 AQI 分级标准，确定空气质量级别、类别及表示颜色、健康影响与建议采取的措施（见表 13-4）。

简而言之，AQI 就是各项污染物的空气质量分指数（IAQI）中的最大值，当 AQI 大于50时对应的污染物即为首要污染物。

表13-4　空气质量指数（AQI）分级标准

AQI数值	AQI级别	AQI类别及表示颜色		对健康影响情况	建议采取的措施
0	一级	优	绿色	空气质量令人满意，基本无空气污染	各类人群可正常活动
51～100	二级	良	黄色	空气质量可接受，但某些污染物可能对极少数异常敏感人群健康有较弱影响	极少数异常敏感人群应减少户外活动
101～150	三级	轻度污染	橙色	易感人群症状有轻度加剧，健康人群出现刺激症状	儿童、老年人及心脏病、呼吸系统疾病患者应减少长时间、高强度的户外锻炼
151～200	四级	中度污染	红色	进一步加剧易感人群症状，可能对健康人群心脏、呼吸系统有影响	儿童、老年人及心脏病、呼吸系统疾病患者避免长时间、高强度的户外锻炼，一般人群适量减少户外运动
201～300	五级	重度污染	紫色	心脏病和肺病患者症状显著加剧，运动耐受力降低，健康人群普遍出现症状	儿童、老年人和心脏病、肺病患者应停留在室内，停止户外运动，一般人群减少户外运动
＞3 000	六级	严重污染	褐红色	健康人运动耐受力降低，有明显强烈症状，提前出现某些疾病	儿童、老年人和病人应当停留在室内，避免体力消耗，一般人群应避免户外活动

（三）污染源在线监测

环境在线监控系统同时支持空气、水质、污染源废水、烟气、放射源和噪声在线监测，作为“准确的减排监测体系”的一个重要组成部分，它所产生的监测数据是污染物减排工作的一个重要数据依据。

污染源自动监控系统是一个由污染源排放监测点、网络和监测中心组成的污染源监测系统。该系统可对污染源进行自动采样、对主要污染因子进行在线监测；掌握城市污染源排放情况及污染源排放总量，监测数据自动传输到各级环境监测中心；由监测中心的计算机进行数据汇总、整理和综合分析；监测信息传输到环境监察队，由环保局对污染源进行监督管理。

通过对重点工业污染源及城市污水处理厂安装污染物自动监控设施，实现对重点源的自动监控，提供实时准确的主要污染物排放量信息，为主要污染物减排的统计、监测、考核提供数据基础，为环境管理服务。通过对燃煤电厂进行自动监控，为落实脱硫电价并实行动态管理提供技术支持。同时，发现污染物监测项目超标，可及时预报预警，管理部门可根据情况实施应急方案。

污染源在线自动监控系统从底层逐渐向上，可分为污染源前端监测站点、传输网络和环境监控中心三个层次。环境监控中心通过传输网络与现场监测站交换数据（见图 13-2）。

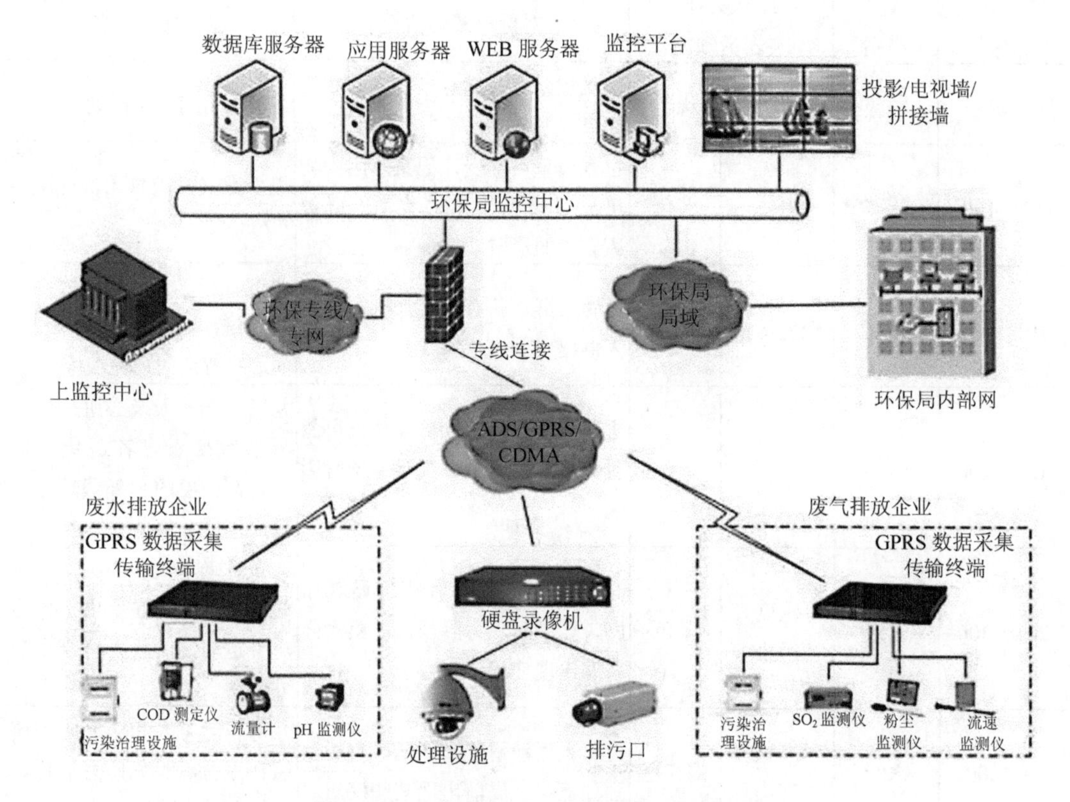

图 13-2 污染源在线自动监控系统网络结构图

四、环境遥感监测

“环境遥感”一词于 1962 年开始在国际科技文献中出现。1964 年，美国国家航空和航天局、国家科学院和海军海洋局联合发起举行“空间地理学”的专题讨论会，讨论如何从空间研究地球环境，提出一个以地球为目标的空间观测规划。1964 年 10 月，一架装有微波辐射仪、摄影测量照相机、多光谱照相机、紫外照相机、红外扫描仪、多普勒雷达等遥感仪器的遥感飞机投入使用。1967 年，在美国国家航空和航天局主持下制定地球资源和环境观测计划，并制成“地球资源技术卫星”（后改称陆地卫星）。卫星每 18 天将整个地球拍摄一遍，获得大量环境信息。

（一）环境遥感的原理

环境遥感是通过摄影和扫描两种方法获得环境污染遥感图像的。摄影有黑白全色摄影、黑白红外摄影、天然彩色摄影和彩色红外摄影。彩色红外摄影效果最好，获得的环境污染影像轮廓清晰，能鉴别出各种农作物和其他植物受污染后的长势优劣。扫描主要是多光谱扫描和红外扫描，用于观测河流、湖泊、水库、海洋的水体污染和热污染有较好效果。在红外扫描图像上常能发现污水排入水体后的影响范围和扩散特征。

航空和航天遥感对环境污染的监测可做到大面积同步，这是别的手段所做不到的。环境卫星可每隔一定时段对地面重复成像，进行连续监测，掌握环境污染的动态变化，预报污染发展趋势，这是遥感手段研究环境的独特之处。

环境卫星的任务是定时提供全球或局部地区的环境图像，从而取得地球的各种环境要素的定量数据。这种数据是每隔一定时段的观测记录，具有动态性。环境卫星能向区域接收中心输送所收集的资料，并由区域接收中心汇总提供有关部门使用。

环境卫星的飞行轨道一般有两种。一种是近地极太阳同步圆形轨道，陆地卫星用的就是这种轨道。轨道尽可能靠近地极并呈圆形，能保证在同一地方时经过观测点上空，以便具有相同的照明条件和足够的太阳辐射能量，较好地获得全球环境图像。二是地球同步圆形轨道，有的气象卫星用的就是这种轨道。这种卫星在地球赤道平面内沿圆形轨道运行，运行方向和地球自转方向相同，绕地球一周时间为 24 小时，与地球自转同步。这种卫星相对静止在地球赤道上空的一个点上，对大面积地球环境进行连续监测。

随着全球环境问题的日益突出，卫星遥感技术在环境保护中的应用受到了国际社会的高度重视。美国、日本、法国等发达国家近些年来都在大力发展环境遥感监测技术。我国自 1980 年起开始比较系统地应用遥感技术探测天津市和渤海湾海面的污染特征。随着我国环境卫星的研制和发射成功，我国的环境遥感技术研究与应用也取得了令人瞩目的进展。2012 年 11 月，环境一号 C 星又成功发射，与之前在轨道运行的环境一号 A、B 星，组成环境与灾害监测预报小卫星星座，有利于环保部门开展大规模、快速、动态的生态环境监测及评价，跟踪溢油、水华等突发环境污染事件的发生和发展，大幅度提高我国生态环境宏观监测的能力和水平。

（二）环境遥感技术的应用

遥感技术在环境领域的应用，目前主要体现在大面积的宏观环境质量和生态监测方面，在大气环境质量、水体环境质量和植被生态监测等方面中都有比较广泛的应用。

1．大气环境遥感

卫星遥感可在瞬间获取区域地表的大气信息，用于大气污染调查，可避免大气污染时空气易变性所产生的误差，并便于动态监测。大气环境遥感主要应用在气溶胶及颗粒物、臭氧、城市热岛、雾霾、沙尘暴、秸秆焚烧和酸沉降，以及温室效应的二氧化氮、甲烷遥感等方面监测研究之中。

2．水环境遥感

水色遥感的目的是试图从传感器接收的辐射中分离出水体后向散射部分，并据此提取水体的组分信息。水环境遥感的任务是通过对遥感影像的分析，获得水体的分布，泥沙、悬浮物、叶绿素 a、水华、有机质等的状况和水深、水温等要素信息，从而对一个地区的水资源和水环境等做出评价。海洋卫星能够监测海洋表层的许多污染状况，如海洋表面水温、海流移动、海水分布、波浪、沿海岸泥沙混浊流，以及赤潮、海面油污染等，为环境污染事故监测预警。

3．生态环境遥感

利用卫星对冰川变化和碳循环进行遥感监测，可以预测和减缓全球气候变暖带来的影响。植被生态调查是遥感的重要应用领域。植被是环境的重要组成因子，也是反映区域生态环境的最好标志之一，同时也是土壤、水文等要素的解译标志。植被解译的目的是在遥感影像上有效地确定植被的分布、类型、长势等信息，以及对植被的生物量做出估算，因此，它可以为环境监测、生物多样性保护及农业、林业等有关部门提供信息服务。

4．土壤遥感

土壤是覆盖地球表面的具有农业生产力的资源，它还与很多环境问题相关，比如流域非点源污染、沙尘暴等。地球的岩石圈、水圈、大气圈和生物圈与土壤相互影响、相互作用。土壤遥感的任务是通过遥感影像的解译，识别和划分出土壤类型，制作土壤图，分析土壤的分布规律。

此外，土地覆被/土地利用是人类生存和发展的基础，也是流域（区域）生态环境评价和规划的基础。同时，土地覆被/土地利用变化（LUCC）是目前全球变化研究的重要部分，是全球环境变化的重要研究方向和核心主题。进入 20 世纪 90 年代以来，国际上加强了对 LUCC 在全球环境变化中的研究工作，使之成为目前全球变化研究的前沿和热点课题。监测和测量土地覆被/土地利用变化过程是进一步分析土地覆被/土地利用变化机制并模拟和评价其不同生态环境影响所不可缺少的基础。

综观遥感技术在环境领域的应用，一方面环境问题为遥感技术的应用提供了舞台，另一方面环境问题的研究也促进了遥感技术的进一步发展。这两个方面相互促进，使作为环境科学和遥感科学的交叉学科的环境遥感成为研究热点之一。目前，环境遥感已经成为全球性、区域（流域）性乃至城市层次的生态环境问题研究的重要手段，为生态环境规划和环境系统研究提供了强有力的工具。遥感监测能够在一定程度上弥补传统的环境监测方法所遇到的时空间隔大、费时费力、难以具备整体、普遍意义和成本高的缺陷和困难，随着环境问题日益突出，宏观、综合、快速的遥感技术已成为大范围环境监测的一种主要技术。

（三）环境遥感监测实例

1．沙尘天气遥感监测

沙尘天气是由特殊的地理环境和气象条件形成的一种较为常见的自然现象。沙尘天气会对大气环境、人类健康、城市交通、通讯造成严重影响，沙尘天气过程对生态系统的破坏力极强，能够加速土地荒漠化进程。

利用卫星遥感技术可以对沙尘发生的范围、强度及发展过程作动态监测。基于卫星遥感数据对 2011 年 5 月 9 日—5 月 12 日中国北方地区及蒙古国的沙尘过程进行了遥感跟踪监测，结果表明强沙尘天气过程沙尘源主要来自中纬度的干旱、半干旱地区，即受荒漠化严重影响和危害的新疆南疆盆地和蒙古国西部地区，通过风力输送经过内蒙古东北部得以加强，最终在中国东北三省形成强沙尘天气（见图 13-3、图 13-4、图 13-5、图 13-6）。

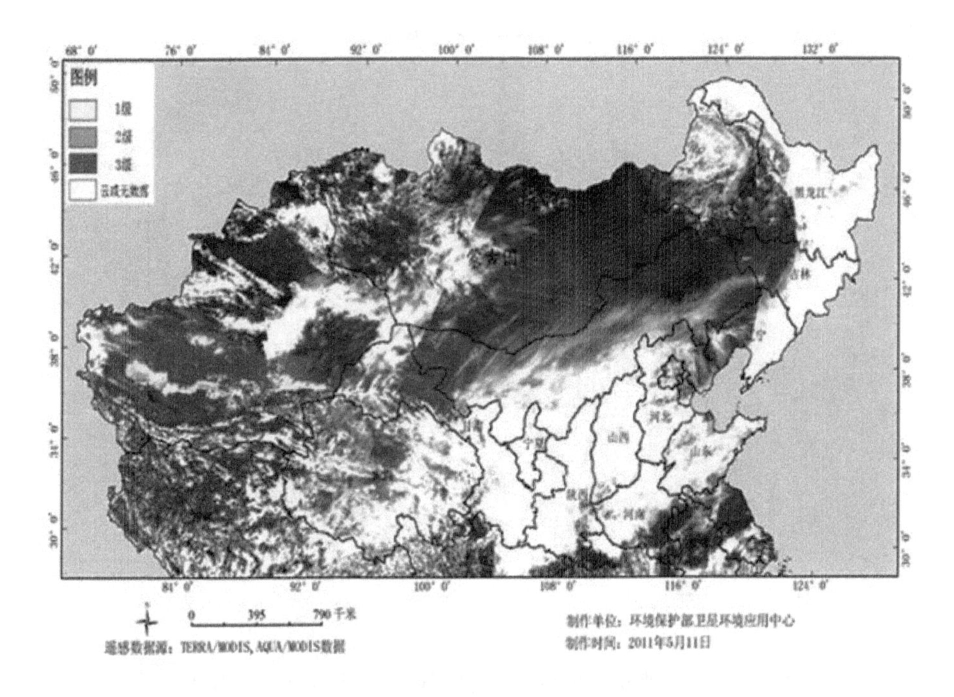

图 13-3　北方地区沙尘等级卫星遥感监测图（2011 年 5 月 9 日）

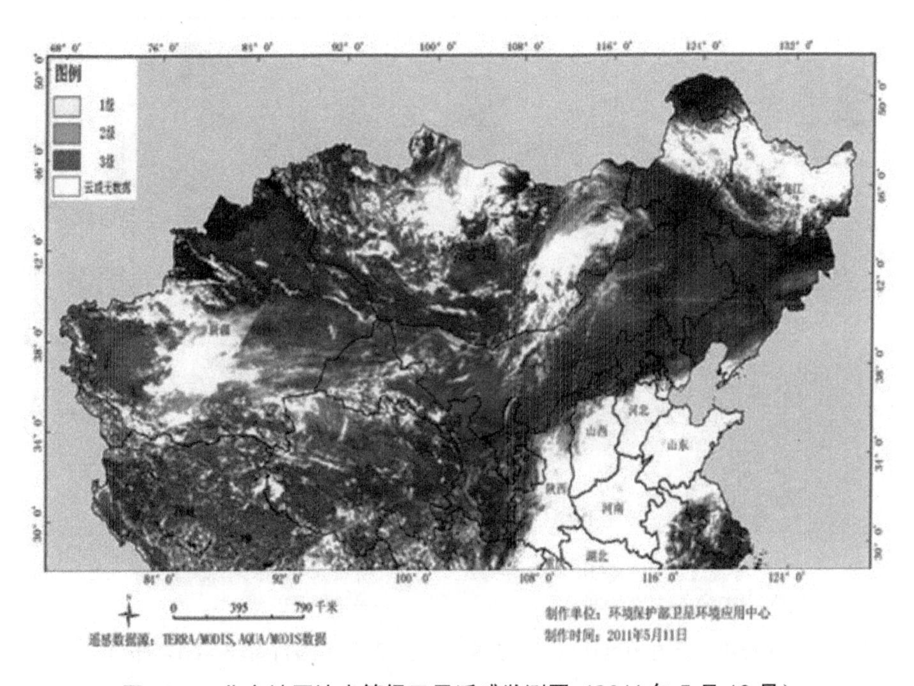

图 13-4　北方地区沙尘等级卫星遥感监测图（2011 年 5 月 10 日）

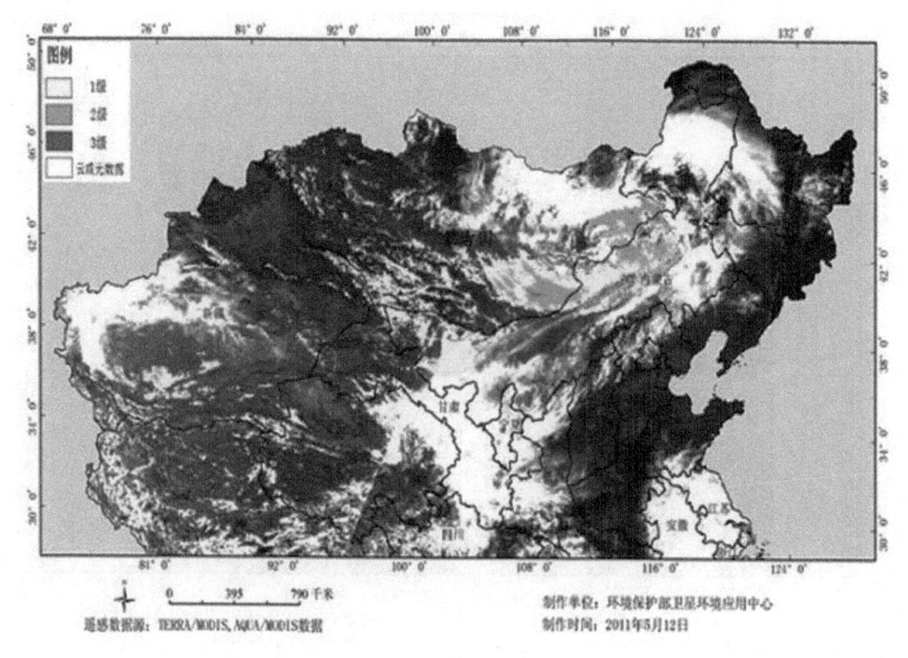

图 13-5　北方地区沙尘等级卫星遥感监测图（2011 年 5 月 11 日）

图 13-6　北方地区沙尘等级卫星遥感监测图（2011 年 5 月 12 日）

2. 秸秆焚烧遥感监测

秸秆焚烧是农作物秸秆被当做废弃物焚烧，会对大气环境、交通安全和灾害防护产生极大影响。利用环境卫星、MODIS 等卫星数据，可以开展秸秆焚烧遥感监测，为环境监察工作提供有效技术手段。

自 2009 年起，每年夏秋两季，环境保护部都会对全国秸秆焚烧情况进行每日遥感监测（见图 13-7），并及时通过环境保护部网站向全社会公布监测结果。在北京奥运会、上海世博会、新中国成立 60 周年、广州亚运会、西安世园会等重大社会活动期间，每日对长三角地区、北京周边地区、珠三角地区和西安周边地区秸秆焚烧情况进行动态监测，为做好环境空气质量保障工作提供了有力支持。

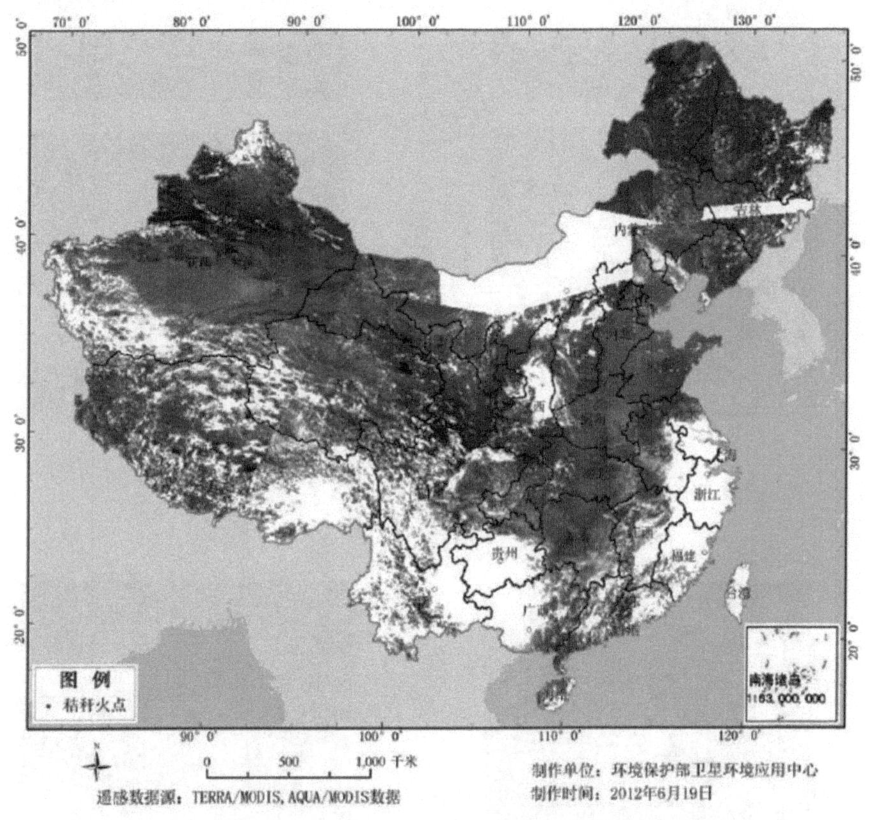

图 13-7　全国秸秆焚烧卫星遥感监测图（2012 年 6 月 19 日）

3. 水华遥感监测

水华是水体富营养化后的常见表象，在一定的温度、光照、风速条件下，水体中的藻类暴发性生长，聚集在水体表面，形成水华。水华会威胁饮用水水源安全，同时藻类毒素通过食物链可能影响到人类健康。水华遥感监测主要是利用卫星数据，提取出水华分布面积和分布位置并进行制图，然后依据标准，做出水华暴发程度的结论。

从 2009 年 4 月开始，环境保护部卫星环境应用中心利用环境一号 A、B 卫星数据以及其他卫星数据，对太湖、巢湖、滇池及三峡库区的蓝藻水华进行连续监测，向环境监测管理部门报送蓝藻水华监测日报、周报和年报（图 13-8、图 13-9、图 13-10）。

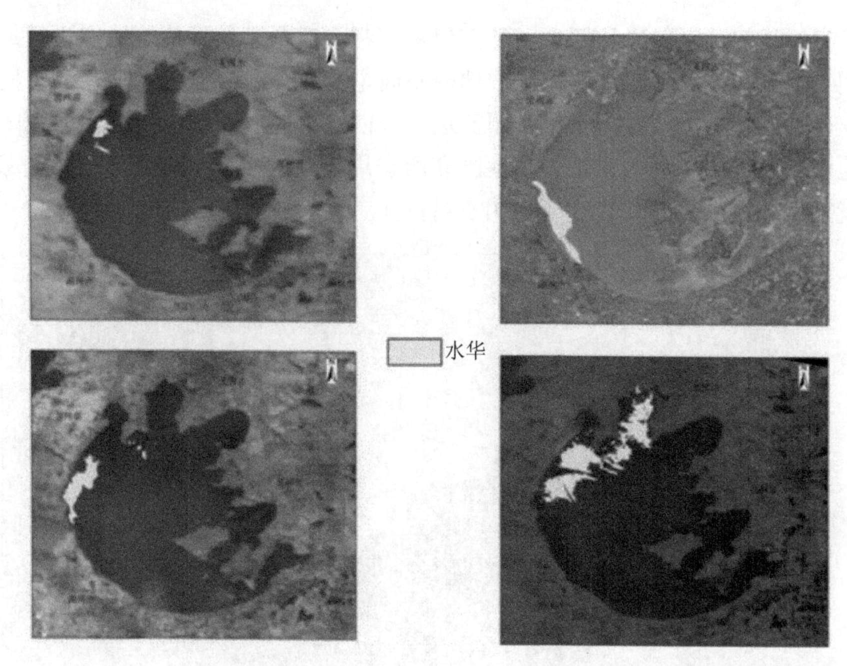

图 13-8　太湖水华卫星遥感监测

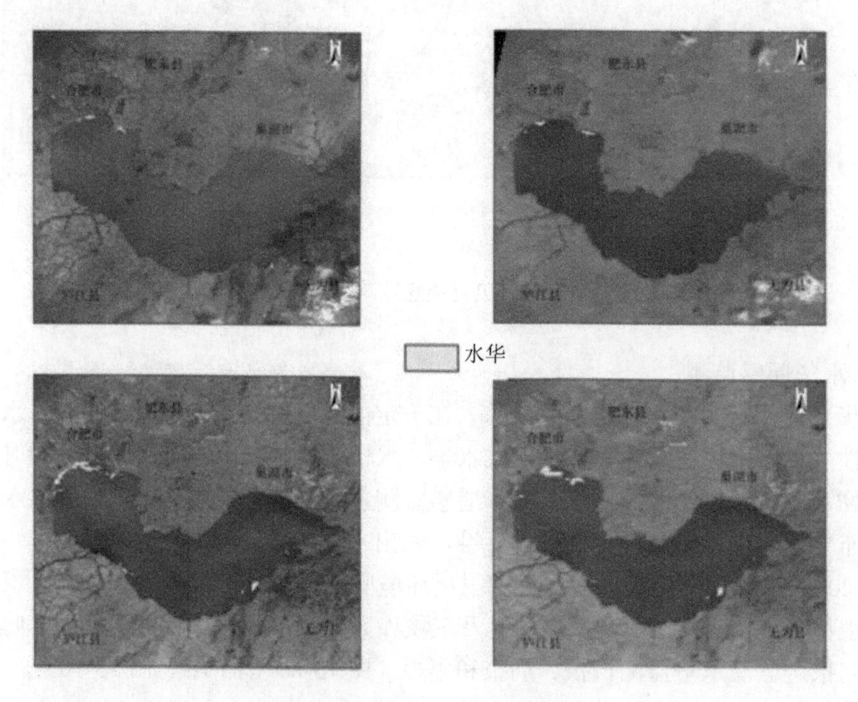

图 13-9　巢湖水华卫星遥感监测

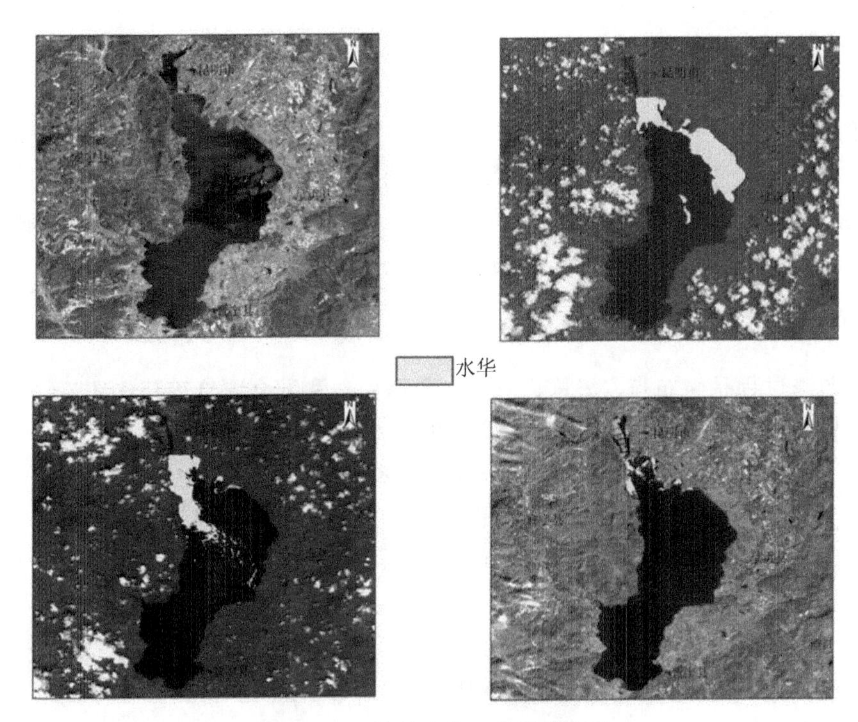

图 13-10　滇池水华卫星遥感监测

第三节　环境监测质量管理

环境监测质量管理是使用定性和定量的各种科学方法，深入研究监测活动中的规律，并以监测质量、效率为中心，对环境监测全过程进行全面科学的管理。

一、环境监测质量管理的基本特点

（一）目标性

环境监测质量管理的目标从宏观来说是不断提高为环境管理服务的水平，即及时性、代表性、准确性和科学性；从微观角度来看，最重要的是环境监测数据、资料的可比性、代表性、精密性、精确性和完整性（习惯称为环境监测数据“五性”）。前者统称服务质量，后者惯称监测质量。两者互相联系，统称监测质量。

（二）层次性

环境监测涉及的技术学科面很广，与软、硬科学的各个方面都有联系，要对它进行有效的管理，必须弄清它的层次关系。

（三）动态性

环境问题不是一成不变的，环境监测工作在不同时期有着各自的重点，否则无法捕获真实的环境质量信息，很难有为环境管理服务的及时性、针对性。所以，环境监测质量管理必须适应环境质量态势的变化，及时调整管理目标。比如监测项目的增减、频率的升降、点位的变更等，始终维持监测工作的高质量、高水平。

（四）整体性

环境监测过程是由布点，采样、测试、数据处理和综合评价等基本环节组成的复杂系统，各环节之间既有独特的个性，又有密切的联系，共同构成完整的监测过程，缺一不可。对环境监测实行的质量管理必须是全过程的质量管理，基于环境监测的这一特性，环境监测的质量问题必须通过建立完整的质量保证体系才能解决，任何某一过程（系统的某一组成元素）的质量控制都不能取代全过程的质量保证工作。在环境监测的质量管理工作中，充分认识和运用整体性是至关重要的。

二、环境监测质量管理的基本内容

环境监测活动是一项系统工程，它的管理内容很多，见表 13-5。

表 13-5　环境监测质量管理的基本内容

名 称	内 容
计划管理	为实现目标对各项行政、业务工作计划的管理，确保监测信息的完整性、针对性、及时性
技术管理	技术方案、制度措施、规范标准方法、仪器设备等科学管理，确保监测信息的科学性、可比性、代表性
质量管理	质量控制和保证、方案、实施标准的分级使用的跟踪管理，确保监测信息的准确性、精密性
网络管理	组织协调各地各级各类监测网站（点）监测活动和信息交流，确保监测信息的完整性、可比性

三、环境监测的质量保证

环境监测质量管理的目标从微观角度来看，最重要的是环境监测数据、资料的代表性、准确性、精密性、完整性与可比性。监测数据的这五个特征，习惯上称为监测质量。监测质量的保证，又称为全过程质量控制，由监测的各个工作环节来保证实现。它贯穿于从采样布点、采样方法、样品的储存运输，分析监测方法、合格的仪器、试剂、分析人员的技术水平，直到数据处理、总结评价等监测的全过程。

（一）监测数据的代表性

监测数据是通过分析样品得到的（少数项目是在现场监测点位直接观测的，如水体的透明度、空气的能见度等）。如果采集的样品对监测的整体而言，代表性不强（如在烟囱附近采集的空气样品不能代表当时的大气质量；在废水排入地面水体的排污口附近采集的水样不能代表整个水体的水质等），尽管对样品进行分析测试准确，不具备代表性的数据也毫无意义。因此，数据的代表性取决于采集到的样品具有代表性。样品的代表性由采样点位的布设、采样时间和频率、采样方法、现场观察、测定与样品的储存运输和样品的制备这五个环节来决定。

（二）监测数据的准确性与精密性

数据的准确性与精密性，取决于实验室的分析测试工作，它包括软件和硬件两部分。软件包括采用准确可靠的分析方法，实验室的管理水平，分析人员的技术水平，实行科学的质量保证制度及技术方法等。硬件部分包括合格的仪器、试剂、蒸馏水及实验室环境等。

（三）监测数据的完整性

数据的完整性取决于采集到的样品的完整性。监测采样点位的选定，有的是经过专业人员考察选定的，有的是经一定的优化程序筛选确定的，还有的是经过概率抽样抽取的。这些点位均具有一定的时间、空间代表性。但每个样品的代表性均有一定的局限性。必须在计划中所有采样的点位上均按规定采集样品，不能遗漏，特别是概率随机抽样抽中的点位，不能以任何借口将其中的任何点位废弃重抽，因为这样就破坏了抽样的随机性，使统计结果不准确。只有对所有采样点位采集到的全套样品进行分析得到的数据才是完整的。根据这些数据进行必要的分析统计，才能对整个环境质量做出全面正确的评价。因此，不完整的数据不能说是科学有效的数据。

（四）监测数据的可比性

监测结果数据的可比性，是数据以上四个特征的综合体现。不但同一批监测数据之间要具有可比性，不同批数据也要可比，在更大范围内也应具有可比性。

要使监测数据具有可比性，除必须坚持数据具有以上四个特征外，经常采用的办法是使用标准样品（又称标准物质）或使用工作标准。

现在由我国环保部门批准的国家级标准样品有水、气体、土壤、生物体、固体废物等。含有各种污染组分，各组分又具有不同浓度的标样共 280 多种，在环境监测质量保证中发挥了重要作用。根据工作需要，还在不断研制出新品种的标准样品。

上述各种监测质量的保证措施，仅仅是环境监测质量管理的一部分内容。原国家环保总局于 2006 年 8 月 14 日发布了新的《环境监测质量管理规定》，从机构与职责、工作内容、经费保障及处罚措施等方面对环境监测的质量管理工作做出明确规定。

四、环境监测质量控制的方法

（一）方法适用性检验

监测人员通过反复多次的实验操作和基础实验，透彻了解方法的特性，正确掌握实验条件。基础实验包括全程序空白值的测定、检出限的估算、校准曲线的绘制及检验、方法精密度试验、方法准确度试验、干扰因素试验等。只有当基础实验的各项结果达到方法规定的要求，质量控制人员安排的质控样和实际样品分析的结果合格时，才能认为掌握了监测分析方法。其实验记录可作为环境监测人员持证上岗考核自认定合格的记录。

（二）全程序空白检测

空白检测是指对不含待测物质的样品采用与实际样品同样的操作步骤进行的试验。对应的样品称为空白样（简称空白）。一般用实验用水代替空白样品，与样品测定同时进行，其他所加试剂和操作步骤均与样品测定完全相同的操作过程。对每一组样品的分析都要同步测定一个全程序空白，若全程序空白样有检出，应查找原因予以纠正。影响空白值的因素有纯水质量、试剂纯度、试剂配制的质量、玻璃器皿的洁净度、实验室的清洁度、测量仪器的性能及其试验条件等。

（三）校准曲线与线性检验

校准曲线是表述物质浓度与所测量仪器响应值的函数关系曲线，是取得准确测定结果的基础。校准曲线分工作曲线和标准曲线。

工作曲线绘制：工作校准曲线的标准溶液的分析步骤与样品分析步骤完全相同。

标准曲线绘制：标准曲线的标准溶液的分析步骤与样品分析步骤相比有所省略。省略了样品的前处理，其曲线的绘制基本相同。

（四）精密度与准确度控制

精密度控制：对均匀样品凡能做平行双样的分析项目，分析每批水样时均应做10%的平行双样。样品较少时，每批样品至少做一份样品的平行双样。测定的平行双样允许差符合规定质控指标的样品，最终结果以双样测定结果的平均值报出。平行双样测定结果超出规定允许偏差时，在样品允许的保存期内，再加测一次，取相对偏差符合规定质控指标的两个测定均值报出。

准确度控制：用标准样品、质控样品或实验室内加标回收中任意一种方法或组合方式来控制。在对每批次监测样品进行分析的同时，需对一个已知浓度的标准样品或质控样品进行同步测定。若标样测试值超出保证值范围，或质控样品测试值超出误差允许范围±10%，应查找原因，予以纠正。同时取两份样品，其中一份加入一定量的标准物质进行测定，将其测定结果扣除样品的测定值，以计算回收率。加标回收率的测定率一般为每批水样的10%，样品较少时，每批样品应至少做一份样品的加标回收。在分析方法给定量值范围内加标样品回收率，常规项目应在90%～110%，其他项目在70%～130%，准确度合格，否则应进行复查。

但痕量有机污染物项目及油类的加标回收率可放宽至 60%～140%。

（五）密码样分析

将一定数量的已知浓度的样品（标样或质控样）和常规监测样品统一编码作为未知样，同时安排分析人员进行测定，测定结果由专门人员核对，无误后即可判定该次测定的数据可以接受。

（六）比对实验

在实验室内可应用具有可比性的不同人员、不同分析方法或不同分析仪器，对同一样品进行分析。将所得测定值互相比较，根据其符合程度来估计测得的准确度的控制方法。

1．人员比对

在同一实验室内，由不同的人员测定同一样品分别测定结果的一致程度，若一致即可认为工作质量可以接受，否则应各自查找原因，并重新分析样品。

2．方法比对

对同一样品分析使用具有可比性的不同方法进行测定，并将测定结果进行比较，如果不同方法所得结果一致，则表示分析工作的质量可靠，结果正确。

3．仪器比对

同一人员依据同一标准，使用不同仪器对同一样品进行分析，分析的误差和不确定度应在允许范围内。

4．留样复测

对可以保存的样品进行再次分析其误差和不确定度应在允许范围内。

（七）质量控制图

质量控制图是用概率论及统计检验为理论基础，建立的一种既能直观判断分析质量，又能全面连续地反映分析检测结果变化状况的图形，如单值质控图、均值-极差质控图、回收率质控图等（见图 13-11）。常用加标回收率实验的结果作为准确度的判断指标，绘制加标回收率质控图，进行准确度控制。公用质控图可以直接贴在实验室内，可自控和他控。每批样品测定时，只需做质控样品分析。

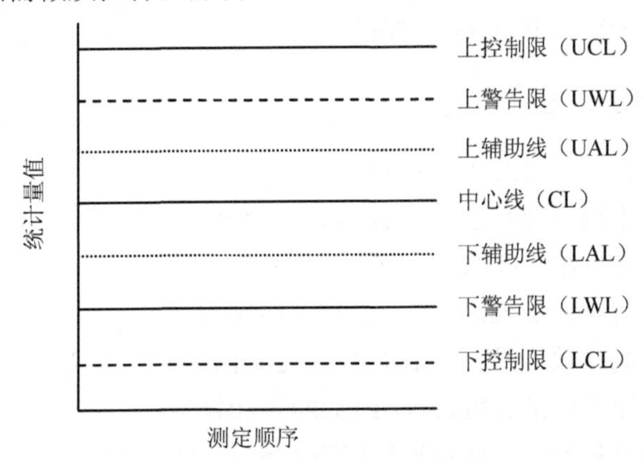

图 13-11 质量控制图

质控图的使用：将测定所得结果点在该分析项目质控图中相应位置上。

①若此点位于中心线附近，上下警告限之间的区域内，则测定过程处于控制状态。

②若此点超出上述区域，但仍在上下控制限的区域内，则预示分析质量开始变劣，可能存在失控倾向，应进行初步检查，并采取相应的校对措施。

③若此点落在上下控制限制外，则表示测定过程失去控制，立即检查原因予以纠正，并重新测定该批全部样品。

④即使过程处于控制状态，尚可根据相邻几次测定值的分布趋势对分析质量可能发生什么问题进行初步判断。如趋向性变化很可能由系统误差所致。若分散度变大，则多因试验参数的变化失控或其他人为因素所造成。

第四节　环境标准体系与环境质量评价

一、环境标准体系

环境标准是为了保护人群健康，防治环境污染，促使生态良性循环，合理利用资源，促进经济发展，依据环境保护法和有关政策，对有关环境的各项工作所做的规定。

环境标准是监督管理的最重要的措施之一，是行使管理职能和执法的依据，也就是处理环境纠纷和进行环境质量评价的依据，是衡量排污状况和环境质量状况的主要尺度。

目前环境监测中常用的标准包括：

（一）环境质量标准

《地表水环境质量标准》（GB 3838—2002）
《海水水质标准》（GB 3097—1997）
《地下水质量标准》（GB/T 14848—1993）
《环境空气质量标准》（GB 3095—2012）
《室内空气质量标准》（GB/T 18883—2002）
《声环境质量标准》（GB 3096—2008）

（二）污染物排放标准

《污水综合排放标准》（GB 8978—1996）
《钢铁工业水污染物排放标准》（GB 13456—2012）
《电镀污染物排放标准》（GB 21900—2008）
《大气污染物综合排放标准》（GB 16297—1996）
《锅炉大气污染物排放标准》（GB 13271—2001）
《火电厂大气污染物排放标准》（GB 13223—2011）
《建筑施工场界环境噪声排放标准》（GB 12523—2011）
《工业企业厂界环境噪声排放标准》（GB 12348—2008）

《社会生活环境噪声排放标准》（GB 22337—2008）

（三）分析方法标准

《水质　化学需氧量的测定　重铬酸盐法》（GB 11914—1989）
《环境空气　PM_{10}和$PM_{2.5}$的测定　重量法》（HJ 618—2011）
《水质　石油类和动植物油类的测定　红外分光光度法》（HJ 637—2012）
《土壤质量　铜、锌的测定　火焰原子吸收分光光度法》（GB/T 17138—1997）

二、环境质量评价

环境质量评价是对某一指定区域的环境要素和环境整体的优劣程度进行定性和定量的描述和评定。根据需要评价的时间段不同，环境质量评价可分为“回顾评价”、“现状评价”和“预测评价”三种。回顾评价可以分析当地环境的演变过程和变化规律，找出对环境影响的因素；现状评价可以了解环境质量的现实状况，评定污染源的分布和污染范围；预测评价可以了解环境状况的发展趋势，环境容量的情况，为制定发展规划提供依据。

（一）环境质量评价内容

环境质量评价因对象不同、要求不同、目的不同、方法不同，评价的内容也不同。但就其基本内容说，包括以下内容：

①各种污染源的调查、监测、分析和评价。通过这些工作找出各种污染源、污染物及污染物的运动规律，确定环境污染现状。

②环境自净能力的调查和分析。通过这部分工作确定污染物在运动过程中状态的变化情况，以便找出污染物在自然环境中的迁移规律和自然环境对污染物的净化能力。

③对生态系统的调查和评价。通过对生态系统（动物、植物、人体）的调查，研究污染物、环境与生态系统的因果关系，掌握环境污染对生态系统的影响。

④防治污染措施的确定。在评价中，根据对环境污染物的调查分析及可能造成的污染，一般都要针对主要污染源和主要污染物，提出相应的控制方案和治理措施。

⑤经济和环境效益分析。调查所有污染带来的直接或间接的经济损失和各种治理措施的费用，分析改善环境和综合利用带来的经济效益和环境效益，以及损失、费用和效益之间的相互关系。

（二）环境质量评价常用方法

1. 环境空气质量

（1）空气综合污染指数评价

计算方法：

$$P=\sum_{i=1}^{3}\frac{C_i}{S_i} \qquad (13\text{-}1)$$

式中：P——综合污染指数；

C_i——第 i 种污染物的年平均浓度，mg/m^3；

S_i——第 i 种污染物的评价标准，mg/m^3。

（2）采用污染负荷分析法进行污染特征分析

计算公式如下：

$$f_i = \frac{P_i}{P} \tag{13-2}$$

其中：

$$P_i = \frac{C_i}{S_i} \tag{13-3}$$

$$P = \sum_{i=1}^{3} \frac{C_i}{S_i} \tag{13-4}$$

式中：f_i——第 i 种污染物的污染负荷系数；

P_i——第 i 种污染物的污染分指数；

C_i——第 i 种污染物的年日均值浓度，mg/m^3；

S_i——第 i 种污染物的评价标准，mg/m^3；

P——综合污染指数。

（3）空气质量指数（AQI）

空气质量分指数（IAQI）计算方法：

污染物项目 P 的空气质量分指数按公式计算：

$$\mathrm{IAQI}_P = \frac{\mathrm{IAQI}_{H_i} - \mathrm{IAQI}_{Lo}}{\mathrm{BP}_{H_i} - \mathrm{BP}_{Lo}}(C_P - \mathrm{BP}_{Lo}) + \mathrm{IAQI}_{Lo} \tag{13-5}$$

式中：IAQI_P——污染物项目 P 的空气质量分指数；

C_P——污染物项目 P 的质量浓度值；

BP_{H_i}——与 C_P 相近的污染物浓度限值的高位值；

BP_{Lo}——与 C_P 相近的污染物浓度限值的低位值；

IAQI_{H_i}——与 BP_{H_i} 对应的空气质量分指数；

IAQI_{Lo}——与 BP_{Lo} 对应的空气质量分指数。

AQI 为各项污染物的 IAQI 中最大值，当 AQI 大于 50 时将 IAQI 最大的污染物确定为首要污染物；对照 AQI 分级标准，确定空气质量级别、类别及表示颜色、健康影响与建议采取的措施。

2．水环境质量

（1）单因子评价法

用于判断河流断面的水质类别。

水质类别比例法：评价水体、流域的污染程度；

水质类别比例法或污染物超标倍数法确定河流断面、水体或流域的主要污染物；

水质类别比例混合评价法：评价河流、水系、行政区不断时段的水质变化程度；

污染指数法：比较水系间、城市之间、断面之间不同时段的污染程度；

秩相关系数法：评价年际间河流、水系、污染物的变化趋势。

河流平均综合污染指数：

$$P_j = \sum I_i / n \tag{13-6}$$

式中：P_j —— j 断面水污染综合指数；

n —— j 断面的污染物个数。

表 13-6　河流、流域（水系）水质定性评价分级表

水质类别	水质状况
Ⅰ～Ⅲ类水质比例≥90%	优
75%≤Ⅰ～Ⅲ类水质比例＜90%	良好
Ⅰ～Ⅲ类水质比例＜75%，且劣Ⅴ类比例＜20%	轻度污染
Ⅰ～Ⅲ类水质比例＜75%，且 20%≤劣Ⅴ类比例＜40%	中度污染
Ⅰ～Ⅲ类水质比例＜60%，且劣Ⅴ类比例≥40%	重度污染

（2）湖、库营养状态评价方法。

湖库营养化计算公式：

$$\text{TLI}(\Sigma) = \sum_{j=1}^{m} W_j \cdot \text{TLI}(j) \tag{13-7}$$

式中：TLI（Σ）——综合营养状态指数；

W_j——第 j 种参数的营养状态指数的相关权重；

TLI（j）——代表第 j 种参数的营养状态指数。

以 chla 作为基准参数，则第 j 种参数的归一化的相关权重计算公式为：

$$W_j = \frac{r_{ij}^2}{\sum_{j=1}^{m} r_{ij}^2} \tag{13-8}$$

式中：r_{ij}——第 j 种参数与基准参数 chla 的相关系数；

m——评价参数的个数。

湖泊营养状态分级：

TLI（Σ）＜30　　贫营养

30≤TLI（Σ）≤50　　中营养

TLI（Σ）＞50　　富营养

50＜TLI（Σ）≤60　　轻度富营养

60＜TLI（Σ）≤70　　中度富营养

TLI（Σ）＞70　　重度富营养

（3）地下水

单项组分评价是按标准所列分类指标将地下水划分为五类，以Ⅲ类统计超标率。综合评价采用加附注的评分法（不包括细菌学指标），即首先进行单项组分评价，对各类别按下列规定分别确定单项组分评价分值 F_i，然后代入公式计算综合评价分值 F 值。具体方法如下：

$$F=\sqrt{\overline{F}^2+F_{max}^2/2} \quad (13-9)$$

$$\overline{F}=\frac{1}{n}\sum_{i=1}^{n}F_i \quad (13-10)$$

式中：$\overline{F}$——各单项组分评价分值 F_i 的平均值；

F_{max}——单项组分评价分值 F_i 中的最大值；

n——项数。

根据 F 值按地下水质量评价分级划分地下水质量级别。

表 13-7　地下水质量评价分级

级别	优良	良好	较好	较差	极差
F	＜0.80	0.80～2.50	2.50～4.25	4.25～7.20	≥7.20

（4）近岸海域海水水质评价

近岸海域海水水质评价执行《海水水质标准》（GB 3097—1997），评价方法采用单因子判定水质类别。其中二类标准用于评价海滨浴场的水质现状。

3．声环境

按照《声环境质量评价方法技术规定》评价全省城市区域声环境质量和道路交通声环境质量。城市声环境质量评价执行《城市区域环境噪声标准》（GB 3096—93）。

表 13-8　城市区域环境噪声质量等级划分

等级	重度污染	中度污染	轻度污染	较好	好
等效声级/dB（A）	＞65.0	＞60.0～65.0	＞55.0～60.0	＞50.0～55.0	≤50.0

表 13-9　道路交通噪声质量等级划分

等级	重度污染	中度污染	轻度污染	较好	好
等效声级/dB（A）	＞74.0	＞72.0～74.0	＞70.0～72.0	＞68.0～70.0	≤68.0

4．生态环境

（1）评价指标体系

生态环境质量指数：反映被评价区域生态环境质量状况，数值范围 0～100。

生物丰度指数：指通过单位面积上不同生态系统类型在生物物种数量上的差异，间接地反映被评价区域内生物丰度的丰贫程度。

植被覆盖指数：指被评价区域内林地、草地、农田、建设用地和未利用地五种类型的面积占被评价区域面积的比重，用于反映被评价区域植被覆盖的程度。

水网密度指数：指被评价区域内河流总长度、水域面积和水资源量占被评价区域面积的比重，用于反映被评价区域水的丰富程度。

土地退化指数：指被评价区域内风蚀、水蚀、重力侵蚀、冻融侵蚀和工程侵蚀的面积占被评价区域面积的比重，用于反映被评价区域内土地退化程度。

环境质量指数：指被评价区域内受纳污染物负荷，用于反映评价区域所承受的环境污染压力。

各项评价指标的权重及计算方法如下：

生物丰度指数＝A_{bio}×（0.35×林地＋0.21×草地＋0.28×水域湿地＋0.11×耕地＋0.04×建设用地＋0.01×未利用地）/区域面积　（13-11）

式中：A_{bio}——生物丰度指数的归一化系数。

植被覆盖指数＝A_{veg}×（0.38×林地面积＋0.34×草地面积＋0.19×耕地面积＋0.07×建设用地＋0.02×未利用地）/区域面积　（13-12）

式中：A_{veg}——植被覆盖指数的归一化系数。

水网密度指数=A_{riv}×河流长度/区域面积＋A_{lak}×湖库（近海）面积/区域面积＋A_{res}×水资源量/区域面积　（13-13）

式中：A_{riv}——河流长度的归一化系数；

A_{lak}——湖库面积的归一化系数；

A_{res}——水资源量的归一化系数。

土地退化指数＝A_{ero}×（0.05×轻度侵蚀面积＋0.25×中度侵蚀面积＋0.7×重度侵蚀面积）/区域面积　（13-14）

式中：A_{ero}——土地退化指数的归一化系数。

环境质量指数＝0.4×（100－A_{SO_2}×SO_2排放量/区域面积）＋0.4×（100－A_{COD}×COD 排放量/区域年均降雨量）＋0.2×（100－A_{sol}×固体废物排放量/区域面积）　（13-15）

式中：A_{SO_2}——SO_2的归一化系数；

A_{COD}——COD 的归一化系数；

A_{sol}——固体废物的归一化系数。

（2）生态环境质量 EI 计算方法及评价分级

生态环境状况指数（Ecological Index，EI）＝0.25×生物丰度指数＋0.2×植被覆盖指数＋0.2×水网密度指数＋0.2×（100-土地退化指数）＋0.15×环境质量指数　（13-16）

根据生态环境状况指数值，将生态环境状况分为五级，具体分级情况见表 13-10。

表 3-10　生态环境质量分级表

级别	优	良	一般	较差	差
指数	EI≥75	55≤EI＜75	35≤EI＜55	20≤EI＜35	EI＜20
状态	植被覆盖度高，生物多样性丰富，生态系统稳定，最适合人类生存	植被覆盖度较高，生物多样性较丰富，基本适合人类生存	植被覆盖度中等，生物多样性一般水平，较适合人类生存，但有不适合人类生存的制约性因子出现	植被覆盖较差，严重干旱少雨，物种较少，存在着明显限制人类生存的因素	条件较恶劣，人类生存环境恶劣

5．污染变化趋势的定量分析方法——秩相关系数法

衡量环境污染变化趋势在统计上有无显著性，最常用的是Daniel的趋势检验，它使用了Spearman的秩相关系数。使用这一方法，要求具备足够的数据，一般至少应采用4个期间的数据，即5个时间序列的数据。给出时间周期Y_1，…，Y_n和它们的相应值X（即年均值C_1，…，C_n），从大到小排列好，统计检验用的秩相关系数按下式计算：

$$r_s = 1 - [6\sum_{i=1}^{n} d_i^2]/[N^3 - N] \tag{13-17}$$

$$d_i = X_i - Y_i \tag{13-18}$$

式中：d_i——变量X_i与Y_i的差值；

X_i——周期i到周期n按浓度值从小到大排列的序号；

Y_i——按时间排列的序号。

将秩相关系数r_s的绝对值同Spearman秩相关系数统计表中的临界值（W_p）进行比较。

当$r_s > W_p$则表明变化趋势有显著意义：

如果r_s是负值，则表明在评价时段内有关统计量指标变化呈下降趋势或好转趋势；

如果r_s为正值，则表明在评价时段内有关统计量指标变化呈上升趋势或加重趋势；

当$r_s \leqslant W_p$则表明变化趋势没有显著意义：说明在评价时段内有关统计量指标变化稳定或平稳。

第五节　环境调查和环境统计

一、环境调查

（一）概念

环境调查是利用科学的方法，有目的、有系统地收集能够反映与组织有关的环境在时间上的变化和空间上的分布状况的信息，为研究环境变化规律，预测未来环境变化趋势，进行组织活动的决策提供依据。

（二）目前开展的环境调查工作

2006年在全国范围内开展土壤环境污染状况调查，2007年开展第一次污染源普查，饮用水水源地基本情况调查。

（三）环境调查与环境统计的关系

1979年，国务院环境保护领导小组办公室组织了对全国3 500多个大中型企业的环境基本状况调查。环境调查是环境统计工作的基础和前提，通过对某些工作内容进行调查，了解工作内容，各因素对这项工作的影响关系，调整指标，为纳入环境统计做好技术准备。

二、环境统计

环境统计是用数字反映并计量人类活动引起的环境变化和环境变化对人类的影响。为政府部门制定环境政策和环境规划，预测环境资源的承载能力等提供依据，是我国环境保护工作的重要组成部分。

（一）环境统计的发展过程

1979 年，国务院环境保护领导小组办公室组织了对全国 3 500 多个大中型企业的环境基本状况调查。1980 年，国务院环境保护领导小组与国家统计局联合建立了环境保护统计制度，主要是针对工业企业环境污染排放治理方面的统计，涉及生态环境建设和保护统计的内容较少。从 1981 年开始，依据《统计法》和环境保护统计制度，环境统计工作逐渐纳入国家的统计范围。1985 年国家环保局颁布了《关于加强环境统计工作的规定》，1991—1995 年根据工作需要不断调整统计范围，改革全国环境统计调查指标体系。1995 年 6 月 15 日，国家环保局颁布关于环境统计的第一个法规性文件《环境统计管理暂行办法》，制订了《国家环境保护局局内环境统计工作管理办法》，加强了局内各职能机构对环境统计工作的管理。2002 年增加了环境统计半年报，2003 年修订《环境统计管理暂行办法》，开展“三表合一”，统一环境统计数据来源；2005 年 9 月，印发《关于加强和改进环境统计工作的意见》。“十一五”期间，为了配合节能减排工作，陆续印发了《节能减排统计监测及考核实施方案和办法的通知》、《主要污染物总量减排统计办法》等一系列规范性文件，开展环境统计季报制度。“十二五”期间根据《国家环境保护“十二五”规划》和总量减排及各项环境管理工作深化发展的需要，“十二五”环境统计报表制度在“十一五”环境统计报表制度基础上，对指标体系、调查方法及相关技术规定等进行了完善和修订，环境统计工作随着工作的需要，不断进行调整和完善，适应环境管理工作的需要，为环境管理提供全面、科学、有效的依据。

（二）环境统计的内容

根据环境保护工作的需要，联合国统计司于 1977 年提出的统计范围是：土地、自然资源、能源、人类居住区、环境污染、环境保护机构自身建设六个方面。根据我国的实际情况，为了满足环境管理的需要，环境统计指标体系不断进行修正和完善，环境统计范围由以往的以工业源、生活源为主，扩展到工业、农业、生活、交通和环境管理等各个领域，调查对象由 8 万家增加到 30 多万家。“十二五”期间我国环境统计的指标主要包括：工业污染源（以下简称工业源）、农业污染源（以下简称农业源）、城镇生活污染源（以下简称城镇生活源）、机动车、集中式污染治理设施和环境管理 6 个部分。

1. 工业源

“十二五”环境统计指标体系中，工业源报表包括《工业企业污染排放及处理利用情况》、《火电企业污染排放及处理利用情况》、《水泥企业污染排放及处理利用情况》、《钢铁冶炼企业污染排放及处理利用情况》、《制浆及造纸企业污染排放及处理利用情况》和《工业企业污染防治投资情况》6 张基表，对应 7 张综表。

与以往的环境统计相比，“十二五”工业源指标强化了对重点行业和企业台账指标和污染治理指标的设置和统计。

反映工业源污染排放及防治情况的基表1张，反映工业源非重点调查企业污染排放及处理情况的综表1张。

2．农业源

农业源报表包括《规模化畜禽养殖场/小区污染排放及处理利用情况》、《各地区发表调查规模化畜禽养殖场/小区污染排放及处理利用情况》、《各地区农业污染排放及处理利用情况》3张表。

3．城镇生活源

城镇生活源包括《各地区城镇生活污染排放及处理情况》、《各地区县（市、区、旗）城镇生活污染排放及处理情况》2张表。

4．机动车

机动车包括《各地区机动车污染源基本情况》、《各地区机动车污染排放情况》2张表。

5．集中式污染治理设施

集中式污染治理设施报表包括污水处理厂、生活垃圾处理厂（场）、危险废物（医疗废物）处置厂3个部分，其中污水处理厂调查为2张表，包括《各地区城镇污水处理情况》、《污水处理厂运行情况》；生活垃圾处理厂（场）调查为2张表，包括《各地区垃圾处理情况》、《生活垃圾处理厂（场）运行情况》；危险废物（医疗废物）处置厂调查为2张表，包括《各地区危险废物（医疗废物）集中处置情况》、《危险废物（医疗废物）集中处理（置）厂运行情况》。

6．环境管理

“十二五”环境统计年报中环境管理报表是在“十一五”环境统计专业报表基础上进行精简，选取其中集中反映环境管理总体工作进展情况、供公开发布使用的主要指标，归入《各地区环境管理情况》报表，主要包括环保机构、环境信访与法制、能力建设、污染控制、环境监测、自然生态保护、突发环境事件、环境宣传教育、污染源自动监控、排污费征收、环境影响评价、建设项目竣工环境保护验收等工作情况。

（三）环境统计的特点

环境统计的范围是随着环境保护工作的开展和需要而不断扩大的，并不是一成不变的。环境统计除具有社会经济统计的社会性、广泛性、数量性等性质外，还有如下特点：

①环境统计的范围涉及面广、综合性强。环境统计的研究对象是人类和生物生存的空间和物质条件，涉及人口、卫生保健、工农业生产、基本建设、文物保护、城市建设、居民生活等许多社会、经济部门和领域，所以，它是一门综合性很强的统计。

②环境统计研究的对象介于社会和自然之间，技术性强。环境统计研究的内容是人类生存的条件，就必然涉及自然科学和社会科学的很多领域。环境统计的许多基础资料来自监测数据，必须借助于物理、化学和生物学等测试手段才能获得。

③环境统计是一门新兴的边缘学科，无论是国际还是国内都是新生事物。环境统计工作尚处于创建阶段，很多理论问题有待进一步探索和完善，环境统计管理体制不健全，远远不能满足环境管理工作的要求。

（四）“十二五”期间环境统计范围与指标的主要变化

1．调整了调查范围

新增了农业源调查内容，细化了机动车污染调查统计，新增了生活垃圾处理厂（场）调查内容，删除了与已有统计内容重复的医院污染排放情况调查表。

2．进一步完善了指标体系

①新增了水泥、钢铁冶炼、制浆、造纸等部分重污染行业报表。

②根据“十二五”环境保护工作重点，新增了氮氧化物及废气中重金属产排情况、污染物产生量等相关指标，细化了危险废物统计指标；增加了生活源总磷、总氮等污染物指标。

③进一步完善了指标设置。在“十一五”指标体系的基础上，删除了一些交叉重复和难以界定的指标，如删除了主要污染物去除量和达标率指标。

④将环境统计专业报表整合简化为环境管理部分，纳入环境统计报表制度，不再区分环境统计综合年报和专业年报。

3．一些指标细节做好调整和细化

①工业源重点调查对象的筛选和调整原则有所变化。工业源重点调查对象筛选的总体样本库调整为第一次全国污染源普查数据库，在初步筛选出的工业源重点调查对象名单基础上，对调查年度期间新增和关闭企业的调整原则均有了明确的规定。

②生活源调查由原县级环保部门调整为地市级环保部门统一核算，并将污染物排放量分解至所辖区县填报相关报表。

③在第一次全国污染源普查产排污系数基础上，补充完善了部分工业源、农业源、城镇生活源、机动车和集中式污染治理设施的产排污系数。

④对部分指标的解释进一步细化和明确；部分来源为其他部门的指标，参考相关部门的指标解释进行了修订完善。

（五）环境统计工作流程

环境统计是由各级环保部门组织实施。

按照重点调查单位、县（区）环保部门、地市环保部门、省级环保部门、环境保护部的工作流程逐级审核上报重点调查单位的环境统计数据。

同时，县（区）环保部门根据农业畜牧等部门提供的各种畜禽养殖量等数据填报农业源报表，地市级环保部门根据统计、城建、公安等有关部门提供的数据填报工业源非重点、生活源、机动车报表，并逐级上报、审核。主要工作流程，见图 13-13。

（六）环境统计的基本任务

环境统计的基本任务，就是发挥环境统计在环境保护工作中的认识作用、服务作用和监督作用。

环境统计和环境监督管理之间有着密切的关系。一方面，环境统计作为一个环境信息系统，要及时提供监督管理所需的环境信息，作为事前决策分析、制定方针政策和计划的依据；作为事后政策、计划执行情况的分析和监督检查的依据为管理服务。另一方面，环境统计本身也逐渐成为环境监督管理过程的一个组成部分，即环境统计本身就是一种监督管理活动。可以说，如果没有环境统计的信息和监督，也就谈不上真正的环境监督管理。

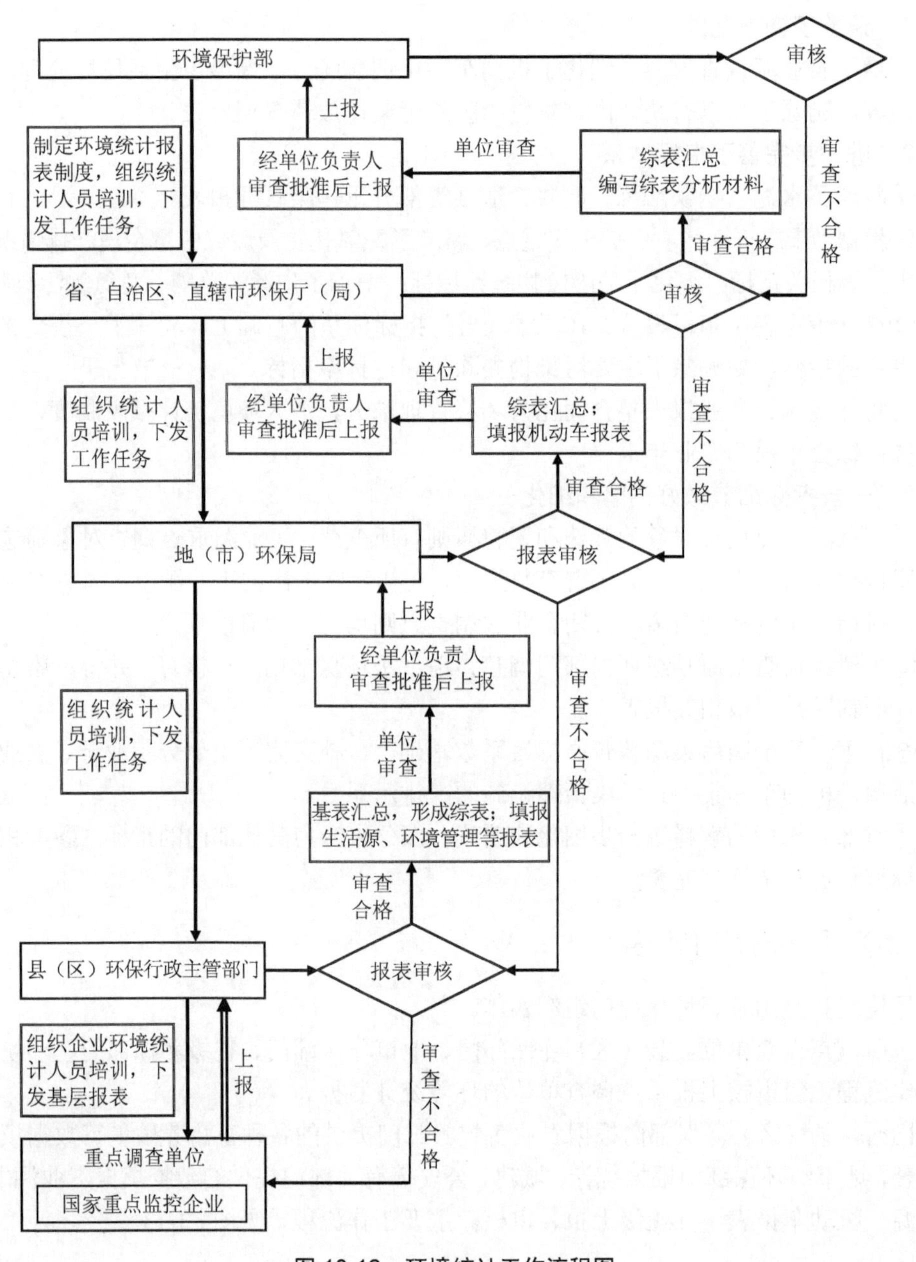

图 13-12　环境统计工作流程图

具体包括：

①向各级政府及其环保部门提供各地区和全国的环境状况的数字资料和分析资料，为制订环境保护方针政策、计划提供科学的依据。

②监督检查环境保护方针政策、环境保护计划的执行情况，提供反馈信息，及时发现新情况和新问题，以便及时采取措施、加强环境管理、协调经济发展与环境保护的关系。

同时，依法对环境统计工作本身进行监督检查，反对篡改统计数字、虚报和瞒报等不法行为，保证统计数据的正确性和严肃性。

③反映环境保护事业发展的规模、速度及其他部门的相互比例关系。

④宣传教育群众、提高对环境保护工作的认识，并为群众参加环境管理、经济管理，为提高企业经济效益服务，为开展创造“清洁城市”等活动提供资料。

⑤为总结环境保护工作的经验教训，开展环境科学研究工作服务。

（七）我国环境统计的指标体系及环境统计分析

1．环境统计的指标体系

现行环境统计指标体系包括工业污染与防治、生活及其他污染与防治、农业污染与防治、环境污染治理投资、自然生态环境保护、环境管理及环保系统自身建设等七个子系统，见表 13-11。

表 13-11　我国现行环境统计指标体系

我国现行环境统计指标体系	工业源	企业基本情况
		工业污染物排放情况
		工业污染治理设施
		工业污染治理情况
		工业污染防治投资情况
	城镇生活源	生活污水排放情况
		城镇污水处理情况
		生活废气排放情况
		各地区垃圾处理情况
		各地区危险废物（医疗废物）集中处置情况
	农业源	规模化畜禽养殖场/小区污染排放及处理利用情况
		种植业、水产业污染排放及处理利用情况
	机动车	机动车保有量
		主要污染物的排放情况
		车用油品的情况
	集中式污染处理设施	自然保护区建设情况
		野生动植物保护情况
		生态示范区建设情况
		生态功能保护区建设情况
		农村环境污染及治理情况
	环境管理	环保机构
		环境信访与法制
		环境保护能力建设投资
		环境污染源控制与管理
		环境监测
		污染源自动监控
		排污费征收
		自然生态保护与建设
		环境影响评价
		建设项目竣工环境保护验收
		突发环境事件
		环境宣教

2．环境统计报表制度

环境统计报表是国家或地方政府定期取得环境统计资料的基本调查组织形式，这些环境统计资料一般以上述指标体系中各指标值的形式给出。为了解全国环境污染及治理情况，为了给各级政府和环境保护行政主管部门制定环境保护政策和计划、实施主要污染物排放总量控制和加强环境监督管理等工作提供依据，依照《中华人民共和国统计法》的规定，我国实施环境统计基层报表制度、综合报表制度、专业报表制度。环境统计报表制度报告期分别又分年报制度和半年报的定期报表制度。年报的报告期为当年 1 月至 12 月底，半年报的报告期为当年的 1 月至 6 月底。

3．环境统计分析

环境统计分析，就是根据环境统计研究的目的，恰当地运用科学的统计方法和指标，将丰富的环境统计资料和具体情况有机结合起来。按照经济规律、自然规律和国家环保方针政策，从各方面对所研究的环境现象由表及里地进行系统周密的分析，从中揭示出环境变化与经济发展的内在联系及环境发展变化的规律，不断发现新情况和新问题，据此采取对策，指导实际工作。

环境统计分析报告是环境统计分析结果的一种主要表达形式，即将所得的分析结果，用文字报告（或文字为主，结合图表）的形式表达出来，供有关领导和部门参考。

环境统计分析报告的结构一般包括以下几个部分：环境保护的基本情况，主要是生态环境状况、“三废”排放及污染物排放基本情况、排污费征收使用基本情况和环保队伍自身建设及素质基本情况等；报告期内取得的主要成绩和经验，存在的问题及其原因、建议和措施等几个部分。

（八）我国环境统计的主要问题及改进建议

尽管环境统计工作在我国开展已经 30 多年，取得了重大进展，但我国环境统计改革与发展的进程相对较慢，不能适应全面建设小康社会的需要，环境统计工作仍然面临诸多问题。主要表现在：机构设置不健全，统计基础薄弱；指标体系不健全，缺乏协调性和完整性；统计数据质量不高，不能满足实施可持续发展战略的要求；指标体系缺乏系统设计，国际可比性差等。

针对上述这些问题，为改进我国的环境统计应抓好以下几方面工作：

①健全机构设置，强化统计基础。

②健全指标体系，使之具有协调性、完整性和可操作性。

③大力提高环境统计数据质量。

④从全球可持续发展角度设计中国环境统计指标体系。

只要我们深入研究我国环境统计的特点、现存问题及其原因，对症下药，认真解决，从机构设置、人员保证、经费保障、指标系统设计、部门合作等方面入手，积极借鉴国内外研究成果和先进经验，发扬求真务实、开拓进取和艰苦奋斗的精神，我国的环境统计工作必将迈上一个新台阶，环境统计数据质量必将有一个大的改观，既能够更好地为决策部门服务，又能够更好地起到信息咨询监督作用。

三、环境质量报告

环境质量报告书是各级人民政府环境保护行政主管部门向同级人民政府及上级人民政府环境保护行政主管部门定期上报的环境质量状况报告，是行政决策与环境管理的依据，是制定环境保护规划和各类环境管理制度、政策及信息发布的主要依据（环境质量报告书编写技术规范 HJ 641—2012）。

根据《环境监测报告管理办法》，环境监测报告按内容分为环境空气质量报告、地表水环境质量报告、地下水环境质量报告、声环境质量报告、海水水质报告、环境污染事故与生态破坏事件监测报告、污染源监测报告、环境质量综合报告、环境质量专题报告等。

按周期分为环境监测快报、简报、日报、预报、周报、旬报、月报、季报、年度环境质量报告等。

环境质量报告书按时间分为年度环境质量报告书和五年环境质量报告书两种；为了反映环境质量的长期变化趋势，编写 10 年、20 年环境质量报告书；按其内容和形式分为环境质量概要、环境质量报告书两种。

环境质量报告书基本结构主要包括概况、环境质量状况、原因分析、对策与建议等内容。其中，概况部分包括自然环境概况、社会环境概况、环境监测概况等内容。环境质量状况部分应包括主要污染排放、环境空气、地表水环境、近岸海域海水、噪声、生态、辐射等章节，每章节环境要素包括监测项目、评价因子、评价方法、评价结果的表征和描述等内容。环境质量报告书应全面分析监测项目的统计结果，从时间和空间上分析其分布和变化规律，并运用各种图表，辅以简明扼要的文字说明，形象表征分析结果。对各部分分析结果进行准确、概括的总结，提出存在的主要问题。应结合自然、社会、经济、人口、城市结构、能源利用、环保重大举措、污染物排放等相关因素进行综合分析。针对存在的环境问题，提出包括法律、政策、管理和工程等方面的改善环境质量具体对策与建议，对策与建议应具有较强的时代性和可操作性。

四、环境信息公开与公众参与

（一）我国的环境信息公开概况

环境信息公开问题被正式提出来，是西方国家环境运动发展的结果。20 世纪 40 年代以后，欧美环境问题日益突出，群众环境保护运动日益高涨，并且提出保障公众环境知情权的主张。1992 年，在巴西通过的《里约宣言》认为：环境问题最好是在全体有关市民的参与下，在有关级别上加以处理。各国应通过广泛提供资料来便利及鼓励公众的认识和参与，应让人人都能有效使用司法和行政程序，包括补偿和补救程序。该原则的确立是环境信息公开问题得到国际社会普遍认同的标志。

公开环境信息是公众有效参与环保的前提和基础。多年来，环保部门大力推动环境信息公开，率先发布各类环境信息，环境信息公开的范围不断扩大，公众参与取得了积极成效。但由于没有统一的规范，环境信息由谁来公开，公开什么，如何公开，不公开该承担什么责任等，还缺乏制度的硬性约束，导致公众获取信息存在一定障碍，企业违法排污行为没有得到有效监督，环境执法也难以得到更广泛的支持和理解。

为此，原国家环保总局于2007年4月11日颁布了《环境信息公开办法（试行）》（国家环保总局令第35号）。这是继2007年4月5日国务院颁布《中华人民共和国政府信息公开条例》之后，政府部门发布的第一部有关信息公开的规范性文件，也是第一部有关环境信息公开的综合性部门规章。《办法》于2008年5月1日起实施。办法明确了信息公开的内容、原则、范围、环保部门的职责、方式与程序等内容。

目前我国政府环境信息公开主要表现在：（1）公共性信息的公开。如环境质量公报、重点流域重点断面水质质量周报、城市空气质量周报、日报、预报等；（2）重大污染事故紧急通报；（3）中央和地方各级环保部门实行的政府上网工程及政务公开。其中包括从1998年开始实施的环境监理政务公开（包括公开办事机构和人员身份、公开工作制度和工作程序、公开排污收费标准、公开行政处罚情况和公开举报电话和投诉部门五个方面）和排污收费政务公开试点工作。

（二）我国信息公开存在的问题

第一，公开程度较低，偏重于保密；在我国政府掌握的绝大部分环境信息处于相对的封闭或闲置状态，许多涉及公众利益的规范性文件只被政府部门作为执法的内部规定，而不向公众公开。

第二，为公众提供环境信息的方式和渠道过少；目前我国政府环境信息公开的方式较为单一，只有政府主动通过公报、新闻媒体、发布会等方式的信息公开，还没有建立和实行依公民申请而公开环境信息的机制。公民和社会组织向环保行政机关申请提供信息一般很难得到满足，这导致公众对高质量的环境信息的需求得不到有效满足。

第三，程序方面缺乏保障和救济。在我国，即便是在有关政府信息公开零散规定的法律中也鲜有信息公开的程序性规定，同时在公民无法正常获取（环境）信息时也没有任何救济手段和途径，程序上的保障极其匮乏。

第四，当前推行的环境政务公开存在明显不足。公开的内容全部由环保行政部门自行决定，公众没有选择权，真正想了解的一些与自己利益相关的环境信息仍是困难重重。如有的政府环保网站角色错位，承担了专业门户网站的功能；有些政府网站则在重复媒体的新闻报道；从中央到地方的环保政府网站几乎都不同程度地存在着信息陈旧的问题；个别环保政府网站除了主页上的网址和几个栏目名称外，几乎看不到任何实际内容，成为“空头网站”。

第五，当前环保是个热门话题，由于环境信息公开的内容单薄、信息滞后、反应迟钝，环保工作处于舆论旋涡中，在条件或准备不足的情况下被迫仓促应对环境信任危机，开展某些前沿性的工作，工作不扎实，引发行业不信任危机和从业人员的焦躁和无所适从。

当前信息公开，应该注意以下几点：

一是宣传我国的环境保护政策，提高公众的环保意识，增强社会监督力度；

二是普及环境保护基础知识，提高公众自觉环保、绿色出行、低碳生活的理念和意识，提高公众的参与度。

三是及时公布与公众生活、经济发展密切相关的环保信息、数据、报告，环保动态，还公众环保知情权；

四是积极主动地引导舆论或公众的思想，给环境保护工作提供一个良好、有序、健康的发展氛围，维护环保部门的形象。

（三）目前我国在环境信息公开所做的工作和取得的成效

为了不断完善我国的环境信息公开制度，满足公众的知情权，我国做了大量有益的工作，抓民生，抓热点，取得了较大的成效。

1．所做工作

（1）制定各项规章制度，完善信息公开制度

《环境保护部信息公开目录》、《环境保护部信息公开指南》、《环境保护部政府信息依申请公开工作规程》、《环境保护公共事业单位信息公开实施办法（试行）》等一批规范性文件出台实施。很多地方建立了信息发布协调机制，制定了环保信息公开内部流程和主动公开、依申请公开、保密审查的工作要求。

（2）不断完善公开渠道，增加公开内容

各级环保部门网站是环境信息的主要发布平台，发布的环境信息一般包括环境保护法律法规、环境保护规划、建设项目环境影响评价结果、环境保护收费情况、突发环境事件应急处置通报、污染严重的企业名单、环境监测报告（主要包括城市空气质量日报和预报、重点流域水质自动监测周报、地表水水质月报和重点城市、饮用水水源地水质月报、南水北调东线水质月报、城市“菜篮子”基地环境质量状况）等。现在环保部门正在努力，信息公开的内容不断丰富，注意关注公众需求，不断提高环境信息的现代化和时效性，尽量满足公众的需求；在主流媒体扩大信息公开的范围，信息公开的形式发生了变化，注意图文并茂，语言通俗易懂，加强与社会的沟通。开通手机短信平台、微博方式等发布环保信息，实现互动交流。部分地方建立新闻发言人制度或新闻发布制度。

在环境信息公开平台建设方面，多数采用新闻发布会、环境公报，利用报纸、杂志、广播电台和电视台，以及通过设立公共查阅室、资料索取点、信息公告栏、电子信息屏等形式公开政府环境信息。

2．民生和热点是环境信息公开的主攻方向

环境信息公开，不仅是创新环境管理制度的需要，也是推动可持续发展和保障民生的必然选择。为此，环保部门在环境信息公开中，把抓民生和抓热点作为主攻方向，取得了显著成效。

（1）抓民生，主动公开力度明显加大

近年来，环境保护部通过部政府网站、中国环境报、环境保护部公报等媒介，主动公开环境信息，其中仅在部政府网站已主动公开各类政府信息两万余条，相关环境信息5万多条。2011年，在部门户网站设置环保专项行动整治铅蓄电池企业信息公开栏，督导各省（区、市）在媒体上公布相关信息，这是首次将一个行业所有企业名单及其环境整治信息向全社会公开，起到了很好的社会监督效果。2012年，环境保护部修订发布新的《环境空气质量标准》，在第一时间通过政府网站向社会公布，紧接着就在国务院新闻办公室召开新闻发布会，及时回应社会关切。

浙江省嘉兴市环保局大力推动污染源监管信息公开，通过促进公众对环保工作的积极

参与和支持，形成了污染监管的强大压力，推动转方式调结构和企业改造升级。

江苏省常州市通过建设“三合一”行政权力公开平台、分色管理企业、超标排污公开道歉等方式，形成一套有效促进环境信息公开的机制。

（2）抓热点，突发环境事件信息公开及时透明

环境保护部高度重视突发环境事件应对、处置、调查、处理信息的公开，力求全面、及时、准确。安徽怀宁、浙江德清、湖南衡阳血铅超标事件，云南曲靖铬渣非法倾倒事件，广西龙江河镉污染事件的相关信息，都在第一时间向社会公布，有效保障了公众知情权。

2011年，日本福岛核事故发生后，环境保护部在政府网站开设福岛核电事故应急专栏，发布权威消息，开展科普宣传。环境保护部核与辐射安全保障中心等部门的官员接受媒体采访，针对日本福岛第一核电站事故发生的原因，从中国核电厂选址及设计对预防海啸的考虑、核电站一旦发生严重事故后如何确保安全壳的完整性等方面，说明中国新建核电厂为预防和缓解严重事故做了许多改进，安全性能够满足国际原子能机构和我国现行核安全法规的要求，具有较高的安全水平。这些都从履行政府信息公开责任的角度，提高了环保部门环境信息公开的水平，较好地满足了公众的知情权。这一系列信息公开手段，起到了释疑解惑、稳定人心、稳定社会的积极效果。消除公众疑虑，维护了社会和谐稳定。

同时，在许多地方，保障民生也日益成为环境信息公开的重要导向和内涵。浙江省宁波市在接受测评的全国113个重点城市中连续3年获得“三连冠”。日常监管信息公示、环境投诉举报信息公示、依法申请公开是宁波在环境信息公开上的三大优势项目。在宁波市环保局和各县（市）、区环保局网站上，均能看到行政处罚专栏，公布包括违法企业名称、违法时间、违法事实、违反的法律条款以及环保部门处理意见等具体内容，及时准确反映企业环保信用履行情况。

2012年国庆长假期间，北京市环境监测中心公布全部35个$PM_{2.5}$监测网络的站点试运行数据。至此，对北京市民来说，$PM_{2.5}$不再是一个环保名词，而是生活区域空气质量的实时监控者。从公众角度来看，这一信息公开进程的推进，其实就是环境知情权不断得到保障的过程。

目前，我国正处在经济发展转型期和污染事故高发期，环境信息公开不仅满足了公众对环境事务的知情权，更满足了公众对环境事务的表达权、参与权、监督权。广泛而充分的公众环境参与，有助于环境事务的民主决策和科学决策，及时妥善处置突发环境事件，将事故危害和影响控制在最小限度，有力保障民生。

（3）环境信息公开为推动公众深度参与环境治理体系建设提供了坚实基础

环境问题是社会公共问题，环境保护需要各方的共同努力尤其是社会公众的积极参与，而实现这种合作与参与的一个基本前提便是公众对相关环境信息的获知。近年来，环境信息公开为推动公众深度参与环境治理体系建设提供了坚实基础。

要保障公众科学、理性、积极、有序地参与环境保护，在推进环境信息公开时，就必须把抓服务作为重要方向。

抓服务，依申请信息公开规范便捷。各级环保部门普遍建立了当面申请、信函申请、网上申请等多种信息公开申请渠道，健全受理、答复等工作机制，为群众申请获取政府信息提供便利条件。在办理依申请信息公开中，各级环保部门坚持“公开为原则，不公开为例外”的要求，依法依规及时予以答复。截至2013年6月底，环境保护部机关共受理信

息公开申请764件，全部给予及时、有效答复，涉及重要敏感事项、行政复议的事项也大都得到妥善圆满处理。

2005年，圆明园在湖底铺设防渗膜受到专家质疑，随后被媒体曝光，这一事件成为当时的社会焦点事件。原国家环保总局积极回应，组织召开了圆明园防渗工程听证会，包括这一事件披露人张正春在内的社会各界代表120人和30多家媒体参加听证。来自各界的群众代表畅所欲言，发表意见、提出建议，充分发挥他们参与管理环境公共事务的主动性与能动性，使群众的智慧成为决策依据，使群众的力量成为管理支撑。在充分听取和吸收采纳群众意见的基础上，组织各方专家对清华大学的环评报告书进行了认真审查，要求圆明园东部湖底防渗工程必须进行全面整改。积极主动公开环境信息，通过召开听证会让公众参与决策，有效地推动了公众参与，化解了社会矛盾，使公众和民间环保组织参与环境保护在思想上、策略上、方法上，都渐渐发生了质的转变。由过去单纯指责、对抗，逐步走向理性思考，与地方政府和环保部门沟通协商、携手合作，有力地提高了环境保护的能力，增强了环境保护的动力，凝聚了环境保护的合力。

（4）环境信息公开是加强环保工作的催化剂

灰霾天气，促进各地空气监测能力的提高，增加$PM_{2.5}$等监测；提高管理标准，促进空气新标准的提前出台；2012年12月31日全国包括直辖市、省会城市、计划单列市和京津冀、长三角、珠三角区域其他地级以上城市在内的74个重点城市实时发布环境空气质量监测数据，发布的监测信息包括二氧化硫、二氧化氮、一氧化碳、臭氧-1小时、臭氧-8小时、颗粒物PM_{10}、$PM_{2.5}$的实时浓度值及空气质量指数AQI。

2012年7月和10月，四川什邡、江苏启东和浙江宁波，分别因反对钼铜项目、达标水排海工程和PX项目引发群体性事件，由环境敏感项目建设而引发的群体性事件进入高发期。10月底，环境保护部发布《关于进一步加强环境保护信息公开工作的通知》，要求对涉及群众切身利益的重大项目，扩大环境信息公示范围，广泛听取社会公众意见。

环境一号C星成功发射运行生态环境宏观监测能力提高。11月19日，环境一号C星成功发射，与之前在轨道运行的环境一号A、B星，组成环境与灾害监测预报小卫星星座，有利于环保部门开展大规模、快速、动态的生态环境监测及评价，跟踪溢油、水华等突发环境污染事件的发生和发展，大幅度提高我国生态环境宏观监测的能力和水平。

要认识到环境信息公开可以使公众对政府行政的整个过程进行全面监督和客观评判，可以增强广大公众保护环境的责任感，有利于环保部门依法行政和打造责任环保、透明环保、阳光环保以及建设服务型政府。提高环境信息公开的各项基础能力建设。通过加大环境信息化建设资金投入、增加人员、增强网站环境信息公开的功能、提供信息索引，使环境信息公开人性化、规范化、专业化。再次，要加强培训学习，学习先进地区环境信息公开的管理经验、工作模式。

本章小结

本章介绍了环境监测的基本概念和主要内容，概述了我国环境监测事业30年的发展成果。详细介绍了现阶段全国环境监测系统开展的环境质量监测、污染源监测、环境应急和预警监测，特别关注民众关心的热点问题的监测工作。

监测数据的质量是环境监测工作的生命，环境标准体系是环境质量评价的基础，本章较为详细地介绍了环境监测的技术方法和监测全过程的质量保证与质量控制，环境标准体系的建立、分类和相互关系，以及环境质量评价的常用方法。

环境调查、环境统计主要是环境监测的数据进行加工和分析，为环境管理和社会经济发展决策提供技术支持，环境信息公开是社会发展的必然要求，本章从环境调查、环境统计和环境信息公开的主要内容、发展状况和现阶段存在的问题等各个方面进行了描述。

通过本章的学习，大家可以对我国的环境监测和环境质量监控有一个全面的了解，掌握环境监测科学发展的趋势，深入思考环境监测如何顺应时代和民众的要求。

思考题

1．环境监测的概念是什么？包括哪些主要内容？

2．什么是环境监测“三个说清楚”？如何做到“三个说清楚”？

3．什么是“国控重点污染源”？“国控重点污染源”的监测在环境保护工作中发挥了什么作用？

4．谈一谈如何加强所在地域的环境应急和预警监测？

5．环境监测常用的分析方法有哪些？举例说明，至少 5 种以上。

6．如何配备环境监测实验室仪器设备？

7．举例说明常见的环境监测质量指标的含义。至少 5 种以上。

8．什么是环境监测的“五性”？环境监测质量控制的方法有哪些？

9．我国环境标准的体系如何构成？国家标准和地方标准的实施范围如何？

10．环境质量评价包含哪些内容？

11．遥感技术在环境领域的应用有哪些？有哪些特点和技术优势？

12．环境空气质量新标准的实施有什么重要意义？针对全民关注的 $PM_{2.5}$ 监测，你对环境监测工作有哪些体会？

13．“十二五”期间环境统计范围与指标有哪些变化？

14．环境信息公开的内容和范围有哪些？你认为应该如何防范信息不透明引发的群体性事件？

参考文献

[1] 环境保护法.

[2] 全国环境监测管理条例.（1983 年，原城乡建设环境保护部）.

[3] 国家“十二五”环境监测规划. 环境保护部，2012.

[4] 近岸海域环境质量公报 2001. 中国环境监测总站，2002.

[5] 主要污染物总量减排监测办法.

[6] 建设项目竣工环境保护验收管理办法.

[7] 建设项目环境保护设施竣工验收监测技术要求（试行）.（环发[2000]38 号）.

[8] 突发环境事件应急监测技术规范.（HJ 589—2010）.

[9] 吴邦灿，李国刚，邢冠华. 环境监测质量管理. 北京：中国环境科学出版社，2011.

[10] 刘晓星. 环境信息公开：在荆棘中勇往直前. 中国环境报，2012-10-19.

[11] 谢武明，胡勇有，刘焕彬，等. 持久性有机污染物（POPs）的环境问题及研究进展[J]. 中国环境监测，2004，20（2）：58-60.

[12] 余刚，周隆超，黄俊，邓述波. 持久性有机污染物和《斯德哥尔摩公约》履约[J]. 造纸信息，2011（5）.

[13] 黄业茹，田洪海，郑明辉，等. 持久性有机污染物调查监控与预警技术. 北京：中国环境科学出版社.

第十四章　城市环境保护规划与管理

第一节　城市环境保护管理制度发展

一、城镇化发展与主要环境问题

（一）我国城镇化发展概况

近年来我国城镇化快速发展，城镇化率明显提高。改革开放以来，城镇化率由 1978 年的 17.92%上升到 2011 年的 51.27%，我国的城镇化率已经逐步接近中等收入国家平均水平。根据第六次全国人口普查结果，2010 年 11 月 1 日，居住在城镇的人口为 6.66 亿人，占总人口的 49.68%。同 2000 年人口普查相比，城镇人口比重上升 13.46%，增加了 1.7 亿人。从 2003 年起我国的城镇化率开始超过工业化率，城镇化长期滞后于经济社会发展的局面，尤其是滞后于工业化的局面已经大为改观。

在城镇化率明显提高的同时，城市数量和规模也显著增加。1978 年我国有城市 191 个，大城市和特大城市占城市总数的 28.8%。2011 年末我国的城市数量达 655 个，比 1978 年增加 464 个。城市规模不断扩大，2011 年我国城市建成区面积达到 4.36 万平方千米，较 1978 年扩大 3.65 万平方千米。大城市人口数量快速增加，2010 年我国地级及以上城市年末总人口 3.9 亿，比 1978 年的 1.2 亿人增加了 2.7 亿人；城市市辖区人口达 200 万以上城市个数达 43 个，比 1978 年增加 37 个，100 万～200 万人口城市达 81 个，比 1978 年增加 74 个。

城镇化空间差异趋势明显，东部沿海地区城市城镇化水平明显较高。目前，大多数城镇化率超过 50%的省份主要集中在东部和东北地区，中西部省份城镇化率明显偏低，其中，甘肃、云南、贵州、西藏等省份城镇化率不到 40%，东部地区平均城镇化率高达 56.96%，其中京津沪的城镇化率甚至超过 70%。占国土面积 14.2%的东部地区，集中了 60%的超大城市、53.3%的特大城市、51.6%的大城市、48.9%的中等城市、36.5%的小城市。

“十二五”期间，我国城镇化将继续快速发展。根据国务院发展研究中心预测，中国的城镇化的峰值将在 70%～75%，今后 20 年，中国的城镇化率还有 20～25 个百分点的提升空间。到 2020 年，中国的城镇化水平达到 60%左右，到 2030 年会接近 67%左右。

（二）主要环境问题

尽管近年来我国城市环境保护状况有了较大改善，但在我国城镇化快速发展，城市的规模、数量、人口和经济密度都增大增多的城市发展背景下，城镇环境问题开始向复杂性、综合性转变。尤其是在当前工业化发展持续推进期，城市污染防治水平仍然较低，环境形势依然严峻，环境监管制度尚不完善，环境保护仍是经济社会发展的薄弱环节。

1．经济快速发展，环保相对滞后，污染严重的态势短期内难以得到根本性改变

当前我国经济发展方式仍较为粗放，工业企业排放污染物总量巨大，污染防治总体水平仍然较低，治理污染的速度比不上环境破坏的速度，较长时期内严重污染的态势难以改变。城市工业污染防治普遍不到位，部分城市落后产能淘汰力度不够，高污染高风险行业中小企业较多，环境安全隐患凸显；部分城市对涉重企业的污染物排放日常监测与监管不到位，对电镀行业尚未进行集中整治；部分城市未批先建、批建不一、降级审批以及久产不验等现象较为严重。城市污染防治工作力度距离环境保护要求普遍有差距。

2．城市布局性环境风险突出，产业和城镇布局缺乏对环境健康安全全面考虑

2010 年启动的全国重点行业企业环境风险及化学品检查工作结果表明，在检查的 4.6 万家危险化学品企业中，有 12%的企业距离饮用水水源保护区、重要生态功能区等环境敏感区域不足 1 千米，10%的企业距离人口集中居住区不足 1 千米。2006 年启动的全国化工石化项目环境风险大排查行动结果显示，7 555 个化工石化建设项目中，布设于城市附近或人口稠密区的 2 489 个，占 32.4%，布设于饮用水水源保护区上游（10 千米）内项目 280 个，占 3.7%；其中的 127 个国家级项目中，布设于城市附近或人口稠密区的 60 个，占 42.7%，布设于生活（生产）水源取水口附近或自然保护区、重要渔业水域和珍稀水生物栖息地内的 37 个，占 29.1%。国家环境保护“十二五”规划研究编制课题《环境风险防范制度与对策措施研究》，汇总了我国 2006 年 1 月 1 日至今发生的造成较大人员伤亡、环境影响或者社会影响的 48 起环境污染事故，其中布局问题类为 12 起，仅次于安全事故类与违法排污类。

3．城乡建设布局与生态安全格局不匹配，威胁城市生态系统健康

我国城市开发强度高，在市区范围内尤其突出。从市区范围内开发强度看，德国斯图加特市区只开发 45%，其他都是森林、农田；东京都市区的 23 个区（不包括周边的市）开发强度是 58%，其他城市一般都只开发了 30%～40%；我国香港至今只开发了 25%，保留了 75%的绿色空间；而我国城市全市域的开发强度大，城市开发方式粗放，对生态安全格局考虑不足，使得生态重要区与敏感点（带），如连接城市之间和沟通城市内外的生态廊道、沿山沿海地带、天然河道水系、自然湿地等处于被动、补救性的保护之中，被挤占破坏现象普遍，完整性遭到破坏，功能趋于弱化乃至消失。

4．城市环境无法满足社会期待，环境质量改善压力巨大

目前我国大部分城市主要污染物排放总量巨大，导致城市环境恶化，经济和人口密集的城市地区尤其突出。城市空气中可吸入颗粒物和二氧化硫的浓度依然属于较高污染水平，传统的城市大气煤烟型污染尚未得到解决，机动车、重化工业造成的 $PM_{2.5}$、臭氧污染又接踵而至。如按照《环境空气质量标准》（GB 3095—2012）评估，全国 330 多个地级及以上城市中，有近 2/3 的城市达不到二级标准要求。2013 年 1 月，中国中东部地区遭遇大范围雾霾天气，全国最大灰霾面积高达143万平方千米。水环境方面，七大水系近20%的监测断面污染严重，90%的城市河段受到不同程度污染，尤其是长三角地区，地表水不达标现象普遍，约一半城市市区地下水污染严重。城市饮用水水源地达标率不高，从水源地到水龙头的全过程水质保障体系不健全，城市和农村地下水源污染议题持续发酵，热烈度有赶超$PM_{2.5}$的趋势。

5. 城市危险废物管理不严，环境风险防范形势严峻

由于环境问题多年积累和欠账、环境治理和监管不足，我国城市环境危机呈现出一触即发的危险态势。重金属、危险化学品、持久性有机污染物、危险废物等污染凸显，大多数城市危险废物管理能力薄弱，存在隐瞒申报危废种类、贮存不规范、联单不完整、危废去向不明、违法违规处置等问题，环境风险防范形势严峻，威胁市民身体健康和公共安全。

6. 环保基础设施运维管理落后，难以满足城市可持续发展的需要

中国城市环境基础设施建设相当薄弱，欠账很多，特别是生活污水集中处理、生活垃圾无害化处理和危险废物处置等能力尤显不足。"十一五"期间各地建成一批污水处理、垃圾填埋和焚烧、危废处置、污泥处置、渗滤液深度处理等设施，但也逐渐暴露出管理薄弱等问题。部分城市排水管网系统前瞻性不足，加上后期投入跟不上，导致城市污水处理厂配套设施不足，无法发挥全部效益。部分城市污水处理设施建设时间较早，部分老旧污水处理厂工艺落后，污水处理厂出水水质无法稳定达到现行标准。垃圾填埋场的配套设施如垃圾中转站、渗滤液处理设施等尚不到位，垃圾转运、渗滤液处理、垃圾焚烧发电厂废气存在二次污染。

二、城市环境管理制度发展

（一）我国城市环境管理历程

我国政府历来将城市环境保护作为环境保护工作的重点，城市环境管理工作伴随整个环境保护事业的发展走过了40年历程。在此期间，我国城市面临的环境问题的类型与性质，城市环境管理的主要矛盾都发生了很大的变化，从主要解决工业污染问题演变为解决由工业污染、城市生活型污染和城市生态功能失衡等组成的复合型环境问题。与此相适应，我国城市环境管理的战略思想、制度和政策措施也一直在与时俱进、不断创新。自1973年以来，我国城市环境保护大体上经历了4个发展阶段。

①工业点源治理阶段。大致从1973年到1978年。这一阶段开展的主要工作包括：锅炉改造、消烟除尘、控制大气污染；工业"三废"综合利用和主要污染物的净化处理。

②污染综合防治阶段，大致从1979年到1983年。一些城市区域的污染治理已经初见成效。

③城市环境综合整治阶段，大致从1984年开始。城市环境综合整治，是把工业污染防治与城市基础设施建设有机结合起来，由单纯治理向调整产业结构和城市布局转变。

④深化城市环境管理，不断提升城市可持续发展能力阶段，20世纪90年代后期以来，城市环境综合整治步入城市生态建设与环境质量全面改善的新阶段，并向着创建国家环境保护模范城市、探索生态型城市和不断提升城市可持续发展能力等方向不断迈进。

经过 40 年的努力，我国城市环境保护工作取得了巨大成就。我国在人均 GDP 1 000 美元左右、经济持续快速增长的情况下，基本遏制住了环境污染加剧的趋势，避免了发达国家城市同期经济发展水平下出现的严重环境污染事件，重点城市环境质量明显改善。作为最大和发展最快的发展中国家，这一成就国际瞩目，来之不易。在发达国家，环境污染问题得到有效解决，环境质量得到明显改善是在人均 GDP 达到 8 000～10 000 美元的发展阶段才实现的。在当今许多发展中国家正在为解决贫民窟居民的生存问题和城市清洁饮用水等单项问题而奔走努力的时候，我国已经有相当一部分城市的环境管理走到了环境与社会经济共赢发展的前沿。但也需认识到，由于城市生产型功能的定位没有根本改变，以及多年的污染积累，我国大多数城市环境形势依然不容乐观，环境质量距全面建设小康社会的要求和人民群众日益增长的环境需求还有较大距离，城市环境保护工作任重道远。

（二）我国城市环境管理主要制度

经过 40 年的实践和探索，中国已经形成了一套包括环境保护目标责任制、城市环境综合整治、城市环境综合整治定量考核、创建环保模范城市、城市空气质量报告制度等政策措施组成的具有中国特色的城市环境管理模式。

1．环境保护目标责任制

环境保护目标责任制是我国环境保护的“八项”制度之一，对污染防治和城市环境改善起着十分重要的作用，是实施城市环境保护综合决策的基础。环境保护目标责任制是以法律形式确立的环境保护制度，我国的《环境保护法》明确规定：“地方各级人民政府应当对本行政区域的环境质量负责。”这一规定的具体实施方式就是环境保护目标责任制。

环境保护目标责任制以签订责任书的形式，具体规定省长、市长、县长在任期内的环境目标和任务，并作为对其进行政绩考核的内容之一。同时，省长、市长、县长等再以责任书的形式，把有关环境目标和任务分解到政府的各个部门，根据完成的情况给予奖惩。从某种意义上讲，地方和城市主管领导对环境问题的重视是实现地区和城市环境质量改善的关键。

2．城市环境综合整治

城市环境综合整治是我国城市环境管理的一项重要政策，在城市政府的统一领导下，通过法制、经济、行政和技术等手段，达到保护和改善城市环境的目的。城市环境综合整治的主要内容涉及城市工业污染防治、城市基础设施建设和城市环境管理三个方面，具体内容包括制订环境综合整治计划并将其纳入城市建设总体规划，合理调整产业结构和生产布局，加快城市基础设施建设、改变和调整城市的能源结构，发展集中供热，保护并节约水资源，加快发展城市污水处理，大力开展城市绿化，改革城市环境管理体制，加大城市环境保护投入等。

实施城市环境综合整治使得我国城市环境保护工作有了长足的进步，取得了良好的环境效益。通过环境综合整治，许多城市对产业结构和生产布局进行了调整：限制工业、特别是污染较重的产业在城区内发展；在城区内实施“退二进三”战略，将污染较重的工业企业整体或部分实施搬迁；对迁出地区进行再开发，扶持第三产业的发展，促进城市经济的整体发展；迁出地的土地销售收入，也可以为新厂建设和运行更加有效的污染治理设施提供资金支持。上海、天津、北京等许多城市都在这方面取得了显著的成效。

通过实施城市环境综合整治，城市环境基础设施建设受到各级城市政府的重视，城市排水管网、城市污水和垃圾处理能力明显提高，城市能源结构向良性转变，城市集中供热和气化率不断提高，城市道路建设发展较快，改善了城市交通环境，在一定程度上减少了交通污染造成的危害。

城市环境综合整治提高了城市环境保护在城市综合管理和行政中的地位。在行政体系上，我国地方一级环境保护机构隶属于地方政府，除业务活动上受环境保护部的指导外，城市环境保护活动更多的是由地方政府领导，这就使得地方环保工作在很大程度上受制于地方政府。而城市环境综合整治政策特别强调政府在城市环境保护中的领导和协调作用，规定市长对城市环境质量负责制，同时强调部门之间的相互协调、配合，促进了环境保护参与社会经济发展综合决策。

3．城市环境综合整治定量考核

为促进城市环境综合整治政策的贯彻实施，提高城市环境综合整治的水平，原国家环境保护局于 1989 年开始在全国重点城市实施城市环境综合整治定量考核制度，它实现了城市环境管理工作由定性管理向定量管理的转变。城市环境综合整治定量考核是以量化的环境质量、污染防治和城市建设的指标体系综合评价一定时期内城市政府在城市环境综合整治方面工作的进展情况，激励城市政府开展城市环境综合整治的积极性，促进城市环境管理制度的改善。

城市环境综合整治定量考核的对象是城市政府和市长，考核范围是城市区域，内容涉及城市环境质量、城市污染防治、城市基础设施建设和城市环境管理等四个方面。城市环境综合整治定量考核实行分级定量考核制度。目前“城考”指标体系正在修订中，将数据审核和现场审核相结合，制定数据审核规则和现场打分项。对城市经济社会发展、社会民生改善、城乡统筹和区域协调发展、环境基础设施保障和环境安全等方面，设计切实可行的考核办法，从宏观上引导城市经济社会、资源环境协调可持续发展。在指标设计中，重点考核水、空气和土壤三大环境要素，解决重金属、化学品和危险废物管理中存在的突出问题，将责任真正落实到政府，注重社会经济发展综合决策，关注区域流域的综合治理。

4．创建环境保护模范城市

1996 年在城市环境综合整治及定量考核政策的基础上，原国家环境保护局在全国开展了创建环境保护模范城市的活动，它实际上也是一项城市环境保护政策。该项政策的指导思想是可持续发展，以实现城市环境质量达到城市各功能区环境标准为目标，目的是引导城市政府在城市经济高速发展的同时，走可持续发展道路，不断改善城市环境，建设生态型城市。国家环境保护模范城市评价指标，涉及城市社会经济、城市基础设施建设、城市环境质量及城市环境管理等内容。国家环境保护模范城市的有效期为五年，截至 2012 年年底，已有宜昌、临安、淮安等 15 个城市获得环保模范城市称号且正在有效期内，另有 66 个原国家环保模范城市开展了复核工作，还有许多城市正在申报和审核之中。环境保护模范城市在城市环境改善和实施城市可持续发展战略方面，为全国其他城市树立了榜样，在总体上促进了城市的环境保护。

5．城市空气质量报告制度

从 1997 年 6 月 5 日开始，首先在包括北京、上海、重庆、大连、厦门在内的 13 个重点城市开始发布城市空气污染周报。其主要做法是：利用当地的新闻媒体和电视台，每周一次向公众报告本地空气污染指数，反映城市大气污染程度。大气污染指数的主要考核指标包括二氧化硫、氮氧化物和总悬浮颗粒物、一氧化碳、臭氧等，分成五个等级。1999年1月，北京、太原等城市开始实行空气质量日报。在2000年新修改的《中华人民共和国大气污染防治法》中，明确规定了重点城市要开展空气质量周报的要求，并鼓励有条件的城市逐步开展空气质量日报和预报工作。2000年6月5日开始，中国环境监测总站在中央电视台和各大报纸发布全国40个重点城市的空气质量日报。大连、厦门等城市已经于1999年开始进行空气质量预报，每日通过各种媒体向公众发布未来 24 小时内空气质量预报。空气质量报告制度的开展，对提高公众环境意识，加强环境监督，改善城市环境起到了积极的作用。

三、城市环境保护形势与战略

传统的城市环境问题尚没有得到基本解决，新的城市环境问题又接踵而至。一是城市环境污染边缘化问题日益显现。城市周边地区更多地承担着来自中心城区生产、生活所产生的污水、垃圾、工业废气等污染，城市周边地区的水体（包括地表水和地下水）、土壤、大气污染问题更为突出，影响了城市区域和城乡的协调发展。二是机动车污染问题更为严峻。中国已经成为世界汽车第四大生产国和第三大消费国，机动车保有量的高速增长导致的城市空气污染将是城市发展，特别是大城市发展面临的严峻问题。三是城市生态失衡问题不断加重。城市自然生态系统受到了严重破坏，生态失衡问题不断加重，“城市热岛”、“城市荒漠”等问题突出。同时，城市自然生态系统的退化，进一步降低了城市自然生态系统的环境承载力，加剧了资源环境供给和城市社会经济发展的矛盾。

未来，受经济重化工、居民消费水平提升、机动车保有量大幅增加等因素影响，以环境污染为代表的城市病会加剧，同时也使得现代健康危机逐步取代传统公共健康问题，城市环境污染负效应愈发突出。我国正处在城镇化高速发展时期，按照中国城镇化的发展战略，预计我国未来15年平均城镇化速度有可能保持在年增长0.8%，城市人口、资源与能源消耗将持续增长。面对中国城市发展的环境压力形势，城市环境保护的战略和对策必须进行相应的调整。今后一个时期，推进中国城市实施环境可持续发展的战略主要有以下几个方面。

（一）以城市环境容量和资源承载力为依据，约束城市发展速度和规模

将环境容量、资源承载力和城市环境质量按功能区达标的要求作为各城市制定或修订城市发展规划的基础和前提，作为引导城市发展的依据。从区域整体出发，统筹考虑城镇与乡村的协调发展，明确城镇的职能分工，引导各类城镇的合理布局和协调发展；调整城市经济结构，转变经济增长方式，发展循环经济，降低污染物排放强度，保护资源、保护环境，限制不符合区域整体利益和长远利益的经济开发活动；统筹安排和合理布局区域基础设施，避免重复建设，实现基础设施的区域共享和有效利用。

（二）提高城市环境基础设施建设和运营水平，积极推进市场化运行机制

城市环境基础设施建设落后已经成为保护和改善我国城市环境的“瓶颈”和障碍，必须加大环境投入，提高城市环境基础设施建设和运营水平。各级城市在继续发挥政府主导作用的同时，要重视发挥市场机制的作用，充分调动社会各方面的积极性，把国家宏观调控与市场配置资源更好地结合起来，多渠道筹集资金。积极推进投资多元化、产权股份化、运营市场化和服务专业化。

加快城市污水处理设施建设步伐，加强和完善污水处理配套管网系统，提高城市污水处理率和污水再生利用率。合理利用城市环境基础设施，共同推进城镇污水和垃圾处理水平的提高。全国所有城镇都要建设污水集中处理设施，并逐步实现雨水与污水分流。要落实污水处理收费政策，建立城市污水处理良性循环机制。

加快城市生活垃圾和医疗废物集中处置设施建设步伐，提高安全处置率和综合利用率，改革垃圾收集和处理方式，建立健全垃圾收费政策，促进固体废物的减量化、无害化和资源化，加强全过程监管，控制危险废物污染风险；所有城镇都要建设垃圾无害化处理设施。各级环境保护部门要加大对城市环境基础设施的环境监管力度，确保城市环境基础设施的正常运行。

（三）实施城乡一体化的城市环境生态保护战略

统筹城乡的污染防治工作，防止将城区内污染转嫁到城市周边地区，把城市及周边地区的生态建设放到更加突出的位置，走城市建设与生态建设相统一、城市发展与生态环境容量相协调的城市化道路。加强城市间及城市周边地区生态建设，加强城市绿地建设，因地制宜，合理划定城区范围内的绿化空间，建设公园绿地、环城绿化带、社区居住区绿地、企业绿地和风景林地，围绕城市干线和城市水系等建设绿色走廊，形成点、线、面结合，乔、灌、草互补的绿地系统；识别并保护城乡生态安全格局，加强城市河湖水系治理，增加生态环境用水，维持自然生态功能，保护城市生态系统，改善城市生态环境。

（四）对不同特点的城市实施环境管理的分类指导

实施城市环境管理的分类指导，根据城市的自身特点和发展水平因地制宜地制定环境保护战略。经济发达的城市应采取“环境优先”的总体方针，在环境保护上高标准、严要求，走环境与经济“双赢”的可持续发展之路；正在快速发展中的中小城市要将环境保护规划放在重要位置，注重在发展中保留传统的自然和人文特色，使城市环境基础设施建设与城镇经济建设同步发展；工业型城市的环境保护重点应放在产业结构调整和降低资源能源消耗水平上，加大工业污染控制和集约化农业污染控制；资源型城市要重在改变过于单一的工业结构和产品结构，扩展资源循环利用的链条，更新产业结构，发展多元化经济，实施生态重建，改善处于危机状态的生态环境；旅游和人文型城市应合理规划城市交通系统，加强机动车污染防治，综合治理城乡接合部的环境问题；西部城市要在保护环境的前提下给城市发展留出一定的环境空间；大城市环境保护工作重点要突出机动车污染控制、提高城市环境基础设施建设水平、城市生态功能恢复等问题，强调城市合理规划和布局，发展综合城市交通系统，在改善城市环境的同时促进城乡协调发展。

（五）实施区域污染联防联控，改善区域城市环境质量

发挥中心城市的辐射带头示范作用，引领外围城市加大环境保护工作力度，逐步建立区域型城市群的管理模式，统筹城乡、区域协调发展，统筹城市生活污水、垃圾以及危险废物处理等环境基础设施建设，避免重复建设，实现基础设施的区域共享和有效利用。加强城市之间的区域环境合作，实施区域污染联防联控战略。改善局部的环境质量，不仅需要当地加大力度削减污染排放，还需要周边地区联合采取措施，建立区域环境管理与污染控制的协作机制，着力解决区域型大气污染问题。同时，要采取污染治理和环境管理相互融合的综合措施，积极推进环境与经济的融合，调整产业结构，转变发展方式，实现环境与经济的“双赢”。

（六）加强环境问题前瞻性研究，促进城市生态质量持续整体改善

我国面临的环境问题极为复杂，生产生活污染叠加，点、线、面源污染共存，新旧污染物交织，水、气、土壤污染相互影响。因此要更加尊重自然规律，以科学技术为支撑，因地制宜，全面、准确、科学地制定解决城市环境问题的方案和对策，加强基础性和前瞻性科学研究。要对污染企业搬迁后的土地进行环境风险评估和修复；对持久性有机污染物和重金属污染超标耕地要科学决策、综合治理，污染严重的要改变其用途。城市建设应更加注重自然化、人文化、生态化，尽可能保留天然林草、河湖水系、滩涂湿地、自然地貌以及野生动植物等自然遗产，保持良好的城市生态环境。

要设立对城市新出现环境问题的前瞻性研究专项。加强对环境与健康相互关系的研究，启动健康城市的基础性研究，将污染防治目标从保护环境落实到保护人体健康。鼓励各地因地制宜开展新型城市环境问题的研究、监测、预防和综合防治工作。

（七）大力发展循环经济，加快环境友好型城市建设

城市作为我国经济发展的中心区域，更应在建设资源节约型、环境友好型社会方面发挥主导作用，走节约资源、集约发展的道路。要在各级城市中大力倡导发展循环经济，以城市整体或城市群的大视野，规划资源循环利用的经济大体系，最大限度地减少城市各类废弃物的产生和排放。要用资源节约利用的指标衡量各城市的可持续发展水平和潜力，反对盲目追求规模、降低资源利用效率的城市发展思路。要在城市居民中大力倡导可持续消费的理念，发动广大群众创造他们自己的环保型生活方式，同时通过制定相应的经济政策，激励人们节约使用一切资源，制约铺张浪费的不良做法。要积极推广以资源节约、物质循环利用和减少废物排放为核心的绿色消费理念，引导居民形成科学环保的生活习惯和消费行为。

（八）促进公众参与和部门协调，理顺参与渠道

充分依托城市信息交流与共享平台，建立健全环境信息发布制度与公众参与机制，建立政府与媒体之间的良性互动。拓宽公众参与环境保护的渠道，保障公众的环境知情权、监督权，通过公众反馈提高环保决策的准确性和执行的有效性，让越来越多的城市居民都来建设自己的城市，管理自己的城市。

构建各部门间的信息互通与决策协调机制，提高城市环保系统参与经济社会综合决策的水平和能力，建立有效的环境管理联动机制，改变目前部门职能交叉、政策互斥的状况，发挥整体优势，提升我国城市可持续发展综合能力。

第二节　环保模范城市创建与管理

一、环保模范城市建设成效

自 1996 年国家环境保护总局启动创模工作以来，得到中央领导同志的高度肯定，得到各级政府的积极响应支持，得到社会各界的广泛认可。在国务院开展的争先创优活动清理中，模范城市成为保留下来的少数称号之一，被誉为环境保护领域的诺贝尔奖。2012 年对全国环境保护模范城市抽样结果表明，城市公众对创模工作的知晓率均超过 98%，对城市环境保护工作的满意率近 70%。

1996 年至今，国家环境保护模范城市的指标体系不断丰富，历经 6 次修订；管理制度不断完善，创模管理办法经历了 3 次调整。创建工作经历了从无到有、从点到面、从流域到区域、从局部试点到全面铺开的历史发展阶段；管理思路也走过了从数量到质量、从全面铺开到强化管理、不断深化的历史进程。截至 2012 年年底，全国已有 81 个城市（含直辖市城区）被授予国家环境保护模范城市（区）的称号。在 81 个模范城市中，11%为超大城市，21%为特大城市，21%为大城市，9%为中等城市，38%为小城市。21%为副省级城市，43%为地级市，36%为县级市。目前，全国已有近 200 个城市和 10 个直辖市城区正在积极创模，湖北、四川、浙江、河北、山西、河南、山东、贵州等省份正在积极开展创建省级环境保护模范城市工作。

通过全国范围内的创模活动，树立了一批社会文明昌盛、经济持续发展、环境质量良好、资源合理利用、生态良性循环、城市优美洁净、基础设施健全、生活舒适便捷的示范城市和城区，取得了良好的经济、社会和环境效益。

（一）创模推动了环保事业迈向全社会，提升了公众环境保护理念

创模是一项复杂的系统工程，涉及社会发展的各个领域，只有政府牵头组织指挥，各职能部门协调行动，全社会共同参与，才能事半功倍。为此，各创模城市都建立了“政府统一领导，环保部门统一监管，有关部门分工负责，广大群众积极参与”的“创模”工作机制。如桂林市为加强对“创模”工作的领导，确保“创模”工作的顺利进行，市委、市政府把“创模”列入重要议事日程。一方面，建立工作机制，制定例会、督察和奖惩制度，市“创模”指挥分别与部门签订目标责任状，将“创模”工作的指标任务通过责任状的形式，量化落实到具体部门和责任人，实行“‘一把手’亲自抓，负总责”；另一方面，成立有市委、人大、政协、政府及市民参加的“创模”督察工作组，加强督促检查，向社会定期不定期地公布“创模”工作进度。重庆市北碚区坚持把环境保护工作作为全区经济社会发展的一项重要工作来抓，将环保工作实绩作为考核党政“一把手”的重要依据，专门下

发文件、逐级签订目标责任状，对全区各镇街党（工）委、各镇人民政府和街道办事处主要负责人进行环境保护工作实绩考核并实施奖惩，严格环保“一票否决”制度。宝鸡等市积极探索城市环境管理新机制，实行城市执法权相对集中试点，相继成立了城市综合执法局，负责城市规划建设项目和市容管理等方面的综合执法工作，提高了城市管理效能。

通过创模，行政人员普遍转变了“环境保护仅仅是环保部门工作”的观念，强化了生态立市和环境优先理念；企业管理者增强了环境保护主体责任意识，绿色生产理念进一步深入人心；市民普遍树立了“保护环境、人人有责”的观念，参与环境保护的积极性和主动性大幅提高。

（二）创模推动了环境保护积极参与经济社会发展综合决策，推进了城市发展方式转变

创模针对当前城市增长方式较为粗放、环境保护滞后于经济发展的形势，努力将城市环境容量和资源承载力作为城市经济社会的基本前提，着力解决城市发展方式、经济结构和消费模式带来的突出环境问题，在城市经济社会发展的同时，充分发挥环境保护的优化、保障和促进作用。在具体实践中，紧抓水、空气和土壤三大环境要素，解决重金属、化学品和危险废物三类污染物，推动环境保护参与经济社会发展综合决策。

在创模活动中，城市政府切实落实科学的发展观和正确的政绩观，调整和优化经济结构和产业结构。如江门、日照、廊坊等城市，严格执行“环保第一审批”和“一票否决制度”对高能耗、高污染、低产出的项目一律拒批，有效地从源头上控制新的污染增长。福州市在创模中，一方面，根据资源禀赋、环境容量，严格执行主要污染物排放总量削减计划；另一方面，积极调整产业结构，优化城市布局，明确不同区域的功能定位和发展方向。先后从中心城区内搬迁出300多家污染工业企业，腾出土地按城市规划和环境功能分区实施城市建设，既有力地促进了城市整体规划实施，改善了环境，又使搬迁企业获得了发展的新契机，推进了工业结构调整与产业升级，较好地实现了环境与经济协调互动发展。

在创模指标中，单位GDP能耗、水耗的设定，充分体现了引导城市发展循环经济、建设节约型社会的发展理念。为此，在整个创模活动中，各城市政府都把建设资源节约型和环境友好型社会作为重要目标，大力发展循环经济，转变经济增长方式，不断增强可持续发展能力，提高资源利用率。如马鞍山等资源型城市，按照“减量化、资源化、再利用”的要求，开展以钢渣、碱渣、粉煤灰治理为代表的工业固体废物的综合利用，取得重要进展。

（三）创模推动了城市环境基础设施建设与运行市场化的运作，提高了城市环境基础设施水平

模范城市的经验表明，没有环境基础设施的充分发展，城市环境面貌难以根本改变。为此，各创建城市在加大政府对环境基础设施主导投入的同时，积极创新思路，健全机制，建立和完善多元化的环保投融资机制。如无锡市坚持政府调控与市场机制相结合，激活环境基础设施建设，在污水处理厂建设中采取多种融资方式，对多个污水处理项目实行污水处理特许经营权出让。深圳、无锡等模范城市在环境基础设施建设方面，坚持走改革创新之路，多渠道筹措资金，千方百计加大环保建设投入力度，在所有环保投资构成中，财政

投入所占比例极少，绝大部分用国债资金、银行贷款、外国政府贷款、企业资金和专项资金投入，财政投入真正起到了“四两拨千斤”的作用。

在创模的推动下，城市环境基础设施建设扎实推进，城镇污水、垃圾、危险废物处理能力进一步提升。据不完全统计，2010—2012 年环保模范城市污水处理投资总额多达 470 亿元，新增污水管网长度达 14 714 千米，城市污水处理能力和污泥处置能力不断加强。生活垃圾处理投资 113 亿元，用于新建垃圾填埋场、垃圾焚烧发电厂以及渗滤液处理设施的提标改造。危险废物处置项目投资 48 亿元，江苏、浙江等工业大省危险废物处置能力改善明显。

（四）创模改善了基本环境要素，提高了城乡环境质量

创模牢牢把握保障和改善民生这一工作重点，努力解决与人民生活最直接相关的环境问题。水污染防治将保障饮用水安全作为首要任务，空气污染防治贯彻“联防联控”思路，推进建立区域大气污染联防联控工作机制，土壤污染防治以保障食品安全为出发点，重点解决工业企业场地污染问题。通过维护水、空气和土壤三大基本环境要素的安全，切实保障人民群众生命健康。

城市在创模过程中不断推进环境综合整治。水环境方面，城市广泛开展水源地整治、河道整治、湖泊整治、近海海域整治等活动。大气环境方面，开展火电、水泥等重点行业整治、燃煤锅炉治理、工业 VOCs 治理、机动车治理、扬尘综合整治、清洁能源推广和改造等措施。城乡环境方面，开展村庄环境综合整治、农村垃圾污水治理、畜禽养殖污染防治、生态示范建设等活动，城乡环境进一步改善。

（五）创模有效保障城市环境安全，提高了城市应急能力

环境安全是城市的生命线，创模高度重视城市环境安全保障。针对重金属、化学品和危险废物造成的环境危害日益凸显的形势，创模加强饮用水水源环境保护和对重金属相关企业的环境监管，要求化学品和危险废物实施生产、储存、使用、经营、运输和废弃处置全过程的全防全控。在创模的推动下，城市不断完善环境安全防控体系，加强环境安全预警体系建设，大部分模范城市 $PM_{2.5}$ 等监测设备陆续安装到位，重点集中式饮用水水源实现实时监控，重点企业、河流断面和水源地安装自动监控设备，环境安全监控网络逐步完善。环境应急机构建设不断加强，应急能力不断提高，环境安全得到有效保障。

二、环保模范城市管理制度

自 1996 年创模工作启动至今，管理制度不断完善，迄今共经过三次调整。1997 年国家环保局下发了《关于开展创建国家环境保护模范城市活动的通知》，首次确定了创模申请、验收程序和考核标准，创模工作开始走上规范化、制度化轨道。其后，创模指标体系紧紧围绕环保中心任务，根据经济社会发展和环境保护形势及时进行调整，指标体系从单一的环境保护内容发展成为环境保护、经济和社会发展指标兼顾的格局。目前实施的指标体系已经属于第六代。指标体系动态调整，三年一提高，带动了环保模范城市持续改进。

2003 年，原国家环保总局下发了《关于印发〈国家环境保护模范城市规划编制纲要〉

的通知》和《关于对已命名的国家环境保护模范城市进行复查的通知》，确定了编制创模规划和三年复查的管理制度。回顾创模工作的十多年历程，创模指标体系不断完善，创建程序不断严谨，已经初步实现规范化、制度化。

2010 年，环保部又下发了《国家环境保护模范城市创建与管理工作办法》，进一步完善监督管理制度，建立严格的复查机制，五年复查一次，建立国家环保模范城市有效期制，既充分调动地方政府积极性，又能保持环保模范城市的先进性；建立了严格的退出机制，一旦发生重、特大环境污染事故或生态破坏事件，或者出现由环境保护部通报的重大违反环保法律法规的案件，或者上年度主要污染物总量减排指标未完成，立即取消国家环保模范城市称号，并暂停申报资格两年；强化创建过程公开和持续改进，将模范城市相关材料全部上网公布，让社会充分监督；强化省级环保部门的指导和监督。严格落实省级环保部门的推荐责任。

国家环境保护模范城市创建与管理工作办法

第一章　总　则

第一条　为进一步加强城市环境保护，规范国家环境保护模范城市创建与管理工作，制定本办法。

第二条　本办法适用于正在创建和已经成为国家环境保护模范城市的城市。

第三条　国家环境保护模范城市的创建工作原则是：国家鼓励，分类指导；城市自愿，重在过程；公众参与，信息公开。

第四条　环境优良、经济发展、社会和谐的设市城市，达到环境保护部规定的国家环境保护模范城市考核指标要求，经环境保护部考核验收和审议，授予国家环境保护模范城市称号。

第五条　环境保护部根据全国环境保护和经济社会发展形势的需要，制定国家环境保护模范城市考核指标和实施细则，并适时组织修订。国家环境保护模范城市考核指标以环境质量、环境建设和环境管理等方面内容为主，兼顾经济社会等方面内容。

第六条　创建国家环境保护模范城市工作周期为 5 年。

第七条　环境保护部通过环境保护部政府网站或中国环境报向社会发布国家环境保护模范城市名单，并保持动态更新。

第八条　各地环保部门应对正在创建和已经成为国家环境保护模范城市的城市的污染防治和生态保护等项目优先给予资金支持。

第九条　国家环境保护模范城市应持续改进环境质量，不断提升环境管理水平，长期保持先进示范性，充分发挥模范带头作用，努力在全国城市环境保护工作中作出表率。

第二章　创建申请

第十条　环境保护部制定发布创建国家环境保护模范城市规划编制大纲。创建国家环境保护模范城市的城市人民政府应根据规划大纲要求，组织编制《创建国家环境保护模范城市规划》。

第十一条　创建国家环境保护模范城市规划期不少于 2 年（自规划颁布实施当年计）。

第十二条　环境保护部组织城市所在地省级环境保护行政主管部门对创模规划进行评审。

第十三条　通过评审后，创建国家环境保护模范城市规划应经城市人民政府批准实施，规划内容向社会公开。

第十四条　创建国家环境保护模范城市的城市应根据《创建国家环境保护模范城市规划》制定《创建国家环境保护模范城市规划年度实施方案》，其中包括总体实施方案和各年度实施方案，明确各项工作的责任单位、责任人、进度要求和落实措施，并报所在地省级环境保护行政主管部门备案。

第十五条　城市人民政府应向环境保护部递交创建国家环境保护模范城市申请。申请材料包括：

（一）城市人民政府申请文件；

（二）省级环境保护行政主管部门推荐意见；

（三）《创建国家环境保护模范城市规划》；

（四）《创建国家环境保护模范城市规划年度实施方案》。

本条第四款《创建国家环境保护模范城市规划年度实施方案》为申请递交当年及次年的年度实施方案。

第十六条　环境保护部对按要求提交创建国家环境保护模范城市申请材料的城市进行分类指导和培训。

第十七条　创建国家环境保护模范城市的城市自申请之日起，在城市人民政府门户网站或当地主要媒体，以及城市环境保护行政主管部门网站上定期发布以下信息：

（一）城市环境质量状况：实时公布空气质量自动在线监测数据（含监测点位），每月公布集中式饮用水水源地水质月报，每年公布上年度城市环境质量状况公报，每年公布上年度城市环境综合整治定量考核年度结果；

（二）每年初公布本年度创建国家环境保护模范城市规划年度实施方案和上年度创建国家环境保护模范城市考核指标完成情况；

（三）创建国家环境保护模范城市工作动态。

第三章　考核验收

第十八条　创建国家环境保护模范城市的城市人民政府经自查达到国家环境保护模范城市各项考核指标要求且实施完成《创建国家环境保护模范城市规划》任务，向省级环境保护行政主管部门提交预评估申请，经省级环境保护行政主管部门预评估合格并由其形成向环境保护部出具的预评估意见后，可向环境保护部提出考核验收申请。

第十九条　省级环境保护行政主管部门出具的预评估意见应包括以下内容：

（一）城市达到全部考核指标要求且实施完成规划任务的结论性意见；

（二）创建国家环境保护模范城市各项考核指标完成情况预评估报告；

（三）《创建国家环境保护模范城市规划》实施完成情况预评估报告。

第二十条　城市人民政府递交考核验收申请应提交以下材料：

（一）城市人民政府申请考核验收文件；

（二）创建国家环境保护模范城市工作报告；

（三）创建国家环境保护模范城市考核指标完成情况自评估报告；

（四）《创建国家环境保护模范城市规划》实施完成情况自评估报告；

（五）省级环境保护行政主管部门向环境保护部出具的预评估意见。

在已开展创建省级环境保护模范城市活动的省（区），创建国家环境保护模范城市的城市还应提交省级环境保护行政主管部门出具的该城市已创建成为省级环境保护模范城市的证明文件。

第二十一条 环境保护部对提出考核验收申请的城市，组织技术评估组在 2 个月内进行技术评估。

第二十二条 技术评估实行专家负责制，评估组组长对评估工作和评估结论负总责，评估组成员对本人出具的意见负责。技术评估组组长和成员由环境保护部委派。

第二十三条 技术评估工作内容主要包括：

（一）评估城市人民政府创建国家环境保护模范城市工作情况；

（二）评估创建国家环境保护模范城市考核指标完成情况；

（三）评估《创建国家环境保护模范城市规划》实施完成情况；

（四）查阅创建国家环境保护模范城市工作档案、文件及资料，抽查监测数据、日常管理记录，检查污染举报处理情况等；

（五）在城市市域范围内对各指标完成情况开展现场抽查。

第二十四条 技术评估组完成技术评估工作后 5 个工作日内，向环境保护部提交城市创建国家环境保护模范城市考核指标完成情况评估意见和技术评估工作报告。

第二十五条 技术评估工作结束后 15 个工作日内，环境保护部向城市人民政府反馈技术评估意见，并提出整改要求和整改期限。

第二十六条 技术评估发现有 3 项以上（含）考核指标尚未达到，或者有 1 项以上（含）考核指标 3 个月内无法达到考核指标要求，或者发现有弄虚作假行为的城市，不予通过技术评估。

第二十七条 对通过技术评估且经确认完成整改的城市，环境保护部在 3 个月内组织考核验收组进行考核验收。

第二十八条 考核验收组由国家和省级环境保护行政主管部门工作人员以及环境保护部委派的专家组组成。考核验收专家组组长对考核验收结论负责，专家组成员对本人出具的意见负责。

第二十九条 考核验收工作主要内容包括：

（一）检查城市人民政府创建国家环境保护模范城市工作情况；

（二）检查技术评估过程中提出的整改要求的落实情况；

（三）现场抽查创建国家环境保护模范城市考核指标完成情况；

（四）考核验收专家组向考核验收组提交考核验收意见的建议；

（五）考核验收组向城市人民政府反馈考核验收意见。

第三十条 考核验收过程中发现有 1 项以上（含）考核指标不能达到创建国家环境保护模范城市考核指标要求且在 1 个月之内无法完成整改，或者发现有弄虚作假行为的城市，不予通过考核验收。

第三十一条　城市人民政府对照考核验收意见尽快制定整改计划并组织实施，整改计划和整改工作完成情况均报环境保护部备案。1个月内未完成整改的，终止其后续审议程序。

第三十二条　对于未通过技术评估或考核验收的城市，2年之内不再对其开展技术评估或考核验收工作，2年之后才可重新提交考核验收申请。

第四章　公示公告

第三十三条　对于通过考核验收的城市且已达到整改要求的，环境保护部在环境保护部政府网站或中国环境报公示，城市人民政府应同时在本城市和所在省的主要新闻媒体和政府网站公示。

第三十四条　公示内容主要包括创建城市的基本情况。在政府网站的公示内容还应包括:

（一）创建国家环境保护模范城市工作报告;

（二）创建国家环境保护模范城市考核指标完成情况。

第三十五条　公示应同时公布举报电话、通讯地址和电子信箱。公示期为7个工作日。

第三十六条　对于公示期间的举报和投诉问题，环境保护部组织环境保护部督查中心或城市所在地省级环境保护行政主管部门进行现场调查。

第三十七条　对于公示期间的举报和投诉问题，以及环境保护部审查过程中发现的其他问题，城市人民政府应按环境保护部要求限期完成整改，并及时报告整改结果。

第三十八条　对于通过公示或经确认完成有关问题整改的城市，环境保护部审议通过后，授予国家环境保护模范城市称号。

第五章　复　核

第三十九条　国家环境保护模范城市称号5年期满即终止。国家环境保护模范城市可在称号终止前1年内递交复核申请。

第四十条　递交复核申请应提交以下材料:

（一）城市人民政府申请文件;

（二）国家环境保护模范城市持续改进工作报告;

（三）创建国家环境保护模范城市现行考核指标达标情况评估报告;

（四）省级环境保护行政主管部门向环境保护部出具的预评估意见。

省级环境保护行政主管部门向环境保护部出具的预评估意见，主要包括城市达到现行的全部考核指标要求的结论性意见和创建国家环境保护模范城市各项考核指标完成情况预评估报告。

第四十一条　对于按期提交复核申请的城市，环境保护部自收到复核申请之日起，在2个月内对其组织复核。

第四十二条　复核工作主要内容包括本办法第二十九条（一）、（三）、（四）、（五）款，以及国家环境保护模范城市持续改进等各方面工作情况。

第四十三条　国家环境保护模范城市称号终止前通过复核的城市，环境保护部重新授予其国家环境保护模范城市称号。

第四十四条　对于未按期提出复核申请，或在称号终止前未通过复核的城市，可通过创建程序重新授予国家环境保护模范城市称号。

第六章　监督管理

第四十五条　国家环境保护模范城市和正在创建的城市，应切实做到重过程、重实效、重特色、重民生，努力提高环保地位、环保能力、环保水平、环保意识和环保形象，确保达到或持续满足国家环境保护模范城市考核指标要求。

第四十六条　国家环境保护模范城市应建立完善长效的环境保护机制，继续保持"党委政府组织领导、人大政协指导监督、环保部门统一监督协调、有关部门分工负责、全社会积极参与"的创模工作机制，并确保长期有效运转。

第四十七条　国家环境保护模范城市人民政府应于每年3月31日前，向环境保护部及省级环境保护行政主管部门，报送上年度国家环境保护模范城市持续改进工作报告和本年度持续改进计划，并在主要媒体和政府网站向社会公开。

第四十八条　环境保护部对国家环境保护模范城市不定期组织抽查，抽查结果纳入环境保护部城市环境管理与综合整治报告，并向社会公布。

第四十九条　国家环境保护模范城市凡出现以下情况之一的，环境保护部撤销其国家环境保护模范城市称号：

（一）未按期完成国家和省（区）人民政府下达的主要污染物总量削减任务；

（二）城市市域内发生重大、特大环境污染和生态破坏事件，有重大违反环保法律法规的案件；

（三）环境质量明显下降或者环境质量监测数据通不过环境保护部组织的质量认定，且达不到考核指标要求的；

（四）抽查中发现有不能满足考核指标要求的；

（五）有弄虚作假行为的。

对于已递交创建国家环境保护模范城市考核验收申请的城市，凡出现上述第（一）、（二）、（三）、（四）款情况之一的，环境保护部退回其考核验收申请，1年内不再受理其考核验收申请。

第五十条　省级环境保护行政主管部门对城市的创建、考核验收申请负推荐责任，并对预评估意见负责。对于出现以下情况的省（区），环境保护部在1年内不予受理该省（区）内全部城市的创建和考核验收申请：

（一）有弄虚作假行为的；

（二）预评估意见与实际情况存在重大偏差的（因地震、洪水等人力不可抗拒因素或城市行政区划调整等因素造成的除外）。

第五十一条　环境保护部设立城市环境管理专家库，对创建国家环境保护模范城市和城市环境综合整治定量考核等城市环境管理工作进行智力支持。经环境保护部委派，专家库内专家参与城市环境管理工作，并对工作过程与专家意见负责。

第五十二条　思想品质优秀、业务素质优良、工作认真负责、自愿为城市环境管理工作服务的专家，可由所在单位推荐，经环境保护部遴选纳入专家库。专家库实行动态管理，适时更新。对专家实行聘任制，聘期2年，可连续受聘。

第五十三条　参与创建国家环境保护模范城市工作的管理人员和专家，应严格遵守国家有关法律法规、政策规章和标准规范的要求，坚持独立公正、公平客观原则，认真负责、严谨细致、务实高效，坚持廉洁自律、自觉接受监督，严格执行全国环保系统“六项禁令”要求，确保各项工作经得起检验。

第七章　附　则

第五十四条　本办法自发布之日起施行。原国家环境保护总局办公厅《国家环境保护模范城市创建与管理工作规定》（环办[2006]40号）同时废止。

第五十五条　直辖市城区创建国家环境保护模范城区参照本办法执行。

第五十六条　本办法由环境保护部负责解释。

三、环保模范城市评估考核指标

根据《国家环境保护模范城市考核指标及其实施细则（第六阶段）》，模范城市指标体系共26项，包括3项基本条件与23项考核指标。23项考核指标中，涉及经济社会的指标有4项、涉及环境质量的指标有5项、涉及环境建设的指标有8项、涉及环境管理的指标有6项。

国家环境保护模范城市考核指标（第六阶段）

一、基本条件

1. 按期完成国家和省下达的主要污染物总量控制任务。

2. 近三年城市市域内未发生重大、特大环境事件，制定环境突发事件应急预案并定期进行演练，前一年未有重大违反环保法律法规的案件。

3. 城市环境综合整治定量考核连续三年名列本省（区）前列。

二、考核指标

（一）经济社会

4. 近三年，每年城镇居民人均可支配收入达到10 000元，西部城市8 500元；近三年，每年环境保护投资指数≥1.7%。

5. 规模以上单位工业增加值能耗逐年下降。

6. 单位GDP用水量逐年下降。

7. 万元工业增加值主要工业污染物排放强度逐年下降。

（二）环境质量

8. 城区空气主要污染物年平均浓度值达到国家二级标准，且主要污染物日平均浓度达到二级标准的天数占全年总天数的85%以上。

9. 集中式饮用水水源地水质达标。

10. 市辖区内水质达到相应水体环境功能要求，全市域跨界断面出境水质达到要求。

11. 区域环境噪声平均值≤60dB（A）。（城区）
12. 交通干线噪声平均值≤70dB（A）。（城区）
（三）环境建设
13. 建成区绿化覆盖率≥35%（西部城市可选择人均公共绿地面积≥全国平均水平）。
14. 城市生活污水集中处理率≥80%，缺水城市污水再生利用率≥20%。
15. 重点工业企业污染物排放稳定达标。
16. 城市清洁能源使用率≥50%。
17. 机动车环保定期检验率≥80%。
18. 生活垃圾无害化处理率≥85%。
19. 工业固体废物处置利用率≥90%。
20. 危险废物依法安全处置。
（四）环境管理
21. 环境保护目标责任制落实到位，环境指标已纳入党政领导干部政绩考核，制定创模规划并分解实施，实行环境质量公告制度。
22. 建设项目依法执行环评、“三同时”，依法开展规划环境影响评价。
23. 环境保护机构独立建制，环境保护能力建设达到国家标准化建设要求。
24. 公众对城市环境保护的满意率≥80%。
25. 中小学环境教育普及率≥85%。
26. 城市环境卫生工作落实到位，城乡接合部及周边地区环境管理符合要求。

与第五阶段的指标体系相比，第六阶段指标设置没有变化，部分指标的考核要求有微调，在“十一五”国家环境保护模范城市指标体系的基础上，根据国家对环境保护的要求以及现阶段的污染治理水平，对一些重点指标的考核要求进行了调整，提高了考核标准。重点变化如下。

（一）调整了考核时间段，明确了指标考核和资料整理时间范围

第六阶段的指标体系要求，除特别说明考核“近三年”的指标外，其他指标均按技术评估（考核验收或复核）工作所在年的上一年度数据进行考核。同时也提出对技术评估（考核验收或复核）当年，以季度为界，提供季度环境质量数据作为参考。资料整编按现行指标体系对近三年数据和当年数据进行整编。对只考核一年的指标，也需整理三年的资料备查。

（二）突出分类指导，鼓励共同进步

第六阶段的考核体系将原来指标“规模以上单位工业增加值能耗”、“单位 GDP 用水量”和“万元工业增加值主要工业污染物排放强度”考核标准由“小于全国平均水平且逐年下降”调整为“逐年下降，或小于全国平均水平”。我国地域广阔，资源丰富，资源分布不平衡，国家的经济发展政策和布局要求，以及城市自身的条件，使一些城市因客观原因，其能耗、水耗和排放强度明显高于全国平均水平，仍采用低于全国平均水平来考核有失公平。考核近三年逐年下降一方面肯定了城市政府节能减排的工作，另一方面也进一步

提高了节能减排的信心。

（三）进一步明确水环境质量考核方法

第六阶段的考核体系在“城市水环境功能区水质达标”指标的考核要求中，明确了五类考核方法，此项指标没有任何变化，只是进一步明确对象。“已划定功能区水体，设有国控、省控或市控断面的”，应提供常规监测数据，断面水质达到环境功能区要求；“已划定功能区水体中，未有国控、省控或市控断面的”，至少监测 pH 值、溶解氧、高锰酸盐指数、生化需氧量和氨氮指标，说明其水质类别现状达到环境功能区要求；“未划定环境功能水体”，无黑臭现象；“跨界断面出境水质”，水质现状监测结果由上级环境监测机构提供，并达到国家或省的考核要求；“河口城市”，暂不考核近岸海域功能区达标率，但其直排海企业污染物排放达标率必须达 100%。

（四）对城市生活污水和垃圾处理水平的要求进一步提升

第六阶段的考核指标将城市生活污水集中处理考核指标调整为“城市生活污水集中处理率≥80%，36 个大城市的城市污水处理率还应≥95%，缺水城市污水再生利用率≥20%”。该指标原来分别考核 36 个大城市和其他城市，要求 36 个大城市考核城市集中污水处理率≥95%，其他城市考核城市生活污水集中处理率≥80%，调整后，36 个大城市首先要满足城市生活污水集中处理率≥80%，在此基础上城市污水处理率还应≥95%。此外，为更准确地获取基础数据，将“36 个大城市城市集中污水处理率≥95%”的提法调整为“36 个大城市城市污水处理率≥95%”，数据来源于建设部发布的《城市（县城）和村镇建设统计报表制度》。

污水处理厂污泥必须进行安全处置。一是要求建立严格的管理制度，要求对污泥产生、运输、贮存、处理、处置实施全过程监管，实施转移联单制度，二是对污泥贮存、填埋处置提出了明确的技术规定，对照不久前发布的《关于加强城镇污水处理厂污泥污染防治工作的通知》（环办[2010]157 号），对污泥脱水、转移联单制度和污泥处置设施建设等提出了明确要求。

对模范城市垃圾处理场渗滤液排放提出更高的要求，模范城市现有全部生活垃圾填埋场应自行处理生活垃圾渗滤液并执行《生活垃圾填埋场污染控制标准》（GB 16889—2008）表 2 规定的水污染排放浓度限值，对重点流域模范城市，将其作为“需要采取特别保护措施的地区”，执行表 3 规定的更加严格的水污染物特别排放限值。

（五）工业企业污染防治考核内容加多，要求加严

工业企业污染防治历来都是创模工作的重点，也是相对比较薄弱的环节。近年来各类环境事件的出现，给环保模范城市提出了更高的要求。第六阶段的考核指标分全市域、国控重点和重金属排放工业企业三个层次来考核。在工业企业稳定达标的基础上，新增加了模范城市工业企业清洁生产审核的考核内容，加强对国控重点源在线监测仪器和数据的日常监管，加强了对重金属污染物排放企业的监管。

（六）城市机动车管理水平要求提高

第六阶段的考核指标将“机动车环保定期检测率”改为“机动车环保定期检验率”，明确环保检验机构委托工作要求和检验方法要求等。并在原有考核标准基础上增加“检验数据向城市环保部门联网报送”和“建立机动车环保合格标志管理制度”。

“十二五”期间，国家将氮氧化物列为总量控制的目标之一，提出要全面加强氮氧化物污染防治，措施之一就是要提升机动车污染控制水平。环保部发布的《2010中国机动车污染防治年报》表明，2000年以后，机动车污染物排放量增速有所减缓，与不断实施严格机动车排放标准和淘汰高排放的“黄标车”有关。因此在城市实施严格的机动车管理将有助于减少机动车尾气排放的氮氧化物，达到改善环境质量的作用。

四、创建环保模范城市规划技术大纲

《创建国家环境保护模范城市规划》是创模工作的先期工作，规划编制过程中应正确把握城市定位和环境特征，准确分析城市经济社会和环境发展压力，按照国家环境保护模范城市创建与管理工作办法和国家环境保护模范城市考核指标要求，充分分析指标差距，科学确定规划目标，精心安排重点任务与重大工程，强化可达性分析，明确保障措施。

（一）紧密围绕“一个中心、两个保障、三个重点、四个注重、五个提高”规划全局工作

第一，要牢牢把握改善环境质量这一中心，营造优美的宜居环境。确保饮用水安全，加强地表水环境综合整治，改善环境空气质量。

第二，要牢固做好创建机制和资金投入两个保障，建立起“政府统一领导，环保部门统一监管，有关部门分工负责，广大群众积极参与”的创模工作机制；建立多元化的环保投融资机制，充分利用市场机制引进民营资本和社会资金，推动城市环境基础设施的社会化、市场化和专业化。

第三，要认真做好主要污染物减排、工业污染防治和环境安全保障三项重点工作。确保完成污染减排工作任务，争当污染减排工作的排头兵；全力抓好工业污染防治，严格环境准入，确保企业稳定达标排放；毫不松懈抓好环境安全保障，着力解决损害群众健康的突出环境问题。

第四，要切实做到重过程、重实效、重特色、重民生。建立起持续改进环境质量的长效机制；将创模各环节融入城市经济社会发展全过程，实事求是分析客观差距，深入思考城市环境发展趋势，努力解决影响城市发展的主要环境问题；坚持因地制宜，探索富有地方特色的创模道路；加大城市环境综合整治力度，认真解决好直接影响群众健康、群众反映强烈的突出环境问题。

第五，要着力实现五个方面的提高。着力提高环保地位，使环保部门发挥好综合协调作用，进入环境与发展综合决策机制；着力提高环保能力，加强环境监测能力和执法监察能力建设，进一步完善环境监测预警体系；着力提高环保水平，综合运用法律、经济、技

术、行政和信息公开等措施，多管齐下解决复杂问题。着力提高环保意识，强化环境宣传教育，努力推动公众参与，定期发布环境信息；着力提高环保形象，加强行风建设，提高服务水平。

（二）认识和处理好十个方面的关系

《规划》要以全面推动城市环境保护工作为根本目的，认识和处理好十个方面的关系。即处理好环境保护与经济、社会发展的关系，以环境保护优化经济社会发展，建立起良好的环境与发展综合决策机制；处理好创模规划与具体创建工作的关系，以创模为载体，以创模规划为行动纲领，做到科学决策、科学发展、科学实施；处理好政府主导与公众参与的关系，充分听取社会各方意见，发动不同区域、不同年龄、不同行业、不同层次的公众共同参与；处理好环保部门与其他部门的关系，发挥环保部门综合协调和技术支撑作用；处理好创模与日常工作的关系，集中精力解决好重点、难点和热点环境问题；处理好创模与城考工作的关系，确保城市城考成绩省内名列前茅；处理好城市城区、市辖区与全市域的关系，实现区域统筹、协调发展；处理好下游城市环境改善与上游城市环境安全保障的关系，做好污染预警、水质安全应急处理等环境安全保障工作，实现信息互通共享和应急执法联动；处理好创模与生态示范区建设的关系，统筹做好城市和农村环境保护工作；处理好创模与创建文明城市的关系，两者环境指标要求相同，创模是创建文明城市的重要基础。

（三）《规划》编制要突出针对性和可操作性

在《规划》编制过程中，要将创模考核指标通盘考虑，增强针对性，提出切实可行的措施；要按照《规划》制订实施方案，体现阶段性和可行性；要科学设计符合城市特点和现实差距的工作任务，突出城市环境保护工作的重点和难点。努力提升环境质量，提高环境服务水平，改善影响民生的难点问题。

创建国家环境保护模范城市规划编制大纲

1. 创模基础分析

1.1 城市发展定位

1.2 自然地理状况概述

1.3 社会经济状况分析

1.4 生态环境现状评价

1.5 污染防治与生态恢复评价

1.6 环境管理现状评价

2. 创模的压力与挑战

2.1 社会经济发展趋势分析

2.2 资源环境压力分析

2.3 与相关规划的协调性分析

2.4 创模的机遇、压力、挑战的综合分析

3. 创模指标差距和原因分析

3.1 已经达标的指标情况

3.2 已经达标但存在不达标趋势的指标情况和原因分析

3.2 接近达标需努力改善的指标情况和原因分析

3.3 未达标需重点突破的指标情况和原因分析

4. 创模总体方案

4.1 编制依据

4.2 规划范围

4.3 规划时限

4.4 指导思想

4.5 基本原则

4.6 目标指标

4.7 战略重点

5. 环境优化经济增长的主要任务

5.1 优化城市发展布局

5.2 促进经济结构战略性调整

5.3 降低资源能源消耗

5.4 促进工业企业稳定达标排放

6. 综合整治改善环境质量的主要任务

6.1 确保饮用水安全

6.2 改善水环境质量

6.3 改善大气环境质量

6.4 降低噪声污染

6.5 改善土壤环境

7. 完善城市环境基础设施的主要任务

7.1 提高城市生活污水处理水平

7.2 提高城市生活垃圾处理水平

7.3 促进危险废物和医疗废物依法安全处置

7.4 加强生态保护、治理、修复和绿地建设

8. 维护城市环境安全的主要任务

8.1 建立全防全控的环境风险防范体系

8.2 加强重金属污染防治

8.3 加强危险化学品风险防控

8.4 加强放射性物质污染防治

9. 提升环境监管服务水平的主要任务

9.1 加强环境保护能力建设

9.2 落实环境和卫生管理制度

9.3 推动全社会参与创模

10．创模重大工程及投资方案

10.1 重大工程

10.2 投资估算

10.3 投资渠道

11．创模可达性分析

11.1 可行性分析

11.2 可达性分析

11.3 风险分析

11.4 效益分析

12．规划实施保障措施

12.1 组织领导

12.2 分解实施

12.3 评估考核

五、典型城市“创模”模式与经验

在创建国家环保模范城市过程中，结合城市实际，创造性地开展工作，为推进城市环境保护和加快实施可持续发展战略积累了丰富的经验，涌现出越来越多的鲜活经验和典型，例如，“以创模规划为先导，重在过程和实效”、“以创模为抓手，强化环境综合整治，城市环境面貌显著改善”、“通过创模，全面推动重点流域、区域环境质量整体改善”、“创建绿色人居环境社区，夯实城市环境保护基本单元”、“形成环保模范城市群，以点带面、逐步成片，整体推进区域生态环境保护”、“加速西部地区城市化进程，推动西部环保事业的跨越式发展和西部城市的可持续发展”、“环境立市、经营环境，形成环保基础设施投资主体多元化、运营主体企业化、运行管理市场化的开放式、竞争性的建设运营格局”等。

许多城市已获得环境保护模范城市称号也并不满足现状，自愿承诺、持续改进，巩固深化创模成果，不断推进城市环境改善，同样涌现出不少先进做法，如：“提出创模‘永远是进行时’，保留创模机制，将巩固深化创模工作任务列入政府环保目标责任书的主要内容”、“以科学发展观为指导，规划建设生态型城市”、“深化创模，走科学发展之路，建生态文明城市”等。各地通过创模探索了多元化的模式，积累了丰富的经验。

（一）领导重视，部门联动，环境保护积极参与综合发展决策

创模的城市一般高度重视环境保护工作，把创模列入了市委、市政府的重要工作日程，市领导“一把手”亲自抓、负总责，环境保护工作真正参与到城市发展的综合决策。在创模工作中，政府各部门、各乡镇及街道办事处分工负责，齐抓共管，形成了“部门通力合作、全社会合力攻坚”的创模工作氛围，把创模工作各项任务落在实处，推动了城市的健康协调发展，为整体推进创模工作的提供了有力保障。

（二）以经济建设为中心，搞好环境保护，促进全面、协调、可持续发展

创建国家环境保护模范城市的实践说明，城市环境保护一定要站在科学发展观的战略高度，树立“既要金山银山，又要绿水青山”，“既要小康，又要健康”，“既要保护环境，又要营造环境”，“既要遵循市场规律，又要遵循自然规律”的发展观念，紧紧围绕经济建设这个中心，努力实现“五个统筹”，推动城市经济、社会和环境效益的全面提高。把创模与加快城市建设，扩大对外开放，营造最佳的投资环境紧密结合起来，通过创模进一步完善城市功能，创建城市的品牌，提高城市知名度，从而推动招商引资和经济建设的快速发展，增强城市发展的后劲，为城市及周边地区经济发展、社会进步保驾护航。环境模范城市共同的突出特点就是经济增长和环境改善持续稳定，社会发展开始步入良性循环的轨道。

（三）环境保护的中心任务就是要满足人民群众日益增长的环境质量需求

随着物质文化生活水平的逐步提高，人民群众对环境质量的要求也日益提高，对改善环境质量的愿望日益迫切。因此，创模城市市委、市政府将环境问题当做关系老百姓切身利益的大事，把搞好城市环境建设作为一项“民心工程”和“凝聚力工程”来抓，坚持对人民群众高度负责的态度，以人为本，把改善城市环境质量作为提高人民生活质量的重要方面，把“创建国家环境保护模范城市”与“执政为民，为老百姓办实事、办好事”紧密结合起来，努力使老百姓“喝上清洁的水，呼吸上新鲜的空气，吃上安全的食品”。通过完善城市环境基础设施，加强环境执法监管，切实解决城市的河道水质污染、汽车尾气超标排放、社区油烟、噪声扰民、城乡接合部地区脏乱差等群众反映强烈的突出问题，从根本上改善城市整体形象，营造适宜创业发展和人民生活居住的优美城市环境，从而使全体市民能自觉地、主动积极地参与创建国家环境保护模范城市活动。

（四）制定科学规划是开展创模工作的基础和前提

“以创模规划为先导，注重过程与实效”，“以创模为抓手，加快推进环境保护进程”的创新理念和指导思想，在各城市创模工作中集中体现，突出了创模的过程与实效，体现了创模的根本宗旨和意义。科学规划是工作的先导，做好创模规划是实施创建工作的重要保证。创模伊始，各城市市委、市政府就需高度重视创模规划的编制，环保局及各职能部门认真履行职责，分工配合。创模规划按照国家环境保护模范城市的标准，兼顾了与城市总体发展规划以及现有的经济、社会、环境规划的关系，并结合城市环境综合整治规划，目标可行，分工明确，保障措施得力，操作性强，能够有效推动城市环境基础设施建设、解决城市突出的环境问题，促进城市经济结构和产业结构的战略性调整，实现城市经济、社会与环境保护“共赢”发展。

（五）减污与增容并举是解决城市环境问题的根本出路

创建国家环境保护模范城市的实践证明，努力减少城市生态系统中内生污染物排放量，同时利用生态系统调节机制，增加城市生态系统的承载能力和环境容量，发展循环经

济，建设循环型社会，是解决城市环境问题的根本出路。减污一方面可以通过加强企业和城市污染防治能力建设来实现，如消烟除尘设备、垃圾污水处理设施等；另一方面也可以使城市模仿大自然的新陈代谢规律，转变城市的功能，使消耗与实际需要协调一致，依靠自身生产更多的食品和能源，并对绝大部分废物加以利用，如建设工业生态园区，将上、下游企业在园区内合理布局，形成工业生态链，下游企业利用上游企业的废弃物做原料进行生产，使得整个园区的污染物排放量实现最小化。增容主要是利用生态系统调节机制，按照生态系统要求，优化城市布局，通过加强城市及周边地区的生态环境建设，如市内规划建设生态廊道，周边地区规划建设生态防护林等，以增加自然生态系统的承载能力和环境容量。

工业污染治理与产业结构调整之典型——徐州市创模经验

徐州市是江苏煤炭、电力、建材基地，这些行业大部分集中在市区及周边范围，仅市区就有 50 多家水泥厂和近 40 家燃煤电厂，水泥企业普遍存在规模小、工艺技术落后、控制污染水平低，污染严重，对市区大气环境质量造成的影响十分严重。自 1999 年徐州市将创模作为奋斗目标以来，将以人为本，改善环境作为基本出发点，将经济效益与环境效益结合起来，采取综合性手段，促进工业结构优化，实现经济与环境和谐发展。

（一）徐州作为煤炭、电力、建材基地，能源资源消耗型结构，导致大气等结构性污染十分突出，既影响了徐州市的城市形象，又严重制约了徐州市社会经济发展。从中认识到，徐州与其他一些城市“创模”相比，情况更复杂，实现“创模”的目标难度更大，任务更艰巨。基于这一认识，徐州市市政府从落实科学发展观，以人为本的战略高度，把控制工业粉尘、烟尘、SO_2排放，改善大气环境质量提到前所未有的高度，加大投入，优化工业结构，发展了一批具有国际先进水平的新型干法水泥企业，改造了一批有发展前景的水泥企业，关闭了一批不符合环境保护和产业政策的水泥企业，使得水泥结构趋于合理。在政府的促进和推动下，徐州市水泥结构优化、清洁能源的普及，集中供热的发展工作得到了顺利进行。

（二）把追求环境效益与经济效益结合起来，按照污染预防的原则，运用循环经济的理念，实施生产全过程控制，实现环境效益和经济效益相统一。徐州市在控制工业污染工作中，注意在工业企业培育具有示范的典型，起到以点带面的作用。江苏省花厅酒业有限公司，就是其中实施循环经济的典型之一。该企业原坐落于徐州新沂市中心地段，年生产酒精 3.5 万吨，属于中小企业，由于生产工艺技术落后，污染控制水平低，环境污染严重，影响了周边居民生活环境，引起群众不满，厂群纠纷时有发生，加上原料和能源价格上调，企业利润下滑等多重压力下，致使企业举步维艰。该企业按照市政府优化城市布局以出让厂区 1 公顷土地使用权获得 600 万元资金，通过经济技术开发重建了酒精生产线，酒精生产能力由 3.5 万吨增加到 12 万吨，工艺技术得到改进。综合利用内容得到拓宽，污染控制水平得到提高，企业经济和环境效益明显提升。

（三）在控制工业污染工作中，坚持工业结构调整不动摇，面临结构调整出现的问题不回避，解决难题的手段有突破，采用了法律、技术、经济和必要的行政等综合措施，促进工业结构调整。为了促进水泥企业治理粉尘，严格了现行粉尘排放标准，由原来每标准立方米废气含量浓度 400 毫克修订为 100 毫克，新标准的实施迫使企业加大了治理粉尘的投入，普遍采用布袋或静除尘器替代低效旋风或水膜除尘器，提升了水泥行业控制粉尘排放水平。对一些有条件的水泥企业，采取扶持政策，引导他们按照环境保护和产业政策的要求，结合企业实际，采用先进新型干法窑生产工艺替代不具规模，传统立窑生产工艺，同时配套先进除尘设施，提升了整体污染控制水平。

把限制性经济政策与鼓励性经济政策结合起来，推动水泥结构调整。如采用新型干法窑比立窑生产水泥的企业，购买电网电价每千瓦时优惠 5 分钱；新型干法水泥企业接纳粉煤灰、煤矸石等综合利用可优先享受减免增值税和所得税优惠政策；从老厂搬迁出让土地增值收益中，地方财政提取一部分资金支付关闭水泥企业职工困难及补贴“以大代小”水泥企业资金不足，体现了财政增收、企业有利、社会受益的原则，妥善解决了水污染工业布局调整带来的矛盾和困难。

对那些地处城区及不符合环境保护和产业政策要求，能耗高、污染严重的小型水泥企业，按照政府的政策规定，运用必要的行政办法，由相关行政主管部门采取“断电、断水、拆除生产设施、吊销各种证（照）”等强制手段，迫使企业关闭。

徐州市控制工业污染实践证明，采用严格污染物排放标准，限制和鼓励相结合经济政策和必要的行政办法综合手段，来进行产业结构调整和布局优化做法是成功的，它为我国众多工业型城市创模提供了有益启示。

生态优先与规划引领之典型——广州市创模经验

广州是一个有 2 200 多年悠久历史、1 000 多万人口的特大城市。广州市在创模过程中，坚持规划先行，以生态优先理念确立全市空间格局，通过系列工程推进创模事业，主要经验如下。

（一）实施“生态优先”战略，不断优化城市空间结构。2000 年广州市在全国率先开展城市概念规划，突出了区域协调发展和生态优先的原则，并按照先做好城市生态环境规划，后修编城市总体规划和行业发展规划的思路，开展了城市用地和城市综合交通规划。基本形成了由都会区、片区中心、外围卫星城及村镇居民点共同构成的组团式、网路型的城市空间构架，城市功能进一步优化，环境保护与城市化进程相互交织，相互协调，相互促进，有效解决了影响城市长远发展的全局性重大问题。

（二）在生态优先战略的引导下，大力调整和优化产业结构，鼓励发展符合产业发展方向、带动能力强、科技含量高、达到国家环保要求的生产力骨干项目。特别是在开发建设南沙新区和广州科学城时，要求凡是进入区内的生产项目，环保标准必须达到欧洲先进国家的水平，否则，投资十几亿元的大项目也婉言谢绝。与此同时，在老城区实施“退二进三”产业调整，优先对污染大、能耗多的企业实行环保搬迁和改造。

（三）实施“创模”七大工程，有效改善了环境质量。按照城市发展和“创模”目标要求，大力建设绿色广州，开展了“青山绿地、蓝天碧水、固体废物处理”等七大工程建设。每年投入约 200 亿元，用于城市基础设施建设，使城市陆海空交通枢纽进一步完善。地铁建设、新白云国际机场迁建、南沙港区一期工程等重大基础设施的建设和投入使用，大大促进了城市生态环境的改善。按照“城在林中，林在城中”的目标，大力推进“青山绿地”工程。建成了一批现代化的垃圾处理设施，生活垃圾无害化处理率 100%。

（四）加大了对汽车尾气、餐饮油烟、工地扬尘、工业固体废弃物和医疗卫生垃圾的治理力度。将企业污染治理与企业资产重组相结合、与实施清洁生产相结合、与产品结构调整相结合、与技术改造相结合、与城市功能区调整相结合，使列入国家考核的 2 941 家重点污染企业全部按期达到了“一控双达标”规定标准。在此基础上，对占全市污染负荷 80%以上的重点企业执行严格的排污许可制度。

绿色采购经济政策——深圳市创模经验

深圳市在创模工作中率先推行绿色采购政策，将之作为建立可持续生产和消费模式的突破口和保障循环经济蓬勃发展的重要基础。从源头减少废弃物的产生，实现从末端治理向源头治废、全过程减废。通过强化上下游企业间的环保责任，鼓励采购符合环保理念的企业产品，逐步淘汰生产工艺落后、有环境违法行为的企业及其产品，促使供应商改善环境行为，改进产品质量，预防采购企业的生产风险和环境责任风险，优化产业结构，保障深圳市绿色经济的蓬勃发展。主要措施如下。

（一）充分发挥大型企业在整个产业链中的带动作用。为使单个企业的减废行动成为广大企业的群体行为，使减废行动从生产环节延伸到采购环节，并进而扩展到消费环节，实现产业链的生态化和绿色化。在原深圳市环保局的积极倡导和组织下，华为、富士康等 13 家在深圳市乃至全国都有广泛影响的大型企业响应号召，共同向社会公众发布《绿色采购宣言》，承诺进行绿色采购。这些大型企业承诺在生产中推行绿色采购后，都分别制定或进一步完善了本企业的绿色采购标准，建立了各具特色的绿色采购认证体系，不断加强对供应商行为与产品的环境考核。通过这些措施，鼓励和引导企业建立绿色采购认证管理体系，注重和评估上游企业的环保表现，并推动了各个环节的企业更加注重环保表现、提升环保管理能力，在推动深圳市建立绿色经济体系方面发挥了非常独特和积极的作用。

（二）建立可持续的生产和消费模式。为提高企业环境绩效，增强企业预防和规避环境风险能力，推动产业链的生态化和绿色化，深圳市与本市部分规模较大、产值较高、社会影响力较大的企业加强合作，推进企业绿色采购的实施。从 2008 年起，先后与华为、富士康等 23 家大型的企业正式签订了《深圳市企业绿色采购合作协议》。协议规定环保部门将定期向合作企业免费提供有关环保诚信与违法信息，为企业绿色采购提供技术指导和信息咨询服务等。而企业则承诺进行更加全面的绿色采购，保证在效能相同或相似的条件下，优先采购具有良好环保性能或能再生的产品或服务，推动上游供应链生产过程和服务方式的绿色化；建立绿色采购认证管理体系；不采购违反环保法律法规企业的产品或服务；不采购国家命令淘汰的落后产品及以落后生产能力和落后工艺装备生产的产品；不采购国家禁止使用的有毒有害物质；在重点排污企业发生严重环保违法行为时，原则上不采购该类企业的产品或服务。为落实这一协议，深圳市人居环境委员会建立了绿色采购信息共享平台，及时公布与更新最新的环境信息，并以适当形式将信息及时通知合作企业，以帮助合作企业调整采购策略，增强预防与规避环境风险的能力。同时，还定期修改完善《深圳市企业绿色采购信息指引》，为实施绿色采购的企业提供方法指导和信息指引。

（三）发布政府绿色采购清单。为充分发挥导向作用，深圳市将绿色目标引入政府采购中，发布政府绿色采购清单，确定优先采购的绿色产品类别和环境表现良好的企业名单，以通过政府采购形成的商业机会向符合环保或资源节约要求的企业或产品倾斜，鼓励和支持这类企业的发展，引导绿色生产，提高全社会的环保意识。深圳市政府采购中心作为集中采购机构，注重加强部门之间的合作，配合市财政、环保、质量监督、贸易发展、科技等部门制定政策，不断出台执行依据。

截至2011年年底，深圳市共向合作企业提供424条环保违法信息、225条环保诚信信息。合作企业共对38家有环保违法行为的供应商暂停采购，涉及采购金额近10亿元，同时合作企业还向上游供应企业发布了督促整改通知书。这些被暂停采购的企业为尽早恢复正常供应商的地位，迅速制定了环保整改方案，筹措资金改善环保设施或采用清洁的工艺进行生产。这种根据企业环保表现来决定采购对象及规模的模式，促进了深圳市产业链上下游企业不断改进工艺、改善设计、完善管理，使产品和服务符合可再生、可回收、低污染、低能耗的要求。

第三节 城市环境定量考核

一、城市环境定量考核制度发展

城市环境综合整治定量考核是以量化的环境质量、污染防治和城市建设的指标体系，综合评价一定时期内城市政府在城市环境综合整治方面工作的进展情况，激励城市政府开展城市环境综合整治的积极性，促进城市环境管理水平的提高，它实现了城市环境管理工作由定性管理向定量管理的转变。城市环境综合整治定量考核的对象是城市政府和市长，考核范围是城市区域，内容涉及城市环境质量、城市污染防治、城市基础设施建设和城市环境管理四个方面。

1988年9月，国务院环委会作出了《关于开展城市环境综合整治定量考核的决定》，该《决定》指出，环境综合整治是城市政府的一项重要职责，市长对城市的环境质量负责，把这项工作列入市长的任期目标，并作为考核政绩的重要内容，推动城市政府贯彻实施城市环境综合整治的各项政策。

原国家环境保护局于1989年开始在全国重点城市实施城市环境综合整治定量考核（简

称“城考”），城考以量化的城市环境质量、工业污染防治、城市环境基础设施建设和环境管理指标体系，综合评价市政府在城市环境综合整治方面工作成效。1990年《国务院关于进一步加强环境保护工作的决定》中明确规定：“省、自治区、直辖市人民政府环境保护部门负责对本辖区的城市环境综合整治工作进行定量考核，每年公布结果，直辖市、省会城市和重点风景游览城市的环境综合整治定量考核结果，由国家环保局核定后公布”；1990年起国家考核城市32个；1996年起国家考核城市47个；自2002年起，国家环保总局每年发布《中国城市环境管理和综合整治年度报告》。2004年起国家考核城市113个；2004—2006年国家环保总局在对重点城市“城考”的基础上，发挥省级环保部门作用，在全国所有设市城市推行“城考”制度；各省、自治区按照国家统一规范组织所辖城市的考核，被考核城市达到600个。从2004年起，原国家环保总局公开发布《城考年报》，2006年首次通过《城考年报》公布6个环境综合整治工作较差的城市名单，引起各大新闻媒体的关注，2007年又将《城考年报》通报给各省、自治区和环保重点城市人民政府，引起了省、市政府领导的高度重视，收到了很好的成效，2008年，环保部首次在年报中对地级市重点指标值予以通报，引起了各界媒体广泛关注，社会反响极大。到2011年为止，全国参与“城考”的城市已达655个。

针对城市环境与发展矛盾突出的特点，环境保护部采取了一系列综合性的政策措施，协调和解决城市的环境问题，通过城考制度，逐步建立起“城市政府领导，各部门分工负责，环保部门统一监督管理，公众积极参与”的城市环境管理工作机制，以量化的城市环境质量、工业污染防治、城市环境基础设施建设和环境管理指标体系，综合评价市政府在城市环境综合整治方面工作成效，在推动城市政府重视环境保护工作，加强城市环境基础设施建设，不断增加环保资金投入，改善城市环境面貌和提高城市环境管理水平，促进环保工作参与城市发展综合决策方面起到了积极作用，并为1997年开展的创建国家环保模范城市工作打下了坚实的基础，为环境保护在城市层面的统一监督管理提供了很好的舞台。

二、城市环境定量考核情况分析

近年来，全国城市环境综合整治定量考核工作深入开展，覆盖范围持续扩大，2011年全国城市共655个，其中，直辖市4个，地级市287个，县级市364个。655个城市全部纳入2011年度城市环境综合整治定量考核范围。

（一）城市环境质量

2011年，全国城市空气环境质量总体良好，全年空气优良天数比例较2010年有所提升。全国城市地表水环境功能区（城区）水质达标率有所降低，全国城市的区域环境噪声平均值和交通干线噪声平均值分别较上年度有所升高。

（二）城市污染控制状况

城市工业固体废物和工业危险废物产生量增长迅速，工业固体废物和工业危险废物处置利用设施建设相对滞后。全国城市工业固体废弃物处置利用率平均为94.76%，比2010

年提升 4.1 个百分点；全国城市工业危险废物处置利用率平均为 95.34%，比 2010 年提升了 1.75 百分点；全国城市医疗废物集中处置率平均为 93.1%，比 2010 年提高了 11.06 个百分点。

全国城市清洁能源使用率平均为 73.08%，比 2010 年提高了 0.12 个百分点。2011 年全国城市机动车环保定期检验（达标）率平均为 59.35%，比 2010 年提升了 1.49 个百分点。

（三）城市环境建设状况

2011 年，全国城市环境基础设施建设水平进一步提高。全国城市生活垃圾无害化处理率平均为 87.13%，比 2010 年提高 14.22 个百分点。全国城市绿化覆盖率为 38.66%。

（四）公众对城市环境保护满意率

2011 年环境保护部委托国家统计局对全国城市进行了公众满意率调查。调查问卷由 14 项问题组成，调查内容包括空气质量、水环境、噪声状况、垃圾收集与处理、环保宣传教育等 5 个方面。调查采用国际通行的计算机辅助电话调查（CATI）方式，调查总人数达到 29 万人，调查城市为 538 个。

调查结果表明，2011 年度全国公众对城市环境保护满意率为 66.71%，比上年度上升 3.41 个百分点。其中，城市公众对空气质量满意率为 58.87%，上升 3.67 个百分点，对水环境质量满意率为 67.35%，降低 0.35 个百分点，对噪声环境质量满意率为 61.13%，降低 0.87 个百分点，对垃圾处理处置状况满意率为 68.47%，上升 0.47 个百分点，88.78%的受调查公众认为自身环境保护意识较强。城市公众对空气质量满意率最低，对水环境质量和噪声环境质量满意率均有所下降。

此外，全国各地区间城市环境质量、环境建设及环境管理水平具有较大差异。在环境质量方面，东部地区城市普遍优于中西部地区城市；在工业污染防治水平、城市环境管理水平和环保能力建设等方面，也呈现出上述特点，与各地区经济发展状况、技术水平和管理能力基本吻合；在城市环境基础设施建设方面，东部地区普遍好于西部地区，西部地区则好于中部地区。由此可见，西部地区的工业污染防治、环境管理和环保能力建设是今后的工作重点，中部地区环境质量还需进一步改善，城市环境基础设施建设步伐需进一步加快。

三、城市环境定量考核制度

城市环境综合整治定量考核是一项十分有效的城市环境目标管理制度，在各级政府和有关部门的共同努力下，城市综合整治定量考核工作取得了明显的成绩，也摸索出一些好的经验。城考制度历经修订也逐渐完善。

（一）考核原则

1．代表性

城考指标分别反映城市环境质量、污染控制、环境建设、环境管理，从而使整个指标体系能够概括反映城市环境综合整治工作的成效。

2．可比性

城考指标设置尽可能照顾到不同性质、不同地域、不同规模和不同发展水平城市间的差异，使之具有可比性，做到纵向可比，横向也相对可比。

3．可行性

考核指标具备实施的基本条件，特别是经济、技术可行，而且经过努力可以达到或逐步提高。

4．可靠性

所设指标与相关部门的工作指标尽可能保持一致，指标的统计、测算可以通过正常的管理渠道认证，从理论和实践上保障指标值的可靠性。

5．可分解性

考核指标的内容能按实施操作的需要进行分解，便于实现各级管理部门的落实。

（二）考核的主要内容和指标设置

城市环境综合整治定量考核的主要对象是城市政府，考核的范围是全市性的。现行的《“十一五”期间城市环境综合整治定量考核指标实施细则》规定：定量考核内容包括城市环境质量、污染控制、环境建设和环境管理四个方面，共 16 项指标。其中：

考核城市环境质量的指标有：空气污染指数（API）≤100 的天数占全年天数比例、集中式饮用水水源地水质达标率、城市水环境功能区水质达标率、区域环境噪声平均值、交通干线噪声平均值共 5 项，计 44 分。

考核污染控制情况的指标有：城市清洁能源使用率、机动车环保定期检测率、工业固体废物处置利用率、危险废物处置率、重点工业企业排放稳定达标率、万元 GDP 主要工业污染物排放强度共 6 项，计 30 分。

考核城市环境建设情况的指标有：城市污水集中处理率、生活垃圾无害化处理率、建成区绿化覆盖率共 3 项，计 20 分。

考核环境管理情况的指标有：环境保护机构建设、公众对城市环境保护的满意率共 2 项，计 6 分。

（三）基本做法

1．制订综合整治定量考核规划和指标

由市政府出面组织城市各有关部门按 20 项考核指标编制市长任期城市环境综合整治规划，并按规划制定年度计划和措施，纳入城市国民经济和社会发展计划之中。

2．考核指标层层分解，综合整治任务逐项落实

考核指标确立以后，城市环保局要协助政府按照部门分工和指标的内容范围，对指标进行层层分解。一是根据综合整治内容和分工，将指标分解到各个部门。如一个城市可将环境建设项目分解给计委；“三废”综合利用和污染源治理分解给经委和工业局；集中供热、煤气化、污水垃圾处理、路桥建设、园林绿化分解给建委及市政公用和城建园林局；交通噪声和汽车尾气治理由公安局协助环保局共同承担等。各主管委、局再将本部门承担的指标和具体措施下达给基层企、事业单位。二是根据区域管理原则，将一些区域性指标如烟尘控制区覆盖率、噪声达标区覆盖率等指标分解给区（县）。区（县）再具体分解到

街道（乡镇），做到三级分解，层层落实。指标分解后，市长和各区（县）长、各主管局长签订“责任书”，主管局和企业、事业单位签经济承包合同，明确权力和奖惩办法，实行“谁家的孩子谁抱走”，实现“综合整治任务大家挑，人人身上有指标。”

3. 制定方案组织实施

各部门、各县区和各基层单位，根据本单位承担的综合整治任务，制订实施方案，提出具体措施，然后按计划管理体制纳入本部门的长远规划和年度计划之中，逐项组织实施。

4. 监督检查与考核评比

根据《城市环境综合整治定量考核监督管理办法》，各省市政府和环保局要对开展“定量考核”的城市进行经常性的监督，保证定量考核工作按规定执行，防止弄虚作假走过场。同时还要建立定量考核责任制及普查、抽查制，以保证“定量考核”的质量。

（四）城考成效

城考工作推动城市政府在环境综合整治工作中，统筹区域经济社会协调发展，优先解决与群众日常生活关系密切的环境问题，切实抓好城市水污染防治，对城市污染河道进行综合整治，改善城市地表水水质，加大面源污染的综合防治力度，防治城市和农村集中式水源地的环境污染，优先保护饮用水水源地水质。加快城市大气污染治理，优化能源结构，提高能源利用效率和清洁能源利用率，建设高污染燃料禁燃区，推行集中供热。切实加强汽车尾气排放控制，严格新车准入制度，加大在用车排放控制，改进油品质量，大力发展公共交通。继续削减工业污染物排放总量，降低单位产品的能耗和物耗，搬迁严重污染的企业；加强对噪声、扬尘和油烟污染防治等；在城市推广以资源节约、物质循环利用和减少废物排放为核心的绿色消费理念，引导和改变居民的生活习惯和消费行为，减少生活污水、生活垃圾等的排放。

第四节 城市环境总体规划

一、我国城市环境保护规划的发展历程

以全国环境保护会议的召开年为阶段节点，按照会议确定的阶段任务，结合城市环境保护规划主要问题导向和政策、措施分析，我国城市环境保护规划的发展历程大致分为如下阶段。

（一）1973—1982 年：规划起步探索阶段

1973 年 8 月国务院委托国家计委组织召开第一次全国环境保护会议，提出了环境保护工作的 32 字方针，要求对环境保护和经济建设实行“全面规划、合理布局”，拉开了我国环境保护规划的序幕。环境保护规划从最初一些地方开展环境质量评价和污染防治途径研究起步。这一时期，济南市先后开展了三次环境保护规划，其中第三次规划成果纳入《济南市城市总体规划（1978—2000 年）》，太原市在山西能源重化工基地综合经济规划中开展

了环境保护规划，这些是我国最早的城市环境保护规划实践之一。

这一时期规划性质为专项规划，从属于综合规划；技术方法以定性为主，后期开始应用基于污染源、工农业生产和人口变化的污染预测，规划内容也仅限于工业污染防治，具体包括工业污染企业关停并转迁、工业“三废”治理、综合利用和工艺技术改造等，但为我国城市环境保护规划开创了良好开端。

（二）1983—1991年：规划技术发展和框架搭建阶段

1983年12月，第二次全国环境保护大会召开，提出“三同步”方针，表明我国对环境保护与经济建设、城乡建设之间的关系认识有了一个飞跃。1984年6月，全国首次“城市环境保护规划学术交流会”在太原市召开，多数代表认为城市环境保护规划是城市总体规划的重要组成部分，两者应以生态理论为指导，有机结合，相互渗透，相互制约，同步制订，这可视作为“三同步”方针在环境保护规划领域的深化落实。

1985年10月，李鹏同志主持召开全国城市环境保护工作会议，明确了城市环境综合整治的方针和任务，32个城市参与整治，并确定吉林市、洛阳市和杭州市作为试点编制综合整治规划，标志着我国的环境管理已进入一个新的时期，也为之后相当长一段时期城市环境保护规划工作奠定了基础。

1989年，第三次全国环境保护大会召开，进一步明确了环境与经济协调发展的指导思想；1989年，国家开始实施城市环境综合整治定量考核制度（以下简称“城考”），首先对直辖市、省会城市及大连、苏州、桂林共32个城市实施定量考核。

这一时期不少城市编制了城市环境综合整治规划，规划性质为综合规划；国家陆续开展了环境容量研究、国家环境管理信息系统研究，推动了规划科技进步，加上计量经济、投入产出、系统动力学等方面科研成果的应用，为规划技术由定性向定量转变、环境保护规划结合宏观经济预测、环境保护规划融入城市规划打下了基础。但规划内容方面主要以解决四害（大气、水、固体废物与噪声）为主，多数规划尚未体现与环境密切相关的市政、公用事业的发展规划及目标。

（三）1992—2001年：规划铺开和理念提升阶段

城考制度强调“把工业污染防治与城市基础设施建设有机结合起来，由单纯污染治理向调整产业结构和城市布局转变”，但在这一时期早期，由于受环保投资限制，一些重大环境问题的解决至“八五”期间仍难以列上日程，如1992年发布的《国家环境保护十年规划和“八五”计划纲要》对城市基础设施建设提出的目标指标要求相对较低。1993年，原国家环保局发文要求各城市编制城市环境综合整治规划，并下发了《城市环境综合整治规划编制技术大纲》。

1995年，国家环境保护局启动全国生态示范区建设试点，1997年开始开展创建环境保护模范城市（以下简称“创模”），同年，北京、上海等13个城市开始实施城市空气质量报告制度。城市环境保护规划体系中增加了争先创优规划。至此，我国已形成了包括环境保护目标责任制、城市空气质量报告制度、城考和创模在内的城市环境管理制度体系。

同期，环境保护规划理念提升。1992年，联合国环境与发展大会积极倡导可持续发展战略，会后我国率先编制并于1994年颁布《中国21世纪议程》，明确宣布“走可持续发展之路是我国未来和21世纪发展的自身需要和必然选择”，这给了城市环境保护规划全新的视角和指导思想，技术路线从末端控制转向优化产业结构、生产合理布局、发展清洁生产和污染治理的全过程。

1996年，第四次全国环境保护会议召开，一是发布《关于环境保护若干问题的决定》，提出保护环境是实施可持续发展战略的关键，开始在国内培育可持续发展理念；二是批准《国家环境保护“九五”计划和2010年远景目标》，开始实施污染物排放总量控制，考虑环境治理的轻重缓急，确定“三河”、“三湖”、“两区”为治理重点，并大力推进项目实施。

规划实践和技术领域同时跟进，1994年，国家环保总局组织编写了《环境保护规划指南》，亦开展了总量控制试点。在此背景下，我国广泛开展了环境保护规划的编制工作，如湄洲湾、秦皇岛市、广州市、南昌市、马鞍山市和济南市环境保护规划等。这一时期，规划方法学也得到了发展，承载力、冲突论，特别是GIS的应用逐步展开。城市环境保护规划更多突出定量。总体而言，这一阶段，城市环境保护规划开始体现工业污染和生活污染的共同治理，但规划内容窄、规划约束力弱。

（四）2002年至今：规划强化落实和体系分化阶段

2002年，第五次全国环境保护会议召开，以学习贯彻《国家环境保护“十五”计划》为重点，提出环境保护是政府的一项重要职能。规划落实于项目、规划责任落实于地方政府，从两方面大大提高了规划的可操作性，也使得环境保护规划真正成为环境决策和管理的重要环节，成为环境保护工作的主线。

2006年，第六次全国环境保护会议召开，以全面落实科学发展观，加快建设环境友好型社会为主线。环境保护规划开始涉足社会、经济和环境的各个方面，城市环境保护规划作用范畴不仅限于工业和生活污染治理，开始与产业结构调整、自然生态保护等相结合，城市环境保护规划的作用开始得到认可。

2011年，第七次全国环境保护大会提出要把生产力空间布局与生态环保要求结合起来，结合实施主体功能区规划，编制国家环境功能区划，在重要生态功能区、陆地和海洋生态环境敏感区脆弱区等区域划定生态红线，并要积极开展城市生态和环境保护总体规划前期研究与编制工作。

面对严峻的城市环境污染和生态恶化形势，城市环境保护规划开始结合经济结构战略性调整，贯彻污染防治和生态保护并重方针，城市环境保护规划逐渐向工程、政策、机制综合体转变，受主要污染物总量减排强力推进、城市环境争先创优热度高涨等驱动，部分城市实现了主要环境指标好转。

在这一时期，随着城市环境各项管理制度相对固化，在不同城市，城市环境保护规划涉及的领域及所起的作用呈现分化趋势。一方面，受环保投入增加、城市环境保护目标责任制落实力度加大等因素影响，城市常规的污染防治和生态保护工作更多依赖工作主线自上而下推动，以满足上级工作要求为主要工作方向，如总量控制和重点流域水污染防治规划实施考核、重要生态功能区建设要求，编制自下而上的城市环境保护规划动力不足，城市环境保护规划呈现“碎片化”趋势；另一方面，城市政府模范城和生态城创建热度高，优化的城市环境保护规划实际是通过争先创优实现的。一个基本的特征是，城市环境保护规划逐渐成为工程、政策、机制的综合体，虽然其很大意义上是出于落实短期工作目标的需要，但却极大丰富了城市环境保护规划的内涵，也带动了多元规划技术理论的应用。

二、城市环境总体规划提出的背景

20 世纪 80 年代以来，我国城市化快速发展，取得了举世瞩目的成就。未来城镇化进程中，外延式扩张的城镇发展模式仍将持续，城市内部布局与功能也将不断调整，在此背景下，迫切需要建立城市环境总体规划制度，从源头奠定城市环境保护格局，构建符合区域环境格局和生态系统管理方式的城市发展基础框架，改变城市环境保护“末端治理”、被动修补、抢救性保护的模式，促进城镇化健康发展。

（一）我国城市化进程仍处于快速发展阶段，城市环境面临重大挑战

随着城镇化的快速发展，城市环境保护工作也在不断加强，截至 2011 年年底，全国城市污水处理率达到 80%以上，全国城市生活垃圾无害化处理率平均达到 87.13%。城镇环境质量总体有所改善，2011 年，全国城市空气环境质量总体良好，全年空气优良天数比例平均为 73.28%，全国城市地表水环境功能区（城区）水质达标率平均为 84.81%。但城市环境质量总体仍不容乐观，城市空气中的可吸入颗粒物、二氧化硫浓度依然属于较高水平，部分城市空气质量较差，流经城市河段水质总体不佳等。随着城市化快速发展和环境治理工程大建设，影响城市可持续发展的突出环境问题发生了重大转变。主要表现在：

城市产业定位与区域流域环境功能不协调，影响到城市、区域流域环境安全。城市发展往往遵从城市自身建设经济效益最大化的原则，缺乏对大尺度区域、流域内环境功能维护的综合考量，导致一些高风险的产业布局在上游地区或者区域大气敏感地区，增加了区域环境风险，区域性环境问题及跨界环境问题日益突出。

城市建设快速扩张缺乏对区域生态安全格局的严格保护。据统计，沿海各省市 2010 年的城市建设用地指标在 2001 年已经用完，部分城市预测 2020 年用地指标将在未来 3～5 年内用完。城市向外扩张不断吞并近郊农村的同时，挤占城市内部生态环境用地的现象日趋严重，城市生态系统的完整性遭到严重破坏。大拆大建的城市建设高速发展，对区域自然生态系统和生态安全格局缺乏充分的尊重，城市生态系统的生态敏感点（带），如水源保护区、自然保护区、自然山体河流水系、湿地，以及城市间的绿色生态廊道，处于被动、补救性的保护之中，被随意挤占的现象非常普遍，破坏了城市生态安全格局。

城市建设规模与布局忽视资源环境承载能力，导致不同程度超载。我国城市人口规模迅速膨胀，截至 2009 年年底，地级以上城市中，直辖市、副省级城市市辖区常住人口均超过百万，其中，上海、北京、重庆、天津、广州和深圳市区常住人口突破千万；省会城市中，除银川、拉萨外，其他城市市辖区人口也超过百万；东部地区的地级城市市区常住人口大多超过百万。全国 655 个城市，有超过 300 个城市缺水，其中超过 100 个城市缺水严重。全国范围内主要污染物排放总量超过环境容量，在经济和人口密集的城市地区超负荷排污问题更加突出。海河流域“有河皆干、有水皆污”，北京到上海之间工业密集区成为全球对流层二氧化氮污染最为严重的地区之一，长三角、珠三角城市密集区河涌水网污染严重等。

未来城市化持续快速发展，将进一步加剧环境资源超载、环境污染压力加剧等问题。据国务院发展研究中心预测，到 2020 年前后，中国钢材、水泥等消费将进入产能峰值阶段，增速放缓，预计比 2011 年分别增长 4 亿吨和 9 亿吨。产能扩张和产业集聚度提升的同时，加剧区域污染。受重化工、居民消费水平提升、机动车保有量大幅增加等因素影响，以环境污染为代表的城市病会加剧，同时也使得现代健康危机逐步取代传统公共健康问题，城市环境污染负效应愈发突出。

（二）城市环境管理手段落后于城市发展进程，城市环境问题得不到根本性解决

当前，城市环境保护停留在污水、垃圾处理设施建设的初级阶段，城市环境质量、环境安全与生态系统健康尚未纳入城市健康发展的核心领域。各地的城市规划重点关注污水处理率、垃圾处理率等工程性指标，环境保护专项规划也往往停留在环境污染治理与设施建设，对城市清洁空气维护、河流水系生态系统健康，城市人群环境健康安全等缺乏系统性的关注和维护措施，城市应对突发性环境事件机制与能力薄弱。另外，对于城市发展的一些重要的区块，在环境基础设施，如污水处理、垃圾和危险废物处理处置等方面没有提前预留用地，设施周边的控制性要求也缺乏，实际导致了日后的工作被动和高投入，甚至诱发环境事件。

（三）城市环境规划体系滞后于城市发展，难以解决深层次环境问题

经过 30 多年的发展，我国的环境规划体系发生了重大改变，环境保护规划作为一种环境保护管理手段，与城市总体规划、土地利用总体规划类似，在应对不同发展阶段的环境问题方面，起到了不可低估的作用。但当前的环境保护规划总体上偏重于环境保护本身的任务设计，是一种问题主导型规划，滞后于城市发展，难以解决城市深层次的环境问题。主要表现在：

规划时限较短。城市建设、土地开发、产业发展等规划期限一般都在 10～20 年，着重于从中长期角度对国土开发、资源利用和经济建设活动做出统筹安排。而现行的城市环境保护规划期限一般只有 5 年，加之规划衔接的不确定性，难以对中长期开发建设活动提出长远的、系统的控制引导要求，规划缺乏长远战略，导致城市环境保护“头痛医头、脚痛医脚”。

规划范畴较窄。随着环境规划领域的不断发展，城市环境保护规划涉及的领域也有所拓展，但规划所涉及的任务、工程、政策、机制措施等出发点多是生活和工业污染防治，且作用环节偏后端治理；同时，环境保护规划的对象覆盖水、土壤、大气等多个要素，各环境要素之间分割隔离，各自为政，难以对城市环境系统保护与优化进行系统性、整体性、综合性考虑，也难以协调和应对复合型、交叉型的环境问题。

规划的空间约束力较弱。当前城市环境保护规划总体思路不是从空间出发决策，同时其成果表达缺乏基于地理信息的图形表达，尤其是在需要严格控制开发的区域规划要求不落地，既不适应全域规划需求，同时在与城乡总体规划、土地利用总体规划等注重“用图说话”的规划进行衔接时，缺乏“共同技术语言”，无法对国土开发、城市建设活动提出有约束的控制要求。

规划的引导性较差。城市环境空间一部分是需要严格控制开发，如生态红线区域，大

部分区域存在单一或综合的使用功能，对这些区域的空间开发利用，环境保护规划不宜采用行政管制"一刀切"的管理方式，更多的是根据环境功能或者资源环境承载，给出制约性与引导性并重的要求。城市环境保护规划实际面临约束弱和引导少的双重困境，不利于在当下我国城镇化快速进程中优化发展。

（四）环境保护规划对城市相关规划的支撑不足，城市总体规划、土地利用总体规划等规划的编制对环境保护规划提出迫切要求

随着城市环境问题的关注越来越多，城市总体规划、土地利用总体规划等基础性规划对城市环境保护的要求加大，但苦于支撑不足，找不到权威的依据。发改、国土、住建等部门的规划在对城市环境保护重要性的认识进一步提高，城市总体规划与土地利用总体规划分别从空间布局和土地用途的角度对城市环境保护提出了要求。但是，在资源环境本底状况、承载能力、敏感点等领域存在难以突破的瓶颈。在编制相关规划的时候，既难以找到足够的可用信息，也因为专业和领域限制而不能独立解决，客观上削弱了其规划的科学性和可操作性。提出并将环保要求直接落地，不仅是城市环境规划自身的需求，也是对城乡总规、土地总规的编制提供可操性的支持。在当前甚至是相当长一段部门分割的体制环境下，间接融合、相互协调不失为解决环境问题的良策之一。

城市总体规划从 1978 年恢复开展全国第二轮城市总体规划至今，已经形成相对完善的技术方法和规划体系，但随着社会经济的发展也面临较大挑战。我国进入城市化快速成长阶段，城镇化率快速上升倒逼城乡规划不断调整，城乡建设用地急剧扩大甚至失控，经济增长过速引发用地空间紧缺，新区开发与园区建设对城乡规划的冲击越来越大等问题不断凸显。换言之，资源承载力、城市开发限度等约束性问题越来越大，如何科学利用空间各种资源，提高规划的科学性，成为城乡总体规划的瓶颈性问题，是城市总体规划应突破的第一道关口。

1978 年我国启动第一轮土地利用规划以来，经过 30 多年的发展，土地利用总体规划在技术方法、管理手段等方面取得了令人瞩目的成绩，逐步确立了在整个土地管理工作中的"龙头"地位，但随着经济社会的发展，新的问题不断出现，土地利用规划也面临诸多难题和挑战。目前，土地利用总体规划难以解决的难题之一是耕地保护与建设用地扩张之间的矛盾，城乡建设指标不断被突破。未来一段时期内，区域资源合理开发利用、保护与环境治理，社会经济建设在地域空间的总体布局，人口、资源与社会经济发展的协调，资源开发与国民经济发展的空间格局，以及重大资源、发展与环境问题等都将是新形势下土地利用规划所面临的突出问题。人与环境的和谐、经济结构的优化、防灾与资源环境保护、区际协调发展等都是新形势下土地利用规划应强调与重视的问题。总体而言，新形势下土地利用总体规划面临的主要问题的焦点集中于城市资源约束、空间布局、经济结构优化、资源环境保护等几个方面，资源环境约束问题成为亟须解决的瓶颈问题。

（五）城市环境保护规划制度滞后于城镇化进程，难以保障环境保护规划的法律效力

按照行政行为效力的一般理论，城市环境保护规划作为行政行为，应具有公定力、确定力、拘束力和执行力等四个方面的效力。从城市环境保护规划的实际法律效力看，公定力、确定力、拘束力和执行力等四个方面均没有有效规定，影响了权威性和严肃性。

城市环境保护规划的公定力来源于环境保护规划的法定性。《中华人民共和国环境保护法》第十二条规定："县级以上人民政府环境保护行政主管部门，应当会同有关部门对管辖范围内的环境状况进行调查和评价，拟订环境保护规划，经计划部门综合平衡后，报同级人民政府批准实施"，对城市环境保护规划的法定性做出了原则性规定。城市规划、土地规划都对规划编制原则、内容、程序以及审批等问题进行较为明确的规定，城市总体规划有专门的《中华人民共和国城乡规划法》，并通过《城市规划编制办法》、《城市规划编制办法实施细则》等法规落实具体要求、土地利用总体规划通过《中华人民共和国土地管理法实施条例》、《土地利用总体规划编制审查办法》等落实。而城市环境保护规划，既无专门的《中华人民共和国城市环境保护规划法》，也无具体的《城市环境保护规划管理办法》、《城市环境保护规划编制审查办法》等具体支撑落实，可谓"一穷二白"，这就不难理解城市环境保护规划的公定力被国家机关、社会组织及公民个人所普遍忽视。

城市环境保护规划的确定力是指已经生效的环境保护规划对有关行政主体和行政相对人所具有的不受任意改变的法律效力。对于环境保护规划的编制机关而言，它要求有关行政主体不得任意改变自身所作出的环境保护规划，否则应承担相应的法律责任，因此也称不可变更力，体现了城市环境保护规划对其编制者的自我限制。目前，城市规划、土地规划乃至各单行的环境立法（如水污染防治法、大气污染防治法）中都对此有所反映，而且基本上都明确规定了各环境保护规划变更的法定程序，并在罚则中有相应的体现。城市环境保护规划由于无单独立法和配套法规，同时受规划机关为了完成上级所下达的指标任务或领导为了追求政绩等因素影响，被随意更改的现象较为普遍。

城市环境保护规划的拘束力，是指规划部门做出的城市环境保护规划，被规划相对人或利害关系人以及其他对该规划不拥有废止、改变权的国家机关（行政主体或法院）所承认并予以尊重。拘束力来自于确定力（不可变更力），其差别主要在于适用对象不同，两者源自公定力，同为执行力的基础，在规划法律效力体系中起着承上启下的作用。现实中，其他部门决策与城市环境保护规划相冲突的现象较为普遍，如城市环境保护规划做出的空间准入、项目准入要求不被承认，强行突破后严重的甚至成为公共事件导火索。

城市环境保护规划的执行力，是指已经生效的环境保护规划要求有关行政主体和行政相对人对其内容予以实现的法律效力。从逻辑关系上来说，执行力是拘束力的延伸和保障，是在实施环节保证拘束力实现的重要因素。自"十一五"以来，我国城市环境保护规划的执行力在逐步提高，但不是规划的所有指标和任务的执行力都在提高，突出表现为其中业已由上级行政区分解落实的约束性指标执行力较好，如耕地保有量、主要污染物排放总量控制等指标，执行力较好主要是靠管理目标责任制、领导干部政绩考核等行政方式将指标任务落实于有关部门，未充分考虑过度依赖行政命令易导致规划执行成本过高以及边际效应递减的问题。事实上，由于我国目前实行的司法主导型的行政强制执行体制，我国的环境保护规划管理部门并不具有行政强制执行力，当发现违反规划的行为时，必须申请法院强制执行，一旦法院决定不执行或拖延审查不做出任何决定，众多的城市环境保护规划内容就无法得到执行，环境保护规划执行力弱长期受诟病。在我国市场经济体制逐步完善的过程中，规划实施应该从过去主要依靠行政指令向主要依靠法律转变。

（六）城市环境保护规划的决策地位较低，难以发挥环境保护基础性作用

《中国大百科全书·环境卷》中，环境保护规划被定义为“人类为使环境与经济社会协调发展而对自身活动和环境所做的在时间、空间上的合理安排”。从国内外的城市发展历程来看，无论是从促进城市可持续发展还是从促进城镇化健康发展角度，城市环境保护规划实质是城市发展基础性问题，终极目标是促进城市环境、经济、社会协调发展，保障人与自然和谐共处。城市环境保护规划需考虑城市环境保护与城市建设、土地利用、经济发展相衔接，已经在政府和社会层面得到广泛认知。当前，驱动城市社会经济发展的规划主要包括城市国民经济与社会发展规划、城市规划、土地规划，对城市环境保护规划地位的讨论，应围绕城市环境保护规划与三者的关系展开。

《中华人民共和国城乡规划法》第四条明确提到“改善生态环境，促进资源、能源节约和综合利用，保护耕地等自然资源，防止污染和其他公害”，同时提到“在规划区内进行建设活动，应当遵守土地管理、自然资源和环境保护等法律、法规的规定”，第十七条提到“环境保护应当作为城市总体规划的强制性内容”，《中华人民共和国环境保护法》第二十二条规定“制定城市规划，应当确定保护和改善环境的目标和任务”。可以看出，在我国城市规划体系中，环境保护是基本原则和强制性内容，城市环境保护规划的层次主要是定位于城市总体规划阶段。城市环境保护规划与城市总体规划本应是平行关系，互为参照和基础，城市环境保护规划目标是城市总体规划的目标之一，并参与城市总体规划目标的综合平衡和纳入其中，共同谋划城市“发展中保护，保护中发展”的蓝图。

但在实际操作中，从城市环境保护规划与城市规划体系的关系看，城市环境保护规划的地位一直较低。城市环境保护规划作为城市总体规划中的一个专项规划进行独立编制。《中华人民共和国城乡规划法》和《中华人民共和国环境保护法》均没有明确规定如何解决城市建设和环境保护的矛盾，城市建设和环境保护如何权衡等问题。长期以来，由于城市规划所覆盖的内容更多，对城市总体发展的指导性更强，规划思路的经济导向性更明确，与政府的主要目标联系更紧密，并且经过多年的发展，相应的机构、制度等组织性的力量较为雄厚。而城市环境保护规划起步较晚，再加上长期经济发展为主导的思想观念，在实际工作中，两者之间存在事实上的主从关系，城市环境保护规划只能被动依据城市总体规划编制，难以从根本上建立与区域环境相协调的城市环境保护基础框架，这也是我国目前城市环境保护规划与管理的最大“空洞”。与此相类似，城市环境保护规划与城市国民经济与社会发展规划、土地利用总体规划也存在事实上的主从关系。

（七）城镇化健康发展需要与之匹配重大环境保护规划制度

与快速的城镇化和工业化进程密切相关，我国城镇化过程先后出现了各种问题。在空间和资源环境领域，概括起来主要包括城市建设粗放、土地与空间资源利用无序、环境污染和生态破坏严重等问题。我国应对城市建设粗放和土地与空间资源利用无序，主要是通过出台重大规划制度，并以之为龙头统筹各类措施实现的。

20 世纪 80 年代，城市数量迅速增多，城市建设无序、规模盲目扩大，布局缺乏整体和长远考虑，为保证城市建设与社会经济的发展方向、步骤、内容相协调，城市总体规划应运而生。为解决乡村规划建设无序、城乡规划分割等方面的问题，2008 年出台《城乡规

划法》。20世纪90年代，城市和工业建设大量占用耕地、土地利用方式粗放，为规范土地用途和遏制耕地减少的趋势，加强土地资源的宏观控制和计划管理，土地利用总体规划便纳入国家发展战略。总体来看，城乡总体规划和土地利用总体规划制度虽有所滞后，但由于定位和法律地位明确，注重从源头和整体上解决问题，随着相关制度的不断健全，作用也越来越显著。

进入21世纪以来，城镇化快速推进，年均增长率近1.5%，东中西部均呈现热火朝天的开发局面，经济重化工业的特征也较为明显，为解决开发定位、方向、强度、秩序和政策的问题，统筹谋划未来人口分布、经济布局、国土利用和城镇化格局，国务院于2010年印发《全国主体功能区规划》。

梳理对城市总体规划和土地利用总体规划的出台研究历程，可以发现，与快速的城镇化和工业化进程密切相关，每一项重大规划制度的出台和演进，都是为了对城市发展不同阶段的突出问题进行“纠偏”，重大规划制度对促进城镇化健康发展和区域协调发展至关重要，是应对城市问题的首选对策。

在城镇化空间和资源环境领域的问题中，无论是城市建设粗放还是土地和空间资源利用无序都会对城市环境和生态产生重大不良影响，反过来城市环境和生态本底又制约了城市建设和土地利用。

从定位和侧重点看，当前的城乡总体规划偏重城市建设发展项目的空间安排，土地利用总体规划偏重土地用途管制。城市总体规划和土地利用总体规划的出台演进，可作为应对城镇化环境问题的参考。出台重大环境制度，定位于从基础上解决预防城市环境污染和生态破坏，是优选方案。

同时，在当前，根据相关制度要求，城市人民政府主要以城市环境保护规划为载体进行决策应对城市环境污染和生态破坏的问题。1989年12月26日颁布实施的《中华人民共和国环境保护法》明确规定“地方各级人民政府应当对本辖区的环境质量负责，采取措施改善环境质量”，同时规定“县级以上人民政府环境保护行政主管部门，应当会同有关部门对管辖范围内的环境状况进行调查和评价，拟订环境保护规划，经计划部门综合平衡后，报同级人民政府批准实施”。因此城市环境保护规划是城市人民政府依据有限的环境资源及其承载能力，对城市经济和社会活动进行约束，根据社会经济发展和居民生活的需求，对环境保护和建设活动进行安排和部署。

可以看出，城镇化健康发展需要与之匹配重大环境保护规划制度。判断重大环境保护规划制度是否管用和可行，可对照参考城市总体规划和土地利用总体规划，在现行城市环境保护规划在制度体系是否严格健全、规划内容是否对应城市关键性和基础性环境问题、规划技术路线是否行之有效等几个重要方面展开分析，进而找出问题、原因和对策，是城市环境保护促进城镇化健康发展较为实际可行的路线。

（八）环境保护亟须从宏观角度实现环境保护在经济社会发展中的调控和优化作用，体现时代的要求和使命

党的十八大报告明确提出要按照人口资源环境相均衡、经济社会生态效益相统一的原则，控制开发强度，调整空间结构促进生产空间集约高效、生活空间宜居适度、生态空间山清水秀，构建科学合理的城市化格局和生态安全格局。为保障城市人民环境安全，构建

城市生态安全格局，完善城市环境管理，需将环境保护工作前移，将生态保护和污染控制由末端介入转为前端控制，将环境容量要求有效地融入产业结构优化过程中，将生态安全格局切实落实到城市发展的空间布局上，从源头解决经济发展和资源环境之间的矛盾，破除以往环境保护规划的局限性，使环境保护工作变消极为主动，从宏观角度实现环境保护在经济社会发展中的调控和优化作用。

三、城市环境总体规划的内涵、特征、思路及主要任务

（一）城市环境总体规划的内涵

城市环境总体规划是城市人民政府以当地资源环境承载力为基础，以自然规律为准则，以可持续发展为目标，统筹优化城市经济社会发展空间布局，确保实现经济繁荣、生态良好、人民幸福所作出的战略部署。

城市环境总体规划制度从源头奠定城市环境保护格局，构建符合区域环境格局和生态系统管理方式的城市发展基础框架，改变城市环境保护“末端治理”、被动修补、抢救性保护的模式，促进城镇化健康发展。

促进城市可持续发展迫切要求下开展的城市环境总体规划编制工作，把环境保护目标、任务等放在城市长期发展的大背景下去谋划和考量，系统分析城市发展进程中各种环境问题，统筹国民经济和社会发展规划、城市总体规划、土地利用总体规划等相关规划，通过确定城市生态环境阈值，调控城市发展规模，建立以资源和环境承载力为基础的发展方式、经济结构和消费模式，构建环境—发展—建设—国土“四划一体、相互融合”的城市可持续发展规划体系，从源头奠定城市环境保护格局，促进城市生态环境建设与保护从被动向主动、环境规划与其他规划从相互脱节向积极融合转变，推动城市环境管理战略转型。

城市环境总体规划将环境保护工作融入城市经济社会发展战略全局中统筹谋划，有利于突破环保五年规划的局限性，更加关注生态环境建设与保护长期性、战略性；有利于提升环境规划地位和效力，突出环境规划在城市经济社会发展战略规划体系中的引领地位和约束作用；有利于把环境管理要求真正纳入城市综合发展决策中，促进环境保护工作与经济、社会发展相协调、相适应、相统一。

城市环境总体规划立足于保障城市可持续发展，注重解决城镇化、工业化和农业现代化协同推进进程中的生态环境建设与保护问题，是城市发展战略规划体系的重要组成部分。

总体而言，城市环境总体规划定位于创新城市环境保护规划制度的载体，从中长期和全市域的尺度出发，以空间管控应对城市生态和环境问题，是环境参与城市发展综合决策的平台，是环境保护保障城市可持续发展的基础性规划，是促进我国城镇化健康发展的重要公共政策。

（二）城市环境总体规划的主要特征

城市环境总体规划的“总体性”是区别于一般规划的本质要求，具体表现为“时限长、范畴广、约束强、引导多”。一是在规划整体导向上，城市环境总体规划定位于基础性规划，主要解决影响城市发展的底层的、格局性的、战略性的重大环境问题，侧重明晰城市

环境定位和总体要求，一般性污染防治任务则由其下位的控制性详细环境保护规划解决。二是在规划技术思路上，强调从城市“经济—社会—资源—环境”复合系统出发，强调“从区域及流域看城市、从城市看区域”。三是在规划表现手段上，城市环境总体规划更贴近空间规划，侧重提出城市发展建设在规模、结构、布局、方式等方面的控制性和引导性要求，规划过程和结论注重空间表达。四是在政策机制上，城市环境总体规划首先明确规划自身实施路径及其在城市规划体系中的地位。

城市环境总体规划最大特征在于空间环境要求，城市生态环境系统本身在空间结构、过程和功能方面的特性是城市环境总体规划根本出发点，在此基础上明确、落地的空间环境管制要求方案（包括功能区划、生态红线、承载能力、质量基线等）才是城市环境总体规划的核心特征。

除此之外，城市环境总体规划还具有引导性、基础性、长期性等特征。引导性是指城市环境总体规划立足于城市未来中长期经济社会可持续发展，基于国家、流域、区域环境保护战略要求，从维护环境安全与生态系统健康的角度，提出城市环境战略定位，环境保护总体布局、环境质量要求，从环境的角度提前对城市定位、建设规模与布局、经济发展方式等做出引导性要求。具体而言，一是指城市环境总体规划强调城市建设与社会经济发展应该在人口和资源环境承载能力范围内，对城市资源能源消耗、污染物排放量提出分阶段控制要求；二是根据区域和城市生态环境结构特征，制定环境功能区划，实行分区指导，分类控制，有序开发，生态环境“红线”区域应实行严格保护，建立规划的硬约束指标。基础性是指城市环境总体规划打破各环境要素之间分割隔离，各自为政的局面，对城市环境系统保护与优化进行系统性、整体性、综合性考虑，强调从环境、资源、社会、经济、文化等多个维度，尤其是资源环境的角度确立规划定位与基本思路，作为衔接协调经济规划、城市规划、土地规划等基础规划的平台，同时对环境保护、污染防治、生态恢复、资源保护等专项规划提出维护和改善要求，促使各个部门联动，采取综合措施实现规划目标。长期性是指城市环境总体规划以长远视角和长期安排推动城市健康发展，规划期限一般为10～20年。

（三）城市环境总体规划的核心思路

城市环境总体规划遵循自然生态和环境系统运行规律以优化城市发展空间格局，依据环境功能区划体系以分类维护环境质量健康，遵循环境资源承载力以优化产业发展和人口集聚，构建环境基本公共服务体系以确保公平效率共存。立足点分别对应于城市环境的安全、质量、总量、公平，即明确城镇化、工业化历程中“格局红线”、“风险红线”、“资源底线”、“排放上限”和“质量基线”。

以环境空间优化城市发展格局。尊重自然生态系统和资源环境本底，维持水、大气、生态环境系统结构、过程和功能的连通性与完整性，划定生态红线，以环境系统格局优化城市发展格局，促进经济发展、城市建设、资源开发与环境保护相融合。

以环境底线调控城市发展压力。耦合自然和行政边界，确定与环境系统格局相对应的土地资源、水资源、水环境、近岸海域环境、大气环境分区承载能力，基于资源环境承载能力的区域流域差异，引导环境资源利用方式向集约高效转变，调控城市发展环境压力。

以环境功能廓清城市发展梯度。制定实施基于环境功能和生态红线的分级分区控制体系，以空间分区分类指导为主线，引导城市发展梯度向协调、可持续的自然生态保护与发展关系方向转变，协调好城镇化、工业化和农业现代化的关系。

以环境服务提升城市发展品质。将保障人居和生态健康的环境质量、能力充足和布局合理的环境基础设施、顺畅及时的环境信息服务统一纳入环境基本公共服务体系，鼓励政策和工程手段创新，引导城市发展品质向公平共享、适应公众需求、适应传承塑造城市文化需求转变，以环境品质支撑福州海峡西岸经济区先导城市建设。

(四) 城市环境总体规划的核心任务

城市环境总体规划核心在于把握规划总体性要求和空间规划本质特征，遵循城市自然生态和环境基础要求，明确城镇化、工业化历程中“生态红线”、“风险红线”、“资源底线”、“排放上限”和“质量基线”。主要包括7项核心任务：

开展环境问题发展历程和形势分析，明晰城市环境定位和环境中长期目标要求。长周期解构城镇化、工业化发展历程和环境问题演变的分阶段互动关系特征，大尺度明确城市地理区域、自然流域环境系统对城市环境系统的要求，多角度开展多城市对比分析，将城市置于城镇化、工业化发展多情景中加以模拟分析，从多领域分析城镇化、工业化各阶段在空间、总量和结构方面与城市环境系统的协调性。

构建城市格局红线体系，明确生态安全空间控制性要求。界定城市自然基础格局安全的“生态红线”空间，划定大气、水、生态和海洋等不同要素“红线”体系，实施红线禁止、黄线限制、蓝线警戒和绿线引导的分级控制。识别城市建设、产业发展的环境风险高发区及环境风险传输扩散路径，界定防止城市遭受布局性环境风险的“风险红线”空间。

建立环境功能区划体系，提升环境单元使用功能和价值。形成功能区和功能亚区组成的环境功能区划体系，以环境功能区划为基本单元，划定“质量基线”，制定环境质量健康维护的目标与任务。

遵循资源环境承载力，优化产业发展和人口布局。一是分析土地承载力，明确“资源底线”，提出生态用地保护利用要求，制定开发强度控制指引。二是基于城市大气和水环境系统解析，明确城市大气和水环境承载格局，提出分阶段的环境容量使用程度控制指标，明确“排放上限”，制定基于环境承载力的产业结构调整指引。

构建城市层面环境基本公共服务体系。一是将人居环境健康、环境设施、信息和管理服务统一纳入环境基本公共服务体系，明确城市环境基本公共服务范畴和模式。二是拟定分阶段推进环境公共服务的路线图，对既有规划目标任务进行反向校核，提升公共服务水平。

理顺城市环境保护规划体系，以城市环境总体规划为中心指引协调其他相关规划。在落实上一层级国家、区域、流域环境保护战略要求的基础上，城市环境总体规划提出城市环境功能定位、强制性环境空间要求等，明确重点区域、重要单元分区指引，是编制下一级分区性城市环境总体规划的上位规划，是与城市国民经济和社会发展规划、城市总体规划、土地利用总体规划等平行对接载体，是编制下二级五年环境保护规划的基础，是下三级污染防治规划、环境整治规划等专项规划的主要依据。

创新规划实施保障和协调机制，以落实规划强制性内容为重点提升规划效力。明确规划强制性内容、规划强制性要求、部门工作技术衔接内容和方式、规划审批修编等机制、环境空间管控制度。

（五）城市环境总体规划体系在规划体系中的地位

城市环境总体规划是对城市规划体系的有力完善。城市环境总体规划是环境参与城市发展综合决策的平台，与主体功能区规划、城市总体规划、土地利用总体规划等同属城市基础性规划。城市环境总体规划把环境保护目标、任务等放在城市长期发展的大背景下去谋划和考量，系统分析城市发展进程中的环境问题，从不同角度对城市发展规模、布局、方式、产业等发挥调控和引导作用，从源头奠定城市环境保护格局，优化城市发展、提供宜居环境，提高城市可持续发展能力，是环境—发展—建设—国土“四化一体、相互融合”的城市可持续发展规划体系中关键的一环。经过批复实施的环境总体规划，是城市发展建设的依据，城市总体规划、土地利用总体规划等的编制要与此相衔接。

城市环境总体规划是对环境规划体系的提升与完善。对于国家区域环境保护战略、国家环境功能区划等上位规划，城市环境总体规划落实国家、区域、流域环境保护战略要求。重点确定城市环境格局、生态红线、环境资源开发强度以及综合性环境功能区划，与五年环境保护规划、节能减排规划等保持衔接，各有侧重。经过批复实施的环境总体规划，是城市编制环境保护规划、污染防治规划、环境整治规划等专项规划的依据。城市环境保护规划、污染防治规划等专项规划是落实环境总体规划的专项规划。

从空间范围及行政层级上，城市环境总体规划分为不同的层次。首先是全市域的城市环境总体规划，全市域的城市环境总体规划确定全市的质量基线、格局红线、排放上限、安全防线、资源底线等内容，提出城市环境保护强制性、引导性要求；制定重点区域环境规划指引，提出重点区域环境规划要求，制定重点区域环境功能定位、控制性指标、生态红线及环境功能区划控制性要求，重点区块及重大产业发展的环境指引。对于重点地块及重点区域，应编制城市环境分区规划与重点区域环境控制性详细规划等规划，城市环境总体规划是城市环境分区规划与重点区域环境控制性详细规划等下位规划的依据和基础。全域环境总体规划批复实施后，各区县应根据环境总体规划的要求，编制区县环境总体规划，重点区域应编制环境控制性规划，落实规划要求。

四、城市环境总体规划试点启动和进展

为探索建立科学的城市环境总体规划制度，环境保护部积极开展前期研究工作，积累了一些经验，取得了一定成效。但是，城市环境总体规划编制还缺乏成熟的技术标准、规范和导则，因此，选择部分典型城市开展试点工作，为建立科学的城市环境总体规划制度提供方法和经验。

（一）试点工作的启动历程

2011 年 12 月 15 日，国务院印发国家环境保护“十二五”规划，将城市环境总体规划作为我国“十二五”期间提出的一项重要环保制度和要求，要求开展城市环境总体规划编制试点。

2011 年 12 月 20 日，周生贤部长在 2012 年第七次全国环境保护工作会议的讲话中，

提出“积极开展城市生态和环境保护总体规划前期研究与编制工作”。2012 年 4 月 13 日，周建副部长在全国环境保护规划财务会议上，提出“要积极开展城市环境总体规划编制试点工作”。2012 年 5 月 3 日，张力军副部长在中欧城镇化伙伴关系高层会议上提出，“巩固城市规划法律地位，推行中长期城市环境规划”，作为提高中国城市可持续发展能力的四大重要举措之一。

2012 年 9 月 19 日，为贯彻落实 2012 年全国环境保护规划财务工作会议精神，环境保护部印发《关于开展城市环境总体规划编制试点工作的通知》（环办函［2012］1088 号），确定大连市、鞍山市、伊春市、南京市、泰州市、嘉兴市、福州市、宜昌市、广州市、北海市、成都市、乌鲁木齐市等 12 个城市为首批试点城市，开展环境总体规划编制试点工作。1088 号文的出台，标志着环境总体规划编制试点工作正式启动。

1088 号文出台后，为满足部分城市加入试点城市行列的意愿，环境保护部着手筹备第二批试点城市。目前，拟确定的两批试点城市共 20 个。试点工作启动后，环境保护部陆续出台了《关于开展城市环境总体规划编制试点工作的意见》、《城市环境总体规划编制技术要求（试行）》，对试点城市环境总体规划编制的组织实施、基本原则、工作目标、规划主要内容与技术等提出了相应的要求和建议，指导实践城市环境总体规划的编制工作。

（二）各试点城市工作进展

环境保护部启动首批城市环境总体规划试点工作后，各试点城市人民政府高度重视、高位推动试点工作。当前试点工作已经全面开展。第一批试点城市均已经向环境保护部递交了工作方案，试点工作进入编制阶段。各试点城市将试点工作列入了政府年度工作重点，制定了工作方案，加大资金投入，确保高质量地完成试点任务。按照环境保护部的要求，试点城市将在 2013 年 12 月底前完成城市环境总体规划编制和审批工作。

随着试点工作的不断推进，城市环境总体规划的组织机制不断完善，规划编制水平不断提高。当前，环境保护部已经成立了不定期试点城市环境总体规划技术培训制度、试点城市简报制度等交流管理机制。福州、嘉兴等城市不断开展技术创新，在生态红线划定、分区管理等方面逐渐形成相对完整的方法体系。福州市作为首批第一个试点城市，目前已经完成大纲编制工作，在城市中长期经济形势分析、环境系统格局结构、生态红线体系构建、资源环境承载力与经济发展调控等方面不断创新，初步构建一整套较为完整的城市环境总体规划技术体系。

五、城市环境总体规划发展与展望

环境保护部将不断推动城市环境总体规划编制技术的规范与提升，完善规划的报批、审核、滚动修编等组织管理机制，明确城市环境保护总体规划的法律地位，建立城市环境总体规划实施保障体系，逐步形成一整套完整的城市环境总体规划制度。

环境保护部近期将陆续出台《城市环境总体规划编制试点工作管理办法（暂行）》、《城市环境总体规划编制试点工作规程（暂行）》、《试点城市环境总体规划审核审查办法（暂行）》等文件，探索建立城市环境总体规划工作的编制、审批、实施体制机制，更好地指导试点城市环境规划编制的实践工作。

通过试点工作的不断推进，城市环境总体规划将逐步实现技术上的突破。以空间规划技术突破为核心，不断突破环境空间规划管控技术方法，明确城市环保规划的空间控制性分异要求，建立并完善城市环境总体规划技术方法体系，将污染防治规划逐步提升为环境保护规划，真正成为能与城市、土地、经济社会规划并行乃至前置的总体性、基础性规划，真正为优化城市空间结构、优化产业结构提供“过硬”的依据。

本章小结

我国正处于工业化中后期和城镇化加速发展的阶段，环境问题在我国集中显现，环境总体恶化的趋势尚未根本改变，环境保护仍是经济社会发展的薄弱环节。作为城市环境管理最基本的两项制度，创模和城考牢牢把握解决城市突出环境问题这一工作重点，已成为各级政府贯彻落实科学发展观、构建和谐社会的重要载体。当前，创建国家环保模范城市与城市环境综合整治定量考核已经形成相对完善的环境管理制度。但随着城市环境形势的不断转变，将城市环境容量和资源承载力作为城市经济社会发展的基本前提，努力解决城市发展方式、经济结构和消费模式带来的突出环境问题，成为两项制度不断完善的方向。

城市环境总体规划是环境保护部推出的一项重要制度。城市环境总体规划遵循城市自然生态和环境基础要求，明确城镇化、工业化历程中“生态红线”、“风险红线”、“资源底线”、“排放上限”和“质量基线”，突出环境规划在城市经济社会发展战略规划体系中的引领地位和约束作用，是推动城市环境管理战略转型的重要举措。随着试点城市的不断探索与尝试，城市环境总体规划将不断突破当前环境规划的思想约束与技术障碍，建立一套完善的城市环境总体规划技术规范体系；逐步建立完善组织、审批、管理、实施等政策机制，形成一套完整的城市环境总体规划制度。

思考题

1. 谈谈你所在城市的主要环境问题及成因。
2. 谈谈你所了解的国外环境管理制度。
3. 城考与创模制度对城市环境保护工作有哪些作用？
4. 结合现在的城市环境形势，你认为创模和城考指标可进行哪些调整？
5. 谈谈你所了解的城市环境管理特色措施。
6. 城市环境总体规划提出的背景如何？可以解决哪些问题？
7. 如何理解城市环境总体规划和通常意义的城市环境规划的差异？
8. 城市环境总体规划与城市环境管理的关系如何？
9. 城市环境总体规划要求在空间落地，有哪些手段和做法？
10. 城市环境总体规划如何保障城市化健康发展与城市的可持续发展？

参考文献

[1] 国新办就中国城镇化发展举行吹风会. http：//www.china.com.cn/zhibo/2010-03/29/content_19709512.htm.

[2] 中国城市竞争力报告 2012. 北京：社会科学文献出版社，2012.

[3] 中国城市发展报告 2012. 北京：社会科学文献出版社，2012.

[4] 中国城镇化未来发展趋势——2012 年中国城镇化高层国际论坛会议综述.http：//www.doc88.com/p-903567016367.html.

[5] 吴舜泽，王金南，邹首民，等. 珠江三角洲环境保护战略研究. 北京：中国环境科学出版社，2006.

[6] 吴舜泽，万军，于雷，等. 突破环境空间规划成套技术瓶颈，将环境强制性要求实质性落地，从源头解决格局性环境问题. 重要环境决策参考，2013（9）.

[7] 王金南，张惠远，蒋洪强. 科学构建环境区划体系，实行环境分区分类管理. 重要环境信息参考，2010（80）.

[8] 国家环境保护局计划司《环境规划指南》编写组. 环境规划指南. 北京：清华大学出版社，1994.

[9] 邹首民，吴舜泽，徐毅，等. 国家环境保护规划的回顾、分析与展望//中国环境科学学会环境规划专业委员会 2008 年学术年会优秀论文集. 北京：中国环境科学出版社，2009.

[10] 张明顺. 环境管理（第二版）. 北京：中国环境科学出版社，2005.

[11] 杨志峰. 城市生态可持续发展规划. 北京：科学出版社，2004.

[12] 环境保护部污染防治司. 创建国家环境保护模范城市实践与指南. 北京：中国环境科学出版社，2007.

[13] 《中小城市绿皮书》编写组. 中国中小城市绿皮书（2010）. 北京：社会科学文献出版社，2010.

[14] 郭怀成. 环境规划方法与应用. 北京：化学工业出版社，2006.

[15] 裴洪平，汪勇. 我国环境规划发展趋势探析. 重庆环境科学，2003，25（2）：123.

[16] 符云玲，张瑞. 中国环境保护规划制度框架研究. 环境保护，2008（24）：77-79.

[17] 张璐. 环境规划的体系和法律效力. 环境保护，2006（11）：63-67.

[18] 刘秉镰. 区域经济与社会发展规划的理论与方法研究. 北京：经济科学出版社，2007.

[19] 韩晶，刘秉镰. 区域经济与社会发展规划的理论与方法研究. 北京：经济科学出版社，2007.

[20] 王红英. 城市环保规划法律效力研究. 中国政法大学，2007.

第十五章　农村与农业环境管理

农村环境保护事关广大农民的切身利益，事关农业的可持续发展，事关农村的和谐稳定，也关系到广大城乡居民“米袋子”、“菜篮子”、“水缸子”的安全和社会全面进步，是重大的民生问题。改革开放 30 多年来，我国经济社会发展取得了举世瞩目的巨大成就，但人口、经济增长与资源、环境的矛盾也日益凸显。在广大农村地区，环境污染和生态破坏尤为突出，已经成为国家环境安全的薄弱环节和农村经济社会发展的制约因素。

近年来，农村环境保护工作得到党中央、国务院的高度重视和社会各界的广泛关注，各地区、各部门认真贯彻环境保护的基本国策，不断加大农村污染防治和生态保护力度，部分农村地区环境质量有所改善，农村环境保护取得积极进展。但全国农村环境形势依然严峻，农村生活污染、面源污染还相当严重，工业污染、城市污染向农村转移加剧。这些问题不仅严重影响广大群众身体健康，也影响社会稳定，制约国家可持续发展。

第一节　农村环境保护概论

一、现状、问题与成因

（一）工作进展

一是农村环境保护日益受到重视。党中央、国务院高度重视农村环境保护工作，做出了一系列重要部署。2008 年 7 月，全国农村环境保护工作电视电话会议召开，针对农村环保实际，提出了“以奖促治”和“以奖代补”等重大政策措施。2009 年 2 月，国务院转发了环境保护部、财政部、国家发展和改革委员会《关于实行“以奖促治”解决突出的农村环境问题实施方案》。2011 年 10 月，《国务院关于加强环境保护重点工作的意见》提出“实行农村环境综合整治目标责任制”。深化“以奖促治”和“以奖代补”改革，扩大连片整治范围，集中整治存在突出环境问题的村镇。李克强总理在第七次全国环保大会上强调，扩大农村环境连片整治范围，“十二五”期间重点完成 6 万个建制村的环境综合整治，每年抓出一批群众“看得见、摸得着、能受益”的成果。

二是农村环境综合整治稳步推进。2008 年，中央财政设立农村环境保护专项资金，实施“以奖促治”政策。截至 2012 年年底，已累计解决了 5 亿多农村人口饮水不安全问题，支持各地约 3.1 万个村镇开展农村环境综合整治和生态示范建设，约 6 000 万农村人口直接受益。目前，环境保护部、财政部共组织 21 个省（区、市）和 2 个计划单列市开展农村环境连片整治示范。1 559 个乡镇和 238 个村达到全国环境优美乡镇（国家级生态乡镇）和国家级生态村建设标准。农村饮用水水源地环境保护工作得到加强，农村生活污染治理设施覆盖范围逐步扩大，一批畜禽养殖污染问题得到解决，部分地区农村环境质量明显改善。

“以奖促治”和“以奖代补”政策

2008 年 7 月 24 日，国务院召开全国农村环境保护工作电视电话会议，李克强副总理发表重要讲话，并提出针对那些严重危害农村居民健康、群众反映强烈的突出污染问题，采取有力措施集中进行整治，对经过整治污染问题得到解决的村镇，实行“以奖促治”。要继续推进生态示范创建工作，搞好生活垃圾处理，发展清洁能源，加强绿化美化，对经过建设生态环境达到标准的村镇，实行“以奖代补”。“以奖促治”采取事前补助方式，对有治理积极性的地区给予资金支持。“以奖代补”采用事后奖励的方式。

三是农村环保体制机制初步建立。为了创新农村环境保护机制，环境保护部组织开展了农村环境综合整治目标责任制试点工作。各试点省、市政府均成立了以政府负责同志为组长、相关部门为成员单位的工作协调小组，明确了小组各成员单位的任务分工。试点工作取得了阶段性成果。河北省政府在全省启动实施了“百乡千村”环境综合整治三年行动计划，强化体制机制建立，制定了目标责任制考核的工作方案和实施办法。宁夏回族自治区政府建立完善了落实目标责任制的体制机制，建立了农村环保专项资金，出台了实施方案和考核办法，将目标责任制与区域经济发展规划和环境保护目标相结合，与城镇村庄建设相结合，与新技术推广相结合，与生态乡镇建设相结合。辽宁省政府以农村小康环保行动、环保攻坚惠民实践活动和农村环境连片整治示范为载体，推行目标责任制，以沈阳、大连为龙头，以大伙房水库输水工程周边为重点，带动全省农村环境综合整治，保障饮水安全，全面开展试点工作。

“以奖促治”的制度化建设逐步加强。财政部、环境保护部印发了《中央农村环境保护专项资金管理暂行办法》、《中央农村环境保护专项资金环境综合整治项目管理暂行办法》和《关于加强“十二五”中央农村环境保护专项资金管理的指导意见》。环境保护部印发了《关于深化“以奖促治”工作　促进农村生态文明建设的指导意见》、《关于进一步加强农村环境保护工作的意见》、《农村环境连片整治工作指南（试行）》、《农村环境综合整治“以奖促治”项目环境成效评估办法（试行）》等规范性文件，使“以奖促治”工作进一步规范化和科学化。

农村环保投入机制不断健全。在中央农村环保专项资金带动下，各地积极建立和拓宽农村环保资金渠道。河北、辽宁、安徽、福建、广东、贵州、宁夏等省份设立了省级农村环保专项资金。部分省份采取从本级排污费中列支部分资金、对涉农资金进行整合等方式，加大农村环保投入。

四是农村环境监管能力有所提高。辽宁、四川、甘肃、宁夏等环境保护厅增设了农村处，广东设立了生态与农村处，河南、江苏加挂了农村处牌子。截至 2011 年年底，全国共有乡镇环保机构 1 958 个，实有人数 7 436 人。农村环境监测工作逐步启动，环境保护部印发了《关于加强农村环境监测工作的指导意见》，并组织省级环境监测部门对 274 个实施“以奖促治”的村庄开展了地表水、环境空气、土壤样品监测试点。

五是农村环保科技支撑得到加强。环境保护部印发了《分散式饮用水水源地环境保护指南》、《农村生活污染防治技术政策》、《农村生活污染控制技术规范》、《畜禽养殖污染防治技术政策》、《畜禽养殖业污染治理工程技术规范》、《畜禽养殖场（小区）环境守法导则》、《温室蔬菜产地环境质量评价标准》、《食用农产品产地环境质量评价标准》、《化肥使用环境安全技术导则》、《农药使用环境安全技术导则》、《农业固体废物污染控制技术导则》等标准、规范和技术指导文件。启动了农村环境连片整治等项目建设和投资技术指南的研究编制工作。

（二）存在的问题

近年来，随着农村经济的快速发展，农业产业化、城乡一体化进程的不断加快，农村环境问题日益突出。第一次全国污染源普查结果显示，农业源化学需氧量、总氮、总磷年排放量分别达到 1 324.09 万吨、270.46 万吨、28.47 万吨，分别占全国总排放量的 43.7%、57.2%和 67.3%。农村地区突出环境问题主要包括以下五个方面：

一是农村水环境问题突出，部分饮用水水源地存在环境安全隐患。全国大部分河湖水体遭受不同程度污染，而这些水体主要分布在农村地区。根据近几年来在全国部分村庄开展的环境质量监测的结果，村庄周边地表水总体为中度污染，主要污染指标为粪大肠菌群、氨氮、高锰酸盐指数。目前，全国仍有约 3 亿农村人口还存在饮水不安全问题，一些农村饮用水水源地甚至检测出有毒有害物质，对群众身体健康构成严重威胁。

二是农村生活污水和垃圾随意排放，多数村镇环境“脏、乱、差”。农村环保投入欠账较多，环境设施建设严重滞后。全国约 4 万个乡镇，大多数没有健全的环保基础设施；60 多万个建制村中，绝大部分污染治理还处于空白。据测算，全国农村每年产生生活污水约 90 多亿吨，生活垃圾约 2.8 亿吨，其中大部分未经处理随意排放，导致村镇环境质量下降。

三是畜禽养殖废弃物排放量大，污染问题日益突出。近年来，我国畜禽养殖业发展迅速，但畜禽养殖废弃物综合利用和污染防治水平还相对较低。根据第一次全国污染源普查结果，我国畜禽养殖业的化学需氧量、总氮、总磷的年排放量分别占农业源排放总量的 96%、38%、56%，占全国排放总量的 42%、22%、38%，畜禽养殖污染已成为农业污染源之首。

四是农村地区工矿污染较为普遍，历史遗留污染问题亟待解决。农村工矿企业规模小，布局分散，工艺落后，缺乏有效的污染治理设施，对周边环境污染严重。随着城市环境保护力度的加大，重污染行业向农村地区转移增加，成为农村新的污染源。部分农村地区还存在历史遗留工矿企业造成的农田、水源等污染问题，对当地居民健康构成严重威胁。

五是农业面源污染加重，加剧农村生态环境退化。据统计，我国化肥和农药年施用量分别达 5 400 万吨和 170 万吨，而有效利用率不到 35%，流失的化肥和农药造成了水体和土壤污染，破坏农村地区生物多样性。初步估算，我国每年产生各类农作物秸秆约 8 亿吨，其中 30%以上未被有效利用，秸秆随处堆放或就地焚烧，污染农村环境。

（三）问题成因

农村地区存在的突出环境问题，已经成为统筹城乡发展和全面建设小康社会的重要制约瓶颈，归结问题成因，主要包括以下四个方面：

一是农村环保投入长期不足。我国环境保护投入总体不足，农村环保投入更为有限。全国约有 60 万个建制村，其中大多数缺乏必要的环保设施，迫切需要资金支持。目前，通过“以奖促治”完成整治的建制村仅占全国建制村总数的 2.8%，与实际需求仍有较大差距。

二是农村环保基础薄弱。法规标准不完善。我国现行的环境保护法律、法规、标准，不适应农村环境保护工作实际，针对性和可操作性不强，相关排放标准还存在空白。农村环保科技支撑力量薄弱。农村环境保护基础研究不足，农村环保科技人员匮乏，缺乏适合我国国情的农村环境保护先进适用技术和设备。

三是农村环境监管能力滞后。多数省级环保部门还没有负责农村环保的专职处室，县级环保部门工作力量更为薄弱，绝大多数乡镇没有专门的环境保护机构和编制。缺乏必要的监测、监察设备和能力，无法有效开展工作。

四是一些地方重视程度不够。一些地方还没有认识到农村环境综合整治工作的重要性和紧迫性，对这项工作的内涵和实质把握不准，缺乏创新意识，对于资源整合、污染治理设施运行维护、监测评估、技术指导与服务等问题，缺少思路和办法。

二、面临的机遇与挑战

（一）面临的机遇

“十二五”时期是全面建设小康社会的关键时期，也是我国加快转变经济发展方式，促进区域协调发展，建设资源节约型、环境友好型社会的重要时期，农村环境保护迎来历史性发展机遇。

一是党中央、国务院的决策部署为下一步深入开展农村环保工作指明了方向。党中央、国务院高度重视农村环境保护工作，作出了一系列重要部署。2011 年 10 月，国务院印发了《关于加强环境保护重点工作的意见》，明确提出要加快推进农村环境保护。实行农村环境综合整治目标责任制。深化“以奖促治”和“以奖代补”政策，扩大连片整治范围，集中整治存在突出环境问题的村庄和集镇，重点治理农村土壤和饮用水水源地污染。2011 年 12 月，国务院印发了《国家环境保护“十二五”规划》，要求实行农村环境综合整治目标责任制，实施农村清洁工程，开发推广适用的综合整治模式与技术，着力解决环境污染问题突出的村庄和集镇，到 2015 年，完成 6 万个建制村的环境综合整治任务。党中央、国务院的决策部署为农村环境保护指明了方向，提供了政治保障。

二是农村环境保护取得的进展为下一步深入开展工作打下了坚实的基础。自 2008 年国家实行“以奖促治”政策以来，环保、财政等部门狠抓落实，推动地方各级政府不断加大农村环境保护工作力度，着力解决群众最关心、最直接、最现实的突出农村环境问题，一批严重危害群众健康、媒体反映强烈的突出农村环境问题得到有效整治，农村饮用水水源地保护、生活污水及生活垃圾处理、工业污染控制、畜禽养殖污染治理、农业面源和土壤污染防治取得积极进展，农村生态建设示范工作成效显著，为下一步工作的深入开展打下了坚实的基础。

三是农村环境保护体制机制的建立完善为下一步深入开展工作提供了制度保障。各地党委、政府把农村环境保护摆上了重要议事日程。各地认真落实全国农村环境保护工作电视电话会议、全国农村环境保护暨生态建设示范工作宁波现场会和全国农村环境综合整治工作长沙现场会的精神，大力推进农村环境保护工作。大多数省份建立了农村环境保护工作领导小组。农村环境保护目标责任制逐步建立，地方政府保护农村环境的责任逐步落实。"以奖促治"的规章制度得到建立完善，使"以奖促治"工作制度化、规范化、科学化和实效化。

（二）存在的挑战

通过实施"以奖促治"政策，一些地方的突出环境问题得到了治理。但长期以来，"重城市、轻农村，重工业、轻农业，重点源、轻面源"形成的环境保护局面尚未取得重大突破；农民环境意识薄弱和不良习惯形成的农村落后生产生活方式尚未根本改变；农村环保投入严重不足形成的欠账过多局面亟待扭转；农村环保立法推进较慢形成的农村环保法律法规缺失还需要不断完善。农村环境保护面临的挑战表现在以下三个方面：

一是农村和农业环境面临巨大压力。"十二五"时期，我国仍处于工业化、城镇化和农业现代化加快推进的进程中，大量能源消耗和资源利用的环境风险将加大，人口的持续增长对粮食需求量不断增加，农业粮食生产面临巨大面源污染压力，人口资源环境约束将进一步加剧，成为社会主义新农村建设的重要制约因素。

二是农村生态破坏和环境污染严重。多数农村地区污染物总量较大，农村生活污染、面源污染严重，工业污染、城市污染向农村转移加剧等突出环境问题。部分地区生态损害严重，生态系统功能退化，生态环境比较脆弱。外来物种入侵风险加大，生物多样性降低的趋势难以遏制。

三是农村环境保护公共服务水平仍较低。目前，与我国城市和工业污染防治工作相比，农村环保总体上仍处于试点示范的初级阶段。全国约有 60 万个行政村，目前完成整治的行政村仅占 3%左右，绝大部分村庄还缺乏必要的环保设施，环境面貌亟待改善。随着国家统筹城乡发展战略的逐步推进，农村环保已经成为各级地方政府提供基本公共服务的重要内容，但目前地方政府在资金投入、管理体制、政策措施等方面的巨大差距，已经难以满足相关要求。

三、国家总体战略

（一）总体思路

以科学发展观为指导，以改善农村环境质量、提高农村生态文明水平、保障改善民生为根本目标，以深化"以奖促治"政策为主线，以开展农村生态示范建设的"以创促治"、推进农村污染减排的"以减促治"、实行农村环境综合整治目标责任制的"以考促治"为主要抓手，大力推进农村环境"问题村"治理和连片整治工作，着力解决损害群众健康和影响农村可持续发展的突出环境问题，积极探索农村环境保护新道路，不断完善农村环境保护长效机制，为全面建成小康社会提供环境安全保障。

（二）基本原则

1．统筹规划，突出重点

农村环境保护工作是一项系统工程，涉及农村生产和生活的各个方面，要统筹规划，分步实施。重点抓好农村饮用水水源地环境保护、生活污水和垃圾治理、规模化畜禽养殖污染防治、历史遗留工矿污染防治、土壤污染治理、农村自然生态保护等。

2．因地制宜，分类指导

根据各地的自然、社会、经济、资源等条件，以改善环境质量、解决突出环境问题为出发点，采取环境友好、资源节约的整治方式，合理选择技术和管理模式，分类开展整治和保护工作。

3．示范先行，典型引路

在环境问题突出和配套资金有保障的农村地区，开展农村环境连片整治示范，探索区域性农村环境问题治理模式。在总结示范经验基础上，逐步加大投入和扩大整治范围。同时，坚持保护优先，在环境状况良好、基础条件扎实的村镇，大力开展农村生态示范建设，有效保护农村生态环境。

4．明确责任，健全机制

明确农村环境综合整治工作各方职责，建立农村环境综合整治协调联动机制。充分发挥中央财政资金的引导作用，建立农村环境综合整治多元化投入机制。建立和完善农村污染减排和农村环境综合整治目标责任制。

（三）目标要求

到 2015 年，完成 6 万个建制村（约占全国建制村总数 10%）的环境综合整治，严重损害群众健康的农村突出环境问题基本得到治理；农村饮用水水源地水质状况和管理状况得到改善，农村生活污水和生活垃圾处理、规模化畜禽养殖场（小区）和散养密集区污染治理、农村地区工矿污染监管水平显著提高，农业面源污染防治得到加强，力争建成 5 000 个国家级生态乡镇和一批国家级生态村，农村环境质量初步改善；农村环境监管能力和农民群众环保意识明显提升。

到 2020 年，农村环境和生态状况显著改善，农村和农业主要污染物排放得到有效控制，农村环境监管能力和公众环保意识明显提高，农村环境与经济、社会协调发展，农村生态文明建设水平较高，达到全面建成小康社会的要求。

（四）战略重点

农村环境保护战略重点包括农村饮用水水源地保护、生活污染治理、畜禽养殖污染防治、农村工矿污染防治、种植业面源污染防治、农村生态示范建设、农村管理体系建设等方面。

"以奖促治"项目实施范围、整治内容和成效要求

《国务院办公厅转发环境保护部等部门关于实行"以奖促治"加快解决突出的农村环境问题实施方案的通知》(国办发[2009]11 号)，明确了"以奖促治"项目实施范围、整治内容和成效要求：

（1）实施范围。"以奖促治"政策的实施，原则上以建制村为基本治理单元。优先治理淮河、海河、辽河、太湖、巢湖、滇池、松花江、三峡库区及其上游、南水北调水源地及沿线等水污染防治重点流域、区域，以及国家扶贫开发工作重点县范围内，群众反映强烈、环境问题突出的村庄。在重点整治的基础上，可逐步扩大治理范围。

（2）整治内容。"以奖促治"政策重点支持农村饮用水水源地保护、生活污水和垃圾处理、畜禽养殖污染和历史遗留的农村工矿污染治理、农业面源污染和土壤污染防治等与村庄环境质量改善密切相关的整治措施。

（3）成效要求。农村集中式饮用水水源地划定了水源保护区，在分散式饮用水水源地建设了截污设施，水质监测得到加强，依法取缔了保护区内的排污口，无污染事件发生。采取集中和分散相结合的方式，妥善处理了农村生活垃圾和生活污水，并确保治理设施长期稳定运行和达标排放。通过生产有机肥、还田等方式，有效治理了规模化畜禽养殖污染，对分散养殖户进行人畜分离，养殖废弃物得到集中处理；对历史遗留农村工矿污染采取工程治理措施，消除了隐患。推广化肥、农药污染小的生产方式，建立了有机食品基地；在污灌区、基本农田等区域，开展了污染土壤修复示范工程，保障食品安全。

第二节　农村饮用水水源地环境保护

一、划定农村饮用水水源保护区

（一）开展调查与评估

根据《关于印发〈全国典型乡镇饮用水水源地基础环境调查及评估工作方案〉的通知》(环办[2009]27 号)，开展乡镇饮用水水源地基础环境调查及评估工作，摸清全国乡镇水源地基础环境信息。主要包括以下内容：

①制定《饮用水水源地基础环境调查及评估技术大纲》。明确饮用水水源地基础状况调查的范围、项目、方式、数据收集来源、监测办法、监测项目、计算方法、调查问卷等内容，保证调查的真实性和可操作性。

②开展乡镇饮用水水源地环境状况调查。按照《技术大纲》要求，开展定量与定性相结合的调查。开展全部乡镇的集中式饮用水水源地开展定量调查。组织志愿者到部分农村开展分散式饮用水水源地基本信息的定性问卷调查。

③开展饮用水水源地水质状况调查。参照国家环保总局《关于印发〈城市实施集中饮用水水源地水质监测、评价与公布方案〉的通知》要求进行水质监测，以地表水为饮用水水源地的，河流监测《地表水环境质量标准》（GB 3838—2002）中基本项目和补充项目共 29 项；以湖库型地表水水源地加测叶绿素 a 和透明度。以地下水为饮用水水源地的，监测《地下水环境质量标准》（GB/T 14848—93）中 23 项，即：pH 值、总硬度、硫酸盐、氯化物、高锰酸盐指数、亚硝酸盐氮、氨氮、氟化物、氰化物、汞、砷、硒、镉、六价铬、铅、总粪大肠菌群、铁、锰、铜、锌、挥发酚、阴离子表面活性剂、硝酸盐氮。

④建立饮用水水源地环境状况信息数据库。对饮用水水源地环境状况调查数据进行收集、汇总和分析，建立全省乡镇以上饮用水水源地环境基础信息数据库。开发基于 GIS 平台的全省饮用水水源地信息管理系统，对饮用水水源地空间分布，保护区范围、水质状况、污染源分布情况等信息进行综合管理，使调查成果得到充分的应用。

⑤评估饮用水水源地环境状况。建立全省饮用水水源地环境状况的综合评估指标体系，从环境禀赋、污染状况，环境监管、环境风险等方面分析评估全省乡镇饮用水水源地环境状况。

⑥提出饮用水水源地环境管理对策建议。开展饮用水水源地污染防治对策研究，制定并完善乡镇饮用水水源地环境管理、技术保障和环境政策对策，研究制定饮用水水源地监控方案、信息平台方案和宣传教育方案。

（二）划定保护区或保护范围

针对调查评估工作中发现的饮用水水源水质污染严重、对群众身体健康构成严重威胁的农村地区，要抓紧制定和启动相应的污染防治措施。同时，要依据《饮用水水源保护区划分技术规范》（HJ/T 338—2007）、《饮用水水源保护区标志技术要求》（HJ/T 433—2008）等要求，科学划定农村集中式饮用水水源保护区和分散式饮用水水源保护范围。有关饮用水水源保护区的设置与划分、技术原则和水质要求如下：

1. 水源保护区的设置与划分

饮用水水源保护区分为地表水饮用水水源保护区和地下水饮用水水源保护区。地表水饮用水水源保护区包括一定面积的水域和陆域。地下水饮用水水源保护区指地下水饮用水水源地的地表区域。集中式饮用水水源地（包括备用的和规划的）都应设置饮用水水源保护区；饮用水水源保护区一般划分为一级保护区和二级保护区，必要时可增设准保护区。

饮用水水源保护区的设置应纳入当地社会经济发展规划和水污染防治规划；跨地区的饮用水水源保护区的设置应纳入有关流域、区域、城市社会经济发展规划和水污染防治规划。在水环境功能区和水功能区划分中，应将饮用水水源保护区的设置和划分放在最优先位置；跨地区的河流、湖泊、水库、输水渠道，其上游地区不得影响下游（或相邻）地区饮用水水源保护区对水质的要求，并应保证下游有合理水量。

应对现有集中式饮用水水源地进行评价和筛选；对于因污染已达不到饮用水水源水质要求，经技术、经济论证证明饮用水功能难以恢复的水源地，应采取措施，有计划地转变其功能。饮用水水源保护区的水环境监测与污染源监督应作为重点纳入地方环境管理体系中，若无法满足保护区规定水质的要求，应及时调整保护区范围。

2. 划分的一般技术原则

确定饮用水水源保护区划分的技术指标，应考虑以下因素：当地的地理位置、水文、气象、地质特征、水动力特性、水域污染类型、污染特征、污染源分布、排水区分布、水源地规模、水量需求。其中：地表水饮用水水源保护区范围应按照不同水域特点进行水质定量预测并考虑当地具体条件加以确定，保证在规划设计的水文条件和污染负荷下，供应规划水量时，保护区的水质能满足相应的标准。地下水饮用水水源保护区应根据饮用水水源地所处的地理位置、水文地质条件、供水的数量、开采方式和污染源的分布划定。各级地下水源保护区的范围应根据当地的水文地质条件确定，并保证开采规划水量时能达到所要求的水质标准。

划定的水源保护区范围，应防止水源地附近人类活动对水源的直接污染；应足以使所选定的主要污染物在向取水点（或开采井、井群）输移（或运移）过程中，衰减到所期望的浓度水平；在正常情况下保证取水水质达到规定要求；一旦出现污染水源的突发情况，有采取紧急补救措施的时间和缓冲地带。

在确保饮用水水源水质不受污染的前提下，划定的水源保护区范围应尽可能小。

3. 水质要求

地表水饮用水水源保护区水质要求。地表水饮用水水源一级保护区的水质基本项目限值不得低于 GB 3838—2002 中的Ⅱ类标准，且补充项目和特定项目应满足该标准规定的限值要求。地表水饮用水水源二级保护区的水质基本项目限值不得低于 GB 3838—2002 中的Ⅲ类标准，并保证流入一级保护区的水质满足一级保护区水质标准的要求。地表水饮用水水源准保护区的水质标准应保证流入二级保护区的水质满足二级保护区水质标准的要求。

地下水饮用水水源保护区水质要求。地下水饮用水水源保护区（包括一级、二级和准保护区）水质各项指标不得低于 GB/T 14848—93 中的Ⅲ类标准。

二、农村饮用水水源地环境监管

（一）加大环境执法力度

一级保护区内应视实际情况实施封闭式管理。按照《水污染防治法》的有关要求，一级保护区内不得有与取水设施和保护水源无关的建设项目及其他禁止行为。二级保护区按照近期清拆违规污染源、远期预防的原则进行整治。二级保护区禁止新建、改建和扩建排放污染物的建设项目；已建成排放污染物的建设项目，由县级以上人民政府责令拆除或关闭。准保护区禁止在饮用水水源准保护区内新建、扩建对水体污染严重的建设项目；改建建设项目，不得增加排污量。

开展农村饮用水水源地保护区专项执法检查。依法取缔农村集中式饮用水水源保护区内的排污口，禁止有毒有害物质进入保护区。拆除或关闭一级保护区内已建成的与供水设施和保护水源无关的建设项目；取缔饮用水水源一级保护区内网箱养殖、旅游、游泳、垂钓或者其他可能污染饮用水水体的活动。拆除或关闭水源二级保护区内已建成的排放污染物的建设项目。

水源保护区上游（补给径流区内）的工业污染源应合理布局。严格整治化工、造纸等高污染建设项目；禁止向该区域河流、沟渠排放未经处理或虽经处理但不达标的工业废水；工业固体废弃物应及时运至不影响水源水质安全的区域处理。

（二）加强水源地环境监测

抓紧建立和完善农村饮用水水源地环境监测体系，发布水质监测信息。合理布设监测断面（井），能够监测所有设定断面（井）、各级保护区水质；监测指标和频次满足有关要求。所有监测断面（井）和垂线均应经当地环境保护行政主管部门审查确认，并在保护区范围图件上标明准确位置，在岸边设置固定标志。同时，用文字说明断面周围环境的详细情况，并配以照片，图文资料均存入断面档案。一般情况下，应在各级保护区分别设置监测断面（井），确认后不宜变动。确需变动时，应经环境保护行政主管部门重新审查同意。

（三）加强环境应急管理

编制农村饮用水水源保护区突发环境事件应急预案，组织开展应急演练，强化水污染事故的预防、预测预警和应急处置，确保饮水安全。

建立污染防治联动体系，相邻地区或上下游地区应建立监测预警、信息沟通及联席会议机制，一旦发生突发水环境污染事件或存在重大水环境隐患，应立即通知相邻区域或上下游政府及环保部门，及时对水源地污染采取措施，启动应急预案，保障环境安全。

当地政府、周边企业和供水单位应分别编制饮用水水源防范突发环境事件的应急预案，并开展应急演练。加强饮用水水源地突发环境事件的预防、报告与处置，加强水源安全的预防，发现饮用水水源水质污染情况应立即向环保部门举报，当地环保部门在接报后应立即向当地人民政府报告，并派人赶赴现场对水质进行检查监测，如发现水质异常应立即通报，禁止取水。分类给出饮用水水源地突发环境事件的原因及处置方法。

在灾害等特殊条件下，水源地可能会遭受污染，应及时启动水源地突发环境事件应急预案，并密切监测水质。分析水质恶化原因，并采取相应措施。如水质恶化是由于水源地本身的原因或者不可抗拒外力引起，应考虑更换水源地；如水质发生重大变化的原因是外部环境变化所致，应上报上级主管部门后采取相关措施减少或消除环境变化对水质的影响。

三、农村饮用水水源地污染治理

参照《集中式饮用水水源环境保护指南（试行）》和《分散式饮用水水源地环境保护指南（试行）》，加强农村饮用水水源地环境保护。农村饮用水水源地保护是“以奖促治”政策的重点支持之一，各地在实施“以奖促治”政策过程中，要优先治理农村饮用水水源地周边的环境问题，消除威胁和隐患，改善水源地环境质量。不同饮用水水源地类型治理措施主要有：

（一）河流型

河流型饮用水水源污染防治工作应注重全流域综合防控，严格实行容量总量控制，坚决取缔保护区内排污口，严防种植业和养殖业污染水源，禁止有毒有害物质进入保护区，强化水污染事件的预防和应急处理。主要防治措施包括以下内容：从全流域尺度保护水源，保障保护区上游水质达标；严格限制利用天然排污沟渠间接在水源上游排污；取缔保护区内排污口和违法建设项目；禁止或限制航运、水上娱乐设施、公路铁路等流动污染源；逐步控制农业污染源，发展有机农业；底泥清淤，建设生态堤坝；建设人工湿地和生态浮岛。

（二）湖库型

湖库型饮用水水源污染防治工作应强调蓝藻水华控制。湖库型饮用水水源根据藻类种类严格控制氮磷总量，发生藻类水华时，及时启动藻类水华应急工作，分析水华发生原因，根据水华发生的不同特征，研究制定控制方案。除了河流型水源污染防治措施外，其他主要措施包括以下内容：严格控制入湖（库）河流水质，实现清水入湖；根据水华特征，科学实施氮磷总量控制；提倡沿湖（库）农田开展测土配方施肥；制定藻类水华暴发应急预案；采用藻水分离技术，开展高效机械打捞；开展藻类资源化利用。

（三）地下水型

重点围绕地下水污染源、污染羽和污染途径开展地下水污染防治工作。主要防治措施包括以下内容：取缔通过渗井、渗坑或岩溶通道等渠道排放污染物；取缔利用坑、池、沟渠等洼地存积废水；改造化粪池及农村厕所，建设防渗设施；取缔污水灌溉，控制农田过度施肥施药；取缔保护区内鱼塘养殖、人工筑塘；防止受污染地表水体污染傍河地下水型水源；建设控制、阻隔措施，防止受污染的地下水影响下游水源；针对不同的污染物类型，采用绿色的地下水环境修复技术。

常用饮用水水源地防护技术

（1）小型塘坝水源周边生态隔离技术

针对塘坝饮用水水源和平原地区地下水饮用水水源，主要采取生态隔离措施，由三个子系统组成，即：流域农田减量施肥子系统、生态拦截沟渠子系统、生态隔离防护子系统。

流域农田减量施肥子系统：在库塘周边农田中实施测土配方、合理施肥，以减少N、P的流失，从而减少农业非点源污染对周围水体的污染。

生态截流沟：在农田与生态隔离防护带之间构建生态截流沟，对沟渠的两壁和底部采用蜂窝状混凝土板材硬质化，在蜂窝状孔中种植对N、P营养元素具有较强吸收能力的植物，用于吸收农田排水中的营养元素，从而减少库塘水质的富营养化。

生态隔离防护带子系统：在库塘周边50米范围内，构建生态隔离带，通过生物吸收作用等再次耗竭氮磷养分、净化水质，提高养分资源的再利用率。库塘周边生态隔离带应按照宽度大于50米、高度大于1.5米进行设置，以起到阻隔人群活动影响的作用。库塘周边生态隔离系统的最佳结构为疏林+灌草，这一结构可以通过密度控制来实现。需根据当地的气候条件，选取适宜的生物物种。适合水土保持的防护林树种主要有：松树、刺槐、栎类、凯木、紫穗槐等，须选择适合于本地区的树种。

（2）塘坝水源入库溪流前置库技术

前置库由五个子系统组成，即：地表径流收集与调节子系统、沉降与拦截子系统、生态透水坝及砾石床强化净化子系统、生态沟渠强化净化子系统、导流子系统。

地表径流收集与调节子系统：利用现有沟渠适当改造，结合生态沟渠技术，收集地表径流并进行调蓄，对地表径流中污染物进行初级处理。

沉降与拦截子系统：利用库区入口的沟渠河床，通过适当改造，结合人工湿地原理构建生态河床，种植大型水生植物，建成生物格栅，既对引入处理系统的地表径流中的颗粒物、泥沙等进行拦截、沉淀处理，又去除地表径流中的N、P以及其他有机污染物。

生态透水坝及砾石床强化净化子系统：利用砾石构筑生态透水坝，保持调节系统与库区水位差，透水坝以渗流方式过水。砾石床位于生态透水坝后，砾石床种植的植物、砾石孔隙与植物根系周围的微生物共同作用，高效去除N、P及有机污染物。

导流子系统：暴雨时为防止系统暴溢，初期雨水引入前置库后，后期雨水通过导流系统流出。

（3）地下水源地隔离防护技术

以水井为中心，周围设置坡度为5%的硬化导流地面，半径不小于3米，30米处设置导流水沟，防止地表积水直接下渗进入井水。导流沟外侧设置防护隔离墙，高度1.5米，顶部向外侧倾斜0.2米。或者生物隔离带宽度5米，高度1.5米。

第三节　农村人居环境整治与改善

一、农村生活污水处理

（一）开展农村集镇生活污水减排工作

抓紧开展农村生活污水污染状况调查，摸清农村生活污水污染现状和治理设施情况，为农村集镇生活污水减排奠定基础。集镇生活污水是农村污染减排的重点，要按照国家“十二五”主要污染物减排要求，抓紧建立农村集镇生活污水化学需氧量和氨氮减排的监测、统计、考核体系，做好农村集镇生活污水减排工作，确保减排目标和任务的实现。

农村生活污水污染控制技术

根据《农村生活污染控制技术规范》（HJ 574—2010），农村生活污水污染控制技术主要包括源头控制技术、户用沼气池技术、低能耗分散式污水处理技术、集中污水处理技术等。其中，低能耗分散式污水处理技术主要包括人工湿地、土地处理、稳定塘、净化沼气池、小型污水处理装置；集中污水处理技术包括传统活性污泥法、氧化沟、生物接触氧化法等。

（二）加强农村生活污水治理设施的建设

加强村镇生活污水处理设施的建设。纳入污染源普查范围和主要污染物总量减排范畴的集镇和规模较大村庄应建设集中污水处理设施；城市周边村镇的污水可纳入城市污水收集管网；对居住比较分散、经济条件较差村庄的生活污水，可采取分散式、低成本、易管理的方式进行处理。位于水源涵养区、集中式饮用水水源保护区等环境敏感区的村庄或处于水体富营养化严重的平原河网地区的村庄，要加强生活污水处理出水水质和排放去向监管。加强乡村旅游、餐饮等服务业污水处理和排放管理。

（三）强化农村生活污水治理设施的管理

强化农村生活污水治理设施的运行管理，县级人民政府作为“以奖促治”政策落实的责任主体，积极建立政府、企业、社会多元化资金投入机制，保障日常运行经费，确保设施稳定运行。项目布局时，要预先考虑设施建成后的运行维护问题，包括运行维护方式、资金解决渠道等；项目实施方案制定和污染防治技术选取时，既要考虑建设成本问题，又要考虑运行维护成本和难易程度；项目通过验收后，县级人民政府应及时组织办理资产移交，结合本地区城乡基础设施管理权限划分，明确设施管理主体，加强技术指导，建立健全设施维修、养护、运行等各项规章制度，并结合各地实际情况，采取财政补贴、村镇自筹、收取费用等方式解决运行维护资金。鼓励开展集中运营和委托第三方运营，促进设施运行维护的专业化、市场化。鼓励开展集中运营和委托第三方运营，促进设施运行维护的专业化、市场化。

农村生活污水污染防治的主要措施

根据《农村生活污染防治技术政策》（环发[2010]20 号），农村生活污水污染防治的主要措施有：

（1）农村雨水宜利用边沟和自然沟渠等进行收集和排放，通过坑塘、洼地等地表水体或自然入渗进入当地水循环系统。鼓励将处理后的雨水回用于农田灌溉等。

（2）对于人口密集、经济发达并且建有污水排放基础设施的农村，宜采取合流制或截流式合流制；对于人口相对分散、干旱半干旱地区、经济欠发达的农村，可采用边沟和自然沟渠输送，也可采用合流制。

（3）在没有建设集中污水处理设施的农村，不宜推广使用水冲厕所，避免造成污水直接集中排放，在上述地区鼓励推广非水冲式卫生厕所。

（4）对于分散居住的农户，鼓励采用低能耗小型分散式污水处理；在土地资源相对丰富、气候条件适宜的农村，鼓励采用集中自然处理；人口密集、污水排放相对集中的村落，宜采用集中处理。

（5）对于以户为单元就地排放的生活污水，宜根据不同情况采用庭院式小型湿地、沼气净化池和小型净化槽等处理技术和设施。

（6）鼓励采用粪便与生活杂排水分离的新型生态排水处理系统。宜采用沼气池处理粪便，采用氧化塘、湿地、快速渗滤及一体化装置等技术处理生活杂排水。

（7）对于经济发达、人口密集并建有完善排水体制的村落，应建设集中式污水处理设施，宜采用活性污泥法、生物膜法和人工湿地等二级生物处理技术。

（8）对于处理后的污水，宜利用洼地、农田等进一步净化、储存和利用，不得直接排入环境敏感区域内的水体。

（9）鼓励采用沼气池厕所、堆肥式、粪尿分集式等生态卫生厕所。在水冲厕所后，鼓励采用沼气净化池和户用沼气池等方式处理粪便污水，产生的沼气应加以利用。

（10）污水处理设施产生的污泥、沼液及沼渣等可作为农肥施用，在当地环境容量范围内，鼓励以就地消纳为主，实现资源化利用，禁止随意丢弃堆放，避免二次污染。

（11）小规模畜禽散养户应实现人畜分离。鼓励采用沼气池处理人畜粪便，并实施“一池三改”，推广“四位一体”等农业生态模式。

二、农村生活垃圾污染治理

（一）加强城乡生活垃圾治理设施统筹规划

开展农村生活垃圾污染专项调查，查明农村生活垃圾污染现状和治理设施建设情况。编制村镇生活垃圾污染治理设施建设规划或方案。同时，将农村生活垃圾污染治理设施建设作为城镇总体规划、国民经济和社会发展中长期规划和区域规划的重要内容，科学设计城乡生活污染治理设施建设规模和布局，逐步推进县域环保基础设施统一规划、统一建设、统一管理。

（二）选择适宜的生活垃圾治理模式

在城镇近郊、交通便利的地区，要加强农村生活垃圾的收集、转运、处置设施建设，统筹建设城市和县城周边的村镇无害化处理设施和收运系统，完善“户分类、村收集、乡（镇）转运、县（市）处理”的垃圾处理模式；在农户居住分散、交通不便的地区，要探索就地处理模式，引导农村生活垃圾实现源头分类、就地减量、资源化利用。垃圾填埋场、大型垃圾焚烧设施等农村生活垃圾处理设施建设项目，必须按照有关规定开展环境影响评价，避免造成二次污染。加强农村地区电子废弃物、医疗废弃物、有毒有害废弃物回收与处置监管。

（三）强化农村生活垃圾污染防治的管理

加强农村垃圾处理设施的运行维护，建立稳定的运行维护资金渠道，配备专职人员，建立规章制度，切实发挥处理设施的效益。各地可结合实际情况，采取财政补贴、村镇自筹、收取费用等方式，多渠道筹措设施运行维护费用：经济条件较好、居住集中、城镇周边的地区，垃圾治理费用可采用财政补贴和征收垃圾治理费相结合的方式，同时鼓励吸引社会资金；经济条件较差、居住分散、交通不便的地区，垃圾治理费用以各级财政补贴为主，同时，鼓励农民投工投劳。

湖南攸县"四分模式"处理垃圾

攸县环境治理得好，离不开一个独特的模式，即"四分模式"。它让攸县实现了农村环境卫生治理由点到面、由突击向常态的转变。

（1）分区包干。将村级环境卫生区划分为聘用专人保洁的村级公共区和由农户落实"三包"责任的农户责任区。

（2）分散处理。每家农户原则上配备一个垃圾池，按照可回收垃圾、不可回收垃圾分户分类收集，并通过"回收、堆肥、焚烧、填埋"等方法分类减量、化整为零。

（3）分级投入。攸县财政每年预算洁净行动专项工作经费 1 000 万元，其中 500 万元用于支持镇区创建，500 万元按每个村平均 1 万元的标准补贴到村，用于洁净行动。

（4）分期考核。实行月抽查、季考核，具体考核方式为县考核乡镇镇区、乡镇考核村、村考核组。每季度考核排名前 3 名的乡镇，在享受县财政资金扶助的基础上，奖励 3 万～7 万元。而排名后 3 名的乡镇，取消县财政资金扶助，同时处罚 3 万～7 万元。

科学确定垃圾处理设施运行模式：一是县（市、区）有关部门按照市场化要求，组建或委托专业公司统一负责治理设施的运行维护；二是县（市、区）环保部门和有关乡镇培训专职管理人员，统一负责辖区内治污设施的运行维护；三是治污设施所在村庄自管自用，县（市、区）环保部门和有关乡镇加强技术指导。

三、村镇环境卫生整治

（一）加强农村自然生态保护

在新农村建设和村庄拆并过程中，加强农村自然生态系统功能的保护，营造人与自然和谐的农村自然生态环境。在农村工业化和城镇化过程中，切实保护好农村地区的天然湿地、水源涵养区等具有重要生态功能的区域。强化对农村地区矿产、水力、旅游等资源开发活动的监管，努力遏制新的人为生态破坏。

（二）开展村庄绿化和生态建设

重视自然恢复，保护天然植被，加强村庄绿化、庭院绿化、通道绿化、农田防护林建设和林业重点工程建设。通过四旁植树、村庄绿化，搞好环村林网和庭院绿化美化，加强绿色通道工程建设等，逐步实现农村社区、庭院园林化。通过种植适宜的水生植物、清淤疏浚、建立河岸植被缓冲带等措施，积极开展农村地区沟渠、塘坝的生态治理，保护和整治村庄现有水体，努力恢复河沟池塘生态功能，提高水体自净能力。

（三）建立和完善村镇环境卫生制度

因地制宜地建立多元化村镇环境卫生制度。经济条件较好的，通过签订村镇环境卫生合同等方式，聘用环境卫生人员管理村庄环境卫生，同时，环境卫生人员优先考虑村镇低保户和困难户等群体；经济条件较差的，应充分发挥群众爱护环境的积极性和主动性，号召群众自发组织村庄环境卫生队（协会）等，参与到村镇环境卫生管理中。

建立健全村镇环境管理制度。通过各种激励和约束措施，开展农户环境卫生星级评定。研究制定农户环境卫生星级评定方法和标准，对环境卫生保持较好的农户，给予一定奖励；对环境卫生保持较差的农户，给予通报批评等。按照分类管理的原则，将建制村辖区分为主干道路、绿地、广场等公共场地和农户门前场地，建立“门前三包”责任制，明确各自职责。

第四节　畜禽养殖污染防治

一、划定畜禽养殖区域

（一）畜禽养殖禁养区划定

县级人民政府按照相关法律法规完成本行政区域内畜禽养殖禁养区划定工作，编制具体技术方案，并经地市级以上人民政府批准后组织实施。2013 年，国家水污染防治重点流域和区域范围内的县（市、区）要优先完成禁养区的划定。

（二）畜禽养殖限养区划定

县级人民政府根据区域生态环境功能定位、区域环境承载能力、水环境容量、土地消纳能力和其他污染防治要求，科学划定限养区，合理确定限养区内产业布局和生产规模，严格限养区内污染物总量控制和污染物排放标准要求，加快污染防治设施建设。同时在编制畜禽养殖产业规划时，要充分考虑禁养区、限养区的环境管理要求。

畜禽养殖禁养区和限养区范围

畜禽养殖禁养区是指《中华人民共和国畜牧法》第四十条和《畜禽养殖污染防治管理办法》第七条规定的范围，具体包括生活饮用水水源保护区、风景名胜区、自然保护区的核心区及缓冲区，城市和城镇中居民区、文教科研区、医疗区等人口集中区域，各级人民政府依法划定的禁养区域，国家或地方法律、法规规定需特殊保护的其他区域。

畜禽养殖限养区是指按照法律、法规、行政规章等规定，在一定区域内限定畜禽养殖数量，禁止新建规模化畜禽养殖场的地区。限养区内现有的畜禽养殖场应限期治理，污染物处理达到排放要求；无法完成限期治理的，应搬迁或关闭。

县级人民政府环境保护主管部门负责组织开展畜禽养殖禁养区和限养区环境综合整治工作，落实禁养区和限养区环境管理要求，依法关闭和搬迁违规畜禽养殖场（小区）和养殖户，对历史遗留畜禽养殖污染问题实施综合整治，强化监督执法力度。

二、畜禽养殖污染物减排

（一）建立畜禽养殖污染减排核算体系

按照国家“十二五”主要污染物减排要求，做好规模化畜禽养殖场（小区）化学需氧量和氨氮减排工作。依据《“十二五”主要污染物总量减排核算细则》要求，开展本地畜禽养殖主要污染物减排核算工作。抓紧建立规模化畜禽养殖场（小区）和养殖专业户的化学需氧量、氨氮减排的监测、统计、考核体系。

（二）制定落实畜禽养殖污染减排方案

根据主要污染物排放量、处理能力等，提出重点减排区县名单，对减排任务进行分解。相关区县要制定减排实施计划，因地制宜选取适用技术，落实减排任务。

在实地调查、监测验证和试验研究基础上，制定适合本地实际的畜禽养殖污染减排技术方案。鼓励规模化畜禽养殖场（小区）采取雨污分离污水收集系统、干清粪、污水厌氧处理、废弃物制作有机肥等全过程综合治理技术处理污染物；新（扩）建规模化畜禽养殖场（小区）要全面推广干清粪方式；鼓励畜禽养殖专业户向规模化发展，对养殖废弃物统一收集、统一处理。

（三）加强工程减排设施建设与运行维护管理

畜禽养殖大县按照各省份 2015 年规模化养殖场配套固体废弃物和废水贮存处理设施比例的目标要求，统筹安排畜禽养殖废弃物综合利用设施和污染防治设施建设。积极推动专业设施运行管理机构、技术咨询业、配套服务业的发展，各级监察执法部门要加强减排设施的日常督查、定期核查、随机抽查，严格执行《畜禽养殖业污染物排放标准》，确保设施的长效运行和减排成效。

三、畜禽养殖业环境监管

（一）严格落实环境影响评价和“三同时”制度

积极开展畜禽养殖业发展规划的环境影响评价，科学分析畜禽养殖业发展与环境功能区划、区域环境保护政策的符合性。同时，依据《畜禽场环境质量评价准则》（GB/T 19525.2—2004）、《畜禽养殖产地环境评价规范》（HJ 568—2010）等要求，严格执行畜禽养殖业建设项目环境影响评价制度，落实畜禽养殖场（小区）建设项目污染防治要求，确保污染物达标排放，满足总量控制要求。项目建成后组织开展项目后评价，确保配套环保设施建设和稳定运行。严格落实“三同时”制度。严肃查处“未批先建”、“批小建大”、超期试生产等行为，对违规建设项目实行挂牌督办。对规模化畜禽养殖场（小区）建设项目，要加强工程环境监理，严格项目验收，确保各项污染防治设施配套建设。

（二）加强畜禽养殖污染的源头控制

严格执行饲料添加剂安全使用规范，控制饲料中抗生素、激素、铜、锌，以及铬、砷等重金属物质的添加剂量，科学确定饲料喂养量，从源头限制重金属等进入生产环节。严格执行《有机肥料标准》（NY 525—2002）和《畜禽养殖业污染物排放标准》（GB 18596—2001）。

（三）对不同畜禽养殖单元实施分类管理

支持散养密集区适度集约化发展。积极支持、合理设计散养密集区集约化、产业化发展，鼓励散养密集区向规模化养殖场（小区）转变。充分结合土壤生态系统，鼓励采用生态养殖模式，推广农村户用沼气和小型环保堆肥设备，倡导畜禽养殖污染防治设施共建、共享、共管，建立猪—沼—果（林）等生态农业循环利用系统。

猪—沼—果（草、林、菜、茶等）生态型养猪模式

该模式的主要生产工艺是：猪场粪污排泄物经干清粪和固液分离后，粪渣固体经过堆积发酵制成有机肥，集中运输至果茶园、菜园、草地或竹、林地等用于基肥、追肥；污水则进入沼气池厌氧发酵，沼液通过专门管道或车辆运输至果茶园、菜园、草地或竹、林地等用于基肥、追肥。

这种模式将猪场粪污作为有机肥料被农作物完全吸收利用，不会对环境及水源造成污染，而且建造成本和运行费用低，适用于周边有足够吸纳沼液的农林地的猪场。在山地、林地、果园或农田面积较大的地区，适合推广“猪—沼—果”、“猪—沼—草”、“猪—沼—林”、“猪—沼—菜”、“猪—沼—茶”等物质循环利用型生态养殖模式，通过以生猪养殖为中心，沼气工程为纽带，种养相结合，有效地消纳养猪场的排泄物，提高资源利用率，形成经济效益和生态效益同步增长的良好效果。

推动中小型养殖场（小区）废弃物综合利用。对于区域环境容量较大、消纳土地面积充足的中小型养殖场（小区），按照“种养结合、以地定畜”的原则，采用“粪尿（水）分离、固废堆肥、废水沼气池处理、沼气供养殖场和农户使用、沼液贮存并生态还田”的技术模式，提升场区内部生产环境管理，加快建设污染防治与综合利用设施，保障污染治理设施正常运转。对于缺乏消纳土地面积的中小型养殖场（小区），引入环境治理企业的市场化管理方式，委托有能力的单位代为处理畜禽养殖废弃物，同时逐步推动建立有机肥产品的产销网络。

开展规模化养殖场（小区）污染减排。加快畜禽养殖污染防治与废弃物综合利用设施建设，严格执行环境影响评价制度、“三同时”制度、排污许可证制度、排污申报登记制度，规范环境执法和环境监测。

（四）引导产业生态化转型

统筹畜禽养殖业与种植业、林果业等相关产业的协调发展，倡导农牧结合、林牧结合、渔牧结合的生态发展模式，通过大力发展循环农业，促进畜禽养殖废弃物的综合利用。制定税收、补贴等优惠政策，引导畜禽养殖场（小区）采用清洁生产方式，扶持有机肥生产、沼气等产业的发展。

第五节　农村工矿污染防治

一、农村工矿业布局优化与结构调整

（一）农村工矿业布局优化

科学规划区域产业发展布局。编制农村工矿业发展空间布局规划，明确主要发展产业定位。禁止不符合区域功能定位和发展方向、不符合国家产业政策的项目在农村地区立项，防止污染严重的企业向西部和落后农村地区转移。严格限制在饮用水水源保护区上游建设污染严重的化工、造纸、印染等类企业。积极推进农村工业发展规划的环境影响评价，通过规划环境影响评价促进企业的合理布局。结合小城镇、新农村建设和现有特色产业基础，按照“规模适度、定位合理、有序开发、集约发展”的原则，加快产业集聚，培育产业集群，推进小城镇、新农村建设和城乡一体化协调发展。

（二）农村工矿业结构调整

构建农村生态工业体系。加快建立资源节约型、环境友好型的农村工业经济体系，优化农村传统工业结构，以产业集聚为手段推动农村工业园区建设，加强配套污染治理设施建设，严格控制排污总量。以造纸、酿造、化工、纺织、印染行业为重点，加大农村工业污染治理和技术改造力度。鼓励发展无污染、少污染的行业和产品，严格控制重污染的行业和产品的发展。在贵州、四川、甘肃、山西、陕西、内蒙古等矿产资源开发规模较大的地区，加强农村地区矿山污染治理与生态恢复，改善矿区生态环境质量。

推行农村工业企业清洁生产。鼓励农村企业进行清洁生产，推行农村企业清洁生产审核。将清洁生产与现有环境管理措施结合起来推行，包括清洁生产同“三同时”制度、总量控制、限期治理措施、排污收费、环境综合整治等相结合。将清洁生产目标纳入社会经济发展规划和年度计划，将实行清洁生产的目标分解到经济管理部门和重点企业，实行经济目标责任制，进行年度考核，以考核结果作为奖惩的依据。广泛开展清洁生产技术培训，编印清洁生产指南、培训教材等相关资料；制订培训计划，开展清洁生产法律法规和标准、技术的培训。

清洁生产概念与相关要求

根据《中华人民共和国清洁生产促进法》，清洁生产是指不断采取改进设计、使用清洁的能源和原料、采用先进的工艺技术与设备、改善管理、综合利用等措施，从源头削减污染，提高资源利用效率，减少或者避免生产、服务和产品使用过程中污染物的产生和排放，以减轻或者消除对人类健康和环境的危害。

（1）新建、改建和扩建项目应当进行环境影响评价，对原料使用、资源消耗、资源综合利用以及污染物产生与处置等进行分析论证，优先采用资源利用率高以及污染物产生量少的清洁生产技术、工艺和设备。

（2）企业在进行技术改造过程中，应当采取以下清洁生产措施：采用无毒、无害或者低毒、低害的原料，替代毒性大、危害严重的原料；采用资源利用率高、污染物产生量少的工艺和设备，替代资源利用率低、污染物产生量多的工艺和设备；对生产过程中产生的废物、废水和余热等进行综合利用或者循环使用；采用能够达到国家或者地方规定的污染物排放标准和污染物排放总量控制指标的污染防治技术。

（3）企业应当对生产和服务过程中的资源消耗以及废物的产生情况进行监测，并根据需要对生产和服务实施清洁生产审核。有下列情形之一的企业，应当实施强制性清洁生产审核：污染物排放超过国家或者地方规定的排放标准，或者虽未超过国家或者地方规定的排放标准，但超过重点污染物排放总量控制指标的；超过单位产品能源消耗限额标准构成高耗能的；使用有毒、有害原料进行生产或者在生产中排放有毒、有害物质的。

大力发展循环经济。按照减量化、再利用、资源化的原则，减量化优先，以提高资源产出效率为目标，推进生产、流通、消费各环节循环经济发展。按照循环经济要求规划、建设和改造各类产业园区，实现土地集约利用、废物交换利用、能量梯级利用、废水循环利用和污染物集中处理。完善再生资源回收体系，加快建设城市社区和乡村回收站点、分拣中心、集散市场“三位一体”的回收网络，推进再生资源规模化利用。建立健全垃圾分类回收制度，完善分类回收、密闭运输、集中处理体系，推进餐厨废弃物等垃圾资源化利用和无害化处理。加强规划指导、财税金融等政策支持，完善法律法规和标准，实行生产者责任延伸制度，制订循环经济技术和产品名录，建立再生产品标识制度，建立完善循环经济统计评价制度。开发应用源头减量、循环利用、再制造、零排放和产业链接技术，推广循环经济典型模式。

循环经济

根据《中华人民共和国循环经济促进法》，循环经济是指在生产、流通和消费等过程中进行的减量化、再利用、资源化活动的总称。减量化，是指在生产、流通和消费等过程中减少资源消耗和废物产生；再利用，是指将废物直接作为产品或者经修复、翻新、再制造后继续作为产品使用，或者将废物的全部或者部分作为其他产品的部件予以使用；资源化，是指将废物直接作为原料进行利用或者对废物进行再生利用。

二、农村工矿业环境监管

（一）严格环境准入

一是提高农村地区工业企业准入门槛，严格执行国家产业政策和环保标准，淘汰污染严重和落后的生产项目、工艺、设备，防止“十五小”和“新五小”等在农村地区死灰复燃。二是严格环保审批，实施重大建设项目环境影响评价文件的审批听证制度，严格限制新上高耗能、高耗水、高污染项目。三是严格实行建设项目环保管理主要污染物排放总量前置审核制度，对未取得总量控制指标的项目，一律不批准建设；未达到总量控制目标要求的项目，一律不得投入生产；新增污染物排放量不允许突破总量控制指标。四是实行区域限批，对超过总量控制指标的，暂停审批新增污染物排放总量的建设项目。五是建立项目审批的部门协调机制，建设项目的环境影响评价文件未经批准，各投资主管部门不审批、核准项目，国土部门不批准用地，银行不予贷款。六是建立新建项目审批问责制，对违法违规审批项目的，追究有关人员责任。

（二）强化重点污染源监管

一是要完善排污许可证制度，实行持证排污，禁止超总量排污、超标排污和无证排污；二是推行企业环境保护信用管理，建立和完善环境保护信用评价指标体系，评价企业环境行为信用状况，逐步实现将环境执法信息纳入银行征信管理系统，限制污染严重企业贷款；三是加强对污染物治理设施运行的监管，对不正常运行的，依法予以处罚；四是强化对重点行业和企业污染的整治，对不能稳定达标或超总量的排污单位要限期治理，逾期未完成治理任务的，责令停产整治，整治仍不能实现达标排放的，坚决依法关闭；五是切实贯彻落实《中华人民共和国清洁生产促进法》，积极推行清洁生产，鼓励企业通过清洁生产减少污染物排放，对重污染企业实行清洁生产强制审核，逐步解决结构性污染问题，减少污染物的产生和排放。

三、农村工矿污染治理

（一）历史遗留工矿污染治理

依据《关于实行“以奖促治”加快解决突出的农村环境问题的实施方案》（国办发[2009]11 号），历史遗留的农村工矿污染治理是“以奖促治”政策的主要整治内容，鼓励各地根据实情，对历史遗留的、无责任主体的农村工矿污染问题，通过“以奖促治”项目，采取措施进行治理，以消除工矿污染对村庄水环境、居住区、农田等的污染。

（二）有明确责任主体的工矿污染治理

依据《中华人民共和国环境保护法》，产生环境污染和其他公害的单位，必须把环境保护工作纳入计划，建立环境保护责任制度；采取有效措施，防治在生产建设或者其他活动中产生的废气、废水、废渣、粉尘、恶臭气体、放射性物质以及噪声、振动、电磁波辐射等对环境的污染和危害。因此，对于有明确责任主体的工矿污染治理，应在环境保护主管部门监督下，由工矿企业依法采取有效措施，开展工矿环境污染治理。

第六节　种植业面源污染防治

一、科学施用化肥

（一）源头控制技术措施

化肥品种选择。根据土壤供肥性能、作物营养特性、肥料特性及生态环境特点，合理选择化肥品种。对较容易产生渗漏的土壤，尽量减少使用容易产生径流、容易挥发的、环境风险较大的肥料，不宜使用硝态氮肥，适宜使用铵态氮肥。若土壤温暖湿润，则宜使用缓效肥料。适当增加有机肥料使用比例，提倡配方施肥，施用复合（混）肥料、缓效肥料。

化肥用量控制。综合考虑作物种类、产量目标、土壤养分状况、其他养分输入方式、环境敏感程度，确定施肥量。要通过土壤测试，了解土壤养分供应的状况，结合其他的养分输入情况，如灌溉方式、有机肥料的施用、种子状况（有的种子包衣含肥料）等，确定化肥使用量。土壤养分含量较高时，应少施化肥；施有机肥料时，要适当减少化肥施用量。农业生产中存在除养分以外的限制因子（如缺水）时，应少施化肥。在下列区域要尽量少施或不施化肥：靠近饮用水水源保护区的土地；在石灰坑和溶岩洞上发育有薄层土壤的石灰岩地区；强淋溶土壤；易发生地表径流的地区；土壤侵蚀严重的地区；地下水位较高的地区。

化肥施用方法。化肥尽量施在作物根系吸收区，以提高化肥利用率，减少流失。但在渗漏性较强的土壤上，氮肥深施有增大淋失的可能而不宜采用。采用分次施肥，忌一次大量施肥，以免造成严重的渗漏流失。磷肥原则上一次作基肥施用；氮肥应根据土壤地力和作物吸肥规律确定运筹比例，做到精确运筹，基、追肥相结合；钾肥要因土因作物施用，对需求量大的作物要分次施用。

在一个轮作周期统筹施肥。在一个轮作中，把磷肥重点施在对磷敏感的作物上，其他作物利用其后效。如在水旱轮作中，把磷肥重点施在旱作上；在小麦—玉米轮作中，磷肥重点施在小麦上；在禾本科—豆科轮作中，磷肥重点施在豆科作物上。尽量在春季施用化肥，夏秋季（雨季）追加少量化肥，以减少化肥随径流的流失和排水引起的化肥渗漏。氮肥应重点施在作物生长吸收高峰期。夏季施用尿素时，如有条件可加施脲酶抑制剂，以延缓尿素的水解，减少氨挥发；若使用铵态氮肥，应以少量分次施用为原则，如有条件可加施硝化抑制剂，抑制铵态氮硝化为硝态氮。

（二）减少化肥流失的措施

采用合理的耕作方式。在坡度较大的地区，易发生化肥径流流失，应采取保护耕作（免耕或少耕）以减少对土壤的扰动，还可利用秸秆还田减少径流流失。在以渗漏为化肥主要流失方式的平原地区，可采取耕作破坏土壤大孔隙，或控制排水保持土壤湿度，避免土粒干燥产生大孔隙引起渗漏。

采用合理的灌溉方式。对旱作提倡采用滴灌、喷灌等先进灌溉方式，尽量减少大水漫灌；对水田要加强田间水管理，尽量减少农田水的排放。

采用适宜的轮作制度。适宜的轮作制度可提高化肥的利用率，减少流失。如豆科作物与其他作物轮作，可节省化肥用量；深根作物与浅根作物轮作可充分利用土壤中的养分。有条件的地区可利用田间渠道、靠近农田的水塘和沟渠等暂时接纳富营养的农田排水，灌溉时再使用，实现循环利用。在农田和受保护的水体之间，应利用自然生态系统建立缓冲带，或在河滨、湖滨人工设置保护带以拦截过滤从农田流出的养分，提高营养物质的净化能力，防止养分流入周围河流、湖泊和水库等水体。

（三）化肥环境安全使用管理措施

按照清洁生产的原则和循环经济的理念，鼓励农民从事生态农业生产方式，积极促进有机农业的发展，推广农业废弃物无害化、资源化综合利用。

基于风险管理的思路，鼓励将高化肥投入的产业（如蔬菜生产）转移到面源污染风险较低的地区。探索建立环境经济补偿制度，对因不施或少施化肥造成经济收入损失的种植业主实行经济补偿。鼓励化肥减量化使用技术、农田流失养分的生态拦截技术的研发与工程应用。加强农业生产区域的环境监测，及时掌握农田化肥流失后的环境影响。在饮用水水源地和污染负荷较大的地区，控制化肥的使用。结合生态省、生态市或生态县的建设，探索实行区域化肥使用总量控制。加强宣传教育和科普推广，充分发挥农业技术推广服务机构的职能，提高公众对不合理使用化肥所产生危害的认识。

二、合理使用农药

20 世纪 50—70 年代，以滴滴涕为代表的有机氯农药是我国的主导农药，斯德哥尔摩公约中所列的九种用作杀虫剂的 POPs 中，滴滴涕、灭蚁灵、七氯、氯丹、毒杀芬和六氯苯六种产品在中国曾生产过，虽然我国在 2009 年 5 月 17 日发布了禁止在我国境内生产、流通、使用和进出口杀虫剂类 POPs 的公告，但初步调查结果表明，我国杀虫剂废物数量大、存放点分散，环境隐患突出。2011 年 4 月，《斯德哥尔摩公约》第五次缔约方大会将硫丹列入了 POPs 受控清单，调查显示我国硫丹的生产量仅次于印度，约占全球产量的四分之一。因此，这些农药的合理使用与污染防治任务艰巨。

（一）防止污染环境的技术措施

防止污染土壤的技术措施。根据土壤类型、作物生长特性、生态环境及气候特征，合理选择农药品种，减少农药在土壤中的残留。节制用药。结合病虫草害发生情况，科学控制农药使用量、使用频率、使用周期等，减少进入土壤的农药总量。改变耕作制度，提高土壤自净能力。采用土地轮休、水旱轮换、深耕暴晒、施用有机肥料等农业措施，提高土壤对农药的环境容量。科学利用生物技术，加快农药安全降解。施用具有农药降解功能的微生物菌剂，促进土壤中残留农药的降解。

防止污染地下水的技术措施。具有以下性质的农药品种易对地下水产生污染：水溶性＞30 毫克/升、土壤降解半衰期＞3 个月、在土壤中极易移动、易淋溶的农药品种。地下水位小于 1 米的地区，淋溶性或半淋溶性土壤地区，或年降雨量较大的地区，不宜使用水溶性大、难降解、易淋溶、水中持留性很稳定的农药品种，例如 POPs 类农药。根据土壤性质施药。渗水性强的沙土或砂壤土不宜使用水溶性大、易淋溶的农药品种，使用脂溶性或缓释性农药品种时，也应减少用药种类、用药量和用药次数。实施覆水灌溉时，应避免用水溶性大、水中持留性很稳定的农药品种。

防止污染地表水的技术措施。具有以下性质的农药品种易对地表水产生污染：水溶性＞30 毫克/升、吸附系数 K_d＜5、在土壤中极易移动、水中持留性很稳定的农药品种。地表水网密集区、水产养殖等渔业水域、娱乐用水区等地区的种植区，不宜使用易移动、难吸附、水中持留性很稳定的农药品种。加强田间农艺管理措施。不宜雨前施药或施药后排水，减少含药浓度较高的田水排入地表水体。农田排水不应直接进入饮用水水源水体。避免在小溪、河流或池塘等水源中清洗施药器械；清洗过施药器械的水不应倾倒入饮用水水源、渔业水域、居民点等地。

防止危害非靶标生物的技术措施。根据不同的土壤特性、气候及灌溉条件等选用不同的除草剂品种。含氯磺隆、甲磺隆的农药产品宜在长江流域及其以南地区的酸性土壤（pH＜7）稻麦轮作区的小麦田使用。含有氯磺隆、甲磺隆、胺苯磺隆、氯嘧磺隆、单嘧磺隆等有效成分的除草剂品种，按照 NY 686 等相关标准和规定正确使用。调整种植结构，采用适宜的轮作制度，合理安排后茬作物。对使用长残效除草剂品种及添加其有效成分混合制剂的地块，不宜在残效期内种植敏感作物。鼓励使用有机肥，接种有效微生物，加速土壤中杀虫剂和除草剂的降解速度，减少对后茬作物的危害影响。灭生性除草剂用于农田附近铁路、公路、仓库、森林防火道等地除草时，选择合理农药品种，采用适当的施药技术，建立安全隔离带。

防止危害有益生物的技术措施。使用农药应当注意保护有益生物和珍稀物种。对水生生物剧毒、高毒和（或）生物富集性高的农药品种，不宜在水产养殖塘及其附近区域或其他需要保护水环境地区使用。在农田和受保护的水体之间建立缓冲带，减少农药因漂移、扩散、流失等进入水体。对鸟类高毒的农药品种，不宜在鸟类自然保护区及其附近区域或其他需要保护鸟类的地区使用。使用农药种子包衣剂或颗粒剂时，应用土壤完全覆盖，防止鸟类摄食中毒。对蜜蜂剧毒、高毒的农药品种，不宜在农田作物（如油菜、紫云英等）、果树（枣、枇杷等）和行道树（洋槐树、椴树等）等蜜源植物花期时施用。对蚕剧毒、高毒的农药品种，不宜在蚕室内或蚕具消毒、蚕病防治时使用。配制农药不宜在蚕舍、桑田附近进行，施药农田与蚕舍、桑园间建立安全隔离带，隔离带内避免农药使用。

（二）防止污染环境的管理措施

防止农药使用污染环境的管理措施。推行有害生物综合管理措施，鼓励使用天敌生物、生物农药，减少化学农药使用量。推行农药减量增效使用技术、良好农业规范技术等，鼓励施药器械、施药技术的研发与应用，提高农药施用效率。鼓励农业技术推广服务机构开展统防统治行动，鼓励专业人员指导农民科学用药。加强农药使用区域的环境监测，及时掌握农药使用后的环境风险。加强宣传教育和科普推广，提高公众对不合理使用农药所产生危害的认识。

防止农药废弃物污染环境的管理措施。按照法律、法规的有关规定，防止农药废弃物流失、渗漏、扬散或者其他方式污染环境。农药废弃物不应擅自倾倒、堆放。对农药废弃物的容器和包装物以及收集、贮存、运输、处置危险废物的设施、场所，应设置危险废物识别标志，并按照《危险化学品安全管理条例》、《废弃危险化学品污染环境防治办法》等相关规定进行处置。

（三）替代杀虫剂类 POPs

完善相关政策、法规和标准体系。完善农药制造行业的技术规范、清洁生产标准体系，以及相关污染场地的环境管理体系，制订《农药厂建设项目环境影响评价技术导则》、《杀虫剂类 POPs 污染防治最佳可行性技术导则》、《杀虫剂类 POPS 污染场地环境调查技术导则》等规范性文件。

全面推行清洁生产。实施清洁生产，从源头和生产过程中削减杀虫剂类 POPs 的产生和排放，是农药制造业实现履约目标的重要手段。改进生产技术、规范生产管理，淘汰落后生产产能，有效减少杀虫剂类 POPs 在生产过程中的排放。

加大 POPs 类农药替代品研发和推广力度。引进和研发经济、有效、环境友好的替代品和替代技术，为削减和控制杀虫剂类 POPs 的使用提供技术支持，同时要积极推广环境友好的替代品和替代技术，全面淘汰杀虫剂类 POPs 的使用。

开展宣传和培训。提高农民对于杀虫剂类 POPs 的认知程度，开展环境友好、经济有效的种植技术培训及示范推广，提高农民自觉淘汰含 POPs 的农药的使用，促进杀虫剂类 POPs 的淘汰。

三、秸秆综合利用

（一）减量化技术措施

采用先进的种植技术，提高种植业废物综合利用率，减少污染。推广集约化种植模式，提高秸秆收集率，对秸秆进行集中处理与循环再生利用。

（二）资源化技术措施

采取秸秆还田、堆肥、饲料化、能源利用、工业原料利用等多种途径，实现农业植物性废物的资源化利用。通过堆腐还田、高留茬还田等多种秸秆还田方式，将秸秆等有机植物性废物作为肥料施入农田，增加土壤有机质含量，提高土壤肥力。利用秸秆、棉籽皮等多种农业植物性废物做培养基，栽培食用菌。采用切碎、粉碎、氨化、青贮、热喷等方式，对秸秆进行加工，提高秸秆饲料的营养价值。利用沼气发酵、生物质气化、固化成型燃料、供热、发电等技术，实现农业植物性废物的能源利用。可根据各类农业植物性废物的不同性质特点，生产工业原料、包装材料和建筑装饰材料，以及保温材料、农艺编织制品等。利用不同种类农业植物性废物的成分特点，开发制糖技术和生产蛋白技术。

（三）污染控制管理措施

对农业植物性废物的处理处置应符合相关法规、标准等规范性文件的要求。不应露天随意堆放农业植物性废物，防止污染土壤和自然水体。在农业耕作区域建立农田生态拦截系统，控制地表径流，减少径流养分向水体的排放，以降低或避免水体污染。秸秆处理处置应符合国家和地方有关规定和要求，不宜露天焚烧秸秆。鼓励和扶持秸秆的综合处理与综合利用技术和设备的研发和推广。

四、残留农膜回收与利用

（一）农用薄膜的选用

选用的农膜应具有安全性、适用性、经济性的特点。提倡选用厚度不小于 0.008 毫米、耐老化、低毒性或无毒性、可降解的树脂农膜。鼓励与推广使用天然纤维制品替代塑料农膜。

污染控制技术措施。优化覆膜技术，推广侧膜栽培技术、适时揭膜技术，降低连续覆盖年限。侧膜栽培技术。将农用地膜覆盖在作物行间，作物栽培在农膜两侧，既保持土壤水分，提高了土壤温度，促进了作物生长，又不易被作物扎破地膜。待作物生长到一定阶段，即可把地膜收回，防止地膜对土壤的污染。

适时揭膜技术。技术要点：海拔高度不同，揭膜时间有所差异。1 000 米以上的高山地区，适时揭膜可缩短到在覆盖地膜后 80 天揭膜，1 000 米以下地区，可在覆盖地膜后 45 天揭膜。不同作物，适时揭膜期不同。如花生在封行期揭膜、棉花在现蕾期揭膜、玉米在大喇叭期揭膜。适时揭膜技术可缩短覆盖地膜的时间，提高地膜的回收率，减少地膜对土壤的污染，有利于农业生产的高产高效和可持续发展。

选用适宜的栽培种植方式，如整地时间、整地方式和起垄方式等。注重废旧膜的回收和再加工利用，在手工操作的基础上，合理采用清膜机械，加强废旧膜回收利用。结合回收地膜再生加工技术，开发深加工产品，促进废旧膜回收。

（二）污染控制管理措施

大力推广可降解农膜的生产和使用。改进农艺管理措施，有效降低农膜在土壤中的残留，减少污染。开发优质农膜，提高塑料地膜的使用寿命，以利于农膜回收或重复使用。加强农膜回收工作力度，不断提高回收技术水平，建立农膜回收相关办法，提高农膜的回收率。加大宣传力度，提高公众对农膜残留危害的认识。

第七节　农村生态示范建设

一、村镇生态示范建设规划编制

（一）明确各地村镇生态示范建设目标

生态乡镇和生态村示范建设是生态省、市、县建设的基础和细胞工程，是推动农村环境保护工作的重要抓手，是推进农村生态文明建设的有效载体。《全国农村环境综合整治“十二五”规划》（环发[2012]75 号）提出，“在巩固山东、江苏、浙江、北京、上海、广东等东部地区农村生态示范建设成果基础上，强化对中西部地区的引导，推动中西部地区加快开展农村生态示范建设。到 2015 年，通过落实‘以奖代补’政策，引导各地加大农村生态示范建设投入，力争推动 5 000 个乡镇和一批建制村分别达到‘国家级生态乡镇’和‘国家级生态村’建设标准。”

为确保规划有关农村生态示范建设目标如期实现，各地结合生态省、市、县建设，积极筹划农村生态示范建设，确定国家级、省级和地市级生态乡镇（村）的建设目标。已创建为国家级生态乡镇和生态村的，要加强农村生态示范建设的动态管理，积极探索农村生态文明建设的有效途径和模式。

（二）制定村镇生态示范建设规划

按照生态乡镇和生态村建设要求，组织有关村镇制定和实施生态示范建设规划，统筹安排生态示范建设工作，明确有关目标、要求和具体实施计划。农村生态示范建设规划要与当地经济社会发展规划、产业规划充分衔接，发挥环境保护优化经济发展的作用。

二、生态示范长效管理

（一）加强分类管理

加强分区指导，注重引导经济欠发达、生态环境比较脆弱的地区积极参与村镇生态示范建设。加强动态管理，已命名的“国家级生态乡镇”和“国家级生态村”，要在总结经验的基础上，不断提升建设质量；正在申报生态示范建设的村镇，要加强指导和实地抽查工作。

（二）规范申报程序

各省（区、市）要制定完善省级生态乡镇、生态村建设标准及管理制度；完善省内申报国家级生态乡镇、生态村程序，规范审查工作，加强监督检查和公示管理。加大宣传力度，丰富宣传手段，引导公众参与，提高生态示范建设工作的科学决策、民主监督水平。

浙江省农村生态示范建设的主要做法

近年来，浙江省按照生态省建设和社会主义新农村建设部署，把生态乡镇创建工作摆上重要议事日程，创建活动蓬勃开展。截至2010年，累计创建省级生态乡镇835个；创建全国环境优美乡镇238个，数量列全国第一位；国家级生态村9个。主要做法有：

（1）加强领导，明确目标。2003年，浙江省生态省建设工作全面启动。按照生态省建设指标要求，明确将生态乡镇建设完成情况作为生态县（市、区）考核的约束性指标，要求各级党委、政府将它纳入生态省建设工作计划进行统一部署和认真组织实施。2005年至今，生态创建工作一直都被纳入各级政府生态省建设工作任务书和政府绩效考核范围，创建任务得到层层落实。

（2）编制规划，完善标准。生态建设，规划先行。从2004年开始，根据全国环境优美乡镇和省级生态乡镇建设标准的要求，全面组织开展了生态乡镇建设规划的编制工作。为进一步规范生态乡镇创建工作，构建了一整套科学完善的省、市级生态乡镇和生态村一应俱全的标准体系。2009年，印发实施《浙江省省级生态乡镇（街道）创建管理暂行办法》，对生态乡镇的申报、命名、管理等各个环节做了明确的规定。

（3）突出重点，合力推进。按照突出重点、解决热点、突破难点、打造亮点的思路，在村庄环境整治、河道治理、农村生活垃圾和污水、自然生态保护、农业面源治理、公共基础设施等方面有侧重地加大建设力度，提升乡镇综合发展水平。各地各部门还按照部门协作紧密，项目配套优化，集成优势突出的要求，做到生态乡镇建设工作与农村环境“五整治一提高工程”、“千村示范、万村整治”工程、“千里清水河道工程”等载体有机结合，合力推进。

（4）加强指导，加大扶持。在实际工作中我们非常注重通过培育典型、加强示范的办法，以达到以点带面，整体推进的效果。围绕创建重点、难点，加强技术指导。省级财政生态专项资金对获得全国环境优美乡镇和省级生态乡镇命名的乡镇最高给予20万元的补助。市、县财政也切实加大扶持力度，对生态乡镇建设规划、重点内容给予支持。

（5）注重质量，动态管理。进一步规范省级以上生态乡镇创建和管理，根据《浙江省省级生态乡镇（街道）创建管理暂行办法》的规定，已命名的省级生态乡镇（街道）要不断巩固深化创建工作，每年向设区市环保局提交年度工作报告，同时明确对辖区范围内的省级生态乡镇实行动态管理、定期复查。

第八节 农村环境管理体系

一、农村环保机构与队伍建设

（一）加强农村环保机构与队伍建设

各地党委、政府要加强组织领导，落实《国务院关于加强环境保护重点工作的意见》有关要求，结合实际，推进农村环保机构和队伍建设，完善基层环境管理体制。结合地方人民政府机构改革和乡镇机构改革，探索县（市、区）、乡镇农村环境保护有效监管模式，完善基层农村环境管理体制。各级环保部门要积极争取地方党委、政府的支持，协调有关部门加强农村环保机构和人员队伍建设。推动地市、县（市、区）设置专门农村环保机构或专职人员，有条件的县级环保部门在辖区乡（镇）要设立派出机构，并设立专（兼）职环保员。鼓励农村人口较多、种植、畜禽养殖规模较大、有工矿企业的建制村要安排专人负责环境管理工作。鼓励农村环境连片整治示范县（市、区）要优先强化农村环境保护机构和人员队伍建设。

（二）探索建立农村环境管理体系

充分发挥村民参与环境保护的积极性，调到广大群众参与环境管理的主动性，逐步探索建立村民自治与政府监管相结合的农村环境管理机制，建立“村民自治、乡镇督查、县市监管”的农村环境监管体系。

湖南省农村环保自治模式

湖南省金塘村农村环保自治模式。湖南省浏阳市葛家乡金塘村不断创新环保体制机制，通过出台《金塘村环境保护村规民约》，对环保宣传、牲畜防疫、环境美化等方面做了具体规定，在全村明确划定了禁养区、限养区和宜养区，让生猪养殖逐渐远离村民生活的中心区域。通过成立金塘村环保促进会和形成环保自治听证制度，让污染大户始终在村民的监督之中，有力化解了单方面推动污染治理的难度。为保持环保成果，使村民共同肩负起环境保护的重担，金塘村制订了联户保洁制度并要求村民签订“联户保洁协议”，明确了各户在垃圾处理、环境保护等方面的职责。

湖南省果园镇农村环保自治模式。为破解农村垃圾收集处理成本高的难题，从2008年起，长沙县果园镇成立了果园镇农村环保合作社，按照“分户收集、分类处理、村民自治、政府补贴、合作社运营”的模式，实行垃圾分类处理。乡镇设环保合作总社，各村设环保分社，由政府出资聘请保洁员、购买垃圾中转车，形成“农户—保洁员—合作社”的网络构架。环保合作社通过从村民手中回购垃圾并给予补贴的方式，调动村民的积极性。由于农户对垃圾进行分类，可降解垃圾就地堆沤分解成为有机肥；可回收利用的、有毒有害的垃圾由环保合作社有偿回收利用；不可降解、不能回收利用的垃圾经镇压缩中转站压缩后统一送县固体废弃物处理场集中处理。建立了“户分类减量、村分类利用、少量镇中转填埋”的分散处理模式。

二、农村环境监察

（一）加快农村环境监察执法能力建设

以县（市、区）环境监察机构为重点，建立辖区农村环境监察执法制度。“十二五”期间，按照《全国环境监察标准化建设标准》，加快县级环境监察机构标准化建设，提高机动性执法、现场取证、通信联络、信息处理、快速反应等配套执法能力，重点对中西部地区予以支持。农村环境连片整治示范区所在县（市、区）要优先完善农村环境监察执法能力。加强监察人员对农村环保执法业务培训。

（二）加大农村环境监察力度

围绕实施农村环境综合整治（“以奖促治”）、农村生态文明示范创建（“以创促治”）、农村污染减排（“以减促治”）和农村环境保护目标责任制考核（“以考促治”）等环境管理政策，全面加强农村地区的环境保护执法工作。

开展“以奖促治”政策实施情况的环境监察。开展对农村环境连片整治项目实施情况的监督检查，尤其要加强对已建成的各类环境保护基础设施运行情况的日常现场监督检查，依法查处各类环境违法行为。

开展“以创促治”政策实施情况的环境监察。配合农村生态文明建设示范创建活动，按照生态乡镇和生态村建设要求，开展日常现场监督检查工作，促进农村地区生态环境质量的改善。

开展“以减促治”政策实施情况的环境监察。按照国家“十二五”主要污染物减排工作要求，对纳入农村污染减排的项目加强日常现场监督检查，重点是加强对规模化畜禽养殖场（小区）的环境保护执法工作。

开展“以考促治”政策实施情况的环境监察。配合农村环境综合整治目标责任制的考核，加强现场监督检查工作；组织开展秸秆禁烧执法监管工作。

加强农村地区工业污染环境监察。加强对农村地区建设项目环境影响评价制度执行情况的监督检查，遏制城市和工业污染向农村转移，保障农村地区的环境安全。

积极探索开展土壤环境保护和有机食品生产基地监管、规模化水产养殖等领域的环境监管和执法工作。

（三）完善农村环境监察制度

定期召开农村环境监察会议，通报农村环境污染投诉、项目审批等情况。完善跨行政区域农村环境执法合作机制和部门联动执法机制，通过各地、各部门密切配合，有效遏制环境违法行为。推行生产者责任延伸制度。深化企业环境监督员制度，实行资格化管理。建立健全农村环境保护举报制度，广泛实行信息公开，加强环境保护的社会监督。

三、农村环境监测

（一）制定工作制度和技术规范

国家将出台农村环境监测制度和技术规定，建立农村环境质量监测评价指标体系和监测信息共享机制，出台农村环境质量评价办法，指导全国农村环境监测工作。各地也要结合实际，建立相应的工作制度和实施方案，进一步明确工作任务和技术要求，突出工作重点，明确工作职责，建立健全科学高效的农村环境监测工作机制。

完善农村环境质量报告和信息发布制度。研究制定农村环境质量监测、统计、评价标准和方法，开展农村环境质量评价工作，定期公布全国和区域农村环境状况。各级环保主管部门要开展农村环境监测、评价工作，定期公布典型地区农村环境质量状况。要组织编制农村环境质量报告，实行分级负责，把好质量关，及时发布辖区内典型地区当年的农村环境质量状况。

（二）加强农村环境监测能力建设

实施以城市带动农村战略，加强县区级环境监测机构标准化建设，确立以县区级环境监测机构为主的工作模式。按照《全国环境监测站建设标准》，有序推进县级监测站的常规监测能力建设。积极争取各级财政投入，切实加强地市级和县级环境监测站标准化建设，逐步推进城市和农村统一环境监测。合理安排基层环境监测能力建设，针对农村突出的环境问题，配备简便适用、便于操作的监测仪器设备，有条件的地方可配备环境空气和水质流动监测车（船），不断提升农村监测能力。

（三）开展农村环境监测试点工作

对辖区内农村环境质量状况进行全面的调查了解，以及时发现和预警影响人体健康的环境要素及污染因子为抓手，做到统筹安排、科学布点。各地环保部门自行确定农村环境监测内容、监测指标和监测频次，视情况选择开展农村环境监测工作。重点开展“以奖促治”村庄环境监测工作。根据《关于实行“以奖促治”加快解决农村突出环境问题的若干意见》的有关要求，在具备条件的村镇率先实施试点，积累农村环境监测工作经验。各地要结合实际情况，制订实施方案，建立农村环境监测档案，在重点区域、流域和环境问题突出的“以奖促治”村镇开展农村环境监测试点，通过环境监测结果反映“以奖促治”政策的实施效果，带动农村环境保护工作水平的整体提升，切实发挥以点带面的作用。

农村环境监测试点工作的主要内容

根据《全国农村环境监测工作指导意见》（环办[2009]150号），农村环境监测试点工作的主要内容为：

（1）农村饮用水水源地水质监测。各地要围绕饮用水水源地水质安全，统筹安排监测力量，一般每年至少应监测1次，对存在问题以及潜在风险的市县和集中式饮用水水源地水质定期开展监测，确有必要的可适当增加监测频次。

（2）农村工矿企业污染监测。农村周边工矿企业污染是影响农村环境的重要因素，有针对性地加强对工矿企业的污染监测是农村环境监测的关键环节。要建立农村工矿排污及其影响的环境监测档案，做到早监测、早预警、早治理。

（3）农村地表水水质监测。2010 年各地要选取辖区内不同地区有代表性的地表水体开展水质试点监测，“十二五”期间逐步推开。要结合辖区的水环境特征，有针对性地选择监测指标和监测频次，逐步扩大地表水监测覆盖范围。

（4）农村土壤环境质量监测。按照不同土地利用类型布设点位，对不同土壤类型的典型地区以及对可能受重金属、有机污染的地区，要重点监测。要发挥其他部门的力量，充分利用农业部门已有的监测成果，对于确需监测的农业种植、养殖用地，要会同有关部门开展土壤环境相关监测。

（5）农村环境空气质量监测。选择不同类型、有代表性的村庄（乡、镇），科学设置监测点位，选择常规污染因子，开展环境空气质量监测，对可能受工矿企业污染影响的农村地区，要选择代表性污染因子开展定期监测。国家鼓励探索农村环境空气监测的新模式和新方法，鼓励利用城市环境空气流动监测车定期开展农村环境空气质量监测。

（6）农村养殖业和面源污染监测。加强规模化养殖场和化肥、农药等农业面源为主的农业污染源监测，掌握污染来源、主要污染物排放量、排放规律，会同农业等相关部门对农业面源污染开展监测。

（7）农村噪声环境监测。各地可根据情况开展农村区域环境噪声监测，对于可能受工矿企业噪声、道路交通噪声、飞机噪声影响的农村地区，要定期开展噪声监测。

四、农村环保宣传与培训

（一）加强农村环保宣教能力建设

按照《全国环保系统环境宣传教育机构规范化建设标准》，加强环境宣教机构，特别是地级以上市环境宣教机构的标准化建设，逐步推进县级环境宣教队伍建设。增强县（市、区）环境宣教能力，实现宣教机构独立，办公用房、人员配置和设备齐全，逐步建立覆盖全地区的农村环保宣传教育网络。加强环境保护职业技术学院、环境教育馆、社区环境文化宣传橱窗等环境科普阵地建设，建立健全新闻发言人制度，建立上下协调的环境宣传教育网络平台。建立健全农村环保宣教工作目标考核机制。完善农村环境宣教监督、激励和保障机制，将环境宣教能力经费纳入环保能力建设经费统筹安排。

（二）开展农村环保培训

结合社会主义新农村建设，加大农村环保宣传教育投入，完善农村环保培训基础设施设备。联合科研院校、农业、环境科研机构等单位，定期开展农村环境保护、环境综合整治技术与模式、生态示范建设等方面讲座与培训，加强对基层干部、群众、农村环境管理人员的培训，提高农民参与农村环境保护的能力。广泛听取农民对涉及自身环境权益的发展规划和建设项目的意见，尊重农民的环境知情权、参与权和监督权，维护农民的环境权益。

本章小结

本章分析了农村环境保护的现状与问题，阐述了当前农村环境保护面临的机遇与挑战，介绍了国家有关农村环境保护的总体思路、基本原则、目标要求和战略重点。围绕《国家环境保护“十二五”规划》、《全国农村环境综合整治“十二五”规划》以及相关政策、技术规定和标准等要求，重点介绍了农村饮用水水源地保护、生活污染治理、畜禽养殖污染防治、农村工矿污染防治、种植业面源污染防治、农村生态示范建设、农村管理体系建设七方面的措施和任务。

思考题

1．国家农村环境保护总体战略是什么？

2．“十二五”期间全国农村环境综合整治的目标是什么？实现目标的主要措施有哪些？

3．什么是“以奖促治”和“以奖代补”政策，二者有何联系和区别？

4．当前农村环境保护有哪些重点领域？

参考文献

[1] 关于实行“以奖促治”加快解决突出的农村环境问题的实施方案（国办发[2009]11 号）.

[2] 国务院关于加强环境保护重点工作的意见（国发[2011]35 号）.

[3] 国家环境保护“十二五”规划（国发[2011]42 号）.

[4] 全国农村环境综合整治“十二五”规划（环发[2012]75 号）.

[5] 全国畜禽养殖污染防治“十二五”规划（环发[2012]135 号）.

[6] 关于进一步加强农村环境保护工作的意见（环发[2011]29 号）.

[7] 中央农村环境保护专项资金环境综合整治项目管理暂行办法（环发[2009]48 号）.

[8] 中央农村环境保护专项资金管理暂行办法（财建[2009]165 号）.

[9] 中央农村环保专项资金环境综合整治项目申报指南（试行）.

[10] 关于印发《农村环境综合整治“以奖促治”项目环境成效评估办法（试行）》的通知（环办[2010]136 号）.

[11] 关于印发《“问题村”环境治理应对机制与程序》的通知（环办函[2010]44 号）.

[12] 饮用水水源保护区划分技术规范（HJ/T 338—2007）.

[13] 饮用水水源保护区标志技术要求（HJ/T 433—2008）.

[14] 集中式饮用水水源环境保护指南（试行）（环办[2012]50 号）.

[15] 分散式饮用水水源地保护指南（试行）（环办[2010]132 号）.

[16] 关于印发〈全国典型乡镇饮用水水源地基础环境调查及评估工作方案〉的通知（环办[2009]27 号）.

[17] 农村生活污染防治技术政策（环发[2010]20 号）.
[18] 农村生活污染控制技术规范（HJ 574—2010）.
[19] 村庄整治技术规范（GB 50445—2008）.
[20] 畜禽养殖业污染防治技术规范（HJ/T 81—2001）.
[21] 畜禽养殖业污染物排放标准（GB 18596—2001）.
[22] 化肥使用环境安全技术导则（HJ 555—2010）.
[23] 农业固体废物污染控制技术导则（HJ 588—2010）.
[24] 农药使用环境安全技术导则（HJ 556—2010）.
[25] 中华人民共和国履行《关于持久性有机污染物的斯德哥尔摩公约》国家实施计划.
[26] 国家级生态乡镇申报及管理规定（试行）（环发[2010]75 号）.
[27] 国家级生态村创建标准（试行）（环发[2006]192 号）.
[28] 全国农村环境监测工作指导意见（环办[2009]150 号）.
[29] 全国环境监察标准化建设标准（环发[2011]97 号）.
[30] 全国环境监测站建设标准（环发[2007]56 号）.
[31] 全国环保系统环境宣传教育机构规范化建设标准（环发[2006]37 号）.
[32] 关于全国生态和农村环境监察工作的指导意见（环发[2012]146 号）.

第十六章　产业和企业环境管理

第一节　产业环境管理

一、概念和特征

环境管理是指国家环境保护部门运用法律、行政、经济、教育和科学技术手段，协调社会经济发展同环境保护之间的关系，处理国民经济各部门、各社会集团和个人有关环境问题的相互关系，使社会经济发展在满足人们物质和文化生活需要的同时，防治环境污染和维护生态平衡。根据《中华人民共和国环境保护法》规定，国务院环境保护行政主管部门对全国环境保护工作实施统一监督管理。产业环境管理分为两个层次，一是宏观层次，以政府为主体的政府产业环境管理；二是微观层次以企业为主体的企业环境管理。

政府产业环境管理是指从宏观的角度出发，政府（国务院环境保护行政主管部门）作为环境管理的主体，运用现代环境科学和政策管理科学的理论和方法，以产业活动中的环境行为作为管理对象，综合运用法律的、行政的、经济的、技术的、宣传教育的手段，调整和控制产业活动中资源消耗、废弃物排放以及相关生产技术和设备标准、产业发展方向等的各种管理行动的总称。

政府产业环境管理有如下三个特征：

①具有强制性和引导性。政府通过从经济社会发展的宏观战略高度来调整与控制整个产业的发展方向和规模，克服微观企业个体发展的局限性与片面性。

②具体内容和形式与产业性质的密切相关性。政府产业环境管理要根据不同行业的资源环境特点采取不同的管理模式，其管理重点是那些资源和能源消耗量大、各种废弃物排放量大的行业（如冶金、电力、焦炭等）以及再生资源的循环利用。

③具有较强的综合性。政府产业环境管理不仅需要政府环保部门的努力，也需要政府内部综合性经济管理部门的参与，还需要政府外部的行业协会、行业科学技术协会、行业发展咨询服务公司等的参与。

二、政府产业环境管理的内容

（一）制定与实施宏观的行业发展规划

行业的生产活动是一个国家或地区最重要的经济发展活动，决定了该国家或地区经济社会发展的能力，并且对资源和生态环境产生着最重要的影响。因此，对行业的生产活动进行环境管理，首先要从国家或地区的经济—社会—环境系统的总体上进行宏观控制。

中国政府提出了建设资源节约型、环境友好型社会的理念，从战略高度对行业的环境管理提出了环境保护的总体目标，将实现绿色发展、循环经济和低碳发展作为产业节能减排和环境保护的根本途径。

（二）制定和实施行业的环境技术政策

行业环境技术政策是指由政府环境保护相关部门制定和颁布的，为实现特定时期内的环境目标，既能引导和约束行业发展，又能提高行业技术发展水平和有效控制行业环境污染的技术性指导政策。

政府应针对各不同行业的特殊性制定相应的环境技术政策，包括行业的宏观经济布局与区域综合开发、行业产业结构与产品结构的调整与升级、产品设计、原材料和生产工艺的优化、清洁生产技术的推广、废弃物的再资源化与综合利用、实施总量控制等多个方面。

在市场经济体制下，资源配置靠市场，政府不能用行政手段干预行业或企业的生产经营活动。政府应制定政策支持绿色、循环和低碳发展，促进物质（特别是废物）循环利用的技术研发、示范推广、能力建设等，使利用者有利可图；不断完善和严格执行环境影响评价制度，探索对规划和政策的战略环境影响评价；完善和严格执行排污收费政策；尝试和探索促进排污权有偿使用和交易的相关政策。

（三）制定和实施能源资源综合利用和发展环保产业等的相关政策

行业的发展离不开能源和资源的使用，国家有关煤、石油、天然气等能源，以及土地、水、木材等资源的各项政策，对行业发展起着关键的引导作用。从行业环境管理的角度出发，这些能源资源政策的制定与实施，有利于从源头控制能源资源的浪费，从而减少污染，节约能源。环保产业是国民经济结构中以防治环境污染、改善生态环境、保护自然资源为目的所进行的技术开发、产品开发、商业流通、资源利用、信息服务、工程承包等活动的总称。大力推动环保产业的发展是政府对行业环境管理的重要方面。随着世界各国对环境保护的日益重视，环保产业不仅成为中国经济发展新的增长点，也成为一个国家环境保护水平和能力的重要标志。环保产业的健康发展将极大地推动经济可持续发展。

政府制定的能源资源综合利用和发展环保产业的政策，应重点考虑：从能源和资源的高效率利用角度完善和严格产业准入政策，对高耗能、高污染的行业实施产能总量控制、等量替代，加速淘汰落后生产能力，根据不同行业情况，适当提高建设项目在土地、环保、节能、技术、安全等方面的准入标准；根据制定促进产业结构调整的政策，包括制定优先发展和产业目录和支持提高资源能源效率和节能减排技术创新的政策。

（四）制定资源环境保护的财政金融政策

资源环境保护作为一项公共事业，政府必须承担主要责任。为了实现产业结构的宏观调整，以及引导行业朝着可持续发展的方向前进，政府还需要通过财政金融政策引导商业资本金融资源环境保护的公共事业。完善促进资源环境保护和节能减排的财政投入、财政奖励、财政补贴以及政府采购等各项财政政策。

同时制定和完善鼓励节能减排的税收减免，对废旧物资、资源综合利用产品增值税优惠政策，环保型建筑和既有建筑节能改造的税收优惠政策，对节能减排技术的研究、开发、转让、引进和使用予以税收鼓励；出台促进经济可持续发展的资源税改革方案，改进计征方式，提高税负水平；制定促进新能源发展的税收政策；推进资源性产品价格改革等。

另外，推行“绿色贷款”或“绿色政策性贷款”，构建绿色资本市场，直接或间接“斩断”高能耗、高污染行业资金链条。对实现能效提高和资源综合利用的环境友好型企业或机构提供贷款扶持并实施优惠性低利率；而对高耗能和高污染的不达标企业的新建项目投资和流动资金进行贷款额度限制并实施惩罚性高利率。另一方面，人民银行和银监会应配合环保部门，引导各级金融机构按照环境经济政策要求，对国家禁止、淘汰、限制、鼓励等不同类型企业的授信区别对待。尤其要对没有经过环评审批的项目不提供新增信贷。联合证监会等部门可以制定资本市场初始准入限制、后续资金限制和惩罚性退市等内容的审核监管制度。凡没有严格执行环评和“三同时”制度、环保设施不配套、不能稳定达标排放、环境事故多、环境影响风险大的企业，要在上市融资和上市后的再融资等环节进行严格限制，甚至可考虑以“一票否决制”截断其资金链条；而对环境友好型企业的上市融资应提供各种便利条件。

（五）监督行业的各项环境政策的实施

政府通过各种手段对上述各项政策的实施进行检查和监督，并对认真贯彻执行政策的行业给予激励，对违反政策的行为加以处罚。

三、政府对企业环境管理的途径和方法

具体到企业层面，政府环境保护主管部门可以通过以下途径加强对企业的环境管理：

（一）推广和实施环境管理体系及其认证

1996 年 ISO/TC207 正式推出了 ISO 14000 系列国际标准，内容涵盖了环境管理体系、环境审核、环境标志、环境行为评价和生命周期评价等国际环境领域内的许多焦点问题。旨在促进组织建立环境管理体系，改善组织的生产经营活动对环境所造成的影响，减少污染，最大限度地减少和消除因环境问题所造成的贸易壁垒，有效地促进国际贸易的发展。目前 ISO 14000 系列标准共包括 ISO 14001、ISO 14004、ISO 19011、ISO 14020、ISO 14021、ISO 14024、ISO 14025、ISO 14031、ISO 14040、ISO 14044、ISO 14050、ISO 14063、ISO 14064.1—3 等 15 项国际标准，ISO/TR 14032、ISO/TR 14062、ISO/TR 14061、ISO/TR 14047、ISO/TR 14048、ISO/TR 14049 6 项技术报告和 GUIDE64 指南。

ISO 14000 系列标准是工业发达国家环境管理经验的结晶，其基本思想是引导组织按照 PDCA 的模式建立环境管理的自我约束机制，从最高领导到每个职工都以主动、自觉的精神处理好自身发展与环境保护的关系，不断改善环境绩效，进行有效的污染预防，最终实现组织的良性发展。ISO 14000 通过认证的方式即企业向认证机构提交申请材料，通过严格的审查程序获得认证证书，作为企业良好环境管理行为的凭证。企业（或其他组织）如果想要获得 ISO 14001 证书，首先需要建立起环境管理体系（必要时可寻求咨询机构的帮助），在这个体系运行 3 个月之后，向第三方认证机构申请认证，认证机构按照公正、合理、规范的原则，对其建立起的环境管理体系进行审核，如果合格，认证机构将发给证书，如果不合格，认证机构将开出不符合项，企业进行纠正，然后企业进行跟踪审核，如果合格就颁发证书。

ISO 14001：1996 环境管理体系——规范及使用指南是国际标准化组织（ISO）于 1996 年正式颁布的可用于认证目的的国际标准，是 ISO 14000 系列标准的核心，它要求组织通过建立环境管理体系来达到支持环境保护、预防污染和持续改进的目标，并可通过取得第三方认证机构认证的形式，向外界证明其环境管理体系的符合性和环境管理水平。由于 ISO 14001 环境管理体系可以带来节能降耗、增强企业竞争力、赢得客户、取信于政府和公众等诸多好处，所以自发布之日起即得到了广大企业的积极响应，被视为进入国际市场的“绿色通行证”。同时，由于 ISO 14001 的推广和普及在宏观上可以起到协调经济发展与环境保护的关系、提高全民环保意识、促进节约和推动技术进步等作用，因此也受到了各国政府和民众越来越多的关注。为了更加清晰和明确 ISO 14001 标准的要求，ISO 对该标准进行了修订，并于 2004 年 11 月 15 日颁布了新版标准 ISO 14001：2004 环境管理体系的要求及使用指南。

（二）环境标志

环境标志亦称绿色标志、生态标志，是指由政府部门或公共、私人团体依据一定的环境标准向有关厂家颁布证书，证明其产品的生产使用及处置过程全部符合环保要求，对环境无害或危害极少，同时有利于资源的再生和回收利用的一种特定标志。

环境标志是一种产品的证明性商标，它表明该产品不仅质量合格，而且在生产、使用和处理过程中符合环境保护要求，与同类产品相比，具有低毒少害、节约资源等环境优势。环境标志是以其独特的经济手段，使广大公众行动起来，将购买力作为一种保护环境的工具，通过消费者的选择和市场竞争，促使生产商在从产品到处置的每个阶段都注意环境影响，并以此观点重新检查他们的产品周期，引导企业自觉调整产业结构，采用清洁工艺等，从而达到预防污染、保护环境、增加效益的目的。

实施环境标志认证，实质上是对产品从设计、生产、使用到废弃处理处置，乃至回收再利用的全过程的环境行为进行控制。它由国家指定的机构或民间组织依据环境产品标准或技术要求及有关规定，对产品的环境性能及生产过程进行确认，并以标志图形的形式告知消费者哪些产品符合环境保护要求，对生态环境更为有利。环境标志计划是政府通过授予标志来鼓励企业生产对环境友好的产品，同时也是企业开拓产品和服务市场的一个非常有用的工具。

1994 年 5 月 17 日，国家环境保护局、国家质检总局等 11 个部委的代表和知名专家组成中国环境标志产品认证委员会，其常设机构——认证委员会秘书处是经国家产品认证机构认可委员会认可的，代表国家对绿色产品进行权威认证，并授予产品环境标志的唯一机构。

中国环境标志产品认证的认证程序，与国际接轨，由国家环保总局颁布环境标志产品技术要求，技术专家现场检查，行业权威检测机构检验产品，最终由技术委员会综合评定。中国环境标志要求认证企业建立融 ISO 9000、ISO 14000 和产品认证为一体的保障体系。同时，对认证企业实施严格的年检制度，确保认证产品持续达标，保护消费者利益，维护环境标志认证的权威性和公正性。

中国环境标志立足于整体推进 ISO 14000 国际环境管理标准，把生命周期评价的理论和方法、环境管理的现代意识和清洁生产技术融入产品环境标志认证，推动环境友好产品发展，坚持以人为本的现代理念，开拓生态工业和循环经济。为国家环境管理服务，为消除贸易壁垒、保障国家环境安全服务，为建设小康社会、提高人民生活质量服务。

十环环境标志已成为公认的绿色产品权威认证标志，形成了 600 亿元产值的环境标志产品群体，为提高人民环境意识、促进我国可持续消费作出了卓越贡献。我国加入 WTO 以后，绿色壁垒将成为我国对外贸易中的新问题，环境标志必将成为提高我国产品市场竞争力，打入国际市场的重要手段。“积极推行国际通行的环境管理体系认证和环境标志产品认证，促进对外贸易发展。”江泽民同志在 2002 年的讲话，为环境标志工作的发展指明了方向，中国环境标志将不断推动社会的可持续发展和消费。

图 16-1 中国的环境标志徽标

（三）清洁生产审核

清洁生产是指将综合预防的环境策略，持续地应用于生产过程和产品中，以便减少对人类和环境的风险性。对生产过程而言，清洁生产包括节约原材料和能源、淘汰有毒原材料，并在全部排放物和废物离开生产过程以前减少它们的数量和毒性；对产品而言，清洁生产策略旨在减少产品在整个生命周期过程中（从原料提炼到产品的最终处理）对人类和环境的影响（不包括末端治理技术和空气污染控制、废水处理、固体废物焚烧或填埋）。清洁生产不但含有技术上的可行性，还包括经济上的可营利性，体现经济效益、环境效益和社会效益的统一。所以清洁生产是实施可持续发展战略的标志，已成为世界各国经济社会可持续发展的必然选择。

1993 年，中国在世界银行技术援助下实施了“推进中国清洁生产”合作项目，拉开了中国开展清洁生产的序幕。此后，世行、亚行、国际组织及有关国家政府都在清洁生产方面与中国进行了广泛的合作。主要包括：①企业示范。②人员培训。③机构建设，全国建立1个国家级清洁生产中心，若干工业行业清洁生产中心（包括石化、化学、冶金和飞机制造、食品等）和地方清洁生产中心（包括北京、上海、天津、陕西、黑龙江、山东、江西、辽宁、内蒙古、新疆和呼和浩特市等）。④政策研究，重点研究清洁生产管理制度框架、工作准则、促进政策、技术规范等。

中国政府在引导和推行清洁生产过程中，不断加强法规政策和制度建设。从1993年开始进行大量的企业试点，取得很好的成果，但原有的环保法律法规总体上倾向于末端治理，影响了清洁生产战略的实施，因此，政府着手通过立法全面推行和实施清洁生产。从1997年4月颁布《关于推行清洁生产的若干意见》，到第九届全国人大常委会第二十八次会议通过《中华人民共和国清洁生产促进法》，并于2003年1月1日起实施，通过法律对清洁生产进行引导、鼓励和支持保障等进行规范，为中国政府通过清洁生产审核加强对产业和企业的环境管理奠定了法律基础。

通过部门之间合作更好地推行清洁生产审核。2004年8月16日国家发展和改革委员会和原国家环境保护总局（现环境保护部）联合发布了《清洁生产审核暂行办法》，2005年12月13日，原国家环境保护总局进一步制定和颁布了《重点企业清洁生产审核程序的规定》；国务院经济贸易行政主管部门会同国务院有关行政主管部门定期发布清洁生产技术、工艺、设备和产品导向目录，地方政府的经济贸易行政主管部门和环境保护、农业、建设等有关行政主管部门组织编制有关行业或者地区的清洁生产指南和技术手册，指导实施清洁生产。政府通过陆续出台各行业的清洁生产标准，对浪费资源和严重污染环境的落后生产技术、工艺、设备和产品实行限期淘汰制度，优先采购清洁产品等手段，将清洁生产作为建设项目审批的前置条件，以及环境友好企业、生态工业园区创建的重要条件。清洁生产同时被科技部纳入《国家中长期科技发展规划纲要（2006—2020年）》，2010年3月14日，工业和信息化部印发《关于印发聚氯乙烯等17个重点行业清洁生产技术推行方案的通知》（工信部节[2010]104号）。为贯彻落实《重金属污染综合防治“十二五”规划》和《国家环境保护“十二五”规划》等相关规划，提升工业清洁生产水平，工业和信息化部、科技部、财政部于2012年1月制定并颁布了《工业清洁生产推行“十二五”规划》，紧紧围绕“十二五”节能减排要求，以高能耗、高排放、污染重和资源消耗型行业为重点，以提升工业清洁生产水平为目标，以技术进步为主线，突出企业主体责任，创新清洁生产推行方式，加大政策支持力度，完善市场推进机制，强化激励约束作用，加快建立清洁生产方式，推动工业转型升级。

四、政府产业环境管理案例分析

即使在市场经济发达的美国和欧盟，政府也会通过行政和经济手段对产业实施环境管理。这里将着重介绍国内外政府产业环境管理的新思路和新做法。

（一）奥巴马政府的绿色经济运动

2009年，奥巴马政府提出“绿色经济运动”（Green Economy Act），将发展绿色经济作为基本施政纲领，实施温室气体排放总量管制和排放权交易制度，并出台政府参与、税收减免、出口退税、征收碳许可费等政策加大支持力度，以应对当前经济危机与获得新的国际竞争力，实现经济可持续发展的双赢。主要涉及的领域和措施如下：

绿色农业。虽然美国的农业经济比重不高，但却是美国高科技产业和其他相关行业的产业链里最为关键的一个环节。奥巴马执政之后除了继续对农业的环保和绿色问题投入更多的资金支持外，还将进一步废除有害的有机化肥和农药，发展安全低毒的化肥和农药，研发产量更高和具有抗病虫害的新品种。

绿色汽车。为了减少美国对石油的依赖，奥巴马提出了汽车行业节能性产品的再造与替代开发计划，即用 10 年约 1 500 亿美元资金来发展无污染的混合性机动车，目标是到 2015 年美国的混合动力汽车销量达到 100 万辆，期间美国汽车的油耗效率每年提升 4%。为了刺激汽车使用新能源，奥巴马将以 7 000 美元的抵税额度鼓励消费者购买节能型汽车，动用 40 亿美元的联邦政府资金支持汽车制造商。

绿色建筑。首先，奥巴马政府将对联邦政府办公楼（包括白宫）进行大规模节能改造；其次，将推动全国各地的学校设施升级，通过节能技术建设成“21 世纪”学校；再次，将对全国公共建筑进行节能改造，更换原有的采暖系统，代之以节能和环保型新设备。为了驱动数十万家庭安装“精明咪表”监督并降低能源用量，美国政府准备开支数十亿元补助州和地方政府用于电力基础设施的替代和安装。

清洁能源。奥巴马政府提出，美国将投资像风能和太阳能这样的清洁能源，到 2012 年，美国 10%的电力将来源于可再生能源；到 2025 年，这个比例则将提高到 25%，4 年内将以再生能源供应美国电力的四分之一。此外，美国还将开拓使用核能的更为安全的途径。目前，核能实际上已占美国无碳电力的 70%以上，奥巴马政府为此决定将确保所有的核材料在国内和全世界获得存储、保护和记录，不应有任何的捷径或管理漏洞。核能工厂、太阳能发电基地、风力发电基地、乙醇生产、电力或氢燃料动力汽车的研发以及支持这些产业发展的基础设施建设，都需要巨大的投资，而这些投资在短期内难以收到回报。由于政府投资“绿色能源”开发的资金是有限的，但是通过政府投资吸引商业资本进入清洁能源领域，可以“乘数效应”，运用这种政策杠杆引导清洁能源发展。

未来 10 年中，美国将在可再生能源领域投入 1 500 亿美元，而仅此一项就可以为美国创造 500 万个绿色就业机会。在美国，仅生物燃料产业已经为 GDP 贡献了 177 亿美元，创造了 15 万个就业机会。

可见，奥巴马政府要在美国打造出工业革命以来罕有的绿色经济。根据奥巴马的构想，更清洁的能源结构所产生的溢出效应遍及经济与生活各个方面，若运用得当，足以成为未来美国经济发展的新引擎。

（二）欧盟发展绿色经济

欧盟委员会 2009 年 7 月 13 日宣布，将通过公私合作方式投资 32 亿欧元，用于绿色经济的研发。根据此项计划，欧盟将通过公私合作方式，在 2013 年之前总共投入 32 亿欧元，用于创新型制造技术、新型低能耗建筑与建筑材料、环保汽车及智能化交通系统等三个领域的科技研发。全部投资的一半来自欧盟预算，另一半来自相关私营企业。在此之前，耗资 21 亿欧元的欧盟第七研发框架计划（2007—2013 年）和总经费为 27.51 亿欧元的欧洲原子能共同体计划（2007—2011 年）于 2006 年年底分别获得欧洲议会和欧盟理事会批准，并于 2007 年 1 月下旬正式生效并实施。欧盟第七研发框架计划确定了经过筛选的优先支持领域，其中与生态环境保护相关的：

食品、农业和生物技术。包括：①土壤、森林和水产环境的生物源可持续生产和管理。②相关战略、政策和法规的执行手段，支持以生物经济为基础的欧洲知识。③以食品链的完善和管理（“从餐叉到农场”）为主题的研究：食品、健康和舒适。④用于可持续的非食品产品和工艺的生命科学和生物技术。

能源领域。包括：①氢和燃料电池技术。②再生发电技术。③再生燃料生产技术。④用于加热和加冷的再生能源技术。⑤二氧化碳的捕捉和零排放的发电技术。⑥清洁煤技术。⑦智能网络。⑧能源的有效性和节省。⑨能源政策制定的认知。

环境保护（包括气候变化）。包括：①气候变化、污染和风险。②资源可持续管理。③环境技术。④地球观测和评估手段。

2011 年，欧盟对上述研发计划再次调整。计划的主要调整包括：加大对重点优先领域和新兴技术的投入，提高各类科技研发项目的创新指标要求。增加对科技型中小企业研发创新活动的专项财政预算，积极制定各种法律、财政、金融、税收等便利措施激励其快速发展。充分利用公共资金的杠杆作用，创新投融资机制分担研发创新风险，调动社会资金增加 R&D 投入，特别要解决科技型中小企业创新融资、银行贷款难题等。

（三）日本领跑者（Top Runner）计划

1998 年日本政府修订了节能法，同时推出了领跑者（Top Runner）计划。该法设定的能效标准是同类产品的平均绩效标准目标，而非最低绩效标准，即厂商可以推出低于标准值的产品，但需要推出其他具更高能效的产品，以使得整个公司同类产品的平均绩效高于法定标准。

领跑者计划针对特定项目产品，设定了目前最高能效目标与时间表，规定厂商须在规定时间内达成此项目标。一般设定达成时间为 4～8 年，最迟在 2010 年之前需要达成目标。依据该计划规定，生产商须在产品上标示强制性能效信息，但生产商也可选择使用日本标准协会（JIS）推出的自愿性“节能标章计划书”（ELSP）的能源标识来显示其节能绩效。

领跑者计划包含空调、冰箱和电机等 13 类电器的能效指导标准，都是按照当前该类产品最先进的水平（领跑者）制定的，每 3～5 年更新一次。每类产品均要与领跑者的水平进行比较，并贴放星级标签，以标示与领跑者的差距及使用一年所需的电费（检测结果由日本节能中心出具）。这 13 类电器商品在出售时均由零售商加贴节能标识。

在“领跑者”政策的激励下，日本各大企业都把提高产品能效放在企业发展计划的重要位置，将节能技术的研发和应用视为产品竞争力的重要手段；消费者在购买时也能通过节能标识货比三家，选择其中节能省钱的产品，达到了市场选择节能产品的目的。领跑者计划实施多年以来，通过制造商的努力，各种电器都实现了超出当初预想的节能效率改善。比如汽车行业，通过实施领跑者计划，2004 年度比 1995 年度能源消费效率提高了 22%，而按原定目标，比 2010 年提高 23%。电视机 2003 年度比 1997 年度能效提高 25.7%，录像机 2003 年度比 1997 年度提高 73.6%；空调 2004 年度比 1997 年度提高 67.8%；电冰箱 2004 年度比 1998 年度提高 55.2%；电冰柜 2004 年度比 1998 年度提高 29%。

（四）苏州市的“能效之星”

苏州“能效之星”活动是国内地方政府最早开展的领先能效企业评价活动。苏州的“能效之星”活动于2009年10月正式启动。参考了美国全球卓越能源绩效项目（GSEP）以及日本的领跑者项目，是针对节能企业的一项自愿活动。用能单位在一定期限内，经自愿申请、签订协议、实施过程控制、进行效果评价、总结推广一系列流程参与能效之星的评选活动。主要目的是评出符合国家产业政策、在同行业中能效处于较领先水平的重点用能单位，通过过程控制、建立体系、落实项目、规范评价手段，最大限度地提高能源利用效率、降低碳排放。

为规范和促进能效之星活动，2011年江苏省质量技术监督局发布《能效之星评价规范》，该规范对能源绩效、能源成本等术语进行了定义，并且确定能源绩效评价的要求包括四个指标：政策法规标准、能源管理制度、技术进步、能源绩效，各指标下设二级指标。设定各二级指标的分值，共计1 000分。图16-2为苏州能效之星活动的能效标识。

图16-2 苏州能效之星活动的能效标识

虽然能效之星活动有很多需要完善改进的方面，但是其在宣传、鼓励节约能源，探索政府非强制性环境管理的方法，为企业制定节能标准等方面取得了良好的成绩。2010年12月，通过对首期22家能效之星活动试点单位现场评审和会场评审，评选出5家四星企业和14家三星企业。首期活动共实现节能量70.2万吨标准煤，减少二氧化碳排放175.5万吨，产生经济效益约7亿元。

第二节 企业环境管理

一、企业环境管理概念和特征

企业与环境相互依存、共存共生。环境问题一度成为西方发达国家工业发展和经济发展中的棘手问题。企业通过开采自然资源，并加以提炼、加工、转化，从而制造出满足人类社会基本生存和发展所需要的生活和生产资料。企业的生产活动消费各种自然资源、排放大量废弃物，特别是一些生产工艺落后、经营方式粗放、资源消耗大、污染严重的工业企业。进入20世纪，由于世界经济的飞速发展，导致了环境的巨大破坏，如环境的污染、土壤的沙化、奇缺物种的减少等，这些问题引起了世界各国的关心和重视，环境保护成为企业发展的迫切而严峻的问题。因此加强企业环境管理成为环境管理的重要议题。企业通过环境管理，可以使企业自觉按照可持续发展的要求，采取减少资源消耗、减少污染物排放的生产经营方式和企业管理制度，对于保护环境意义重大。正如霍肯在其《商业生态学》指出："商业、工业和企业是全世界最大、最富有、最无处不在的社会团体，它必须带头引导地球远离人类造成的环境破坏。"

企业环境管理是企业运用现代环境科学和工商管理科学的理论和方法，以企业生产和经营过程中的环境行为和活动为管理对象，以减少企业不利环境影响和创造企业优良环境业绩的各种管理行动的总称。

企业在生产经营活动中既要追求利润，又要关心和保护环境，通过管理控制其对环境的影响，以实现企业与环境的和谐发展。为此，企业必须制定环境经营战略，并在一系列的生产经营环节中采取有效的环境对策。企业环境管理的具体内容因其所在行业和自身条件不同而有所不同。就制造企业来说，其环境管理的内容包括7项要素，即环境经营战略、清洁采购、清洁制造、环境标志、环境会计、环境情报公开和环境观念。

与政府主导的环境管理不同，企业环境管理具有以下特征：

①企业作为自身环境管理的主体，决定了企业环境管理的主要内容和方式，但同时还要受到政府法律法规、公众特别是消费者相关要求的外部约束。

②企业环境管理的具体内容和形式与企业的行业性质密切相关，如从事资源开采、加工制造等行业的企业环境管理与金融业、旅游业等服务性行业的企业环境管理会有很大差异。

③企业环境管理按其目标可分为多个层次，最低层次可以是满足政府法律的要求，稍高是减少企业生产带来的不利环境影响，更高层次则是创造优异的环境业绩，承担起一个卓越企业在可持续发展中的环境责任和社会责任。

二、企业环境管理的理论基础

（一）外部性理论和污染者付费原则

外部性（Externality）也称为外部效应，是指一个经济主体的行为对另一个经济主体的福利所产生的影响并没有通过市场价格反映出来。外部性分为正外部性与负外部性（外部经济性与外部不经济性），前者是指一个经济主体的行为引起他人效用的增加而收益者并没有增加支出或成本；后者则是指一个经济主体的行为引起他人效用的减少而受损失者并没有得到补偿。无论是正外部性或负外部性，其存在都意味着私人边际净收益与社会边际净收益存在差异，因而不能获得资源配置效率最优。企业生产中的环境污染属于负外部性。使企业的外部成本内部化的途径之一就是向企业征收污染费——污染者付费。

污染者付费原则（polluter-pays principle）规定一切向环境排放污染物的单位和个体经营者，应当依照政府的规定和标准缴纳一定的费用，以使其污染行为造成的外部费用内部化，促使污染者采取措施控制污染。经济合作与发展组织（OECD）于20世纪70年代提出了"污染者付费原则"（简称PPP原则）。这一原则的核心就是要求所有的污染者都必须为其造成的污染直接或者间接支付费用。目前，这个原则是国际环境法普遍公认的原则。当环境资源引入市场体系后，政府可以直接对所有利用像空气、水等类似资源而产生外部费用的活动制定价格或收费，这将要求那些把污染物排入大气或水体而占用公共环境资源的活动支付费用，通过价格作用实现环境外部不经济性的内部化，从而达到环境资源的有效配置。在污染者付费原则下，要增加社会资源配置的效率，将直接涉及企业和利益相关者在资源配置中的责任。

（二）企业环境责任

企业环境责任是从企业社会责任中抽离出来的概念，是企业社会责任（Corporate social responsibility，CSR）的一部分。企业环境责任是指企业在创造利润、对股东承担法律责任的同时，还要承担环境责任。企业的环境责任要求企业必须超越把利润作为唯一目标的传统理念，强调要在生产过程中对环境保护关注，强调对环境贡献。企业的环境责任是企业为维持或改善自然环境秩序所承担的责任，也是企业社会责任的一个重要组成部分。因此，在探讨企业环境责任时，首先了解何谓企业的社会责任是非常有必要的。

企业的社会责任，是企业对社会所负有或承担的一切责任的总和，具有非利润性、公共性与道德性等特点。自 20 世纪 70 年代起，企业利益相关者的范围逐渐扩大到因其行为而遭受环境恶化迫害的自然、受害者和潜在受害者（子孙后代），企业应承担的社会责任也扩大到对自然环境的保护，也被称为扩大的社会责任，即企业的环境责任。

企业的环境责任是要求企业在追求自身利益最大化的同时应在生产经营过程中贯彻以人为本的科学发展观，切实履行实施清洁生产、合理利用资源、减少污染物排放、充分回收利用等义务，并对外承担积极参与自然环境保护与污染治理的责任，最终实现人与自然、经济与社会的和谐发展。

（三）市场经济体制下企业的环境管理行为分析

企业环境管理需要建立在对企业行为研究的基础上。企业作为市场经济的主体，需要在竞争中获得利润，而实施环境管理通常在短期内对企业意味着成本增加。因此，需要企业将环境保护责任作为企业社会责任的一个方面，“在谋求股东利益最大化之外所负有的保护环境和合理利用资源的义务”。

在市场经济体制下，企业环境管理行为可大致分为 4 类：

1．消极的环境管理

企业在经济利益的刺激下不遗余力地降低成本，不重视或忽视环境问题。中小企业中大量存在，引发了众多的资源浪费、环境污染和生态破坏问题。企业认为环境管理没有必要，处理环境问题倾向于回避问题或是将责任归罪于成本约束，而且企业环境管理态度不明确，使员工及管理人员对企业的环境问题及其后果处于不清楚状态，在环境管理中扮演“初学者”角色。

2．被动的环境管理

在政府日益严格的环保法律法规和标准及消费者对绿色产品需求日益增加的双重作用下，企业为了提高竞争能力，会努力变革传统的粗放型生产经营方式，通过加强管理、改进技术等措施实现节能降耗和生产绿色产品的目的。企业在实现自身经济利益的同时，在一定程度上也不自觉地保护了环境。企业环境管理的目标主要是避免违反现行环保法规，该类企业一般建立了有中层管理人员负责的内部环境控制措施，并使全体员工了解企业的环境计划，属“救火员”角色。

在上述两个阶段中，企业环境管理的指导思想是“末端控制”，在这种思想的指导下，企业也就选择了末端治理的发展模式，主要是对其生产过程中产生的污染物进行治理和综合利用，满足于末端污染物的达标排放。这种发展模式没有从根本上杜绝环境问题的产生，在企业的污染源仍然存在的情况下，一方面花费大量人力、物力和财力去治理已产生的污染，同时又不断产生新的污染，使治理成为企业和国家的一个巨大负担。末端治理不仅基建投资大，运行费用高，加大了产品成本，更主要的是末端处理一般都是生产过程中的一种额外负担，经济上投入大，而短期内很少有产出，与企业追求经济效益的目标相矛盾，这是造成企业污染防治与企业生产难以有效结合的主要因素。

3. 防范和协调的环境管理

企业从简单地遵守法规转移到注重公众环境意识和保护其外部环境免受侵害上，管理者要预期未来的环境法规、环保技术及公众环境意识等可能的变化，努力降低污染水平，以减少潜在环境风险的发生；同时，企业把环境风险评估和法规追踪纳入企业管理体系，有意愿利用环境管理和策略来促进企业组织变革和技术创新，视环境管理为一项有价值的功能而且有良好的环境形象，属“好公民”角色。

企业环境管理的指导思想是“预防为主”。环境要素是互相联系、相互影响的一个整体，孤立地防止某一环境要素的污染并不能从根本上解决环境问题，而且环境问题的特点决定了生态环境一旦受到破坏，要恢复正常很困难，治理污染需要很长时间，而且治理费用与预防费用的比例高达 20∶1。因此企业须采用预防为主和综合治理的环境管理战略，管理措施上逐渐从消极的控制污染向积极的预防转变。

4. 积极的环境管理

一些企业，特别是大企业为了达到企业可持续发展，主动承担起企业的社会责任。先进的企业环境管理体系成为一个企业能否持续发展的基本条件和重要标准，也成为企业自身发展内在追求。

可持续发展给予了企业竞争力新的内涵，随着建立有利于环境保护的资源节约型生产方式和消费模式的新思想逐渐被政府和广大群众所接受，并强有力地影响和改变市场方向，传统的质量、成本、时间、服务四维复合竞争模式被质量、成本、时间、服务、环境的五维竞争新模式所取代。企业用“生态环境效率”来描述在经济上有效生产或提供有用的商品及服务，在生态上不断减少资源消耗和环境污染的企业行为模式。作为企业环境管理中的“领先者”，企业采取主动措施和清洁生产技术及产品生命周期生态化管理来预防和减少环境破坏，力争使其产品对环境的负面影响最小化，从而利用其环境管理能力获得竞争优势。

三、企业环境管理的途径和方法

（一）企业环境战略

随着政府部门不断健全和完善环境保护的相关法律法规，公众环境意识觉醒和日益增强，企业要在激烈的竞争中占有可持续发展的优势地位，必须将环境保护的理念融入企业的发展战略和长远规划。对企业而言，清晰、全面的环境保护战略和规划，不仅能使企业竞争实力不断地加强，而且有助于企业与消费者、供应商、其他企业、政策制定者以及所有股东间和谐关系的确定。同时，企业可以通过提供具有可持续优势的绿色产品和服务来影响消费者的环保消费理念和可持续消费的思维方式。

企业环境战略，或称为企业环境方针、环境理念、环境政策目标，是指企业对于涉及资源利用、生产工艺、废弃物排放等与环境保护相关领域的总体的指导方针和基本政策。企业环境意识和环境战略从企业发展战略的高度全面规定了企业环境管理的基本原则和方向，是企业环境管理的根本保证，对于企业的可持续发展至关重要。促进企业实施环境战略的外部因素是政府法规、民众法律意识等，而企业的环境保护理念、发展战略和执行能力等则构成企业环境战略实施的内部因素。两者共同作用最终决定企业环境战略的实施及其效果。

（二）环境管理机制

企业为了实现环境战略和实施环境管理，需要逐步构建和完善其自身的环境管理机制。企业对内部环境管理机制的建设包括：

①构建企业的环境管理体系框架。设计企业环境管理体系的运行机制，组建环境管理小组，并委派专人为企业的环境代表。

②制定环境方针，并将其进一步细化为环境管理的目标和指标。企业领导根据识别并评价环境因素，制定相应的环境方针。企业该阶段的环境方针主要是向企业职工表明自己的立场，采用企业简报等形式向职工宣布，细化环境管理目标和指标，并将其纳入职工的岗位职责中。

③建立企业内部的环境保护部门。这有助于全方位管理企业环境保护问题。专门的环境保护部门有利于及时把握和严格执行政府的环保法规和政策，特别是执行环境保护标准；也有利于加强对产品全生命周期的环境管理和对供应链的环境管理。同时，企业内部环境保护部门可以根据环境方针，在环境管理体系的基础上，实现企业环境污染的自我控制，保证环境管理投入的正常收益。此外，企业内部环境保护部门还可以为从环境保护的角度对工艺革新和产品研发提供专业建议。

④对职工进行环境保护培训和信息沟通。企业通过企业简报等形式，定期对职工进行环境理念培训，强化职工的环境意识；同时及时进行环境管理体系的信息沟通，使企业职工积极参与环境管理工作。

（三）实施生态设计

生态设计在发达国家已被证实是提高企业环境和安全管理能力的最有效的途径之一。一方面，产品的生态设计提倡在产品设计中考虑产品对环境的影响，倡导在源头缩减资源，在生产过程中节约资源，以及在产品的回收中减少对环境的污染和破坏，把产品对环境的负面影响降到最小。在源头缩减资源的使用，控制化学物质的使用，特别是纳入国际环境公约《关于持久性有机污染物的斯德哥尔摩公约》（简称《POPs 公约》）和发达国家有关有毒有害物质管控法规（欧盟 RoHS 指令和 REACH 指令）的化学物质，诸如持久性有机污染物和重金属等。首先是对资源的直接节约，从数量上减少了对资源的消耗，也节约了生产的成本；在生产过程中节约资源，减少中间产品的消耗，是对资源的间接节约，进一步节约生产成本，减少化学物质（包括 POPs 和重金属等）的污染，减少环境的压力；在源头及过程中资源和化学物质投入的减少，直接导致了排出污染物的减少，减少了对环境的污染，把负的外部性最小化，同时，也节约了在处理污染物过程中耗费的大量人力和资金，减轻了处理的负担。

（四）开展废弃物管理（循环经济/清洁生产）

废弃物管理需要依据减量化、再利用和再循环（3R）的原则开展企业内部的循环经济和清洁生产。

企业内部开展循环经济主要是改变原来企业生产中物质单向流动模式，即“资源—产品—废物”的模式，实现物质、能量梯次和闭路循环使用，即“资源—产品—再生资源”为主的物质流动模式。就是既要提供价格上有竞争优势的产品或服务，以满足人类的基本需求，提高生活质量；又要逐步降低对生态的影响和资源消耗强度，使之与地球大概的承载能力一致。实现在资源投入不增加甚至减少的条件下保持或增加经济产出，或在经济产出不变甚至增加的条件下，向环境排放的废弃物大大减少。

清洁生产是将整体预防的环境战略持续应用于生产过程、产品和服务中，以增加生态效率和减少人类及环境的风险。对生产过程，要求节约原材料和能源，淘汰有毒原材料，削减所有废物的数量和毒性。对产品，减少从原材料提炼到产品最终处置的全生命周期的不利影响。对服务，要求将环境因素纳入设计和所提供的服务中。

（五）开展对化学品（特别是持久性有机污染物）的管理

工业企业化学品的管理一直都是企业环境管理的重要任务之一，欧盟关于化学物质注册、评估和授权指令（Directive on Registration，Evaluation and Authority of Chemicals，简称 REACH 指令）和关于禁止有毒有害物质指令（Directive on Restriction of Hazardous Substances，简称 RoHS 指令）的颁布再次将企业化学物质管控提到显著地位。欧盟于 2012 年之前完成所有相关化学品的注册、评估和许可，对于 1981 年 9 月前投放市场的“现有物质”和之后投放市场的为“新物质”产品和进口量超过 1 吨的必须注册，超过 100 吨的要评估，毒性大的要授权。欧盟 REACH 指令将人类长期以来推翻“一种化学物质，只要没有证据表明是危险的，那么也是安全的”的定论，变成“必须自己证明使用的化学物质是安全的”。我国现有生产使用记录的化学物质 4 万多种，其中 3 000 余种已列入当前的《危险化学品名录》，《国家环境保护“十二五”规划》确定了严格化学品环境管理、防控环境风险的任务要求，编制了《化学品环境风险防控“十二五”规划》。为应对发达国家的化学物质管控法规，同时配合国家的化学品风险防控规划实施，企业需要不断健全生产过程重点环节的环境管理，通过增加化学品风险管理和化学物质控制与替代的技术研发投入，加强对特征污染物排放的监测和控制。

欧盟 REACH 法规框架下对包括 CMR 1&2（第 1、2 类致癌、致诱变、致生殖毒性物质）、PBT（持久性、生物累积性、毒性物质）、vPvB（高持久性、生物累积性物质）和其他对人体或环境产生不可逆影响的物质，如内分泌干扰物质等，要求高度关注，被称为高关注物质。在众多化学品中，POPs 因为其具有持久性、生物蓄积性和致癌、致畸、致突变效应，是对人类生存威胁最大的一类污染物，对区域生态系统和人体健康产生长期、潜在和深远的毒性危害，并造成一系列不利的社会和经济影响。

国际社会为了控制持久性有机污染物（Persistent Organic Pollutants，POPs）签署了《关于持久性有机污染物的斯德哥尔摩公约》（简称《POPs 公约》），我国作为《POPs 公约》的缔约国制定了减少和消除 POPs 的国家实施方案。根据《POPs 公约》的要求，中国作为缔约方应禁止和采取必要的法律和行政措施，以消除附件 A 所列化学品的生产、使用、进口和出口。同时按照规定限制附件 B 所列化学品的生产和使用。同时采取切实有效的方式切实减少附件 C 化学品的排放量或消除排放源可行和切合实际的措施。

POPs 公约附件 A、B、C 受控物质清单

	附件 A	附件 B	附件 C
公约首次确定	艾氏剂、氯丹、狄氏剂、异狄氏剂、七氯、六氯苯、灭蚁灵、毒杀芬、多氯联苯	滴滴涕	多氯二苯并对二噁英和多氯二苯并呋喃，多氯联苯，六氯苯
第一次增列	α-六氯环己烷、β-六氯环己烷、十氯酮、六溴联苯、六溴二苯醚和七溴二苯醚、林丹、五氯苯、四溴二苯醚和五溴二苯醚、全氟辛基磺酸及其盐类和全氟辛基磺酰氟		五氯苯
第二次增列	硫丹及其衍生物		

以备受关注的二噁英类物质（多氯二苯并对二噁英和多氯二苯并呋喃）为例，目前工业企业排放的 POPs 大多属于非故意产生持久性有机污染物（Unintended Produced POPs，UP-POPs），主要是二噁英类物质，来源于城市生活垃圾的焚烧、氯酚/醌及其衍生物的生产、污水处理、金属冶炼、钢铁制造、制浆造纸过程、水泥生产、玻璃陶瓷生产、危险废物的焚烧和火化等行业。目前我国《国家危险废物名录》、《清洁生产审核暂行办法》、《危险废物和医疗废物处置设施建设项目环境影响评价技术原则》、《危险废物污染防治技术政策》、《危险废物集中焚烧处置工程建设技术要求》等制度都涉及工业企业 POPs 的管理。随着中国化学物质管理和履行《POPs 公约》的进展，我国制定了《全国主要行业持久性有机污染物污染防治“十二五”规划》（简称《POPs 规划》），因此，各级政府和各产业园区管委会未来须按照国家有关法律法规和《POPs 规划》要求，通过完善管理体系，加强科技研发等措施，加强对园区内纳入规划的相关行业和重点企业加强 POPs 污染的监督管理，实施二噁英减排治理工程，加大环境影响评价制度和清洁生产审核制度实施力度，削减和控制重点行业二噁英污染排放。加强重点行业监督管理，通过优化产业结构、淘汰落后产能、实施二噁英减排技改工程，有效降低单位产量（处理量）二噁英排放强度，充分发挥二噁英污染防治与常规污染物削减控制的协同性，将其与开展节能减排、推行清洁生产、淘汰落后产能等工作统筹推进。相关重点企业也应该积极配合和应对。

对于新增列 POPs，2014 年 3 月 26 日，环境保护部联合 11 个部委发布了“《关于持久性有机污染物的斯德哥尔摩公约》新增列九种持久性有机污染物的《关于附件 A、附件 B 和附件 C 修正案》和新增列硫丹的《关于附件 A 修正案》生效的公告”，宣布《修正案》

自2014年3月26日对我国生效，对α-六氯环己烷、β-六氯环己烷、林丹、十氯酮、五氯苯、六溴联苯、四溴二苯醚和五溴二苯醚、六溴二苯醚和七溴二苯醚、全氟辛基磺酸及其盐类和全氟辛基磺酰氟、硫丹等10种持久性有机污染物作出了淘汰或者限制的规定，要求各级环境保护、发展改革、工业和信息化、住房城乡建设、农业、商务、卫生计生、海关、质检、安全监管等部门，应按照国家有关法律法规的规定，加强对上述10种持久性有机污染物生产、流通、使用和进出口的监督管理。

（六）开展产品生命周期评价

生命周期评价起源于1969年美国中西部研究所受可口可乐委托对饮料容器从原材料采掘到废弃物最终处理的全过程进行的跟踪与定量分析。生命周期评价是对一个产品系统的生命周期中输入、输出及其潜在环境影响的汇编和评价，具体包括互相联系、不断重复进行的4个步骤：目的与范围的确定、清单分析、影响评价和结果解释。生命周期评价是一种用于评估产品在其整个生命周期中，即从原材料的获取、产品的生产直至产品使用后的处置，对环境影响的技术和方法。

企业在开展生命周期评价过程中，可以考虑逐步加强企业内部的有毒有害物质管理和上游供应商管理，逐步积累建立有利于生态设计和供应链管理的产品中有毒有害物质使用情况和产品检测数据等方面的数据收集、统计和记录备案等日常管理，以备未来建立产品中有毒有害物质使用情况和产品检测数据。

（七）绿色营销

作为企业经营活动指导思想的企业营销观念，在经历了生产观念、产品观念、推销观念、市场营销观念后，20世纪60年代又萌发了“绿色营销”观念。其后，随着环境问题日益突出，人们的环保意识不断增强，“绿色营销”观念成为21世纪世界市场营销的主潮流。

绿色营销，是指企业以环境保护观念作为其经营哲学思想，以绿色文化为其价值观念，以消费者的绿色消费为中心和出发点，力求满足消费者绿色消费需求的营销策略。绿色营销是在绿色消费的驱动下产生的。随着经济发展和人们生活水平不断提高，消费者意识到环境恶化已经影响其生活质量及生活方式，要求企业生产、销售对环境影响最小的绿色产品，以减少危害环境的消费。消费者有意识地主动购买绿色环保产品，将从消费端拉动企业加强环境管理、实施绿色制造和开展绿色营销。

（八）企业环境报告

如第五章所述，环境报告书是反映企业及其所属业务部门和生产单位在其生产经营活动中产生的环境影响，以及为了减轻和消除有害环境影响所进行的努力及其成果的书面报告。主要内容包括：企业的环境方针、环境管理指导思想、环境方针的实施计划、为落实环境方针和计划所采取的具体措施和取得的环境业绩等。

经过30多年的发展，企业环境报告内容由最初的环境影响信息扩展到环境业绩和环境会计信息，范围也从个别企业的试行发展到成为多数国际化企业的潮流。环境报告已经成为企业持续经营、业绩评价和投资决策过程中不可或缺的重要信息，企业环境报告公开已经成为一份表达企业一定时期的环保方针、环保目标和具体环保行动与结果的书面文件，是企业社会责任的一种表达方式。企业环境报告可以使政府、企业和公众都了解和共享环境信息，从而对企业的环境污染行为产生压力；环境报告书还可以有效地促进环境管理体系标准的普及与推广，改善企业的环境行为，有利于企业树立良好的绿色形象，提高企业竞争力。

第三节 生态工业园区及其在中国的实践

一、产业生态化理论

20 世纪发展起来的工业生态学和循环经济是产业生态化的理论基础。工业生态学是专门审视工业体系与生态圈关系的、充分体现综合性和一体化的一种新思维。它强调用生态学的理论和方法研究工业生产，把工业生产视为一种类似于自然生态系统的封闭体系，其中一个单元产生的“废物”或副产品是另一个单元的“营养物”和投入原料。这样，区域内彼此靠近的工业企业就可以形成一个相互依存，类似于生态食物链过程的“工业生态系统”。

循环经济（Cyclic Economy）即物质闭环流动型经济，是指在人、自然资源和科学技术的大系统内，在资源投入、企业生产、产品消费及其废弃的全过程中，把传统的依赖资源消耗的“资源—产品—污染排放”线性增长的经济，转变“资源—产品—再生资源”循环经济增长。要求模仿大自然的整体、协同、循环和自适应功能去规划、组织和管理人类社会的生产、消费、流通、还原和调控活动，是一类融自生、共生和竞争经济为一体、具有高效的资源代谢过程、完整的系统耦合结构的网络型、进化型复合型生态经济。其特征是低消耗、高利用、低污染。“减量化、再利用、再循环”是循环经济最重要的原则。所有的物质和能源都能在这个不断进行的经济循环中得到合理和持久的利用，从而使经济活动对自然环境的负面影响降到最小。

产业生态化是依据产业生态学和循环经济理论，模拟生物的方式进行生产，把产业链当做生态链，在自然生态系统承载能力内，对特定地域空间内产业系统、自然系统与社会系统之间进行耦合优化，应用现代科学技术建立起来的一种多层次、多结构、多功能、使工业“废物”转变为原料，实现资源的循环利用、集约经营管理的综合工业生产体系。在生态工业系统中一些生产过程的废弃物，可以作为另外一些生产过程的原料进行利用，生态工业追求的是资源、能源利用的最大化，力求将生产过程中的原料、中间产品和“废物”最大限度地转化成产品。

产业生态化的实质是将人造系统纳入自然生态系统的运行模式中，逐步实现由传统的线性（开放）系统向循环（封闭）系统，即资源—产品—再生资源的转变。即产业生态化要求人类社会充分遵循复合生态系统规律，通过不断提高生态效率减少人类生产和生活各项活动的生态环境影响。产业生态化是 21 世纪全新的产业发展模式，也是一种生态型循环经济。

二、中国产业生态化实践

基于中国产业发展的现状与产业发展需求，产业生态化的实现途径有以下三个方面：①传统产业的生态转型。②创建和推广新兴的生态产业模式。③完善产业生态化技术支撑和制度体制。

（一）传统产业的生态转型

传统产业往往以经济增值为导向，投资者追求高的经济回报，同时产生巨大的外部不经济性，产业结构单一化、大型化，以刚性的链式结构为主，对于环境影响的控制以末端治理为主，是一种高投入、消耗型、不可持续的发展模式。因此，在传统产业的基础上，通过有效的规划、管理与技术手段，逐步实现传统产业生态化能有效地推动经济与环境、社会的可持续发展。可以通过以下四个方面得以实现：

第一，提高资源利用效率，减少生产过程的资源和能源消耗。

第二，延长和拓宽生产技术链，开展清洁生产，污染在企业内处理，减少排放。

第三，对废旧产品全面回收、循环利用，以“回收”来衔接线性“生产→消费→废弃”模式的两端，形成物质闭路循环的经济增长模式。

第四，对生产企业无法处理的废弃物集中回收、处理，减少废弃物向自然环境的排放。

（二）创建和推广新兴的生态产业模式

在产业发展不断推进的过程中，创建和推广新兴的生态产业，从最初规划阶段到建设、运转阶段，始终坚持生态产业的模式，将自然生态环境的运转模式运用到产业系统中，建立资源能源循环系统，通过不同层面的循环模式得以展现，详见表 16-1。

表 16-1　生态产业不同层面的循环模式

循环层面	建立层面	主要内容
小循环	企业层面	选择典型企业，通过产品生态设计、清洁生产等措施进行生态工业试点
中循环	区域层面	在区域层面，通过企业间的物质集成、能量集成和信息集成，在企业间形成共生关系，建立工业生态园区
大循环	社会层面	在社会层面，重点进行循环型城市和省区的建立，最终建成循环经济型社会

如表 16-1 所示，小循环是指企业层面通过生态设计、清洁生产和回收利用等实现物质与能量循环，在保证产生与经济效益的同时兼顾生态效益；中循环指在区域层面的物质与能量循环，利用产业生态学原理，通过企业间的物质集成、能量集成和信息集成，形成企业共生关系，实现原材料和能源最大化利用；大循环则是指在政府支持下，运用循环经济理念，发展回收利用技术和渠道，将原本的废弃物回收并资源化，形成资源—原料—产品—废料—再生资源这样的循环或深化产业链，使废弃物能再循环和资源化利用，完成“垃圾过剩”和“资源短缺”到“变废为宝”的转变。即在社会和国家甚至更广泛的区域范围层面的物质和能量循环，通过重点进行循环型城市和省区的建立，最终建成循环经济型社会。

（三）完善产业生态化技术支撑和制度体制

技术创新是产业生态化转型的活力源泉，技术的生态化是产业生态化的重要保证：通过技术与设备的革新，实现产业内排放的废弃物等产业“外部效应”在产业链中“内部化”，进而实现产业资源的循环利用，达到废弃物的零排放。

从产业生态最初的理论形成到生态产业集群雏形建立的过程中来看，政府并非生态产业形成的主导力量，但在产业生态化的发展过程中，政府同时扮演着监督与管理者、消费者与服务提供者的多重身份，可以为企业提供信息服务、制定规则，通过制定激励机制引导产业朝着环境友好和资源节约的方向发展。有利于生态技术创新的制度包括：

①将技术的生态效益作为国家对创新技术的重要考察指标。

②在我国现行科技法规中增加促进生态技术的相应条款，使科技向生态科技转化。

③通过完善环境税费制度、扩大资源补偿征收范围、提高收费标准等手段限制污染物的排放和资源的开发力度。

④给予生态产业更多的优惠政策，以降低生态产品和服务价格等经济手段具有更强的灵活性与市场适应性，包括：环保投资公司和政策性银行应优先向生态产业提供贷款资金，支持有发展前景的生态产业以发行股票和债券等方式进行筹资，地方政府可设立生态环保发展基金，资助生态产业的发展，健全环境风险投资机制等。

三、生态工业园区及国际实践

生态工业园区是依据循环经济理论和工业生态学原理而设计成的一种新型工业组织形态，是生态工业的区域系统。生态工业园区作为循环经济一个重要的发展形态，通过模拟自然生态系统建立工业系统“生产者—消费者—分解者”的循环途径和食物链网，采用废物交换、清洁生产等手段，使一个企业产生的副产品或废物可以用做另一个工厂的投入或原材料，实现物质闭环循环和能量多级开发利用，从而形成一个相互依存、类似自然生态系统食物链过程的工业生态系统。生态工业园区遵从循环经济的减量化、再使用、再循环原则。

在传统的工业体系中，每一道制造工序都独立于其他工序消耗原料、产出、销售产品和堆积废料。然而，在工业生态园中，鼓励企业间的交流与协作，达到最大限度地利用资源和最小的环境代价。工业生态概念包含了一系列的内容：污染防治、副产品交换、环境设计、生产周期分析、合作培训计划、公共参与、技术创新、提高效率等。

生态工业园区的最主要特征是：生态园区中各组成单元间相互利用废弃物作为各自的生产原料，最终实现园区内资源利用最大化和环境污染的最小化。据一份调查报告显示，生产和消费过程中所产生的大量废弃物和垃圾中，至少有60%的材料是可以再循环加以利用的。全世界钢产量的45%、铜产量的62%、铝产量的22%、铅产量的40%、锌产量的30%、纸制品的35%都是利用废旧物资生产的，既节约了资源，又减少了污染。生态工业园区由于它克服了在单个企业层面上推行清洁生产发展循环经济的局限而受到重视。

实践证明，建立工业生态园是实现循环经济的一种有效方式。园区内的企业上家废弃物成为下家的原料和动力，尽可能把各种资源都充分利用起来，做到资源共享，各得其利，共同发展。园区内企业间通过物质、能量和信息的流动与储存，并通过工业代谢研究，利用生态系统整体性原理，将各种原料、产品、副产品及所排放的废物，利用其物理、化学成分间的相互联系、相互作用，互为因果的生态产业链，组成一个结构与功能协调的共生网络经济系统。

生态工业园区遵从循环经济的减量化（Reduce）、再使用（Reuse）、再循环（Recycle）3R 原则，其目标是尽量减少区域废物，将园区内一个工厂的投入或原材料，通过废物交换、循环利用、清洁生产等手段，最终实现园区的污染物“零排放”。

国际上最成功的生态工业园区是丹麦的卡伦堡（Kalundorg）生态工业园区。卡伦堡是一个仅有两万居民的小工业城市，最初这里建造了一座火力发电厂和一座炼油厂，数年之后，卡伦堡的主要企业开始相互间交换“废料”、蒸汽、水（不同温度和不同纯净度的）以及各种副产品，逐渐自发地创造了一种“工业共生体系”，成为世界上区域可持续发展和循环经济的典范和世界生态工业园的早期雏形。目前，该园区以发电厂、炼油厂、制药厂和石膏制板厂 4 个厂为核心企业，把一家企业的废物或副产物作为另一家企业的投入或原料，通过企业间的工业共生和代谢生态群落关系，建立“纸浆—造纸”、“肥料—水泥”等工业联合体。发电厂以炼油厂的废气为燃料，其公司与炼油厂共享冷却水；发电厂煤炭燃料的副产物可用于生产水泥和铺路材料；发电厂的余热可为养鱼场和城里的居民住宅提供热能。该园区以闭环方式进行生产的构想，要求各个参与厂家的输入和产品相匹配，形成一个连续的生产流，每个厂家的废物至少是另一个合作伙伴的有效燃料或原料。同时，对各参与方来讲，必须具备经济效益，如节省成本等。

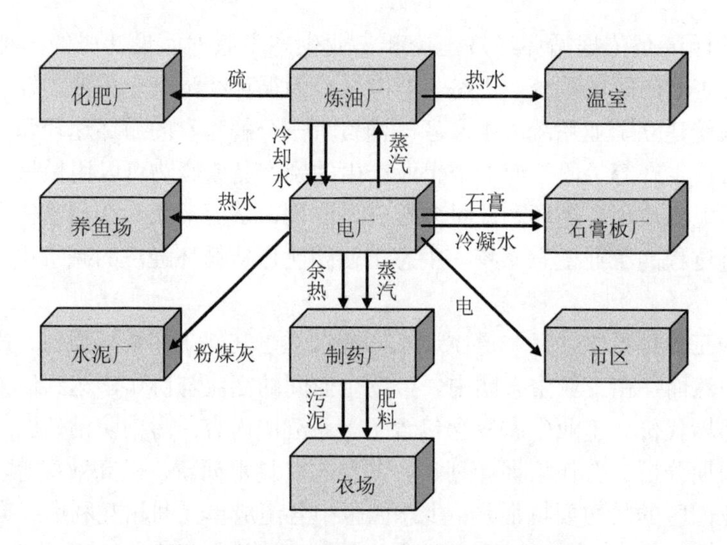

图 16-3　丹麦卡伦堡的工业共生体示意图

20 世纪 70 年代以来，在美国环保局和可持续发展总统委员会的支持下，美国的一些生态工业园区项目应运而生，涉及生物能源的开发、废物处理、清洁工业、固体和液体废物的再循环等多种行业。美国比较成功的园区包括：改造型的查塔诺加（Chattanooga）生态工业园区；全新型的 Choctaw 生态工业园区；虚拟型的布朗斯维尔（Brownsville）生态工业园区。

布朗斯维尔生态工业园区位于美国和墨西哥交界上的布朗斯维尔，由于其特殊的地理位置，这个园区的范围也扩展到与布朗斯维尔相邻的墨西哥马塔莫罗斯。布朗斯维尔园区为虚拟生态工业园区。园区现有热电厂，化工厂，废油、废溶剂、废塑料回收厂等，美国环保基金会建议园区招募一家再生塑料制品厂和可重复利用货运容器的流通中心。园区的流包括：物质流、热流。园区企业间关系如图 16-4 所示。

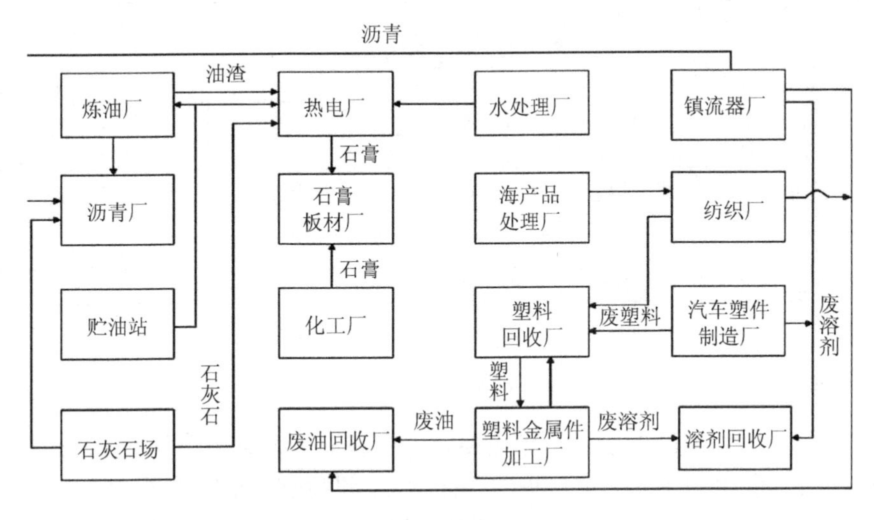

图 16-4 布朗斯维尔工业园区

四、中国的生态工业园区建设与管理

（一）概述

综观中国工业园区的发展历程，大致可以划分为三个阶段：第一代为经济技术开发区；第二代为高新技术产业开发区；第三代为生态工业园区。生态工业园就是集工商企业、良好的环境、社区服务，创造更多的商机、改善生态系统为一体，是将发展经济与保护环境有机结合的一个新理念。

自 20 世纪 80 年代初以来，我国的工业园区、科技园区和经济技术开发区作为新技术、新产品、新兴产业的聚集地，为中国经济的快速和高速增长作出了巨大贡献，目前已经成为国民经济的主要增长点和外资利用的集中区，成为我国经济中最具活力的制造业基地和产品出口基地。由于工业园区工业活动的密集性，所造成的污染的集成效应也越来越严重，对环境的负面影响已相当严重，已威胁到工业园区所在区域的环境质量和居民的身体健康。自 1999 年起，原国家环保总局在全国率先进行了推进生态工业、促进区域环境污染综合整治的探索。2002 年原国家环保总局正式确认了“广西贵港生态工业（制糖）园区”和“广东南海生态工业园区”为国家生态工业示范园区。以后，陆续组织实施其他一些生态工业园。截至 2011 年 9 月，全国已建成 13 家国家级生态工业示范园区，见表 16-2。

表 16-2 国家级生态工业园区名单

序号	名　称	批准时间
1	苏州工业园区国家生态工业示范园区	2008 年 3 月 31 日
2	苏州高新技术产业开发区国家生态工业示范园区	2008 年 3 月 31 日
3	天津经济技术开发区国家生态工业示范园区	2008 年 3 月 31 日
4	无锡新区国家生态工业示范园区	2010 年 4 月 1 日
5	烟台经济技术开发区国家生态工业示范园区	2010 年 4 月 1 日
6	山东潍坊滨海经济开发区国家生态工业示范园区	2010 年 4 月 1 日
7	上海市莘庄工业区国家生态工业示范园区	2010 年 8 月 26 日
8	日照经济技术开发区国家生态工业示范园区	2010 年 8 月 26 日
9	昆山经济技术开发区国家生态工业示范园区	2010 年 11 月 29 日
10	张家港保税区暨扬子江国际化学工业园国家生态工业示范园区	2010 年 11 月 29 日
11	扬州经济技术开发区国家生态工业示范园区	2010 年 11 月 29 日
12	上海金桥出口加工区国家生态工业示范园区	2011 年 4 月 2 日
13	北京经济技术开发区国家生态工业示范园区	2011 年 4 月 25 日

（二）中国生态工业示范园区的管理体制

中国的生态工业园区的宏观管理主要是中央和地方政府相关部门和环保部门进行管理。2007 年 12 月 10 日中国环境保护部、商务部、科技部组织制定了《国家生态工业示范园区管理办法（试行）》。对生态工业园区的申报和审核、创建规划编制、验收、命名，以及持续的考核评估等管理环节都做出了详细规定。

为加强相关部门对环保工作的统一监督和管理，成立了国家生态工业园区建设协调领导小组（简称“领导小组”），由原国家环保总局、商务部和科学技术部共同组织成立，其办公室设在原国家环保总局科技标准司，成员由原国家环保总局科技标准司、商务部外资司和科学技术部高新技术发展及产业化司工作人员组成。负责园区的审核、命名和综合协调工作，以及建设的日常工作。各级环保、商务、科技行政主管部门按其职责分工，负责园区的日常监督管理工作。

在园区的微观管理方面，园区建设完成后成立园区管理委员会来管理生态工业园区，园区管理委员会一般隶属于园区所在的市区，园区管理委员会具有浓厚的行政色彩。大多采用“政府为主导、企业为主体”的管理体制和运行机制，发挥行业协会的作用，依托重点企业在园区成立循环经济联谊会的形式推进生态工业园区的建设。

（三）生态工业园区分类管理及建设标准

针对我国生态业园区产业结构，将生态工业园区分为综合类、行业类和静脉产业类 3 类，并分别出台相应标准加以引导和规范。2003 年开始，基于对中国产业共产系统构建的理论和方法，中国环境科学研究院主持编制了综合类、行业类生态工业园区标准建议稿，并与青岛理工大学共同编制了静脉产业类生态工业园区标准建议稿，2006 年 9 月 1 日原国家环保总局科技标准司颁布和实施的《综合类生态工业园区标准（试行）》（HJ 274—2006）、《行业类生态工业园区标准（试行）》（HJ 273—2006）和《静脉产业类生态工业园区标准（试行）》（HJ 275—2006），是中国生态工业园区建设、管理和验收的技术规范性文件。2009 年国家环境科学研究院在科学总结近年来中国生态工业示范园区建设模式的基础上，参照国内外最新研究成果，研究并修订了旨在推动生态工业园区建设的综合类生态工业园区标准：《综合类生态工业园区标准》（HJ 274—2009）。根据园区类型不同，分别设立不同的考核验收指标体系和标准值，分别指导行业类、综合类和静脉产业类的工业园区开展生态工业园区建设、管理和验收。

综合类生态工业园区是指由不同工业行业的企业组成的工业园区，主要指在高新技术产业开发区、经济技术开发区等工业园区基础上改造而成的生态工业园区。各标准将不同类型生态工业园区建设的各个方面细化为可比可测的指标，系统地反映了生态工业园区的特性。《综合类生态工业园区标准》（见表 16-3）包括定性指标与基本条件和具体指标两部分。基本条件为：①国家和地方有关法律、法规、制度及各项政策得到有效的贯彻执行，近三年内未发生重大污染事故或重大生态破坏事件。②环境质量达到国家或地方规定的环境功能区环境质量标准，园区内企业污染物达标排放，各类重点污染物排放总量均不超过国家或地方的总量控制要求。③《生态工业园区建设规划》已通过国务院环境保护行政主管部门或国家生态工业园区建设领导小组办公室的论证，并由当地人民政府或人大批准实施。④园区有环保机构并有专人负责，具备明确的环境管理职能，鼓励有条件的地方设立独立的环保机构。环境保护工作纳入园区行政管理机构领导班子实绩考核内容，并建立相应的考核机制。⑤园区管理机构通过 ISO 14001 环境管理体系认证。⑥《生态工业园区建设规划》通过论证后，规划范围内新增建筑的建筑节能率符合国家或地方的有关建筑节能的政策和标准。⑦园区主要产业形成集群并具备较为显著的工业生态链条。

具体指标包括经济发展、物质减量与循环、污染控制和园区管理 4 部分，并进一步细分为 26 个指标。修订后标准综合考虑现状和未来的发展趋势，增加了基本条件 4 项（有环保机构并有专人负责、通过 ISO 14000 认证、建筑节能、较为显著的工业生态链条），增加“单位工业用地工业增加值、综合能耗弹性系数、新鲜水耗弹性系数、COD 排放弹性系数、SO_2 排放弹性系数”5 项指标，弹性系数指标反映园区经济发展速度与能耗、水耗和污染物排放增长量之间的关系。

表 16-3　综合类生态工业园区指标

项目	序号	指 标	单 位	指标值或要求
经济发展	1	人均工业增加值	万元/人	≥15
	2	工业增加值年均增长率	%	≥15
物质减量与循环	3	单位工业用地工业增加值	亿元/km^2	≥9
	4	单位工业增加值综合能耗	t/万元	≤0.5
	5	综合能耗弹性系数		<0.6
	6	单位工业增加值新鲜水耗	m^3/万元	≤9
	7	新鲜水耗弹性系数		<0.55
	8	单位工业增加值废水产生量	t/万元	≤8
	9	单位工业增加值固废产生量	t/万元	≤0.1
	10	工业用水重复利用率	%	≥75
	11	工业固体废物综合利用率	%	≥85
	12 中水回用率	人均水资源年占有量≤1 000m^3	%	≥40
		人均水资源年占有量>1 000 m^3≤2 000 m^3	%	≥25
		人均水资源年占有量>2 000 m^3	%	≥12

项目	序号	指 标	单 位	指标值或要求
污染控制	13	单位工业增加值 COD 排放量	kg/万元	≤1
	14	COD 排放弹性系数		<0.3
	15	单位工业增加值 SO_2 排放量	kg/万元	≤1
	16	SO_2 排放弹性系数		<0.2
	17	危险废物处理处置率	%	100
	18	生活污水集中处理率	%	≥85
	19	生活垃圾无害化处理率	%	100
	20	废物收集和集中处理处置能力		具备
园区管理	21	环境管理制度与能力		完善
	22	生态工业信息平台的完善度	%	100
	23	园区编写环境报告书情况	期/年	1
	24	重点企业清洁生产审核实施率	%	100
	25	公众对环境的满意度	%	≥90
	26	公众对生态工业的认知率	%	≥90

行业类生态工业园区是以某一类工业行业的一个或几个企业为核心，通过物质和能量的集成，在更多同类企业或相关行业企业间建立共生关系而形成的生态工业园区。行业类生态工业园区的基本条件是：①国家和地方有关法律、法规、制度及各项政策得到有效的贯彻执行，近三年内未发生重大污染事故。②环境质量达到国家或地方规定的环境功能区环境质量标准，园区内企业污染物达标排放，污染物排放总量不超过总量控制指标。③《生态工业园区建设规划》已通过原国家环保总局组织的论证，并由当地人民政府或人大批准实施。具体指标见表 16-4。

表 16-4　行业类生态工业园区指标

项目	序号	指 标	单 位	指标值或要求
经济发展	1	工业增加值年均增长率	%	≥12
物质减量与循环	2	单位工业增加值综合能耗	t/万元	达到同行业国际先进水平
	3	单位工业增加值新鲜水耗	m^3/万元	
	4	单位工业增加值废水产生量	t/万元	
	5	工业用水重复利用率	%	
	6	工业固体废物综合利用率	%	
污染控制	7	单位工业增加值 COD 排放量	kg/万元	
	8	单位工业增加值 SO_2 排放量	kg/万元	
	9	危险废物处理处置率	%	100
	10	特征行业污染物排放总量		低于总量控制指标
	11	特征行业污染物排放达标率	%	100
	12	废物收集系统	%	100
	13	废物集中处理处置设施		具备
	14	环境管理制度		完善
园区管理	15	工艺技术水平		达到同行业国内先进水平
	16	信息平台完善度	%	100
	17	园区编写环境报告书情况	期/年	1
	18	周边社区对园区的满意度	%	≥90
	19	职工对生态工业的认知率	%	≥90

静脉产业（资源再生利用产业）是以保障环境安全为前提，以节约资源、保护环境为目的，运用先进的技术，将生产和消费过程中产生的废物转化为可重新利用的资源和产品，实现各类废物的再利用和资源化的产业，包括废物转化为再生资源及将再生资源加工为产品两个过程。静脉类生态工业园区是指静脉产业类生态工业园区是以将生产和消费过程中产生的废物转化为可重新利用的资源和产品，实现各类废物的再利用和资源化的企业为主体建设的生态工业园区。静脉类生态工业园区强调静脉产业类生态工业园区的建设重点应为提高资源循环利用率和保障环境安全，污染控制以固体废物的安全处置为主。基本条件为：①国家和地方的有关法律、法规、规章及各项政策得到有效的贯彻执行，近三年内未发生重大污染事故或重大生态破坏事件。②环境质量达到国家或地方规定的环境功能区环境质量标准，园区内企业污染物达标排放，污染物排放总量不超过总量控制指标。③入园项目及园区内企业生产的产品、使用和开发的技术等符合国家产业政策。④已对园区规划开展环境影响评价，并通过环保行政主管部门组织的评审。⑤园区建设符合国家节水、节地、节能、节材等相关要求。⑥《静脉产业类生态工业园区建设规划》已通过原国家环境保护总局组织的论证，并经当地人大常委会或人民政府批准实施。具体指标包括取经济发展、资源循环与利用、污染控制和园区管理 4 个方面（见表 16-5），共 20 个指标。确定采用层次分析（AHP）法对评价指标体系进行权重计算。

表 16-5 静脉类生态工业园区指标

项目	序号	指 标	单 位	指标值或要求
经济发展	1	人均工业增加值	万元/人	≥5
	2	静脉产业对园区工业增加值的贡献率	%	≥70
资源循环与利用	3	废物处理量	万吨/年	≥3
	4	废旧家电资源化率	%	≥80
	5	报废汽车资源化率	%	≥90
	6	电子废物资源化率	%	≥80
	7	废旧轮胎资源化率	%	≥90
	8	废塑料资源化率	%	≥70
	9	其他废物资源化率		符合相关规定
污染控制	10	危险废物安全处置率	%	100
	11	单位工业增加值废水排放量	吨/万元	≤7
	12	入园企业污染物排放达标率	%	100
	13	废物集中处理处置设施		具备
	14	集中式污水处理设施		具备
园区管理	15	园区环境监管制度		具备
	16	入园企业的废物拆解和生产加工工艺		达到国际同行业先进水平
	17	园区绿化覆盖率	%	35
	18	信息平台的完善度	%	100
	19	园区旅游观光、参观学习人数	人次/年	≥5 000
	20	园区编写环境报告书情况	期/年	1

（四）生态工业园区规划与建设原则

园区建设应结合建设规划和生态工业园区标准进行自我评估，达到建设规划阶段目标和标准要求的，由园区提出申请，办公室组织有关人员组成考核组，对该园区的创建工作进行考核验收，提出考核验收意见并反馈给园区。

生态园区建设的原则如下：

1. 与自然和谐共存原则

园区应与区域自然生态系统相结合，保持尽可能多的生态功能。对于现有工业园区，按照可持续发展的要求进行产业结构的调整和传统产业的技术改造，大幅度提高资源利用效率，减少污染物产生和对环境的压力。新建园区的选址应充分考虑当地的生态环境容量，调整列入生态敏感区的工业企业，最大限度地降低园区对局地景观和水文背景、区域生态系统以及对全球环境造成的影响。

2. 生态效率原则

在园区布局、基础设施、建筑物构造和工业过程中，应全面实施清洁生产。通过园区各企业和企业生产单元的清洁生产，尽可能降低本企业的资源消耗和废物产生；通过各企业或单元间的副产品交换，降低园区总的物耗、水耗和能耗；通过物料替代、工艺革新，减少有毒有害物质的使用和排放；在建筑材料、能源使用、产品和服务中，鼓励利用可再生资源和可重复利用资源。贯彻“减量第一”的最基本要求，使园区各单元尽可能降低资源消耗和废物产生。

3. 生命周期原则

要加强原材料入园前以及产品、废物出园后的生命周期管理，最大限度地降低产品全生命周期的环境影响。应鼓励生产和提供资源、能源消耗低的产品和服务；鼓励生产和提供对环境少害、无害和使用中安全的产品和服务；鼓励生产和提供可再循环、再使用和进行安全处置的产品和服务。

4. 区域发展原则

尽可能将园区与社区发展和地方特色经济相结合，将园区建设与区域生态环境综合整治相结合。要通过培训和教育计划、工业开发、住房建设、社区建设等，加强园区与社区间的联系。要将园区规划纳入当地的社会经济发展规划，并与区域环境保护规划方案相协调。

5. 高科技、高效益原则

大力采用现代化生物技术、生态技术、节能技术、节水技术、再循环技术和信息技术，采纳国际上先进的生产过程管理和环境管理标准，要求经济效益和环境效益实现最佳平衡，实现“双赢”。

6. 软硬件并重原则

硬件指具体工程项目（工业设施、基础设施、服务设施）的建设。软件包括园区环境管理体系的建立、信息支持系统的建设、优惠政策的制定等。园区建设必须突出关键工程项目，突出项目（企业）间工业生态链建设，以项目为基础。同时必须建立和完善软件建设，使园区得到健康、持续发展。

目前我国的工业园区、科技园区和经济技术开发区的建设面临诸如产业布局和结构调整、管理机制创新、土地资源的节约利用、资源循环利用和环境污染问题等。面对新的形势，许多园区提出了“二次创业”的战略设想，以期实现工业生态化和工业园区的可持续发展。

（五）我国生态工业园建设的发展方向

目前，我国生态工业园区建设正朝着规范、健康的方向发展。但同时在政策支持力度和管理制度细化等方面也有待进一步改善。未来生态工业园区的发展还需要在以下几个方面不断完善：

1．进一步完善相关管理制度和配套激励机制，创造有利于促进生态工业园区创建的良好政策和体制环境

目前，我国对于生态工业园的有效管理主要集中在前期生态工业园创建的报批和验收阶段，尽管在标准中对于生态工业园各项经济发展、物质减量与循环、污染控制和园区管理等指标做了较明确的规定，但与各项标准指标的统计、考核及达标监察等相配套的管理制度建设和组织职能设立尚需完善。同时，创建生态工业园区，需要通过税收、贷款、财政补贴、土地利用等方式的调控，调动园区积极性和有针对性地引进有助于园区产业生态链完善的相关项目，拓展园区融资渠道，在政策上对生态工业园区建设工作中的关键项目予以重点支持。

完善、适宜的政策体系能够降低园区企业之间产业链对接的交易成本，规范和有助于区域统筹协调发展。对此，国家应尽快建立和完善资源综合利用、生态工业园区建设的法律法规，并制订与之相适应的实施细则，使其更具有可操作性。从国家层面到地方层面，各级政府要与时俱进地研究并建立有效的行政管理体制和机制，在政策上对生态工业园区的规划进行审查和监督，通过财政、税收、投资和技术援助等各项手段对于园区中补链项目、基础设施建设项目或污染物有明显削减的项目，予以重点支持，以促进循环型生态工业产业的形成和发展。

2．建立并完善正规、专业的生态环境信息管理平台，增强政府、企业与公众的互动

我国生态工业园区的相关标准中对物质减量与循环、污染控制和园区管理三部分指标进行的规定与要求。然而，在生态工业园区实际建设与管理工作中，由于正规、专业的生态环境信息统计与管理制度还不够完善，标准中相应的考核指标存在统计口径不一致等问题；另外，“十二五”节能减排提出了新增氨氮和氮氧化物的减排指标，低碳发展和碳排放及减排也被提上议程并设立了减排目标，目前的园区环境信息统计系统中这些统计尚不全面，因此需要增加对这些指标的数据信息统计与考核。因此，需要在生态工业园区中建立并完善正规、专业的生态环境管理信息平台。

通过构建生态工业信息体系，增强政府、企业与公众之间信息的透明度。通过信息交流、培训、媒体宣传等多种方式，增强政府、企业和公众之间的互动，真正落实政府推动、企业运作、公众监督的循环经济运行机制。

苏州工业园区大力开展绿色社区、绿色学校、绿色乡镇、绿色建筑创建活动。社区定期开展环保志愿者招募工作和以闲置物品交换为主题的“邻里互助广场”、“跳蚤市场”等活动，2006年更在全区范围内成功举办了3次“大型邻里互助广场暨跳蚤市场”活动，将生态理念渗透到社会生活的各个方面，初步形成了创建循环型生态社会的良好氛围。 昆山经济技术开发区建立信息公开制度，实施政务公开。明确政府信息公开的内容、形式，积极构建“电子园区”，主动进行政府信息公开。目前开发区网站上已经公开的有：重大事件、市长环保责任书内容、重点工程等。运用网络技术移植政府职能，使政府与社会公众之间、政府部门之间通过网络相互沟通，面向社会公众开展高质量的政府电子化信息服务。

3. 进一步补充和完善生态工业的产业链条

生态工业园区的效率依赖于共生耦合的产业链，从而最大限度地提高资源能源效率，从工业生产源头上将污染物排放量减至最低，实现区域清洁生产。我国当前生态工业园区中无论是综合类生态工业园还是行业类生态工业园，由于处在转型过程中，普遍存在产业链结构单一，物质资源利用效率不高，耦合关系不明显，企业共生关系不紧密等问题，各相关产业间相互关联、相互协调、相互配套的关系比较松散，与理论上区域内企业共生的高效能流与物流的对接存在较大的差异。

按照产业生态学要求，严把企业入园关，不断完善生态产业链。在工业共生体系中，上游企业提供的物质、能量或信息恰好为下游企业所需要，上游企业的副产品排放恰好是下游企业所需要的某种原料。因此，生态工业园中的工业共生产业链要实现工业剩余物的充分利用，对上游企业而言，必须具备纷繁复杂的剩余物从而形成多条食物链以满足不同企业的需求；而对于下游企业，则要求其具有非常专业的经营方向和技术要求，这是企业努力的方向。

从生态工业园整体规划角度而言，生态工业园区需结合自身的特点，真正按照链条状的特征安排企业的业务流程，使得各个环节既相互联系，又具有处理资金流、信息流、物流和技术流的自我组织能力，使得生态企业的供、产、销体系形成一条价值流通链。

"十二五"期间是我国经济社会向"两型"转变的重要时期，生态工业园区创建工作的推进将对经济和社会转型起到积极的促进作用，因此，在生态工业园区创建中，要根据生态工业园区建设规划的工业共生总体要求对入园的企业进行严格筛选，园区管理部门须全面审核企业原料来源、种类、数量以及能源等生产资料的使用情况和废弃物的产生种类、产生量等信息，保证新引进企业或项目能够适应当前园区的产业链耦合关系，其他下游企业可根据情况调整自己的生产策略。且对园区现有产业网不会造成较大的冲击，符合园区环境质量控制的总体要求。同时将企业科技创新能力与清洁生产能力作为重要考核指标，确保生态工业园区的可持续发展。

从产品链和废物链两个方向出发，积极引进补链项目，构建工业共生网络，不断完善园区生态工业链网，形成企业间互利共生及区域层面的物质循环，增强产业的抗风险能力，促进产业结构生态化。

苏州高新区积极探索培育新的生态工业链。除了进一步完善"松下电工线路板产品链"、"福田金属废水代谢链"等五条原有的生态工业链外，还引进了日本同和矿业、华锋化学等公司，不断探索培育新的生态工业链。例如：苏州高岭土公司的资源综合利用产业循环链、华锋化学和中环友缘废蚀刻液再生产业链、同和矿业的废金资源回收再生产业链等生态工业链，解决了生产工艺末端产生电子废弃物的综合利用问题。同时加强绿色招商，推行"补链"战略。把汽车配件、环保产业、精密机械等行业作为生态工业园的"补链"产业来推动。目前，区内汽车零部件产业园、国际汽车城、环保产业园建设已初具规模，招商引资势头良好，区内各产业有序均衡发展，为全区经济增长方式的转变、经济协调可持续发展作出了积极的贡献。

在废物链方面，苏州工业园区针对区内电子信息、精密机械等产业密集的特点，加大了废弃物回收利用等资源再生项目的引进，2006 年园区成功引进既不产生二次污染、又在生产者责任延伸方面起到示范作用的富士施乐产品回收项目，积极探索了电子产品回收工作新思路。

4．进一步将“十二五”节能减排及国家环境保护工作重点（特别是重金属和化学物质管控）内容，以及循环经济和低碳经济等相关内容充分纳入或整合到生态工业园区建设规划和管理中

“十二五”期间我国将进一步深化节能减排，完成向“资源节约型和环境友好型”社会的转变，为此明确提出了对 COD、SO_2、氨氮和氮氧化物四个约束性指标的减排任务，即 COD、SO_2 进一步减排 8%，氨氮和氮氧化物减排 10%。同时，在中央企业节能减排工作会议上，国资委也明确了央企“十二五”的节能减排目标：到“十二五”末，万元产值综合能耗（可比价）下降 16%左右，COD、SO_2、氨氮、氮氧化物等主要污染物排放总量降幅高于全国平均水平。因此，需要进一步整合这些指标，并考虑将其纳入生态工业园区的考核验收指标中。

未来 5 年，中央财政将以百亿元为单位增加对重金属污染防治的投资。环境保护部将会同有关部门制定重金属污染防治的考核办法。该办法将参照节能减排的考核办法，明确地方政府为责任主体，要求各地要把重金属污染防治成效纳入经济社会发展综合评价体系，并作为政府领导干部综合考核评价和企业负责人业绩考核的重要内容。因此，在生态工业园区的创建中，也应密切配合国家重金属污染法制规划，全面排查涉铅、镉、汞、铬和类金属砷等重金属污染企业及周边区域环境隐患，查清重金属污染情况，确定重点防控的区域、行业和企业，切实预防重金属污染危害群众健康和生态环境；建立较为完善的重金属污染防治体系、事故应急体系以及环境风险评估体系，科学有效控制重金属污染。

化学物质污染防治也是“十二五”环保 4 个重要领域之一。作为化学品生产、使用和排放大国，我国还面临着有效控制化学物质使用，特别是有效控制再生有色金属生产、烧结和电弧炼钢、废物焚烧等二噁英排放重点行业的二噁英排放的压力，面临着防范历史遗留 POPs 污染场地环境和健康风险的挑战。2011 年下半年，环境保护部组织开展了化学品环境管理专项检查对化工园区、化工企业集中区、所有持有危险化学品生产许可证的企业环评及“三同时”管理制度实施情况、污染治理设施建设运营情况、特征污染物排放达标情况、应急预案执行和应急防护措施落实情况等开展检查。通过检查摸底，为制订规划和有针对性的政策措施奠定了基础。在未来的生态工业园区创建中，还需针对辖区内工业生产中化学物质污染现状进行系统全面的调查、分析和评估，应根据不同类型的环境风险防控物质对象，实施不同的防控对策，大力推进重点防控行业、企业的化学品环境管理和风险防控，提高化工园区环境风险防范水平。重点强化园区化学品环境风险防控主要环节、薄弱环节的制度建设，加强调查、测试、评估、管理、科研、培训等支撑体系建设；大力强化规划、准入、标准、审批、监管、预案、应急等手段，引导和推动化学品环境风险防范；化学品相关企业担负化学品环境风险防控主体责任，负责落实各项管理规定和要求，预防和减少化学品突发环境事件发生，制定化学品的污染预警和应急对策和行动方案，加强和提升园区化学品的预警应急能力。

此外，国家确定了今后重点发展循环经济和低碳经济的新战略，如何把循环经济和低碳经济的思想和理念纳入生态工业园区建设和发展的战略中也是有待探索和实践的。根据国家出台的《循环经济促进法》，制定和完善在生态工业园区中推进循环经济发展的政策措施。发挥各个生态工业园区中现有试点企业的示范效应，推广先进技术和经验，着重指导推动企业在清洁生产审核、ISO 14001 认证、工业用水重复利用、资源循环利用、技术推广上实现新的突破，在生态工业园区创建过程中努力打造一批循环经济示范项目。通过加强绿色招商，加快产业优化升级，完善生态产业链，大力发展环保产业和资源综合利用产业。同时，积极开展国内外循环经济技术的交流与合作，学习吸收其他地区在资源综合利用产业上的成功经验，结合工业园区发展状况，形成资源综合利用的特色产业。

为全面贯彻落实科学发展观，积极应对全球气候变化，缓解我国能源资源瓶颈、提升国家综合竞争力、促进资源节约型和环境友好型社会的建设，国家生态工业示范园区领导小组办公室决定自 2010 年起，要求国家生态工业示范园区建设单位要在国家生态工业示范园区建设规划编制、年度总结、绩效评估和考核验收中纳入发展低碳经济的内容并提出具体要求。按照循环经济和低碳经济理念、工业生态学原理，以低能耗、低排放、低污染为基础，通过产业优化、技术创新、管理升级等措施，提高能源利用效率和改善能源结构；根据各园区特点从低碳产业、低碳生产、低碳产品、低碳生活等方面着手通过国家生态工业示范园区试点工作，积极探索园区和工业集聚区减少碳排放的有效途径。

在《生态工业园区建设规划》调整和修订中明确发展低碳经济、实现碳减排的具体目标，根据产业结构、节能减排要求等，提出各园区发展低碳经济建设的个性化指标，进一步把发展低碳经济加入行业生态化发展方案、污染控制方案、基础设施建设方案和能源综合利用方案中，通过深入分析园区碳减排的潜力和主要环节，加强物质流和能量流的设计，提出具体可行的技术路线、措施和重点支撑项目，保证实现碳减排目标。同时，还要在技术创新、能力建设和机制建设等方面补充和完善发展低碳经济的政策和途径，进一步加强和保障低碳经济发展。同时，通过培育市场机制来推进低碳经济的发展，要建立国内有影响的碳交易市场，率先形成碳市场服务体系的目标。

5．逐步建立科技支撑平台，加大技术创新力度

生态工业园区要求企业依靠科技进步，采用无害或低害的新工艺、新技术，大力降低原材料和能源的消耗，实现少投入、高产出、低污染，尽可能把对环境污染物的排放消除在生产过程之中。目前，我国生态工业园区内清洁生产与物质资源减量化等相关技术主要集中在大型企业与部分环保企业，技术的服务领域也主要集中在传统的污染物减排、资源循环利用等方面。技术创新能力和相关技术革新的科研投入，特别是对于生态设计、清洁生产等相关的技术创新的研发和投入有待提高。

从中央到地方各级政府，乃至园区管理部门应高度重视科技创新在生态工业园区建设与发展中的带动作用，鼓励生态工业园区内的企业大力发挥技术创新，使用可再生能源，大力发展不同产业、不同生产环节的低碳技术，推广先进的资源节约和替代技术、能量梯级利用技术、延长产业链和相关产业连接技术、有毒有害原材料替代技术及回收处理、绿色在制造技术，将技术创新广泛应用于农业、工业、建筑、交通等，形成良好的技术带动革新的技术支撑平台。

6．创建静脉产业类生态工业园区，实现废物再利用和资源化产业集群化

中国正处于工业化的中期阶段，走新型工业化道路，实现经济发展和环境保护的高度协调，必须改变高能耗、高物耗和高污染的生产方式。发展以资源再利用和资源化为主的静脉产业是物质循环中的一个重要环节。随着生态工业示范园区工作的不断推广和深入，动脉产业与静脉产业如何协调发展成为一个重要内容。

7. 重视园区环境安全，提高环境污染风险识别和应急能力

工业园区作为工业集中区，是环境污染风险的高发区，重视工业园区的环境安全，识别园区的环境风险，并制定有效的突发环境风险应急预案，在发生事故时做到及时启动预案，紧急控制污染源，做好应急抢修与企业生产的协调工作，做到高效率抢修，高水平协调，把事故污染程度和企业限排损失控制到最低程度。对保护工业园区及周边地区社会稳定和人民身体健康具有重要的意义。

青岛新天地静脉产业园是中国第一个正在建设的静脉产业类国家生态工业示范园区，园区规划占地面积220公顷，计划总投资20亿元人民币，其中青岛危险废物处置中心项目和废旧家电及电子产品回收与综合利用示范项目作为重点项目已经初具规模。2006年，共接收处理处置废物2.07万吨，其中青岛市医疗废物2 790.6吨，医疗废物集中处置率达到92%；一般工业废物14 831.7吨；接收危险废物3 121.6吨。园区内的危险废物处置率达到100%。废旧家电及电子产品回收与综合利用建设项目自2006年3月投入运营以来，已从政府部门、企业、社会回收废旧家电及电子产品约10 200台，可回收铜、铝、不锈钢、其他铁类金属、塑料、贵金属混合物等可利用物资70.1吨，可利用零部件折合整机102套。

青岛新天地静脉产业集群，与青岛市石化、造船、汽车、家电、电子、港口六大动脉产业集群地共同组对，构成一个完整且特色鲜明的“6+1”生态工业体系，真正形成完整的“资源—产品—再生资源”的青岛循环经济黄金链。青岛新天地静脉产业园作为目前国内唯一的静脉产业类生态工业园区，不但园区内的项目之间构筑了物质和能量交换的小循环，形成青岛新的经济增长点，同时园区与外部环境构筑了物质和能量交换的大循环，形成一种典型的循环经济发展模式。

第四节　企业环境管理的国内外实践

一、国际企业环境管理实践

（一）日本松下公司的环境管理实践

松下（Panasonic）集团由松下电器产业株式会社以及578家联结子公司（2012年3月31日）而构成，是一家综合电子企业集团，其业务领域包括三大类：消费类（家用电器、个人护理、保健产品、AVCS设备等）；解决方案（比如与系统、网络和移动通信相关的电力、通信、电子设备的开发、生产、销售和服务以及工程安装）；元器件（汽车电子系统的元器件、能源设备的元器件等）。截至2012年3月，松下集团共有员工330 767人（日本国内占40%），784.62亿日元，销售市场主要集中在日本国内以及中国和亚洲其他地区。

作为一家电子综合性企业，松下集团面临着越来越严格的环境法规、标准限制，同时松下作为电子方面的领先企业，为保持竞争优势，需要不断地寻求新的商机，并且为现有的产品和服务创造竞争点，在环境保护日渐受到公众关注时，环境理念成为松下集团的突破点。

2003年松下集团成立企业社会责任管理办公室，致力于从全球企业社会责任的角度管理松下集团，并向公众公布年度的环境实践与数据（1997—2003 年为环境报告书，2004年至今为企业社会责任报告书）。同年成立企业社会责任促进协会，此协会在企业社会责任管理中扮演主要的角色。组织结构如图16-5所示。松下每年1月提出当年的环境管理政策，包括环境管理的主要课题，以及相关的目标。然后每年由董事长主持召开两次环境管理会议，向各分/子公司传达当年环境管理政策的内容。其次由各分/子公司依据业务特点制定环境管理的政策、目标。最后，年末由各分/子公司自己根据“环境管理评估标准”（有公司根据远期计划制定）评估当年的环境行为，也可以聘请第三方公司进行评估。

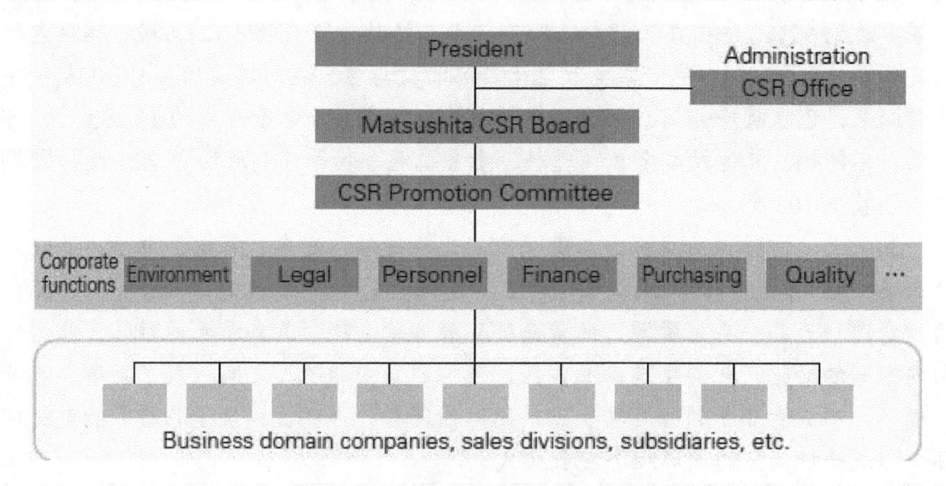

图16-5 松下集团企业环境管理部门结构

2010年，松下提出100周年愿景——成为电子行业首屈一指的“环境革命企业”，即将环境置于所有事业的核心，掀起环境革新。环境革新有两个最终目标：实现绿色的生活方式以及降低环境负荷。松下力图通过产品满足消费者的同时为全社会的环境保护作出贡献和表率。为达此目的，松下制定了包括二氧化碳的减排、资源的循环使用、能源系统事业规模、环境友好产品所占比率的环境保护指标。松下集团的环境管理实践如下：

1．绿色经营

松下（中国）有限公司通过不断的努力实现了ISO 14001认证。2007年，为配合中国政府“十一五”规划中环境目标的达成，发布了中国环境贡献企业宣言，并开始实施以全体在华企业为对象、为期3年的“中国绿色计划”，主要目标包括“绿色产品”生产、“清洁工厂”创建和“绿色行动”实践，即“提高所有产品的环境性能”、“将所有工厂创建为清洁工厂”和“所有在华企业实践绿色行动”。至2009年3月，上述各项目标都得以实现。

2．绿色采购

松下于1999年3月发行了《绿色采购准则（第1版）》，推进与积极减少环境负荷的供应商间的交易，鼓励供应商采取措施达到环境标准。2012年1月，《绿色采购准则》更新至第六版，包括环境管理体系：要求供应商构建以取得ISO 14001认证为基本的环境管理体系并实现维持提高；化学物质管理：要求供应商遵守最新的《Panasonic 集团化学物质管理等级指针（产品版）》、提交本公司事业场规定的最新的《产品中不使用化学物质相关保证书》、将数据输入至本公司《产品化学物质管理系统（GP-Web）》、接受“供应商环境质量保证体制监察”等；削减温室气排放量：采用温室效果气体（GHG）排放量削减效果好的资材；推进资源循环：集团与 WWF（世界自然保护基金）Japan 达成协议，为了维护生物多样性及资源的可持续利用，制定了《木材绿色采购方针》，于 2012 年 2 月开始实施使用，将采购木材分为优先采购木材（第 1 类）、适合采购木材（第 2 类）、排除采购木材（第 3 类）三类；协作成果共享。

3. 绿色工厂（GF）活动

具体内容为：以整体中期计划以及事业计划中的二氧化碳排放量、废弃物/有价物产生量、用水量、化学物质排放/转移量为中心，制订削减生产活动中所有环境负荷的计划，根据计划进行实践、管理进展情况、实施改善。为此，建立了“GF 评价制度”的内部环境管理制度，并提出 2012 年度集团总体平均达到水平 4 以上的目标。如图 16-6 所示。

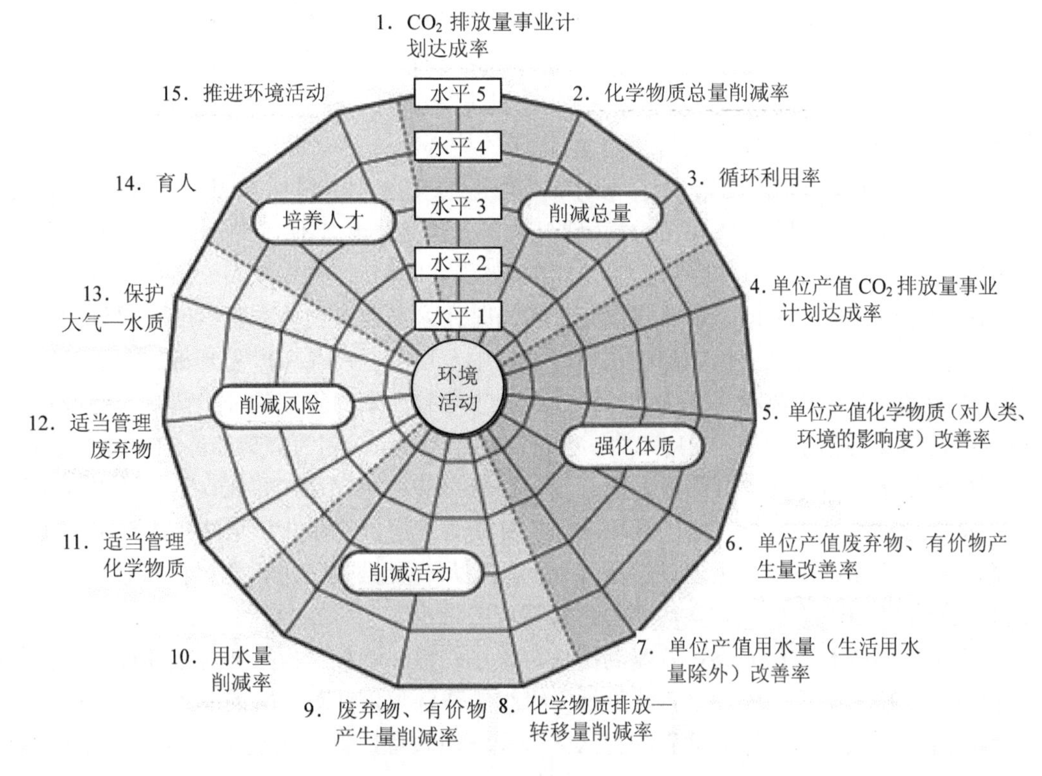

图 16-6 绿色工厂活动概况

4. 产品环境评价制度

在策划、设计阶段就事先评价产品对环境带来的影响，并根据评价结果将环境性能得以提高的产品与服务认定为“绿色产品”（Green Product，GP）。将 GP 中达到行业平均环境性能水平的产品认定为“突出 GP”，将为实现可持续发展社会而开创新潮流的产品认定为“超级 GP”。公司 2011 年度销售的中国国产冰箱，所有机型均取得了 1 级能效标识（最高等级）。同时，发布《资源循环商品目录》，向消费者推荐使用易于回收循环材料的产品。

5．环境信息公开

松下集团自1997年开始逐步公开环境活动，2003年成立企业社会责任管理办公室后，开始发布《企业社会责任报告书》；2005年开始，为了更为详尽地披露各类环境数据，补充发布《环境手册》，2009年，又以《绿色创意报告》的形式发布绿色经营的相关信息。目前，松下集团每年有《企业社会责任报告书》、《环境手册》、《绿色创意报告》3种报告书介绍松下集团当年的环境相关活动，披露环境数据。

松下集团的环境管理取得了优秀的成绩。以2011年环境相关数据为例：减少二氧化碳排放40.37亿吨（包括从生产到使用过程），循环原料占总使用原料的比例达到14.7%，水资源循环利用率达到98.9%。

（二）瑞典宜家的环境战略分析

宜家始创于1943年，最初为出售多种消费品和家居用品的邮购公司，产品线中包括家具（由合同商生产），家居产品很快成为公司的经营核心。目前，它在全球有4万名员工，分布在28个国家的150个商场，14个大型分销中心，拥有来自64个国家的约2 300家供应商，其销售额稳步增长，成为盈利能力很强的大型跨国公司。宜家的运营分为四大板块：产品（设计与研发）、贸易（采购）、批发（分销）和零售（销售），其中产品部分的负责公司为"瑞典宜家公司"，是宜家集团的核心部分。

最初来自市场的信号引起了宜家对环境问题的关注。20世纪80年代，德国的消费者开始关注宜家生产过程中使用的木材是否来自于热带雨林？使用的油漆是否健康环保？问题发生之初，宜家的专家并未引起足够的重视。几年后，丹麦发布一条新法规，规定了压缩模板中的甲醇气体的最低排放量，虽然当时宜家采取措施要求其供应商提供的压缩模板符合新法规，但是丹麦执法部门在检查过程中发现有些产品甲醇量超标。由于宜家在丹麦的影响力和市场份额相当之大，所以当时此事导致公众对宜家的评价降低，造成在丹麦市场的销售额迅速下滑20%。1992年，在德国的市场上，又因为书架油漆的甲醇超标问题，宜家损失了数千万美元。其后，宜家开始审视自己的环境立场，并成立了以质量部主管为首的特别行动小组，分析宜家的环境问题，并向管理层提交报告，最终提出环境管理的综合性策略。宜家的特别小组通过广泛深入的研究，与无数机构进行探讨，考察各种方法，最终选择了"自然阶梯"方案，并得到管理层的批准。

为了能够顺利实施方案，宜家高层决定先以"自然阶梯"为框架对全体员工进行环境课程培训。特别小组在咨询"自然阶梯"组织的基础上，针对宜家的业务和文化准备培训材料。宜家采取"培训培训师"的方法来普及环境教育，首先从宜家各部门抽调培训师，然后由培训师负责各自部门其他员工的培训。

"自然阶梯"有4项系统条件：停止使用地壳资源；停止使用非自然、不易分解的物质，给自然及自然循环提供足够的空间；平衡自然资源的使用与自然资源的再生。宜家根据这4项条件分解为8个关键概念：①可再生的：改变对再生资源和能量资源的做法（第1系统条件）。②可分解的：使用在自然中容易分解的、容易转变为新资源的物质（第2系统条件）。③可分类性：产品部件易于分解，以便循环使用（第4系统条件）。④限制对自然及生态同一切不必要的侵入（第3系统条件）。⑤节约：始终问自己是否能够避免或减少资源的使用量（第4系统条件）。⑥质量：选择具有较长使用寿命、如损坏可以修复的产品（第 4 系统条件）。⑦效率：以最小资源投入获得最大效益为原则计划材料、能源、技术和运输的使用（第 4 系统条件）。⑧重复使用：资源的最大节约来自对资源的重复使用（第 4 系统条件），只要包括重复使用产品、循环利用材料、燃烧材料以释放其中能量。

在确定行动目标和原则之后，宜家开始在各个领域开展环境保护实践。①首先是研发了一系列的“正生态”的产品，这些产品具有一个或多个环保优势。然后牺牲部分利润，分阶段地改进所有的产品。②可持续性的进步台阶，为了能够保持持续的领先优势，宜家制定了分阶段的改进措施：第一阶段确保宜家所有的纺织品接受国际认可的纺织品实验室测试，以证明产品符合基本要求；第二阶段要求更严格的生产标准，开始考虑生命周期；第三阶段要求将产品在整个生命周期内对环境的影响最小化，包括废水的处理、PCB 的使用、其他有害物质的排放，以及废弃产品如何处理；第四阶段追溯到供应链顶端的原材料，宜家寻求自然生长的材料，如棉花和亚麻。③与供应商合作，由于宜家直接生产的产品只占总销售的 10%，所以宜家把环境目光聚焦在大的供应商身上。宜家的做法是，采纳世界任何地方推出的、针对所有不同部件的最严格的标准，并把要求应用与整个产品系列。基于这些环境标准，选择供应商，并为东欧和东南亚的供应商提供减少环境影响的合适技术。④运输和分销：宜家对运输的依赖很大，1996 年宜家制作了一本小册子，名为《开上正确的方向》，对于运输造成的环境影响进行公开、诚实的评估。环境是宜家签订运输合同时必然考虑的因素。宜家希望在运输领域解决的问题包括：通过内部培训课程对直接或间接涉及运输或与运输有关的业务人员进行能力开发；通过更周密的计划提高效率，通过计划使运输次数最小化，并确保每次运输效果最大化；继续研究包装，以期进一步减少运输量；密切关注运输概念、技术、方法和燃料方面的新动态，并积极参与这些领域的研究。⑤公众营销：宜家的目标是通过说到做到成为众所周知的、对环境负责的公司，而不仅仅是通过宣传营造绿色形象。1997 年宜家启动为瑞典顾客提供低成本、低能耗灯泡的计划，宜家研发了低能耗的、体积小的荧光灯，能耗只有传统灯泡的 20%，宜家将灯的生产交给中国的一家生产商，并以同类三分之一的价格在瑞典销售，为了鼓励使用，宜家免费送给瑞典家庭共有 53.2 万只灯管。

宜家正在一步步地为环保努力，宜家在全球 150 家商场使用太阳能。宜家建立了已经去除的或即将去除的有害物质目录，包括铅、PVC 等。宜家有了符合诸多环境标准的儿童家具产品线。在 2010 年发布的环境报告书中，公布了至 2015 年的环境方面的主要目标：更符合可持续发展目标的产品；为低碳社会作更多的贡献；继续垃圾资源化的努力；减少水足迹；承担社会责任。

二、联想集团的环境管理

联想集团作为中国著名的电子电器企业，其收购 IBM 的 PC 业务正式宣告联想开始登上了世界舞台，也成为我国为数不多的在环保事业上开始实践的企业之一。联想集团于 1984 年在中国北京成立，至今已经发展成为全球领先的 PC 企业之一，由联想集团和原 IBM 个人电脑事业部组合而成。联想 2007/2008 财年营业额达 164 亿美元，自 1997 年以来蝉联中国国内市场销量第一，并连年在亚太市场（日本除外）名列前茅。

（一）企业内部管理体制及组织结构

联想通过建立多层级的环境事务组织管理机构，实现对全球范围内环境事务的高效管理。联想按照区域、产品商业部门、生产工作场所以及职能部门的划分，分别设置了环境事务协调人，以建立、维护和保证联想集团各个层面的环境事务的管理运行。

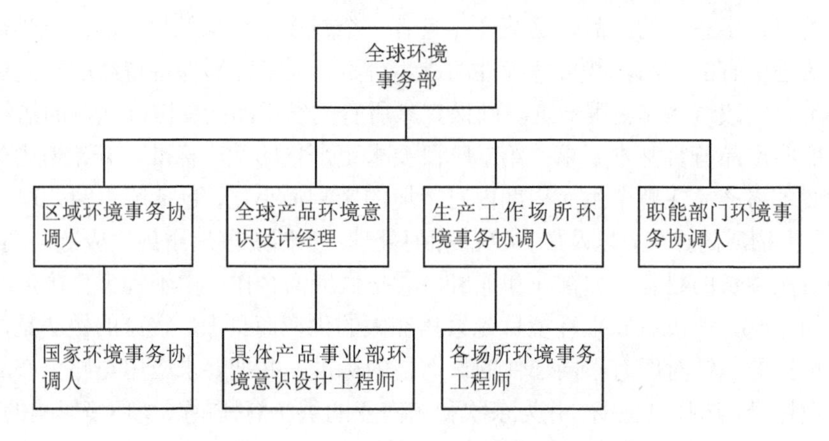

图 16-7 联想全球环境事务组织管理框架

（二）环境目标及计划制定

联想的环境政策从遵守法规、污染预防、产品环境领导力以及环境管理和绩效的持续提高等 4 个方面，对全员及在联想场所工作的承包商提出了履行环境责任的目标和行为原则。

表 16-6 联想 2008 年环保目标及进展

领域	目标	进展
产品材料使用	消费后再生塑料采购量至少占联想塑料采购总量的 4%	显示事业部的消费后再生塑料采购量占此单元塑料采购总量的 19%
	所有事业部 2009 年至少宣布一款淘汰聚氯乙烯（PVC）和溴化阻燃剂（BFR）的产品，并于 2010 年底前在所有产品中彻底淘汰 PVC 和 BFR	由于在商业环境中面临的挑战和淘汰 PVC 和 BFR 所带来的显著成本影响，联想不得不调整达到这一目标的时间表，但是最终不会改变在这一问题上的承诺。 目前联想已提供了大量不含 PVC 和 BFR 的视觉产品，并在台式机和笔记本电脑生产中执行逐步淘汰 PVC 和 BFR 的措施，将持续减少产品中这两种物质
供应商的环境影响	2008 财年末对 90%的正在使用的第三类循环再生供应商进行审核。 评估高风险的第二类供应商，制定适当的审核计划	对 92%的第三类供应商进行了审核，其他供应商会在此报告期后进行审核。此绩效有利于联想在下一年度实现对 100%的第三类供应商进行审核。识别出高风险的第二类供应商，并制定出审核计划
废旧电子产品回收利用	增加消费者返还的、由联想组装生产的 IT 设备的回收量，比去年提高 50%	消费者返还的 IT 设备回收量比去年提高 8%。没有达到既定目标的原因是，受经济危机影响，消费者对设备的更新换代减少

领域	目标	进展
产品研发设计	建立新的 DFE 标准并设立基准	提供符合 EPEAT（Electronic Product Environmental Assessment Tool，一个自愿性的环保项目，帮助消费者评估，比较和选购绿色环保的电子产品）金牌和银牌标准的产品
固体垃圾	非危险废弃物的循环利用率至少为95%	非危险废弃物的循环利用率为 96%
产品包装材料	产品包装材料包含至少 50%的再循环利用成分，包括瓦楞包装材料中含有 30%的消费后再生成分。褶皱材料中至少含有 50%的再循环利用成分、至少 30%的消费后再生成分。包装衬垫的新系统中至少包含 50%的再循环利用成分（按重量）。在可能的条件下，标注消费后再生成分	通过优化包装设计，减少了 750 吨包装原材料的使用。100%的使用了再循环的热成型材料。所有 ThinkPad 和 ThinkCentre 系列均可采用工业集成包装
产品能耗	100%的台式机、笔记本电脑和显示器产品达到能源之星 3.0 的标准。所有适用的产品参加能源之星 4.0 和 5.0 计划	80%ThinkPad 笔记本电脑达到能源之星 5.0 标准，60%IdeaPad 笔记本电脑达到能源之星 5.0 标准，所有 ThinkCentre 产品线全部提供能源之星 4.0 机型，所有 ThinkStation 和 ThinkVision 产品线全部提供能源之星 5.0 机型
温室气体排放	为确保实现 2012/2013 年度将碳能效提高 10%的目标确立管理流程。生产、研发场所能效提高 5%	建立了用于确保提供能效和碳能效的管理流程。受产能增加等方面因素的影响，未能实现生产、研发场所能效提高 5%的目标

资料来源：联想（中国）2008 年企业社会责任报告。

（三）审核及监督机制

联想目前已经在企业内部建立了专门负责企业环境管理和环保技术开发与活动的全球环境事务部门。这个部门对企业日常的生产、销售和回收活动进行监督和管理。联想每年也通过第三方审计对企业的环境绩效进行审查和认证。

（四）技术创新机制

提高能源使用效率、降低使用成本是联想的设计目标之一。联想集团在技术创新，尤其是产品的节能创新上，一直是竭力追求生产更稳定更节能的产品，而且也取得了很多专利和成果。联想不断以新的途径提高电池、液晶显示屏、固态硬盘的能源效率，保证新一代电脑要比上一代电脑在同样性能下能效至少提高 5%。2009 年初，所有联想 ThinkVision 显示器及“ThinkPad W700 与 W700ds”移动工作站的能效水平均提前达到“能源之星 5.0”标准。2008 年，联想产品线平均能耗同比下降 19%。

三、山东省的企业环境自愿协议

企业环境自愿协议是目前国际上应用最多的一种非强制性节能措施，它可以有效地弥补行政手段的不足。全球十余个主要发达国家，如美国、加拿大、英国、德国、法国、日本、澳大利亚、荷兰、挪威等都采用了这种政策措施来激励企业自觉节能。

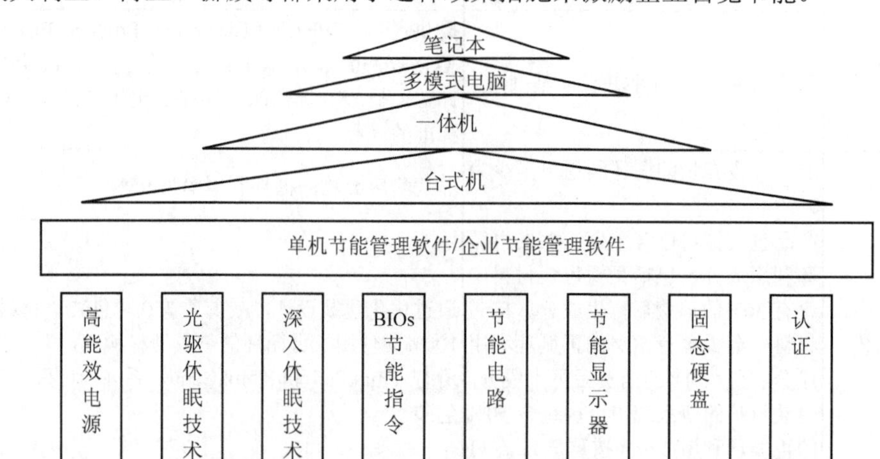

图 16-8　联想技术创新机制

企业环境自愿协议指的是企业在自愿的基础上为提高能源效率与政府签订的一种协议。协议的内容在不同国家甚至同一国家的不同情况下也是不同的。但一般都包括两个方面：①企业承诺在一定时间内达到某一节能目标。②政府给予企业某种激励。

自愿协议的主要思路是在政府的引导下更多地利用企业的积极性来促进节能。它是政府和企业在其各自利益的驱动下自愿签订的，也可以看做企业“自愿”承担法律规定之外的节能环保义务。需要强调的是，自愿协议中的“自愿”不是绝对的“自愿”而是有条件的“自愿”。

1999—2001 年，在原国家经贸委资源司的领导和支持下，在美国能源基金会“中国可持续能源项目”的资助和美国劳伦斯伯克利实验室的技术支持下，中国节能协会开始探索如何结合国外的成功经验，立足我国国情，将自愿协议这一政策模式引入中国，并将山东省钢铁行业的两家大企业济南钢铁集团总公司和莱芜钢铁集团有限公司选为自愿协议政策试点企业。到 2002 年底，试点项目的试点框架设计，包括自愿协议的相关方法，如中国自愿协议合同样本、企业节能潜力评估办法、企业节能目标设定方法、自愿协议的监督和实施管理办法等的研究已基本完成。

2003 年 4 月，济南钢铁集团总公司，莱芜钢铁集团有限公司与山东省经贸委签订了自愿协议。两家企业承诺 3 年内节能 100 万吨标煤，比企业原定的目标多节能 14.3 万吨标煤。至此中国的自愿协议进入试点实施阶段。试点实施 1 年后，两家企业的主要节能指标都达到了自愿协议中设定的目标，共节能 22.4 万吨标准煤，SO_2 排放减少 4 022 吨，CO_2 减排 12.4 万吨，实现节能效益 1.22 亿元。试点的初步成功，一方面证明了节能自愿协议在中国是可行的，另一方面也反映出自愿协议由试点到推广还有一段路要走，还需要解决一系列相关问题，如指标体系、指标认定、政府政策等问题。

在山东试点的带动下，青岛市已有 15 家企业与市经委签订了节能自愿协议。中国钢铁工业协会也针对在钢铁行业深入开展能源自愿协议的可能性进行了研究。世界自然基金会的“企业自愿减排活动”、全球环境基金与农业部合作的“中国乡镇企业节能与温室气体减排项目”等，也都从不同侧面研究和开展自愿协议。目前，在政府的积极推动和各方的努力配合下，中国节能自愿协议的发展越来越快。2004年底，国家发改委在制定的《节能中长期专项规划》中将“节能自愿协议”列为政府拟推行的节能新机制之一；国家发改委/UNDP共同启动的“中国终端能效项目”也把在钢铁、化工、水泥行业开展自愿协议试点作为一项重要内容予以实施；同时，各省市也积极准备试行自愿协议。

四、中国的企业环境监督员制度

（一）建立企业环境监督员制度的背景

目前中国只有大型企业和外企建立了较为完善的环境管理体系，包括环境管理机构、环境管理制度、污染治理设施运行管理、环境应急管理等，引进了发达国家的绿色环境管理的概念，建立了ISO 14000环境管理体系，实施了清洁生产。还有相当多的中小型企业环境管理体制相当落后，不但没有设置完善的环境管理机构，缺乏具有专业知识的环境管理人员，甚至连污染治理设施都很难正常运行，污染隐患十分严重，更不用说清洁生产、节能减排，甚至有些大型企业存在着环境管理不善的问题。

另外，我国还有相当多的企业领导人环保意识薄弱，社会责任的观念淡薄，企业社会环境责任缺失现象严重，当经济效益和社会责任发生矛盾时，一些企业往往片面地追求企业眼前经济效益，而忽视甚至故意逃避自己应承担的社会责任。环境保护部环境监察局查处的环境违法企业有80%以上属于中小型企业。而且每年有三分之一的中小企业属于屡查屡犯。

企业环境责任规定主要体现在清洁生产、节水节能、污染物防治、控制达标排放、环境影响评价、合理利用资源等方面。环境保护部门积极引导企业提高企业环保的自律能力。国际上一些国家及组织在提高企业自主守法能力与水平方面做一些有效工作，比如说ISO 14000认证和管理，还有日本一些国家企业对污染防治人员资格的管理，美国、日本、瑞典一些国家创建环境友好企业，构建企业与环保部门，企业和公众友好伙伴关系，丹麦、日本、英国、中国香港一些国家和地区的绿色报告制度和企业环境报告制度。这些都是企业通过在环境管理上的自律做法，我国环保部门也在积极引导这样的理念，利用综合手段推动企业承担社会环境责任。

我国环保部门借鉴日本先进的企业环境管理经验，大力推进企业环境监督员制度，将企业的管理者与生产者统一纳入对企业的环境管理工作中，有助于推动企业增强主体责任，自觉遵守环保法规，积极履行社会责任，促进企业的环境管理体制改革。通过建立企业环境监督管理员制度、ISO 14000 环境体系的建设和清洁生产审计等项环境保护措施，引导企业树立污染预防，自觉守法的理念，引导企业提升自主守法的能力和水平。

援助守法和强化执法对于改善企业环境行为同等重要。全国有些地方正在实行的环境违法企业公开道歉、承诺制度，把企业的环境行为和企业声誉、企业形象结合起来，促使企业在违法时必须考虑成本付出，有助于反思自身，最终提升环境守法水平，也有利于环境执法。

2003年原国家环保总局下发了《有关实施企业环境保护监督员制度试点工作的通知》，并于2004年6月末开始在5个城市的28家企业中任命了环保监督员，实施试点工作。而且，企业环境监督员制度已写入国务院的《关于落实科学发展观　加强环境保护的决定》中。2007年底原国家环保总局与中日中心专家组组织专家学者对企业环境监督员制度的组织结构、基本体制、运行机制、企业环境监督员的资质考试、业务培训等项具体工作进行了专题研讨，并取得了一定成果。

（二）建立企业环境监督员制度的必要性

企业环境监督员制度是一项具有科学性、严谨性的基础环境管理制度，是指在特定企业设置由总负责环境保护的企业环境管理总监和具有环境污染控制技术性、专门性知识与技能的企业环境监督员，通过企业内部环境管理人员的设置，建立企业内部环境管理制度和机制，提升企业自主守法能力与水平的一项企业环境管理制度。

对于强化企业的环境责任和社会责任观念，目前在我国还缺少相应的公共社会基础，也缺少社会的推动，加之大部分企业的环境素质不够高，有相当数量的企业为了自身利益而以种种方式掩盖他们对环境所造成的损害。如果我们仅仅寄希望于从道德上要求企业自觉或自发地进行环境保护，这显然不太可能实现，在这种条件下，政府对环境责任的推动就显得尤为重要。通过建立和完善企业环境监督员制度，进一步地明确企业的环境责任和社会责任。

工业企业污染是环境污染的主要源头，加强工业企业的污染控制管理是完成国务院污染减排工作部署任务的关键。建立企业环境监督员制度有助于从完善企业环境管理体制，完善环境监管机制，促进现行企业环境体制改革以及引导企业履行社会责任等方面改进企业的环保行为，推进污染减排工作。

1. 完善环境监管机制的要求

从现行监管机制看，我国现行环境法律对企业环境污染防治的监管方面已有较为完善的规定，但对于企业内部环境管理方面的监管比较薄弱，主要表现在缺乏对企业环境管理组织体系建设的监管要求；对企业环境管理人员的权利、义务和责任不明确；对企业环境管理人员从业的资质、能力没有具体规定等。

企业环境监督员制度的建立和实施，指导和规范了企业的内部环境管理体系建立，明确了企业环境管理人员的权利和职责，并实行对企业环境管理从业人员的统一职业资质认证管理。从而完善我国企业环境管理的法规体系。是对我国环境监管机制的补充和创新。

2. 促进污染减排工作

从污染控制过程方面看，建立并实行企业环境监督员制度。环境监督员应掌握环保法规和专业知识，同时熟悉本单位生产工艺、设备、生产管理和排污状况等，从生产的各个环节进行监督检查，将企业污染防治从末端治理延伸到生产的全部过程，从而有效防治生产污染，降低污染排放。

3. 我国现行企业环境管理体制改革、推动企业履行社会责任的要求

从企业环境管理方面看，现行的环境管理体制落后，企业领导人环保意识薄弱，社会责任的观念淡薄是造成我国企业环保工作推进滞后的主要原因。企业环境监督员制度实行由企业负责人担任的企业环境管理总监和在生产岗位担任企业环境监督员组成的企业内部环境

管理体系，将企业的管理者与生产者统一纳入对企业的环境管理工作中，有助于推动企业增强主体责任，自觉遵守环保法规，积极履行社会责任，促进企业的环境管理体制改革。

（三）建立企业环境监督员制度的目的

通过企业环境监督员制度的建立，有助于达到如下目的：

①促进企业重视环境管理工作，自觉遵守环境法规与环境管理制度。

②完善企业内部环境管理的组织结构，促进企业建立自我监督机制，强化环境管理质量。

③提高企业环境管理人员的专业化水平，企业主要环境负责人逐渐达到职业化，强化环境管理人员的责任感和工作水平。

④加强企业配合环保部门的环境监督管理工作。

⑤改善企业与环保部门及周围社区的沟通与交流。

建立企业环境监督员制度有助于完善环境监管机制，引导企业履行社会责任，改进企业的环保行为，对推动企业环境体制改革，推进污染减排工作有非常重要的意义。

企业环境监督员制度是指在特定企业设置由总负责环境保护工作的企业环境管理总监和具有环境污染控制技术、技能与了解环境监督管理基本要求及知识的企业环境监督员，通过企业内部环境监督管理人员的设置，建立企业内部环境管理制度和机制，提升企业自主守法能力与环境管理水平的一项企业环境管理制度。

（四）企业环境监督员制度的内容

①明确规定在特定企业建立以企业环境监督员制度为基础的企业内部环境管理组织体系，建立健全企业内部自主环境管理体制与机制。

②明确企业中各级各类企业环境监督员的职责、权力和地位。

③严格规范企业环境监督员的资质，建立统一培训、考试体系，对企业环境管理从业人员实行统一职业资格认证管理。

④建立严格、有效的企业环境监督员制度实施监管体系。

⑤建立和完善企业与环保部门的沟通协调机制。

企业环境监督员制度是一项基础制度，它是建立健全企业内部环境管理的体制和机制，增强企业自主守法能力的水平，发挥企业在环境保护工作中主观能动作用，落实企业对自身环境行为负责的目标，构建现代企业环境体制。日本在20世纪60年代环境问题突出的时候，以法律的形式明确要求特定行业、特定企业实行公害防治，并进行职业资格化管理，不到十年的时间，日本的环境质量有了明显的改善。德国、泰国一些国家也对企业设置专业环境管理员有明确规定。2009年，全国重点污染源企业都推行环境监督员的制度，对这些管理员实行职业资格化，有社会承认的资质。

（五）制度实施的对象企业

1. 对象企业的选择

原则上以占工业排放总量 65%以上的企业和所有排放有毒有害污染物质的企业作为本制度的对象企业。

需要说明的是：

——鉴于本制度立刻在全国同时实施可能存在困难，可以考虑分步实施。首先在国家级重点污染源企业实施，逐步扩大到省、市、县重点污染企业，或首先选择重点行业企业开展工作，然后逐渐推行到其他行业企业。

——有毒有害物指根据国家规定的鉴别标准和鉴别方法规定的具有毒害、危险特性的物质。

2．对象企业的分类

为了在不同类型企业的有效实施，依据对象企业污染物排放总量（企业规模）的大小以及污染物是否含有有毒有害物质，将其进行分类。根据企业污染排放物是否含有有毒有害物质，将对象企业划分为I类和II类企业，在每一类别中，根据企业规模或污染物排放量大小分为大中型企业和小型企业。规定污染物排放量较大的企业为大中型企业，污染物排放量较小的企业为小型企业。

（六）企业环境监督员类别及岗位设置

企业环境管理总监——由获得培训合格证书的企业厂长或主管企业生产、有下达停产、减产的权力的企业负责人担任。企业环境管理总监全面负责企业的环境管理工作，指导、监督企业环境监督员的工作，对企业的环境行为承担法律责任。

企业环境监督员——由具有企业环境监督员注册职业资格的企业员工担任。根据企业环境管理总监的指导和监督，企业环境监督员具体负责企业的污染排放监督、检查等环境管理工作，承担其工作范围内的法律责任。企业环境监督员分为I类和II类两类，I类企业环境监督员负责监督检查一般污染物和有毒有害污染物，II类企业环境监督员负责监督检查一般污染物。

企业环境监督员在企业中的设置要求如下：

①所有对象企业须设置企业环境管理总监1名。

②在I类对象企业中，须设置I类企业环境监督员，在II类对象企业中，至少须设置II类企业环境监督员。

③企业环境监督员数量取决于企业的规模和排放物种类。在I-1类和II-1类大型企业中，企业环境监督员人数根据超标（待定）种类（废水、废气、固废）的排放物确定，每种超标种类排放物须配置1名具有相应资质的企业环境监督员；在I-2类和II-2类小型企业中，配置1名企业环境监督员。

（七）企业环境总监与环境监督员的岗位职责

1．企业环境管理总监职责

①全面负责企业的环境管理工作；

②负责领导、监督企业环境监督员的工作；

③负责组织制定企业环保规章制度；

④负责组织制定并组织实施企业环保工作计划、污染减排计划，落实削减目标；

⑤负责签发企业环境报告和环境信息；

⑥负责与环保部门及社会相关方面等的联系和沟通。

2．企业环境监督员职责

①负责落实企业的环保工作计划、污染减排计划和规章制度的实施和技术工作支持；

②负责审查企业各类环境报表的填写、污染减排指标完成情况；

③协助组织编制企业新建、改建、扩建项目环境影响报告及“三同时”计划，并予以督促实施；

④负责定期/不定期检查企业产生污染的生产设施和污染防治设施运转情况，监督各环保操作岗位的工作、检查污染治理设施运行记录和台账；

⑤负责定期/不定期检查、自行监测排污口、厂界噪声，掌握企业污染排放量和排放浓度；

⑥负责向环保部门报告污染物排放情况，污染防治设施运行情况，污染物削减工程进展情况以及主要污染物减排目标实现情况，报告每月不少于一次。接受环保部门的指导和监督，配合环保部门监督检查，同时落实和督促企业相关部门落实环保部门查处的环保违法行为的整改意见；

⑦协助企业的清洁生产、节能节水等工作；

⑧负责组织编写企业环境应急预案，对企业的环境污染隐患进行定期检查，并督促有关部门进行整改，对企业突发性环境污染事件及时向环保部门汇报，并组织相关的应急处置工作，同时协助环保部门做好环境污染事件的善后工作；

⑨负责组织对企业职工的各类环保业务培训。

（八）企业环境监督员应具备的知识和技能

监督员按级别和类型的不同，要求具备不同的知识和技能，具体规定如下：

1．企业环境管理总监

①了解国家环境保护的方针政策及法律、法规；

②了解环境保护基础知识；

③了解一般的环境污染防治及生态保护技术。

2．企业环境监督员

①了解国家环境保护的方针政策及法律、法规和标准；

②掌握环境保护基础知识；

③掌握一般及有毒有害物污染（II类监督员无须掌握有毒有害物）防治理论和技术；

④熟悉一般和有毒有害污染物（II类监督员无须掌握有毒有害物）测定和分析技术；

⑤掌握环境污染事故的应急处理技术和相关知识等。

（九）企业环境监督员的法律责任

企业环境监督员必须遵守国家法律、法规和其职责规定，具有良好的职业道德和业务素质，对本职工作负责。对企业环境监督员有以下规定：

①企业环境监督员接受环保部门的统一管理，向环保部门负责。

②企业环境监督员必须遵守登记和备案制度，包括将企业环境管理总监和企业环境监督员姓名、职称、职责等企业环境监督员信息在所在地区的环保部门登记备案。如有人员变动，须向环保部门报告。

③企业环境监督员有责任定期向当地环保部门提交环保报告，汇报环境管理工作。

④企业环境监督员必须对于企业发生的环境污染事故及时向环保部门通报，如实记录事故情况。

⑤企业环境监督员对其所提交的各类报告负有法律责任。

⑥企业环境监督员有义务定期接受环保部门组织的培训。

⑦对于企业环境监督员违反本制度的行为，环保部门可对其予以警告、暂停业务或注销资格等的不同处罚。

本章小结

政府产业环境管理是指从宏观角度出发，政府（国务院环境保护行政主管部门）作为环境管理的主体，运用现代环境科学和政策管理科学的理论和方法，以产业和企业活动中的环境行为作为管理对象，综合运用法律的、行政的、经济的、技术的、宣传教育的手段，调整和控制产业和企业生产活动中资源消耗、废弃物排放以及相关生产技术和设备标准、产业发展方向等各种管理行动的总称，具有强制性和引导性、综合性，具体内容和形式又与产业性质的密切相关性。政府可以通过制定与实施宏观的行业发展规划、环境技术政策、能源资源综合利用和发展环保产业等的相关政策、资源环境保护的财政金融政策、以及监督行业的各项环境政策的实施等手段实施环境管理；同时，还可以通过推广和实施环境管理体系及其认证、产品环境标志、清洁生产审核等手段对企业实施环境管理。

与政府主导的环境管理不同，企业环境管理具有以下特征：①企业作为自身环境管理的主体，决定了企业环境管理的主要内容和方式，但同时还要受到政府法律法规、公众特别是消费者相关要求的外部约束；②企业环境管理的具体内容和形式与企业的行业性质密切相关；③企业环境管理按其目标可分为多个层次，最低层次可以是满足政府法律的要求，稍高是减少企业生产带来的不利环境影响，更高层次则是创造优异的环境业绩，承担起一个卓越企业在可持续发展中的环境责任和社会责任。

基于外部性理论和污染者付费原则、企业环境责任理论和市场经济体制下企业的环境管理行为分析，企业环境管理的途径和方法包括：①制定企业环境战略，②建立环境管理机制，③实施生态设计，④开展废弃物管理（循环经济/清洁生产），⑤开展对化学品（特别是持久性有机污染物）的管理，⑥开展产品生命周期评价，⑦实施绿色营销，⑧编制和发布企业环境报告。

基于产业生态学和循环经济理论开展的生态工业园区示范和创建，是中国政府实施产业和企业环境管理的成功实践。中国产业生态化的实现途径有以下三个方面：①传统产业的生态转型；②创建和推广新兴的生态产业模式；③完善产业生态化技术支撑和制度体制。借鉴丹麦卡伦堡生态园区的成功经验，中国生态工业园区宏观管理的主要形式是：中央和地方政府相关部门及环保部门依据《国家生态工业示范园区管理办法（试行）》、《HJ 274—2009 综合类生态工业园区标准（试行）》、《HJ 273—2009 行业类生态工业园区标准（试行）》和《HJ 275—2009 静脉产业类生态工业园区标准（试行）》，对生态工业园区的申报和审核、创建规划编制、验收、命名，以及持续的考核评估等进行分类管理。

本章还总结和归纳了国内外成功的产业和企业管理的实践经验和案例，包括：日本松下公司的环境管理实践、瑞典宜家的环境战略分析、联想集团的环境管理、山东省的企业环境自愿协议、中国的企业环境监督员制度设立等。通过案例，全方位分析和论述了企业环境管理战略确立、企业环境管理制度和体系建立、企业环境绩效监督、统计和报告、企业与政府合作等方面的经验借鉴。

思考题

1．什么是政府产业环境管理？政府产业环境管理的特点和内容是什么？

2．政府对企业实施环境管理的途径和方法有哪些？

3．分析奥巴马绿色新政和欧盟绿色经济的内涵和意义何在？

4．日本的能效领跑计划内容及其对中国的借鉴？

5．企业环境责任理论的主要内容？如何理解市场经济条件下企业的环境管理行为？

6．企业环境管理的主要途径和内容有哪些？

7．试分析论述产业生态化理论及其国际实践经验。

8．中国生态工业园区分类和管理要求有哪些？

9．日本松下公司的环境管理实践对中国企业加强环境管理有何借鉴？

10．企业环境自愿协议在中国的实践状况如何？

11．中国环境监督员制度是如何设计的？你认为环境监督员制度在中国企业推广实施的障碍是什么？

参考文献

[1] 王远. 环境管理. 南京：南京大学出版社，2009.

[2] Presidential Climate Action Plan，http：//www.climateactionproject.com/index.php.

[3] 国家环境保护总局，商务部，科学技术部.《国家生态工业示范园区管理办法（试行）》（[2007]188 号）.

[4] 靳敏. 发展循环经济与生态工业园区建设. 国家发改委培训中心昆明培训资料.

[5] 靳敏. 产业生态化与生态工业园区建设. 第七届环境与发展论坛论文集，2011.

[6] 提高中国电子电器中小企业环境与安全能力的标准指南. 欧盟 SWITCH—ASIA 项目研究报告.

[7] 环境信息公开办法（试行）. 国家环境保护总局令 第 35 号.

[8] 低碳企业责任行动案例：联想集团. http：//green.sohu.com/20101104/n277160452.shtml.

[9] 环境报告，http：//www.lenovo.com.cn/about/news/topic4881.shtml.

[10] 企业节能自愿协议：一份合同三方受益. 人民网记者汪震宇. http：//www.people.com.cn/GB/huanbao/36686/2786182.html.

[11] 企业环境监管员培训资料. 环保部培训中心.

[12] 刘福中，靳敏，等. 家电产业与循环经济. 北京：中国轻工业出版社，2010.

第十七章　生态保护与管理

第一节　我国生态保护和管理概述

一、我国生态环境面临的主要问题及成因

（一）我国生态环境面临的主要问题

当前，我国生态环境总体恶化趋势尚未遏制，森林和草地退化、湿地萎缩、生物多样性下降、水土流失、荒漠化现象依然十分严重，生态功能下降，生态安全形势严峻，严重影响我国可持续发展。

1．部分区域重要生态功能不断退化

经济发展过程中一些不合理的开发活动以及全球气候变化，导致部分重要生态功能区森林破坏、草地退化、湿地萎缩严重，部分区域生态功能仍在退化。重要生态功能区的生态环境继续恶化，将严重影响我国经济社会的可持续发展和国家生态安全。

森林资源质量差的局面尚未改变。我国森林总量不足，分布不均；林木龄组结构不尽合理，幼中龄林比重大；天然林占国土面积不到 3%、林地面积不到 15%，尚未形成生态防护功能的大气候；人工林面积大，林龄单一、林种单一、林相单一、林分结构简单现象严重，尚未形成健康的森林生态系统，生态效益十分有限；有林地单位面积活立木蓄积量和林分单位面积活立木蓄积量有所下降；林地流失、超限额消耗、森林病虫害危害等现象依然存在。森林生态系统趋于简单化，致使水土保持、涵养水源等生态功能衰退及生物多样性降低，森林火灾易发，地力下降。

草地退化现象仍未得到根本遏制。目前，我国草地退化依然严重，质量降低，生态功能和生态承载力仍在下降。我国天然草地的面积逐步减少，从 20 世纪 70 年代到 90 年代中期，草地退化面积从 10%增加到 50%，其中重度和中度退化的占退化草地面积的一半，并仍以每年 200 万公顷的速度发展。草地质量也在不断下降，表现在草地等级下降，优良牧草的组成比例和生物产量减少，不可食草和毒草的比例和数量增加等方面。草地普遍超载过牧，载畜力不断下降。草地的生态屏障作用日渐降低，成为重要的沙尘源区。

湿地人工化趋势明显，面积大幅萎缩。由于人口增长，耕地扩大，生态类型嬗变，我国湿地面积严重萎缩。20 世纪中后期大量湿地被改造成农田，加上过度的资源开发和污染，天然湿地大面积萎缩、消亡。近 40 年来，全国仅围垦一项就使天然湖泊湿地消失近 1 000

个，面积达 130 万公顷以上，湖泊围垦面积已经超过五大淡水湖面积之和，失去调蓄容积 325 亿立方米，每年损失淡水资源约 350 亿立方米；人工围垦已导致我国 50%的滨海滩涂消失，红树林面积已由 20 世纪 50 年代初的 550 平方千米下降至不足 150 平方千米，减幅达 73%。总体上，我国湿地面积从占国土面积的 6.9%左右下降到了 3.77%，大大低于全球湿地占陆地面积 6%的水平。

2．生物多样性面临严重威胁

多年来，人口膨胀以及农村和城市扩张，使大面积的天然森林、草原、湿地等自然生境遭到破坏，大量野生动物栖息地丧失，濒临灭绝。全国共有濒危或接近濒危的高等植物 4 000～5 000 种，占我国高等植物总数的 15%～20%，裸子植物和兰科植物高达 40%以上；野生动物濒危程度不断加剧，233 种脊椎动物面临灭绝，约 44%的野生动物呈数量下降趋势，在《濒危野生动植物种国际贸易公约》附录一所列 640 个种中，我国就有 156 个种，约占其总数的四分之一，并且与之关联的 40 000 多种生物的生存受到威胁，形势十分严峻。遗传资源不断丧失和流失，一些农作物野生近缘种的生存环境遭到破坏、栖息地丧失，60%～70%的野生稻原有分布点已经消失或萎缩。部分珍贵和特有的农作物、林木、花卉、畜、禽、鱼等种质资源流失严重，一些地方传统和稀有品种资源丧失。

外来物种入侵形势严峻，生物多样性遭受威胁。松材线虫、美国白蛾、稻水象甲、马铃薯甲虫等入侵害虫以及豚草、大米草、薇甘菊、水葫芦、紫茎泽兰等入侵植物对当地生物多样性造成了巨大威胁，局部地区已经到了难以控制的局面。初步查明我国有外来入侵物种 500 种左右，国际自然资源保护联盟公布的 100 种破坏力最强的外来入侵物种中，有 50 多种已经侵入了中国，其中危害最严重的有 11 种。外来入侵物种危及本地物种生存，破坏生态系统，每年造成直接经济损失高达 1 200 亿元，除了经济损失外，物种入侵也使得中国维护生物多样性的任务更加艰巨。

自然保护区空间布局和结构不尽合理，部分地区自然保护区覆盖不足，部分自然保护区存在面积、范围、功能分区等不合理现象。开发建设活动对自然保护区的压力加大，部分自然保护区被非法侵占。部分自然保护区核心区、缓冲区原住民较多，对自然保护区的保护效果造成影响。

3．土地退化问题突出

土地退化是全球最严重的环境问题之一，我国是世界上人口最多、耕地面积严重不足的发展中国家，同时也是受到土地退化危害最严重的国家之一。我国的土地退化类型多、发生广、地域差异大、危害严重。近年来，我国沙化土地不断增加，水土流失仍然严重，土壤污染日益加重，耕地不断减少，已对我国生态安全和粮食安全构成威胁。

沙化危害依然突出，治理任务艰巨。截至 2009 年底全国沙化土地面积为 173.11 万平方千米，占国土面积的 18.03%，涉及全国 30 个省（区、市）841 个县（旗）。沙区滥樵采、滥开垦、滥放牧、水资源不合理利用等问题较为严重，边治理边破坏的现象相当突出，沙化发展速度快，发展态势严峻。一些初步治理的地区，植被刚开始恢复，稳定性差，治理成果依然脆弱；亟须继续重点治理的沙化土地，沙化程度更重，自然条件更差，治理难度很大，任务十分繁重。

水土流失面广量大，形势严峻。我国已成为世界上水土流失最严重的国家之一，水土流失范围遍及所有的省、自治区和直辖市。全国水土流失面积达 367 万平方千米，占国土面积的38%，自20世纪90年代以来，中国每年新增水土流失面积1.5万多平方千米，新增水土流失量超过3亿吨。2009年，全国荒漠化土地总面积262.4万平方千米，全国每年因水土流失新增荒漠化面积2 100平方千米，损失的耕地面积达7万多公顷。

耕地面积减少，污染严重。新中国成立以来，全国耕地面积不断减少。1996—2006年，中国平均每年净减少的耕地面积达82万公顷。同时由于一些地区长期过量使用化学肥料、农药、农膜以及污水灌溉，土壤污染问题日益凸显，土壤污染的总体形势相当严峻。据估计，全国受到大工矿业“三废”物质污染的耕地达400万公顷，受到乡镇企业污染的耕地有187万公顷，受到农药严重污染的农田有1 600万公顷，三者合计达2 187万公顷。

（二）成因分析

我国生态环境问题的成因是复杂的、多方面的，总的来说可以分为自然因素、人为因素和管理因素三类。

1. 自然因素

（1）我国生态环境脆弱

虽然我国地域辽阔，气候条件差异显著，地貌类型多样，地质条件复杂，但总体上我国的生态环境本底较为脆弱。干旱地区、半干旱地区、高寒地区、喀斯特地区、黄土高原地区等生态环境脆弱区占全部国土面积的60%。

我国西北地区总面积占全国的三分之一。高山地带降水充沛，热量相对不足；盆地内部热量资源丰富，但降水稀少。水热不同地，配套不完全，区内植被生长、土壤发育受到不同程度的制约，因缺水造成十分脆弱的生态系统。西南喀斯特山区，土层浅薄，多暴雨，容易发生泥石流、水土流失、土壤石漠化等生态问题和自然灾害。青藏高原寒冷严酷，空气稀薄，气候恶劣，植被荒疏，土地生产力低，地表植被一旦破坏很难恢复。黄土高原沟壑纵横，土质疏松，易于发生水土流失，是我国水土流失最严重的区域之一。我国东部自然条件较好，但面积小，降雨集中，极易产生旱涝灾害。

（2）全球气候变化

在全球气候变化的背景下，我国的气候变化对全球气候变化响应十分明显，尤其在最近50年，我国的地表平均温度、降水、极端气候事件以及其他气候要素出现了较为显著的变化。年平均地表气温增加1.1℃，增温速率为0.22℃/10年，明显高于全球或北半球同期平均增温速率。全国平均年降水量虽然没有呈现显著变化趋势，但降水量的年际波动较大，降水量趋势存在明显的区域差异。日照时间、水面蒸发量、近地面平均风速、总云量均呈显著减少趋势，全国平均霜冻日数减少了10天左右。随着气候变暖，高温、暴雨等极端气候事件将变得更为频繁，我国华北和东北地区干旱趋重，而长江中下游流域和东南地区则洪涝加重。

2. 人为因素

（1）快速城镇化及人口的持续增长

城镇化带来的是城市建设用地的迅速扩张，以及生态用地数量的减少。1991—2010年，城市建成区面积扩大了2.12倍，而城镇化水平仅仅增长了0.89倍，土地扩张速率是人口城镇化速率的2.38倍，城市土地扩张与城市人口密度相背离。人口的持续增长导致资源紧张，人类为了生存不惜以牺牲环境为代价，不断开垦荒地、超载放牧、乱砍滥伐、过度抽取地下水，打破了自然生态系统的自我恢复和平衡机制，导致了生态系统结构与功能的破坏。

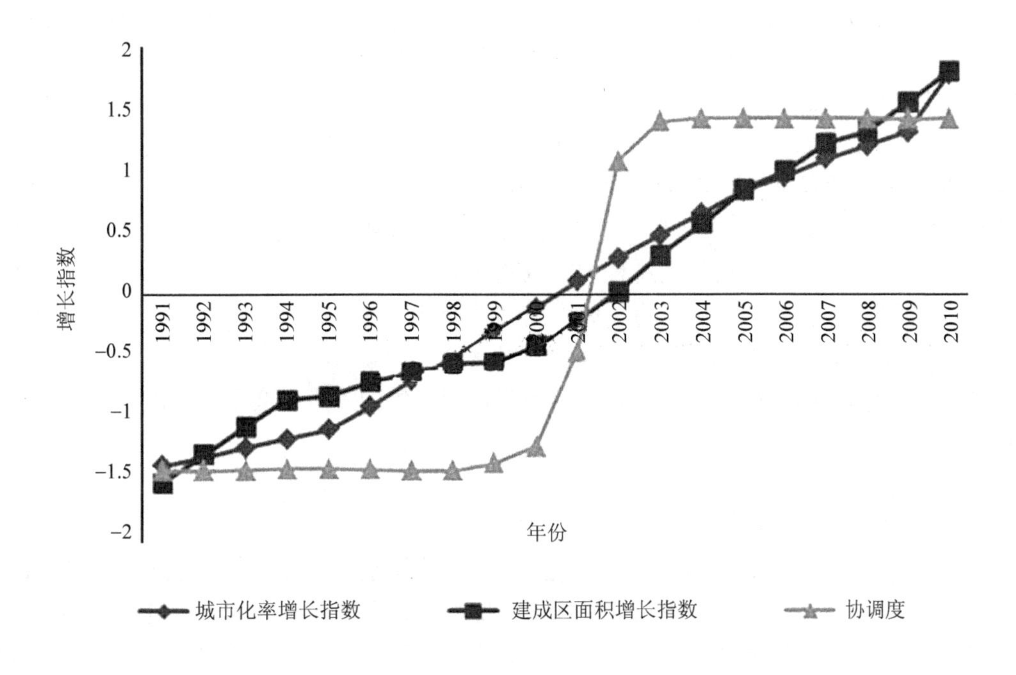

图 17-1　1991—2010 年城市化协调度

（2）经济增长粗放，产业结构不合理

我国经济结构虽然得到一定程度的调整，但是产业结构层次仍然很低，简单数量扩展等问题还是比较突出。长期以来，经济的增长以牺牲环境、破坏资源为代价的传统发展观念和经济增长模式，对资源承载力造成破坏。并且我国的自然资源禀赋并不高，对资源的利用率低，资源的需求、供给矛盾更加突出。现阶段我国已成为各种能源、工业原料的消费大国。经济增长过度依赖能源资源消耗，目前能源供需矛盾尖锐，结构不合理；能源利用效率低；一次能源大量消费造成严重的环境污染。产业结构不合理，农业基础薄弱，高技术产业和现代服务业发展滞后；自主创新能力较弱，经济效益不高。我国的经济发展长期处于“先发展、后保护、先污染、后治理”的状态，经济的发展基本上是劳动密集型模式。经济的粗放型增长方式对资源环境造成的压力很大。

（3）矿产资源开发项目和重大工程建设对生态环境破坏严重

我国矿产资源大量开发所引起的生态问题和环境污染问题相当严重。据统计，全国固体矿山每年剥离废石达 6 亿吨、采选尾矿超过 5 亿吨；每年采煤排放煤矸石约 1.5 亿～2 亿吨。矿产开发将引起含水层的疏干，井泉干涸，华北地区每采 1 吨煤平均破坏地下水资源 10 吨左右。矿产资源开发累计破坏土地面积达 220 万公顷，占用耕地面积 98.6 万公顷、林地约 105.9 万公顷、草地面积约 26.3 万公顷。地处鄂尔多斯高原东部神府-东胜、准格尔等千万吨以上级煤田，气候干旱、多风沙、生态环境脆弱，矿业活动加速了两大矿区水土流失、土地沙化范围和程度，据估计，因矿山土石的排弃导致土壤可能被侵蚀流失的总量将达到

4.45 亿吨。矿山开采还导致地面塌陷、沉陷和滑坡、泥石流等灾害，造成土地资源破坏；矿山排放的废渣随意堆积在山坡或沟谷中而未采取相应的挡墙、护坡措施，易形成人为的崩塌、滑坡、泥石流等灾害。

水利和道路等重大工程的建设对生态环境的影响很大。新疆塔里木河流域因上游拦水筑坝，使下游来水减少，造成塔里木河流域分布的天然胡杨林面积已由 20 世纪 50 年代的 580 公顷锐减至 152 公顷，自然灾害显著上升。梯级水坝阻断大量珍稀鱼类和水生生物的生活走廊，甚至导致其灭绝。如长江鲟鱼因葛洲坝水电站破坏了产卵场，过去年产 1 500 吨，现在一条也没有了。公路建设目前已纳入环境保护管理中，开展了环境影响评价工作。但仍然存在部分道路建设不开展环境评价工作、不采取环保措施或采取的措施不力，而引起较大的生态破坏。在道路建造过程中，改变或清除天然植被，破坏动物栖息地及植物水源，使其遭到不同程度的污染，将造成本地动植物减少甚至灭绝。在道路运行过程中，汽车废气的大量排放导致大气污染，空气相对温度改变，酸雨酸雪和土壤酸化，某些对大气污染物敏感的动植物受到损害；同时运行中车辆所产生的噪声也会不同程度影响动、植物的生存。

3．管理因素

（1）生态环境管理能力薄弱

生态环境统一监管能力明显不足。生态保护的法律法规尚需完善，生态环境管理体制不顺，国家重点生态功能区、生物多样性保护优先区、自然保护区的综合管理机制还需建立健全，相关的管理标准规范体系还需完善。重点区域严格准入的措施难以落实，区域生态保护与资源开发的矛盾较为突出。

生态保护能力建设严重滞后。生态环境监测能力区域差异大，国家重点生态功能区、生物多样性保护优先区、自然保护区的生态监测和评估体系建设滞后，不能满足实际工作的需要。生态监测技术体系与评价方法、规范标准建设相对落后，监测成果时效性和技术支撑作用有待提升，监测能力建设缓慢，难以全面反映生态环境状况和问题。生态保护和管理队伍、技术力量薄弱，不能满足实际工作的需要。部分国家级自然保护区管理机构行政隶属级别较低，人员不到位，管护能力低；部分自然保护区存在面积、范围、功能分区等不合理现象。

（2）生态投入与补偿机制不够健全

生态保护投入严重不足。国家重点生态功能区、自然保护区的管护设施设备建设滞后，日常的保护、建设、管理和运行维护费用尚未落实，管理水平和保护效果受到影响。

生态补偿机制尚需完善。在我国的许多重要生态功能区，包括水源涵养区、防风固沙区、生物多样性保护区和洪水调蓄区，普遍存在“守着美丽的风景，过着贫困的生活”的现象，这些地区的生态价值并没有得到有效体现，经济发展滞后。尽管国家给予了一定的投入，但投入的力度远不能弥补生态保护地区因资源控制、不能开发利用而带来的经济损失和发展机会的减少，提供生态系统服务地区的人民长久以来默默承担着维护国家生态安全的义务，却没有获得相应的权益。

（3）生态环境保护政策不完善

生态脆弱区生态保护政策存在问题。我国各地的生态补偿实践普遍缺乏法律和政策依据；现行的生态转移支付政策缺乏相应的激励内容，且缺乏对生态因素的考虑；生态转移支付政策以国家的纵向转移支付为主，而缺乏地区之间的横向转移支付政策。

自然保护区及生物多样性保护政策存在不足。现行相关法律中，仅就生物多样性的某些方面做出了一些规定，缺乏生物多样性的整体概念，且关于生物多样性保护的规定，均具有片面性、局限性。自然保护区基础设施建设不足，监测能力建设欠缺，投资标准偏低。

农村环境保护政策尚需完善。农村环境保护的法律法规不够完善；对农村自生污染以及污染转移的法律控制措施不足；对生物入侵的防治规定尚属空白；地方政府的生态环境保护政策缺乏公民的参与性。

生态保护与建设重大政策存在漏洞。退耕还林政策生态树种相对单一，乡土树种较少，导致生态系统稳定性下降，抵御环境变化的能力弱。干旱、半干旱地区造林密度过大，面对连续干旱、病虫害及林产品市场等问题，将会有一定的风险。天然林保护政策实施过程中重造林、轻维护，监测县单位面积蓄积变动率持续下降，森林质量有待进一步提高。公益林建设内容只注重扩大森林资源增量，忽视提高森林资源存量。草原生态建设工程暂时解决了农牧户的收入补偿，但缺乏长远政策支持，牧户长远生计问题值得关注。工程缺乏后续政策支持。湿地保护政策与土地利用政策冲突。生态补偿机制尚未建立。存在注重经济效益忽视生态效益现象。

缺乏系统的环境保护税收政策。我国目前还没有真正意义上的环境税，只存在与环保有关的税种，即资源税、消费税、城建税、耕地占用税、车船使用税和土地使用税。尽管这些税种的设置为环境保护和削减污染提供了一定的资金，但难以形成稳定的、专门治理生态环境的税收收入来源。

二、我国生态保护与管理实践

党中央、国务院一直高度重视生态保护工作，将维护国家生态安全、改善生态环境作为生态文明建设的重要基础。“十一五”以来，各级政府和有关部门采取了一系列保护和综合治理措施，持续加大生态保护力度，生态保护工作取得明显成效，我国生态环境总体恶化态势趋缓，局部地区生态环境有所改善。

（一）区域生态功能保护水平得到提升

国家重点生态功能区保护得到进一步加强。《全国主体功能区规划》、《全国生态功能区划》、《国家重点生态功能保护区规划纲要》和《全国生态脆弱区保护规划纲要》先后颁布实施，加强国家重点生态功能区保护和管理成为我国生态保护的战略任务，甘南黄河水源补给生态功能区等重要生态功能区开展了综合治理。自然生态系统保护与恢复力度不断加大，各类生态系统及生态系统服务功能对气候变化的响应和反馈研究工作全面铺开。

资源开发的生态监管不断加强。国务院颁布实施了《规划环境影响评价条例》，相关部门联合印发了《关于切实做好全面整顿和规范矿产资源开发秩序工作的通知》、《关于防范尾矿库垮塌引发突发环境事件的通知》和《全国生态旅游发展纲要》等重要文件，加强了矿产资源和旅游资源开发的生态保护和监管。同时，为加快建立企业矿山环境治理和生态恢复责任机制，规范矿产资源开发过程中的生态环境保护与恢复治理工作，环境保护部组织编制了《矿山生态环境保护与恢复治理方案编制导则》，作为强化矿山生态环境监督管理、指导和规范企业编制《矿山生态环境保护与恢复治理方案》的要求和依据。

生态补偿政策实践取得积极进展。环境保护部颁布实施了《关于开展生态补偿试点工作的指导意见》，积极参与和推动生态补偿立法。财政部印发了《国家重点生态功能区转移支付办法》，2010 年，对 451 个县实施了国家重点生态功能区转移支付。浙江、宁夏、海南、江西等多个省（自治区）开展了省域内的生态补偿政策实践探索。跨省新安江流域水环境补偿试点于 2010 年底启动。

生态环境监测工作全面启动。逐步开展了全国生态环境监测与评价工作，以及太湖、巢湖、滇池及三峡库区的藻类水华监测工作。国家重点生态功能区县域生态环境状况评价工作、河流健康评价体系研究工作以及汶川灾后和玉树震后的生态环境评估、保护和恢复工作先后开展。

（二）生物多样性保护全面推进

生物多样性保护工作机制进一步健全。成立了中国生物多样性保护国家委员会，完善了中国履行《生物多样性公约》工作协调组和生物物种资源保护部际联席会议制度。发布实施了《全国生物物种资源保护与利用规划纲要》和《中国生物多样性保护战略与行动计划》，部署了今后一个时期的生物多样性保护工作。成功开展了 2010 国际生物多样性年中国活动。

生物物种资源保护工作进一步加强。环境保护部联合相关部门开展了全国重点生物物种资源调查，完成了相关物种编目和调查报告，指导 31 个省（自治区、直辖市）开展生物多样性评价，生物多样性科研和监测能力得到提升。

生物安全管理进一步完善。建立了外来入侵物种防治协作机制，开展了外来物种调查和治理除害工作，对黄顶菊、薇甘菊、福寿螺、紫茎泽兰等 22 种具有重大危害的农业外来入侵种进行了全面普查。联合中科院发布了《中国第二批外来入侵物种名单》。在重点地区开展了重点转基因作物环境释放及其潜在危害的监测调查，联合国家质检总局制定了《进出口环保用微生物菌剂环境安全管理办法》、《环保用微生物菌剂检测规程》等。

国际合作与交流取得成效。积极履行国际公约，提交了多次履约报告，顺利履行了有关国际公约的各项规定义务。积极参与国际谈判和相关规则制定，开展了中国-欧盟生物多样性项目（ECBP）等一系列合作项目，加强与相关国际组织和非政府组织在保护政策和技术方面的合作与交流。

（三）自然保护区管理有效加强

自然保护区的布局体系初步建立。到 2012 年年底，我国已经建立 2 669 个自然保护区（不含港澳台地区），总面积为 149.79 万平方千米，陆地自然保护区面积约占陆地国土面积的 14.94%，其中，国家级自然保护区为 363 个，面积约 94.15 万平方千米。已初步建立了布局较为合理、类型较为齐全的自然保护区体系，85%的陆地生态系统类型、40%的天然湿地、85%的野生动物种群、65%的野生植物群落，以及绝大多数国家重点保护珍稀濒危野生动植物和自然遗迹都在自然保护区内得到了保护。

自然保护区的监督管理进一步完善。国务院办公厅出台了《关于做好自然保护区管理有关工作的通知》，环境保护部制定实施了《关于加强自然保护区调整管理的通知》、《国家级自然保护区规范化建设和管理导则（试行）》等管理规章和技术规范。健全了国家级自然保护区评审工作机制。强化涉及保护区开发建设活动监管，严格自然保护区项目准入，组织开展了国家级自然保护区的联合执法检查和管理评估。

（四）生态示范建设成效显著

生态示范建设蓬勃发展，全国已形成生态示范区、生态建设示范区、生态文明建设试点三个梯次系统推进生态文明建设的工作体系，三个阶段既相互联系，又循序渐进，标准逐级提高。“十一五”以来，分四批命名了362个生态示范区。15个省（自治区、直辖市）开展了生态省（区、市）建设，1 000多个县（市）开展了生态县（市）建设，53个地区获得国家生态县（市、区）命名，15个园区获得国家生态工业示范园命名。71个生态文明建设试点开展了生态文明建设目标模式、推进机制方面的探索。

生态示范建设管理工作不断完善。印发了《关于进一步深化生态建设示范区工作的意见》、《关于推进生态文明建设的指导意见》、《关于开展国家生态工业示范园区建设工作的通知》等文件，印发了《国家生态建设示范区管理规程》和《国家生态市、生态县（市、区）技术资料审核规范》，修订了《生态省（市、县）建设指标》，印发了《生态文明建设试点示范区指标》。

三、我国生态保护的重点领域

“十二五”期间，我国生态保护工作将围绕生态红线的划分及管理、强化国家及区域生态功能保护、自然保护区建设与管理、生物多样性保护、生态示范建设与生态文明试点这5个重点领域展开，初步建立起以生态环境质量监测与评估为核心的生态监管体系；完成25个国家重点生态功能区的动态评估，初步建立国家重点生态功能区生态环境保护和管理的政策和标准体系；陆地自然保护区面积占陆地国土面积比例稳定在15%左右；90%的国家重点保护物种和典型生态系统类型得到保护，80%以上的就地保护能力不足、野外现存种群量极小的受威胁物种得到有效保护；建成生态县（市、区）不少于50个，生态市不少于10个，力争个别地区基本达到生态文明建设示范区的要求，2～3个跨行政区域建成协同高效的生态文明联动机制，1～2个行业制定实施生态文明建设示范标准；建设50家特色鲜明、成效显著的国家生态工业示范园区。

第二节　生态红线划分及其管理

一、生态红线的定义

依据我国生态环境特征和保护需求，生态红线可以定义为：为维护国家或区域生态安全和可持续发展，根据生态系统完整性和连通性的保护需求，划定的需实施特殊保护的区域。我国生态资源丰富，但长期的不合理开发导致生态环境破坏严重、野生动植物种类和数量急剧下降、生态安全形势十分严峻。因此，当前迫切需要划定生态红线，对区域内地区限制开发、重点保护。

划定生态红线的主要目的是保护对人类持续繁衍发展及我国经济社会可持续发展具有重要作用的自然生态系统。因此，通过划定生态红线，可以进一步优化生态安全格局，增强我国经济社会可持续发展生态支持能力，保障国家安全。划定生态红线实行永久保护，是党中央、国务院站在对历史和人民负责的高度，对生态环境保护工作提出的新的更高要求，是落实“在发展中保护、在保护中发展”战略方针的重要举措，对维护国家和地区国土生态安全，促进经济社会可持续发展，推进生态文明建设具有十分重要的意义。

二、生态红线的划分

（一）划分范围

生态红线的划分是从生态安全保障的需求出发，依据生态系统的完整性和稳定性，在充分认识生态系统的结构—过程—功能的基础上，考虑经济社会发展现状和未来发展需求，识别、划分、确认生态保护的关键区域的过程。《国务院关于加强环境保护重点工作的意见》明确指出，国家编制环境功能区划，在重点生态功能区、陆地和海洋生态环境敏感区、脆弱区等区域划定生态红线，对各类主体功能区分别制定相应的环境标准和环境政策。

1．重点（要）生态功能区

重点（要）生态功能区红线是国家生态安全的底线。划定重点（要）生态功能区保护红线，首先应明确重点（要）生态功能区的分布范围，然后围绕重点（要）生态功能区的主导生态功能，开展生态服务功能重要性评价，最终在空间上确定最需要保护的核心生态服务功能区域。重点（要）生态功能区红线的划定，既保护了区域范围自然—社会—经济复合生态系统中供给生态服务的关键区域，也能够从根本上解决经济发展过程中资源开发与生态保护之间的矛盾。

2．生态脆弱区或敏感区

生态脆弱区或敏感区生态红线是人居环境与经济社会发展的基本生态保障线。划定生态脆弱区/敏感区红线，应基于区域主要生态环境问题，明确典型生态系统服务功能、资源利用与人类活动的相互作用关系及空间范围。例如，荒漠绿洲交界区保护红线需要明确沙漠化过程与周边人类活动干扰和水资源利用之间的相互作用过程；而水陆过渡区保护红线则要细致了解滨岸带的陆源污染物过滤过程与功能。在此基础上，要通过生态脆弱性/敏感性及生态服务功能重要性评价，根据区域地理特征、生态结构和生态服务功能差异，统筹划定我国生态脆弱区/敏感区保护红线，构建国家人居环境屏障格局。生态脆弱区/敏感区红线划定后，将为人居环境安全提供有力的生态保障，为协调区域生态保护与生态建设提供支撑。

3．生物多样性保育区

生物多样性保育区红线是关键物种与生态资源的基本生存线。划定生物多样性保育区红线，应选择稀有程度强、濒危等级高、受威胁程度大的关键物种和生态系统作为生态红线的保护对象。要在国家层面选取重要的动植物物种和生态系统，开展濒危性、特有性及重要性评价。然后，收集遴选关键物种和生态系统的分布信息，确定其分布范围及当前保护空缺，以维护物种和生态系统存活的最小面积为原则，最终划定生物多样性保育红线。生物多样性保育区红线划定后，能够维持我国关键动植物物种和生态系统长期存活，为我国生物资源保护与持续利用提供基本保障。

（二）需要注意的问题

1．生态红线与主体功能区划的关系

主体功能区划是我国国土空间开发的战略性、基础性和约束性规划，是我国经济社会发展的空间总体安排，生态红线的划分需要与全国主体功能区划相衔接。其中，既需要进一步研究厘清重点生态功能区（包括限制开发区域以及自然保护区等禁止开发区域）与生态红线的相互关系，也需要提出城市化地区和农业空间的生态红线划分方法。从生态系统的完整性和连通性的需要出发，城市化地区和农业空间同样有划分生态红线的必要和需要，在优化开发区域和重点开发的生态空间应该划入生态红线。

2．生态红线与生态功能区划的关系

生态功能区划是生态红线划分的基础，生态功能区划开展的生态系统综合评估、生态敏感性和生态功能重要性评估是认识生态系统结构—过程—功能的基础工作。在这个意义上，生态红线的划分是生态功能区划工作的深化和拓展，要求生态功能区划进一步提高评估技术方法的科学性，评估结果的准确性，以及空间尺度的精确性。

3．生态红线的划分应采取自上而下和自下而上相结合的方式

生态系统和生态红线的尺度特征决定了生态环境管理的分级特点，难以在一个层面关注所有的问题。因此，生态红线的划分也不可能在一个尺度上解决所有问题，需要根据不同尺度的特征，确定生态红线的划分方法。在划分方式上，采取自上而下和自下而上相结合的方式，国家确定生态红线划分的技术规范和划定标准，划分国家层面生态红线，而地方层面的生态红线由地方在国家标准规范的基础上进一步划分，地方层面的生态红线必须包括国家生态红线的范围，而地方生态红线的管理也应严于国家生态红线。

三、生态红线的管理

生态红线一旦确定，需要制定和实施配套的管理措施，实现生态红线的管理目标，其管理需要特别强调以下几个方面：

（一）完善法律法规体系

生态红线划定后，应根据生态红线的内涵和划定的目的，以现有的生态环境保护法律法规体系为基础，深入研究生态红线保护机制，开展现有法律法规的缺失分析，逐步建立完善国土生态安全法律法规保障体系，切实保护生态红线。

（二）坚持自然优先

生态红线的生态功能极重要、生态环境极敏感，是我国生态保护的关键区域，也是我国需要首先坚持自然优先发展战略的区域。对于生态系统状况良好的区域，要严格保护，继续维持区域的自然状况，防止人为活动对自然本底的干扰；对于红线区域内存在的破坏生态系统的人为活动，应采取措施严格清理，消除生态风险。在绩效考核、产业发展和生态补偿政策中应充分反映自然优先的原则。

（三）坚持生态保护与生态建设并重

生态红线的管理应遵循自然规律，充分发挥生态系统自然恢复能力。对于生态系统状况良好的区域，应继续加强保护措施，防止人为干扰产生新的破坏；对于自然条件好、生态系统恢复力强的区域，应采取严格的封禁保护措施，以自然恢复为主；对于生态系统遭到严重破坏的区域，应采取人工辅助自然恢复的方式，依据生态系统演替规律，逐步恢复自然状况。

（四）坚持部门协调和公众参与

生态红线的管理涉及农、林、水、土等生态系统管理部门、经济社会发展部门等多个部门的职责，要逐步健全生态红线的部门协作和区域协调的管理机制，以维护生态系统完整性和保护生态系统服务功能为主导，打破生态系统部门分割式管理、分块式管理方式，形成不同部门、不同行政区共同开展生态红线管理的良好局面。同时，通过机制体制创新，引导社会公众主动参与生态红线的保护和管理。

（五）做好生态红线管理平台建设

在生态红线划分的同时，要建立结构完整、功能齐全、技术先进、天地一体的生态红线管理平台，建设国家和地方生态红线多层级管理信息系统，加强生态红线的统一监管和动态调整。建立健全生态红线生态状况监控，制定生态红线监测评估的技术标准体系。加强生态红线信息系统与政府电子信息平台相联结，促进生态行政管理和社会服务信息化，提高各级生态管理部门和其他相关部门的综合决策能力和办事效率。及时发布生态红线分布、状况和调整信息。

第三节　强化区域生态功能保护

一、重点生态功能区保护和管理

（一）重点生态功能区的功能定位与类型

国家重点生态功能区的功能定位是：保障国家生态安全的重要区域，人与自然和谐相处的示范区。经综合评价，国家重点生态功能区包括大小兴安岭森林生态功能区等 25 个地区，总面积约 386 万平方千米，占全国陆地国土面积的 40.2%；2008 年年底总人口约 1.1 亿人，占全国总人口的 8.5%。国家重点生态功能区分为水源涵养型、水土保持型、防风固沙型和生物多样性维护型4种类型。

（二）重点生态功能区保护和管理模式

以重点生态功能区保护和管理为抓手，加强青藏高原生态屏障、黄土高原—川滇生态屏障、东北森林带、北方防沙带和南方丘陵地带以及大江大河重要水系的生态环境保护，推动形成“两屏三带多点”的生态安全战略格局保护与建设，加大对水质良好或生态脆弱湖泊，以及生态敏感区、脆弱区的保护力度，从源头上扭转生态环境恶化趋势。

1. 严格区域环境准入，合理引导产业发展

根据不同类型的生态功能保护和管理要求，制定实施更加严格的区域产业环境准入标准，制定发布各类重点生态功能区限制和禁止发展产业名录，提出更严格的生态保护管理规程与要求，提高各类重点生态功能区中城镇化、工业化和资源开发的生态环境保护准入门槛。限制高污染、高能耗、高物耗产业的发展。依法淘汰严重污染环境、严重破坏区域生态、严重浪费资源能源的产业，依法关闭破坏资源、污染环境和损害生态系统功能的企业。

充分利用生态功能保护区的资源优势，合理选择发展方向，调整区域产业结构，发展资源环境可承载的特色产业。依据资源禀赋的差异，积极发展生态农业、生态林业、生态旅游业；在中药材资源丰富的地区，建设药材基地，推动生物资源的开发；在畜牧业为主的区域，建立稳定、优质、高产的人工饲草基地，推行舍饲圈养；在重要防风固沙区，合理发展沙产业；在蓄滞洪区，发展避洪经济；在海洋生态功能保护区，发展海洋生态养殖、生态旅游等海洋生态产业。推广清洁能源。积极推广沼气、风能、小水电、太阳能、地热能及其他清洁能源，解决农村能源需求，减少对自然生态系统的破坏。

2. 严格区域环境影响评价，加强生态综合评估

严格重点生态功能区的环境影响评价，在区域开发规划、行业发展规划以及建设项目的环境影响评价中强化开发建设活动对区域主要生态功能的影响评估。制定并严格执行建设项目生态保护与恢复治理方案，减少对自然生态系统的干扰，保证生态系统的稳定性和完整性。建立健全关于重点生态功能区环境影响评价的区域限批制度。

加强重点生态功能区生态综合评估。制定国家重点生态功能区生态保护综合调查与评价指标体系，建立区域生态功能综合评估机制，强化对区域生态功能稳定性和提供生态产品能力的评价和考核，定期评估主要生态功能的动态变化。

3. 保护和恢复生态功能

遵循先急后缓、突出重点，保护优先、积极治理，因地制宜、因害设防的原则，结合已实施或规划实施的生态治理工程，加大区域自然生态系统的保护和恢复力度，恢复和维护区域生态功能。

提高水源涵养能力。在水源涵养生态功能保护区内，推进天然林草保护、退耕还林和围栏封育，治理水土流失，维护或重建湿地、森林、草原等生态系统。严格保护具有水源涵养功能的自然植被，禁止过度放牧、无序采矿、毁林开荒、开垦草原等行为。加强大江大河源头及上游地区的小流域治理和植树造林，减少面源污染。拓宽农民增收渠道，解决农民长远生计，巩固退耕还林、退牧还草成果。

恢复水土保持功能。在水土保持生态功能保护区内，大力推行节水灌溉和雨水集蓄利用，发展旱作节水农业。限制陡坡垦殖和超载过牧。加强小流域综合治理，实行封山禁牧，

恢复退化植被。加强对能源和矿产资源开发及建设项目的监管，加大矿山环境整治修复力度，最大限度地减少人为因素造成新的水土流失。拓宽农民增收渠道，解决农民长远生计，巩固水土流失治理、退耕还林、退牧还草成果。

增强防风固沙功能。在防风固沙生态功能保护区内，转变畜牧业生产方式，实行禁牧休牧，推行舍饲圈养，以草定畜，严格控制载畜量。加大退耕还林、退牧还草力度，恢复草原植被。加强对内陆河流的规划和管理，保护沙区湿地，禁止发展高耗水工业。对主要沙尘源区、沙尘暴频发区实行封禁管理。

增强生物多样性维护能力。在生物多样性维护生态功能保护区内，采取严格的保护措施，构建生态走廊，防止人为破坏，促进自然生态系统的恢复。禁止对野生动植物进行滥捕滥采，保持并恢复野生动植物物种和种群的平衡，实现野生动植物资源的良性循环和永续利用。对于生境遭受严重破坏的地区，采用生物措施和工程措施相结合的方式，积极恢复自然生境，建立野生动植物救护中心和繁育基地。加强防御外来物种入侵的能力，防止外来有害物种对生态系统的侵害。保护自然生态系统与重要物种栖息地，防止生态建设导致栖息环境的改变。

4．完善生态环境监督管理体制，加强生态保护能力建设

建立和完善部门协调机制，加强部门间合作。生态功能保护区具有涉及面广、政策性强、周期长等特点，需要各级政府、各级部门通力合作，加强协调，建立综合决策机制。各级环保部门要主动加强与其他相关部门的协调，充分沟通，推动建立相关部门共同参与的生态功能保护区建设和管理的协调机制，统筹考虑生态功能保护区的建设。针对资源开发的生态环境保护等问题，建立定期或年度的部门联合执法检查。建立重点生态功能区动态管理机制，开展定期的区域的质量和管理能力评估。把各级政府对本辖区生态环境保护责任落到实处，建立生态环境保护与建设的审计制度。

加强生态保护能力建设。加强生态保护相关领域的基础调查、监测、评价能力建设，从生态安全、生态系统健康、生态环境承载力等方面对区域、流域生态环境质量进行系统评价，为生态保护决策提供支持。整合利用各部门和相关机构的信息、研究成果，在系统调查、监测、评价的基础上，针对重点生态功能保护区开展生态预警及防护体系的研究和建立工作，及时掌握这些地区的生态安全现状和变化趋势。开展生态功能保护区生态环境监测，制定生态环境质量评价与监测技术规范，建立生态功能保护区生态环境状况评价的定期通报制度。充分利用相关部门的生态环境监测资料，实现生态功能保护区生态环境监测信息共享，并建立重点生态功能保护区生态环境监测网络和管理信息系统，为生态功能保护区的管理和决策提供科学依据。

二、生态监测与评估体系建设

按照统一规划、统一标准、统一政策的要求，通过对各部门现有的生态监测与评估体系的整合，最终形成分布在各部门的、彼此之间相互协调、互联互通、具有相互集成应用能力的技术体系和组织体系，提高对我国生态环境质量及其变化的监测预测能力。

（一）提高生态监测水平

1. 加强生态保护相关领域的基础调查、监测、评估能力建设

全面开展生物多样性、外来有害物种等生态监测。建立国家重点生态功能区生态监测方法和技术体系，开展区域生态系统结构和功能的连续监测和定期评估。加大对生态监测体系建设和布局的协调力度，全面提升获取和整合信息的能力。

2. 提高野外监测自动化水平

最基本野外监测是定点定时的人工采样监测，随着科学技术发展和对数据精度、时效要求的提高，自动化连续监测技术已经逐渐应用到野外监测中来。积极研究和开发操作简便、测定快速、价格低廉、能满足一定灵敏度和准确度的简易监测方法和仪器，是当前生态自动化监测工作的发展趋势。

3. 加强遥感监测技术运用

遥感监测的基本原理是利用卫星或雷达接收地面覆盖物（反射或辐射）光谱后将它以数据信息的形式发回地面，数据信息经计算机处理后以图像的形式表现出来，利用地理信息系统等工具对图像或数据信息进行分析，得到关于地表状况的有关信息（例如湖泊植被类型及面积、土壤类型）等。健全卫星环境监测体系，整合、建立和完善地面生态系统观测站点，把遥感监测与定点网络监测的定性和定量分析有机结合，全面构建“天地一体化”的生态环境调查监测评估体系。

4. 加强专业人才队伍建设

加强人员培训，壮大专业队伍。把专业人才队伍的能力建设放在首位，搞好环境监测与评估工作的岗位培训和继续教育，积极组织各类专业培训。积极推进执业资格制度，逐步完善从业人员准入与执业的管理，把从业人员职业资格作为资质审查的重要内容，有效保证执业与从业人员的素质，提高工作效率和质量。

（二）完善生态监测工作体系

1. 尽快形成由综合监测、部门监测和地区监测有机组成的生态监测评估工作体系

综合监测的主要任务是对全国生态状况进行宏观性、综合性的监测和评价，主要内容包括环境污染状况、生态承载力等的综合评估，其在部门监测和地区综合监测工作的基础上开展。部门监测的主要任务是对某一种生态环境要素或者指标进行连续监测，并对其发展趋势作出预测，由各相关部门负责实施。地区监测负责对某一地区生态环境总体状况进行监测与评估，由各省、自治区、直辖市开展。目前，我国部门监测工作体系比较健全，今后应重点完善全国性和地区性的综合监测评估工作体系。

2. 进一步加强跨部门、跨地区协调工作

通过制度建设、机制建设，建立起有效的跨部门、跨地区协调机制，保障由各部门、各地区负责的生态监测评估系统的功能能够有机的结合。加紧研究生态评估公共信息平台的组成和主要技术指标，开展生态监测基础信息库整合和建设。

（三）开展生态监测与评估重点项目

1．开展全国生态环境10年（2000—2010年）变化遥感调查与评估

摸清全国生态环境现状，系统获取全国生态环境10年动态变化信息，评估和阐述10年来全国、省域和典型区域的生态系统分布、格局、质量、服务功能等状况及其变化，编制中国生态环境10年变化国家报告。深入分析生态环境变化特征及其胁迫因素，揭示存在的主要生态环境问题，提出我国生态环境保护的对策与建议。推进建立定期开展全国生态环境状况调查评估体制机制。以10年评估成果为基础，完善我国生态环境监测与评估体系建设。

2．启动全国易灾地区县域生态环境质量评估

开展易灾地区生态环境功能调查评估，全面摸清易灾地区生态环境背景状况，提出洪涝、山洪、泥石流、滑坡、崩塌等山洪地质灾害的生态减灾综合对策，保障易灾地区生态安全。适时启动国家森林公园和国家级风景名胜区生态功能状况评估试点。

三、流域生态健康评估与管理

结合流域规划，编制流域生态健康行动计划，探索建立流域生态健康评价标准和制度，努力推动建立流域生态保护的新理论和新方法，促进经济社会发展与流域生态承载能力相适应，维持健康的流域生态系统。

在流域生态健康评价的基础上，努力推动建立流域生态保护的新理论和新方法，提出流域生态系统管理模式和管理措施，促进经济社会发展与流域生态承载能力相适应，维持健康的流域生态系统。

（一）完善生态环境规划和建设管理体系

流域生态系统的综合规划是开发利用保护资源和环境的基本依据，也是进行生态管理的准则。根据《全国生态环境保护纲要》的要求，规划流域内的重要生态功能区、重点资源开发区和生态脆弱区，不同区域采取不同的保护计划。对于不同的地区，应根据其具体情况制定不同的保护和管理要求，例如西部和北方水资源短缺地区，应加强限制高耗水产业发展。此外，对水资源的开发、利用和保护，洪、涝、旱、碱灾害的治理，是流域生态规划的主要内容。流域生态规划过程是一个反复协调的决策过程，必须以环境管理的最新理论为指导，运用全新的规划方法，采用现代化的技术手段来进行。规划制定后，便要付诸实施。对于生态环境建设工程，要严格执行国家基本建设程序，建立和完善质量管理和技术监督体系，确保工程质量。对于已建工程，要加强维护和管理，使之发挥长期效益。

（二）建设生态监测与健康预警系统

1．建立流域的生态监测体系

生态监测是相对于传统环境监测而言，后者只是对大气、水、土壤中污染物的浓度及噪声、放射性等环境物理污染的强度进行测定，而前者则是对由于人类活动所造成的生态破坏和影响的测定。在此基础上，建立流域生态健康预警系统，及时识别出流域生态系统

的退化或可能的生态危机，发出警报，并采取人为措施进行预控和纠错，从而排除流域生态系统的资源低效利用、关系不合理、自我调节功能低下等症状。

2. 加强信息数字化建设

把大量单一分散的数据资料变成活的综合的信息资源，向用户提供灵活方便地查询检索、统计量算和列表制图的基本信息服务。在此基础上进行多因子的综合分析、定量评价、多目标决策，为合理开发利用流域的自然资源提供强有力的工具，使流域的生态管理建立在计算机化、模式化和科学化的水平上。

（三）建立科学合理的资金投入机制

坚持较高的投入是保证流域管理快速、健康发展的重要前提。不能单纯依靠政府的拨款，还要运用适当的经济调控机制筹集和激励企业和个人的投资。经济调控机制包括微观的水环境资源的产权化、市场化配置，如水环境容量、水资源的有偿使用，水使用权的市场交易，排污权的市场交易和宏观的水环境资源使用、补偿的税费制度等。按照“谁投资，谁经营，谁受益”的原则，鼓励企业、个人和外商投资，积极参与流域生态建设。建立健全水资源开发的生态补偿机制。加强对已有生态建设基金的管理，切实用于水土保持、植树种草等生态环境建设，提高资金的使用效益。

（四）建立完善生态管理法规、制度与监督执法体系

制定和完善相关法规和政策，加强水电开发规划、建设和管理过程中的生态环境监管。广泛深入地宣传有关法规和政策，提高全民的法制观念，加强监督，防患于未然，减少对自然资源和生态环境的破坏。

四、资源开发生态环境监管

（一）严格矿产资源开发生态环境监管

1. 严格矿产资源规划与采矿审批

矿山的开发利用必须符合矿产资源规划，坚持经济效益、社会效益和环境效益相统一，确保矿产资源科学、合理利用，鼓励规模化、集约化经营。严格禁止对生态环境有较大影响的矿产资源开发。

矿山布局要合理。所有矿产资源规划都要划分禁采区、限采区和开采区。新办矿山原则上都应建在规划开采区内。原在老矿山应按照“禁采区关停，限采区收缩，开采区集取”的要求，加快调整步伐，力争提前完成规划确定的目标任务。在自然保护区和其他生态脆弱的地区，严格控制矿产资源勘查开发活动。禁止在自然保护区、重要风景区和重要地质遗迹保护区内开采矿产资源；严格控制在生态功能保护区内开采矿产资源。限制在地质灾害易发区开采矿产资源，禁止在地质灾害危险区开采矿产资源。未经批准，不得在铁路、重要公路两侧一定距离以内开采矿产资源。

开采方案要科学。所有开采矿山不仅要编制开发利用方案，而且方案必须科学，要有合理的开采以及土地的功能定位，与周边的环境相协调。开发利用方案必须经过专家的评

审，并征求社会公众的意见，做到尽可能完善。没有开发利用方案和环境影响评价报告，不得开采。

2．开展生态恢复与治理工程

强化对资源环境的责任意识。谁破坏了矿产生态环境，谁就有责任和义务把它治理恢复好，这是采矿获益和环境治理权利与义务的统一。各新老矿业项目必须采取矿地恢复措施，矿业项目申请者须提交矿地恢复计划，报有关政府部门审批后执行，恢复计划中通常包含恢复内容、目标、措施、时间表和详细的成本估计。仅仅规定矿业经营者的矿地恢复义务是不够的，还必须采取一定的保证措施。矿业经营者为履行矿地恢复义务，必须按政府规定的数量和时间提交保证金。如果企业按规定履行了矿地恢复义务，政府将退还保证金；否则，政府可以动用这笔资金进行矿地恢复工作。

矿业活动结束后的环境恢复是矿山环境管理中的一个突出问题，相关政府部门要对资源开发活动的生态破坏状况开展系统的调查与评估，制定全面的生态恢复规划和实施方案，监督企业对矿山和取土采石场等资源开发区、次生地质灾害区、大型工程项目施工迹地开展生态恢复。加强生态恢复工程实施进度和成效的检查与监督。

3．建立生态环境影响评价制度

解决矿产资源开发带来的生态环境问题不能单纯依赖治理工作，而应该防治结合。开展生态环境影响评价的目的是在项目规划阶段查明项目上马可能给项目所在地及比邻地区的生态环境带来的影响，据此提出避免或最大限度地减轻其不利影响的措施。

矿产资源开发活动对生态环境的影响主要包括：项目开发中基础设施用地将对地区发展、土地利用、生态环境、自然景观及环境容量产生影响；施工机械活动、施工生活区等临时占地将可能对生态环境及景观产生不同程度破坏；“三废”排放将污染水环境、空气环境、土壤环境、生态环境；采矿过程中排渣场建设对地形、植被的破坏，可能引起矿区生态环境发生变化；机器、生产活动噪声对野生动物活动的影响。

根据矿产资源开发项目具有生态破坏严重的特点，其环境影响评价一般突出环境敏感点、敏感区域的评价方法，所有可能给生态环境带来重要影响的项目，在获得审批前均应开展生态环境影响研究，提交生态环境影响评价报告书，供有关政府部门审查批准。以稀土、煤炭等为突破口强化矿产资源开发生态保护执法检查与评估，严格控制破坏生态系统的开发建设活动。加强对矿产开发造成生态破坏的评价和监管，防止生态环境事故发生。

4．要完善法规政策

长期以来，人们注重的是矿产开发如何保证经济社会发展的需求。对于矿产资源开发的生态环境保护问题只有一些原则性的规定，还不够系统和完善。因此，需要尽快完善矿产资源开发与生态环境保护相协调的法规政策并严格执行，严格矿产资源开发的生态环境监管，明确监管职责，建立监管制度，强化监管工作，使矿产资源开发与生态环境保护相协调的各项政策措施落到实处，既保证利益格局的调整工作顺利进行，又保持社会的相对稳定。

（二）强化旅游资源开发活动的生态保护

环境保护与旅游资源，两者是互相制约又互相促进。开发旅游资源，发展旅游事业，给人类创造一个舒适优美的环境，也是环境保护的目的之一。旅游资源只有经过合理的开发利用和保护，才能使其发挥功能和效益。因此，在旅游资源开发中做好生态环境保护工作，有着重要的经济意义和社会意义。

1．严格规范旅游资源开发活动

旅游资源开发要与自然环境相适应，着重环境保护和生态平衡。在大力开发旅游业的同时，一定要维护生态平衡，优化自然生境，突出地带性植被景观的规划保护，保证生物资源的多样性和可持续利用性，切不可盲目地、掠夺性和破坏性地开发利用资源。

旅游资源的开发活动要在专家论证的基础上，由专业管理部门统筹规划。在规划上要明确主体、突出重点、分步实施。各种服务保障设施的建设要依形就势，体现与环境的协调性，防止盲目追求新、奇、怪；在发展目标定位上要体现人与自然和谐相处、生态保护与旅游开发协调发展要求；食宿等基础设施建筑和观光景点的建设要合理布局，明确生态功能区划要求，合理划定优先开发、重点开发、限制开发和禁止开发主体生态功能区，明确不同区域的功能定位和发展方向，规范开发秩序，促进优化布局和资源的合理配置与可持续利用，不断完善生态功能。

2．加大旅游区环境污染和生态破坏情况的检查力度

旅游业被称为“无烟工业”，指的是它不产生工业“三废”，但旅游业同样会产生污染。近年来，由于旅游资源的不合理开发而导致的生态环境被破坏的问题，已经十分突出。有部分景区由于管理者，经营者和游客的环保意识不强，生活污水和垃圾对景区的自然景观和生态环境造成很大破坏。比如，在现代旅游业中，宾馆饭店排放的生活污水是不容忽视的污染源，餐厅酒楼产生的废气和噪声成了居民的投诉热点，海滨旅游区的无度开发会导致破坏水生生物的生态平衡。这些都是旅游业发展给环境造成的危害，必须制定法规和措施保护环境。游客的大量涌入，产生巨大的污染源，破坏了生态环境。驰名中外的旅游胜地滇池和太湖，已成为全国污染较为严重的淡水湖泊，由此带来的生态环境问题已向我们敲响了警钟。

因此，在旅游资源开发中应加强生态环境保护工作，加大旅游区环境污染和生态破坏情况的检查力度，做好旅游规划中有关环境影响评价的审查、指导、督促工作，重点加强对重点生态功能区和生态敏感区域旅游开发项目的环境监管，始终坚持“预防为主，保护优先”的原则，将旅游资源开发对生态环境的影响降低到最低程度。

3．鼓励开展生态旅游

与传统的旅游方式相比较，生态旅游以可持续发展的方式，利用当地自然资源和文化遗产，其核心是对旅游地生态环境的保护以及促进当地经济的发展。在欧洲，法国的诺曼底就是以乡村生态旅游而著称的。一座座村庄由取自海边的石头垒成，房屋一般不超过两层，外表也很粗糙，根本没有使用油漆。当地有限的接待能力有效地控制了游客的人数。在生态旅游中，人们时刻遵循“留下的只有脚印，带走的只有照片”的响亮口号，尽一切可能将旅游对当地的生态影响降低到最低。

生态旅游不能盲目地一哄而上，要以科学性、环保性为前提。发展生态旅游一定要坚持可持续发展的原则，注重对生态环境的保护。目前，我国作为旅游大国，旅游业已初步形成了以国际旅游为主导、国内旅游为基础、出境旅游为补充的发展格局。我们应该在旅游资源开发中，努力学习国内外生态环境保护的先进经验，牢固地树立“管家意识”，强调不要只盯着短期的经济利益，必须把生态环境保护放在更加突出的位置，应更多地考虑

资源使用的长期利益。只有通过建立旅游资源开发和自然生态环境保护的共生关系，全面实施可持续发展战略，坚持不懈地搞好生态环境保护，才能推动旅游资源的可持续利用，保证社会经济健康发展。

4．建立完整的科学管理体系

进一步健全旅游资源开发的行政管理体系、生产经营管理体系和生态环境保护管理体系，理顺责权利关系，各项工作要并重而不可偏废。加强景区工作人员的专业培训和环保知识培训，树立全体工作人员的自然优先、和谐持续发展观念。完善法律法规和相关政策，推动建立健全地方性的规章制度和标准办法，让执法者有法可依，对违法者违法必究。全方位地开展环境保护相关法律法规制度条例的宣传，提高当地居民和所有从业人员的环保意识。

第四节　自然保护区建设与管理

自然保护区是指对有代表性的自然生态系统、珍稀濒危野生动植物物种的天然集中分布区、有特殊意义的自然遗迹等保护对象所在的陆地、陆地水体或者海域，依法划出一定面积予以特殊保护和管理的区域。自然保护区的作用在于保留自然本底，储备物种，提供科教场所和保留自然界的美学价值，是现有条件下人类保护自然资源和濒危野生动植物最有效的手段，已成为生物多样性保护和研究的重要基地。

一、自然保护区的空间布局管理

我国自然保护区的建设早期遵循“抢救式保护，先划后建，逐步完善”的原则，并且受生物多样性保护研究方法和技术手段的制约，我国自然保护区的空间布局不合理。具体体现在两个方面：一是存在大量的保护空缺，许多重要保护物种的适宜生境不在自然保护区内，还有一些重要的野生动植物种群没有得到保护；二是自然保护区的孤岛与破碎化现象较为严重，自然保护区彼此隔离或者边界相连却核心区隔离，呈现明显的岛屿生态地理学特征，阻断了生物种群的交流。这种不合理的空间布局极大地限制了自然保护区的保护效果。

因此，在我国自然保护区的建设与管理过程中，首先要重视自然保护区的空间布局管理。积极推进中东部地区自然保护区发展，在继续完善森林生态系统自然保护区布局的同时，将河湖、海洋和草原生态系统及地质遗迹、小种群物种的保护作为新建自然保护区的重点。按照自然地理单元和物种的天然分布对已建自然保护区进行整合，通过建立生态廊道，增强自然保护区间的连通性。探索新建自然保护区的新机制，优化自然保护区空间布局。

自然保护区体系空间布局优化首先涉及空间选址优化，在大的尺度（如山系）上进行空间选址应考虑尽可能多的物种保护需求，以及物种之间的互补性。自然保护区体系空间布局优化的第二个层面就是自然保护区内部功能区的划分与优化，在小的尺度（如相对独立的物种种群分布区）上进行功能区划分应将边界相连的多个自然保护区作为一个自然保护区群予以考虑。在建立自然保护区时一定要统筹考虑、积极慎重，进一步按照全省生物多样性保护要求，优化自然保护区的空间布局，保护区的规模和范围要与保护需求相适应，也要与经济社会发展相协调。既要考虑生态系统和景观的完整性，又要考虑物种的迁徙与传布，做到选址正确、内部功能区划合理和外部交流通畅。

二、自然保护区的监督与管理

（一）完善自然保护区管理评估制度

完善自然保护区管理评估制度，逐步开展地方自然保护区的管理评估。管理评估的主要内容包括：管理机构的设置情况，管护设施状况，保护区面积和功能分区，管理规章、规划的制定和实施情况，资源本底、保护及利用情况，科研、监测、档案和标本情况，保护区内建设项目管理情况，旅游和其他人类活动情况，保护区与周边社区的关系，管理经费情况等。要组织专门的评估委员会开展评估工作。评估结果分为优、良、中、差四个等级，将在媒体上统一公布。有关建议将及时反馈给保护区管理机构和主管部门及自然保护区所在地政府，以便及时解决相关问题。

（二）健全自然保护区监测体系

构建“天地一体化”自然保护区监控体系，对自然保护区内自然生境变化开展生态监测，环境保护部的六个区域督查中心以及地方环保部门，根据监测信息到现场进行核查。“天体一体化”监控自然保护区，使得自然保护区内的生境变化以及一些违法的行为能够第一时间被发现。做好野外定点监测。在开展宏观遥感监测的同时，也要做好野外定点监测。根据不同自然保护区的特点，因地制宜、科学合理地制定自然保护区监测指标体系。

采用科学的监测方法。监测工作要有科学性、要严谨，监测方法要科学、标准要统一，不能凭空想象，随心所欲。只有这样，监测数据才准确、才有说服力。在制定科研监测方案时，首先要考虑采取什么样的监测方法，要进行充分地论证，一要科学、二要实际、三要能够施行，有国家标准的要严格执行国家标准。

做好监测数据的整理、分析和运用。一旦监测体系确立，监测工作正常开展后，保护区每年都会有大量的监测数据，因此，数据的整理和分析是非常必要的，要按照项目类别、时间、空间定期地进行整理、分析，不能把监测工作做成是机械式的重复、数据看成是死的东西，要经常性地用于实践，将数据活用，实现数据成果的真正价值。

（三）加强对自然保护区执法检查

执法检查的主要目的是督促自然保护区管理机构及有关主管部门认真贯彻执行有关自然保护区的法律法规和标准规范。主要内容包括：保护区的设立、范围和功能区的调整以及名称的更改是否符合有关规定；是否存在有关法律法规禁止的活动；是否存在违法的建设项目，是否存在超标排污情况；是否存在破坏、侵占、非法转让保护区土地或者其他自然资源的行为；旅游方案是否经过批准，是否符合法律法规规定和规划；管理机构是否依法履行职责；建设和管理经费的使用是否符合国家有关规定等。

自然保护区属禁止开发区域，在自然保护区核心区和缓冲区内禁止开展任何形式的开发建设活动。在自然保护区实验区进行的旅游开发建设必须符合自然保护区总体规划要求并严格履行报批程序，严禁未批先建，要遵循“区内旅游，区外服务”的要求，确定合理的游客总量，合理设计旅游区域与线路，防止过度开发对生态、资源和景观造成影响和破坏。

切实强化涉及自然保护区建设项目的监督管理。近年来，各种开发和建设活动对自然保护区形成了很大冲击，有的甚至造成了保护区功能和主要保护对象的严重破坏。各地要严格遵守《中华人民共和国自然保护区条例》的有关规定，不得在自然保护区核心区和缓冲区内开展旅游和生产经营活动。经国家批准的重点建设项目，因自然条件限制，确需通过或占用自然保护区的，必须按照《国家级自然保护区范围调整和功能区调整及更改名称管理规定》，履行有关调整的论证、报批程序。地方级自然保护区调整也要参照上述规定执行。涉及自然保护区的建设项目，在进行环境影响评价时，应编写专门章节，就项目对保护区结构功能、保护对象及价值的影响作出预测，提出保护方案，根据影响大小由开发建设单位落实有关保护、恢复和补偿措施。涉及国家级自然保护区的地方建设项目，环评报告书审批前，必须征得国家环境保护总局（现环保部）同意；涉及地方级自然保护区的地方建设项目，省级环保部门要对环境影响报告书进行严格审查。

加强自然保护区管理工作的监督检查。各级环保部门要按照《中华人民共和国自然保护区条例》等规定，认真履行综合监管职责，建立并完善自然保护区管理工作监督检查制度，加强对本辖区内自然保护区管理工作的指导和监督检查，分析自然保护区的保护状况和存在的问题，解决保护区管理机构工作中面临的实际困难，对于各种威胁和破坏自然保护区及其保护对象的违法犯罪行为，要会同有关部门依法严肃查处。对于因管理不善造成资源破坏的自然保护区，要亮黄牌警告，并要求限期整改。

三、自然保护区管护能力建设

实施自然保护区规范化建设和管理。进一步理顺自然保护区的管理体制，健全自然保护区的管理机构，加大经费投入。完善分级分类自然保护区规范化建设标准，选择一批国家级自然保护区开展示范建设，完善基础设施，健全管理机构和人员队伍，通过典型示范，全面带动自然保护区提高管护水平。在自然保护区开展原住民自愿、政府鼓励的生计替代示范。继续开展全国自然保护区基础调查与评价工作。对所有国家级自然保护区的边界范围和功能区划进行确认并向社会公布，推动土地确权。开展保护区数字化工程，制定数字化规范标准，建立全国自然保护区综合管理信息系统。

（一）完善自然保护区管理体制

1. 完善部门协调机制

进一步完善政府领导、环境保护部门统一监督管理、各有关部门分工负责的自然保护区管理体系。环境保护行政主管部门要完善自然保护区综合管理和协调工作机制，会同有关部门制定自然保护区的相关政策、规划、标准和技术规范，发布相关信息。各有关部门要加强协调配合，建立完善信息沟通机制，按照自然保护区管理职能分工，落实相关工作措施，组织对自然保护区范围、界限和功能区划进行核查、确认，完成划界立标工作，共同做好自然保护区管理工作。

2．加强人才队伍建设

加强自然保护区人才队伍建设。要进一步做好自然保护区领导班子建设，强化管理人员、专业技术人才和技能人才的培养和使用；推行关键岗位培训，加强各类人员的业务培训，鼓励在职学习，不断提高人员素质；自然保护区要根据需要，吸纳大学生、研究生，改善人才队伍结构。自然保护区主管部门要制定人才发展和培训计划，并将人才保障作为自然保护区管理工作考核评估指标之一。

（二）健全资金投入和管理机制

1．建立生态补偿机制

加快建立自然保护区生态补偿机制。规范涉及自然保护区开发建设活动的补偿措施。同时，要多渠道筹措各级自然保护区管护基础设施的建设资金，积极争取社会资金投入，积极探索加强自然保护区建设、管理的有效经验和模式，提高规范化管理水平，切实把自然保护区建设好、管理好。

2．加强保护区经费管理

加强经费的管理，确保经费有效地用于生态保护。现有经费机制或多或少地鼓励或引导保护区从事过度的基础设施建设，而非日常的保护监测、巡护和管理工作，这是目前保护区管理不善的重要原因之一。因此，政府的经费机制，如在经费申请、管理监督、奖励等方面，都应该引导使更高比例的经费应用于保护地管理人员素质提高、生物多样性监测和执法，使建立起来的保护区能够有效地开展保护工作，控制对基础设施建设的投资，特别是针对借用保护设施建设为名得到经费，实际却为发展生态旅游或其他经济发展做准备的现象。

（三）进一步开展自然保护区基础调查与评价工作

做好自然保护区的范围、界线和功能分区开展核查和确认工作，并经省环境保护行政主管部门和省级自然保护区主管及有关部门联合审核后予以发布。确保自然保护区内土地权属明确、界址清楚、面积准确、功能区合理。在核查和确认工作中，严禁借机撤销自然保护区或缩小自然保护区的范围。

定期开展全国生态环境和生物多样性状况调查和评价，并在各部门相关规划的基础上，统筹完善全国自然保护区发展规划。积极推进中东部地区自然保护区发展，在继续完善森林生态类型自然保护区布局的同时，将河湖、海洋和草原生态系统及地质遗迹、小种群物种的保护作为新建自然保护区的重点。按照自然地理单元和物种的天然分布对已建自然保护区进行整合，通过建立生态廊道，增强自然保护区间的连通性。对范围和功能分区尚不明确的自然保护区要进行核查和确认。设立其他类型保护区域，原则上不得与自然保护区范围交叉重叠；已经存在交叉重叠的，对交叉重叠区域要从严管理。

湖北龙感湖国家级自然保护区建设与管理案例

湖北龙感湖国家级湿地自然保护区地处长江中下游的湖北黄梅县境内，南与江西省著名的庐山风景名胜区隔长江相望，东与安徽省安庆沿江湿地相连，地理坐标为东经115°56′~116°07′，北纬29°49′~30°04′，保护区总面积22 322公顷，其中核心区8 214.6公顷，缓冲区7 299.2公顷，实验区6 808.2公顷；保护区水面7 665公顷，是由湖泊、滩涂、草甸等组成的以生物多样性和内陆水域生态系统为主要保护对象的湿地类型自然保护区，也是我国众多淡水湖泊中保持最为完好的重要湖泊湿地之一。保护区采取了一系列措施加强建设管理，主要有以下几个方面：

（一）广泛宣传湿地，不断提高保护区的社会关注度

一是结合世界湿地日、爱鸟周、环保宣传日、法制宣传日等活动的开展，重点普及《自然保护区条例》、《湖北龙感湖湿地自然保护区管理办法》等湿地保护方针政策、法律法规，多年来共发放湿地保护宣传材料2 600多份。二是多次在湖北电视公共频道、湖北卫视、黄梅电视台、黄冈日报、中国环境年鉴等新闻媒体，大力宣传龙感湖湿地资源及保护的重要性，为保护龙感湖湿地，打造“中国白头鹤之乡”营造了浓厚的舆论氛围。三是制作宣传标牌，先后在通往保护区主要路口设立保护区大型宣传牌4块，安装横幅标语160幅。通过多层次、全方位对保护区的宣传，较大地增强了广大市民爱惜湿地、保护湿地的意识。保护区共接待省内外新闻媒体采访报道20多批次，在湖北电视台制作了《为了心中的绿洲》、《千湖寻美，候鸟天堂—龙感湖》专题片，受到了社会各界的高度关注和好评。

（二）强化资源管护、执法与野生动物救护工作

龙感湖湿地生态系统的监测和野生动植物资源管护工作是保护区工作的核心，保护区管理局、严家闸管理站、森林公安局近几年通过依法开展区内资源管护与执法工作，严厉惩处和打击了破坏湿地、破坏野生动物资源的违法、犯罪活动，震慑了犯罪分子，教育了广大群众。近几年来，共查处破坏野生动物案件110多起，涉案人员80人次，收缴、放生野生动物达1 480余只，拆除迷魂阵、围网600多处，设置禁捕、禁猎标志20多个，清理整顿保护区及其周边乱垦面积100公顷，保护区的生态环境明显好转，保护区管理站工作人员还利用每次的巡护机会，对区内受伤、迷途、中毒的野生动物进行救护，累计救护野生动物2 456只（条）。

（三）深入开展科研培训，广泛建立科研协作网络

积极参与长江中下游水鸟同步调查，开展了白头鹤、黑鹳、小天鹅等国家重点保护动物的专项调查和跟踪监测工作；与中国林科院森林生态环境研究所合作，开展了龙感湖自然保护区越冬水鸟招引项目试验工作，已初见成效，同时，保护区还主动依托武汉大学、武汉植物研究所、中国地质大学等科研单位实施了保护区植被、野生植物及野生水生植物资源的调查工作，为构建保护区野生动植物科研服务平台打下了坚实的基础。

（四）基础设施建设稳步推进

2006—2009年保护区通过启动实施“龙感湖湿地保护工程项目”，区内基础设施建设大为改善，首先是新建了严家闸、下新管理（监测）站，添置了办公设施设备，完善了部分监测防护设施；2009年重新对核心区界牌界桩、下新门牌和多处宣传牌的设置；对保护区四至边界进行了勘定；成立了野生动物疫源、疫病监测站，健全了野生动物疫源、疫病监测体系；启动实施了龙感湖湿地保护一期工程项目；完善了严家闸管理的监测防护设施设备；湿地监测中心大楼建设正在进行之中。

第五节 生物多样性保护

一、生物多样性保护优先区域的监督管理

（一）生物多样性保护优先区域

根据我国的自然条件、社会经济状况、自然资源以及主要保护对象分布特点等因素，将全国划分为 8 个自然区域，即东北山地平原区、蒙新高原荒漠区、华北平原黄土高原区、青藏高原高寒区、西南高山峡谷区、中南西部山地丘陵区、华东华中丘陵平原区和华南低山丘陵区。

综合考虑生态系统类型的代表性、特有程度、特殊生态功能，以及物种的丰富程度、珍稀濒危程度、受威胁因素、地区代表性、经济用途、科学研究价值、分布数据的可获得性等因素，划定了 35 个生物多样性保护优先区域，包括大兴安岭区、三江平原区、祁连山区、秦岭区等 32 个内陆陆地及水域生物多样性保护优先区域，以及黄渤海保护区域、东海及台湾海峡保护区域和南海保护区域 3 个海洋与海岸生物多样性保护优先区域。

1．内陆陆地和水域生物多样性保护优先区域

（1）东北山地平原区

本区包括辽宁、吉林、黑龙江省全部和内蒙古自治区部分地区，总面积约 124 万平方千米，已建立国家级自然保护区 54 个，面积 567.1 万公顷；国家级森林公园 126 个，面积 276.5 万公顷；国家级风景名胜区 16 个，面积 64.8 万公顷；国家级水产种质资源保护区 14 个，面积 4.9 万公顷，合计占本区国土面积的 8.45%。本区生物多样性保护优先区域包括大兴安岭区、小兴安岭区、呼伦贝尔区、三江平原区、长白山区和松嫩平原区。

保护重点：以东北虎、远东豹等大型猫科动物为重点保护对象，建立自然保护区间生物廊道和跨国界保护区。科学规划湿地保护，建立跨国界湿地保护区，解决湿地缺水与污染问题。在松嫩—三江平原、滨海地区、黑龙江、乌苏里江沿岸、图们江下游和鸭绿江沿岸，重点建设沼泽湿地及珍稀候鸟迁徙地、繁殖地、珍稀鱼类和冷水性鱼类自然保护区。在国有重点林区建立典型寒温带及温带森林类型、森林湿地生态系统类型，以及以东北虎、原麝、红松、东北红豆杉、野大豆等珍稀动植物为保护对象的自然保护区或森林公园。

（2）蒙新高原荒漠区

本区包括新疆维吾尔自治区全部和河北、山西、内蒙古、陕西、甘肃、宁夏等省（区）的部分地区，总面积约 269 万平方千米，已建立国家级自然保护区 35 个，面积 1 983.3 万公顷；国家级森林公园 40 个，面积 112.2 万公顷；国家级风景名胜区 7 个，面积 68.3 万公顷；国家级水产种质资源保护区 14 个，面积 63.1 万公顷，合计占本区域国土面积的 7.76%。本区生物多样性保护优先区包括阿尔泰山区、天山—准噶尔盆地西南缘区、塔里木河流域区、祁连山区、库姆塔格区、西鄂尔多斯—贺兰山—阴山区和锡林郭勒草原区。

保护重点：按山系、流域、荒漠等生物地理单元和生态功能区建立和整合自然保护区，

扩大保护区网络。加强野骆驼、野驴、盘羊等荒漠、草原有蹄类动物以及鸨类、蓑羽鹤、黑鹳、遗鸥等珍稀鸟类及其栖息地的保护。加强对新疆大头鱼等珍稀特有鱼类及其栖息地的保护。加强对新疆野苹果和新疆野杏等野生果树种质资源和牧草种质资源的保护，加强对荒漠化地区特有的天然梭梭林、胡杨林、四合木、沙地柏、肉苁蓉等的保护。整理和研究少数民族在民族医药方面的传统知识。

（3）华北平原黄土高原区

本区包括北京市、天津市、山东省全部以及河北、山西、江苏、安徽、河南、陕西、青海、宁夏等省（区）部分地区，总面积约 95 万平方千米，已建立国家级自然保护区 35 个，面积 103 万公顷；国家级森林公园 123 个，面积 120 万公顷；国家级风景名胜区 29 个，面积 74 万公顷；国家级水产种质资源保护区 6 个，面积 2.3 万公顷，合计占本区国土面积的 3.03%。本区生物多样性保护优先区域包括六盘山—子午岭区和太行山区。

保护重点：加强该地区生态系统的修复，以建立自然保护区为主，重点加强对黄土高原地区次生林、吕梁山区、燕山—太行山地的典型温带森林生态系统、黄河中游湿地、滨海湿地和华中平原区湖泊湿地的保护，加强对褐马鸡等特有雉类、鹤类、雁鸭类、鹳类及其栖息地的保护。建立保护区之间的生物廊道，恢复优先区内已退化的环境。加强区域内特大城市周围湿地的恢复与保护。

（4）青藏高原高寒区

本区包括四川、西藏、青海、新疆等省（区）的部分地区，面积约 173 万平方千米，已建立国家级自然保护区 11 个，面积 5 632.9 万公顷；国家级森林公园 12 个，面积 136.3 万公顷；国家级风景名胜区 2 个，面积 99 万公顷；国家级水产种质资源保护区 4 个，面积 22.9 万公顷，合计占本区国土面积的 33.06%。本区生物多样性保护优先区域包括三江源—羌塘区和喜马拉雅山东南区。

保护重点：加强原生地带性植被的保护，以现有自然保护区为核心，按山系、流域建立自然保护区，形成科学合理的自然保护区网络。加强对典型高原生态系统、江河源头和高原湖泊等高原湿地生态系统的保护，加强对藏羚羊、野牦牛、普氏原羚、马麝、喜马拉雅麝、黑颈鹤、青海湖裸鲤、冬虫夏草等特有珍稀物种种群及其栖息地的保护。

（5）西南高山峡谷区

本区包括四川、云南、西藏等省（区）的部分地区，面积约 65 万平方千米，已建立国家级自然保护区 19 个，面积 338.8 万公顷；国家级森林公园 29 个，面积 83.1 万公顷；国家级风景名胜区 12 个，面积 217.1 万公顷，合计占本区国土面积的 7.80%。本区生物多样性保护优先区域包括横断山南段区和岷山—横断山北段区。

保护重点：以喜马拉雅山东缘和横断山北段、南段为核心，加强自然保护区整合，重点保护高山峡谷生态系统和原始森林，加强对大熊猫、金丝猴、孟加拉虎、印支虎、黑麝、虹雉、红豆杉、兰科植物、松口蘑、冬虫夏草等国家重点保护野生动植物种群及其栖息地的保护。加强对珍稀野生花卉和农作物及其亲缘种种质资源的保护，加强对传统医药和少数民族传统知识的整理和保护。

（6）中南西部山地丘陵区

本区包括贵州省全部，以及河南、湖北、湖南、重庆、四川、云南、陕西、甘肃等省（市）的部分地区，面积约 91 万平方千米，已建立国家级自然保护区 45 个，面积 218.7 万公顷；国家级森林公园 119 个，面积 77.3 万公顷；国家级风景名胜区 36 个，面积 88.6 万公顷；国家级水产种质资源保护区 16 个，面积 4.0 万公顷，合计占本区国土面积的 3.71%。本区生物多样性保护优先区域包括秦岭区、武陵山区、大巴山区和桂西黔南石灰岩区。

保护重点：重点保护我国独特的亚热带常绿阔叶林和喀斯特地区森林等自然植被。建设保护区间的生物廊道，加强对大熊猫、朱鹮、特有雉类、野生梅花鹿、黑颈鹤、林麝、苏铁、桫椤、珙桐等国家重点保护野生动植物种群及栖息地的保护。加强对长江上游珍稀特有鱼类及其生存环境的保护。加强生物多样性相关传统知识的收集与整理。

（7）华东华中丘陵平原区

本区包括上海市、浙江省、江西省全部，以及江苏、安徽、福建、河南、湖北、湖南、广东、广西壮族自治区等省（区）的部分地区，总面积约 109 万平方千米，已建立国家级自然保护区 70 个，面积 184.5 万公顷，国家级森林公园 226 个，面积 148.9 万公顷；国家级风景名胜区 71 个，面积 175.5 万公顷；国家级水产种质资源保护区 48 个，面积 22.5 万公顷，合计占本区国土面积的 2.77%。本区生物多样性保护优先区域包括黄山—怀玉山区、大别山区、武夷山区、南岭区、洞庭湖区和鄱阳湖区。

保护重点：建立以残存重点保护植物为保护对象的自然保护区、保护小区和保护点，在长江中下游沿岸建设湖泊湿地自然保护区群。加强对人口稠密地带常绿阔叶林和局部存留古老珍贵动植物的保护。在长江流域及大型湖泊建立水生生物和水产资源自然保护区，加强对中华鲟、长江豚类等珍稀濒危物种的保护，加强对沿江、沿海湿地和丹顶鹤、白鹤等越冬地的保护，加强对华南虎潜在栖息地的保护。

（8）华南低山丘陵区

本区包括海南省全部，以及福建、广东、广西、云南等省（区）的部分地区，总面积约 34 万平方千米，已建立国家级自然保护区 34 个，面积 92 万公顷；国家级森林公园 34 个，面积 19.5 万公顷；国家级风景名胜区 14 个，面积 54.3 万公顷；国家级水产种质资源保护区 2 个，面积 511 公顷，合计占本区国土面积的 2.91%。本区生物多样性保护优先区域包括海南岛中南部区、西双版纳区和桂西南山地区。

保护重点：加强对热带雨林与热带季雨林、南亚热带季风常绿阔叶林、沿海红树林等生态系统的保护。加强对特有灵长类动物、亚洲象、海南坡鹿、野牛、小爪水獭等国家重点保护野生动物以及热带珍稀植物资源的保护。加强对野生稻、野茶树、野荔枝等农作物野生近缘种的保护。系统整理少数民族地区相关传统知识。

2．海洋与海岸生物多样性保护优先区域

我国海洋资源丰富，海洋沿岸湿地是鸟类的重要栖息地，也是海洋生物的产卵场、索饵场和越冬场。目前，我国已建成各类海洋保护区 170 多处，其中国家级海洋自然保护区 32 处，地方级海洋自然保护区 110 多处；海洋特别保护区 40 余处，其中，国家级 17 处，合计约占我国海域面积的 1.2%。

（1）黄渤海保护区域

本区的保护重点是辽宁主要入海河口及邻近海域，营口连山、盖州团山滨海湿地，盘锦辽东湾海域、兴城菊花岛海域、普兰店皮口海域，锦州大、小笔架山岛，长兴岛石林、金州湾范驼子连岛沙坝体系，大连黑石礁礁群、金州黑岛、庄河青碓湾，河北唐海、黄骅滨海湿地，天津汉沽、塘沽和大港盐田湿地，汉沽浅海生态系、山东沾化、刁口湾、胶州湾、灵山湾、五垒岛湾，靖海湾、乳山湾、烟台金山港、蓬莱—龙口滨海湿地，山东主要入海河口及其邻近海域，潍坊莱州湾、烟台套子湾、荣成桑沟湾，莱州刁龙咀沙堤及三山岛，北黄海近海大型海藻床分布区，江苏废黄河口三角洲侵蚀性海岸滨海湿地、灌河口，苏北辐射沙洲北翼淤涨型海岸滨海湿地、苏北辐射沙洲南翼人工干预型滨海湿地、苏北外沙洲湿地等，以及黄海中央冷水团海域。

（2）东海及台湾海峡保护区域

本区的保护重点是上海奉贤杭州湾北岸滨海湿地、青草沙、横沙浅滩，浙江杭州湾南岸、温州湾海岸及瓯江河口三角洲滨海湿地，渔山列岛、披山列岛、洞头列岛、铜盘岛、北麂列岛及其邻近海域，大陈、象山港、三门湾海域，福建三沙湾、罗源湾、兴化湾、湄洲湾、泉州湾滨海湿地，东山湾、闽江口、杏林湾海域，东山南澳海洋生态廊道，黑潮流域大海洋生态系。

（3）南海保护区域

本区的保护重点是广东潮州及汕头中国鲎、阳江文昌鱼、茂名江豚等海洋物种栖息地，汕尾、惠州红树林生态系统分布区，阳江、湛江海草床生态系统分布区，深圳、珠海珊瑚及珊瑚礁生态系统分布区，中山滨海湿地、珠海海岛生态区，江门镇海湾、茂名近海、汕头近岸、惠来前詹、广州南沙坦头、汕尾汇聚流海洋生态区，惠东港口海龟分布区、珠江口中华白海豚分布区，广西涠洲岛珊瑚礁分布区、茅尾海域、大风江河口海域、钦州三娘湾中华白海豚栖息地、防城港东湾红树林分布区，海南文昌、琼海珊瑚礁海草床分布区，万宁、蜈支洲、双帆石、东锣、西鼓、昌江海尾、儋州大铲礁软珊瑚、柳珊瑚和珊瑚礁分布区，鹦哥海盐场湿地、黑脸琵鹭分布区，以及西沙、中沙和南沙珊瑚礁分布区等。

（二）开展生物多样性调查、评估与监测

1．开展生物物种资源和生态系统本底调查

开展生物多样性保护优先区域的生物多样性本底综合调查。包括生物物种资源的种类和种群数量、生态系统类型、面积和保护状况等，评估生物多样性受威胁状况，提出各优先区域自然保护区网络设计、生物多样性监测网络建设和应对气候变化的生物多样性保护规划。

针对重点地区和重点物种类型开展重点物种资源调查，建立国家和地方物种本底资源编目数据库。定期组织全国野生动植物资源调查，并建立资源档案和编目。

开展河流湿地水生生物资源本底及多样性调查。开展长江、珠江、黄河、黑龙江等江河和鄱阳湖、洞庭湖、太湖、青海湖等湖泊水生生物资源的种类、种群数量和生存环境调查并编目，评估主要水生生物资源，特别是鱼类资源的受威胁状况，并提出保护对策。

以边远地区和少数民族地区为重点，开展地方农作物和畜禽品种资源及野生食用、药用动植物和菌种资源的调查和收集整理，并存入国家种质资源库；重点调查重要林木、野生花卉、药用生物和水生生物等种质资源，进行资源收集保存、编目和数据库建设。对我国少数民族地区体现生物多样性保护与持续利用的传统作物、畜禽品种资源、民族医药、传统农业技术、传统文化和习俗进行系统调查和编目，查明少数民族地区传统知识保护和传承现状，建立我国少数民族传统知识数据库，促进传统知识保护、可持续利用和惠益共享。

建设国家生物多样性信息管理系统。对国内现有生物多样性数据库进行系统整理，根据生态系统、物种、遗传资源、就地保护、迁地保护、生物标本、法规政策等内容，分层次、分类型建立数据库，研究提出生物多样性信息共享机制，逐步形成全国生物多样性信息管理系统。

2．开展生物多样性综合评估

开发生态系统服务功能、物种资源经济价值评估体系，开展生物多样性经济价值评估的试点示范。对全国重要生态系统和生物类群的分布格局、变化趋势、保护现状及存在问题进行评估，定期发布综合评估报告。建立健全濒危物种评估机制，定期发布国家濒危物种名录。

评估气候变化对我国重要生态系统、物种、农林种质资源和生物多样性保护优先区域的影响，制定评估指标体系。研究气候变化对生物多样性影响的监测技术，建立相应的监测体系，提出应对措施和对策。

在全国范围内开展传染性动物疫源疫病本底调查，摸清传染性动物疫源疫病现状、空间分布及发展趋势。建立疫源疫病信息数据库，进一步分析疫源疫病分布与生物多样性的关系，并评估其对生物多样性的影响。

3．开展生物多样性监测和预警

建立生态系统和物种资源的监测标准体系，推进生物多样性监测工作的标准化和规范化。开发针对不同生态系统、物种和遗传资源的监测技术，研究制定生物多样性监测标准体系。依托现有的生物多样性监测力量，提出全国生物多样性监测网络体系建设规范，并开展试点示范。加大生态系统和不同生物类群监测的现代化设备、设施的研制和建设力度，构建生物多样性监测网络体系，开展系统性监测，实现数据共享。

开发生物多样性预测预警模型，建立预警技术体系和应急响应机制，实现长期、动态监控。建立农业野生植物保护点监测预警系统，以现有的农业野生植物保护点为对象，每个物种选择 1～2 个保护点进行系统研究，制定监测指标，建立保护点监测和预警信息系统，提高监测和预警能力。

（三）开展生物多样性保护示范

在自然本底状况较好、生物多样性丰富的区域，开展生物多样性保护示范，探索保护与发展“双赢”模式。在生物多样性重要、生态环境脆弱敏感但已经受到不同程度破坏的区域，开展恢复示范工程，探索社区公众参与的生物多样性恢复模式。在生物多样性丰富的贫困地区，开展减贫示范工程，通过生物多样性的可持续利用，提高发展水平，探索保护、发展和减贫相互促进的管理模式。在人类活动强度较大的、未采取保护措施的重要野生植物遗传资源分布地、重要生物廊道、野生动物迁徙停歇地等敏感区域，研究建立生物多样性保护小区予以保护。

二、生物物种资源保护与管理

完善生物物种资源出入境制度。编制生物物种资源出境管理名录，严格控制珍稀、濒危、特有以及具有重要生态或经济价值的野生生物物种出境。探索建立生物资源采集、运输、交换等环节的监管制度。加强生物物种资源迁地保护场所的监管。逐步建立生物遗传资源获取和惠益分享制度，加强与遗传资源相关的传统知识调查和整理，逐步实现文献化、数据化。

（一）完善生物物种资源出入境制度

我国是世界上生物遗传资源最丰富的国家之一，也是发达国家搜取生物遗传资源的重要地区。过去的一两百年间，我国大量的物种及其遗传资源被国外研究人员和商业机构搜集引出。一些资源在国外经生物技术加工后，形成专利技术或专利产品再销至国内，造成国家利益的重大损失。我国流失的物种及遗传资源大部分是通过非正常途径流入国外，除了国外人员和国外机构的非法搜集、走私、剽窃外，还包括邮寄国外、出境携带、对外研究合作带出等方式，而进出境管理制度的不完善是导致许多生物物种及遗传资源流失国外的直接原因。为加强物种及遗传资源保护，防止物种及遗传资源的大量流失，我们需要从以下几个方面进一步完善出入境管理制度：

1．加强对公众的宣传教育

在各个出入境口岸设置海关、检验检疫宣传标识、公告栏，发放检验检疫宣传册，加大宣传力度；系统地通过媒体、网络、科普读物、生物物种保护宣传周（日、月）等多种方式开展国家对生物物种资源保护的法律法规宣传，以提高出境旅客及公众，特别是科研人员和涉外人员的生物物种资源保护及自觉守法意识。

2．建立生物物种资源出入境查验制度

加强对生物物种资源出入境的监管，对禁止和限制出入境的生物物种品种及出入境审批方式作出明确和具体的规定。携带、邮寄、运输生物物种资源出境的，必须提供有关部门签发的批准证明。涉及濒危物种进出口和国家保护的野生动植物及其产品出口的，需取得国家濒危物种进出口管理机构签发的允许进出口证明书。出入境检验检疫机构、海关要依法按照各自职责对出入境的生物物种资源严格执行申报、检验、查验的规定，对非法出入境的生物物种资源，要依法予以没收。

3．配备先进查验、检测设备

携带生物物种资源出境的载体多种多样，可以是传统的动植物活体及其部分或其标本，也可以是菌株、组培体、胚胎，甚至可能是细胞培养液、克隆载体等，可以随身携带，也可以夹杂在行李之中，除了传统的动植物活体及其标本外，海关现行常用设备很难检查出来。因此要开发和引进新技术新设备，在全国 31 个省、市、自治区的 148 个旅客和国际邮件进出境重点口岸配备先进的查验、检测设备，加大出入境查验、检测力度。

4．加强培训，提高查验、检测准确度

生物物种资源多种多样，既包括植物、动物和微生物物种，又包括种以下的分类单位及其遗传材料，这对口岸执法人员的专业甄别知识有很高的要求。要加强专业知识培训，分批为一线工作人员举办相关知识的培训，使一线工作人员了解和掌握生物物种有关基本知识，增强查验、检测意识，提高查验、检测准确度。在动、植物分类鉴定等技术力量比较缺乏的方面，要配备专门从事生物物种资源检验检测的专业人员。

5．加强快速检测技术设施建设

研究建立快速、灵敏的核酸鉴定方法，建立生物资源的物种和品种指纹图谱，制定标准检测方法，研制标准检测试剂，并研究建立标准化生物资源指纹图谱数据库。并在北京、上海、广州、昆明、厦门建立生物物种资源出入境检测鉴定实验室。

（二）加强与遗传资源相关的传统知识保护

传统知识是指当地居民或地方社区经过长期积累和发展、世代相传的，具有现实或者潜在价值的认识、经验、创新或者做法。与生物物种资源相关的传统知识在食品安全、农业和医疗事业的发展中，发挥着重要的作用。我国历史悠久，民族众多，各族劳动人民在数千年的实践中，创造了丰富的保护和持续利用生物多样性的传统知识、革新和实践。

近年来，与生物物种及遗传资源相关的传统知识保护问题已经成为《生物多样性公约》（CBD）和世界知识产权组织（WIPO）乃至世界贸易组织（WTO/TRIPS）等关注的重要议题，也是发展中国家与发达国家争论的焦点之一。

《生物多样性公约》提出，鼓励公平分享因利用土著传统知识、创新和实践而产生的惠益，要求各缔约国，依照国家立法，尊重、保护和维持土著和地方社区体现传统生活方式并与生物多样性保护和持续利用相关的知识、创新和实践，促进其广泛利用，鼓励公平地分享因利用此等知识、创新和做法而获得的惠益。

随着履行《生物多样性公约》的深入，传统知识对于生物遗传资源的利用以及生物多样性保护的作用日益显现，成为《生物多样性公约》后续谈判新的热点问题。2004 年，《生物多样性公约》第七次缔约方会议已决定成立“传统知识特设工作组”，研究在习惯法和传统做法的基础上建立保护传统知识的专门制度。

1. 传统知识保护存在的困难

（1）权属不明确

传统知识往往被视为公知领域的知识，权属不明确。许多与生物物种及遗传资源相关的传统知识是传统群体共同创造并世代相传的成果，其权属关系复杂，有的很久以前就已经文献化，或者以其他方式进入公知领域；还有的是以严格保密的方式由直系亲属或者师傅口头传授，没有文献化资料。这些都给传统知识的知识产权保护增加了难度。

（2）专利难申请

现有专利制度要求，申请专利必须符合新颖性、创造性和实用性三个标准。传统知识因其公知性，不符合其新颖性条件。有些传统知识如传统的中药、藏药等，不像西药那样可以确切地表达其分子结构，难以清晰地界定其保护范围。另外，中药等复方是由多味中药材制成的产品，增减药味可能难以确定其侵权行为。

（3）传统知识流失及失传现象严重

许多传统知识在尚未获得现代知识产权制度充分认可之前就已经流失国外，并被广泛流传和商业开发利用，而传统知识的持有人却不能分享利益。

2. 加强传统知识保护工作

（1）开展中医药传统知识调查、登录与编目

由相关主管部门组织实施全国传统医药知识调查，在全国普查的基础上，重点调查云南、贵州、西藏、四川、内蒙古、新疆等省区的民族医药，包括藏药、苗药、侗药、彝药、傣药、蒙药、维药等少数民族医药传统知识。建立国家传统医药知识登记制度，使用统一标准，记录整理传统医药知识、疗法、原产地区、发明年代、知识持有人（社区）、使用

历史、惠益分享实践、资源现状、引出或流失情况。

（2）开展与遗传资源相关传统知识的调查、登录与编目

开展与遗传资源相关的传统知识、创新及实践方面的调查，重点是传统品种资源和传统栽培与育种技术的调查和文献化整理，包括品种资源的性状特性、遗传组成、生物学特性、特别优良性状、选育和栽培年代、原始培育社区、保存地、品种权人、引出推广地区、产生效益和惠益分享情况等。

（3）开展与生物多样性相关传统农业方式和传统民族文化的调查、登录与编目

包括传统加工技术、农业生产方式和与生物多样性保护与持续利用相关的民族习俗、艺术、宗教文化和习惯法等。整理、评估和研究其知识的内核、文化根源、发展历史、对生物多样性影响效果、原产地、影响范围、推广应用等。

（4）采取适当措施，有效保存、继承和发展具有应用价值的传统实用技术，特别是总结推广对生物多样性有利的农业生产技术

集中力量在对西南、西北地区少数民族农业传统知识和技术进行总结和推广。利用生态学理论和现代先进技术，对传统知识和技术进行理论总结和技术改良。

（5）研究制定传统知识保护政策、法规与制度

研究保护传统知识的特殊制度，建立遗传资源及相关传统知识来源的合法性证明制度。开展传统知识其知识产权性质及其保护方式的研究工作，争取在理论研究和相关保护制度的建设方面有所进展，加强传统知识管理的能力建设。

（6）建立生物遗传资源及相关传统知识保护、获取和惠益共享的制度和机制

完善专利申请中生物遗传资源来源披露制度，建立获取生物遗传资源及相关传统知识的“共同商定条件”和“事先知情同意”程序，保障生物物种出入境查验的有效性。建立生物遗传资源获取与惠益共享的管理机制、管理机构及技术支撑体系，建立相关的信息交换机制。

（三）加强生物物种资源迁地保护场所的监管

迁地保护是指为了保护生物多样性，把因生存条件不复存在，物种数量极少或难以找到配偶等原因，而生存和繁衍受到严重威胁的物种迁出原地，移入动物园、植物园、水族馆和濒危动物繁殖中心，进行特殊的保护和管理，是对就地保护的补充。迁地保护是为行将灭绝的生物提供生存的最后机会。一般情况下，当物种的种群数量极低，或者物种原有生存环境被自然或者人为因素破坏甚至不复存在时，迁地保护成为保护物种的重要手段。通过迁地保护，可以深入认识被保护生物的形态学特征、系统和进化关系、生长发育等生物学规律，从而为就地保护的管理和检测提供依据，迁地保护的最高目标是建立野生群落。

加强迁地保护场所监管，科学合理地开展物种迁地保护体系建设。开展动物、植物、微生物和水生生物（包括海洋生物）等迁地保护物种的调查、整理、收集和编目工作，合理规划迁地保护设施的数量、分布及规模，建立数据库和动态监测系统，构建迁地保护生物物种资源体系。全面保护和利用迁地保护的重要生物物种资源，加强其物种基因库的功能。建立和完善国家植物园体系，统一规划全国植物园的引种保存，提升植物园迁地保护的科学研究水平。完善“西南地区野生物种种质资源保存基地”，建设“中东部地区种质

资源库”。扩展、充实野生动物繁育体系，开展对动物园和野生动物繁育中心的科学评估，合理规划动物园和野生动物繁育中心的建设，规范各类野生动物驯养繁育场所及其商业活动，保护知识产权，公平分享因利用生物遗传资源而产生的惠益。

（四）加强生物资源采集、运输、交换等环节的监管

针对本地区生物物种资源管理工作中存在的突出问题和薄弱环节，相关部门要加强生物资源采集、运输、交通等环节的监管，抓紧地方性法规、规章和制度的建设，规范生物物种资源采集、收集、研究、开发、买卖、交换等活动。

1. 加强对生物资源采集环节的监管

野生动植物资源并不是取之不尽的，盲目地乱采滥挖，乱捕滥猎会造成资源枯竭。我国主要经济鱼类之一的大黄鱼，大黄鱼在20世纪70年代年产约13万吨骤减到80年代的4万吨，而到了1993年仅为3.4万吨。樟属植物是重要的芳香油资源，由于近年来的盲目开采，除山苍子油有一定数量外，其余大多已不能列入稳定产量的商品。蕨类植物金毛狗，由于其根茎上的鳞片能止刀伤出血，有重要的药用价值，另外，其根茎外形美观，适于制作工艺品。因此，近年来大量挖取，导致金毛狗的资源严重匮乏。各地应根据自身生物资源的不同特点，因时因地制宜，制定出有利于保护生物资源的采集规定，内容包括采集时间、采集范围、采集量及采集工具的使用问题等，保证野生动植物资源的可持续利用。加强对捕猎、采伐行为的执法检查，加强对违规捕猎、采伐行为的打击力度，严禁捕杀、采伐国家重点保护的珍稀、濒危野生动植物，违者应予以严惩。

2. 加强运输、交换等环节的监管

承运野生动植物及其产品的单位或个人，必须持有县以上主管部门核发的准运证和检疫证，否则不得承运。经营野生动植物及其产品的省有关单位，应按当年收购总值的百分之五提取资源保护管理费，上缴省野生动物资源主管部门。资源保护管理费应当用于野生动物资源的保护管理工作，不得移作他用。开展野生动物产品的标记制度。一是维护合法生产经营者权益。标记后产品即可视为合法生产经济的野生动植物产品，无须在各个环节重新进行核实和审批，使其合法生产经营过程更为便利和高效，以避免因烦琐申报程序，提高生产经营的时效性；二是便于加大对非法生产经营行为的打击力度。野生动植物制成品难以识别一直是保护执法中面临的主要困难之一，通过标记，可十分明显地将非法生产和合法生产的产品区别开来，便于执法人员执法查处，有利于提高执法效率，也有利于消费者自我保护，自觉抵制非法生产的产品。

三、生物安全管理

加强转基因生物风险管理。认真履行生物安全有关国际公约，依据有关法律法规健全生物安全特别是转基因生物安全技术标准、安全评价、检测监测和监督管理体系，提高安全监管能力。制订转基因生物环境释放环境风险评价导则，科学评估转基因生物对生态环境和生物多样性的潜在风险。建立转基因生物环境释放监管机制，组织开展转基因生物环境释放跟踪监测。

加强外来入侵物种风险管理。加强防范外来有害生物入侵的防御体系建设，完善进境

生物安全防范体系，防范转基因生物、微生物菌剂非法越境转移和无意越境转移。开展自然环境中外来物种调查和风险评估，建立数据库，构建监测、预警和防治体系。

认真落实《进出口环保用微生物菌剂环境安全管理办法》，出台环保用微生物环境安全评价技术导则，加大进出口环保用微生物的环境安全监管力度。

（一）加强转基因生物风险管理

以基因工程为代表的现代生物技术得到了迅猛的发展，并广泛应用于农业、医药、林业、水产、食品、环保等国民经济和社会发展的重要行业和领域，取得了巨大的经济和社会效益。但是，转基因生物环境释放也可能产生诸如杂草化、生态入侵、基因漂移和破坏生物多样性等全球关注的环境问题。目前，如何从技术方法上科学地评估转基因生物环境释放的风险已成为国际生物安全领域最重要的研究主题之一。

无论是转基因植物，还是转基因动物和微生物，其风险评估一般都由危险识别、风险估算和风险评价 3 个连续过程组成，这些过程可分解为下列 7 个步骤：第一步，查明与该转基因生物有关的各种危险；第二步，确定在特定释放环境条件下，每种危险是如何发生的；第三步，如果在特定的释放环境条件下可能发生某些危险，则应估算这些危险产生的潜在危害程度；第四步，针对可能产生危害的每种危险，估算其发生的概率；第五步，根据“风险（R）= 危险产生的潜在危害程度（M）×危险发生的概率（P）”，估算每种危险的风险；第六步，综合评价转基因生物在环境释放过程中，所有危险可能产生的总体风险；第七步，根据“转基因生物环境释放可能产生的总体风险水平”与“可接受的风险水平”比值的大小，科学地确定转基因生物是否能够在该环境条件下进行释放。

按照转基因生物可能产生的潜在危险程度，将转基因生物环境释放可能产生的风险分为下列 4 个水平：

风险水平 I：该转基因生物环境释放对生物多样性、人类健康和环境尚不存在危险；

风险水平 II：该转基因生物环境释放对生物多样性、人类健康和环境具有低度危险；

风险水平 III：该转基因生物环境释放对生物多样性、人类健康和环境具有中度危险；

风险水平 IV：该转基因生物环境释放对生物多样性、人类健康和环境具有高度危险。

各地环保部门要广泛开展转基因生物环境释放环境风险评价，建立转基因生物环境释放监管机制，组织开展转基因生物环境释放跟踪监测，严格控制转基因生物的环境释放，维护地区的生态环境和生物多样性，以及人民群众的健康和安全。

（二）加强外来入侵物种风险管理

外来入侵物种已成为严重的全球性环境问题，是导致区域和全球生物多样性丧失的最重要因素之一。全球经济一体化、国际贸易、现代先进交通工具、蓬勃发展的观光旅游事业等因素，为外来入侵物种长距离迁移、传播、扩散到新的生境中创造了条件，高山大海等自然屏障的作用已变得越来越小。外来入侵物种对农林业、贸易、交通运输、旅游等相关行业和生物多样性造成了巨大的损失。

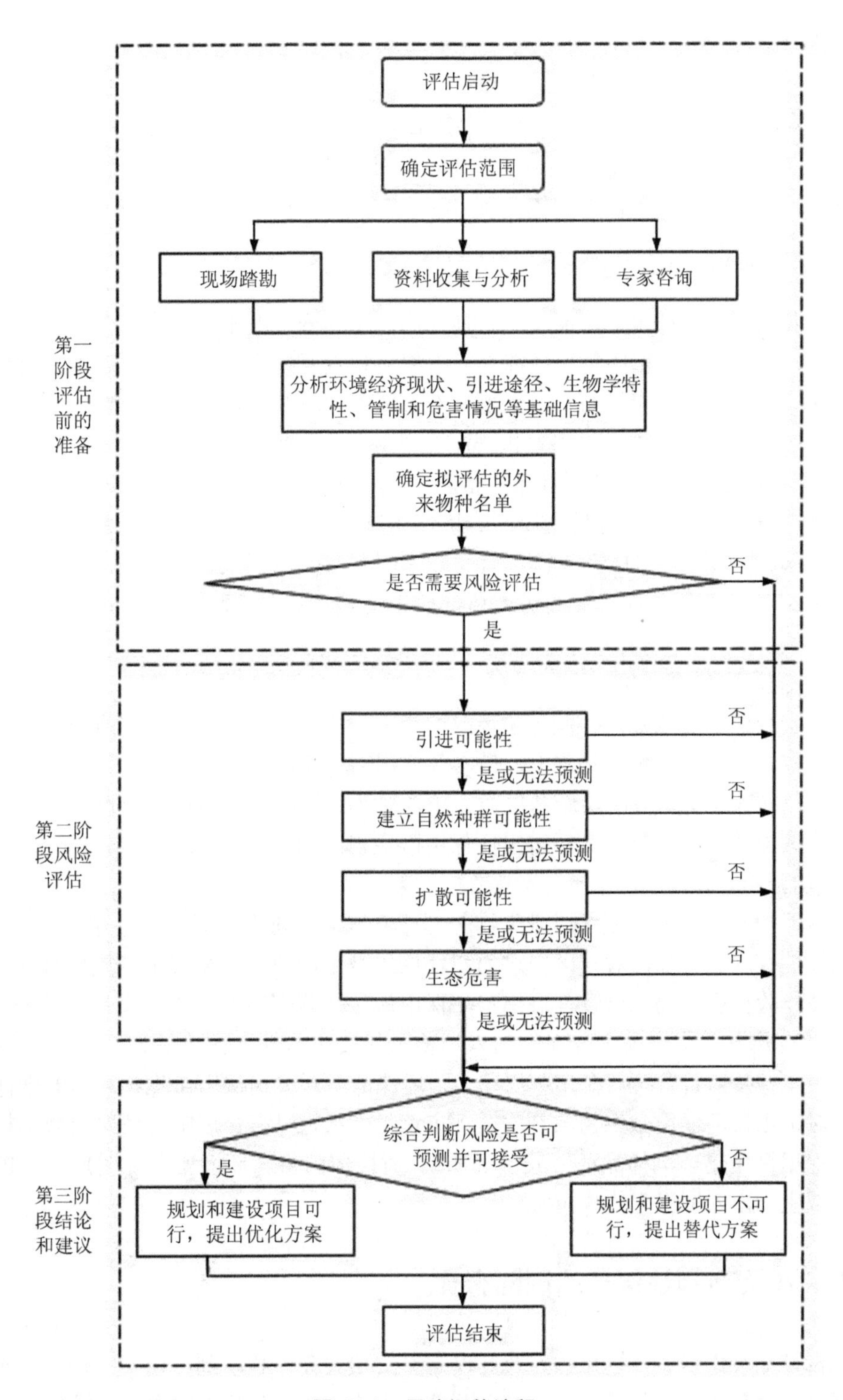

图 17-2　风险评估流程

外来物种风险评估一般分为三个阶段：第一阶段进行评估前的准备，收集评估范围基础信息，确定拟评估的外来物种，决定是否进行风险评估；第二阶段开展风险评估，分析引进、建立自然种群、扩散的可能性和生态危害的程度；第三阶段做出结论，提出优化方案或替代方案。

加强外来入侵物种风险管理，在做好外来物种风险评估的同时，还要做好外来物种调查。采用实地调查、拍照、采访、统计等方法，弄清环境中外来物种的种类、数量以及分布情况，以及其对生态环境和生物多样性的影响。建立数据库，构建监测、预警和防治体系，以保护当地的生物多样性和生态安全。

（三）加强环保用微生物的环境安全监管

随着我国环境保护事业不断发展，环保用微生物菌剂在水、大气、土壤、固体废物污染的检测、治理、处理和修复中发挥着非常积极和重要的作用，环保用微生物菌剂的进出口经营活动也越来越多。然而，微生物有着随环境的改变而发生变异的特性，对环境和人体健康有着潜在的风险，需要规范和严格管理。

1．严格进出口微生物菌剂样品的检测

菌剂成分检测是环保用微生物检验检疫的基础工作。通过专业检测技术，查明环保用微生物菌剂中所含有的主要微生物种类，并与国内外已经公布的有害微生物名录进行比对，确定其中是否含有已知的对人体健康、动植物和生态环境具有风险或者危险的微生物。

2．开展环境安全评价

环境安全评价是从源头控制环境风险的重要手段，是环保用微生物菌剂环境影响评价的重要内容。在成分检测的基础上，结合环保用微生物菌剂的使用目的、时间、地点、规模等因素，并考虑安全控制措施和应急措施，对环保用微生物菌剂应用过程中可能产生的主要风险做出评价和判断，最后得出环保用微生物菌剂环境安全性的评价结论。

3．加强监督管理

环境保护部对进出口环保用微生物菌剂环境安全实施监督管理。各省、自治区、直辖市环境保护行政主管部门对辖区内进出口环保用微生物菌剂环境安全实施监督管理。国家质量监督检验检疫总局统一管理进出口环保用微生物菌剂的卫生检疫监督管理工作；国家质量监督检验检疫总局设在各地的出入境检验检疫机构对辖区内进出口环保用微生物菌剂实施卫生检疫监督管理。在实际操作中，环保部门根据环保用微生物环境安全评价专家委员会对进出口环保用微生物菌剂安全评审意见结果，对符合规定的环保用微生物菌剂出具《环保用微生物菌剂样品环境安全证明》。质检部门将《环境安全证明》作为依据，依法进行微生物出入境卫生检疫审批。

四、生物多样性保护的国际合作

积极参加《生物多样性公约》及其议定书的相关会议和谈判，切实维护国家权益。组织开展“联合国生物多样性十年中国行动”。组织开展生物多样性适应气候变化、生物燃料生产、海洋与海岸生物多样性保护、公海保护区、遗传资源获取和惠益分享、转基因生物跨境转移环境影响等国际履约热点问题的跟踪研究，为履约工作提供支撑。加强南北合作和南南合作。

（一）积极履行《生物多样性公约》

国际社会已经认识到，促进国家政府间和非政府组织之间的国际、区域和全球合作，对生物多样性保护及其组分的持续利用是至关重要的。1992 年 6 月，在巴西首都里约热内卢召开的联合国环境和发展大会通过了《生物多样性公约》（以下简称《公约》），到 2010 年，全世界已经有 193 个缔约国，其中 168 个国家签署了《公约》。中国参与了《公约》起草谈判的全过程，中国政府是最早批准《公约》的国家之一，并认真参与了《公约》缔约国的三次会议，为会议取得成果作出了贡献。

保护生物多样性是一个世界性的问题，《公约》和缔约国大会提供了一个在国际层面上解决问题的平台。我国要积极履行《公约》，在保护生物多样性的问题上加强与世界各国的合作与交流，具体要注意以下两点：

一是全过程参与《公约》谈判，积极关注议题的动态变化，将国家履约实践反馈到《公约》中，并通过谈判维护我国利益，保证尚有争议的议题朝着有利于我国和世界生物多样性保护的方向发展。二是把握缔约国大会决议和议题变化趋势，基于我国生物多样性保护的情况，在资源有限的情况下，分级实施《公约》的保护条款，寻找出生物多样性保护的重点、难点和关键点，有针对性地分配人力、物力和资源，促进《公约》的逐渐履行。并根据履约国际动态及时调整优先顺序。

（二）开展“联合国生物多样性十年中国行动”

2010 年 10 月在日本名古屋召开的《公约》第 10 届缔约方大会上，制定并通过了“生物多样性战略计划（2011—2020）和爱知生物多样性目标”，并向联合国第 65 届大会呼吁设立“生物多样性十年”，以其推动各缔约方落实这项计划；同年 12 月，联合国第 65 届 161 次会议决定，宣布 2011—2020 年为“联合国生物多样性十年”。

为了认真履行 2010 年国际生物多样性年的任务，我国应开展“联合国生物多样性十年中国行动”，结合我国实际情况，做好生物多样性保护和管理工作。组织开展生物多样性国际履约热点问题的研究，为履约工作提供支撑。

1. 加强生物多样性的基础性和综合性的研究

生物多样性的含义非常广泛和深刻，不是任何人在短期内就能弄清的。如果基础工作没有做好，许多更深入更实用的任务就难以完成。因此，对生物多样性编目、生物多样性关键地区和热点地区科学的确定、重要生态系统生态关键种和经济关键种的确定等一些工作是不能忽视的。东亚特有、我国占据面积最大的湿润亚热带地区和我国从亚热带向热带过渡的北热带地区，生物多样性丰富而独特，但研究很不够，应更准确地划出关键地区和热点地区，组织足够的人力大力开展，以填补世界生物多样性保护和研究的空白。我国海洋生物多样性保护和研究也较欠缺，今后应列为重点，大力开展。同样，生物多样性的综合研究也十分重要，因为它本身就是一个综合性概念，不开展综合性研究就不能科学地去认识它，因此，对生态系统中物种之间及其与环境之间的相应关系的研究必须加强，对不同区域不同生态系统的能量转化、水分动态、氮素与营养元素的循环、食物链的关系和规律、生物生产力、经济生产力以及生态系统管理途径的研究和实施要给予充分的关注。这样，生物多样性保护和持续利用的规划才能科学的制定，区域生态平衡才得以维持。

2. 加强对驱动生物多样性变化因素的监测和分析

生物多样性的产品和效益与人类的利益密切相关，它的变化实质上就是人类利益的变化。这些变化，明显地就是由于全球气候变化、土地利用不善造成环境退化或碎化、自然资源过分开拓、人类各种生产活动造成大气、水域和土壤污染、有意无意地造成大量入侵种等所造成；同样，人口增长、全球经济发展政策、管理体制和文化价值等也常影响到资源分配和利用不当，所有上述驱动生物多样性变化的因素可能不以人的意志为转移不断地在运作着，它们可能是继续的或突然发生的灾难事件，常常跨越时间、空间和管辖范围在相互作用，并且在生态系统水平上扩大，例如，气候变化可能对某些区域带来雨量和径流的增加，使另一些区域面临周期性的干旱和较强大的飓风；许多区域呈现物种组成和分布的变化，它们将在景观生态范围上产生影响，并波及生物多样性产品和效益的提供，从而对人类利益有直接影响；但是，如果人们善于运用和控制它们，也可产生正面的影响，例如森林恢复扩大绿色覆盖，减少了农地，但也改善了小气候和水文情况与水的质量，增加物种多样性，为保护区域生态安全发挥更大的作用。所有这些都需要进行长期的监测，才能进行深入研究分析，提出相应的对策。

（三）加强国内外的合作和交流

生物多样性保护是一项国际性事业，加强国内外合作和交流是一项基本任务。建立跨界保护区和姐妹保护区是开展合作交流最有效的途径，前者是处在两个国家之间或一个国家内不同行政区界两侧的一些保护区，通过不同形式的合作管理来达到更好的保护效果和预期目的；后者一般是两个国家或一个国家不同行政区域选择管理类型类似的保护区，通过合作交流，促进彼此管理水平不断提高，以达到预期的目的。

今后在努力做好本国工作的同时，我国将更加积极地参与生物多样性的国际事务，发挥我们的作用，与各国人民一起，以实现保护和可持续利用生物多样性并公平合理利用遗传资源产生的惠益为目标而努力。

第六节　生态示范建设

一、生态示范建设的发展历程

生态示范建设通过三个阶段、五大领域、六个层级向前推进。

三个阶段指的是根据国家可持续发展、建设生态文明的工作要求，形成生态示范区、生态省（市、县）、生态文明建设试点，三个既相互联系，又循序渐进，标准逐级提高的阶段。①生态示范区：原国家环保局于 1995 年在全国启动了生态示范区建设工作，先后批准建立了 9 批 528 个生态示范区建设试点、命名 7 批 526 个县（市）和单位为国家级生态示范区，生态示范区建设探索了生态农业、生态旅游、生态恢复治理、农工商一体等多样化的生态经济模式，但生态示范区建设处于可持续发展的起步阶段，考评指标偏低。

②生态省（市、县）：1999年海南率先提出建设生态省，到目前为止，全国已有海南、吉林等15个省（自治区、直辖市）开展了生态省建设，超过1 000个县（市、区）开展了生态县（市、区）的建设，并有55个县（市、区）建成了生态县（市、区），1 559个乡镇建成国家级生态乡镇。生态省（市、县）建设成效显著，形成了生态省—生态市—生态县—环境优美乡镇—生态村的生态示范建设体系。生态省（市、县）建设是现阶段推进生态文明建设的有效载体。③生态文明建设试点：生态文明建设是生态省（市、县）建设的深化，是可持续发展的最终目标模式。在生态市、县创建的基础上，2008年以来，环境保护部批准了6批共71个全国生态文明建设试点，其中包括：一是已创成生态市、县的地区，直接转为生态文明建设试点，鼓励他们向更高的目标迈进；二是在一些重点流域如太湖、辽河干流，开展流域性生态文明建设试点工作，探索与流域治理目标相适应的“两型”社会建设模式；三是在一些跨行政辖区的区域，开展生态文明建设试点工作，鼓励他们结合自身实际，探索建设生态文明的目标模式和跨行政区域的联动机制。

五大领域指的是生态文化、生态制度、生态产业、生态人居（包括生活、消费）以及生态环境，各类创建都包含这五个方面指标。

六个层级指的是在实际工作中，生态建设示范区分为生态省、生态市、生态县（区）、生态乡镇、生态村和生态工业园区六个层级来推进，并建立了生态省、生态市、生态县、生态乡镇、生态村之间4个80%的体系要求，具体为：国家级生态乡镇要求80%以上的村达到市级以上生态村标准；国家级生态县要求80%以上的乡镇达到国家生态乡镇标准；国家级生态市要求80%以上的县达到国家生态县标准；国家级生态省要求80%以上的市达到国家生态市标准。

二、生态示范建设的重要意义

（一）生态县建设的重要意义

1．建设生态县，是落实科学发展观、实现可持续发展的需要

党的十七大指出：“贯彻和落实科学发展观就必须坚持全面协调可持续发展，坚持生产发展、生活富裕、生态良好的文明发展道路，建设资源节约型、环境友好型社会，实现速度和结构质量效益相统一、经济发展与人口资源环境相协调，使人民在良好的生态环境中生产生活，实现经济社会永续发展。”坚持“生态立县”，有利于加快经济结构调整和转变经济增长方式，实现资源永续利用；有利于促进人们转变生产生活方式和消费观念，增强生态保护意识；有利于优化人居环境和确保食品安全，改善人民生产生活条件。因此，坚持“生态立县”完全符合科学发展观要求，有利于推动经济社会实现又好又快发展。

2．建设生态县，是建设社会主义新农村，构建和谐社会的内在要求

通过生态建设和环境保护，加大村屯绿化和环境整治力度，可以实现村容整洁的目标；通过大力发展生态经济，立足资源优势，培育特色产业，可以为农民增收、农民致富提供不竭的源泉和动力，最终实现生产发展、生活宽裕的目标。同时，通过生态建设

和环境保护，促进人与自然和谐相处，能够提高公民的文明程度，最终实现和谐社会的建设目标。

3. 建设生态县是走新型工业化道路的迫切需要

经过改革开放 30 多年的发展，我国工业发展总体上增长方式粗放，单位产值能源、资源消耗大、环境污染严重。经济增长与资源开发利用、环境保护的矛盾突出，持续快速发展面临严峻的挑战。按照“科技含量高、经济效益好、资源消耗低、环境污染少、人力资源优势得到充分发挥”的要求，走新型工业化之路，是新形势下实施“工业富县”战略、加快工业发展的必然选择。因此，我们要适应新型工业化的要求，积极建设生态县，推进经济增长方式转变，大力发展生态经济和循环经济，整合和重新配置环境资源，优化产业布局，调整产业结构，不断提升产业层次和经济质量。

（二）生态文明试点建设的重要意义

党的十七大首次提出建设生态文明，强调要“共同呵护人类赖以生存的地球家园”。把生态建设上升到文明的高度，是我们党对中国特色社会主义、经济社会发展规律和人类文明趋势认识的不断深化。党的十八大报告独辟专章集中论述了生态文明建设问题，明确指出：生态文明建设的定位，是中国特色社会主义理论体系和中国特色社会主义事业“五位一体”总体布局的重要组成部分。

生态文明建设的意义，在于其“关系人民福祉、关乎民族未来的长远大计”。生态文明建设，能够为人们的生产生活提供必需的物质基础；生态文明观念，作为一种基础的价值导向，是构建社会主义和谐社会不可或缺的精神力量。随着人们日益增长的物质文化需求，对生活质量提出了新的更高的要求，希望喝上干净的水、呼吸上清新的空气、吃上放心的食品、住上舒适的房子等。创造一个良好的生态环境，使自然生态保持动态平衡和良性循环并与人们和谐相处，比以往任何时候都显得更加迫切。如果没有一个良好的生态环境，便无法实现可持续发展，更无法为人民提供良好的生活环境。建设生态文明任重道远。牢固树立生态文明观念，积极推进生态文明建设，是深入贯彻落实科学发展观、推进中国特色社会主义伟大事业的题中应有之义。

开展生态文明试点建设，探索人与自然和谐发展的有效途径，是全面建设生态文明的重要尝试，是贯彻党的十七大和党的十八大精神，全面落实科学发展观的必然要求；是推进形成全国主体功能区，促进区域协调发展的客观需要；是深入实施西部大开发战略，建设国家生态安全屏障的重大举措，对于实现全面建设小康社会奋斗目标、构建社会主义和谐社会，具有重要的推动作用。

通过生态文明试点建设的开展，涌现了一批可持续发展的典型，创造了一批不同自然条件、不同经济发展水平下实现经济、社会、环境协调发展的典范；探索了推进生态文明建设的模式，各地在构建有利于节约资源和保护环境的产业结构、生产方式和消费模式等方面，总结出许多行之有效的做法；创新了生态文明建设的推进机制，逐步建立并完善了“党委政府直接领导、人大政协大力推动、相关部门齐抓共管、社会公众广泛参与”的工作机制，并发挥了重要作用。

三、生态县（含县级市）建设

（一）生态县建设的基本条件和指标

1．生态县建设的基本条件

①制订了《生态县建设规划》，并通过县人大审议、颁布实施。国家有关环境保护法律、法规、制度及地方颁布的各项环保规定、制度得到有效的贯彻执行。

②有独立的环保机构。环境保护工作纳入乡镇党委、政府领导班子实绩考核内容，并建立相应的考核机制。

③完成上级政府下达的节能减排任务。3 年内无较大环境事件，群众反映的各类环境问题得到有效解决。外来入侵物种对生态环境未造成明显影响。

④生态环境质量评价指数在全省名列前茅。

⑤全县 80%的乡镇达到全国环境优美乡镇考核标准并获命名。

2．生态县建设的指标

表 17-1　生态县建设指标

	序号	名　　称	单　位	指标	说明
经济发展	1	农民年人均纯收入 经济发达地区 县级市（区） 县 经济欠发达地区 县级市（区） 县	元/人	 ≥8 000 ≥6 000 ≥6 000 ≥4 500	约束性指标
	2	单位 GDP 能耗	吨标煤/万元	≤0.9	约束性指标
	3	单位工业增加值新鲜水耗 农业灌溉水有效利用系数	立方米/万元	≤20 ≥0.55	约束性指标
	4	主要农产品中有机、绿色及无公害产品种植面积的比重	%	≥60	参考性指标
生态环境保护	5	森林覆盖率 山区 丘陵区 平原地区 高寒区或草原区林草覆盖率	%	 ≥75 ≥45 ≥18 ≥90	约束性指标
	6	受保护地区占国土面积比例 山区及丘陵区 平原地区	%	 ≥20 ≥15	约束性指标
	7	空气环境质量	—	达到功能区标准	约束性指标
	8	水环境质量 近岸海域水环境质量	—	达到功能区标准，且省控以上断面过境河流水质不降低	约束性指标

	序号	名　　称	单　位	指标	说明
生态环境保护	9	噪声环境质量	—	达到功能区标准	约束性指标
	10	主要污染物排放强度 化学需氧量（COD） 二氧化硫（SO_2）	千克/万元（GDP）	<3.5 <4.5 且不超过国家总量控制指标	约束性指标
	11	城镇污水集中处理率 工业用水重复率	%	≥80 ≥80	约束性指标
	12	城镇生活垃圾无害化处理率 工业固体废物处置利用率	%	≥90 ≥90 且无危险废物排放	约束性指标
	13	城镇人均公共绿地面积	平方米	≥12	约束性指标
	14	农村生活用能中清洁能源所占比例	%	≥50	参考性指标
	15	秸秆综合利用率	%	≥95	参考性指标
	16	规模化畜禽养殖场粪便综合利用率	%	≥95	约束性指标
	17	化肥施用强度（折纯）	千克/公顷	<250	参考性指标
	18	集中式饮用水水源水质达标率 村镇饮用水卫生合格率	%	100	约束性指标
	19	农村卫生厕所普及率	%	≥95	参考性指标
	20	环境保护投资占 GDP 的比重	%	≥3.5	约束性指标
社会进步	21	人口自然增长率	‰	符合国家或当地政策	约束性指标
	22	公众对环境的满意率	%	>95	参考性指标

（二）生态县建设的着力点

县域经济是国民经济的基础层次和基本细胞，生态县建设强调要建立生态经济体系、生态环境体系、生态人居体系和生态文化体系，与生态文明建设提出的建设资源节约型和环境友好型社会的要求相一致。国家级生态县称号，既是一个县实现保护与发展双赢的金字招牌，又是授予一个地区综合实力提升的荣誉奖章。开展生态县建设，必须要以规划引领、产业转型、工程支撑、行政推进几个方面作为着力点。

1．行政推动，以任务要求保障创建

生态县建设是一项时点性强、覆盖面广的社会化系统工程，涉及方方面面，必须通过政策引导动员社会力量参与。一要强化政府调控机制，建立联席会议制度，定期梳理创建过程中遇到的问题和矛盾，及时剖析创建过程中遇到的困难和原因，保证各责任单位在全县生态建设的坐标系中有序运行。二要建立典型辐射机制，注重在各层面培育一批典型，在全县推广，逐步形成以点带面、相互促进的良好氛围。三要建立激励机制，制定生态县建设奖励办法，把生态建设考核情况与经济奖励挂钩，补贴奖励在建设生态镇村、循环经济、绿色社区等方面的先进典型。四要创新投入机制。坚持环保投入市场化运作，将城镇污水处理厂等有回报的环境项目推向市场，为生态建设注入动力。

2．高点定位，以科学规划引领创建

规划是生态建设的龙头和灵魂。扩权强县后，国家所有规划的最终落脚点都将在县级，县级面临的生态环境问题更应得到重视。为此，一要增强规划的科学性。要选择高层次规划编制机构，对区域生态经济、生态环境、生态文化资源进行全面、系统调研，编制具有区域特色的生态建设规划，努力构建横向到边、纵向到底、上下贯通、点线面结合的县、镇（乡）、村三级生态规划网络，为建设生态县提供科学、合理的蓝图与依据。二要注重规划的协调性。注重县、镇（乡）、村生态规划之间的同步协调，注重规划与“十二五”规划、产业规划、区域规划等相关规划的衔接、配套，实现经济建设与生态建设一起推进、产业竞争力与环境竞争力同步提升。三要增强规划的连续性。规划一经确定，必须严格执行，不因领导人的变化产生断层、落差、不连续和真空。只有这样，才能防止生态规划实施过程中的“软图章”现象，发挥规划在生态县建设中的导航仪作用。四要增强规划的社会性。鼓励和支持公众参与，充分考虑社会各方面的利益和主张，通过各种途径征求公众对生态规划的意见和建议，促进区域社会经济发展重大决策的民主化与科学化。

3．抢占先机，以产业转型深化创建

产业转型是从源头上减少污染、保护生态的重要途径，必须积极推进绿色发展，用最少的资源投入、最小的能源消耗，实现经济、社会和生态效益的最大化。一要培育壮大绿色产业，严格把好产业招商的生态门槛，大力引进太阳能、风能等清洁能源产业；二要大力发展现代高效农业。扩大无公害农产品、绿色食品、有机食品的基地面积，提高秸秆综合利用率，叫响农业生态品牌。三要积极发展循环经济、低碳经济。要以减量化、再利用、资源化促进发展方式转变，加大政策支持力度，引导企业技术改造，建立资源再生利用的循环经济产业园。四要加快建设生态园区。工业园区要完善配套污水处理设施，提升污水处理能力，不仅要成为产业高地、创新高地，而且要成为环保高地、生态高地。

4．整治环境，以生态工程支撑创建

农村是生态县建设的主战场，也是统筹城乡环保的薄弱环节。因此，要把生态工程作为生态镇、生态村建设的重要引擎和抓手，对国家生态县 5 项基本条件、22 项考核指标，逐一实行目标任务项目化、项目推进节点化、节点落实责任化。大力加强区域环境整治，通过铁腕执法、铁腕治污，消除影响环境安全的隐患；实施农村环境集中连片整治，构建农村生活垃圾“组保洁、村收集、镇转运、县处理”的四级转运处理体系，实现城乡生活垃圾收集与转运体系的全覆盖。加快乡镇污水处理设施建设，各乡镇要按照创建国家生态镇的要求，启动城镇污水处理厂及配套管网建设；要建立农村“六清六建”长效管理机制，大力推进沟河疏浚整治和水面保洁，清除重要功能河流两岸的水产畜禽养殖，改善城乡人居环境；加强环境绿化，在产业集中区周围要设立生态隔离带或缓冲带，预留足够空间建设生态防护林带，致力于构筑生态屏障。

（三）安吉县生态县建设案例

安吉县位于浙江省的西北部，面积 1 886 平方千米，人口近 45 万，是太湖重要的水源地，近年来安吉县经历了从“污染大户”到“国家生态县”的转变，生态优势成为区域经济持续发展的重要依托，走出了一条生态保护与经济社会互促共进的科学发展之路。

1. 积极探索，因地制宜走生态路

20世纪80年代，安吉为发展工业县，引进和发展了一批造纸、化工、建材、印染等产业，经过十几年发展，安吉成为小康县，但同时也带来了严重的水土流失和环境污染，成为全市的“污染大户”。安吉因此被国务院列为太湖水污染治理重点区域，受到了“黄牌”警告。为此，安吉县付出了巨大的整治代价。先后投入8 000余万元，对全县74家水污染企业进行了强制治理，关闭了33家污染企业，拆除了有30年造纸历史、规模和税利列全县之首的孝丰纸厂的制浆生产线。关、停、转、迁的结果是牺牲暂时的发展速度，期间安吉的财政收入明显减少，拉大了与周边县区的差距。

1999年安吉重新审视自身的特点和优势，意识到必须依托和转化良好的生态环境优势，确立了“生态立县”发展之路。从创建“四乡”（竹子、椅业、电力、书画之乡），到实施“大都市后花园”工程；从发展“一竹三叶”（茶叶、桑叶、烟叶）的资源经济，到“培育绿色产业、发展生态经济”，再到打造“三张名片”（生态经济强县、生态文化大县、生态人居名县）。尽管每个阶段的发展各有侧重，但把生态作为立县之基来建设的思想贯穿始终。

2. 从长计议，持之以恒固生态本

党的十六大把“可持续发展能力不断增强，生态环境得到改善”作为全面建设小康社会的一个重要目标，浙江省委十一届二次全会提出了“以建设生态省为载体，打造绿色浙江”的新战略，2003年初，安吉县在取得了国家级生态示范区的基础上，适时提出了“按照‘五个统筹’要求，全面深化生态立县发展战略，精心打造‘生态经济强县、生态文化大县、生态人居名县’三张名片，加快推进现代化生态县建设”的总体工作思路，把生态县建设作为统领全县经济、社会、环境协调发展的总抓手，举全县之力，从长计议，整体推进，使生态县建设成为全县上下的共同心声和自觉行动。

（1）靠健全的组织领导生态县建设

成立了由县委书记任组长、县长任常务副组长、县四副班子分管领导任副组长的生态县建设领导小组，专门设立了领导小组办公室，全面负责生态县建设的日常组织、协调工作。各乡镇、县级机关有关部门也成立了工作小组。各乡镇都设立了生态办，确定了专职生态办主任。县生态建设领导小组还专门印发了《生态县建设领导小组成员单位职责分工》，以文件形式明确了各部门的工作任务。这样，就形成了一个县、乡、村分级管理、部门相互配合、上下联动的健全工作机制，从而确定了生态县建设是“一把手”工程和全面建设小康社会总抓手的战略地位，为生态县建设的扎实推进提供了组织保障。

（2）靠完整的规划统领生态县建设

发挥规划的龙头作用，重视规划修编工作，初步形成了横向到边、纵向到底的规划体系。从功能定位的角度，着眼于把安吉建设成为长三角地区重要生态功能区块和黄浦江源绿色屏障的战略定位，安吉县委托中国环境科学院编制了《生态县建设总体规划》并在北京通过了由原国家环保总局组织的国家级论证，同时还编制了《生态人居规划》、《生态城市规划》，所有乡镇和大部分行政村编制了生态乡镇、生态村建设规划。从产业发展的角度，编制了生态农业、生态工业、生态旅游、生态文化四大专项规划。从开发建设的角度，编制了县城建设、矿产开发、山林开发控制性详规。这一系列层次分明、相互配套的规划共同构成了生态县建设的宏伟蓝图，使建设更加规范、有序。

（3）靠完善的政策激励生态县建设

县委、县政府制定了《安吉生态县建设实施意见》，县人大通过了《关于生态县建设的决议》，县政府出台了《生态县建设专项资金使用管理办法》，决定 2007 年前五年内在县财政预算中安排 6 000 万元资金用于生态县建设，并要求各乡镇也要安排相应的配套资金用于生态乡镇、生态村建设。县领导小组印发了《安吉生态乡镇、生态村建设实施办法》，明确了目标任务，规定获得国家级环境优美乡镇和省、市生态乡镇命名的，给予 50 万～20 万元的奖励。安吉县还创造了生态公益林利益补偿机制，县财政每年安排专项资金用于公益林补偿；对已开发成旅游景点的生态公益林，鼓励林农以生态资源入股的形式参与分红。创造了“动钱不动山，利润再调节”的分配机制，保证山林经营的长期稳定。县财政每年投入巨资，采取以奖代补的形式，发动群众开展村庄环境整治。

（4）靠扎实的动作推进生态县建设

生态乡镇、生态村最直观的感觉是环境面貌。安吉县以村庄环境整治作为工作的切入点，把“改路、改厕、改水、改线、改房和美化环境”这“五改一化”作为村庄环境整治的主要内容，从集镇所在地到偏远村，从中心村到自然村，分步建设，逐步推进。政府采取以奖代补的形式，整治一个、验收一个、奖励一个。2001 年以来，全县累计投入 1.9 亿元，共有 462 个村庄完成了村庄环境整治任务，人口受益率达 51%。生态的内涵很丰富，也很深奥，老百姓一时半会儿搞不懂，安吉县以垃圾和污水这两件老百姓看得见、摸得着的东西作为突破口，让老百姓慢慢地体会生态的内涵。从垃圾来说，绝大部分村都搞集中收集、卫生填埋；在一些村分别设置两个垃圾筒，一个装厨房垃圾，一个装其他固体垃圾，厨房垃圾做堆肥，固体垃圾回收变成为资源；全县还通过招商引资的办法，筹建垃圾焚烧发电供热综合利用项目，各村的垃圾集中收集，每个乡镇建垃圾中转站，然后运到县里统一处理，这个项目一实施，全县的垃圾就基本上能做到资源化处理。从污水来说，在一些集镇和村，设计建设了小型分散的生活污水的处理项目，有生物膜处理、生态湿地处理、氧化沟处理、厌氧处理等，因村而宜。

（5）靠科学的机制保障生态县建设

一是建立科学的考评机制。安吉县从 2000 年起，积极探索绿色 GDP 考核，改单一的经济考核为综合考核，不仅考核经济增长，还考核社会发展，特别是资源指标和环境指标。同时，实行个性化考核，按不同乡镇在发展生态工业、生态农业、生态旅游方面肩负的不同使命，提出不同的目标要求，引导乡镇完成各自的任务。二是建立严格的项目评估机制。安吉白茶效益很好，农民开发种植的积极性很高，但安吉县始终坚持“总量控制、合理布局、适度开发”的原则，严禁在西苕溪沿岸、超 25 度山坡开垦种植白茶。对于矿产资源开采，安吉县作了两项硬规定：第一，矿产开发项目不作为扶贫项目；第二，矿产开发项目不作为招商引资项目。从 2002 年起，安吉县建立了招商引资项目“7+X”评估机制，七项评估以环保为首，实行“环保一票否决制”，两年来共否决外资项目 1.5 亿美元，内资项目 3 亿多元。

（6）靠有效的载体推动生态建设

为了扎实推进生态环境保护与建设，安吉县先后启动了省级卫生县城、省级文明城市、最佳人居环境和生态乡镇、村创建，坚持用创建的办法解决一些突出问题，推动环境保护与生态建设工作上层次。2006 年，安吉县又启动了以创全国卫生城市、全国文明城市、全国文化先进县和建设全国山水园林第一城为主要内容的“三创一建”工作。这些创建活动，以“加快建设、凝聚人心、树立形象、促进发展”为目标，突出生态主题，对加快城乡基础设施建设、改善生态环境、促进经济社会协调发展，发挥了积极的作用。

3．大胆实践，以人为本创建生态县

（1）大力发展生态经济

努力把绿色环境、绿色资源转化为现实生产力。一是创新发展生态农业。制定生态农业产业化发展总体规划，出台鼓励发展笋竹、白茶、畜禽、种苗等生态高效农业的政策。构建立体化生态农业开发格局，如在山地开发有机笋、有机茶、在平原种植无公害稻米、在河网养殖优质水产等。面向沪、杭等大都市需求，建立绿色农产品基地 10 余万亩（1 亩=1/15 公顷），其中安吉白茶被列为国家原产地地域保护产品，“黄浦江源”牌冬笋被列为省首批 28 个绿色农产品。2004 年，仅白茶一项，就使全县农民人均增收 120 元。二是大力发展生态工业。以资源节约型、清洁生产型、生态环保型为导向，通过倾斜技改资金、优惠进入专业工业园、实行最严格的环保前置审批和落实“三同时”等措施，提升传统产业、培育新兴产业，大力发展生态工业。2006 年，安吉县竹制品、转椅两大传统主导产业国内市场占有率分别在 30%和 20%以上，年产值逾 70 亿元。其中，竹制品加工初步实现了物尽其用，形成了竹根雕、竹凉席、竹胶板、活性竹炭、竹叶黄酮等系列产品，从根到叶全面开发，为双流县循环经济的发展奠定了良好的基础。同时，积极引进和培育新医药、新材料、食品加工、电子信息等新兴产业。三是加速发展生态旅游。依托良好的自然生态环境，成功开发“中国竹乡”、“黄浦江源”、“天荒坪电站”等旅游亮点，推出“竹乡农家乐”、“探源自驾游”等特色旅游项目，新建了中南百草园、大汉七十二峰等一批景点和香溢、大竹海度假村等重要旅游设施，安吉逐渐成为华东黄金旅游圈的重要节点。

（2）积极培育生态文化

高度重视生态文化对生态县建设的支撑作用。一是个性化设计生态文化。邀请专家学者编制生态文化建设规划，围绕生态主线，链接以古驿文化、昌硕文化为代表的历史文化，以中国竹乡、中国白茶为代表的物产文化，以黄浦江源为代表的源头文化，以大竹海为代表的影视文化，以天荒坪电站为代表的现代科技文化。重点发展竹文化、茶文化等反映人与自然和谐共进的地方特色文化。二是社会化发展生态文化。大力开展绿色饭店、绿色学校、绿色社区、绿色企业、生态村创建，社会化推进生态文化建设。每年举办生态文化节，市场化运作，引导企业事业单位投入生态文化建设，给群众提供生态文化大餐。三是国际化提升生态文化。以“黄浦江源”为纽带，开展万只竹篮进上海、上海安吉放歌等活动，借上海这座国际化大舞台扩大安吉生态文化的影响力。同时，以竹为媒，与韩国著名竹乡潭阳郡结成友好县郡，与法国竹园建立友好合作伙伴；与联合国教科文组织联合举办“尝试以竹为玩具”中国创意活动。

（3）扎实建设生态人居

充分发挥良好生态环境的比较优势、毗邻沿海发达城市的区位优势和城市化进程总体落后的后发优势，加快推进城镇化、城乡一体化步伐，精心打造生态人居名县。致力于把安吉建成大都市后花园。坚持交通先行，自筹资金建成百里高等级公路，打开了山门，大大缩短了安吉与上海、杭州等大城市的距离。跳出自成体系的圈子，把县域功能、产业布局、基础设施建设和环境保护放到“长三角”大都市圈去研究和实施，使安吉生态人居资源在大都市圈范围内共享。致力于把县城建成“中国山水园林第一城”。按照“中国竹乡·生态旅游城市”的定位进行城市总体规划，5年内投入40多亿元，大规模开展旧城改造和新区建设，推进城市空间“西移、东扩、南引、北拓”，拉开“一城三区”城市框架，逐步把环绕城区的5座绿色山脉和贯通城区的5条绿色溪流引入城市，以山为脉，以水为径，形成群山环绕水穿城、青山碧水绿绵延的城市形态。实施绿色精品工程建设，建成了生态广场、生态河和一批生态居住小区。高标准建设城市绿化系统，通过拆墙增绿、搬迁辟绿、见缝插绿、垂直挂绿、屋顶造绿，使县城内绿草成片，绿树成荫，城市绿化覆盖率达35.5%，人均公共绿地面积11.5平方米。致力于把广大农村建设成为环境优美的生态村。坚持把生态县建设的重点放在农村，以村庄环境整治为基础，以小康示范村建设为样板，以生态村为目标，不断改善广大农村地区的生产、生活、生态环境。采用“以奖代补”的形式，鼓励乡镇和行政村搞村庄环境整治。在此基础上，以环境优美乡镇和生态村创建为载体，典型引路，整体推进，涌现出一批环境优美乡镇和生态村，其中山川乡被授予全国环境优美乡镇。2003年，还启动了“异地致富工程”和“十万农民素质提升工程”，引导农民洗脚上岸、下山进城，异地易业谋发展，从源头上减轻生态压力。

4. 启示

安吉生态县建设的基本做法可以归结为4个方面。一是作为“一把手”工程，建立起县、乡镇、村三级联动的工作机制；二是从农村抓起，从群众最关注的垃圾、污水等环境问题抓起；三是在生态环境建设的同时，十分注重人的生态意识的培养，充分调动群众参与生态建设的积极性；四是建立健全一套强有力的工作激励和科学考核机制，充分发挥县财政资金四两拨千斤的带动作用，促使乡镇、村干部能从生态建设的长远利益出发，树立正确的政绩观和科学的发展观。

安吉生态建设的实践为全省乃至全国农村提供了一种示范，这就是在经济实力不是很强的地方，照样也可以搞生态建设。同时，搞生态建设也必须因地制宜，走自己的路。安吉生态建设的实践充分说明环境保护和经济发展可以同步实现双赢。发展经济不能以牺牲生态环境为代价，实际上保护也是一种发展，舍弃是为了更好更快地发展，保护和发展并不是对立的，只要处理得好，把握得当，环境保护和经济发展可以同步，实现双赢。

四、生态文明建设试点管理

目前，生态文明建设试点的基础依然薄弱。一是对生态文明内容的理解还不够透彻，在理念、目标、措施、实现途径等方面还需要进一步探索；二是生态文明建设与生态市县建设的内在关系，特别是在目标和任务上还需进一步理清；三是生态文明建设的力度还不平衡，从地域上看，试点地区主要集中在东部，从工作进展上看，有的地区进度很大，有的地方进度较慢；四是推进生态文明建设的体制机制还有待健全，需要强化保障，完善投入机制，加大监督考核；五是生态文明的指标体系有待建立。

“十二五”是我国全面建设小康社会的关键时期，也是全面推进生态文明建设的重要战略期。环境保护部发布了《国家生态文明建设试点示范区指标》，以生态文明建设试点示范推进生态文明建设，生态文明建设试点工作面临新的挑战、也迎来了新的机遇。因此，在新的时期，要进一步深化生态文明建设试点工作。

（一）整合资源，形成合力，开展生态文明建设试点工作

扩大生态文明建设试点范围，已经建成生态市、县的地区，自动成为国家生态文明建设试点；丰富生态文明建设试点类型，逐步开展跨行政区和行业生态文明建设试点，形成行政区、跨区域、多行业相结合的多层次生态文明建设试点体系。

（二）科学编制生态文明建设规划

试点地区要科学编制生态文明建设规划，要建立规划实施的定期监督检查制度，严格规划建设目标与任务的责任考核，保障建设任务如期完成。

（三）引导典型区域生态文明联动建设试点

在环太湖地区以及长沙大河西先导区开展跨行政区协调联动的生态文明建设，并逐步扩大试点区域。探索跨行政区生态文明建设的协调机制，支持区域联合制定生态文明建设规划。建立区域协调发展的机制，统筹区域产业布局和生态环境保护，统一开展规划环评，促进区域产业互补和错位发展。建立区域生态环境保护协调机制，推动区域生态环保基础设施的共建共享和优势互补。探索建立区域生态补偿机制。建立环境一体化监管体系和环境信息共享机制。

（四）启动重点行业生态文明建设试点，推动生态文明生产方式的形成

研究制定煤炭、建筑、旅游等行业生态文明建设示范标准，建立与相关部门、行业协会共同推进生态文明建设的互动工作机制。推动建设行业生态文明示范基地、生态文明技术中心和生态文明推广中心，开展相关技术、产品、管理的交流以及推广应用。对旅游业、服务业等重点行业，推广节水节能低污染或无污染技术及产品，减少环境污染和生态破坏。

（五）创新举措，建立和完善生态文明建设运行和保障机制

建立把生态文明建设的主要任务目标纳入经济社会发展全过程的综合决策机制和干部考核机制，建立健全公共财政体制和公共服务投入增长机制，逐步建立政府主导、多元投入、市场推进、社会参与的生态文明建设投融资机制，加快建立科学合理的生态系统功能恢复与重建制度和生态补偿机制。

本章小结

本章主要介绍环境保护部职责范畴内的生态保护和管理工作。首先阐述我国生态保护面临的问题及其成因，分析我国自然生态保护领域所取得的进展和成效，在此基础上介绍我国自然生态保护和管理的主要领域、重点任务和管理手段。使读者了解和掌握我国自然生态保护与管理的重点任务、管理政策及其要求。

思考题

1．我国生态保护面临的主要问题有哪些？
2．如何划分生态红线？
3．强化国家及区域生态功能保护，要从哪些方面入手？
4．如何加强自然保护区的建设和管理？
5．如何加强生物多样性保护？
6．如何开展生态县建设？

参考文献

[1] 全国生态保护“十二五”规划（送审稿）. 2012.
[2] 全国主体功能区划. 2010.
[3] 2012 中国新型城市化报告. 2012.
[4] 国家环境保护总局. 全国生态现状调查与评估：综合卷. 北京：中国环境科学出版社，2005.
[5] 张晓理. 我国生态环境问题主要成因及宏观调控. 生态经济，2001（12）：54-55.
[6] 刘权，王忠静，马铁民. 面向 21 世纪中国生态环境问题与策略探讨. 人民长江，2004，35（11）：4-6.
[7] 饶胜，张强，牟雪洁. 划定生态红线创新生态系统管理. 环境经济，2012（102）：57-60.
[8] 崔清远. 城市基本生态控制线划定范围研究. 中国环境管理干部学院学报，2012，22（3）：23-26.
[9] 盛鸣. 从规划编制到政策设计：深圳市基本生态控制线的实证研究与思考. 城市规划学刊，2010（7）：48-53.
[10] 季宋晔. 靖江市生态控制线划定的思路与方法. 江苏城市规划，2008（10）：36-38.
[11] 国家重点生态功能保护区规划纲要. 2007.
[12] 孙巧明. 试论生态环境监测指标体系. 生物学杂志，2004，21（4）：13-14.
[13] 李强. 江苏泗洪洪泽湖湿地自然保护区生态环境监测体系的构建. 南京农业大学，2005.
[14] 陈宣庆，陈常松. 我国资源、环境、生态监测与评估体系建设思路与对策. 宏观经济管理，2004（11）：12-14.
[15] 仇蕾，贺瑞敏. 建立流域生态系统健康管理体系的构想. 东北水利水电，2005，23（4）：37-39.
[16] 王文杰，张哲，王维，等. 流域生态健康评价框架及其评价方法体系研究（一）——框架和指标体系. 环境工程技术学报，2012，2（4）：271-277.
[17] 李春晖，崔嵬，庞爱萍，等. 流域生态健康评价理论与方法研究进展. 地理科学进展，2008，27（1）：9-16.
[18] 刘小阳. 植物资源保护与可持续利用. 宿州师专学报，2002，17（4）：61-63.
[19] 徐龙君，周正国. 资源开发中的生态环境问题. 环境科学与技术，2006，29（1）：97-99.
[20] 蔡朝晖，黄小容. 九宫山自然保护区旅游资源开发与生态保护对策研究. 黑龙江农业科学，2009（6）：83-86.
[21] 潘胜东. 龙感湖国家级湿地自然保护区建设管理现状及保护对策. 湿地科学与管理，2010，6（4）：

42-45.

[22] 肖静. 岷山地区自然保护区空间优化布局研究. 北京林业大学，2011.

[23] 中国生物多样性保护战略与行动计划（2011—2030 年）. 2010.

[24] 王献溥，于顺利，宋顺华. 联合国大会确定 2011—2020 年为“联合国生物多样性 10 年”的意义和要求. 资源环境与发展，2012（2）：10-15.

[25] 外来入侵物种环境风险评估技术规范. 2010.

[26] 黄艺，郑维爽. 《生物多样性公约》国际履约过程变化分析. 生物多样性，2009，17（1）：97-105.

[27] 王长永，陈良燕. 转基因生物环境释放风险评估的原则和一般模式. 农村生态环境，2001，17（2）：45-49.

[28] 李干杰. 在中国环境科学学会第三届传统文化与生态文明国际研讨会上的讲话，2012，11.

[29] 安吉新闻网，http：//ajnews.zjol.com.cn.

[30] 中国环境网，http：//www.cenews.com.cn.

[31] 环境保护部网站，http：//www.zhb.gov.cn.

[32] 高吉喜，邹长新，杨兆平，等. 划定生态红线，保障生态安全. 中国环境报，2012-10-18.

第十八章　核与辐射安全监管

第一节　核与辐射安全

电离辐射与放射性物质的发现使得人类进入了核能与核技术利用的新时代。从 20 世纪 50 年代开始，我国核能与核技术开发应用得到较快发展。随着我国科学技术和社会经济的持续发展，核能与核技术在国防、医疗、能源、工农业、科研等领域得到了广泛利用。

然而，核能与核技术利用在给人们带来利益的同时，必须高度重视电离辐射一些负效应的防治，即核与辐射安全问题。如果安全防护方法不当或放射源失控，会给环境安全带来潜在危险，甚至危及人员身体健康和生命安全，严重时可能引起社会恐慌。因此，保护人们免受不必要的照射或过量照射、保护环境，成为核与辐射安全监管的神圣使命。监管核与辐射安全是一项国家责任，政府负有勤勉管理的义务和谨慎行事之责任。

在核技术的研究、开发和应用的各个阶段，在核设施设计、建造、运行和退役的各个阶段，为使（电离）辐射对从业人员、公众和环境的不利影响降低到可接受的水平，从而取得公众的信赖，而采取的全部理论、原则和技术及管理措施，称为核与辐射安全，它包含核设施（装置）安全、辐射安全、放射性废物管理安全和放射性物质运输安全。其中，核安全重点在于辐射源的安全，包括维持正常运行，预防事故发生和在事故下减轻其后果，从而保护从业人员、公众和环境不至于受到辐射带来的伤害；辐射安全重点在于人与环境的保护，通过辐射水平的监测、辐射效应的评价、辐射防护措施和事故应急与干预，实现安全与防护的最优化，使得工作人员、公众和环境免受过量的辐射危害。

核与辐射安全与防护的监管在世界范围内都是相当一致的，这归因于有一个很完备并得到国际认可的框架。全球核与辐射安全制度已经建立，并且正在不断地加以改进。国际原子能机构（IAEA）安全标准是全球性安全制度基石，它对实施有约束力的国际文书和国家安全基础结构提供支撑。在制定原子能机构安全标准的过程中考虑了联合国原子辐射效应科学委员会（UNSCEAR）的结论和国际专家机构特别是国际放射防护委员会（ICRP）的建议。

为了确保保护人类和环境免受电离辐射的有害影响，国际原子能机构安全标准制定了基本安全原则、安全要求和安全措施，以控制对人类的辐射照射和放射性物质向环境的释放，限制可能导致核反应堆堆芯、核链式反应、辐射源或任何其他辐射源失控的事件发生的可能性，并在发生这类事件时减轻其后果。这些标准适用于引起辐射危险的设施和活动，其中包括核装置、辐射和辐射源利用、放射性物质运输和放射性废物管理。

国际公约和国际原子能机构（IAEA）安全标准，加上工业标准和各国更为详细的技术要求，为对辐射危险进行防护，有效保护人类与环境，奠定了坚实而全面的基础。

我国在建立核与辐射安全法规体系的过程中，始终坚持采纳和吸收国际上先进的安全标准，高起点，与国际接轨。确立了以 IAEA 核安全文件为主要蓝本编制我国核与辐射安全法规的原则，这一原则确保了我国核与辐射安全标准起点高并始终保持世界最高安全水平。

一、安全基本原则

《安全基本法则》是国际原子能机构（IAEA）与欧洲原子能联营（EURATOM）、联合国粮食及农业组织（FAO）、国际劳工组织（ILO）、国际海事组织（IMO）、经济合作与发展组织核能机构（OECD/NEA）、泛美卫生组织（PAHO）、联合国环境规划署（UNEP）、世界卫生组织（WHO）共同倡议下编制的。《安全基本法则》阐述防护和安全的基本安全目标和原则，以及为安全要求提供依据。目的是确定为原子能机构的安全标准及其安全相关计划奠定基础的基本安全目标、安全原则和安全概念。有关的要求在“安全要求”出版物中予以确定。相关“安全导则”就如何满足这些要求提供了指导。国际原子能机构《安全标准丛书》的结构如图 18-1。

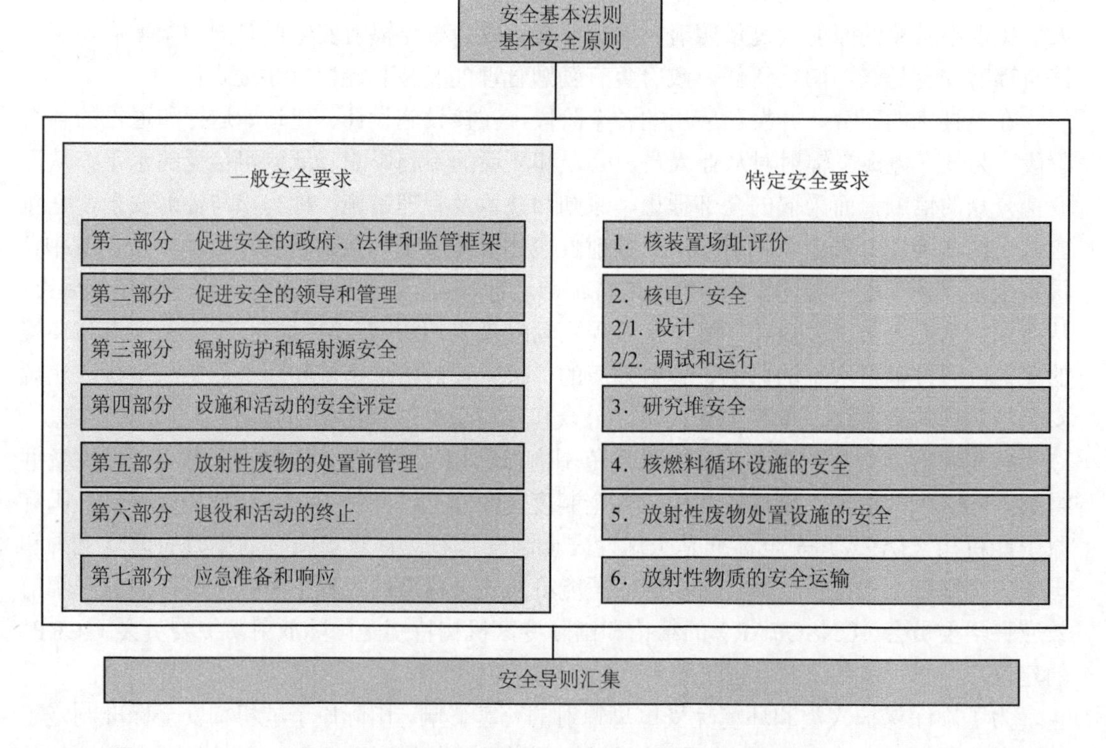

图 18-1　国际原子能机构《安全标准丛书》的结构

基本安全目标是保护人类和环境免予电离辐射的有害影响。

这一保护人类和环境的基本安全目标的实现不应该对设施运行或活动引起不当限制。为确保设施的运行和活动的开展能够达到合理可行的最高安全标准，必须采取以下措施：

①控制对人类的辐射照射和放射性物质向环境的释放。

②限制可能导致核反应堆堆芯、核链式反应、放射源或任何其他辐射源失控的事件发生的可能性。

③在发生这类事件的情况下减轻其后果。

基本安全目标适用于所有设施和活动以及设施或辐射源寿期中的所有阶段，包括规划、选址、设计、制造、建设、调试和运行以及退役和关闭。这其中包括相关的放射性物质运输和放射性废物管理。这里“设施”包括：核设施、辐照装置、铀矿开采等某些采矿设施和原料加工设施、放射性废物管理设施，以及其规模达到需要考虑防护与安全的生产、加工、使用、处理、贮存或处置放射性物质（或安装有辐射发生器）的任何其他场所。“活动”包括：工业、研究、医用辐射源的生产、使用、进口和出口；放射性物质运输；设施的退役；流出物排放等放射性废物管理活动，以及受过去活动残留影响的场址恢复的某些方面。

为了实现这一基本安全目标，制订了 10 项基本原则。

原则 1：安全责任——对引起辐射危险的设施和活动负有责任的人员或组织必须对安全负主要责任。

原则 2：政府职责——必须建立和保持有效的法律和政府安全框架，包括独立的监管机构。

原则 3：对安全的领导和管理——在与辐射危险有关的组织内以及在引起辐射危险的设施和活动中，必须确立和保持对安全的有效领导和管理。

原则 4：设施和活动的合理性——引起辐射危险的设施和活动必须能够产生总体效益。

原则 5：防护的最优化——必须实现防护的最优化，以提供合理可行的最高安全水平。

原则 6：限制对个人造成的危险——控制辐射危险的措施必须确保任何个人都不会承受无法接受的伤害危险。

原则 7：保护当代和后代——必须保护当前和今后的人类和环境免予辐射危险。

原则 8：防止事故——必须做出一切实际努力防止和减轻核事故或辐射事故。

原则 9：应急准备与响应——必须为核事件或辐射事件的应急准备和响应做出安排。

原则 10：采取防护行动减少现有的或未受监管控制的辐射危险——必须证明为减少现有的或未受监管控制的辐射危险而采取的防护行动的合理性并对这些行动实施优化。

安全原则是一个整体，监管在实践中针对具体情况各项原则的重要性可能有所不同，但所有相关原则均需适当地加以应用。

二、纵深防御的理念

纵深防御——使核设施和核活动置于多重保护之中，即使一种保护（或屏障）失效，设施的保护仍将得到补偿或纠正，而不致危及工作人员、公众和环境。

纵深防御通过以下几个方面的结合来实现：

①在强有力的安全承诺和坚实的安全文化基础上，形成一个有效的管理体系。

②适当地选址，以及通过良好设计和工程措施提供安全裕度、多样性和冗余性，主要

利用下列措施：a. 采用高质量和高可靠性的设计、技术和设备。b. 采用控制、限制和保护系统以及监视措施。c. 利用固有安全特性与工程安全措施的适当结合。

③全面的运行规程和时间以及事故管理程序的应用，以便在核反应堆堆芯、核链式反应或其他辐射源失控的情况下有恢复控制的措施和缓解任何有害后果的手段。

应用纵深防御概念，就能提供多层防御（固有特征、设备和规程），从而预防辐射对人类和环境的有害影响，并确保一旦预防失败仍能充分防止有害影响和减轻后果。每一个不同层级防御的独立有效性都是纵深防御的基本组成部分，通过整合各种措施来避免一个层级防御失灵引起其他各层级失灵。

纵深防御的策略建立在如下 5 个层次：

第一层次防御：防止偏离正常运行及防止系统失效。

第二层次防御：检测和纠正偏离正常运行的状态，以防止预计运行事件升级为事故工况。

第三层次防御：是将事故后果控制在设计基准范围内，并达到可靠的控制状态。

第四层次防御：针对可能超过设计基准的严重事故，并保证放射性释放保持在尽可能的低。这一层次最重要的目的是保护包容功能。

第五层次防御：应急准备与响应，减轻可能由事故工况引起潜在的放射性物质释放造成的放射性后果。

三、核与辐射安全法规体系

我国的核与辐射安全法规工作起步于 20 世纪 50 年代初，伴随着中国的核工业事业的发展而不断完善。为适应“安全、实用、经济、自力更生”发展核电的需要，从 1981 年 6 月开始，由当时的核工业部开始编写《核电厂厂址选择安全规定》、《核电厂设计安全规定》、《核电厂运行安全规定》、《核电厂质量保证安全规定》。1982 年 4 月的核工业部第二次核安全会议，决定了以国际原子能机构（IAEA）核安全文件为主要蓝本编制我国核安全法规的原则。这一原则确定了我国核安全标准起点高并始终保持世界最高安全水平。

1986 年 10 月 29 日，国务院发布了《中华人民共和国民用核设施安全监督管理条例》，该条例一直是我国核安全监管的根本制度和依据。随后国务院发布了《核材料管制条例》、《核电厂核事故应急管理条例》、《民用核安全设备监督管理条例》、《放射性物品运输安全管理条例》、《放射性同位素与射线装置安全和防护条例》、《放射性废物安全管理条例》共 7 个条例。这些条例覆盖了所有核设施及核活动。

2003 年 6 月 28 日第十届全国人民代表大会常务委员会第三次会议通过了《中华人民共和国放射性污染防治法》（中华人民共和国主席令第六号），于 2003 年 10 月 1 日起实施。该法的实施，标志着我国核安全监督管理步入了法制化轨道。

我国的核与辐射安全法律法规体系和我国的法律法规体系是相对应的，分为国家法律、国务院条例和国务院各部委部门规章 3 个层次（见图 18-2）。

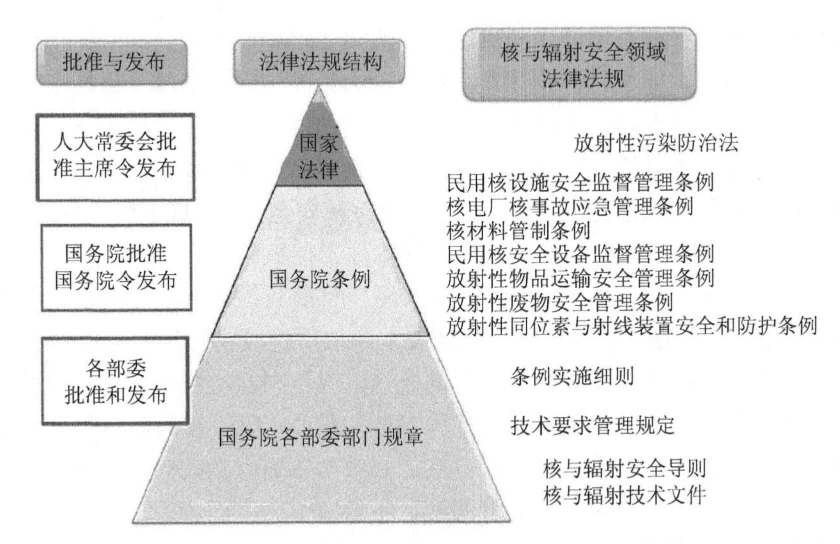

图 18-2 我国的核与辐射安全法律法规体系图解

国家法律是法律法规的最高层，起决定性作用。由它产生的条例或法规的具体内容不能与国家法律相抵触。在核与辐射安全领域，第一层属于国家法律层面的目前有《中华人民共和国放射性污染防治法》，它在核领域中起着国家法律的作用。另外，《中华人民共和国原子能法》和《中华人民共和国核安全法》正在制定中。

国务院条例是国务院的行政法规，是法律法规的中间层，是国家法律在某一个方面的细化，规定了该方面的法律要求。在核与辐射安全领域，第二层属于国务院条例层面的有《中华人民共和国民用核设施安全监督管理条例》、《中华人民共和国核电厂核事故应急管理条例》、《中华人民共和国核材料管制条例》、《中华人民共和国放射性同位素与射线装置安全和防护条例》、《中华人民共和国民用核安全设备监督管理条例》、《中华人民共和国放射性物品运输安全管理条例》和《中华人民共和国放射性废物安全管理条例》。

国务院各部委部门规章是法律法规的底层，包括大量的各个分层次的规章。在核与辐射安全领域，第三层属于部门规章层面的包括条例的实施细则（及其附件）、技术要求和行政管理规定等。这些部门规章，是强制性的，必须执行。其内容不能与国务院的条例相矛盾，更不能与国家的有关法律相违背，如果存在上述问题，则应以高层次的法律法规为准。

此外，环境保护部（国家核安全局）还制定核与辐射安全导则和技术文件作为指导性文件，其层次低于国务院条例的实施细则（及其附件）和核安全技术要求的行政管理规定。

由于核与辐射安全领域的法律、国务院条例和环境保护部（国家核安全局）部门规章等通常给出的仅仅是原则性要求，因此根据国际实践，环境保护部（国家核安全局）制定了一些与行政管理规定中有关核与辐射安全技术要求的技术文件——核与辐射安全导则。核与辐射安全导则，推荐为执行核与辐射安全技术要求或行政管理规定应采取的方法和程序，在执行中可采用该方法和程序，也可采用等效的替代方法和程序。

我国正处于法制化建设期间，在核安全领域缺乏有效的立法机制，法规制定和修订周期较长；大量具体的技术问题不可能都用法律法规来规定。因此，核与辐射安全管理文件在核与辐射安全监管实践中有着十分重要的作用。核与辐射安全法规技术文件，表明核安全当局对具体技术或行政管理问题的见解，在应用中可参照执行。同时，在核与辐射安全领域还应用大量的国家标准、行业标准，也应用大量的国际标准等，也属于第三层次。核安全导则不可能解决所有的技术问题，还需要大量的技术文件和标准做支持。鉴于目前的立法现状，不同部门体系的标准规范中存在着大量重复内容，甚至在某些方面有冲突，因此对于这些技术文件和规范标准的使用，一定要有核安全法规、规范性文件的授权或认可。

另外，我国从 1984 年 1 月起正式成为国际原子能机构的成员国。始终将监管核与辐射安全作为一项国家责任，并严格履行国际义务。目前我国加入核与辐射安全方面的国际公约主要有：《核安全公约》、《乏燃料管理安全和放射性废物管理安全联合公约》、《及早通报核事故公约》、《核事故或辐射紧急救助公约》、《核材料实物保护公约》等。这充分显示出我国对上述公约的宗旨和原则的支持和充分的信心，以及在提高国际核与辐射安全标准方面的重要作用的认识，并积极参加旨在加强核与辐射安全的国际合作。

目前我国建立的核与辐射安全监管制度，主要有：

①核与辐射安全许可证制度。

②核与辐射环境影响评价与“三同时”竣工验收制度。

③核设施操纵员许可制度。

④核与辐射安全审评制度。

⑤核与辐射安全监督检查制度。

⑥核与辐射事件运行经验反馈制度。

⑦核安全设备设计制造安装和无损检验许可和监督检查制度。

⑧辐射环境监测制度。

⑨注册核安全工程师制度。

⑩核与辐射事故应急响应制度。

⑪放射性废物管理制度。

四、核与辐射安全监管体系

为确保核与辐射安全，国家设立独立于核能发展部门的专门监管机构——环境保护部（国家核安全局）。

法律授权环境保护部（国家核安全局）通过技术审评、技术验证、行政许可、现场监督、执法、环境监测等手段，对许可证件持有者的核安全活动实施监督管理，确保其承担安全责任和依法进行与安全有关的活动。

基于“独立、公开、法治、理性、有效”的符合中国国情的监管理念，以行政许可为核心、审批与执法统一、全天候和全过程的独立监管，基本建立了与国际接轨的核与辐射安全监管体系。

（一）监管机构

核与辐射安全监管机构由机关、监督、技术支持部门组成（如图 18-3 所示）。

环境保护部（国家核安全局）代表国家对全国核设施行使核与辐射安全监督职能，总部设在北京，并在上海、深圳、成都、北京、兰州、大连设立 6 个地区监督站，作为环境保护部（国家核安全局）的派出机构，负责上述区域核设施的日常核与辐射安全监督。核与辐射安全监管机构分布如图 18-4 所示。

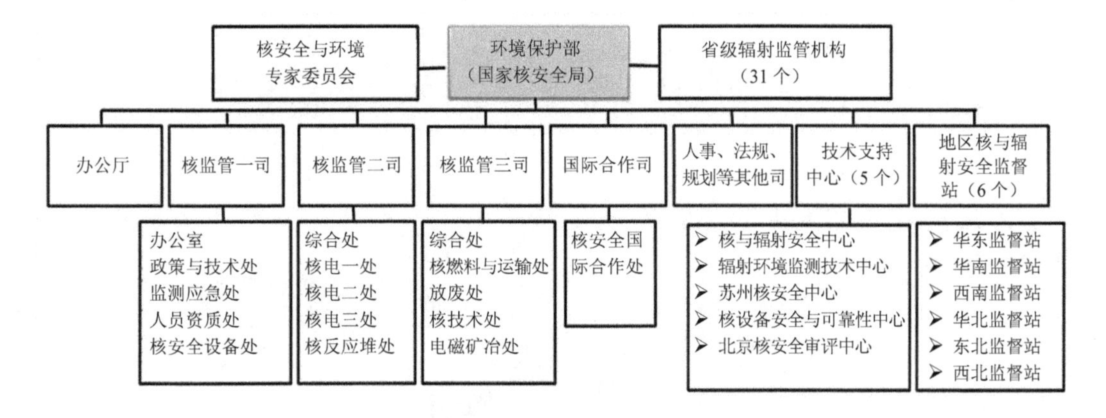

图 18-3　我国的核与辐射安全监管体系图解

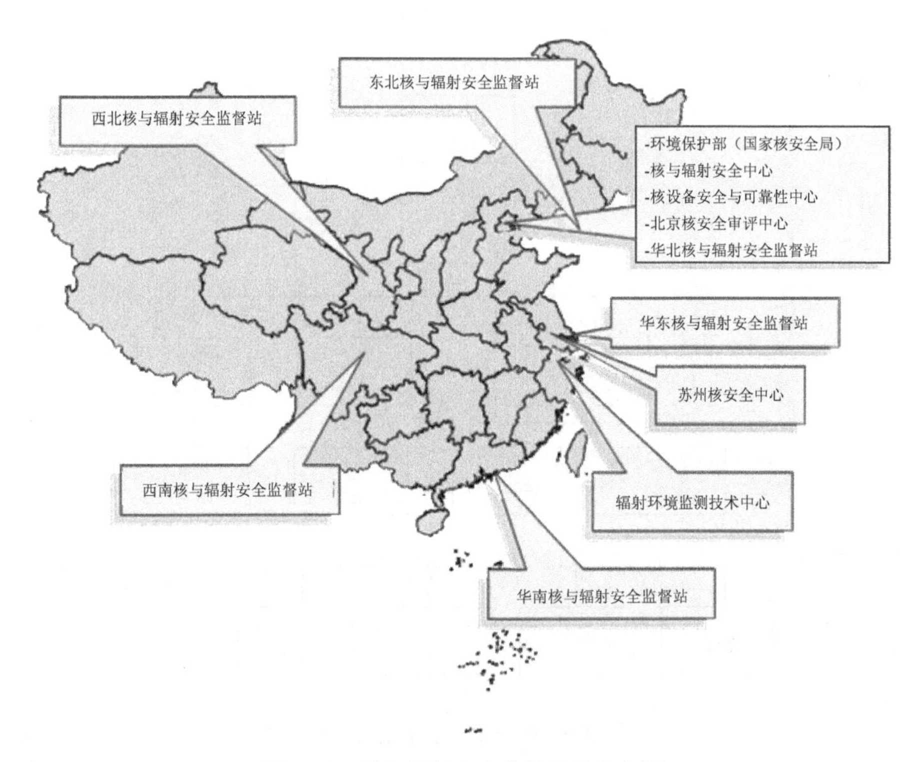

图 18-4　核与辐射安全监管机构分布图

部（局）机关，除部综合管理部门（办公厅、人事、法规、规划等）外，下设三个核与辐射安全监管业务司，以及国际合作司核安全国际合作处，约 85 人；六个核与辐射地区监督站，约 331 人；技术支持单位，核与辐射安全中心，约 600 人；环境保护部辐射监测中心（与浙江省双管），约 100 人；三个合同管理的技术后援单位，共约 120 人；省级辐射监管机构，31 个；核与辐射安全咨询机构，即环境保护部（国家核安全局）核安全与环境专家委员会，约 110 名专家。

图 18-5 和图 18-6 分别为核与辐射安全监管体系图和监管流程，涵盖了技术审评、技术验证、行政许可、现场监督、执法、环境监测等实施核与辐射安全监管的主要内容。

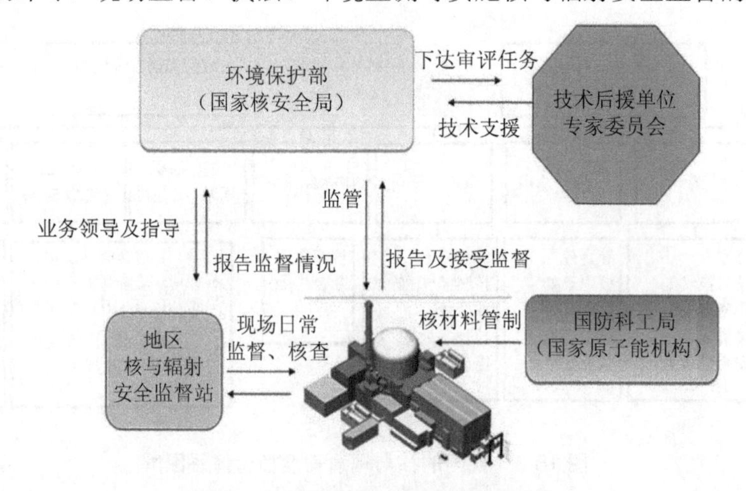

图 18-5　核与辐射安全监管体系图解

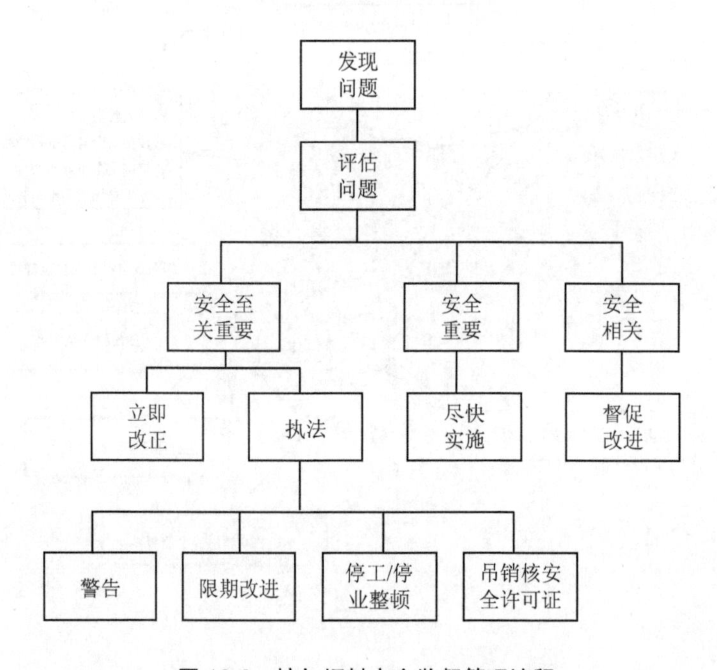

图 18-6　核与辐射安全监督管理流程

（二）监管职责

环境保护部（国家核安全局）的主要职责如下：

①组织起草、制定、审查有关核与辐射安全的规章和技术标准。

②组织审查、评定核设施、核技术利用项目、放射性废物处理和处置设施的安全性能及其许可证持有者保障安全的能力，负责安全许可证件的管理。

③负责核设施、核技术利用项目、铀矿、放射性伴生矿、放射性废物处理和处置设施、

电磁辐射设施和设备的环境影响报告书的审批。

④负责核与辐射安全监督检查。

⑤组织开展全国辐射环境监测。

⑥参与核与辐射事故应急、反核恐怖。

⑦负责核与辐射事故的调查和处理。

⑧调解和裁决涉及核与辐射安全的纠纷。

⑨开展核与辐射安全的科学研究、公众沟通及国际合作。

⑩组织实施注册核安全工程师制度。

省级及以下辐射安全监管机构的主要职责如下：

①负责中央政府监管以外的辐射源的安全监督管理。

②负责环境辐射监测，包括辐射环境质量监测、核设施外围监督性监测。

③辐射事故应急工作。

④承担环境保护部（国家核安全局）委托工作。

市级、县级环保部门承担本地区辐射安全监督检查的职责。

第二节 核与辐射安全监管

一、民用核设施安全监督管理

为了在民用核设施的建造和营运中保证安全，保障工作人员和群众的健康，保护环境，促进核能事业的顺利发展，1986 年，国务院批准发布了《中华人民共和国民用核设施安全监督管理条例》。该条例系统地规定了民用核设施监督管理的目的和范围，方针、对策和措施。确立了核安全许可证制度，规定了监管机构和核行业主管部门的职责及营运单位的法律责任。

该条例适用的核设施包括：①核动力厂（核电厂、核热电厂、核供热供汽厂等）。②核动力厂以外的其他反应堆（研究堆、实验堆、临界装置等）。③核燃料生产、加工、贮存及后处理设施。④放射性废物的处理和处置设施。

环境保护部（国家核安全局）对全国核设施核安全实施统一监督，独立行使核安全监督权。

核行业主管部门负责核电厂的安全管理，接受国家核安全局的核安全监督。

中国核安全法规规定，核安全许可证持有者（或申请者）对核设施和核活动的安全承担全面责任。

国家核安全局通过许可证的审批、监督、执法、奖励和处罚，对许可证持有者的核安全活动实施全面的监督，确保许可证持有者承担安全责任和依法进行核安全有关活动。

（一）许可证制度

国家核安全局监督管理的主要措施之一是核设施核安全许可证制度，同时对核设施和核活动实施监督。

核安全许可证是国家监管机构批准申请人从事与核安全有关专项活动（如核电厂选址、建造、调试、运行、退役、核材料持有、使用、生产、储存、运输和废物处置等）的法律文件。

国家核安全局负责审批颁发或核准颁发的核设施许可证包括：①核设施建造许可证。②核设施运行许可证。③核设施操纵人员执照。④其他需要批准的文件，包括核设施厂址选择审查意见书、核设施首次装料（或投料）批准书及核设施退役批准书等。

环境保护部负责审批核设施各个阶段的环境影响报告书。环境影响报告书审批文件是颁发许可证的必要条件之一。

（二）许可证的申请和审批

申请人必须提交申请书、安全分析报告及其他法规规定的有关文件，经国家核安全局评审批准后，方可进行相应的核活动。

国家核安全局在审批过程中，应该向国务院有关部门以及核电厂所在省、自治区、直辖市政府征询意见。

国家核安全局在取得技术审评结论，并征询国务院有关部门和地方政府的意见，经核安全与环境专家委员会咨询审议后，独立作出是否颁发许可证的决定，同时规定必要的许可证条件。

（三）监督

环境保护部（国家核安全局）及其派出机构向核设施选址、建造和运行现场派驻监督组（员），履行以下监督职责：

①审查所提交的资料是否符合实际。

②监督是否按照已批准的设计进行建造。

③监督是否按照已批准的质量保证大纲进行管理。

④监督核设施的建造和运行是否符合核安全法规和许可证所规定的条件。

⑤考察营运单位是否具备安全运行及执行应急计划的能力。

⑥其他需要监督的任务。

核安全监督员在执行任务时，有权进入核设施的设备制造、建造和运行现场，调查情况、收集有关核安全资料。

国家核安全局在必要时有权采取强制性措施，包括责令核电厂停止运行。

二、核材料管制

核材料是一种战略物资，核材料的使用受到严格的管制。为保证核材料的安全与合法利用，防止被盗、破坏、丢失、非法转让和非法使用，保护国家和人民群众的安全，促进核能事业的发展，保证国家对核材料的控制，1987 年国务院颁布了《中华人民共和国核材料管制条例》。该条例规定我国对核材料实行许可证制度。没有获得核材料许可证的任何个人、团体，不得持有，使用、储存、运输核材料。

核材料指超过一定量的铀-235、铀-233、钚-239、氚、锂-6以及其他需要管制的核材料。

铀矿石及其初级产品，不属于本条例管制范围。已移交给军队的核制品的管制办法由国防部门制定。

在必要时国家可以征收所有核材料。

（一）监管职责

国家核安全局负责民用核材料的安全监督，在核材料管制方面的主要职责是：①拟订核材料管制法规。②监督民用核材料管制法规的实施。③核准核材料许可证。

由国务院指定的部门负责管理全国的核材料，在核材料管制方面的主要职责是：①负责实施全国核材料管制。②负责审查、颁发核材料许可证。③拟订核材料管制规章制度。④负责全国核材料账务系统的建立和检查。

国家国防科技工业局（原国防科学技术工业委员会）负责涉及国防的核材料的安全监督和核准核材料许可证。

（二）对许可证持有单位的基本要求

对核材料许可证持有单位的基本要求是：

①必须建立专职机构或指定专人负责保管核材料，严格交接手续，建立账目与报告制度，保证账物相符。

②必须建立核材料衡算制度和分析测量系统，应用批准的分析测量方法和标准，达到规定的衡算误差要求，保持核材料收支平衡。

③应当在当地公安部门的指导下，对生产、使用、贮存和处置核材料的场所，建立严格的安全保卫制度，采用可靠的安全防范措施，严防盗窃、破坏、火灾等事故的发生。

④运输核材料必须遵守国家的有关规定，核材料托运单位负责与有关部门制定运输保卫方案，落实保卫措施。运输部门、公安部门和其他有关部门要密切配合，确保核材料运输途中安全。

⑤必须切实做好核材料及其有关文件、资料的安全保密工作。凡涉及国家秘密的文件、资料，要按照国家保密规定，准确划定密级，制定严格的保密制度，防止失密、泄密和窃密。对接触核材料及其秘密的人员，应当按照国家有关规定进行审查。

⑥发现核材料被盗、破坏、丢失、非法转让和非法使用的事件，必须立即追查原因、追回核材料，并迅速报告。

（三）许可证的申请程序

核材料许可证的申请程序是：

①核材料许可证申请单位向国务院指定的负责管理全国核材料的部门提交许可证申请书以及申请单位的上级领导部门的审核批准文件。

②国务院指定的负责管理全国核材料的部门审查，并报国家有关部门核准。

③主管部门颁发核材料许可证。

三、核与辐射事故应急管理

尽管在设计和运行核设施及开展核活动时已经采取各种预防措施，但仍然存在某个故障（一种有意识的行为）或事故可能导致（核或放射）紧急情况的可能性。有时，这种紧急情况可能造成放射性物质在设施范围内的（照射或）释放，或释入公共场所，在这种情况下，可能需要采取应急响应行动。

《中华人民共和国放射性污染防治法》确立了核事故应急制度。

《核电厂核事故应急管理条例》指出，核事故应急管理工作实行“常备不懈，积极兼容，统一指挥，大力协同，保护公众，保护环境”的方针。核电厂核事故应急管理条例实施细则之一《核电厂营运单位的应急准备和应急响应》（HAF 002/01）适用于核电厂营运单位的应急准备和应急响应活动，以及国家核安全部门对这些活动的审评和监督。国家核安全部门的监督并不减轻核电厂营运单位对核电厂应急准备、应急响应所承担的责任。

辐射事故主要指除核设施事故以外，放射性物质丢失、被盗、失控，或者放射性物质造成人员受到意外的异常照射或环境辐射污染后果的事件，主要包括：①核技术利用中发生的辐射事故。②放射性废物处理、处置设施发生的辐射事故。③铀矿冶及伴生矿开发利用中发生的环境辐射污染事故。④放射性物质运输中发生的事故。⑤可能对我国环境造成辐射影响的境外核试验、核事故及辐射事故。⑥国内外航天器在我国境内坠落造成环境辐射污染的事故。⑦各种重大自然灾害引发的次生辐射事故。

根据辐射事故管理的实际需要，为加强对辐射事故的应急管理、提高应急响应能力、控制和消除辐射事故的影响，规范辐射事故的信息发布机关，《放射性同位素与射线装置安全和防护条例》、《放射性物品运输安全管理条例》和《放射性废物安全管理条例》均规定了有关编制辐射事故应急预案和辐射事故信息发布的内容。

（一）核与辐射应急准备与响应的目标

核与辐射应急准备是为应对核事故或辐射应急而进行的准备工作，包括制订应急预案，建立应急组织，准备必要的应急设施、设备与物资，以及进行人员培训与演习等。应急准备的目的是确保落实在现场以及适当时在地方、地区、国家和国际一级做出协调和有效响应的各项安排；对于已经发生的任何事件，采取切实可行的措施减轻对人员的生命和健康以及对环境造成的任何后果。应急准备反映了采取有效缓解紧急情况对人和环境影响的行动的能力。

在出现核或放射紧急情况时，应急响应的实际目标是：①恢复对局势的控制。②防止或减轻现场辐射后果。③防止工作人员和公众出现确定性健康效应。④提供急救并设法处理辐射损伤。⑤尽实际可能防止在居民中产生随机效应。⑥尽实际可能防止对个人和居民造成非放射学影响。⑦尽实际可能保护财产和环境。⑧尽实际可能为恢复正常的社会和经济活动做准备。

（二）建立、健全应急组织

建立、健全负责各级核与辐射应急管理的组织是做好核与辐射应急准备与响应的前提和主要条件之一。依据《核电厂核事故应急管理条例》的规定，我国实行三级核应急管理组织体系，即国家核应急组织、核电厂（核设施）所在省（自治区、直辖市）核应急组织和核电厂（核设施）营运单位应急组织。

国务院指定的部门负责全国的核事故应急管理工作，组织、协调全国的核应急准备和核应急救援。核电厂（核设施）所在省、自治区、直辖市人民政府指定的部门负责本行政区域内的核事故应急管理工作。核电厂（核设施）营运单位应急组织负责组织、指挥本单位的核事故应急准备与响应工作。中国人民解放军是我国核应急工作的重要力量，将在核应急响应中实施有效的支援。

核电厂的上级主管部门领导核电厂的核事故应急工作。国务院环境保护部门（核安全部门）和卫生部门等有关部门在各自的职责范围内做好相应的核事故应急工作。

对于辐射事故，环境保护部（国家核安全局）负责领导全国环保系统辐射事故应急准备与响应工作。营运单位，应当根据可能发生的辐射事故的风险，制定本单位的应急预案，作好应急准备。

（三）制定、修订应急计划

应急计划（预案）是一份经过审批的文件，它主要描述编制、实施单位的应急组织、应急准备、应急响应安排以及与外部应急组织的协调和相互支援等。应急计划必须有专门执行程序加以补充。

每一注册者或许可证持有者，如果其所负责的源可能发生需要紧急干预的情况，则应制定相应的应急计划（预案）或程序，并经审管部门认可。有关干预组织应根据可能出现的紧急干预情况的严重程度和可能涉及的场外范围制定相应的总体应急计划（场外应急计划）。据以协调场区内、外的应急行动和实施所需要的场外防护行动，以支持和补充根据注册者或许可证持有者应急计划实施的各种防护行动。

场内核事故应急计划由核电厂核事故应急机构制定，经其主管部门审查后，送国务院核安全部门审评并报国务院指定的部门备案。

应急计划应根据情况包括下列内容：①在报告有关负责部门和启动干预行动方面的责任的划分与安排。②对可能导致应急干预情况的源的各种运行操作条件和其他条件的鉴别。③根据任何情况下预期应进行干预的剂量水平和应急照射情况的干预水平与行动水平，并考虑可能发生的事故或紧急事件的严重程度所确定的有关防护行动的干预水平及它们的适用范围。④与有关干预组织进行联系的程序，包括通信安排和由消防、医疗、公安和其他有关组织获得支援的程序。⑤用于评价事故及其场内、外后果的方法与仪器的描述。⑥事故情况下，发布公众信息的安排。⑦终止每种防护行动的准则。

注册者或许可证持有者和相应的干预组织应对其应急计划及其实施程序定期、不定期进行审查和更新应急计划，以吸取培训及训练与演习的成果、实际发生的事件或事故的经验，适应现场与环境条件的变化、核与辐射安全法规要求的变更、设施和设备的变动以及技术的进步等。应急计划的修订，应说明修改日期和修改内容，并按原审批程序报请批准。

（四）设置和维护应急设施、设备等软硬件条件

出于应急响应的目的，注册者或许可证持有者和有关干预组织，将根据有关法规要求

和积极兼容的原则设置必要的应急设施、设备、系统与器材等，以满足实施应急响应功能的各项要求；并应定期或不定期地对其效能进行检查，以保证所有应急设施、设备、系统和物资等始终处于良好的备用状态。

注册者或许可证持有者的应急设施、设备等软硬件条件的设置，包括主控制室（在启动应急控制中心以前，主控制室通常是指挥应急响应的主要设施），辅助控制室（在主控制室丧失其完成基本安全功能时，能实施停堆、保持停堆状态、导出余热并监测电厂基本参数的设施），技术支持中心（获取核动力厂参数、信息和制定严重事故对策的工作场所，对主控制室的工作人员提供技术支持以缓解事故后果），应急控制中心（应急指挥部在应急期间举行会议及进行指挥的场所），运行支持中心（应急响应期间供执行设备检修、系统或设备损坏探查、堆芯损伤取样分析和其他执行纠正行动任务的人员以及有关人员集合与等待指派具体任务的场所），公众信息中心（提供有关应急和公众防护行动的信息，对公众和新闻媒体的信息需求作出响应），通信系统（场内外应急组织之间的通信联络和数据信息传输），监测和评价设施（监测、诊断和预测核动力厂事故状态及其场外辐射后果），防护设施（提供掩蔽所之类的一些设施），应急撤离路线和集合点等。

场外应急设施一般包括场外应急指挥中心（场外应急指挥部在此组织、指挥和协调场外所有应急响应行动），前沿指挥所、场外应急监测中心（在事故期间能进行环境样品的采集、核素分析和进行环境监测的综合评价）、评价中心（在事故期间，接受、分析来自核电厂和场外应急监测中心提供的事故信息，能够供评价人员进行事故后果评价、提供评价结果和提出防护行动建议）、撤离临时安置点（能为事故时撤离人员安排临时食宿）、洗消和去污点（为防止放射性污染的扩大和（或）消除污染，对人员、车辆、地面及部分设备进行测量后按控制标准进行洗消和去污）、场外应急医疗救援设施（对受伤、受污染人员提供急救、去污和护理）和公众信息中心（在应急期间经授权可发布有关事故信息、解答公众有关应急信息的查询、接待新闻媒介的采访和收集各界人士的反映）等。

注册者或许可证持有者和场外各级应急组织应定期或不定期地对应急设施、设备、系统与器材等方面的效能状况以及其中某些需要不断按要求替换的器材情况进行检查，以检查制定好的设备保持大纲（包括就地和日常巡视的清单）是否得到执行，所使用的或有责任提供的上述所有设备、系统与器材等是否确实存在，是否可以操作，是否能满足实施应急响应功能的各项要求。

（五）应急通讯

应急通讯是保障在应急期间注册者或许可证持有者以及有关干预组织和审管部门内部（包括各应急设施、各应急组织之间）和外部的快速可靠的通信联络和数据信息传输。一般由语音通信系统、数据收集和传输系统组成，包括应急通知方法与程序。基本要求是应急通讯系统具有冗余性、多样性、畅通性、保密性以及抗干扰能力和覆盖范围。应急通讯保障：①建设国家核应急通信系统，并建立相应的通信能力保障制度，以保证应急响应期间通信联络的需要。②应急响应时在事故现场的通信需要，由核电厂所在省的核应急组织和核电厂营运单位负责保障。③核电厂之外的其他核设施发生核事故以及其他辐射紧急情况时，尽可能利用国家和当地已建成的通信手段进行联络。④应急响应通信能力不足时，根据有关方面提出的要求，采取临时紧急措施加以解决。必要时，动用国家救灾通信保障系统。

（六）应急培训

对所有参与应急响应以及应急计划和应急程序演练的人员提供应急准备与响应的基本知识、技术和方法。培训的目的旨在使应急人员熟悉和掌握应急计划的基本内容，使应急人员具有完成特定应急任务的基本知识和技能。

培训的主要内容包括：①应急计划的基本内容和完成应急任务的基本知识和技能。②应急状态下应急行动程序。③应急状态下应急人员的职责。

（七）应急演习

为检验应急计划的有效性、应急准备的完善性、应急响应能力的适应性和应急人员的协同性所进行的一种模拟应急响应的实践活动。其目标是：

①检验应急计划的各有关部分或整个应急计划是否可有效实施，即检验其可操作性及对各种紧急情况的实用性。②检验各级应急组织是否健全，应急响应人员对各自的职责是否熟悉，在紧急情况下是否能正确响应。③检验各级应急组织的应急响应行动是否协调一致，检验应急指挥和调度的有效性，各应急组织间的协调与配合。④验证各应急设施、设备及仪表等的有效性和充分性。

通过演习，找出薄弱环节，经分析论证，明确原因并加以改进，修订和更新应急计划、应急实施程序有关的内容，完善应急准备。

应急演习通常按照涉及范围分类为单项演习、综合演习和联合演习。

应急演习通常需要进行演习的准备、方案的制订、演习的实施和演习的评价。

（八）公众信息与沟通

在某些紧急事件中，公众收到的来自官方的、新闻媒体的和其他方（包括政府部门）的关于照射的风险和采取适当行动降低风险的信息是令人迷惑且不一致的。因此，应对信息沟通的内容与方法，以及公众获得信息的渠道和新闻媒体信息传播的统一管理做好安排，以便在核或辐射应急情况下，向公众提供有用、及时、真实、一致和恰当的信息；对不正确的信息和传闻作出回应；并满足公众和新闻媒介对信息的需求。对于典型问题，应能以通俗的语言描述相关的风险以及公众可采用的降低风险的适当行动。

四、民用核安全设备监督管理

民用核安全设备是民用核设施中执行核安全功能的机械设备和电气设备，其质量和可靠性对民用核设施的安全稳定运行十分重要，这些设备在设计、制造、安装和运行阶段的质量事故都可能导致核设施放射性释放的严重后果。

为了加强对民用核安全设备的监督管理，保证民用核设施的安全运行，预防核事故，保障工作人员和公众的健康，保护环境，促进核能事业的顺利发展，国务院于 2007 年 7 月正式颁布《民用核安全设备监督管理条例》（国务院 500 号令）。

（一）监管职责

《民用核安全设备监督管理条例》旨在对民用核安全设备设计、制造、安装和无损检验等活动进行规范和有效的监督管理，保障民用核安全设备的质量，从“源头”上消除核安全隐患。该条例赋予了国家核安全局在全面实施核安全设备监管方面的职能，对民用核安全设备设计、制造、安装和无损检验活动实施监督管理。

（二）核安全设备监管的特点

监管范围从原来的核承压设备扩充至核安全设备，包括核安全机械设备和核安全电气设备；监管对象从原来的境内单位延伸至境外单位、从原来对实体单位的管理延伸到对个体人的管理；监管手段则主要是通过以下 6 项制度来具体实现：

一是境内民用核安全设备活动单位的许可证管理制度。该条例规定国内具备相应技术水平和质量管理能力的单位，应在取得许可证后方可从事民用核安全设备的设计、制造、安装和无损检验活动，这是确保核安全设备质量的前提和基础。

二是境外民用核安全设备活动单位的注册登记制度。该条例首次把境外单位纳入核安全监管范围，从立法上解决了如何对境外核安全设备活动单位实施监督管理的问题。

三是特种工艺人员的资格管理制度。该条例规定政府监管及主管部门应对特种工艺人员（焊工、无损检验人员）进行考核发证，强调了特种工艺人员在核安全设备质量形成过程中的关键要素地位，体现了特种工艺人员的重要性。

四是进口民用核安全设备的安全检验制度。该条例首次明确对进口民用核安全设备实施安全检验，只有安全检验合格的，出入境检验机构方可作出商品检验合格的结论，以确保进口设备的质量。

五是民用核安全设备活动的监督检查制度。该条例明确了国家核安全局、核设施营运单位和核设备活动单位在民用核安全设备活动中必须履行的职责，通过层层把关，实施严格的过程控制。

六是行政处罚制度。该条例明确规定了政府部门、核设施营运单位和核安全设备活动单位违法依情节轻重所应承担的法律责任，其中除警告、限期整改、停产整顿和吊销许可证外，在核设备监管活动中也首次引入了罚款制度和对相关个人的处罚制度。

此外，“条例” 还强调了民用核安全设备标准在我国核电发展和设备国产化进程中的重要作用，明确要求必须建立健全我国自己的民用核安全设备标准体系，并结合国内现状，明确了各相关部门在核安全设备标准制定中的责任和分工，因此，《民用核安全设备监督管理条例》的出台，对核设备国产化提出了更高的要求，对加强核安全管理提供了法律依据，对我国核能事业的顺利发展起到保驾护航的作用。

五、放射性同位素与射线装置安全和防护管理

《放射性同位素与射线装置安全和防护条例》为加强对放射性同位素、射线装置安全和防护的监督管理，促进放射性同位素、射线装置的安全应用，保障人体健康，保护环境提供了保障。对在中华人民共和国境内生产、销售、使用放射性同位素和射线装置，以及

转让、进出口放射性同位素实行全过程监督管理，即涵盖生产、进出口、销售、使用、运输、贮存、处置等各个环节，实行“从摇篮到坟墓”的全过程管理。

（一）监督管理职责分工

环境保护主管部门会同公安、卫生、商务、海关等部门按照各自的职能和本条例的有关规定，对辐射工作实施监督管理：

国务院环境保护主管部门和省、自治区、直辖市人民政府环境保护主管部门依照本条例的规定，负责辐射工作安全与防护的统一监管，负责辐射工作许可证颁发和放射性同位素备案及监督检查，负责辐射安全关键岗位工作的专业技术人员的执业资格管理，负责辐射事故的应急、调查处理和定性定级，组织开展有关环境监测，负责辐射工作安全与防护信息的发布。设区的市级人民政府环境保护主管部门依据本条例的规定履行监督管理职责。

公安部门负责对放射性同位素保安的监督管理；负责丢失和被盗放射性同位素的立案、侦查和追缴；参与放射性同位素的辐射事故应急工作。

卫生部门参与辐射事故应急工作，负责辐射事故的医学应急。

商务部门会同环境保护主管部门公布《放射性同位素进出口管理目录》。海关根据《放射性同位素进出口管理目录》，验凭环境保护主管部门核发的放射性同位素进出口备案单办理海关相关手续。

国务院指定部门根据环境保护主管部门确定的辐射事故的性质和级别，负责有关国际信息的通报工作。

县级以上地方人民政府环境保护主管部门和其他有关部门，按照职责分工和本条例的规定，对本行政区域内放射性同位素、射线装置的安全和防护工作实施监督管理。

（二）放射源和射线装置分类

国家对放射源和射线装置实行分类管理。

参照国际原子能机构的有关规定，按照放射源对人体健康和环境的潜在危害程度，从高到低将放射源分为Ⅰ、Ⅱ、Ⅲ、Ⅳ、Ⅴ类，Ⅴ类源的下限活度值为该种核素的豁免活度。

Ⅰ类放射源为极高危险源。没有防护情况下，接触这类源几分钟到1小时就可致人死亡；Ⅱ类放射源为高危险源。没有防护情况下，接触这类源几小时至几天可致人死亡；Ⅲ类放射源为危险源。没有防护情况下，接触这类源几小时就可对人造成永久性损伤，接触几天至几周也可致人死亡；Ⅳ类放射源为低危险源。基本不会对人造成永久性损伤，但对长时间、近距离接触这些放射源的人可能造成可恢复的临时性损伤；Ⅴ类放射源为极低危险源。不会对人造成永久性损伤。

上述放射源分类原则也适用于非密封源。

《电离辐射防护与辐射源安全标准》（GB 18871—2002）将非密封源工作场所按放射性核素日等效最大操作量分为甲、乙、丙三级。甲级非密封源工作场所的安全管理参照Ⅰ类放射源；乙级和丙级非密封源工作场所的安全管理参照Ⅱ、Ⅲ类放射源。

根据射线装置对人体健康和环境可能造成危害的程度，从高到低将射线装置分为Ⅰ类、Ⅱ类、Ⅲ类。按照使用用途分医用射线装置和非医用射线装置。

Ⅰ类为高危险射线装置，事故时可以使短时间受照射人员产生严重放射损伤，甚至死亡，或对环境造成严重影响；Ⅱ类为中危险射线装置，事故时可以使受照人员产生较严重放射损伤，大剂量照射甚至导致死亡；Ⅲ类为低危险射线装置，事故时一般不会造成受照人员的放射损伤。

（三）许可和备案制度

从事生产、进口、出口、销售、使用、贮存放射性同位素和生产、销售、使用射线装置活动的单位，必须按照《放射性同位素与射线装置安全和防护条例》的规定向环境保护主管部门申请许可证，并办理登记手续。使用放射性同位素和射线装置进行放射诊疗的医疗卫生机构，还应当获得放射源诊疗技术和医用辐射机构许可。

生产放射性同位素、销售和使用Ⅰ类放射源、销售和使用Ⅰ类射线装置的单位的许可证，由国务院环境保护主管部门审批颁发。上述规定之外的单位的许可证，由省、自治区、直辖市人民政府环境保护主管部门审批颁发。

国务院环境保护主管部门向生产放射性同位素的单位颁发许可证前，应当将申请材料印送其行业主管部门征求意见。环境保护主管部门应当将审批颁发许可证的情况通报同级公安部门、卫生主管部门。

建立放射性同位素备案制度，体现了由单纯管理辐射工作单位到进一步严格管理放射性同位素，特别是重点控制放射源转移的监管思路转变。放射源是一种流动性非常强的特殊危险物品，失控经常发生在流动转移过程中，只管住单位而不控制放射源的转移是不能保证安全的，对放射源实行编码（身份证）管理是目前最有效的源头控制和跟踪监督的办法。因此，在对辐射工作单位实行许可证管理的同时，建立以放射源为核心，对生产和进口的放射源进行统一编码，确定放射源的“身份”，只有取得身份编码的放射源才能出厂、进口和销售，从源头上掌握和控制进入用户的放射源的底数；在放射源的每一转移环节采用转移备案制度，实现全过程、动态跟踪，避免某些环节上的管理漏洞。

因此，国家对放射性同位素的生产、进口、出口和转让实行备案制度，并对放射源进行统一编码。放射源编码规则由国务院环境保护主管部门制定。未备案的放射性同位素及未取得编码的放射源不得销售和进口。国务院环境保护主管部门负责建立放射性同位素备案信息管理系统。同时对生产、进口、出口、转移放射性同位素备案的机关、程序、内容等做了明确规定。

（四）辐射事故管理

根据辐射事故管理的实际需要，加强对辐射事故的应急管理、提高应急响应能力、控制和消除辐射事故的影响，规范辐射事故的信息发布机关，《放射性同位素与射线装置安全和防护条例》规定了有关编制辐射事故应急预案和辐射事故信息发布的内容。

根据辐射事故的性质、严重程度、可控性和影响范围等因素，从重到轻将辐射事故分为特别重大辐射事故、重大辐射事故、较大辐射事故和一般辐射事故4个等级：

特别重大辐射事故，是指Ⅰ类、Ⅱ类放射源丢失、被盗、失控造成大范围严重辐射污染后果，或者放射性同位素和射线装置失控导致3人以上（含3人）急性死亡。重大辐射事故，是指Ⅰ类、Ⅱ类放射源丢失、被盗、失控，或者放射性同位素和射线装置失控导致

2 人以下（含 2 人）急性死亡或者 10 人以上（含 10 人）急性重度放射病、局部器官残疾。较大辐射事故，是指Ⅲ类放射源丢失、被盗、失控，或者放射性同位素和射线装置失控导致 9 人以下（含 9 人）急性重度放射病、局部器官残疾。一般辐射事故，是指Ⅳ类、Ⅴ类放射源丢失、被盗、失控，或者放射性同位素和射线装置失控导致人员受到超过年剂量限值的照射。

辐射事故信息由省级以上环境保护主管部门统一向社会发布。辐射工作单位、公安部门、设区的市级以上环保部门应当制定辐射事故应急预案，做好应急准备，保持应急响应能力。

辐射事故应急预案包括下列内容：应急机构和职责分工；应急人员的组织和应急、救助装备、资金、物资准备；辐射事故分级与应急响应措施；辐射事故调查、报告和处理程序。

六、放射性物品运输安全管理

随着核能和核技术在各个领域的广泛应用，放射性物品的运输规模和种类呈现快速上升的趋势，特别是核电站乏燃料和放射性废物等高环境风险放射性物品的运输数量大幅度增加，增大了放射性物品运输的环境风险。与其他危险物品相比，放射性物品具有辐射、核临界、释放衰变热等特殊安全问题。

放射性物品运输是核能、核技术开发和利用中的一个重要环节。由于放射性危害的控制具有很强的专业性、技术性，放射性物品运输前必须进行合理包装，包容放射性物品、屏蔽辐射、预防核临界、散热，以便将与危险品运输有关的人员、财产和环境受到的危害控制在可接受的安全水平，防止人体健康受到危害，防止环境、所使用的运输工具或其他货物受到损害，同时又要不妨碍这类货物的流动。因此，对放射性物品的运输安全管理是十分必要的。

（一）放射性物品分类与放射性物品货包分类

“放射性物品”是指含有放射性核素，并且其活度和比活度均高于国家规定的豁免值的物品。“放射性物品”这一概念包括两层含义：①放射性物品是含有放射性核素的物品。②活度和比活度高于国家规定的豁免值。在豁免值以下的含有放射性核素的物品，则不在监管范围以内。

按照《放射性物品运输安全管理条例》，将放射性物品分为 3 类：一类放射性物品是指Ⅰ类放射源、高水平放射性废物、乏燃料等释放到环境后对人体健康和环境产生重大辐射影响的放射性物品；二类放射性物品是指Ⅱ类和Ⅲ类放射源、中等水平放射性废物等释放到环境后对人体健康和环境产生一般辐射影响的放射性物品；三类放射性物品是指Ⅳ类和Ⅴ类放射源、低水平放射性废物、放射性药品等释放到环境后对人体健康和环境产生较小辐射影响的放射性物品。

放射性物品分类没有改变放射性物品货包分类体系，可以说只是将放射性物品货包从管理要求上进行了归类。针对放射性物品的分类，行政管理的要求是：一类放射性物品运输容器的设计、制造需要取得批准或许可，一类放射性物品运输也需要经过批准后方可进行；二类放射性物品运输容器的设计、制造需要提前备案；三类放射性物品运输容器的设计、制造需要满足相关标准要求，并将相关记录文件存档备查。

国际原子能机构（IAEA）已经建立了一套完善的放射性物品货包（运输容器和放射性内容物组合体）分类管理体系，并得到广泛的认可和使用。我国在《放射性物品安全运输规程》（GB 11806）规定的放射性物品分类与国际上通用的货包分类体系有一定的对应关系：一类放射性物品主要是指C型、B（U）型、B（M）型货包的放射性内容物以及易裂变材料、六氟化铀等；二类放射性物品主要是指A型、3型工业货包的放射性内容物；三类放射性物品主要是指2型工业货包、1型工业货包和例外货包的放射性内容物。

（二）放射性物品运输安全管理体制

国务院环境保护主管部门（国务院核安全监管部门）对全国放射性物品运输的核与辐射安全实施统一监督管理。国务院公安、交通运输、铁路、民航等有关主管部门依照规定的职责，负责放射性物品运输安全的有关监督管理工作。县级以上地方人民政府环境保护主管部门和公安、交通运输等有关主管部门，依照规定的各自职责，负责本行政区域放射性物品运输安全的有关监督管理工作。

（三）运输容器安全管理

由于放射性物品自身具有潜在危险的特性，其运输安全主要是依靠运输容器具有的包容、屏蔽、散热和防止临界的性能来保障的。因此，运输容器安全管理就成为放射性物品运输安全监管的重要环节。放射性物品运输容器的质量是运输安全的根本保证，而其设计的安全可靠性又是运输容器质量保障的源头。运输容器的设计过程控制以及设计结果的完整性和正确性直接关系到运输容器是否具备对放射性物品的包容和屏蔽等功能，而运输容器的制造质量是放射性物品运输安全保障的关键环节。运输容器一旦按照规定对设计、制造等相关环节进行了有效控制，并经出厂检验合格，即适用于放射性物品的陆地、水上或航空一切方式的运输，包括伴随使用放射性物品的运输。对此，《放射性物品运输安全管理条例》做了明确规定。

（四）放射性物品运输的辐射监测

为确保放射性物品运输的核与辐射安全，必须对货包表面污染和辐射水平实施监测，并根据监测结果客观、准确地编制辐射监测报告。

托运一类放射性物品的，托运人应当委托有资质的辐射监测机构对其表面污染和辐射水平实施监测，辐射监测机构应当出具辐射监测报告。托运二类、三类放射性物品的，托运人应当对其表面污染和辐射水平实施监测，并编制辐射监测报告。监测结果不符合国家放射性物品运输安全标准的，不得托运。托运人和承运人应当按照国家职业病防治的有关规定，对直接从事放射性物品运输的工作人员进行个人剂量监测，建立个人剂量档案和职业健康监护档案。

（五）放射性物品运输的审评与监督

托运一类放射性物品的，托运人应当编制放射性物品运输的核与辐射安全分析报告书，报国务院核安全监管部门审查批准。放射性物品运输的核与辐射安全分析报告书应当包括放射性物品的品名、数量、运输容器型号、运输方式、辐射防护措施、应急措施等内容。国务院核安全监管部门应当自受理申请之日起 45 个工作日内完成审查，对符合国家放射性物品运输安全标准的，颁发核与辐射安全分析报告批准书；对不符合国家放射性物品运输安全标准的，书面通知申请单位并说明理由。

一类放射性物品启运前，托运人应当将放射性物品运输的核与辐射安全分析报告批准书、辐射监测报告，报启运地的省、自治区、直辖市人民政府环境保护主管部门备案。收到备案材料的环境保护主管部门应当及时将有关情况通报放射性物品运输的途经地和抵达地的省、自治区、直辖市人民政府环境保护主管部门。

通过道路运输放射性物品的，应当经公安机关批准，按照指定的时间、路线、速度行驶，并悬挂警示标志，配备押运人员，使放射性物品处于押运人员的监管之下。通过道路运输核反应堆乏燃料的，托运人应当报国务院公安部门批准。通过道路运输其他放射性物品的，托运人应当报启运地县级以上人民政府公安机关批准。禁止邮寄一类、二类放射性物品。邮寄三类放射性物品的，按照国务院邮政管理部门的有关规定执行。

一类放射性物品从境外运抵中华人民共和国境内，或者途经中华人民共和国境内运输的，托运人应当编制放射性物品运输的核与辐射安全分析报告书，报国务院核安全监管部门审查批准。二类、三类放射性物品从境外运抵中华人民共和国境内，或者途经中华人民共和国境内运输的，托运人应当编制放射性物品运输的辐射监测报告，报国务院核安全监管部门备案。托运人、承运人或者其代理人向海关办理有关手续，应当提交国务院核安全监管部门颁发的放射性物品运输的核与辐射安全分析报告批准书或者放射性物品运输的辐射监测报告备案证明。

国务院核安全监管部门应将其已批准或者备案的一类、二类、三类放射性物品运输容器的设计、制造情况和放射性物品运输情况通报设计、制造单位所在地和运输途经地的省、自治区、直辖市人民政府环境保护主管部门。省、自治区、直辖市人民政府环境保护主管部门应当加强对本行政区域放射性物品运输安全的监督检查和监督性监测。监督检查人员必须是经国务院核安全监管部门或者其他依法履行放射性物品运输安全管理职责的部门授权的人员。为体现执法的公正性，要求监督检查人员数量应为两人或两人以上。履行放射性物品运输安全监督管理职责的部门，对放射性物品运输活动实施监测，不得收取监测费用。

七、放射性废物安全管理

核能与核技术开发利用对促进国民经济和社会发展、增强综合国力等方面起到了巨大推动作用，但与此同时，也不可避免地会产生放射性废物。放射性废物的安全管理直接关系到人体健康和环境安全，关系到核能和核技术利用的可持续发展，关系到社会和公众对核能和核技术利用的可接受程度。

但是近年来，随着核能和核技术利用的快速发展，我国放射性废物管理工作遇到了一些新情况、新问题，主要表现在：一是废物产生单位和产生废物的数量持续增多，放射性废物管理任务日益艰巨；二是集中贮存、处理、处置设施的监管制度有待完善；三是部分区域的废物不能得到及时处置；四是公众和社会对放射性废物安全管理的关注程度逐步提高。因此，为了保证核能和核技术利用的可持续发展，必须加强放射性废物的安全监管。

放射性废物安全管理的根本目的是保护环境，保障人体健康。放射性废物安全包括放射性废物本身的安全、放射性废物管理设施的安全和放射性废物管理活动的安全。保障人体健康包括对从事放射性废物管理的工作人员的健康保护和对公众的健康保护，包括对当代人的保护和对后代人的保护。

加强放射性废物的安全管理应着力于建立和完善放射性废物管理的法规体系；着力于减少放射性废物的产生；着力于放射性废物处理、贮存和处置技术和能力的不断发展和完善；着力于减少放射性物质向环境的排放和放射性固体废物的安全处置。

（一）法规标准

我国已基本建立了与国际接轨并符合我国国情的放射性废物法规标准体系，这些法规标准在保证放射性废物安全管理方面发挥了巨大作用。2003 年颁布实施的《中华人民共和国放射性污染防治法》第六章对放射性废物管理作了原则规定，并授权国务院制定具体管理办法。2012 年 3 月 1 日《放射性废物安全管理条例》正式施行，将《中华人民共和国放射性污染防治法》的原则规定具体化。

目前，适用于放射性废物管理的部门规章有 1997 年发布的《放射性废物安全监督管理规定》（HAF 401）。联合发布的部门规章有财政部、国家发展改革委、工业和信息化部于 2010 年 7 月发布的《核电站乏燃料处理处置基金征收使用管理暂行办法》。

在放射性废物管理领域，我国现行的标准包括国家标准（GB）、核行业标准（EJ、EB）、环保标准（HB、HJ）三个系列，总计 80 多项，覆盖基础性标准，废物产生、预处理、处理与排放，废物整备，废物贮存，废物运输，废物处置，核设施退役与环境整治，以及铀钍矿冶废物管理等。总体上看，我国现行的废物管理标准体系是与国际接轨的，基本能满足现行需要。

（二）放射性废物的处理、贮存和处置

放射性废物处理包含三层含义：一是放射性废物处理的目的是为了安全和经济地运输、贮存和处置；二是放射性废物处理的本质是改变放射性废物的属性、形态和体积；三是放射性废物处理的方法和手段包括净化、浓缩、固化、压缩和包装等。放射性废气和废液经过净化处理后达标排放，放射性废气的净化处理方法主要有过滤、吸附、吸收和贮存衰变等，放射性废液的净化处理方法主要有蒸发、离子交换、膜技术、絮凝沉降、吸附、过滤和离心分离等。放射性固体废物（包括放射性废气、废液净化处理后的残留物）的处理方法有衰变、去污、压缩、焚烧和固化（固定）等。

放射性废物贮存包含三层含义：一是贮存对象为废放射源和其他放射性固体废物。贮存不包括废气、废液，因为废气、废液的暂存可以视为处理环节的一部分，与固体废物的贮存作为一个独立的管理环节有本质区别。二是贮存场所是专门建造的设施，这类设施的建造应遵循国家相应的标准和环境保护主管部门的管理要求。三是贮存的本质是临时放置，不是放射性废物的最终解决方案。贮存的废物除半衰期短的废物通过一段时间的贮存衰变可以清洁解控外，一般都要回取后进行处理、处置。

放射性废物处置同样包含三层含义：处置对象为放射性固体废物和废放射源；处置的场所是专门建造的设施；处置的本质是最终放置并预期不再回取。处置是实现放射性废物永久安全的最终手段。

（三）放射性废物安全管理的职责分工

国务院环境保护主管部门对全国放射性污染防治工作依法实施统一监督管理。放射性废物安全监督管理是放射性污染防治的重要方面，由国务院环境保护主管部门依法实施统一监督管理。

国务院核工业行业主管部门等有关部门在其职责范围内负责放射性废物的管理工作。如国务院核工业行业主管部门应会同国务院环境保护主管部门编制放射性固体废物处置场所选址规划等，并协助国务院环境保护主管部门完成全国放射性废物管理信息系统的建立。

根据《中华人民共和国放射性污染防治法》的规定，县级以上地方人民政府环境保护主管部门和同级其他有关部门，按照职责分工，各负其责，互通信息，密切配合，对本行政区域内核技术利用、伴生放射性矿开发利用中的放射性污染防治进行监督检查。依照《放射性同位素与射线装置安全和防护条例》的规定，对放射性同位素与射线装置的监督管理采用分级监督管理模式，县级以上地方人民政府有关部门具有监督管理权。

（四）放射性废物分类与分类管理

实行放射性废物分类管理，是国际通行做法，是国内外放射性废物管理长期经验的总结。实行放射性废物分类管理，是考虑到放射性废物种类繁多，不同类型的废物形态、放射性水平、半衰期和生物毒性等不尽相同，需要针对放射性废物的不同特性采取有差别的管理措施，以保证放射性废物管理的安全。

依据《中华人民共和国放射性污染防治法》和放射性废物的特性以及对人体健康和环境的潜在危害程度，放射性废物分为高水平放射性废物、中水平放射性废物和低水平放射性废物。该分类方法，借鉴了国际上成熟的分类方法，结合了国内的实际情况，既适用于处置前管理，也适用于处置管理。

（五）放射性废物贮存与处置许可管理

《中华人民共和国放射性污染防治法》规定从事放射性固体废物贮存、处置的单位，必须经国务院环境保护主管部门审查批准，取得许可证。禁止未经许可或者不按照许可的有关规定从事贮存和处置放射性固体废物的活动。

《放射性废物安全管理条例》对放射性废物的贮存和处置许可作了进一步规定，包括放射性废物贮存和处置的许可条件，许可证的申请、受理、变更程序和对贮存和处置活动的安全性的监督检查。

在放射性废物贮存方面，核电站和核燃料循环设施基本都建有专门的放射性废物贮存设施，用来贮存自行产生的放射性固体废物；核技术利用产生的废旧放射源按照属地化管理的原则，贮存在各省（自治区、直辖市）的核技术利用废物贮存库和国家废旧放射源集中贮存库。我国目前已有 31 个核技术利用废物贮存库和 1 个国家的核技术利用废物集中贮存库。

在放射性废物处置方面，我国对中低放废物实施区域处置政策，对高放废物实施集中的深地质处置。目前全国已有4座极低放固体废物填埋处置设施投入运行或正在建设过程中。已有2座中低放废物近地表处置场投入运行，1个中低放废物近地表处置场正在建设过程中。高放废物地质处置设施正在研究开发过程中。

当前我国放射性固体废物贮存设施主要由各省（自治区、直辖市）的辐射环境监管支持机构负责运行；极低放废物填埋设施主要是由废物产生单位负责运行；中低放废物近地表处置设施由专业化公司负责运行。运行单位的组织机构、人员资质、需要配置的仪器设备、运行管理制度尚缺乏统一的规定，在一定程度上影响了贮存和处置活动的长期安全。为了规范放射性废物贮存或处置活动，逐步推进建立专业化的废物贮存或处置队伍，目前，国务院环境保护主管部门正在着手制定放射性废物贮存和处置单位的资质管理办法，不久即将发布。

第三节　辐射环境监管

辐射环境监管是环境管理的重要组成部分，为了防治放射性污染，保护环境，保障人体健康，促进核能、核技术的开发利用，通过全面规划和有效监督，对人为活动引起环境辐射水平升高而进行的一项综合性活动。

根据《中华人民共和国放射性污染防治法》规定，国务院环境保护行政主管部门对全国放射性污染防治工作实施统一监督管理。监管部门通过运用法律、法规、标准，以及经济、教育和科学技术手段，协调核能、核技术的开发利用同环境保护之间的关系，处理国民经济各部门、各社会集团和个人有关环境问题的相互关系，使社会经济发展在满足人们物质和文化生活需要的同时，防治放射性污染，保护环境，保障人体健康。

一、监管范围

监管范围涉及核设施选址、建造、运行、退役和核技术、铀（钍）矿、伴生放射性矿开发利用过程中发生的放射性污染防治活动，包括引起辐射照射或辐射照射危险增加的活动（实践）和采取减小照射防护行动（干预）。

适用于监管的实践包括：

①源的生产和辐射或放射性物质在医学、工业、农业或教学与科研中的应用，包括与涉及或可能涉及辐射或放射性物质照射的应用有关的各种活动。

②核能的产生，包括核燃料循环中涉及或可能涉及辐射或放射性物质照射的各种活动。

③审管部门规定需加以控制的涉及天然源照射的实践。

④审管部门规定的其他实践。

适用于监管的干预情况是：

①要求采取防护行动的应急照射情况，包括已执行应急计划或应急程序的事故情况与紧急情况，审管部门或干预组织确认有正当理由进行干预的其他任何应急照射情况。

②要求采取补救行动的持续照射情况，包括天然源照射，如建筑物和工作场所内氡的照射，以往事件所造成的放射性残存物的照射，以及未受通知与批准制度，及控制的以往的实践和源的利用所造成的放射性残存物的照射；审管部门或干预组织确认有正当理由进行干预的其他任何持续照射情况。

二、管理原则

为防止辐射照射对人和环境的有害效应提出一个适当的防护水平，但不过分限制可能与照射相关的有益的人类活动。对所有可能导致公众辐射照射的实践和干预活动均应符合辐射防护原则：

①正当性原则：任何改变照射情况的决定都应当是利大于弊，通过引入新的辐射源，减小现存照射，或减低潜在照射的危险，人们能够取得足够的个人或社会利益以弥补其引起的损害。

②防护最优化原则：在考虑了经济和社会因素之后，个人受照剂量的大小、受照射的人数以及受照射的可能性均保持在可合理达到的尽量低水平，在主要情况下防护水平应当是最佳的，取利弊之差的最大值。为了避免这种优化过程的严重不公平的结果，应当对个人受到特定源的剂量或危险需要加以限制（剂量约束或危险约束以及参考水平）。

③剂量限值的应用原则：除了患者的医疗照射之外，任何个人受到来自监管源的计划照射的剂量之和不能超过国家标准规定的相应限值。

此外，在放射性废物管理方面，应采取一切可合理达到的措施实现废物最小化，包括采用最佳可行技术实施对所有废气、废液和固体废物流的整体控制方案的优化和对废物从产生到处置的全过程的优化，力求获得最佳的环境、经济和社会效益，并有利于可持续发展；在应急管理方面，必须做出一切实际努力防止和减轻核事故或辐射事故，并为核事件或辐射事件的应急准备和响应做出安排。

三、管理制度

国家对放射性污染的防治，实行预防为主、防治结合、严格管理、安全第一的方针，建立了严格的辐射环境管理制度。

在核设施的污染防治方面，确立了核设施（选址、建造、装料、运行、退役等）许可制度、环境影响评价制度、“三同时”制度、规划限制区制度、实行国家监督性监测和核设施营运单位自行监测相结合的监测制度、核事故应急制度、核设施退役计划和退役费用预提制度。

在核技术利用的污染防治方面，确立了核技术利用许可制度、环境影响评价制度、“三同时”制度、废放射源收贮制度、放射源安全保卫制度。

在铀（钍）矿、伴生放射性矿开发利用的污染防治方面，确立了开采或者关闭铀（钍）矿、伴生放射性矿的环境影响评价制度、“三同时”制度、铀（钍）矿监测和定期报告制度、铀（钍）矿和伴生放射性矿开采过程中产生的尾矿的贮存和处置制度、铀（钍）矿退役管理制度。

在放射性废物的管理方面，确立了排放量申请和报告制度、放射性流出物排放监控制度、高中低水平放射性固体废物和α放射性固体废物分类处置制度、放射性固体废物经营许可证制度、放射性废物进境和过境管制制度等。

这些制度的建立为放射性污染防治和辐射环境监管奠定了坚实的监管基础。

近年来，人为活动导致环境辐射水平升高已经得到国际社会的广泛关注。天然的放射性物质（NORM）广泛地存在于环境中，由于人为活动（如物理、化学、热力影响等技术原因）可成为增强的天然放射性物质（TENORM）。许多人为活动可使天然辐射水平升高，矿产资源开发利用往往是增加公众受照风险和环境放射性污染最突出的问题。人们对伴生放射性矿的含义有了进一步的认识，含有一定量天然放射性的矿产资源开采和加工过程中矿产品、中间产品、废物和残留物都可能产生需要控制的辐射照射。

为保护环境、保护公众健康、促进铀（钍）矿以外的矿产资源开发利用的可持续发展，环境保护部根据《中华人民共和国放射性污染防治法》、《中华人民共和国环境影响评价法》等法律法规，制定了《矿产资源开发利用辐射环境监督管理名录（第一批）》（环办[2013]12 号）。

目前矿产资源开发利用辐射环境监督管理名录主要涉及的工业活动包括：①各类稀土矿（包括独居石、氟碳铈矿、磷钇矿和离子型稀土矿）的开采、选矿和冶炼。②含铌、钽矿石的开采、选矿和冶炼。③锆及氧化锆，即锆英石（砂）、斜锆石的开采、选矿和冶炼。④钒矿的开采和冶炼。⑤石煤的开采和使用。环境保护部将根据辐射环境管理的需要，对监督管理名录适时予以调整并公布。

矿产资源开发利用活动涉及矿石开采、选矿、冶炼、加工、废物贮存和处置、废物再循环再利用等多个环节，在这些过程中矿产品中的放射性会发生转移和再分布，要求实施全过程管理。但另一方面，开发利用的工艺特点决定了矿产资源中所含的天然放射性核素会在特定工艺环节发生转移分布，造成放射性核素在中间产品、废物、残留物中浓集，这些环节是辐射安全的重点环节，是监督管理的重点。从当前已掌握的资料分析，矿产资源开发利用活动产生的放射性废物和残留物往往浓集了大部分矿石和原料中的放射性，应在实施全过程管理的前提下，重点加强废物和残留物的管理和安全。

对已纳入矿产资源开发利用辐射环境监督管理名录，并且原矿、中间产品、尾矿（渣）或者其他残留物中铀（钍）系单个核素含量超过 1 贝可/克（1Bq/g）的矿产资源开发利用项目，建设单位应当委托具有核工业类评价范围的环境影响评价机构编制辐射环境影响评价专篇和辐射环境竣工验收专篇。

辐射环境影响评价专篇应当纳入环境影响评价文件，与该项目的环境影响评价文件同步编制，一并申报，评价类别按环境保护部颁布的《建设项目环境影响评价分类管理名录》执行。环评及验收阶段的辐射监测工作应当委托辖区内具有相应资质的监测单位实施。

四、基本安全标准

国家放射性污染防治标准，由国务院环境保护行政主管部门根据环境安全要求、国家经济技术条件制定。国家放射性污染防治标准由国务院环境保护行政主管部门和国务院标准化行政主管部门联合发布。

我国《电离辐射防护与辐射源安全基本标准》（GB 18871—2002），对实践和干预的辐射环境管理做出了规定。本标准的贯彻和本标准实施的监督管理由审管部门负责；对于干预情况，干预组织应对本标准有关要求的贯彻负主要责任。

政府监管对于全面、正确地实施标准是必不可少的。本标准从技术的角度，对标准实施的监管应遵循的原则、监管要求等做了必要的规定，这也是本标准的一个特点。

（一）监管基础结构与监管主体

本标准所规定的实施监督是以我国已经建立起较健全的管理基础结构为前提的。所谓国家管理的基础结构主要是指：①法律与法规。②责任明确、机构健全的审管部门。③足够的监管资源和相当数量的受过培训的合格监管人员。④超出持证法人责任范围的社会事务的解决途径和方法，如环境监测、放射性废物处置和应急干预的安排等。

“审管部门”和“干预组织”是对标准的实施行使监管职能的监管主体。在本标准中，它们都是一种泛指，并不具体指哪一个政府部门或组织。因为，本标准实施的监管有多个不同的侧面，哪一个政府部门监管什么侧面、有关政府部门间的责任如何划分，这是由国家法律规定或变更的，已超出技术标准的范畴。本标准各处所使用的“审管部门”和“干预组织”，其含义都是这里所说明的泛指。

（二）监管目的与职能

监管主体对标准实施进行监管的目的是保证本标准全部要求全面、正确、恰当的实施，确保实践及实践中源的防护与安全和干预中的辐射防护。监管主体的监管职能包括审评、审批、检查、监测、验证、见证，以及必要时采取强制性行动，即对申请从事某种实践或干预的申请者及有关文件进行审评；在审评的基础上，对所申请的实践及实践中源的防护与安全以及干预安排按本标准的要求及国家其他有关规定进行批准；注册者或许可证持有者活动过程中实施定期检查，包括监测、验证、见证，以证实是否符合批准的要求和条件；以及必要时采取强制性行动，以保证防护与安全符合有关法规和标准，或者修改、中止或撤销已颁发的注册、许可或其他批准文件。

此外，政府还应承担超出主要责任方能力范围的干预安排、环境监测、放射性废物处置等职能。

（三）排除与豁免

本标准规定了对电离辐射防护和辐射源安全的基本要求，适用于实践和干预中人员所受电离辐射照射的防护和实践中源的安全，但任何本质上不能通过实施本标准的要求对照射的大小或可能性进行控制的照射情况，如人体内的 K-40 和到达地球表面的宇宙射线所引起的照射，均不适用本标准，即应被排除在本标准的适用范围之外。

在应用本标准的有关要求时，排除以及豁免是应当予以关注的两个重要问题，这不仅是因为在考虑职业照射和将某些天然源照射作为职业照射或公众照射考虑时，按本标准规定不应当计及被排除的照射和被豁免的实践或实践中源所致的照射，而更重要的是因为它们关系到防护与安全资源的节省和合理配置。

所谓被排除的，是指被排除在本标准的适用范围之外。有一些照射情况，其照射的大小或可能性本质上不能通过实施本标准的要求进行控制，亦即没有办法能够改变或消除它们。

豁免与排除在性质上是不同的。后者是不得已而为之，而豁免则是指一项被确认为正当的实践或实践中源，由于其辐射危险“极小”，不值得加以监管，或者是由于其辐射危险已经“很小”，再没有合理的方法使之进一步明显减小，最优化评价表明豁免是最优选择。豁免可以是被本标准的全部要求所豁免，有时也可以是被部分要求所豁免，其目的都是为了更好地优化防护与安全资源的配置。需要强调的一点是，豁免应当遵循规定的要求与准则。

（四）影响源相关剂量约束和参考水平的选择

剂量约束和参考水平概念与防护的最优化一同用于对个人剂量的限制。总是需要定义一个个人剂量水平，也就是剂量约束或参考水平。起始的目标是保证剂量不超过或保持在这一水平，接下来的目标是在考虑到经济和社会因素后，将所有的剂量降低到可合理达到的尽量低的水平。

剂量约束是指来自某一个源的预期的和源相关的个人剂量限制，对来自某个源的最高被照射个人提供一个基本防护水平，用作源防护最优化的剂量上限。对于职业照射，剂量约束是在研究最优化的过程中用于限制选择范围的个人剂量数值；对于公众照射，剂量约束是公众成员预期从任何可控源的有计划操作所接受的年剂量上限。剂量约束值不能用作或理解为规定的监管限值。

参考水平是指在应急或现存的可控制照射情况下，参考水平表示这样的剂量或危险水平，对于计划准许存在的照射高于这一水平时认为是不恰当的，在这一水平之下应进行防护最优化。参考水平值的选择取决于所考虑照射的主要情况。

影响源相关剂量约束和参考水平的选择主要分三个层次：

第一层次，小于或等于 1 毫西弗，适用于受照射个人可能不直接由此受益，但可能对社会有利的照射情况，通常属于计划照射范围。公众成员受到来自实践计划运行的照射是这种情况的主要例子。此层次的约束值和参考水平，通常选择用于具有一般信息和环境调查或监测或评价的照射情况，且在这些情况下个人可能会告知但不需培训，相应的剂量常常是在天然本底上有一个微小的增加，且至少比参考水平的最大值低两个数量级，因此，提供了严格的防护水平。

第二层次，大于 1 毫西弗到小于或等于 20 毫西弗，适用于受照射个人直接受益的照射情况。这一层次的剂量约束值和参考水平，将常常提出用于具有个人监护或剂量监测或评价的情况，同时个人从培训或通知中受益。例如，为计划照射情况下职业照射设置剂量约束值。

第三层次，大于 20 毫西弗到小于或等于 100 毫西弗，适用于少有的或常常是极端的情况。此时采取降低照射的行动常常是破坏性的。在所带来的利益与照射大小相称的那些情况下，参考水平和剂量约束值，偶尔对于“一次性”照射低于 50 毫西弗，也可能设定在这一级别范围。在辐射应急情况下所采取的降低照射的行动是这种情况的主要事例。当剂量升高到接近 100 毫西弗时，防护行动将几乎总是具有正当性的。另外，超过有关器官或组织的确定效应剂量阈值的那些情况，应该总是需要采取行动。

（五）剂量限值

剂量限值适用于实践所引起的照射，不适用于医疗照射，也不适用于无任何主要责任方负责的天然源的照射。在一种照射类型中，职业的或者公众的剂量限值都适用于来自具有正当性实践的相关源照射的总和。

对于计划照射情况下的职业照射，剂量限值为：在限定的 5 年内平均年有效剂量 20 毫西弗（5 年内 100 毫西弗），且进一步的规定是任何一年的有效剂量不得超过 50 毫西弗。

对于计划照射情况下的公众照射，剂量限值为：年有效剂量 1 毫西弗。然而，在特殊情况下，假如在限定的 5 年内平均每年不超过 1 毫西弗，在单个的一年内可以允许有效剂量的数值大一些（可提高到 5 毫西弗）。

剂量限值不适用于应急照射情况。在这种情况下，知情的受照射个人从事自愿抢救生命的行动或试图阻止灾难态势。对于承担紧急救援作业的知情志愿者，可以放宽对正常情况的剂量限制。然而，在应急照射情况的后期，承担恢复和重建作业的响应人员应视为职业受照射人员，他们所受到的照射不应超过职业剂量限值。

对于一般公众中知情的、与抚育和照顾接受过非密封放射性核素治疗出院后的患者相关的个人，可以放宽对正常情况的剂量限制，且通常不应受公众剂量限值的限制。

第四节　中国辐射水平

我国电离辐射水平与效应的研究工作，开始于 20 世纪 50 年代后期，随着核工业、放射性同位素和辐射应用的发展而壮大，成立了专门的研究机构。为监测和评价核试验的影响，20 世纪 60 年代初在全国设立了监测网。

20 世纪 80 年代初，我国核电开始起步，人们开始关注核工业对环境和工作人员的影响，进一步开展了核工业和核技术应用的辐射水平、全国环境辐射水平、医疗照射水平与效应的研究。

《中国辐射水平》总结了我国近 50 年来有关中国辐射水平的主要成果。研究表明，在 2000 年左右我国公众所受最大剂量来自天然本底辐射，平均约为 3.1 毫西弗/年。公众所受最大人工照射为医疗照射，平均约为 0.21 毫西弗/年；其次为世界核武器试验引起的照射，平均约为 6×10^{-3} 毫西弗/年；燃煤电站产生的照射约为 2.3×10^{-3} 毫西弗/年。核电及其燃料循环产生的照射约为 4×10^{-6} 毫西弗/年。到 2007 年底，我国放射性同位素和核技术应用事故导致人员因辐射致死人数为 10 人；核电站及其燃料循环未发生因辐射导致死亡的事故。

一、天然辐射

自古以来天然辐射无处不在，人类就无时无刻不受到天然辐射的照射。天然辐射包括：来自外层空间的宇宙射线和地壳中的原生放射性核素。人们所受天然辐射照射的大小是与人类生活的地点和方式相关的。因此，人们所受天然辐射照射的大小也是随时间、地点和社会发展情况而变化的。

我国公众现在所受天然辐射照射平均年有效剂量为 3.1 毫西弗，高于同期世界平均值 2.4 毫西弗（见表 18-1）。

表 18-1　公众所受天然辐射照射年有效剂量　　单位：μSv

射线源		中国		世界
		现在估算值	20 世纪 90 年代初估算值	
外照射	宇宙射线			
	电离成分	260	260	280
	中子	100	57	100
	陆地γ辐射	540	540	480
内照射	氡及其短寿命子体	1 560	916	1 150
	钍射气及其短寿命子体	185	185	100
	^{40}K	170	170	170
	其他核素	315	170	120
总计		约 3 100	约 2 300	2 400

与以前（20 世纪 90 年代初）估算值 2.3 毫西弗的差异，主要原因是：

①氡及其短寿命子体的数据比 20 世纪 80 年代末的估算值约高 70%。其原因为：20 世纪氡的测量方法基本上是采用抓取方法进行的，取样时间又多在白天上午 9 点到下午 5 点之间，这个时间段内室内氡活度浓度通常较低；其次是近 20 年来我国新建了大量住房，建材中利用工业废渣的比例在不断升高，而工业废渣中放射性核素的含量大部分明显地高于一般建材；此外，空调的普遍使用和建筑物密封性的提高，使得室内氡浓度增高。

②以前估算值中其他放射性核素产生的剂量，采用的是联合国原子辐射影响科学委员会（UNSCEAR）报告中的世界典型值，现在的估算值是采用了我国的研究结果。即用每年 315 微西弗取代了以前每年 170 微西弗的数值。

③采用 UNSCEAR 2000 年报告中的中子有效剂量每年 100 微西弗，取代了以前每年 57 微西弗的数值。

二、公众照射

公众照射主要包括：核试验、核电站及其燃料循环、核技术应用和人为活动引起的天然辐射增强。我国居民所受人工辐射源照射的集体有效剂量列于表 18-2。

表 18-2　我国居民所受人工辐射源照射的集体有效剂量　　单位：人·Sv

人工辐射来源	时段/年				
	1986—1990	1991—1995	1996—2000	2001—2005	合计
核武器试验	9.48×10^3	4.10×10^3	3.13×10^3	2.95×10^3	1.97×10^4
切尔诺贝利事故					5.68×10^3
核燃料循环	5.92	5.44	11.5	16.3	39.2
核与辐射技术应用			0.81	1.51	2.32
核科学技术研究	1.87	1.19	0.92	3.16	7.14

（一）核试验

为监测和评价核试验的影响，我国的环境辐射监测是从1963年开始的，1986年后全国监测网停止运作，其后的数据是根据UNSCEAR的数据推算的。全世界核试验对我国居民产生的年平均剂量负担最高值在1959年和1963年，分别约为203微西弗和202微西弗，到1995年已经下降到0.67微西弗。

大气层核试验对我国居民产生的平均有效剂量负担约为923微西弗。除核试验场附近外，总的趋势是北方较高，太原最高为1780微西弗；南方较低，福州为447微西弗。相差约4倍。

我国大气层核试验对居民产生的平均剂量负担所占份额甚小。即使在我国核试验场下风向400～800千米地区，居民外照射有效剂量负担平均也仅4.86毫西弗，远低于天然本底辐射照射。而在我国核试验场上风向的天地、伊宁地区的外照射有效剂量分别为30毫西弗和17.3毫西弗，平均值为23.6毫西弗，远高于下风向的水平，这是由于前苏联塞米巴拉金斯克核试验场的核试验所引起的。

（二）核燃料循环

我国核燃料循环设施放射性流出物归一化排放量及其所致公众归一化集体有效剂量，从总体上说呈逐年下降的趋势，但是与世界各国核设施相比，除铀矿采冶外，铀转化、浓缩、元件制造和核电站的归一化排放量和归一化集体有效剂量与国际水平大体相同。

我国铀矿冶设施与活动所致公众归一化集体有效剂量比国际典型值约高5倍。从铀矿冶本身来看，归一化集体有效剂量也是呈下降的趋势，归一化集体有效剂量从1991—1995年的1.73人·希沃特/吉瓦年下降到2001—2005年的0.81人·希沃特/吉瓦年。在此期间，加强了对矿井水和选冶废水的处理，选冶废水实行了槽式排放。推进了对废石场和矿渣库的治理。但与国际水平相比仍有相当大的差距，应该在进一步治理废水和矿渣库的同时，采取有效措施降低矿井氡的排放量。需要说明的是，我国铀矿冶归一化集体剂量较高的重要原因之一是，铀矿冶企业周围人口密度远高于世界同类企业。

我国核电站对公众所致个人有效剂量和集体有效剂量虽与国际水平大致相同，但与先进水平相比仍有相当差距。气态流出物中I-131气溶胶和液态流出物中除氚外核素的归一化集体有效剂量明显高于1998—2002年全球平均归一化集体有效剂量。有必要遵循废物最小化和尽量采用最佳可用技术的原则，进一步减小废水和废气排放量。

（三）放射性同位素应用

我国医用同位素I-125和I-131应用所致公众集体有效剂量为0.36人·西弗，其中医用I-125的贡献为0.037人·西弗，医用I-131应用的贡献为0.32人·西弗。目前I-125在医学中的应用主要是微粒种子源和放免药盒标记物，其对公众照射主要是在生产环节。医用I-131应用中所致公众照射主要来源于甲状腺诊断期间的气载流出物环境释放。

（四）人为活动引起的天然辐射水平变化对公众产生的剂量

人为活动引起的天然辐射变化，既可以增加公众辐射照射也可以减少公众辐射照射。

人为活动引起的天然辐射变化所致公众辐射照射见表 18-3。

表 18-3 人为活动引起的天然辐射变化所致公众辐射照射

人为活动	集体有效剂量/（人·Sv）	备注
燃煤电厂	16.5 人·Sv/GWa	按电厂装容量加权平均值
石煤电厂	7.0×103 人·Sv/CWa	
石煤碳化砖建筑物	3.3×10^3	
运输工具		
火车	-2.8×10^2	1988 年
汽车	-1.6×10^2	1988 年
轮船	-1.11×10^2	1988 年
小计	-5.5×10^2	
其他活动		
混凝土建筑物	-7.8×10^3	1988 年
饮用自来水	-1.36×10^2	1990 年
小计	-7.9×10^3	

我国燃煤电厂气载流出物排放所致电厂周围半径 80 千米范围居民的归一化集体有效剂量为 16.5 人·西弗/吉瓦年。我国主要石煤电厂气载流出物排放所致电厂周围居民的归一化集体有效剂量约为 7.0×10^3 人·西弗/吉瓦年，明显高于一般燃煤电厂的贡献，高出 400 倍以上。全国石煤碳化砖建筑物引起居民年集体有效剂量约 3.3×10^3 人·西弗。因此，在我国石煤开发利用过程中应重视其环境辐射影响。

人类活动不仅可以引起居民照射增高，有些人类活动也可以降低居民辐射照射。钢筋混凝土建筑物减少的照射最大，减少约 80%，其次是饮用自来水，减少约 14%。

本章小结

核能与核技术利用在给人们带来利益的同时必然伴随着一些负效应。如果安全防护方法不当或放射源失控，会给环境安全带来潜在危险，甚至危及人员身体健康和生命安全，严重时可能引起社会恐慌。因此，保护人们免受不必要的照射或过量照射、保护环境，成为核与辐射安全监管的神圣使命。监管核与辐射安全是一项国家责任，政府负有勤勉管理的义务和谨慎行事之责任。

核安全重点在于（电离）辐射源的安全，包括维持正常运行，预防事故发生和在事故下减轻其后果，从而保护从业人员、公众和环境不至于受到辐射带来的伤害；辐射安全重点在于人与环境的保护，通过辐射水平的监测、辐射效应的评价、辐射防护措施和事故应急与干预，实现安全与防护的最优化，使得工作人员、公众和环境免受过量的辐射危害。

电离辐射安全与防护的监管在世界范围内都是相当一致的，这归因于有一个建立的很完备并得到国际认可的框架。基于“独立、公开、法治、理性、有效”的符合中国国情的监管理念，以行政许可为核心、审批与执法统一、全天候和全过程的独立监管，我国基本建立了与国际接轨的核与辐射安全监管体系。

本章简要阐述了核与辐射安全的基本理念，包括安全原则、纵深防御原则，基本安全目标，监管理念，以及我国核与辐射安全的法规体系和监管体系；基于《放射性污染防治法》、核与辐射安全领域的 7 个条例，重点描述了核与辐射安全监管的主要内容；对于辐射环境监管，介绍了监管范围、监管原则、管理制度和基本安全标准；最后，基于《中国辐射水平》的研究成果，介绍了我国天然辐射、公众照射的主要结论，我国公众所受电离辐射照射主要来自天然本底辐射（3.1 毫西弗/年），而所受最大人工辐射照射主要来自医疗照射（0.21 毫西弗/年）。

思考题

1．简述核与辐射安全的基本概念。

2．从核与辐射安全监管的角度，说明核设施许可分为哪几个阶段？

3．简述为实现基本安全目标所制订的 10 项基本原则的内容。

4．如何理解纵深防御的概念，它的基本内容有哪些？

5．请说明在核领域中起国家法律作用的法律和适用范围。

6．请简要描述我国核与辐射安全法律法规体系的三个层次。

7．请说明目前在核与辐射安全领域发布实施的国务院条例有几个，并列出这些条例的名称。

8．目前建立的核与辐射安全监管制度的主要内容是什么？

9．请阐述符合中国国情的核与辐射安全监管理念的内容。

10．核与辐射安全监管机构由哪几个部门组成？请概述主要职责。

11．《中华人民共和国民用核设施安全监督管理条例》适用于哪些核设施？

12．请概述国家核安全局负责审批颁发或核准颁发的核设施许可证包括哪些内容？

13．环境保护部（国家核安全局）现场派驻监督组（员）的监督职责有哪些？

14．请说明核材料的含义。

15．在出现核或辐射紧急情况时应急响应的目标是什么？

16．请概述我国实行的三级核应急管理组织体系的基本内容。

17．场外应急设施一般包括哪些？

18．核安全设备监管的范围和所遵循的六项制度是什么？

19．请解释对放射性同位素和射线装置实行“从摇篮到坟墓”的全过程管理的含义。

20．请概述各级环境保护主管部门对放射性同位素和射线装置安全监管的职责。

21．请说明放射源和射线装置分类的基本内容。

22．请描述辐射事故分级的基本内容。

23．请解释在放射性物品运输中“放射性物品”的含义。

24．请概述国务院环境保护主管部门在放射性废物安全管理中的职责。

25．请描述放射性废物分类的基本内容。

26．辐射环境监管的范围有哪些？

27．如何理解天然辐射？

28．请简述公众照射的主要来源。

29．引起天然辐射水平变化的人为活动有哪些？

30．请描述核安全与辐射安全的重点内容。

参考文献

[1] International Atomic Energy Agency（IAEA）. Fundamental Safety Principles. IAEA Safety Standards Series No. SF-1，Vienna，2006.

[2] International Nuclear Safety Advisory Group. the Safety of Nuclear Power. IAEA Safety Series No. 75-INSAG-5，Vienna，1992.

[3] International Atomic Energy Agency（IAEA）. Safety of Nuclear Power Plants：Design. IAEA Safety Standards Series No. SSR-2/1，Vienna，2012.

[4] 注册核安全工程师岗位培训丛书编委会. 核安全相关法律法规. 北京：中国环境科学出版社，2009.

[5] ICRP. The 2007 Recommendations of the International Commission on Radiological Protection. ICRP publication 103. Ann. ICRP 37（2-4)（国际放射防护委员会第 103 号出版物，国际放射防护委员会 2007 年建议书. 潘自强，等，译. 北京：原子能出版社，2008.

[6] 潘自强，刘森林，等. 中国辐射水平. 北京：原子能出版社，2010.

第十九章 环境监察

第一节 环境监察概述

《环境保护法》第十条规定："国务院环境保护主管部门，对全国环境保护工作实施统一监督管理；县级以上地方人民政府环境保护主管部门，对本行政区域环境保护工作实施统一监督管理。县级以上人民政府有关部门和军队环境保护部门，依照有关法律的规定对资源保护和污染防治等环境保护工作实施监督管理。"

环境监察是我国环境保护行政主管部门所属的唯一一支现场执法队伍，环境保护部对全国环境监察工作实施统一监察。县级以上地方环境保护主管部门负责本行政区域的环境监察工作。各级环境保护主管部门所属的环境监察机构（以下简称"环境监察机构"），负责具体实施环境监察工作。环境监察机构的执法地位是由环境保护行政主管部门委托的，环境监察执法监督是提升环境监察能力的重要途径，是环境保护行政主管部门监察的立足之本。

世界各国在环境监察工作中积累了许多宝贵的经验，尽管各国的环境监察工作是在其特定的法律、制度、文化以及社会背景下产生的，但客观上仍呈现出一些具有规律性和普适性的经验。这些经验可以归纳为 3 类：第一，通过一些传统的手段即强化国家层次环境执法能力建设，建立健全多部门、多地区合作工作机制，提高执法人员素质等管理手段来强化环境监察工作；第二，积极探索"更好的管制"、"聪明的管制"和"现代化的管制"，环境监察工作正向科学化、精细化方向转化，创新环境监察方式，加强企业守法自律，降低环境监察成本，提高环境监察效率与效果；第三，无论法律规定如何细致，由于现实中环境监察对象非常复杂，为实现法律规定的目标，实现对环境的有效监察，加强部门间的协作与协调是十分必要的。

一、我国环境监察的历史沿革

环境监察工作随着我国环境保护事业的发展深入而逐步展开。在我国 30 多年的环境保护工作实践中，我国环境监察队伍从无到有，逐步发展壮大。环境监察工作的内涵也从最初的征收排污费扩展到污染源现场执法、生态环境执法、排污申报、环境应急管理及环境纠纷查处等日常现场执法监督的各个领域。我国环境执法监督工作的发展历程，大体分为 4 个阶段。

（一）第一阶段 探索起步阶段（1986年前）

1973年，第一次全国环境保护会议后，国务院环境保护领导小组第四次会议通过了《环境保护工作汇报要点》。1979年9月，第五届全国人大常委会通过了《环境保护法（试行）》，我国环境监察工作以环境立法为标志正式开始。

在探索起步阶段，尽管环境监察工作领域范围比较窄、工作水平也比较低，甚至出现多头执法等问题，但开创了我国环境监察工作的新纪元，为建立一支环境现场执法队伍打下了坚实的基础。

（二）第二阶段 试点阶段（1986—1996年）

到1986年为止，国家的环境保护法律法规已经初具规模，环境保护有法可依，但违法不究、执法不严的现象仍大量存在。国家环保局根据这一情况，决定以当时的排污收费队伍为主，组建一支环境监理队伍。1986年5月，国家环保局先后发文，确定一些环境监理试点地区，这些地区对试点工作很重视，在组织机构、人员管理、经费来源、现场执法等方面都做了有益的探索。马鞍山环境保护局精心组织，稳步推进试点工作，取得了突破性进展。在指导思想上，突出现场微观执法；在理论上，明确了环境监理即为环境的监督处理，是对污染源执行法规的情况进行监督，对违法行为实施现场调查与处理处置，进行环境行政执法的一种具体的直接的行为。国家环保局认为马鞍山市环境监理试点工作取得了突破性进展，环境监理应当由收费型向环境监理型转变。国家环保局及时总结经验，于1991年制定颁布了《环境监理工作暂行办法》和《环境监理执法标志管理办法》。在进一步总结经验的基础上，1995年国家环保局又颁布了《环境监理人员行为规范》。同时，人事部批复同意国家环境保护系统环境监理人员依照国家公务员制度进行管理。

在试点阶段，试点单位在队伍建设、经费来源、现场执法等方面进行积极探索，积累了初步经验，为建立全国环境监理队伍、全面开展环境监理工作打下了基础。

（三）第三阶段 发展阶段（1996—2001年）

我国环境监察工作进入发展阶段的标志是：1996年，国家环保局颁发了《环境监理工作制度（试行）》和《环境监理工作程序（试行）》，环境监理队伍正式建立，并走向规范化、制度化发展的道路。1996年，第四次全国环境保护会议后，国务院颁发了《关于环境保护若干问题的决定》，开始实施污染物总量控制制度。“九五”环境规划目标给环保部门提出了大量现场检查要求，大大提高了环境监理的执法地位，各级环境监理在“一控双达标”、“33211”和取缔“十五小”现场检查工作中发挥了主力军的作用。

1998年，国家环境保护局升格为正部级的国家环境保护总局，作为国务院直属机构。其职能相应地得到扩展。农村环境保护、生态保护和核污染防治等职责划归了国家环保总局，并明确提出污染防治与生态保护并重。1999年6月17日，国家环保总局发出《进一步加强环境监理工作若干意见的通知》（环发[1999]141号），对环境监理队伍的性质、机构、职能、队伍管理、规范执法行为和标准化建设作了具体规定。

在发展阶段，环境监察体制建设取得了突破性进展，形成了国家、省、市、县四级环境监察机构网络，初步形成了以环境监察队伍为主体的环境监察体系，环境监察机构逐渐成为环境保护行政主管部门的立足之本。

（四）第四阶段 改革与发展阶段（2002 年至今）

环境监察工作进入改革与发展阶段的标志是：落实建立“国家监察、地方监管、单位负责”环境监管体制的要求，建设完备的环境执法监督体系。2002 年 3 月，国家环保总局组建环境应急与事故调查中心（简称环境应急中心），属环保总局司级单位。2002 年 7 月 1 日，国家环保总局发文要求全国各级环境保护局所属的“环境监理”类机构统一更名为“环境监察”机构。更名后，环境监察机构名称更能体现行政执法的性质，树立执法权威。2003 年 3 月 30 日，国家环保总局为促进生态保护与污染防治并重，发文要求各地各级环境保护局的环境监察队伍开展生态环境监察试点工作。2003 年 10 月，中央机构编制委员会办公室批复同意国家环境保护总局成立环境监察局。

为加强污染源监管，实施污染物排放总量控制与排污许可证制度和排污收费制度，预防污染事故，提高环境管理科学化、信息化水平，国家环保总局于 2005 年 9 月颁布《污染源自动监控管理办法》，加强对重点污染源自动监控系统的监察。

2005 年 12 月颁布的《国务院关于落实科学发展观 加强环境保护的决定》（国发[2005]39 号）规定：“建立健全国家监察、地方监管、单位负责的环境监管体制”，“完善环境监察制度，强化现场执法检查”，“加强环保队伍和能力建设。健全环境监察、监测和应急体系”，不但明确了环境监察的地位，而且还提出了“建立健全国家监察、地方监管、单位负责的环境监管体制”。提出“国家加强对地方环保工作的指导、支持和监督，健全区域环境督查派出机构，协调跨省域环境保护，督促检查突出的环境问题。地方人民政府对本行政区域环境质量负责，监督下一级人民政府的环保工作和重点单位的环境行为，并建立相应的环保监管机制。法人和其他组织负责解决所辖范围有关的环境问题”。

2006 年 7 月 8 日，国家环保总局印发了《总局环境保护督查中心组建方案》（环办[2006]81 号），组建华东、华南、西北、西南和东北 5 个区域环境保护督查中心（以下简称“督查中心”），2007 年又组建了华北督察中心，并开展了建设完备的环境执法监督体系研究。形成了以环境监察局为龙头，应急中心和督查中心组成的“国家监察”体系。

2006 年 11 月，国家环保总局环境监察局对环境监察标准建设标准及有关验收管理规定进行了修订，重新印发了《全国环境监察标准化建设标准》和《环境监察标准化建设达标验收暂行办法》，要求加快推进环境监察标准化建设，提高环境执法能力与水平。

2006 年起，国家环保总局联合国家发改委、国家安全生产监察总局等几部门针对饮用水水源保护区、重点行业的突出污染问题持续开展了多项环保专项行动。解决了群众关心的热点和难点环境问题。

党的十七大把环境保护列入党和国家的重要议事日程。国务院提出环境保护要实现历史性转变，温家宝同志要求“建立完备的环境执法监督体系”。周生贤局长把建立完备的环境执法监督体系列为总局重点解决的两件大事之一。环境监督执法的改革创新是推进环境保护工作历史性转变的重要举措，历史性转变的过程也将是环境执法体系不断完善、执法力度不断加大、执法效果不断增强的过程。

在党的十七大明确提出生态文明建设的基础上，党的十八大将其摆上更加突出的位置并作出全面部署，把生态文明建设提升到“五位一体”总体布局的战略高度，第一次单列一个部分加以论述，有关内容和要求写入新修订的党章。提出大力推进生态文明建设，建设美丽中国，实现中华民族永续发展。

在提高阶段，环境监察体制逐步理顺，机制逐步健全，能力与任务逐步匹配。环境执法手段向综合化发展，环境执法领域向全方位迈进，环境监察队伍作为环保工作中流砥柱的作用更为显著。全国环境监察系统紧紧围绕科学发展、加快转变经济发展方式和提高生态文明水平主题主线新要求，以解决影响科学发展和损害群众健康的突出环境问题为重点，转变监督理念，为改善民生、促进污染减排、服务科学发展作出了积极贡献。

二、我国环境监察的理念

环境监察要服务于经济社会发展，立足社会主义初级阶段的基本国情，围绕建设生态文明和美丽中国的总目标，从保障国家环境安全和全民族生存、发展的高度，维护社会公平正义，维护社会主义法制的统一、尊严和权威，围绕提高环境监察效率和效益，树立全新的环境监察理念，统领和指导环境监察工作。

（一）服务科学发展的理念

立足社会主义初级阶段的基本国情，围绕建设生态文明和美丽中国的总目标，切实履行环境监察职责，推动经济发展方式转变，营造良好的市场竞争环境，促进经济又好又快发展，着力解决影响可持续发展和人民群众生产生活的突出环境问题，维护国家环境安全，促进和谐社会建设。

（二）生态系统环境监察的理念

党的十八大报告首次单篇论述生态文明，把生态文明建设提升到与经济建设、政治建设、文化建设、社会建设“五位一体”的战略高度。这是党的十八大的突出亮点，标志着党对经济社会可持续发展规律、自然资源永续利用规律和生态环保规律的认识进入了新境界，生态文明绝不是简单的污染防治，应从生态环境的完整性和生态要素的关联性出发，统筹生态系统建设和管理，合理划分资源开发利用、生态建设和生态环境监察职责，逐步实现国家环境监察职能的完整、综合和统一。

（三）依法监察的理念

要树立依法监察的理念，进一步健全监察程序，规范监察行为，建立监察责任制，切实做到违法必究、执法必严。

（四）公平正义的理念

要树立公平正义的理念，坚持行政相对人在法律面前一律平等，维护社会公平正义。加强环保法律法规的实施，维护社会公平正义，维护社会主义法制的统一、尊严和权威。把提高效率同促进社会公平结合起来，更好地保障人民群众的环境权益。

（五）执法服务的理念

要树立执法服务的理念，服务于基层、服务于群众、服务于企业，更加注重解决群众最关心和最需要解决的环境问题，更加注重守法引导与援助。扩大和规范环境监察信息公开，保障社会公众的知情权、参与权、监督权。

（六）效能监察的理念

要树立效能监察的理念，围绕提高监察效率和效益，着力增强执行力，努力实现环境效益和社会效益的统一，适应社会主义市场经济条件下环境监察的客观要求。

三、我国环境监察的体制

2005 年胡锦涛同志提出“研究探索健全国家监察、地方监管、单位负责的环境监管体制”。2012 年第七次全国环保大会上，李克强副总理强调“新的时期，环境保护部门不仅要做好环境执法、综合监管等工作，而且要增强宏观意识，立足服务转型发展、服务民生改善的需要，用全局视野和战略思维考虑环保工作，在宏观经济政策制定、转变经济发展方式、调整结构优化布局等方面发挥重要作用。”周生贤部长多次强调，环境执法监督工作是环保部门的立足之本，环保部门的权威主要来自于执法监督，要加快建设完备的环境执法监督体系。

提高环境监察能力，必须健全“国家监察、地方监管、单位负责”的环境监管体制。一是强化“国家监察”。加大国家对地方政府及有关部门执行环保法律法规情况的监察力度；强化中央政府协调解决跨省界环境问题的能力，督促检查突出的环境问题。应采取强化国家环境保护行政主管部门环境监察机构建设，完善国家环境保护区域督查派出机构等措施。二是加强“地方监管”。地方政府对本辖区环境质量负责，组织落实污染防治和生态保护任务；负责监督下一级政府和有关部门环保工作落实情况，查处重点单位环境违法行为。应采取加强地方环保管理机构、地方参照国家模式在市（地）辖区内设置环境督查派出机构等措施。三是明确“单位负责”。各类法人和其他组织负责解决自身的环境问题，承担污染治理和生态恢复责任。

四、我国环境监察的成效

（一）促进了环境保护法律法规的贯彻实施

环境执法是环境立法实现的途径和保障，是防治污染、保障自然资源合理利用并维护生态平衡的重要措施。市场经济条件下，追求经济利益最大化，是企业经营活动的主要目的。通过执行环境影响评价制度，工业类项目实现了“增产不增污”或“增产减污”；涉及重要环境敏感问题生态类项目，通过调整选址、选线和工程方案等，有效避免了新的生态破坏。

（二）促进了产业结构调整和升级

目前，中国的多数工业产品相对过剩，而这些大多又是初级产品，工艺较落后、能耗物耗高、缺乏竞争力。中国产业结构的落后，产业水平与企业技术水平的低下，导致的结果是：一方面传统的低档产品过剩；另一方面，高技术含量的产品又需要大量进口。中国工业污染防治开始实行“三个转变”（从“末端治理”向全过程控制转变，从单纯浓度控制向浓度与总量控制相结合转变，从分散治理向分散与集中治理相结合转变），限制资源消耗大、污染重、技术落后产业的发展。环境监察在贯彻落实国家宏观经济调控措施，遏制重点行业盲目建设势头和高能耗行业的无序扩张态势方面发挥了积极作用，也在控制高能耗、高污染产品出口，防止发达国家污染转移等方面发挥了重要作用，有效地促进了这些行业的结构调整和产业升级。

（三）解决了突出的环境污染问题

各级环境保护行政主管部门按照国务院的统一部署，联合有关部门持续开展了多个专项行动，分别针对群众反映突出的工业污染反弹、城市污水处理厂超标排放、垃圾处理场和农村畜禽养殖场污染严重、重污染行业盲目发展以及建设项目违规上马等问题，组织开展了大规模的检查。严厉打击了环境违法行为，遏制了环境违法行为高发的态势。

（四）维护了公众环境权益

2011 年，环境保护部通过“12369”环保举报热线接听群众电话和网络咨询反映问题 25 610 次，共办理群众举报 15 624 件，受理举报 1 281 件，办结 1 280 件。其中，11 起突发环境事件、4 起群体性倾向事件和 15 起敏感环境事件均在第一时间调度核实情况，及时指导监督，使事件得到妥善处置，较好地履行了“有报必接、违法必查、事事有结果、件件有回音”的工作要求。

（五）推进排污收费制度改革

实行排污收费制度是“谁污染谁治理”和“污染者付费”原则的具体化，是用经济手段加强环境保护的一项行之有效的措施。自 1982 年开征排污费以来，长期采用污染物单因子浓度超标收费，收费标准偏低，不利于实行总量控制和其他污染因子治理，不利于调动企业治理污染的积极性。为了更好发挥排污收费在环境执法中的作用，弥补行政、法律手段的一些不足，环境监察部门认真开展排污收费制度改革的研究，积极向环境立法部门提供对策建议，为排污收费制度改革作出了积极贡献。2003 年国务院颁布了《排污费征收使用管理条例》，国家环保总局协调有关部委出台了有关配套管理办法。实现了由浓度收费向总量收费的转变和单因子收费向多因子收费的转变，实行了“部门开票、银行代收、财政统管”的征管方式，基本执行了“收支两条线”。

（六）促进生态环境保护

生态环境监察是环境保护行政主管部门落实“污染防治与生态保护并重”方针，实施统一监督的主要途径。我国实行“环保部门统一监管，有关部门分工负责”的管理体制，造成生态环境保护方面各自为政、职责交叉、多头管理、重复管理等问题十分突出。近年来，环保部门摸索了生态环境监察的经验，初步建立了生态保护协调工作机制，促进部分地区生态环境质量得以好转。近年来，环境保护部组织开展了对自然保护区、风景名胜区和旅游风景区等的全面生态环境监察检查，对矿山和自然保护区开展了专项执法检查，有效地促进了生态环境保护。

五、我国环境监察存在的问题与障碍

近年来，我国环境法制建设不断加强，环境监察水平有了很大提高。但是，“有法不依、执法不严、违法不究”的问题还没有根本解决，环境执法不到位、环境执法难到位的现象还在一定范围和一定程度上存在。

（一）法律制度层面的问题

规范、健全、完备的法律是环境监察的必要前提。现有环境与资源保护法律法规存在的突出问题是：可操作性差，法律规定“软”、权力“小”、手段“弱”等问题，导致对环境违法行为难查处、难执行、难追究责任，执行周期长、程序复杂，难以执行到位。

（二）监察体制层面的问题

目前，环境监察体制存在的突出问题是横向分散、纵向分离、地方分割、法律地位不明确。突出表现在：一是横向权责分散致使统一监管难以实施；二是纵向管理分离致使政令难以畅通；三是地方条块分割致使区域整体性难以兼顾；四是执法主体地位不明致使执法受阻严重。

（三）监察机制层面的问题

工作机制是环境监察工作正常进行的保障。当前，环境监察的工作机制散而不全、有而无用。突出表现在：一是责任追究机制不健全；二是缺乏守法企业激励机制和企业自我监督机制；三是部门联动协调机制有而不完善。

（四）监察能力层面的问题

适宜的监察能力是确保监察任务落实的关键所在。当前我国环境监察工作任务重、装备差、人员少，环境监察能力不能完全适应环境监察的实际需要。

（五）司法保障层面的问题

司法执法是环境保护行政执法的重要保障。而当前我国环境司法制度不健全，严重影响了我国的环境行政执法工作。主要表现在环境公益诉讼制度不健全。

（六）企业环境责任层面的问题

环境责任是企业社会责任的一个重要方面。当前，企业环境责任缺失问题是一个普遍的问题，而不仅仅是某个地区、某个行业的问题，而是多数企业都面临的问题。不仅一些中小企业污染反弹仍屡禁不止，重点企业环境违法行为也不容乐观。一些大企业，甚至是一些上市公司将违法排污作为降低成本，追求利润的“捷径”。

六、建设完备的环境监督执法体系

建设“完备的环境执法监督体系”是指为了全面执行国家有关环境保护法律、法规、制度、政策、规划、标准等，顺利完成环境执法监察任务而建立的一套先进的、完整的、符合国情的、具有时代先进理念的环境执法机构、业务管理、技术装备和人才保障体系。其主要内容是构建权责明确、行为规范的环境执法监督行政管理体系，结构合理、先进实用的环境执法监督机构和执法装备体系，协调有序、运转高效的环境执法监督业务运行体系和一支“政治素质好、业务水平高、奉献精神强”的环境执法监督队伍。“完备的环境执法监督体系”的核心是执法监督，基本要求是先进性、完整性和系统性。

完备的环境执法监督体系包括执法监督理念、体制、机制、能力、人才等要素。其中，理念是灵魂、体制是保障、机制是支撑、能力是依托、人才是根本，各要素之间互相依存、互相制约、互相促进，形成有机整体

（一）先进的执法监督理念

环境执法监督要服务于经济社会发展，立足社会主义初级阶段的基本国情，围绕建设生态文明和美丽中国的总目标，从保障国家环境安全和全民族生存、发展的高度，维护社会公平正义，维护社会主义法制的统一、尊严和权威，围绕提高环境执法监督效率和效益，树立全新的执法监督理念，统领和指导环境执法监督工作。

（二）完备的体制保障

环境执法监督的法律主体地位明确，职能完整，权责一致；执法监督组织体系规范、权威、统一、协调；实现国家监察有力、地方监管到位、单位负责落实。

（三）健全的机制支撑

以统一、协调、高效为原则，完善执法监督制度，健全环境执法监督机制，形成环境执法监督机构依法执法、相关部门密切配合、企业自我约束、社会广泛参与、政府及相关部门充分履行环保职责的环境执法监督新格局。

（四）现代化的能力依托

环境执法监督装备先进实用，环境执法监督机构、突发环境事件的预防处置能力适应现代化和信息化要求，实现装备先进、监控有力、机动高效的目标。

（五）充分的人才保证

加强环境执法人才队伍建设，实行科学管理，构建一支“数量与任务匹配、政治素质好、业务水平高、奉献精神强”的环境执法监督队伍。实现执法监督人才充足，结构合理；用人机制充满活力，管理规范。

第二节 我国环境监察组织构架

建设“完备的环境执法监督体系”是要建立一套先进的、完整的、符合国情的环境执法监督的法规制度、执法机构、业务管理、技术装备和人才保障体系。要完成这一历史性任务，必须重视机构建设和执法队伍建设。国务院环境保护行政主管部门成立了环境监察局、环境应急与事故调查中心和区域环境保护督查中心，地方监管能力得到加强，工作机制逐步完善。

一、环境监察机构

各级环境保护行政主管部门的相关职能部门均有各自的监察职能，均属环境监察机构，履行现场监察职责的主要机构有环境监察机构、环境应急与事故调查机构和环境保护督查机构，其他相关职能部门在履行各自的监察职责时一般都与履行现场监察职责的主要机构进行协调，以便更好地履行环境监察职责。

（一）环境监察机构

2003 年 10 月，中央机构编制委员会办公室批复同意国家环境保护总局成立环境监察局。各级环境监察机构可以命名为环境监察局。省级、设区的市级、县级环境监察机构，也可以分别以环境监察总队、环境监察支队、环境监察大队命名。县级环境监察机构的分支（派出）机构和乡镇级环境监察机构的名称，可以命名为环境监察中队或者环境监察所。

（二）环境应急与事故调查机构

2002 年 3 月，国家环保总局发文，组建环境应急与事故调查中心（简称环境应急中心），属环境保护部司级单位。在省级环保机构中，很多都设立了环境应急中心；在地级市和县（区）级环保机构中，环境应急与事故调查职能归于环境监察机构。

（三）环境保护督查机构

2006 年 7 月 8 日，国家环保总局印发了《总局环境保护督查中心组建方案》（环办[2006]81 号），组建华东、华南、西北、西南和东北 5 个区域环境保护督查中心（以下简称“督查中心”），2007 年又组建了华北环境保护督查中心，形成了以环境监察局为龙头，应急中心和督查中心组成的“国家监察”体系。

督查中心为国家环境保护部派出的执法监督机构，是国家环境保护部直属事业单位。各督查中心的监管区域如下：

华北督查中心——北京、天津、河北、河南、山西、内蒙古；

华东督查中心——上海、江苏、浙江、安徽、福建、江西、山东；

华南督查中心——湖北、湖南、广东、广西、海南；

西北督查中心——陕西、甘肃、青海、宁夏、新疆；

西南督查中心——重庆、四川、贵州、云南、西藏；
东北督查中心——辽宁、吉林、黑龙江。

二、环境监察队伍建设及其工作职责

（一）环境监察队伍建设

在环境监察体系建设过程中，环境监察队伍的建设是关键的一环。环境监察工作人员是各级环境保护行政主管部门对辖区内的一切污染和破坏环境的行为实施监察的代表。因此，要求每个环境监察工作人员必须具备以下条件：

1. 良好的职业道德

爱岗敬业、秉公执法、忠于职守、履行工作职责、文明执法。有高度的事业心和责任感，作风正派，廉洁奉公，熟悉环境监察业务。

2. 遵照环境监察行为规范

爱岗敬业、廉洁务实；秉公执法、文明监督；仪表端正；亮证监察、程序合法；接待热情、举止文明；取证及时、举证准确；依法监察、政务公开。

环境监察队伍建设的薄弱环节是：一是素质不强。环境监察工作人员能力参差不齐，人员素质与执法新要求存在差距，业务不熟悉的人员仍占较大比重，执法不规范现象较为突出。二是勤政不够。部分监察工作人员依法履职意识薄弱，执法不严、监督不力、违法不究的现象依然存在。三是能力不均。执法装备水平发展不平衡，信息化水平低的问题日益凸显。层级和地区不均现象突出，人员素质和装备水平呈倒金字塔结构。四是效能不高。查而不处或整改要求落实不到位、执行率偏低，这种“粗放式”的执法方式，难以适应新形势下环境监察需要。

（二）环境现场监察机构工作职责

1. 国家环境监察机构的工作职责

负责重大环境问题的统筹协调和监督执法检查。拟订环境监察行政法规、部门规章、制度并组织实施。监督环境保护方针、政策、规划、法律、行政法规、部门规章、标准的执行。拟定排污申报登记、排污收费、限期治理等环境管理制度并组织实施。负责环境执法后督察和挂牌督办工作。指导和协调解决各地方、各部门以及跨地区、跨流域的重大环境问题和环境污染纠纷。组织开展全国环境保护执法检查活动。组织开展生态环境监察工作。组织开展环境执法稽查和排污收费稽查。组织国家审批的建设项目“三同时”监督检查工作。建立企业环境监督员制度并组织实施。负责环境保护行政处罚工作。指导全国环境监察队伍建设和业务工作。指导环境应急与事故调查中心和各环境保护督查中心环境监察执法相关业务工作。

2. 国家环境应急与事故调查机构的工作职责

环境保护部环境应急与事故调查中心为环境保护部直属事业单位，对外加挂“环境保护部环境应急办公室”和“环境保护部环境投诉受理中心”的牌子，负责环境应急与事故调查。其主要职责是：负责重、特大突发环境事件应急、信息通报及应急预警；受理 12369

电话投诉和网上投诉；承担重大环境污染与生态破坏及重大建设项目环境违法案件与事故调查；协助科技标准司组织重、特大突发环境事件损失评估；参与环监局组织的环境执法检查工作。

3．环境保护督查中心的工作职责

环境保护督查中心的督查工作受环境保护部领导，由环境保护部环境监察局归口联系和业务指导。督查中心履行环境保护督查职责不改变、不取代地方人民政府及其环境保护行政主管部门的环境保护管理职责，也不指导地方环保部门业务工作。督查中心的突发环境事件信息报告属环境保护部内部情况报告，不履行或代替地方人民政府和环保部门的信息报告职责。

督查中心受环境保护部委托，在所辖区域内履行如下职责：监督地方执行国家环境法规、政策、标准的情况；承办重大环境污染与生态破坏案件的查办；承办跨省区域和流域重大环境纠纷的协调处理；参与重、特大突发环境事件应急响应与处理的督查；承办或参与环境执法稽查；督查重点污染源和国家审批建设项目“三同时”执行情况；开展主要污染物减排的核查；督查重点流域、区域环境保护规划的执行情况；督查国家级自然保护区（风景名胜区、森林公园）、国家重要生态功能保护区环境执法情况；负责跨省区域和流域环境污染与生态破坏案件的来访投诉受理和协调；承担环境保护部交办的其他工作等。

三、环境监察标准化建设

为了科学评估环境监察执法绩效，环境保护部发布了《全国环境监察标准化建设标准》和《环境监察标准化建设达标验收管理办法》（环发[2011]97 号）。

《全国环境监察标准化建设标准》为环境监察标准化建设的基本依据。各省、自治区、直辖市环境保护厅（局）可根据实际制订高于国家标准的地方性标准。环境监察标准化建设标准依据不同地区经济发展分东部地区标准、中部地区标准、西部地区标准。

机构与人员：包括机构名称、人员编制、人员管理、人员学历（大专以上）、持证上岗率、职能到位、办公用房等项指标。

基本硬件装备：包括交通工具和取证设备等项指标。

基本硬件：包括取证设备、通讯工具、办公设备、信息化设备等项指标。

应急装备：包括应急指挥系统、应急车辆、车载通讯、办公设备、应急防护设备、应急取证设备等项指标。

基础工作：包括执行环境监察工作制度、执行环境监察工作程序、执行环境监察报告制度、政务公开制度、档案管理工作、执法文书等项指标。

《环境监察标准化建设达标验收计分细则》为环境监察标准化建设达标考核验收的依据。环境保护部负责组织省级和副省级城市环境监察机构标准化建设的达标验收和全国一级达标单位的审定。各省、自治区、直辖市环境保护厅（局）负责组织辖区内环境监察机构标准化建设二级、三级达标验收工作。

省级、副省级城市环境监察机构应达一级标准，东、中部地区的地市级及县级市环境监察机构至少达二级标准，西部地区地市级和其他县区级环境监察机构至少达三级标准。

四、环境监察工作制度

“中国环境宏观战略研究课题”的研究成果《建设完备的环境执法监督体系研究报告》提出的环境执法创新机制共涉及 7 项机制、27 项制度，具体内容见表 19-1。

表 19-1 环境执法创新机制与监察工作制度的创新

序号	创新机制	监察工作制度的创新
1	内部执法监督机制	1. 内部信息交流和沟通协调制度
		2. 重大案件集体审理制度
		3. 岗位目标管理责任制和考核奖惩制度
		4. 执法过错责任追究制度
2	上下联动机制	5. 巡查制度
		6. 直查制度
		7. 案件备案和统计制度
		8. 稽查制度
		9. 年度考核制度
3	区域、流域环境执法监督协作机制	10. 信息共享制度
		11. 联合检查制度
		12. 环境事件协同处置制度
4	环境执法监督部门联动机制	13. 部际联席会议制度
		14. 环境案件移交移送制度
		15. 执法信息通报制度
5	社会监督机制	16. 环境执法监督信息公开制度
		17. 环境投诉举报制度
		18. 社会环境监督员制度
		19. 环境听证制度
		20. 重大环境违法案件新闻发布制度
6	企业自律机制	21. 企业环境监督员制度
		22. 企业年度环境报告制度
		23. 企业环境行为信用评价制度
		24. 企业环境风险等级制度
7	对政府及相关部门履行环保职责的监督检查机制	25. 个案监督检查制度
		26. 挂牌督办制度
		27. 环境监察建议书制度

上述 27 项创新的环境监察工作制度是对现有环境监察机构工作职责的展望，促使环境监督实现服务科学发展、生态系统执法、公平正义、伙伴关系和执法效能等理念。建设完备的环境执法监督体系是一项系统工程和长期任务，环境监督工作制度的创新需要进一步研究，进而才能通过立法形式确定。

五、环境监察廉政规范

随着全国廉政工作的开展，为规范环保工作人员的执法监管行为，严格依法行政。2003 年，国家环境保护总局发布《全国环保系统六项禁令》（总局令第 5 号）。这六项禁令是针对全国各级人民政府环境保护行政主管部门全体工作人员的。严禁环保部门的干部利用手中的项目审批权、收费罚款权、检查处罚权、统计调查权等执法权力，违法违规违纪。

由于环境监察机构是具体的环境执法队伍，国家环境监察局为规范环境监察人员的执法行为，树立文明执法形象，建设一支社会认可、群众满意、公正执法、廉洁文明和作风过硬的环境监察队伍，制定并实施了环境监察人员“六不准”，全国环境监察人员必须共同遵守“六不准”规定。对于违反规定者，一经查实，应按照有关规定给予纪律处分。情节严重或造成重大环境污染损失的，应予以辞退或开除，并追究环境监察机构领导人员责任。

六、环境监察档案管理

环境监察档案是环境保护档案的重要组成部分。环境监察档案是指各级环境保护行政主管部门及其所属的环境监察机构在环境监察及与环境监察紧密相关的工作活动中直接形成的，具有保存价值的文字、图表、声像等不同形式的历史记录。

为加强环境监察档案的科学管理，国家环保总局于 2006 年颁布了《环境保护档案管理规范 环境监察》（HJ/T 295—2006）。该标准规定了环境监察档案工作的基本要求，环境监察文件材料的形成、积累、立卷归档和档案的管理，开发利用及环境监察常用文书种类、制作等要求。

环境监察档案的范围包括：环境监察机构和人员的资料；环境监察政策、法规及公文等文件；环境监察各项管理制度；现场监察档案（一厂一档或称一源一档）；环境管理制度监察档案；排污费征收、管理、使用档案；行政处罚的档案；其他与环境执法相关的档案。

第三节 环境保护现场检查

一、环境保护现场检查制度

（一）环境保护现场检查

《环境保护法》第二十四条县级以上人民政府环境保护主管部门及其委托的环境监察机构和其他负有环境保护监督管理职责的部门，有权对排放污染物的企业事业单位和其他生产经营者进行现场检查。

环境保护现场检查属于环境行政执法活动，是指环境行政机关设立的环境监察机构根据法律授权或者行政机关委托，实施环境现场监督检查，并依照法定程序执行或适用环境法律法规，从而直接强制地影响行政相对人权利和义务的具体行政行为。环境执法包括环境司法执法和环境行政执法。

环境保护现场检查制度是环境保护行政主管部门或其他依法行使环境监察权的部门对管辖范围内的排污单位进行现场检查的法律规定。其目的在于检查和督促排污单位执行环境保护法律的要求，及时发现环境违法行为，以便采取相应的措施。

环境现场检查属于环境行政执法的范畴，因而也具有行政执法包括环境行政执法的一般特点。概述起来有以下四点：

①环境现场检查是一种单方的具体行政行为。它是对特定的环境行政管理相对人和特定事件所采取的具体行政行为，并且由现场执法主体即环境监察机构单方面意思表达即告成立。

②环境现场检查是直接影响环境行政管理相对人权利和义务的行政行为。

③环境现场检查是具有程序要求的行为。环境监察机构在进行现场执法活动时，必须按照法律法规规定的程序进行。

④环境现场检查是具有技术性的行政行为。环境法含有大量的反映自然规律的技术规范，环境现场执法必须借助一定的技术手段。

（二）环境保护现场检查的主体及其权利义务

各级环境保护主管部门所属的环境监察机构，负责具体实施环境监察工作。

从事现场执法工作的环境监察人员进行现场检查时，有权依法采取以下措施：①进入有关场所进行勘察、采样、监测、拍照、录音、录像、制作笔录；②查阅、复制相关资料；③约见、询问有关人员，要求说明相关事项，提供相关材料；④责令停止或者纠正违法行为；⑤适用行政处罚简易程序，当场作出行政处罚决定；⑥法律、法规、规章规定的其他措施。

实施现场检查时，从事现场执法工作的环境监察人员不得少于两人，并出示《中国环境监察执法证》等行政执法证件，表明身份，说明执法事项。检查机关应当为被检查的单位保守技术秘密和业务秘密。

（三）现场检查中被检查对象的法律义务

《环境行政处罚办法》第三十一条规定，在环境监察人员进行现场检查时，当事人及有关人员应当配合调查、检查或者现场勘验，如实回答询问，不得拒绝、阻碍、隐瞒或者提供虚假情况。《环境保护法》第二十四条也规定，被检查者应当如实反映情况，提供必要的资料。

《海洋环境保护法》第七十五条、《水污染防治法》第七十条、《大气污染防治法》第四十六条、《环境噪声污染防治法》第五十五条、《固体废物污染环境防治法》第七十条、《放射性污染防治法》第四十九条、《电磁辐射环境保护管理办法》第二十六条等均规定：拒绝环境保护部门现场检查的和被检查时弄虚作假的，由环境保护部门给予警告并责令限期改正；逾期不改正的处以罚款。

排污单位有义务协助环保部门的监察，并提供和回答以下资料和信息：①与环境污染有关的工况资料、排污资料、生产资料、资源消耗资料等；②环境监测和污染源自动监控数据；③污染物排放情况；④环境保护制度、法律实施情况；⑤污染治理设施管理、操作和运行情况；⑥环境污染事故和违法事件发生情况；⑦其他与环境污染有关的信息。

二、现场检查程序

（一）现场检查的准备

具体包括收集信息资料（可以通过以下途径收集污染源信息：污染源调查、排污申报登记、污染源自动监控系统、群众举报、信访、环保热线、领导批示、媒体报道、其他部门转办等）、信息资料整理加工、制定现场检查活动计划（内容主要包括：检查目的、时间、路线、对象、重点内容等。对于重点污染源和一般污染源，应保证规定的检查频率。对排放有毒有害污染物、扰民严重的餐饮、娱乐服务等污染源及群众来信来访举报的污染源及时进行随机检查）、选择配备必要的现场检查装备等。

（二）现场调查取证

现场检查活动中取得的证据包括：书证、物证、证人证言、视听材料和计算机数据、当事人陈述、环境监测报告和其他鉴定结论、现场检查（勘察）笔录等。

（三）污染源现场检查

1．了解生产设施

了解排污者的工艺、设备及生产状况，是否有国家规定淘汰的工艺、设备和技术，了解污染物的来源、产生规模、排污去向等。

2．污染治理设施检查

了解排污者拥有污染治理设施的类型、数量、性能和污染治理工艺，检查是否符合环境影响评价文件的要求；检查污染治理设施管理维护情况、运行情况、运行记录，是否存在停运或不正常运行情况，是否按规程操作；检查污染物处理量、处理率及处理达标率，有无违法、违章的行为。

3．污染源自动监控系统检查

按照《污染源自动监控管理办法》等法规的要求，检查污染源自动监控系统。

4．污染物排放情况检查

检查污染物排放口（源）的类型、数量、位置的设置是否规范，是否有暗管排污等偷排行为。

检查排污口（源）排放污染物的种类、数量、浓度、排放方式等是否满足国家或地方污染物排放标准的要求。

检查排污者是否按照《环境保护图形标志——排放口（源）》（GB 15562.1）、《环境保护图形标志　固体废物贮存（处置）场》（GB 15562.2）以及《〈环境保护图形标志〉实施细则（试行）》（环监[1996]463 号）的规定，设置环境保护图形标志。

5．环境应急管理检查

开展现场环境事故隐患排查及其治理情况监察；检查排污者是否编制和及时修订突发

性环境事件应急预案；应急预案是否具有可操作性；是否按预案配置应急处置设施和落实应急处置物资；是否定期开展应急预案演练。

（四）现场检查报告

如实记录现场检查情况，作出现场检查结论等。

三、环境行政违法行为证据

环境行政违法证据指在环境行政处罚案件办理中用以证明案件事实的材料，主要包括：证明当事人身份的材料；证明违法事实及其性质、程度的材料；证明从重、从轻、减轻、免除处罚情节的材料；证明执法程序的材料；证明行政处罚前置程序已经实施的材料；证明案件管辖权的材料；证明环境执法人员身份的材料；其他证明案件事实的材料。

环境行政执法人员应依法、及时、全面、客观、公正地搜集证据。证据收集工作应在行政处罚决定做出之前完成。禁止违反法定程序搜集证据。禁止采取利诱、欺诈、胁迫、暴力等不正当手段搜集证据。不得隐匿、毁损、伪造、变造证据。

证据应当符合法律、法规、规章和最高人民法院有关行政执法和行政诉讼证据的规定，并经查证属实才能作为认定事实的依据。合法性、真实性和与待证事实的关联性是环境行政处罚案件证据必须具备的基本要求。证据要求指的证据所具备的条件，通常强调的是形式条件，包括收集与制作证据的要求。

四、环境违法行为类型及其认定

常见环境违法行为包括：拒绝环保部门检查的；在环保部门检查时弄虚作假的；违反排污申报登记规定的；未按规定缴纳排污费的；违反建设项目环境影响评价制度的；违反建设项目“三同时”制度的；不正常使用污染处理设施的；擅自拆除、闲置、关闭污染处理设施、场所的；违反环境法律规定造成环境污染事故的；违反排污口设置规定的；在禁止建设区域内违法建设的等。

证明上述常见违法行为的证据主要有必要证据（用以证明主要事实）和补充证据（用以证明裁量事实、印证主要事实）。证据应能确认环境违法行为的实施人，能证明环境违法事实、执法程序事实、行使自由裁量权的基础事实，能反映环保部门实施行政处理处罚的合法性和合理性。

环境违法行为事实清楚，证据确凿的应依据相关法律法规规定作出处理处罚决定。

五、环境行政处罚

（一）环境行政处罚的主体

县级以上环境保护主管部门在法定职权范围内实施环境行政处罚。经法律、行政法规、地方性法规授权的环境监察机构在授权范围内实施环境行政处罚，适用《环境行政处罚办法》关于环境保护主管部门的规定。

环境保护主管部门可以在其法定职权范围内委托环境监察机构实施行政处罚。受委托的环境监察机构在委托范围内，以委托其处罚的环境保护主管部门名义实施行政处罚。委托处罚的环境保护主管部门，负责监督受委托的环境监察机构实施行政处罚的行为并对该行为的后果承担法律责任。

（二）环境行政处罚的管辖

发现不属于环境保护主管部门管辖的案件，应当按照有关要求和时限移送有管辖权的机关处理。涉嫌违法依法应当由人民政府实施责令停产整顿、责令停业、关闭的案件，环境保护主管部门应当立案调查，并提出处理建议报本级人民政府。涉嫌违法依法应当实施行政拘留的案件，移送公安机关。涉嫌违反党纪、政纪的案件，移送纪检、监察部门。涉嫌犯罪的案件，按照《行政执法机关移送涉嫌犯罪案件的规定》等有关规定移送司法机关，不得以行政处罚代替刑事处罚。

县级以上环境保护主管部门管辖本行政区域的环境行政处罚案件。造成跨行政区域污染的行政处罚案件，由污染行为发生地环境保护主管部门管辖。

（三）环境行政处罚程序

环境行政处罚的程序一般包括立案、调查、决定、执行 4 个步骤，根据程序内容的繁简分为简易程序、一般程序和听证程序 3 种。

简易程序适用于违法事实确凿、情节轻微并有法定依据，对公民处以 50 元以下、对法人或者其他组织处以 1 000 元以下罚款或者警告的、可以当场作出行政处罚决定的场合；一般程序适用于简易程序以外的其他行政处罚场合；听证程序适用于责令停产、停业、关闭、暂扣或吊销许可证或者较大数额的罚款或没收等重大行政处罚决定的场合。有关环境行政处罚的程序的具体内容请见第二编第七章第二节。

六、环境行政执法后督察

环境行政执法后督察，是指环境保护主管部门对环境行政处罚、行政命令等具体行政行为执行情况进行监督检查的行政管理措施。

县级以上人民政府环境保护主管部门负责组织实施环境行政执法后督察。对县级以上人民政府或者其环境保护主管部门依法作出的环境行政处罚、行政命令等具体行政行为，由县级以上人民政府环境保护主管部门的环境监察机构负责具体实施环境行政执法后督察。对环境保护部依法作出的环境行政处罚、行政命令等具体行政行为，可以由环境保护部委托其派出的环境保护督查机构负责具体实施环境行政执法后督察。

县级以上人民政府环境保护主管部门应当在环境行政处罚、行政命令等具体行政行为执行期限届满之日起 60 日内，进行环境行政执法后督察。县级以上人民政府环境保护主管部门应当对下列事项进行环境行政执法后督察：①罚款，责令停产整顿，责令停产、停业、关闭，没收违法所得、没收非法财物等环境行政处罚决定的执行情况；②责令改正或者限期改正违法行为、责令限期缴纳排污费等环境行政命令的执行情况；③其他具体行政行为的执行情况。

环境行政执法后督察工作结束后，负责具体实施后督察工作的机构应当向本级人民政府环境保护主管部门提交《环境行政执法后督察报告》，报告具体行政行为执行情况、后督察开展情况、发现的问题等，并提出处理建议。

第四节　环境监察的内容

一、污染源环境监察

现场监督检查污染源的污染物排放情况、污染防治设施运行情况、环境保护行政许可执行情况等是《环境监察办法》确定的环境监察机构的主要工作任务。

污染源指向环境排放有毒有害物质或对环境产生有害影响的场所、材料、产品、设备和装置，分为天然污染源和人为污染源。重点污染源是指环境保护行政主管部门在环境管理中确定的污染物排放量大、污染物环境毒性大或存在较大环境安全隐患、环境危害严重的污染源。对重点污染源实行重点监控、重点管理。

污染源环境监察是指环保部门根据法律法规或者授权其下属单位对污染源实施监督检查，并根据法定程序执行或适用有关法律法规实施的具体行政行为。促进结构减排的实施、配合搞好环境保护专项行动、为总量减排提供支撑。

（一）水污染源环境监察

1. 水污染防治设施监察

①设施的运行状态；

②设施的历史运行情况；

③处理能力及处理水量；

④废水的分质管理；

⑤处理效果；

⑥污泥处理、处置。

2. 污水排放口监察

①检查污水排放口的位置是否符合规定；

②检查排污者的污水排放口数量是否符合相关规定；

③检查是否按照相关污染物排放标准、HJ/T 91、HJ/T 373 的规定设置了监测采样点；

④检查是否设置了规范的便于测量流量、流速的测流段。

3. 排水量复核

①有流量计和污染源监控设备的，检查运行记录；

②有给水计量装置的或有上水消耗凭证的，根据耗水量计算排水量；

③无计量数及有效的用水量凭证的，参照国家有关标准、手册给出的同类企业用水排水系数进行估算。

4．排放水质

检查排放废水水质是否达到国家或地方污染物排放标准的要求。检查监测仪器、仪表、设备的型号和规格以及检定、校验情况，检查采用的监测分析方法和水质监测记录。如有必要可进行现场监测或采样。

5．排水分流

检查排污单位是否实行清污分流、雨污分流。

6．事故废水应急处置设施

检查排污企业的事故废水应急处置设施是否完备，是否可以保障对发生环境污染事故时产生的废水实施截流、贮存及处理。

7．废水的重复利用

检查处理后废水的回用情况。

（二）大气污染源监察

1．燃烧废气

①检查燃烧设备的审验手续及性能指标；

②检查燃烧设备的运行状况；

③检查二氧化硫的控制；

④检查氮氧化物的控制。

2．工艺废气、粉尘和恶臭污染源

①检查废气、粉尘和恶臭排放是否符合相关污染物排放标准的要求；

②检查可燃性气体的回收利用情况；

③检查可散发有毒、有害气体和粉尘的运输、装卸、贮存的环保防护措施。

3．大气污染防治设施

①除尘系统；

②脱硫系统；

③脱硝系统；

④其他气态污染物净化系统。

4．废气排放口

①检查排污者是否在禁止设置新建排气筒的区域内新建排气筒；

②检查排气筒高度是否符合国家或地方污染物排放标准的规定；

③检查废气排气通道上是否设置采样孔和采样监测平台。

5．无组织排放源

①对于无组织排放有毒有害气体、粉尘、烟尘的排放点，有条件做到有组织排放的，检查排污单位是否进行了整治，实行有组织排放。

②检查煤场、料场、货场的扬尘和建筑生产过程中的扬尘，是否按要求采取了防治扬尘污染的措施或设置防扬尘设备。

③在企业边界进行监测，检查无组织排放是否符合相关环保标准的要求。

（三）固体废物污染源现场检查

1．固体废物来源

①了解固体废物的种类、数量、理化性质、产生方式。

②根据《国家危险废物名录》或 GB 5085 确定生产中危险废物的种类及数量。

2．固体废物贮存与处理处置

①检查排污者是否在自然保护区、风景名胜区、饮用水水源保护区、基本农田保护区和其他需要特别保护的区域内，建设工业固体废物集中贮存、处置的设施、场所和生活垃圾填埋场。

②检查固体废物贮存设施或贮存场是否设置了符合环境保护要求的设施；

③对于临时性固体废物贮存、堆放场所；

④对于危险废物的处理处置；

⑤检查排污者是否向江河、湖泊、运河、渠道、水库及其最高水位线以下的滩地和岸坡等法律、法规规定禁止倾倒废弃物的地点倾倒固体废物。

3．固体废物转移

①对于发生固体废物转移的情况；

②转移危险废物的，是否填写危险废物转移联单，并经移出地设区的市级以上地方人民政府环境保护主管部门商经接受地设区的市级以上地方人民政府环境保护主管部门同意。

（四）噪声污染源监察

1．产噪设备

了解产噪设备是否为国家禁止生产、销售、进口、使用的淘汰产品；检查产噪设备的布局和管理。

2．噪声控制与防治设备

检查噪声控制与防治设备是否完好，是否按要求使用，管理是否规范，有无擅自拆除或闲置。

3．噪声排放

根据国家环境保护标准的要求，进行现场监测，确定噪声排放是否达标。

（五）现场处理和处罚

1．现场处理

实施现场检查人员在污染源检查中，对存在环境违法或违规行为的，根据问题性质、情节轻重，可以按照法律法规的规定，当场采取责令减轻、消除污染，责令限制排污、停止排污，责令改正等处理措施。

2．现场处罚

对环境违法事实确凿、情节轻微并有法定依据，可按照《环境行政处罚办法》（环境保护部令第 8 号）规定的简易程序，当场作出行政处罚决定。

二、建设项目环境监察

现场监督检查建设项目环境保护法律法规的执行情况等是《环境监察办法》确定的环境监察机构的主要工作任务。

环境监察的位置在环境管理的下游，是环境管理的落实，是对环境管理实施情况的查考，是环境管理效果的保证。环境监察机构在建设项目建设过程中要不断对该项目进行检查，具体落实环境管理各项措施，及时发现建设单位或施工单位的环境违法行为并予以处理处置。环境监察机构对建设项目的环境监察是在环境保护行政主管部门的领导下进行的，其内容是：①对建设项目执行环境影响评价制度情况的现场监督检查；②对建设项目执行“三同时”制度情况的现场监督检查；③对建筑施工现场环境进行监督检查。

（一）杜绝建设项目环境管理漏项、漏批、漏管现象

加强建设项目环境管理的主要着力点是杜绝对项目的漏项、漏批、漏管。防止建设单位对环境保护法律法规置之不理，擅自开工建设。事实证明，建设项目不履行环境保护手续，开工建设甚至建成投产的大量存在。“先上车，后买票，上了车，不买票”的现象非常严重。

一般来说，在本辖区内发生的建设项目漏管现象，首先要追究环境监察机构的责任：已动工建设的，环境监察机构发现了没有；环境影响评价和“三同时”手续检查过没有；向环境保护行政主管部门报告了没有；经环境保护行政主管部门决定停止建设、限期补办环境影响评价文件的任务执行了没有等。

（二）施工过程中的环境监察

建设项目施工过程的环境监察非常重要，也十分复杂。它关系到该项目的环境影响评价能否产生作用，环境保护措施能否落实，“三同时”能否实现。

①查建设项目的审批手续。一般的建设项目工地都十分杂乱，环境监察人员到达后要首先与工程指挥部取得联系，由建设单位向环境监察人员报告工程进展情况。这时要注意的是环评手续办理了没有、环保部门审批了没有、怎样批复的。根据《环境影响评价法》和《建设项目环境保护管理条例》的有关规定，建设项目环境影响评价文件经批准后，建设项目的性质、规模、地点或者采用的生产工艺发生重大变化的，建设单位应当重新报批建设项目环境影响评价文件。

②查该项目的开工报告（施工许可证）是否经过建设行政主管部门批准，是否经过环境保护部门的同意（环境保护工程的设计是否已经完成）。必要时可以要求审查其施工图，看环境保护设施的图纸是否完成。

③建设项目开工后，要查其施工红线是否与批准的位置一致，有无移动。

④查建设内容（与原环境影响评价报告书相比）有无变化。

⑤环境影响评价报告书中规定的环保措施是否落实，环保设施的资金安排、施工计划、设备订货是否到位。

⑥建设项目的实际内容与建设单位所申报的建设内容是否一致，有无虚报、瞒报、漏

项或私改项目内容。

⑦检查项目配套的污染防治设施是否能与主体工程同时竣工或同时投产。这一点是实现“三同时”的关键。

（三）项目试运行和竣工验收的环境监察

在项目试生产阶段，环境监察就要同时进行，环境监察机构提出的《环境监察报告》是建设项目竣工验收的依据之一。要视建设项目的性质来决定竣工验收时的关注重点。

已进入试生产的建设项目，查它有无经过环境保护部门批准，试生产期间的负荷是否达到设计能力的75%以上，试生产时间是否超过3个月。如有异常，立即报告环境保护行政主管部门，请求指示。

建设项目竣工验收通过后，竣工验收清单副本要交给环境监察机构保存，以便今后对遗留问题加强关注。

（四）非排污型项目的环境监察

一些非排污型建设项目，虽然不排污染物，但是对生态环境的影响却不可忽视。例如交通建设项目；农业、林业、水利工程建设项目；动植物引进和驯化等科研项目；水电、输变电、输送气等建设项目；高尔夫球场建设项目；矿山掘进和改变地形地貌等。此类项目施工完成后，生态环境的影响已经造成，竣工验收时再想弥补为时已晚。只能在项目可行性研究阶段和施工阶段加以防范，减少或避免对生态环境的影响。关系到水土保持的项目，要依据经批准的水土保持方案，监督其认真实施。分期施工的项目要分期做好水土保持，不要把开发区变成新的水土流失区。开发区的建设规划必须经过环境影响评价，环境质量必须保证达到环境影响评价的要求，也不能把开发区变成污染项目的保护区。

环境监察机构不但要对建设单位实施环境监察，而且也要对工程环境监理队伍实施监督。

三、生态和农村环境监察

现场监督检查自然保护区、畜禽养殖污染防治等生态和农村环境保护法律法规执行情况是《环境监察办法》确定的环境监察机构的主要工作任务之一。

生态环境监察是地方各级环境保护主管部门依法对辖区内一切单位和个人履行生态环境保护法律法规、政策、制度、标准等情况进行监督检查，并对环境违法行为和生态破坏案件进行查处的行政执法活动。农村环境监察是地方各级环境保护主管部门依法在农村地区开展的环境保护行政执法活动。生态和农村环境监察是环境监察工作的重要组成部分，是环境监察从工业污染源监管向生态保护领域监管、从城市环境监管向农村环境监管的拓展，是强化生态环境管理、遏制城市和工业污染向农村地区转移的有效手段，是改善生态和农村环境质量、保障生态和农村环境安全的重要措施，是实施各项生态和农村环境管理政策的有力支撑和重要保障。

（一）当前生态环境监察工作的重点

1．开展自然保护区的环境监察

按照《中华人民共和国自然保护区条例》、《国家级自然保护区监督检查办法》等相关规定，依法严肃查处涉及自然保护区的有关环境违法行为。监督检查自然保护区内的人类活动情况，督促当地政府分期分类逐步解决存在的问题，促进区域生态功能和生物多样性的保护。

2．开展集中式饮用水水源保护区的环境监察

按照《水污染防治法》、《饮用水水源保护区污染防治管理规定》、《饮用水水源保护区标志技术要求》等相关规定，将集中式饮用水水源保护区纳入日常环境监察范围，检查一级、二级保护区内的排污口、违法建设项目、网箱养殖、旅游开发等情况，依法严肃查处饮用水水源保护区内各类环境违法行为。

3．开展资源开发类建设项目的环境监察

依据《环境影响评价法》和《建设项目环境保护管理条例》等相关法律法规，重点加强对矿产资源、旅游开发等建设项目的环境监察。检查各类资源开发建设项目的环境影响评价、“三同时”制度及环保验收的执行情况；检查环境保护和生态恢复措施是否达到国家有关环境保护规定和环境影响报告文件批复要求，污染治理和生态保护设施是否正常运行，污染物排放是否达标，是否按规定编制矿山生态环境保护与恢复治理方案及缴存矿山环境治理和生态恢复保证金等，依法严肃查处资源开发领域环境违法和生态破坏行为。

4．开展非污染性建设项目的环境监察

依据《环境影响评价法》、《建设项目环境保护管理条例》和《环境保护部建设项目“三同时”监督检查和竣工环保验收管理规程（试行）》等相关法律法规，重点加强对水利、水电、风电、公路、铁路、机场、油气管道等非污染性建设项目的环境监察。检查非污染性建设项目环境影响评价、“三同时”制度及环保验收的执行情况，加强对项目的全过程监管；检查环境保护和生态恢复措施是否达到国家有关环境保护规定和环境影响报告文件批复要求，依法严肃查处各类非污染性建设项目环境违法和生态破坏行为。

5．积极探索开展重点生态功能区、生物多样性、外来物种入侵防控等方面的环境监管工作

（二）当前农村环境监察工作的重点

1．开展“以奖促治”政策实施情况的环境监察

开展对农村环境连片整治项目实施情况的监督检查，尤其要加强对已建成的各类环境保护基础设施运行情况的日常现场监督检查，依法查处各类环境违法行为。

2．开展“以创促治”政策实施情况的环境监察

配合农村生态文明建设示范创建活动，按照生态乡镇和生态村建设要求，开展日常现场监督检查工作，促进农村地区生态环境质量的改善。

3．开展“以减促治”政策实施情况的环境监察

按照国家“十二五”主要污染物减排工作要求，对纳入农村污染减排的项目加强日常现场监督检查，重点是加强对规模化畜禽养殖场（小区）的环境保护执法工作。

4．开展“以考促治”政策实施情况的环境监察

配合农村环境综合整治目标责任制的考核，加强现场监督检查工作；组织开展秸秆禁烧执法监管工作。

5．加强农村地区工业污染环境监察

加强对农村地区建设项目环境影响评价制度执行情况的监督检查，遏制城市和工业污染向农村转移，保障农村地区的环境安全。

6．积极探索开展土壤环境保护和有机食品生产基地监管、规模化水产养殖等领域的环境监管和执法工作

四、排污申报与排污收费

排放污染物申报登记、排污费核定和征收是《环境监察办法》确定的环境监察机构的主要工作任务之一。有关排污申报和排污收费制度的具体内容请见第二编第五章第五节。

第五节　环境监察信息化

一、环境监察信息化建设

多年来，环境保护部环境监察局高度重视信息网络化建设。坚持“以需求为导向，以服务为宗旨，以应用促发展”的方针，克服困难，不断创新，锲而不舍地抓紧抓好环境执法与环境应急信息网络化建设工作，取得了显著成绩，得到了有关方面的肯定和褒奖，以12369 环保热线的开通和排污申报收费软件的启动为标志，全国环境监察系统的信息化建设出现了历史性的跃进。这两项领衔工作的持续延展，对于强化我国环境监察工作的地位和作用，加强环境监察系统的凝聚力，提高各级环境监察机构的执法监督能力和科学化管理水平，以及提高环境监察队伍的整体素质等方面，均起到了积极促进作用。

根据 2005 年 4 月国家环境保护总局电子政务领导小组提出的《国家环境保护总局三年电子政务建设发展规划》和《国家环境保护总局软件开发项目管理办法》的规定，以及建设《总局电子政务综合平台环境数据中心》的总体结构，结合环监局的实际业务需求提出《环境监察系统信息网络化建设总体框架》。

2006 年以来，在不断结合环境监察系统主体任务和核心工作的基础上，着手进行了《环境监察系统信息网络化建设总体框架》的总体设计。随着我国环保工作的发展，环境监察工作人员的工作内容也越来越多，根据当前环境监察工作的内容与目前信息技术的现状进行分析，当前环境监察的工作信息化系统的总体典型构架如图 19-1 所示。

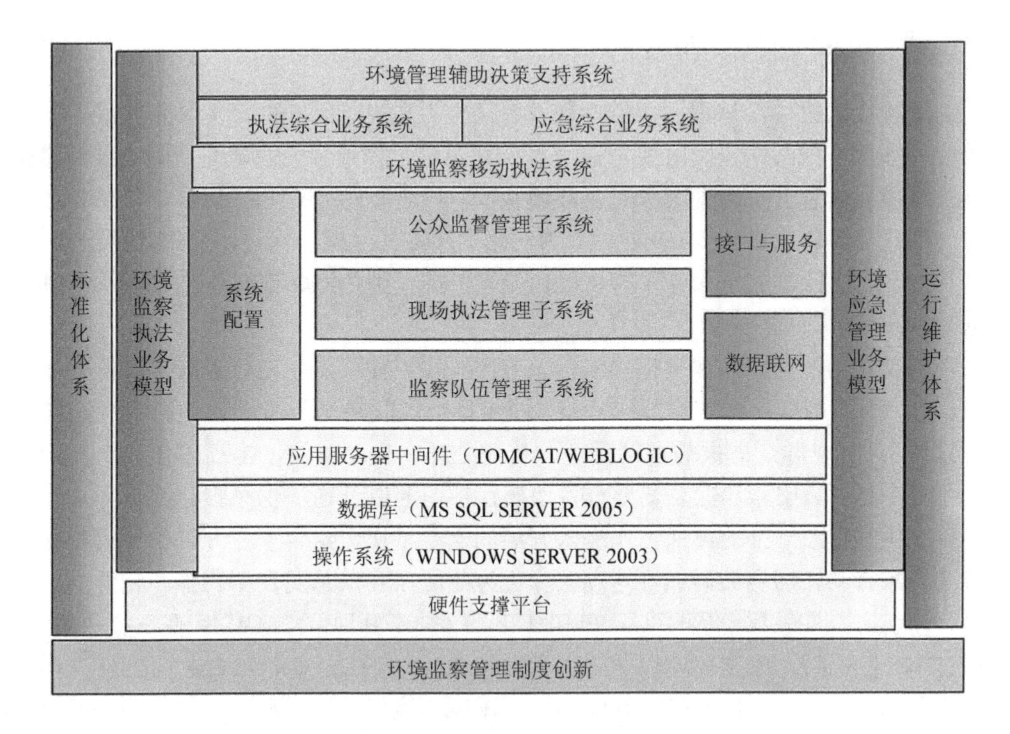

图 19-1 环境监察工作信息化系统总体模型构架

二、环境保护举报工作信息化管理

环境举报，主要是指公民、法人和其他组织通过书信、电话、走访等形式，向县级以上各级人民政府的环境保护行政主管部门反映环境保护情况，提出意见、建议和要求、环境保护部门依法予以处理的活动。

《环境信访办法》第三条明确指出“各级环境保护行政主管部门应当做好环境信访工作，认真处理来信、来电，热情执行来访，倾听人民群众的意见、建议和要求，接受人民群众的监督，努力为人民服务”。如何及时、合理与公正地解决日益增多的举报是当前环保部门的重点工作之一。

但目前环境举报工作遇到了一些难题，如群众发现污染问题时，很难将情况向有关部门反映。主要原因：一是环保部门自身宣传力度不够，一些群众缺乏环境意识和环保常识，在发生污染问题时不知道找什么部门或者不知以什么方式去找有关部门；二是环保部门接收举报的途径过少，不利于群众进行举报；三是环保部门机构不健全，无专人负责举报工作，或是由于单位管理制度不健全，少数工作人员为民做事的责任感和为公做事的事业心不强，擅离职守，最终导致群众举报无人接待；四是污染问题发生在环保部门下班时间，无人值班，群众无法举报；五是环保工作人员在接待群众举报时，盛气凌人、态度不佳，接待群众反映问题时有互相推诿现象，造成群众来回奔波，耗费大量时间和精力，怕打“官司”，打不起“官司”。

（一）“12369 环保举报热线”

为了解决人民群众举报困难的问题，国家大力建设了 12369 环境举报热线，同时建设了相应的环境举报网站。同时要贯彻信息公开规定，使社会公众即时查询企业环境信息、环境执法监察信息公开的内容，监督环境状况，监督排污企业和环保部门依法行政。环境举报的信息化工作应以“12369 热线”为纽带，加强其标准化建设，强化其环保政府品牌，升华其内涵，把目前 12369 单一的举报功能逐步扩大到“公众监督、法律援助、环境维权”上来。

环保部认为，开通环保举报热线，一方面可以方便群众，充分调动人民群众保护环境的积极性，保护群众的合法权益；另一方面实行全国联网，通过“环保投诉举报自动受理、处理系统”，实现群众举报的自动受理、自动处理、自动传输，提高工作效率，确保上通下达，政令畅通。国家环保总局要求各级环保部门要以开通环保举报热线作为加强环境执法，树立执法形象，推动环保工作深入开展的重要举措，结合正在开展的严肃查处环境违法行为专项行动，切实抓紧抓好这项工作。为此国家环保总局及下属部门相继下发了相关文件，分别为：国家环境保护总局 2001 年下发《关于开通“12369”环保举报热线的通知》（环发[2001]96 号），国家环境保护总局污控司 2001 年下发《关于开通“12369”环保举报热线有关问题的函》（环控函[2001]95 号），国家环境保护总局办公厅《关于开通“12369”热线有关问题的通知》（环办函[2001]508 号）。

国家环境保护总局为了加强社会监督，防止污染事件、污染纠纷和污染事故的发生，鼓励公众举报并及时查处各类环境违法行为，决定在全国开通统一的环保举报热线。国家环境保护总局组织并委托北京长能科技公司研制开发了“环保举报信息自动管理系统”。该系统能够实现群众举报的自动受理、自动记录、自动转办、交办、自动查询、统计、应急处理等功能，并将在全国联网运行。同时，信息产业部为国家环保总局核配“12369”作为全国统一的环保投诉举报电话号码。

国家各部门、各级领导非常重视环保工作。国务院批准的国家环境保护总局、国家发展计划委员会、国家经济贸易委员会和财政部联合制定的“国家环境保护‘十五’计划”第 37 页，特别提到了“12369 环保举报中心”的建设，认为该举措可以提高环境监督执法能力。

（二）“12369 中国环保热线”管理暂行规定

国家环境保护总局、信息产业部于 2002 年 7 月 7 日联合颁布了《12369 中国环保热线管理暂行规定》。

开通“12369 中国环保热线”的目的是为了充分调动广大人民群众的环境保护积极性，提高其环境保护意识，保护自身合法权益；形成一个广泛的、社会化的环境保护监督机制。为了加强对“12369 中国环保热线”的科学管理，根据《中华人民共和国环境保护法》及其相关法律、法规，制定了《12369 中国环保热线管理暂行规定》。

通信资源属国家所有。“12369”电话号码，由信息产业部核配给国家环境保护总局及各级环境保护机关使用。信息产业部有权根据通信资源的整体布局进行调整。

“12369 中国环保热线”专门用于各级环境保护机关受理公众对环境安全事件的举报和

投诉，以及受理公众对环境保护事业的建议和意见。

“12369 中国环保热线”按国家行政区划管辖划分，实行国家统筹、分级建设、属地管理的方法。

各级信息产业机关、中国电信集团公司、中国联合通信有限公司、中国移动通信集团公司、中国通信广播卫星公司、铁道通信信息有限公司等相关单位，应协助环境保护机关开通“12369 中国环保热线”，并保证其在本地网（固定通信网、移动通信网）内的稳定运行。各级环境保护机关应将“12369 中国环保热线”的建设、运行和管理纳入日常工作，定岗、定编、定员，并不断改善办公环境和条件，保证运行经费和信息畅通。

各级环境保护机关应通过有关新闻媒体和适当的方法，宣传“12369 中国环保热线”，不断扩展其功能，扩大公众对国有资源的利用率，使其发挥应有的功效。

（三）12369 中国环保热线的日常管理

“12369 中国环保热线”实行 24 小时人/机器值班制，随时受理公众有关环境问题的举报、投诉、建议、意见，取信于民。

凡开通“12369 中国环保热线”的环境监察机关，均应根据本地区经济建设和社会发展以及环保事业的实际需要，设立“12369 中国环保热线”工作岗位，确定编制，固定管理人员，满足实际管理工作需要。

在国家未颁布“12369 中国环保热线”岗位规范前，各级环保局应制定本地区的岗位规范，以满足本岗位的实际需要。

“12369 中国环保热线”实行“受理”与“处置”分离的工作制度，以分清责任、堵塞漏洞、杜绝某些社会时弊。国家环境保护总局将在调查研究的基础上，制定全国统一的工作流程，不断升级软件，以实现统一管理的科学化。

根据国家环境保护总局开通 12369 环保投诉热线电话的有关文件以及实际工作的需要，在热线的日常管理中应做好以下工作：

①要指定专门机构、专门人员负责日常管理工作。

②做到 24 小时人/机值守，受理群众的举报和投诉。

③设置专门用于受理群众举报投诉和处理举报投诉信息的专用计算机或服务器，管理举报投诉信息。

④每天至少登录一次 www. 12369. gov. cn 或 www. 12369. org. cn，下载网上局报信息和网上建议信息，同时查看上级指令和相关单位信息。

⑤及时上传处理过的举报投诉信息，以便中央备份和信息资源共享。

⑥每天出一张 12369 工作日志，汇总本地区的举报信息和污染事故，并报告分管局长。

⑦实时备份数据，必要时可以刻成光盘备查。

⑧制定 12369 管理办法和奖惩办法，把责任落实到人头。

⑨搜集、记录在使用“12369 环保举报信息自动管理系统”和“全国联网办公平台软件”过程中出现的问题并提出修改意见，及时反馈研发公司，以便改进工作。

三、排污费征收管理系统

排污费征收管理工作信息化的核心是开发一套切实可行的排污费征收管理信息系统软件。在国家环保总局的指导下，由西安交大长天软件公司开发的《排污费征收管理系统》软件经过两年多的研发和不断完善，已经迅速应用在各级环境监察机构的排污费征收管理工作中。

这套系统适用于排污费征收管理的全过程，环境监察人员可以用它来完成排污费征收的申报、核定、计算、开单、对账、统计汇总、分析查询的各个环节的工作。各级环保部门也可以通过这套系统随时了解掌握排污费征收工作的进展情况和相应的污染源统计数据，经分析整理出的大量基础信息，可以为各级环保部门领导的管理和决策服务。

（一）《排污费征收管理系统》的特点

1．系统性

排污费征收管理信息系统严格按照《排污费征收使用管理条例》及其配套规章，对排污费征收工作的规定和程序进行设计，全面涵盖从申报、申报变更、审核、核定、计算、银行对账、公告、减免缓、查询汇总和数据管理各个环节，清晰地描述排污收费各项业务流程，严格按工作流程操作，在完成排污费征收各个环节工作的同时，强化了查询、统计、分析等管理功能。

2．扩展性

为了适应排污收费工作发展的需要，在实现基本功能基础上，留有接口可以不断扩展，例如物料衡算、网上申报、排污费缴纳通知单送达、电子对账、排污收费政务公开信息的网上发布等，都可以通过不断升级加以实现。这套系统还具备根据不同地方的实际情况进行二次开发和定制的条件。

3．统一性

系统软件是在国家环保总局信息中心的指导下，按照统一的环境保护信息编码进行编制，可以纳入全国环保信息共享平台系统。同时，该系统软件与统一的污染源自动监控系统软件共用一个数据库，污染源相关信息在两个软件中是通用的。

4．适应性

在保持严格的规范性的同时，系统软件保留了足够的灵活性，地方环保部门可以根据地方的法律法规，在国家标准的基础上设定自己的排放标准和征收标准，并且可以导入自己的监测数据，从而更加贴近各个环保部门的实际需求。系统使用了大型关系数据库，可快速处理海量数据和支持并发操作。系统伸缩性强，既可以应用于单机，也可以应用于局域网中。

（二）《排污费征收管理系统》的业务流程

按照以下排污费征收的流程（图 19-2 中加下划线的模块可由《排污费征收管理信息系统》软件实现）。

（三）《排污费征收管理系统》的功能

《排污费征收管理系统》的系统功能由 8 个模块实现，包括排污申报与审核模块、排污申报核定模块、排污费征收管理模块、排污费缴纳银行对账模块、通知书送达与决定公告模块、数据管理模块、查询汇总分析模块、系统设置模块，8 大主模块又细分为 35 个二级模块，如图 19-3 所示。

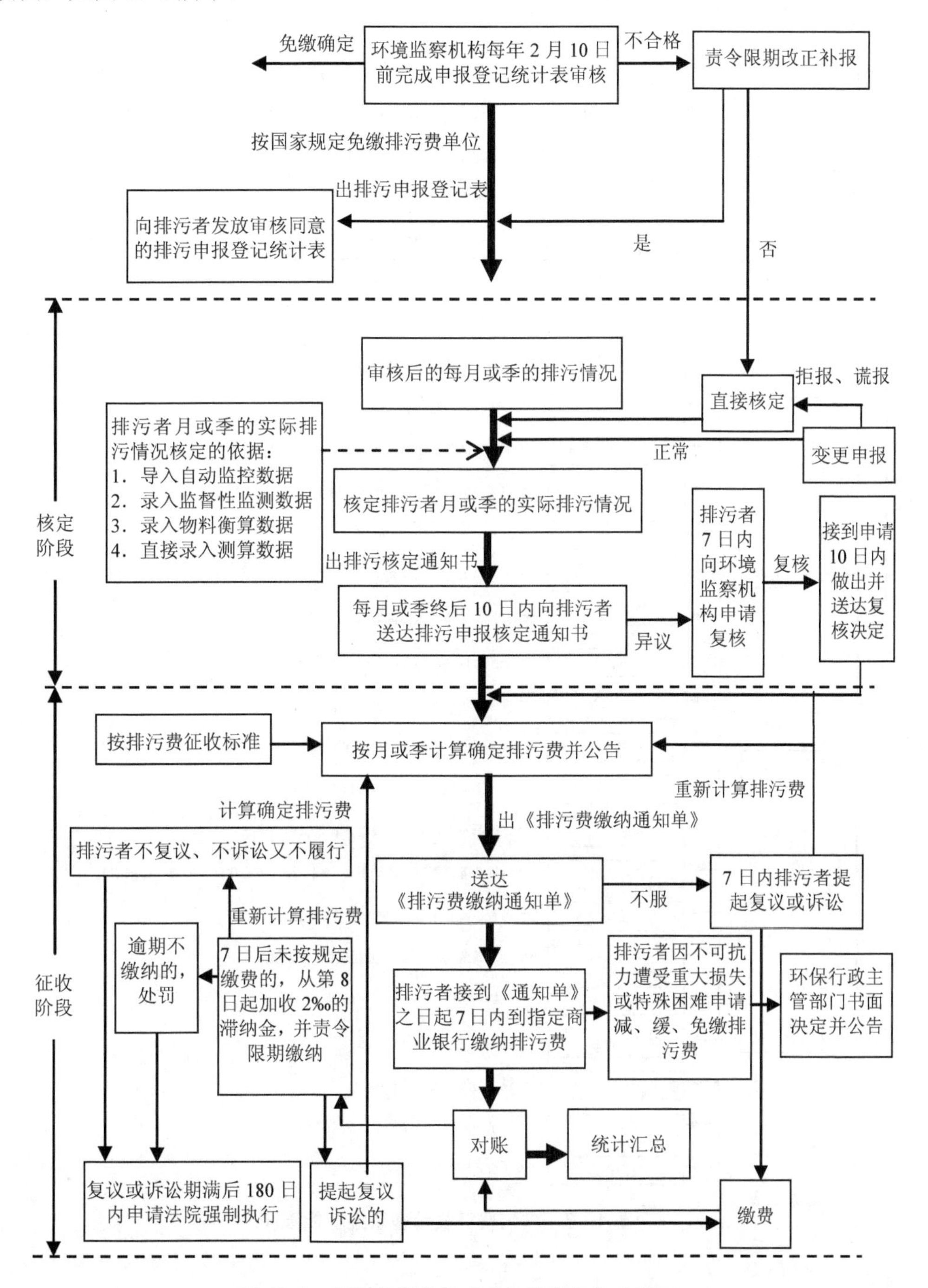

图 19-2 排污费征收管理业务流程的软件实现

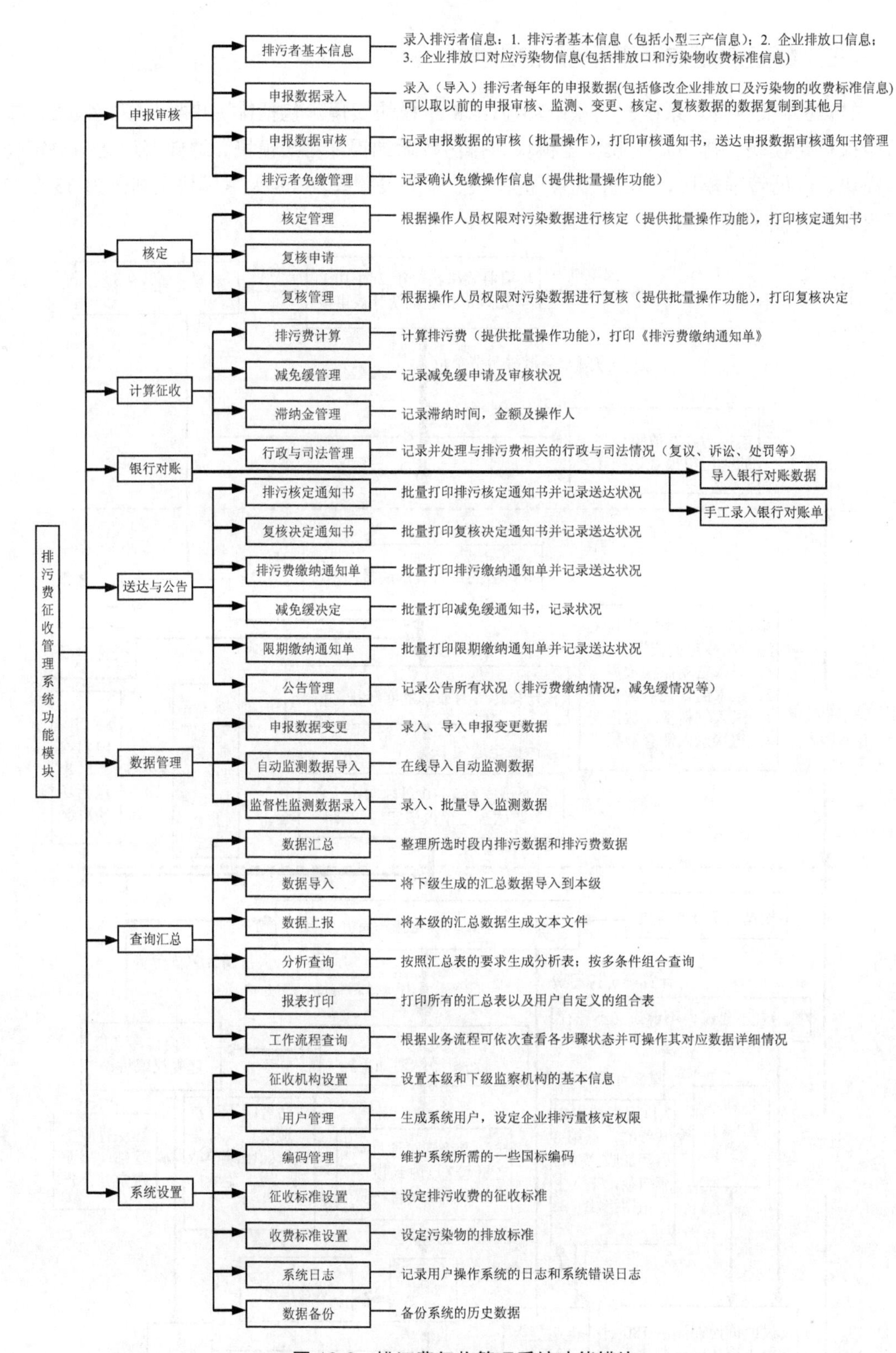

图 19-3 排污费征收管理系统功能模块

四、环境监察办公自动化

环境监察办公自动化的核心是电子政务系统的构建，电子政务是指政府机构在其管理和服务职能中运用现代信息技术，实现政府组织结构和工作流程的重组优化，超越时间、空间和部门分隔的制约，建成一个精简、高效、廉洁、公平的政府运作模式。电子政务模型可简单概括为两方面：政府部门内部利用先进的网络和数据库技术实现办公自动化、管理信息化、决策科学化；政府部门与社会各界利用网络信息平台充分进行信息共享与服务、加强群众监督、提高办事效率及促进政务公开等。

五、环境安全与应急信息化管理

环境安全与应急信息化管理系统应充分发挥信息技术的优势进行建设，系统的构建中应包括如下内容：

（一）环境污染事故事前预防系统

环境风险源管理功能，此功能可以与现有的排污申报登记系统相结合，从申报登记系统中取得数据，对辖区内的污染源进行环境风险分析。对于在申报登记系统中未涉及的企业则可要求其上报数据到环境风险源管理系统中，风险源管理系统可按排污单位的风险系统大小进行排序，从而使管理者能对辖区内的风险源有直观的了解。

环境事故应急预案管理功能，此功能可实现对辖区内企业的环境应急预案实行管理，辖区内企业需提供本企业的环境应急预案到本系统，环保部门可以从本系统中得到企业应急预案的相关信息，从而实现对环境应急预案的管理。同时对于企业应急预案的可行性、科学性等多个方面进行评估，从而提高企业环境应急预案的利用率，使得预案真正起到应急中的指导作用，改善当前企业环境应急预案多数实用性不强的现状。

环境事故应急设施、设备管理功能，本功能可以实现对于企业的应急设施、设备的监督、管理作用。企业在系统中提交自身的环境应急设施、设备相关信息（种类、数量等），系统将这些信息与《风险源管理系统》中相应企业的信息进行结合，环保管理部门可以通过本系统得到企业在环境应急设施、设备方面的建设是否齐备，是否对自身的生产特点具有针对性，以防止环境污染事故发生后由于设施、设备的原因而造成事故处理不得当的问题，同时本系统提供的信息也可以作为环保工作人员日常环境应急检查工作的依据。

环境事故应急专家信息管理功能，此功能中保存有当前国内环境应急各个方面的专家信息，这些专家平时可以为环境管理部门进行环境应急方面的培训工作，在环境污染事故发生时可以进行技术上的指导。

辖区内工业企业生产工艺环境风险分析功能，本系统可以对辖区内主要的工业企业从生产工艺的角度进行分析，得出其环境风险关键点提供给环保工作人员日常检查中应注意的关键生产工艺节点，从而降低环境事故发生的概率。

（二）环境污染事故事中处理辅助系统

当环境事故发生时，在系统中可以实现为应急工作人员提供环境污染事故的处理技术支持。这一系统应该可以提供的支持信息包括以下几方面。

①通过分析当前发生的事故信息，从既往发生过的事故案例中检索得出当前事故处理应采取的措施，将其提供给用户，以供现场处理使用，目前本系统已基本成形，既往成功处理的案例数量正在逐步增加之中。

②环境污染事故应急监测相关信息，系统可以根据当前事故的信息从数据库中检索得到当前事故条件下现场应急监测应使用的设备、方法、采样布点应注意的事项等方面的内容，环保人员可以根据这些信息指导环境污染事故的现场应急监测工作。

③环境污染事故的现场处理步骤信息，用户输入当前事故的条件后，系统可以检索得出当前事故处理应采取的详细步骤，指导用户在事故现场应采取哪些详细的步骤，环保人员通过这些信息可以在事故的现场一步一步进行污染事故的应急处理，做到事故处理的万无一失。

④环境污染事故化学品详细信息，系统通过检索用户输入的当前事故所涉及的化学品信息（名称、颜色等）从而检索得到化学品的 MSDS 信息，化学品的 MSDS 信息包括化学品处理中应注意的事项，涉及这类化学品的事故处理中应注意的问题，以及化学品的毒理特征等内容，环保人员通过这些信息可以在事故现场及时、准确地处理事故，将事故对人员的损害降到最低。

⑤环境污染事故信息发布，当环境污染事故发生后，较为重要的一步是环境污染事故的相关信息发布，让公众在第一时间内对所发生的环境污染事故有一个清晰的了解，从而防止群体性事件的发生。本系统可提供给用户信息发布时的注意事项，以及参考的例文。

⑥环境污染事故上报信息，此部分内容为系统按用户输入的条件在数据库中进行检索，得到当前事故信息上报注意事项，提供环保人员在事故处理中应与哪些部门取得联系，同时应将事故的信息上报到哪些上级部门，从而做到信息的第一时间传递，提高事故处理的成功率。

⑦提供环境污染事故 GIS 信息，系统可以通过用户输入的当前事故的相关条件（如事故发生地的经纬度信息）得到事故现场的 GIS 相关信息，从而应急处理人员可以根据这些信息得到现场的情况，指导环境污染事故的处理。

⑧环境污染事故污染物溯源功能，当环境污染事故发生后，如果不能确定污染源的位置，则用户可在系统中输入当时的现场条件（污染物的种类、数量、现场天气条件等）信息后，系统可以分析得出产生污染物的源头所在区域，从而在第一时间内得到事故中污染物的来源。

事故处理部分的功能应充分发挥计算机的 GIS 强大功能，实现对于污染扩散的动态分析，应急救援物资的实时检索等功能，从而提升环境应急的成功率。

（三）环境污染事故事后评估系统

①环境污染事故事后评估信息，当事故处理完成后，系统可按用户输入的条件得到当前事故的评估信息，如事故属哪级哪类事故，可能造成的损失有多少等，从而让用户对于

所发生的事故有一个全面的了解。

②事故现场恢复指南系统，本系统功能主要是通过分析当前现场的特征（如现场的特点、事故所涉及的化学品等）得到事故现场恢复时应采取的方法、步骤等方面的内容，尽可能降低事故造成的现场污染遗留问题。

③环境污染事故报告生成系统，本系统功能主要为用户输入当前事故的所有条件后（事故的发生、处理、后评估等内容），系统可生成相应的环境污染事故报告，用户可将报告上报上级部门，也可自行存档，以供学习使用。

六、存在的问题

尽管各级环境监察机构在信息网络化建设方面做了许多工作，取得了很大成绩。但是也还存在一些亟待解决的突出问题。主要表现在：

①各级领导对信息网络化的认识有待进一步提升；

②总体规划、总体设计，总体目标需要进一步厘清；

③环境执法监督相关业务标准缺乏，信息化建设受到了工作流程不确定性的制约；

④链路建设滞后，地方和中央连通较少，信息孤岛现象普遍存在，资源不能共享；

⑤立项、审批、落实经费等工作有待进一步加强；专门机构的相关职责应进一步明确；

⑥前瞻性科研工作尚未提上议事日程；

⑦国家本级和地方现有的各级各类应用软件和系统，需要进一步梳理、整合。

除上述内容外，还存在着如下问题：缺乏统筹规划，各级各部门独自开发，标准化、规范化程度低；信息资源化水平低，获得的大量数据比较分散，缺乏系统性、连续性，多数数据收集阶段的自动化程度不高，加上应用分散，低水平重复开发，数据冗余现象严重，信息共享程度低；在系统的开发中，普遍存在重硬件、轻软件，重建设、轻应用的现象，对系统建成后的设备更新维护和应用能力的再建设、人员培训等方面的持续投入跟不上，不能充分有效地发挥各类环境信息系统运行的效益，影响环境信息化建设的持续发展；还有许多基层环保部门信息管理人员的信息管理能力和技术素质都有待提高，环境信息的发展还需要引进大批高级环境信息管理和技术人才。

第六节 新时期下的我国环境监察工作

实现环境执法“规范化、精细化、效能化、智能化”，是环境监察系统努力的方向。

一、环境监察的规范化

“规范化”就是要进一步规范执法主体、执法程序、执法行为，规范排污申报与排污收费程序，细化行政处罚自由裁量权，健全内部监督制约体系。要健全环境行政执法案例指导、现场调查、绩效评估、评议考核和责任追究，以及环境行政处罚事前法律审核、处罚告知、案卷评查等工作制度，使环境行政执法行为进一步规范、公正、文明。

二、环境监察的精细化

“精细化”就是通过制定重点行业和领域的环境监察指南和现场监督检查办法，对监察依据、监察程序、监察内容和监察要点、处理处罚，以及监察行为、监察文书和信息档案等均做统一规定，使之“模板化”，实现“便捷式”执法。通过制定重点行业和领域的环境守法导则，明确企业的环境法律责任、权利和义务，提升企业自主守法能力与水平，引导企业加强环境自律。

三、环境监察的效能化

“效能化”就是一方面要持续加大能力建设投入、提升装备水平；另一方面要开展多层次和多形式的培训工作，加强队伍管理，全面提升执法人员自身能力，通过加强绩效评估和业务工作稽查，使有限的人力和物力发挥最大的作用。

四、环境监察的智能化

“智能化”就是通过整合污染源自动监控系统、排污收费系统、行政处罚系统等，提升环境监察机构信息化和智能化建设水平，实现“行政办公自动化、污染监控智能化、指挥调度可视化、现场响应快速化、档案资源数字化”。

五、环境监察体制机制创新

（一）健全环境监管体制

《国务院关于加强环境保护重点工作的意见》（国发[2011]35 号）再次明确要求完善督查体制机制，加强国家环境监察职能。未来的环境监管体制将逐步向设置规范、权责分明方向发展。在层级上，要体现“重心下移”，国家环境监察局和 6 个区域督查中心代表国家对地方人民政府及有关部门等行使宏观执法监督权，省级兼顾宏观与微观，市县级行使微观环境执法权。在环保部门内部，要整合各职能机构的现场执法监督权并授予执法监督机构统一行使，从而形成上下事权明晰、左右权责分明的环境监管体系。

（二）积极创新执法机制

要以统一、协调、高效为原则，建立“全过程、全方位、全覆盖”环境监管新模式。实现建设项目全过程监管和生产全过程监管，由被动执法向主动执法转变，由事后补救向事前预防转变，由消极应对向主动出击转变，预防与制止环境违法行为。逐步完善政府监管、企业自律、社会监督的工作机制，积极实施企业环境监督员制度，建立健全环境保护举报制度和广泛实行信息公开的社会监督机制。利用卫星遥感监控影像和地面巡查相结合，实现监管全面覆盖。逐步健全“上下联动、部门联动、区域联动”工作机制。建立和完善巡查、直查、稽查、后督察和年度考核制度，加强与其他相关执法部门、司法机关配合与协作，通过优势互补，放大执法效果。健全区域流域协作机制，实现“定期会晤、联合执法、共同监测、信息共享”，遏制发生跨省界、跨辖区污染事件。

（三）创新执法管理机制

一是创新网格化监管，层层都要落实环境监管和督查的责任，按照一定的标准将管辖范围划分成单元格，将单元格内所有监管任务分解落实到岗位、到人员，建立“全面覆盖、层层履职、网格到底、责任到人”的环境监管模式，实行“谁监管、谁负责”原则，最大限度地调动执法人员积极性，切实增强责任意识。二是创新诊断监管，针对环境问题突出的企业，要提前制定全方位的“体检”方案，可邀请行业专家一同“会诊”，对发现的问题开出“药方”，建立“病历”档案，定期复查，确保问题得到及时有效的解决。三是创新分类监管，建立监管信息数据库和环境监管动态档案，使基层工作人员从无序管理中解脱出来，以监管主体守法诚信度、环境风险度、群众关注度为基础，细分监管对象，根据企业环境行为等级评估结果，实施差别化监管，有的放矢。四是创新痕迹监管，按照当事人对巡查情况现场记录要签名确认、案卷案源与巡查日志内容要相符、纸质巡查日志与电子巡查日志要一致的要求，加强痕迹化管理。执法检查时，要事先详细了解所检查对象的情况，防止无效重复工作，提高执法检查的针对性。同时，各级环保部门要有效整合环境执法职能，科学组织各类环境执法活动，上下结合，合理运用执法资源，避免多头执法、重复检查，切实提高执法效能。

思考题

1．我国目前的环境监管体系是什么？

2．在环境监察的改革与发展阶段，环境监察取得哪些明显的进展？

3．我国环境监察工作的基本理念是什么？

4．结合本单位环境监察的基本情况，分析环境监察存在的主要问题。

5．简述完备的环境执法监督体系包括哪些基本要素？

6．简述环境现场检查的性质与基本特点。

7．简述环境监察在现场检查中的基本权利。

8．简述现场检查中被检查对象的法律义务。

9．简述现场检查的基本程序。

10．简述环境监察现场检查的主要工作内容。

11．结合本单位工作实际，总结污染源环境监察的基本内容。

12．结合本单位工作实际，总结建设项目环境监察的基本内容。

13．结合本单位工作实际，总结生态和农村环境监察的基本内容。

14．结合本单位环境监察信息化发展的工作进程，总结环境监察信息化对提高环境监察工作效能的作用。

15．总结新时期为了提高环境执法工作的质量，环境监察系统在哪些方面进行创新研究和探索。

参考文献

[1] 环境保护部环境监察局. 环境监察（第三版）[M]. 北京：中国环境科学出版社，2009.
[2] 毛应淮，曹晓凡. 污染源环境监察[M]. 北京：中国环境科学出版社，2012.
[3] 扬子江，毛应淮，等. 排污收费与排污申报[M]. 北京：中国环境科学出版社，2012.
[4] 刘定慧，赵柯，等. 环境行政处罚[M]. 北京：中国环境科学出版社，2012.
[5] 刘定慧，刘湘，曹晓凡，等. 环境典型案例分析与执法要点解析[M]. 北京：中国环境科学出版社，2012.
[6] 冯雨峰. 生态环境监察[M]. 北京：中国环境科学出版社，2012.
[7] 朱庚申. 环境管理（第二版）[M]. 北京：中国环境科学出版社，2007.
[8] 曹晓凡，毛应淮，田静毅. 推行企业环境监督员制度应先立法[J]. 环境保护，2010（1）：48-50.
[9] 曹晓凡，康宏，毛应淮. 企业环境监督员制度的立法途径选择[J]. 中华纸业，2010（7）：69-71.
[10] 高清. 论企业环境责任的建构[J]. 法学杂志，2009（7）：82-84.

第二十章　突发环境事件与应急管理

第一节　概述

一、突发环境事件的概念与特征

环境事件是指由于违反环境保护法律法规的经济、社会活动与行为，以及意外因素的影响或不可抗拒的自然灾害等原因致使环境受到污染，人体健康受到危害，社会经济与人民群众财产受到损失，造成不良社会影响的突发性事件。突发环境事件指突然发生，造成或者可能造成重大人员伤亡、重大财产损失和对全国或者某一地区的经济社会稳定、政治安定构成重大威胁和损害，有重大社会影响的涉及公共安全的环境事件。

突发性环境事件不同于一般的环境污染，它没有固定的排放方式和排放途径，都是突然发生，来势凶猛，在瞬时或短时间内大量地排放污染物质，对环境造成严重污染和破坏，给人民的生命和国家财产造成重大损失的恶性事故。由于突发环境事件都是在政府和人群毫无准备的情况下瞬间发生的，因而给社会和公众带来极大的恐慌。突发环境污染事故能否发生、何时何地、以何种方式爆发，以及爆发的程度等情况，人们都始料不及，难以准确把握，这使得突发环境事件预防机制的建立困难重重，加大了突发环境事件发生后组织有效紧急处理的难度。

由于发生突然，加之其预防和控制的难度，使得突发环境事件对社会经济和生态环境造成的危害和影响远大于一般可防可控的环境污染事故。这种危害不仅体现在人员伤亡、组织消失、财产损失和环境污染上，而且还体现在突发环境事件对社会心理和个人心理造成的破坏性的冲击。如 2005 年 11 月中石油吉林化工双苯厂爆炸导致松花江发生重大污染事件，形成的硝基苯污染带流经吉林、黑龙江两省，甚至影响到俄罗斯境内，使得周边地区全面停水，直接或间接影响上百万人群，造成了当地严重的饮用水安全恐慌和索赔数百亿元人民币的国际纠纷。

突发环境事件的影响有瞬时影响和滞后影响两种。瞬时影响是判断污染事故级别的重要依据，目前，人们在对突发环境事件的影响做评估时往往只关注污染事故的瞬时影响。但突发环境事件影响有一定的滞后性，进入大气、水体或土壤的污染物质，经过一段时间的累积，对人体健康和生态环境都会产生一定的影响。

二、突发环境事件的成因与分类

造成突发环境事件的原因是多方面的。但就源头的诱因而言，可以主要归纳为：生产工艺故障引发、环境危险源转移与交通事故引发、人为违法行为引发、其他各种因素（如自然因素等）。其中，生产工艺故障也包括设备老化或人为操作不当诱发的生产事故。在中国，生产工艺故障与环境危险源转移是诱发派生重大环境事件的两个主要因素，应作为重大环境事件预防管理的重点；其次是人为违法行为引发的重大环境事件，说明了在我国有必要进一步加强环境监管、加强环境法制普及宣传和执法力度。

突发环境污染事件可根据如下情况进行分类。例如，按表现特征可分为危险品的溢出、爆炸、火灾、意外事故等；按事故性质可分为核污染事故、剧毒化学品的泄漏、扩散污染事故、易燃易爆物的泄漏爆炸污染事故、大量废水非正常排放造成的污染事故等；按危害对象可分为主要对人、对动植物、对生态环境的环境污染危害事故；按污染载体（要素）可分为水污染事故、大气污染事故、土壤（含地下水）污染事故、海洋以及上述 4 种的混合型污染事故；按污染源的性质可分为生物污染、化学污染、物理污染；按污染行业属性可分为工业污染、农业污染、交通运输污染、生活污染等；按污染持续性可分为瞬间、短期、长期、永久性污染事故；按事故发生的空间位置可分为空中、海（水）面、陆地污染事故，或者城镇、乡村、旷野、山区污染事故等。

根据环境污染事故的发生过程、性质和机理，对突发性环境污染事故的描述主要有如下 7 种：①有毒有害物质污染事故。在生产、生活过程中因使用、贮存、运输、排放不当，导致有毒有害化学品泄漏或废水非正常排放所引发的污染事故。②毒气污染事故。这是前类事故的一种。将毒气泄漏所导致的污染事故单列出来另成一类，是因为毒气污染较为常见。主要有毒有害气体包括一氧化碳、硫化氢、氯气、氨气等。③爆炸污染事故。由一些易燃易爆物引起的火灾或爆炸所造成的污染事故。此类物质一般包括煤气、石油液化气、天然气、木材、油漆、硫黄等；另外，也包含一些垃圾、固体废物因堆放或处置不当引起的爆炸事故。④剧毒农药污染事故。剧毒农药，在其生产或使用过程中，因意外或操作不当引起泄漏所导致的污染事故。⑤放射性污染事故。由于放射性物质泄漏、以核辐射方式所造成的污染事故。⑥油污染事故。原油或各类油品在生产、运输、贮存、使用过程中因意外造成泄漏所引发的环境污染事故。⑦废水非正常排放污染事故。主要指含大量好氧或有毒有害物质的废污水突然发生泄漏流入水体，致使水质急剧恶化或毒害动植物的环境污染事故。

第二节　环境风险防范

一、环境风险源识别与监管

环境风险源是指长期或临时生产、搬运、使用或贮存的有害物质，或因人类活动造成在自然界中相对集中累积的有害物质；这些物质在特定的自然、社会环境条件下，由于人为或意外因素或不可抗力引起其物理、化学稳定性发生变化，可导致环境受到严重污染和破坏，直至造成人员伤亡，使当地经济、社会活动受到较大影响。

环境风险源识别的目的是确定环境风险源的危害级别，即是对环境风险源潜在环境危害水平进行评估的过程。环境风险源识别是环境风险源管理的前提和基础。环境风险源的分类是进行风险源识别的前提，是开展环境风险源相关研究的基础。

对环境风险源进行科学合理的分类应该遵从以下 3 方面的要求：①有助于客观地反映重大危险源的本质与其在环境中产生污染的特征；②有利于重大环境危险源普查工作的顺利开展；③在发生事故的时候便于指导所应该或必须采取的应急响应措施。

环境风险源在事故前一般而言其性质可分为：化学类污染源和生物性污染源两大类。其中化学类污染源又可以分为：废水、废气、油类、固体废弃物、放射性、危险化学品（含 POPs）6 类。危险化学品在事故的影响结果通常表现为大气环境污染或水环境污染为主，而固体废物污染、放射性物品污染、油类污染由于其污染的特殊性，应将其单列。随着科技的进步，不断有新合成的物质产生，加上新的病原体、病毒等的发现，人们对这些物质及其生物的危害情况尚缺乏了解，其污染的结果表现为生态环境的污染，可将其单列。

《危险化学品重大危险源辨识》（GB 18218—2009），按照爆炸品、易燃气体、毒性气体、易燃液体、氧化性物质、毒性物质等分类规定了 78 种危险化学品名单与临界量值，对未列入名单的危险化学品根据其危险性规定也确定了临界量值。参考时，全部毒性气体、毒性物质等 58 种列入环境风险物质名单；其他种类按化学品属性选择参考，未列入环境风险物质名单的物质包括：氢气、乙醇；遇水放出易燃气体的物质，如电石、钾、钠；氧化性物质，如过氧化钾、过氧化钠、硝酸铵基化肥；有机过氧化物，如过氧化甲乙酮；自燃性物质，如烷基铝；爆炸品，如叠氮化钡、叠氮化铅、雷酸汞、硝化纤维素等。

通过辨识单元内存在的危险物质的数量是否超过临界量以确定该单元是否为重大风险源，根据处理物质种类的多少，区分为以下两种情况：

①单元内存在的危险物质为单一品种，则物质的数量即为单元内危险物质的总量，若等于或超过相应的临界量，则定为重大风险源。

②单元内存在的危险物质为多品种时，按下式计算，若满足下式，则定为重大风险源。

$$\frac{q_1}{Q_1}+\frac{q_2}{Q_2}+.....+\frac{q_n}{Q_n}\geqslant 1 \tag{20-1}$$

式中：q_1，q_2，…，q_n——危险物质的实际贮存量；

Q_1，Q_2，…，Q_n——危险物质的临界量。

根据《国家突发环境是事件应急预案》按突发环境事件的可控性、严重程度和影响范围，突发环境事件的应急响应分为特别重大（Ⅰ级）、重大（Ⅱ级）、较大（Ⅲ级）、一般（Ⅳ级）。将环境风险源分级与环境污染事故对应起来，便于事故预防管理和事故发生后的应急响应，即Ⅰ级环境危险源一旦发生污染事故将可能产生特别重大环境污染事故（Ⅰ级），但如果应急救援得当，事故的发展、演变将可能大大减弱。因此，这种分级方式具有指导性意义。

环境危险的识别和分级是在分级比较“平台”上，通过环境污染事故概化分级指标进行等级划分，见表 20-1。

表 20-1　环境危险源分级比较"平台"

<table>
<tr><th>环境危险源分级</th><th>分级比较"平台"</th><th>环境污染事故分级</th></tr>
<tr><td>I级环境危险源</td><td rowspan="4">按概化指标进行等级划分</td><td>特别重大环境污染事故（I级）</td></tr>
<tr><td>II级环境危险源</td><td>重大环境污染事故（II级）</td></tr>
<tr><td>III级环境危险源</td><td>较大环境污染事故（III级）</td></tr>
<tr><td>IV级环境危险源</td><td>一般环境污染事故（IV级）</td></tr>
</table>

对环境危险源进行监督管理，重点是要对固定的环境危险源进行调查和评价，建立完整的固定环境危险源档案库，健全相应预防处理措施和对突发性环境污染事故的监测预案，将有关企业环保机构纳入应急监测网，在企业与企业、企业与环保部门之间建立联系。对于一些大中型企业特别是使用或生产具有有毒有害危险品的企业，在其内部机构设立专门对其有毒有害的原、辅料、中间体和成品及其产品危险处理处置的管理部门，并对其有毒有害危险品的管理规范化。

参照《OECD 化学事故预防准备和应急导则》中化学事故预防的内容，结合我国环境保护的法律、法规及相关规定，针对我国的实际情况，提出环境风险源监督管理的主要内容：

①开展环境危险源普查工作，掌握环境危险源的数量、种类及地区情况。实现不同类别环境危险源调查、登记及管理，并建立环境危险源数据信息库，内容包括相关行业、重点企业的地理位置、规模、生产状况、贮运情况、"三废"排放数据，主要的事故易发情节，以及污染源本身的理化性质、毒性毒理、环境行为、环境标准、监测方法、周边环境以及影响对象及危害性质、基本应急处置方法等，为环境污染事故日常防范、应急处理和决策提供基础信息。

②严格执行"三同时"制度，针对选址、设计、布局、建设、运行、建设项目竣工环保验收以及服役期满、关闭、搬迁的全过程，明确各阶段环境污染事故预防的措施及应急资源和能力评估。

③对其所属的每个重大风险源进行风险分析评价，即评价风险事故发生概率和后果的综合作用，并提出有效的事故预防措施和减轻事故后果的对策措施。

④加强排污许可证管理。在证后监管上下工夫，以排污许可证为核心，与总量控制、排污申报、环境监测、环境监察等有机结合，加强对重点污染企业的监管和事故防范。

⑤建立重点污染源的自动监控系统，及时发现和消除污染事故隐患。

⑥建立健全危险化学品的管理网络体系，强化监管力度。生活和生产是产生突发性环境污染事故的两大污染源，要从点源和面源开展监管，建立危险化学品的管理网络体系，保证监管的质量和作用。

⑦进一步加强环境监察的作用，严格执法，及时排查各类污染事故隐患，防止污染事故发生。

二、环境风险评估

环境风险评估是指对有毒有害物质（包括化学品和放射性物质）危害人体健康和生态

系统的影响程度进行概率估计，并提出减小环境风险的方案和对策。一个完整的环境风险评估应包括以下几个方面的内容。

（一）环境风险源项分析

源项分析是环境风险评价的首要任务和基础工作。源项分析是通过系统存在的潜在危险识别及其事故概率计算，筛选出最大可信事故，进而计算事故可能危害，确定本系统的风险值，与相关标准比较，评价能否达到可接受的风险水平。

源项分析分两阶段，首先是危险的识别，然后进行风险事故源项分析。前一阶段以定性分析为主，后一阶段以定量为主。源项分析所包括的范围和对象是全系统，从物质、设备、装置、工艺到与其相关的单元。与之相应的要进行物质危险性、工艺过程及其反应危险性、设备装置危险性、储运危险性等分析评价。

源项分析主要步骤包括：

①系统、子系统及单元等的划分。

②危险性识别，以定性和经验法为主。

③对所识别的主要危险源进行事故源项分析，筛选和确定最大可信灾害事故。

④对最大可信灾害事故进行定量分析，确定有关源项参数，包括事故概率、毒物泄漏及其进入环境的可能转移途径和危害类型等。

（二）危害的确定

在确定了事故风险源之后，就进入人体健康风险评价和生态风险评价阶段。目前对健康风险评价和生态风险评价而言，研究最多的是有毒有害化学物质的风险影响。所谓危害的判定，主要是判定某种污染物对人体健康或生态系统产生的危害，并确定危害的后果。通常采用的评估方法是：确定其理化性质和接触途径与接触方式；结构活性关系；代谢与药代动力学实验；短期动物实验等。

（三）暴露评价

暴露评价重点研究人体或其他生物暴露于某种化学物质或物理因子条件下，对暴露量的大小、暴露频度、暴露的持续时间和暴露途径等进行测量、估算或预测的过程，是进行风险评价的定量依据。暴露评价中应对接触人群或生物的数量、分布、活动状况、接触方式以及所有能估计到的不确定因素进行描述。对于污染物的暴露水平，可以直接测定，但通常是根据污染物的排放量、排放浓度以及污染物的迁移转化规律等参数利用一定的数学模型进行估算。暴露评价还应考虑过去、当前和将来的暴露情况，对每一时期采用不同的评估方法。最后，根据环境介质中污染物的浓度和分布、人群活动参数生物检测数据等，利用适当的模型就可以估算不同人群不同时期的总暴露量。

（四）风险表征

风险表征是风险评价的最后一个环节，它必须把前面的资料和分析结果加以综合，以确定有害结果发生的概率，可接受的风险水平及评价结果的不确定性等。同时，风险表征也是连接风险评价和风险管理的桥梁。此阶段，评价者要为风险管理者提供详细而准确的风险评价结果，为风险决策和采取必要的防范和减缓风险发生的措施提供科学依据。

三、环境风险防控工程

风险存在于生产的每一环节：生产、运输、储存，因此应站在“生命周期”的高度看待风险管理，从项目的立项之始就规划设计相应的风险防范措施。

在项目立项阶段，选址时就应考虑厂址及周围居民区、环境保护目标间的卫生防护距离，厂区周围、工矿企业、车站、码头、交通干道等设置安全防护距离和防护间距。

在项目规划设计阶段，厂区总平面布置应符合防范事故要求，有应急救援设施、救援通道、应急疏散及避难所。工艺技术设计时考虑安全防范措施，如自动监测、报警、紧急切断及紧急停车系统；防火、防爆、防中毒等事故处理系统；应急救援设施及救援通道；应急疏散通道及避难所；对有可燃气体、有毒气体的功能单元设置监测报警系统和在线分析系统。

对POPs等危险化学品储运推出安全防范措施。对储存危险化学品数量构成危险源的储存地点、设施和储存量提出要求，与环境保护目标和生态敏感目标的距离符合国家有关规定。

制定电气、电信安全防范措施，对爆炸危险区域、腐蚀区域进行划分，制定防腐防爆方案。

建立消防及火灾报警系统、紧急援救站和有毒气体防护站。

四、应急预案的编制和演练

（一）预案编制

突发性环境污染事故应急准备涉及很多内容，而应急预案的准备是核心，各项应急准备一般都被规定在预案中，因此，制定突发性环境污染事故应急预案具有重要的现实意义。当发生环境污染事故时，可按照事先制定的应急预案沉着应付，对事故进行有效的控制。通过事故应急预案的实施，可以降低环境事故的危害程度，减少事故造成的经济损失和人员伤亡。通过预案的制定，可以发现事故预防方面的缺陷，从而促进事故预防工作。

我国环境污染事故应急预案一般由《国家突发性环境污染事故应急预案》、《县、市/社区级，地区/市级，省级环境污染事故应急预案》以及《企业环境污染事故应急预案》三部分组成。其中《国家突发性环境污染事故应急预案》、《县、市/社区级，地区/市级，省级环境污染事故应急预案》属于政府预案的范畴，不同级别的政府应急预案对应不同级别的环境污染事故。如县、市/社区级环境污染事故应急预案中污染事故涉及的影响可扩大到公共区（社区），可被该县（市、区）或社区的力量，加上所涉及的工厂或工业部门的力量所控制；地区/市级环境污染事故应急预案中的环境污染事故一般来说影响较大，后果严重，或者发生在两个县或县级管辖区边界上的事故，应急救援需动用市级地区的力量；省级环境污染事故应急预案主要是针对流域性的环境污染事故或重大化学危险品污染事故，需要动用事故发生的城市或地区没有的特殊技术和设备进行处理和全省的力量来控制；国家级环境污染事故应急预案针对的是超出省（区、市）人民政府环境污染事故处理能力，以及跨省（区、市）突发性环境污染事故的应对工作，需要国家协调、指导的突发性环境污染事故。

根据《突发环境事件应急预案管理暂行办法》（环发[2010]113 号），县级以上人民政府环境保护主管部门应当根据有关法律、法规、规章和相关应急预案，按照相应的环境应急预案编制指南，结合本地区的实际情况，编制环境应急预案，由本部门主要负责人批准后发布实施；向环境排放污染物的企业事业单位，生产、贮存、经营、使用、运输危险物品的企业事业单位，产生、收集、贮存、运输、利用、处置危险废物的企业事业单位，以及其他可能发生突发环境事件的企业事业单位，应当编制环境应急预案。

环保部 2008 年发布了《环境污染事故应急预案编制技术指南》（征求意见稿），规定了编制环境污染事故应急预案的程序、内容等基本要求。适用于存在发生环境污染事故风险的企业事业单位，包括：向环境排放污染物的单位，生产、贮存、经营、使用、运输危险物质的单位或产生、收集、利用、处置危险废物等可能发生环境污染事故造成对环境（健康）影响的单位。

一般来说，突发性环境污染事故应急预案应包括的基本内容主要有：预防、预备、响应和恢复 4 个部分。参照《国家突发性环境污染事故应急预案》，根据环境污染事故的特点，可将环境事故应急预案要素归纳为 6 个基本要素，25 个二级要素，如表 20-2 所示。

表 20-2 突发性环境污染事故应急预案要素

序号	基本要素	二级要素
1	方针与原则	
2	预防	2.1 环境危险源的调查
		2.2 环境危险源的识别与风险评价
		2.3 环境危险源监测和监控
		2.4 环境事故应急宣传和教育
		2.5 依据相关的法律法规明确责任
3	预备	3.1 组织指挥及职责落实
		3.2 应急设备与实施等资源准备
		3.3 培训、训练与演习
4	响应	4.1 预警
		4.2 指挥与协调
		4.3 事故报告及其方式和内容
		4.4 通报及信息发布
		4.5 通信
		4.6 环境监测
		4.7 环境监测与事态评估
		4.8 警戒与治安
		4.9 环境污染事故处置
		4.10 人群疏散与安置
		4.11 医疗救援与卫生
		4.12 人员安全
		4.13 洗消与净化
5	恢复	5.1 应急终止条件及程序
		5.2 事故原因调查
		5.3 应急过程评价
		5.4 污染事故损失调查及责任认定
6	预案管理及评审改进	

应急预案的编制程序可分为 7 个步骤：

①成立预案编制小组；

②重大环境危险源的调查和风险评价；

③应急能力、资源评估以及需求的确定；

④编制应急预案；

⑤应急预案的评审与发布；

⑥应急预案的宣传教育、培训及演习；

⑦应急预案的更新。

应急预案应随着应急救援相关法律法规的制定、修改和完善，部门职责或应急资源发生变化，或者应急过程中发现存在的问题和出现新的情况，应及时修订完善预案。

另外，环保部还先后制定了《危险废物经营单位编制应急预案指南》、《石油化工企业环境应急预案编制指南》和《城市大气重污染应急预案编制指南》，规定了各专项预案编制的原则要求、基本框架、保证措施、编制步骤、文本格式等。

（二）预案演练

突发环境事件应急演练是指各级人民政府及其部门、企事业单位、社会团体等组织相关单位及人员，依据有关应急预案，模拟应对突发环境事件的活动。是按实战要求检验应急准备工作的一种有效手段。

突发环境事件应急演练的目的为：①熟悉和操作突发环境事件应急预案，证实应急预案的可行性；②提高不同应急救援组织在环境应急过程中的协调性；③借助污染源信息系统对污染事故作出定性和定量的分析；④通过现场排查及根据监测结果划定污染范围、隔离区域、疏散范围，提出相应的处置建议；⑤检验调集环境监察队伍采取现场紧急处置、参与现场救援工作，对受污染部位和现场进行监控的能力；⑥试验环境应急演习终止程序及事故后的环境影响评估；⑦检验和测试应急设备及环境监测仪器的可靠性；⑧发现预案中存在的问题，为修订预案提供实际资料。

突发环境事件应急演练的要求：①环境监察队伍按照环境应急工作领导小组的安排迅速作出反应；②各级环境监察和监测队伍上下联动，采取紧急措施，积极配合，完成环境污染应急演习任务；③演习要求过程逼真，组织有序，通讯畅通，决策果断，手段先进，可考虑采用网络信息技术、卫星自动定位系统、无线和有线传输，实行远程控制指挥和决策的效果，要体现环境监察队伍上下联动、快速反应的协调能力；④演习情况设置应根据现场的基本情况、尽量与实际相符并考虑突发情况；⑤要求尽可能多企业人员有机会参加演习，熟悉疏散的路线和各种指挥信号，减少事故发生时的恐惧心理；⑥整个演习过程应有完整的记录，作为训练评价和未来训练计划制定的参考资料，演习结束后应适时做出评价。

应急演练应首先完成工作进度安排、场景设计、演习方案编制并讨论定稿。明确演习过程中的演习人员、物资、技术支持，演习指挥机构及职责。同时，完成各小组行动方案编制、通讯组织、软件集成、资料收集、落实装备等各项准备工作。然后根据实际需要进行预演，检验各项演习工作准备状况，对预演情况分析研究，修订方案并落实各项改进措施。最后，根据《应急演习方案》实施演习。演习完成后召开总结会议，对演习发现的不足项和整改项的纠正过程实施追踪，监督检查纠正措施的进展情况。将预案提高到一个新的水平。必要时，应适时报送环境保护部门。

五、应急物资准备

应急物资是应对突发事件的重要保障，应急物资准备的内容是广义的，包括防护装备、仪器、工程设备、急救器械、医药、用品、材料等，主要产品目录见表 20-3。

表 20-3 应急物资分类及其名录

一级分类	二级分类	物资
一、防护用品	卫生防疫	防护服（衣、帽、鞋、手套、眼镜）
		测温计（仪）
	化学放射污染	防毒面具
	消防	防火服
		头盔
		手套
		面具
		消防靴
	海难	潜水服（衣）
		水下呼吸器
	爆炸	防爆服
	防暴	盾牌
		盔甲
	通用	安全帽（头盔）
		安全鞋
		水靴
		呼吸面具
二、生命救助	外伤	止血绷带
		骨折固定托架（板）
	海难	救捞船
		救生圈
		救生衣
		救生艇（筏）
		救生缆索
		减压舱
	高空坠落	保护气垫
		防护网
		充气滑梯
		云梯
	掩埋	红外探测器
		生物传感器
	通用	担架（车）
		保温毯
		氧气机（瓶、袋）
		直升机救生吊具（索具、网）
		生命探测仪

一级分类	二级分类	物资
三、生命支持	窒息	便携呼吸机
	呼吸中毒	高压氧舱
	食物中毒	洗胃设备
	通用	输液设备
		输氧设备
		急救药品
		防疫药品
四、救援运载	防疫	隔离救护车
		隔离担架
	海难	医疗救生船（艇）
	空投	降落伞
		缓冲底盘
	通用	救护车
		救生飞机（直升、水上、雪地、短距起降、土地草地跑道起降）
五、临时食宿	饮食	炊事车（轮式、轨式）
		炊具
		餐具
	饮用水	供水车
		水箱
		瓶装水
		过滤净化机（器）
		海水淡化机
	食品	压缩食品
		罐头
		真空包装食品
	住宿	帐篷（普通、保温）
		宿营车（轮式、轨式）
		移动房屋（组装、集装箱式、轨道式、轮式）
		棉衣
		棉被
	卫生	简易厕所（移动、固定）
		简易淋浴设备（车）
六、污染清理	防疫	消毒车（船、飞机）
		喷雾器
		垃圾焚烧炉
	垃圾清理	垃圾箱（车、船）
		垃圾袋
	核辐射	消毒车
	通用	杀菌灯
		消毒杀菌药品
		凝油剂
		吸油毡
		隔油浮漂

一级分类	二级分类	物资
七、动力燃料	发电	发电车（轮式、轨式）
		燃油发电机组
	配电	防爆防水电缆
		配电箱（开关）
		电线杆
	气源	移动式空气压缩机
		乙炔发生器
		工业氧气瓶
	燃料	煤油
		柴油
		汽油
		液化气
	通用	干电池
		蓄电池（配充电设备）
八、工程设备	岩土	推土机
		挖掘机
		铲运机
		压路机
		破碎机
		打桩机
		工程钻机
		凿岩机
		平整机
		翻土机
	水工	抽水机
		潜水泵
		深水泵
		吹雪机
		铲雪机
	通风	通风机
		强力风扇
		鼓风机
	起重	吊车（轮式、轨式）
		叉车
	机械	电焊机
		切割机
	气象	灭雹高射炮
		气象雷达
	牵引	牵引车（轮式、轨式）
		拖船
		拖车
		拖拉机
	消防	消防车（普通、高空）
		消防船
		灭火飞机

一级分类	二级分类	物资
九、器材工具	起重	葫芦
		索具
		浮桶
		绞盘
		撬棍
		滚杠
		千斤顶
	破碎紧固	手锤
		钢钎
		电钻
		电锯
		油锯
		断线钳
		张紧器
		液压剪
	消防	灭火器
		灭火弹
		风力灭火机
	声光报警	警报器（电动、手动）
		照明弹
		信号弹
		烟雾弹
		警报灯
		发光（反光）标记
	观察	防水望远镜
		工业内窥镜
		潜水镜
	通用	普通五金工具
		绳索
十、照明设备	工作照明	手电
		矿灯
		风灯
		潜水灯
	场地照明	探照灯
		应急灯
		防水灯
十一、通讯广播	无线通讯	海事卫星电话
		电台（移动、便携、车载）
		移动电话
		对讲机
	广播	有线广播器材
		广播车
		扩音器（喇叭）
		电视转发台（车）

一级分类	二级分类	物资
十二、交通运输	桥梁	舟桥
		吊桥
		钢梁桥
		吊索桥
	陆地	越野车
		沙漠车
		摩托雪橇
	水上	气垫船
		沼泽水橇
		汽车轮渡
		登陆艇
	空中	货运
		空投飞机或直升机
		临时跑道
十三、工程材料	防水防雨抢修	帆布
		苫布
		防水卷材
		快凝快硬水泥
	临时建筑构筑物	型钢
		薄钢板
		厚钢板
		钢丝
		钢丝绳（钢绞线）桩
		（钢管桩、钢板桩、混凝土桩、木桩）
		上下水管道
		混凝土建筑构件
		纸面石膏板
		纤维水泥板
		硅酸钙板
		水泥
		砂石料
	防洪	麻袋（编织袋）
		防渗布料涂料
		土工布
		铁丝网
		铁丝
		钉子
		铁锹
		排水管件
		抽水机组

第三节 环境事件预警

一、突发环境事件预警的级别

已经发布的《国家突发环境事件应急预案》中按照突发事件严重性和紧急程度，突发性环境事件分为特别重大环境事件（Ⅰ级）、重大环境事件（Ⅱ级）、较大环境事件（Ⅲ级）和一般环境事件（Ⅳ级）四级。

（一）特别重大环境事件（Ⅰ级）

凡符合下列情形之一的，为特别重大环境事件：

①发生 30 人以上死亡，或中毒（重伤）100 人以上；

②因环境事件需疏散、转移群众 5 万人以上，或直接经济损失 1 000 万元以上；

③区域生态功能严重丧失或濒危物种生存环境遭到严重污染；

④因环境污染使当地正常的经济、社会活动受到严重影响；

⑤利用放射性物质进行人为破坏事件，或 1、2 类放射源失控造成大范围严重辐射污染后果；

⑥因环境污染造成重要城市主要水源地取水中断的污染事故；

⑦因危险化学品（含剧毒品）生产和贮运中发生泄漏，严重影响人民群众生产、生活的污染事故。

（二）重大环境事件（Ⅱ级）

凡符合下列情形之一的，为重大环境事件：

①发生 10 人以上、30 人以下死亡，或中毒（重伤）50 人以上、100 人以下；

②区域生态功能部分丧失或濒危物种生存环境受到污染；

③因环境污染使当地经济、社会活动受到较大影响，疏散转移群众 1 万人以上、5 万人以下的；

④1、2 类放射源丢失、被盗或失控；

⑤因环境污染造成重要河流、湖泊、水库及沿海水域大面积污染，或县级以上城镇水源地取水中断的污染事件。

（三）较大环境事件（Ⅲ级）

凡符合下列情形之一的，为较大环境事件：

①发生 3 人以上、10 人以下死亡，或中毒（重伤）50 人以下；

②因环境污染造成跨地级行政区域纠纷，使当地经济、社会活动受到影响；

③ 3 类放射源丢失、被盗或失控。

（四）一般环境事件（Ⅳ级）

凡符合下列情形之一的，为一般环境事件：

①发生 3 人以下死亡；

②因环境污染造成跨县级行政区域纠纷，引起一般群体性影响的；

③ 4、5 类放射源丢失、被盗或失控。

突发环境事件的预警级别首先应与事故分级基本一致，在不利情况下，预警级别只能高于突发环境事件级别。

二、工业园区突发环境事件预警

工业园区根据园区内环境风险源的分布情况与特点、采用的工艺流程、环境风险评价结果、污染治理设施、环境监测和监控条件，参照国家相关标准设定预警条件。具体可参照如下步骤进行操作：

第一，针对重大环境污染事故的环境风险特征和风险受体，构建重大环境污染事故预警指标集，该指标集全面包含了可能对环境污染事故预警有关联的指标，在各类环境污染事故的预警中具有一定的普适性。

第二，结合工业园区环境风险源的特征和周围大气、水环境特征，通过专家咨询，采用层次分析法对初步研究得到的重大环境污染事故预警指标集合中各个指标的重要性进行评分，并按照各指标的权重大小进行排列。

第三，根据各指标权重的计算结果，综合考虑警源和警兆、自然环境和社会经济各类指标的自身特点，按照科学、易得、系统的原则，选取权重较大的指标构建突发性重大环境污染事故预警指标体系，具体指标可从事故类型、受影响人口数量、事故影响范围、事故影响地区类别、事故影响时间、排放物质毒性等方面进行构件。

第四，对筛选出的指标的权重进行归一化处理，并通过加权求和模型计算事故的综合预警值。根据不同的综合预警值进行预警分级。

一旦进入预警状态后，立即向地方人民政府和相关政府部门报告。当地人民政府和政府有关部门应当采取以下措施：

①立即启动相关应急预案。

②发布预警公告。蓝色预警由县级人民政府负责发布。黄色预警由市（地）级人民政府负责发布。橙色预警由省级人民政府负责发布。红色预警由事件发生地省级人民政府根据国务院授权负责发布。

③转移、撤离或者疏散可能受到危害的人员，并进行妥善安置。

④指令各环境应急救援队伍进入应急状态，环境监测部门立即开展应急监测，随时掌握并报告事态进展情况。

⑤针对突发事件可能造成的危害，封闭、隔离或者限制使用有关场所，中止可能导致危害扩大的行为和活动。

⑥调集环境应急所需物资和设备，确保应急保障工作。

三、饮用水水源地水质预警

饮用水水源水质存在的较大安全风险，即造成水体的突发性污染事故这类事故不同于一般的环境污染，具有突发、形式多样、危害严重、扩散迅速、污染物不明和处理处置困难等特点。而突发饮用水水源污染事故又直接威胁着城市居民的安全，其危害与影响往往更加严重。如果水源地水污染预警不及时，将给国民经济和人民生命财产造成重大损失。

饮用水水源水质预警，是对饮用水水源水质的现状和未来进行监测和预测，确定水质状况及其变化趋势（变化速度及达到某一变化限度的时间等），预报异常情况的时空范围和可能危害程度，尤其针对由人类活动所导致的水质恶化，适时地给出变化或恶化的各种警戒信息及相应的综合性对策，即对已出现的问题提出解决措施，对即将出现的问题给出防范措施及相应级别的警戒信息。水源水质预警是通过对与水源水质有关的警情、警源的现状分析与评价，利用定性定量相结合的预警模型或方法确定其变化的趋势和速度，以形成对突发性或长期性警情的预报，从而达到以排除警患的目的。

水源地水质预警系统按其实现过程可以归纳为以下步骤：①水质现状实时监测；②发现异常数据，综合分析后报警；③寻找确定污染物位置；④分析污染物扩散速度和趋向；⑤提出筛选有效控制措施，排除污染隐患等内容。水质预警不仅包含对某一时刻的预警，而且包括对某段时间变化趋势的预警。它具有先觉性、预见性的超前功能，具有对水质污染物演化趋势、方向、速度的预测作用，同时也为饮用水水源突发污染事故处理提供可靠的技术支持。

水源地水质预警的前提是获取水源地的水质状况，重点对水源水质主要污染指标或对当地人群健康有影响的特征污染物和富营养化指标，进行实时动态监测和监测数据的自动化采集、监测数据预处理以及监测数据可靠性的实时在线分析处理等。

通过水动力模型（一维与多维、恒定流与非恒定流等）、水质模型（稳态与非稳态、简单水质与复杂生态模型等）、水质评价模型（单因子、多因子、模糊评价等）准确追踪污染源、模拟流场和浓度场时空变化，进行水质预警过程模拟，形成可视化预测结果。

在遵循水源水质风险控制的原则的基础上，在水环境－经济－社会复合系统的视角下，基于水源保护的系统要求，建立水源水质安全预警监控指标体系。将指标分为宏观、中观和微观指标体系 3 个层面，给出不同的评价等级以及相应的预警阈值，在此基础上再建立不同的预警级别。既从区位条件、社会经济、污染负荷、生态破坏力等驱动力、压力角度，又从生态健康、服务功能、环境监管和环境风险等状态和响应角度考虑模型涉及的环境因子在区域或流域尺度上的中、长期变化，以实现预警模型在不同方向和层面上的宏观整合。

通过对预警指标进行综合评价，计算得到预警综合指数，根据不同的综合预警指数值进行预警分级。一旦进入预警状态，水源地的管理部门和当地政府应立即启动应急预案。

第四节 突发环境事件应急处置

一、突发环境事件应急处置流程

突发性环境污染事故应急响应坚持属地为主的原则，地方各级人民政府按照有关规定全面负责突发性环境污染事故应急处置工作，环保部及国务院相关部门根据情况给予协调支援。

按突发性环境污染事故的可控性、严重程度和影响范围，突发性环境污染事故的应急响应分为特别重大（Ⅰ级响应）、重大（Ⅱ级响应）、较大（Ⅲ级响应）、一般（Ⅳ级响应）四级。超出本级应急处置能力时，应及时请求上一级应急救援指挥机构启动上一级应急预案。Ⅰ级应急响应由环保部和国务院有关部门组织实施。

由于《国家突发环境事件应急预案》未对Ⅱ级响应、Ⅲ级响应、Ⅳ级响应的组织实施明确规定，Ⅱ级响应、Ⅲ级响应、Ⅳ级响应的组织实施可以理解为分别由省、市、县政府的环境应急指挥部（由环境保护部门及相关部门组成）负责。

各级应急机构在得到突发环境事件的报告后，应按一定程序迅速展开应急工作。《国家突发环境事件应急预案》对应急响应程序的规定如下：

Ⅰ级响应时，环保部按下列程序和内容响应。

①开通与突发性环境污染事件所在地省级环境应急指挥机构、现场应急指挥部、相关专业应急指挥机构的通信联系，随时掌握事件进展情况；

②立即向环保部领导报告，必要时成立环境应急指挥部；

③及时向国务院报告突发性环境污染事故基本情况和应急救援的进展情况；

④通知有关专家组成专家组，分析情况。根据专家的建议，通知相关应急救援力量随时待命，为地方或相关专业应急指挥机构提供技术支持；

⑤派出相关应急救援力量和专家赶赴现场参加、指导现场应急救援，必要时调集事发地周边地区专业应急力量实施增援。

有关类别环境事件专业指挥机构接到特别重大环境事件信息后，主要采取下列行动：

①启动并实施本部门应急预案，及时向国务院报告并通报环保部；

②启动本部门应急指挥机构；

③协调组织应急救援力量开展应急救援工作；

④需要其他应急救援力量支援时，向国务院提出请求。

省级地方人民政府突发性环境事件污染事故的应急响应，可以参照Ⅰ级响应程序，结合本地区实际，自行确定应急响应行动。需要有关应急力量支援时，及时向环保部及国务院有关部门提出请求。

二、突发环境事件应急监测

应急监测是污染事故应急中不可缺少的组成部分。应急监测的基本任务包括：编写监测预案、确定监测范围、布设监测点位、现场采样、确定监测项目、现场与实验室监测方法、监测结果和数据处理、监测过程质量控制、监测过程总结等，其中确定监测项目是应急监测中最关键的一环。

应急监测按照事故发生的时间顺序可以分为事故前监测、事故中的现场监测和事故后的追踪监测；按照事故影响的主要污染类型可以分为大气污染、水体污染和土壤污染监测；按照事故发生的种类可以分为危险品泄漏、起火、爆炸、农药污染、油污染以及废水非正常排放监测等。

应急监测系统的响应程序一般为：接受应急监测任务→启动应急监测相应预案→启动应急监测管理系统，安排应急监测车辆等→了解现场情况，确定应急监测方法，准备监测器材、试剂和防护用品，同时做好实验室分析准备→实施现场监测。

环境保护部应急监测分队负责组织协调突发性环境污染事故地区环境应急监测工作，并负责指导海洋环境监测机构、地方环境监测机构进行应急监测工作。

（1）根据突发性环境污染事故污染物的扩散速度和事件发生地的气象和地域特点，确定污染物扩散范围。

（2）根据监测结果，综合分析突发性环境污染事故污染变化趋势，并通过专家咨询和讨论的方式，预测并报告突发性环境污染事故的发展情况和污染物的变化情况，作为突发性环境污染事故应急决策的依据。

三、突发环境事件应急处置技术

（一）控制泄漏源，消除危险因素

1. 强行止漏法

无论是火灾还是泄漏，必须采取强行的手段实施止漏，能关阀门的要强行关阀止漏，不能关阀的要设法堵漏，首先要从源头上控制住。

2. 强行疏散法

当泄漏后引起燃烧或产生有毒有害气体，必须优先考虑强行疏散，即将不燃、不泄漏的物品和容器实行强行疏散，以建立安全隔离带，制止灾情进一步扩大，然后再处置燃烧或泄漏的物质。

3. 强行吸附法

危险物质一旦泄漏，大多数情况是燃烧与有毒物质并存。此时应使用干粉、水泥粉强行实施窒息灭火或吸附的方法，将燃烧的火焰先予以窒息或将泄漏的物质予以吸附，待灾情控制后，再将未破损的物品疏散转移。当专一的燃烧物呈灼热状态时，应在运载小车或小桶底部设置隔热的黄沙或水泥粉等，以保证疏散转移工作的安全。

（二）泄漏物处置

控制泄漏源后，及时对现场泄漏物质进行覆盖、收容、稀释、处理，使泄漏物得到安全可靠的出置，防止二次事故的发生。

1．围提堵截或挖掘沟槽收容泄漏物

如果化学品为液体，泄漏到地面时会四处蔓延扩散，难以收集处理。为此需筑堤堵截或者挖掘沟槽引流、收容泄漏物到安全地点。贮罐区发生液体泄漏时，要及时关闭雨水阀，防止物料沿明沟外流。

2．覆盖减少泄漏物蒸发

对于液体泄漏物，为降低物料向大气中的蒸发速度，可用泡沫或其他覆盖物品覆盖外泄的物料，在其表面形成覆盖层，抑制其蒸发或者采用低温冷却来降低泄漏物的蒸发。

（1）泡沫覆盖

使用泡沫覆盖阻止泄漏物的挥发，降低泄漏物对大气的危害和泄漏物的燃烧性。泡沫覆盖必须和其他的收容措施（如围堤、沟槽等）配合使用。通常泡沫覆盖只适用于陆地泄漏物。根据泄漏物的特性选择合适的泡沫。常用的普通泡沫只适用于无极性和基本上呈中性的物质；对于低沸点、与水发生反应、具有强腐性、放射性或爆炸性的物质，只能使用专用泡沫；对于急性物质，只能使用属于硅酸盐类的抗酸泡沫；使用纯柠檬果胶配制的果胶泡沫对许多有极性和无极性的化合物均有效。

（2）低温冷却降低泄漏物的蒸发

将冷却剂散布于整个泄漏物的表面，减少有害泄漏物的挥发。在许多情况下，冷冻剂不仅能降低有害泄漏物的蒸汽，而且能通过冷冻将泄漏物固定住。常用的冷冻剂有二氧化碳、液氨和湿冰。选用何种冷冻剂取决于冷冻剂对泄漏物的冷却效果和环境因素。应用低温冷却时必须考虑冷冻剂对随后采取的处理措施的影响。

3．稀释

毒气泄漏事故或一些遇水反应化学品会产生大量的有毒有害气体且溶于水，事故地周围人员一时难以疏散。为减少大气污染，应在下风、侧下风以及人员较多方向采用水枪或消防水带向有害物蒸汽云喷射雾状水或设置水幕水带，也可以在上风方向设置直流水枪垂直喷射，形成大范围水雾覆盖区域，稀释、吸收有毒有害气体，加速气体向高空扩散。在使用这一技术时，将产生大量的被污染水，因此应疏通污水排放系统。对于可燃物，也可以在现场施放大量水蒸气或氮气，破坏燃烧条件。

4．吸附、中和、固化泄漏物

泄漏量小，可用沙子、吸附材料、中和材料等吸收中和，或者用固化法处理泄漏物。

（1）吸附处理泄漏物

所有的陆地泄漏和某些有机物的水中泄漏都可用吸附法处理。吸附法处理泄漏物的关键是选择合适的吸附剂。常用的吸附剂有：活性炭、天然有机吸附剂、天然无机吸附剂、合成吸附剂。

（2）中和泄漏物

中和法要求最终 pH 值控制在 6～9，反应期间必须监测 pH 值变化。遇水反应危险化学品生成的有毒有害气体，大多数呈酸性，可在消防车中加入碱液，使用雾状水予以中和。

当碱液一时难以找到，可在水箱内找些干粉、洗衣粉等，同样起到中和效果。

对于泄入水体的酸、碱或泄入水体后能生成酸、碱的物质，也可考虑用中和法处理。对于陆地泄漏物，如果反应能控制，常用强酸、强碱中和，比较经济；对于水体泄漏物，建议使用弱酸、弱碱中和。

对于水体泄漏物，如果中和过程中可能产生金属离子，必须用沉淀剂清除。中和反应通常比较剧烈，由于放热和生成气体产生沸腾和飞溅，所以应急人员必须穿防酸碱工作服、戴防烟雾呼吸器。可以通过降低反应温度和稀释反应物来控制飞溅。

（3）固化法处理泄漏物

通过加入能与泄漏物发生化学反应的固化剂或稳定剂使泄漏物转化为稳定性形式，以便于处理、运输和处置。有的泄漏物变成稳定性形式后，由原来的有害变成了无害，可原地堆放不需进一步处理；有的泄漏物变成稳定形式后仍然有害，必须运至废物处理场所进一步处理或在专用废弃场所掩埋。常用的固化剂有水泥、凝胶、石灰。

四、突发环境事件应急救援

（一）指挥与协调

根据需要，国务院有关部门和部际联席会议成立环境应急指挥部，负责指导、协调突发性环境污染事故的应对工作。

环境应急指挥部根据突发性环境污染事故的情况通知有关部门及其应急机构、救援队伍和事件所在地毗邻省（区、市）人民政府应急救援指挥机构。各应急机构接到事件信息通报后，应立即派出有关人员和队伍赶赴事发现场，在现场救援指挥部统一指挥下，按照各自的预案和处置规程，相互协同，密切配合，共同实施环境应急和紧急处置行动。现场应急救援指挥部成立前，各应急救援专业队伍必须在当地政府和事发单位的协调指挥下坚决、迅速地实施先期处置，果断控制或切断污染源，全力控制事件态势，严防二次污染和次生、衍生事件发生。

应急状态时，专家组组织有关专家迅速对事件信息进行分析、评估，提出应急处置方案和建议，供指挥部领导决策参考。根据事件进展情况和形势动态，提出相应的对策和意见；对突发性环境污染事故的危害范围、发展趋势作出科学预测，为环境应急领导机构的决策和指挥提供科学依据；参与污染程度、危害范围、事件等级的判定，对污染区域的隔离与解禁、人员撤离与返回等重大防护措施的决策提供技术依据；指导各应急分队进行应急处理与处置；指导环境应急工作的评价，进行事件的中长期环境影响评估。

发生环境事件的有关部门、单位要及时、主动向环境应急指挥部提供应急救援有关的基础资料，环保、海洋、交通、水利等有关部门提供事件发生前的有关监管检查资料，供环境应急指挥部研究救援和处置方案时参考。

（二）应急疏散

①针对不同的疏散规模或现场紧急情况的严重程度，明确谁有权发布疏散命令。

②明确进行人群疏散时可能出现的紧急情况和相应的疏散方法。

③关于预防性疏散的规定。

④列举有可能需要疏散的地区（例如位于生产、使用、运输、存储危险物品企业周边地区等）。

⑤对疏散人群数量、所需的警报时间、疏散时间以及可用的疏散时间的估测。

⑥对疏散路线、交通工具、搭乘点、目的地（及其备用方案）所作的安排，以及保证人群疏散路线的道路、桥梁等的结构安全。

⑦对疏散人群的交通控制、引导、自身防护措施、治安、避免恐慌情绪所作的安排。

⑧对需要特殊援助的群体（如老人、残疾人、学校、幼儿园、医院、疗养院、监管所等）的考虑。

⑨对人群疏散进行跟踪、记录（如疏散通知、疏散数量、在人员安置场所的疏散人数等）。

（三）人员安全防护

人员安全防护包括：应急人员的安全防护和受灾人员的安全防护。

应急人员应根据不同类型环境污染事故的特点，配备相应的专业防护装备，采取安全防护措施，严格执行应急人员出入事发现场程序。

1．受灾群众的安全防护

受灾群众的安全防护由现场应急救援指挥部负责组织，主要工作内容如下：

①根据突发环境事件的性质、特点，告知群众应采取的安全防护措施。

②根据事发时当地的气象、地理环境、人员密集度等，确定群众疏散的方式，指定有关部门组织群众安全疏散撤离。

③在事发地安全边界以外，设立紧急避难场所。

现场防护装置是为了保护突发环境污染事故现场工作人员免受化学、生物与放射性污染危害而设计的装备，包括防护服、防护眼面护具、防护手套和呼吸用品等，以预防现场环境中有毒、有害物质对人体健康的危害。

2．环境应急人员的安全防护

环境应急人员的安全防护主要措施有：

①有毒、有害气体防护：采用呼吸道防护的方法，使用正压式氧气面具（空气呼吸器）、防毒面具、防尘面具、浸水的棉织物等。

②不挥发的有毒液体：采用隔绝服防护。

③易挥发的有毒、有害液体：采用全身防护。

④易燃液体、气体的防护：采用阻燃服、呼吸道防护。

⑤辐射的防护：采用防辐射专用服防护。

（四）人员的救护

现场急救的及时与实施是决定事故应急救援成功与否的关键环节。现场急救成败的关键除了高超的技术、完善的设备外，更重要的是时间；救急队伍应快速集结、快速反应、分秒必争投入救援行动，在最短的时间内使伤员得到救助，以达到挽救生命、稳定病情、减少伤残、减轻痛苦的目的。及时有效的现场急救和转送医院治疗，是减少事故现场人员伤亡的关键。

1．现场救护基本程序

（1）现场救护

①将染毒者迅速撤离现场，转移到上风或侧上风方向空气无污染地区；②有条件时应立即进行呼吸道及全身防护，防止继续吸入染毒；③对呼吸、心跳停止者，应立即进行人工呼吸和心脏按压，采取心脏复苏措施，并给予氧气；④立即脱去被污染者的服装；⑤皮肤污染者，用流动清水或肥皂水彻底冲洗；⑥眼睛污染者，用大量流动清水彻底冲洗。

（2）使用特效药物治疗

（3）对症治疗

（4）严重者送医院观察治疗

2．应急预案的主要内容

环境污染事故应急预案中应明确针对该地区可能发生的重大污染事故，为现场急救、伤员运送、治疗及卫生监测等所做的准备和安排，应急预案应包括：

①可用的急救资源列表，如急救中心、救护车和急救人员。

②医院的列表。

③抢救药品、医疗器械和消毒、解毒药品等的区域内外来源和供给。

④建立与上级及外部医疗机构的联系与协调，包括疾控中心、危险化学品应急抢救中心、毒物控制中心等。

⑤建立现场急救站，设置明显的标志，并保证现场急救站的位置安全，以及空间、水、电等基本条件保障。

⑥建立对受伤人员进行分类急救、运送和转送医院的标准操作程序，建立受伤人员治疗跟踪卡，保证受伤人员都能得到正确及时的救治，并合理转送到相应的医院。

⑦记录、汇总伤亡情况表。

⑧建立和维护现场通讯，保持与现场总指挥的通讯联络，与其他应急队伍（环保、消防、公安、公共工程等）的协调工作。

⑨环保、卫生（水、食物污染等）和传染病源监测机构（如卫生防疫站、疾控中心、检疫机构、预防医学中心等）及可用的监测设备检测方案。

3．环境污染事故中要估计到3种类型的伤员

①没有受到污染但受到物理伤害的伤员。

②没有或有很小的物理伤害，但已经受到化学品的污染。

③受到严重伤害以及化学品污染的人。

伤员的分类，除了最初的评价外，根据化学品和污染的方式，应急医疗服务人员应该经常地再评价那些等待治疗的伤员；应急医疗服务人员应该对在事故中所涉及的化学品的化学特性及物理特性和在不用的暴露水平下的症状予以确认。

第五节　环境事件事后管理

一、突发环境事件的损害评估

突发性环境污染事故后评估的目的主要是评价重大环境污染事故对环境所造成的污染及危害程度，并确定相应的经济损失；预测评价事故污染造成的中期和长期的环境影响，并提出相应的污染舒缓和环境保护措施；评价污染事故发生前的预警、事故发生后的响应、救援行动以及污染控制的措施是否得当，并调查事故发生的原因，为重大环境污染事故责任人的确认及其处理提供依据。

突发性环境污染事故评估的基本内容包括：①污染事故类型识别及分析；②污染事故现场调查及环境应急监测；③确定事故污染因子及其源项；④事故应急过程评价；⑤后果评价；⑥污染损失评价；⑦污染事故责任人的认定；⑧编制环境影响评价报告书。

突发性环境污染事故后评估主要回答几个问题：环境污染事故等级；事故发生的原因；事故责任的界定；事故污染途径及范围；事故污染状况及后果；事故造成的损失；事故应急总任务以及部分任务完成情况；是否符合保护公众、保护环境的总要求；采取的重要防护措施与方法是否得当；出动环境应急队伍的规模、仪器装备的使用、环境应急程度与速度是否与任务相适应；环境应急处置中对利益代价、风险、困难关系的处理是否科学合理；发布的公告及公众信息内容是否真实，实际是否得当，对公众心理产生了何种影响；有何经验教训；需要得出的其他结论等。最后提出相关建议，包括：今后污染源控制工作要求；污染区域的生态修复方案；应急预案应修订的内容等。

二、突发环境事件的责任追究

在突发性环境污染事故应急工作中，有下列行为之一的，按照有关法律和规定，对有关责任人员视情节和危害后果，由其所在单位或者上级机关给予行政处分；其中，对国家公务员和国家行政机关任命的其他人员，分别由任免机关或者监察机关给予行政处分；构成犯罪的，由司法机关依法追究刑事责任。

①不认真履行环保法律、法规，而引发环境事件的；

②不按照规定制定突发性环境污染事故应急预案，拒绝承担突发性环境污染事故应急准备义务的；

③不按规定报告、通报突发性环境污染事故真实情况的；

④拒不执行突发性环境污染事故应急预案，不服从命令和指挥，或者在事件应急响应时临阵脱逃的；

⑤盗窃、贪污、挪用环境事件应急工作资金、装备和物资的；

⑥阻碍环境事件应急工作人员依法执行职务或者进行破坏活动的；

⑦散布谣言，扰乱社会秩序的；

⑧有其他对环境事件应急工作造成危害行为的。

三、污染场地的净化与综合修复

（一）污染场地修复概况

《污染场地术语（征求意见稿）》中对污染场地（Contaminated Site）的定义为："因堆积、存储、处理、处置或其他方式（如迁移）承载了有害物质的，对人体健康或环境产生危害或具有潜在风险的空间区域"。为了实现再利用的目的，对污染场地的修复可以称为污染场地修复，简称场地修复。

污染场地大致可分为以下 4 类：重金属污染场地、持续性有机污染物（POPs）污染场地、有机污染场地和电子废弃物污染场地。

（二）POPs 场地污染现状

近年来，伴随我国工农业的快速发展，土地不断遭到各种污染的伤害，业内专家认为，我国土壤污染的总体形势不容乐观，高污染场地的治理和修复问题迫在眉睫。其中，POPs 污染场地的危害不容忽视。在 POPs 污染场地中，我国曾经生产和广泛使用过的杀虫剂——滴滴涕、六氯苯、氯丹及灭蚁灵等，尽管已经禁用多年，但土壤中仍有残留。此外，还有其他 POPs 污染场地，如含多氯联苯（PCBs）的电力设备的封存和拆解场地等。初步估计，中国存在大量的 POPs 废物，包括杀虫剂废物 4 000～6 000 吨，PCB 废物约 55 万吨，含 POPs 污染土壤 100 多万吨。

（三）场地修复技术路线

土壤修复是指利用物理、化学和生物的方法转移、吸收、降解和转化土壤中的污染物，使其浓度降低到可接受水平或将有毒有害的污染物转化为无害物质的过程。

技术原理：改变污染物在土壤中的存在形态或同土壤的结合方式，降低其在环境中的可迁移性与生物可利用性；降低土壤中有害物质的浓度。

常规的污染场地修复技术主要包括物理修复、化学修复、生物修复 3 类技术。

1．物理修复技术分析及应用

土壤修复的物理技术主要指通过特定物理过程将污染物从土壤中去除或分离的技术，目前在我国比较有代表性的包括换土、热脱附法和气相抽提法，除此之外还有玻璃化法和电修复，其中前 3 种都有大量工程应用的实例。

物理修复虽然能从一定程度上净化土壤，但不能完全除去 POPs。

2．化学修复技术分析及应用

狭义的化学修复指的是向土壤中投入改良剂，通过对重金属的吸附、氧化还原、拮抗或沉淀作用来降低重金属的生物有效性的过程。随着土壤修复技术的发展和创新，化学修复的概念已大大丰富，目前凡是以化学过程为主要手段来去除土壤中污染物的过程都被视为化学修复技术，针对 POPs 的化学修复较为典型的包括高级氧化法、化学清洗法、超临界萃取法和微波萃取法等。以上方法由于费用中等，效果较好，所以都有较广泛的应用。

①高级氧化法是指利用羟基自由基降解 POPs 有机物的氧化过程。高级氧化法可以分为高级化学氧化法、超临界水氧化法、声化学氧化法、光催化氧化法等。

②化学清洗法是用一些化学溶剂和表面活性剂等清洗被有机农药污染的土壤的方法，此法虽费用较低，但易造成二次污染。

③超临界萃取法是采用超临界流体萃取土壤中的有机农药污染物，使污染物被浓缩富集而去除，但设备投资大，运行成本高。

除此之外，电化学法、微波法也对多氯代有毒污染物有较好的降解效果。但相对应的，化学法的缺点有反应器材选用及制造困难，反应控制与运行费用高，适用范围小等。

3. 生物修复技术分析及应用

生物修复技术是针对污染土壤，利用生物（通常是植物和微生物）的代谢活动降低土壤环境中的有毒有害污染物浓度，使其危害性降低甚至去除的过程。由于生物修复处理周期较长，对土壤的要求较高，因此常与其他方法耦合使用。与物化技术相比，生物技术具有经济、污染物去除率高、不造成二次污染的优势。

在植物修复、土壤耕作、生物通风、生物堆、泥浆生物反应器 5 种生物修复技术中，后四种属微生物修复范畴，而植物修复工艺最为成熟，应用最为广泛；生物通风法虽有一些应用，但是典型案例较少；土壤耕作法和生物堆法已有小型的实验性项目，其应用会逐渐增多；泥浆生物反应器较为前沿，目前国内还处在研究阶段。

（1）植物修复（Phytoremediation）

植物修复是一种较为宏观和综合性的修复方法，主要是利用绿色植物来转移、容纳或转化污染物，使其对环境无害。目前，菌根修复技术已经被国内外科研人员应用于治理受农药、石油、多环芳烃等污染的土壤。

植物修复的关键在于针对土壤条件和生态环境特点筛选高产和高去污能力的植物。优点一是治理原位性强，对土壤环境扰动小；二是治理成本低；三是环境与美学的兼容性；四是治理后期处理简单；五是公众的接受认可程度高；六是可实现大面积的污染土壤修复。缺点一是修复周期漫长；二是原位修复只针对表层土壤修复；三是降解产物可能具有生物毒性；四是外来修复植物对生态多样性的破坏。

基于其上述特点，目前植物修复多用于农田、人工湿地、填埋场表层土、矿区边际等大面积、长周期的土壤修复项目。

（2）微生物修复技术（Microbial remediation）

微生物修复技术是利用微生物去除环境中污染物的技术，通过促进场地中微生物的生长和代谢，靠经强化的生物作用，进而提升污染物去除效率。虽然科研工作者通过富集培养等技术已发现了许多能降解 POPs 的微生物，但由于持久性有机污染物的特性决定了其对自然界的各种降解作用具有较强的抵抗作用，且 POPs 大部分都具有毒性，对微生物也会产生毒害作用，因此，常规的生物降解技术降解 POPs 能力有限。

（3）现代生物技术（Modern biological remediation）

现代生物技术是指以 DNA 技术为先导的一系列生物高新技术的统称，主要包括微生物工程、细胞工程、酶工程、基因工程、蛋白质工程和生物修复技术等。由于 POPs 的特殊性，现代生物技术在环境保护和治理方面将会有不可取代的优势。但由于此项技术尚未成熟，投入应用的情况较少。

（四）污染场地综合修复

随着科技进步以及城市化进程的加快，土壤修复行业在决策设计上已从基于污染物总量控制的修复目标发展到基于污染风险评估的修复导向；在修复实践上已从工业场地发展到农田，从适用于工业企业场地污染土壤的离位肥力破坏性物化修复技术发展到适用于农田污染土壤的原位肥力维持性绿色修复技术。不同的土壤修复项目往往是污染程度、处理对象、利用规划、波及范围各异，因此修复技术在适用能力上是从单一的重金属、农药、石油或 POPs 污染土壤发展到多种污染物复合或混合污染土壤，从单一厂址场地修复发展到特大城市复合场地修复，在设计方案上是从单项修复技术发展到集大气、水体监测于一体的多技术多设备协同的土壤-地下水综合集成修复。

具体来说，综合修复技术包括不同修复植物组合修复，降解菌－超积累植物组合修复，真菌－修复植物组合修复，土壤动物－植物－微生物组合修复，络合增溶强化植物修复，化学氧化－生物降解修复，电动修复－生物修复，生物强化蒸气浸提修复，光催化纳米材料修复等。可以说，协同增效的土壤综合修复模式是场地和农田污染修复的研究方向。

四、突发环境事件的案例管理

（一）突发环境事件案例分析

对已经发生的突发环境事件进行从开始到终止全过程的分析。突发环境事件过程包括事件背景与发生特征、应急响应过程、监测情况、处置情况等环节。事件背景与发生特征分析包括事件类型、发生事件时间、地点、泄漏源、泄漏原因、主要化学物质及数量、人员危害情况、潜在危害、发展趋势等；应急响应过程分析包括参与突发环境事件的应急指挥、协调和调度；监测分析包括化学品的峰值及出现的时间、扩散规律分析等；应急处理处置分析包括处置原则和处置措施等。进一步系统剖析泄漏事故诱因、特征、演化规律与危害性后果，以及所采取的应急响应处置策略及其相应的处理效果等。

（二）危险化学品泄漏事故案例库建立

在突发环境事件进行案例分析研究基础上，按照科学性、系统性、实用性、可扩展性、兼容性、针对性原则，参照国内外有关环境污染事件分类标准对突发环境事件进行分类研究；采用以层次码为主体，每层中采用顺序码的方法对突发环境事件进行编码研究，以建立突发环境事件分类与编码标准规范。

在系统整合突发环境事件应急处理处置案例的分析结果，充分考虑案例的特征与处理处置技术的基础上，以突发环境事件分类与编码作为主要技术手段，建立突发环境事件案例数据库。数据信息包括突发环境事件发生的诱因、特点及其危害性后果，采取的应急响应处置策略与处置效果等。

POPs 突发环境事件案例
——意大利塞维索二噁英污染突发环境事件案例

ICMESA 化工厂（Industrie Chimiche Meda Società）位于意大利米兰以北 15 千米的塞维索（Seveso）附近的一个小镇上，隶属于总部设在瑞士日内瓦的 Givaudan S.A.公司。该厂共有 170 名工人，主要生产化妆品和制药工业所需要的化工中间体。1969 年该厂开始生产一种名为 2,4,5-三氯酚钠（TCP）的产品，它是一种用于合成除草剂的有毒的、不可燃烧的化学物质。由于该厂生产 TCP 需要在 150～160℃下持续加热一段时间，因而为 2,3,7,8-TCDD 等二噁英的生成创造了条件。1976 年 7 月 10 日，ICMESA 化工厂的 TBC（1,2,3,4-四氯苯）加碱水解反应釜突然发生爆炸。该反应釜的目的是使 TBC 经水解而形成制造 TCP 的中间体——2,4,5-三氯酚钠，由于反应放热失控，引起压力过高而导致安全阀失灵而形成爆炸。由于当时釜内的压力高达 4 个大气压，温度高达 250℃，包括反应原料、生成物以及二噁英杂质等在内的化学物质一起冲破了屋顶，冲入空中，形成一个污染云团，这个过程持续了约 20 分钟。在接下来的几个小时内，污染云团随着风速达 5 米/秒的东南风向下风向传送了约 6 千米，并沉降到面积约 1 810 英亩的区域内，污染范围涉及 Seveso、Meda、Desio、Cesano Maderno 以及另外 7 个属于米兰省的城市。

事故反生后，ICMESA 化工厂立刻警告当地居民不要吃当地的农畜产品，同时声明爆炸泄漏的污染物中可能含有 TCP、碱性碳酸钠、溶剂以及其他不明有害物质。7 月 12 日，反应釜所在的建筑物被关闭。

7 月 13 日，当地的小动物出现死亡；7 月 14 日，当地的儿童出现皮肤红肿。7 月 17 日，当地卫生部门邀请米兰省立卫生和预防实验室主任 Aldo Cavallaro 教授对现场进行分析。尽管当时二噁英还鲜为人知，但 Aldo Cavallaro 教授凭借其多年的公共卫生领域的专业经验，怀疑污染云团中含有的二噁英是造成动物死亡和儿童皮肤红肿的原因。不久，来自瑞士日内瓦的 Givaudan S.A.公司总部传来消息，公司实验室在事故发生后第一时间于现场采集的样品中发现二噁英。

据调查，爆炸当时反应釜内的物质包括 2 030 千克的 2,4,5-三氯酚钠（或其他 TCB 的水解产物）、540 千克的氯化钠和超过 2 000 千克的其他有机物。在清理反应釜时，发现了 2 171 千克的残存物，其中主要是氯化钠（约 1 560 千克）。按此推算，污染云团实际上包含了约 3 000 千克的化学物质，其中据估计包括有 300 克～130 千克的二噁英。因此，ICMESA 化工厂的爆炸事故造成了轰动世界的二噁英污染事件。

本章小结

突发性环境污染事故不同于一般的环境污染，它没有固定的排放方式和排放途径，都是突然发生，来势凶猛，在瞬时或短时间内大量地排放污染物质，往往会对环境造成极大的破坏，并直接威胁人民群众的生命安全。通常，突发性污染事故的发生是不可预料、无法逆转的。人们很难确切知道它的发生时间、地点、破坏程度、可能的后果。一旦发生，就直接威胁到公众利益，任何延误都可能造成难以弥补的损失，因此也就很难以常规的法律制度和行政手段去解决，必须要求行政机关迅速采取紧急措施进行应对。

本章第一节主要介绍突发环境事件的相关概念、特征等内容；第二、第三节对环境风险防范与预警进行了介绍；第四节重点介绍突发环境事件的应急处置与应急救援等内容；第五节主要介绍突发性环境污染事故后期的处置的内容。

思考题

1．简要介绍环境风险源识别的过程与方法。

2．环境风险评估主要包括哪些主要内容？

3．以某一突发性环境问题为例，简要介绍进入预警状态后，应当采取的相应措施及对事故的处理。

4．简要介绍突发环境事件的应急处置流程。

5．简述突发环境事件的主要应急处置技术。

6．简述突发性环境污染事故后评估的主要内容。

参考文献

[1] 国务院. 国家突发环境事件应急预案[J]. 油气田环境保护，2006，16（4）：49-55.

[2] 刘铁民. 重大事故应急处置基本原则与程序[J]. 中国安全生产科学技术，2007，3（3）：3-6.

[3] 曾维华. 中国环境应急响应体系建设的探讨[J]. 环境保护，2005，12：48-53.

[4] 曾维华，程声通. 环境灾害学引论[M]. 北京：中国环境科学出版社，2000.

[5] 邢涓涓，等. 企业重大事故应急管理与预案编制[M]. 北京：航空工业出版社，2005.

[6] 蒋军成. 事故调查与分析技术[M]. 北京：化学工业出版社，2003.

[7] 温丽敏. 重大事故人员应急疏散模型研究[J]. 中国安全科学学报，1999，9（6）：69-73.

[8] 张江华. 危险化学品事故应急疏散决策系统设计[J]. 科技导报，2007，25（7）：47-50.

[9] 吴宗之，刘茂. 重大事故应急救援系统及预案导论[M]. 北京：冶金工业出版社，2003.

[10] 陈海群，王凯全，等. 危险化学品事故处理及应急预案[M]. 北京：中国石化出版社，2005.

[11] 丁斌. 危险化学品泄漏事故的应急处置[J]. 安徽化工，2008，34（1）：58-61.

[12] 韦克. 应对危险化学品火灾的紧急措施（一）[J]. 劳动保护，2005（2）：90-91.

[13] 曾维华. 环境污染事故风险预测模式研究[J]. 防灾减灾工程学报，2004，24（3）：329-335.

[14] 刘茂，吴宗之. 应急救援概论[M]. 北京：化学工业出版社，2004.

[15] 吴宗之，高进东. 重大危险源辨识与控制[M]. 北京：冶金工业出版社，2001.

[16] 胡二邦. 环境风险评价实用技术和方法[M]. 北京：中国环境科学出版社，2000.

[17] 徐晓白. POPs 废物和污染场地危害及其控制[N]. 中国环境报，2007-08-17（5）.

[18] 张从. 污染土壤生物修复技术[M]. 北京：中国环境科学出版社，2000：1-42.

[19] 谷庆宝，郭观林，周友亚，等. 污染场地修复技术的分类、应用与筛选方法探讨[J]. 环境科学研究，2008（2）.

[20] 蒋小红，喻文熙，等. 污染土地的物理/化学修复[J]. 环境污染与防治，2006，28（3）：210-214.

[21] 杨丽琴，陆泗年，等. 污染土壤的物理化学修复技术研究进展[J]. 环境保护科学，2008，34（5）：42-45.

[22] 孙东平，胡凌燕，周伶俐，等. 微生物混合堆置法处理油污土壤的净化效果[J]. 生态环境，2007，16（3），871-874.

[23] 赵金燕，李莹，等. 我国污染土壤修复技术及产业现状[J]. 中国环保产业，2013，3.

第二十一章　环境信息化及公众参与

第一节　环境信息化现状

一、信息化概况

信息化是当今世界发展的大趋势，在当今经济和社会发展模式转变的过程中，世界各个国家都把发展信息技术、推进信息化作为一个重要的手段和方向。近年来，世界有几十个主要国家针对信息基础设施、信息基础应用、信息化发展出台了国家基本战略，把建设高效的信息网络延伸到各个角度，连接到各个行业，作为一个发展的方向；把信息技术在经济和社会各个领域的深化广泛应用作为提升生产力的重要手段。当前，全球主要国家都在针对互联网传感器、互联网新的应用、智慧地球这样一系列信息技术和新发展方向进行研究。

信息化是充分利用信息基础，开发应用信息资源，促进信息交流和共享，推动经济社会发展转型或改进决策管理的历史性进程。随着信息化进程的飞速发展和广泛应用，信息化日益成为推动生产力发展，促进生产关系变革的重要力量。互联网、传感器以及工作的结合，是经济和社会的各项工作，效率进一步提升，手段进一步加强，新的技术和传统的产业结合在一起，进一步提升传统产业发展的竞争力。同时，传感网、互联网相结合，将产生一批新兴产业，而这些产业将成为未来世界经济结构调整的重要方向。

二、信息化对环保工作的意义

充分认识深入推进信息化在环境领域的建设和应用，对于加强环境保护、推动科学发展、促进社会和谐具有的重要作用，对于发展环境领域信息化具有十分重要的意义。环保部部长周生贤在第一次全国环境信息化工作会议指出，环境信息化的意义和作用主要表现在下面几个方面：

（一）深入推进环境信息化建设，是全球信息化发展的客观要求

当前，信息化正在全球范围内向更深的层次、更广泛深入推进，信息技术和信息资源作为生产的要素，进入再生产的全过程，给生产方式、生活方式和经济社会发展带来了前所未有的深刻变革，推动传统经济向新兴经济的转型，信息化水平越来越成为衡量一个国

家的综合实力和国际竞争力的关键因素。

（二）发达国家充分把信息化作为一项重要的战略深入推进，并取得显著成效

美国实现从“轮子上的国家”到“网络上的国家”的重大转变，欧盟完成从工业社会到信息社会的整体转型，日本实施从工业化赶超到信息化赶超的战略转化。党中央、国务院一直非常重视信息化工作，把信息化提升到国家战略的高度，作为促进生产力跨越式发展，增强综合国力和国际竞争力、维护国家安全的关键领域，作出以信息化带动工业化，以工业化促进信息化，走新型工业化道路的战略部署。环境信息化是国家信息化建设的重要组成部分，必须按照中央的决策部署，主动顺应信息化发展的潮流，采取有力的措施，深入加以推进，对环境保护充分发挥在生态文明建设中的主阵地作用，推动科学发展，提供强有力的基础支撑。

（三）深入推进环境信息化建设，是建设服务型机关的重要手段

建设服务型政府，是落实科学发展观、构建和谐社会的一项重要任务。党的十七大明确提出要健全政府的职责体系，完善公共服务体系，推行电子政务，强化社会管理和公共服务，环境保护电子政务作为环境信息的重要领域之一，承担着环境保护公共服务的重要职能，通过电子政务这个载体推行网上办事和政务公开、规范行政权力运行、提高环境管理和公共服务的水平，既开辟了新的为社会服务的途径，也便于广大人民群众行使民主监督权利。

（四）深入推进环境信息化建设，是实现环境管理、科学决策和提升监管效能的基本保证

环境问题是世界问题的复杂体，是人与自然、人与人、经济与环境利益冲突、矛盾冲突的结果，是一个多层次、多维度、多视角的复杂问题。从经济角度看，涉及三次产业的各行各业和生产、流通、分配、消费的各个环节；从社会角度看，涉及行政机关、学校教育、科研院所和家庭生活的多个方面；从技术角度看，涉及自然、物理、化学、生物、地质等学科领域；从业务管理角度看，涉及污染防治、生态保护、环境质量、环境监测、总量控制、环境影响评价、执法监督等业务的管理；从人文角度看，涉及生态文化和伦理道德；从国际角度看，涉及国际政治、国际贸易、国家外交和国家安全等。环境信息种类繁多，数量巨大，任凭原有的人工模式势必捉襟见肘，难以为继，只有通过深入推进环境信息化建设，实现环境信息的采集、传输和管理的数字化、智能化、网络化，才能从大量繁杂的信息中发现趋势、把握重点，使环境管理决策体现时代性、把握规律性、赋予创造性，提高环境管理决策的水平和能力，推动各类环境问题的有效解决。

三、环境信息化在我国的发展现状

信息化对于环境保护具有深远的作用和意义。对于我国，深入推进环境信息化建设时机成熟，条件具备，基础工作已经完成。近年来，党中央、国务院把环境保护摆上了更加突出的重要位置，提出了建设生态文明、推进历史性转变、让江河湖泊休养生息、探索中

国环保新道路等一系列崭新的理念，把环境保护工作作为精神文明建设的主阵地和根本措施，进一步明确了 21 世纪环境保护的战略定位，给环境保护提出了更高要求，也为环境信息化建设带来新的机遇和新的挑战。经过多年的努力，环境信息建设取得明显成效。目前我们具有的环境信息化工作基础为以下几个方面：

①环境信息化发展规划和管理制度不断完善，先后制定了“九五”、“十五”、“十一五”、“十二五”环境信息化建设的规划、指导意见和管理办法等文件。

②环境信息化组织管理体系不断健全，基本形成了国家、省、市三级环境信息机构。

③信息网络基础设施有较大的发展，已经初步建成涵盖 31 个省、市、自治区、直辖市环境厅、新疆生产建设兵团环保局和 5 个计划单列市的环保局的广域网络，除西藏以外各省、直辖市、自治区环保厅和多数地级市环保局都已建立门户网站和局域网办公系统。

④环境管理业务应用系统形成一定的规模，组织开发了环评质量的监测、污染源的监控、环境应急管理、排污收费、污染投诉、建设项目的审批、核与辐射管理等一批业务应用系统。

然而，我国对于环境信息化发展还有不尽如人意的地方，在很多具体的领域还有很大的不足，主要表现在以下方面：

①环境部门政务公开等领域还不够广泛，网上办事的能力还不够强，服务相对滞后，不能完全适应环保工作和人民群众的需要，深入推进环境信息化建设，对推行电子政务能够创造更好的条件，有利于提高环境服务网络化办事便捷程度，有利于保障公众的知情权、参与权和监督权，有利于建设更加高效、规范、廉洁的服务型政府。

②环境部门的综合决策缺乏数据支撑。信息化是环境分析决策能力建设的重要组成部分，是覆盖环境各个领域的一项综合性工作，环境数据的积累能为区域综合环境决策提供基本保障。离开环境信息化，势必影响环境管理决策的科学化，制约环境监管的效能和水平。

③环境部门的环境信息化缺乏标准和全面的设计，数据资源不能完全共享。

④环境部门重视程度不足，环境平台缺乏有效的运转，部分地区的机构和组织保障不完善。

虽然我国环境信息化过程中存在诸多问题，但是，前期的工作为深入推进环境信息化建设创造了有利条件，打下了良好的基础。因此，我们要进一步明确环境信息化的价值和意义，始终紧紧围绕环境保护的主要任务、服务和推动环保事业的科学化发展，为环保优化经济增长、改善民生提供更好的平台。

周生贤部长也在第一次全国环境信息化工作会议指出：当前和今后一个时期，环境信息化建设的指导思想是以邓小平理论和“三个代表”重要思想为指导，深入贯彻落实科学发展观，紧密围绕环境保护的中心工作，实施信息强环保的战略，加快推进信息化与环境保护业务工作相融合，以信息网络设施和能力建设为基础，以环境保护电子政务和业务应用系统建设为重点，以提高信息服务质量和应用效能为核心，坚持统一规划，统一规范，统一建设，统一管理的原则，全面整合、广泛共享和充分运用环境信息资源，提升环境保护监管系统的信息化水平，构建先进完备的数字环保体系，为探索中国环保新道路提供坚实的保障。

环境信息化建设的总体目标是，到 2015 年建立适应新时期环境保护工作需要的环境信息化管理体制，形成合理顺畅的工作机制，环境信息网络覆盖全国，环境信息基础设施整体完善，环境信息化与环境业务紧密融合，重点核心业务全面信息化，环境信息资源得到合理开发和广泛共享，环境信息服务覆盖环保业务的全流程，实现环境业务管理信息化、管理信息资源化、信息服务规范化，基本构建数字环保的体系。

四、国外环境信息化发展现状

国外在环境信息系统建设方面已经取得长足的发展，其中美国20世纪70年代就利用GIS专业软件及RS手段进行环境方面的管理及研究的相关报道。美国国家环保局从1989年起利用ARE/INFO进行了大量科学研究和应用，范围覆盖环境影响评价，地下水保护、点源和面源污染分析、酸沉降分析、危险废弃物泄漏紧急响应等。

欧洲环保署（EEA）早在1985年就建立了欧洲共享环境信息系统，该系统经过了3个阶段的演化：1985—1995年为“独立”的信息系统阶段，1995—2005年属于“报告式”的环境信息阶段，即欧盟各成员国向欧洲环保署上报本国的环境信息；2005年至今逐步形成真正意义的环境信息共享，各成员国所形成的环境信息子系统之间与EEA的中央数据库之间可以直接访问，可以共享和互通环境信息，该信息的创建目的是为了非政府组织、研究机构、大学以及对环境感兴趣的公众方便和自由地获取环境信息创造条件，这种信息共享制度也为区域范围内环境质量综合分析提供了良好的数据基础。德国也在20世纪70年代开始环境资源的建立，其中环境规划信息系统及综合的公众环境信息系统为公众了解国家的环境监测计划、环境参考文献及环境质量的相关数据信息搭建了一个平台，便于公众及时了解环境环保信息动态，同时公众也可以将自己的建议通过该平台反馈给政府。

印度政府环境信息系统网络已经建立起来，以处理数据和信息的收集、校对、存储、分析、交换和分布。在通过卫星图像进行生态系统监测方面，已有一些令人振奋的成就。在澳大利亚，联邦、州和地方环境部门和机构越来越多地使用遥感数据。澳大利亚还正在应用模型技术，利用环境数据指示具有较高环境价值的地区作为资源规划活动的一部分，例如原始森林的综合性区域评价。一些国家还确定了一些环境指标来帮助进行国家环境状况报告。

联合国亚洲及太平洋统计研究所和UNEP，正在参与加强机构管理环境信息的能力，并帮助一些国家编写国家和地区的环境状况报告。联合国亚洲及太平洋经济社会委员会，在环境与可持续发展机构间委员会成员的帮助下，每5年编写一份地区环境状况报告。

第二节　环境管理信息化应用

一、环境信息化概述

环境信息系统是环境信息化的载体，从功能上来看，环境信息系统分为5类：环境资源信息系统、环境检测和采集系统、环境信息处理系统、环境业务信息系统、环境管理系统。

从地域范围的角度看，环境信息系统分为3类：全球性环境信息系统、国家环境信息系统、区域环境信息系统（如省、地市级环境信息系统）。

从具体的污染来源看，还可分为 5 类：大气环境信息系统、水体污染信息系统、固体废弃物信息系统、噪声污染信息系统、核污染信息系统。

二、环境信息化常见技术支持

环境信息化需要多种技术的支持，常见的技术有：传感器技术、数字视频技术、遥感技术、地理信息系统技术、全球定位技术、计算机网络技术、数字通信技术、信息安全技术、数据交换技术、数据存储技术、数据备份技术、数据库管理技术、软件开发与测试技术、三维建模技术、环境空间分析模型技术等。下面简要介绍这些技术。

（一）传感器技术

1．传感器概述

传感器是把物理量或化学量转变成电信号的器件，它是一种检测装置，能检测感受到被测量的信息，并能将检测感受到的信息按一定规律变换成为电信号或其他所需形式的信息输出，以满足信息的传输、处理、存储、显示、记录和控制等。

2．传感器组成

传感器通常由敏感元件、转换元件和测量电路 3 部分组成。

敏感元件是直接感受被测量对象的部分，将测量的对象转换成与被测量的对象有确定关系的非电量或其他量。

转换元件是将非电量转换成电参量。

测量电路的作用是将转换元件输入的电参量经过处理转换成电压、电流或频率等可测电量，以便进行显示、记录、控制和处理。

3．传感器技术在环境信息化中的应用领域

传感器技术是进行环境监测的有效工具之一，它将可接受的外来信号转换成可供传输、测量或进行过程控制的信号源。随着现代科学技术的发展，多参数网络在线监测、多功能自动化监测以及环境中物理、化学、生物、光电等领域的监测，都使得传感器在环境监测中的应用有了更大发展空间，同时也对传感器的研发提出了更新、更高的要求。传感器技术应用在水质监测、大气监测、生物监测、噪声监测等领域，为环境信息化的实现提供支持。

（二）数字视频技术

1．技术概述

数字视频技术是将视频信息转化成数字信息，并用数字电子技术对信息进行存储、处理和传递。模拟视频的数字化主要包括色彩空间的转换、光栅扫描的转换以及分辨率的统一，通过数字化将视频信息转化成数字信息，借助各种压缩编码算法对数字视频进行压缩。

2．数字视频在环境信息化中的应用领域

通过数字视频技术可以将环境监测点的现场实际状态通过远程图像监控系统传输到监控调度中心，环保部门领导及调度人员可以通过图像监控系统对当地的环境进行监视。

数字视频技术应用在重大危险源监测、烟气黑度监测、机动车尾气监测等领域，此外在突发环境应急监测中，通过数字视频技术不仅可以将现场的图像实时传送到应急指挥中心，还可以开展应急指挥视频会议，将各级别的政府应急管理指挥机构连通，构建跨部门的应急联动服务系统，满足对各种灾害和突发公共事件的处理需要，更可以对会议实况和双流内容进行同步录制。数字视频技术在环境领域的应用提高了环境突发事件的应对能力，为应急指挥提供了决策支持。

（三）遥感技术

1. 遥感概述

遥感（Remote Sensing，RS）顾名思义就是遥远的感知，具体是指从高空或外层空间接收来自地球表层各类地物的电磁波信息，并通过对这些信息进行扫描、摄影、传输和处理，从而对地表各类地物和现象进行远距离控制和识别的现代综合技术，是“3S”技术的重要组成部分。

遥感是一门对地观测综合性技术，其实现既需要一整套的技术装备，又需要多种学科的参与和配合，因此实施遥感是一项复杂的系统工程。根据遥感的定义，遥感系统主要由4部分组成：遥感平台、传感器、地面接收站、分析解译系统。

2. 遥感技术在环境信息化中的应用领域

遥感技术广泛应用在环境信息化各种系统中，在环境监测、污染防治规划、生态环境保护、环境信息评价、环境灾害监测、全球环境问题监测等领域得到广泛的应用。

（四）地理信息系统技术

1. GIS 概述

地理信息系统（Geography Information Systems，GIS），是指在计算机软硬件的支持下，对整个或者部分地球表层空间中的有关地理分布数据进行采集、存储、管理、运算、分析、显示和描述的技术系统，是“3S”的重要组成部分。

GIS 系统是由硬件、软件和数据 3 部分组成，其中空间数据是 GIS 的操作对象，是现实世界经过模型抽象的实质性内容确认。

2. GIS 技术在环境信息化中的应用领域

GIS 技术在环境监测、生态现状分析、水环境管理、环境应急预警、环境灾害监测、环境影响评价、制作环境专题图、建立环境地理系统等领域发挥着重要的作用。

（五）全球定位技术

1. GPS 概述

全球定位系统（Global Positioning System，GPS），是一种基于卫星的定位系统，被用于获得地理位置信息以及准确的通用协调时间，是“3S”的重要组成部分。

GPS 系统主要由空间部分（24 颗卫星）、地面监控部分和用户部分组成。

2. GPS 技术在环境信息化中的应用领域

GPS 在环境信息化中得到广泛的应用，具体的应用领域为：污染源定位、放射源定位、现场监察、事故应急等。

3. 北斗卫星定位系统

北斗卫星导航系统（BeiDou Navigation Satellite System，缩写为 BDS）是中国正在实施的自主研发、独立运行的全球卫星导航系统，是与美国的 GPS、俄罗斯的格洛纳斯、欧盟的伽利略系统兼容共用的全球卫星导航系统，并称全球四大卫星导航系统。北斗卫星导航系统 2011 年 12 月 27 日起提供连续导航定位与授时服务，将为我国相关产业提供自主的支持服务。

（六）计算机网络技术

1. 计算机网络概述

计算机网络技术是通信技术与计算机技术相结合的产物。计算机网络是按照网络协议，将地球上分散的、独立的计算机相互连接的集合。连接介质可以是光缆、双绞线、光纤、微波、载波或通信卫星。计算机网络具有共享硬件、软件和数据资源的功能，具有对共享数据资源集中处理及管理和维护的能力。

计算机可按网络拓扑结构、网络涉辖范围和互联距离、网络数据传输和网络系统的拥有者、不同的服务对象等不同标准进行种类划分。一般按网络范围划分，分为局域网（LAN）、城域网（MAN）和广域网（WAN）。

计算机网络可分为 3 部分：硬件系统、软件系统和网络信息。

2. 计算机网络在环境信息化中的应用领域

计算机网络技术促进了环境信息化的发展，具体应用在环境信息服务、环境质量监测等领域。

（七）数字通信技术

1. 数字通信概述

数字通信是用数字信号作为载体来传输信息，或用数字信号对载波进行数字调制后再传输的通信方式。它可传输电报、数字数据等数字信号，也可传输经过数字化处理的语音和图像等模拟信号。

数字通信系统由 5 部分组成，分别是：信源编码与译码、信道编码与译码、加密与解密、数字调制与解调、同步与数字复接。

2. 数字通信系统在环境信息化中的应用领域

数字通信系统广泛应用在环境信息化各种系统中，在数据采集、数据传输等领域发挥重要作用。

（八）信息安全技术

1. 信息安全技术概述

随着现代通信技术的发展和迅速普及，特别是计算机互联网连接到千家万户，信息安全问题日益突出，而且情况也变得越来越复杂。信息安全本身包括的范围很大，大到确保国家军事政治等机密安全，小到防范商业企业的机密泄露。

信息安全是保护信息及其重要元素，包括使用、存储和传输这些信息的系统和硬件。为了加强一个组织的数据处理系统及信息传送的安全性问题，信息安全技术可对抗攻击，以保证信息的基本属性不被破坏，同时保证信息的不可抵赖性和信息提供者身份的可认证性。

信息安全技术由信息保密技术、信息确认技术、网络控制作用组成。

2. 信息安全技术在环境信息化中的应用领域

信息安全技术在环境信息化中应用是为了确保各个数据层的安全：确保物理层安全、确保网络层安全、确保系统层安全、确保应用层安全等。

（九）数据交换技术

1. 数据交换技术概述

数据交换技术是指不同计算机应用系统之间相互发送，传递有意义、有价值的数据。它采用交换机或节点机等交换系统，通过路由选择技术在欲进行通信的双方之间建立物理的、逻辑的连接，形成一条通信电路，实现通信双方的信息传输和交换。数据交换广泛存在于电子政务、电子商务、网上出版、远程服务、电子书籍、信息集成、信息咨询以及合作科研等多个应用领域。数据交换是实现数据共享的一种技术，因此，通过数据交换实现各系统间的数据共享、互联互通，是解决目前信息孤岛现象的关键途径。

数据交换技术是由线路交换、报文交换、分组交换、信元交换和光交换五部分技术组成。

2. 数据交换技术在环境信息化中的应用

环境信息化涉及大量环境数据在不同计算机系统中传输，因此数据交换技术在环境信息化中得到广泛应用，具体应用在：在线监测数据的传输、环保审批数据的传输、移动执法数据的传输、应急处置现场数据的传输、环保业务管理数据的上传下达等。

（十）数据存储技术

1. 数据存储技术概述

数据存储技术可分为封闭系统的存储和开放系统的存储。封闭系统的存储是指大型机、AS400 等服务器，开放系统的存储指基于包括 Windows、Unix、Linux 等操作系统的服务器，分为内置存储和外挂存储。目前绝大部分用户采用的是开放系统的外挂存储，它占有目前磁盘存储市场的 70%以上。外挂存储根据连接方式可分为直连式存储和网络化存储。

2. 数据存储技术在环境信息化中的应用领域

数据存储技术在环境信息化中广泛应用在：日常业务管理数据的存储、环境监测数据的存储、污染源普查数据的存储、环境统计数据的存储、其他环保数据的存储。

（十一）数据备份技术

1. 数据备份技术概述

数据备份是将数据以某种方式加以保留，以便在系统遭受破坏或其他特定情况下重新加以利用的一个过程。数据备份是存储领域的一个重要组成部分。通过数据备份，一个存储系统乃至整个网络系统，完全可以回到过去的某个时间状态，或者重新“克隆”一个指定时间状态的系统，只要在这个时间点上我们有一个完整的系统数据备份。常用的备份方式有以下三种：全备份、增量备份、差分备份。

2．数据备份技术在环境信息化中的应用领域

数据备份技术应用在提供数据中心、面向灾难恢复、应用系统数据的安全检查等领域。

（十二）数据库管理技术

1．数据库管理概述

数据库是按照一定结构组织的相关数据的集合，是在计算机存储设备上合理存放的相互关联的数据集。面对存储海量数据的数据库，需要运用数据库管理技术对其进行统一的管理。这好比对图书馆的图书进行统一编目、分类存放、设立索引，以便于管理人员和读者能够快速准确地找到所需的图书。

数据库管理系统是提供数据库建立、使用和管理工具的软件系统。随着环境信息系统空间数据库技术的不断发展，空间数据库所能表达的空间对象日益复杂，这里的空间数据库管理系统是指能够对存储的地理空间数据进行语义上和逻辑上的定义，提供必需的空间数据查询和存取功能，以及能够对空间数据进行有效维护和更新的一套软件系统。空间数据库管理系统除了具备常规数据库管理系统的相关功能之外，还需要提供特定的针对空间数据的管理功能。

一个完整的数据库管理系统由定义工具、操控工具、应用软件开发工具、数据字典、系统引擎 5 部分组成。

2．数据库管理系统在环境信息化中的应用领域

数据库管理系统应用在环境信息化众多领域，具体有：环境信息无纸化管理、环境信息集中与分布式管理、环境信息统计分析等。

（十三）软件开发与测试技术

1．软件开发与测试概述

软件是程序、数据及文档的集合，从功能角度看，它包括应用软件、系统软件和支撑软件（或工具软件）3 种。软件工程是开发、运行、维护和修复软件的系统方法。在软件开发过程中，为了确保软件得以成功地完成，需要在概要设计、详细设计和编码的每个步骤都进行检测。软件测试是为了检验软件开发过程中的错误而进行的检测，其目的在于检验它是否满足规定的需求或是弄清预期结果与实际结果之间的差别，软件测试和检验涵盖了软件生产全过程的测试，包括对用户需求、概要设计的测试等。软件测试在软件产品质量、控制成本、软件可靠性、企业的竞争力等方面起着重要的作用。

2．软件开发与测试在环境信息化中的应用领域

各种环境信息化系统都依赖于软件开发与测试技术。利用该技术可根据不同环保业务特点及信息化需求，基于 MIS（管理信息系统）、GIS（地理信息系统）等不同平台开发适用的软件系统，为环境保护工作提供便利。

（十四）三维建模技术

1．三维建模技术概述

三维建模就是对现实世界的建模和模拟，根据研究的目标和重点，在数字空间中对其形状、材质、运动等属性进行数字化再现的过程。

2．三维建模技术在环境信息化中的应用领域

随着计算机图形技术的不断发展和运算能力的提高，三维建模技术在环境信息化领域中的应用也日益广泛。三维数字环保则是三维技术在环境信息化重要的信用。三维数字环保通过将各污染区、污染源、受污染的河流等资料的相关数据及属性信息加载到三维场景中，实现各污染源、受污染区域等信息的空间显示。此外，基于三维建模工具和三维分析，可以真实对辖区的三维场景进行再现，依据环保机构现有的污染物动态扩散模型，获得污染物扩散数据，可以对发生事故的污染源进行动态模拟，结合周边的地理环境制定出合理可行的紧急撤离方案。

（十五）环境空间分析模型技术

1．环境空间分析模型概述

环境空间分析是对环境空间数据的加工和处理，包括空间分布、空间统计、空间趋势及空间形态等方面。环境空间分析模型是环境信息系统研究的核心任务之一，是指根据实际空间信息系统的客观变化规律建立的具有空间分布意义的模型。它是一个具有广阔前景和交叉性质的研究领域。

2．环境空间分析模型在环境信息化中的应用领域

环境空间分析模型应用在环境信息化多个领域发挥重要作用，具体表现在：环境数学模型的应用、环境评价模型的应用、环境预测模型的应用、环境规划模型的应用、环境动力学模型的应用、空间决策模型的应用等领域。

三、环境信息化应用及案例

环境信息化应用主要包括：环境数据中心、环保综合管理业务、环保监测与监控、环境应急监控指挥体系等。

（一）环境数据中心

1．环境数据中心概述

环境数据中心平台为环境信息化各系统的基础数据平台，用于统一组织、存储和管理环境保护部门的全部工作数据，从底层实现环保基础数据、地理信息数据和业务数据的共享，提高环保局的环境业务管理、应急处理、环保服务水平、综合管理与分析决策等能力。

2．环境数据中心建设需求分析

根据业务需求，环保部门需要对不同的环境数据进行实时调用和查询，而各种系统和平台的建立，使平台间相互重叠、交叉，在进行数据查询时工作繁杂。在找出众多平台与系统的共同点后，将业务数据整合到一个统一的数据中心平台，每个用户就能准确而又便捷地根据各自的需要在这个数据平台上查找和调用所需数据，并以多种方式展示。

建立环境数据中心，对环境数据进行整理、规范，加强部门间的数据和信息交流，建设统一、规范的环境元数据库，把分散的环境数据资源统一整合到数据中心平台，实现环境数据的共享服务，不仅是社会经济发展和科学创新工作的需要，也是我国环境保护工作的必然要求。

3．环境数据中心总体结构

为了构建完整的环境数据中心平台，要满足以下需求：

①对已存在的异源异构数据进行数据融合；

②具有灵活性和扩展性，对不断增加的新源新构数据可灵活整合和再融合；

③对融合后的数据可进行深入分析和信息发掘；

④用户对数据的个性化服务需求；

⑤数据管理的方便性和安全性需求；

⑥系统运行稳定性需求。

数据中心平台的总体结构可以抽象成一个简单的分层模型，这个模型共有硬件网络层、系统软件层、数据中心、应用服务层、Web 服务层、客户端层、技术支撑层和管理层 8 个层次，它们互相联系，形成一个有机的整体。

4．数据标准体系

数据标准体系定义了一系列的标准规范，包括数据的采集、存储、分析和管理以及数据的表达、发布和交换的各种格式、方法和规范。这些标准根据涉及的方面不同，可以分为：框架体系、数据管理、数据制作、数据服务四大类。

5．环境数据中心建设

建设环境数据中心需要构建元数据库、环境业务数据库、空间数据库。目前，环境数据在各个环保业务系统中分别存储，其中某些业务数据之间有着密不可分的关联，但是其数据结构差别较大，因此需要通过一定的技术手段将上述各业务系统中共同需求的数据提取出来，并进行分类汇总进入数据库。

数据汇集主要是通过信息系统完成多种渠道来源数据的采集、加载、整合、集成、数据质量控制和基础数据管理等。通过数据汇集，从源数据库中对业务基本数据按一定的主题和规则进行抽取、清洗、转换，并加载到数据仓库中，为数据展现提供支持服务。

建设环境数据应用平台需要构建信息资源目录体系、建立环境数据发布的门户、借助 OLAP 数据分析和数据挖掘，从而深入理解包含在数据中的信息，此外还需要提供数据个性化定制。

建设环境数据平台必须建立规范的环境数据共享交换标准，提出各业务数据集成到环境数据平台的标准数据内容和数据格式、数据集成方式及数据传输标准，结合国家环境信息标准规范，制定出环境数据平台的数据共享交换规范。涉及的数据交换标准主要有数据接口标准，包括统一的信息保存格式、统一的信息传递和统一的信息共享方式。

6．数据安全

数据安全有对立的两方面的含义：一是数据本身的安全，主要是采用现代密码算法对数据进行主动保护，如数据保密、数据完整性、双向身份认证等，二是数据防护的安全，主要是采用现代信息存储手段对数据进行主动防护，如通过磁盘阵列、数据备份、异地容灾等手段保证数据的安全，数据安全是一种主动的包含措施，数据本身的安全必须基于可靠的加密算法与安全体系，主要有对称算法与公开密钥密码体系两种。

数据是信息系统的重要组成，环境信息系统包含大量的业务数据，这些数据的安全必须得到保障。保护关键的业务数据有多种方法，但以下 3 种是基本方法：环境数据中心定期、定时备份数据，建立相应的权限管理体系、对敏感数据加密。

环境数据中心要求定期、定时备份业务数据。在数据备份同时加强数据恢复的管理。

（二）环保综合管理业务

1．环保综合管理业务信息化体系概述

环保综合管理业务应用系统是根据环保业务的管理需求而开发的，目前需求较为普遍的环保业务管理系统包括环保业务综合办公系统、放射源管理系统、污染源普查数据综合应用系统、总量减排管理系统、农业面源污染与评价系统、环境监测与移动执法管理系统、生态保护管理系统及环境地理信息系统等。随着环保业务的发展以及信息化应用的不断加深，环保业务管理系统也将不断地创新，以满足环保管理业务发展的需要。

2．环境业务综合办公系统

随着环境问题的日益突出，国家和地方政府已将环境保护工作摆到政府工作的重要位置。因此，利用先进的信息技术，整合资源，建立一套环保业务综合办公系统，实现环境信息的统一管理，是提高环保业务管理能力、应急处理能力、执法水平、为民众服务水平及综合管理与分析决策能力的必然选择，对有效控制环境污染、改善环境质量具有重要的现实意义。

环境业务综合办公系统常见的功能有：环保门户网站发布、办公自动化管理、建设项目管理、排污许可证监督管理、排污费征收管理系统、建筑工地管理系统、环境信访管理、环境法规标准查询、环境保护规范管理、环境监测管理等。

3．放射源管理系统

放射源是指用放射性物质制成的能产生辐射照射的物质或实体。随着我们核工业、核技术的不断发展，放射源在工业、农业、医疗卫生及食品加工等领域得到了广泛应用。但是近年来，因管理不善等原因造成放射源丢失、被盗的事件时有发生，导致多起放射性污染事故，严重威胁了人民群众的生命健康。因此，急需加强放射源的环境监督管理，为放射源使用单位和监管单位提供较好的管理工具，保障放射源的安全使用和公共安全。

在放射源管理方面，各省市根据辖区内放射源的分布情况，进行监督性监测。由于放射源分属各单位管理，分布分散，一旦发生泄漏或丢失，所造成的后果严重，所以需要对放射源进行有效、统一监管。放射源管理系统就是为了实现这个目的而开发的系统，其主要功能有：放射源信息管理、放射源监督执法业务管理、核与辐射事故应急决策支持、放射源知识库管理、系统管理等。

4．污染源普查数据综合应用系统

为全面落实科学发展观，切实加强环境监督管理，提高科学决策水平，我国于 2008 年初开展了第一次全国污染源普查，污染源普查内容主要包括：工业污染源排放的污染物，规模化的养殖场和以农业面源为主的农业污染源排放的污染物，城镇生活污染源排放的污水，集中式污染治理设施等。

污染源普查数据库是普查成果的集中体现，是普查结果开发利用的基础。为使污染源普查数据库变为一个“活”库，不断增强普查资料的实时性，最大限度地发挥普查数据的使用价值，开发一套污染源普查数据综合应用系统是实现普查数据信息化的必然选择。污染源普查数据综合应用系统可以使单调、枯燥的普查信息被赋予空间属性，更加清晰、直

观地再现污染源的污染时空状况。

污染源普查数据综合应用系统功能有：污染源普查数据查询、污染源普查数据统计、污染源普查数据分析、污染源台账管理、污染源普查档案管理、污染源普查数据专题分析等。

5. 总量减排管理系统

污染源总量控制一般指为满足环境质量或环境功能而对其排放总量规定限额。总量减排是一个硬性的指标，是政府必须完成的一项任务，其日常工作主要由环保部门来落实。

总量减排管理要求能够充分体现节能减排工作的核算和项目管理两大核心理念，应遵循环境保护部“淡化基数、算清增量、核准减量”的要求，为减排工作的清算和核算工作提供便捷的工具和手段。

总量减排管理系统主要功能有：目标计划、总量台账、总量核算、考核评价、决策支持、项目综合管理等。

6. 农业面源污染与评价系统

农业面源污染治理是一个比较复杂的系统工程，涉及面广，需要运用系统的方法通过控制整个面源污染的全过程，构建一个农业面源污染的复合控制系统，采用源头阻控、迁移途径阻断和末端治理的综合治理方法，使之达到合理、经济、有效的预期目标。

由于农业面源污染的发生具有动态的、随机的特点，所以在缺乏强有力的空间规划决策支持工具时，往往造成规划决策过程漫长、难度大和结果的随意性和不确定性。因此，需要借助地理信息系统、遥感技术、空间定位、计算机和网络通信等技术结合实现对农业面源污染的动态监测，以及对相关信息的集成管理与应用分析，从而更好地实现面源污染的系统控制，以末端监控管理促进源头治理，以信息的有效管理及分析辅助管理决策。

农业面源污染与评价系统主要功能有：农业污染源动态监测、农业面源污染评价等。

7. 环境监察与移动执法管理系统

环境监察与移动执法管理系统是为加强环境执法能力、创新环境执法手段、提高执法成效而建立的创新型执法管理系统。系统充分利用无线通信、计算机网络、全球定位和地理信息系统等先进技术，构建了集 PDA 端的现场执法系统和 PC 端的后台支撑系统于一体的移动执法体系。

环境监察与移动执法管理系统主要功能有：现场执法系统、中心处理服务系统、后台支撑系统等。

8. 环境地理信息系统

随着总量控制、排污许可证等一系列规章制度的建立，在总量控制的大前提下，环境管理利用手工进行的弊端日趋明显，利用手工计算来进行海量数据处理的工作量将十分巨大、缓慢甚至是不可能的。传统的环境监测、环境管理方法已远不能满足日益增长的社会与经济发展的要求。

环境管理具有复杂性和动态性的特点，涉及多部门、多地区和多领域，需要处理海量数据。在此基础上，系统应具有符合环保工作特征的设计方案，使隐藏在错综复杂的关系下的众多因素变得清晰，可随条件的改变而动态变化，并通过模拟使用户看到结果。显然，对于这样一个复杂的系统，不实现科学化的管理是不行的。因此，设计一个操作简单，提供交互式和可视化环境，使复杂模式与数据处理对用户而言变得透明的环境地理信息系统已是势在必行。

环境地理信息系统常见的功能有：控制管理、基本功能、专题图制作与管理、环境质量专题分析、空间分析、决策分析等。

（三）环保监测与监控

1. 环境在线监控体系概述

环境在线自动监控系统是对排污单位的污染物排放情况（废水、烟尘气及放射性等）和环境质量状况（水质、城市空气质量、城市区域噪声和辐射环境）进行实时、连续自动监控并能及时做出相应反馈的系统。它主要包括污染源在线监控系统、环境质量在线监控系统和环保局的自动监控指挥中心（又称监控中心）。环境在线自动监控系统是集数据中心、污染源监控、水气声监测和放射源监控等系统为一体的综合业务管理系统，利用先进的计算机网络技术、数据库技术、计算机软件技术、全球定位技术、地理信息系统、管理信息系统、门户技术及企业信息门户技术等，将环境质量监测、监控数据进行统一的管理与调用，组建成环境监测、监控信息门户，实现环境质量的总体监控，平台采用一体化设计、一体化访问，从而达到数据共享、统一访问的目的，提高环保部对环境质量进行统一监测、监控和统一管理的能力。

环境在线自动监控系统是针对各种环境监测需求设计的，将为环保部的污染控制工作带来以下益处：对重点污染企业的实时监控、对环境进行监控、为环境执法提供可靠依据、为环境管理提供决策支持。

2. 水质自动监测系统

水质在线自动监测系统是一套以在线自动分析仪器为核心，运用现代传感技术、自动测量技术、自动控制技术、计算机应用技术、通信网络以及相关的专用分析软件所形成的一个综合性的在线自动监测系统。

各水质监测子站对地表水断面水体自动取样并利用监测仪器进行检测分析，将采集到的水质监测数据通过采集、存储、传输、统计和分析等处理后，以图形和报表的形式，通过网络及时、准确地传给环境监督管理部门，为其提供准确、可靠的决策依据。另外，通过环境信息发布软件可将地表水水质信息及时发布，便于公众实时了解与自身关系紧密的地表水水质状况，为地表水水质的不断改善提供监测管理、评价与公众自觉维护、监督平台。

水质自动监控系统需要具备以下功能：数据采集、校验、站点信息显示查询、数据显示、统计报表、生成报告书、超标报警、数据管理、信息维护等。

3. 城市空气质量在线监测

环境空气质量自动监控系统将实时采集的空气质量监测数据通过采集、存储、传输、统计、比对和分析等处理后，以图形和报表的形式，通过网络及时准确地传达给环境监督管理部门，为其提供准确可靠的决策依据，以便实时监测城市空气质量。

该系统主要功能有：一体式空气质量监测系统、可监测多种气体、外部设备接口、数据存储和图表记录功能、完备的诊断测量和记录功能、通过固定或移动通信实现远程控制、能判断空气质量是否符合国家制定的环境质量标准及了解当前的污染状况、能判断污染源造成的污染影响，帮助确定控制和防治对策，评价防治措施的效果。

4．废水排放自动监控系统

废水排放自动监控系统是实现对各污染源排放废水的 COD、氨氮、重金属、总磷等各项指标进行自动监测的系统。系统以自动分析仪器为核心，通过数据采集系统将监测数据上传至环境监控中心，通过系统数据处理后存储指定的监测数据及各种运行资料，并可利用废水自动监控软件系统，实现监测项目超标及子站状态信号显示、报警，各项运行数据及统计图表的打印等功能。整套系统具有自动运行、停电保护和来电自动恢复等功能。

废水排放自动监控系统主要功能有：污染源信息查询、统计报表、超标预警、数据查询、数据管理等。

5．废气排放自动监控系统

废气排放自动监控系统是利用现代传感技术、自动化监测分析技术、通信技术和计算机及网络技术而构成的空气质量自动监控系统。通过本系统的实施，在环境综合整治重点区域建设空气质量自动监控站，实时采集该区域的空气质量进行监控。空气一旦出现被严重污染的情况，系统将可在第一时间发出污染预警信号，锁定涉嫌违法排污的企业，快速通知相关环境管理人员赶赴现场处理。

废气排放自动监控系统主要功能有：污染源信息显示查询、统计报表、WEBGIS 功能、数据超标控制、超标自动取样留样、数据管理、远程控制等。

6．放射源自动监控系统

放射源自动监控系统综合运用了全球定位系统、Web Service 技术、地理信息系统技术、数据库技术、无线通信技术及自动控制技术等现代信息技术，实现了放射源监控从放射源的生产、交易、使用、存储甚至废弃的全过程电子化管理，全面提高了放射源管理的技术和水平，给环保部门放射源的管理提供了崭新的思维和手段，为人民的幸福生活和社会的安定提供了有力的保障。

放射源自动监控系统具有如下主要功能：

①实现辖下所有放射源属性信息的统一管理；

②分配不同等级的系统使用权限，实现放射源的分级管理；

③建立放射源应急处理预案库，当发生放射源丢失或泄漏时，生成应急处理方案和报表；

④统一管理放射源各相关数据库，建立统计申报机制，并生成相应的业务数据报表；

⑤各数据库均可实现数据导出功能；

⑥实现放射源的在线监测，能够监测放射源的位置及辐射强度；

⑦在全市电子地图上直观地显示放射源当前所处的位置，方便用户对有关信息进行查询、管理和监控，同时用于精确定位每个放射源的位置和移动状态。

7．声环境质量监控

目前，国内噪声监测是采用人工手持式仪表测量方式，这种方式测量精度低、劳动强度大，并且由于噪声取样的不连续性，导致无法客观地统计和分析数据，其监测手段和测量水平已远远不能适应形势发展的需要。环境噪声自动监测系统具有无人值守，一周 7×24 小时连续运行的特点，而且安装、部署、维护简单，为我国各大中型城市实施安静工程提供了及时、准确的监测数据，为环境噪声的评价和环境噪声的治理提供了有效的依据，满足了政府迫在眉睫的全天候监管、全功能化展现的需求，实现了办公的网络化、自动化。

环境噪声自动监测系统主要功能有：通信服务器、监测管理中心、数据处理中心等。

8．烟气黑度监控系统

烟气黑度监控分析系统根据城市烟囱点位的分布情况，在各排放烟气监控点安装摄像机，以实现对监控区域内给监控点监控的目的。

烟气黑度监控分析系统提供烟气黑度监控基本功能。烟气黑度分析采用林格曼黑度分析算法，准确计算出黑度等级，并在超标时实现自动报警。

（四）环境应急监控指挥体系

1．环境应急体系概述

随着我国经济快速的发展，各种突发环境事件频繁发生。要遏制环境污染特别是突发性环境事件，就必须建立环境应急监控和重大环境突发事件预警体系。

突发性环境污染事件防范与应急体系包括5个阶段，分别是：环境污染事件风险项目建设环境管理、日常防范、事件应对准备、事件应急和事后管理。其中，环境污染事件风险项目建设环境管理目前主要体现在环境影响风险评价；日常防范包括环境风险源识别与评估、环境风险源动态数据库、监测、监控和预警；事件应对准备包括应急装备、专家库和应急预案；事件应急包括应急指挥、应急监测及应急处置；事后管理包括环境修复、环境影响预测与评价以及跟踪监测。

2．环境应急体系基础设施建设

根据突发性环境污染事件防范与应急工作的需要，环境应急基础设施建设包括日常防范监控能力建设、环境应急监测能力建设、环境应急监控指挥中心建设，以及环境应急网络建设。

日常防范监控能力建设的核心思想是通过应用信息技术实现对重点污染源、风险源和环境质量的在线监控、监测，在出现异常状况或事故苗头时能自动预警、报警，它是做好环境事件应急工作的基础。

环境应急监测能力包括现场信息快速获取能力及污染物快速分析能力。现场信息快速获取能力指应用无人机、车、船等交通工具能在发生事件的第一时间奔赴现场，并能将现场信息以视频、声音和数据等形式传输至监控指挥中心，或在现场进行监测分析后将分析结果报告给监控指挥中心或应急指挥部，为应急指挥提供决策支持。目前存在的主要研发和生产成果有：环境应急监测无人机、环境应急监测车、环境应急监测船、环境应急监控终端以及各种水、气应急监测设备等。

各级环境保护职能机构一般都将环境应急监控指挥中心与环境监控中心合建在一起，以方便重点污染源的日常监控与突发环境事件应急的管理工作。环境应急监控指挥中心的硬件环境主要由基础硬件设施、显示系统、视频会议系统、网络及安全系统、数据存储备份系统等部分组成，为环境应急监控指挥体系提供硬件支撑，为环境应急指挥决策系统的部署创造环境。

3．环境应急指挥信息管理与共享平台建设

环境应急指挥信息管理与共享平台主要是实现对环境风险源日常监控数据信息的实时传输，利用数据库及环境信息管理系统对环境应急相关数据进行统一的维护和管理，实现相关环境应急数据在同部门不同网络间、不同系统间、同级不同部门间、不同层级部门间的相互传输及信息共享。

环境应急指挥信息管理与共享平台的建设基于环境应急网络建设，主要建设内容包括基于环境数据中心的环境应急数据库、环境应急数据交换能力等。

4．环境应急指挥决策支持系统

环境应急指挥决策支持系统是辅助环境管理部门进行突发性环境污染事件防范与应急管理的决策辅助系统。系统应用计算机信息技术、“3S”技术、移动通信技术和模型模拟分析技术等实现事件发生前、中、后不同需求的决策支持功能。

环境应急指挥决策支持系统在功能设计上需体现三部分内容，即应急管理的平时准备、事件应急战时响应处置，以及应急事后管理的突发环境事件防范与应急管理的决策支持功能。功能模块包括监控集成管理子系统、应急准备管理子系统、应急指挥管理子系统、应急决策支持子系统和应急总结与评估管理子系统等。

（五）环境信息化典型案例

近年来，随着国家对环境保护和信息化工作的重视，环境信息化得到了快速发展，许多地方初步建立了信息化机构队伍，初步实现环境信息化“一体化规划、一体化设计、一体化建设、一体化管理”，使环境信息化业务应用不断深入，支撑能力逐渐增强，成为地方强化环境监管、把握环境发展趋势，推动各类环境问题有效解决、提升环境管理和决策水平、改变环境保护部门形象的重要抓手。

以环境信息化在广州市应用为例来介绍：

广州市环保局通过构建透彻感知环境，充分整合资源、方便服务公众、高效环境管理的“智慧环保”平台，为广州市率先建成资源节约型和环境友好型城市的环境保护发展目标，建成“低碳广州、智慧广州、幸福广州”的发展目标提供重要支撑。为此目标，广州市环保局建设基于GIS技术的地理资源库，实现应急指挥子系统的有机集成，采用多种通讯方式，统一指挥各层次环保应急力量（指挥中心、现场指挥中心、处置人员），协同各级环保机构和各有关政府部门，支持多种操作终端（台式计算机、笔记本、PDA、手机）及前端监测设备，实现突发环境事件监测预警、应急处理、后勤保障、辅助决策、知识支持和远程协助功能，并能够方便地访问各种业务数据和法律法规的综合信息管理系统。该系统抽取各业务处室数据，建设环境质量、应急指挥、监督执法、总量控制、建设项目、信访投诉、辅助管理以及知识支持子系统。

1．系统概述

建立基于SOA技术的系统平台，使用信息中间件产品IBM Websphere Message Broker，实现对应用系统、人员和业务流程的有机集成。

平台已建设成为广州市环境保护的监控决策中心、举报投诉中心、应急指挥中心、数据中心、能够对广州市主要的环保工作做到实时监控、持续监管和辅助决策，对公众反映、投诉的问题做到及时处理、迅速反馈，对突发的环境事件做到处理迅速、指挥便利，并能够对重要的环保决策问题进行测算演算、模拟仿真、宏观分析，从而在国内环境管理领域中处于领先地位。

2. 需求概述

技术上的需求为：符合国家有关标准规范、必须在现有的资源基础上实施、接口必须标准，开发必须通用、采用基于SOA的规范和架构技术。

功能上的需求为：本系统架构可分为两大体系、五层结构。两大体系是指标准规范体系和信息安全体系。五层结构是由基础层、数据层、支撑层、应用层和门户层组成。应用层由环境质量子系统、应急指挥子系统、监督执法子系统、总量控制子系统、建设项目子系统、信访投诉子系统、辅助管理子系统、知识支持子系统8大应用子系统组成。

此外，本系统在数据精度和时间特性、安全设施、安全性、系统质量、输入输出、数据管理、故障处理都做了明确的要求，这里就不一一赘述。

3. 用户类和特征

用户类及特征如表21-1。

表21-1 用户类及特征

用户类	级别	特征
局领导	重点用户	大量的日常事务查询、处理；环境质量管理、环境事件决策
事故决策者	重点用户	需要随时掌握事件的发生情况，基于环境模拟仿真和专家意见做出整体决策，进行有关信息的统一管理和发布，对各种应急资源进行统一调配和指挥
事故现场指挥者	重点用户	接收现场处置人员报送的信息，综合掌握现场事件发生情况的资料，迅速向整体决策者进行汇报，并根据决策者的指令指挥现场处置人员进行事件处理，事件处理的情况实时反馈到整体决策者
事故现场处置人员	重点用户	利用知识库支持迅速判断事件发生的污染物类型、含量、危害和处置措施，将有关情况迅速报送现场指挥者，根据统一的部署迅速进行事件的处理
12369值班相关人员	重点用户	处理环境事件、环境投诉
总量管理人员	普通用户	总量工作日常管理
相关处室人员	普通用户	与该处室相关的业务查询
社会人群	其他用户类	平时能够获取突发环境事件的应对知识，发现预警信息后能够方便进行报告，掌握一般突发环境事件的应对原则，假如处于环境事件影响区域内也能够及时获取事件发展情况和个人应对指引
总量台账数据上报用户	普通用户	企业和区县环保局通过网络填报数据，数据经过校验、审核后，进入总量台账系统

4. 系统结构功能图

根据功能需求，本系统应用层由环境质量子系统、应急指挥子系统、监督执法子系统、总量控制子系统、建设项目子系统、信访投诉子系统、辅助管理子系统、知识支持子系统八大应用子系统组成。本系统的功能结构如下。

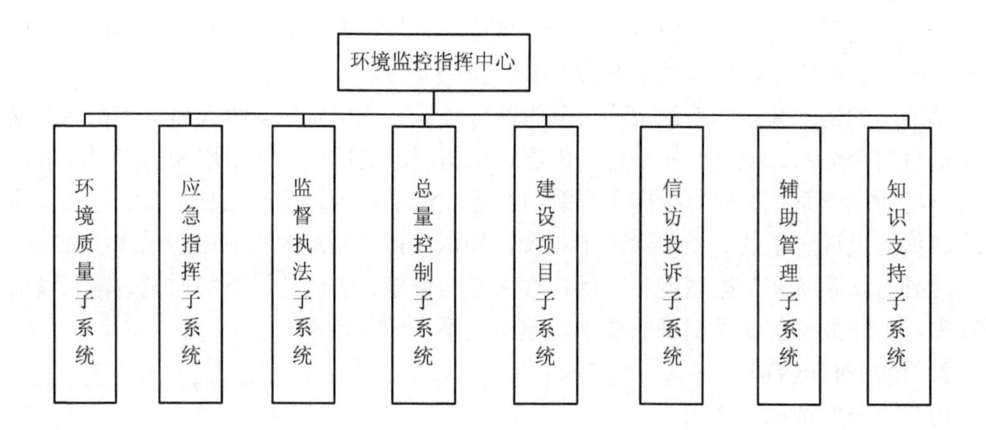
环境监控指挥中心
环境质量子系统
应急指挥子系统
监督执法子系统
总量控制子系统
建设项目子系统
信访投诉子系统
辅助管理子系统
知识支持子系统

（1）环境质量子系统

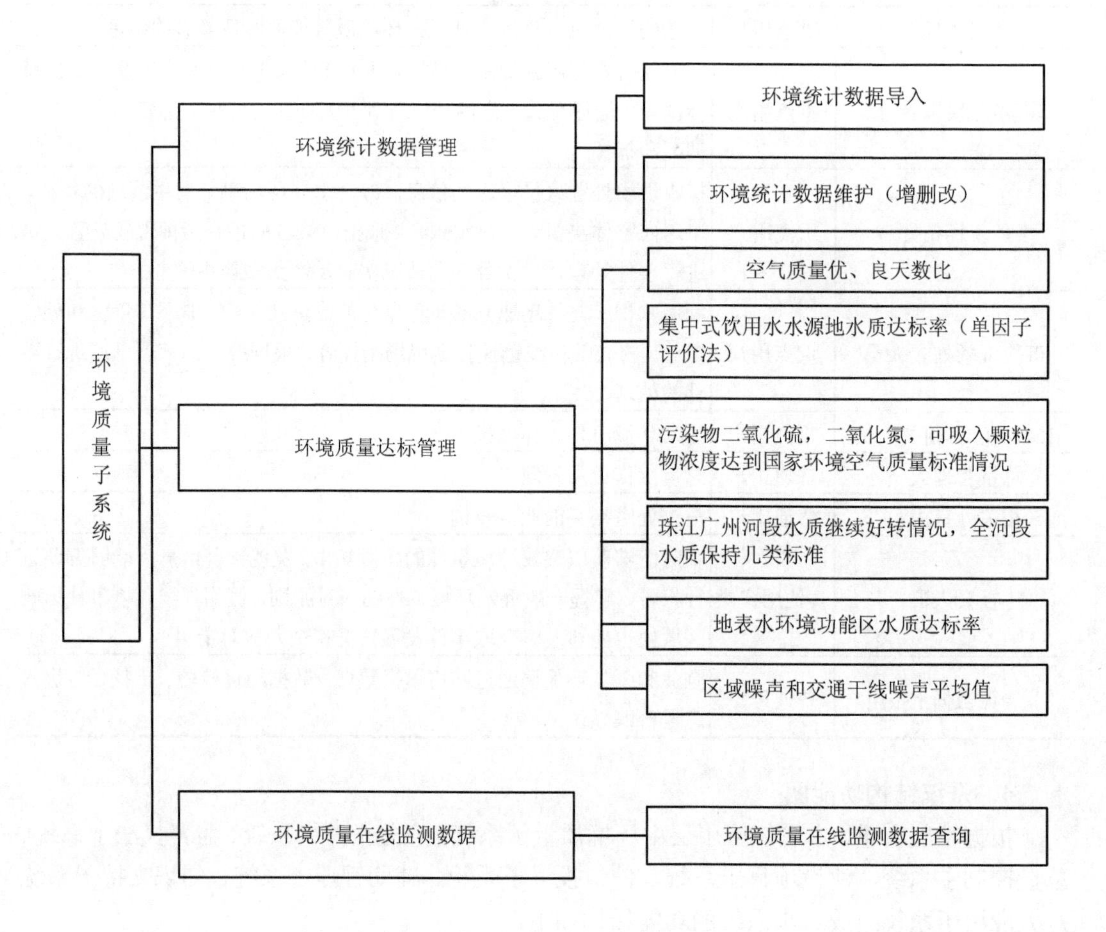
环境质量子系统
环境统计数据管理
环境统计数据导入
环境统计数据维护（增删改）
环境质量达标管理
空气质量优、良天数比
集中式饮用水水源地水质达标率（单因子评价法）
污染物二氧化硫，二氧化氮，可吸入颗粒物浓度达到国家环境空气质量标准情况
珠江广州河段水质继续好转情况，全河段水质保持几类标准
地表水环境功能区水质达标率
区域噪声和交通干线噪声平均值
环境质量在线监测数据
环境质量在线监测数据查询

（2）应急指挥子系统

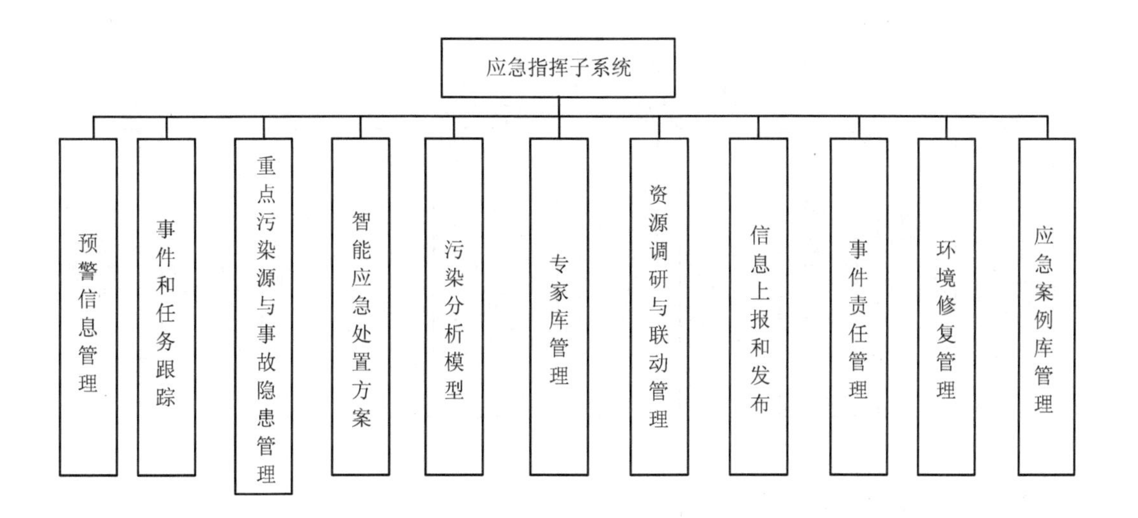

（3）监督执法子系统

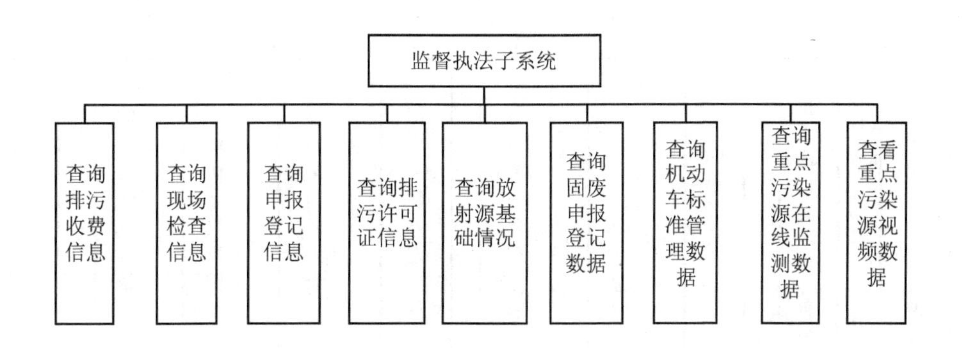

（4）总量控制子系统

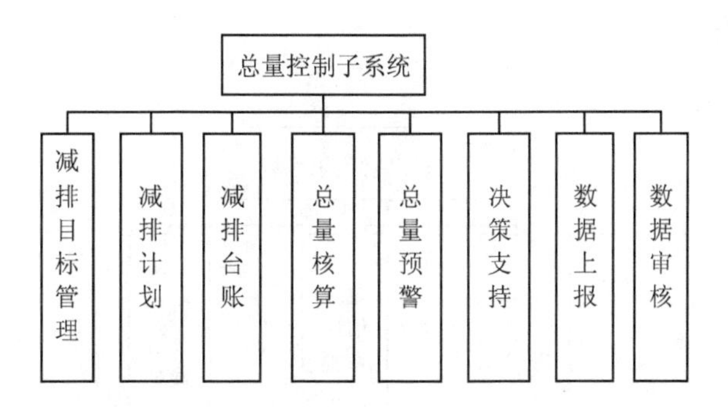

（5）建设项目子系统

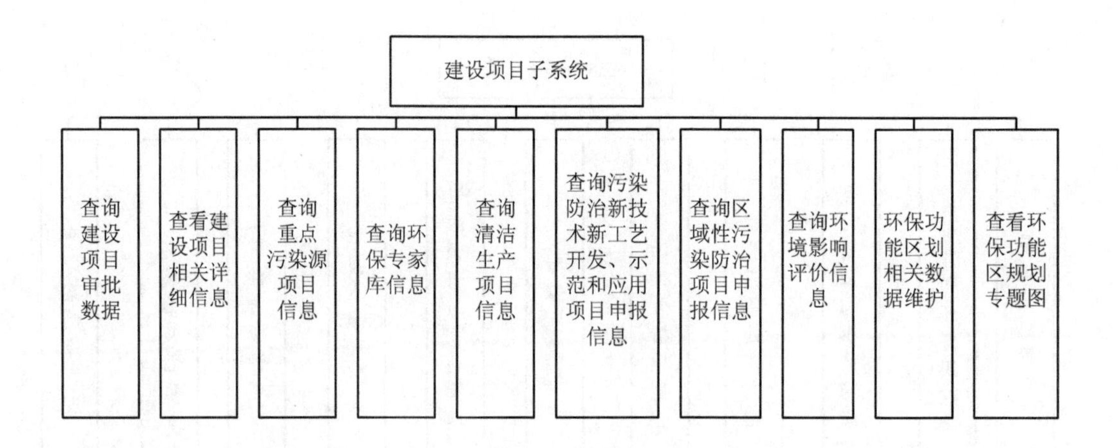

（6）信访投诉子系统

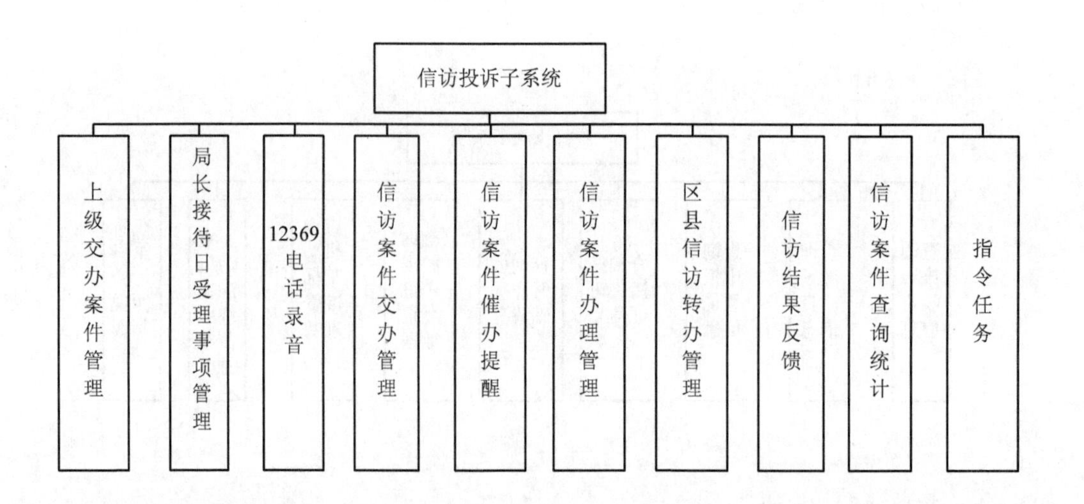

（7）辅助管理子系统

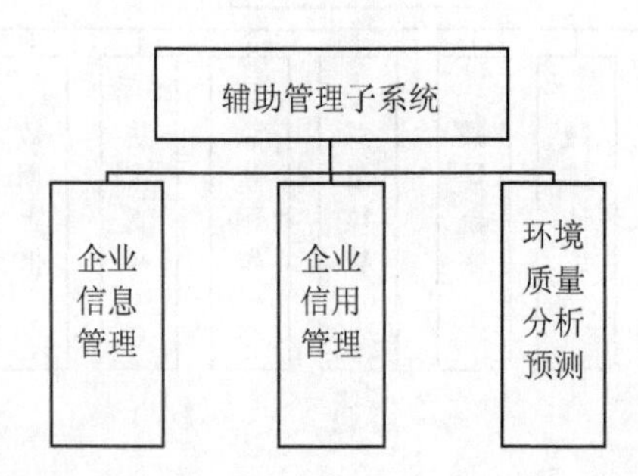

（8）知识支持子系统

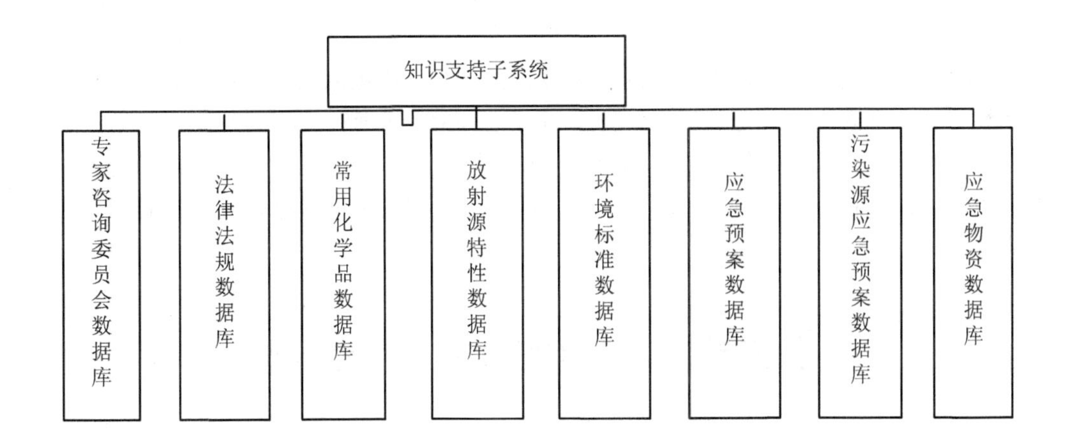

5. 广州环境信息化应用

2010年11月20日晚，第16届亚洲运动会隆重开幕，广州举市欢腾。此时此刻，时任广州市环保局局长的丁红都正带领着工作人员在环境保障与应急指挥中心内密切监控亚运会各比赛场馆和重点污染源企业的实时监测数据，为广州亚运会的环境质量保驾护航。

广州市环境信息平台现在对环境监控是“一网打尽”，在指挥中心可实时查看空气质量、水环境质量、机动车污染、辐射环境安全、重点污染源等，这些为环境执法提供重点，提高执法的效率。同时还可以整合环境投诉，让环保部门对公众投诉的问题做到及时处理和迅速反馈，提升公众心中服务型政府的印象。在环境管理方面，分析决策中心还可以方便地进行企业信用等级的评价。有关部门根据应急指挥中心汇聚的大量污染源企业的基础数据，通过制定各类评价指标，可以迅速地对企业信用等级进行评定，从而使环保部门提高环境执法命中率，将有限的资源放在重点监管企业上去。同时，分析中心还可以按各处室的相关要求，对各类业务数据进行实时分析，从而为环境监管提供建议。

信息平台还具备强大实时在线视频监控功能，对重点污染源除数值型在线监测外，还进行24小时不间断的视频监控。

目前环境信息化平台已覆盖广州市环保局各相关部门和单位业务，与广州市的整体环境保护融为一体，切实提高环境保护工作的科技含量和执法效率，支撑着建成“低碳广州、智慧广州、幸福广州”的发展目标。

（六）当前环境信息化工作对环保的挑战

不可否认，全国环境信息化工作按照探索环保新道路、推动环保工作科学发展的要求，在基础能力、应用能力建设方面开展了大量的工作，取得了积极的进展。

但是依然有一些问题需要面对。

①各级业务体系标准化程度不高。由于各级环保部门在业务管理方式上的区别，造成整体系统无法完全照搬。各地在系统的功能和业务流程上需要进行二次开发。

②移动执法的发展速度没有跟上当前需要。目前环保系统内部很多部门不能依靠手持设备进行外出移动执法。环保系统移动执法还处于比较初级的阶段，也为现场管理的业务

能力提出了挑战。

③各种环保数据割裂在不同部门之间，缺乏共享。目前环保数据的来源比较集中在总量、污防等各个处室，数据缺乏共享，不利于各个业务部门之间的数据共用。

④环境信息化对环境数据公开的局限性。当前的环境数据还停留在政府之间，这使得公众参与的信息获得有一定局限性。随着近年来 $PM_{2.5}$（细颗粒物）数据的公布，环境数据公开逐步为公众参与提供了一些示范和窗口。同时，也需要在环境信息公开的探索上提供更多尝试，为农业、交通、旅游、气象等行业提供相关环境数据，起到政府跨部门决策支持作用。

第三节　环境信息发布与公众参与

一、国内外环境信息公开的方式及意义

（一）国外环境信息公开的方式

按照环境信息公开的主体可以分为：政府环境信息公开、企业环境信息公开和其他环境信息公开。

1．国外政府环境信息公开

纵观各国的立法，对环境信息公开的方式规定各不相同，但总的来说主要有两种，即主动公开和被动公开。

依据美国《信息自由法》的规定，公众要想知悉和获得环境信息的方式有两种：第一，政府在《联邦登记》上刊登有关环境的信息；第二，公众依申请而请求公开的信息。同时对公众提出的申请做出了限制性的规定，即采用书面的方式（请求书、说明书等）进行申请。欧盟也采用了这两种方式：政府主动公开和公众依申请取得。同时，《奥胡斯公约》对公开的期限做出了具体的规定。《奥胡斯公约》规定："以上第一款所指环境信息应尽快提供，最迟应在请求后一个月之内提供，除非由于信息的数量和复杂性而有必要延长这一期限，此种延长最多为提交请求后的两个月。应向请求人通报任何此种延长及延长的理由。"德国和英国同样也是这两种方式，但是德国对政府主动公开环境信息这一方式，它规定的较为粗略，仅在法律最后一条予以了解释。在这方面，英国阐述得较为具体。它在《环境信息法》的第 4 条和第 5 条都有所说明，其中还对传播的内容、方式等进行了详细的说明，这也体现了英国环境信息公开的进步性。

2．国外企业环境信息公开方式

企业的环境信息公开不仅能影响资本市场上股票价格的变动，从而影响企业价值，而且还能改变企业的社会形象，起到合法性管理的作用。国外的企业主要通过公司年报、独立的环境报告、公司网站和新闻媒体公开环境信息。国外企业环境信息的公开方式主要有定性公开、非财务量化公开和财务量化公开 3 种。

美国在企业环境信息公开上做了多项创新，把信息监管成为继行政命令手段、市场手

段（例如价格）之后的第三大环境监管手段。有毒物排放清单要求公开全美所有工厂的有毒物排放情况，之后就根据这些信息建立了一个数据库，公众就可以从中查询全国各工厂的有毒物排放信息。美国加州有一部法律《饮用水安全与毒性物质强制执行法》，该法的一项主要要求就是：如果某产品含有某些有毒化学品，则生产者必须在该产品上贴上警示标签。此外，许可证制度要求美国工厂的运行许可证内容公开，公众可以看到排放数据、监控数据等许可证要求的数据。这些制度的制定和执行有助于保护美国民众的环境知情权，同时也有助于对企业的环境监管和执法。

3. 其他环境信息公开方式

除了政府和企业环境信息公开以外，环境信息公开的方式还有：非政府组织环境信息公开、新闻媒体信息公开、社区环境信息公开等。

（二） 中国环境信息公开的方式

为了推动环境信息公开的进程，进一步保障公众知情权、参与权、环境权，《环境信息公开办法（施行）》自2008年5月1日起施行，办法的施行促进环境信息公开的步伐。各地环保局和上市公司都开展一定程度上的信息公开工作。为了进一步加大信息公开的力度，在2012年8月环保部召开的全国环保系统政府信息公开工作会议上，周生贤说："党中央、国务院高度重视政府信息公开工作，把环境保护信息公开工作作为政府信息公开工作的八个重点领域之一。"

1. 政府环境信息公开的方式

根据《环境信息公开办法（施行）》规定环保部门应当将主动公开的政府环境信息，通过政府网站、公报、新闻发布会以及报刊、广播、电视等便于公众知晓的方式公开。环保部门应当编制、公布政府环境信息公开指南和政府环境信息公开目录并及时更新。政府环境信息公开指南，应当包括信息的分类、编排体系、获取方式，政府环境信息公开工作机构的名称、办公地址、办公时间、联系电话、传真号码、电子邮箱等内容。政府环境信息公开目录，应当包括索引、信息名称、信息内容的概述、生成日期、公开时间等内容。公民、法人和其他组织依据相关规定申请环保部门提供政府环境信息的，应当采用信函、传真、电子邮件等书面形式；采取书面形式确有困难的，申请人可以口头提出，由环保部门政府环境信息公开工作机构代为填写政府环境信息公开申请。环保部门应当根据不同情况分别作出答复。环保部门应当在收到申请之日起15个工作日内予以答复；不能在15个工作日内作出答复的，经政府环境信息公开工作机构负责人同意，可以适当延长答复期限并书面告知申请人，延长答复的期限最长不得超过15个工作日。

2. 企业环境信息公开的方式

企业公开环境信息方式主要有三类：自愿性环境公开、强制性环境信息公开、绿色产品制度。自愿公开环境信息的企业，可以将其环境信息通过媒体、互联网等方式或者通过公布企业年度报告的方式向全社会公开。此外还有企业通过ISO 14000环境管理体系认证，将清洁生产状况显示给公众。

强制性环境信息公开是指政府强制性公开制造污染的企业的行为，让公众了解污染责任者，并对这些企业形成压力，以保护环境。

绿色产品制度也会促使企业将环境信息告知公众，如企业采取"有机食品"、"绿色食品”、“无公害食品”等产品论证标志，将产品的环保程度显示给消费者。

3．其他环境信息公开

除了政府和企业环境信息公开以外，环境信息公开的方式还有：非政府组织环境信息公开、新闻媒体信息公开、社区环境信息公开。非政府组织环境信息公开是指非政府组织通过自己的活动公开环境信息。新闻媒体环境公开是指通过新闻媒体可进行环境信息的公开。社区环境信息公开是指公布直接与公众相关的商品的环境友好性、社区环境与周围企业的环境行为。

（三）环境信息公开的意义

环境信息公开的重要性：

①保障公众环境权益，特别是环境知情权，是公众参与的客观基础；

②改善公众对环境决策的参与；

③监督政府和企业的行为是否符合法律的规定；

④减少公众和企业双方的冲突，是建立良性互动机制的基础。

二、国内外环境公众参与的方法和实践

做好环境保护工作需要依靠三大支柱，即政府推动、企业支持和公众参与。环保的公众参与既是落实以人为本和科学发展观的重要实践，也是建设生态文明的动力和保障。

环境保护的公众参与制度指在环境的开发、利用、保护与改善活动中任何单位和个人都享有平等的参与权，都可平等地参与有关环境立法、司法、执法、守法与法律监督事务决策的权利。

（一）国外环境公众参与的方法和实践

国外环境公众参与开始的较早，积累了大量的经验。下面以美国、英国、乌克兰、日本的环境保护公众参与实践为例，重点描述它们实践的方法。

1．美国

在美国，对各机构部门在制定政策、规划以及进行项目开发活动是否以最大可能程度考虑了对环境的影响，是由法院来承担最终监督和检查责任。根据法律规定，“运用系统化的思想，以确保在做可能影响人类环境的规划和决策时，环境影响评价能与经济、技术一起作为影响因素统一考虑”。当某一部门对其他部门所制定的政策、规划或开发项目有疑问或有不同意见时，还可提请环境品质委员会进行协调，环境品质委员会可以组织专家进行讨论和咨询，如果环境品质委员会的协调不能奏效，则经法律诉讼程序进行裁决，由环保方面的专家和公众共同组成的陪审团来确定其可能产生的环境影响。

美国的环评制度在第一、第二阶段的环评都有要求公众参与的规定，程序上也有《行政程序法》及《情报自由法》，以作为参与程序及方式的依据。在筛选程序后主管部门将项目信息告知公众，评价范围的确定也向公众公开，并在此期间使公众可以了解更多的背景资料，对于公众是否能够接触评价文件，要求得到报告书的任何组织或个人分发全部草案和最终报告书，获得了足够的关于项目情况的信息后，要求必须对公众的书面评价作出

反应，且有较大反对意见或公众对项目感兴趣时应举行公众听证会。当对评价的正当性有较大疑问时，对公众评论和主管部门的要求没有解决的问题可以将其提交法院解决。

2. 英国

在英国从1988年起施行的并在其后进行过两次修订的《城镇乡村规划条例》，规定某些被认为有可能对环境造成很大影响的项目必须有公众参与，这是决策制度过程不可缺少的一个步骤，开发商必须向“适当的机构”提交环境影响报告，有关的机构征询公众团体的意见，并给予公众表达他们自己观点的机会，开发商的环境影响报告开放，使公众得到，报告的复本提交咨询委员会。在决定是否准许该项目开工之前适当的机构应出具环评报告，该报告必须考虑公众和咨询委员会的意见。公众参与环评被认为是民主政府在公共决策过程中的一个合适的、公平的行为；它是确保拟开工的建设项目满足公民的需要和对受影响的民众最适宜的一种方式。1992年颁布的《环境信息条例》明确规定，除了某些例外，任何需求环境信息的个人都有从任何公共机构获得环境信息的权利。所有拥有环境信息的公共机构都有义务，只要有请求，这些机构必须尽可能在2个月内对任何人提供环境信息，包括对该项目有兴趣或有直接利益关系的个人，任何拒绝都必须以书面的形式予以回答，并伴以拒绝的原因进行说明。1999年英国又颁布了“信息自由法案”。该法案使公众获取环境信息的渠道更加广泛，环保社团和当地社区可以利用这些信息对不同级别的政府提出反对意见。1997年工党上台以后，公众参与得到了更进一步的加强。把诸如公民陪审团、兴趣群体、名义测验作为咨询机制，以及通过常设的公民专题讨论小组和论坛等形式促使公众参与决策过程，从而使先前那种公众参与比较散漫的局面得到改善。公众参与环境事务的讨论提高了决策过程中的公平性，它使得没有充分得到代表的群体利益也能列入决策过程的考虑之内。

3. 乌克兰

在乌克兰，环境公众参与的立法与实践走在了各国的前列。以公众参与生态鉴定活动为例。乌克兰确保公众参与生态鉴定活动最显著的特点是将生态鉴定分为国家生态鉴定、社会生态鉴定和其他（合法）生态鉴定3种主要类型，后两种类型的生态鉴定赋予了公众广泛的参与权，即使是第一种国家生态鉴定也不乏鼓励公众参与的法律要求。《乌克兰生态鉴定法》第16条规定：“根据社会组织或者其他社会团体的倡议，任何范围内的活动，凡需要进行生态论证的，都可以进行社会生态鉴定”。举行生态鉴定报告的听证会或审议会，吸收公众参加，听取并如实记录公众的意见特别是反对意见，允许公众提出质疑和异议；在生态鉴定结论中应用公众的意见特别是反对意见等。这些途径使公众参与生态鉴定有了具体的法律保障，极大地提高了公众保护环境的积极性、主动性。

4. 日本

日本社会环境保护健全的公众参与机制可划分预案参与、过程参与、末端参与和行为参与4种。预案参与是指公众在环境法规、政策、制定过程中和开发建设项目实施之前的参与，是事前参与；过程参与则在建设项目实施过程中的参与，是监督性参与；末端参与的过程并无严格的界限，是指一种把关性的参与；行为参与是指公众采取自我行动的参与，它是公众参与环保的根本，是一种自觉性参与。从日本公众参与的具体实践来看：

（1）预案参与

日本公众预案参与主要表现在以下两个方面：首先，在各级政府召开的审议会和听证会上，市民和非政府组织的代表可以对政府决策和政府即将出台的重大行动方案充分地发表意见。如北九州市政府在制订 21 世纪议程的过程中，先后曾面向市民和社会各界召开过 21 次听证会，市民在会上共提出 722 条意见，结果其中有 42 条被政府采纳。其次，日本政府还经常委托一些研究机构和民间组织就某些环境热点问题进行民意调查。公众反馈的结果对政府政策的制定也具有一定的参考作用。

（2）过程参与和末端参与

在日本环境保护的历程中，公众的环境意识逐步地得到加强。民众对周边环境重视程度越来越高，对政府、企业的监督也越来越强。这种监督作用通过手投票的方式、通过媒体、通过环境纠纷处理和参与环境影响评价等多种途径表现出来，对政府和企业形成巨大的压力，促使政府和企业的政策和行为朝向和环境亲善的目标努力。具体例子如下：对于政府制定的一些有可能污染地区环境和居民健康的工程项目计划，公众也做出了强烈的回应，如 1996 年原子能发电站候选地之一新潟县卷镇举行居民投票表决，以压倒优势强烈反对在当地建设原子能发电站。其他候选地也通过投票表决的方式否定在本地建设原子能发电厂的提案。日本公众对企业进行监督还有一个独具特色的方式，那就是 1964 年独创的自愿性环境保护协定（VEAs），日本的 VEAs 大部分都是地方政府、企业和非营利组织之间达成的，然而在某些地方，市民也直接和企业签订协议，要求企业在一定范围内容许他们随时到企业内部视察生产过程及污染治理情况。

（3）行为参与

随着日本公众环境意识的逐步提高，公众对环境的保护已成为一种自觉的行动。特别是 20 世纪 80 年代后期以来，城市生活型污染越来越严重，人们已经意识到如今污染的制造者已不单单是企业，因此市民开始从日常生活的点滴做起，自觉地培养起环境友好的生活习惯，逐步改变以前那种大量生产、大量消费、大量废弃的生活方式。如 1996 年日本成立“绿色购买网”，对包括消费者、企业及各级政府的商品选购提供指导。引导大众选购环境负荷小的商品，减少日常消费对环境的影响。

（二）国内环境公众参与的方法和实践

1．公众参与的法律保障

我国关于环境保护的立法目前已初具规模，在一定程度上为公众参与环境保护提供了法律保障（见表 21-2）。

2．公众参与的方法

山西省出台《山西省环境保护公众参与办法》（以下简称《办法》），明确了公众参与环境保护的范围和方法。

《办法》规定了公众参与环境管理的相关方式方法。《办法》要求，在建设可能对环境产生重大影响的建设项目时，建设单位要向公众公开建设项目信息；在对规划进行环境影响评价时，编制单位要举行专家代表论证会、公众听证会，征求意见；环境保护行政主管部门对建设项目或规划环境影响报告做出审批或重新审核决定后，要将结果向公众公告；在建设项目竣工环保验收、重点工业污染防治及生态恢复治理时，要公开征求公众意见。

表 21-2 我国为公众参与环境保护提供的法律保障

法规名称	相关内容
环境保护法	第六条 一切单位和个人都有环境保护的义务，并有权对污染和破坏环境的单位和个人进行检举和控告
水污染防治法	第十条 任何单位和个人都有义务保护水环境，并有权对污染损害水环境的行为进行监督和检举
固体废物污染环境防治法	第九条 任何单位和个人都有保护环境的义务，并有权对造成固体废物污染环境的单位和个人进行检举和控告
噪声污染防治法	第七条 任何单位和个人都有保护声环境的义务，并有权对造成环境噪声污染的单位和个人进行检举和控告
海洋环境保护法	第四条 一切单位和个人都有保护海洋环境的义务，并有权对污染损害海洋环境的单位和个人，以及海洋环境监督管理人员的违法失职行为进行监督和检举
大气污染防治法	第五条 任何单位和个人都有保护大气环境的义务，并有权对污染大气环境的单位和个人进行检举和控告
建设项目环境保护管理条例	第十五条 建设单位编制环境影响报告书，应当依照有关法律规定，征求建设项目所在地有关单位和居民的意见
清洁生产促进法	第三十一条 列入污染严重企业名单的企业，应当按照国务院环境保护行政主管部门的规定公布主要污染物的排放情况，接受公众监督
环境影响评价法	第十一条 专项规划的编制机关对可能造成不良环境影响并直接涉及公众环境权益的规划，应当在该规划草案报送审批前，举行论证会、听证会，或者采取其他形式，征求有关单位、专家和公众对环境影响报告书草案的意见； 第二十一条 除国家规定需要保密的情形外，对环境可能造成重大影响、应当编制环境影响报告书的建设项目，建设单位应当在报批建设项目环境影响报告书前，举行论证会、听证会，或者采取其他形式，征求有关单位、专家和公众的意见
环境影响评价公众参与暂行办法	具体规定了公民参与环境影响评价的范围、形式、程序

《办法》提出了公众参与环境监督的方式。《办法》要求，县级以上环境保护行政主管部门可聘请人大代表、政协委员及企业环境监督员等公众代表担任环境保护监督员，对环境保护行政主管部门的工作进展情况进行监督，并向其反馈公众意见；公众有权通过正当渠道对政府和环境保护行政主管部门的工作提出批评和建议，并有权直接向环保行政主管部门检举和控告污染和破坏环境的单位和个人。

沈阳市 2005 年通过了《沈阳市公众参与环境保护办法》，该办法明确规定政府及其环境保护行政主管部门在制订环境政策、编制环境保护规划、开展地方环境立法中，除涉及国家规定需要保密的内容外，应当先期在新闻媒体公布草案或召开论证会，公开征求公众意见，并采纳其合理意见。该办法还规定建设单位在本市居民集中区域内兴办饮食娱乐服务业，应当通过建设项目所在地社区委员会、街道办事处或其他有效方式征求附近公众意见，并对公众意见采纳情况做出说明。

3．公众参与的实践

公众参与是作为公民和环保团体参与政府环境决策的一种尝试。圆明园铺膜事件是国家环保总局有史以来第一次组织环保团体、公民个人参加的听证会，是当时公众参与环境事务的一个标志性事件。

2005 年 3 月 22 日，学者张正春在游览圆明园时发现工人正在湖底铺设防渗膜，于是在网上发表了关于《圆明园铺设防渗膜是毁灭性的生态灾难》的呼吁信。3 月 24 日，张正春给《人民日报》记者打电话称“圆明园的湖底在铺设防渗膜，已经快铺完了，如不马上停止，将产生灾难性的后果”。3 月 30 日，我国各大媒体纷纷报道，引起了广泛的社会关注。而此时圆明园湖底防渗工程实际上已基本完成，且一直未履行任何环境影响评价手续。4 月 1 日，国家环保总局责令圆明园管理处停止湖底铺膜的施工，委托环境影响评价单位补办环评报告；在该通知里，专门做出了要对该项目的补办环评报告召开听证会的决定。但该听证会实际上在通知做出不久后的 4 月 13 日、并未等待圆明园管理处补办好环评报告就在北京召开了。

这是国家环保总局召开的第一个也是影响力最大的听证会。其后至今的 7 年间，还没有任何一个公众参与环境公共决策的听证会能超越其影响力。国家环保总局副局长潘岳说：“环保领域的许多重大事务，与全社会各个利益群体密切相关，具有显著的公益性特点，最易达成社会共识与共赢。人民群众对环保公共政策的广泛参与，不仅是环境保护事业的社会基础，也是社会主义民主法制进步的重要体现。”

随后 5 月 9 日国家环保总局发最后通牒，限圆明园管理处 40 天内上交环评报告。然后，许多在京具有甲级资质的单位却因为该工程涉及违法开工建设、社会影响极大、涉及利益关系复杂等因素而不敢接手编制该工程的《环境影响报告书》。5 月 13 日，国家环保总局点名批评北京师范大学下属环评机构拒绝委托。5 月 17 日清华大学接手圆明园环评工作。6 月 30 日圆明园管理处递交环评报告。最终，2005 年 7 月 7 日，在没有举行任何听证会的情况下，国家环保总局最终决定同意圆明园环评报告书的结论，要求圆明园湖底工程必须进行全面整改。

圆明园事件成为中国公众参与环境保护的启蒙性事件，虽然听证会的召开、议事方式和国家环保总局其后对圆明园防渗工程的处理并不完美，但也达到了一个难以企及的高度——由政府主管环境事务的最高行政部门来组织听证会。

圆明园听证会的第二年，2006 年 2 月，国家环保总局出台了《环境影响评价公众参与暂行办法》。

近年来，随着移动互联技术的发展，人们越来越多地借助微博、论坛等媒介手段获取环境信息，从而参与到环境保护事件的决策，2012 年就发生多起事件，通过这些事件的解读，有助于我们更深刻理解环境信息公开和公众的环境参与。2012 年公众参与环境决策的事件有：大港 PC 事件、什邡钼铜事件、启东王子纸业、镇海 PX 事件等。

（1）大港 PC 事件

2012 年 4 月 3 日至 13 日，一场以“散步”为形式的环境抗议行动，在天津市滨海新区下辖的大港（原大港区）持续进行。他们抗议的对象是一家在附近破土开工的化工厂。该厂主体是中沙（天津）石化有限公司（下称中沙公司）旗下的年产 26 万吨聚碳酸酯（英文缩写 PC）项目。4 月 3 日该厂举行了热烈的开工仪式，出席仪式的有中石化集团公司董事长傅成玉和沙特基础工业公司董事长萨乌德亲王。中沙公司 2009 年 10 月成立，中石化集团与沙特基础工业公司各自持股 50%。这也是中国迄今最大的 PC 项目，含有技术引进之义。PC 是一种用途广泛的工程塑料，也是中国亟须的一种化工品。但在项目附近的居民看来，这并非好事。他们怀疑自身将承受此项目的环境污染，尤其是大气污染。

通过网络和口口相传，大港人认为 PC 是一个剧毒项目。而项目 5 千米内，居民区众多。荣华里小区距离项目最近，只有 1 670 米。少部分居民在 4 月 3 日的开工仪式上即进行抗议。在随后的十余天里，抗议人数日渐增多，4 月 13 日达到高潮，至少数千人参与“散步”。

4 月 13 日晚间，天津市政府和中石化集团作出决定：立即停止项目施工，重新对环境影响评价、安全评价进行更详细复审。上述公告内容当夜张贴于大港多处公共设施。此后抗议活动平息。

多位环境专家指出，相比 PX（对二甲苯）、垃圾焚烧厂等项目，PC 项目污染小得多；而非光气法生产 PC，更是业界公认的绿色生产方式，只要环境设施到位，措施得当，污染可控。一个被称作“绿色”的化工项目，却遭遇激烈的公众抵制。或许，这正是地方政府、相关企业应当反思的。

据分析，PC 项目，实际上只是大港居民环境抗议的导火索。“大家被废气臭气熏了好几年，投诉无门。积压了很久的情绪，终于在 PC 项目上爆发了。”一位当地居民说。

位于大港区的大港油田于 20 世纪 60 年代进行勘探开发。20 世纪 70 年代，中石化分公司天津石化开始建设与油田配套的炼油、化纤、小乙烯等化工厂。很多原为农民或渔民的大港居民，在此时开始进入这些化工厂就业。

直到 20 世纪 90 年代末，大港环境还算不错，有的工厂里还养了梅花鹿和仙鹤。从 2005 年开始，大港的环境开始加速恶化。当时建设了大港石化产业园区，园区陆续进了几十家工厂，有制药厂、硫酸厂、自行车厂等。居民区也早已发展为城区。双方距离一再拉近，矛盾开始产生。而 2005 年前后上马的化工厂规模都比较小，环保措施不得力，晚上偷排气体。当地居民向上反映了很多次，写了邮件，打了电话。大港的环保执法者也对污染企业进行过处罚，可最后都是不了了之。空气中弥漫中各种怪味使当地的百姓生活苦不堪言。大港环保部门也曾承认，园区内企业存在夜间偷排漏排行为。2007 年，该部门制定了专项夜查制度。但上述措施，所起效果不大。

就在此时，中沙公司的第一家大型化工厂落户化工园区。2010 年，中沙公司年产 100 万吨的大乙烯项目投产。附近居民认为该项目存在污染。时隔两年，中沙公司的第二个大项目——26 万吨 PC 项目举行开工仪式。在附近居民眼中，该项目离他们更近。PC 是五大工程塑料之一，广泛用于生产汽车配件、CD/DVD 光盘、树脂镜片等，甚至还用于宇航员的头盔面罩。

但大港人最关心的是自身的环境权益可能受到新的损害。中沙公司在事前已向附近居民散发传单，介绍非光气生产法，将其宣传为无毒、绿色的生产方式。但居民普遍表示无法相信，相反，“PC 会产生剧毒气体，如果发生泄漏，5 千米内人畜皆亡”的说法，在居民中广为传播。还有不少居民用“20 世纪印度就发生过类似项目的中毒事件”，来佐证“剧毒说”。

多位业内人士认为，网络上流传的 PC 剧毒说，应该与 PC 的传统工艺——光气法有关。光气法指的是通过光气与双酚 A 直接聚合。光气的确是剧毒化学品，浓缩后甚至可用作生化武器。“但即使是传统光气法，工艺上也是经过论证的。” 中石油下设的石油和化学工业规划院一位专家认为，此项目用的非光气法，是对环境影响度最小的 PC 生产工艺，能把传统光气法的污染降低90%。

业内专家几乎一致认为，地方政府、企业与居民之间无法互信和缺乏沟通，是导致抗议发生的深层次原因。项目实施前的环境评价、安全评价是三者进行沟通、最终取得互信的重要步骤。多位受访居民称，该项目环境评价是悄悄进行的，过程他们并不知情。

该项目环评由北京飞燕石化环保科技发展有限公司（下称飞燕公司）执行。环评报告中提到大气环境影响预测结论有4条。前3条表示工程排放污染物占标准的比例较低，工程投产后，污染物均能达到环境要求；第4条说装置的大气防护距离和卫生防护距离范围内没有居民。此环保报告遭到当地居民质疑。

首先，环评报告被质疑为内部环评。飞燕公司是燕山石化下属单位，与中沙公司为关联公司，都是中石化下属公司。

其次，上述环评报告只公布了缩简本，未公布全本，居民认为这侵犯了他们的知情权。

再次，居民和企业、环评公司对安全距离要求相差十分巨大。5千米安全隔离带的概念，被大港人反复提及，称发达国家此类项目要建在离居民区5千米外的偏远地区。

可见，上述事件的发生是由于当地政府没有进行充分的信息公开，公众参与环保做得不够，没有及时地宣传普及环保知识。

最终于2012年4月13日，天津市政府和中石化的决定，包括重新对项目进行环境影响评价和安全评价。

（2）什邡钼铜事件

什邡事件是于2012年7月1日发生在四川省德阳市什邡市，起因系什邡市开工建设“宏达钼铜多金属资源深加工综合利用项目”。这个项目被曝有极大的环境影响，导致大量群众集会游行，以示抗议，并发生严重的警民冲突并导致多人受伤。事后，什邡市政府表示将不再建设钼铜项目。

此次事件中不少当地网民通过手机、电脑对现场进行文字、图片直播。这些信息在微博、论坛、博客网站流传，什邡事件也登上腾讯微博热点关键词的排行。广大民众积极参与此事，知名作家韩寒相继发表两篇博文《什邡的释放》和《已来的主人翁》，声援什邡维权行动，后者在新浪微博被转发超过18万次，前者更是接近30万次。

（3）启东王子纸业

2002年，南通市政府已开始规划污水排海工程。随着江苏王子纸业项目建设和南通市经济技术开发区的发展，排海管线的建设逐步提上议事日程。2008年大型达标水排海工程取得了江苏省海洋和渔业局、江苏省环境保护厅的有关批复，2009年启动建设。项目建设过程中逐步引起群众关注，2012年7月，《日本王子制纸排污启东114万人生存遇危机》等网络消息大量传播。由于涉及日本企业，7月25日，日本《产经新闻》就对此事进行了报道。25日，网上已出现了游行安排的相关信息。26日，启东市委常委、常务副市长张建新在启东市政府官方网站发布一段视频，题为《至全体市民的一封信》，对民众表示出强硬态度，引起群众愤怒。28日，群体性事件爆发，中午，南通市宣布取消“王子排海工程项目”。随后《人民日报》刊发专题评论指出：促进公民与政府的良性互动，固然需要公民理性表达诉求，更需要政府成为负责任的透明政府。

南通市经济技术开发区在发展过程中，污染物排放去向成为一个瓶颈。于是花费很多心思和很大代价，以王子项目为龙头项目，推动达标污水排海管线工程的建设，希望以黄海巨大的环境容量和污染物削减能力为保障，为区域发展争取空间。结果在砸下 10 余亿元重金之后，因沟通不畅，公众反对，进退失措，前功尽弃。

（4）宁波市镇海 PX 事件

事件简介：镇海 PX 事件于 2012 年 10 月发生在浙江省宁波市，其起因为镇海区部分村民因镇海炼化一体化项目拆迁而集体上访，后因该项目中对包含对二甲苯（英文名缩写 PX）生产装置，在 10 月 25 日、26 日引起镇海区大规模封路抗议。此后的 27 日和 28 日，抗议活动蔓延至宁波市中心，最终宁波市政府承诺不再建设 PX 项目，并停止推进整个炼化一体化项目。

背景：1996 年以来，中国大陆群体性事件呈现迅速增长的态势，年均增速达到 29%，其中，2011 年重大事件比 2010 年增长 120%。在这些事件中，一部分是由于项目未建成而造成公众的环境担忧，另一部分由于已投产项目的环境问题长期得不到解决，其余则是事故和媒体曝光等突发原因。另一方面，依靠法律解决的环境问题比例不足 1%。松花江污染事故、大连海岸油污染事故等重大环境污染事故至今仍未落实对公众利益的赔偿。2007 年以来，厦门 PX 项目、大连 PX 项目、什邡钼铜项目、启东排污项目等造成大规模民众游行乃至冲击政府机构。公众在经济增长决策中的缺位是以环境问题作为导火索造成社会问题的根源之一。环保部原总工程师、中国环境科学学会副理事长杨朝飞也在这一时期指出，应当建立环境问题的公众参与机制和环境公益诉讼制度。

宁波石化经济技术开发区及其环境问题：位于宁波市镇海区境内的宁波石化经济技术开发区成立于 1998 年 8 月，前身为宁波化工区，2010 年 12 月升格为国家级经济技术开发区。开发区内有镇海炼化、LG 甬兴（韩国）、阿克苏诺贝尔（荷兰）等众多化工企业。化工区的支撑项目为炼油和乙烯。成立以来，宁波石化经济技术开发区曾经发生多次环境污染事件。2007 年 9 月，宁波 LG 甬兴化工有限公司因螺栓被盗发生 400 吨左右丙烯腈泄漏事件，造成附件空气和地下水污染。2012 年 4 月底，澥浦镇一家化工厂偷排有毒气体，令到果园采蜜的 300 万只蜜蜂一夜全数暴毙。由于开发区地处镇海区西北，位于冬季偏上风向，其带来的环境问题也颇受镇海区居民的关注。2004 年起，宁波市镇海区环境保护局在中国大陆率先引进大气特殊污染因子环境监测系统并尝试与居民沟通，被学者称为“政府与公众在焦点问题上如何沟通上的一个良好案例”。

对二甲苯（PX）及其环境担忧：对二甲苯，英文缩写 PX，是重要的化工原料，最主要的用途为制造对苯二甲酸以进一步合成聚酯材料。在国家化学品安全说明中，PX 属于低毒物质，而国家癌症研究机构则将 PX 规定为第三组，即现有的证据不能证明对人类致癌，但高浓度和长期接触仍可对人体产生危害。此外，PX 生产过程中可能释放苯和硫化氢等有毒物质，对环境造成危害。

我国对 PX 的需求量极大，处于供给不足的状态。尽管没有充分证据证明 PX 的危害，一些对于 PX 的谣言，例如 PX 高度致癌以及工厂必须距离居民区 100 千米以上等广为流传。在宁波之前，厦门和大连在 2007 年和 2011 年分别发生了两次民众抵制 PX 项目的事件，均获得政府的正面回应。

事发项目：本次事件涉及的镇海炼化一体化项目由中石化和浙江省人民政府于 2009 年确立，在宁波市宁波石化经济开发区镇海炼化公司原有的生产规模基础上扩建，总投资 558.73 亿元人民币，年产 1 500 万吨炼油、120 万吨乙烯，其中包含 PX 装置。

事件：2012 年 10 月初，镇海区的居民陆陆续续到区政府上访，区政府未解决问题。10 月 22 日，湾塘等村的 200 多个村民集体到区政府上访，区政府不同意集体接见，以分批次不同形式接见村民，并且宣称该项目环保达标，面对区政府的渎职行为，部分村民以围堵城区交通路口进行抗议，后经过区政府劝导离开。10 月 26 日，镇海区公民聚集在公路上游行示威。10 月 28 日，镇海区公民游行示威。最后宁波市宣布：坚决不上 PX 项目，炼化一体化项目前期工作停止推进，再作科学论证。

事件发生后得到社会广泛关注，多名明星在微博上发文问候宁波人民。事件也得到媒体的广泛关注。《人民网》专文《沟通在先，“PX”就不会闹大》指出该事件的实质是“民众对 PX 项目的不安和反感，也是对地方政府部门忽视民众知情权、表达权、参与权的不满”。

三、媒体在信息公开、公共参与中的作用和案例

媒体是相对独立于社会其他各领域之外的特殊行业，它本身的功能、作用就是为社会各界搭建起信息交互流动的平台。通过它可以把各界的“影像”、“思想”、“行为”相互沟通、相互传达，进而达到相互了解。媒体在推动环境信息公开、公开参与中起到重要的作用，具体表现在：

（一）媒体宣传是发动公众参与环保事业的基本手段

对于政府环保部门来说，新闻传媒已经成为重要的执政资源。新闻舆论监督是我国三大监督方式之一，通过新闻舆论监督，可以促使环保主管部门制定的法律法规得到有效的贯彻落实。

（二）媒体监督推动了公众参与环保运动的发展

媒体是社会雷达，具有监视环境的作用，这不仅是在比喻的意义上使用。它表明新闻媒体是社会瞭望者，应该守望人类生存环境，警醒管理者和社会公众人类生存环境发生的变化，关注环境变化给人类带来的危害。

公众是环境保护事业的主力军，世界环保事业的最初推动力量也来自于公众，没有公众参与就没有环境运动。同时我们也应该看到，公众的环境信息主要来自新闻媒体，没有新闻媒体对环境恶化情况的一系列著名报道，环境运动不会产生现在这样大的影响。

1962 年美国海洋生物学家卡逊发表了著名的《寂静的春天》一书，指出过量使用农药对环境和生物产生巨大破坏作用，这是现代环保思想的开端。1970 年 4 月 22 日，美国 2 000 万群众参加了环保游行，这一天被称为“地球日”而得到永久性纪念，这是现代环保运动的开端。

1956 年以后，日本小渔村水俣出现了一种可致死的疾病，后来被称为“水俣病”。从 60 年代起，日本的环境污染受害市民进行了大规模的法律诉讼，媒体也参加进来追踪报道有关污染事故。美国记者史密斯在日本度蜜月时，得知了水俣病的情况并立即投入采访。他和妻子在水俣住了下来，和渔民同吃同住，在水俣采访了 4 年半时间，逐渐掌握了事情的真相。1972 年，史密斯将自己的调查结果在新闻周刊《生活》上刊布。这一事件后来成为 20 世纪十大公害事件之一。作为第一种因海水工业污染形成的疾病——水俣病受到全

世界的关注，并推动了环境保护事业的开展。经过10年努力，使日本形成了一个人口、资源、环境、文化相互协调的循环型社会，实现了环境与经济的“双赢”。这个例子说明，真正治理好环境污染，不仅要靠政府的高效率，也不仅要靠国民积极参与，新闻宣传对环境信息的披露也至关重要。

（三）媒体宣传是公众获取环境信息的主要来源

除了新闻媒体舆论监督，环保部门和企业也应该主动公开环境信息。公开性是新闻宣传的主要特征之一，媒体从来都是以公开传播，影响最大多数的公众为主要目标。环保部门和企业通过新闻媒体主动公开环保信息，效果应该最好。

《环境信息公开办法》第十三条规定，环保部门应当将主动公开的政府环境信息，通过政府网站、公报、新闻发布会以及报刊、广播、电视等便于公众知晓的方式公开。第二十一条规定，依照本办法第二十条规定向社会公开环境信息的企业，应当在环保部门公布名单后30日内，在所在地主要媒体上公布其环境信息，并将向社会公开的环境信息报所在地环保部门备案。

（四）媒体宣传是下情上达，表达公众环境利益诉求的主要渠道

环境问题关乎社会公众的切身利益，社会公众有权利维护自己的环境权益。

我国社会组织和公众维护自身利益，参与管理国家和社会事务主要有3种方式。第一种是制度性利益表达渠道，获准进入这种利益表达渠道的社会组织主要是八个民主党派、军队及工、青、妇等群众组织，他们通过固定的制度渠道参政议政；第二种是结构性利益表达渠道，获准进入这一利益表达渠道的主要是社会中代表某一方面、某一部分公民，反映一定利益群体具体利益诉求的社会组织，如文联、科协及各种学会等，他们可以利用自己的特殊方式或通过在人大会议上的代表途径进行利益表达，进而参与管理国家和社会事务；第三种是功能性利益表达渠道，获准进入这一渠道的主要是不固定为某一社会群体表达意见的新闻媒体等社会组织。

社会公众表达和维护自身利益、参与管理国家和社会事务，除了通过人大代表、政协委员间接完成、通过法律手段维护自身权益外，主要方式是社会监督。社会监督的主要形式包括参加听证会、检举、揭发和通过新闻媒体表达意见。

可见媒体是工作参与环境保护的主要渠道。

（五）媒体宣传是整合法律监督、群众监督和舆论监督的利器，把公众参与落到实处的有效途径

权力必须受到制约和监督。法律监督、群众监督和舆论监督是我国最有效的三种社会监督手段，而任何一种手段都有各自的优越性和局限性，然而，把三种监督手段有机地结合为一体，则形成了一种功能更加强大的监督力量。在诸多的监督形式中，舆论监督具有其他任何形式的监督都无法替代的特质，那就是，它直接面对公众。因此，通过环境新闻宣传和舆论监督把法律监督和群众监督转化为舆论监督，是把环境保护公众参与落到实处的有效途径。

2007年厦门的“对二甲苯”迁址事件是一个把法律监督、舆论监督和群众监督整合起

来，在新闻媒体上直接面对公众解决问题的典型案例。2006 年 5 月，厦门市沧海区未来海岸小区的一位居民在网络论坛上发帖抱怨环境恶劣，呼吁居民自救，这个小区的业主通过网络开始组织起来。之后，他们不停在网上发表帖子、给沧海区政府发投诉信、给厦门市长信箱发电子邮件，都没有效果。2006 年 11 月，随着“对二甲苯”项目在当地的开工，厦门环保问题开始受到社会各界重视。由于该项目靠近居民区、学校等人口稠密区，其安全问题广遭质疑，厦门大学化学系一位院士就此给政府写过报告。2007 年“两会”期间，105 名全国政协委员联名签署了“关于厦门沧海 PX 项目迁址建议的议案”，成为 2007 年政协的头号重点议案。《中国经营报》、《中国青年报》等对此均作了报道，引起了媒体和民众的强烈关注。厦门市政府 2007 年 5 月 30 日宣布该项目缓建。此后，厦门有史以来投资最大的工业项目，从 2007 年 5 月 30 日缓建启动，到 12 月中旬的环评座谈会，经过半年时间，成为广受公众关注的热点。期间，也出现了部分业主上街“散步”的情况。各界人士的反对促使了厦门市政府重新对该项目进行评估，终于在 2007 年底政府决策顺从民意，将该项目迁建漳州。

从这件事中，我们看到了新闻媒体在推动公众参与中的作用。自始至终，网络和短信是当地居民组织起来维护自身环境权益的工具。而政协提案的法律监督和以网络为渠道的群众监督经过传统新闻媒体的报道后，广为人知，引起了媒体和公众的强烈关注，传统媒体的这些报道又成为当地居民维护自身环境权益的有力武器。厦门公众参与环评座谈会，受到海内外媒体广泛关注。《人民日报》对厦门的环评座谈会也给予报道。这些报道形成了当地政府妥善解决问题的强大舆论压力。媒体的报道使厦门“对二甲苯”这个“始于青萍之末”的局部问题引起海内外媒体和公众的广泛关注。有媒体把它与 2005 年圆明园湖底防渗工程环评相提并论。实际上，厦门环评座谈会的意义还不止于此。在尊重市民的知情权上，厦门市政府补上了一课；在畅通渠道、听取民意上，厦门市政府从被动到主动，最后形成良性互动。怎样决策，才能真正尊重民意、安定民心，真正有利于企业的长远利益，真正有利于科学发展，是这个事件留给决策者思考的问题。

四、日常环境公众沟通及突发性环境事故的应对

（一）日常环境公众沟通

1. 建立长效的沟通机制

为了保障群众对环境的知情权，同时也是为了集中群众智慧解决环境问题，将环保“自上而下”和“自下而上”的两股力量凝聚在一起，必须要建立一套长期有效的政府或企业与群众的沟通机制。如积极发挥环境信息平台的作用，建立网上互动渠道，拓展网上办事服务，定期公布环境信息，对于群众反映的环境信息及时解决。各地在建立长效的沟通机制上做了大量的探索。

2006 年 5 日，沈阳市环保局在网站上开设了“环保办公博客”，到目前为止，已在网上发表 157 个方面的问题供讨论，市民反响热烈。据沈阳市环保局法规处处长单伟民说“现在沈阳市环保局领导及各处室负责人几乎天天都要看网站，市民发个什么帖子，有关部门就得去调查处理，这已成为一种日常的工作机制。”广东省环保局副局长陈光荣认可这种

网络沟通模式，现在广东环境保护公众网上，每天都接到不少市民发的帖子，这些帖子成为环保部门发现和处理问题的重要线索来源之一。

2．大力开展环境和社会宣传，积极有效地引导和推动公众参与

面向公众的环境社会宣传在环保事业中架起了公众参与的桥梁和信息通道，占有十分重要的地位。多年来，一方面通过电视、广播、报刊等新闻媒介向公众宣传环境保护内容和方针政策；另一方面，通过一系列宣传活动，促进公众环境意识的提高，激发公众参与环境保护的积极性。通过环境社会宣传，不仅加强了环保监督手段，促使一大批环境问题得以解决，而且有效地提高了公众的环境意识，增强了环境文化的软实力。也可以借助世界环境日、世界水日等环保纪念日，举办一系列的活动，开展环保知识的普及，从而提高公众的参与意识。

3．举办各种活动，为公众参与环境保护提供机会

政府有关部门可以针对不同层次的公众推出丰富多彩的环保活动，使公众获得体验和参与的机会。如多设计一些环保追踪活动，让参与公众保持对周围生态环境变迁的一种长期关注，并能够反思自己的行为，从而采取积极的环境保护行动。此外，还可以和各种环保 NGO 一起举办环保活动，通过活动提高民众的环保意识，促使公众参与环境保护的积极性。对于公众参与环境保护，多采用各种方式进行鼓励，提高积极性。

日本在琵琶湖污染防治工程中，充分调动当地民众参与到环境保护中。当地政府为了便于全民参与，把琵琶湖流域分为 7 个小流域，在每个小流域设立流域研究会，各研究会选出一位协调人，负责组织居民、生产单位等代表参与综合规划的实施。流域研究会的活动包括两方面：一是小流域内上、中、下游地区间的交流，不同居民到其他区域参加除草、种树、捡拾垃圾、调查水质和品尝对方区域种出的蔬菜、稻米等新鲜事物，亲身感受加强湖泊综合管理和日常生活的密切关系。二是各流域之间进行踏勘、学习，包括河川、水路、水质、生物、寻找垃圾等踏勘调查，通过调查、交流、流域信息共享和交流活动，调动每个人在生活中进行环境保护的自觉性。

4．加强与社会组织之间的联系与合作

建立政府与环保社会组织之间的沟通、协调与合作机制。各级环保部门在制定政策、进行行政处罚和行政许可时，可以通过各种形式听取环保社会组织的意见和建议，自觉接受环保社会组织的咨询和监督。

5．利用经济手段激励公众参与

尽管当前很多问题直接影响他们的切身利益，但由于没有经济利益，导致公众参与度大大降低。如建立群众举报奖励制度，奖励经费可从政府对环境违法单位或个人的罚款中支付；鼓励公众参与汽车尾气的监管查实，给予举报者一定奖励；鼓励公众举报企业违法排污行为，对查实的，可按照企业罚款额的一定比例奖励举报者等。还可设立环保专项奖励基金，鼓励中小学和物业小区开展“绿色学校”和“绿色社区”创建，倡导低碳生活；鼓励工业企业开展节能减排和清洁生产，奖励那些对环境保护有贡献的个人和团体。通过经济手段刺激民众保护环境的意义，促进民众积极参与环境保护的实践。

（二）突发性环境事故的应对

当危机爆发并出现突发性事件后，政府要迅速反应，在第一时间通过将突发事件发生发展、处理措施等信息准确、清楚地向媒体发布；要通过新闻发布会等形式向社会公众对突发事件进行解释说明，而不是强迫媒体接受政府的观点；变对立为合作，认真回应媒体提出的各类问题，不能回避或避重就轻，敷衍了事；密切注意舆论动向，主动与媒体沟通、联系，把新闻舆论、社会舆论朝有利于解决问题、疏通情绪、稳定社会的方向上引导；通过媒体向公众宣传相关科学知识，让社会公众了解、掌握处理应对防范危害，发动群众支持、参与危机解决。

本章小结

环境信息化是当前世界的发展趋势，信息化有助于我国环境监管自动化、智能化，为环境决策提供充分的依据，为环境应急做好充分的准备。此外，建立环境信息公开平台，及时准确将环境信息公布于公众，提高公众参与环境保护的意识，加强与民众的沟通，当环境事件发生，利用应急系统，及时通过各种媒体工具将正确的信息传递，及时消除谣言的影响，从而避免事件扩大。当前环境信息化是环保工作重要的内容，建立完善的环境信息化平台，用信息化手段辅助环境保护工作，从而提升环境保护工作科技水平和工作效率。

思考题

1．环境信息化对传统环保工作的附加价值是什么？
2．我国环境信息化所处的状态和趋势是什么？
3．常见的环境信息化技术有哪些？
4．环境信息化应用的方向都有什么？
5．环境信息公开对政府工作的价值是什么？
6．公众参与如何更好地和信息公开相结合并最终服务社会管理？

参考文献

[1] 宋铁栋. 中国环境信息化技术方案精选. 北京：中国环境科学出版社，2012：197-244.
[2] 蒋蕾蕾. 日本琵琶湖治理对我国公众参与环境保护的启示. 科技创新导报，2009（7）：117.
[3] 刘红梅，王克强，等. 公众参与环境保护研究综述. 甘肃社会科学，2006（4）：82-85.
[4] 维基百科“2012 年宁波市镇海区反对 PX 项目事件”.
[5] 王灿发，于文轩. “圆明园铺膜事件”. 中州学刊，2005（5）：85-88.

后 记

自 2012 年教材修订工作启动至今，在环境保护部有关司局的关怀下，经过编审委员会的具体指导和各章作者的反复修改，《环境保护基础教程（第二版）》终于与广大读者见面了。

为便于地方环保局长更好地在实践工作中应用本书，本书的编写体例按照环境保护工作领域划分，而非按环境要素划分。根据地方环保局长的工作需求，本书内容侧重在管理方面，简化了具体技术的内容。本书主要分为三部分：基础知识、环境法制和环境管理。教材编写的具体组织工作由中关村汉德环境观察研究所负责。

各章编写及审阅情况如下：董世魁完成第一章，钱勇完成审阅；刘之杰完成第二章，钱勇完成审阅；张明顺完成第三章，涂瑞和完成审阅；汪劲、王社坤完成第四章至第八章，杨朝飞、韩敏、别涛、方莉完成审阅；张明顺完成第九章，靳敏完成审阅；曾维华完成第十章至第十二章，吴舜泽、刘炳江、李雪、程立峰完成审阅；谢剑锋、陆勇完成第十三章，朱建平完成审阅；万军、于雷完成第十四章，杜鹏飞完成审阅；王波、王夏晖完成第十五章，朱广庆完成审阅；靳敏完成第十六章，乔琦完成审阅；张惠远、饶胜完成第十七章，庄国泰、李红兵完成审阅；陈晓秋完成第十八章，叶民完成审阅；毛应淮、曹晓凡、孙振世完成第十九章，曹立平完成审阅；曾维华完成第二十章，田为勇完成审阅；王哲晓、李创、张艺磊完成第二十一章。温宗国完成审阅。最后，唐大为、王社坤、靳敏、李茜对全书进行了统稿。

本书是环境保护部行政体制与人事司“环境保护人才队伍建设——环保干部教育培训”项目成果。在本书的编写过程中，环境保护部宣传教育中心的贾峰、曾红鹰、刘之杰、惠婕等同志积极推进并促成了本书的编写工作。借此机会向支持编写本书的各位同志表示衷心的感谢。杨朝飞、竺效、逮元堂、耿世刚、刘定慧、毛显强、赵惠芬等同志参加了本书的评审，对本书的修改提出了许多宝贵意见；环境保护对外合作中心的陈海君和苏畅同志参与了本书有关持久性有机污染物内容的编写和指导。在此，我们向这些同志一并表示真诚的感谢。

由于本书覆盖知识范围广，编写时间较长，因此在某些章节上仍然存在一些问题。希望广大读者在使用本书的过程中提出宝贵意见，以帮助编者对本书进行进一步的修改和完善。

编者

2014 年 9 月